有机化学

覃兆海　马永强　编著

化学工业出版社

·北京·

本书以烃为主体，以各类元素的取代为主线，重点介绍了烃分子中的氢原子被取代后形成的化合物（卤代烃、醇、酚、醚、醛、酮、羧酸、羧酸衍生物、胺、硝基化合物、膦、硅烷、金属有机化合物等）的结构特点、性质变化规律以及应用等。另外，还对有机化学中的某些重点领域，如现代物理方法在有机化学中的应用、对映异构现象、糖化学、蛋白质化学、杂环化学、周环反应、萜和甾体化学等均以专论的形式作了比较详细的介绍。

本书可作为高等学校本科生学习有机化学的入门教材，也可作为研究生及科研人员案头的参考书。

图书在版编目（CIP）数据

有机化学/覃兆海，马永强编著．—北京：化学工业出版社，2014.6
ISBN 978-7-122-20547-6

Ⅰ.①有… Ⅱ.①覃…②马… Ⅲ.①有机化学-高等学校-教材 Ⅳ.①O62

中国版本图书馆CIP数据核字（2014）第087020号

责任编辑：刘　军　　　　文字编辑：刘志茹
责任校对：宋　夏　　　　装帧设计：关　飞

出版发行：化学工业出版社（北京市东城区青年湖南街13号　邮政编码100011）
印　　刷：北京市振南印刷有限责任公司
装　　订：三河市宇新装订厂
787mm×1092mm　1/16　印张30¾　字数792千字　2014年11月北京第1版第1次印刷

购书咨询：010-64518888（传真：010-64519686）　售后服务：010-64518899
网　　址：http://www.cip.com.cn
凡购买本书，如有缺损质量问题，本社销售中心负责调换。

定　　价：65.00元

前　言

有机化学学科经过数百年的发展，已经迈入了蓬勃发展的时期，各分支学科发展迅速，新的成果不断涌现，展现了这一古老学科旺盛而持久的生命力。

有机化学学科暴发式的发展给有机化学的教学提供了越来越丰富的素材，但同时由于一些传统的边界被不断打破，也给有机化学教材的编写，乃至有机化学的教学增加了难度。但我们认为，有机化合物的基本组成元素是碳和氢，如果将碳原子比作一棵树的树干，那么氢原子就是树叶。所以有机化合物中最根本的是碳骨架（碳干），而氢则可以认为是衡量所有改变对碳干造成何种影响的一个标杆。理解这一点对于掌握有机化学知识非常有益。

本书正是按这个脉络进行编写的。第 2、3、4 章介绍了烃的种类、命名、结构、理化性质及其制备等，这是一切有机化合物的基础；第 7、8、9 章介绍了烃分子中的氢原子被电负性大于碳的元素（第ⅦA、ⅥA 和ⅤA 族元素）取代后引起的化合物的性质变化规律以及制备；第 10 和 11 章则介绍了烃分子中的氢原子被电负性小于碳的元素（硅和金属元素）取代后引起的化合物的性质变化规律以及制备；读者应该注意到，这种取代对化合物性质的影响是系统性的，即不仅仅是取代部位的影响（即便取代后成为官能团），而是对分子整体的影响。在具体某一类化合物的介绍时，则均按结构—性质—应用的脉络来编写。

本书的其余各章为专论，其中第 1 章为绪论，介绍了有机化学学科的总体发展历史和整体介绍，以及对有机结构理论的简要介绍；第 5 章介绍了现代物理学方法在有机化合物结构解析中的应用，重点介绍了其基本原理和简单的应用；第 6 章介绍了对映异构现象，是现代立体化学中的重要组成部分；第 12 章介绍了各种基本的有机杂环化合物，它们的命名、结构、性质、制备和应用等；第 13 和 14 章分别介绍了两大天然有机聚合物——糖类和蛋白质类的基本知识；第 15 章介绍了几类常见的天然萜类和甾体化合物，重点在于它们的命名和应用；第 16 章则介绍了有机化学中的一类特殊反应——周环反应，是通过环状过渡态进行的一类协同反应，重点在于对前线轨道理论的理解和应用。

马永强编写本书的第 10 和 11 章，覃兆海编写其余各章节，并最后审定全书。限于作者的知识水平和能力，书中难免会有一些疏漏抑或不妥之处，欢迎各位读者给予批评和指正，编者在此先致谢忱！

本书既可以作为本科生学习有机化学的入门教材，也可作为研究生及科研人员案头的一本参考书。本书倘能对广大读者的学习和研究工作有所裨益，则作者的努力是值得的。

编者

2014 年 6 月于北京

目 录

1. 绪论/001

2. 烃类化合物的分类、命名和结构/015

3. 烃类化合物的物理性质和化学性质/047

4. 烃类化合物的用途和制备/099

5. 有机波谱分析/115

6. 对映异构/146

7. 烃的卤素衍生物/168

8. 烃的含氧和含硫衍生物/193

9. 烃的含氮和含磷衍生物/316

10. 烃的含硅衍生物——有机硅化学/351

11. 烃的金属衍生物——金属有机化学/362

12. 有机杂环化合物/373

13. 碳水化合物/412

14. 氨基酸、多肽和蛋白质/434

15. 萜类和甾体化合物/453

16. 周环反应/467

参考文献/483

1 绪论

1.1 有机化学发展简史

有机化学是研究有机化合物的科学，“有机化合物”的原意为“有生机的化合物”，这是因为早期的有机化合物均来自于生命体。历史上，A. Kekülè（1829—1896）和 K. Schorlemmer（1834—1892）曾先后将有机化合物定义为“碳化合物”和“碳氢化合物及其衍生物”，显然后者更准确地反映了有机化合物的结构组成特征。本书也正是根据此而编撰的。

人类接触有机化合物的历史从人类诞生之时就已经开始了。粗略地分，有机化学的发展历史可以分为 3 个时期，第一个时期是素材的积累时期，这经历了一个漫长的过程。在这个时期，人们逐渐从动、植物及微生物次生代谢物中分离得到了一些纯的有机化合物，如草酸、柠檬酸、苹果酸、乳酸、尿酸、酒石酸、吗啡等。此时的人们相信，这些有机化合物只能从生物体中得到，它们是由生物体中存在的一种特殊而神秘的“生命力”所创造的，不可能用人工方法来合成。这一时期可谓有机化学的朦胧期。第二个时期是以 Friedrich Wöhler 人工合成尿素为开始和标志的，可称为有机化学的觉醒期。这位德国 Gottingen 大学的教授在试图利用氯化铵和氰酸银通过复分解反应制备氰酸铵时，意外地得到了尿素：

$$AgOCN + NH_4Cl \longrightarrow NH_4OCN + AgCl\downarrow \xrightarrow{\triangle} H_2N{-}C(=O){-}NH_2$$

尿素

这一发现的意义是巨大的，首先它宣告了“生命力”学说的终结，说明有机化合物不仅可能人工合成，而且可以由纯粹的无机化合物合成；其次，它使得有机化学从此走上了人工合成的道路。随后陆续有一批原本由生物体中提取的有机化合物被人工合成出来，如 1845 年 Kolbe 合成出醋酸，同年 Mberthelot 合成出油脂等。在这一时期，初步的有机化学结构理论也逐渐建立起来，如 1858 年 Kekülè 和 Couper 提出的碳四价和碳链的概念，1865 年

Kekülè 提出苯的结构式，1874 年 Van’ t Hoff 和 Le Bel 共同建立起有机分子的立体概念，阐释了对映异构和几何异构现象等。第三个时期是以 20 世纪初价键理论的建立和量子化学在有机化学中的应用，20 世纪中叶各种仪器分析方法，如红外光谱、紫外-可见光谱、核磁共振波谱、质谱及 X 射线晶体衍射等在有机化学中的全面应用为标志，这使得有机化学从此进入了蓬勃发展的时期，因此这一时期可称为有机化学的快速发展时期，一直延续到现在。如今，有机化学各分支学科的发展均非常迅猛，新的研究成果层出不穷，展现了这一古老而又年轻学科的无穷魅力。

有机化学所涵盖的范围非常广。首先它是我们了解生命存在和生命过程的基础。亿万年以前，大多数地球上的碳原子是以甲烷形式存在的，它与 H_2O、NH_3 和 H_2 构成大气层的主要成分。当闪电或其他高能辐射大气层时，甲烷被裂分成高活性的碎片，这些碎片彼此结合逐步形成较复杂的分子，包括氨基酸、甲醛、氢氰酸、嘌呤和嘧啶等。此后这些化合物被雨水冲入大海，成为生命形成和发展的基础物质：氨基酸的自身聚合形成早期的蛋白质，甲醛自身聚合形成糖，这些糖中的一部分与无机磷酸盐及嘌呤和嘧啶结合形成简单的脱氧核糖核酸（DNA）和核糖核酸（RNA），RNA 能携带遗传信息和作为酶在最初原始的自我复制系统中起作用。从这些早期系统，以迄今还远未弄清楚的方式，通过长期的自我选择，形成了今天地球上的各种生物。事实上，就生物体而言，它本身就是一个复杂的有机化学系统，分子生物学中的分子实际上就是有机化合物。

其次，有机化学也是我们人类提高生活水平、改善生活质量的重要保证。有人说，化学是一门中心科学，那么有机化学就是这个中心中的中心。人类的生产活动和日常生活的各个方面都与有机化合物有着密切的联系，如汽油、合成橡胶、塑料和树脂、医药、农药、新型材料、食品、合成纤维等。但是另一方面，如果使用不当，有机化合物也带给人类许多严重的环境污染问题，许多有机化合物以远远超出人们当初想象的程度被扩散到环境中，如多年前被广泛使用的许多农药品种现已禁止使用，因为它们不仅能杀死有害生物，对其他有益生物也会造成危害，甚至危及人类自身。

深刻了解有机化合物的性质特点，就可趋利避害，让其造福人类，而这正是我们学习和研究有机化学的主要目的。

1.2 有机化合物结构理论和有机反应机理

1.2.1 原子结构理论

原子是构成分子的基本结构单元，由原子核和核外电子构成，而原子核又由质子和中子构成。由于在化学反应的层次上不涉及原子核的变化，主要是原子核外电子的运动状态发生变化所致，因此对核外电子运动状态的了解非常关键。

核外电子围绕在原子核周围做高速运动，其具有波粒二象性。根据测不准原理，人们无法同时准确地测出电子的能量和位置，其运动状态只能用薛定谔方程来描述。薛定谔方程的解就是描述电子运动状态的波函数，用 Φ 来表示，这些波函数也称为原子轨道，表示能量为 E 的电子在相应能级轨道中出现的概率。

1.2.1.1 原子轨道的角度分布

确定某个电子的运动状态需要 4 个量子数：主量子数、角量子数、磁量子数和自旋量子数，它们的关系见表 1-1。

表 1-1　4 个量子数

名称	符号	可能的数值	主要规定的性质
主量子数	n	1、2、3…	原子轨道的大小和能量
角量子数	l	0、1、2、…$n-1$	原子轨道的形状
磁量子数	m	0、±1、±2、…±l	原子轨道的空间取向
自旋量子数	m_s	1/2、−1/2	电子自旋的方向

当 n、l、m、m_s 取不同的值时，波函数的计算公式便不相同，据此绘出的原子轨道也就不一样，通常用 s，p，d，f 等来表示不同类型的原子轨道。在 $n=1$ 的能层中，原子轨道只有一种，称为 1s 态；在 $n=2$ 的能层中，原子轨道有两种，即 2s 态和 2p 态；在 $n=3$ 的能层中，原子轨道有三种，即 3s、3p 和 3d 态。量子数与态的关系如表 1-2 所示。

表 1-2　量子数与态的关系

n	1	2		3		
l	0	0	1	0	1	2
m	0	0	−1、0、+1	0	−1、0、+1	−2、−1、0、+1、+2
态	1s	2s	2p	3s	2p	3d
角度分布	s	s	p_x，p_y，p_z	s	p_x，p_y，p_z	d_{xy}，d_{yz}，d_{xz}，$d_{x^2-y^2}$，d_{z^2}

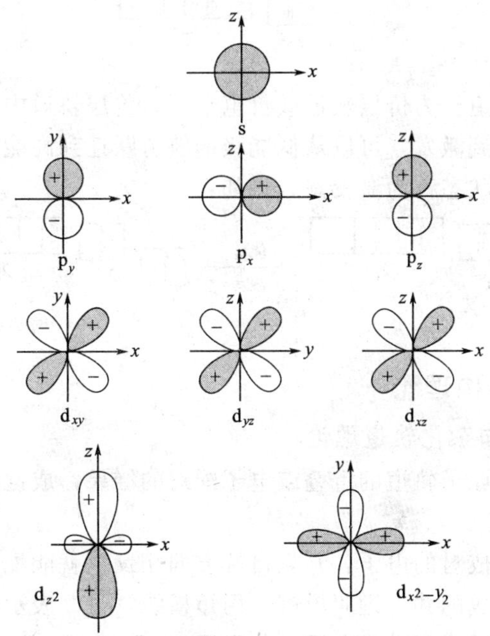

图 1-1　s、p、d 轨道的角度分布图（剖面图）

如图 1-1 所示，s 轨道的形状是以原子核为中心的球面，沿轨道对称轴旋转任何角度，轨道的位相都不会改变，因此没有方向性。

p 轨道沿着 x、y、z 坐标轴三个方向伸展，分别称为 p_x、p_y 和 p_z 轨道，彼此垂直呈哑铃形，由两瓣组成，原子核处于两瓣之间，能量比同能层的 s 轨道高，其中的正、负号表示波函数 Ψ 在不同位相的符号，而不是表示电荷。每个轨道有一个节面，轨道被节面分为两部分，在节面的两侧波函数的符号相反。这些轨道能量相同，称为简并轨道。

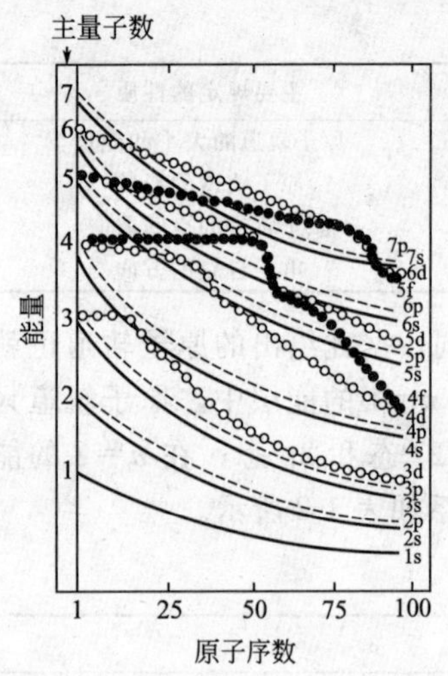

图 1-2　科顿（F. A. Cotton）原子轨道能级图

1.2.1.2　原子轨道的能级

电子运动状态不同，反映出原子轨道的能量不同，各种原子轨道的能级大小的比较可以参见科顿原子轨道能级图（见图 1-2）。可见，原子轨道的能级可以分为几组，同组内的原子轨道之间的能级相差较小，而不同组之间的能级相差较大。

1.2.1.3　原子的电子构型

电子的自旋方向有顺时针和逆时针两种，常用“↓”和“↑”来表示。自旋量子数反映的就是这种运动状态。

原子核外电子的排布具有一定的规律性，它们遵循三大原则，即能量最低原理、泡利不相容原理和洪德规则。在基态下，电子会尽可能占据能量最低的轨道，以保持体系的能量最低，此为能量最低原理；任何一个原子轨道最多只能容纳两个自旋方向相反的电子，此为泡利（W. Pauli）不相容原理；一个轨道若要填充 2 个电子，只有在与之能量相同的简并轨道都被一个电子占据后才有可能，此为洪德（F. Hund）规则。以碳原子为例，其在基态时的电子排布为：

$1s^2$　$2s^2$　$2p^2$

每个占有电子的最外层轨道称为价层轨道或价电子层，价层轨道中没有填充电子的称为空轨道。电子在获取能量后受到激发，可以从低能级的轨道跃迁到高能级轨道上去，称为电子的跃迁。跃迁后的电子排布状态称为激发态。例如：

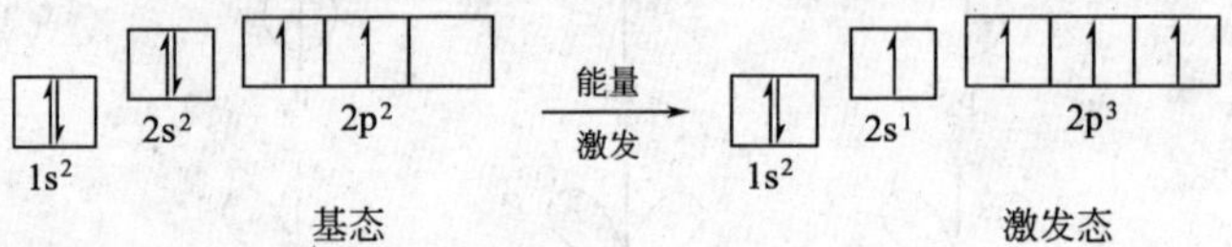

1.2.2　有机化合物结构理论

1.2.2.1　价键理论与杂化轨道理论

价键的形成可看作是原子轨道的重叠或电子配对的结果，成键的电子只是在相连的两个原子之间运动。

如果两个原子都有未成对的电子，并且自旋方向相反，就能配对，原子轨道就能重叠形成共价键。由一对电子形成的共价键叫单键，用短横线“—”表示；由两个原子中的两对电子或三对电子形成的共价键叫双键或叁键，分别用“═”或“≡”表示。原子的未成对电子数通常就是其原子价数。

如果一个原子的未成对电子已经配对，它就不能再与其他电子配对了，即共价键具有饱和性。另外，共价键还有方向性，即轨道重叠总是按重叠最多的方向进行，这样形成的共价键最强。例如 1s 轨道与 $2p_x$ 轨道沿 x 轴方向能有最大重叠，因而可以成键。若按其他方向重叠，则重叠较少或不能重叠，因此不能成键（见图 1-3）。像这种电子云沿键轴方向重叠形成的共价键称为 σ 键，其特征是电子云的分布沿键轴呈圆柱形对称，如 s—s 键、s—p_x 键

和 p_x-p_x 键等均为 σ 键。如果两个原子的 p 轨道从侧面平行重叠，所形成的共价键则称为 π 键，其特征是其电子云分布在两个成键原子键轴平面的上、下方，键轴周围的电子云密度较低。π 键的键能低于 σ 键。

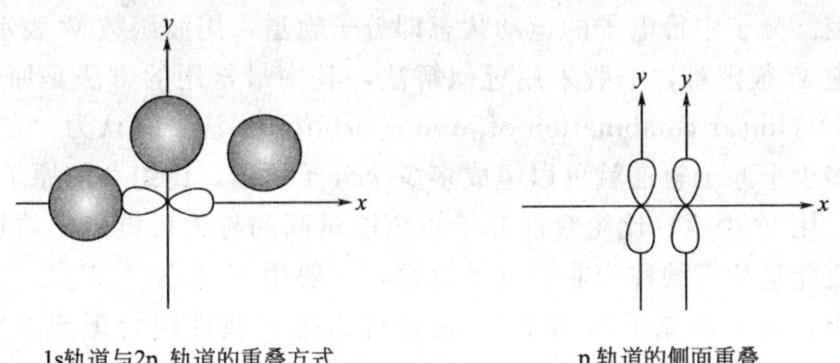

图 1-3　2p 轨道与 1s 轨道及 2p 轨道之间的重叠

按照价键理论的推断，碳原子在基态下的 4 个价轨道是不同的，它只有 2 个未成对电子，因此，它理应形成二价化合物。但事实是，在有机化合物中，碳基本上都表现为四价，而且在如甲烷这样的对称分子中，其四价是等同的。

为了解释这一现象，人们提出了轨道杂化的概念。根据杂化轨道理论，为了使原子的成键能力更强，体系能量更低，能量相近的原子轨道在成键的瞬间可进行杂化，组成能量相等的杂化轨道，这样成键后可以达到最稳定的分子状态。以甲烷为例，成键时碳原子 2s 轨道上的一个电子受激发到 $2p_z$ 轨道，然后 2s 轨道与 3 个 2p 轨道重新组合（杂化），形成 4 个完全相同的杂化轨道，称为 sp^3 杂化轨道，每个轨道中含 1/4 的 s 轨道成分和 3/4 的 p 轨道成分。这种轨道的形状既不同于 s 轨道，也不同于 p 轨道，而是电子云集中在原子核一端的呈一头大、一头小的“梨”形轨道，这样使轨道的方向性加强了。

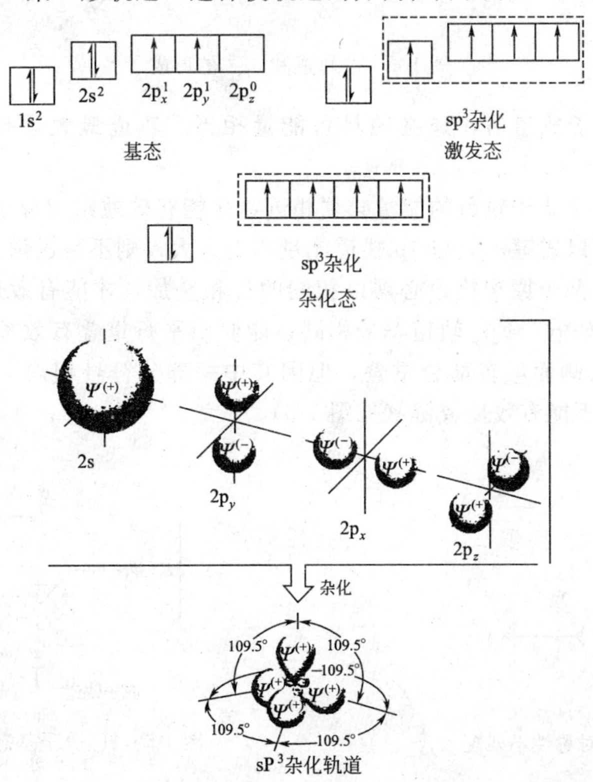

除了 sp^3 杂化外，还有 sp^2（平面三角形）和 sp 杂化（线形）。

1.2.2.2 分子轨道理论

分子轨道理论认为，两个原子形成分子后，电子就在整个分子区域内运动，而不是局限于某一个原子周围。分子中价电子的运动状态即分子轨道，用波函数 Ψ 表示。

求解分子轨道 Ψ 很困难，一般采用近似解法，其中最常用的方法是原子轨道线性组合法，简称为 LCAO（linear combination of atomic orbitors）法。它认为，在由原子轨道组成分子轨道时，有多少个原子轨道就可以组成多少个分子轨道，比组合前原子轨道能量低的称为成键分子轨道，用 Ψ 表示；比组合前原子轨道能量高的称为反键分子轨道，用 Ψ^* 表示；与组合前原子轨道能量相等的称为非键分子轨道，一般用 N 表示。

以氢分子为例，两个氢原子的两个 1s 轨道可以通过线性组合形成 2 个分子轨道，分别为：

$$\Psi_1(\sigma_{1s}) = C_1(\Phi_A + \Phi_B)$$

$$\Psi_2(\sigma_{1s^*}) = C_2(\Phi_A - \Phi_B)$$

Ψ_1 表示 Φ_A 和 Φ_B 的符号相同，即位相相同，它们之间的作用互相加强，原子核间的电子云密度增加，分子能量降低，称为**成键轨道**。Ψ_2 表示 Φ_A 和 Φ_B 的符号相反，即位相相反，它们之间的作用互相削弱，原子核间的电子云密度减小，分子能量升高，称为**反键轨道**（见图 1-4）。

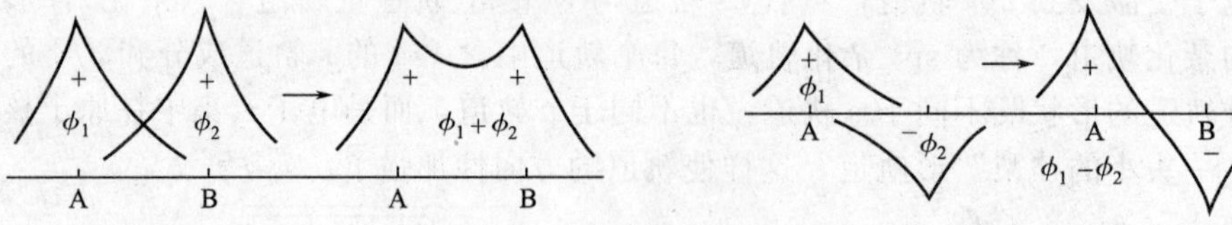

图 1-4 σ_{1s} 轨道和 σ_{1s^*} 的形成

原子轨道组成分子轨道时，还必须具备能量相近、轨道最大重叠和对称性匹配 3 个条件：

① 能量相近 两个原子轨道的能量必须相近，才能有效地组成分子轨道。如 1s 轨道与 2p 轨道能量相近，可以成键，但与 4p 轨道能量相差太大，则不易成键。

② 对称性匹配 两个原子轨道必须以相同的位相叠加，才能有效地成键，否则不能形成有效的分子轨道。如 p_y 与 p_y 轨道符号相同，能侧面平行重叠有效地成键组成分子轨道。而 s 轨道与 p_y 轨道从侧面虽有部分重叠，但因其中一部分符号相同，另一部分符号相反，二者正好相互抵消，不能有效地成键（见图 1-5）。

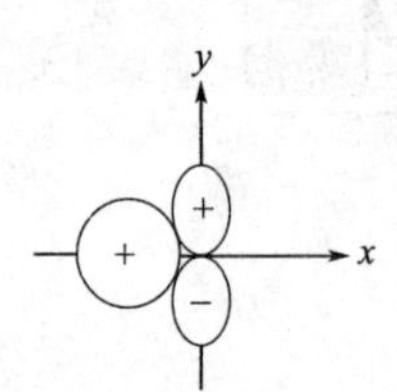

图 1-5 对称性不匹配

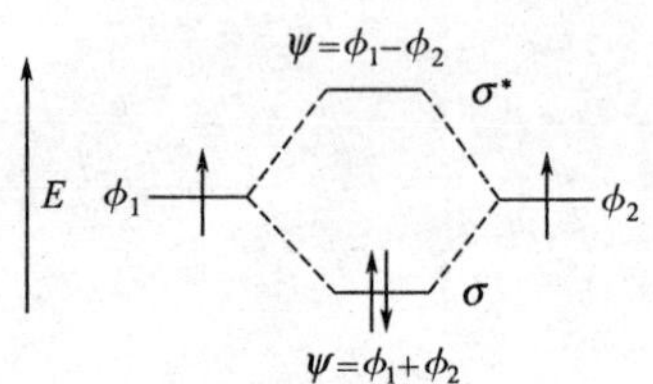

图 1-6 H_2 分子基态时的电子排布

③ 轨道最大重叠　两个原子轨道在重叠时还必须保持一定的方向性，以便使重叠最大，形成的键最强。

每个分子轨道都有相应的能量和图像，分子的能量 E 等于分子中电子能量的总和，而电子的能量即为被它们所占据的分子轨道的能量。根据原子轨道的重叠方式和形成的分子轨道的对称性不同，可将分子轨道分为 σ 成键、π 成键和 σ^* 反键、π^* 反键轨道。按分子轨道的能量大小，可以排出分子轨道的近似能级图。

原子轨道组成分子轨道后，分子中所有电子便遵从原子轨道电子排布三原则进入分子轨道，即得分子的基态电子构型。如氢分子基态时的电子排布见图 1-6。

1.2.2.3　共价键的键参数

共价键的重要性质表现在键长、键角、键能、键的极性等键参数上，通过这些参数，可以对化合物的性质及其立体结构有进一步的了解。

键长——形成共价键的两个原子之间的平均核间距为键长，单位为 nm。用 X 射线衍射、光谱等现代物理学方法，可以测定各种共价键的键长。表 1-3 列出了常见共价键的键长数据。

表 1-3　常见共价键的键长

共价键	键长/nm	共价键	键长/nm	共价键	键长/nm
C—H	0.109	N—H	0.103	C═N	0.130
C—C	0.154	O—H	0.097	C≡N	0.116
C—Cl	0.176	C═C	0.134	C═O	0.122
C—Br	0.194	C≡C	0.120		
C—I	0.214	C—N	0.147		

需要注意的是，即使同一类型的共价键，在不同的化合物中键长也可能稍有区别，这是因为构成共价键的原子在分子中不是孤立的，而是相互影响的。表 1-4 列出了 C—C 键在不同分子中的键长。

表 1-4　在不同分子中的 C—C 键键长

键类型	化合物	键长/nm	键类型	化合物	键长/nm
sp^3-sp^3	CH_3—CH_3	0.153	sp^3-sp	H_3C—C≡CH	0.146
sp^3-sp^2	CH_3—CH═CH_2	0.151	sp^2-sp	H_2C═CH—C≡CH	0.143
sp^2-sp^2	H_2C═CH—CH═CH_2	0.147	sp-sp	HC≡C—C≡CH	0.137

键角——键角是指参与成键的原子轨道之间的夹角。键角决定了分子的几何构象。饱和碳原子的轨道夹角是 109°28′，呈四面体形状。当中心原子连接的基团体积较大或存在孤对电子时，键角会受到压缩或扩张，但若偏离正常键角过大，则会影响分子的稳定性。

键能——形成共价键时会释放能量，从而使体系的能量降低；当共价键断裂时则需吸收能量。形成一个共价键所释放的能量或断裂这个共价键所需吸收的能量称为该键的离解能。所谓键能是指断裂分子中同类共价键的离解能的平均值。

对于双原子分子，键能就是离解能。例如将 1mol 氢气分解成 2mol 氢原子需要吸收 435kJ 热量，则 H—H 键的键能就是 435kJ/mol。

对于多原子分子，共价键的键能和离解能是不同的，其键能一般是指同一类共价键离解能的平均值。例如，甲烷有 4 个 C—H 键，逐级离解所需的离解能分别为：

$$CH_4 \longrightarrow \cdot CH_3 + \cdot H \qquad \Delta H = 435\ kJ/mol$$

$$\cdot CH_3 \longrightarrow \cdot\dot{C}H_2 + \cdot H \qquad \Delta H = 444\ kJ/mol$$

$$\cdot\dot{C}H_2 \longrightarrow \cdot\ddot{C}H + \cdot H \qquad \Delta H = 444\ kJ/mol$$

$$\cdot\ddot{C}H \longrightarrow \cdot\ddot{C}\cdot + \cdot H \qquad \Delta H = 339\ kJ/mol$$

故其 C—H 键的平均键能为 $\Delta H=(435+444+444+339)kJ/mol\div4=415.5kJ/mol$。

键能是化学键强度的主要标志，键能越大，表示轨道的重叠程度越大，结合越牢固，共价键也越稳定。常见共价键的键能见表 1-5。

表 1-5 常见共价键的平均键能

共价键	键能/(kJ/mol)	共价键	键能/(kJ/mol)	共价键	键能/(kJ/mol)
C—H	415.0	C═N	614.5	S—O	397.4
C—C	345.3	C≡N	886.2	F—F	154.7
C═C	609.4	C—F	484.9	F—H	568.5
N—H	390.4	C—Cl	338.6	Cl—Cl	442.4
N—N	163.0	C—Br	284.2	Cl—H	430.5
N═N	943.8	C—I	216.8	Br—Br	192.3
C≡	834.3	C—S	271.7	Br—H	365.8
C—O	357.4	H—H	434.7	I—I	150.5
C═O(醛)	735.7	N—O	200.6	I—H	296.8
C═O(酮)	748.2	O—H	462.3		
C—N	304.3	S—H	346.9		

极性——原子对电子的吸引能力称为原子的电负性，不同原子的电负性不同。相同原子组成的共价键，其共用电子对均匀地分布在两个原子之间，正、负电荷中心重合，这样的键没有极性，称为**非极性共价键**，所形成的分子称为非极性分子，如 H_2、Cl_2 等。不同原子组成的共价键，由于两个原子的电负性差异，共用电子对会偏向电负性较大的原子一侧，正负电荷中心不能重合，这样的键具有极性，称为**极性共价键**，其极性的强弱取决于两个成键原子电负性差异的大小。电子对偏向的原子带部分负电荷，电子对偏离的原子带部分正电荷，例如：

$$\overset{\delta^+}{H}—\overset{\delta^-}{Cl} \qquad H_3\overset{\delta^+}{C}—\overset{\delta^-}{Cl}$$

共价键极性的大小可用键矩 μ 来表示。键矩是矢量，单位为库仑·米（C·m），其方向是由正电荷指向负电荷，用“+→”表示。表 1-6 和表 1-7 分别列举了部分原子的电负性和一些共价键的键矩。

表 1-6 部分原子的电负性值

H	Li	Be	B	C	N	O	F	Na	Mg	Al	Si	P	S	Cl	K	Ca	Br
2.15	0.95	1.5	2.0	2.6	3.0	3.5	3.9	0.9	1.2	1.5	1.9	2.1	2.6	3.1	0.8	1.0	2.9

分子的极性可用偶极矩来衡量，它是分子中各共价键键矩的矢量和，单位也是 C·m，也可用德拜（D）来表示。对于双原子分子，共价键的极性就是分子的极性。而对多原子分

子，其分子的极性就是所有共价键键矩的矢量和。因此在某些对称型分子中，虽然共价键具有极性，但因为分子的对称性而使极性相互抵消，致使整个分子不显极性，是非极性分子，如 CO_2、CH_4、CCl_4 等。

表 1-7　一些共价键的键矩（$\times 10^{-30}$C·m）

共价键	键矩	共价键	键矩
C—H	1.334(0.40D)	C—I	6.672(2.00D)
C—O	5.001(1.50D)	N—H	4.370(1.31D)
C—Cl	7.672(2.30D)	C—N	3.836(1.15D)
C—Br	7.339(2.20D)	O—H	5.004(1.50D)

分子的极性对化合物的熔点、沸点和溶解度都有重要影响，是分子的一个重要理化参数。键的极性则对分子的化学反应性能具有决定性的影响。

1.2.3　有机反应机理

反应机理也叫反应历程或反应机制，是指一个化学反应所经历的过程。总的来说，化学反应的实质是原子核外电子运动状态发生变化的结果，即从反应物分子中的运动状态转化为生成物（产物）分子中运动状态的过程，这个过程涉及反应物中化学键的断裂和生成物中化学键的形成。

如前所述，一个共价键是由两个原子共用一对电子形成的，当这个键断裂时，这对电子的转移方式就决定了这个反应的机理。一般而言，有机化学反应可分为均裂、异裂和协同三种方式。

（1）均裂反应(hemolytic reaction)　当共价键断裂时，成键电子对平均分属两个成键原子，这种断裂方式称为均裂。

$$A\!:\!B \longrightarrow A\cdot + \cdot B$$

例如：

$$H-\overset{\displaystyle H}{\underset{\displaystyle H}{\overset{|}{\underset{|}{C}}}}-H + \cdot Cl \longrightarrow H-\overset{\displaystyle H}{\underset{\displaystyle H}{\overset{|}{\underset{|}{C}}}}\cdot + HCl$$

均裂时所生成的带单电子的原子或原子团称为自由基或游离基（free radical），它是电中性的。由于碳原子的价电子层不满足八隅体规则，因此是不稳定的中间体。这种以键的均裂生成自由基的方式所进行的反应称为**自由基反应**，其所需的能量较高，一般在光照、高温或自由基引发剂存在的条件下进行。

（2）异裂反应(heterolytic reaction)　当共价键断裂时，成键电子对完全转移到其中一个成键原子上，这种断裂方式称为异裂。

$$A\!:\!B \longrightarrow A^{+} + B^{-} \quad 或 \quad A\!:\!B \longrightarrow A^{-} + B^{+}$$

例如：

$$(CH_3)_3C-Br \longrightarrow (CH_3)_3C^{+} + Br^{-}$$

异裂时生成碳正离子或碳负离子，其中碳正离子的价电子层也不满足八隅体规则，因此也是不稳定的中间体，而碳负离子则因为满足八隅体规则，因此相对比较稳定。这种经过共价键的异裂生成碳正离子或碳负离子的反应称为**离子型反应**。离子型反应一般在酸、碱或极性物质催化下进行。

（3）协同反应（concerted reaction） 以上两种反应是按先打破，后重建的方式进行的。除此以外，还有一种反应其旧键的断裂和新键的形成是同时进行的，即同时有多个反应中心，反应过程中没有离子或自由基中间体产生，也不能分辨共价键是均裂还是异裂，这种反应称为**协同反应**。如双烯合成反应就是经过一个六元环状过渡态完成的：

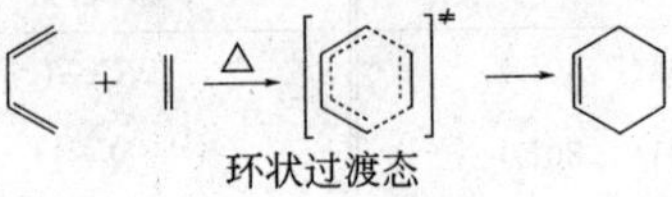

环状过渡态

有机化学反应数量众多，以上是反应的总体类型，掌握这个总纲，就可以比较顺利地理解各种类型的反应过程。应该说明的是，即使是同类型的反应，不同化合物的反应机理也有较大的区别，将在介绍到各类化合物时分别作介绍。

1.3 有机化合物的特点和研究方法

1.3.1 有机化合物的特点

有机化合物数量非常庞大，绝大多数为共价化合物。相比于经典的离子型化合物，它们具有如下一些特点。

（1）容易燃烧 离子型化合物大多不易燃烧，而有机化合物则大多容易燃烧，有些还可以烧尽，完全转化为气体产物。这是区别于离子型化合物的一大标志，常可用于简单鉴别有机物和无机物。但应注意，有些有机物也是不易燃烧的，如一些有机阻燃剂。

（2）热稳定性差 有机化合物的热稳定性大都较差，在较高温度下容易产生分解，如淀粉、蛋白质等，而无机离子型化合物则非常稳定，很难分解。

（3）熔点低 有机化合物的熔点大都在300℃以下，这是由于其晶格能小的原因，而离子型化合物的熔点往往超过1000℃。

（4）极性弱 由于有机化合物大多由共价键组成，分子的极性很弱，而离子型化合物均为强极性化合物。

（5）水溶性差 除了少数化合物，绝大多数的有机化合物的水溶性都较差，这是由于其极性弱造成的。相反，它们较易溶于弱极性或非极性有机溶剂中。

（6）反应速率慢 大多数离子型化合物的反应均可在瞬间完成，如复分解反应。而有机化合物的反应通常需要较长的时间，有时需要几小时，甚至数天。当然，也有一些有机化学反应可以瞬间完成，如黄色炸药（TNT）的爆炸。

（7）反应副产物多 离子型反应一般都很直接，没有副反应发生，而有机化合物由于可能存在性能相近的官能团，往往同时有几个部位可以参与反应，因此容易产生副产物。

1.3.2 有机化合物的研究方法

有机化学的研究对象是有机化合物，其研究内容通常包括如下方面。

（1）有机化合物的制备 制备有机化合物一般有从天然产物（动、植物体内和微生物次生代谢物）中提取和人工合成两条途径，其相对应的分支学科有天然产物化学和有机合成化学。在有机化学飞速发展的今天，这两个分支学科也取得了极大的进步，尤其是有机合成化学，已成为最具吸引力的学科之一。

无论是从天然产物提取还是人工合成，都需要对所得到的化合物进行分离纯化。对于大量和常量化合物的制备，可以采用常压蒸馏、分馏、水蒸气蒸馏、减压蒸馏、共沸蒸馏、萃取、重结晶、升华等传统方法完成。而对于微量化合物，则可采用柱色谱、薄层色谱，甚至制备色谱来实现。

对于获得的纯净化合物，其纯度可通过测定其熔点或沸点来判断，也可以通过色谱方法来测定。

(2) 有机化合物的结构鉴定　对于一个未知的化合物，首先应该对其进行元素分析，包括定性分析和定量分析，前者用于确定有机化合物的元素组成，而后者用于确定各元素的相对含量，根据含量就可得出该化合物的实验式（表示有机化合物中各元素相对比例的最简单的式子，其原子质量的总和称为式量）了。例如，通过元素分析得知某有机化合物由C、H、N和O四种元素组成，其相对含量分别为：C，61.31%；H，5.14%；N，10.21%；O，23.33%（由于元素分析一般采用的是燃烧法，所以在元素分析中O的含量一般不直接测定，而是用间接推导的方法确定），则各元素的比例可以如下计算：C=61.31/12=5.11，H=5.14/1=5.14，N=10.21/14=0.73，O=23.33/16=1.46，其元素组成比例为 $C_{5.11}H_{5.14}N_{0.73}O_{1.46}$。由于分子中的原子数目只能为整数，用以上各值除以0.73，即可得其整数式为 $C_7H_7NO_2$，这就是该化合物的实验式，其式量为137。

确定了实验式，下一步就是确定相对分子质量了。对于不同的化合物可以采取不同的方法，一般对于气体和容易挥发的液体可采用蒸气密度法，而对液体和固体化合物可采用沸点升高法或凝固点降低法，后者往往更常用。其所依据的原理为拉乌尔定律，通过下式求出相对分子质量：

$$M_Y = \frac{1000bE}{a \times \Delta T}$$

式中，M_Y 为相对分子质量；E 为摩尔凝固点降低常数；ΔT 为将 bg 样品溶于 ag 溶剂内所观察到的凝固点降低的数值。根据测得的相对分子质量，除以式量，就可以求出化合物的分子式了。

这是早期的方法，比较麻烦。随着高分辨质谱的出现，采用该方法不仅可以得到一个有机化合物的精确的相对分子质量，而且可以根据它来计算得到化合物的分子式，比以前方便了很多。这将在第5章中介绍。

下一个工作就是确定有机化合物的结构了，这是有机化学研究中极其重要的一个方面，这里所说的一个有机化合物的结构包括构造、构型和构象三个层面。早期的结构鉴定主要依靠的是化学方法，费时而且不准确，如确定胆固醇的结构整整用了40年的时间，后来发现所定的结构还不完全正确。现代物理分析方法的使用使得这项工作变得既轻松省力，又快速准确。这些方法包括紫外（UV）光谱法、红外（IR）光谱法、核磁共振（NMR）波谱法、质谱法、圆二色谱法、X射线单晶衍射法等。将在各章节中分别介绍。

(3) 有机化合物的性质和应用　有机化合物的性质包括物理性质、化学性质、生物学性质等，通过对这些性质的认识，来确定有机化合物的应用领域，并由此派生出许多有机化学的应用分支学科，如药物化学、农药化学、有机材料化学、香料化学、染料化学、食品化学、日用化学等。这些应用学科将有机化学的触角延伸到我们的日常生活，包括衣、食、住、行等的方方面面，使得有机化学成为一门真正的“中心科学”。

研究有机化合物性质的方法很多，这些内容不属于本书的范畴，本书不作介绍。

1.4 有机化合物的分类

有机化合物数目众多，种类繁杂，为了便于研究和介绍，必须对其进行分类。一般分类方法有两种，一是根据分子中碳原子的连接方式（碳骨架）的不同进行分类；二是根据决定分子主要化学性质的官能团进行分类。后者用得更普遍。

1.4.1 按碳骨架分类

（1）开链化合物　即碳原子相互结合连成链状结构而不形成环。例如：

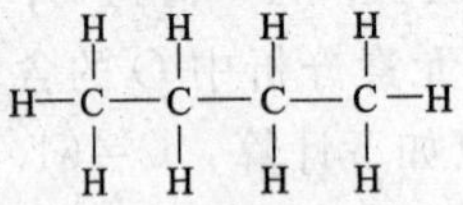

正丁烷 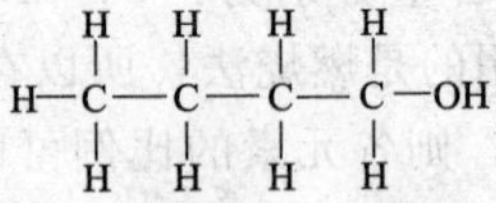　　正丁醇 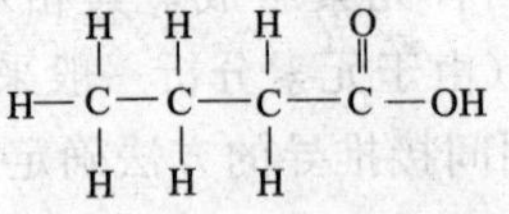　　正丁酸

（2）碳环化合物　即完全由碳原子形成的环状化合物，又可进一步分为脂环化合物和芳香化合物。

① 脂环化合物　指含有由开链化合物环化而成的含碳环的化合物。例如：

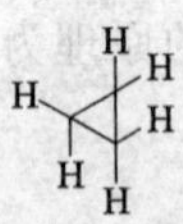

环丙烷 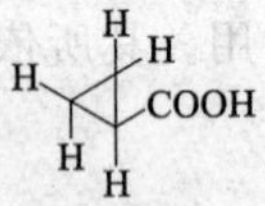　　环丙甲酸 　　环戊二烯

② 芳香化合物　大多数含有苯环。例如：

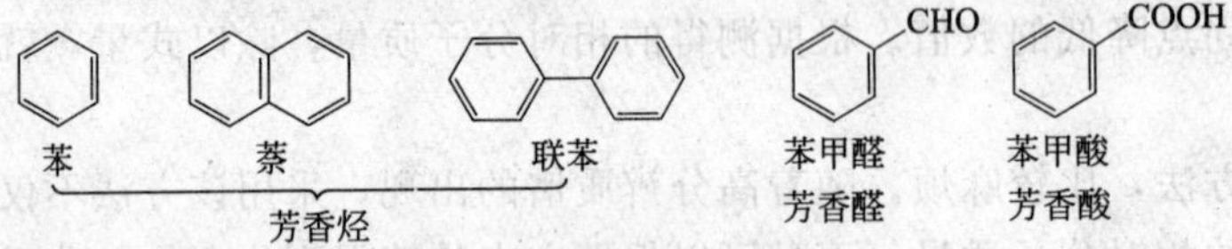

苯　萘　联苯（芳香烃）　苯甲醛 芳香醛　苯甲酸 芳香酸

（3）杂环化合物　由碳原子与其他元素的原子（如 N、O、S 等）共同组成的环状化合物。如：

四氢呋喃 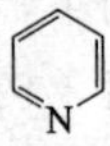　　吡啶 　　噻唑

1.4.2 按官能团分类

官能团是指分子中容易发生化学反应的一些原子或原子团，亦即分子中的反应中心。一般来说，具有相同官能团的化合物能进行相类似的化学反应，因而可以把它们归于一类。表 1-8 列出了典型化合物的种类及其官能团。

按官能团将有机化合物进行分类是大多数有机化学教科书采用的方法，其优点是便于各类型化合物的纵向比较，缺点是不利于化合物的横向比较。本书是以烃为基本母体，然后以各族不同的原子取代烃上的氢原子后形成的化合物的方式编排，希望便于读者比较这种取代对分子的性质所造成的影响。

表 1-8 有机化合物的种类及其官能团

化合物类别	官能团		化合物举例
	结构	名称	
烷烃	无	—	C_2H_6 乙烷
烯烃	C═C	双键	$H_2C═CH_2$ 乙烯
炔烃	C≡C	叁键	HC≡CH 乙炔
卤代烃	—X	卤素	CH_3—I 碘甲烷
醇和酚	—OH	羟基	C_2H_5OH 乙醇；C_6H_5OH 苯酚
醚	C—O—C	醚键	$C_2H_5OC_2H_5$ 乙醚
醛和酮	C═O	羰基	CH_3CHO 乙醛；$CH_3\overset{O}{\overset{\|}{C}}CH_3$ 丙酮
羧酸	—COOH	羧基	CH_3COOH 乙酸
硝基化合物	$—NO_2$	硝基	CH_3NO_2 硝基甲烷
胺	$—NH_2$	氨基	$C_6H_5NH_2$ 苯胺
偶氮化合物	—N═N—	偶氮基	Ph—N═N—Ph 偶氮苯
重氮化合物	—N═N—X	重氮基	Ph—N═N—Cl 氯化重氮苯
硫醇和硫酚	—SH	巯基	C_2H_5SH 乙硫醇；C_6H_5SH 苯硫酚
磺酸	$—SO_3H$	磺酸基	$C_6H_5SO_3H$ 苯磺酸

练 习 题

1. 写出下面化合物完整的电子结构式（假定它们是完全的共价化合物，除氢以外的所有原子核外层是完整的八隅体，并且两个原子间可以共用两对以上的电子）

   (1) CO_2　(2) CH_3OH　(3) CH_3OCH_3　(4) $H_2C═CH_2$

   (5) $CH_3\overset{O}{\overset{\|}{C}}CH_3$　(6) $CH_3\overset{O}{\overset{\|}{C}}OH$　(7) CH_3NO_2　(8) CH_3NHCH_3

2. 判断下列分子有无极性，如有，请标明极性的方向

   (1) $CHCl_3$　(2) CH_3CH_3　(3) $CH_3(Cl)C═C(Cl)CH_3$　(4) $CH_3(Cl)C═C(Cl)CH_3$

   (5) C_6H_5—CH_3

   (6) $CH_3C≡CH$　(7) $CH_3\overset{O}{\overset{\|}{C}}CH_3$　(8) SiF_4　(9) CH_3OCH_3　(10) 环戊二烯

3. 下列化合物中，哪些是有氢键缔合的？画出结构式并表示出氢键

   (1) HF　(2) NH_3　(3) $(CH_3)_3N$　(4) CH_3CH_2OH　(5) CH_3CH_2Br

   (6) CH_3CHO　(7) C_6H_5—OH　(8) CH_3COOH　(9) OH, NO_2（邻位）　(10) C_6H_5—SO_3H

4. 烟酰胺是B族维生素之一，可防治糙皮病。其元素分析结果如下：

   C，59.10%；H，4.92%；N，22.91%；O，13.07%

   烟酰胺的相对分子质量为172。请写出其实验式和分子式。

5. 根据元素电负性大小，将下列共价键的极性按照由弱到强排列：

(1) H—O，H—C，H—N，H—F

(2) C—F，C—Br，C—N，C—O

注：几种元素的电负性如下：

H	C	N	O	Cl	Br	F
2.1	2.5	3.0	3.5	3.0	2.8	4.0

6. 燃烧樟脑 0.132g，得到 CO_2 0.382g，H_2O 0.126g。定性分析表明，分子中除含碳、氢、氧三种元素外不含其他元素，通过质量分析方法测得其相对分子质量为 152。请求出其实验式和分子式。

7. 根据碳 4 价、氧 2 价、氢 1 价、氮 3 价、氯 1 价的原则，确定下列化学式中哪些是可能的？哪些是不可能的？

(1) C_5H_{10}　(2) C_6H_{13}　(3) $C_7H_{15}O$　(4) C_3H_8O　(5) $C_4H_{12}N$

(6) C_4H_6NO　(7) C_4H_9NO　(8) C_4H_4　(9) $C_4H_{10}N$　(10) $C_6H_{10}Cl_3$

2

烃类化合物的分类、命名和结构

烃类化合物是指分子中只含碳和氢两种元素的有机化合物，是一切有机化合物的母体，其他有机化合物都可看作烃的衍生物。因此，熟悉和理解烃分子的结构和性质对于理解其他各类有机化合物的结构和性质具有重要的意义。本书第 2～4 章分别用来介绍烃类化合物的基本知识。

2.1 烃类化合物的分类和同分异构现象

按传统分类方法，可把烃分为开链烃和环状烃两大类：具有链状骨架的烃称为开链烃，也称为脂肪烃，又可分为饱和烃（烷烃）和不饱和烃（烯烃和炔烃等）；具有环状骨架的烃称为环烃，可分为脂环烃和芳香烃。

链状分子中不含不饱和键和环的烃称为烷烃，它们分子中的氢原子数与碳原子数的比例在所有有机化合物中为最高，其分子组成可用通式 C_nH_{2n+2} 表示（n 为碳原子的数目，下同）；分子中只含有碳碳双键的烃称为烯烃，由于其可以通过加一分子氢而达到“饱和”（生成烷烃），因而是不饱和烃，其分子组成可用通式 C_nH_{2n} 来表示；分子中只含有碳碳叁键的烃称为炔烃，可以通过加 2 分子氢而达到饱和，也是不饱和烃，可用通式 C_nH_{2n-2} 来表示。将脂肪烃的任意两个或多个碳原子连接起来就构成了脂环烃，包括环烷烃、环烯烃、环炔烃等。芳香烃最早是从植物胶中提取出来的具有芳香味的物质，现将具有特殊稳定性的不饱和环状化合物统称为芳香族化合物，简称芳烃。

像双键和叁键这种可以与氢分子进行加成的键称为不饱和键，能与一分子氢加成的称为具有 1 个不饱和度，能与 2 分子氢加成的称为具有 2 个不饱和度，依此类推。一个环具有 1 个不饱和度。

烃分子随碳原子数目的增长构成各自的系列化合物，称为同系列，如甲烷、乙烷、丙烷、丁烷……同系列中的各化合物互称为**同系物**（homologues），同系物结构和性质相似。

一般有机化合物的结构分为三个层次：构造、构型和构象。**构造**是指一个分子中各原子互相连接的键序和键性，是有机分子的一级结构；**构型**是指具有一定构造的分子中各原子或原子团在空间的排列方式；**构象**则是指在构造和构型确定的分子中由于C—C单键的自由旋转所带来的不同空间形象。一个分子式相同的分子，其分子中原子间相连的键序和键性不同，就成为不同的分子。即便构造相同，其空间排列方式也可能不同，同样也是不同的分子，它们的物理、化学性质也会不一样。这种分子式相同，而结构式不同，因而性质也不同的分子称为**同分异构体**（isomers），有机化合物中存在同分异构体的现象称为**同分异构现象**。同分异构现象的存在是有机化合物数量庞大的重要原因之一。

在烷烃中，当碳原子数目达到4个以上时，就会出现同分异构现象。如丁烷有2个异构体，戊烷有3个异构体：

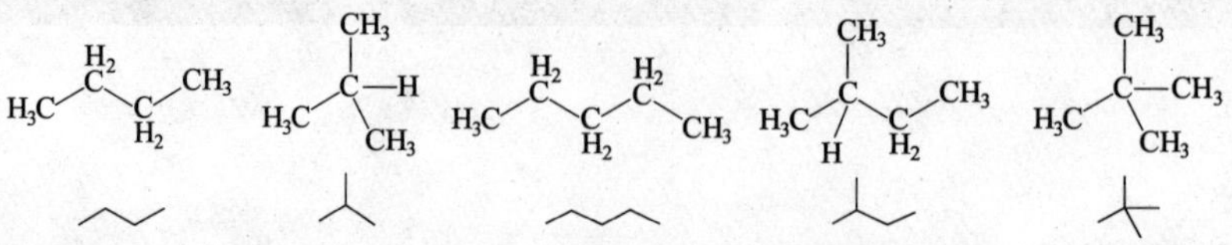

正丁烷　　异丁烷　　正戊烷　　异戊烷　　新戊烷

当碳原子数目达到12个时，其异构体的数目将达到395个。

根据碳碳双键的数目，烯烃可以分为单烯烃、二烯烃和多烯烃等，两个双键共用1个碳原子的二（多）烯烃称为累积二（多）烯烃或叠烯；两个双键之间由一个单键相连的二（多）烯烃称为共轭二（多）烯烃。单烯烃的同分异构现象比烷烃要复杂得多，既有如烷烃一样的碳链异构，双键处于不同位置的位置异构，也有双键造成的构型异构（几何异构），还有与同样具有一个不饱和度的环烷烃的异构。以分子式 C_4H_8 为例，其所可能的同分异构体包括：

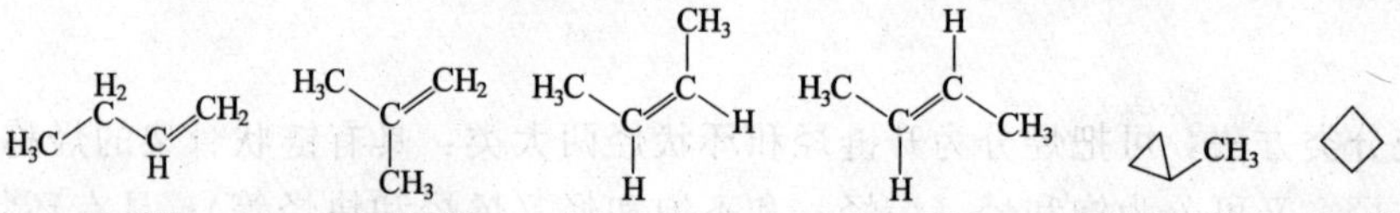

1-丁烯 (1)　　2-甲基丙烯 (2)　　顺-2-丁烯 (3)　　反-2-丁烯 (4)　　甲基环丙烷 (5)　　环丁烷 (6)

其中(1)、(2)、(3)或(4)、(5)、(6)属于碳干异构，(1)、(2)、(3)、(4)与(5)、(6)的关系也可称为官能团异构。(3)和(4)属于顺、反异构（构型异构中的一种），由于它们分子中各原子团（如两个甲基）的几何距离不同，所以此类异构也叫做几何异构。

炔烃也可分为单炔烃、二炔烃和多炔烃。由于炔键有2个不饱和度，因而其同分异构现象更加复杂。以分子式 C_4H_6 为例，其所可能的同分异构体包括：

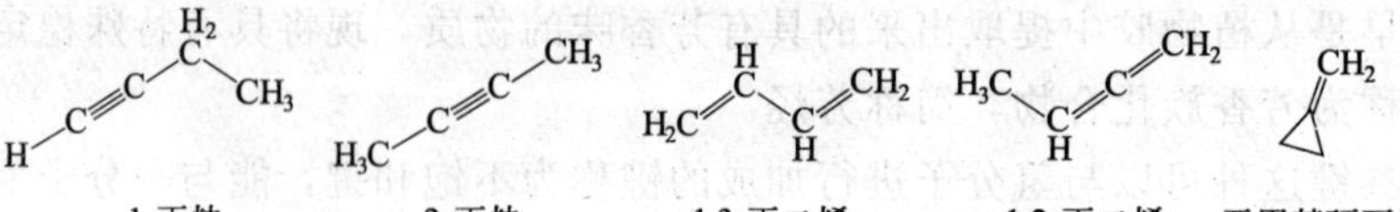

1-丁炔　　2-丁炔　　1,3-丁二烯　　1,2-丁二烯　　亚甲基环丙烷

1-甲基环丙烯　　3-甲基环丙烯　　环丁烯　　双环[1.1.0]丁烷

脂环烃情况比较复杂，简单划分，可以分为单环化合物和多环化合物。单环化合物可以根据环上碳原子的数目分为三元环、四元环、五元环、六元环、…、n 元环，其中 3、4 元环化合物称为小环化合物，5、6、7 元环化合物称为普通环化合物，8～11 元环化合物称为中环化合物，12 元及以上的化合物称为大环化合物。多环化合物又可以根据环之间的连接方式分为螺环化合物和桥环化合物，前者是两个环共用一个碳原子形成的，这个碳称为螺碳；后者是两个环共用 2 个或 2 个以上碳原子形成的，其中两环相接的碳原子称为桥头碳，连接桥头碳的碳链称为桥：

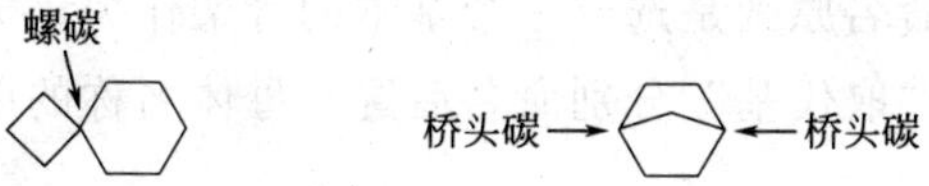

螺碳

桥头碳→ ←桥头碳

脂环烃与开链烃互呈同分异构体，这里略去不表。脂环烃最重要的同分异构现象是其顺、反异构现象。由于取代基可能位于环的两侧，因而也会出现顺、反异构体。如：

CH_3 CH_3 CH_3 CH_3

顺-1,2-二甲基环己烷　　反-1,2-二甲基环己烷

芳烃可以分为苯系芳烃和非苯系芳烃，后者将在后文中介绍。苯系芳烃又可分为单苯芳烃和多苯芳烃，只含一个苯环的称为单苯芳烃，如苯、甲苯、二甲苯等；含有两个以上苯环的称为多苯芳烃，根据苯环的连接状态，多苯芳烃还可进一步分为多苯代脂烃、联芳烃和稠芳烃，如：

多苯代脂烃

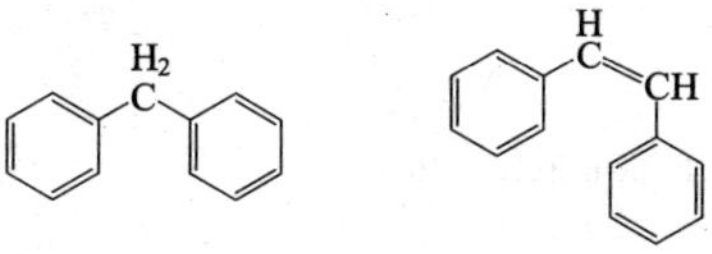

H_2 C　　H C=CH

联芳烃

稠芳烃

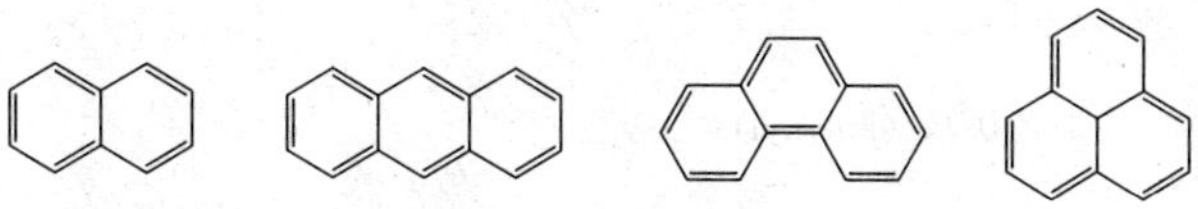

芳香烃的同分异构现象很简单，主要是取代基的位置异构。如：

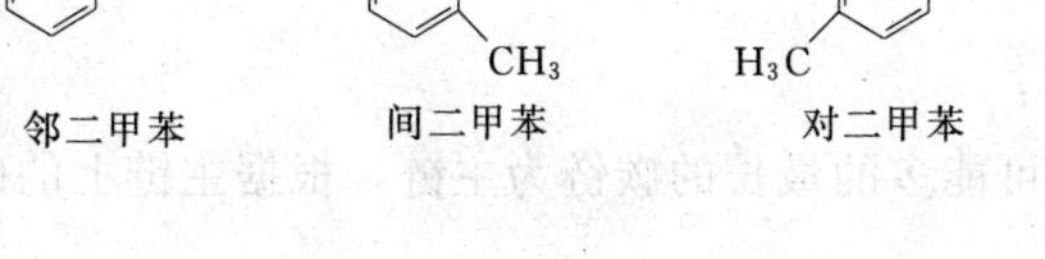

CH_3 CH_3　CH_3 CH_3　CH_3 H_3C

邻二甲苯　　间二甲苯　　对二甲苯

2.2 烃类化合物的命名

2.2.1 烷烃的命名

有机化合物的命名方法有多种，如系统命名法、普通命名法、习惯命名法等，其中系统命名法是根据国际纯粹和应用化学联合会（IUPAC）制定的命名规则命名的，是标准命名系统。系统命名法的总体命名原则是选取一个基本的骨架作为该分子的母体名称，而把位于该骨架上的其他部分作为“取代基”分别命名后置于母体名称的前面，从而构成该化合物的总体名称。

就烃类化合物而言，这些取代基都是烃基，即烃分子脱掉一个氢原子后所剩余的部分，其名称根据相应的烃而命名。常见的烃基如：

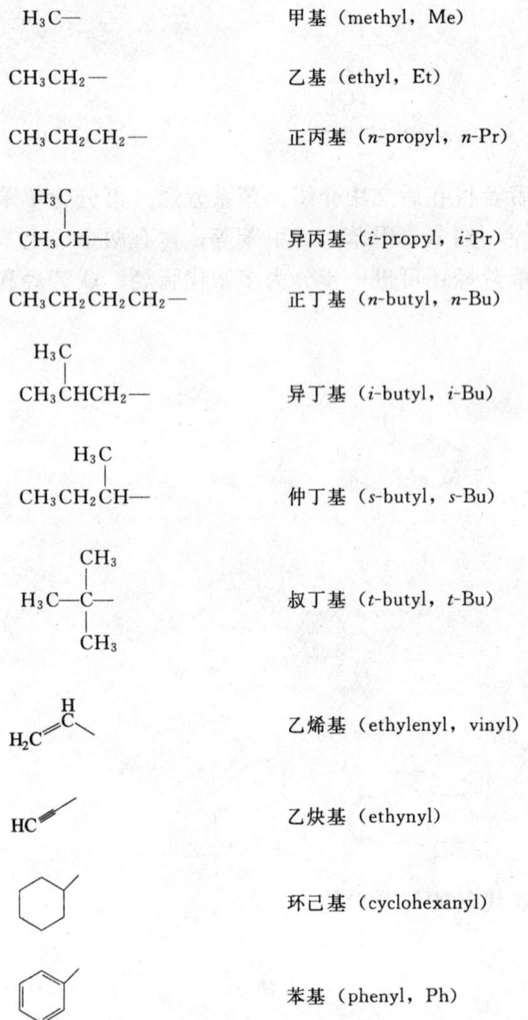

烷烃的命名规则如下：

① 选取含取代基尽可能多的最长的碳链为主链，根据主链上的碳原子数目命名为某烷；

② 从最靠近取代基一端的第 1 个碳原子开始，往另一端方向对主链碳原子编号；

③ 在主链名称前面加上各取代基的名称、数目和位置；

④ 取代基上还有取代基时，对取代基按同样的方法命名。

例如：

$$\overset{12}{C}H_3\overset{11}{C}H_2\overset{10}{C}H_2\overset{9}{C}H(\overset{1'}{C}H(\overset{2'}{C}H_3)CH_3)\overset{8}{C}H_2\overset{7}{C}H(CH_3)\overset{6}{C}H(CH_2CH_3)\overset{5}{C}H_2—\overset{4}{C}H(CH_3)—\overset{3}{C}(CH_3)(\overset{2}{C}H_2\overset{1}{C}H_3)CH_3$$

可以命名为：3，3，4，7-四甲基-6-乙基-9-异丙基十二烷。

对于比较复杂的支链，也可以采取相似的方法，对支链碳原子分别编号，然后命名。如该化合物也可命名为：3，3，4，7-四甲基-6-乙基-9-（1′-甲基）乙基十二烷。

2.2.2 单烯烃的命名

单烯烃的命名规则如下：

① 选取含有双键的最长的碳链为主链，根据主链碳原子数目的多少命名为某烯；

② 从离双键最近的一端开始编号，以编号小的双键碳的编号为准命名为某位烯；

③ 在母体名称前面加上各取代基的名称、数目和位置；

④ 当存在顺、反异构体时，必须在全名的前面明确标出烯烃的构型。构型的确定方法是，当两个双键碳上相对大的基团位于双键同一侧时，称为“顺式”构型，用“顺-”或“*Z*-”表示；当两个双键碳上相对大的基团位于双键的异侧时，称为“反式”构型，用“反-”或“*E*-”表示（*Z* 和 *E* 分别为德文 zuzammen 和 entgegen 的首字母，意即同侧和异侧）。

双键碳上两个取代基大小的比较按照“次序规则”确定，该规则规定如下：

① 与双键碳直接相连的原子，原子序数越大，则该基团越大。如：

$$I>Br>Cl>S>P>O>N>C>D>H$$

② 如果与双键碳直接相连的原子相同，则顺序比较第 2 个原子，第 2 个仍然相同时，则比较第 3 个，依此类推。如：

$$BrCH_2>ClCH_2>CH_3，BrCH_2CH_2>ClCH_2CH_2>CH_3CH_2>CH_3$$

③ 双键和叁键分别按连接 2 个或 3 个相同的原子处理，例如：

$$H_2C{=}CH— = H—\underset{(C)}{\overset{H}{C}}—\underset{(C)}{\overset{H}{C}}— ，O{=}\overset{H}{C}— = O—\underset{(C)(O)}{\overset{H}{C}}— ，HC{\equiv}C— = H—\underset{(C)}{\overset{(C)}{C}}—\underset{(C)}{\overset{(C)}{C}}—$$

所以有：

$CH_2{=}CH>CH_3CH_2$，$CHO>CH_2OH$ 等。

举例如下：

$$\overset{1}{H_3C}—\overset{2}{C}(CH_3){=}\overset{3}{C}H—\overset{4}{C}H(CH_3)—\overset{5}{C}H_2\overset{6}{C}H_3$$

2,4-二甲基-2-己烯

$$\overset{4}{H_3C}—\overset{3}{C}H(CH_3)—\overset{2}{C}(CH_2CH_3){=}\overset{1}{C}H_2$$

3-甲基-2-乙基-1-丁烯

$$\overset{1}{C}H_3\overset{2}{C}H_2\overset{3}{C}H(CH_3)—\overset{4}{C}H{=}\overset{5}{C}H—\overset{6}{C}H_2\overset{7}{C}H_2\overset{8}{C}H_3$$

3-甲基-4-辛烯

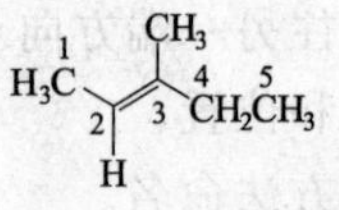

(E)-3-甲基-2-戊烯
反-3-甲基-2-戊烯

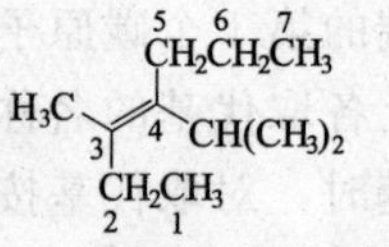

(Z)-3-甲基-4-异丙基-3-庚烯
顺-3-甲基-4-异丙基-3-庚烯

多元烯烃与单烯烃类似，选取含双键尽可能多的最长的碳链为主链，编号时以双键位次和最小为原则，当位次和相同时从离取代基最近的一端编起，然后将相应双键的位置及构型标出即可。例如：

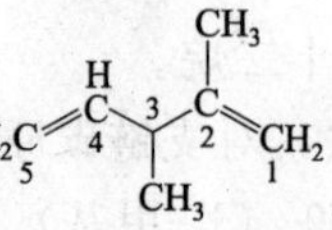

2,3-二甲基-1,4-戊二烯

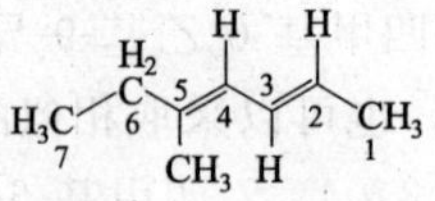

(2E,4E)-5-甲基-2,4-庚二烯

2.2.3 炔烃的命名

炔烃的命名与烯烃相似，首先选取含叁键最多的最长的碳链为主链，编号时从最靠近炔碳的一端开始，以位次小的炔碳为准将母体命名为“某位某炔”，然后在母体名称前面加上取代基的名称和位置。例如：

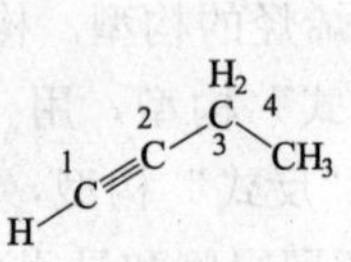

1-丁炔

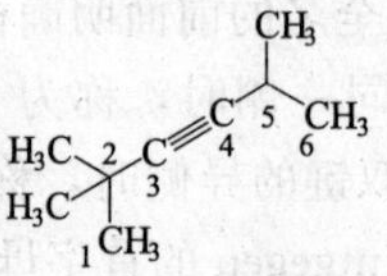

2,2,5-三甲基-3-己炔

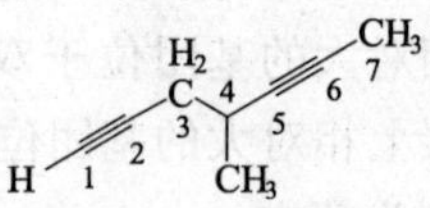

4-甲基-1,5-庚二炔

含双键的炔烃叫做烯炔，命名时采用与烯烃和炔烃相同的命名法命名即可，编号时以双键和叁键的位次和最小为原则，在相同时以双键位次小为准。如：

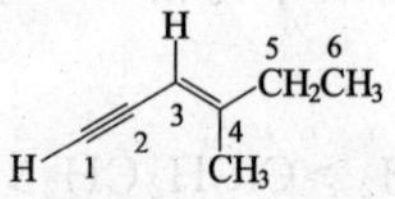

(E)-4-甲基-3-己烯-1-炔

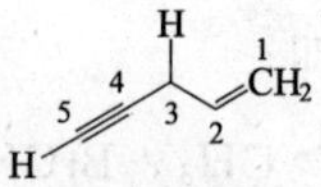

1-戊烯-4-炔

2.2.4 脂环烃的命名

单环脂烃的命名是根据环上碳原子的数目将母体命名为环某烷(烯、炔)，在母体名称的前面标上取代基的名称、数目和位置。当有多个取代基时，则先选择一个参考取代基，如下例4中的甲基，在其位置前标上 *r*，表示以其为参考，然后将其他基团与该基团的相对位置关系，即是顺式(*cis*-)还是反式(*trans*-)一一标出。例如：

环丙烷 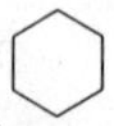　环己烷 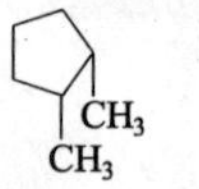　顺-1,2-二甲基环戊烷 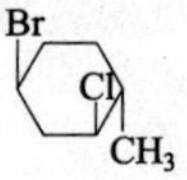　*r*-1,*t*-2,*t*-4-1-甲基-2-氯-4-溴环己烷

环戊二烯 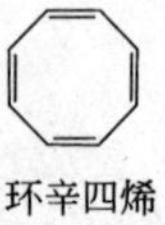　环辛四烯 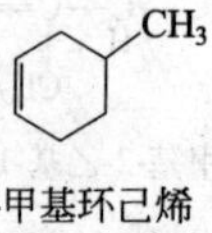　4-甲基环己烯 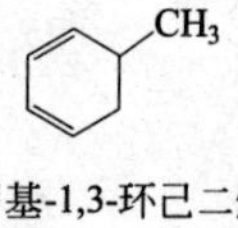　5-甲基-1,3-环己二烯

螺环烃的命名是根据环上所有碳(包括螺碳)原子的数目命名为螺某烷(烯、炔),在"螺"字与某烷(烯、炔)之间用[$m.n$]表示环的大小,其中 m 和 n 分别是小环和大环上除了螺碳原子外其他碳原子的数目。然后从较小环最靠近螺碳原子的位置开始给小环编号,经螺碳向大环编号。如果两个环的大小一样,则从含有较多不饱和键的环或较多取代基的环开始编号,根据编号将环上取代基的名称、位次和数目标于母体名称的前面。如:

螺[4.5]癸烷　　4-甲基螺[2.4]庚烷　　1-甲基螺[3.5]壬-5-烯

桥环烃的命名规则是根据环的数目和环上所有碳原子的数目称为几环某烷(烯、炔),在中间用[$m.n.p$]等标明每个桥上不包括桥头碳的碳原子数目($m>n>p$),将一个桥头碳编号为1位(选择的原则是所有取代基的位次之和为最小),按最长链、次长链到最短链的次序对每个环上碳原子编号,在母体名称前标上取代基的名称、位次和个数。例如:

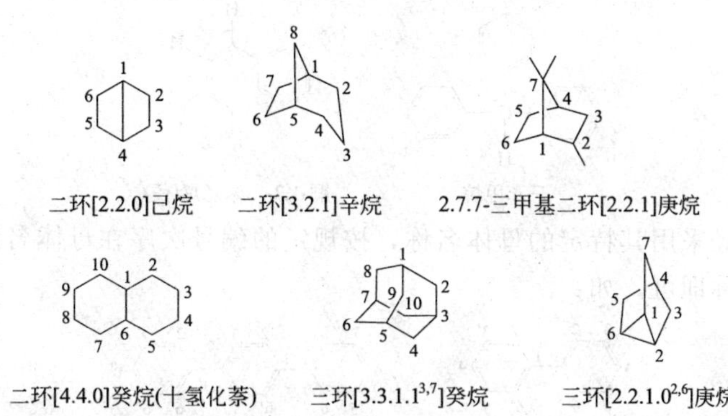

二环[2.2.0]己烷　　二环[3.2.1]辛烷　　2,7,7-三甲基二环[2.2.1]庚烷

二环[4.4.0]癸烷(十氢化萘)　　三环[$3.3.1.1^{3,7}$]癸烷　　三环[$2.2.1.0^{2,6}$]庚烷

2.2.5 芳烃的命名

芳烃的命名采用普通命名法和系统命名法两种命名系统,都以苯环作为母体名称,在"苯"字前面加上取代基的名称、位次和个数即可,取代基的编号以最小的取代基为准。例如:

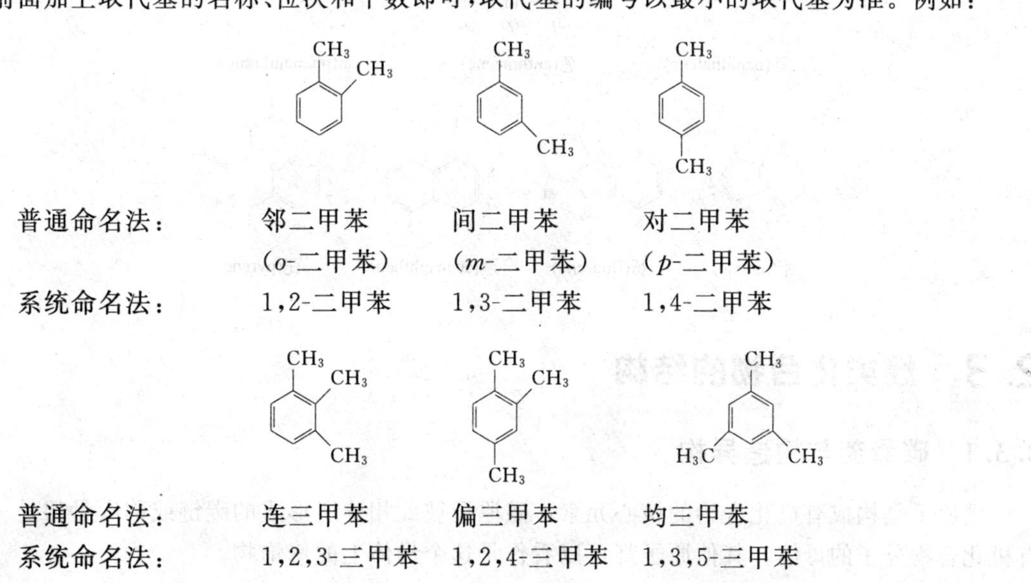

普通命名法:	邻二甲苯 (*o*-二甲苯)	间二甲苯 (*m*-二甲苯)	对二甲苯 (*p*-二甲苯)
系统命名法:	1,2-二甲苯	1,3-二甲苯	1,4-二甲苯

普通命名法:	连三甲苯	偏三甲苯	均三甲苯
系统命名法:	1,2,3-三甲苯	1,2,4-三甲苯	1,3,5-三甲苯

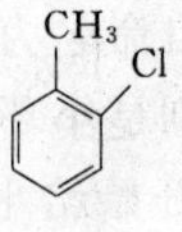

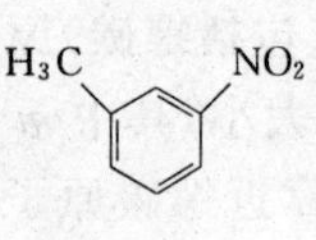

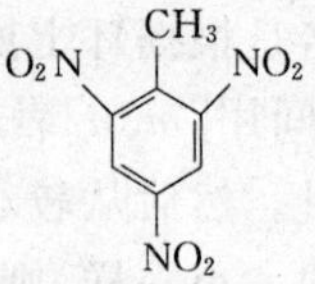

普通命名法：　　邻氯甲苯　　间硝基甲苯
（o-氯甲苯）　（m-硝基甲苯）

系统命名法：　　2-氯甲苯　　3-硝基甲苯　　2,4,6-三硝基甲苯

当侧链为不饱和基团时，一般以不饱和烃为母体命名，但有多个取代基时则仍以苯环为母体。例如：

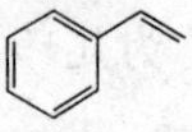

苯乙烯 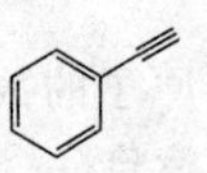　苯乙炔 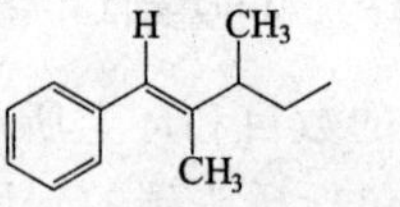　(E)-2,3-二甲基-1-苯基-1-戊烯 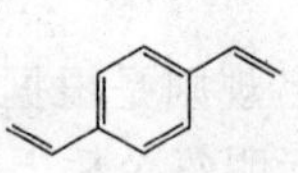　1,4-二乙烯基苯

多苯代脂烃按脂肪烃的芳基取代物命名。例如：

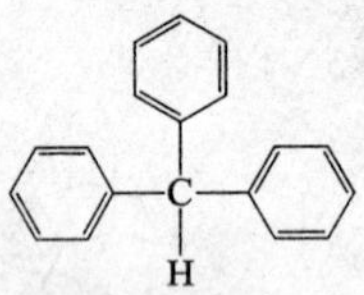

三苯甲烷 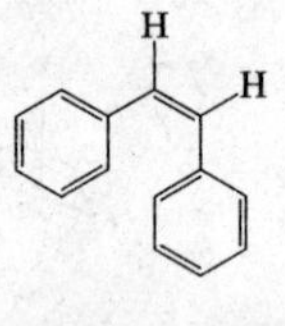　顺-1,2-二苯乙烯(芪)

联芳烃和稠芳烃采用其特定的母体名称，按规定的编号次序在母体名称前面加上取代基的位次、数目和名称即可。如：

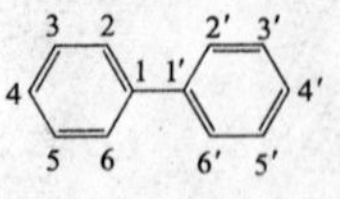

联苯 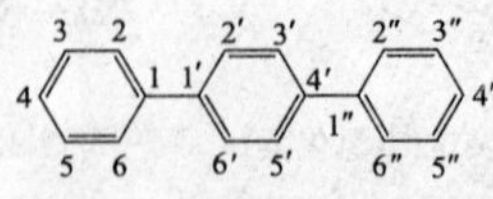　三联苯

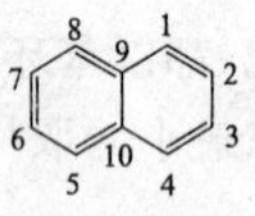

萘(naphthalene) 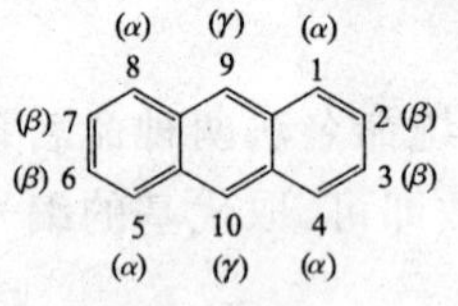　蒽(anthracene) 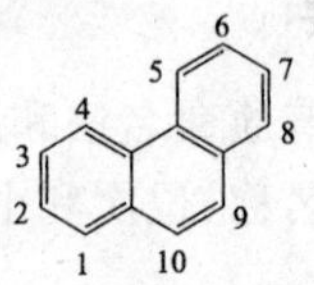　菲(phenanthrene)

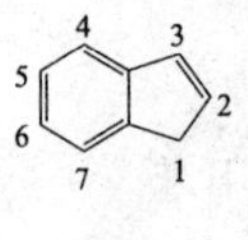

茚(indene) 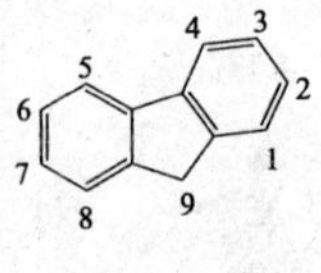　芴(fluorene) 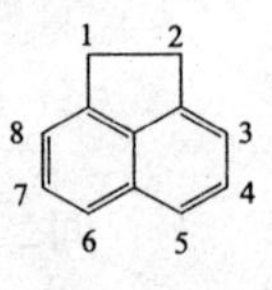　苊(acenaphthene) 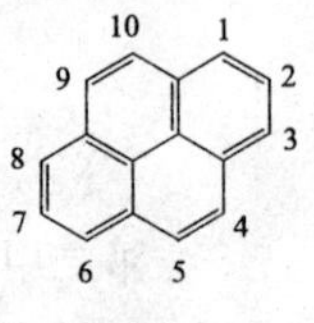　芘(pyrene)

2.3 烃类化合物的结构

2.3.1 碳骨架与构造异构

碳原子是构成有机化合物的核心元素，碳原子彼此相连所形成的碳链或称碳骨架是一切有机化合物分子的母体，其他原子都可以看作是这个母体上的修饰物。

分子中各原子之间相连的键性（单键或复键）和键序构成分子的一级结构，相同分子式的分子，如果其键性或键序不同，它们就是一对同分异构体，它们属于构造异构。如乙醇和二甲醚，1,3-丁二烯与2-丁炔等。

CH_3CH_2OH	CH_3OCH_3	$CH_2{=}CH{-}CH{=}CH_2$	$CH_3{-}C{\equiv}C{-}CH_3$
乙醇	二甲醚	1,3-丁二烯	2-丁炔
（键序不同）		（键性不同）	

2.3.2 构型与构型异构

有一些分子，虽然键序和键性相同，但它们也是不同的分子，这就涉及有机分子的深层次结构，即空间结构。分子中各原子或原子团在空间的排布形象称为**构型**（configuration），由于构型不同引起的异构现象称为构型异构，包括对映异构和非对映异构。

如前所述，碳原子在构成有机分子时，可以采取三种成键方式，即分别以 sp^3、sp^2 或 sp 杂化轨道的方式成键。这三种成键方式由于其杂化轨道的空间取向不同，所形成的分子也呈不同的空间形状，分别为四面体、平面三角形和直线形。

2.3.2.1 碳四面体与对映异构

sp^3 杂化——四面体，如图2-1所示。

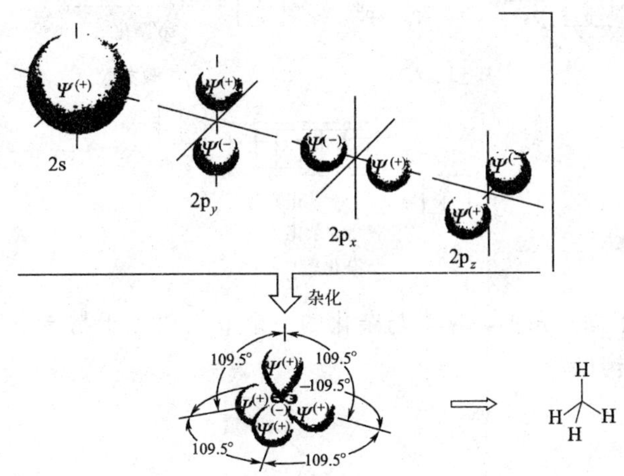

图2-1 甲烷四面体结构的形成

4个 sp^3 杂化轨道分别与其他原子的 s 轨道或杂化轨道形成 σ 键，如 sp^3-s、sp^3-sp^3、sp^3-sp^2、sp^3-sp 等。σ 键由于具有轴对称性，因此是可以自由旋转的。

为了清楚地表示分子的立体构型，IUPAC建议在书写时使用如下两种方法：即飞楔式和 Fischer 投影式，如甲烷可表示为：

飞楔式　　　　Fischer投影式

飞楔式很清楚地显示出了各原子的空间位置关系，但对于比较大的分子，书写起来比较麻烦，这时通常采用 Fischer 投影式，它是将飞楔式投影到纸平面上得到的，注意其与飞楔式的空间对应关系，其横键表示取代基朝向观察者，而竖键表示背离观察者。

当 sp^3 杂化碳原子上所连接的 4 个基团都不相同时，这样的分子会有两种不同的空间排列方式，如：

这两种排列方式互呈实物和镜像的关系，相似但不能重合，就如人的左右手一样，它们是不同的化合物。像这种分子式相同，结构相似，互呈实物和镜像关系的同分异构体称为**对映异构体**，这种异构现象称为对映异构现象，在自然界广泛存在。

关于对映异构现象将在第 6 章专门介绍。

2.3.2.2 烯烃的平面结构与顺反异构

sp^2 杂化——平面三角形。处于激发态的碳原子，在成键时也可以以 sp^2 杂化的方式进行，即在进行轨道杂化时，2s 轨道与 2 个 2p 轨道杂化形成 sp^2 杂化轨道，剩下 1 个未参与杂化的 p 轨道：

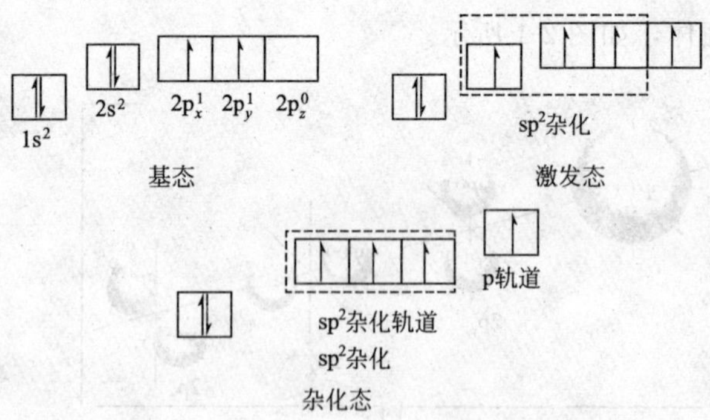

sp^2 杂化轨道呈平面三角形，未参与杂化的一个 p 轨道处于与该平面垂直的位置，因此形成的分子呈平面形构型。

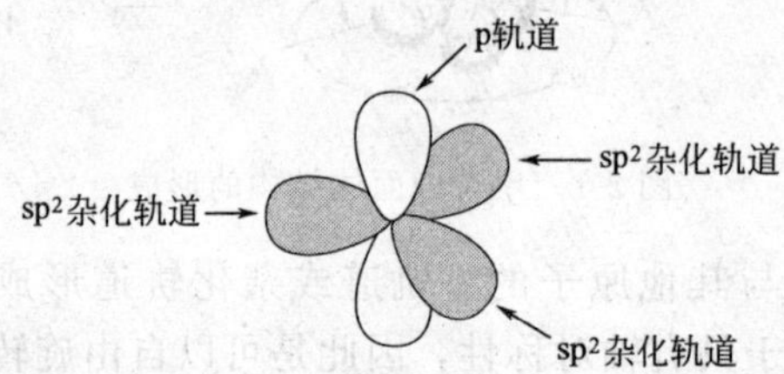

以乙烯为例，在形成乙烯分子时，每个碳原子以其一个 sp^2 杂化轨道与另一个碳原子的 sp^2 杂化轨道以“头碰头”的方式形成一个 sp^2-sp^2 型 σ 键，另外每个碳原子上 2 个 sp^2 杂化轨道分别与两个氢原子的 s 轨道形成 2 个 sp^2-s 型 σ 键。这样，每个碳原子上分别还余下 1 个未参与杂化的 p 轨道，这 2 个 p 轨道侧面平行以“肩并肩”的方式重叠成键，这种键称为 π 键。这样在乙烯分子中两个碳原子之间就存在有一个 σ 键和一个 π 键，其中 σ 键的键能较大，而 π 键键能较小。但事实上这两个键是没法区别的，得到的是一个总的结果。

由乙烯的成键方式可以看出烯烃类化合物的结构特点如下：

① 由于 π 键是 2 个 p 轨道侧面重叠形成的，因此碳碳双键是不能自由旋转的（旋转就会造成 π 键的破裂）。这种性质使得当烯烃的每个碳原子上分别连接不同的基团时，会出现

异构现象，如：

在这两个分子中，两个甲基处于同侧的为顺式异构体，异侧的为反式异构体，它们互呈顺反异构体的关系。显然，在这两个分子中，基团之间的几何距离是不一样的，因此它们也称为几何异构体。关于几何异构体的命名参见本章前文。

② 与双键关联的原子都在同一个平面上，这是由 sp^2 杂化轨道的性质决定的。

2.3.2.3 炔烃的直线结构

sp 杂化——线形结构。处于激发态的碳原子，在成键时还可以以 sp 杂化的方式进行，即在进行轨道杂化时，2s 轨道与 1 个 2p 轨道杂化形成 sp 杂化轨道，剩下 2 个未参与杂化的 p 轨道：

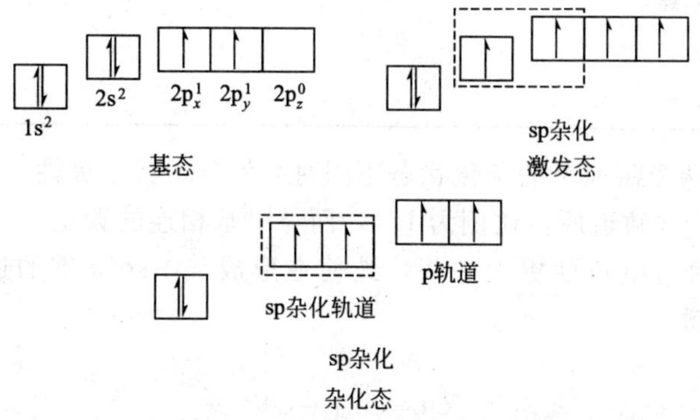

sp 杂化轨道呈直线形结构，未参与杂化的 2 个 p 轨道垂直于该直线，且相互垂直：

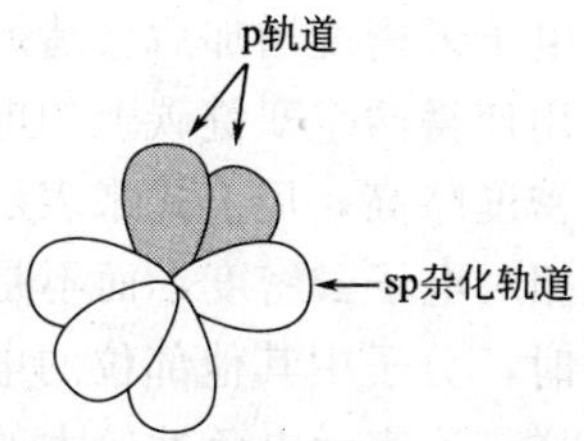

以乙炔的形成为例，两个碳原子分别以一个 sp 杂化轨道“头碰头”重叠形成 sp-sp 型 σ 键，另外一个 sp 杂化轨道与氢原子的 1s 轨道形成 sp-s 型 σ 键，每个碳原子上未参与杂化的 2 个 p 轨道以“肩并肩”的形式形成 2 个 π 键，故乙炔的结构为：

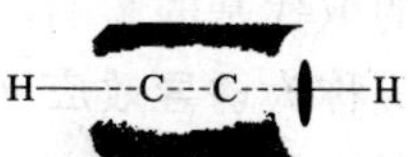

由于 sp 杂化轨道是直线形的，故与叁键关联的原子均在一条直线上。

2.3.3 诱导效应、共轭效应与超共轭效应

2.3.3.1 诱导效应

从前面的讨论可以看出，同为 σ 键，当成键的轨道不同时其性质是有差异的，如碳碳单

键与碳碳双键中的σ键就有差异，在双键中由于π键的参与，以及 sp^2 杂化轨道更接近于原子核，所以其键长要比碳碳单键中的σ键短。表 2-1 列出了几类σ键的键长。

表 2-1　几类σ键的键长

键	举例	类型	键长/nm	键	举例	类型	键长/nm
C—C	CH_3CH_3	sp^3-sp^3	0.154	C—H	CH_3CH_3	sp^3-s	0.1102
C═C	$H_2C{=}CH_2$	sp^2-sp^2	0.134	C—H	$H_2C{=}CH_2$	sp^2-s	0.1086
C≡C	HC≡CH	sp-sp	0.120	C—H	HC≡CH	sp-s	0.1059

碳原子的不同杂化状态会造成不同分子环境中的碳原子的电负性具有差异。杂化轨道中的 s 轨道成分越多，则其电负性越大，这是因为 s 轨道比 P 轨道更靠近原子核的原因。这样，不同 C—H 的 H 原子可能具有不同的酸性（见表 2-2）。

表 2-2　烃类化合物中不同氢的酸性

化合物	pK_a
乙烷	42
乙烯	36.5
乙炔	25

另一方面当相邻两个碳原子的杂化状态不同时会使分子具有极性。以丙烯为例，由于甲基碳是 sp^3 杂化，其中 s 轨道所占比例为 1/4，而与甲基相连的碳是 sp^2 杂化，s 轨道所占比例为 1/3，因此后者轨道电负性更大一些，致使在形成 sp^3-sp^2σ 键的这对电子更偏向于后者，因此是极性共价键：

$$\overset{\delta^-}{CH_2}=\overset{\delta^+}{CH}\longleftarrow CH_3$$

注意这里电子偏移的方向。一个分子不是孤立的，某一部位电子云密度的变化会影响其他部位的电子偏移。以上例，次甲基上电子云密度增加后会造成与亚甲基相连的形成双键的电子云也往亚甲基偏移，这样甲基的作用使得两个双键碳上的电子云密度都增加，但这种增加不是平均的，其中亚甲基上的电子云密度略高，用上式来表示丙烯分子中各碳原子的相对电子云密度，这里的 δ^+ 和 δ^- 表示的是相对电子云密度，而不是表示电荷。

当一个分子中存在极性共价键时，分子中其他部位的电子云会按照电负性大小所决定的方向产生偏移，就如一根橡皮筋一样（X 表示电负性较大的原子或原子团）：

$$\overset{\delta\delta\delta^+}{CH_3}\longrightarrow\overset{\delta\delta^+}{CH_2}\longrightarrow\overset{\delta^+}{CH_2}\longrightarrow\overset{\delta^-}{X}$$

有机化合物中，由于电负性不同的取代基的影响，使整个分子中成键电子云密度按取代基团电负性所决定的方向而偏移的效应称为**诱导效应**（inductive effect）。其中能使成键电子云偏向自己的原子或原子团称为具有吸电子诱导效应，记为“－I”；而使成键电子云偏离自己的原子或原子团称为具有给电子诱导效应，记为“＋I”。

诱导效应是有机化合物普遍存在的一种属性，会对有机化合物的物理、化学性质产生重要影响，如分子的极性、反应发生的方向和反应速率等。

诱导效应是一种短程效应，虽然较远的基团也会有一定影响，但一般相隔 4 个σ键以上就非常弱了，可以忽略不计。

2.3.3.2 共轭效应

共轭效应是存在于共轭体系中的一种普遍的性质。以1,3-丁二烯为例，该分子中的4个碳原子均采取 sp^2 杂化，每个碳原子上均有一个未参与杂化的p轨道，其中两两形成2个 π 键，处于其间的 sp^2-sp^2 σ 键显然与一般的 σ 键不同，因为这两个碳原子上的p轨道之间也可以产生类似于 π 键"肩并肩"式的重叠：

其结果是在1,3-丁二烯分子中出现键长的平均化，即双键变长，而单键变短。这一作用也可以用分子轨道理论作明确的解释。

在1，3-丁二烯分子中有4个未参与杂化的p轨道，其 π 分子轨道由它们形成。按照分子轨道理论，4个p轨道将形成4个 π 分子轨道，按照轨道对称性和能量高低排列如图2-2所示。

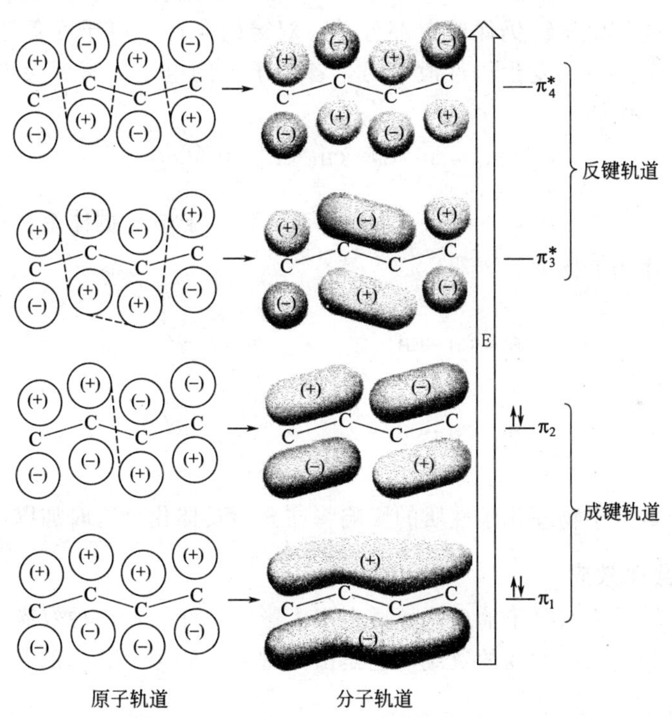

图2-2 1,3-丁二烯的 π 分子轨道

显然由于 π_1 和 π_3^* 的存在使得中间2个碳原子之间除 σ 键之外产生了新的作用。像这种由单双键交替连接的分子体系称为 π-π 共轭体系，共轭体系会表现出一些特殊的性质，主要包括如下几点。

(1) 键长的平均化　共轭体系中原子间的键长不是孤立单键或双键的键长，而是单键变短，双键变长，即所谓键长平均化。

(2) 内能降低，分子更稳定　表现为分子**氢化热**（1mol不饱和化合物加氢时所释放的能量）降低。每个双键的氢化热越小，表明分子越稳定。表2-3列出了部分二烯烃的氢化热值。

表 2-3　烯烃的氢化热

化合物	分子的氢化热/(kJ/mol)	平均每个双键的氢化热/(kJ/mol)
$CH_3-CH=CH_2$	125.2	125.2
$CH_3CH_2-CH=CH_2$	126.8	126.8
$CH_2=CH-CH=CH_2$	238.9	119.5
$CH_3CH_2CH_2-CH=CH_2$	125.9	125.9
$CH_2=CH-CH_2-CH=CH_2$	254.4	127.2
$CH_3-CH=CH-CH=CH_2$	226.4	113.2

可见共轭双键分子的内能较隔离双键分子的内能低，其低出的部分通常称为**共轭能**。一般而言，共轭链越长，则共轭能越大，分子就越稳定。

(3) 共轭体系内的π电子具有离域性，可以在整个共轭体系内流动　当共轭体系一端的电子云密度受到影响时，该体系中的每一个碳原子上的电子云密度均会受到影响。共轭链有多长，影响范围就有多长，不会因为距离的增长而减弱。这种电子效应称为**共轭效应**。

(4) 共轭体系内各化学键仍保留有部分单、双键的属性　电子在各原子间流动速度不同，所以当共轭体系的一端发生极性改变时，各原子上的电子云密度会出现疏密交替的现象，称为**交叉极化**，例如：

$$CH_3 \mapsto \underset{\delta^+}{CH}=\underset{\delta^-}{CH}-\underset{\delta^+}{CH}=\underset{\delta^-}{CH}-\underset{\delta^+}{CH}=\underset{\delta^-}{CH_2}$$

除了π-π共轭体系外，还有一种p-π共轭体系，是由于与π键体系相连接的原子上的p轨道与π体系相互作用形成的。例如：

$$CH_2=CH-CH_2^+$$

$$CH_2=CH-OH$$

关于共轭效应对分子物理化学性质的影响将在介绍具体化合物时加以详细分析。

2.3.3.3　超共轭效应

诱导效应和共轭效应对分子的理化性质有很大影响。除了这两种效应外，有机分子中还存在着一种类似于共轭效应的弱的效应，它是由π键或p轨道与相邻的C—H σ键之间的相互作用。例如：

$CH_2=CH-CH_3$　σ-π 超共轭

$^+CH_2-CH_3$　σ-p 超共轭

在C—H σ键中，由于氢原子的体积很小，构成该σ键的一对电子相对比较“裸露”，致使该对电子与邻近的π键或p轨道产生类似于共轭效应的作用，因此称为**超共轭效应**。如在丙烯分子中既存在诱导效应，又存在超共轭效应，它们的方向是一致的。因为σ键与π

键或 p 轨道不处于侧面平行排列的位置，它们之间的重叠很小，因此超共轭效应是一种弱效应，它虽然不对分子的理化性质产生重大影响，但在解释某些分子间的细微差别时是很有用的。

π 键或 p 轨道相邻的 C—C σ 键中的成键电子对由于处于两个较大体积的原子之间而不够“裸露”，与 π 键或 p 轨道的作用更弱，因此一般不考虑它们的影响。

2.3.3.4 动态电子效应

以上电子效应是根据分子结构本身的特点分析得出的，是分子本身具备的电子效应，称为静态电子效应。当分子参加化学反应时，其他试剂或溶剂分子的电场会对其产生作用，其结果会加强这种效应，这种电子效应的加强部分称为动态电子效应。动态电子效应不是分子本身具备的属性，只有在外界电场存在时才会出现，随外界电场的消失而消失。

2.3.4 环烷烃的构型和环的稳定性

燃烧热的大小可以反映出分子内能的高低。由热化学实验可以测得不同的环烷烃分子中每个亚甲基的燃烧热，见表 2-4。

表 2-4 一些环烷烃的燃烧热 (kJ/mol)

环烷烃	碳原子数	燃烧热(H_c)	每个 CH_2 的燃烧热(H_c/n)	总张力能($H_c/n-658.6$)$\times n$
乙烯	2	1422.6	711.3	105.4
环丙烷	3	2091.2	697.1	115.5
环丁烷	4	2744.3	686.1	110.0
环戊烷	5	3320.0	664.0	27.0
环己烷	6	3951.8	658.6	0
环庚烷	7	4636.7	662.4	26.6
环辛烷	8	5310.3	663.8	41.6
环壬烷	9	5981.0	664.6	54.0
环癸烷	10	6635.8	663.6	50.0
环十四烷	14	9220.4	658.6	0
环十五烷	15	9884.7	659.0	0.6
正烷烃			658.6	

从表 2-4 可以看出，虽然同为亚甲基 CH_2，但处于不同分子中其燃烧热值是不同的，从三元环到六元环，其燃烧热值逐渐减小，说明其分子逐渐趋于稳定化，环已烷的稳定性与开链烃基本相同。而从六元环到九元环，其燃烧热值又逐渐增大，说明分子的稳定性减弱。随后随着环的进一步扩大，其燃烧热已接近正烷烃，说明大环化合物的稳定性也与正烷烃相似。

为什么会具有如此规律呢？这是由分子内的各种张力所决定的。1885 年，A. Von Bayer 提出了张力学说，他根据碳的正四面体结构，假设成环后所有碳原子都在一个平面上，这样得出结论：假如成环后所有碳原子的正常键角仍是 109°28′，那么这种环不但容易形成，而且生成的环状化合物是很稳定的。如果成环后碳原子的键角偏离 109°28′，则这样的分子是不稳定的，不容易形成。

按照此学说，在形成双键时，每个键要向内屈挠 109°28′/2＝54°44′：

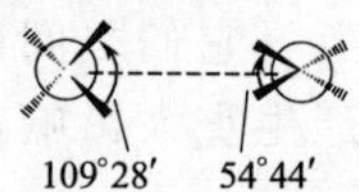

而形成三元环时，两个碳原子间的夹角为 60°，所以每键必须向内屈挠(109°28′−60°)/2=20°44′。

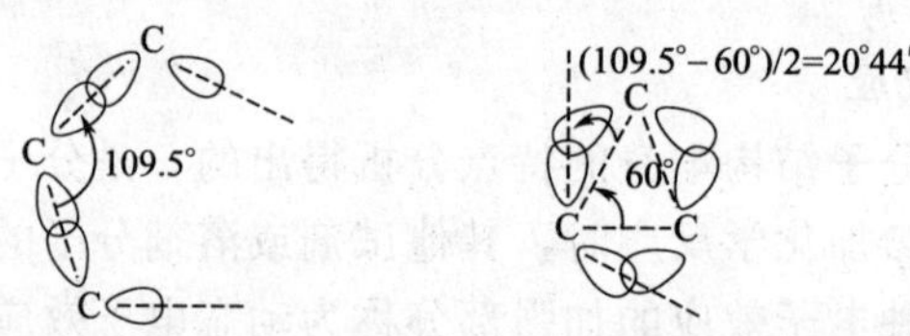

同理，四元环要向内屈挠 9°44′，五元环要向内屈挠 0°44′，六元环则应向外屈挠 5°16′。

键的屈挠意味着在分子内部产生了张力，这种张力是因为键角的屈挠所产生的，因此称为**角张力**，也称 Bayer 张力。张力越大的环，其能量越高，稳定性越差。因此对于三、四元环而言，用张力学说解释是比较容易理解的。但是随着环的扩大，按照该学说，其相邻两个碳原子间的键角越来越偏离其正常键角，应该张力越来越大，分子的稳定性越来越差，但从表 2-4 可以看出，事实却并不是如此。

造成这一问题的原因是其对于环状化合物平面结构的假设。事实上，环状化合物可以通过环的扭曲来舒缓其内部的张力。因此，在环烷烃的同系列化合物中，除了环丙烷必须是平面结构外，其他化合物均不是平面结构。

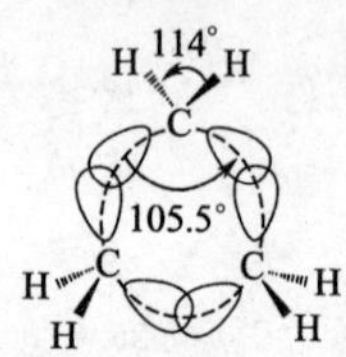

图 2-3　环丙烷的弯曲键

对于 sp^3 杂化的碳原子，其要形成最大重叠，必须满足 109°28′的键角要求，但在环丙烷分子中，三角形的构型决定了其键角不可能满足这一条件。为了实现轨道间的最大重叠，必须将杂化轨道的夹角压缩。量子化学计算结果表明，sp^3 杂化轨道成键时其夹角不能小于 104°，所以环丙烷中的 σ 键并不是轨道间轴向重叠，而是以弯曲方向重叠，成键后的 C—C 键也是弯曲的，称为弯曲键或香蕉键。弯曲键的电子云重叠程度小，稳定性较差。如图 2-3，环丙烷分子中的 C—C—C 键角实际为 105.5°。

与环丙烷类似的还有环丁烷，其碳碳键角约为 111.5°，也形成弯曲键，但弯曲程度不及环丙烷，因此角张力要小一些。随着环的扩大，其键角逐渐趋于正常，角张力减小。至于中环化合物的稳定性较差则是由于分子中的扭转张力造成的，将在构象一节中探讨。

2.3.5　芳烃的结构

苯是高度不饱和的分子，但其性质却与烯烃相差甚远，如其在 $FeBr_3$ 的催化下与 Br_2 可发生取代反应，并经实验证明其一取代物只有一种。

$$C_6H_6 + Br_2 \xrightarrow{FeBr_3} C_6H_5Br + HBr$$

1865 年 Kekülè 根据实验事实提出了苯的结构式，在一个具有传奇色彩的梦境的启发下，他假设 6 个碳原子连接成环，每个碳原子上连接有一个氢原子。这样每个碳原子用去三价，剩下一价互相结合为间隔的单双键，如下所示：

此结构满足了苯的分子式，也符合其单取代物只有一种的事实，但却解释不了以下实验事实。

① 将其进行二溴代，按照上述结构，其邻位二取代物应有如下两种异构体：

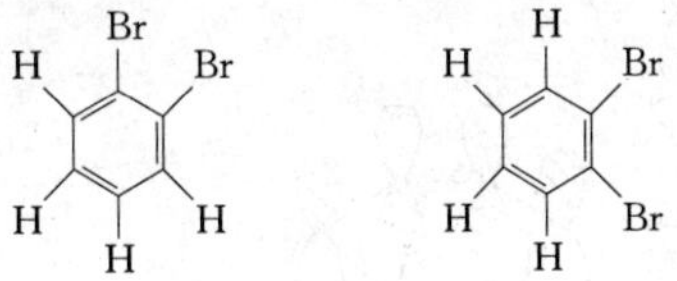

但事实上邻二溴苯只有一种。

② 苯具有特殊的稳定性，这和一般共轭烯烃大相径庭。但在 Kekülè 式中有三个双键，它理应具有烯烃的性质，如容易发生加成反应和氧化反应等，但事实上并非如此。

③ 晶体结构测定结果表明，苯环上的 6 个碳碳键键长完全相等，但 Kekülè 式中却是单双键交替出现，键长应不相等。

这些事实说明 Kekülè 式并不能完全准确地描述苯的结构。

现代 X 射线晶体结构和光谱法研究表明，苯分子具有平面正六边形结构，6 个碳原子和 6 个氢原子处于同一平面上，碳碳键键长相同，均为 0.1397nm，介于典型的单、双键之间，键角则为 120°。如下：

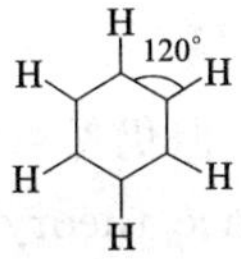

从氢化热数据来看，环己烯的氢化热为 119.6kJ/mol，而苯的氢化热为 208.4kJ/mol，并非是环己烯的 3 倍，而是比预计的环己三烯的氢化热值（119.6×3＝358.8kJ/mol）低 150.4kJ/mol，说明苯比环己三烯稳定的多，其低于环己三烯的部分即为其共轭能。

分子轨道理论认为，苯分子的 6 个碳原子均以 sp^2 杂化轨道沿对称轴方向重叠形成 6 个 σ 键，它们连接成一个正六边形。每个碳原子上又各以一个 sp^2 杂化轨道与氢原子的 1s 轨道重叠形成碳氢 σ 键，所有碳原子和氢原子都在同一平面上，键角为 120°。每个碳原子还有一个垂直于 σ 键所在平面的 p 轨道，轨道内含有一个电子，见图 2-4。6 个 p 轨道通过线性组合形成 6 个 π 分子轨道，用 ψ_1-ψ_6 表示，其中 ψ_1 没有节点，能量最低；ψ_2 和 ψ_3 有 2 个节点，能量相同，为一对简并轨道，能量次低；ψ_4 和 ψ_5 有 4 个节点，能量相同，也为一对简并轨道，能量次高；ψ_6 有 6 个节点，能量最高。ψ_1、ψ_2、ψ_3 为成键轨道，ψ_4、ψ_5、ψ_6 为反键轨道，如图 2-5 所示。它们共同构成了苯的环形共轭体系（见图 2-5）。

因此苯的结构可以表述如下：

① 苯分子为正六边形，所有原子都在同一平面上，π 电子云均匀分布在苯环的上、下方，如同 2-6 所示，碳碳键键长为 0.1397nm；

② 在基态下，苯分子的 6 个 π 电子填充在 3 个成键轨道内，每个轨道内有一对电子，总的结果是形成一个高度对称的分子，其 π 电子有相当大的离域作用，从而使它们的能量比在 3 个孤立的 π 轨道中低得多，因此具有特殊的稳定性。

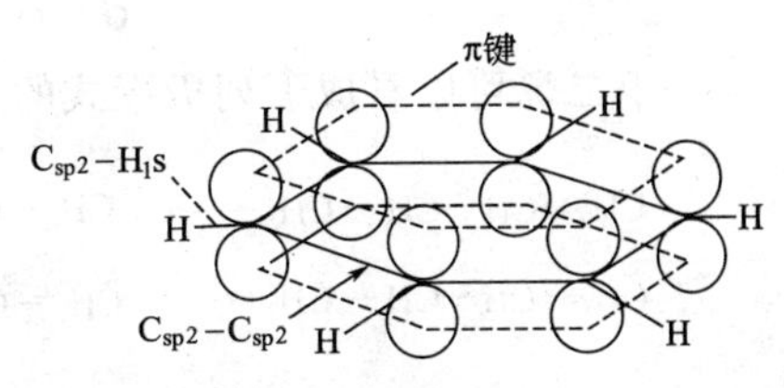

图 2-4　苯分子的 p 轨道结构

应该说明的是，苯是芳烃同系物中一种理想的键长完全平均化的例子，但其同系物如甲苯等

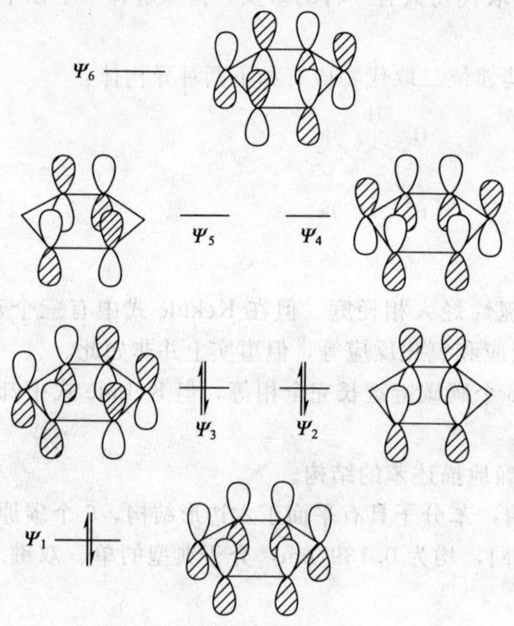

图 2-5　苯的 π 分子轨道和轨道的能级

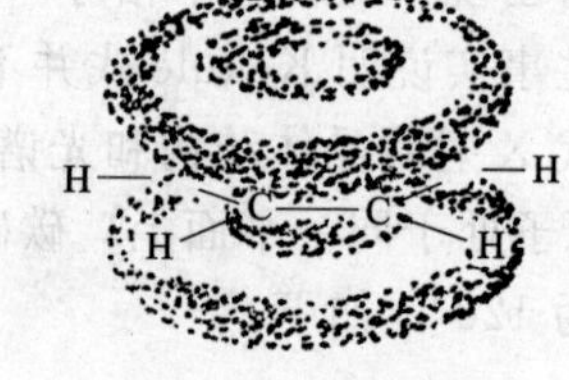

图 2-6　苯分子的电子云分布示意

中的苯环，其键长并不是完全平均化的，但仍然可以用苯的结构来理解它们。

苯的结构也可以用共振论（resonance theory）来解释，这是由 L. Pauling 在 1931～1933 年间提出的一种理论，其要点如下。

① 当一个分子、离子或自由基按照价键理论可以写出两个以上的经典结构式时，这些经典结构可构成一个共振杂化体，该共振杂化体更接近于实际分子。例如苯的共振杂化体为：

(Ⅰ) ⟷ (Ⅱ) ⟷ (Ⅲ) ⟷ (Ⅳ) ⟷ (Ⅴ)

式中"↔"为共振符号，列出的式子为极限式，每一种极限式均不足以表示分子的真实情况。

② 在书写极限式时，必须严格遵守经典原子结构理论，原子核相对位置不能改变，只允许在电子排布上有所差别。例如 CO_3^{2-} 的共振结构：

$$^{-}O-\underset{}{C}(=O)-O^{-} \longleftrightarrow {}^{-}O-C(-O^{-})=O \longleftrightarrow O=C(-O^{-})-O^{-}$$

1,3-丁二烯可以看成下列极限式的共振杂化体：

$$CH_2{=}CH{-}CH{=}CH_2 \longleftrightarrow {}^{+}CH_2{-}CH{=}CH{-}CH_2^{-} \longleftrightarrow {}^{-}CH_2{-}CH{=}CH{-}CH_2^{+} \longleftrightarrow$$

$$CH_2{=}CH{-}CH^{-}{-}CH_2^{+} \longleftrightarrow CH_2{=}CH{-}CH^{+}{-}CH_2^{-}$$

③ 在所有极限式中，未共用电子数必须相等。如：

$$CH_2{=}CH{-}\dot{C}H_2 \longleftrightarrow \dot{C}H_2{-}CH{=}CH_2 \not\longleftrightarrow \dot{C}H_2{-}\dot{C}H{-}\dot{C}H_2$$

后者因为有 3 个未共用电子，与前二者不等，所以不参与共振。

④ 分子的稳定性可用共振能来衡量。一般参与共振的极限式越多，分子越稳定。在极限式中，共价键越多的极限式能量越低。相邻两原子带相同电荷的极限式能量较高，例如：

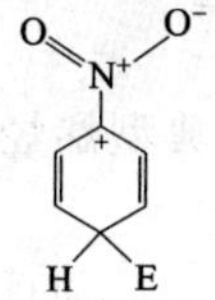

如果结构相近、能量相同的极限式为主要参与结构式，则它们对共振杂化体的贡献较大，其共振杂化体较稳定。如苯的极限式(Ⅰ)和(Ⅱ)比后三者对共振杂化体的贡献大，所以苯的杂化体主要由(Ⅰ)和(Ⅱ)共振杂化而成。必须强调的是，苯的真实结构既不是(Ⅰ)，也不是(Ⅱ)，更不是(Ⅲ)、(Ⅳ)和(Ⅴ)，而是它们的共振杂化体，只是(Ⅰ)和(Ⅱ)的贡献较大。

杂化体苯的能量比任一极限结构低得多，共振论将极限结构的能量与杂化体的能量之差称为**共振能**。

苯的共振能可借助氢化热来计算，如前所述苯的氢化热比环己三烯少 150.4kJ/mol，此能量即为苯的共振能。

由于两个相同的极限结构(Ⅰ)和(Ⅱ)对苯的贡献是相同的，因而导致碳碳键键长的平均化和电子云的均匀分布。苯若发生加成反应将会破坏极限结构的共振，使稳定的苯转化为不稳定的 1,3-环己二烯，在能量上是不利的，因而难以进行。但若在苯环上发生取代反应，则由于不会破坏共振极限结构的共振，因而容易进行。

具有如苯一样类似结构和特殊稳定性的烃类化合物叫作芳香烃或芳烃。由苯的结构很容易让人联想到一些与其相类似的化合物，如环丁二烯、环辛四烯等，但事实上它们是很不相同的。

2.3.6 轮烯和非苯系芳烃的结构

具有和苯一样的单、双键交替排布的环状化合物称为“轮烯”，10 个碳原子以内的有环丁二烯、环己三烯(苯)和环辛四烯，10 个碳原子及以上的直接命名为某轮烯，如[10]轮烯、[12]轮烯、[14]轮烯等。

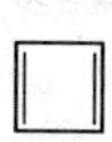

环丁二烯 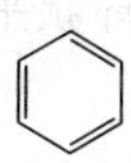　环己三烯 　环辛四烯 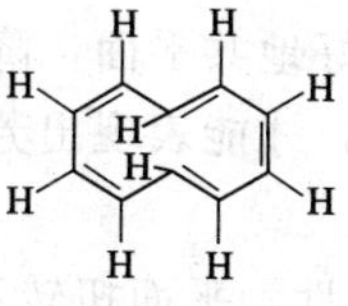　[10]轮烯 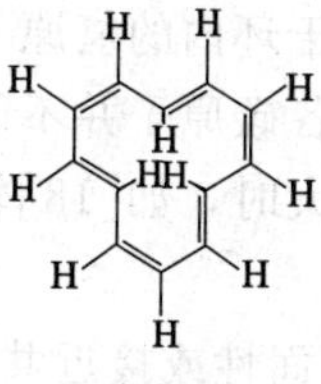　[12]轮烯

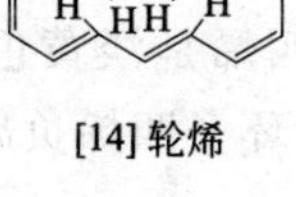

[14] 轮烯 　[16] 轮烯 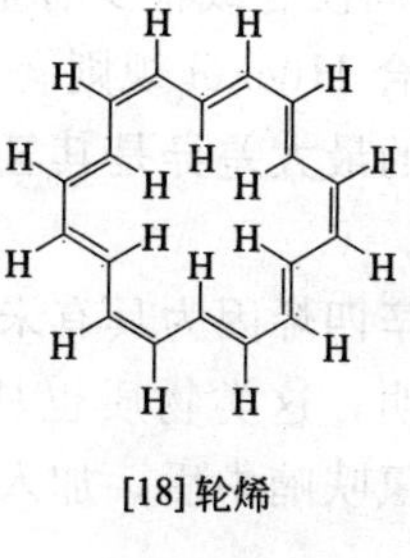　[18] 轮烯

实验表明，环丁二烯极不稳定，需在超低温(5K)条件下才能制备，温度稍高就会聚合形成二聚体：

2 □ —35 K→ (二聚体，H，H)

环辛四烯的化学性质也很活泼，具有典型烯烃的性质，不具有芳香性。其结构并不是如苯一样的平面，而是盆形的：

0.133nm
0.146nm

环辛四烯

环辛四烯分子中各双键之间不能很好地产生共轭，π 电子不能离域，因此其共振能为零，键长也有明显的单、双键之别。

环丁二烯、苯和环辛四烯均是单、双键交替的闭环结构，为什么性质上有如此大的差异呢？与之结构类似的其他环状共轭多烯烃又如何呢？对于这一点，分子轨道理论给予了很好的解释。

1931 年，Hückèl 利用分子轨道法计算了单环共轭多烯的 π 电子能级，发现它们具有不同的 π 电子分布，例如：

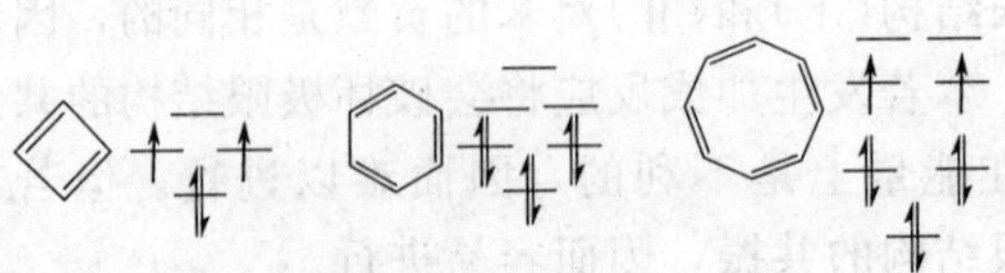

环丁二烯、苯和环辛四烯中的 π 电子分布

很显然，在苯中所有的 π 电子均在成键轨道上，并都已配对，犹如惰性原子的封闭电子层，称为闭壳层结构，因而很稳定。而在环丁二烯和环辛四烯分子中存在有 2 个未配对的 π 电子，均位于非键轨道上，容易得到或失去电子，称为开壳层结构，因而表现出活泼性。其他的环状共轭烯烃可依此类推，并由此导出了判断芳香性的 **Hückèl 规则**：即在平面环状共轭体系中，只有当 π 电子数等于 $4n+2$(n 为正整数或零)时才可能具有芳香性。

由 Hückèl 规则可以推断，[12]轮烯、[16]轮烯等均不可能具有芳香性。那么符合这一条件的其他轮烯呢？实际上，较小的轮烯如[10]轮烯、[14]轮烯虽然 π 电子数符合 Hückèl 规则，但处于环内的氢原子之间由于距离太近而相互排斥，为了克服这种斥力，分子会产生变形，使得各碳原子并不能很好地共平面，降低了分子的稳定性，从而并不具有芳香性。只有当环足够大时，如[18]轮烯，才能表现出芳香性。因而判断环状平面共轭多烯烃芳香性的判据是：

① 共平面性或接近共平面性，平面扭转不大于 0.1nm；

② 轮内氢原子间没有或很少有空间排斥作用；

③ π 电子数符合 Hückèl 规则。

轮烯与苯结构的最大差异是其氢原子分为环内和环外两组，在质子核磁共振谱上其化学位移值会明显不同。

环丁二烯和环辛四烯因为具有未配对的 π 电子而不具有芳香性，那么当它们得到或失去电子后呢？研究表明，这类物质也具有芳香性。例如环辛四烯是淡黄色液体，不具有芳香性。但将其溶于四氢呋喃中后，加入金属钾，可将其转化为环辛四烯负离子。环辛四烯得到

2个电子后，其未配对的2个π电子都得到配对，从而形成了封闭的电子层结构，此时分子结构也由盆形转化为平面正八边形，是一个具有环状封闭的π_8^{10}的共轭环系，符合Hückel规则，因而具有芳香性。这一情形犹如氯原子是不稳定的，但得到一个电子成为Cl^-后却是很稳定的一样。

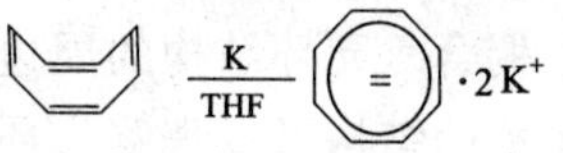

另一个典型例子是环戊二烯，虽然其本身不构成封闭的环状共轭π体系，不具有芳香性，性质很活泼，其亚甲基上的氢显示出较强的酸性，pK_a约为16，与水和醇相当。当与苯基锂反应时很容易形成环戊二烯基锂：

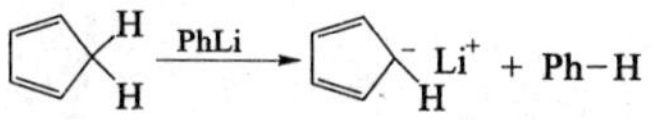

环戊二烯基负离子上的所有碳原子均取sp^2杂化，形成一个封闭的π_5^6共轭环系，π电子数满足Hückel规则要求，因而具有芳香性。实验证明，它是环状负离子体系中最稳定的一个，能发生亲电取代反应，但生成物极易发生二聚。例如：

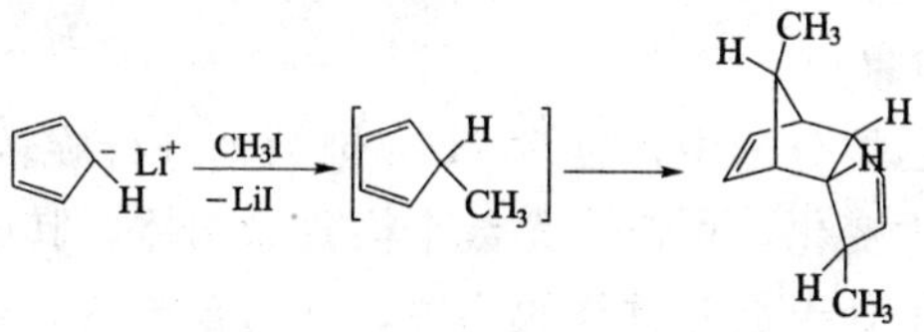

环戊二烯负离子还可以与过渡金属形成一类非常重要的夹心饼干状化合物，其中最简单的是环戊二烯铁，也称二茂铁，其结构如图2-7所示。

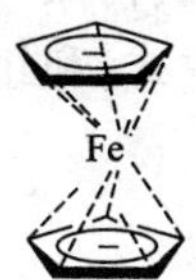

图2-7　二茂铁的结构

二茂铁中的C—Fe键键长相等，上、下两个环之间的距离为0.340nm，各有6个π电子，符合Hückel规则，因而具有芳香性，可发生磺化、烷基化、酰基化等亲电取代反应。如：

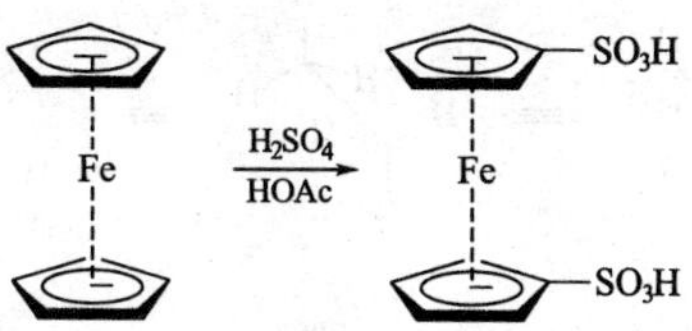

凡是这种不含有苯环，但同样具有芳香性的环系称为非苯系芳香烃。采用以上同样的分子轨道分析方法，可以推断环丙烯正离子、环丁二烯二正离子、环丁二烯二负离子、环庚三烯正离子等也具有芳香性，均属于非苯系芳烃。

π电子数满足Hückel规则条件，但因为环内氢原子太拥挤而破坏了共平面性的轮烯，如[10]轮烯和[14]轮烯，当将环内氢原子去掉，代之以化学键连接时，分子的共平面性可以恢复，这样的化合物是具有芳香性的。如：

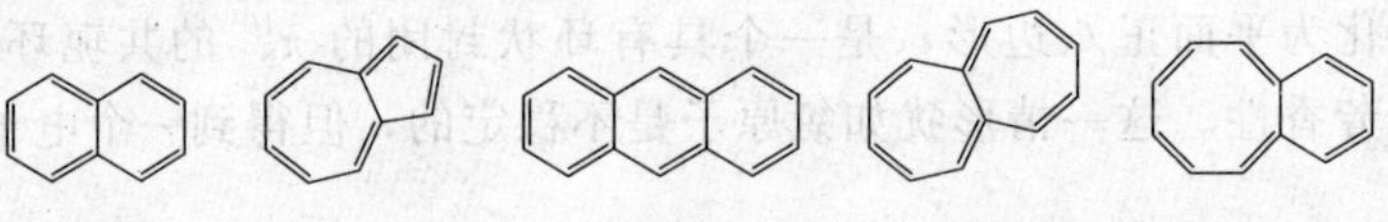

萘　　薁　　蒽　　庚搭烯　　苯并环辛四烯

这样的化合物称为周边烯。不具有稠合六元环结构的周边烯，可以理解为一个带正电荷的芳环和一个带负电荷芳环的稠合。如薁的结构可以理解为环庚三烯正离子和环戊二烯负离子两个非苯系芳烃的稠合产物：

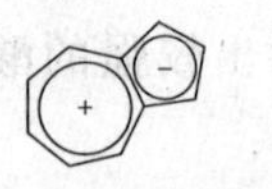

2.3.7 构象与构象分析

由于σ键是沿着键轴方向重叠产生的，因而可以沿键轴自由旋转，在构型固定的有机分子中，这种旋转会造成分子中各原子或原子团呈现许多不同的空间排布形象，称为**构象**(conformation)，这些由于σ键旋转所产生的不同形象就称为**构象异构体**。理论上，构象异构体的数目是无限多的，但在分析探讨时，一般只讨论那些具有代表性的构象异构体。

2.3.7.1 开链烃的构象

(1) 烷烃的构象　在乙烷分子中，以C—C σ键为轴进行旋转，两个碳原子上的H原子在空间的相对位置随之发生变化，可产生无数个构象异构体，其中有两种典型的构象，一是两个碳原子上的三对氢原子处于彼此重叠的位置，称为重叠式构象(eclipsed conformation)；另一种是固定其中一个碳原子不动，将另一个碳原子旋转60°，此时三对氢原子处于交叉的位置，称为交叉式构象(staggered conformation)。这种典型构象称为**极限构象**，其他的构象均介于这两种极限构象之间，统称为扭曲式构象。

烷烃的构象可用伞形式、锯架式(透视式)和纽曼投影式表示。例如乙烷的两种极限构象可以表示如下。

重叠式构象：

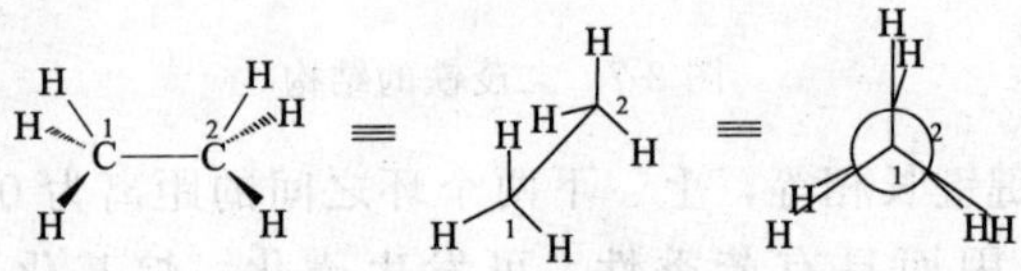

交叉式构象：

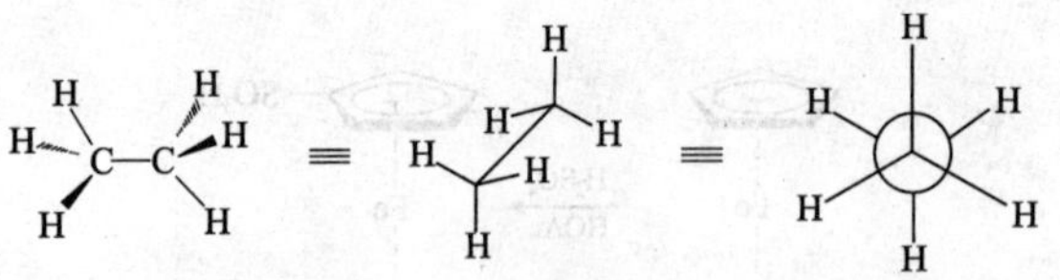

伞形式　　锯架式　　纽曼投影式

伞形式是从垂直于C—C键轴的方向看，式中实线表示在纸平面上的价键，楔形实线表示向纸面外的键，虚线表示向纸面内的键。锯架式是从分子侧面与C—C键轴斜45°看，该式能比较直观地反映出碳、氢原子在空间的排列。纽曼投影式是沿着C—C键轴的方向看，其中标1的原子是离观察者较近的碳原子，以圆点表示。标2的原子是离观察者较远的原子，以圆圈表示，其上连接的3个氢原子画于圆外。

当两个基团相互接近时，范德华引力逐渐增大，到某一距离时达到最大值，此时两个基团之间的距离等于它们的范德华半径之和。当它们之间的距离小于其范德华半径之和时，引力会转变为斥力。范德华半径可作为基团大小的度量。

在乙烷的重叠式构象中，两个碳原子上的三对C—H键之间的距离很近，氢原子之间的距离小于它们的范德华半径，处于斥力区，因此能量比较高，是最不稳定的构象。而交叉式构象中，三对氢原子距离最远，因此分子能量最低，是最稳定的构象。其他构象的稳定性则处于重叠式和交叉式构象之间。在一定的热力学条件下，分子总是倾向于以交叉式这种稳定的构象存在，称为优势构象。只要与交叉式构象有一点偏差，都势必会造成分子能量的上升，从而产生扭转回复力，这种由于键的旋转后分子要回复到最稳定的交叉式构象而引起的回复力称为**扭转张力**(torsional strain)。在乙烷分子中，重叠式构象的能量比交叉式高12.6kJ/mol，该能量差称为转动能垒(torsional energy)。如图2-8所示。

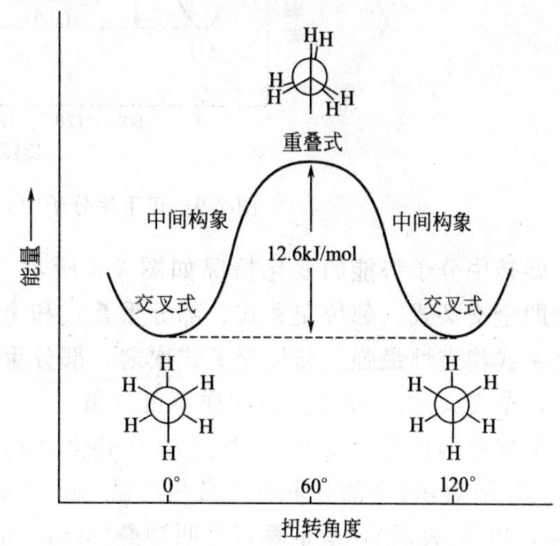

图2-8 乙烷分子中各种构象的能量曲线

由此可见，虽然乙烷分子中的σ键可以旋转，但并不是完全自由的，它需要克服12.6kJ/mol的能垒。但在室温时，仅分子间的碰撞就可产生83.6kJ/mol的能量，足以克服这一能垒，因此，在室温下并不能分离出这些构象异构体。同时，由于各构象的能量不同，它们在构象混合物中所占的比例也会不一样，如20℃时，乙烷的交叉式构象占99.5%。

再看一个正丁烷的例子。同理，正丁烷也会有无数个构象，由于其三个C—C σ键均可自由旋转，因此可以产生更多的构象异构体，这里只讨论最具代表性的C_2—C_3 σ键旋转所产生的构象异构现象。

正丁烷可以看作乙烷的1，2-二甲基取代物，在此，σ键旋转时，除了氢原子之间的相互作用外，还有氢与甲基、甲基与甲基之间的相互作用，其随C_2—C_3 σ键旋转所产生的极限构象可用纽曼投影式表示如下：

转60° 转120° 转180°

(Ⅰ) 全交叉式　(Ⅱ) 部分重叠式　(Ⅲ) 部分交叉式

转240° 转300°

(Ⅳ) 全重叠式　(Ⅴ) 部分交叉式　(Ⅵ) 部分重叠式

其旋转能垒变化如图2-9所示。

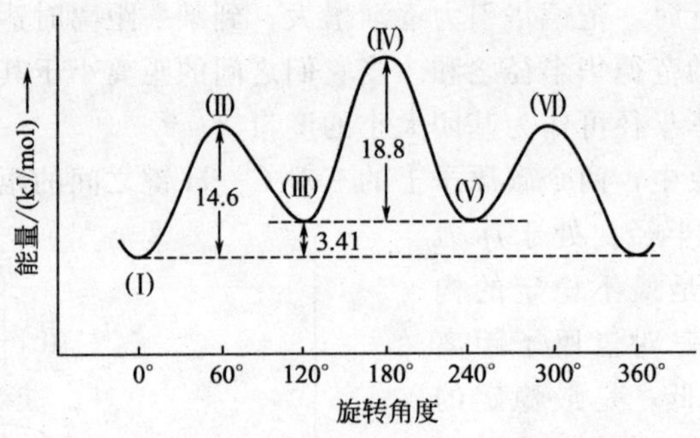

图 2-9　正丁烷分子中 $C_2—C_3$ 键旋转势能

旋转中分子势能的变化情况如图 2-8 所示。由此可见，正丁烷的极限构象实际上有 4 种，即全交叉式、邻位交叉式、部分重叠式和全重叠式，其能量也按此顺序由低到高排列，全交叉式稳定性最强，邻位交叉式次之、部分重叠式再次之，全重叠式的稳定性最差。在室温下，全交叉式占 68%，但同样不可分离。

根据中国化学会 1980 年制定的有机化合物命名规则，全交叉式又叫反叠(antiperiplanar，以 ap 表示)，部分重叠式又叫反错(anticlinal，以 ac 表示)，邻位交叉式又叫顺错(synclinal，以 sc 表示)，全重叠式又叫顺叠(synperiplanar，以 sp 表示)。

其他烷烃的构象异构现象可照此分析。由于烷烃分子中的每一个 C—C 单键均可自由旋转，因此随着碳原子数目的增多，其构象异构现象会越来越复杂。同时应该说明的是，构象异构体之间的能量差异与分子结构有很大的关系，有些能量差异较大的分子，在一定温度下，其单键旋转的“自由”受阻，构象异构体是可以实现分离的。即便如烷烃这样旋转能垒很小的分子，在极低温度下，也可分离出其单一的稳定构象异构体。

(2) 不饱和烃的构象　含有末端双键的烯烃，其极限构象有以下 4 种形式(丙烯是 2 种)：

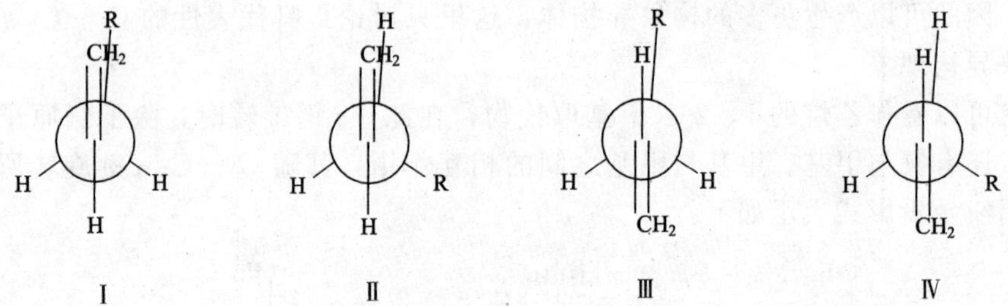

其中前两种是能量较低的优势构象。在丙烯中，由Ⅰ或Ⅱ向Ⅲ或Ⅳ旋转的能垒是 8.4kJ/mol。而 1-丁烯($R═CH_3$)Ⅱ的能量比Ⅰ低 1.75kJ/mol。

共轭双键由于共轭作用，使得 sp^2-sp^2 σ 键具有部分双键性质，使得其旋转能垒较高，围绕该键的旋转可以产生两种能量较低的构象异构体，分别命名为 s-顺式和 s-反式(s 代表单键)。例如 1,3-丁二烯：

s-反式(s-*anti*-)　　s-顺式(s-*syn*-)

在简单化合物中，显然以 s-反式为优势构象体。

2.3.7.2 环烷烃的构象

(1) 小环烷烃的构象　如前所述，环丙烷的三个碳原子只能在一个平面上，分子中的 C—C 单键虽是 σ 键，却并不能自由旋转。因此环丙烷分子的构象只能有一种，并且为全重叠式构象。如图 2-10 所示。

由于交叉式构象比重叠式构象稳定，因此环丙烷分子中既存在很大的角张力，也存在较大的扭转张力，因此内能很高。环丙烷中由于弯曲键的存在，使电子云分布在连接两个碳原子直线的外侧，易于被亲电试剂进攻，因此具有部分烯烃的性质，如发生亲电加成反应等。

环丁烷则不然，它的 4 个碳原子并不在同一个平面上，而是如图 2-11 所示，为一个折叠的环，这样可以“舒缓”由于氢原子之间的斥力造成的扭转张力，但尽管如此，它还是不能完全形成邻位交叉式的构象，仍然具有一定的扭转张力。

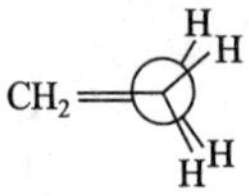

图 2-10　环丙烷的重叠式构象

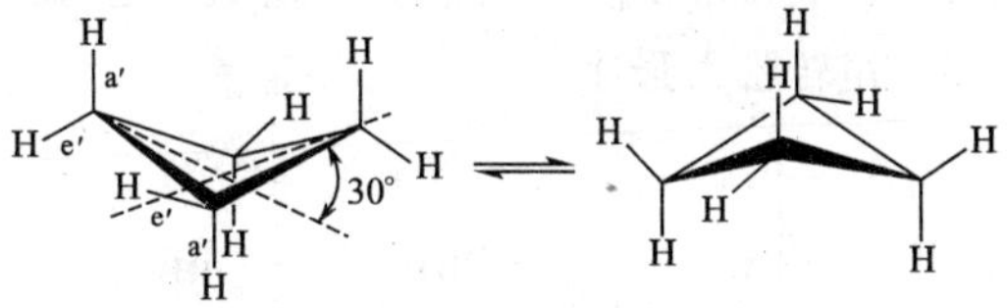

图 2-11　环丁烷的蝴蝶式构象

环丁烷的 4 个碳原子构成两个平面，它们之间的两面角(即两个平面之间的夹角，也叫折叠角)为 30°。在此构象中，处于横位的 C—H 键称为假横键，以 e′表示；处于竖位的 C—H 键称为假竖键，以 a′表示。这种构象形式可发生翻转，成为另一种蝴蝶式构象，同时 e′键和 a′键进行交换。这种翻转的能垒约为 4.6～6.3kJ/mol，因此常温下不能实现分离。

(2) 普通环烷烃的构象　环戊烷的 C—C 键间键角约为 105°，已经接近 sp^3 杂化碳原子的正常键角，因此，其角张力很小。环戊烷有半椅式和信封式两种构象，如图 2-12 所示，其中以后者为更稳定的构象，其转动能垒约为 17kJ/mol。在半椅式构象中，相邻的 3 个碳原子处于一个平面上，另外 2 个碳原子以相等的距离分布在平面的上下方。而在信封式构象中，4 个碳原子处于一个平面上，另外一个位于平面之外。这两种构象的环外 C—H 键也分为竖键(a)和横键(e)，还有一种称为等倾键，用 i 表示。

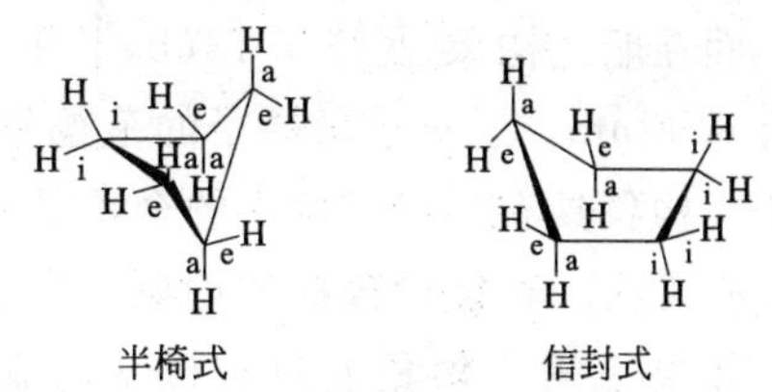

图 2-12　环戊烷的构象

环上引入取代基会破坏五元环的对称性，这时取代环戊烷会采取不同的优势构象，如甲基环戊烷以信封式为优势构象，1,2-二甲基环戊烷以半椅式为优势构象，而 1,3-二甲基环戊烷又以信封式为优势构象。

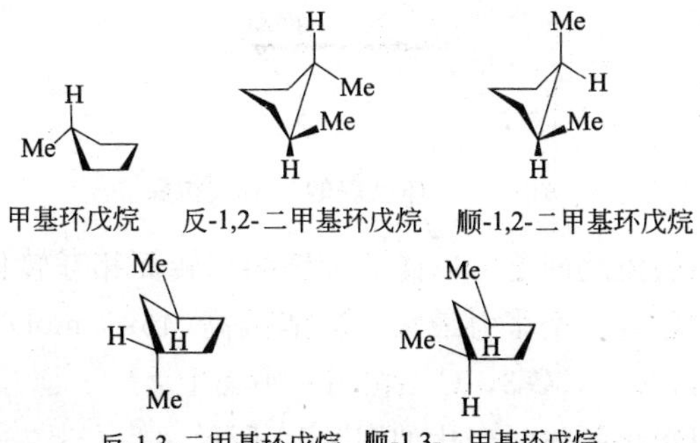

从表 2-4 的燃烧热数据可以看出，环己烷是最稳定的环烷烃。在合成及天然环烷烃衍生物中，环己烷衍生物的存在最为广泛，对其构象的研究也是最重要和最透彻的。

环己烷的构象主要有 3 种：椅式、船式和扭船式：

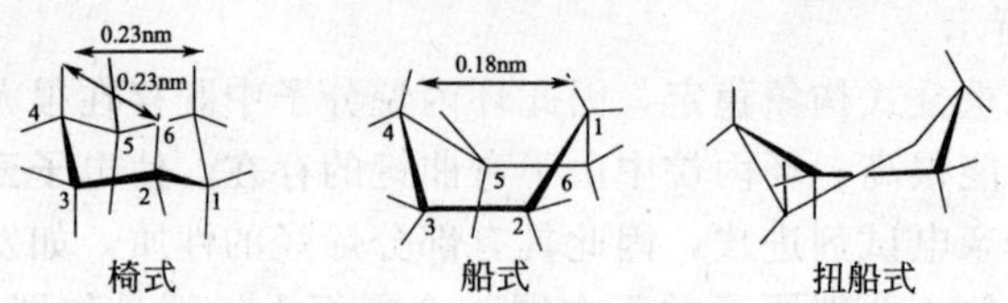

在椅式构象中，C-1、C-3 和 C-5(或 C-2、C-4 和 C-6) 上处于垂直方向的 3 个氢原子之间的距离为 0. 23nm，大约等于氢原子的范德华半径之和(0. 25nm)，因此不存在斥力(空间张力)。从 Newman 投影式来看，椅式环己烷具有如正丁烷中的邻位交叉式构象[见图 2-13 (a)]，扭转张力最小。

(a) 椅式　　(b) 船式　　船式　　扭船式

图 2-13　环己烷构象的纽曼投影式　　图 2-14　环己烷的扭船式构象

而在船式构象[见图 2-13(b)] 中，一方面两个船头碳原子上的一对氢原子之间的距离只有 0. 18nm，远小于氢原子的范德华半径之和，因此存在范德华斥力(空间张力)；另一方面船式构象具有如正丁烷中的全重叠式构象，因此也存在较大的扭转张力。这两种因素使得船式构象为一种能量较高的构象，它们之间的能量差约为 29. 7kJ/mol。

如果把船式构象通过碳碳 σ 键旋转，如图 2-14，使 C-3 和 C-6 转下去，C-2 和 C-5 转上来，C-1 和 C-4 上的氢原子距离逐渐变远，而 C-3 和 C-6 上的氢原子逐渐变近，当这两对氢原子的距离相等时停止转动，此时整个分子中每对碳原子的构象既不是全重叠，也不是全交叉，扭转张力大于椅式而小于船式，该构象称为扭船式构象。扭船式构象比椅式构象能高 23kJ/mol。可见环己烷的几种典型构象的稳定性顺序为：椅式＞扭船式＞船式。

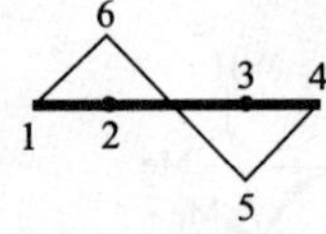

图 2-15　环己烷的半椅式构象

椅式、扭船式和船式构象之间是可以随着 σ 键的旋转而相互转化的。由椅式构象转变为扭船式和船式构象时，要经过一个张力最大、势能最高(46kJ/mol)的不稳定的半椅式构象，如图 2-15 所示，此时 C-1，C-2，C-3，C-4 在同一平面上。

环己烷各种构象之间转化的势能变化如图 2-16 所示。

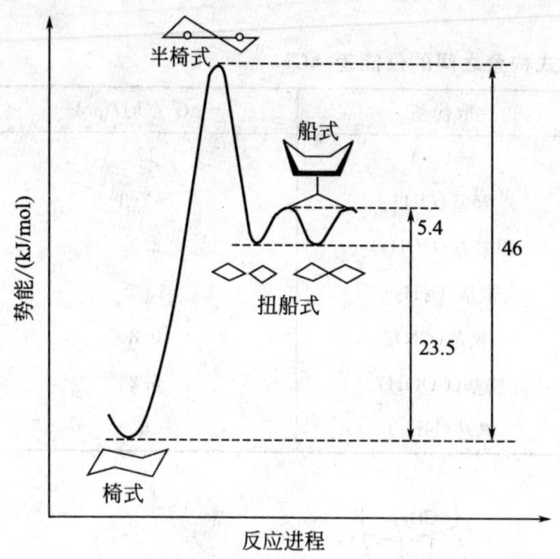

图 2-16　环己烷各种构象之间的势能变化

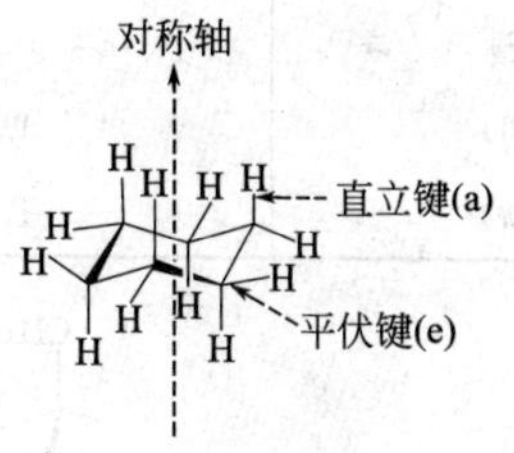

图 2-17　环己烷的直立键和平伏键

应该指出的是，虽然半椅式构象的势能较高，但在室温下即可达到，因此环己烷的各个构象是处于可逆变化的动态平衡状态中，但由于椅式势能较低，平衡有利于椅式。室温下椅式：扭船式＝10000：1，即环己烷中约 99.99％是以椅式构象存在的。

在环己烷的椅式构象中，12 个氢原子所处的位置是不同的，可以分为两组，与分子对称轴近乎平行的 C—H 键称为直立键或 a 键(axial bonds)，而与直立键成接近 109°28′键角的 C—H 键称为平伏键或 e 键(equatorial bonds)。如图 2-17 所示。

环己烷的椅式构象Ⅰ可以通过 σ 键的旋转而转化为另一个椅式构象Ⅱ，这种转变称为翻环作用，如图 2-18 所示。翻环时要克服大约 46kJ/mol 的能垒，室温下分子具有足够的动能来克服它，因此这种翻环极其迅速。翻环后原来的 a 键和 e 键互换。

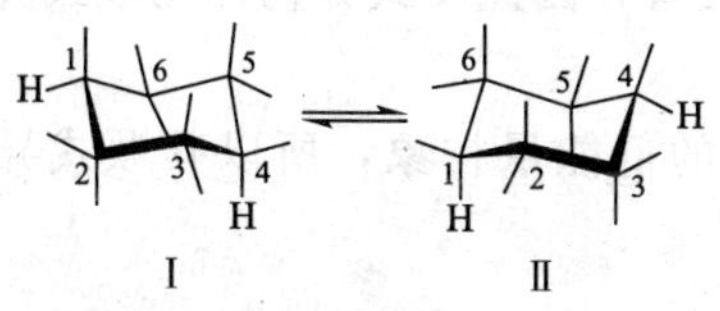

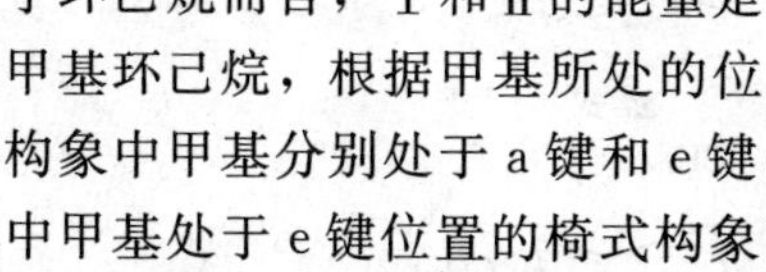

图 2-18　环己烷的翻环作用(一)

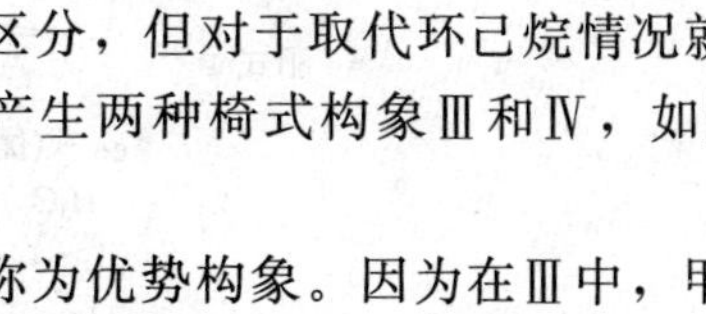

图 2-19　环己烷的翻环作用(二)

对于环己烷而言，Ⅰ和Ⅱ的能量是等同的，不可区分，但对于取代环己烷情况就不一样了。如甲基环己烷，根据甲基所处的位置不同，可以产生两种椅式构象Ⅲ和Ⅳ，如图 2-19，在两种构象中甲基分别处于 a 键和 e 键：

其中甲基处于 e 键位置的椅式构象Ⅳ能量较低，称为优势构象。因为在Ⅲ中，甲基占据 a 键与 C-3 和 C-5 上的两个氢原子距离较近，有较大的空间排斥作用，能量较高；而在Ⅳ中，处于平伏键的甲基无此张力，因而能量较低，两者的能量差约为 7.5kJ/mol。当取代基的体积增大时，二者的能量差会增大。例如在室温下，甲基环己烷中甲基处于 e 键上的优势构象占 95％，而叔丁基环己烷中叔丁基处于 e 键上的优势构象占 100％。表 2-5 列出了一些常见基团一取代环己烷后两种椅式构象之间的位能差。

当环上有两个或两个以上取代基时，情况就更复杂了。由于环的限制，σ 不能完全自由旋转，此时会出现顺、反异构现象。以 1,2-二甲基环己烷为例，其顺式异构体的两种椅式构象为：

表 2-5　一取代环己烷两种椅式构象之间的位能差 ΔG^0

取代基	$-\Delta G^0$/(kJ/mol)	取代基	$-\Delta G^0$/(kJ/mol)
甲基(CH_3)	7.5	碘(I)	17
乙基(CH_2CH_3)	8	羟基(OH)	～3.3
异丙基[$CH(CH_3)_2$]	8.8	甲氧基(OCH_3)	2.9
叔丁基[$C(CH_3)_3$]	718.4	苯基(C_6H_5)	13.0
氟(F)	0.8	氰基(CN)	0.8
氯(Cl)	1.7	羧基(COOH)	5.2
溴(Br)	1.7	氨基(NH_2)	～6.3

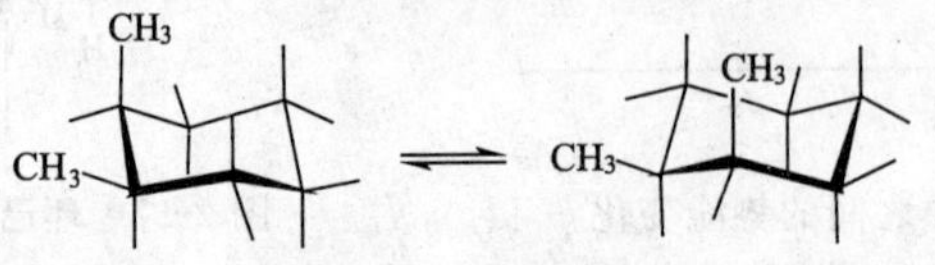

ae 式　　ea 式

由于都为 ae 式构象，因此能量是相等的，稳定性相同，各占 50%。

而其反式异构体的两种椅式构象为 ee 式和 aa 式：

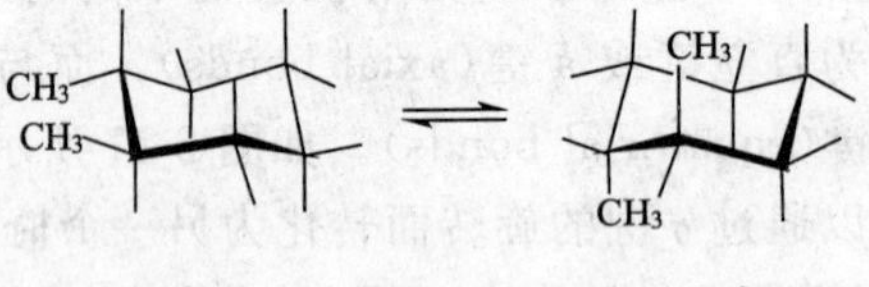

ee 式　　aa 式

其中，aa 式由于甲基与相近氢原子之间的排斥作用而能量较高，因此 ee 式为优势构象。由于反式异构体有能量较低的优势构象，而顺式异构体没有，因此反式异构体比顺式异构体更稳定，约占 99.6%。

1,3-二甲基环己烷由于只有顺式异构体存在 ee 式的低能量构象，所以其顺式异构体比反式异构体稳定。

顺式　ee 式(优势构象)　　aa 式

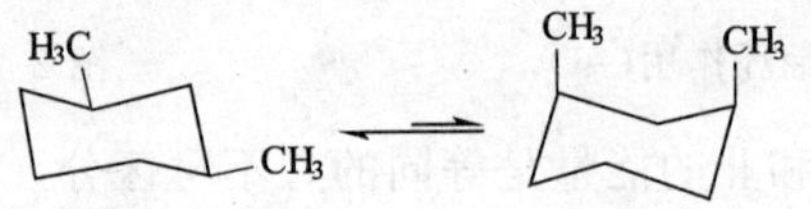

反式　ea 式　　ae 式

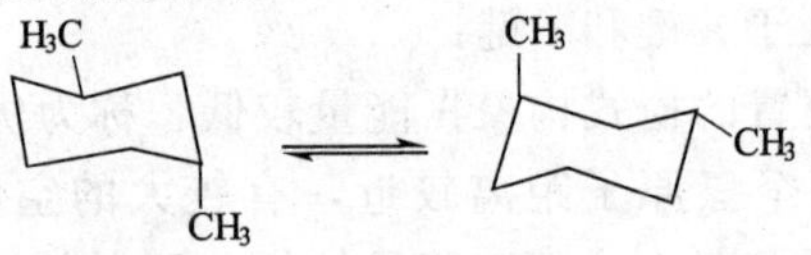

同理可以推断，1,4-二甲基环己烷的情形与 1,2-二甲基环己烷相同。

当两个取代基不同时，可由 a 键取代和 e 键取代的能量差来推断构象的稳定性。例如 1-甲基-4-异丙基环己烷，由表 2-5 可知，甲基位于 e 键和 a 键时的位能差为 7.5kJ/mol，异丙基为 8.8kJ/mol，对于顺式异构体，其 ae 式和 ae 式构象的位能差为 8.8－7.5＝2.3（kJ/

mol)，因此 ae 式稳定。而其反式异构体 ee 式和 aa 式构象的位能差为 8.8+7.5=16.3（kJ/mol)，前者稳定。

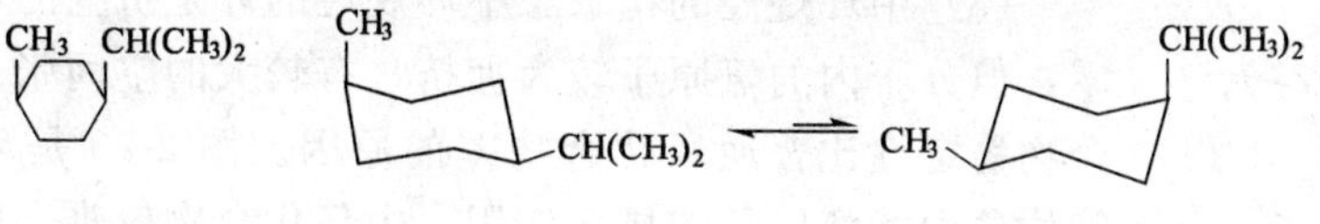

ae 式 ea 式

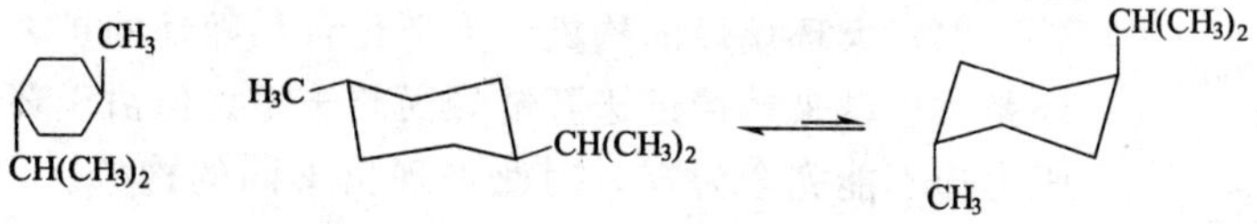

ee 式 aa 式

由此可见，对于多取代的环己烷化合物，其构象稳定性存在如下规律：①稳定构象为椅式构象；②大的取代基位于 e 键的构象异构体比较稳定；③取代基位于 e 键较多的比较稳定。

应该注意的是，这一规律只有在取代基为非极性基团时有效，当取代基为极性基团时往往不适合，因而应具体问题具体分析。例如反-1,2-二氯环己烷的优势构象为 aa 式构象：

ee 式 aa 式

这是因为其 ee 式构象中两个氯原子处于邻位交叉式，而 aa 式中则处于对位交叉式，由于氯原子带有负电性，前者因为距离近而产生相互排斥，位能较高，故稳定性较差。

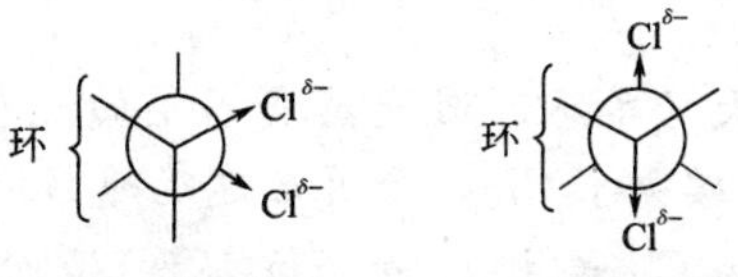

C—Cl 偶极斥力大 C—Cl 偶极斥力小

因此在分析构象异构体的稳定性时，不仅要考虑直立、平伏键的影响，还要考虑两个基团(原子)间的相互作用，如空间位阻、偶极斥力与引力、氢键等对稳定性的影响。

两个环己烷环稠合起来形成的化合物称为十氢化萘(萘的还原产物)，存在顺、反两种异构体：

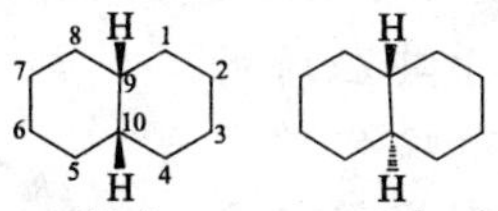

顺式 反式

十氢化萘中的每个环己烷环都可以看作是另一个环己烷环的取代基，因此它们二者的构象为：

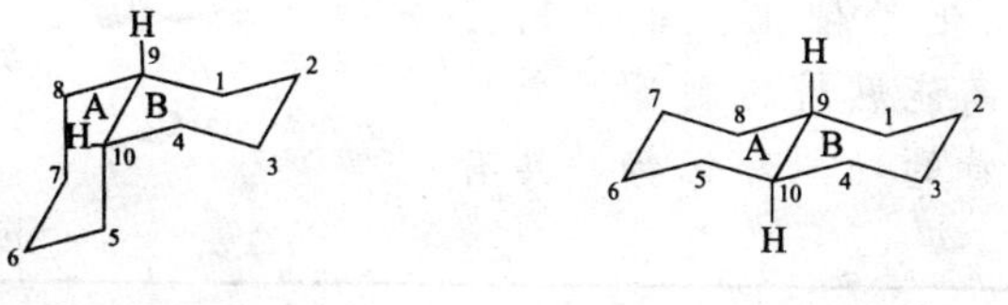

显然具有ee式构象的反式异构体理应具有更高的稳定性，它们的燃烧热数据也说明了这一点，分别为6286kJ/mol和6277.3kJ/mol。

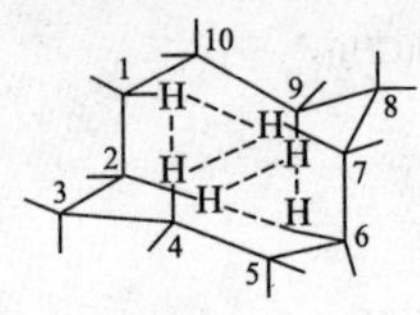

图 2-20 环癸烷的空间张力

(3) 中环烷烃的构象 中环烷烃的环是折叠的，虽然角张力为零，但分子内的氢原子较为拥挤，有较大的空间张力，这是中环化合物稳定性比普通环化合物差的原因。图2-20是环癸烷的一个可能构象中的氢原子的排斥作用。中环化合物较难合成。

(4) 大环烷烃的构象 大环化合物随环的扩大越来越舒展，其环张力也越来越接近于开链烃而趋于零。但由于环的存在，其扭转张力却不能完全为零，因此表现出不同的构象。以环十二烷为例，它有如下3组比较稳定的构象异构体，每个构象中的碳原子被分为两组，即边碳和角碳。命名时在方括弧内标出每条边上的键数即可，如图2-21所示。

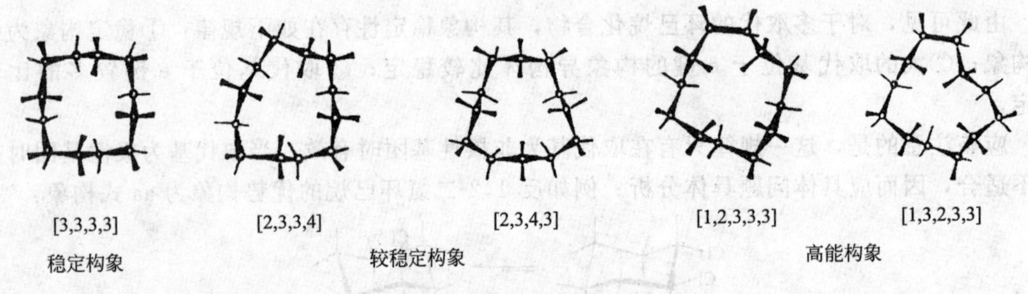

图 2-21 环十二烷的构象

环十二烷的最稳定构象是[3,3,3,3]构象，其张力能最低。

构象异构是有机化合物一种常见的属性，有时对有机化合物的物理化学性质产生至关重要的影响，对这种影响的研究已形成有机化学中的一个重要分支学科，即构象分析。

富勒烯的结构

1985年，Kroto等发现在大功率脉冲激光蒸发石墨的气相实验中会自发形成一种稳定的、由60个碳原子组成的全碳分子C_{60}，受著名建筑师Buckminster Fuller所设计的短程线圆顶建筑的启发，他们认为C_{60}是由12个五元环和20个六元环组成的足球状分子，具有I_h对称性，并把它命名为“巴基球”（Buckminster fullerene），也叫富勒烯。H. W. Kroto、R. R. Curl及R. E. Smalley也因此获得1996年诺贝尔化学奖。C_{60}的发现使人们认识到一个全新的碳世界，并立即引起了全世界科学家的广泛关注，由此掀起对一系列的全碳笼状分子——富勒烯的研究热潮。到目前为止能够被合成并分离得到的富勒烯结构仅60余种，其中最著名的、也最为常见的是C_{60}[见图2-22(a)]和C_{70}[见图2-22(b)]。

富勒烯的魅力显然不仅仅在于其独特的结构，经过20多年的发展，富勒烯化学已取得了许多重大的进展，如金属富勒烯包合物、富勒烯超分子化学、富勒烯聚合物化学、富勒烯材料化学、富勒烯药物化学等。尤其是富勒烯材料在化学催化、非金属固氮、金刚石的合成、高能燃料的制备、光伏电池等领域显现出独特的功能和优势，具有远大的发展前景。

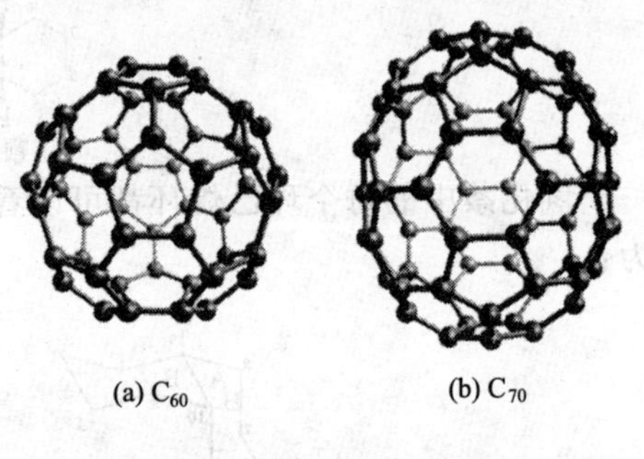
(a) C_{60} (b) C_{70}

图 2-22

练 习 题

1. 写出含 6 个碳原子的烷烃所有可能的异构体，并用 IUPAC 规则命名。指出各异构体中的一级、二级、三级和四级碳原子(可简化为 1°、2°、3°和 4°表示)。
2. 写出分子式为 C_5H_{10} 的所有同分异构体，并用 IUPAC 规则命名。
3. 根据名称写出下例化合物的结构式：

(1) 2,2-二甲基戊烷
(2) 2-甲基-5-(1,2-二甲基)丙基壬烷
(3) 2,2,4-三甲基-4-乙基辛烷
(4) (*E*)-3,4-二甲基-2-己烯
(5) (2*Z*,4*E*)-2-氯-2,4-庚二烯
(6) (*E*)-3-甲基-2-己烯
(7) 4-甲基-2-戊炔
(8) 3-甲基-3-戊烯-1-炔
(9) 1-己烯-5-炔
(10) 1,4-二甲基环己二烯
(11) 4-甲基螺[2.5]辛烷
(12) 3-甲基二环[4.3.0]壬烷
(13) 4-叔戊基苯
(14) 3-硝基邻二甲苯

4. 用系统命名法命名下列化合物：

(1) 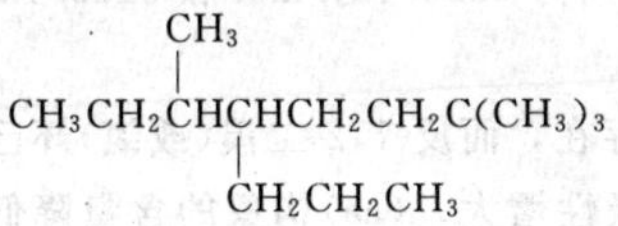 $CH_3CH_2CH(CH_3)CH(CH_2CH_2CH_3)CH_2CH_2C(CH_3)_3$

(2)

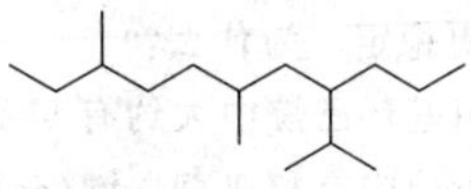

(3) 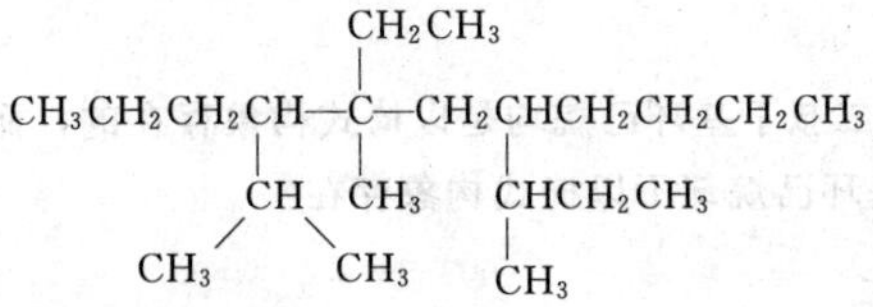 $CH_3CH_2CH_2CH(CH(CH_3)_2)-C(CH_2CH_3)(CH_3)-CH_2CH(CH(CH_3)CH_2CH_3)CH_2CH_2CH_2CH_3$

(4) 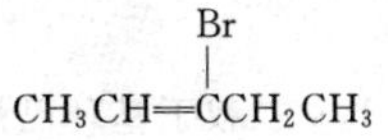 $CH_3CH{=}C(Br)CH_2CH_3$

(5) 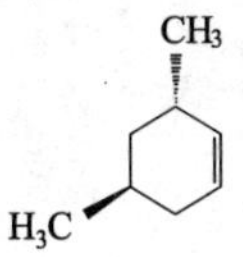 CH_3, H_3C

(6) 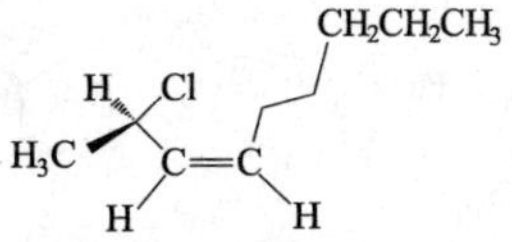 H, Cl, H_3C, C=C, H, H, $CH_2CH_2CH_3$

(7) 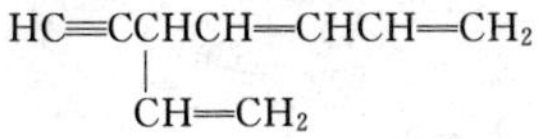 $HC{\equiv}CCH(CH{=}CH_2)CH{=}CHCH{=}CH_2$

(8) 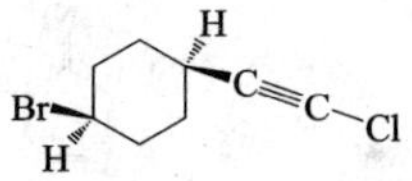 H, Br, H, C≡C—Cl

(9) 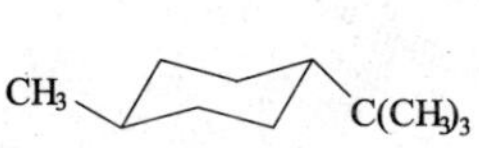 CH_3, $C(CH_3)_3$

(10) 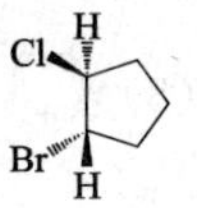 Cl, H, Br, H

(11) 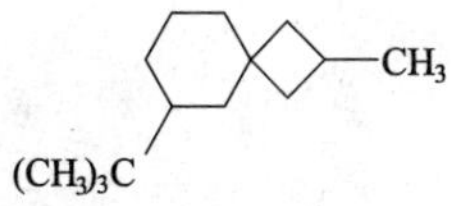 CH_3, $(CH_3)_3C$

(12) 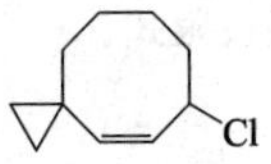 Cl

(13) 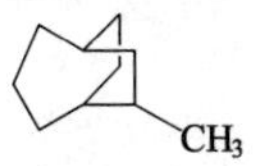 CH_3

(14) 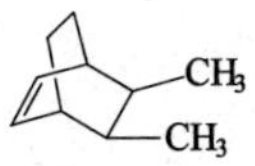 CH_3, CH_3

(15) 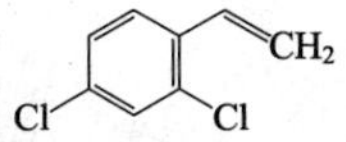 CH_2, Cl, Cl

(16)

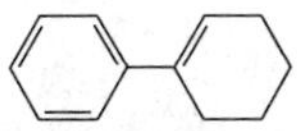

(17) 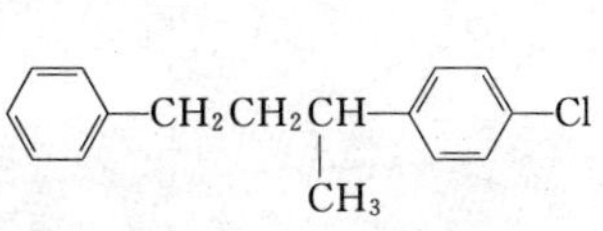 $C_6H_5-CH_2CH_2CH(CH_3)-C_6H_4-Cl$

(18) 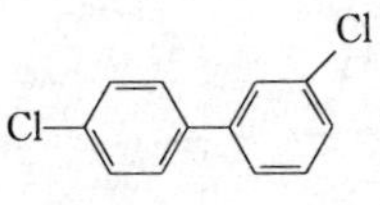 Cl, Cl

(19) 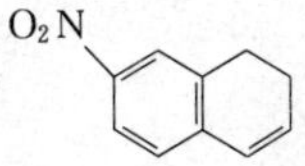 O_2N

(20) 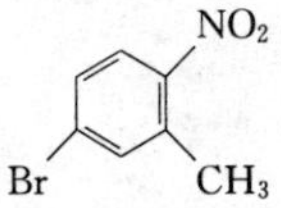 NO_2, Br, CH_3

5. 分别用伞形式、锯架式、Newman 投影式和 Fischer 投影式表示出下列化合物的结构式：

(1) (2R,3S)-2-氯-3-溴戊烷

(2) (2S,3S)-2-氯-3-甲基己烷

6. 画出 2-甲基丁烷沿 $C_2—C_3$ 键轴旋转产生的构象（每旋转 60°画一构象），并计算各构象的能量。

7. 写出下例化合物的优势构象：

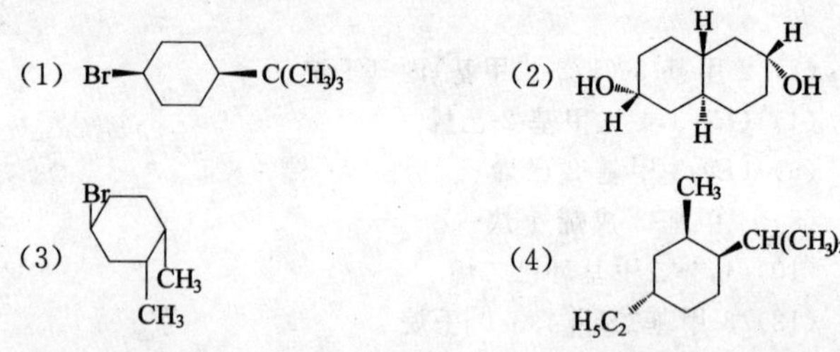

8. 回答下列问题：

(1) 顺-1,2-二甲基环己烷和反-1,2-二甲基环己烷的燃烧热分别为 5226.4kJ/mol 和 5220.1kJ/mol。试问哪一个化合物更稳定，为什么？

(2) 反-1,2-二甲基环己烷中大约有 90%的双平伏键(ee)构象存在，而反-1,2-二溴(或氯)环己烷中却以等量的双平伏键(ee)构象和双直立键(aa)构象存在，且随溶剂极性增大，(aa)构象的含量降低。请分析这是为什么？

(3) 分析为什么顺-1,3-二叔丁基环己烷和反-1,4-二叔丁基环己烷均是以椅式构象存在的，而它们的几何异构体反-1,3-二叔丁基环己烷和顺-1,4-二叔丁基环己烷却不以椅式构象存在？

9. 判断下列化合物是否具有芳香性，并说明为什么？

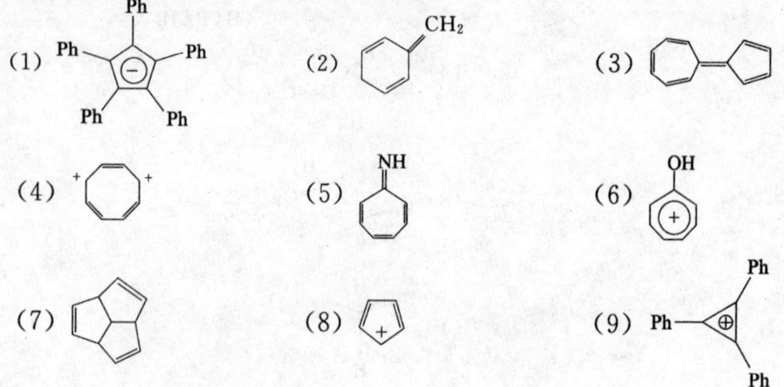

10. 画出甲苯所有稳定的共振极限式。

3

烃类化合物的物理性质和化学性质

化合物的性质是指其表现出的各种物理、化学或生物学等方面的特性，它决定了化合物的应用领域和范围。

3.1 烃的物理性质

3.1.1 有机化合物的常用物理性质及其物理涵义

谈到一个有机化合物，通常要用它的一些基本物理性质来进行描述，如外观、熔点、沸点等，这些物理性质包含有特定的物理涵义，可使人们初步了解某一化合物的基本特征。

(1) 熔点(melting point) 熔点是固体物质由固态转变为液态时的相变点温度。对于纯粹的有机化合物，一般都有固定的熔点，即在一定压力下，固-液两相之间的变化都是非常敏锐的，初熔至全熔的温度不超过 0.5～1℃(熔点范围，或称熔程或熔距)，但如混有杂质，则熔点会降低，熔程也会增长，因此熔点是判断化合物纯度的重要手段之一。

影响化合物熔点高低的主要因素是其晶格能和分子间的引力，在同系列分子(如烷烃)中前者影响最为明显。所谓晶格能是指在标准状况下(101325Pa 和 25℃)，由相互远离的气态离子或分子形成 1mol 化合物晶体时所释放出的能量。晶格能是衡量晶体中离子间或分子间结合能力大小的一个量度，是阐明晶体物理、化学性质的重要物理量。晶格能越大，晶体的熔点越高，硬度也越大。分子晶体的晶格能以分子间作用力为基础，比离子晶体的晶格能小得多。

(2) 沸点(boiling point) 沸点是液体物质由液态转变为气态时的相变点温度。纯粹的有机化合物一般都有固定的沸点，也是衡量一个液体化合物纯度的重要指标。与熔点不同，沸点与测定时的压力有很大关系，压力越大，沸点越高。减压蒸馏依据的就是这一原理。

影响沸点高低的主要因素包括分子间作用力(范德华力)、氢键、分子间的接触面积和相对分子质量。范德华力是远弱于化学键的分子间作用力，一般包括静电引力、极性诱导力和色散力，其中静电引力是存在于带电荷的分子之间的吸引力，极性诱导力则是极性分子之间的偶极作用力。色散力是存在于所有分子中的瞬时偶极作用力，即便对于非极性共价键，也会由于成键电子对短暂地偏离两个成键原子的中间位置而产生瞬间的偶极。对于非极性分子，色散力是影响其沸点高低的主要因素。

氢键是一种较强的分子间作用力，它会造成分子间的“簇合”，因此沸点升高。

分子间接触面积大，则分子间的各种作用力较强，反之则较弱。这是同分异构体中对称性好的分子沸点高于对称性差的分子的原因。

相对分子质量大的分子其重力较大，因此沸点会高于相对分子质量小的分子。

(3) 密度(density)和相对密度(special gravity)　密度(ρ)是物质单位体积的质量，单位 kg/m^3。相对密度旧称比重，固体和液体的相对密度是该物质(完全密实状态)的密度与在标准大气压，3.98℃时纯水下的密度(999.972kg/m^3)的比值。气体的相对密度是指该气体的密度与标准状况下空气密度的比值。液体或固体的相对密度说明了它们在另一种流体中是下沉还是漂浮。相对密度是量纲为 1 的量，一般情形下随温度、压力而变。

(4) 溶解度(solubility)　在一定温度下，某固态物质在 100g 溶剂中达到饱和状态时所溶解的质量，叫做这种物质在这种溶剂中的溶解度。一种溶质在溶剂中的溶解度与它们的分子间作用力、温度、溶解过程中所伴随的熵变化以及其他物质的存在及多少有关。

(5) 折射率(refractive index)　光从真空射入介质发生折射时，入射角 α 与折射角 β 的正弦之比 n 叫做介质的“绝对折射率”，简称“折射率”。

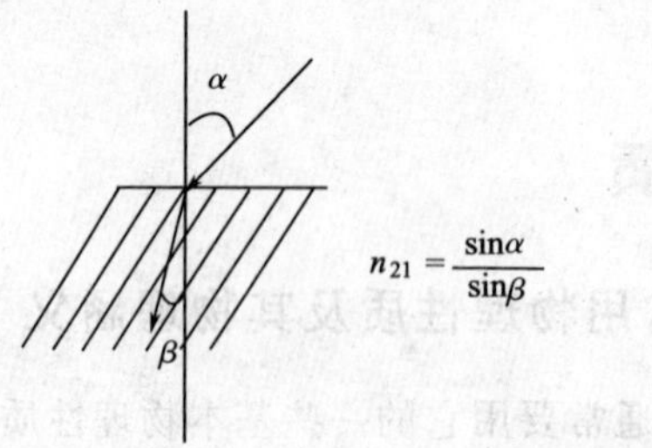

光的折射现象是光电磁波与介质分子中的电子相互作用的结果，因此折射率反映的是分子受外界电场影响的强弱，是衡量一个有机化合物反应性能的重要参数。

(6) 偶极矩(dipole moment)　分子的正、负电荷中心间的距离 r 和电荷中心所带电量 q 的乘积，叫做偶极矩，用 μ 表示：

$$\mu = r \times q$$

偶极矩是一个矢量，方向规定为从正电荷中心指向负电荷中心。偶极矩的单位是 D(德拜)。根据讨论对象的不同，偶极矩可以指键偶极矩，也可以是分子偶极矩。分子偶极矩可由键偶极矩经矢量加和后得到。

分子偶极矩是分子极性大小的量度。

3.1.2　烷烃的物理性质

室温下，含有 1～4 个碳原子的烷烃是气体，5～16 个碳原子的是液体，含 17 个碳原子以上的直链烷烃是固体。低沸点的烷烃为无色液体，有特殊气味；高沸点的烷烃为油状黏稠液体，无味。

烷烃的熔点随相对分子质量的增加而增加。受晶格能的影响，对称性好的分子晶格能较大，因而熔点较高，反之则较低。例如，戊烷的 3 个异构体的熔点分别为：正戊烷

−129.7℃，异戊烷−159.6℃，新戊烷−17.0℃，就是因为新戊烷的分子对称性高，能堆砌紧密的缘故。在直链烷烃系列中，随碳原子数目的增加，偶数碳原子烷烃熔点的增高幅度比奇数碳原子的烷烃大一些，如图 3-1 所示。这是因为晶格中的分子在极短的距离内作用，范德华引力与分子作用距离的 6 次方呈反比，所以晶格力受分子形状的影响更为敏感。X 射线衍射结果表明，偶数碳原子的烷烃分子具有较好的对称性，在晶格中排列得比较紧密，故其熔点增高幅度较大。

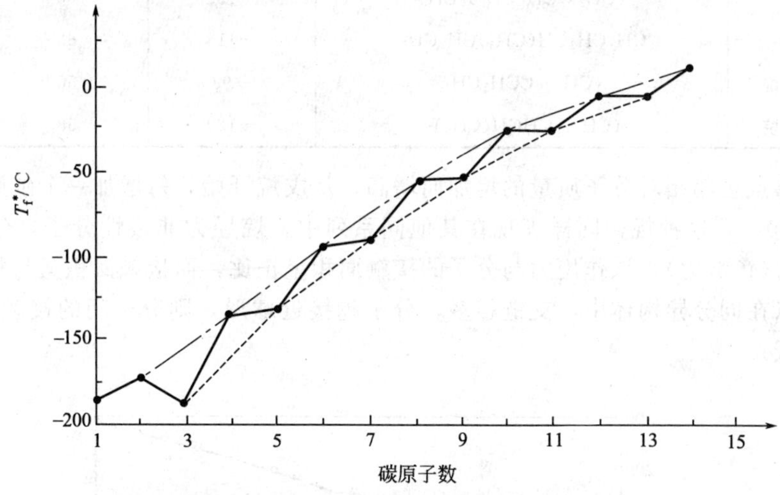

图 3-1　正烷烃的熔点与分子中碳原子数目的关系

表 3-1 列出了部分烷烃的物理常数。

表 3-1　烷烃的物理常数

烷烃	分子式或结构式	熔点/℃	沸点/℃	相对密度(d_4^{20})
甲烷	CH_4	−182.5	−161.7	—
乙烷	CH_3CH_3	−172.0	−88.6	—
丙烷	$CH_3CH_2CH_3$	−187.1	−42.2	0.5005
丁烷	$CH_3(CH_2)_2CH_3$	−138.4	−0.5	0.5788
戊烷	$CH_3(CH_2)_3CH_3$	−129.7	36.1	0.5572
己烷	$CH_3(CH_2)_4CH_3$	−94.0	68.7	0.6594
庚烷	$CH_3(CH_2)_5CH_3$	−90.5	98.4	0.6837
辛烷	$CH_3(CH_2)_6CH_3$	−56.8	125.6	0.7028
壬烷	$CH_3(CH_2)_7CH_3$	−53.7	150.0	0.7179
癸烷	$CH_3(CH_2)_8CH_3$	−29.7	174.0	0.7298
十一烷	$CH_3(CH_2)_9CH_3$	−25.6	195.8	0.7404
十二烷	$CH_3(CH_2)_{10}CH_3$	−9.6	216.3	0.7493
十三烷	$CH_3(CH_2)_{11}CH_3$	−6	235.4	0.7568
十四烷	$CH_3(CH_2)_{12}CH_3$	5.5	251.0	0.7636
十五烷	$CH_3(CH_2)_{13}CH_3$	10	268.0	0.7688
十六烷	$CH_3(CH_2)_{14}CH_3$	18.1	280.0	0.7749
十七烷	$CH_3(CH_2)_{15}CH_3$	22.0	301.8	0.7767

续表

烷烃	分子式或结构式	熔点/℃	沸点/℃	相对密度(d_4^{20})
二十烷	$CH_3(CH_2)_{18}CH_3$	36.4	343	0.7777
异丁烷	$(CH_3)_2CHCH_3$	−159	−12	—
异戊烷	$(CH_3)_2CHCH_2CH_3$	−159.6	28	0.6201
新戊烷	$C(CH_3)_4$	−17	9.5	0.6135
异己烷	$(CH_3)_2CH(CH_2)_2CH_3$	−159	60	0.6540
3-甲基戊烷	$CH_3CH_2CH(CH_3)CH_2CH_3$	−118	63	0.6760
2,2-二甲基丁烷	$(CH_3)_3CCH_2CH_3$	−98	50	0.6490
2,3-二甲基丁烷	$(CH_3)_2CHCH(CH_3)_2$	−129	58	0.6680

烷烃的沸点也随相对分子质量的增加而增高。从戊烷开始，每增加一个碳原子，沸点平均升高 20～30℃，这种规律同样表现在其他同系列中。烷烃为非极性分子，分子间仅有微弱的范德华力(色散力)，该作用力与分子的接触面积呈正比，而接触面积又与相对分子质量呈正比。所以在同分异构体中，支链越多，分子越接近球形，则分子间的接触面积就越小，因而沸点越低。

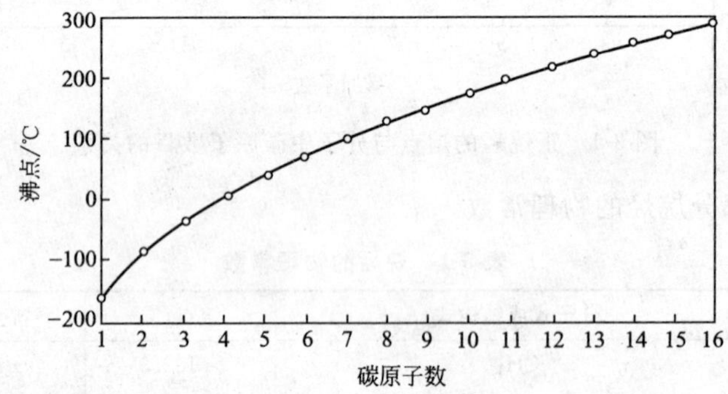

图 3-2　直链烷烃的沸点与分子中碳原子数目的关系

烷烃的密度也是随着相对分子质量的增大而增大的，但由于相对分子质量增大时，分子的体积也在增大，所以当密度增大到一定数值后变化就很小了。烷烃相对密度的最高值接近 0.8。

溶解是溶质分散到溶剂分子中的过程。烷烃是非极性或弱极性分子，根据“相似相溶原理”，烷烃可溶于非极性或弱极性溶剂中，如四氯化碳、苯、汽油、醚中，但不溶于极性溶剂，如水中。

3.1.3　烯烃的物理性质

与烷烃相似，烯烃分子主要也是由非极性的碳碳键和弱极性的碳氢键组成的，分子间的作用力主要为较弱的范德华力，因此其物理性质的变化规律也与烷烃相似，其熔点、沸点、密度、溶解度等也是随着碳原子数的增加而递变的。在常温下，C_2～C_4 的烯烃为气体，C_5～C_{16}的为液体，C_{17}以上的为固体。烯烃的相对密度均小于 1，为不溶于水，易溶于有机溶剂的无色物质。乙烯稍带甜味，液体烯烃则具有汽油的气味。表 3-2 列出了一些常见烯烃的物理常数。

表 3-2　常见烯烃的物理常数

名称	结构式	熔点/℃	沸点/℃	相对密度①
乙烯	$H_2C{=}CH_2$	−169.0	−103.7	0.5660(−102℃)
丙烯	$CH_3CH{=}CH_2$	−185.2	−47.4	0.5193
1-丁烯	$CH_3CH_2CH{=}CH_2$	−185.3	−6.3	0.5951
顺-2-丁烯	$\begin{array}{ccc} H_3C & & CH_3 \\ & C{=}C & \\ H & & H \end{array}$	−138.9	3.7	0.6213
反-2-丁烯	$\begin{array}{ccc} H_3C & & H \\ & C{=}C & \\ H & & CH_3 \end{array}$	−105.5	0.9	0.6042
异丁烯	$H_3C-\underset{\displaystyle CH_3}{\underset{\vert}{C}}{=}CH_2$	−140.3	−6.9	0.5942
1-戊烯	$CH_3CH_2CH_2CH{=}CH_2$	−138.0	30	0.6405
1-己烯	$CH_3CH_2CH_2CH_2CH{=}CH_2$	−139.8	63.3	0.6731
1-庚烯	$CH_3CH_2CH_2CH_2CH_2CH{=}CH_2$	−119.0	93.6	0.6970

①除注明者外，其他物质的相对密度均为 20℃时的数据。

烯烃分子中由于存在 sp^2 和 sp^3 两种杂化状态的碳原子，它们的轨道电负性不同，造成这种 C—Cσ 键具有弱的极性，因此不对称的烯烃分子具有一定的极性。例如，顺-2-丁烯的偶极矩为 0.33D，而其反式异构体为 0D。

$$\begin{array}{ccc} H_3C & & CH_3 \\ & C{=}C & \\ H & & H \end{array} \qquad \begin{array}{ccc} H_3C & & H \\ & C{=}C & \\ H & & CH_3 \end{array}$$

烯烃和烷烃在物理性质上最大的区别在于烯烃具有较大的折射率，如环己烯的折射率为 1.4465，而环己烷为 1.4262。这是因为烯烃分子中的 π 轨道重叠程度较小，受核的吸引力小，因此容易受到外界电磁场的影响。

由于同样的原因，烯烃在水中的溶解度比烷烃略大。

3.1.4　炔烃的物理性质

炔烃的物理性质与烯烃相似，也随碳原子数目的增加而呈规律性的变化。由于炔烃中 sp 杂化轨道的电负性比烯烃的 sp^2 杂化轨道更大，因此，炔烃的极性更强。同时炔键呈线形结构，在液态和固态中分子可以靠得更近，因此与同碳原子数目的烯烃相比，其熔点、沸点和密度更高。表 3-3 列出了部分炔烃的物理常数。

炔烃微溶于水，易溶于有机溶剂中，如石油醚、苯、丙酮、四氯化碳等，其溶解度随压力增加而增大。乙炔在一定压力下很容易发生爆炸，但其丙酮溶液是比较稳定的，因此常用浸透丙酮的多孔性物质如硅藻土、石棉等填充在乙炔储存钢瓶中，以减少爆炸的危险。

3.1.5　环烷烃的物理性质

环烷烃的熔点、沸点和密度均较同碳原子数目的烷烃高，这可能是因为链形分子可以比较自由地摇动，分子间“拉”得不紧，因此容易挥发。同样由于这种摇动也使得链形分子在晶格内的排列不如环烷烃紧密，因此密度较低。表 3-4 列出了几种环烷烃的物理性质。

表 3-3　一些常见炔烃的物理常数

名称	熔点/℃	沸点/℃	相对密度(20℃)
乙炔	−82	−25	0.620
丙炔	−101.5	−23	0.670
1-丁炔	−122	9	0.670
1-戊炔	−98	40	0.695
1-己炔	−124	72	0.791
1-庚炔	−80	100	0.733
1-辛炔	−70	126	0.747
2-丁炔	−24	27	0.694
2-戊炔	−101	55	0.714
3-甲基-1-丁炔	—	29	0.665
2-己炔	−92	84	0.730
3-己炔	−51	81	0.725
3,3-二甲基-1-丁炔	−81	38	0.669

表 3-4　环烷烃的物理常数

名称	熔点/℃	沸点/℃	相对密度(20℃)
环丙烷	−126.6	−33	
环丁烷	−80	13	
环戊烷	−94	49	0.751
环己烷	6.5	81	0.779
环庚烷	−12	118.5	0.811
环辛烷	13.5	149	0.834

3.1.6　芳烃的物理性质

苯及其低级同系物都是具有芳香气味的无色液体，其密度和折射率比相应的链烃和环烷烃高，不溶于水，易溶于石油醚、四氯化碳、乙醚、丙酮等有机溶剂中，相对密度在 0.86～0.93之间，是许多有机化合物的良好溶剂。表 3-5 列出了一些单环芳烃的物理常数。

从上表可见，在苯的同系物中，沸点随烷基碳原子数目的增加而升高，每增加一个亚甲基，沸点平均升高 20℃左右。熔点则不仅与分子大小有关，还与分子的形状和对称性有关，对称性较好的分子其熔点较高，如苯和对二甲苯。

由于芳香烃的 C/H 比较相应的烷烃和环烷烃高，燃烧时往往因为不完全而带有黑烟，可以此作芳香烃和饱和烃的初步判据。

芳香烃具有较大的毒性，能损伤人体造血器官和神经系统，分子量较大的稠环芳烃如芘、苊及其衍生物更是强致癌性物质，应注意防护。

表 3-5　苯和烷基苯的物理常数

名称	熔点/℃	沸点/℃	相对密度(20℃)	折射率(n_{20})
苯	5.4	80.1	0.8765	1.5001
甲苯	−95	110.6	0.8669	1.4961
邻二甲苯	−25	144	0.8802	1.5055
间二甲苯	−48	139	0.8642	1.4972
对二甲苯	13	138	0.8611	1.4958
异丙苯	−96	152	0.8618	1.4915
正丙苯	−99	159.2	0.8620	1.4920
苯乙烯	−31	145	0.9060	1.5468
苯乙炔	−45	142	0.9281	1.5485
均三甲苯	−45	165	—	—
二苯甲烷	26	263	—	—

3.2　烃的化学性质

3.2.1　化学反应的本质与有机化合物反应的类型

有机化合物一般为共价化合物，有机化学反应是旧的共价键的断裂和新的共价键的生成过程，其本质是原子核外电子运动状态发生变化的结果，即核外电子由原来分子中的运动状态转化为产物分子中新的运动状态的过程。对这种过程的描述即称为该反应的反应机理，或称为反应机制、反应历程。

一个共价键(如图 3-3 中的 C—A 键)是两个成键原子共用一对电子的结果，当这个共价键发生断裂(即发生化学反应)时，这对成键电子的运动状态变化一般有三种形式：平均分开，C 原子和 A 原子各带一个电子离开形成两个自由基；由 A 原子带走，形成碳正离子；由碳原子留下，形成碳负离子。第一种方式称为键的均裂，后两种方式称为异裂。

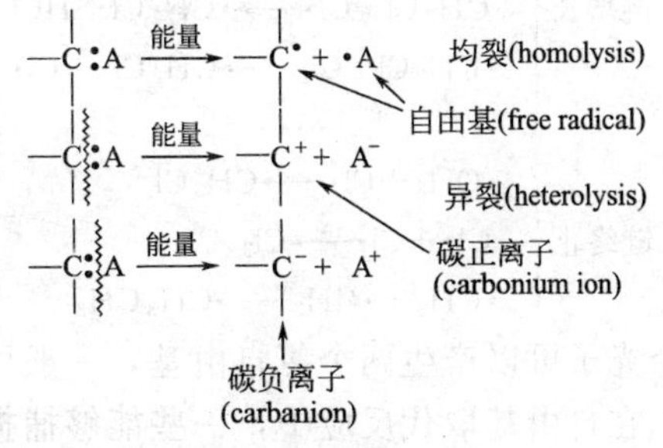

图 3-3　共价键的断裂方式

与之相对应的反应机理称为自由基机理和离子型机理，这是有机化学反应最常见的两种形式。除此之外，还有一种协同型反应机理，反应过程中不产生自由基或正、负离子，旧键的断裂和新键的产生同时进行，将在后文中再作介绍。

3.2.2　烷烃的化学性质

烷烃分子中只有 σ 键，其特性是折射率小，可极化性(电子云在外界电磁场作用下产生变形的能力)差，因此表现出化学“惰性”，比较稳定，不易发生键的异裂，与强酸、强碱和一般氧化剂均不起反应。但是，虽然 σ 键的键能较大，但在外界剧烈条件(如高温、光照、催化剂等)的影响下，烷烃可以发生 σ 键的均裂。所以烷烃的反应都为自由基型反应。

3.2.2.1 烷烃的卤代

烷烃的卤代是指烷烃分子中的氢原子被卤素原子(F、Cl、Br、I)取代的反应。如甲烷与氯气在漫射光或紫外线照射，或高温作用下可反应生成氯甲烷和氯化氢。在日光照射下则发生爆炸性反应生成氯化氢和碳。

$$CH_4 + Cl_2 \xrightarrow{\text{漫射光}} CH_3Cl + HCl$$

$$CH_4 + 2Cl_2 \xrightarrow{\text{日光}} 4HCl + C$$

(1) 反应机理　以甲烷的氯代为例。在高温或光照下，氯气率先发生键的均裂生成氯自由基，由于自由基的价电子层没有满足八隅体的电子构型，因此是一个活泼的中间体，可以引发一系列的自由基连锁反应。

首先，氯自由基与甲烷分子碰撞，夺取一个氢原子造成C—H键的均裂，形成甲基自由基和氯化氢；甲基自由基再与氯气分子碰撞，形成氯甲烷和新的氯自由基；氯自由基又可重复以上过程。因此体系中只要有少量的氯自由基存在，反应就可不断地传递下去，直到自由基之间相互碰撞形成稳定的分子而"湮灭"，反应才可停止。这种以自由基方式进行的取代反应称为自由基取代反应。

当氯自由基与氯甲烷碰撞时，又可产生氯甲基自由基，后者与氯气反应则生成二氯甲烷。这一过程可以持续下去，直到四个氢原子均被取代形成四氯化碳。因此甲烷的氯代通常得到的是混合物，可以根据实际需要，控制反应条件分别得到某一组分为主的产品。

这种类型的反应称为自由基连锁反应，一般包括链的引发、链的增长和链的终止三个阶段：

链引发　$Cl_2 \xrightarrow[\text{或 } h\nu]{\triangle} 2Cl\cdot$　(1)

链增长
$$CH_4 + Cl\cdot \longrightarrow \cdot CH_3 + HCl \quad (2)$$
$$\cdot CH_3 + Cl_2 \longrightarrow CH_3Cl + Cl\cdot \quad (3)$$
$$CH_3Cl + Cl\cdot \longrightarrow \cdot CH_2Cl + HCl \quad (4)$$
$$\cdot CH_2Cl + Cl_2 \longrightarrow CH_2Cl_2 + Cl\cdot \quad (5)$$
……

链终止
$$\cdot CH_3 + Cl\cdot \longrightarrow CH_3Cl \quad (6)$$
$$Cl\cdot + Cl\cdot \longrightarrow Cl_2 \quad (7)$$
$$\cdot CH_3 + \cdot CH_3 \longrightarrow CH_3CH_3 \quad (8)$$

一个光子可以产生两个氯自由基，一般可以使链增长循环10000次。

在自由基取代反应中，一些能够捕捉自由基的杂质，如氧的存在，会形成一些不活泼的自由基，造成反应的停止，这些杂质称为阻抑剂。只有当氧消耗完后，自由基链反应才会开始。所以自由基取代反应往往会有一个诱导期，反应很慢，一旦启动，反应速率会很快，这是这类反应的特征之一。

(2) 反应的能量变化　化学反应的过程是一个反应体系能量不断变化的过程。如在由甲烷氯化生成氯甲烷的反应中，每一步的能量变化如下：

链引发　$Cl—Cl \longrightarrow 2Cl\cdot$　$\Delta H = 242.4\text{kJ/mol}$　$E_a = 242.4\text{kJ/mol}$

链增长
$$CH_3—H + Cl\cdot \longrightarrow H—Cl + \cdot CH_3 \quad \Delta H = 4.2\text{kJ/mol} \quad E_a = 16.7\text{kJ/mol}$$
$$\cdot CH_3 + Cl—Cl \longrightarrow CH_3—Cl + Cl\cdot \quad \Delta H = -108.7\text{kJ/mol} \quad E_a = 4.2\text{kJ/mol}$$

$$链终止\begin{cases}\cdot CH_3+Cl\cdot \longrightarrow CH_3-Cl & \Delta H=-351.1kJ/mol\\ \cdot CH_3+\cdot CH_3 \longrightarrow CH_3-CH_3 & \Delta H=-367.8kJ/mol\\ Cl\cdot+Cl\cdot \longrightarrow Cl-Cl & \Delta H=-242.4kJ/mol\end{cases}$$

在链的引发阶段，只有 Cl—Cl 键的断裂，是一个强吸热反应，因此需在光照或高温下进行；在链终止阶段，只有新键生成，而无旧键断裂，是强放热反应；而在链增长阶段，每一步都伴随有旧键的断裂和新键的形成，其中反应(2)，断裂一个 C—H 键需要吸热，其吸收的热量（434.7kJ/mol）比生成 H—Cl 键放出的能量(－351.1kJ/mol)高，因此是一个轻微的吸热反应，而反应(3)则是一个放热反应。

实验表明，要使反应(2)发生，只提供 4.2kJ/mol 的能量是不够的，而是必须提供 16.7kJ/mol 的能量才能使反应发生，这种为了使一个碰撞发生反应所需提供的最小能量叫做活化能(energy of activation)，用 E_a 表示。一般来说，凡是有化学键断裂的反应，都必须一定的活化能，即使放热反应也是如此。如反应(3)。

一个化学反应，通常都会自然选择活化能最低的方式来进行。例如在链的增长阶段，氯自由基也可以选择与 C—H 键中的 C 结合直接生成氯甲烷和氢自由基：

$$CH_3-H+Cl\cdot \longrightarrow CH_3-Cl+\cdot H \qquad \Delta H=83kJ/mol$$

但这是一个需要吸收较大能量的过程，其反应活化能 $E_a>83kJ/mol$，因此反应不易发生。

烷烃氯代的过程不是一蹴而就的。当氯自由基与甲烷分子发生碰撞时，氯自由基首先进攻处于四面体顶点的氢核，同时弱化 C—H 键，Cl—H 键逐渐形成，而 C—H 键逐渐断裂，碳原子的构型也逐渐由四面体向甲基自由基的平面构型转化，在此过程中体系能量逐渐上升，当能量达到最高点时的结构称为过渡态，可用［Cl---H---CH_3］来表示。过渡态是很不稳定的质体，瞬间即逝，一般无法分离得到。

甲烷氯代链增长阶段的反应(2)和(3)中的能量变化如图 3-4 所示。

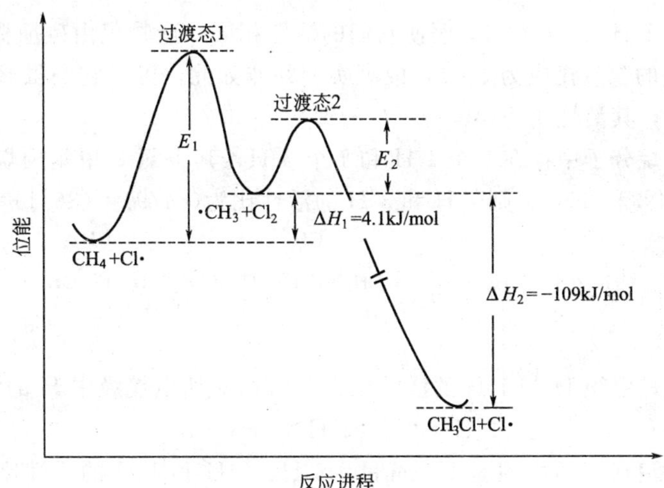

图 3-4　甲烷氯代反应中的能量变化

可见这是一个放热反应，体系能量在两个过渡态时达到最高，随后逐渐降低，过渡态与反应物之间的能量差即为活化能。在一个多步骤的反应中，反应速率最慢(活化能最高)的一步对反应速率的影响最大，称为速率控制步骤。

由图 3-4 还可以看出，该反应的逆反应的活化能远高于正反应，因此事实上是不可能发生的。

(3) 卤素活性的比较　如上所述，烷烃卤代的第二步为速率控制步骤，该步的活化能大小决定了卤代反应的速率。不同的卤素，在进行该步反应时所需要的活化能及产生的热量变化是不同的。如表 3-6 所示。

表 3-6　不同卤素在第 2 步反应中的活化能及反应热比较

卤素	E_a/(kJ/mol)	ΔH/(kJ/mol)
F	4.2	−133.5
Cl	16.7	4.2
Br	75	66.5
I	>141	136.4

由此可见，氟与甲烷的反应最容易，仅需 4.2kJ/mol 的活化能，而放出的热量是巨大的，如果不能及时移除，将导致爆炸性的反应。而碘与甲烷的反应需要大于141kJ/mol 的能量，相当于在 275℃时，10^{13} 次碰撞中才有一次有效碰撞，而碘原子是不可能存在很久的，因此反应难以进行。事实上其逆反应倒是较易完成的。

所以烷烃在常温下是不能直接进行氟代和碘代的，我们所说的卤代即指氯代和溴代，而氯代的速率远高于溴代。

(4) 其他烷烃的卤代　除了甲烷和乙烷外，其他烷烃在进行一卤代时将面临选择性的问题。如丙烷，实验发现，在四氯化碳溶剂中，25℃下进行氯代时，得到的产物中 1-氯丙烷和 2-氯丙烷的含量分别为 45％和 55％。

$$CH_3-CH_2-CH_3 \xrightarrow[h\nu,25℃]{Cl_2/CCl_4} \underset{45\%}{CH_3-CH_2-CH_2Cl} + \underset{55\%}{CH_3-\underset{\displaystyle Cl}{\underset{|}{CH}}-CH_3}$$

丙烷中有 6 个 1°H，2 个 2°H，假使它们的活性相同，产物仅由碰撞概率来决定，则 1-氯丙烷和 2-氯丙烷的含量比应为 3∶1，但事实上并非如此。可见它们虽然都是 C—H σ 键，但活性是不一样的，其活性比为(45/6)∶(55/2)＝1∶3.7

同样，在异丁烷分子中存在 9 个 1°H 和 1 个 3°H，其 1-氯-2-甲基丙烷与 2-氯-2-甲基丙烷的含量分别为 64％和 36％，则 1°H 和 3°H 的活性比为(64/9)∶(36/1)＝1∶5.1。

$$CH_3-\overset{\displaystyle CH_3}{\overset{|}{CH}}-CH_3 \xrightarrow[h\nu,25℃]{Cl_2} \underset{64\%}{CH_3-\overset{\displaystyle CH_3}{\overset{|}{CH}}-CH_2Cl} + \underset{36\%}{CH_3-\overset{\displaystyle CH_3}{\overset{|}{\underset{\displaystyle Cl}{\underset{|}{C}}}}-CH_3}$$

另据实验证实，甲烷 H 与 1°H 的活性比为 1∶267。所以烷烃中 H 的活性为：

$$3°H > 2°H > 1°H > CH_3-H$$

不同的烷烃在溴代时活性也是不一样的，3°H、2°H 和 1°H 的活性比为 1600∶82∶1。这是因为溴代反应所需的活化能高，能够获得足够能量的分子少，因此选择性更强(这在有机化学反应中是一个普遍现象，即反应活性与选择性一般呈相反的关系)。

不同类型的氢原子活性不同，其原因当然是形成的过渡态的能量高低不同，而这种能量高低的差别是由于超共轭效应所造成的。当卤素自由基进攻不同类型的氢原子时，会形成不同的自由基，如丙烷与氯的反应，当氯自由基进攻丙烷上的 1°H 或 2°H 时，其形成的活性中间体分别为丙基自由基和异丙基自由基：

$$CH_3CH_2CH_2\cdot \qquad CH_3\dot{C}HCH_3$$

后者有 α 位的 6 个 C—H σ 键产生的超共轭效应，而前者只有 2 个，因此后者更稳定，能量更低，所以更易形成，这是 2°H 活性高于 1°H 的原因。同理可以解释 3°H 比 2°H 更活泼，叔丁基自由基又比异丙基自由基更易形成。

从这种活性中间体的稳定性也可以理解过渡态的稳定性，因为在过渡态中产物已经在逐渐形成了。因此，中间体的稳定性与过渡态的稳定性顺序是一致的。

从不同类型氢原子的活性可以推测产物的比例。例如正丁烷在 25℃下的氯代，其 1-氯丁烷和 2-氯丁烷的比例应为：

$$\frac{\text{1-氯丁烷}}{\text{2-氯丁烷}}=\frac{\text{1°H 数目}}{\text{2°H 数目}}\times\frac{\text{1°H 活性}}{\text{2°H 活性}}=\frac{6}{4}\times\frac{1}{3.7}=\frac{28\%}{72\%}$$

实验结果也正是如此。

3.2.2.2 烷烃的燃烧

烷烃是可燃的，完全燃烧的最终产物为 CO_2 和 H_2O，同时放出大量的热，这也是内燃机的工作原理。其反应式为：

$$C_nH_{2n+2}+(\frac{3}{2}n+1/2)O_2 \longrightarrow nCO_2+(n+1)H_2O$$

在标准状态下(298K，0.1MPa)，1mol 纯烷烃完全燃烧生成 CO_2 和 H_2O 所放出的热称为燃烧热，用 ΔH_c 表示。由燃烧热值的大小可以判断分子内能的高低，进而判断分子的稳定性。燃烧热值越小，则分子内能越低，分子越稳定。表 3-7 列出了一些烷烃在标准状态下的燃烧热值。

表 3-7 一些烷烃在标准状态下的燃烧热

化合物	ΔH_c/(kJ/mol)	化合物	ΔH_c/(kJ/mol)
甲烷	−890.3	2-甲基丙烷	−2869.8
乙烷	−1559.8	戊烷	−3536.2
丙烷	−2219.9	己烷	−4195.6
丁烷	−2878.2		

在同分异构体中，支链烷烃的燃烧热值比直链烷烃小，因此支链烷烃的能量较低，较稳定。

烷烃的燃烧反应是一个氧化反应，过程很复杂，主要是自由基连锁反应。高温下 C—H、C—C 键发生均裂，生成烷基自由基，烷基自由基再与氧气反应，可以衍生出多种自由基，因此反应速率会越来越快，甚至成倍增长，有时会发生爆炸，因此应控制好氧气的含量。烷烃燃烧反应的大致机理如下：

$$\text{链引发}\begin{cases} R—H \xrightarrow{\text{高温}} R\cdot \\ R\cdot + O_2 \longrightarrow R—O—O\cdot \end{cases}$$

$$\text{链增长}\begin{cases} R—O—O\cdot + R—H \longrightarrow R—O—O—H + R\cdot \\ R\cdot + O_2 \longrightarrow R—O—O\cdot \\ R—O—O\cdot + R—H \longrightarrow R—O—O—H + R\cdot \\ \cdots\cdots \end{cases}$$

$$
\text{链终止}\begin{cases} 2R\cdot \longrightarrow R—R \\ R—O—O\cdot + R\cdot \longrightarrow R—O—O—R \\ \cdots\cdots \end{cases}
$$

烷烃也可以进行受控氧化，在适当条件下，可以得到不同的含氧酸或氧化物，但一般为混合物。

3.2.2.3 烷烃的热裂

在无氧条件下将烷烃加热到800℃左右，可使烷烃分解生成小分子的烷烃和烯烃，这种反应称为烷烃的热裂(pyrolysis)，也称裂化。热裂也是自由基反应，其过程和产物都很复杂。如丙烷的热裂：

$$
CH_3CH_2CH_3 \longrightarrow CH_3\cdot + CH_3CH_2\cdot
$$

$$
CH_3CH_2\cdot + CH_3CH_2CH_3 \longrightarrow CH_3CH_3 + CH_3CH_2CH_2\cdot + CH_3\dot{C}HCH_3
$$

$$
CH_3CH_2CH_2\cdot \longrightarrow \begin{cases} CH_3CH=CH_2 + H\cdot \\ CH_2=CH_2 + \cdot CH_3 \end{cases}
$$

新生成的烯烃又可以通过加成生成新的自由基，自由基也可以互相结合生成分子，总的结果是相对分子质量较大的烷烃裂解成较小的烷烃和烯烃，工业上正是用此方法生产乙烯、丙烯、丁二烯等基础化工原料的。烷烃的热裂在石油化工中非常重要，为了降低裂解温度，可以加入一些催化剂，如铂、硅酸盐、氧化铝等，在催化剂作用下的裂化反应称为催化重整。石油加工除得到汽油外，还有煤油、柴油等较大的烷烃，通过催化重整，可以提高汽油的品位。

3.2.2.4 烷烃的硝化

烷烃与硝酸在400～430℃下进行气相反应生成硝基化合物的反应称为烷烃的硝化，产物常为多种硝基化合物的混合物。如：

$$
CH_3CH_2CH_3 \xrightarrow[400℃]{HNO_3} \underset{25\%}{CH_3CH_2CH_2NO_2} + \underset{40\%}{CH_3\overset{NO_2}{\overset{|}{C}}HCH_3} + \underset{10\%}{CH_3CH_2NO_2} + \underset{25\%}{CH_3NO_2}
$$

硝基烷烃是众多化工产品，如胺、腈、醇、季铵盐等的原料，在化工生产中占有重要地位。

硝化反应的机理与卤代反应类似，也是自由基取代反应。

3.2.2.5 烷烃的磺化和氯磺化

烷烃与硫酸在高温下反应生成烷基磺酸的反应称为烷烃的磺化，如：

$$
CH_3CH_3 \xrightarrow[400℃]{H_2SO_4} CH_3CH_2SO_3H + H_2O
$$

高级烷烃与硫酰氯(SO_2Cl_2，也称氯化砜)在光照下反应可得到烷基磺酰氯，称为烷烃的氯磺化反应。烷基磺酰氯经水解也可得到烷基磺酸。如：

$$
C_{12}H_{26} \xrightarrow[h\nu]{SO_2Cl_2} C_{12}H_{25}SO_2Cl + HCl
$$

$$
\xrightarrow{H_2O} C_{12}H_{25}SO_3H + HCl
$$

长链烷基磺酸钠是一类常用的阴离子型表面活性剂，是合成洗涤剂的主要组分之一。

3.2.3 烯烃的化学性质

如前所述，烯烃中的π分子轨道的能级比σ分子轨道高，位于成键轨道的最上层，犹如原子中位于最外层的价电子层，所以烯烃的反应多在π键上进行。由于π键是由p轨道侧面重叠而形成的，重叠程度不如轴向重叠的σ键大，因此不如σ键牢固，键能较低，约为264.4kJ/mol(σ键为345.6kJ/mol)。

π键的结构特征决定了其在进行化学反应时具有如下特点：

① π电子容易受到外界电磁场的作用，反应活性高；

② 烯烃属于富电子化合物，其π电子可以起到Lewis碱的作用；

③ π键的平面型结构使得试剂在与其反应时有空间选择性；

④ 试剂在与不对称的烯烃反应时会有进攻其中某个双键碳原子的选择性，这种选择性称为**区域选择性**(regioselectivity)。

3.2.3.1 加成反应

加成反应是烯烃的典型反应，是π键打开，形成两个新的σ键的过程。

$$\text{—}\overset{|}{\text{C}}\text{=}\overset{|}{\text{C}}\text{—} + \text{E—Nu} \longrightarrow \text{—}\underset{\text{E}}{\overset{|}{\underset{|}{\text{C}}}}\text{—}\underset{\text{Nu}}{\overset{|}{\underset{|}{\text{C}}}}\text{—} + \text{热量}$$

式中，E和Nu分别代表分子中的亲电基团和亲核基团。

(1) 催化加氢　也叫催化氢化。在Ni、Pd、Pt等金属催化剂的作用下，烯烃很容易与氢气加成生成烷烃。

$$\text{—}\overset{|}{\text{C}}\text{=}\overset{|}{\text{C}}\text{—} + H_2 \xrightarrow{\text{催化剂}} \text{—}\underset{\text{H}}{\overset{|}{\underset{|}{\text{C}}}}\text{—}\underset{\text{H}}{\overset{|}{\underset{|}{\text{C}}}}\text{—} + \text{热量}$$

实验表明，该反应在没有催化剂存在时很难发生，催化剂的存在大大降低了反应所需的活化能。催化氢化发生在金属催化剂的表面，高度分散的金属粉末具有极高的表面活性，能弱化吸附在其表面的烯烃和氢气分子中的化学键，促使它们相互发生反应，形成产物后从催化剂表面再解吸出来。同时，催化加氢反应是可逆的，过量的氢气、较低的温度和适当的压力对反应是有利的。

烯烃的催化加氢是一个顺式加成反应，即两个氢原子都加成到双键平面的同一侧，例如：

$$\text{1,2-二甲基环戊烯 } (H_3C, H_3C) \xrightarrow[\text{Pt}]{H_2} \text{顺-1,2-二甲基环戊烷 } (H_3C, H;\ H_3C, H)$$

催化氢化是一个放热反应。1mol烯烃加氢时所放出的热量称为烯烃的**氢化热**，每个双键的氢化热约为125kJ/mol。氢化热的大小反映了分子的稳定性，氢化热越低，稳定性越高。表3-8列出了一些烯烃分子的氢化热值。

表3-8　一些烯烃的氢化热

烯烃	氢化热/(kJ/mol)	烯烃	氢化热/(kJ/mol)
乙烯	137	顺-2-戊烯	120
1-丁烯	127	反-2-戊烯	115
顺-2-丁烯	120	2-甲基-1-丁烯	119
反-2-丁烯	115	2-甲基-2-丁烯	113
1-戊烯	126	2,3-二甲基-2-丁烯	111

烯烃的催化氢化无论是理论上还是实际应用上都具有非常重要的价值。

(2) 烯烃的亲电加成反应　烯烃是富电子化合物，容易受到缺电子的试剂进攻。由缺电子试剂进攻而发生的加成反应称为**亲电加成(electrophilic addition)反应**。

① 与酸的加成　强酸中的 H^+ 是最简单的亲电试剂，能与烯烃直接发生亲电加成反应，较弱的酸如乙酸、乙醇、水等在强酸的催化下也可发生亲电加成反应。例如：

$$CH_2{=}CH_2 \begin{cases} \xrightarrow{HCl} CH_3CH_2Cl & \text{氯乙烷} \\ \xrightarrow{H-OSO_3H} CH_3CH_2OSO_3H & \text{硫酸氢乙酯} \\ \xrightarrow{CH_3COOH} CH_3CH_2OCOCH_3 & \text{乙酸乙酯} \\ \xrightarrow{C_2H_5OH,\ H^+} CH_3CH_2OCH_2CH_3 & \text{乙醚} \\ \xrightarrow{H_2O,\ H^+} CH_3CH_2OH & \text{乙醇} \end{cases}$$

该反应的反应机理如下：

$$>C{=}C< + H^+ \longrightarrow \left[>C{=}C< \cdots H^+ \right] \longrightarrow >\overset{+}{C}-\underset{H}{C}< \xrightarrow{Nu^-} >\underset{Nu}{C}-\underset{H}{C}<$$

碳正离子

富电子的 π 键在酸的进攻下发生异裂，生成活性中间体碳正离子，后者再与富电子的亲核子(如 Cl^-、$HOSO_3^-$、ROH、H_2O、HOAc 等)反应完成加成。

很显然，当烯烃是不对称烯烃时，π 键的异裂方向会有两种可能，即质子加成会产生两种碳正离子。如丙烯与 HCl 的加成：

$$CH_3-CH{=}CH_2 + H^+ \longrightarrow CH_3-\overset{+}{C}H-CH_3 + CH_3-CH_2-CH_2^+$$

$$CH_3-CH-CH_3 \xrightarrow{Cl^-} CH_3-CHCl-CH_3 \qquad CH_3-CH_2-CH_2^+ \xrightarrow{Cl^-} CH_3-CH_2-CH_2Cl$$

异丙基碳正离子　　正丙基碳正离子

产生的两种碳正离子再与氯离子加成分别形成 2-氯丙烷和 1-氯丙烷。实验结果表明，其中 2-氯丙烷较多，而 1-氯丙烷较少，亦即反应是有区域选择性的。1870 年，V. Markovnikov 总结了大量的类似实验结果后指出：当不对称烯烃与酸加成时，酸分子中的质子主要加到双键中含氢较多的碳原子上，其余部分则加到含氢较少的碳原子上。这一规律称为**马氏规则**。符合这一规律的加成称为**马氏加成**，而不符合这一规律的加成反应称为**反马氏加成**。

产生这种区域选择性的原因，一是由底物烯烃的结构决定的。如前所述，在诱导效应和超共轭效应的共同作用下，丙烯的 π 键会产生极化，从而使得末端碳原子上电子云密度较高，因此更容易受到亲电试剂的进攻：

$$CH_3 \rightarrow \overset{\delta^+}{C}H{=}\overset{\delta^-}{C}H_2$$

产生选择性的第二个原因是中间体碳正离子的稳定性。与碳自由基一样，碳正离子也具有平面构型，邻近 α 位 C—H 键上的 σ 电子会通过超共轭效应对缺电子的碳正离子以电荷补偿。因此，α 位上 C—H 键越多，超共轭效应越强，这样的碳正离子就越稳定。异丙基碳正离子 α 位有 6 个 C—H 键，而正丙基碳正离子只有两个，所以前者能量较低，稳定性更强。相对应的，其形成时的过渡态能量较低，因此更容易形成。碳正离子一旦形成，很快就会与亲核基团反应生成产物。

不同碳正离子的稳定性顺序为：

$$3^\circ C^+ > 2^\circ C^+ > 1^\circ C^+ > {}^+CH_3$$

在经由碳正离子进行的反应中，当形成的碳正离子稳定性较差，而又可能转化为更稳定的碳正离子时，就会发生原子或原子团的迁移。例如：

$$CH_3-\underset{H}{\overset{CH_3}{C}}-CH{=}CH_2 \xrightarrow{HCl} \underset{(1)}{CH_3-\underset{H}{\overset{CH_3}{C}}-\underset{Cl}{CH}-CH_3} + \underset{(2)}{CH_3-\underset{Cl}{\overset{CH_3}{C}}-CH_2-CH_3}$$

产物（1）是预期的马氏加成产物。（2）的生成机理为：

$$CH_3-\underset{H}{\overset{CH_3}{C}}-CH{=}CH_2 \xrightarrow{HCl} CH_3-\underset{H}{\overset{CH_3}{C}}-\overset{+}{C}H-CH_3 \longrightarrow CH_3-\underset{+}{\overset{CH_3}{C}}-CH-CH_3 \xrightarrow{Cl^-} (2)$$

先生成的二级碳正离子有 4 个邻位 C—H 键的超共轭效应，而重排后的三级碳正离子有 8 个，稳定性强得多，因此会发生氢的迁移，这种反应称为**分子重排**(molecular rearrangement)**反应**。由于迁移基团是向缺电子中心转移的，所以称为亲核重排。这里迁移的基团可以是氢原子，也可以是烷基。例如：

$$CH_3-\underset{CH_3}{\overset{CH_3}{C}}-CH{=}CH_2 \xrightarrow{HCl} CH_3-\underset{CH_3}{\overset{CH_3}{C}}-\underset{Cl}{CH}-CH_3 + CH_3-\underset{Cl}{\overset{CH_3}{C}}-\overset{CH_3}{CH}-CH_3$$

由此可见，该类反应具有区域选择性的原因是电荷和碳正离子的稳定性，而不在于碳原子上氢的多少。如下面的反应：

$$CF_3-CH{=}CH_2 + HCl \begin{cases} \xrightarrow{\times} CF_3-\underset{Cl}{CH}-CH_3 \\ \longrightarrow CF_3-CH_2-CH_2Cl \end{cases}$$

质子并没有加到含氢较多的碳原子上。这是因为氟原子强的电负性，使得三氟甲基对双键而言产生吸电子的诱导效应(−I)，这样双键碳原子上的电荷分布正好与丙烯相反。

所以，马氏规则更确切的说法应该是：当一个不对称试剂与双键发生离子型加成反应时，试剂中的正电部分总是加到电子云密度较高的碳原子上，并生成较稳定的碳正离子中间体。

② 与卤素的加成　烯烃与卤素加成可得到邻二卤代物：

$$-\overset{|}{C}{=}\overset{|}{C}- + X_2 \xrightarrow{CCl_4} -\underset{X}{\overset{|}{C}}-\underset{X}{\overset{|}{C}}-$$

此反应在室温下即可顺利进行，其中溴的四氯化碳溶液在反应中红色会迅速消失，可作为检测烯烃存在的简便方法。

不同卤素的反应活性顺序是：氟＞氯＞溴＞碘。氟的加成反应很剧烈，往往得到的是分解产物，而碘难以发生直接加成，因此本反应中的卤素也通常指氯和溴。

该反应的机理可以溴与烯烃的加成来说明。许多实验事实证明，该反应是分两步进行的。首先，当烯烃与溴分子接近时，受 π 电子的影响，溴分子发生诱导极化，靠近 π 电子的溴原子带微量正电荷，离得较远的溴原子带微量负电荷。由于带正电荷的溴比带负电荷的溴更不稳定，所以率先向双键碳原子进攻生成碳正离子。由于溴原子上带有具有亲核性的孤对电子，而其体积又足够大，所以会与碳正离子形成一个三元环的正离子，称为溴鎓离子。在第二步，溴负离子从原双键平面的另一面进攻溴鎓离子完成加成。因此该反应为反式加成反应。

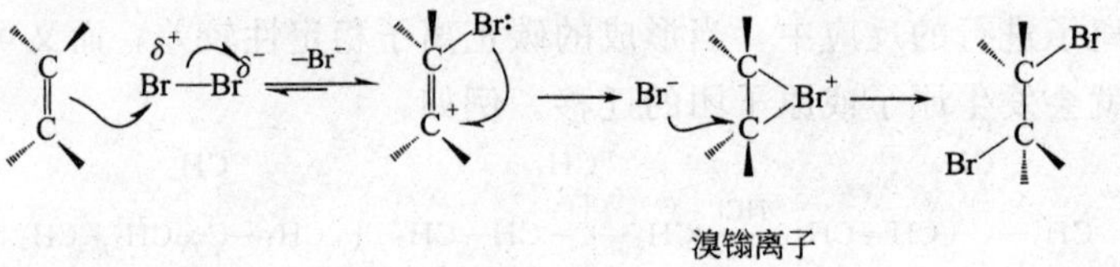

溴鎓离子

例如：

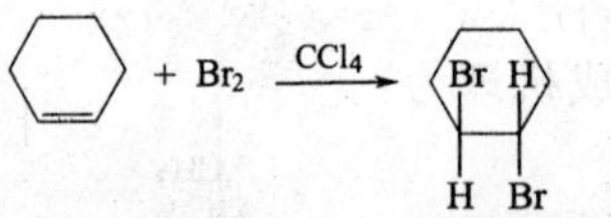

$$\text{环己烯} + Br_2 \xrightarrow{CCl_4} \text{反-1,2-二溴环己烷}$$

上述机理也得到其他实验事实的佐证。如在含有其他亲核试剂的情况下，反应将得到混合物。例如乙烯在氯化钠水溶液中与溴加成，会得到 1,2-二溴乙烷、1-氯-2-溴乙烷和 2-溴乙醇的混合物，就是因为形成的溴鎓离子既可以与溴负离子反应，也可与体系中的氯负离子或水反应：

$$CH_2{=}CH_2+Br_2 \xrightarrow[H_2O]{NaCl} BrCH_2CH_2Br+BrCH_2CH_2Cl+BrCH_2CH_2OH$$

那么烯烃与卤素的加成是否是完全的反式加成呢？也不是！如反-1-苯基丙烯在四氯化碳溶液中分别与溴和氯的加成：

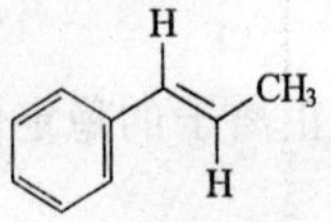

试剂	反式加成产物比例	顺式加成产物比例
Br_2/CCl_4	83%	17%
Cl_2/CCl_4	32%	68%

显然，烯烃与卤素的加成不仅不完全是反式加成，而且产物的比例与卤素的种类也有很大关系。这是因为，卤素受 π 电子的诱导产生异裂的过程并不是一蹴而就的，有一个逐步断裂的过程。卤鎓离子的形成和卤素负离子向邻位碳原子的进攻其实是一个相互竞争的反应。在溴的情况下，已连接上去的溴原子体积较大，相对于溴负离子有较大的空间位阻，因此已上去的溴就以其孤对电子作为亲核中心进攻相邻碳原子，从而形成了溴鎓离子，溴负离子则只好从背面进攻完成反式加成，所得到的反式加成产物正是这一竞争的结果。而在氯的情况下，由于氯原子的体积较小，对氯负离子的空间位阻较小，而且氯的亲核性也较弱，因此在双键的同一面给氯负离子留下了较多的机会，它会就近进攻邻位的碳原子，而不需要绕到背面，这是其顺式产物较多的原因。

③ 与次卤酸的加成　烯烃与卤素的水溶液加成会得到邻卤代醇：

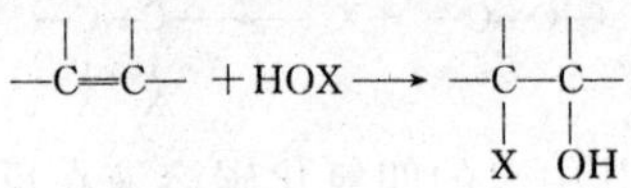

$$-\overset{|}{C}{=}\overset{|}{C}- + HOX \longrightarrow -\underset{X}{\overset{|}{\underset{|}{C}}}-\underset{OH}{\overset{|}{\underset{|}{C}}}-$$

卤代醇也是重要的化工原料。

次卤酸处于一个平衡体系：

$$X_2+H_2O \rightleftharpoons HOX+HX$$

此反应既可以理解为烯烃与卤素反应先生成卤鎓离子，再与水反应得到卤代醇。也可以理解为次卤酸分子极化产生的卤素正离子先与烯烃反应生成卤鎓离子，再与氢氧根负离子反应得到卤代醇。

$$\overset{\delta^-}{HO}-\overset{\delta^+}{X} + \text{烯烃} \longrightarrow \text{卤鎓离子}(X^+) \xrightarrow{HO^-} \text{卤代醇}$$

所以这一反应也多为反式加成。

④ 与乙酸汞的加成(羟汞化-脱汞化反应)汞离子是 Lewis 酸，也可作为亲电试剂与烯烃进行加成。在四氢呋喃(THF)中，烯烃与乙酸汞水溶液反应，得到羟基烷基汞化合物，后者经硼氢化钠还原可以得到醇。

$$\text{—}\overset{|}{C}\text{=}\overset{|}{C}\text{—} + (CH_3COO)_2Hg \xrightarrow{THF} \text{—}\underset{OH}{\overset{|}{C}}\text{—}\underset{HgOCOCH_3}{\overset{|}{C}}\text{—} \xrightarrow{NaBH_4} \text{—}\underset{OH}{\overset{|}{C}}\text{—}\underset{H}{\overset{|}{C}}\text{—}$$

该反应也遵从马氏规则。例如：

$$n\text{-}C_4H_9\text{—}CH\text{=}CH_2 \xrightarrow[THF]{Hg(OAc)_2} n\text{-}C_4H_9\text{—}\overset{+}{\triangle}(HgOAc) \xrightarrow{H_2O} n\text{-}C_4H_9\text{—}\overset{OH}{\overset{|}{C}H}\text{—}\underset{HgOAc}{\underset{|}{C}H_2} \xrightarrow{NaBH_4} n\text{-}C_4H_9\text{—}\overset{OH}{\overset{|}{C}H}\text{—}CH_3 \quad 96\%$$

如前所述，不对称烯烃在酸催化下进行水合反应生成醇时，既可能有少量反马氏加成的产物，更往往会伴随有重排反应的发生。因此该反应是制备马氏加成醇的一个很好的方法。例如：

$$t\text{-}C_4H_9\text{—}CH\text{=}CH_2 \xrightarrow[THF]{Hg(OAc)_2} \xrightarrow{H_2O} \xrightarrow{NaBH_4} t\text{-}C_4H_9\text{—}\overset{OH}{\overset{|}{C}H}\text{—}CH_3 \quad 94\%$$

若将水换成醇，也可用该反应制备醚类化合物。

$$R\text{—}CH\text{=}CH_2 \xrightarrow[THF]{Hg(OAc)_2} \xrightarrow{EtOH} \xrightarrow{NaBH_4} R\text{—}\overset{OEt}{\overset{|}{C}H}\text{—}CH_3$$

(3) 烯烃与乙硼烷的加成反应　乙硼烷是一种有毒气体，可在空气中自燃，通常在乙醚或四氢呋喃中保存和使用。在进行反应时，乙硼烷能迅速分解成甲硼烷，并与醚形成配合物 $R_2O\rightarrow BH_3$，能与烯烃进行定量加成生成烷基硼化物，后者在碱性条件下经双氧水氧化，可得到醇和硼酸：

$$3R\text{—}CH\text{=}CH_2 + 1/2\ B_2H_6 \longrightarrow (RCH_2CH_2)_3B \xrightarrow[OH^-]{H_2O_2} 3RCH_2CH_2OH + H_3BO_3$$

这一反应称为硼氢化-氧化反应，是制备低级醇的较好的方法。从结果来看，它相当于烯烃与水的反马氏加成。例如：

$$CH_3\overset{CH_3}{\overset{|}{C}H}CH_2CH\text{=}CH_2 \xrightarrow{B_2H_6} \xrightarrow[OH^-]{H_2O_2} CH_3\text{—}\overset{CH_3}{\overset{|}{C}H}CH_2CH_2CH_2OH \quad 80\%$$

硼氢化反应是一个协同反应。在甲硼烷中，硼带微量正电荷，与双键中电子云密度较大的碳结合，而带微量负电荷的氢原子与电子云密度较小的氢结合，形成一个四元环的过渡态，最后 B—H 键和 π 键断裂，C—B 键和 C—H 键形成，这一过程是同时发生的，在双键平面的同一面发生，是顺式加成反应。

$$\text{C=C} \xrightarrow{BH_3} \left[\begin{matrix} H_2B\text{--}H \\ \vdots \quad \vdots \\ C\text{=}C \end{matrix}\right] \longrightarrow \begin{matrix} H_2B \quad H \\ | \quad\; | \\ C\text{—}C \end{matrix} \longrightarrow \longrightarrow \underset{\text{烷基硼}}{R_3B}$$

双氧水氧化反应的机理如下：

$$\text{C—BR}_2 \xrightarrow{^-OOH} \text{C—}\overset{R\ R}{\overset{\diagdown\diagup}{B^-}}\text{—O—OH} \xrightarrow{-OH^-} \text{C—O—BR}_2 \longrightarrow \longrightarrow (RO)_3B \xrightarrow{H_2O} ROH + B(OH)_3$$

(4) 烯烃的自由基加成反应　1933 年，M. S. Kharasch 等发现，不对称烯烃在与溴化氢加成时，在没有过氧化物存在时遵循马氏规则，而在有过氧化物(如过氧化苯甲酰，PhCOOOCOPh)存在或日光照射时得到的是反马氏加成产物。这种效应称为过氧化物效应，也叫 Kharasch 效应。

$$RCH{=}CH_2 + HBr \xrightarrow{R'OOR'} RCH_2{-}CH_2Br$$

Kharasch 效应是由于过氧化物或日光照射产生的自由基所引起的。其机理如下：

链引发
$$\begin{cases} R'O{-}OR' \longrightarrow 2R'O\cdot \\ R'O\cdot + HBr \longrightarrow R'OH + Br\cdot \end{cases}$$

链增长
$$\begin{cases} RCH{=}CH_2 + Br\cdot \longrightarrow R\dot{C}H{-}CH_2Br & \Delta H = -38kJ/mol \\ R\dot{C}H{-}CH_2Br + HBr \longrightarrow RCH_2{-}CH_2Br + Br\cdot & \Delta H = -29kJ/mol \end{cases}$$

链终止
$$\begin{cases} Br\cdot + Br\cdot \longrightarrow Br_2 \\ 2R\dot{C}H{-}CH_2Br \longrightarrow BrCH_2\overset{R}{\overset{|}{C}}H\overset{R}{\overset{|}{C}}HCH_2Br_2 \\ R\dot{C}H{-}CH_2Br + Br\cdot \longrightarrow RCHBr{-}CH_2Br \end{cases}$$

在链增长的第一步反应中，当溴自由基加到中间碳原子上时，形成的是 1°自由基，由于超共轭效应的原因，稳定性比 2°自由基差，这是产生过氧化物效应的根本原因。

值得注意的是，过氧化物效应只有溴化氢存在，其他卤化氢都没有。这是因为在氯化氢中，H—Cl 键太强，需要较高的活化能才能实现均裂产生氯自由基；而碘自由基虽然容易形成，但活性差，也难以继续反应。

$$RCH{=}CH_2 + Cl\cdot \longrightarrow R\dot{C}HCH_2Cl \qquad \Delta H = -92kJ/mol$$

$$R\dot{C}HCH_2Cl + HCl \longrightarrow RCH_2CH_2Cl + Cl\cdot \qquad \Delta H = +33kJ/mol$$

$$RCH{=}CH_2 + I\cdot \longrightarrow R\dot{C}HCH_2I \qquad \Delta H = +21kJ/mol$$

$$R\dot{C}HCH_2I + HI \longrightarrow RCH_2CH_2I + I\cdot \qquad \Delta H = -100kJ/mol$$

(5) 共轭双烯的加成反应

① 1,2-加成和 1,4-加成　共轭二烯烃更容易发生亲电加成反应，由于共轭体系的缘故，加成时有 1,2-加成和 1,4-加成两种形式。如 1,3-丁二烯与溴化氢的加成：

$$CH_2{=}CH{-}CH{=}CH_2 \xrightarrow{HBr} \underset{\text{1,2-加成产物}}{CH_3{-}\underset{Br}{\underset{|}{C}H}{-}CH{=}CH_2} + \underset{\text{1,4-加成产物}}{CH_3{-}CH{=}CH{-}\underset{Br}{\underset{|}{C}H_2}}$$

加成反应的机理与单烯烃相同，首先质子进攻 π 键形成碳正离子：

$$CH_2{=}CH{-}CH{=}CH_2 \longrightarrow \underset{(1)}{CH_3{-}\overset{+}{C}H{-}CH{=}CH_2} + \underset{(2)}{{}^{+}CH_2{-}CH_2{-}CH{=}CH_2}$$

其中中间体(1)由于体系中存在着强的 p-π 共轭效应，从而使得正电荷产生离域化而稳定。

$$\underset{1}{CH_3}{-}\overbrace{\underset{2}{CH}{=}\underset{3}{CH}{=}\underset{4}{CH_2}}^{+}$$

当溴负离子进攻 2 位碳原子时即完成 1,2-加成，当进攻 4 位碳原子时完成的就是 1,4-加成。中间体(2)由于只存在弱的超共轭效应，稳定性比(1)差很多，因此基本不会按(2)的途径进行。

反应到底主要按 1,2-加成，还是按 1,4-加成，取决于反应的温度、溶剂等实验条件。一般在低温下，分子的热运动较慢，碳正离子形成时，溴负离子离去得不远，所以反应容易按 1,2-加成进行，反之则主要按 1,4-加成进行。在非极性溶剂中，分子受到的极化较弱，反应容易按 1,2-加成进行；而在极性溶剂中，极化效应影响的范围较远，主要按 1,4-加成进行。例如：

$$CH_2{=}CH{-}CH{=}CH_2 \xrightarrow{HBr} CH_3{-}\underset{Br}{\underset{|}{CH}}{-}CH{=}CH_2 + CH_3{-}CH{=}CH{-}\underset{Br}{\underset{|}{CH_2}}$$

−80℃	80%	20%
40℃	20%	80%

与单烯烃相似，共轭二烯烃也能进行自由基加成反应，反应也有 1,2-加成和 1,4-加成两种形式，其原理与上面反应相似。例如：

$$CH_2{=}CH{-}CH{=}CH_2 \xrightarrow[ROOR]{BrCCl_3} \underset{CCl_3}{\underset{|}{CH_2}}{-}\underset{Br}{\underset{|}{CH}}{-}CH{=}CH_2 + \underset{CCl_3}{\underset{|}{CH_2}}{-}CH{=}CH{-}\underset{Br}{\underset{|}{CH_2}}$$

② 环加成　在光或热的作用下，1,3-丁二烯、环戊二烯等可以发生二聚生成六元脂环化合物：

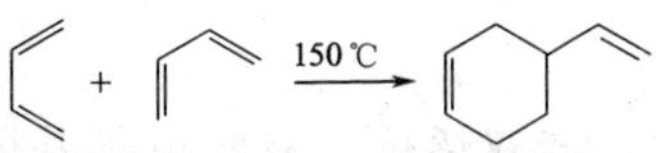

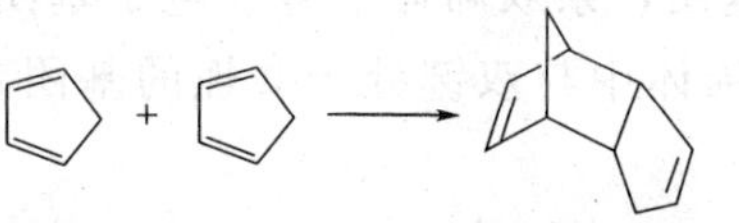

显然这是一个分子的单个双键与另一分子的共轭双键进行的 1,4-加成反应。事实上共轭二烯烃可以与许多含有不饱和键的化合物发生这种 1,4-加成反应生成环状化合物。如：

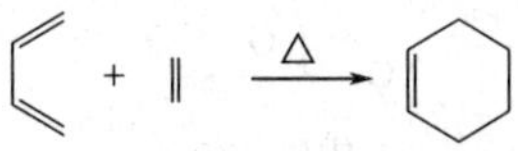

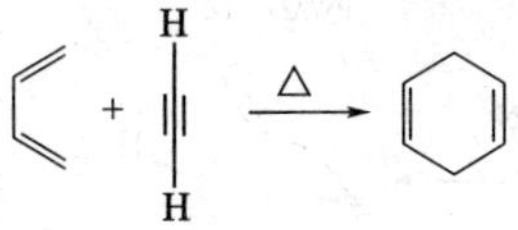

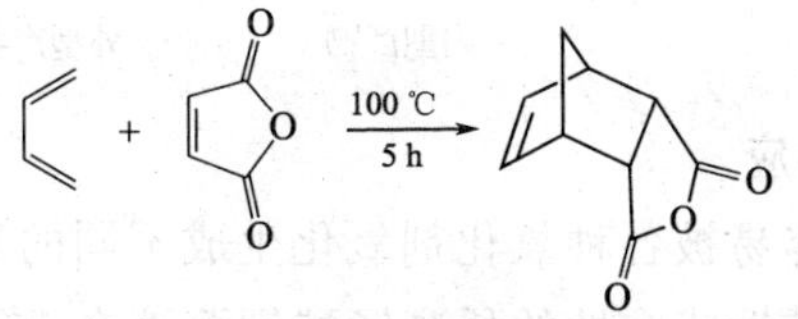

这类反应是 O. P. H. Diels 和 K. Alder 发展起来的，称作 Diels-Alder 反应，也叫双烯合成反应，二人因此项成就获得 1950 年度诺贝尔化学奖，是从开链烃构建脂环烃的重要方法之一。双烯合成是周环反应的一种，属于协同反应，在周环反应一章中将详细介绍其反应原理。

双烯合成的主体有两个，即双烯体和亲双烯体，反应一般具有以下几个特点。

a. 双烯体必须取 s-顺式构象，不能取 s-顺式构象的双烯体不能发生该反应。例如：

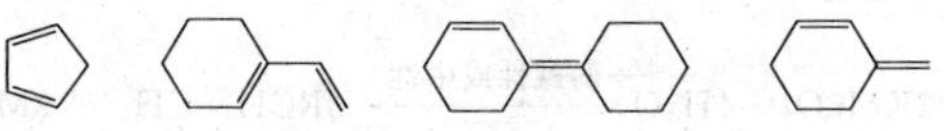

前二者因为具备 s-顺式构象，所以可以发生双烯合成反应，而后二者则不能。

b. 反应是立体专一性的顺式加成，因此反应前后亲双烯体上取代基的顺、反位置关系不变。例如

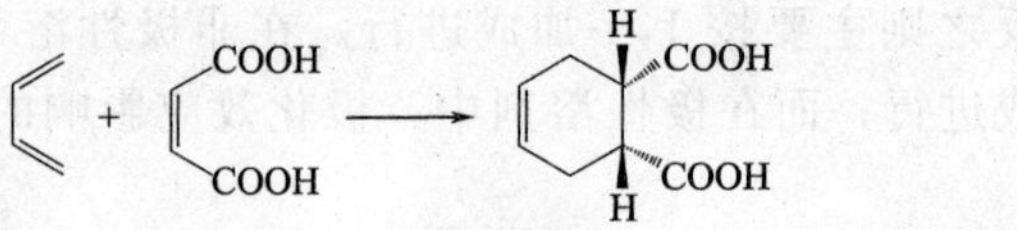

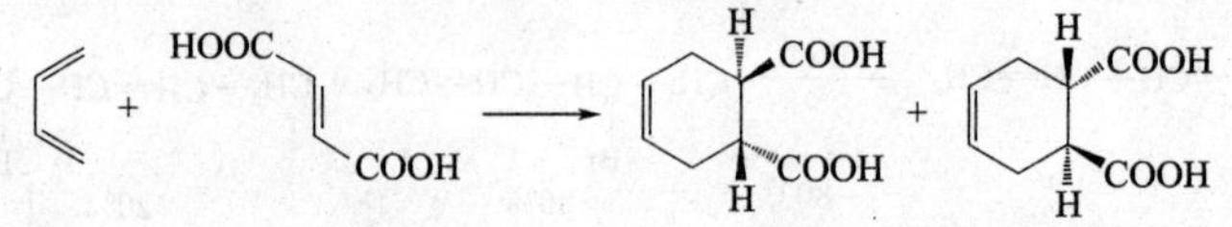

c. 反应具有很强的区域选择性。当双烯体与亲双烯体均带有取代基时，一般以两个取代基处于邻位和对位的产物为优势产物。例如：

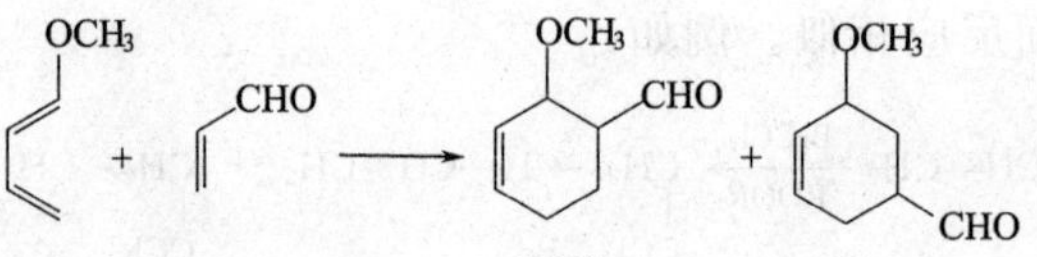

100%　　0%

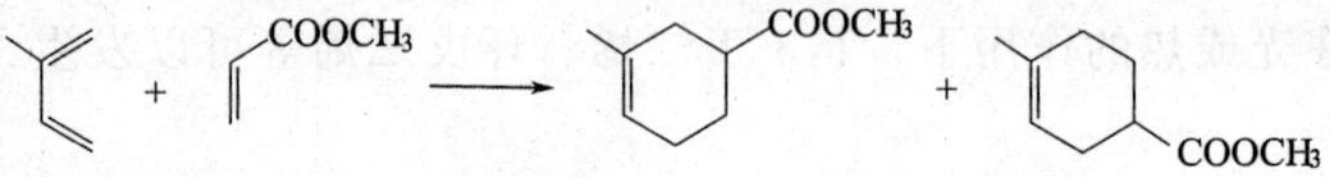

主产物

d. 当双烯体上有给电子基团，亲双烯体上有吸电子基团时，反应容易进行，并优先生成内型(*endo*)加成产物(亲双烯体中与双键处于共轭的基团在加成中与双烯体中的 C_2—C_3 键处于同一侧)。例如：

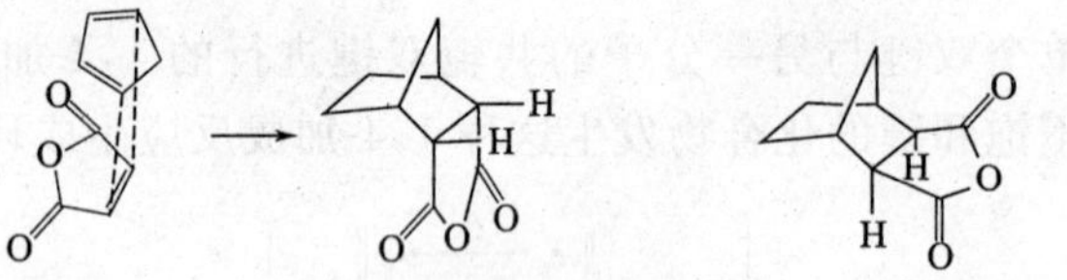

内型产物　　外型产物

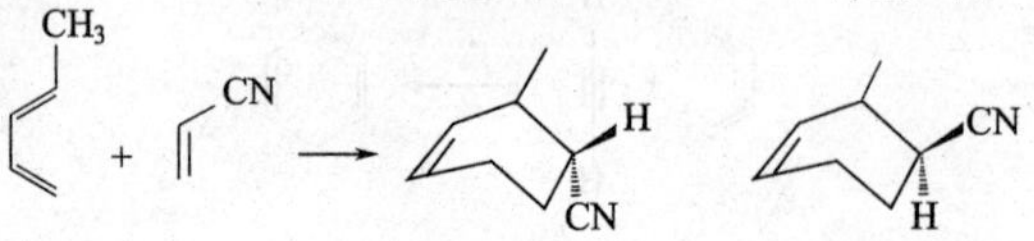

内型产物　　外型产物

3.2.3.2 烯烃的氧化反应

烯烃属于富电子物质，容易被各种氧化剂氧化生成不同的氧化产物。

(1) 高锰酸钾氧化　弱碱性或中性的稀高锰酸钾溶液在 5℃ 以下很容易将烯烃的双键氧化成邻二醇，该反应是先通过加成得到锰酸酯，再水解得到产物的。例如：

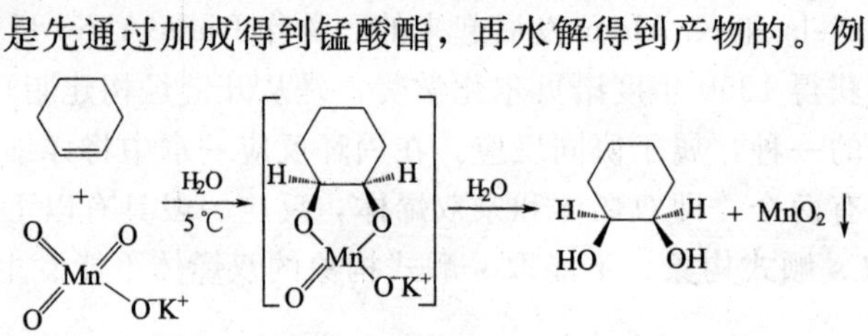

$$3RCH{=}CH_2 + 2KMnO_4 + 4H_2O \xrightarrow[5℃]{\text{弱碱性或中性}} 3RCH(OH){-}CH_2(OH) + 2MnO_2\downarrow + 2KOH$$

反应过程中高锰酸钾的紫色消失，生成棕褐色 MnO_2 沉淀。实验室可根据这一现象鉴别不饱和烃，称为拜耳试验。

生成的邻二醇在高锰酸钾作用下可以被进一步氧化，也可在较高温度下在酸性或碱性介质中直接氧化，一般得到的是两分子羧酸，三取代烯烃则得到酮和酸的混合物。

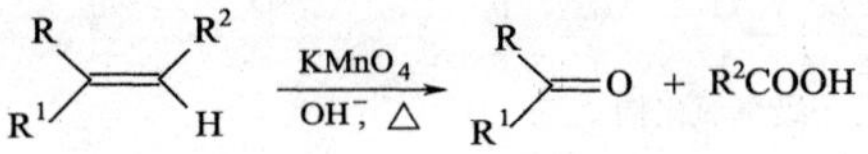

$$R(R^1)C{=}CH(R^2) \xrightarrow[OH^-,\ \triangle]{KMnO_4} R(R^1)C{=}O + R^2COOH$$

例如：

KMnO₄ / OH⁻, △ → HOOC, COOH, CH₂COOH, HOOC

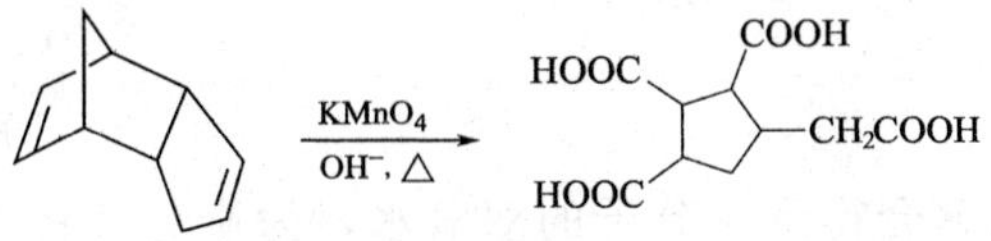

(2) 四氧化锇氧化　在吡啶溶液中，四氧化锇也可与烯烃发生类似的反应，产物锇酸酯经双氧水氧化水解也可以得到顺式邻二醇，同时也可回收四氧化锇（双氧水的作用就是将低价锇转化回四氧化锇）。该反应收率一般比高锰酸钾法高，但四氧化锇价格昂贵，而且剧毒，使用时需要小心。例如：

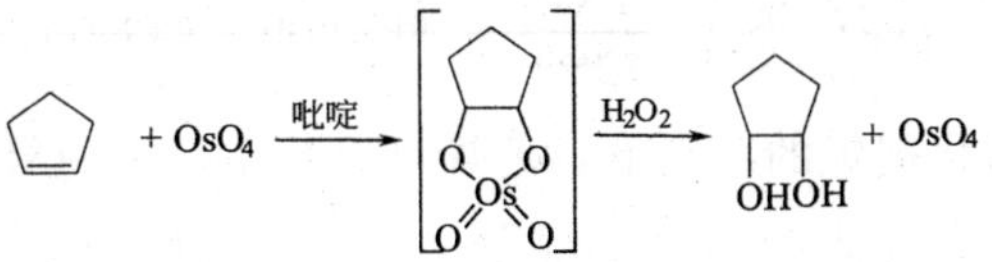

$+ OsO_4$ —吡啶→ [ ] —H_2O_2→ OH OH $+ OsO_4$

(3) 有机过氧酸氧化　常用的有机过氧酸有过氧苯甲酸、间氯过氧苯甲酸（*m*-CPBA）、过氧乙酸、三氯过氧乙酸等。过氧酸不稳定，一般使用前制备或低温保存，可由有机酸在强酸催化下用双氧水氧化而得。

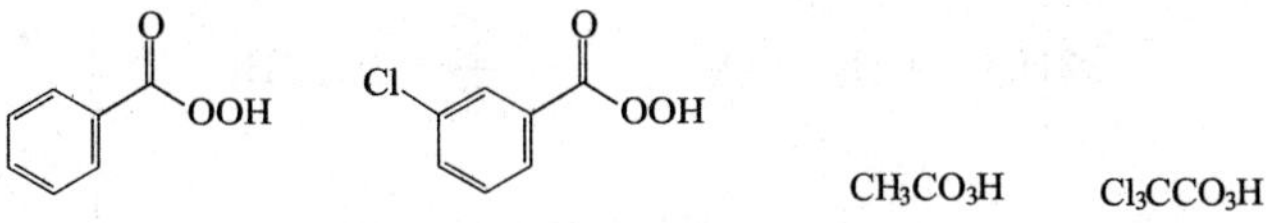

过氧苯甲酸　间氯过氧苯甲酸(*m*-CPBA)　CH_3CO_3H 过氧乙酸　Cl_3CCO_3H 三氯过氧乙酸

烯烃与有机过氧酸反应可得到环氧化合物，后者在酸催化下水解可得到反式邻二醇。例如：

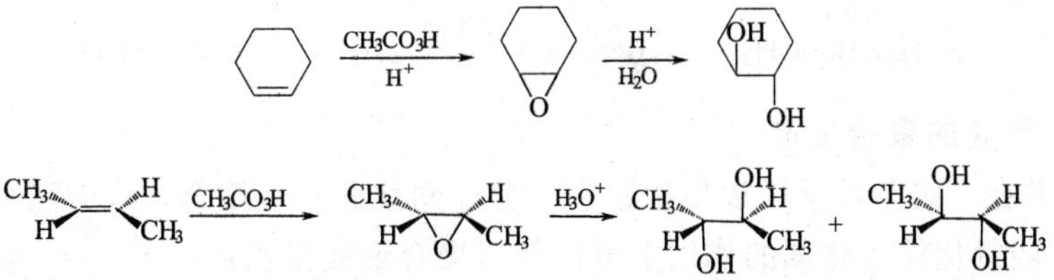

—CH_3CO_3H, H^+→ —H^+, H_2O→ OH, OH

—CH_3CO_3H→ —H_3O^+→ +

该反应的反应机理为：

→ + RCOOH

H_2O → HO—, —OH

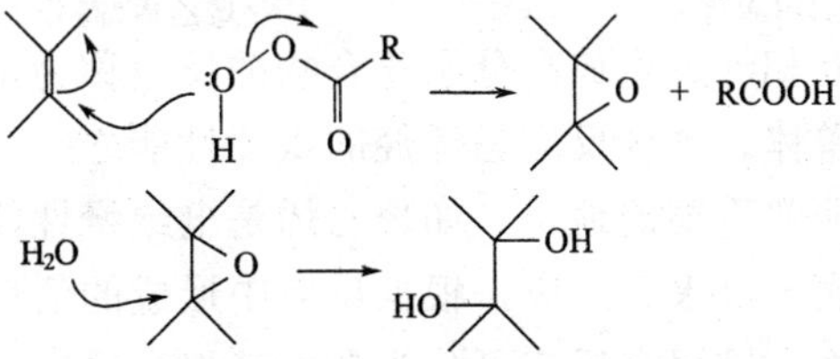

(4) 臭氧化　在低温（常为−80℃）下，将含有臭氧的空气通入烯烃溶液（溶剂常为二氯甲烷、乙醇、乙酸乙酯等）中，臭氧先与烯烃发生加成反应生成一级臭氧化物，然后很快重排生成二级臭氧化物，此产物加热会发生爆炸，因此不经分离直接用锌粉进行还原，可得到两分子的醛或酮。

$$\mathrm{RR^1C{=}CHR^2} + \mathrm{O_3} \longrightarrow \text{一级臭氧化物} \longrightarrow \left[\mathrm{R^1RC^{\delta+}{=}O^{\delta-}} + \mathrm{R^2CH{=}O^+{-}O^-}\right] \longrightarrow \text{二级臭氧化物} \xrightarrow[\mathrm{HOAc}]{\mathrm{Zn\text{-}H_2O}} \mathrm{RCOR^1} + \mathrm{R^2CHO}$$

二级臭氧化物直接水解会得到一分子的双氧水，为避免其将生成的醛进一步氧化成羧酸，故加入锌粉将其还原，也可以采用催化氢化的方法。该反应的选择性很强，可以根据产物的结构推断烯烃的结构，因此常在复杂烯烃的结构解析中使用。

如用金属氢化物还原二级臭氧化物，则可以得到两分子的醇。

$$\text{二级臭氧化物} \xrightarrow[\text{或}\mathrm{NaBH_4}]{\mathrm{LiAlH_4}} \mathrm{RR^1CHOH} + \mathrm{R^2CH_2OH}$$

（5）催化氧化　在催化剂银的存在下，乙烯可以被空气中的氧直接氧化为环氧乙烷，这也是工业上生产环氧乙烷的方法。

$$2\,\mathrm{H_2C{=}CH_2} + \mathrm{O_2} \xrightarrow[200\sim300℃]{\mathrm{Ag}} 2\,\mathrm{H_2C{-}CH_2}\ (\text{环氧乙烷，}\mathrm{-O-}\text{桥连})$$

在 $PdCl_2$-$CuCl_2$ 的催化下，乙烯和丙烯则分别被氧化为乙醛和丙酮：

$$2\mathrm{H_2C{=}CH_2} + \mathrm{O_2} \xrightarrow[100\sim125℃]{\mathrm{PdCl_2\text{-}CuCl_2}} 2\mathrm{CH_3CHO}$$

$$2\mathrm{CH_3CH{=}CH_2} + \mathrm{O_2} \xrightarrow[120℃]{\mathrm{PdCl_2\text{-}CuCl_2}} 2\,\mathrm{CH_3{-}\overset{O}{\overset{\|}{C}}{-}CH_3}$$

在氧化钼与氧化铋或钼酸铋的催化下，丙烯与氨气和氧气作用可生成丙烯腈，这种反应称为烯烃的氨氧化反应。

$$2\mathrm{CH_3CH{=}CH_2} + 2\mathrm{NH_3} + 3\mathrm{O_2} \xrightarrow{\text{催化剂}} 2\mathrm{H_2C{=}CHCN} + 6\mathrm{H_2O}$$

3.2.3.3　烯烃的聚合反应

烯烃的 π 键在一定条件下可以发生断裂，分子间彼此相互结合，成为高分子化合物。如乙烯在烷基铝-四氯化钛催化剂的作用下可以低压聚合形成聚乙烯：

$$\underset{\text{乙烯(单体)}}{n\mathrm{H_2C{=}CH_2}} \xrightarrow[0.1\sim1\mathrm{MPa},\,60\sim75℃]{\mathrm{Al(C_2H_5)_3\text{-}TiCl_4}} \underset{\text{聚乙烯(高分子)}}{\mathrm{-\!\!\!\left(CH_2-CH_2\right)\!\!\!-_n}}$$

这种由许多单个分子互相加成生成高分子化合物的反应称为聚合反应，其起始原料称为单体，如乙烯是聚乙烯的单体。聚合反应是烯烃的重要性能之一，其产物聚烯烃是重要的化工原料，在化工行业具有非常重要的地位。如聚乙烯是电绝缘性能良好、用途广泛的塑料。

烯类化合物的聚合多属于链聚合反应，根据反应中形成的活性中间体是自由基、碳正离子、碳负离子或配位化合物，链聚合反应可分为自由基聚合反应、正离子聚合反应、负离子聚合反应与配合聚合反应。本节主要介绍烯烃的自由基聚合及正离子聚合反应。

（1）自由基聚合　以苯乙烯的聚合为例。将苯乙烯装入试管中，加入少量过氧化苯甲酰，通入氮气置换里面的氧气后盖严，放入60℃的烘箱中，10h后取出，即可得到透明坚硬的聚苯乙烯。其反应机理如下：

链引发

$$Ph-\overset{O}{\overset{\|}{C}}-O-O-\overset{O}{\overset{\|}{C}}-Ph \xrightarrow{\triangle} Ph-\overset{O}{\overset{\|}{C}}-O\cdot$$

$$Ph-\overset{O}{\overset{\|}{C}}-O\cdot + CH_2=CH-C_6H_5 \longrightarrow \cdot CH(C_6H_5)-CH_2OCOPh$$

链增长

$$\cdot CH(C_6H_5)-CH_2OCOPh + CH_2=CH-C_6H_5 \longrightarrow \cdot CH(C_6H_5)-CH_2-CH(C_6H_5)-CH_2OCOPh$$

$$\vdots$$

$$\cdot(CH(C_6H_5)-CH_2)_{n-1}OCOPh + CH_2=CH-C_6H_5 \longrightarrow \cdot(CH(C_6H_5)-CH_2)_nOCOPh$$

链终止

$$\cdot(CH(C_6H_5)-CH_2)_nOCOPh + \cdot(CH(C_6H_5)-CH_2)_mOCOPh \longrightarrow PhCOO(CH_2-CH(C_6H_5))_m-(CH(C_6H_5)-CH_2)_nOCOPh$$

$$\downarrow$$

$$H(CH(C_6H_5)-CH_2)_nOCOPh + C_6H_5-CH=CH-(CH(C_6H_5)-CH_2)_{m-1}OCOPh$$

这是典型的自由基聚合反应机制。聚苯乙烯可用于制作高频绝缘材料、绝热材料、防震材料、塑料、玩具、日用品及离子交换树脂等。

(2) 正离子聚合　正离子聚合是以正离子为活性中间体的链聚合反应。如以异丁烯为单体，三氟化硼为催化剂，水为助催化剂合成聚异丁烯的反应：

链引发

$$BF_3 + H_2O \rightleftharpoons H^+[BF_3OH]^-$$

$$H^+[BF_3OH]^- + CH_2=C(CH_3)-CH_3 \longrightarrow CH_3-C^+(CH_3)_2[BF_3OH]^-$$

链增长

$$\sim CH_2-C^+(CH_3)_2[BF_3OH]^- + CH_2=C(CH_3)-CH_3 \longrightarrow \sim CH_2-C(CH_3)_2-CH_2-C^+(CH_3)_2[BF_3OH]^-$$

链的假终止

$$\sim CH_2-C^+(CH_3)_2[BF_3OH]^- \longrightarrow \sim CH_2-C(=CH_2)-CH_3 + H^+[BF_3OH]^-$$

$$\sim CH_2-C^+(CH_3)_2[BF_3OH]^- + CH_2=C(CH_3)-CH_3 \longrightarrow \sim CH_2-C(=CH_2)-CH_3 + CH_3-C^+(CH_3)_2[BF_3OH]^-$$

$$\sim CH_2-C^+(CH_3)_2[BF_3OH]^- + H_2O \longrightarrow \sim CH_2-C(CH_3)_2-OH + H^+[BF_3OH]^-$$

这里的终止称为假终止，是因为终止后的结果又产生新的活性中心，仍然可以继续反应。对于向单体转移终止的发生比自由基聚合要快得多，同时又是控制产物相对分子质量的主要因素。因此正离子聚合多采用低温聚合，可用来制作橡胶，称为异丁橡胶。

如果条件控制适当，异丁烯可以只进行二聚生成二聚异丁烯。

$$CH_2{=}C(CH_3){-}CH_3 \xrightarrow{H^+} CH_3{-}\overset{+}{C}(CH_3){-}CH_3 \xrightarrow{CH_2=C(CH_3)-CH_3} CH_3{-}C(CH_3)_2{-}CH_2{-}C^+(CH_3)_2$$

$$CH_3{-}C(CH_3)_2{-}CH_2{-}C^+(CH_3)_2 \xrightarrow{-H^+} \underset{20\%}{CH_3{-}C(CH_3)_2{-}CH{=}C(CH_3)_2} + \underset{80\%}{CH_3{-}C(CH_3)_2{-}CH_2{-}C(CH_3){=}CH_2}$$

$$\xrightarrow{Pt/H_2} CH_3{-}C(CH_3)_2{-}CH_2{-}CH(CH_3)_2$$

异辛烷

二聚异丁烯催化加氢后得到异辛烷，是测定汽油辛烷值(抗震性)的标准燃料，主要用作汽油、航空汽油等的添加剂，以及有机合成中的非极性惰性溶剂。

3.2.3.4 烯烃 α-H 的取代反应

烯烃的大多数反应发生在双键上，但除双键之外的烷基部分也可发生如烷烃一样的自由基取代反应，且取代都发生在双键的 α 位上。例如，丙烯与氯气在室温下发生的是亲电加成反应，得到 1,2-二氯丙烷。而在高温(500℃)或光照下则发生 α 氢的取代，得到 3-氯丙烯。

$$CH_3{-}CH{=}CH_2 \xrightarrow[25℃]{Cl_2} CH_3{-}CHCl{-}CH_2Cl$$

$$CH_3{-}CH{=}CH_2 \xrightarrow[500℃]{Cl_2} ClCH_2{-}CH{=}CH_2$$

双键的邻位称为 α-位，上面的氢原子称为 α-H 或烯丙位氢。一般烷烃的 C—H 键键能为 410kJ/mol，而丙烯 α 位的 C—H 键键能为 364kJ/mol，说明这个 C—H 键容易断裂发生反应，或者说双键的 α-H 比较活泼。

与烷烃的卤代一样，该反应也是自由基取代反应。在链增长阶段，氯自由基进攻 α-H 形成烯丙基型自由基，后者再与氯气反应得到取代产物：

$$H{-}CH_2{-}CH{=}CH_2 + Cl\cdot \longrightarrow \dot{C}H_2{-}CH{=}CH_2 + HCl$$

$$\dot{C}H_2{-}CH{=}CH_2 \xrightarrow{Cl_2} ClCH_2{-}CH{=}CH_2 + Cl\cdot$$

氯自由基也可与丙烯进行自由基加成，形成 1-氯异丙基自由基，由于该自由基中只存在 5 个弱的 σ-p 超共轭效应，而烯丙基自由基中则存在强的 p-π 共轭效应，因此其稳定性远不如后者，而且自由基加成是一个可逆反应。这就是为什么在高温或光照下得到的是取代产物，而不是加成产物的原因。

$$CH_2(H)-CH=CH_2 + Cl\cdot \rightleftharpoons CH_2(H)-\dot{C}H-CH_2Cl$$

烯烃 α-H 的溴代可以以一种温和的溴代试剂——*N*-溴代琥珀酰亚胺(NBS)来实现，在痕量过氧化物存在下，它可以缓慢地释放低浓度的溴。

$$Ph-\overset{O}{\overset{\|}{C}}-O-O-\overset{O}{\overset{\|}{C}}-Ph \longrightarrow Ph-\overset{O}{\overset{\|}{C}}-O\cdot \longrightarrow Ph\cdot + CO_2$$

$$\text{NBS (N-Br)} + Ph\cdot \longrightarrow \text{(N-Ph)} + \cdot Br$$

NBS

$$\cdot Br + \overset{H}{\overset{|}{C}}H_2-CH=CH_2 \longrightarrow \cdot CH_2-CH=CH_2 + HBr$$

$$\text{NBS (N-Br)} + HBr \longrightarrow \text{(N-H)} + Br_2$$

$$Ph\cdot + Br_2 \longrightarrow PhBr + \cdot Br$$

$$\cdot CH_2-CH=CH_2 + Br_2 \longrightarrow BrCH_2-CH=CH_2 + \cdot Br$$

……

例如：

$$\text{环己烯} \xrightarrow[CCl_4, \triangle]{NBS, (PhCOO)_2} \text{3-溴环己烯 (Br)}$$

烯烃是不饱和化合物的典型代表，是研究 π 键性质的理想模型化合物。以上只是介绍了烯烃基本的一些化学性质，其还有很多令人着迷的性质，读者可以作更多的延伸阅读。事实上，除了前面介绍的 Diels-Alder 环加成外，关于 Sharpless 不对称环氧化、烯烃的复分解反应的研究也分别于 2001 年和 2005 年被授予诺贝尔化学奖，展示了该领域研究的巨大潜力。

3.2.4 炔烃的化学性质

炔烃含有两个相互垂直的 π 键，因此也可以发生类似烯烃的加成等反应。但由于碳碳原子间的作用力加强，键能加大，因此反应活性上比烯烃差。同时炔碳采取 sp 杂化方式，轨道电负性较大，从而使得末端炔氢具有较强的酸性。

3.2.4.1 加成反应

(1) 氢化　炔烃的氢化方法主要有三种。

① 催化加氢　炔烃也可以在镍、钯、铂等金属催化剂催化下进行催化加氢，先生成烯烃，再进一步氢化生成烷烃。

$$R-\!\!\equiv\!\!-R' \xrightarrow[H_2]{\text{催化剂}} R-CH=CH-R' \xrightarrow[H_2]{\text{催化剂}} R-CH_2-CH_2-R'$$

如果降低催化剂的活性，如加入一些化学品使其“中毒”，则可使反应停留在烯烃阶段。如 Lindlar 催化剂就是一个很好的选择性还原剂，它是将钯沉积在硫酸钡上并用醋酸铅或喹啉处理，或将钯吸附于碳酸钙及少量氧化铅上而得。由于催化氢化是顺式加成反应，所以得到的是顺式烯烃。例如：

$$C_2H_5-C\equiv C-C_2H_5 \xrightarrow[H_2,\text{喹啉}]{Pd/BaSO_4} \text{(H)(C}_2\text{H}_5\text{)C=C(H)(C}_2\text{H}_5\text{)}$$

顺-3-己烯

可能是线形的炔键更容易吸附在催化剂表面的原因，炔烃的催化氢化较烯烃容易，因此当分子中同时含有双键和叁键时，采用 Lindlar 催化剂将可选择性还原叁键而不影响双键。例如：

$$C_6H_5CH=C(C_6H_5)-CH=CH-C\equiv C-C_6H_5 \xrightarrow[H_2,\text{喹啉}]{Pd/BaSO_4} C_6H_5CH=C(C_6H_5)-CH=CH-C(H)=C(H)C_6H_5$$

② 硼氢化还原　炔烃的硼氢化加成产物经酸解也可得到顺式烯烃。

$$C_2H_5-C\equiv C-CH_3 \xrightarrow[0℃]{BH_3} \left[\text{(H)(C}_2\text{H}_5\text{)C=C(B<)(CH}_3\text{)}\right] \xrightarrow[0℃]{HOAc} \text{(H)(C}_2\text{H}_5\text{)C=C(H)(CH}_3\text{)}$$

顺-2-戊烯

③ 钠-液氨还原　用金属钠或锂在液氨(－33℃)或乙胺中还原炔烃，可以主要得到反式烯烃。如：

$$C_2H_5-C\equiv C-CH_3 \xrightarrow[-33℃]{\text{钠-液氨}} \text{(H)(C}_2\text{H}_5\text{)C=C(CH}_3\text{)(H)}$$

反-2-戊烯

其反应机理如下：

$$R-C\equiv C-R + Na \longrightarrow Na^+ + R-\bar{C}=\dot{C}-R$$

$$R-\bar{C}=\dot{C}-R + NH_3 \longrightarrow NH_2^- + \text{(H)(R)C=}\dot{C}\text{R}$$

$$\text{(H)(R)C=}\dot{C}\text{R} + Na \longrightarrow Na^+ + \text{(H)(R)C=}\bar{C}\text{R}$$

$$\text{(H)(R)C=}\bar{C}\text{R} + NH_3 \longrightarrow NH_2^- + \text{(H)(R)C=C(R)(H)}$$

因此巧妙运用不同的氢化方法，可以选择性地得到顺式或反式烯烃，立体选择性很高。近年来发展起来的一些新方法，如 $CrSO_4$ 和红铝试剂等，也可将炔键选择性还原成反式双键。

(2) 炔烃的亲电加成反应　炔烃的亲电加成反应活性比烯烃差，如与溴的加成反应速率可能相差 500～50000 倍，乙烯可以使溴的四氯化碳溶液很快褪色，而乙炔则需要反应几分钟才可以褪色。再如乙炔与氯化氢的加成需要汞盐催化才可以进行。

炔烃活性差的原因可以从三个方面来理解。首先叁键的结合比双键紧密，键能更大，破坏它需要较高的能量；其次，位于更高能级的π电子会受到处于较低能级的σ电子的屏蔽，被屏蔽较多的π电子受原子核的吸引力小，更易失去。显然烯烃比炔烃拥有更多的σ电子屏蔽，所以其活性较高；第三，它们进行亲电取代反应时生成的中间体不同，分别为：

$$\text{烯烃}\quad RCH{=}CHR \xrightarrow{E^+} R\overset{+}{C}H{-}CH(E)R$$

$$\text{炔烃}\quad R{-}C{\equiv}C{-}R \xrightarrow{E^+} R{-}\overset{+}{C}{=}C(E){-}R$$

烯基碳正离子的稳定性比烷基碳正离子差得多，故不容易形成。

炔烃的亲电加成反应也遵循马氏规则，形成的取代烯烃还可以继续进行加成，控制适当条件可以使反应停留在取代烯烃。例如：

$$H{-}C{\equiv}C{-}H \xrightarrow{Br_2} BrCH{=}CHBr \xrightarrow{Br_2} Br_2CHCHBr_2$$

$$H{-}C{\equiv}C{-}H + HCl \xrightarrow[120\sim180℃]{HgCl_2} CH_2{=}CHCl$$

炔烃在汞盐催化下与水的加成生成羰基化合物：

$$H{-}C{\equiv}C{-}H + H_2O \xrightarrow{HgCl_2} CH_3CHO$$

反应机理如下：

$$H{-}C{\equiv}C{-}H \xrightarrow{Hg^{2+}} [H{-}C{\equiv}C{-}H\cdots Hg^{2+}] \xrightarrow{H_2O} H{-}C(Hg^+){=}C(\overset{+}{O}H_2){-}H \xrightarrow{-Hg^{2+}}$$

$$\underset{\text{烯醇式}}{H_2C{=}CH{-}OH} \rightleftharpoons \underset{\text{酮式}}{CH_3{-}C(=O){-}H}$$

其他末端炔烃得到的是甲基酮，而非末端炔烃往往得到的是两种酮的混合物。

$$R{-}C{\equiv}CH \xrightarrow[H_2O]{HgCl_2} R{-}C(OH){=}CH_2 \rightleftharpoons R{-}C(=O){-}CH_3$$

$$R{-}C{\equiv}C{-}R' \xrightarrow[H_2O]{HgCl_2} R{-}C(=O){-}CH_2{-}R' + R{-}CH_2{-}C(=O){-}R'$$

由于硼氢化-氧化反应是相当于与水的反马氏加成，所以可以方便地用于从末端炔烃合成醛类化合物。例如：

$$R{-}C{\equiv}CH \xrightarrow{BH_3} \left[R{-}CH{=}CH{-}B\langle\right] \xrightarrow[OH^-]{H_2O_2} R{-}CH{=}CH{-}OH \rightleftharpoons RCH_2CHO$$

(3) 炔烃的自由基加成反应　在紫外线照射或过氧化物存在下，末端炔烃与溴化氢也可进行反马氏规则的自由基加成。如：

$$n\text{-}C_4H_9C\equiv CH \xrightarrow[\text{ROOR,或}\ h\nu]{HBr} \underset{(1)}{n\text{-}C_4H_9CH=CHBr} \xrightarrow[\text{ROOR,或}\ h\nu]{HBr} \underset{(2)}{n\text{-}C_4H_9\underset{|}{\overset{}{C}}H\text{—}CHBr} \ \ \underset{(3)}{n\text{-}C_4H_9CH\text{—}CHBr}$$

（(2)：Br 在 C_4H_9 所连碳上，H 在 CHBr 碳上；(3)：H 在 C_4H_9 所连碳上，Br 在 CHBr 碳上）

那么在第 2 步反应中为什么得到的是（2）而不是（3）呢？这是由在（1）与溴自由基加成时生成的中间体的稳定性决定的。在中间体（4）中，碳自由基可以与溴原子产生 p-p 共轭效应，比只存在 σ 超共轭效应的（5）要稳定得多，因此最终得到的是（2）。

$$n\text{-}C_4H_9CH=CHBr+Br\cdot \longrightarrow \underset{(4)}{n\text{-}C_4H_9\underset{Br}{CH}\text{—}\dot{C}HBr} + \underset{(5)}{n\text{-}C_4H_9\dot{C}H\text{—}\underset{Br}{CHBr}}$$

（4）炔烃的亲核加成反应　与烯烃不同，炔烃不仅可以发生亲电加成，在适当条件下也可与亲核试剂发生亲核加成反应，生成烯基化合物。主要的亲核试剂为含羟基(OH)、巯基(SH)、氨基、亚氨基(═NH)及羧基等官能团的化合物。例如：

$$HC\equiv CH + ROK \xrightarrow[150℃,\text{加压}]{ROH} ROCH=CH^- \xrightarrow{ROH} \underset{\text{烷基乙烯基醚}}{ROCH=CH_2}$$

$$HC\equiv CH + HCN \xrightarrow[70℃]{CuCl_2\text{-}H_2O} CH_2=CHCN \xrightarrow{\text{聚合}} \underset{\text{聚丙烯腈}}{\left[CH_2\text{—}\underset{CN}{CH}\right]_n}$$

$$HC\equiv CH + CH_3COOH \xrightarrow[150\sim180℃]{OH^-} CH_2=CHOCOCH_3 \xrightarrow{\text{聚合}} \underset{\text{聚乙酸乙烯酯}}{\left[CH_2\text{—}\underset{OCOCH_3}{CH}\right]_n}$$

生成的烯基化合物是重要的聚合物单体，这些聚合物是重要的材料，如聚丙烯腈、聚乙酸乙烯酯等。

3.2.4.2　炔烃的聚合反应

与烯烃一样，炔烃在不同条件下也可发生寡聚和高聚形成不同的聚合物。例如：

$$2HC\equiv CH \xrightarrow[NH_4Cl]{Cu_2Cl_2} \underset{\text{乙烯基乙炔}}{CH_2=CH\text{—}C\equiv CH} \xrightarrow{HC\equiv CH} \underset{\text{二乙烯基乙炔}}{CH_2=CH\text{—}C\equiv C\text{—}CH=CH_2}$$

乙烯基乙炔是生产氯丁橡胶的重要单体。

$$3HC\equiv CH \xrightarrow{500℃} \text{苯}$$

此反应虽然因为收率低，副产物多而无制备价值，但对苯的结构研究提供了重要线索。苯是最重要的基础化工原料之一。

$$4\,HC\equiv CH \xrightarrow[50℃,\ 1.5\text{~}2.0\ MPa]{Ni(CN)_2,\ THF} \text{环辛四烯}$$

环辛四烯在人们认识芳香族化合物的过程中起到了重要作用。

$$nHC\equiv CH \xrightarrow{\text{催化剂}} \underset{\text{聚乙炔}}{\left[HC=CH \right]_n}$$

聚乙炔是1971年由日本科学家发现的，由于其存在长的共轭链，电子可以在所有碳原子上离域，就像一根导线一样，因此具有高度的导电性，可制成有机导电体。

3.2.4.3 炔烃的氧化反应

碳碳叁键也可被臭氧或高锰酸钾等强氧化剂氧化生成羧酸。例如：

$$CH_3CH_2CH_2C\equiv CCH_2CH_3 \xrightarrow[CCl_4]{O_3} \xrightarrow{H_2O} CH_3CH_2CH_2COOH + CH_3CH_2COOH$$

$$3\,RC\equiv CH + 8KMnO_4 + KOH \longrightarrow 3RCOOK + 8MnO_2 + 3K_2CO_3 + 2H_2O$$

但是炔烃比烯烃氧化难，所以当分子中同时存在叁键和双键时，通常双键首先被氧化。例如：

$$HC\equiv C(CH_2)_7CH=C(CH_3)_2 \xrightarrow{CrO_3} HC\equiv C(CH_2)_7CHO + CH_3COCH_3$$

3.2.4.4 末端炔烃的反应

由于sp杂化的碳原子电负性较大，所以末端炔烃上的氢原子会表现出微弱的酸性($pK_a \approx 25$)，可与强碱或重金属离子作用生成炔盐。

(1) 活泼金属炔盐　末端炔与强碱作用可生成金属炔盐：

$$RC\equiv CH + NaNH_2 \xrightarrow{\text{液氨}} RC\equiv C^-Na^+ + NH_3$$

$$RC\equiv CH + C_2H_5MgBr \longrightarrow RC\equiv CMgBr + C_2H_6$$

$$RC\equiv CH + n\text{-}C_4H_9Li \longrightarrow RC\equiv CLi + n\text{-}C_4H_{10}$$

金属炔化物是一种很强的亲核试剂，可与许多缺电子试剂作用生成加成或取代产物，是增长碳链和合成炔类化合物的主要手段。例如

$$C_2H_5C\equiv C^-Na^+ + CH_3Cl \longrightarrow C_2H_5C\equiv CCH_3 + NaCl \qquad \text{取代}$$

$$C_2H_5C\equiv C^-Na^+ + CH_3-\underset{\underset{O}{\|}}{C}-CH_3 \longrightarrow C_2H_5C\equiv C-\overset{\overset{OH}{|}}{C}(CH_3)_2 \qquad \text{加成}$$

带负电荷的碳称为碳负离子，也是一种常见的反应中间体，一般采取sp^3杂化。由于碳负离子具有八隅体的结构，因此，在适当条件下，它是可以稳定存在的。

炔盐同时也是强碱，遇弱酸即可转化为末端炔。

$$C_2H_5C\equiv C^-Na^+ + H_2O \longrightarrow C_2H_5C\equiv CH + NaOH$$

(2) 重金属炔盐　末端炔与重金属盐反应可以生成炔盐的沉淀。如将乙炔通入硝酸银或氯化亚铜的氨溶液中时，可分别生成乙炔银和乙炔亚铜沉淀。

$$HC\equiv CH + 2AgNO_3 + 2NH_4OH \longrightarrow \underset{(\text{白})}{AgC\equiv CAg\downarrow} + 2NH_4NO_3 + 2H_2O$$

$$HC\equiv CH + Cu_2Cl_2 + 2NH_4OH \longrightarrow \underset{\text{(棕红色)}}{CuC\equiv CCu}\downarrow + 2NH_4Cl + 2H_2O$$

这两个反应比较灵敏，现象明显，可用于鉴别乙炔和末端炔烃。但由于生成的产物在干燥条件下容易爆炸，所以在鉴别完后应立即用酸将其分解掉，以免发生危险。

$$AgC\equiv CAg \xrightarrow{\triangle} 2Ag + 2C + 364kJ/mol$$

3.2.5 环烷烃的化学性质

环烷烃的结构通式为 C_nH_{2n}，有一个不饱和度，因此具有不饱和烃的性质。同时由于其分子中的所有碳原子均采取 sp^3 或接近 sp^3 杂化，因而又具有烷烃的特性。所以从某种意义上说，环烷烃可以说是化学性质居于烷烃和烯烃之间的一类化合物。

3.2.5.1 环烷烃的取代反应

在光照或高温下，环烷烃也可以发生自由基取代反应。例如：

$$\text{环己烷} + Br_2 \xrightarrow[\text{或 } h\nu]{300℃} \text{溴代环己烷} + HBr$$

当环上有取代基时，反应优先发生在3°碳原子上。如：

$$\text{甲基环己烷} \xrightarrow[\triangle]{SO_2Cl_2} \text{1-甲基-1-氯环己烷}$$

3.2.5.2 小环烷烃的加成反应

小环烷烃与烯烃相似，可以进行催化氢化，也可与酸、卤素、卤化氢等亲电试剂发生亲电加成反应而开环。例如：

$$\text{环丙烷} \xrightarrow{H_2/Ni} CH_3CH_2CH_3$$

$$\text{环丙烷} \xrightarrow[FeCl_3]{Cl_2} ClCH_2CH_2CH_2Cl$$

$$\text{环丙烷} \xrightarrow{HBr} CH_3CH_2CH_2Br$$

$$\text{环丙烷} \xrightarrow{H_2SO_4} CH_3CH_2CH_2OSO_3H \xrightarrow{H_2O} CH_3CH_2CH_2OH$$

烷基取代的环丙烷在进行亲电加成时也遵循马氏规则，具有区域选择性。例如：

$$\text{甲基环丙烷} + HX \longrightarrow CH_3\underset{}{\overset{X}{C}}HCH_2CH_3$$

五元及其以上的环则难以发生亲电加成反应。

3.2.5.3 环烷烃的氧化反应

环烷烃对氧化剂比烯烃稳定，所以当分子中同时存在这两种官能团时，双键优先被氧化。

$$\text{2,2-二甲基-1-(2-甲基-1-丙烯基)环丙烷} \xrightarrow{KMnO_4} \text{2,2-二甲基环丙烷甲酸(-COOH)} + O=C(CH_3)_2$$

也可利用这一性质的差异鉴别环烷烃和烯烃，或除去环烷烃中的少量烯烃杂质。

环丙烷对臭氧比较稳定，而取代的环丙烷其侧链的 α-H 可被臭氧氧化。其他一些取代环烷烃能与臭氧发生选择性氧化反应，通常是 3°H，特别是桥头氢容易被氧化。例如：

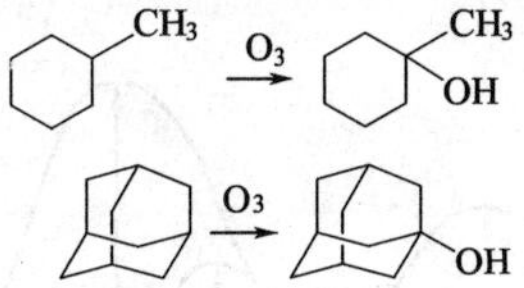

环烷烃在强氧化剂或催化剂作用下加热，则会开环形成二元羧酸；若用空气催化氧化环己烷，则可得到环己醇或环己酮。

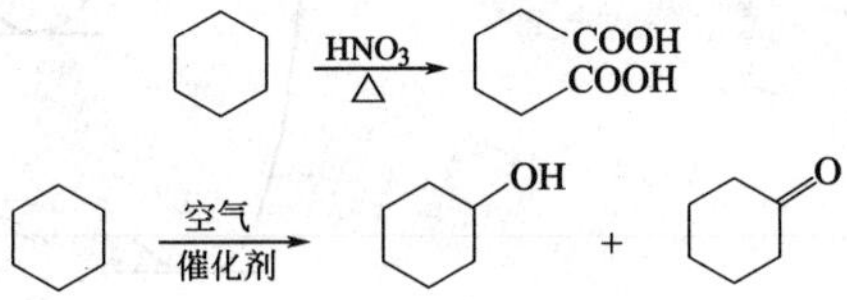

3.2.6 芳烃的化学性质

一个苯环的不饱和度是 4，因此芳香烃是高度不饱和的烃类化合物，会表现出不饱和烃的特征性质，如加成、氧化等。但由于苯环具有独特的封闭共轭环系，因此又会有别于普通的不饱和烃，如可以发生亲电取代反应等，这是芳香性在化学性质上的反映。同时与苯环相连的烷基也会表现出不同于一般烷基的化学特性。

3.2.6.1 芳烃的亲电取代反应

苯环上的环电子云分布于环平面的两侧，相对比较“裸露”，容易受到缺电子试剂(亲电试剂)的进攻，它们逐渐靠近先形成 π 配合物，继而亲电试剂连接到碳原子上，形成 σ 配合物，然后一个质子随氢受体离开，完成取代反应。这种由亲电试剂引起的芳环上的取代反应称为**亲电取代(electrophilic substitution)反应**。其反应机理如下：

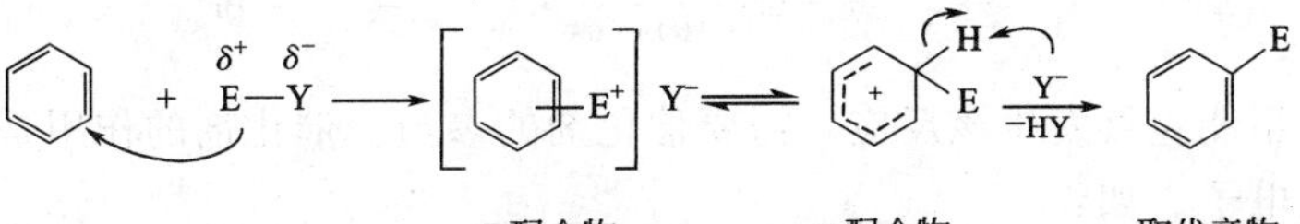

π配合物　　σ配合物　　取代产物

反应分 3 步：①亲电子（electrophile）的形成及向芳烃的靠近。显然影响反应的两大关键要素是亲电子的亲电能力和芳烃上 π 电子云的密度：亲电子的亲电能力越强，反应越容易进行；芳环上的电子云密度越高，反应也越容易进行。因此活化苯环的取代基（能增加苯环上电子云密度的取代基），有利于反应，而钝化苯环的取代基（能降低苯环上电子云密度的取代基），不利于反应。②具有稳定共振结构的 σ 配合物的形成。该 σ 配合物有 3 种稳定的共振极限式，所谓 σ 配合物就是它们的共振杂化体：

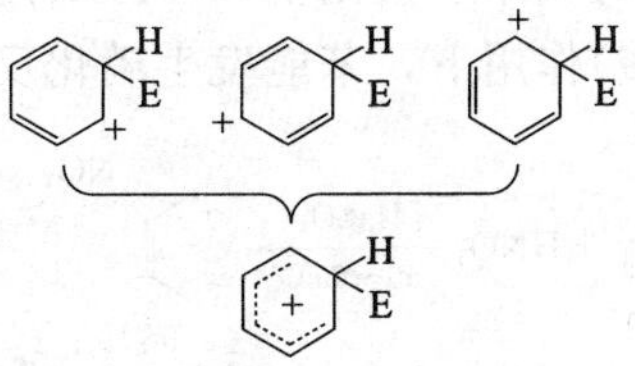

③ 质子离去形成取代产物。显然在这一步作为氢受体的 Y^- 进攻 σ 配合物时有两个反应位点，一是 sp^3 杂化碳原子上的氢原子，二是邻位缺电子的碳。如果进攻后者，完成的就是亲电加成反应，与烯烃的亲电加成完全一样。这里选择取代而非加成的动力来源于取代后的重新芳构化所带来的共轭能（见图 3-5）。

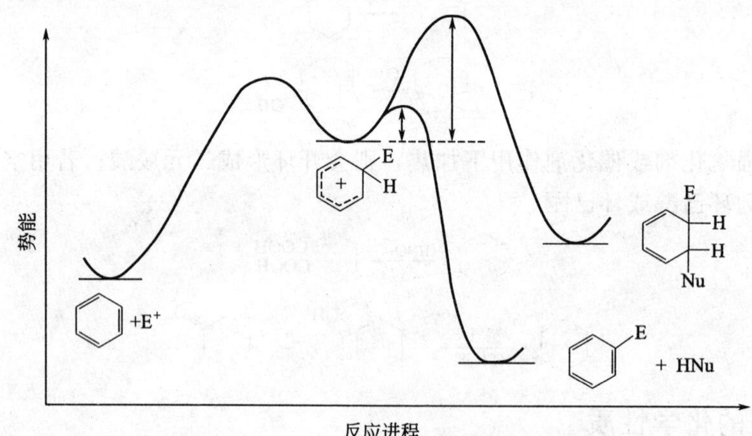

图 3-5　苯进行亲电取代反应和亲电加成反应的能量变化示意

上述反应机理中，生成 σ 配合物的反应是可逆的，其反应平衡时的反应程度取决于亲电试剂的性质，某些反应如烷基化、磺化等是可逆的，而硝化、酰基化等反应则事实上是不可逆的。而卤代反应在大多数情况下不可逆，只在某些特殊情况下是可逆的。

(1) 卤代反应　芳烃与卤素可以发生亲电取代反应生成卤代芳烃，是制备卤代芳烃的主要方法。例如：

$$C_6H_6 + Cl_2 \xrightarrow[55\sim60℃]{FeCl_3} C_6H_5Cl + HCl$$

$$C_6H_5-C_6H_5 + Br_2 \xrightarrow[HOAc,0℃]{Fe粉} C_6H_5-C_6H_4-Br$$

一般芳香烃不能直接发生该反应，需要催化剂的参与。催化剂的作用是与卤素反应生成亲电性更强的亲电子。如：

$$Br—Br + FeBr_3 \longrightarrow Br^+ [FeBr]_4^-$$

常用的催化剂是 Lewis 酸，如 $FeCl_3$、$AlCl_3$、$FeBr_3$、$SbCl_5$ 等，也可直接用铁粉，它会先与卤素反应生成卤化铁，再参与催化。

常用的卤化试剂是氯气和溴。单质氟的活性太高，很难控制，但可在超低温或稀释条件下进行，这也是当前氟化学的重点研究方向之一；碘的活性太差，与芳香烃不能发生反应，只有在苯环上有强给电子基时才有可能。

(2) 硝化反应　有机分子中的氢原子被硝基(NO_2)取代的反应称为硝化反应。在浓硝酸和浓硫酸形成的混合酸(称为混酸)作用下，苯能发生硝化反应生成硝基苯。

$$C_6H_6 + HNO_3 \xrightarrow[55\sim60℃]{H_2SO_4} \underset{98\%}{C_6H_5NO_2} + H_2O$$

这里浓硫酸的作用有两个，一是与硝酸作用生成强的亲电子硝酰正离子 NO_2^+，二是吸收生成的水。

$$2H_2SO_4 + HNO_3 \rightleftharpoons NO_2^+ + 2HSO_4^- + H_3O^+$$

硝化反应的反应温度和酸的用量对硝化程度影响很大，过量混酸会造成产物的进一步硝化，生成二取代甚至三取代产物，但反应速率比苯慢得多。在苯上引入三个硝基极为困难，而且危险。硝化反应是放热反应，引进一个硝基约放出 152.7kJ/mol 的热量。因此硝化反应需慢慢进行。

$$C_6H_5NO_2 \xrightarrow[\text{浓 } H_2SO_4\text{，}90℃]{\text{发烟 } HNO_3} \text{(间二硝基苯)}\ C_6H_4(NO_2)_2 \xrightarrow[\text{浓 } H_2SO_4\text{，}100\sim110℃]{\text{发烟 } HNO_3} \text{(1,3,5-三硝基苯)}\ C_6H_3(NO_2)_3$$

极少量

当苯环上有供电子基团时，硝化反应比较容易进行，如甲苯一硝化主要得到邻硝基甲苯和对硝基甲苯，进一步硝化则可得到 2,4,6-三硝基甲苯(TNT)，即黄色炸药，操作时必须非常小心，更不能用蒸馏等方法进行分离和纯化。

$$C_6H_5CH_3 \xrightarrow[\text{浓 } H_2SO_4\text{，}30℃]{\text{浓 } HNO_3} \text{(邻硝基甲苯)} + \text{(对硝基甲苯)} \xrightarrow[\text{浓 } H_2SO_4]{\text{浓 } HNO_3} \text{(2,4,6-三硝基甲苯)}$$

(3) 磺化反应　有机分子中的氢原子被磺酸基(SO_3H)取代的反应称为磺化反应。苯与发烟硫酸或三氧化硫在室温下就能很快反应生成苯磺酸。苯与 98%浓硫酸在 75～80℃下反应也能得到苯磺酸。

$$C_6H_6 + H_2SO_4 \rightleftharpoons C_6H_5SO_3H + H_2O$$

一般认为硫酸中的 SO_3 是该反应的亲电子。

$$2H_2SO_4 \rightleftharpoons SO_3 + H_3O^+ + HSO_4^-$$

与硝化反应不同的是，该反应是一个可逆反应，随着反应的进行，体系中的水逐渐增加，浓硫酸逐渐被稀释，正反应减弱，逆反应增强。反应过程中的能量变化如图 3-6 所示，

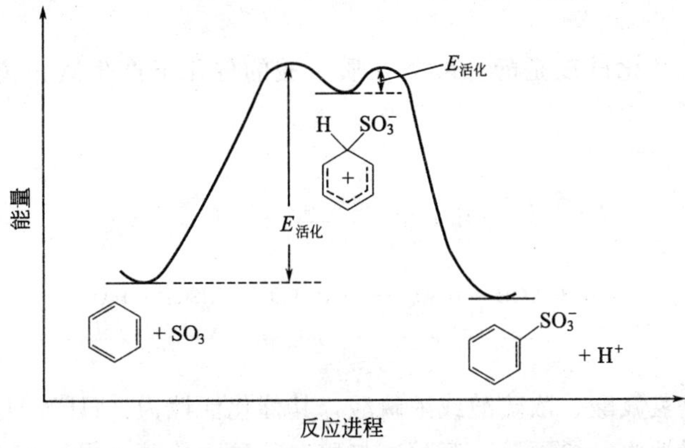

图 3-6　苯磺化反应进程中的能量变化示意

可见该反应的原料和产物的热力学稳定性以及正、逆反应的活化能都是相近的，所以反应是可逆的。这一性质在有机合成中常常被用于“占位”。

苯磺酸在较高温度下可进一步磺化生成间苯二磺酸。

$$\text{C}_6\text{H}_5\text{SO}_3\text{H} \xrightarrow[200\sim245^\circ\text{C}]{\text{发烟 } H_2SO_4} \text{间-}C_6H_4(SO_3H)_2$$

芳磺酸具有和硫酸一样强的酸性，但其氧化性却比浓硫酸弱得多，且能溶于许多有机溶剂，这一特性使得其常被用于作为有机反应的酸性催化剂，如对甲基苯磺酸(PTSA)就是一个很常用的酸催化剂。

(4) Fridel-Crafts 烷基化和酰基化反应　带正电荷的碳也可以作为亲电子进行亲电取代反应，根据碳正离子的类型可以分为烷基化和酰基化，该类反应是 C Friedel 和 J M Crafts 于 1877 年前后发现的，因此通常称为傅-克烷基化和傅-克酰基化反应。

① 傅-克烷基化反应　卤代烃在 Lewis 酸如无水 $AlCl_3$ 的催化下可以在芳环上引入烷基：

$$C_6H_6 + RCl \xrightleftharpoons{\text{无水 } AlCl_3} C_6H_5R + HCl$$

Lewis 酸的作用就是产生碳正离子（这是本反应的亲电子），增强与卤素相连的碳原子的亲电性。常用的 Lewis 酸有无水 $FeCl_3$、$SnCl_4$、BF_3、$ZnCl_2$、$TiCl_4$ 等。

$$R{-}Cl + AlCl_3 \longrightarrow \overset{\delta^+}{R}\cdots Cl \cdots \overset{\delta^-}{AlCl_3} \longrightarrow [R^+ \cdot AlCl_4^-]$$

复合体　　紧密离子对

其催化能力的强弱因反应物和反应条件而异，很难具体判断孰强孰弱，但下面的强弱顺序可供选择时参考：

$$AlCl_3 > FeCl_3 > SbCl_5 > SnCl_4 > BF_3 > TiCl_4 > ZnCl_2$$

卤代烷作烷基化试剂时的活性次序是：F>Cl>Br>I；不同卤代烃烷基化时的活性顺序是：烯丙基>苄基>叔烷基>仲烷基>伯烷基。例如：

$$C_6H_6 + ClCH_2CH_2CH_2F \xrightarrow[-10^\circ C]{\text{无水 } AlCl_3} C_6H_5CH_2CH_2CH_2Cl + HF$$

第二种常用的烷基化试剂是醇。醇类在质子酸的催化下产生碳正离子，然后进行烷基化。例如：

$$C_6H_6 + (CH_3)_3COH \xrightarrow[\text{回流}]{\text{浓}H_2SO_4} C_6H_5C(CH_3)_3 + H_2O$$

$$(CH_3)_3COH + H_2SO_4 \longrightarrow \underset{\text{亲电子}}{(CH_3)_3C^+} + HSO_4^- + H_2O$$

常用的质子酸是氢氟酸、浓硫酸或浓磷酸，其催化活性为：$HF > H_2SO_4 > H_3PO_4$。

不同醇的反应活性为：烯丙醇>苄醇>叔醇>仲醇>伯醇>甲醇。

第三种常用的烷基化试剂是烯烃。烯烃在质子酸或 Lewis 酸的催化下也可产生碳正离子

(参见烯烃的亲电加成部分)，然后进行烷基化。例如：

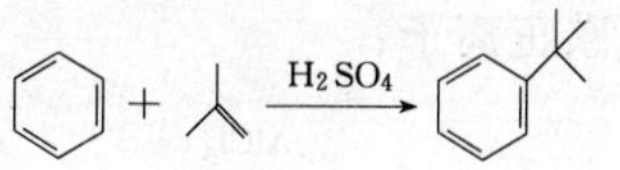

由此可见，凡是能够形成碳正离子的体系都可能发生该反应，可以推而广之。

傅-克烷基化反应具有如下特点。

a. 该反应生成的产物是烷基芳烃，烷基是给电子基，具有活化苯环的作用，即产物的活性比原料还强，因此容易发生多取代，常常得到混合物。例如：

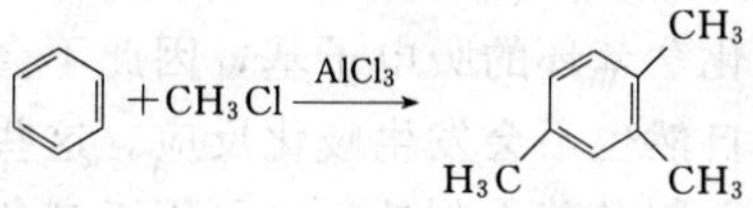

$$+CH_3Cl \xrightarrow{AlCl_3}$$

b. 由于碳正离子具有容易发生重排的特性(参见烯烃的亲电加成反应)，因此，该反应得到的一般是混合物，且往往碳正离子重排后的亲电取代产物为主产物。例如：

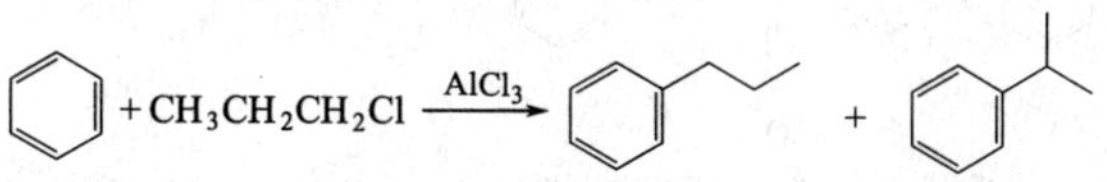

$$+CH_3CH_2CH_2Cl \xrightarrow{AlCl_3}$$

	正丙苯	异丙苯
$T=-6℃$	60%	40%
$T=0℃$	30%	70%

因此，当用傅-克烷基化反应在芳环上引入直链烷基时，往往得不到好的结果。

c. 烷基化反应是可逆的，因此容易发生歧化反应。例如：

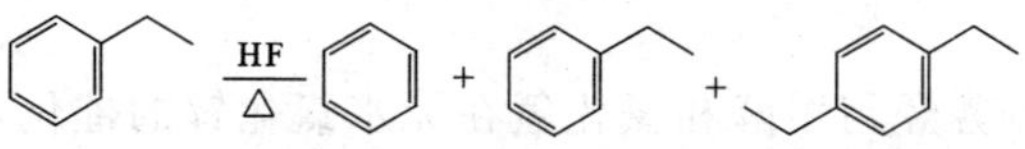

45%　10%　45%

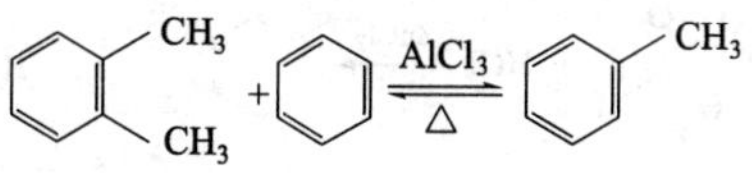

因此，烷基可以用于苯环上某位置的“保护”和“脱保护”。例如：

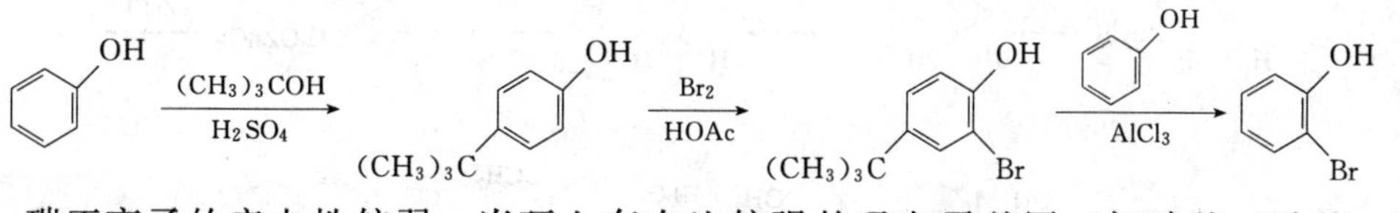

d. 碳正离子的亲电性较弱，当环上存在比较强的吸电子基团(如硝基、酰基、羧基，甚至卤素等)时，反应基本上不能发生。

由于以上特性，傅-克烷基化反应在实际应用中受到了一定的限制。

② 傅-克酰基化反应　芳烃在 Lewis 酸的催化下，与酰氯或酸酐发生亲电取代反应，生成芳基酮的反应称为傅-克酰基化反应。

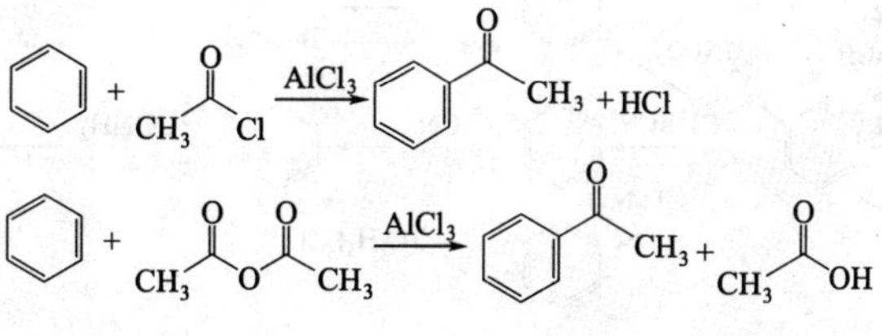

这是制备芳香酮的常用方法。

该反应的“亲电子”是酰基碳正离子：

$$RCOCl + AlCl_3 \longrightarrow R\overset{\delta^+}{C}(=O\cdots AlCl_3)Cl\cdots\overset{\delta^-}{AlCl_3} \longrightarrow R\overset{+}{C}=O\cdots AlCl_3 + AlCl_4^-$$

在反应中，由于三氯化铝能与酰卤形成配位化合物，消耗掉部分催化剂，因此催化剂的用量比烷基化反应多，往往大于酰卤的摩尔量。

傅-克酰基化反应要比烷基化反应简单得多。首先酰基碳正离子比较稳定，不会发生重排的副反应；其次酰基是“钝化”苯环的吸电子基，因此不会发生二酰基化或三酰基化；第三，酰基化反应是不可逆的，自然也不会发生歧化反应。这些特性使得酰基化比烷基化的应用范围广阔得多，除了可以用于制备芳香酮外，也可用于制备直链烷基取代的芳烃。例如：

$$C_6H_6 + CH_3CH_2COCl \xrightarrow{AlCl_3} C_6H_5COCH_2CH_3 \xrightarrow[HCl]{Zn\text{-}Hg} C_6H_5CH_2CH_2CH_3$$

$$C_6H_6 + \text{琥珀酸酐} \xrightarrow{AlCl_3} C_6H_5CO(CH_2)_2COOH \xrightarrow[HCl]{Zn\text{-}Hg} C_6H_5(CH_2)_3COOH$$

$$\xrightarrow{SOCl_2} C_6H_5(CH_2)_3COCl \xrightarrow{AlCl_3} \text{α-四氢萘酮} \xrightarrow[HCl]{Zn\text{-}Hg} \text{四氢萘}$$

(5) 氯甲基化反应　芳烃与甲醛和氯化氢在无水氯化锌的催化下发生亲电取代反应，芳环上的氢原子被氯甲基取代，这种反应称为氯甲基化反应：

$$C_6H_6 + HCHO + HCl \xrightarrow{ZnCl_2} C_6H_5CH_2Cl + H_2O$$

其反应机理如下：

$$HCHO + ZnCl_2 \longrightarrow H_2C=O^+\!-\!\bar{Z}nCl_2 \longleftrightarrow H_2\overset{+}{C}-O-\bar{Z}nCl_2 \xrightarrow{C_6H_6} [C_6H_6^+]CH_2O\bar{Z}nCl_2 \xrightarrow{-ZnCl_2}$$

$$C_6H_5CH_2OH \xrightarrow{H^+} C_6H_5CH_2OH_2^+ \xrightarrow{-H_2O} C_6H_5CH_2^+ \xrightarrow{Cl^-} C_6H_5CH_2Cl$$

其中，由苄醇到苄氯的过程为一个单分子亲核取代 (S_N1)反应。

氯甲基化反应是一个非常重要的反应，因为苄基上的氯很容易被一系列亲核试剂所取代，得到各类不同的化合物。

$$C_6H_5CH_2Cl \xrightarrow{NaOH} C_6H_5CH_2OH$$

$$C_6H_5CH_2Cl \xrightarrow{KSH} C_6H_5CH_2SH$$

$$C_6H_5CH_2Cl \xrightarrow{NH_3} C_6H_5CH_2NH_2$$

$$C_6H_5CH_2Cl \xrightarrow{Hg_2(NO_3)_2} C_6H_5CHO \longrightarrow C_6H_5COOH$$

$$C_6H_5CH_2Cl \xrightarrow{KCN} C_6H_5CH_2CN \longrightarrow C_6H_5CH_2CONH_2 \longrightarrow C_6H_5CH_2COOH$$

$$C_6H_5CH_2Cl \xrightarrow{Et_3N} C_6H_5CH_2N^+(C_2H_5)_3Cl^-$$

(6) Gatterman-Koch 反应　在 Lewis 酸及加压情况下，苯与等摩尔一氧化碳和氯化氢的混合气体发生反应，生成相应的芳香醛。此反应也可用加入氯化亚铜的方法来代替工业生产中采用的加压方法。这种反应称为 Gatterman-Koch 反应。

$$C_6H_6 + CO + HCl \xrightarrow[CuCl]{AlCl_3} C_6H_5CHO + HCl$$

其反应机理如下：

$$CO + HCl + AlCl_3 \longrightarrow H\overset{+}{C}{=}O \; AlCl_4^-$$

$$C_6H_6 + H\overset{+}{C}{=}O \; AlCl_4^- \longrightarrow [C_6H_6(CHO)]^+ \; AlCl_4^- \longrightarrow C_6H_5CHO + HCl + AlCl_3$$

该方法不适合于由酚或酚醚制备相应的醛，原因是它们会与 Lewis 酸形成配位化合物，从而降低芳环的亲核性。

(7) 铊化反应　除了以上正离子之外，金属离子也可与芳环形成“亲电”相互作用，在某些情况下也可以完成亲电取代反应，金属铊就是其中一例。

$$C_6H_6 + (CF_3COO)_3Tl \xrightarrow{CF_3COOH} C_6H_5Tl(OOCCF_3)_2 + CF_3COOH$$

二(三氟乙酸)苯基铊

生成的二(三氟乙酸)苯基铊与碘化钾水溶液反应可制得碘苯，这是在芳环上间接引入碘原子的简便方法。

$$C_6H_5Tl(OOCCF_3)_2 + 2KI \xrightarrow{H_2O} C_6H_5I + TlI + 2CF_3COOK$$

(8) 取代基定位效应及其应用　以上介绍的是芳环上没有取代基时亲电取代的类型和反应机理，当芳环上已存在取代基时，情况就要复杂得多。环上的取代基会对新上去的取代基的位置产生某些“限制”，这种限制称为该取代基的定位效应。下面按一个取代基和多个取代基两种情况来加以分析。

① 单个取代基的定位效应　当苯环上已存在一个取代基，其发生亲电取代反应的位置有三个选择，即取代到该取代基的邻位(*ortho-*)、间位(*meta-*)或对位(*para-*)：

R
邻位取代　邻位取代
间位取代　间位取代
对位取代

从反应的概率值来分析，邻位和间位的概率各为 40%，对位的概率为 20%，但事实上绝大多数的单取代苯的亲电取代不是按照这一概率值来进行的。以甲苯为例，其亲电取代反应比苯要容易，说明甲基是一个“活化”苯环的基团，它使得环上电子云密度升高，因此有利于亲电取代反应。当甲苯进行硝化反应时，可得到三种单硝化的产物：

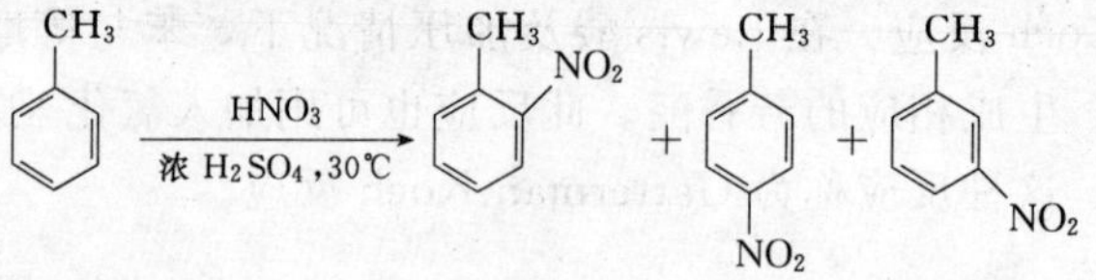

$$C_6H_5CH_3 \xrightarrow[\text{浓 } H_2SO_4, 30℃]{HNO_3} \text{邻-}CH_3C_6H_4NO_2\ (58\%) + \text{对-}CH_3C_6H_4NO_2\ (38\%) + \text{间-}CH_3C_6H_4NO_2\ (4\%)$$

其中邻位和对位的产物占到 96%，间位只占 4%。

再看硝基苯的硝化，其反应比苯的硝化难得多，说明硝基是一个“钝化”苯环的基团，它使得环上电子云密度降低，因此不利于亲电取代反应。

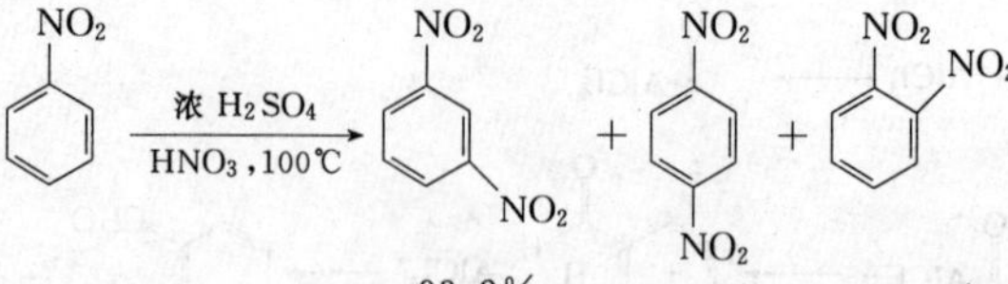

$$C_6H_5NO_2 \xrightarrow[HNO_3, 100℃]{\text{浓 } H_2SO_4} \text{间-}C_6H_4(NO_2)_2\ (93.2\%) + \text{对-}C_6H_4(NO_2)_2\ (0.4\%) + \text{邻-}C_6H_4(NO_2)_2\ (6.4\%)$$

显然，环上已有的取代基对新上的取代基具有定位作用。根据取代基定位的位置不同，可以把取代基定义为两大类：邻、对位定位基和间位定位基，前者在进行亲电取代反应时，能使邻、对位产物的总量大于其概率值 60%，而后者能使间位产物的量大于其概率值 40%。间位定位基全部是钝化苯环的基团，如硝基、羧基等。邻、对位定位基还可以细分为活化苯环的邻、对位定位基(如烷基、羟基、氨基等)和钝化苯环的邻、对位定位基（如卤素、取代烷基等）。表 3-9 列出了常见一元取代苯进行硝化反应时各异构体的含量，清晰地反映了这些取代的定位作用及其强弱。

表 3-9　一元取代苯的硝化反应产物含量(%)

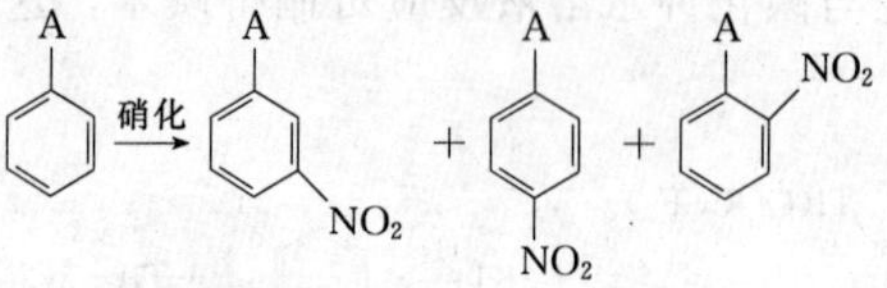

$$C_6H_5A \xrightarrow{\text{硝化}} \text{间-}A\text{-}C_6H_4NO_2 + \text{对-}A\text{-}C_6H_4NO_2 + \text{邻-}A\text{-}C_6H_4NO_2$$

种　类		取代基 A	间位	邻位	对位
邻、对位定位基	活化苯环	—OH	微	40	60
		—CH_3	3.5	56.5	40
		—CH_2CH_3	—	55	45
		—$CH(CH_3)_2$	—	14	86
	钝化苯环	—Cl	0.9	29.6	69.5
		—Br	1.2	36.4	62.4
		—I	1.8	38.3	59.7
间位定位基	钝化苯环	—$N^+(CH_3)_3$	100	—	—
		—NO_2	93.2	6.4	0.4
		—CN	81	17	2
		—SO_3H	72	21	7
		—COOH	80.2	18.5	1.3
		—CHO	72	19	9
		—$COCH_3$	70	—	—
		—$CONH_2$	70	7	23

那么为什么会存在取代基的定位效应呢？从表观热力学来讲，这是由于取代不同位置时反应的活化能不同所造成的，以甲苯为例，其在亲电取代反应中的能量变化如图 3-7 所示。

可以看到，一方面甲苯无论是进行邻、对位取代还是进行间位取代，其反应的活化能都

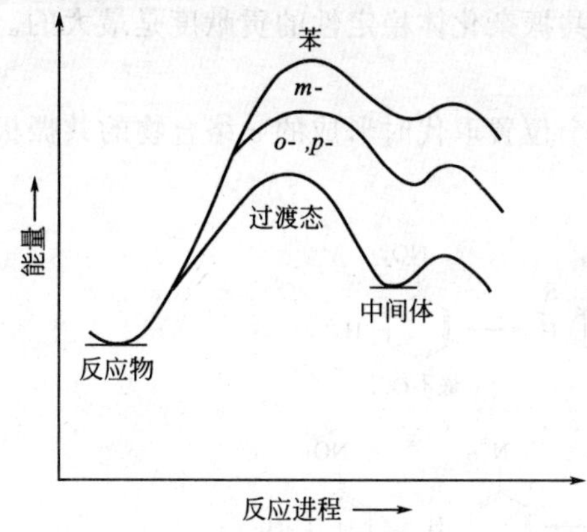

图 3-7　苯和甲苯在亲电取代反应中的能量变化

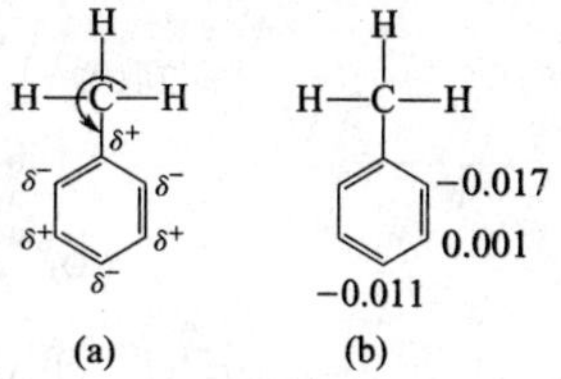

图 3-8　甲苯各碳原子上的净电荷分布

比苯低，反应比苯容易进行，说明甲基是一个活化苯环的基团。另一方面，甲苯邻、对位取代所需的活化能比间位取代低，因此邻、对位产物是主要的。

从深层次分析，苯环上各位置的电子云密度和过渡态的稳定性决定了各位置取代的活化能的差异。定性分析，甲基的＋I 效应和超共轭效应使其增加了苯环上的电子云密度，但环上各碳原子增加的幅度是不同的，如前所述，会产生交叉极化现象，见图 3-8(a)。其中邻、对位电子云密度相对较高。这与通过量子化学定量计算得到的苯环各碳原子上的净电荷分布是吻合的[见图 3-8(b)]。

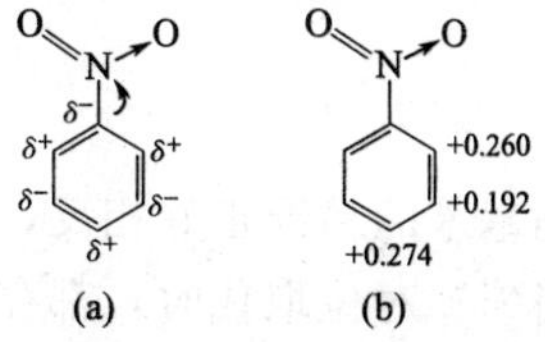

图 3-9　硝基苯各碳原子上的净电荷分布

再看硝基的情形，硝基具有-C 效应和-I 效应，且由于其上的配价键使其具有强的吸电子效应，因此其亲电取代反应比苯要难得多，当苯环上存在硝基时，很多类型的亲电取代反应，如傅-克烷基化和酰基化、氯甲基化等都不能发生。同样，这种吸电子效应对于苯环上的各碳原子来说也不是平均的，也会产生交叉极化的现象，见图 3-9(a)。其中间位电子云密度降低的幅度低于邻位和对位，这也与通过量子化学定量计算得到的苯环各碳原子上的净电荷分布是吻合的[见图 3-9(b)]。

取代基定位效应也可从过渡态稳定性的差别得到解释。在甲苯的情形下，当取代基取代在不同位置时，它们形成的 σ 配合物的共振极限式分别如下：

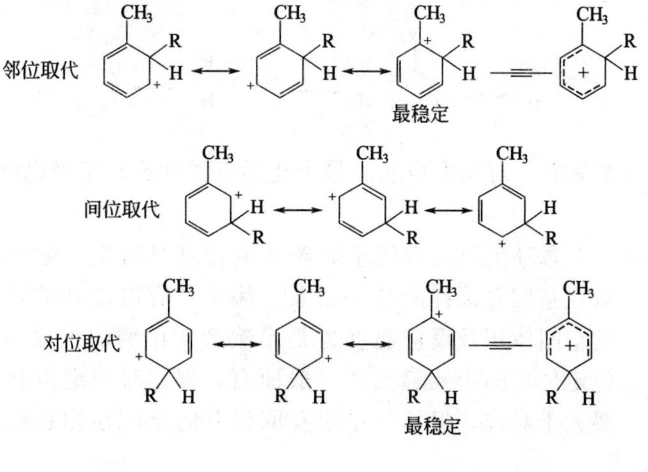

邻位取代　最稳定

间位取代

对位取代　最稳定

由于甲基的给电子效应，对于与其相邻的碳原子上的正电荷的分散是有利的。在邻、对位取代的情况下，都存在这样的一个稳定极限式，它对共振杂化体稳定性的贡献度是最大的。而在间位取代时则没有。故甲苯主要取邻、对位取代。

对于硝基苯，可以作同样的分析。它在进行三个位置取代时形成的σ络合物的共振极限式分别如下：

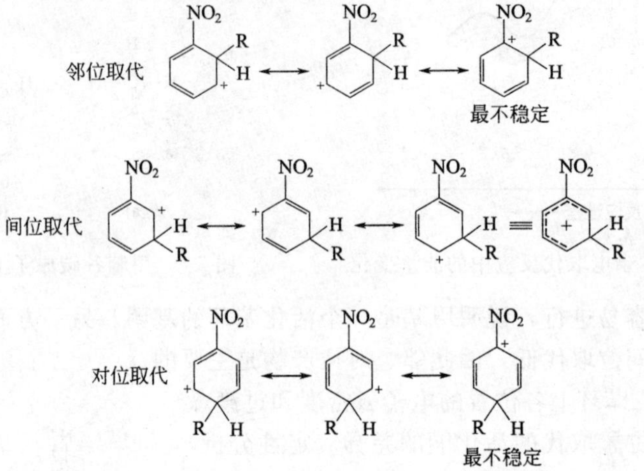

邻位取代　　最不稳定

间位取代

对位取代　　最不稳定

硝基苯的情况正好相反，由于硝基是强吸电子基团，对于其相邻的正电荷的分散是不利的，当邻、对位取代时，都存在最不稳定的共振极限式，而间位取代时没有。故硝基苯取间位取代的方式。

卤代苯是一种比较特殊的情况。一方面卤素具有-I效应，但同时又存在有p-π共轭体系的+C效应。一般认为，氟的电负性虽然最大，但其与苯环的p-π共轭采用的是2p轨道，轨道大小和形状都与碳原子相似，其共轭效应的影响与诱导效应大体相当，所以氟原子总体只是使苯环上的电子云密度略有降低。而其他卤原子则不一样，它们与苯环共轭所用的p轨道是3p、4p、5p轨道，虽然形状相似，但大小相差较大，因此其与苯环的共轭作用比较弱，总体上−I>+C。所以这些卤原子是钝化苯环的取代基。那么为什么它们又是邻、对位定位基呢？这是因为，卤原子上的孤对电子对相邻的碳正离子具有稳定化作用：

$$^{+}C-\ddot{X} \rightleftharpoons C=\overset{+}{X}$$

以邻位取代为例，其形成的过渡态的共振极限式为：

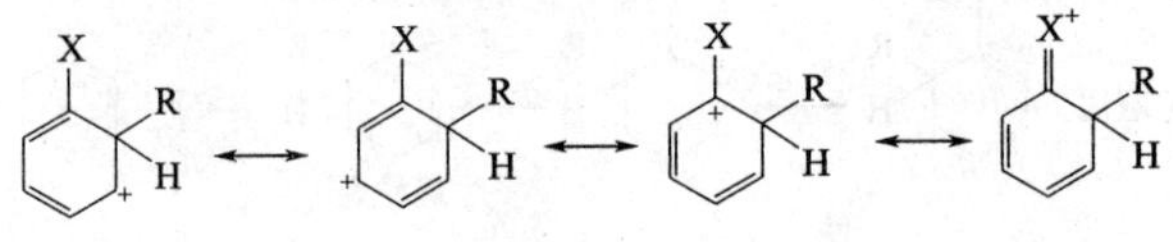

正因为如此，所以卤素为邻、对位定位基。量子化学定量计算的结果也证明了这一点（见图3-10）。

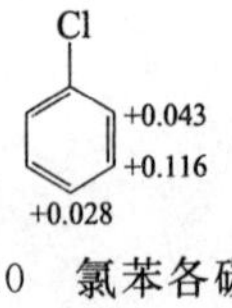

Cl +0.043 +0.116 +0.028

图3-10　氯苯各碳原子上的净电荷分布

苯环上已有取代基对新的取代基具有定位效应，但不是影响新上取代基位置选择的唯一因素。除了已有取代基的定位效应外，取代基的空间体积及反应温度也是影响产物比例的重要因素，尤以对邻、对位定位基的影响最大。一般而言，邻、对位定位基的邻位电子云密度要大于对位，但邻位受原有取代基的空间位阻影响较大，对位虽然电子云密度较低，但空间位阻也较小。所以邻位取代是一个动力学控制的反应，而对位取代则是一个热力学控制的反应。换言之，原有取代基的体积小和低温有利于邻位取代，而体积大和高温有利于对位取代。例如甲苯和叔丁基甲苯进行硝化时产物的比例是不同的：

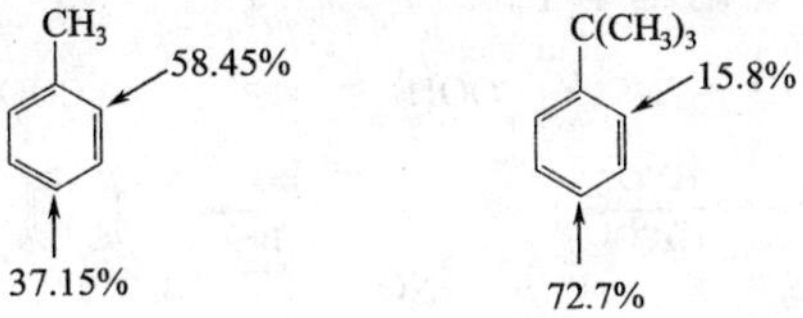

CH_3 58.45% 37.15%　　$C(CH_3)_3$ 15.8% 72.7%

当新上取代基的体积也很大时，这种影响更加明显。如叔丁基苯进行磺化时得到的是100％的对位产物。

再如甲苯磺化时各位置产物的生成随温度的变化如下：

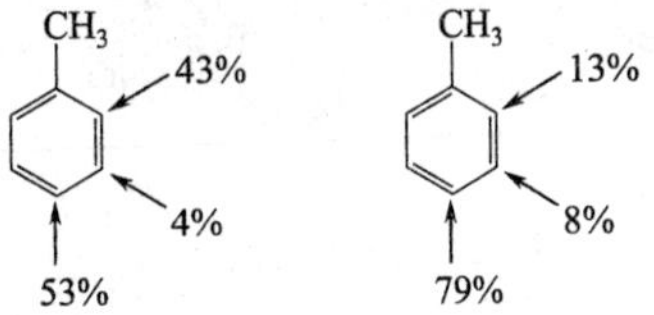

CH_3 43% 4% 53%　　CH_3 13% 8% 79%

0℃　　100℃

② 多个取代基的定位效应　当苯环上存在两个或两个以上取代基时，当其在发生亲电取代反应时，这些取代基对新取代基的定位作用是由它们共同决定的。这里可以分以下几种情况。

当两个取代基的定位位置一致时，则定位效应加强。例如：

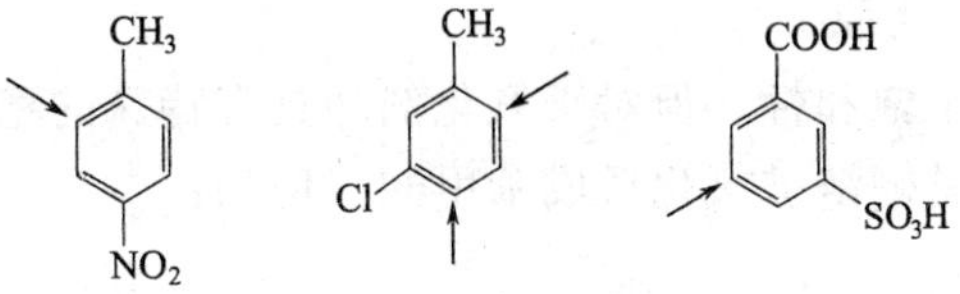

CH_3 NO_2　　CH_3 Cl　　COOH SO_3H

当两个取代基为同一类型，但定位位置不同时，产物主要由强的定位基来决定。如：

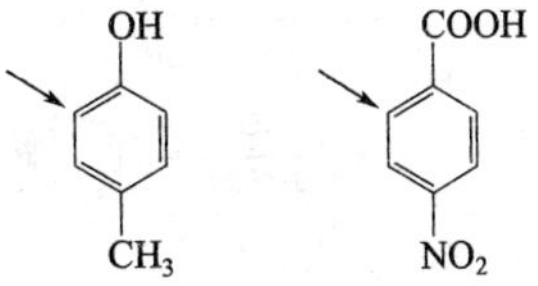

OH CH_3　　COOH NO_2

当两个取代基为不同类型，但定位位置又不同时，产物主要由邻、对位定位基来决定。如：

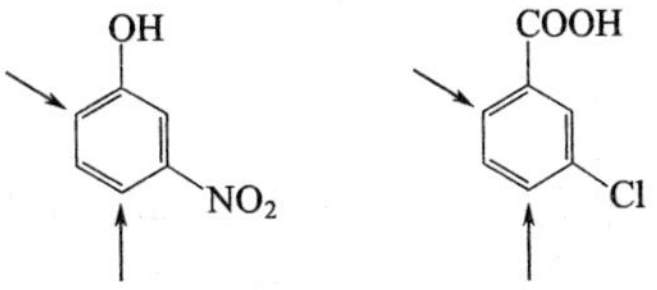

OH NO_2　　COOH Cl

当两个取代基的定位能力相差不大时，此时会得到各位置取代的混合物。如：

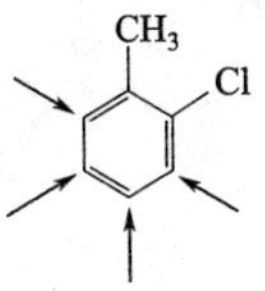

CH_3 Cl

取代基的定位效应是有机化合物中的一种常见现象，不仅可以利用不同取代基的定位效应获得所需要的产物，而且可以利用某些取代基的特殊性能来占位和规避一些副反应的发生。下面举几个取代基定位效应应用的例子。

例 1 由苯甲酸合成 3-溴-5-硝基苯甲酸

$$C_6H_5COOH \xrightarrow[H_2SO_4]{HNO_3} \text{3-}NO_2C_6H_4COOH \xrightarrow[FeBr_3]{Br_2} \text{3-Br-5-}NO_2C_6H_3COOH$$

这个过程不能颠倒过来，因为：

$$C_6H_5COOH \xrightarrow[FeBr_3]{Br_2} \text{3-}BrC_6H_4COOH \xrightarrow[H_2SO_4]{HNO_3} \text{3-Br-4-}NO_2C_6H_3COOH + \text{5-Br-2-}NO_2C_6H_3COOH$$

例 2 由苯合成邻硝基氯苯

$$C_6H_6 \xrightarrow[Fe]{Cl_2} C_6H_5Cl \xrightarrow{\text{发烟 } H_2SO_4} \text{4-}ClC_6H_4SO_3H \xrightarrow[\text{浓 } H_2SO_4]{HNO_3} \text{4-Cl-3-}NO_2C_6H_3SO_3H \xrightarrow[\triangle]{\text{稀 } H_2SO_4} \text{2-}NO_2C_6H_4Cl$$

这里就是巧妙利用了磺酸基的“占位”和间位定位作用，才比较单一地在邻位引入了硝基。

3.2.6.2 芳烃的氧化反应

苯环虽然具有高度的不饱和性，但对于氧化剂却具有特殊的稳定性。如烷基苯在强氧化剂和高温条件下，一般总是侧链被氧化形成苯甲酸。例如：

$$C_6H_5CH_3 \xrightarrow[\triangle]{KMnO_4} C_6H_5COOH$$

$$\text{邻-}C_6H_4(CH_3)_2 \xrightarrow[350\sim400℃]{O_2, V_2O_5} \text{邻苯二甲酸酐}$$

无论侧链的长短如何，反应总发生在与苯环直接相连的碳原子上。例如：

$$C_6H_5CH_2CH_2CH_3 \xrightarrow[\triangle]{KMnO_4} C_6H_5COOH$$

不同取代的烷基反应活性是不一样的，一般呈 3°＞2°＞1°的活性顺序，但当 α-C 上没有氢时，侧链不能被氧化。例如：

$$\text{4-}CH_3C_6H_4CH(CH_3)_2 \xrightarrow[\triangle]{HNO_3} \text{4-}CH_3C_6H_4COOH$$

在适当条件下，苯环的侧链也可实现受控氧化，反应也发生在 α-C 上，可以得到酮，这是工业上生产芳酮的重要方法之一。例如：

$$C_6H_5CH_2CH_3 + O_2 \xrightarrow[130℃]{Mn(OAc)_2} C_6H_5COCH_3 + H_2O$$

苯环虽然很稳定，但在剧烈条件下也可被氧化。例如：

$$2\,C_6H_6 + 9\,O_2 \xrightarrow[400℃]{V_2O_5} 2\,(\text{顺丁烯二酸酐}) + 4\,CO_2 + 4\,H_2O$$

这是工业上生产顺酐的方法。

$$C_6H_5C(CH_3)_3 \xrightarrow[\triangle]{KMnO_4} (CH_3)_3CCOOH$$

特戊酸

3.2.6.3 芳烃的加成反应

芳香烃虽然具有较好的稳定性，但由于其具有高度不饱和性，还是可以进行加成反应的，只是加成反应破坏了其共轭性，需要提供额外的能量来弥补，故加成反应需要在相对较剧烈的条件下来进行。如可与卤素、氢气等在一定条件下进行加成，但不能与卤化氢等进行亲电加成反应。

（1）催化加氢　苯在高温、加压及催化剂存在下，可与氢气进行加成生成环己烷，此反应中苯环的三个双键同时打开。

$$C_6H_6 + 3H_2 \xrightarrow[200℃]{Ni,加压} C_6H_{12}$$

取代芳烃可发生类似的反应。例如：

$$C_6H_5NH_2 + 3H_2 \xrightarrow[\triangle]{Ni,加压} C_6H_{11}NH_2$$

$$C_6H_5OH + 3H_2 \xrightarrow[\triangle]{Ni,加压} C_6H_{11}OH$$

苯环的受控还原是一个令人感兴趣的问题，近年来的研究表明，控制氢气的使用量和反应条件，可以使得苯环被部分氢化。例如：

$$C_6H_5OH + 2\,H_2 \xrightarrow[\triangle]{Ni,加压} \text{1-环己烯醇} \rightleftharpoons \text{环己酮}$$

（2）Birch 还原　在液氨中，苯可被碱金属（Li、Na、K 等）和乙醇还原，得到 1,4-环己二烯，此反应称为 Birch 还原。

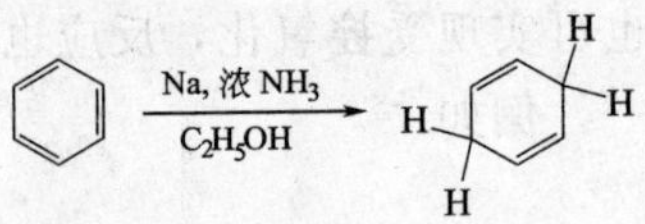

该反应属于单电子转移反应，其反应机理如下：

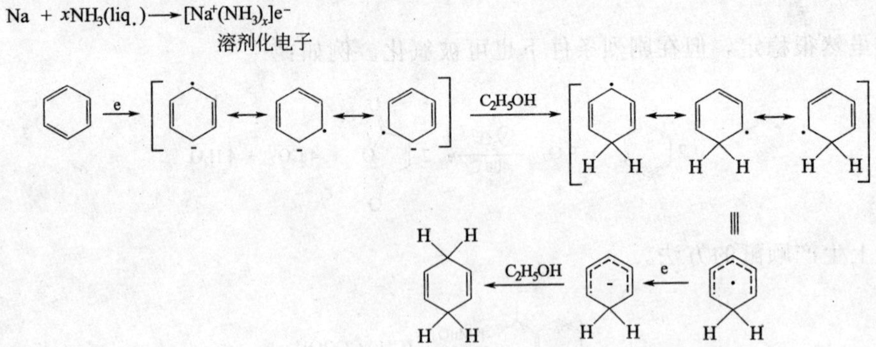

$Na + xNH_3(liq.) \longrightarrow [Na^+(NH_3)_x]e^-$
溶剂化电子

环己二烯负离子在共轭链的中间碳原子上质子化比在共轭链末端碳原子上质子化快，原因尚不明确。

苯的同系物也可以发生 Birch 还原，一般吸电子取代基有利于反应，而给电子取代基会使苯环活性降低，并使氢加成到 C-2 位和 C-5 位。例如：

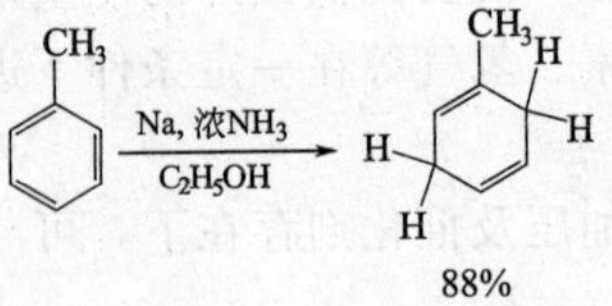

88%

若取代基上存在与苯环共轭的双键，则 Birch 还原会先在共轭双键上进行，然后再还原苯环。例如：

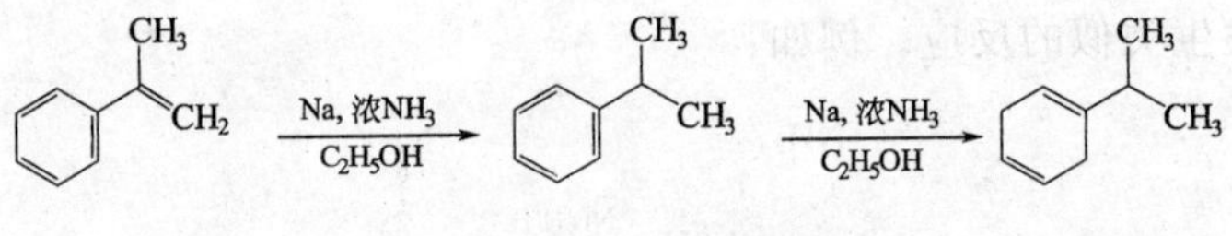

该反应其实也是先在苯环上进行，只是由于双键与苯环的共轭作用，环己二烯负离子重新芳构化，才使得反应先在双键上进行。如果环外双键不与苯环共轭，则双键不能发生 Birch 还原。例如：

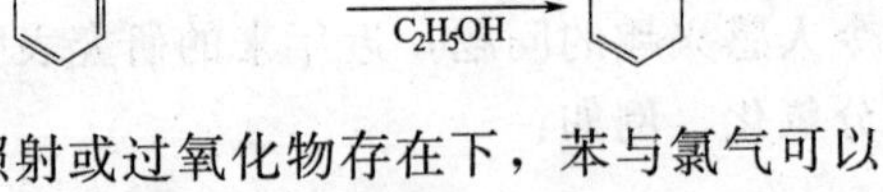

(3) 加氯　在紫外线照射或过氧化物存在下，苯与氯气可以发生自由基加成反应，生成1,2,3,4,5,6-六氯代环己烷，俗称“六六六”：

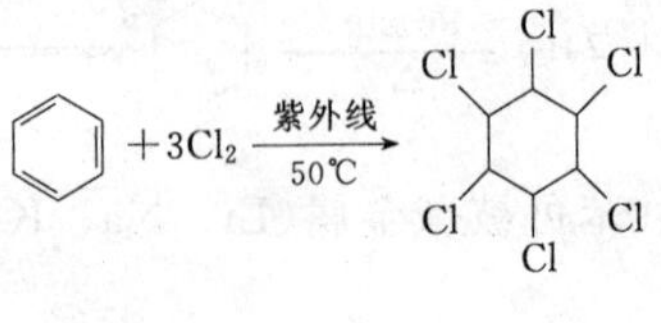

$$+3Cl_2 \xrightarrow[50℃]{紫外线}$$

反应机理如下：

$$Cl_2 \xrightarrow[50℃]{紫外线} 2\,Cl\cdot$$

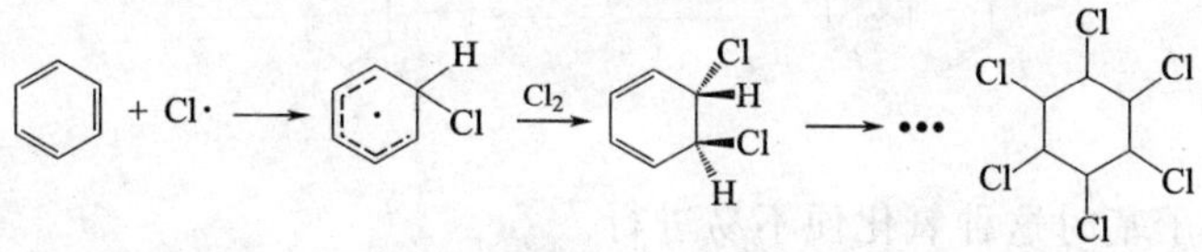

“六六六”是20世纪60～70年代使用非常普遍的一类有机氯杀虫剂，共有八种立体异构体，其中氯原子均处于平伏键位置的β-异构体含量最高，但活性最高的是γ-异构体，商品名“林丹”，至今仍用于防治森林害虫。

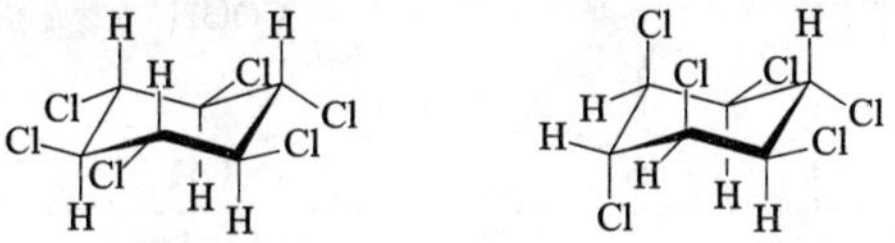

β-异构体　　γ-异构体

3.2.6.4 芳烃侧链的取代反应

烷基苯侧链α-碳与苯环构成一个烯丙基体系，因此在光照或加热条件下容易发生自由基取代反应，例如甲苯在紫外线照射或在160～180℃下氯代，可生成一氯代甲苯(苄基氯或称氯化苄)、二氯代甲苯和三氯代甲苯。

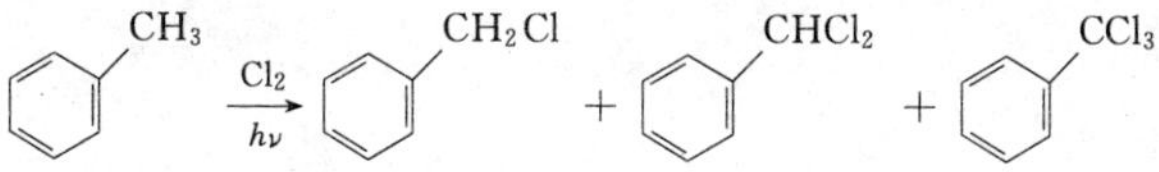

其反应机理与丙烯的氯代完全相同。

溴的反应活性较差，但却具有较好的选择性。例如：

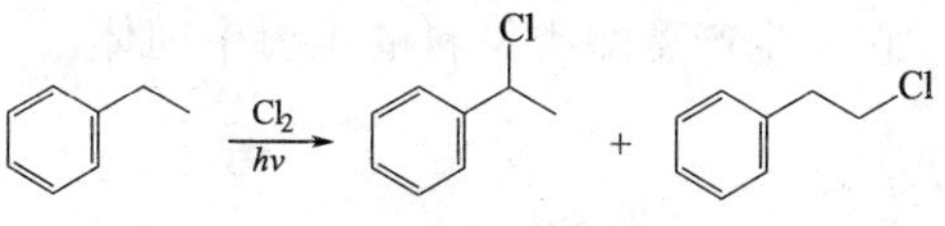

56%　　44%

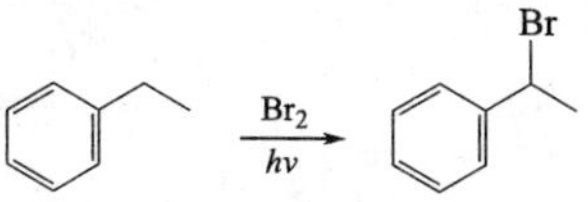

100%

3.2.6.5 稠环芳烃的化学性质

稠环芳烃是两个或两个以上苯环稠合而成的，但由于稠合后各碳原子位置和电子云密度产生差异，因而在反应性能上也会产生差异。

(1) 氧化反应　稠环芳烃的氧化反应比苯要容易。如萘在室温下用CrO_3的醋酸溶液处理即可得到1,4-萘醌等。

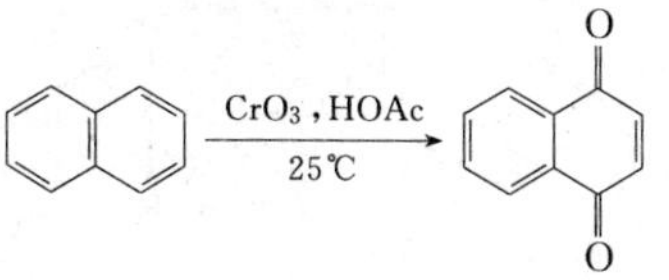

$$\xrightarrow[25℃]{CrO_3,HOAc}$$

环上有给电子基时，反应更容易发生在有取代基的苯环上。例如：

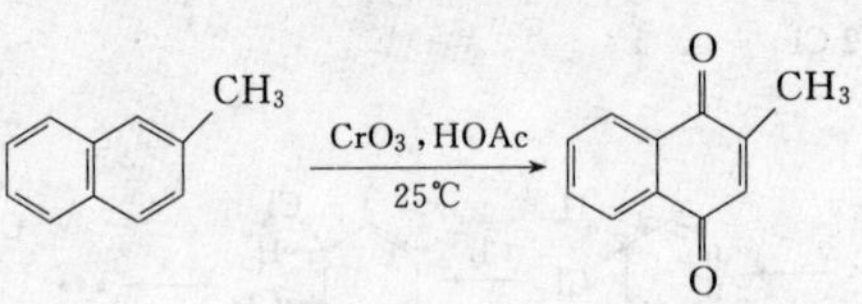

$\xrightarrow[25℃]{CrO_3,HOAc}$

当环上有吸电子基时这种氧化便不易进行。

萘及其衍生物在强氧化剂作用下可以氧化生成邻苯二甲酸，环上有给电子基时，氧化发生在含给电子基的环上；环上有吸电子基时，氧化发生在不含吸电子基的环上。例如：

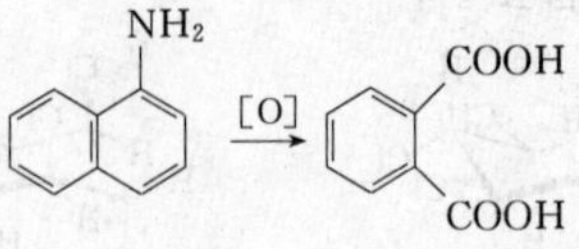

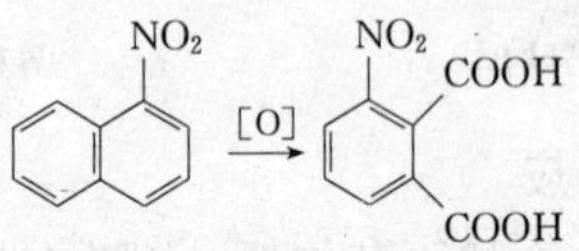

$\xrightarrow{[O]}$

$\xrightarrow{[O]}$

由于这一原因，不能用高锰酸钾氧化烷基萘来制备萘甲酸。

萘本身在 V_2O_5 的催化下，也可被氧化形成邻苯二甲酸酐，它是制备聚酯树脂等化工产品的重要原料。

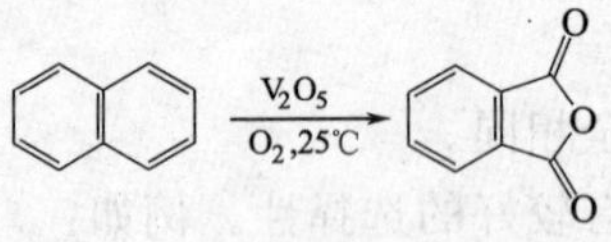

$\xrightarrow[O_2,25℃]{V_2O_5}$

蒽可以被氧化成蒽醌，它是生产蒽醌类染料的重要中间体。

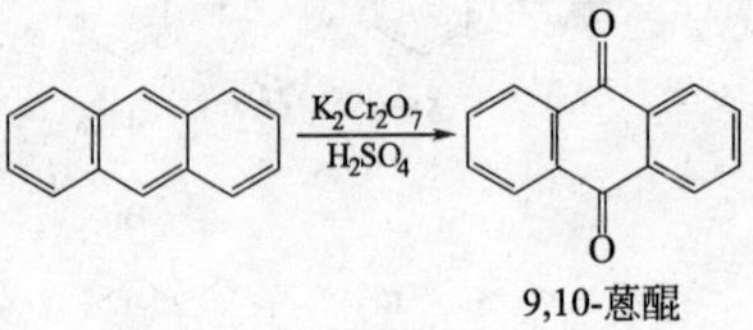

$\xrightarrow[H_2SO_4]{K_2Cr_2O_7}$

9,10-蒽醌

菲则可被氧化成菲醌，可作为农用杀菌剂防治小麦锈病、甘薯黑斑病等。

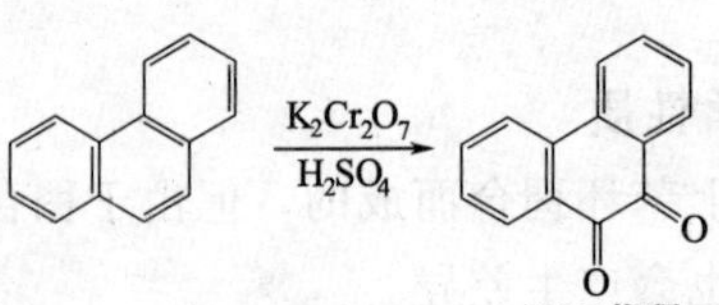

$\xrightarrow[H_2SO_4]{K_2Cr_2O_7}$

9,10-菲醌

(2) 加成反应 稠环芳烃比苯容易发生加成反应，如萘可经催化氢化生成十氢化萘：

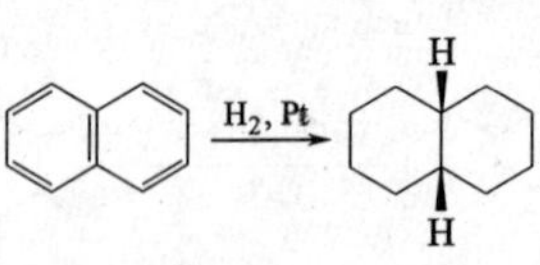

$\xrightarrow{H_2,Pt}$

也可与 Na-C_2H_5OH 反应进行部分氢化。例如：

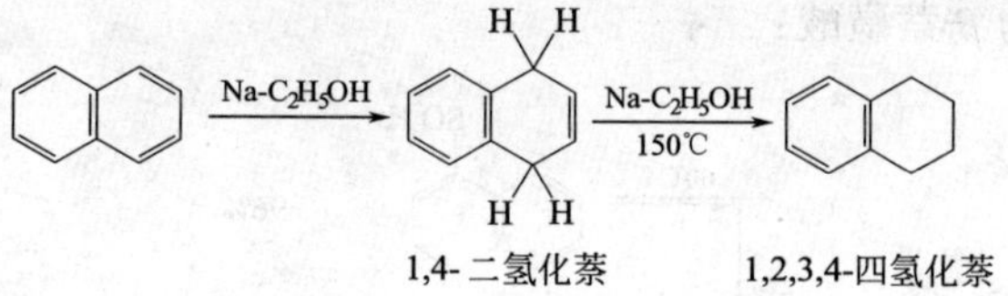

1,4-二氢化萘　　1,2,3,4-四氢化萘

蒽和菲也可发生类似的还原：

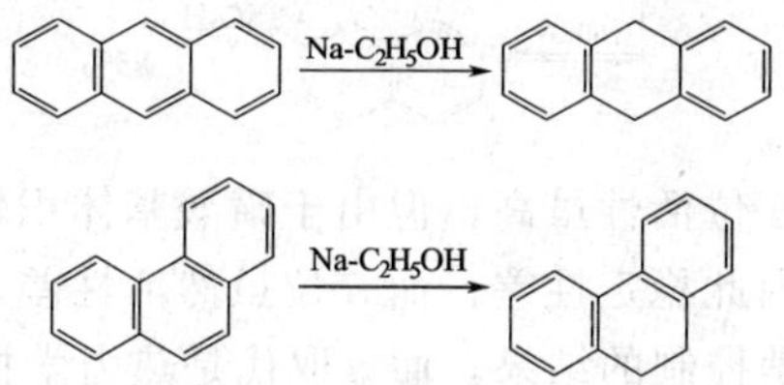

萘也可以进行 Birch 还原：

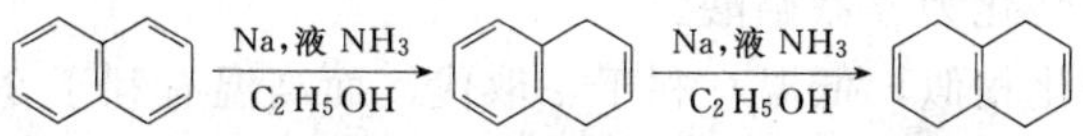

稠环芳烃也比较容易与卤素进行亲电加成反应，不过加成产物很容易脱去卤化氢并重新芳构化，其结果相当于取代，但其本质是一个加成-消除反应。例如：

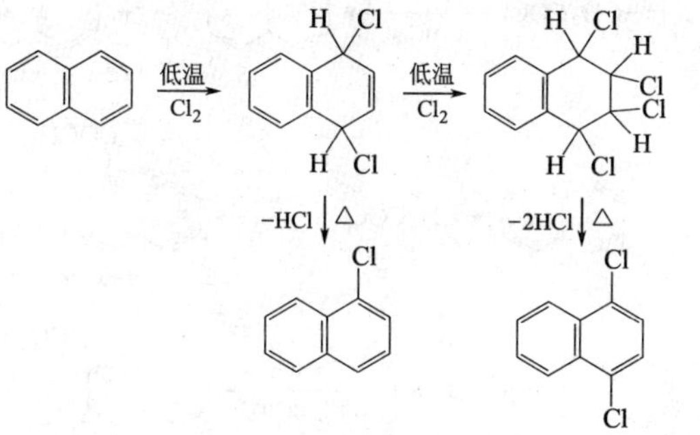

(3) 亲电取代反应　稠环芳烃的亲电取代也比苯要容易。例如：

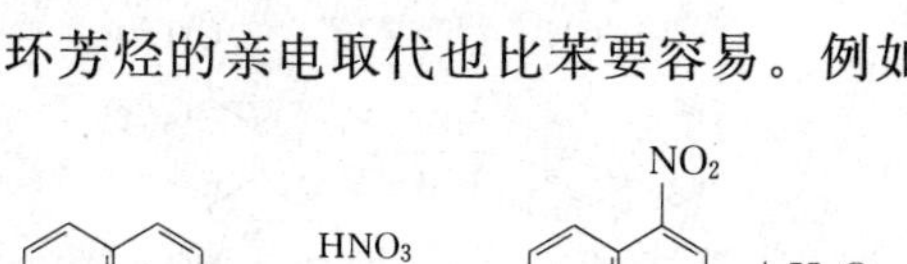

95.5%

萘 α-位的硝化速率比苯快 750 倍，β-位也要比苯快 50 倍。为避免两个位置同时被硝化，可以适当降低混酸的浓度。

萘的卤代可在弱的催化剂作用下进行，有时甚至不用催化剂催化也可反应：

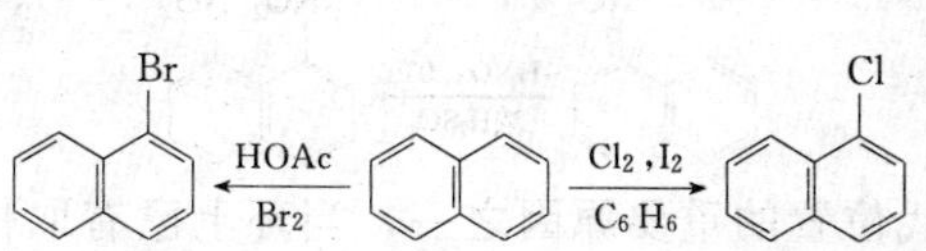

萘的磺化反应比较特别，低温下主要得到 α-萘磺酸，而高温下则得到 β-萘磺酸，α-萘磺酸在加热下也可转化为 β-萘磺酸：

SO_3H 60℃ 96% H_2SO_4 160℃ 160℃ SO_3H 85% H SO_3H

造成这一差异的原因是 α-位活性虽高，但由于磺酸基体积较大，与相邻苯环上的氢原子之间会产生空间排斥作用，因此稳定性差；而 β-位虽然活性差，但不存在空间位阻，因此稳定性好。所以 α 取代是动力学控制的结果，而 β 取代是热力学控制的结果。同时由于磺化反应是一个可逆反应，所以低温下得到动力学控制的产物，而高温下得到热力学控制的产物，且 α-萘磺酸在加热下可转化为 β-萘磺酸。

萘的酰化反应与磺化相似，低温有利于 α-取代，而高温有利于 β-取代，不同的是 α-取代物不能通过加热转化为 β-取代物，因为酰化反应是不可逆的。

$+CH_3COCl \xrightarrow[AlCl_3]{CS_2,-15℃}$ $COCH_3$ + $COCH_3$ 3 ∶ 1

$+CH_3COCl \xrightarrow[AlCl_3]{C_2H_2Cl_4}$ $COCH_3$ 93%

$+CH_3COCl \xrightarrow[AlCl_3,200℃]{PhNO_2}$ $COCH_3$ 90%

单取代萘发生亲电取代反应时，取代基的定位效应会对取代位置产生影响。一般而言，致活的邻、对位定位基会使新上基团进入同环的 α-位；如果取代基在 2-位，则新上基团主要进入 1-位。例如：

CH_3 $\xrightarrow[HNO_3]{HOAc}$ CH_3 NO_2

CH_3 $\xrightarrow[HNO_3]{HOAc}$ NO_2 CH_3

致钝的间位定位基则使取代发生在异环的 α-位。例如：

NO_2 $\xrightarrow[浓H_2SO_4]{HNO_3,0℃}$ NO_2 NO_2

空间位阻也是影响取代位置的重要原因之一，当环上已有取代基或者新进入的取代基的体积较大时，反应往往发生在异环上。例如：

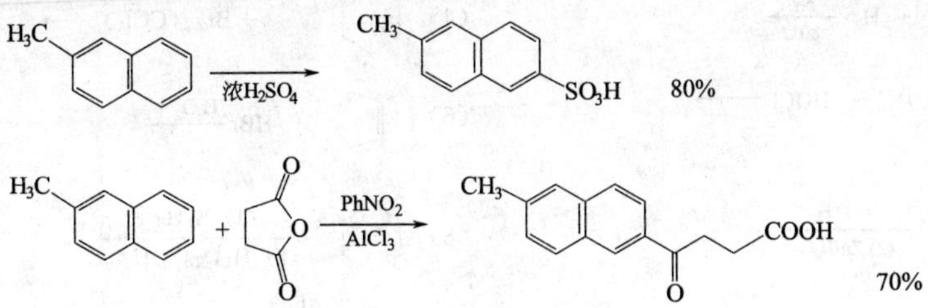

2-甲基萘 —浓H_2SO_4→ 6-甲基-2-萘磺酸（CH_3，SO_3H） 80%

2-甲基萘 + 丁二酸酐 —$PhNO_2$, $AlCl_3$→ （CH_3，$COOH$） 70%

蒽和菲比萘更容易发生亲电取代反应。蒽除了磺化反应发生在1-位外，硝化、卤代、酰基化等反应均发生在9-位，但取代产物中常伴随有加成产物。

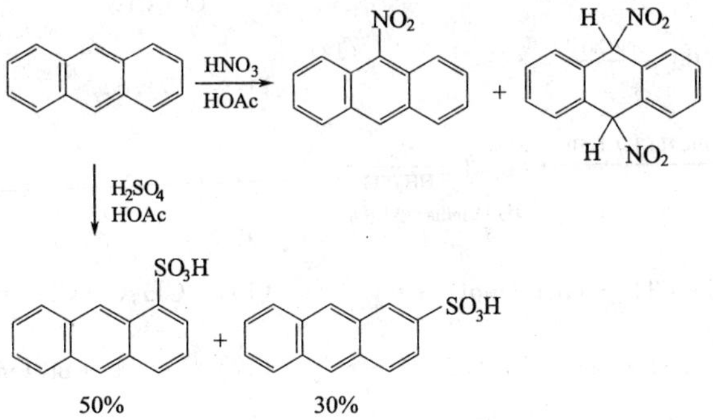

蒽 —HNO_3, HOAc→ 9-硝基蒽（NO_2） + 9,10-二氢-9,10-二硝基蒽（H NO_2，H NO_2）

蒽 —H_2SO_4, HOAc→ 1-蒽磺酸（SO_3H） 50% + 2-蒽磺酸（SO_3H） 30%

菲与此相似，反应也优先发生在9,10-位。例如：

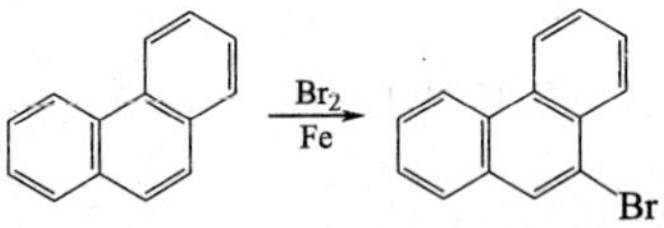

菲 —Br_2, Fe→ 9-溴菲（Br）

芳环上的反应是有机化学中最重要的内容之一，反应的种类远远不止这些，迄今也仍然是有机合成方法学研究的重点领域之一，如芳环上温和而方便的氟化方法研究等。但是其所依据的原理则大体如此。这些原理和方法除了适用于以上典型的芳香族化合物外，也适合于一些非苯系芳烃，以及杂环芳烃等具有芳香性质的体系。读者应善于比较并融会贯通。

练 习 题

1. 以烯烃为例，从反应过程的能量变化说明为什么氢化热越低的不饱和烃越稳定。
2. 比较下列各组化合物沸点的高低，并简要解释为什么？
   （1）2,2-二甲基丁烷，2-甲基戊烷，正己烷，环己烷
   （2）乙烷，氯乙烷，溴乙烷，碘乙烷
3. （1）计算乙烷在光照下单溴代反应的焓变(ΔH)，并指出该反应是放热反应还是吸热反应？
   （2）写出该反应的反应机理。
   （3）定性画出该反应中链增长阶段的能量变化曲线，标出曲线上各顶点处相对应的结构。
   （4）指出哪些是中间体，哪些是过渡态？并指出它们在曲线上的位置。
4. 烷烃分子中，1°H、2°H、3°H 溴代时的相对活性为 1∶82∶1600，试预测正丁烷与异丁烷在一溴代时所得产物的相对含量。
5. 完成下列反应
   （1）甲基环丙烷 + $Br_2(CCl_4)$ ⟶　　　　（2）环丁烷 + $Br_2(CCl_4)$ —$h\nu$→

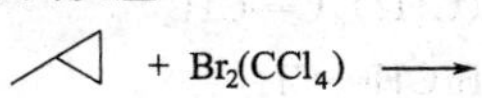

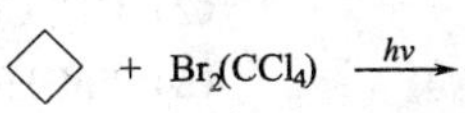

(3) 环丁基环丙烷 + H_2 $\xrightarrow[80℃]{Ni}$

(4) 甲基环己烷 + Br_2 (CCl_4) $\xrightarrow{\triangle}$

(5) $(CH_3)_2C=CHCH_3$ + HOCl $\longrightarrow$

(6) 1-甲基环戊烯 + HBr $\xrightarrow{H_2O_2}$

(7) 1-环丙基环戊烯 $\xrightarrow[(2)\ Zn/H_2O_2]{(1)\ O_3}$

(8) 1-甲基环己烯 $\xrightarrow[(2)\ H_2O_2,\ OH^-]{(1)\ B_2H_6}$

(9) 1-甲基环己烯 + NOCl $\longrightarrow$

(10) (E)-$C_6H_5CH=CHCH_3$ $\xrightarrow{CH_3CO_3H}$ $\xrightarrow[H_2O]{Na_2CO_3}$

(11) (E)-$C_2H_5CH=CHC_2H_5$ + CH_2I_2 $\xrightarrow{Zn(Cu)}$

(12) 环己基-CCl_2CH_3 $\xrightarrow[矿物油,\ \triangle]{NaNH_2}$ $\xrightarrow[(2)\ H_2O_2,\ OH^-]{(1)\ B_2H_6}$

(13) $2H_3C-C\equiv CNa$ $\xrightarrow{BrCH_2CH_2CH_2Br}$ [ ] $\xrightarrow[NH_3(液)]{Na}$；[ ] $\xrightarrow{H_2,\ Lindlar 催化剂}$

(14) $H_2C=CH-CH=CH_2+HCl(1mol)\longrightarrow$

(15) $CH_3C\equiv CH\ +HCN\longrightarrow$

(16) $C_6H_5CH=CH-CH=CH_2+Br_2(1mol)\longrightarrow$

(17) 环辛四烯 + Br_2(1 mol) $\longrightarrow$

(18) $CH_3C\equiv CCH_2CH=CH_2\ +Br_2(1mol)\longrightarrow$

(19) $CH_3C\equiv CCH_2CH=CH_2$ $\xrightarrow[Lindlar 催化剂]{H_2}$

(20) $H_2C=CH-CH=CH_2+H_2C=CHCHO\xrightarrow{\triangle}$

(21) 环戊二烯 + $H_2C=C=CHCOOH$ $\xrightarrow{\triangle}$

(22) 苯 + 2,3-二氰基-1,4-苯醌 $\xrightarrow{\triangle}$

(23) 环戊二烯 + $MeOOC-N=N-COOMe$ $\longrightarrow$

(24) 降冰片烷衍生物（H, CH_3, $COOC_2H_5$, H） $\xrightarrow[\triangle]{气相热裂}$

(25) 苯乙烯 $\xrightarrow[FeCl_3]{t\text{-}BuOOH}$

(26) 对二甲苯 + Br_2 $\xrightarrow{Fe}$

(27) 2-甲基萘 $\xrightarrow[25℃]{CrO_3,\ HOAc}$

(28) 苯 + $(CH_3)_2CHCH_2Cl$ $\xrightarrow{AlCl_3}$

(29) 甲苯 + 环己烯 $\xrightarrow{AlCl_3}$

(30) 2-硝基萘 + Br_2 $\xrightarrow{Fe}$

(31) $C_6H_5CH_2CH_2CH_2CH=CH_2$ $\xrightarrow[\triangle]{PPA(多聚磷酸)}$

(32) 联苯 + 异丁烯 $\xrightarrow{H^+}$ $\xrightarrow[H_2SO_4]{HNO_3}$

6. 比较下列烯烃与溴加成时的反应活性，并说明理由。

(1) $CH_2=CH_2$　(2) $CH_3CH=CH_2$　(3) $(CH_3)_2C=CH_2$

(4) $(CH_3)_2C=C(CH_3)_2$　(5) $PhCH=CH_2$　(6) $BrCH=CH_2$

7. 化合物 A、B、C 均为分子式为 C_5H_{10} 的烯烃，催化氢化后都得到异戊烷(2-甲基丁烷)。A 和 B 经羟汞化-脱汞化反应都生成同一种叔醇，而 B 和 C 经硼氢化-氧化反应可得到不同的伯醇。试推测 A、B、C 的结构。

8. 试举出 3 种鉴别烷烃和烯烃的简单化学方法。

9. 写出下列化合物与 HBr 加成生成产物的结构，并说明反应机理。

（1）3-甲基-1-丁烯　　（2）3,3-二甲基-1-丁烯

10. 写出 1-甲基环戊烯与下列试剂反应的主要产物：

（1）a. $Hg(OAc)_2/H_2O$；b. $NaBH_4$　　（2）a. B_2D_6/Et_2O；b. D_2O_2，OD^-

（3）D_2/Ni　　（4）Br_2/CCl_4　　（5）HBr，$(PhCOO)_2$

11. 化合物 A 的分子式为 C_7H_{12}，在 $KMnO_4$ 水溶液中加热回流，在反应液中只有环己酮；A 与 HCl 作用得化合物 B，B 在 NaOEt/EtOH 溶液中反应得 C，C 使 Br_2 褪色生成 D，D 用 NaOEt/EtOH 处理生成 E，E 在 $KMnO_4$ 水溶液中回流得丁二酸和丙酮酸；C 用 O_3 氧化后再用 Zn/H_2O 处理得 $CH_3COCH_2CH_2CH_2CHO$，试推测化合物 A 的结构，并写出各步反应式。

12. 用化学方法区别下列化合物

（1）正己烷　　1,4-己二烯　　1-己炔

（2）1-戊炔　　2-戊炔　　2-甲基戊烷

13. 某二烯烃和一分子溴加成的结果生成 2,5-二溴-3-己烯，该二烯烃经臭氧分解而生成两分子乙醛和一分子乙二醛，

（1）写出某二烯烃的构造式

（2）若上述的二溴加成物，再加上一分子溴，得到的产物是什么？

14. 某烃 A 能使 Br_2/CCl_4 褪色，能吸收 2mol H_2，与$[Ag(NH_3)_2]^+$无反应，与 $KMnO_4/H_2SO_4$ 作用得一种一元酸；将 A 与 Na/液 NH_3 还原得 B，B 与 Cl_2 作用得 C，将 C 与 KOH/EtOH 作用得 2-氯-丁烯，试推测 A、B 的结构和 C 的 Newman 投影式(最稳定构象)。

15. 比较下列化合物发生亲电取代反应活性的顺序，并简单解释。

（1）甲苯，异丙苯，叔丁基苯，苯，乙苯

（2）氟苯，苯甲醚，甲苯，硝基苯，苯乙酮

16. 用箭头标出下列化合物发生亲电取代反应的主要位置。

（1）HO, $C(CH_3)_3$ 　（2）CH_3, Cl, CH_3　（3）HC=CH, OCH_3

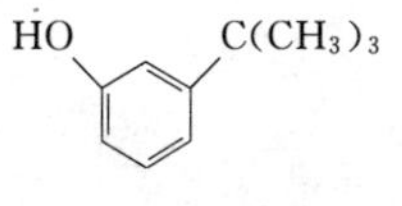

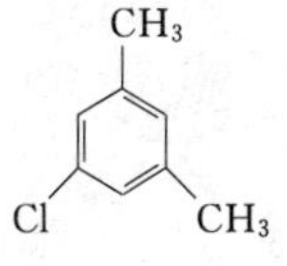

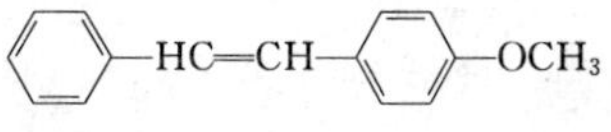

（4）NO_2　（5）O, CH_3　（6）CCl_3, Cl

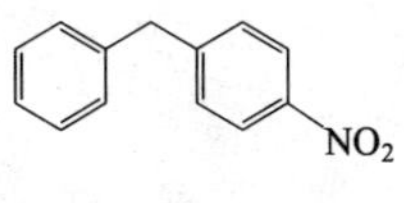

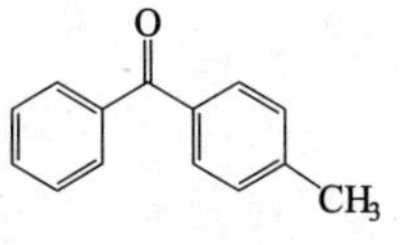

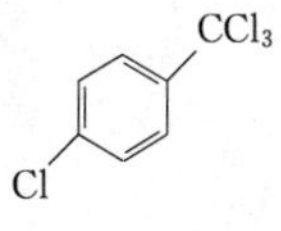

17. 为下面的反应提出合理的反应机理：

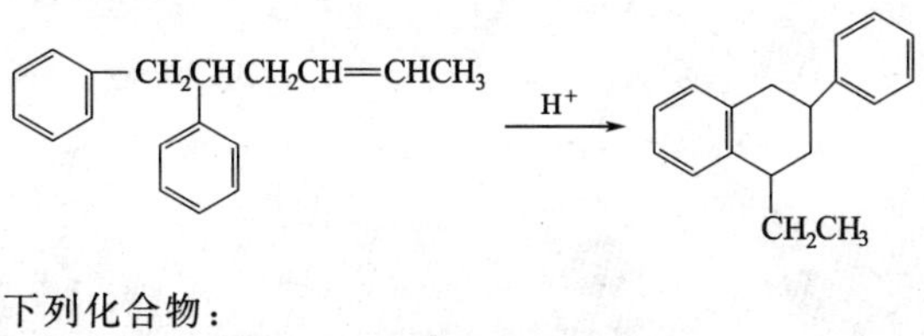

$CH_2CH\ CH_2CH{=}CHCH_3$ $\xrightarrow{H^+}$ CH_2CH_3

18. 用简便的化学方法鉴别下列化合物：

甲苯，1-己炔，1,3-环己二烯，环己烯，苯

19. 某芳烃 A 分子式为 C_9H_8，与 $Cu(NH_3)_2Cl$ 水溶液反应产生砖红色沉淀。在温和条件下，A 用 Pt 催化氢化生成 B(C_9H_{12})，B 经 $KMnO_4/H^+$ 氧化生成酸性化合物 C($C_8H_6O_4$)，C 经失水得 D($C_8H_4O_3$)，A 与 1,3-丁二烯反应得化合物 E($C_{13}H_{14}$)，E 在 Pt/C 催化下脱氢得 2-甲基联苯，试推测 A～E 的结构。

20. 排列下面化合物进行 Diels-Alder 反应时的活性顺序，并说明理由：

（1） a.　b.　c. CH_3 H　d. H CH_3　e. CH_3 H H CH_3

（2） a.　b. CH_3　c. CHO　d. CH_2Cl　e. O O O

4

烃类化合物的用途和制备

人类从事科研活动的目标主要有两个，一是认识自然，了解自然界的运行规律，从中发现科学原理；二是改造自然，包括复制自然界的成就(如天然产物的全合成和仿生合成等)，以及在此基础上做出的改进与提高，并以此为人类服务。有机化学也不例外。因此，在了解了有机化合物的基本规律后，下一步的工作就是如何得到和使用它们，为人类的生产和生活服务。

应该说明的是，为了让读者对相关的知识有一个比较全面、完整的了解，本章在描述烃类化合物的制备方法时，使用了一些前面章节没有介绍过的知识，因此在阅读时，可以参照后面各章节的内容相互印证。还应该指出的是，如本章一样类似的章节所阐述的内容可能不仅仅限于某一类化合物本身，而是包括一些与之相关的内容，如本章中将其他官能团转化为烃基的方法，但产物本身则不一定是烃类。

4.1 烷烃的用途和制备

4.1.1 自然界中的烷烃及用途

烷烃在宇宙间分布众多，其中分布最多的是甲烷，而极少见到由50个碳原子以上所构成的烷烃。烷烃分布于太阳系间许多星球的大气层，有些占了较多的比例，例如天王星(2.3%)、土卫六(5%)，但在大多数星球上分布较少，如地球、火星、土星等。地球上的烷烃多为甲烷，而甲烷的浓度随地球纬度的降低而递减，并在北纬40°及赤道附近都有明显浓度下降。北半球与南半球平均浓度各为1.65mg/L及1.55mg/L。

人类使用的烷烃主要来自于石油和天然气。天然气中大致含甲烷75%、乙烷15%、丙烷5%，其他为较高级的烷烃。沼气由50%～80%甲烷、20%～40%二氧化碳、0%～5%氮气、小于1%的氢气、小于0.4%的氧气与0.1%～3%硫化氢等气体组成，特性与天然气相似，由细菌从生物质原料转化而来。天然气和沼气是现在广泛使用的清洁能源。

石油中所含的烷烃种类最多，可根据需要将它们分馏成不同的馏分加以应用。表 4-1 列出了各种石油产品的组成及用途。

表 4-1　石油各馏分的组成和用途

产品	主要成分	沸点范围/℃	用途
石油气	C_1～C_4 的烷烃	＜20	燃料、液化石油气
石油醚(轻汽油)	C_4～C_6 的烷烃	40～70	溶剂、化工原料
汽油	C_5～C_8 的烷烃	40～150	溶剂、内燃机燃料
航空煤油	C_8～C_{15}的烷烃	150～250	喷气式飞机燃料
煤油	C_{11}～C_{17}的烷烃	160～300	燃料、工业洗涤剂
柴油	C_{12}～C_{19}的烷烃	180～350	柴油机燃料
润滑油	C_{16}～C_{20}的烷烃与环烷烃		防锈剂
石蜡	C_{20}～C_{30}的烷烃		蜡纸、多级脂肪酸
沥青	＞C_{30}的烷烃		铺路、防腐剂

异辛烷与庚烷是汽油抗爆震度的一个标准，其辛烷值定为 100 与 0。

由于烷烃的沸点很相近，因此很难通过精馏的方法得到纯的烷烃。如需特定结构的纯烷烃，还需通过定向合成的方法来制备。

4.1.2　烷烃的制备

4.1.2.1　不饱和烃的还原

如第 3 章所述，不饱和烃如烯烃和炔烃都可以在催化剂作用下进行氢化，得到相应的烷烃。

$$\begin{matrix} C_nH_{2n} \\ C_nH_{2n-2} \end{matrix} \xrightarrow[\text{Pt, Ni, Pd, Rh 等}]{H_2} C_nH_{2n+2}$$

在这一方法中，低压和常压氢化、不对称氢化是经久不衰的研究主题。

4.1.2.2　Kolbe 电化学合成法

电是为化学反应提供能量的主要方式之一，电化学是化学的重要分支学科。当以 Pt 作电极，在较高的分解电压和较低的温度下，对高浓度的羧酸钠溶液进行电解时，可在阳极产生烷烃，反应在中性或弱酸性溶液中进行。例如：

$$CH_3COONa + 2\,H_2O \longrightarrow \underbrace{CH_3CH_3 + 2\,CO_2}_{\text{阳极}} + \underbrace{2\,NaOH + H_2}_{\text{阴极}}$$

此方法最好使用 10 个碳原子左右的羧酸盐。其反应机理为：

$$RCOO^- \xrightarrow{-e} RCOO\cdot \xrightarrow{-CO_2} R\cdot$$

$$R\cdot + R\cdot \longrightarrow R—R$$

若降低电流密度，尤其在弱碱性介质中进行电解时，则容易生成醇。

该反应也可采用不同羧酸盐的混合物，但得到的产物是烷烃的混合物，不易分离，因此不具有制备价值。

4.1.2.3 偶联合成法

把两个烃基连接起来形成 C—C 键的反应称为偶联反应，是建立 C—C 键的重要方法之一。

(1) Würtz 偶联　1855 年，C. A. Würtz 发现，卤代烷的乙醚溶液与金属钠反应，可以得到烷烃，且烷烃的碳原子数目是卤代烷的一倍。这一反应也被推广到其他类似的体系中。这种类型的反应称为 Würtz 偶联反应。

$$2RX + 2Na \longrightarrow R—R + 2NaX$$

常用的卤代烷是溴代烷和碘代烷，通常用于合成 $C_{40} \sim C_{60}$ 的对称烷烃，其机理为：

$$RX + 2Na \longrightarrow RNa + NaX$$

$$RX + RNa \longrightarrow R—R + NaX$$

该反应往往会存在还原等副反应，故收率普遍不高。

(2) Corey-House 偶联　20 世纪 60 年代末，E. J. Corey 和 H. O. House 各自独立建立了一种通过偶联合成烷烃的方法，他们将卤代烷与金属锂反应得到烷基锂，后者再与卤化亚铜作用得到二烷基铜锂。二烷基铜锂是一种有用的烷基化试剂，其中与卤代烷的反应即可用于烷烃的制备，对称的或不对称的烷烃都可以。

$$RX \xrightarrow{Li} RLi \xrightarrow{CuX} R_2CuLi$$

$$R_2CuLi \xrightarrow{R'X} R—R' + RCu + LiX$$

(3) 格氏试剂偶联　格氏试剂是卤代烃与金属镁反应生成的有机镁盐，一般以与醚形成配合物的形式存在。格氏试剂是最负盛名的烃基化试剂，与二烃基铜锂试剂一样，能与卤代烷反应得到烷烃。

$$RX \xrightarrow[醚]{Mg} RMgX \qquad 格氏试剂$$

$$RMgX \xrightarrow{R'X} R—R' + MgX$$

习惯上，后两种方法在化学反应类型上归于亲核取代反应，而不是偶联。

4.1.2.4 卤代烃脱卤素

卤代烃可被金属和酸还原，卤素被氢取代生成烷烃。例如：

$$CH_3CH_2CHBrCH_3 \xrightarrow[HCl]{Zn} CH_3CH_2CH_2CH_3$$

$$CH_3(CH_2)_{14}CH_2I \xrightarrow[HOAc]{Zn,HCl} \underset{85\%}{CH_3(CH_2)_{14}CH_3} + HI$$

卤代烃也可被金属氢化物如氢化铝锂($LiAlH_4$)和硼氢化钠($NaBH_4$)等还原生成烷烃，这些金属氢化物是氢负离子(H^-)的供体。例如：

$$4RX + LiAlH_4 \longrightarrow 4RH + LiX + AlX_3$$

由卤代烃制得的金属烷基化合物如格氏试剂、烷基铜锂试剂等都是强碱，当它们遇到比烷烃强的酸时，会置换出烷烃，这是在制备和使用这些试剂时必须隔绝水及酸性物质的原因。例如：

$$RMgX + \begin{matrix} H_2O \\ NH_3 \\ R'OH \end{matrix} \longrightarrow RH + \begin{matrix} Mg(OH)X \\ Mg(NH_2)X \\ Mg(OR')X \end{matrix}$$

4.1.2.5 醛和酮的还原

醛和酮均可以通过 Clemmensen 还原法、Wolff-Kishner 还原法等方法将羰基转化为烷基。本部分内容将在醛、酮的还原部分详解，此处不再赘述。

4.2 烯烃的用途和制备

4.2.1 烯烃的存在及用途

烯烃的性质很活泼，因此小分子的烯烃在自然界中存在较少。乙烯是一种广泛存在于植物体内的天然激素，与植物果实的成熟过程密切相关。大分子甚至高分子的烯烃，尤其是共轭烯烃则普遍存在于自然界中，如番茄红素、胡萝卜素、天然橡胶等，含有碳碳双键的物质更是比比皆是，如不饱和脂肪酸等，它们在生物体内起着非常重要的生理作用。

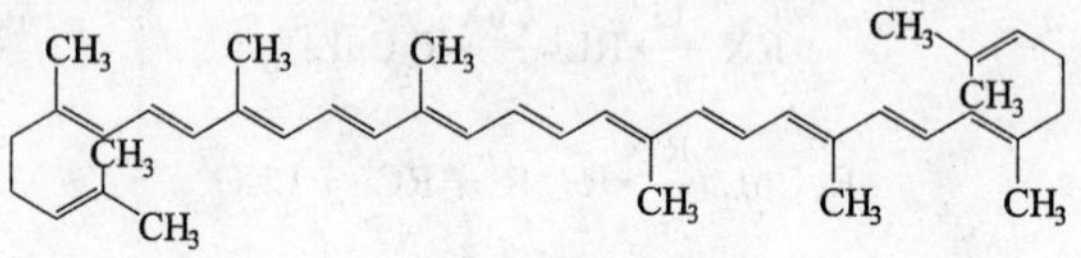

番茄红素

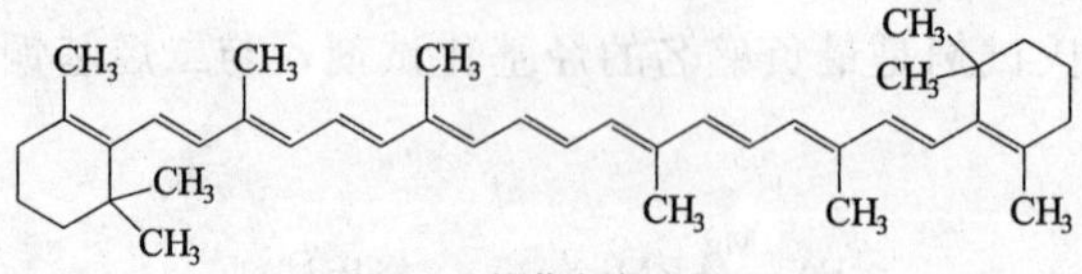

β-胡萝卜素

烯烃是重要的基础化工原料，如乙烯、丙烯、丁二烯、苯乙烯等，它们都是聚烯烃塑料的单体原料，这些烯烃的产量是衡量一个国家化工水平的重要参数。工业上烯烃的生产一般采用石油催化裂解的方法。

4.2.2 烯烃的制备

实验室内制备烯烃的方法很多，主要有炔烃的选择性还原、消除反应和直接构建双键等。

4.2.2.1 通过 β-消除反应制备烯烃

(1) 卤代烃脱卤化氢　卤代烷在强碱的醇溶液中加热，会脱去一分子卤化氢而生成烯烃。例如：

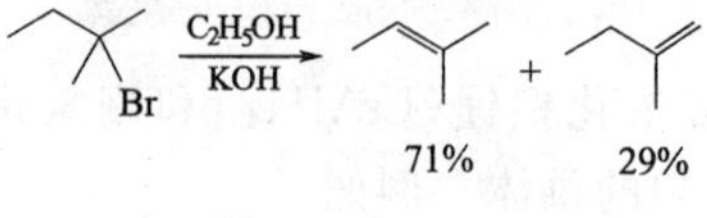

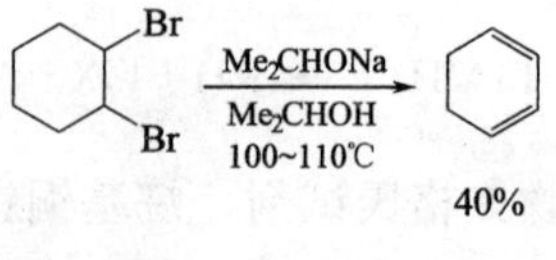

C_2H_5OH / KOH　71%　29%

Me_2CHONa / Me_2CHOH / 100~110℃　40%

(2) 邻二卤代烃脱卤素　邻二卤代烷在金属锌、镁、锌-铜及少量碘化钾存在下，在乙醇水溶液中可脱去卤素生成烯烃，并且不易发生重排或异构化等副反应。90%～95%的乙醇能很好地溶解二卤代烷，但不易溶解烯烃。用此方法可以得到较高收率的烯烃。例如：

$$CH_3(CH_2)_3-\underset{Br}{\underset{|}{C}H}-\underset{Br}{\underset{|}{C}H_2} \xrightarrow[90\%EtOH]{Zn} \underset{60\%}{CH_3(CH_2)_3-CH=CH_2} + ZnBr_2$$

其他可以选择的脱卤试剂还有 $Cr(ClO_4)_2/H_2NCH_2CH_2NH_2$、$TiCl_4/LiAlH_4$、$VCl_3/LiAlH_4$、Na/液氨、*t*-BuLi/THF、$Me_2CuLi/Et_2O$ 等。应该说明的是，邻二卤代烃一般都是从相应的烯烃与卤素加成而得到的，因此本反应在制备上意义不是太大，但它可以作为一种烯烃官能团的保护和脱保护策略。

(3) 醇脱水　醇在酸性催化剂作用下受热，可发生分子内脱水生成烯烃，常用的酸性催化剂有浓硫酸、磷酸、$KHSO_4$ 和氧化铝等。例如：

$$\text{环己醇} \xrightarrow[\triangle]{H_2SO_4} \underset{71\%}{\text{环己烯}}$$

醇的脱水反应比较复杂，将在醇部分作详细介绍。

(4) *β*-卤代醇脱次卤酸　*β*-卤代醇在某些金属或金属盐的催化下可以消除次卤酸而生成烯烃，其中以 *β*-碘代醇的效果最好。该反应的特点是反式消除。

$$R-C(OH)(R^1)-CH(I)(R^2) \longrightarrow R(R^1)C=CH-R^2$$

例如：

$$4\text{-}Cl-C_6H_4-CH(OH)-CCl_3 \xrightarrow[HCl]{PbBr_2,\ Al} \underset{83\%}{4\text{-}Cl-C_6H_4-CH=CCl_2}$$

(5) 热消除反应　在无或有溶剂存在下，仅靠温度因素使得有机化合物产生的消除反应称为热消除反应。以下结构的化合物均可进行热消除反应生成烯烃，反应一般按四元、五元或六元环状过渡态的方式进行。

卤代烃：$-\overset{|}{C}-\overset{|}{C}-$（H---Br）$\xrightarrow[\triangle]{-HBr}$ $-\overset{|}{C}=\overset{|}{C}-$

羧酸酯：$\xrightarrow{-RCOOH}$ $-\overset{|}{C}=\overset{|}{C}-$

N-氧化叔胺：$\xrightarrow{-R_2NOH}$ $-\overset{|}{C}=\overset{|}{C}-$

磺酸酯：$\xrightarrow{-RSO_3H}$ $-\overset{|}{C}=\overset{|}{C}-$

季铵碱：$\xrightarrow[-H_2O]{-R_3N}$ $-\overset{|}{C}=\overset{|}{C}-$

砜或亚砜：$\xrightarrow[\text{或}-RSOH]{-RSO_2H}$ $-\overset{|}{C}=\overset{|}{C}-$

例如：

$$(CH_3)_3C-CH(OCOCH_3)-CH_3 \xrightarrow{400^\circ C} (CH_3)_3C-CH=CH_2 + CH_3COOH \quad 92\%$$

$$(CH_3)_2C(CH_3)-N^+(C_2H_5)(CH_3)_2OH^- \xrightarrow{\triangle} CH_3C(CH_3)=CH_2 + CH_2=CH_2 \quad 93\% \quad 7\%$$

$$C_6H_{11}CH_2N(CH_3)_2 \xrightarrow[2.\ \triangle]{1.\ 30\%H_2O_2} \text{亚甲基环己烷} + (CH_3)_2NOH$$

$$C_6H_5COCH_2CH_2N(C_2H_5)_2 \xrightarrow{\triangle} C_6H_5COCH=CH_2 + (C_2H_5)_2NH$$

4.2.2.2　利用 Wittig 反应制备烯烃

Wittig 反应是利用 Wittig 试剂将醛、酮的 C═O 双键转化为 C═C 双键的方法：

$$Ph_3P^+-CH^-R + >C=O \rightleftharpoons Ph_3P^+-CHR/^-O-C< \rightleftharpoons Ph_3P-CHR/O-C< \longrightarrow CHR=C< + Ph_3P=O$$

Wittig 试剂

例如：

$$\text{3,3,5-三甲基环己酮} + Ph_3P=CH_2 \xrightarrow{Et_2O} \text{1-亚甲基-3,3,5-三甲基环己烷} \quad 53\%$$

还包括一些改进的 Wittig 反应，如 Wittig-Horner 反应等，都是由羰基化合物制备烯烃的很好的方法。

4.2.2.3　Heck 反应

Heck 反应是卤代烃或三氟磺酸酯等与烯烃之间的偶联反应：

$$R-X + CH_2=CH-Z \xrightarrow{Pd(0)} R-CH=CH-Z$$

其中 X＝I、Br、COCl、OSO_2CF_3；Z＝H、烃基、CN、COOR、OR、NHAc 等。例如：

$$3,5-(CH_3OOC)_2C_6H_3COCl + CH_2=CH-C_6H_4-OCH_3 \xrightarrow[(n-C_4H_9)_3N,\ N_2,\ 120^\circ C]{Pd(OAc)_2} 3,5-(CH_3OOC)_2C_6H_3-CH=CH-C_6H_4-OCH_3 \quad 74\%$$

4.2.2.4　利用还原反应制备烯烃

(1) 炔烃的选择性还原　例如：

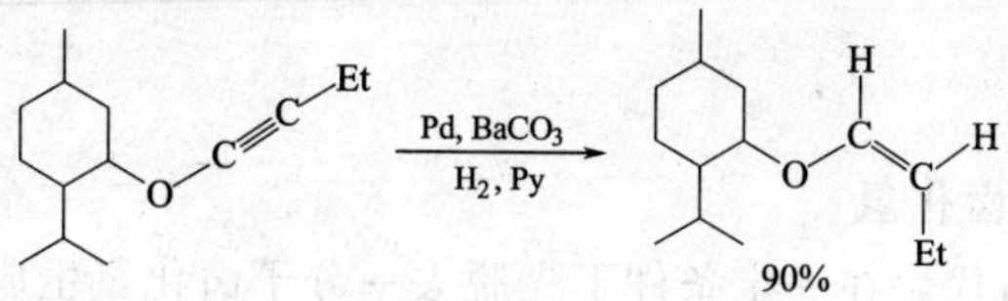

Pd, $BaCO_3$
H_2, Py
90%

(2) 芳烃的选择性还原　例如：

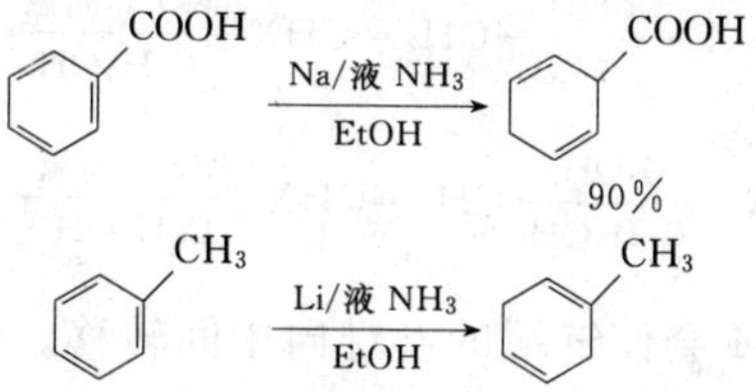

COOH　Na/液 NH_3　EtOH　COOH　90%

CH_3　Li/液 NH_3　EtOH　CH_3

(3) 烯胺、烯醇醚、烯醇酯的还原　烯胺用 $LiAlH_4$-$AlCl_3$ 或 AlH_3 处理，可以发生还原脱胺反应生成烯烃。或先进行硼氢化反应，再用乙酸处理也可制得烯烃。例如：

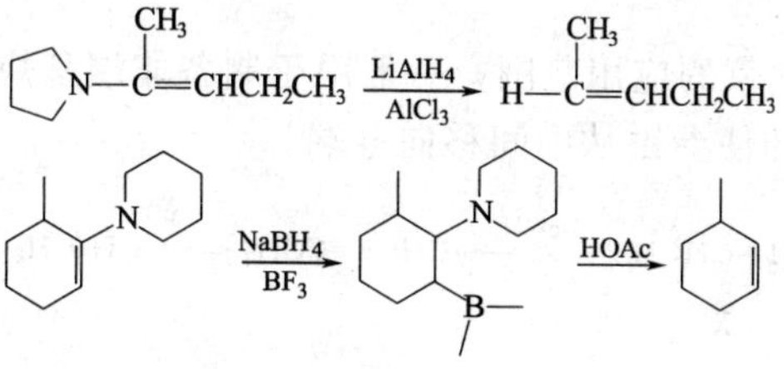

$$\text{N}-\overset{CH_3}{C}=CHCH_2CH_3 \xrightarrow[AlCl_3]{LiAlH_4} H-\overset{CH_3}{C}=CHCH_2CH_3$$

$NaBH_4$　BF_3　HOAc

烯醇醚和烯醇酯也可被还原成烯烃。例如：

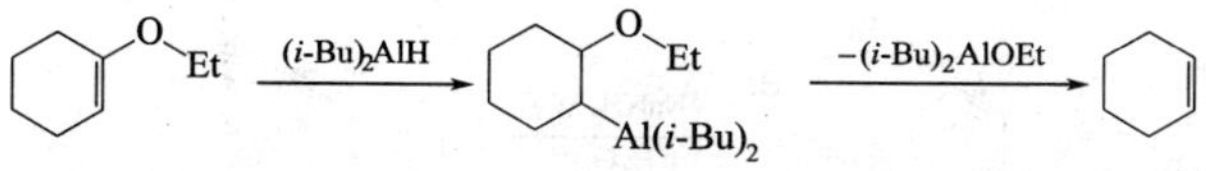

O–Et　$(i\text{-}Bu)_2AlH$　O–Et　$Al(i\text{-}Bu)_2$　$-(i\text{-}Bu)_2AlOEt$

4.2.2.5　利用炔烃的重排反应制备累积二烯烃

累积二烯烃可以通过炔丙基卤在 Cu-Zn 催化剂的存在下，于乙醇中发生重排反应来制备。例如：

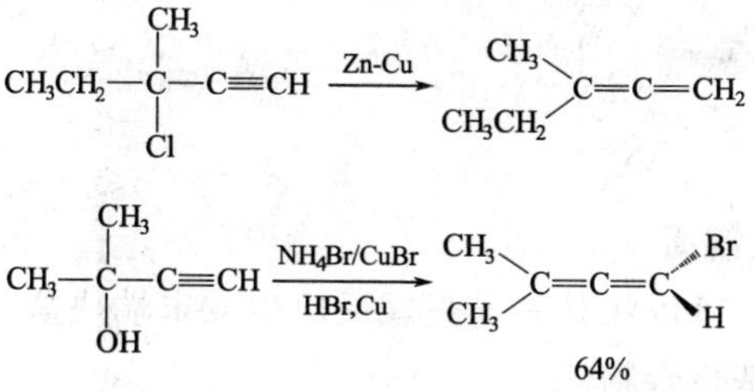

$$CH_3CH_2-\underset{Cl}{\overset{CH_3}{C}}-C\equiv CH \xrightarrow{Zn\text{-}Cu} (CH_3)(CH_3CH_2)C=C=CH_2$$

$$CH_3-\underset{OH}{\overset{CH_3}{C}}-C\equiv CH \xrightarrow[HBr,Cu]{NH_4Br/CuBr} (CH_3)_2C=C=C(Br)H \quad 64\%$$

除以上这些方法外，还有许多构建 C═C 双键的方法，读者在工作和学习中可以自行总结，不断丰富这方面的知识。

4.3　炔烃的用途和制备

4.3.1　炔烃的存在及用途

含碳碳叁键的化合物在自然界很少见，因此，炔烃主要靠合成方法来制备。炔烃的直接应用也很少，主要用作合成原料或中间体。

4.3.2 炔烃的制备

4.3.2.1 卤代烃脱卤化氢

邻二卤代烷或偕二卤代烷在一定条件下先脱去一分子卤化氢生成卤代烯烃，后者在更强烈条件下(强碱和高温)再脱去一分子卤化氢生成炔。

$$XCH_2-CH_2X \xrightarrow[C_2H_5OH]{KOH} CH_2{=}CHX \xrightarrow[C_2H_5OH]{KOH,高温} HC{\equiv}CH$$

$$CH_3-CHX_2 \xrightarrow[C_2H_5OH]{KOH} CH_2{=}CHX \xrightarrow[C_2H_5OH]{KOH,高温} HC{\equiv}CH$$

实验发现，在高温下 KOH 会使链端的叁键向中间转移。例如：

$$CH_3CH_2\underset{X}{\underset{|}{CH}}-\underset{X}{\underset{|}{CH_2}} \xrightarrow[C_2H_5OH]{KOH,\triangle} [CH_3CH_2C{\equiv}CH] \rightleftharpoons CH_3C{\equiv}CCH_3$$

因此，用 KOH 脱卤化氢的应用范围，一般限于制备非端基炔或不可能发生异构化的情况。而碱性更强的氨基钠却使叁键从中间移向链端。

$$CH_3\underset{X}{\underset{|}{CH}}-\underset{X}{\underset{|}{CH}}CH_3 \xrightarrow[\triangle]{NaNH_2} [CH_3C{\equiv}CCH_3] \rightleftharpoons CH_3CH_2C{\equiv}CH$$

因此氨基钠是由相应的二卤代烷制备炔烃的常用试剂。例如：

$$PhCHBrCH_2Br \xrightarrow[Et_2O,\ 4h]{NaNH_2/液氨} PhC{\equiv}CH \quad 79\%$$

4.3.2.2 四卤代烃脱卤素

四卤代烷在金属锌的作用下，可以脱去卤化锌生成炔烃：

$$-\overset{X}{\underset{X}{C}}-\overset{X}{\underset{X}{C}}- + 2Zn \xrightarrow{\triangle} -C{\equiv}C- + 2ZnX_2$$

4.3.2.3 从末端炔烃制备

利用末端炔烃的酸性，可以将其先与强碱反应生成末端炔盐，再通过亲核取代反应或亲核加成反应得到相应的炔基化合物。

$$R-C{\equiv}C-H + \begin{matrix} R'Li \\ NaNH_2 \\ R'MgBr \end{matrix} \longrightarrow \begin{matrix} R-C{\equiv}C-Li \\ R-C{\equiv}C-Na \\ R-C{\equiv}C-MgBr \end{matrix} + \begin{matrix} R'H \\ NH_3 \\ R'H \end{matrix}$$

$$R-C{\equiv}C-M + \begin{matrix} R'X \\ R'CHO \\ \\ R'R''CO \end{matrix} \longrightarrow \begin{matrix} R-C{\equiv}C-R' \\ R-C{\equiv}C-\underset{OM}{\underset{|}{C}}HR' \\ \\ R-C{\equiv}C-\underset{OM}{\underset{|}{C}}R'R'' \end{matrix} \xrightarrow{H^+} \begin{matrix} \\ R-C{\equiv}C-\underset{OH}{\underset{|}{C}}HR' \\ \\ R-C{\equiv}C-\underset{OH}{\underset{|}{C}}R'R'' \end{matrix}$$

$$M = Li, Na, MgX$$

端基炔烃的偶联是近年来发展起来的新方法。如端基炔的氧化偶联可以得到对称的二炔化合物，常用的方法是在氯化亚铜存在下用空气或氧来氧化，当然也可用其他氧化剂。该方法称为 Glaser 氧化偶联反应。

$$2\,RC\equiv CH + [O] \xrightarrow{Cu^+} RC\equiv C-C\equiv CR + H_2O$$

例如：

$$2CH_3-\underset{OH}{\overset{CH_3}{C}}-C\equiv CH \xrightarrow[Py]{O_2,\,CuCl} CH_3-\underset{OH}{\overset{CH_3}{C}}-C\equiv C-C\equiv C-\underset{OH}{\overset{CH_3}{C}}-CH_3$$

70%

一些金属炔盐类似于炔亚铜，也能发生偶联。如炔基格氏试剂在钒催化剂作用下，炔基锂在 Ni 或 Pd 的催化下均可发生偶联反应。

$$2\,RC\equiv CMgBr \xrightarrow[Et_2O,\,-78℃]{VO(OEt)Cl_2} RC\equiv C-C\equiv CR$$

在氯化亚铜、伯胺及少量盐酸羟胺存在下，端基炔烃与 1-卤代炔反应，可以合成非对称的二炔化合物，该反应称为 Cadiet-Chodkiewicz 偶联反应，其中卤代炔主要是溴或碘代炔。

$$RC\equiv CH \xrightarrow{Cu^+} RC\equiv CCu \xrightarrow{XC\equiv CR'} RC\equiv C-C\equiv CR'$$

例如：

$$CH_3-\underset{OH}{\overset{CH_3}{C}}-C\equiv CH + PhC\equiv CBr \xrightarrow[Me_2NH,\,NH_2OH]{CuCl,\,H_2O} CH_3-\underset{OH}{\overset{CH_3}{C}}-C\equiv C-C\equiv CPh$$

73%

4.4 脂环烃的用途和制备

4.4.1 自然界中的环烷烃及用途

脂环烃广泛存在于自然界中，多以萜类和甾体化合物的形式存在，在香料工业和医药工业中应用广泛(参见本书第 15 章)。

4.4.2 脂环烃的制备

4.4.2.1 芳烃的还原

芳烃经过催化加氢可以制备脂环烃。如苯还原可以制得环己烷，萘还原可以制得十氢化萘等。也可以通过 Birch 还原得到环烯烃。这一方法在第 3 章中已作过详细介绍，本节不再赘述。

4.4.2.2 Würtz-Baeyer 偶联

与采用 Würtz 偶联法制备烷烃一样，用二卤代烷为原料时则可以制得环烷烃。例如：

$$BrCH_2CH_2CH_2Br \xrightarrow[125℃]{Zn} \triangle + ZnBr_2$$

$$\text{1,4-dibromonorbornane} \xrightarrow{K} \text{bicyclo[1.1.0] product}$$

五元以上的环用此方法合成收率很低，没有实用价值，而用 G. M. Whitesides 发展的方法，用格氏试剂进行分子内偶联则特别有效。例如：

$$\text{(-CH}_2\text{Cl, -Cl)} \xrightarrow[THF]{Mg} \text{(-CH}_2\text{MgCl, -MgCl)} \xrightarrow{F_3CSO_3Ag} \text{norbornane}\ 80\%$$

这一方法对四、五元环收率都很高，六、七元环也不错，但中环很低。

4.4.2.3 从卤代烃的分子间消除制备

两分子的卤代烃在适当条件下可以发生分子间的消除反应，脱去 2 分子卤化氢，生成四元环化合物。例如：

$$\begin{array}{l} CH_2—CH—COOH \\ \ \ Cl\quad\ \ H \\ \ \ H\quad\ \ Cl \\ HOOC—CH—CH_2 \end{array} \xrightarrow{NaOEt} \text{HOOC-cyclobutane-COOH}$$

4.4.2.4 以不饱和烃为原料制备

(1) Diels-Alder 反应　当亲双烯体的双键上含有强吸电子基团，如羧基、羰基、氰基、硝基等时，很容易与双烯体发生双烯合成反应生成六元环状化合物，后者经一系列化学转化可得到相应的脂环烃。例如：

$$\text{butadiene} + \text{(Z)-}CH_3OOC-CH=CH-COOCH_3 \longrightarrow \text{4,5-bis(}COOCH_3\text{)cyclohexene} \longrightarrow\longrightarrow\longrightarrow \text{1,2-dimethylcyclohexane (}CH_3, CH_3\text{)}$$

(2) Simmons-Smithsfy 反应　这是以烯烃为原料，通过与卡宾(Carbene，也叫碳烯)的插入反应构建三元碳环的方法，反应一般为顺式加成。例如：

$$CH_2=CH_2 + CH_2I_2 \xrightarrow[\triangle]{Zn(Cu)} \triangle$$

$$CH_3CH_2—CH=CH_2 + CH_2I_2 \xrightarrow[\triangle]{Zn} \text{ethylcyclopropane}$$

$$Me_3Si-C\equiv C-CH=CH-CH_2OH + CH_2I_2 \xrightarrow[HgCl_2]{Sm} Me_3Si-C\equiv C-\text{cyclopropyl}-CH_2OH$$

环丙烷化合物无论在天然化合物(如天然除虫菊素)，还是合成药物中都具有重要的地位，利用卡宾与烯烃反应构建环丙烷环是当前热门的研究领域之一，近年来发展了许多改进的方法，尤其在不对称环丙烷化方面成果丰硕。

(3) 与硫 Ylide 反应　α,β-不饱和羰基化合物与硫 Ylide 的反应是构建环丙烷环的另一种较好的方法，反应一般得到的是反式产物。例如：

$$Me_3Si{-}C{\equiv}C{-}CH_2{-}\overset{+}{S}Me_2 \xrightarrow{NaH} Me_3Si{-}C{\equiv}C{-}CH{=}SMe_2 \xrightarrow[2.\ K_2CO_3]{1.\ CH_2{=}CHCOOC_2H_5} H{-}C{\equiv}C{-}\text{(cyclopropyl)}{-}COOC_2H_5$$

（4）Clemenson 还原　环内酮经 Clemenson 还原可以将羰基转化为亚甲基，从而得到脂环烃。例如：

$$\text{环己酮} \xrightarrow[HCl]{Zn\text{-}Hg} \text{环己烷}$$

此外，近年发展起来的烯烃的复分解反应也是构建脂环化合物很好的方法。

4.5　芳烃的用途和制备

简单的芳香烃如苯、甲苯、二甲苯等是许多有机化合物的优良溶剂，同时也是制备芳香族化合物最基础的化工原料，是最重要的芳烃。工业上这些简单的芳烃的主要来源是石油和煤炭。

将煤隔绝空气加热到 1000℃以上，可以得到焦炭、煤气、氨水和煤焦油。煤焦油的主要成分是芳香族化合物和某些含硫和含氮的杂环化合物。但煤焦油的量只相当于煤的 3%，煤焦油内各种芳香族化合物的粗制品仅相当于煤的 0.3%。自 20 世纪 40 年代以来，工业上就转向为主要从石油加工制取芳香烃。经过近一个世纪的发展，全球石油化工已形成巨大规模，但同时也面临一个重大的问题，即非可再生石油资源的日益枯竭，新的以生物质为原料的化工形式正在逐步发展壮大。可以预见，在不久的将来，生物质化工必将取代石油化工成为芳香烃的主要来源。

4.5.1　石油催化重整

石油主要是含 C_1～C_{40} 烷烃的混合物，其中含有不同数量的环烷烃，将其转化为芳烃的主要方法是芳构化和重整。

芳构化是指将脂肪族六元环化合物在 Pt、Pd、Ni 等金属催化剂的存在下加热生成芳香族化合物的过程。例如，由环己烷催化脱氢可以得到苯。

$$\text{环己烷} \xrightarrow[\text{高温}]{\text{催化剂}} \text{苯} + 3H_2$$

石油重整包括链烃的裂解、异构化、关环、扩环、氢迁移、芳构化等过程，一般在 Pt、Mo 等催化剂作用下进行。石油工业中一个重要的反应为铂重整，即在铂催化下的分子结构重新安排，一般要在 500℃并加压下进行。铂重整是一个很复杂的过程，得到的是一个混合物。以异庚烷为例：

$$\xrightarrow{-H_2} \xrightarrow{R^+} \xrightarrow{\text{甲基迁移}} \xrightarrow{\text{氢迁移}} \xrightarrow{\text{扩环}} \xrightarrow{RH} \xrightarrow{\text{芳构化}} \text{甲苯}$$

因此，目前工业上生产的苯和甲苯等一般都含有环己烷、甲基环己烷、甲基环戊烷或二甲基环戊烷等馏分，大多用钼作催化剂脱氢而得。

萘也来自于石油。石油重整蒸馏后的残余物中含有大量的甲基萘，在高温及 Co-Mo 催化剂的作用下发生去甲基化作用而得到萘。

$$\text{2-甲基萘} \xrightarrow[580\sim760℃]{\text{Co-Mo}} \text{萘} + CH_4$$

大量其他芳香烃依赖于人工合成的方法。合成芳烃的方法很多，兹简要总结如下。

4.5.2 烃基苯的合成

4.5.2.1 Würtz-Fittig 反应法

与卤代烷的偶联反应类似，当芳基卤与烷基卤在金属钠存在下进行反应时，可以发生交叉偶联得到烷基苯：

$$Ar—X + R—X + 2Na \longrightarrow Ar—R + 2NaX$$

这一方法叫 Würtz-Fittig 反应，其反应机理与 Würtz 偶联相同。这样得到的一般为联芳烃、烷基苯和烷烃的混合物，可以通过蒸馏的方法轻松分离。但如果先将芳基卤与金属钠反应生成芳基钠，再与卤代烷反应，则可以提高烷基苯的收率。

例如：

$$C_6H_5Cl \xrightarrow{Na} C_6H_5^-Na^+ \xrightarrow{C_2H_5Br} C_6H_5C_2H_5 \quad 54\%$$

将卤代烷换成硫酸酯、磺酸酯等烷基化试剂可得到类似的结果。

4.5.2.2 芳香族醛、酮、酸的还原

采用 Clemensen 还原法或 Wolff-Kishner-黄鸣龙还原法均可将芳香族醛、酮还原成烷基芳烃。例如：

$$C_6H_5COCH_2CH_2CH_3 \xrightarrow[HCl,\triangle]{Zn-Hg} C_6H_5CH_2CH_2CH_2CH_3 \quad 55\%$$

$$C_6H_5COCH_3 \xrightarrow[O(CH_2CH_2OH)_2]{NH_2NH_2,\ KOH,\ 175℃} C_6H_5CH_2CH_3 \quad 62\%$$

芳香族羧酸一般不易被还原，但用三氯硅烷处理后，羧基也可比较容易地还原成烃基。例如：

$$\text{2-联苯甲酸 (COOH)} \xrightarrow[2.\ N(C_3H_7\text{-}n)_3]{1.\ SiHCl_3} \text{2-}CH_2SiCl_3\text{-联苯} \xrightarrow[2.\ KOH]{1.\ CH_3OH} \text{2-}CH_3\text{-联苯} \quad 75\%$$

4.5.2.3 Friedel-Crafts烃基化

芳烃的烷基化反应是制备芳烃衍生物的重要方法之一，常用的烷基化试剂有卤代烷、醇、烯、醚及酯等，一般在质子酸或Lewis酸催化下进行。例如：

$$\text{C}_6\text{H}_6 + (CH_3)_3CCl \xrightarrow[0\sim5^\circ C]{AlCl_3} \text{C}_6\text{H}_5C(CH_3)_3 + HCl \quad 62\%$$

$$\text{C}_6\text{H}_6 + \text{环己烯} \xrightarrow[0\sim10^\circ C]{H_2SO_4} \text{C}_6\text{H}_5\text{-C}_6\text{H}_{11} \quad 62\%$$

$$\text{C}_6\text{H}_6 + n\text{-}C_5H_{11}OH \xrightarrow[\triangle]{BF_3/P_2O_5} \text{C}_6\text{H}_5CH(CH_3)CH_2CH_2CH_3 \quad 82\%$$

4.5.2.4 通过格氏试剂制备

格氏试剂与卤代芳烃的亲核取代也可制备烷基苯。例如：

$$\text{邻二氯苯} + 2\,n\text{-}C_4H_9MgBr \xrightarrow{Ni(dppp)Cl_2} \text{邻二正丁基苯} \quad 80\%$$

$Ni(dppp)Cl_2$ = 二氯[1,3-双(二苯基膦)丙烷]合镍(Ⅱ)

4.5.3 联苯类化合物的合成

4.5.3.1 芳基卤的偶联

卤代芳烃与铜粉共热可生成联苯类化合物，这种偶合称为Ullmann偶联反应。

$$2\,C_6H_5X \xrightarrow[\triangle]{\text{Cu 粉}} C_6H_5\text{-}C_6H_5 + CuX_2$$

其卤代芳烃的反应活性为：ArI＞ArBr＞ArCl。当卤原子的邻位有吸电子基团时反应容易进行。例如：

$$2\,\text{邻硝基氯苯} \xrightarrow[220^\circ C]{\text{Cu 粉}} \text{2,2'-二硝基联苯} + CuCl_2 \quad 75\%$$

4.5.3.2 重氮化合物与芳烃的偶联

芳香族重氮盐与芳烃在碱性条件下生成联苯类化合物的反应称为Gomberg-Bachmann反应，其反应的详细介绍见本书的重氮盐部分。例如：

$$\text{3,4-亚甲二氧基苯重氮}\ N_2^+BF_4^- + \text{苯甲醚 (OMe)} \xrightarrow[18\text{-冠-6}]{KOAc} \text{5-(2-甲氧基苯基)-1,3-苯并二氧杂环戊烯 (OMe)} \quad 55\%$$

4.5.3.3 Suzuki-Miyaura 反应

在 Pd 配合物催化剂的作用下，芳基硼酸或硼酸酯与卤代芳烃或卤代烯烃发生的交叉偶联反应称为 Suzuki-Miyaura 反应，利用此反应可以方便地得到联苯类化合物。

$$ArB(OH)_2 + Ar'X \xrightarrow[Na_2CO_3]{Pd(PPh_3)_4} Ar—Ar' \qquad X=Cl,Br,I$$

此反应对于各种官能团的耐受性很好，即分子中可以带有多种不同的官能团而进行反应。如—CHO、—$COCH_3$、—$COOC_2H_5$、—OCH_3、—CN、—NO_2、F 等。在该反应中，卤代烃的活性顺序是 I>Br>Cl，因此在多卤代芳烃进行反应时具有明显的化学选择性。

Suzuki 反应的关键是各种芳基硼酸中间体，其制备方法是用芳基锂或芳基格氏试剂与烷基硼酸酯反应来得到。常用的钯催化剂是 $Pd(PPh_3)_4$，也可以是其他配体。常用的碱是碱金属碳酸盐，其活性是 $Cs_2CO_3>K_2CO_3>Na_2CO_3>Li_2CO_3$。例如：

O_2N—C6H4—I + (PhBO)3 ——Pd(OAc)2 / K_2CO_3——> O_2N—C6H4—Ph 97%

4.5.4 稠环芳烃的合成

主要利用傅-克酰基化反应及其他一些反应来制备。例如：

苯 + 丁二酸酐 ——$AlCl_3$——> ——Zn-Hg / HCl——> ——PPA / △——> α-四氢萘酮 ——Zn-Hg / HCl——> 四氢萘 ——Se, △ 或 Pd/C, △——> 萘

α-四氢萘酮 ——> 1-甲基-1-羟基四氢萘 ——Pd/C, △——> 1-甲基萘

PPA:多聚磷酸

苯 + 邻苯二甲酸酐 ——$AlCl_3$——> ——H_2SO_4——> 蒽醌 ——Zn / △——> 蒽

蒽

$PhCH_2MgX$ + PhCHO ——> ——H_3^+O / △——> ——hν / $-H_2$——> 菲

菲

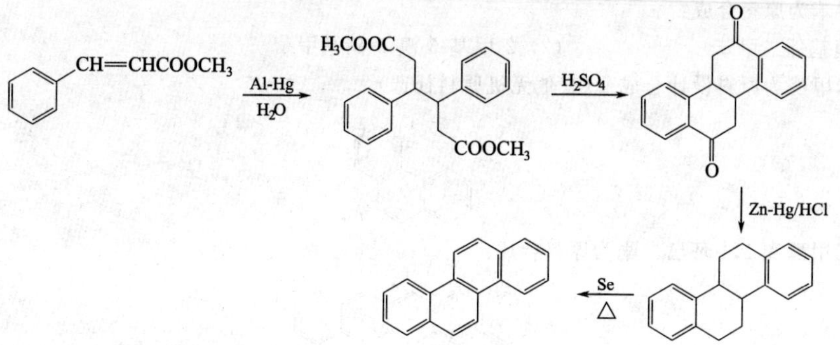

䓛

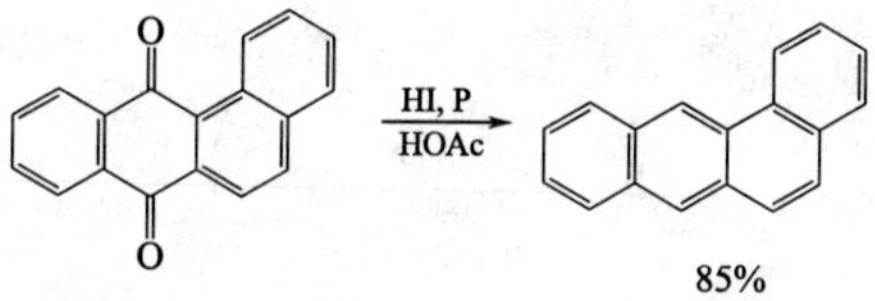

85%

苯并蒽

练 习 题

1. 写出由丙烷合成下列化合物的反应步骤：

(1) 2,3-二甲基丁烷　　(2) 2-甲基戊烷

2. 用环丙烷、甲基环丙烷和必要的烷基化试剂合成下列化合物：

(1) $CH_3CH_2CH_3$　　(2) $CH_3CH_2CH_2CH_2CH_2CH_3$　　(3) $CH_3CH_2CHOHCH_3$

3. 以苯甲醛和甲苯为有机原料，辅以其他的无机试剂合成：

(1) 顺-1,2-二苯乙烯　　(2) 反-1,2-二苯乙烯

4. 从乙炔出发合成下列化合物，其他试剂任选。

(1) 氯乙烯　　(2) 1,1-二溴乙烷　　(3) 溴乙烷

5. 指出下列化合物可由哪些原料通过 Diels-Alder 反应合成而得？

(1) 　　(2) 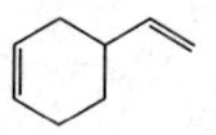　　(3) 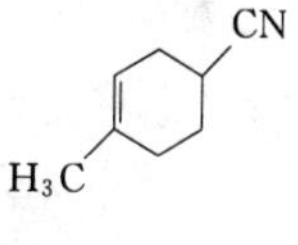 CN　H_3C

6. 以苯或甲苯及必要的试剂合成：

(1) 邻硝基苯甲酸　　(2) 3-硝基-4-溴苯甲酸

(3) p-$NO_2C_6H_4CH_2C_6H_5$　　(4) p-Cl-$C_6H_4CH{=}CH_2$

7. 由苯胺及适当的有机、无机试剂合成邻氨基苯乙酮。

8. 以苯为原料合成下列化合物：

(1) 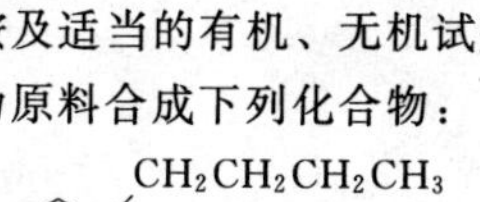 $CH_2CH_2CH_2CH_3$　　(2) $CH{=}CHCH_2CH_3$　Br

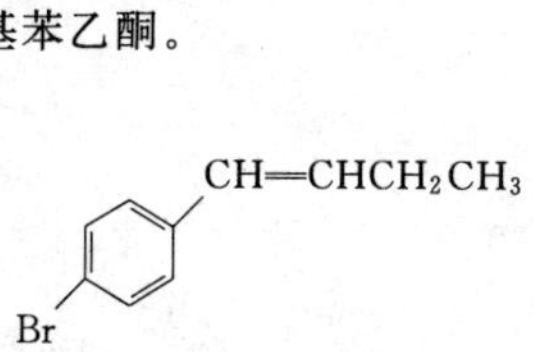

(3) 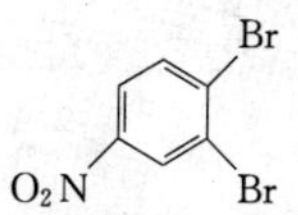 Br　O_2N　Br　　(4) 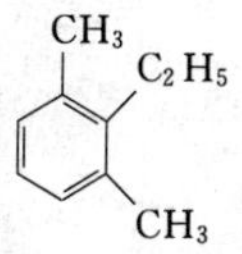 CH_3　C_2H_5　CH_3

9. 以甲苯为原料合成下列化合物：

(1) 4-硝基-2,6-二溴甲苯　　(2) 4-硝基-2-溴甲苯　　(3) 间硝基三氯甲基苯

(4) 邻溴甲苯　　(5) 2,6-二氯甲苯　　(6) 4-叔丁基苯甲酸

10. 以邻二甲苯为原料合成：

(1) 3-硝基邻二甲苯　　　　　　(2) 2-甲基-3-溴-6-硝基甲苯

11. 以邻溴苯甲醛为原料设计合成菲(其他无机原料任选)

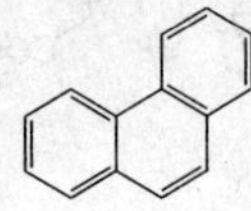

12. 以邻苯二甲醛和1,4-环已二酮为原料合成：

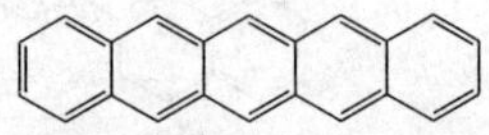

并五苯(pentacene)

5

有机波谱分析

有机化合物的结构分析是有机化合物性质和功能研究的重要基础，是有机化学的重要组成部分之一。在有机化学学科发展的早期，化合物的结构鉴定主要依赖于化学分析法，比较困难和复杂，需要很强的专业基础知识才能进行，同时需要相当长的时间。对于一个结构比较复杂的化合物，往往需要几年，甚至几十年的时间，且结果往往还存在某些“偏差”。例如，确定胆固醇的结构花费了近 40 年时间(1889～1927)，完成人 H. Wieland 因此项成就获得 1927 年度诺贝尔化学奖，但后来经 X 射线晶体衍射法证实这一结果还有一些错误。由此可见早期有机结构鉴定的艰难。

但这一状况从 20 世纪 60 年代以来已经得到根本性的改观，各种物理分析方法被成功应用于有机化合物的结构鉴定，使得结构鉴定不再是那么令人恐惧的事情，当然这同时也是得益于计算机技术的突飞猛进。例如 X 射线衍射法不仅能提供简单分子的直观结构信息，而且可以测定复杂生物大分子，如蛋白质、核酸等的结构，甚至可以测定这些生物大分子与活性小分子之间结合产物的结构；红外光谱、拉曼光谱、偶极效应、核磁共振及电子光谱等方法可以提供分子内原子振动的频率、键能、电子分布及电子状态等有关物质的动态结构信息；电子光谱、电子自旋共振、核磁共振、质量分析计等研究手段还可以测定不稳定分子和反应中间体的结构，等等。这些物理方法不仅快速准确，而且需要的样品数量比化学分析法大大减少，有些方法(如核磁共振法)的样品还可以回收，这对研究生物体内的微量化合物非常重要。这些物理方法在有机结构上的成功应用大大促进了有机化学学科的发展，并带来了有机化学学科的一次飞跃发展。这次飞跃的影响是深远的，这些手段现在已是现代有机化学研究中常用的和必不可少的工具，而化学分析法已沦为辅助的手段。

本章主要介绍在有机结构鉴定中使用最为广泛的紫外光谱(ultraviolet spectroscopy，UV)、红外光谱(infrared spectroscopy，IR)、核磁共振谱(nuclear magnetic resonance spectroscopy，NMR)和质谱(mass spectroscopy，MS)。限于篇幅，本书仅介绍一些基础知识，读者可以通过阅读更专业的专著来增进相关方面的知识。

5.1 电磁波谱

5.1.1 电磁波谱的一般概念

电磁波是电磁场的一种运动形态。电与磁可以说是一体两面，电流会产生磁场，变动的磁场则会产生电流。变化的电场和变化的磁场构成了一个不可分离的统一场，这就是电磁场。而变化的电磁场在空间的传播形成了电磁波。茫茫宇宙中充斥着各种电磁波，它包括了一个极广阔的领域，从波长只有百万分之一埃（埃，Å，1Å$=10^{-10}$ m）的宇宙射线到波长用米，甚至千米计的无线电波等都包括在内(见图 5-1)。

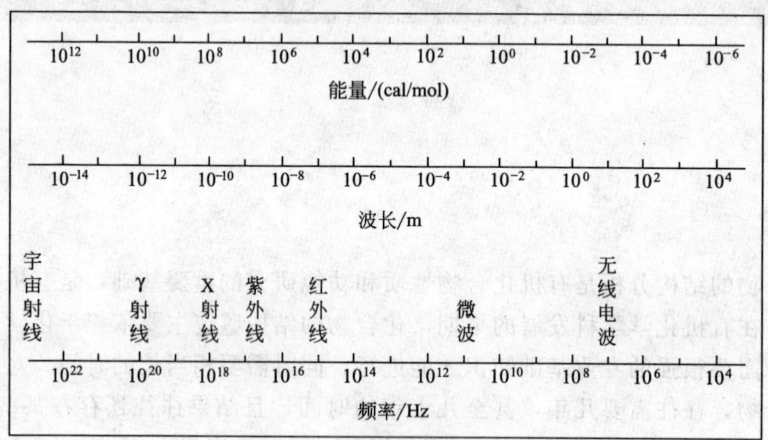

图 5-1 电磁波谱区域

所有电磁波的运行速度都与光速相同，即 3×10^{10} cm/s。根据

$$\nu = c/\lambda$$

(其中 ν 为频率，单位：Hz 或周/秒；λ 为波长，单位：cm；c 为光速)可知，波长越短，频率越高。

波长还可以用 nm、μm、Å 等单位来表示：

$$1\text{nm}=10^{-7}\text{cm}=10^{-3}\mu\text{m}=10\text{Å}$$

频率的单位也可以用“波数”来表示，即在 1cm 长的距离内波的数目。例如，波长为 300nm 的光，它的频率为：

$$\nu = c/\lambda = \frac{3\times10^{10}\ \text{cm/s}}{300\times10^{-7}\ \text{cm}} = 10^{15}\ \text{s}^{-1}$$

如用波数表示则为：

$$\tilde{\nu} = 1/300\times10^{-7} = 3333\text{cm}^{-1}$$

即波长为 300nm 的光，其波数为 3333cm^{-1}。

电磁辐射是一种能量形式，当其遇上有机分子时，分子就可以从中获得能量，从而使分子的运动状态发生变化，如增加分子的平动、转动和振动，或使电子产生激发，从低能级跃迁到高能级。当分子获取的能量足够大时，甚至会造成化学键的断裂，从而引发化学反应。

当电磁辐射的频率与分子的各种能级跃迁所需的频率相合时，就会引起分子能级的跃迁，从而产生各种特征的分子光谱。一般而言，分子吸收光谱可以分为三类。

（1）转动光谱　在转动光谱中，分子所吸收的能量只引起转动能级的变化，即使分子从较低的转动能级激发到较高的转动能级。转动光谱是由彼此分开的谱线所组成的。由于分子的转动能级之间的差别很小，根据 $\Delta E = h\nu$，所需要吸收的电磁波的频率较低，即处于电磁波谱中的长波部分，在远红外区及微波区内。转动光谱在有机化合物分子的结构解析中用处不是太大，但简单分子的转动光谱可以用于测定分子的键长、键角和二面角等。

（2）振动光谱　在振动光谱中，分子所吸收的能量会引起振动能级的变化。分子的振动能级之间的能量差要比同一振动能级中转动能级之间的能量差大 100 倍左右。振动能级的变化常伴随有转动能级的变化，因此振动光谱是由一系列谱带组成的，它们大多在近红外区内，所以称为红外光谱。

（3）电子光谱　在电子光谱中，分子所吸收的能量能使分子中的电子从较低能级激发到较高的能级。使电子能级发生变化所需要的能量约为使振动能级发生变化所需能量的 10～100 倍。电子能级发生变化时常伴随有振动能级和转动能级的变化，因此电子光谱的谱线不是一条，而是无数条，实际观测到的是一些互相重叠的谱带，在一般情况下很难确定电子能级的变化究竟相当于哪一个波长，所以一般是标出吸收带中吸收强度最大的波长。电子光谱在可见及紫外区域内，因此称为紫外-可见光谱。

5.1.2　紫外-可见光谱

5.1.2.1　一般概念

（1）紫外-可见光区电磁波　紫外、可见光区位于电磁波谱中的 X 射线与红外光区之间，即波长 4～800nm 范围内的电磁波。其中 4～400nm 区域为紫外区，400～800nm 区域为可见光区，能为人们的眼睛所感受。紫外区又可分为近紫外区和远紫外区，前者是波长 200～400nm 的电磁波，人们常说的紫外光谱就是这一区域的吸收光谱。由于普通玻璃对波长小于 300nm 的电磁波会产生强烈吸收，所以在测定 300nm 以下的吸收光谱时，有关光学元件应以石英玻璃取代，故 200～300nm 区间的电磁波也称为石英区；后者是波长 4～200nm 的电磁波，空气中的水分、氧气、氮气和二氧化碳等都会对这一波段的电磁波产生吸收，因此当在这一区域进行测量时，必须将仪器的光路系统抽成真空，以避免这些气体的干扰，因此这一区域又称为真空紫外区，这一区域的吸收光谱在结构分析中价值不大。

（2）电子吸收光谱的表示方法　电子吸收光谱是电子从低能级轨道向高能级轨道跃迁产生的结果。当一束光通过有机化合物分子时，由于电子能级跃迁所需能量是量子化的，该物质对其中某一波长的光可能吸收很强，而对其他波长的光则吸收很弱，或根本不吸收。通过仪器记录，吸收部分为峰，不吸收或弱吸收部分为谷。

使用紫外光谱仪，使紫外光束依次照射一定浓度的样品溶液，分别测得吸光系数 E，以吸光系数或摩尔吸光系数 ε 或 $\lg\varepsilon$ 为纵坐标，以波长 λ(nm)为横坐标作图即得吸收曲线，即紫外光谱图。如图 5-2 所示。

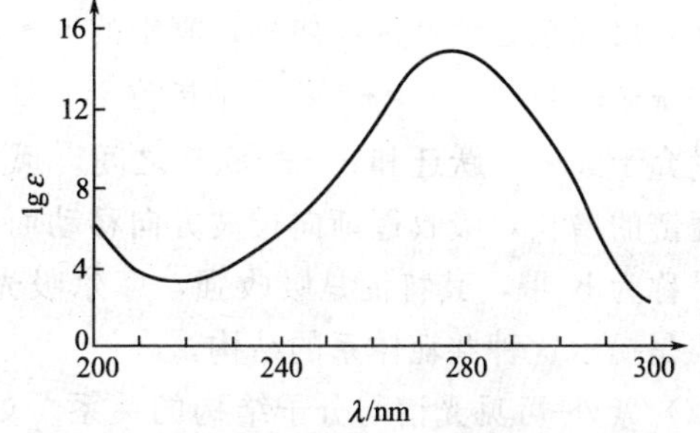

图 5-2　丙酮在环己烷溶液中的紫外光谱图

根据 Lambert-Beer 定律，透射光的强度(I)与入射光的强度(I_0)之比称为透射比，$\lg I_0/I$ 称为吸光度(A)。则

$$A = \lg I_0/I = EcL$$

式中，E 为吸光系数；c 为溶液浓度，mol/L；L 为液层厚度，cm。一般溶液含量为 1%，液层厚度为 1cm 时，指定

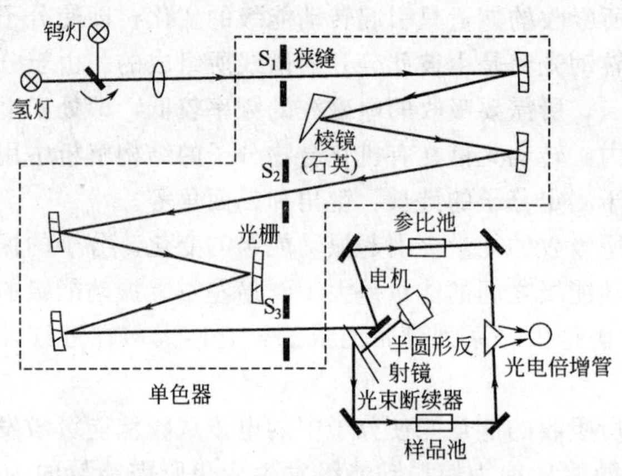

图 5-3 双光束分光光度计的光学系统

波长的吸光系数用 $E_{1cm}^{1\%}$ 表示，称为百分吸光系数，可作为鉴别药物的物理常数之一。

若化合物的分子量是已知的，则可用摩尔吸光系数 $\varepsilon = E \times M$ 来表示吸收强度。一般文献中的紫外光谱数据多为化合物的最大吸收峰的波长位置及摩尔吸光系数。如

λ_{max} 甲醇＝252nm　　ε＝12300

即表示该样品在甲醇溶液中，于252nm处有最大吸收峰，其摩尔吸光系数为12300。ε 的最大值约为 10^5。当吸光系数很大时，一般用 $\lg E$ 或 $\lg\varepsilon$ 代替。

（3）分光光度计　测定紫外-可见吸收光谱所使用的仪器为分光光度计。图 5-3 是一个典型的双光束仪器的光学系统，包括辐射光源区、单色器、光度计、样品区和检测器 5 个区域。

5.1.2.2　紫外-可见光谱与有机化合物分子结构的关系

（1）电子跃迁　分子吸收紫外-可见光子的能量后，处于前线轨道的电子可以从低能级向高能级跃迁。从化学键的性质分析，与电子吸收光谱有关的电子跃迁主要有以下 3 种（见图 5-4）。

① $\sigma \rightarrow \sigma^*$ 跃迁　σ 电子是结合得最牢固的价电子。在基态下，处于 σ 成键轨道中的电子能量最低，而其相对应的 σ^* 轨道能量最高。因此电子从 σ 轨道向 σ^* 轨道跃迁需要相当高的能量，即需要吸收频率较高、波长较短的电磁波，一般仅在 200nm 以下才能观测到。例如，烷烃的吸收带在远紫外区，只有用真空紫外光谱仪才能测量出来。

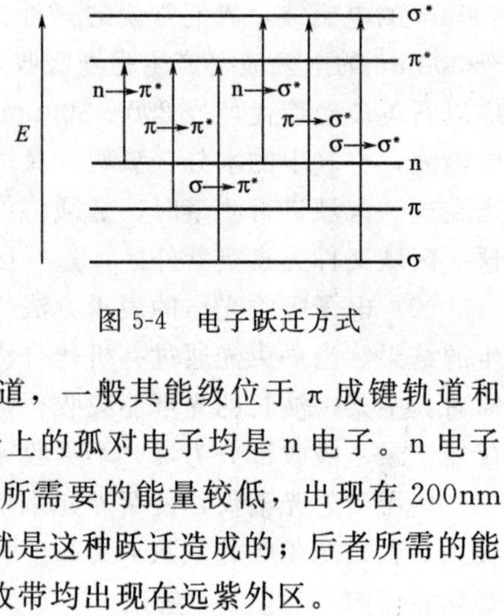

图 5-4　电子跃迁方式

② n 电子跃迁　n 电子是指分子中未参与成键的价电子，即孤对电子，它们所处的分子轨道称为非键轨道，一般其能级位于 π 成键轨道和 π^* 反键轨道之间。如有机分子中氧、氮、卤素等杂原子上的孤对电子均是 n 电子。n 电子的跃迁有两种形式，即 $n \rightarrow \pi^*$ 跃迁和 $n \rightarrow \sigma^*$ 跃迁，前者所需要的能量较低，出现在 200nm 以上区域，其吸收带称为 R 带，图 5-2 中丙酮的吸收带就是这种跃迁造成的；后者所需的能量较高，出现在远紫外区，如醇、醚中的 $n \rightarrow \sigma^*$ 跃迁吸收带均出现在远紫外区。

③ $\pi \rightarrow \pi^*$ 跃迁　$\pi \rightarrow \pi^*$ 跃迁是指位于 π 成键轨道上的电子向 π^* 反键轨道的跃迁，其所需能量介于 $n \rightarrow \sigma^*$ 跃迁和 $\sigma \rightarrow \sigma^*$ 跃迁之间。孤立 π 键的 $\pi \rightarrow \pi^*$ 跃迁吸收在远紫外区，但随着其共轭链的增长，吸收逐渐向长波方向移动而进入紫外区，甚至可见光区。由共轭链产生的吸收带称为 K 带，其特征是吸收强，摩尔吸光系数大于 10000。紫外-可见光谱在结构解析上主要是揭示这种共轭体系的结构。

（2）紫外-可见光谱与分子结构的关系　如前所述，随着有机分子共轭链的增长，最大吸收峰的波长增加，吸收逐渐进入紫外区，甚至可见光区。表 5-1 列出了共轭多烯化合物与

吸收光谱的关系。

表 5-1 共轭多烯化合物的吸收光谱

化合物	乙烯基数目	λ_{max}	ε_{max}	颜色
乙烯	1	162	15000	
丁二烯	2	217	20900	
己三烯	3	258	35000	
二甲基辛四烯	4	296	52000	
癸五烯	5	335	118000	
α-羟基-β-胡萝卜素	8	415	210000	橙色
反式番茄色素	11	470	185000	红色
去氢番茄色素	15	504	15000	紫色

人们发现，除了C═C键外，在有颜色的化合物中，往往含有硝基(NO_2)、羰基(C═O)、重氮基等不饱和官能团，这些官能团被称为发色基团或生色基团，现在则把凡是可以使分子在紫外-可见光区产生吸收的原子团均称为发色团。表5-2列出了常见发色团的紫外吸收光谱。

表 5-2 常见发色团的紫外吸收光谱

发色团	实例	结构式	λ_{max}/nm	ε_{max}	溶剂
RCH═CHR	乙烯	$CH_2{=}CH_2$	165	15000	蒸气
—C≡C—	1-丁炔	$HC{\equiv}CCH_2CH_3$	172	4500	蒸气
C═O	乙醛	CH_3CHO	289 182	12.5 10000	蒸气
	樟脑	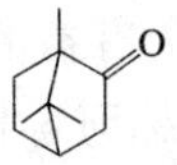	295	14	己烷
COOH	乙酸	CH_3COOH	204	41	乙醇
COOR	乙酸乙酯	$CH_3COOC_2H_5$	204	60	水
$CONH_2$	乙酰胺	CH_3CONH_2	205	160	甲醇
$—ONO_2$	硝酸乙酯	$C_2H_5ONO_2$	270	12	二氧六环
$—NO_2$	硝基甲烷	CH_3NO_2	271	18.6	醇
—NO	亚硝基丁烷	C_4H_9NO	300	100	醚
—ONO	亚硝酸正戊酯	$C_5H_{11}ONO$	218.5	1120	石油醚
—N═N—	重氮甲烷	CH_2N_2	417	7	乙醚
	反-偶氮甲烷	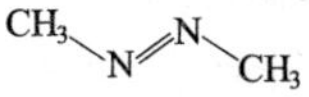 $CH_3-N{=}N-CH_3$	343	25	水
C═N	*N*-亚丙基丁胺	$C_4H_9N{=}CHC_2H_5$	238	200	异辛烷
	苯		254 203.5	205 7400	水
S═O	环己基甲基亚砜	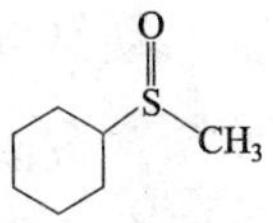	210	1500	醇

还有一类原子和原子团，如含有孤对电子的—OH、—OR、—SR、$—NH_2$、

—NR_2、—X(卤素)等，它们本身单独在分子中出现时，并不能使分子在紫外-可见光区产生吸收，但如将其连接到发色团上时，由于其可以通过 p-π 共轭效应使得电子的离域性增强，因此也可导致其吸收带向红波方向移动(红移)，并往往使得吸收强度增加。具有这种功能的原子或原子团称为助色团。

化合物的空间结构也会对吸收光谱产生影响，如：

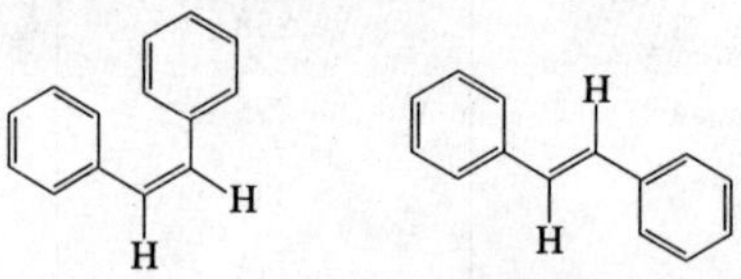

	顺式	反式
λ_{max}/nm	280	290
ε_{max}	14000	27000

这是因为在顺式结构中，两个苯环间存在较大的空间排斥力，使得它们与双键间的共轭平面产生了一定的扭曲，从而导致其共轭程度没有反式异构体强。

除了化合物本身的结构因素外，测定电子吸收光谱时所用的溶剂也可通过与溶质分子间产生氢键、偶极作用等而使得吸收波长产生位移，一般极性溶剂的影响比非极性溶剂大。一般而言，溶剂极性增大会使 $\pi\rightarrow\pi^*$ 跃迁向长波方向移动(红移)，而使 $n\rightarrow\pi^*$ 跃迁向短波方向移动(蓝移)。所以在记录紫外-可见吸收光谱时均需标明所使用的溶剂。

(3) 紫外-可见光谱在有机分子结构解析中的应用　由于紫外-可见光谱主要揭示的是生色团和助色团的信息，因此即便化合物的结构差异很大，但只要有相同或相似的生色团和助色团，它们就会表现出相同或相似的电子吸收光谱。因此，仅凭电子吸收光谱很难独立地解决某个有机化合物的结构问题。尽管如此，利用电子吸收光谱来研究共轭体系还是有他的独到之处，对于采用其他方法推导出来的结构也是一个有益的补充和验证。

在利用紫外-可见光谱来解析有机化合物分子结构时，以下几条经验规律可供参考。

① 如果紫外光谱仅在 270～350nm 区域内出现一个弱的吸收带(ε=10～200)，而在其他区域内又无明显的吸收，则这个吸收带很可能是含有孤对电子的未共轭发色团如 C=O 等产生的 $n\rightarrow\pi^*$ 跃迁吸收带。

② 如果紫外光谱中在 200～300nm 区域内有一个强的吸收带(ε=10000～20000)，则至少有两个发色团共轭。如果在 210～300nm 区域内有一个中等强度的吸收带(ε=5000～16000)，则这个化合物很可能是含有极性取代基的苯的衍生物。

③ 如果紫外光谱中出现几个吸收带，其中波长最长的已进入可见光区，则这个化合物至少含有 4～5 个共轭的发色团和助色团。但这个规律不包含一些含氮化合物(如硝基、亚硝基、偶氮基及重氮基化合物)和 α-二酮、乙二醛及碘仿等。

④ 可以在谱图库中查找与未知化合物的紫外图谱相似的化合物，以其为模板确定未知化合物的分子骨架结构信息。例如维生素 K_1 和维生素 K_2 的紫外光谱图很接近 2,3-二甲基-1,4-萘醌，可由此推知它们具有 2,3-二甲基-1,4-萘醌的基本骨架。再结合其他分析方法，可以推导出它们的结构分别为：

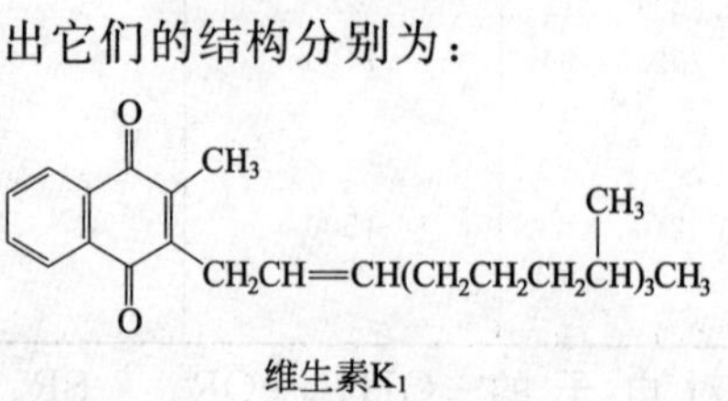

CH_3；$CH_2CH{=}CH(CH_2CH_2CH_2\overset{CH_3}{C}H)_3CH_3$

维生素K_1

CH_3；$CH_2CH{=}CH(CH{=}\overset{C(CH_3)_3}{C}CH_2CH_2)_5CH_3$

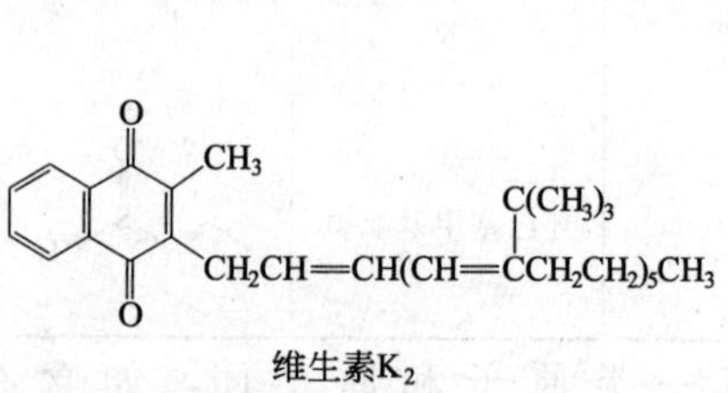

维生素K_2

表 5-3 列出了部分简单有机化合物的紫外吸收光谱数据。

表 5-3 部分简单有机化合物的紫外吸收光谱数据

生色团	实例	跃迁方式	λ_{max}/nm	ε_{max}	溶剂
C═C	乙烯	$\pi\to\pi^*$	165	15000	蒸气
C≡C	乙炔	$\pi\to\pi^*$	173	6000	蒸气
C═C—C═C	1,3-丁二烯	$\pi\to\pi^*$	226	21400	环己烷
芳基	苯	$\pi\to\pi^*$	255	215	醇
	苯乙烯	$\pi\to\pi^*$	244	12000	醇
		$\pi\to\pi^*$	282	450	
	苯酚	$\pi\to\pi^*$	210	6200	水
		$\pi\to\pi^*$	270	1450	
	硝基苯	$\pi\to\pi^*$	252	10000	己烷
		$\pi\to\pi^*$	280	1000	
	联苯	$\pi\to\pi^*$	330	125	己烷
		$\pi\to\pi^*$	246	20000	
—X	氯甲烷	$n\to\sigma^*$	173	200	己烷
	溴甲烷	$n\to\sigma^*$	208	300	己烷
	碘甲烷	$n\to\sigma^*$	259	400	己烷
—OH	乙醇	$n\to\sigma^*$	177	200	己烷
C═O	乙醛	$n\to\pi^*$	290	16	庚烷
	丙酮	$\pi\to\pi^*$	188	900	己烷
		$n\to\pi^*$	279	15	
C═C—C═O	丙烯醛	$\pi\to\pi^*$	210	25500	水
		$n\to\pi^*$	315	13.8	醇
—COOH	乙酸	$n\to\pi^*$	204	60	水
—COOR	乙酸乙酯	$n\to\pi^*$	207	69	石油醚
—COCl	乙酰氯	$n\to\pi^*$	235	53	己烷
—COOCO—	乙酸酐	$n\to\pi^*$	225	47	异辛烷
—$CONH_2$	乙酰胺	$n\to\pi^*$	220(肩峰)	—	水

除了用于结构分析外，紫外-可见光谱还可用于互变异构研究、定量分析、分子量的测定等诸多方面，在分析化学中的应用尤其广泛。

5.1.3 红外光谱

5.1.3.1 红外吸收光谱的基本概念

(1) 红外吸收光谱的产生　红外线区处于可见光区与微波区之间，是波长 0.5～1000μm 范围内的电磁辐射，其中 0.5～2.5μm 区域为近红外区，2.5～15.4μm 区域为中红外区，大于 50μm 的区域为远红外区。应用最为广泛的是中红外区吸收光谱，波数在 650～4000cm^{-1}范围内。

如前所述，物质的红外吸收光谱仅仅涉及分子的振动和转动能级变化，二者会同时发生，因此称为振-转跃迁。由此产生的吸收光谱称为振-转光谱，即常见的红外光谱。

分子必须满足两个条件才可以产生红外吸收光谱，即：①分子振动和转动时必须伴有瞬间偶极矩的变化；②由于振动能级的变化也是量子化的，因此分子的振动频率必须与红外辐射的频率相同。

(2) 红外吸收光谱的表示　红外光谱多以波长 λ(μm)或波数 $\tilde{\nu}$ (cm^{-1})为横坐标，表示吸收峰的位置。以吸光度 A(absorption)或透光度 $T\%$(transmittance)为纵坐标，表示吸收峰的强弱。如用吸光度表示，则吸收带向上；如用透光度表示，则吸收带向下。后者使用更普遍一些。图 5-5 是一张典型的红外吸收光谱图。

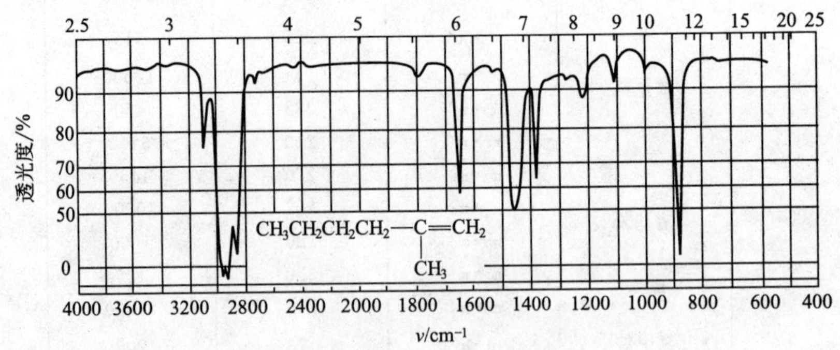

图 5-5　2-甲基-1-己烯的红外光谱图

(3) 红外光谱仪　测定红外吸收光谱所使用的仪器为红外光谱仪，其基本构造与紫外光谱仪相似，但都采用双光系统。其优点是对光源和检测部件的要求比单光系统低，并更容易配接自动记录系统。图 5-6 是典型的红外光谱仪的光路系统示意。

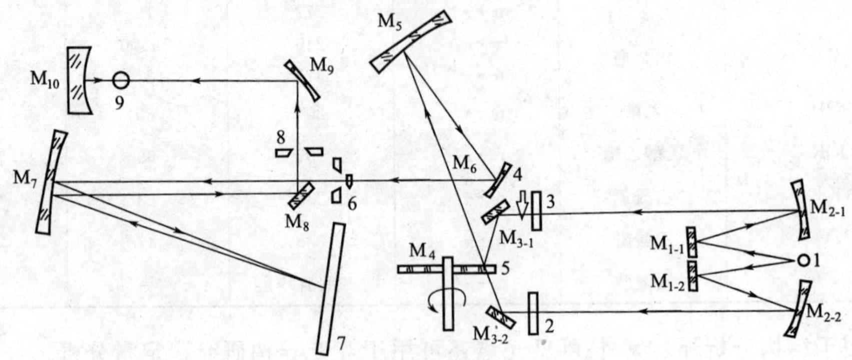

图 5-6　红外光谱仪的光路系统示意

1—光源；2—样品池；3—参比池；4—衰减器；5—切光器；
6—入射狭缝；7—反射光栅；8—出射狭缝；9—检测器

5.1.3.2　红外光谱与有机化合物分子结构的关系

(1) 分子振动　如果把一个质点（相对于分子中的某一个原子)放在一个三维坐标系内，那么它的运动可以用 3 个坐标来表示，称这个质点有 3 个自由度，每个自由度就是该质点在坐标系三个方向(x,y,z)之一的平动。对于一个有 N 个原子的分子，其总自由度应为 $3N$ 个，除了 3 个平动自由度和 3 个转动自由度外（都不引起分子瞬间偶极矩的变化)，余下的都为分子内的振动自由度，即 $3N$-6 个。对于线型分子，当转动原子与分子轴重合时，转动原子在空间的坐标不变，这样其转动自由度事实上只有 2 个。所以线型分子的振动自由度为 $3N$-5 个。

一个含 N 个原子的分子，不论其振动多么复杂，都可将这个振动分解成 3 个分量，其中任一分量的所有原子都以相同的频率和相同的相位做简谐振动，即在特定的分量中，所有的原子在振动时都同时通过各自的平衡位置，也在同一时间达到极大位置。具有这种特点的振动分量称为简正振动。能够引起原子间位置发生变化的简正振动(真振动)只有 $3N$-6 个(对于线型分子为 $3N$-5 个)。因此，一个分子的复杂振动可以看成是所有这些简正振动所叠加而成的。当其中某一简正振动导致分子偶极矩发生变化，而其振动频率又刚好与照射它的红外光波频率相同时，分子就能对光波产生吸收，记录在图谱上就会出现一个吸收带。

在分子的各简正振动中，有的振动频率相同，它们的吸收带就会重合，称为简并。由于这一原因，在图谱上出现的吸收带的数量要比真振动的数量少。

分子的简正振动可以分为伸缩振动和弯曲(变形)振动两种方式，伸缩振动是原子沿着键轴方向做规律性的移动，使得键长伸长或缩短。弯曲振动比较复杂，它可以是共有一个原子的各化学键间键角的改变，或者是一个原子团相当于分子的其他部分的移动，但原子团内各原子彼此间是不移动的，例如扭曲振动(twist vibration)、面内摇摆振动(rocking vibration)和扭转振动（torsional vibration)等。图 5-7 是亚甲基振动的形式。

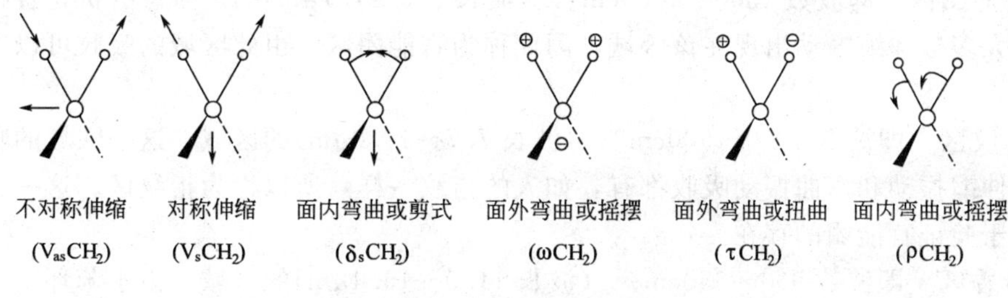

图 5-7 亚甲基振动的形式

(2) 红外吸收光谱与分子偶极矩和振动频率的关系

① 分子偶极矩与红外吸收光谱 量子力学计算表明，分子吸收红外辐射的能力（吸收强度)与跃迁的概率有关，如果跃迁的概率不等于零，称为允许跃迁，相应的吸收就强；反之，若跃迁的概率等于零，则称为禁阻跃迁，相应的吸收就很弱。

对于允许跃迁，理论上可以证明，在分子振动时必然伴随有瞬间偶极矩的变化，从而显示红外活性，而与分子是否具有永久偶极矩无关。例如二氧化碳是对称的线型分子，其永久偶极矩为零，但由于它的不对称振动仍可带来瞬间偶极矩的变化，所以它是一个红外活性分子，能够产生红外吸收光谱。事实上，只有同核的双原子分子，如氢气、氮气等才是完全红外非活性的。

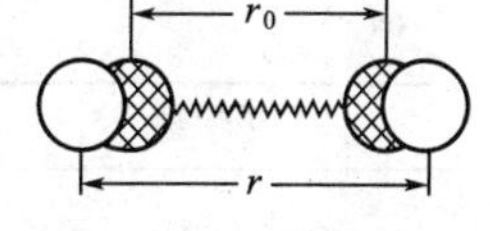

图 5-8 双球振动模型

② 振动频率与红外吸收光谱 以化学键连接起来的两个原子，可以看做是由一根弹簧拴起来做简谐振动的两个小球，如图 5-8 所示。根据弹性力学的 Hooke 定律和牛顿定律，它们的振动频率为：

$$\nu = \frac{1}{2\pi}\sqrt{\frac{k}{\mu}} \tag{5-1}$$

或

$$\tilde{\nu} = \frac{1}{2\pi c}\sqrt{\frac{k}{\mu}} \tag{5-2}$$

式中，μ 为折合质量，$\mu = M_1 \times M_2/(M_1 + M_2)$；$k$ 为力常数，是每单位位移的恢复力。

从式(5-1)可以看出，影响振动频率的因素有两个，即键的力常数（键的强度）和成键原子的质量。

当辐射光波的频率正好与振动的频率相匹配时，振动就可从光波中吸收能量，从而产生特征吸收峰。例如一个典型的C—H键的伸展频率为9×10^{13}次/秒，那么它可以吸收同样频率的光波。从

$$\nu = c/\lambda$$

可以得出，其吸收峰的波长为：$\lambda = c/\nu = 3\times10^{10}/9\times10^{13} = 3.33\times10^{-4}\,\text{cm} = 3.33\mu\text{m}$。其相应的波数为$3000\text{cm}^{-1}$。在红外光谱图上就可观察到这一吸收带。由此可见，红外吸收信号可以通过理论计算得出，也可以由红外吸收峰的位置来计算某一化学键的振动频率。

应该指出的是，除了分子本身的结构因素外，其他一些因素如氢键、溶剂的类型及浓度、物态和测试温度等都会对吸收频率、带形及吸收强度产生影响，应视具体情况作具体分析。

(3) 红外光谱的区域　根据有机分子中各原子团在红外光谱中出现吸收峰的位置，大致可以将一张红外光谱图分成3个区域。

① 官能团区　即波数$1300\sim4000\text{cm}^{-1}$（波长$2.5\sim7.7\mu\text{m}$)的区域。有机化合物中各种官能团的大多数伸缩振动出现在该区域，因此称为官能团区。由此区域的吸收可以判断官能团的存在。

② 指纹区　即波数$1300\sim900\text{cm}^{-1}$（波长$7.7\sim11.0\mu\text{m}$)的区域。这一区域的吸收往往很复杂，伸缩振动和弯曲振动吸收都有，如人的指纹一样，所以称为指纹区。这一区域的吸收可以用于验证官能团的存在。

③ 芳香区　即波数$900\sim650\text{cm}^{-1}$（波长$11.0\sim15.4\mu\text{m}$)的区域。由于苯环上C—H面外弯曲振动的吸收出现在该区域，且不同取代的苯环会表现出各自的特征，借此可以判断苯环上的各种取代形式，因此称为芳香区。

5.1.3.3　各类简单有机化合物的红外光谱

红外光谱往往是很复杂的。通过研究大量有机化合物的红外光谱，现已基本上可以判定在一定频率范围内出现的谱带是由哪种化学键的振动产生的。表5-4列出了一些重要键的特征吸收频率。

表 5-4　一些重要键的特征吸收频率

化学键	振动方式	吸收频率/cm^{-1}
$-CH_3$, $-CH_2$, —CH	伸缩振动 弯曲振动	2960～2850 1475～1300
═C—H	伸缩振动 非平面摇摆振动	3100～3000 1000～800
C═C	伸缩振动	1680～1500
≡C—H	伸缩振动 弯曲振动	3300～2900 700～600
C≡C	伸缩振动	2200～2100
Ar—H	面外弯曲振动 伸缩振动	900～650 3110～3010
C—F	伸缩振动	1350～1100
C—Cl	伸缩振动	850～550

续表

化学键	振动方式	吸收频率/cm^{-1}
C—Br	伸缩振动	690～515
C—I	伸缩振动	600～500
O—H	伸缩振动	3650～3200
C—O	伸缩振动	1240～940
C═O	伸缩振动	1870～1540
N—H	伸缩振动	3500～3300
C—N	伸缩振动	1360～1030
C═N	伸缩振动	1690～1480
C≡N	伸缩振动	2260～2215
N═N	伸缩振动	1630～1575

下面以β-苯乙醇为例来说明红外光谱图的解析（见图 5-9）。

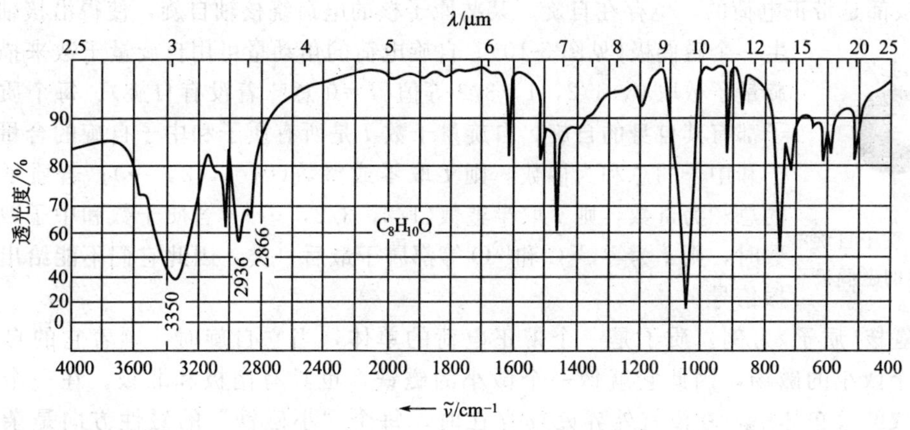

图 5-9　β-苯乙醇的红外吸收光谱图

一个中心在 3350cm^{-1} 宽而强的吸收带可能为醇类或酚类（注意此处吸收峰受样品浓度及氢键强度的影响较大），辅以 1050cm^{-1} 处强的吸收带（C—O 伸缩振动），可证明其为伯醇。3080cm^{-1}、3060cm^{-1}、3030cm^{-1} 处 3 个中等强度的尖锐吸收带，以及 1615cm^{-1}、1500cm^{-1} 处 2 个中等强度的尖锐吸收带，均表明分子中苯环的存在。从分子式推算，其不饱和度为 4，说明除苯环外没有其他不饱和结构单元。750cm^{-1} 和 700cm^{-1} 处的两个吸收峰符合一元取代苯的特征。2935cm^{-1}、2855cm^{-1}、1460cm^{-1} 三个吸收带分别是亚甲基的伸缩振动和弯曲振动所引起的。无 1380cm^{-1} 吸收带，说明分子中不存在甲基。综合以上信息，可以得出该化合物的结构式为：

$$C_6H_5CH_2CH_2OH$$

同样应该说明的是，仅凭红外光谱来判断一个化合物的结构是很困难的，即便解释和归属一个已知化合物红外光谱图中的所有吸收带也不是一件容易的事。由于红外光谱主要揭示的是官能团的存在，在存在相似官能团时很难作出准确判断，因此要准确解析一个化合物的结构，还需配合其他分析手段。即使在红外光谱分析中也还有很多知识和技巧，本书不可能作详细介绍。在后续章节中，会对各类化合物的红外吸收光谱特征分别予以介绍。

5.1.4 核磁共振谱

核磁共振现象是1946年由Block和Pucell等人发现的，这一发现立即引起科学界极大的兴趣。60多年来，核磁共振技术在理论和实践上都得到了极大的发展，并在化学、生物学、医学、化学生物学等诸多领域得到了广泛应用。特别是在有机化合物的结构测定中，已成为最为广泛和有效的工具之一。

核磁共振(NMR)与紫外光谱和红外光谱一样，也是一种能谱。根据测定的对象不同，可以分为质子核磁共振谱(PMR，^{1}H NMR，氢谱)、^{13}C谱、^{15}N谱、^{31}P谱等。理论上，凡是自旋量子数I不等于零的原子核都可以测得NMR信号，但目前为止仅有少数获得应用，其中以^{1}H NMR和^{13}C NMR应用最为广泛。

5.1.4.1 基本原理

电子是存在自旋的，其自旋状态由自旋量子数m_s决定，其取值为$+1/2$和$-1/2$。所有的原子核都是带正电荷的，也存在自旋。某些原子核的电荷绕核轴自旋，使得沿核轴方向产生一个磁偶极(见图5-10)。自旋电荷的角动量可用自旋量子数来描述，自旋量子数取0，1/2，1，3/2等值($I=0$意味着没有自旋)。每个质子和中子都有其自身的自旋，自旋量子数I是所有质子和中子自旋的合量。若质子和中子的总和为偶数，则I取零或整数(0，1，2，…)；若质子和中子的总和为奇数，则I取半整数(1/2，3/2，…)；若质子数和中子数均为偶数时，则I为零。^{12}C和^{16}O等都属于最后一类，因此它们不能给出核磁共振信号。

图5-10 质子自旋电荷产生的磁偶极

以氢核(质子)为例。质子是一个带正电荷的单体，当它自旋时，顺着它的自旋轴会产生一个微小的磁场，因此它就像一个微小的磁铁，也具有南极和北极。在一个由多个质子组成的聚集体中，在没有外界磁场存在时，每个“小磁铁”的磁性方向是杂乱无章的。但当把这个聚集体放到一个外界均匀磁场中时，这些微小的自旋磁场立即会取两种取向(用$2I+1$来确定核置于外界磁场中时的取向数目，对于氢核$I=1/2$)，即与外加磁场方向同向(a，顺着外加磁场方向排列)和反向(b，逆着外加磁场方向排列)，如图5-11所示。其中a是低能态(稳定态)，b是高能态(不稳定态)。这两种能态之间的能量差为ΔE。当给予其一定能量时，a就可以产生跃迁转化为b，这种能量的吸收也是量子化的，即符合$\Delta E=h\nu$的频率的辐射才可以被吸收。由于a和b的能量相差较小，所以吸收出现在频率较低的长波区域。

量子力学计算结果表明，这种辐射波的频率与外界磁场的强度直接相关，只有当辐射波

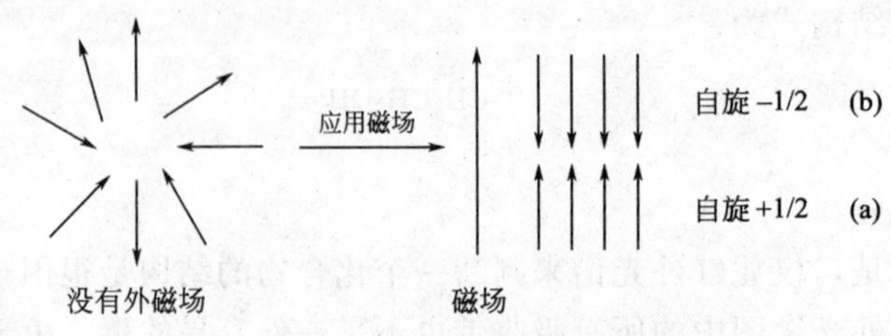

图5-11 自旋磁场在外界磁场作用下的变化

的频率与外界磁场达到一定关系时才能产生吸收：

$$\Delta E=\frac{rhH_0}{2\pi} \tag{5-3}$$

式中，H_0 为外加磁场强度；h 为普朗克常数；r 为比例常数，对于质子 $r=26750$。因此有：

$$\nu=\frac{rH_0}{2\pi} \tag{5-4}$$

所以，理论上，无论改变外加磁场强度还是改变辐射波的频率，均可满足能级跃迁的条件。在这种条件下平行排列的原子核就能翻转变为反平行的，即发生所谓“共振”，可从仪表中测量出从振动器流过的电流。由于这种共振是由原子核吸收能量引起的，所以称为核磁共振。图 5-12 是核磁共振仪的原理示意图。

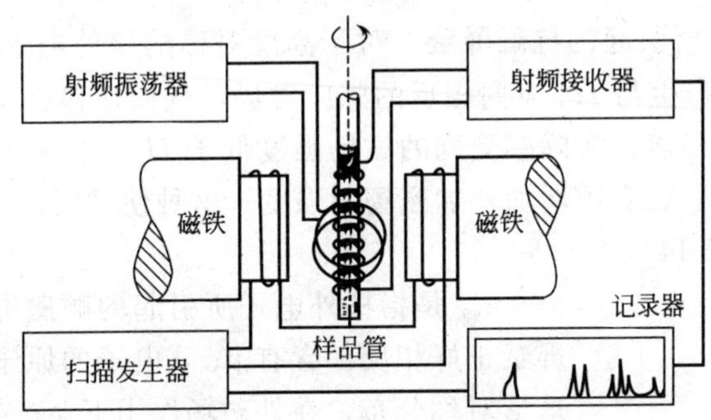

图 5-12　核磁共振仪原理示意

5.1.4.2　化学位移(chemical shift)

(1) 化学位移的概念　根据式(5-4)，自旋不等于零的同一种原子核放在外磁场中时，应该只有一个共振频率。如果真是这样，核磁共振现象对于化合物的结构解析就没有什么意义了。但核磁共振试验的分析结果表明，即便是同一化合物中的同一类磁核，在核磁共振中也会出现不同的共振信号。如图 5-13 是乙酸甲酯的^{1}H NMR 图谱，分子中的 6 个氢原子分为两组，出现 2 个位置不同的共振信号。

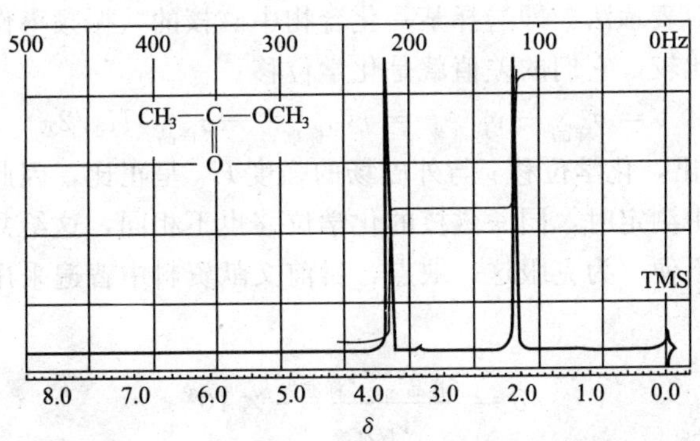

图 5-13　乙酸甲酯的^{1}H NMR 图谱(溶剂：CCl_4)

造成这一差异的原因是两组氢原子所处的“化学环境”不同，即原子核周围的电子云密度以及邻近化学键排布的情况不同造成的。因为原子核不是孤立的“裸核”，其核外的电子以及磁核附近的成键电子在外磁场(H_0)的作用下会产生一个与 H_0 成比例的感应磁场，特定磁核会受到该感应磁场的“屏蔽”，这样实际所感受到磁场强度除与 H_0 有关外，还与此感应磁场有关。磁核实际感受到的磁场强度一般表示为：

$$H'_0 = H_0 - \sigma H_0 = (1-\sigma)H_0 \tag{5-5}$$

式中，σ 为屏蔽常数，它是原子核受核外电子屏蔽强弱的量度，对分子中的磁核来说是特定原子核所处化学环境的反映。根据式(5-4)，磁场的共振频率就应为：

$$\nu = \frac{r(1-\sigma)H_0}{2\pi} \tag{5-6}$$

因此，即便对同一种原子核，只要其所处的化学环境不同，则其 σ 值就不同，根据式(5-6)，它们就会出现不同的共振频率。这一重要的现象就称为**“化学位移”**。

σ 值的大小主要受 3 种因素影响：

$$\sigma = \sigma_{抗} + \sigma_{顺} + \sigma_{远} \tag{5-7}$$

式中，$\sigma_{抗}$ 是指核外电子所引起的抗磁屏蔽。对于高度对称的核外电子云，如^{1}H 的 1s 电子，在外磁场 H_0 作用下会产生与 H_0 方向相反的感应磁场，从而使得作用在原子核上的外磁场强度被抵消了一部分，即磁核实际感受到的磁场强度低于 H_0。这样要使被电子包围的磁核的共振频率与裸核相同，就必须增加外加磁场的强度。这种使共振信号向高场移动的屏蔽效应称为抗磁屏蔽(见图 5-14)。

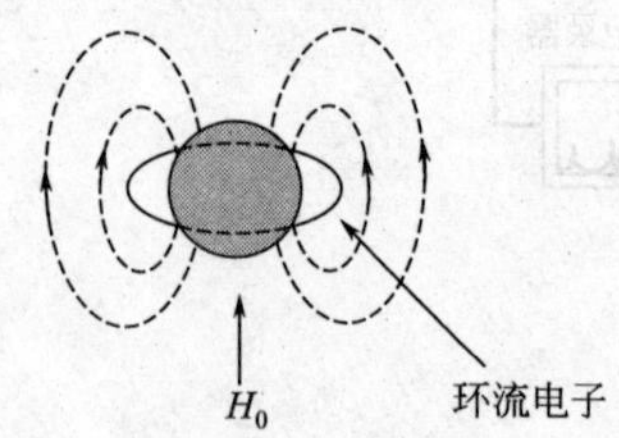

图 5-14　核外 s 电子所产生的抗磁屏蔽

$\sigma_{顺}$ 是指核外电子所引起的顺磁屏蔽，这种效应与抗磁屏蔽正好相反。含有 p、d 电子的原子，电子云在核外呈非球形对称分布，在外磁场作用下会产生与外磁场 H_0 方向相同的感应磁场，从而使得磁核实际感受到的磁场强度强于 H_0。这样要使被电子包围的磁核的共振频率与裸核相同，就必须降低外加磁场的强度。这种使共振信号向低场移动的屏蔽效应称为顺磁屏蔽或去屏蔽；$\sigma_{远}$ 是指分子中其他原子或原子团上的成键电子对特定原子核所产生的屏蔽作用，这种作用的范围较大，因而称为远程屏蔽。

(2) 化学位移的表示法　有机化合物的同类磁核因化学环境差异而产生的共振频率之差与它们的共振频率相比是非常小的，因此用共振频率的绝对值来描述或比较磁核很不方便。目前广泛采用的是相对表示法，即选择某一化合物中磁核的共振频率作标准，将其他不同环境中的同类磁核与之比较，它们的差值就是化学位移：

$$\nu = \nu_{样品} - \nu_{标准物} = r(\sigma_{标准物} - \sigma_{样品})H_0/2\pi \tag{5-8}$$

从式(5-8)可以看出，化学位移 ν 与外磁场的强度 H_0 呈正比，因此即便同一化合物，在不同磁场强度的仪器中测定时，同一磁核的化学位移也不相同，这给共振信号的分析比较和文献记录带来极大的不便。为克服这一缺点，目前文献资料中普遍采用量纲为 1 的 δ 值来表示，其定义为：

$$\delta = \frac{\nu_{样品} - \nu_{标准物}}{\nu_{标准物}} \times 10^6 \tag{5-9}$$

δ 值的单位为百万分之一，是一个与磁场无关的数值，因此同一磁核在不同磁场强度的仪器中测得的结果是一致的。

在氢谱中，通常采用四甲基硅烷(Me_4Si，TMS)中的质子作标准，因为它给出一个强的信号和一个尖锐的峰，并且其吸收位置在一般有机化合物中的质子不发生吸收的区域内。因为硅原子的电负性很低，它分子中的氢受到电子的屏蔽作用比大多数有机化合物中的氢都大，因此大多数有机分子中氢的共振吸收信号都出现在它的低场，所以将其 δ 值定为 0.00。

（3）化学位移与分子结构的关系　化学位移值是利用 NMR 技术推断有机化合物分子结构的重要参数，影响其数值大小的结构因素主要有以下几个方面。

① 取代基的诱导效应和共轭效应　取代基的电负性将直接影响与之相连的碳原子上质子的化学位移值，这种影响会通过诱导效应传递给邻近碳原子上的质子。电负性较高的基团使得周围的电子云密度降低(去屏蔽)，因此会导致与之相连的碳原子上的质子的共振信号向低场移动。取代基的电负性越大，则相关质子的 δ 值越大。图 5-15 清楚地显示了诱导效应对质子化学位移的影响。

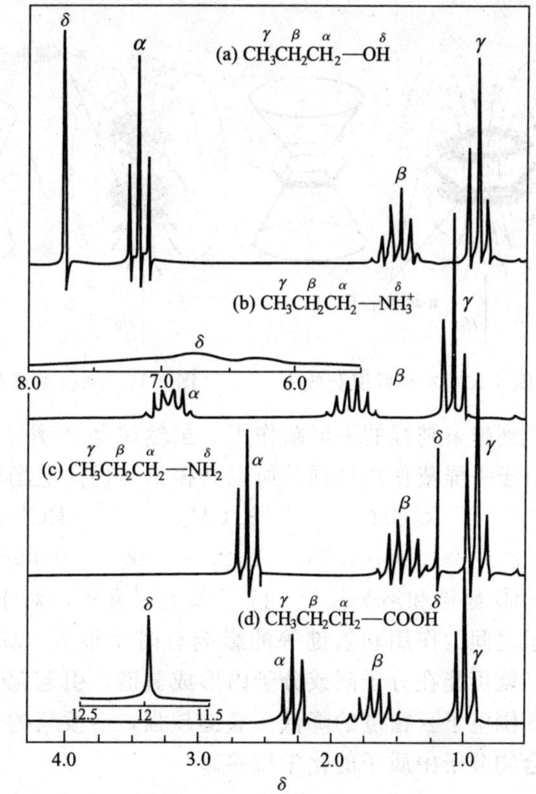

图 5-15　诱导效应对质子化学位移的影响

共轭效应的影响与诱导效应相似，吸电子共轭效应(－C)使得 δ_H 增大(去屏蔽)，而推电子共轭效应(＋C)使得 δ_H 减小(抗磁屏蔽)。

② 碳原子的杂化状态　如前所述，处于不同杂化状态下的碳原子的电负性是不同的，杂化轨道中的 s 轨道成分越多，电负性越大，其去屏蔽作用就越大，δ_H 值也越大(见表 5-5)。

③ 邻近基团的磁各向异性效应——远程屏蔽

a. 芳环：芳香族化合物的环状 π 电子云在外磁场的作用下，会产生垂直于 H_0 的环形电子流，环流电子所产生的感应磁场与 H_0 方向相反。因此在苯环附近出现屏蔽区和去屏蔽区，苯环上的质子出现在去屏蔽区，所以信号出现在低场($\delta_H=7.2$，见图 5-16)。而对于具有芳香性的轮烯而言，其环外质子处于去屏蔽区，信号出现在低场。而环内质子处于屏蔽区，信号出现在高场。如[14]轮烯环外和环内两组质子的化学位移值分别为 7.6 和 0。

b. 双键：以羰基(C=O)为例(见图 5-17)。羰基的碳原子取 sp^2 杂化，三个 σ 键位于同一平面上，π 电子云位于该平面的两侧。在外磁场作用下，π 电子形成环流，平面两侧的两个锥体是屏蔽区，而平面内是去屏蔽区。醛基的质子处于去平面区，再加氧原子高电负性的影响，δ_H 特别大，如乙醛约为 9.7。烯键上的质子情况与此类似，但由于没有强吸电子原子存在，故相对醛基位于较高场。

c. 叁键：炔烃 π 电子云绕 C—C 键轴呈圆筒形对称分布，在外磁场作用下，π 环流电子促使炔键键轴顺外磁场方向排列，感应磁场方向与键轴平行，并与 H_0 方向相反，理应在高场产生吸收，但由于炔碳原子的电负性较大(s 轨道成分占 50%)，使得 C—H 键的电子云更靠近碳原子，从而使得质子周围的电子云密度低，吸收移向低场。总的结果，其 δ_H 仍然比饱和碳原子上的质子大。

d. 单键：C—C 键也有抗磁各向异性效应，但比 π 电子云要弱得多。碳碳单键的去屏蔽区就是以碳碳单键为轴的圆锥体，因此当甲烷上的氢原子逐个被烷基取代后，剩下的氢原子

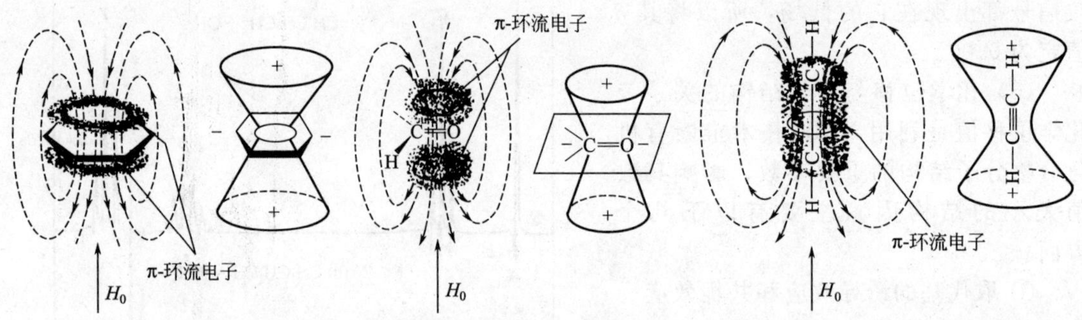

图 5-16　苯环的屏蔽效应　　图 5-17　双键的屏蔽效应　　图 5-18　炔键的屏蔽效应

将受到越来越强的去屏蔽作用。虽然烷基的诱导效应使它周围的电子云密度增高（屏蔽），但由于去屏蔽作用更强，所以共振信号仍向低场移动。例如：

	R_3CH	R_2CH_2	RCH_3	CH_4
δ	1.40～1.65	1.20～1.48	0.85～0.95	0.22

④ 氢键和溶剂效应　除了以上因素外，对于液体或溶液样品，其化学位移值受溶剂与分子之间的作用和氢键等的影响有时也很大。如当分子中含有氨基、羟基、巯基等官能团时，就可能在分子间或分子内形成氢键，引起化学键上电荷的再分配，使参与氢键形成的质子周围电子云密度的降低。氢键越强，活泼氢的化学位移值就越大。表 5-5 列出了常见有机化合物分子中质子的化学位移。

表 5-5　某些基团中质子的化学位移

H 的类型	化学位移 δ	H 的类型	化学位移 δ
$R—CH_3$(一级 H)	0.9	O—C—H(醇或醚)	3.3～4
R_2CH_2(二级 H)	1.3	R—O—H	1～5.5
R_3CH(三级 H)	1.5	Ar—O—H	4～12
C═C—H	4.5～6.0	RCOOC—H	3.7～4.1
C≡C—H	2～3	H—CCOOR	2～2.2
Ar—H	6～8.5	H—CCOOH	2～2.6
Ar—C—H	2.2～3	RCOOH	10～13
C═C—C—H	1.6～1.9	RCHO	9～10
Cl—C—H	3～4	O—C(═O)—H	5.3
Br—C—H	2.5～4	RCOC—H	2～2.7
I—C—H	2～4	$R—NH_2$	1～5
C═C—O—H	15～17		

5.1.4.3　自旋偶合、裂分

从化学位移的讨论可以推知：分子中有多少种化学环境不同的磁核，就应在 NMR 图谱中出现多少个吸收峰。这一推论在低分辨率的 NMR 中通常是对的，但如果采用高分辨率的仪器进行测定，结果就往往不是那么简单，会发现某些磁核的吸收峰出现分裂。如图 5-19

是 3-氯丁酮的高分辨氢谱，其中 a 和 c 两组质子的信号就出现了分裂。这种分裂是由于磁核间的自旋偶合造成的，故称为**偶合裂分**。自旋偶合和裂分是 NMR 中最常见的现象之一，也是分子结构信息的重要来源。

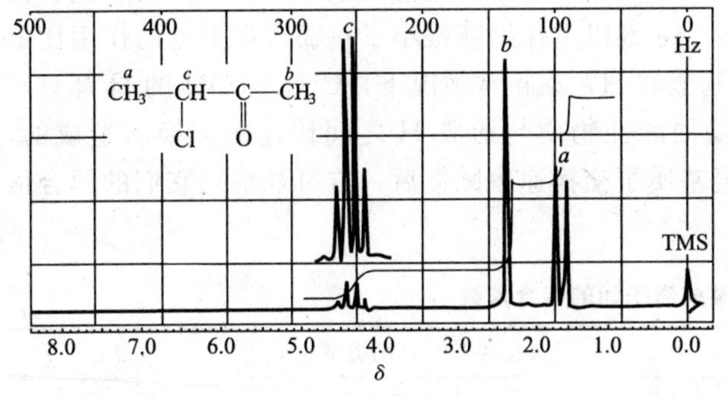

图 5-19　3-氯丁酮的高分辨氢谱

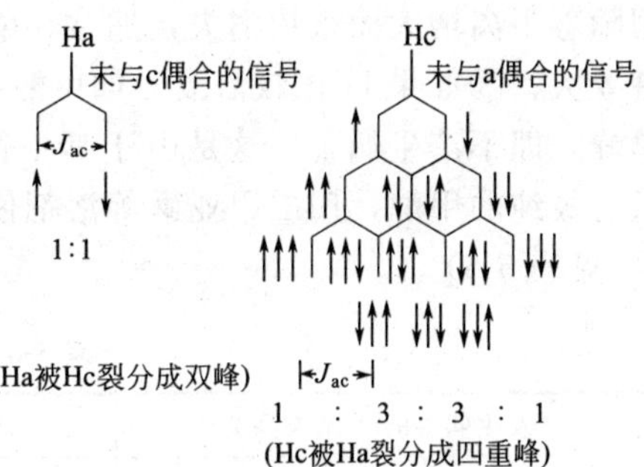

图 5-20　3-氯丁酮中的偶合裂分

裂分是由分子中相邻碳上氢核的自旋所产生的微小磁场对外加磁场的影响而引起的。每一个氢核的自旋都有两种取向，不同取向的自旋磁场对外加磁场强度的影响可以是稍有加强或稍有减弱，就像核外电子的环流对核所感受到的外加磁场强度的影响一样。一个氢核同时受到邻近氢核自旋所产生的磁场的影响，这种影响就是自旋偶合。

下面以 3-氯丁酮为例来说明偶合裂分的情形。a 组 3 个质子的化学环境相同，是磁等价质子，在相邻碳原子上没有氢原子存在时应为单峰。但由于 c 质子的存在，当外磁场照射 a 质子时，c 质子的自旋磁场势必会对 a 质子所感受到的磁场强度产生影响。由于 c 质子的自旋有两种取向，且概率均等，所产生的自旋磁场对于外加磁场将产生等量的增强或减弱。这样就使 a 组质子的信号分为强度相同的 2 个，即产生了裂分。以同样的方式可以理解 c 组质子被 a 组的 3 个质子裂分为四重峰，其峰面积的比为 1∶3∶3∶1(见图 5-20)。b 组质子相邻碳上没有其他质子，故仍为单峰。

由此也可以看出，自旋偶合使得 NMR 谱中的信号被分裂为多重峰，峰的数目等于 $n+1$，n 是相邻碳上氢原子的数目。相邻两个峰之间的距离称为偶合常数(J)，其单位为 Hz。在结构上等价的 H(如甲基上的 3 个 H)不产生相互信号的裂分。

以上介绍的只是极简单的情形，在较复杂的体系中，偶合裂分也相对比较复杂。一般裂分的式样可以依下列情况进行计算。

① $n+1$ 规则　在自旋偶合的邻近氢原子都相同时适用此规则，如上例 Ha 的共振信号峰数为 $1+1=2$，Hc 的共振信号峰数为 $3+1=4$。这些峰的强度比刚好是$(a+b)^n$ 展开后各项系数之比，可用巴斯卡三角来表示：

单峰(singlet)	1
双峰(doublet)	1　1
三重峰(triplet)	1　2　1
四重峰(quartet)	1　3　3　1
五重峰(quintet)	1　4　6　4　1
六重峰(sixtet)	1　5　10　10　5　1

② 当邻近氢原子不相同时，其裂分峰的数目为$(n+1)(n'+1)(n''+1)$。如在化合物 $Cl_2CHCH_2CHBr_2$ 中的两个次甲基氢并不相同，因而亚甲基的共振信号峰为$(1+1)\times(1+$

1)＝4 重峰，这四重峰的强度比为 1∶1∶1∶1。又如在 $ClCH_2CH_2CH_2Br$ 中，中间亚甲基的共振信号峰为(2＋1)×(2＋1)＝9 重峰，其强度比为 1∶2∶1∶2∶4∶2∶1∶2∶1。因为峰数太多，往往不易分辨。

自旋偶合一般有以下几个特点：①所谓邻近质子通常是指邻位碳上的质子，自旋偶合作用随着距离增大而很快消失，通常相隔 3 个 σ 键以上作用就很小了；②通常重键的作用比单键要大；③如果 H 比较活泼，如甲醇羟基上的 H，在正常情况下，CH_3 与 OH 的 H 都只有单峰，即不产生偶合。这是由于其中微量的酸性物质与活泼 H 之间快速的交换所造成的，只有极纯的甲醇，用二甲亚砜等溶剂使羟基质子交换速率减慢后，方可观察到它们的偶合信号(见表 5-6)。

表 5-6　某些质子间的偶合常数

发生偶合的 H 的类型	J_{ab}	发生偶合的 H 的类型	J_{ab}
$H_a—C—C—H_b$	6～8	苯环（H_a、H_b）	邻- 6～10 间- 1～3 对- 0～1
H_a、H_b 顺式 C=C	6～12	环己烷（H_a、H_b）	a-a　8～10 a-e　2～3 e-e　2～3
H_a、H_b 反式 C=C	12～18		
H_a、H_b 同碳 C=C	0～3		

5.1.4.4　质子核磁共振谱的解析

对于有机化学工作者来说，利用 NMR 技术的重要目的就是推断有机化合物的分子结构。在多数情况下，仅用 NMR 谱也很难确定一个化合物的结构，一般还需配合元素分析、红外光谱、紫外光谱及质谱等其他手段进行综合解析。这里只介绍一些简单的解析方法。

解析一张核磁共振氢谱，需要考察 3 个最基本和最重要的参数：化学位移、信号强度和偶合常数，化学位移可以提供质子种类的信息，信号强度(峰高或峰面积)可以给出各吸收峰质子的相对数目，而偶合常数则可以给出质子周围其他质子的种类和数目。下面以图 5-21 为例说明一般的解析氢谱的方法。

从图中可以看出，该化合物有 3 组质子，其中 δ1.33 的单峰为 9 个质子，显然是一个叔丁

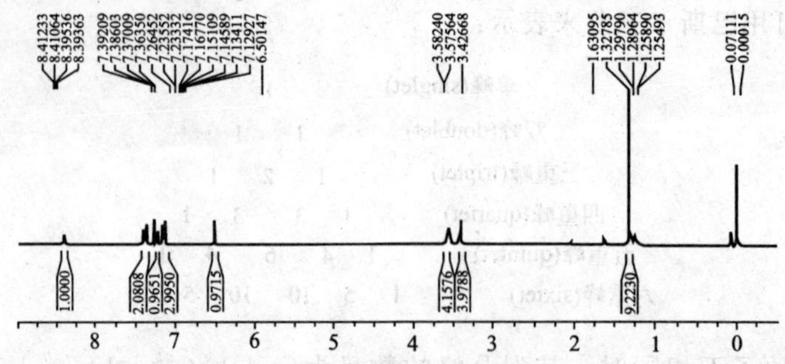

图 5-21　未知化合物 $C_{22}H_{25}ClN_2O_2$ 的 ^1H NMR 图谱(300MHz，$CDCl_3$)

基，且因与芳环相连而处于较低场；δ3.42 和 δ3.58 的两组峰各有 4 个质子，是对称的 2 对亚甲基，且因各与一个杂原子相连而处于低场，因此，应为 N $(CH_2CH_2)_2O$ 结构；δ6.50 的单峰为一个烯氢，因为没有偶合现象，所以应为一个三取代烯烃，处于较低场，意味着其应与一个吸电子基团相连接，考虑分子中原子的组成，可能为羰基。δ7.13～δ8.41 区域的一组信号均为芳环典型的吸收区域，共有 7 个质子，其中，中心位于 δ7.38 和 δ7.14 的两组峰是典型的对位二取代苯环上质子的信号，说明有一个对位二取代苯单元；中心在 δ8.40 的一组峰是吡啶杂环上 α 质子的信号，另外 δ7.26 和 δ7.18 还有 2 个质子，说明是一个二取代的吡啶，氯原子位于吡啶环上无疑。综合以上信息，可以推断该化合物的结构可能为：

5.2 质谱

5.2.1 基本原理

质谱不是电磁波谱，而是一种质量分析方法，所用的仪器为质谱仪。图 5-22 是质谱仪的工作原理方框图。

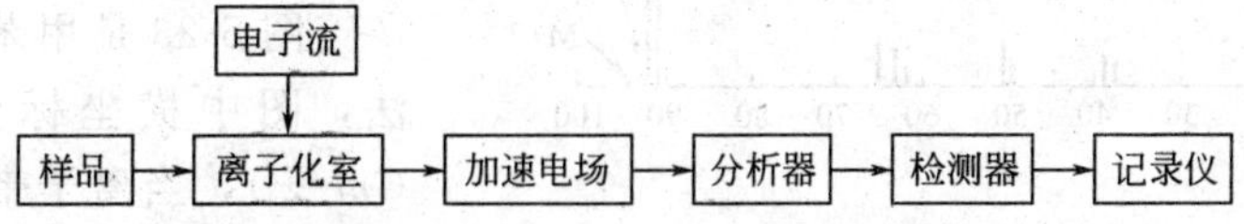

图 5-22　质谱仪工作原理方框图

处于气态的分子，受到高能电子流(约 70eV)的轰击，失去一个外层电子，成为带有一个正电荷的分子离子，这些分子离子在极短的时间(10^{-10}～10^{-3}s)内又碎裂成质量不同的碎片正离子、中性分子或自由基。在质谱仪离子化室中被电子流轰击生成的这些正离子受到电场(1000～8000V)加速，以速度 v 进入磁场。若离子在加速前的动能略去不计，则加速后的动能应等于加速前的势能，即：

$$\frac{1}{2}mv^2 = eV \tag{5-10}$$

式中，m 为正离子质量；v 为正离子速度；e 为正离子电荷；V 为外加电场电压。被加速的离子进入磁场后，在匀强磁场(H)中受到洛伦兹力(f)的作用。如果电荷运动的方向垂直于磁场方向，则作用在电荷上的洛伦兹力(f)为：

$$f = Hev \tag{5-11}$$

此力的方向垂直于电荷运动的方向。由于其在电荷运动方向上的分量永远为零，因此它不会使运动的速度改变，而只能改变带电粒子的运动方向，即使运动轨道发生弯曲而做曲线运动。这种曲线运动的向心力即为洛伦兹力，即：

$$Hev = m\frac{v^2}{R} \tag{5-12}$$

式中，R 为粒子轨道的曲率半径。

由式(5-10)和式(5-12)可得：

$$m/e = \frac{R^2H^2}{2V} \tag{5-13}$$

或

$$R=\sqrt{\frac{2V}{H^2}\times\frac{m}{e}} \tag{5-14}$$

这是利用磁铁作为质量分析器进行质谱测量的基本关系式。

在质谱测量中，利用该式所示的关系，有规律地改变磁场强度或加速电压(即所谓扫描)，就可使具有不同质荷比 m/e(现统一表示为 m/z)的离子按次序沿半径为 R 的固定轨迹(与仪器磁铁的几何形状一致)飞向检测器，并加以记录。不符合上述式子关系的离子，因飞行半径不同，会与器壁碰撞而不能到达检测器。

质谱仪由高真空系统、进样系统、离子源、加速电场、质量分析器、收集和记录装置组成。离子源的选择对样品测定的成败至关重要，尤其当分子离子峰不容易出现时，选择适合的离子源就可能得到所需要的质谱数据。最常用的离子源是电子流轰击(EI，即在外电场作用下，用铼丝或钨丝产生的热电子流去轰击样品，产生各种离子)和化学电离法(CI)，此外还有场致电离(FI)、场解吸附(FD)、快原子轰击(FAB)等多种方法。

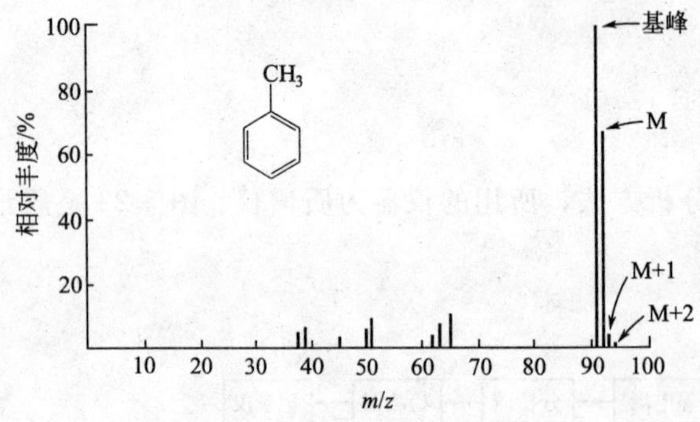

图 5-23　甲苯的质谱(图式)

5.2.2　质谱表示法

质谱所反映的是分子离子和碎片离子的质量以及它们在试验条件下的强度。有图谱和表谱两种表示法。

图 5-23 是甲苯质谱的图谱表示法，图中横坐标为离子的质荷比(m/z)，当离子带单电荷时就是离子的质量；纵坐标为离子的强度，用相对丰度表示。相对丰度是选取最强的一个峰作标准，称为基峰，强度定为 100，以相当于基峰的百分比表示其他离子的强度。写在质荷比数值后面的括号内。如甲苯质谱中的几个峰可以表示为 m/z 91(100)、m/z 65(11)、m/z 51(9.1)等，这是最常用的表示法。图谱能直观地反映出质谱的特征，因此在解析未知化合物的质谱时较为方便。

表 5-7 是甲苯质谱的表谱表示法，记录了离子的质量数和相对丰度。除了同位素峰和分子离子峰外，除非在识别图谱时具有重要的价值，相对丰度低于 3%的碎片离子峰通常不表示出来。这种表示法适用于定量分析。

表 5-7　甲苯的质谱(表式)

m/z	相对丰度/%	同位素丰度	
		m/z	M 的百分比/%
38	4.4	92(M)	100
39	16	93(M+1)	7.37
45	3.9	94(M+2)	0.29
50	6.3		
51	9.1		
62	4.1		
63	8.6		
65	11		
91	100(基峰)		

续表

m/z	相对丰度/%	同位素丰度	
		m/z	M 的百分比/%
92	68(母体峰或分子离子峰)		
93	4.9(M+1)		
94	0.21(M+2)		

实验中，只要离子化室的条件恒定，同一化合物的质谱图应具有重复性。如果改变离子化室的条件，如温度、轰击电子流的能量或仪器类型，即使同一化合物，得到的谱图也可能存在差异。

5.2.3 质谱分析法的应用

5.2.3.1 分子式和分子量的确定

在一个未知有机化合物的结构分析中，分子式和分子量的确定是非常重要的。质谱所给出的分子离子峰就是该化合物的分子量。但在质谱中，往往由于化合物的类型、离子化方法以及样品的纯度等原因，最高质量数的峰并不总代表化合物的分子量。为了准确判断这一重要参数，可以利用以下几点经验规律作为判断分子离子峰的依据。

① 最高质量数的峰通常是同位素分子离子峰。比分子离子峰大 1,2,3(a.m.u)的峰，是由于分子中的同位素引起的，强度一般较弱，但在同位素丰度较大时，同位素分子离子峰也可能很强。图 5-24 是一卤代甲烷的分子离子峰及同位素峰。有些化合物的分子离子峰右侧出现一个强度较大的(M+1)峰，这是分子离子与中性分子碰撞时夺取一个 H 原子所形成的峰，不能误认为分子离子峰。

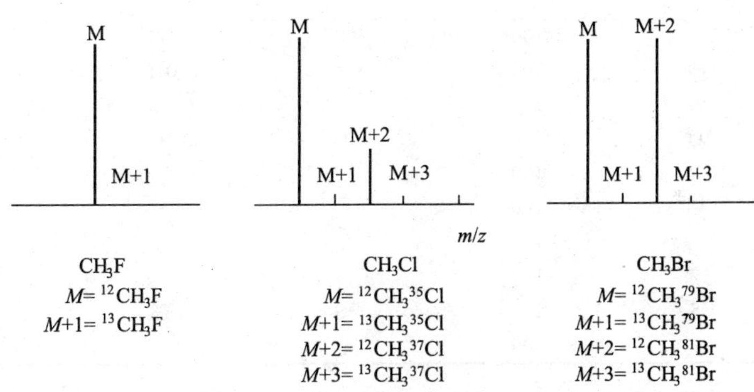

图 5-24 三种一卤代甲烷的质谱

② 如果在最右侧峰(最高质量峰)的左侧 3～14(a.m.u)范围内出现峰，则最右侧的峰不可能是分子离子峰。因为在大多数情况下，分子离子断裂失去一个氢原子(M－1)是正常的，失去两个 H(M－2)也是可能的，但失去 3 个氢原子生成(M－3)离子只在极个别情况下才会出现。此外，除了 H 原子，从分子离子上丢失最小的碎片是甲基(M－15)。据此可以认为，在比分子离子小 3～14a.m.u 的范围内不会出现任何其他碎片峰。在判断分子离子峰时，这一规律可作为否定法的有力依据。

③ 应用“氮规律”来判断分子离子峰，选定最可能的分子式。对于大多数元素，它们的主要同位素如果是偶数价键，则该元素的质量数为偶数；如果是奇数价键，则质量数为奇数。但是氮元素与此相反，虽然氮为奇数价键，但它们的主要同位素的质量数却是偶数

(14)。由此可以得出“氮规律”：分子量为偶数的有机化合物，不含或含偶数个氮原子；而分子量为奇数的含氮有机化合物，只能含有奇数个氮原子。这个规律适用于含 C、H、O、S、X 和许多其他杂原子(如 P、B、Si 和碱土金属等)的共价化合物。

④ 碎片离子所含有的任何一种原子的数目都不可能超过分子离子所含有的该原子的数目。

⑤ 碎片离子可能是带奇数电子的离子，也可能是带偶数电子的离子，但分子离子总是带奇数电子的离子。因为不饱和度(UN)为整数的式子所代表的离子必带有奇数个电子，而不饱和度为非整数的式子所代表的离子必带有偶数个电子。对于大多数饱和化合物，在质谱中出现的离子大多是带偶数电子的离子。

质谱不仅可以确定分子量，还可以确定有机化合物的分子式。从高分辨质谱上，可由分子离子峰的精确质量数，通过查表可知其代表的分子式。所谓高分辨质谱是指分辨率(仪器对相邻峰的分辨能力)在 10000 以上的质谱，它能精确测量离子的质量数到几位小数。如分子式为 $C_{13}H_{19}N_5O_3$ 的化合物，计算相对分子质量为 294.15607，HRMS(高分辨质谱)实测值为 294.15604。

分辨率在 1000 以下的低分辨质谱能分开有机化合物质量数为 1a.m.u 的峰，因而可以测定分子量的整数值。对于低分辨质谱，根据其同位素峰的强度同样也可求得化合物的分子式。因为组成有机化合物的大多数元素都有天然同位素(F、I、P 等除外)，由于各种同位素的含量并不相同，因此在质谱上就会出现强度不同的同位素峰，这些峰出现在比它们各自的轻同位素峰高 1～2a.m.u 处，很易判别。表 5-8 是常见元素的同位素及其天然丰度。

表 5-8 常见元素的天然同位素丰度

元素	丰度					
碳	^{12}C	100	^{13}C	1.08		
氢	^{1}H	100	^{2}H	0.016		
氮	^{14}N	100	^{15}N	0.38		
氧	^{16}O	100	^{17}O	0.04	^{18}O	0.20
氟	^{19}F	100				
氯	^{35}Cl	100			^{37}Cl	32.5
溴	^{79}Br	100			^{81}Br	98
碘	^{127}I	100				
硫	^{32}S	100	^{33}S	0.78	^{34}S	4.40
磷	^{31}P	100				

有机化合物中的元素是各种同位素的混合物，同位素峰的强度取决于分子中所含有关同位素的数目以及它们的天然丰度。同位素峰的相对强度 I 可由下式计算：

$$I=\frac{n!}{(n-k)!k!}a^{n-k}b^{k} \tag{5-15}$$

式中，a 为轻同位素的天然丰度；b 为重同位素的天然丰度；n 为某元素的总原子数；k 为该元素某一同位素的原子数。现在人们已将各种分子式的同位素峰的相对强度计算出来并绘制成表，因而不需再进行计算，直接查表就可以得知混合物的分子式。

5.2.3.2 结构鉴定

分子在离子化室中除生成分子离子外，还可能使化学键断裂形成各种碎片离子，这种过程叫裂解。由于裂解大多发生在化学键容易断裂的部位，因此裂解方式与化合物的结构有关。不同的有机化合物有不同的裂解规律，在它们的质谱中，碎片离子提供了它们的结构特征信息，有助于化合物的结构分析。

裂解的类型主要有两种：一是消去中性分子，如 H_2O、CH_4、C_2H_4、CO、HCl、HCN 和 H_2S 等，裂解前后离子所带电子的奇-偶数没有改变。二是消去自由基，裂解前后离子所带电子的奇-偶数发生改变。在这两类碎片离子中，离子所带的电子数和它的质量有如下关系：由碳、氢或碳、氢、氧组成的碎片离子，如果含有奇数个电子，其质量为偶数，如果含有偶数个电子，则其质量为奇数；由碳、氢、氮或碳、氢、氧、氮组成的碎片离子，如果含有奇数个电子，其质量为奇数，如果含偶数个电子，则其质量为偶数。

质谱中的碎片离子峰强弱不等，它们的形成和强度主要受 3 个因素的影响：①键强；②裂解产物的稳定性，特别是正离子的稳定性；③原子和原子间的空间排列。根据这三个因素，可以总结出下列裂解过程中的一般规律，这些规律对于大多数化合物都是适用的。

（1）断裂一个键　规律 1：在烷烃中，直链化合物的分子离子峰的相对丰度在同系物中最大，但随碳链的增长而减弱。在侧链化合物中，侧链越多越容易断裂，侧链上最大的取代基优先作为自由基去掉，生成稳定的仲或叔正离子。它们的稳定性顺序与碳正离子的稳定性顺序相同。

规律 2：具有侧链的环烷烃，优先在侧链部位断裂，生成带电荷的环状碎片。

规律 3：含有双键、芳环或芳杂环的化合物，它们的分子离子稳定，因而较强。

规律 4：在双键、芳环或芳杂环的 β-键上容易发生断裂（β-断裂），生成的正离子因与双键、芳环或芳杂环共轭，因而稳定。

规律 5：含有杂原子的化合物如醇、醚、胺、硫醚、硫醇等，也容易发生 β-断裂，生成鎓离子。杂原子上的孤对电子对碳原子上的正电荷具有稳定作用，其稳定能力为：

$$N>S>O>X(\text{卤素})$$

规律 6：在含羰基的化合物（醛、酮、酸、酯等）中容易发生 α 键断裂：

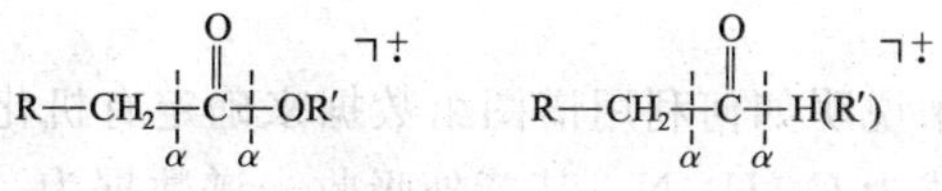

R—CH₂ ┼ C(=O) ┼ OR′ ┐$^{+\cdot}$ （α　α）　　R—CH₂ ┼ C(=O) ┼ H(R′) ┐$^{+\cdot}$ （α　α）

（2）断裂两个键　在这种断裂中，常伴随有分子或离子的重排发生，如 McLafferty 重排和亲核重排等。如具有下列通式的烯烃或其他化合物（如醛、酮、酸、酯、酰胺、腈和芳香族化合物等），在裂解过程中处于 C=Q 键 γ 位的氢原子，可以通过六元环状过渡态迁移到电离的双键或杂原子（Q）上，同时 β 键断裂产生中性分子和一个自由基正离子。这种重排称为 McLafferty 重排或 γ-氢迁移重排。其中 M=H，R，OH，OR，NR_2；Q=C，O，N，S 等；X，Y，Z 均为碳原子，或其中一个是氧（或氮）原子，其余为碳原子。

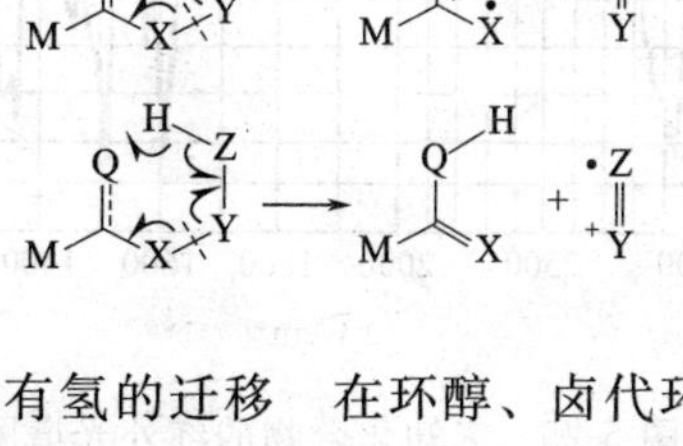

（3）断裂两个以上的键，并有氢的迁移　在环醇、卤代环烷烃、环烷胺及环酮等类化合物中，环上两个键断裂，并伴有氢原子的转移，形成稳定的鎓离子：

其中 X=—OH，OR，NH，NH_2，NR_2 或卤素。

其他裂解方式在此不作一一讨论。

5.3 谱图组的综合解析

前面介绍了紫外光谱、红外光谱、核磁共振谱和质谱分析的基本原理和简单解析方法。事实上，在实际工作中单独使用其中的任何一种方法来确定一个未知有机化合物的结构都是困难的，因此往往需要多种波谱学方法，有时还需结合化学方法进行综合解析，才能获得正确的结果。

在分析谱图之前，有两点工作是必要的，一是弄清样品的来源，它可以大大缩小要分析的范围；二是通过分子式(给出的或通过分析求出的)计算分子的不饱和度，它同样可以排除一些不可能的结构。

不饱和度是指分子中环和不饱和键的数目，一个环为 1 个不饱和度，叁键为 2 个不饱和度。可由下式计算得到：

$$UN = n_C + \frac{n_N - (n_H + n_X)}{2} + 1$$

式中，n_C、n_N、n_H、n_X 分别为四种原子的数目(X=卤素)。例如苯的不饱和度为 UN=6+[0−(6+0)]/2+1=4，即苯环有 4 个不饱和度。如果一个分子的不饱和度小于 4，则肯定不含有苯环。

下面举一个具体实例来说明如何利用谱图组数据来确定有机化合物的分子结构。

已知某化合物的分子式为 $C_{14}H_{19}N$，其紫外吸收光谱数据为：

λ_{max}(已烷)　　252nm(ε_{max}=20400)　　210nm(ε_{max}=20000)

图 5-25～图 5-27 分别为其 IR、^{1}H NMR 和 MS 图谱。

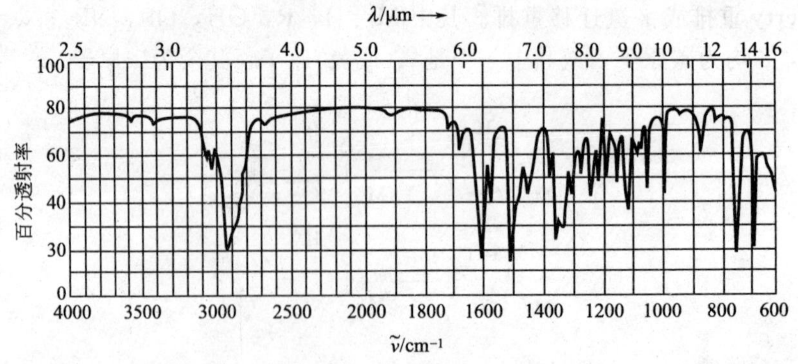

图 5-25　未知化合物的红外光谱图

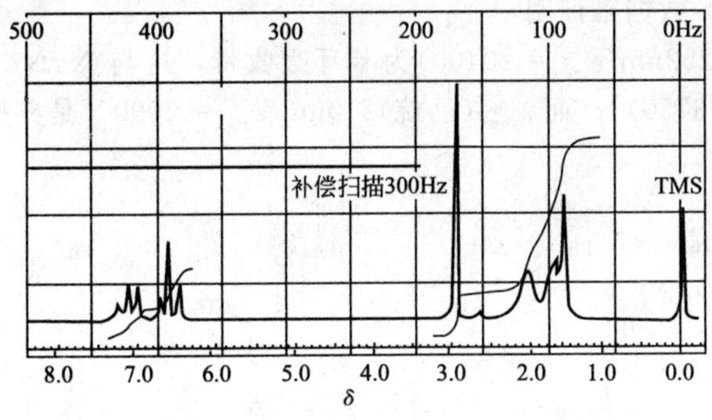

图 5-26　未知化合物的^1H NMR 图谱

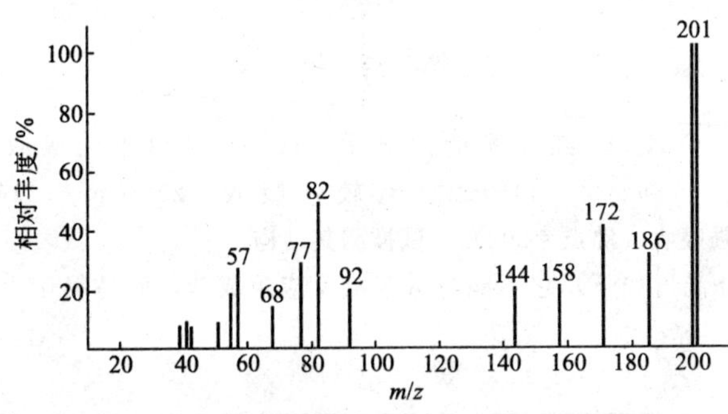

图 5-27　未知化合物的 MS 图谱

解析：

(1) UN＝14＋[1－(19＋0)]/2＋1＝6；

(2) ^1H NMR 的 δ6.4～7.3，MS 中的 m/z77，IR 中的 3100～3000cm^{-1}，1600cm^{-1}，1500cm^{-1}，750cm^{-1}，695cm^{-1}等信息都表明分子中存在一个苯环；

(3) IR 的 750cm^{-1}，695cm^{-1}吸收峰，^1H NMR 中各组峰的积分值都表明这是一个单取代苯；

(4) 与苯比，其^1H NMR 中的苯基质子出现在较高场，说明苯环上存在给电子基，这只能是氨基；

(5) IR 和^1H NMR 中均未观察到 N—H 键的吸收，因此这是一个叔胺；

(6) δ2.85(s，3H)的信号应是 $N—CH_3$ 的吸收；

(7) 除苯环外还有两个不饱和度。在 IR 中，1680cm^{-1}处弱的吸收带为 C=C 伸缩振动吸收，但^1H NMR 中无烯氢信号，说明可能是一个四取代烯烃。δ1.5(s，3H)的信号只能是 $C=C—CH_3$ 上的甲基；δ2.0(4H)代表 2 个亚甲基，且都是直接连接在双键上，旁边还有一组与之偶合的质子；δ1.65(4H)代表 2 个亚甲基。由此推断，该分子中含有如下结构单元：

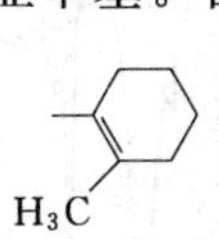

H_3C

因此该化合物的结构为：

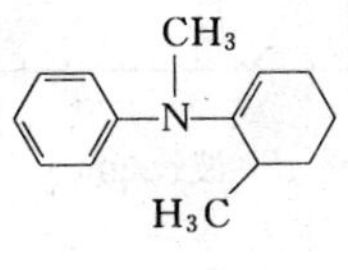

CH_3　N　H_3C

这可由 UV 和 MS 数据来证明：

UV：λ_{max}(已烷)252nm($\varepsilon_{max}=20400$)为苯环吸收带，这与 N,N-二甲基苯胺相似[λ_{max}(已烷)250nm($\varepsilon_{max}=13750$)]。而 λ_{max}(已烷)210nm($\varepsilon_{max}=20000$)是典型的烯胺双键吸收带。

MS：

m/z 200 ←(−H·)— m/z 201 —(−CH₃·)→ m/z 186 → m/z 172，m/z 158，m/z 144

练 习 题

1. 某化合物的分子式为 C_8H_8O，红外光谱图显示：3100cm^{-1} 以上无吸收，1690cm^{-1} 有强吸收，1600cm^{-1}，1580cm^{-1}，1500cm^{-1}，1460cm^{-1} 有较强吸收，2960cm^{-1}，1380cm^{-1} 有中强吸收，770cm^{-1}，710cm^{-1} 有强吸收，沸点＝202℃。试推测其结构。
2. 化合物 $C_{13}H_{12}O$ 的红外光谱如下，它不能与碱溶液反应生成盐，而易氧化生成 $C_{13}H_{10}O$。试确定其结构。

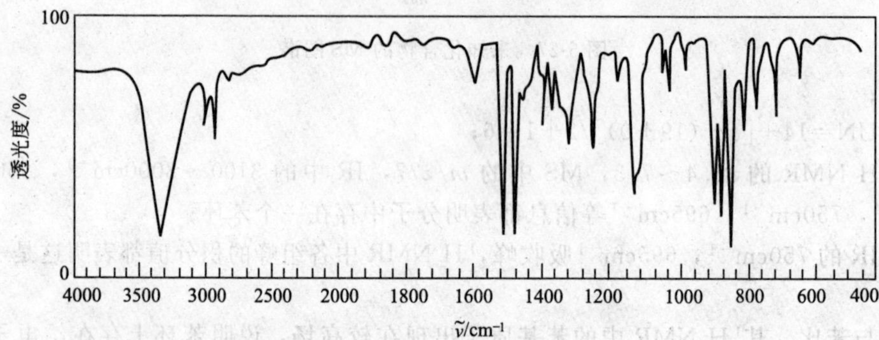

3. 化合物的分子式为 C_6H_7N，红外光谱图如下所示。试推导其结构。

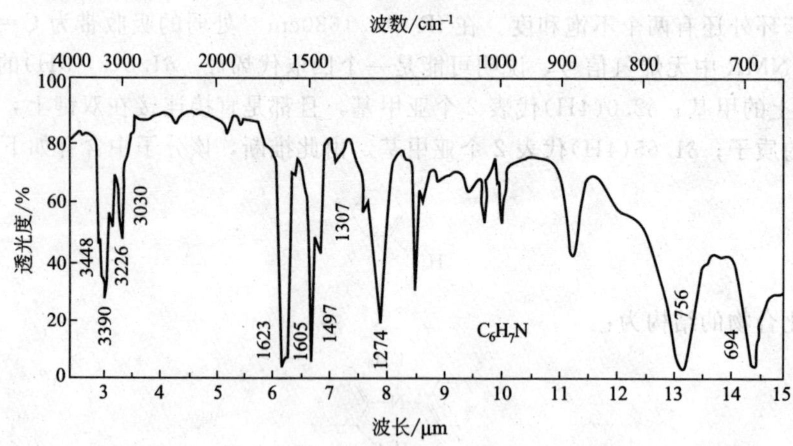

4. 下图 A 和 B 分别是 1-己烯和乙酸己酯的红外谱图，试识别各图的主要吸收峰。

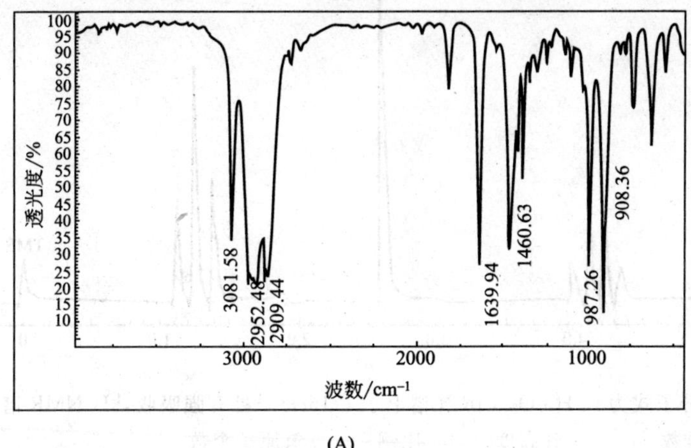

(A)

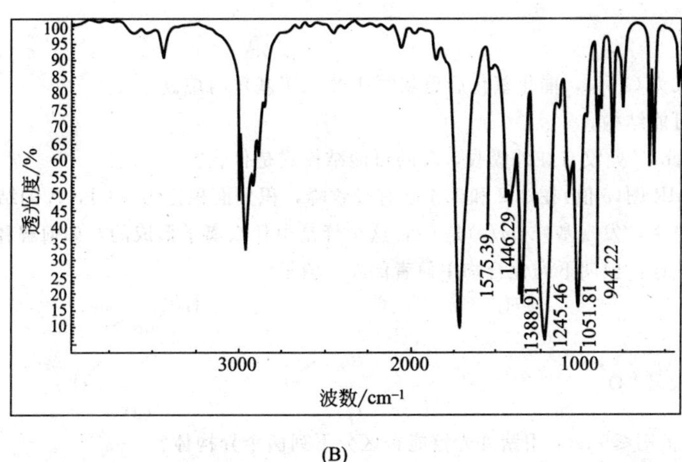

(B)

5. 指出如何运用红外光谱来区分下列各对异构体：

(1) $H_3CHC{=}CHCHO$ 和 $H_3CC{\equiv}CCH_2OH$

(2) $H(C_6H_5)C{=}C(H)C_6H_5$ 和 $H_5C_6(H)C{=}C(H)C_6H_5$

(3) $C_6H_5COCH_3$ 和 $C_6H_5CH_2CHO$

6. 化合物 A 和 B 在环己烷的溶液中各有两个吸收带，A：$\lambda_1=210$nm，$\varepsilon_1=1.6\times10^4$；$\lambda_2=330$nm，$\varepsilon_2=37$；B：$\lambda_1=190$nm，$\varepsilon_1=1.0\times10^3$，$\lambda_2=280$nm，$\varepsilon_2=25$；判断 A 和 B 各有什么样的结构？它们的吸收带是由何种跃迁产生的？

7. 化合物 $C_8H_{14}O_4$ 在红外光谱中 3000cm^{-1} 以上区域无吸收，但在 1730cm^{-1} 处有强吸收，它的核磁共振谱如下图所示。试推测其结构式。

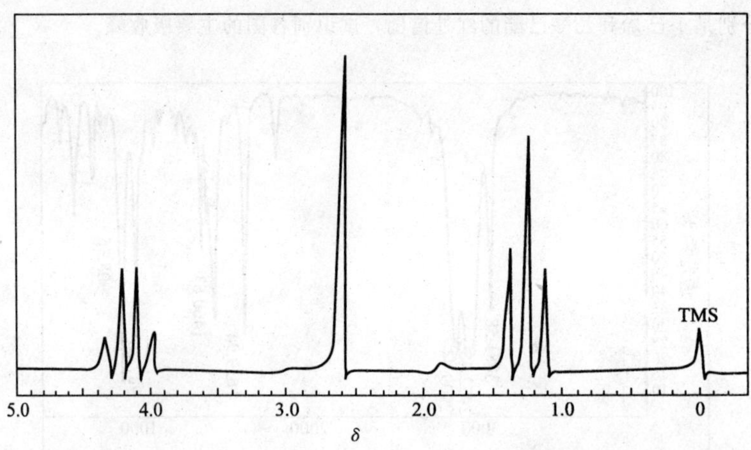

8. 一个未知液体，分子式为 $C_6H_{10}O_2$，IR 光谱上于 $1715cm^{-1}$ 处有强吸收，^1H NMR 谱：

峰位	峰重数	积分高度	比例	氢原子个数
$\delta_{2.1}$	单	9	3	6
$\delta_{2.6}$	单	6	2	4

试推测其结构式。

9. 化合物 A，分子式为 C_5H_8，催化氢化后得到顺-1,2-二甲基环丙烷。

(1) 写出 A 的可能结构。

(2) 已知在 $890cm^{-1}$ 处没有红外吸收，A 的可能结构式是什么？

(3) A 的^1H NMR 图(δ 值)在 2.2 和 1.4 处有吸收峰，积分面积比为 3∶1，A 的结构如何？

(4) 在 A 的质谱中，发现基峰(m/z)是 67，这个峰是由什么离子形成的？如何解释它的丰度？

10. 若只考虑 π-π^* 跃迁，预期下列化合物中何者的 λ_{max} 值最大？

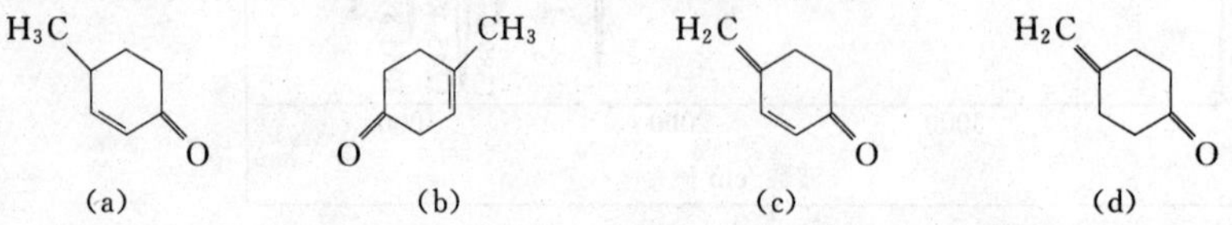

11. 如果允许的误差范围≤5nm，用紫外光谱能否区分下列两个异构体？

12. 某溴代苯甲酸的 UV 吸收是 λ_{max} 244nm，推定其结构。

13. 将下列各组化合物按在紫外光谱中吸收波长从长到短排序：

(1) CH_2═CH—CH═CH_2 (A)　　CH_2═CH—CH═CH—CH_3 (B)　　CH_2═CH_2 (C)

(2) CH_3Cl (A)　　CH_3Br (B)　　CH_3I (C)

(3)
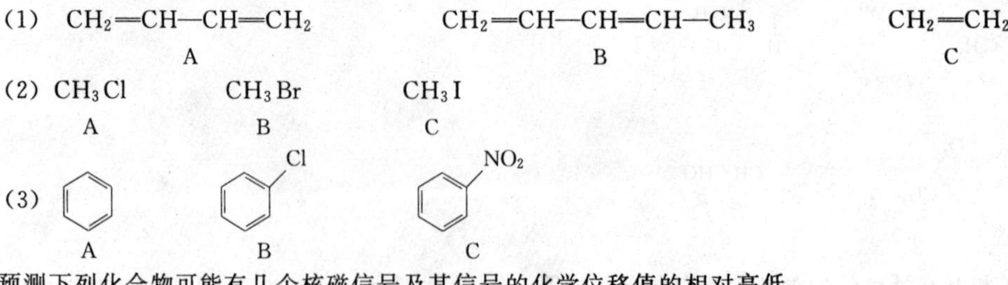

14. 预测下列化合物可能有几个核磁信号及其信号的化学位移值的相对高低。

(1) $Cl_2CHCHCl_2$　　(2) $ClCH_2CH_2I$　　(3) $CHCl_2CH_2CH_3$

(4) $C_6H_5CH_2CH_2CH_3$　　(5) CH_3CH_2CHO　　(6) CH_3COOCH_3

15. 写出具有下列分子式但仅有一个氢谱核磁共振信号的化合物的结构式

(1) C_5H_{12}　　(2) C_2H_6O　　(3) C_2H_4Br　　(4) C_4H_6

16. 化合物 A 和 B 的分子式均为 $C_2H_4Br_2$，A 的核磁共振氢谱有一个单峰；B 则有两组信号，一组是双重峰，一组是四重峰。试推断 A 和 B 的结构。

17. 某烃 C_9H_{12} 的核磁共振谱如下图，试确定其结构。

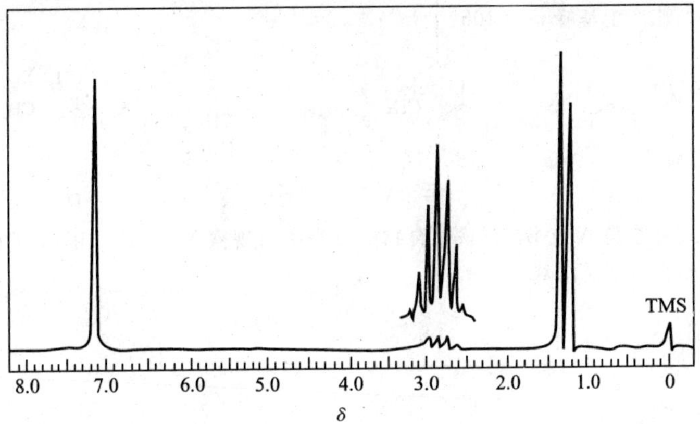

18. 分子式为 C_7H_6O 的化合物，质谱图中有 m/z 为 106，105，77 的强吸收带，试推测化合物的结构。

19. 化合物 $C_4H_{10}O$ 的红外光谱如下图，试推断其结构式。

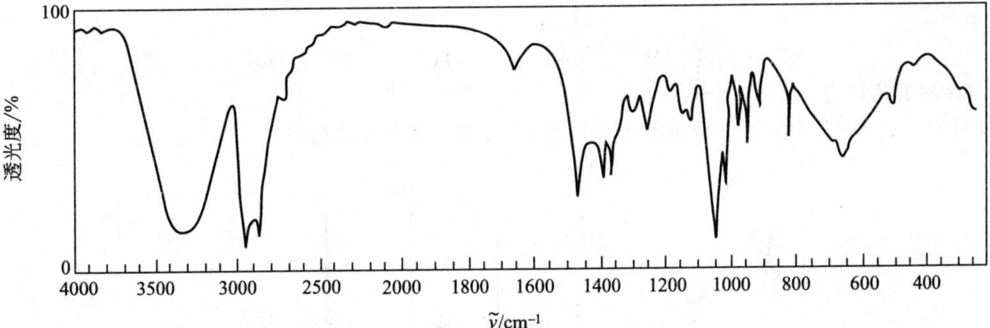

20. 分子式为 C_7H_{16} 的化合物的红外光谱图，试推测其结构。

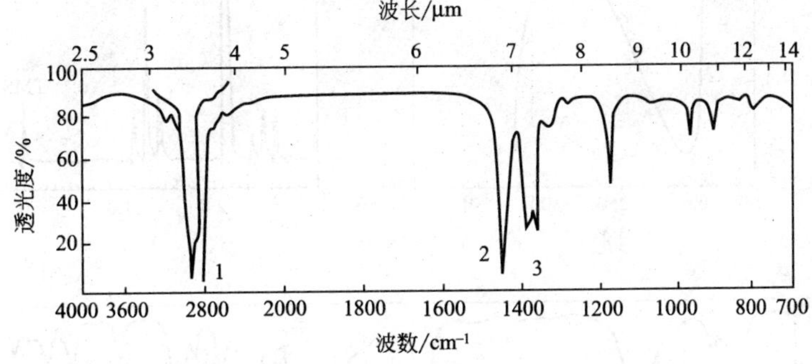

21. 下列同分异构体 A 和 B 将出现哪些不同的特征红外吸收带？

CH_3 $=CH_2$

A   B

22. 推测下面化合物的红外特征吸收带

O N H

23. 推测下面化合物(DDT)(MW=354)的分子离子同位素峰有几个，质量多大？强度如何？

Cl—⟨苯环⟩—CH—⟨苯环⟩—Cl

CCl_3

24. 下列化合物中哪个能产生基峰 m/z 105？

Me Me Me Me　　CH_3　　CH_3 CH_3　　CH_3 CH_3

A　　B　　C　　D

25. 某化合物的结构式可能是 A 或 B，在该化合物的质谱中可观察到 m/z 83 和 57 的强离子峰，下列哪个结构与这组数据吻合？请予解释。

A　　B

26. 一个化合物 A($C_9H_{10}O$)不起碘仿反应，其红外光谱在 1690cm^{-1} 处有强吸收峰，核磁共振谱数据如下：

δ 1.2(t，3 H)　　δ 3.0(q，2 H)　　δ 7.7(m，5 H)

推断 A 的结构。B 为 A 的异构体，能起碘仿反应，其红外光谱在 1705cm^{-1} 处有强峰，核磁共振谱数据为：

δ 2.0(s，3 H)　　δ 3.5(s，2 H)　　δ 7.1(m，5 H)

试推测 B 的结构。

27. 某化合物的 UV、IR 谱和 ^{1}H NMR 谱分别如下，试推导其可能结构式。

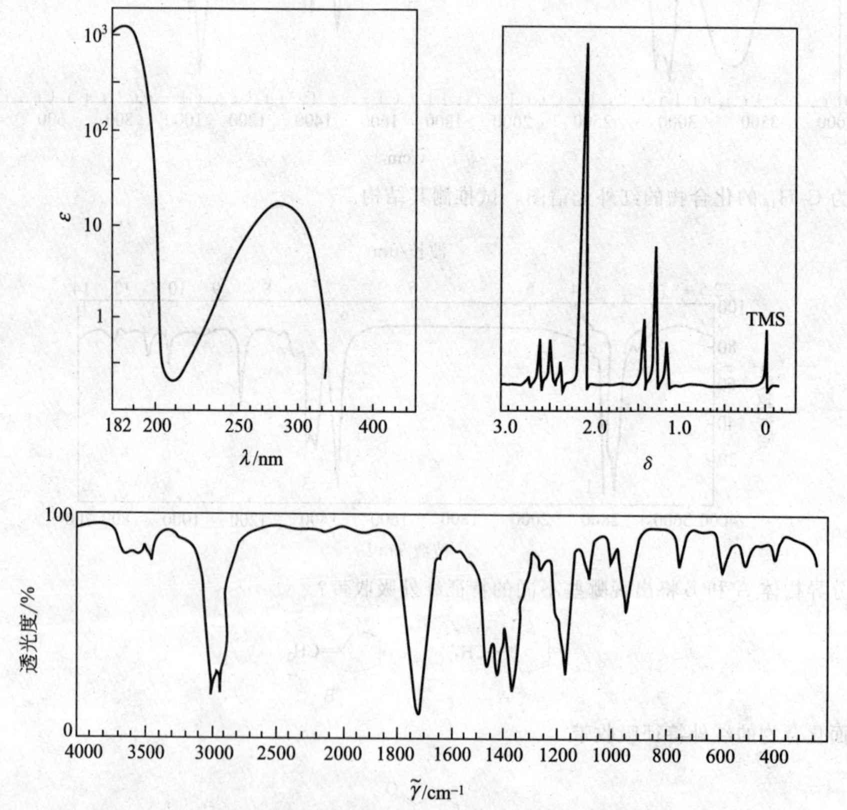

28. 化合物的红外光谱图中 1710cm^{-1} 处有强吸收峰，其 MS 和 NMR 谱如下图所示，试推导其结构式

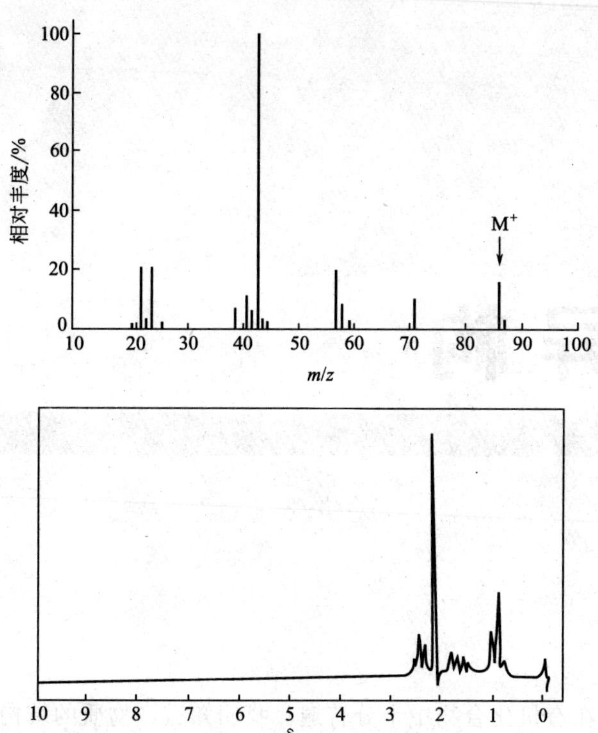
相对丰度/%
M+
m/z
δ

6

对映异构

同分异构线现象在有机化合物中十分普遍。我们知道，物质的结构包括构造、构型和构象三个层面，三个层面均可产生异构现象，由它们引起的同分异构现象分别称为构造异构、构型异构和构象异构，其中后两者属于物质的空间结构，因此统称为立体异构。

凡因分子中原子或原子团连接的顺序和键性不同而产生的同分异构现象称为构造异构，如碳干异构、位置异构和官能团异构；凡化合物分子中原子间连接的次序相同，但由于构型不同而产生的异构现象称为构型异构；凡构造和构型均相同，只是因为分子中键的旋转而产生的异构现象称为构象异构。在构型异构中，除了前文已介绍过的顺、反异构(也称几何异构)外，还有另外一种极为重要的异构现象，即本章将要介绍的对映异构现象。

- 同分异构
  - 构造异构
    - 碳干异构
    - 位置异构
    - 官能团异构
  - 立体异构
    - 构象异构
    - 构型异构
      - 顺反异构
      - 对映异构

人们在剧烈运动后，肌肉中会产生一种乳酸(α-羟基丙酸)，乳糖经过发酵后也能得到乳酸，这两种乳酸的分子式和构造式完全相同，一般的物理和化学性质也相同，但实验发现，它们对平面偏振光的旋光性能却不一样，肌肉乳酸可使平面偏振光向右旋转，而发酵乳酸却使其向左旋转。这是因为两者的空间构型不同造成的，犹如物体自身与其镜像一样互呈对映的关系。像这种分子式和构造式相同，构型不同互呈镜像对映关系的立体异构现象称为对映异构(enantiomerism)，也称为旋光异构或光学异构。互呈镜像对映关系的立体异构体互称为对映异构体(enantiomers)。

对映异构现象在自然界十分普遍，生物体对对映异构体“识别”的专一性很强，许多生物活性物质都是具有旋光性的，如天然氨基酸、糖类等。20 世纪十大著名的科技丑闻之一的“反应停事件”就是由于对映异构体的性质差别造成的。“反应停”(沙利度胺)是用于防止孕妇妊娠呕吐反应的药物，但后来发现它会导致新生儿畸形，大量海豚婴儿的出现将其推上风口浪尖。随后的研究表明，这一恶果的罪魁祸首就是其中的 *S*-异构体。

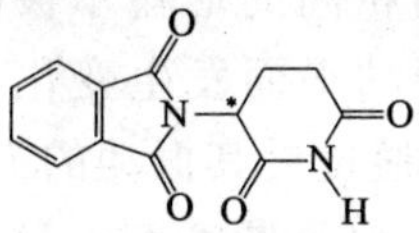

沙利度胺(反应停)

作为这一事件的直接后果，对映异构现象从此受到了极大的关注，与对映异构相关的研究也成为当前有机化学中最为火热的研究领域之一，研究有机化合物的对映异构现象具有非常重要的意义。

6.1 物质的旋光性

6.1.1 平面偏振光和物质的旋光性

光波是一种电磁波，它的振动方向与其前进方向垂直(见图 6-1)，在普通光线里，光波可以在垂直于它前进方向的任何可能的平面上振动(见图 6-2)。

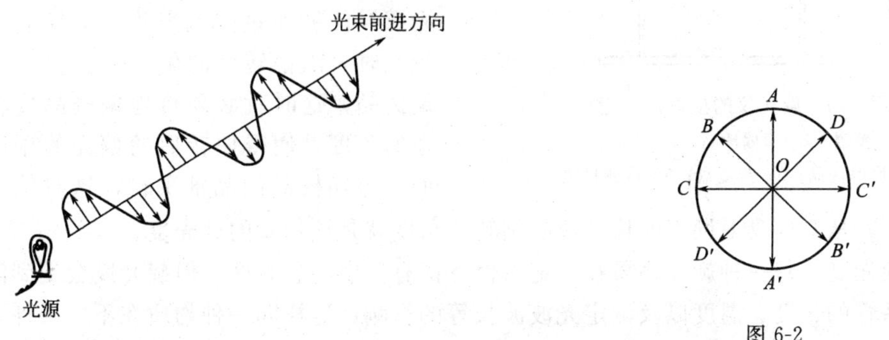

图 6-1

图 6-2

如果将光线通过一个用方解石制成的尼科尔棱晶，这个棱晶就像栅栏一样，只会允许与在棱晶晶轴方向平行的平面上振动的光线透过，而其他方向上振动的光线则被挡住，如图 6-3 所示。这样透过去的光线就成了只在一个平面上振动的光波，这种光波就称为平面偏振光。

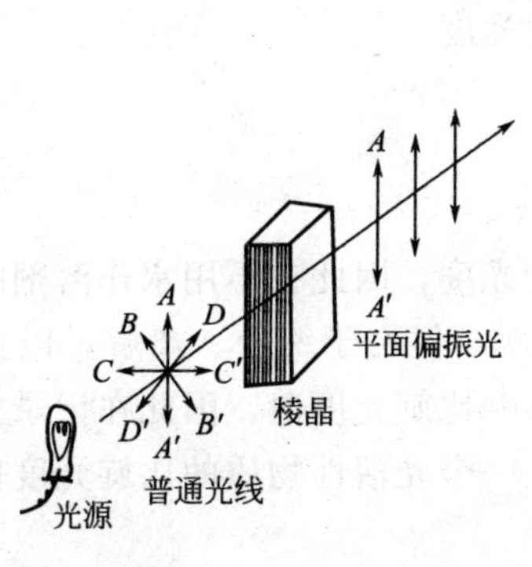

图 6-3　光的偏振

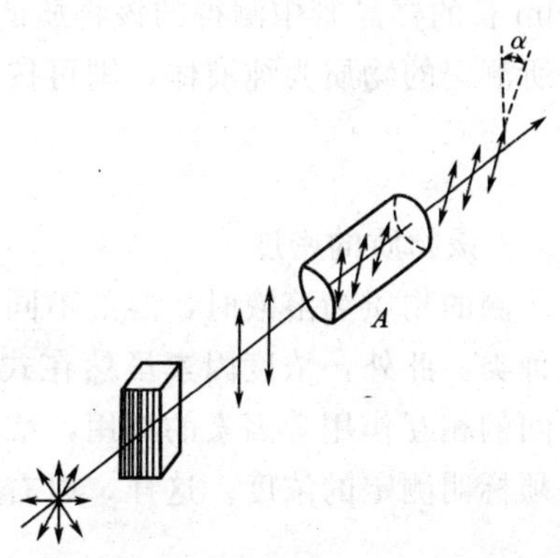

图 6-4　平面偏振光的旋转

如让平面偏振光通过某一物质的溶液或纯液体，则光波会与物质分子中的电子产生作用。当光波通过某些物质，如水、乙醇、丙酮等后，光波的振动平面不发生变化，当在光线的出射放置另一个与前一个晶轴方向相同的尼科尔棱晶时，则光波依然可以通过，也就是说，这些物质没有使平面偏振光的振动平面发生变化，它们是非光活性的。而另外一些物质，如乳酸、葡萄糖等的溶液，光波通过后其振动的方向会发生变化，必须将后一个棱晶旋转一定的角度，才可使透过的光线通过(见图 6-4)，这样的物质是光活性的。这种能使平面偏振光振动平面发生改变的性质称为物质的**旋光性**，具有旋光性的物质称为**光活性物质**或旋光物质。

物质的旋光性用旋光度 α 来表示，即使平面偏振光旋转的角度。面向光源观察，如果旋光物质使得平面偏振光向顺时针方向旋转，则称其为**右旋体**，用“+”或“d”来表示；反之，向逆时针方向旋转，则称为**左旋体**，用“−”或“l”来表示。

6.1.2 旋光仪和比旋光度

(1) 旋光仪　将上述原理仪器化就可制成旋光仪，图 6-5 是常用的旋光仪的横截面示意图。

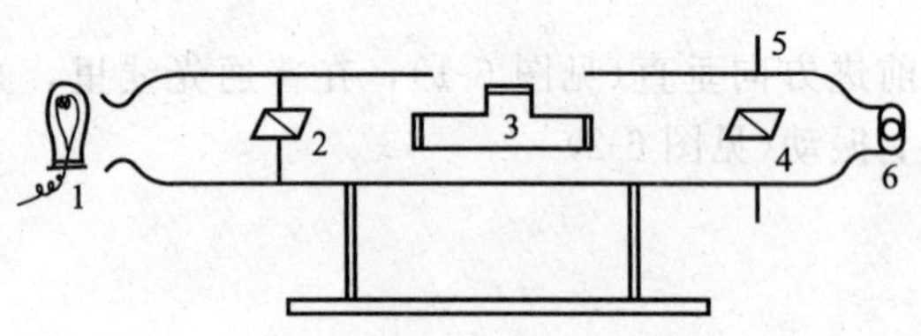

图 6-5　旋光仪的横截面示意

1—光源；2—起偏棱晶；3—样品管；4—检偏棱晶；5—刻度盘；6—观测目镜

当检偏棱晶的晶轴与起偏棱晶的晶轴平行时，偏光就可通过，测定时以此为零点。若测定的样品无旋光性，则偏光照样能够通过。但当测定的样品有旋光性时，则偏转后的偏光不能再通过检偏棱晶，这时就必须将检偏棱晶旋转一定的角度，使得偏转后的偏光的振动平面与检偏棱晶的晶轴平行，这时偏光才能通过。这样，从刻度盘上读出的检偏棱晶旋转的角度就是该物质的**旋光度**。

(2) 比旋光度　每一种旋光物质在一定条件下都有一定的旋光度。但旋光度会受到溶液的浓度、样品管的长度、温度以及测定光波波长等的影响，这样同一种物质在不同条件下测得的旋光度就会不一样。因此为了方便地比较物质的旋光性能，常用**比旋光度**来表示物质的旋光性能，其定义为：

$$[\alpha]_{\lambda}^{t}=\frac{\alpha}{L(\mathrm{dm})\times c(\mathrm{g/mL})} \tag{6-1}$$

即比旋光度是在温度 t 下，用波长为 λ 的光照射，将浓度为 1g/mL 的旋光性物质的溶液，放在 1dm 长的样品管中测得的该物质的旋光度。比旋光度是光活性物质特有的物理常数。

如所测定的物质为纯液体，则可按下式计算其比旋光度：

$$[\alpha]_{\lambda}^{t}=\frac{\alpha}{Ld} \tag{6-2}$$

式中，d 为该物质的密度。

当所测的物质为溶液时，溶剂不同会影响它的比旋光度，因此在不用水作溶剂时要标明溶剂的种类。此外，浓度因素虽然在式(6-1)中有所体现，但由于缔合、离解，以及溶质与溶剂之间的相互作用等因素的作用，浓度的改变也会影响比旋光度值。因此在记录比旋光度时还必须标明测定的浓度。这样，以右旋酒石酸为例，一个光活性物质的比旋光度值可以记录为：

$$[\alpha]_{\mathrm{D}}^{20}=+3.79^{\circ}\text{（乙醇，5\%）}$$

其意义为，在钠光照射下，于 20℃测得的右旋酒石酸的 5%乙醇溶液的比旋光度值为 +3.79°。

根据上面的式子，不仅可以计算物质的比旋光度，在已知比旋光度值的情况下，也可以用于测定物质的浓度或鉴定物质的纯度。

6.2 对映异构现象与分子结构的关系

6.2.1 对映异构现象的发现

1813 年，J. B. Biot 首先发现石英能使平面偏振光发生偏转，即具有旋光性。1818 年他又发现糖的溶液也具有旋光性，但这一发现在当时未引起人们的充分重视。

1848 年，L. Pasteur 采用优先结晶法从外消旋酒石酸钠铵中分离出了两种不同的晶体，它们在外形上呈实物和镜像的关系，测定它们的旋光性能时发现，一种是右旋的，而另一种是左旋的，但旋光度相同。

1874 年，Van’t Hoff 首次提出了碳四面体的概念，从而把有机分子内在的空间结构与其溶液的旋光性联系起来。他指出，已知的光活性化合物都具有手性碳原子，即当一个碳原子分别与四个不同的基团相连接时，那么它在空间就可以有两种排列方式，即具有两种不同的四面体构型，这两种构型互呈实物和镜像的对映关系，相似但不能重合(见图 6-6)。这些工作奠定了经典的有机结构理论，并标志着立体化学的诞生。这种与四个不同基团相连的碳原子称为**手性碳原子**或不对称碳原子，通常用星号“*”标示。例如：

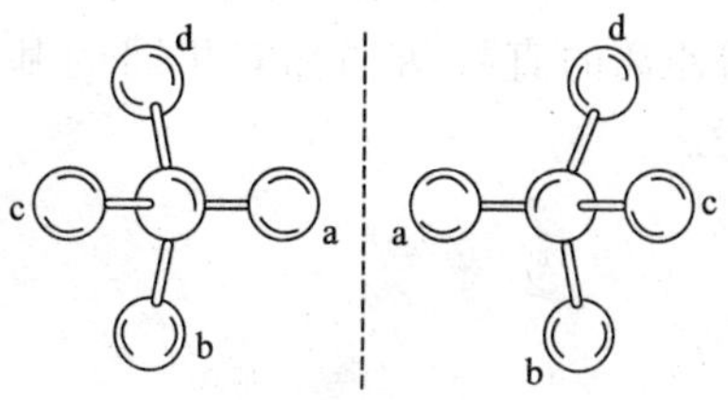

图 6-6

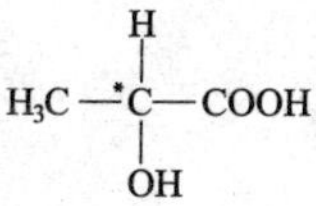

$$H_3C-\overset{H}{\underset{OH}{\overset{|}{\underset{|}{C^*}}}}-COOH$$

如果四个基团中有两个或两个以上是相同的，那么这样的分子在空间就只有一种排列方式，它的实物和镜像就能重合，因而不存在对映异构现象，也不具有光活性。

6.2.2 手性和对称因素

如前所述，如果物质的分子与其镜像不能重合，这种物质就具有旋光性，反之则不具有旋光性。所以说，物质的分子具有与其镜像不能重合的特征是物质具有旋光性和产生对映异构体的必要条件。

物质的分子与其镜像不能重合，如同人的左右手一样，因此把物质的这种特性称为**手性**或**手征性**(chirality)，手性是物质具有旋光性和对映异构现象的充分和必要条件。具有手性的分子称为手性分子。

既然物质具有手性就具有旋光性和对映异构现象，那么物质具有怎样的分子结构才具有手性呢？即手性分子在结构上具有什么特点呢？虽然分子中具有一个手性碳原子就有手性，但从下面的讨论可以知道，分子中是否具有手性碳原子既不是物质具有手性的充分条件，也不是必要条件。

判断一个分子是否具有手性，可以通过考察其是否具有某些对称因素来确定。

根据一个化合物分子所含的可能的对称因素，可以把它的对称性分为三种类型。

① 具有对称面、对称中心或交叠对称轴的化合物称为对称化合物，它们能与其镜像重合，因此没有光活性。

所谓对称面是指分子中存在的这样一个平面，分子相对于这个平面呈对称分布。如图6-7所示的1,1-二氯乙烷和(*E*)-1,2-二氯乙烯：

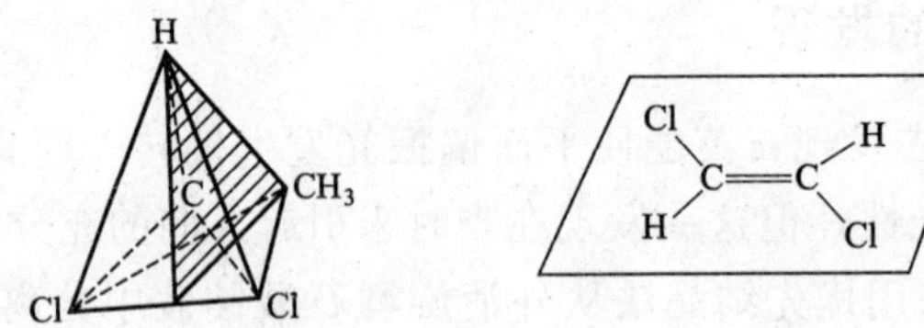

图 6-7　1,1-二氯乙烷和(*E*)-1,2-二氯乙烯分子中的对称面

所谓对称中心是指分子中存在的这么一个点 *P*，通过这个点画任何直线，如果在离 *P* 点等距离的直线两端都有相同的基团，如图 6-8。一个分子不可能具有一个以上的对称中心。

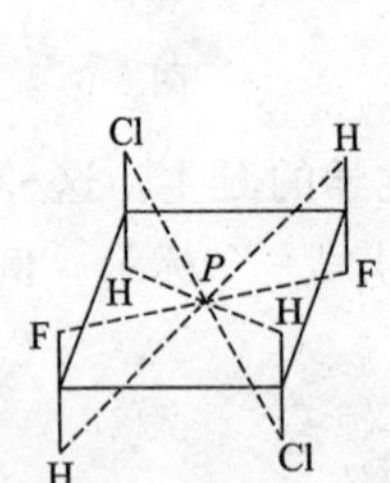

图 6-8　对称中心 *P*

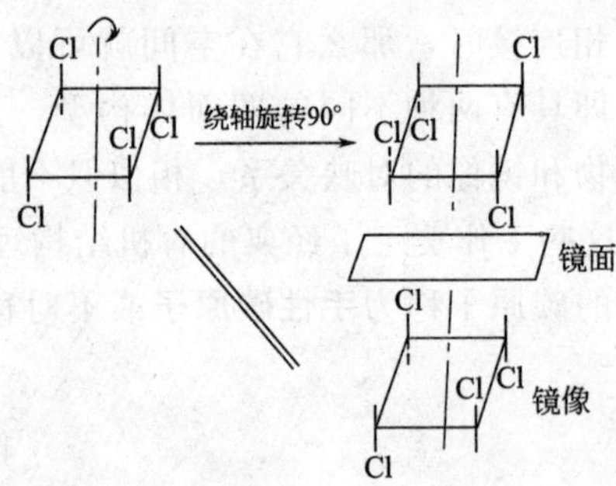

图 6-9　四重交叠对称轴

如果将一个分子沿一根轴旋转 360°/*n* 的角度后，再用一面垂直于该轴的镜子将其反射，所得的镜像能与原分子重合，则该轴就叫做该分子的 *n* 重交叠对称轴。例如图 6-9 化合物就具有四重交叠对称轴。

② 不含对称面、对称中心或交叠对称轴，但含有一个，甚至多个对称轴的化合物称为非对称化合物，该类化合物可能具有手性，也可能没有手性。

如果穿过分子画一根直线，分子以它为轴旋转 360°/*n* 后，可以获得与分子旋转前相同的形象，则该轴称为该分子的 *n* 重对称轴。如图 6-10(a)的三个分子中分别存在 2 重、4 重和 6 重对称轴，但它们都不具有手性。而图 6-10(b)的分子中也存在一个 2 重对称轴(亚甲基碳原子与其他两个碳原子间的中间点的连线)，但该化合物与其镜像不能重叠，因而具有手性。

由此可见，对称轴不能作为判断分子是否具有手性的标准。

③ 完全不含任何对称因素的化合物称为不对称化合物，这种分子与其镜像是不能重合的，因此具有光活性，如螺旋化合物。

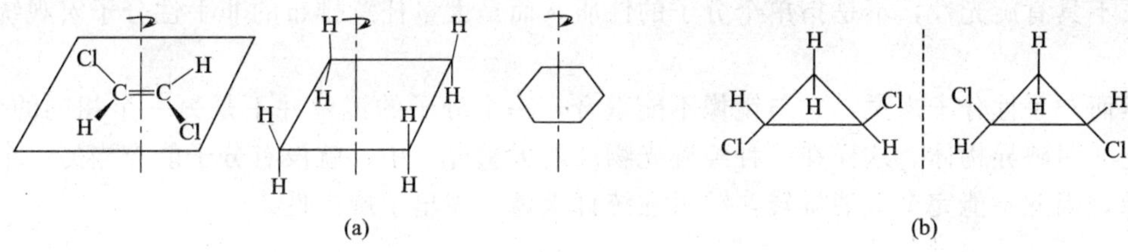

图 6-10 对称轴

6.2.3 物质产生旋光的原因

手性分子使平面偏振光的振动平面发生偏转是光与分子之间相互作用的结果，这种相互作用可以用量子力学理论作定性，甚至定量的计算。事实上，有些分子的旋光度值和旋光方向已用这种方法进行了计算。本节只用经典的电磁理论对此形象作一定性的分析。

光是一种电磁波，其振动频率很高，形成了快速的交流电场。当光线照射到透明物质的分子时，分子中的原子核和电子都受到光的电场的影响。因为电子的质量较小，容易受光的电场的影响而发生振动。光波与电子振动之间的相互影响使得光波前进的速度减慢，从而产生折射现象。物质的折射率越大，表明光在前进过程中受到的阻力越大，其速度就越小，亦即物质分子中的电子振动越强。物质的极化度越大，物质与光的相互作用就越强，折射率就越大。

平面偏振光可以看作是由两股围绕着光前进方向的轴呈螺旋形向前传播的圆偏振光合并而成的，其中一股圆偏振光呈右螺旋形，另一股呈左螺旋形(见图 6-11)，它们互为镜像关系。当偏振光经过一个对称的区域时，这两股光受到分子的阻碍力相等，所以它们以相同的速度经过这个区域，因此偏振光原来的振动平面不变，不表现出旋光性。倘若偏振光遇到的是手性分子，如右旋乳酸分子，则两股圆偏振光一个从右边接近，另一个从左边接近分子，由于不同基团极化度的差异，它们的折射率就不相同。经实验测定，右旋圆偏振光对右旋乳酸的折射率为 1.10011，而左旋圆偏振光对右旋乳酸的折射率为 1.10017。折射率不同说明这两个圆偏振光经过手性分子时受到的阻力不等，这样速度减慢的程度也就不一样，结果导致偏振光振动平面不能再维持在原来的方向上，而是产生一定的偏转，从而表现出旋光性。

然而在液体和气体中，分子的排列是杂乱无章的，因此即使对具有对称面的物质分子来说，也很少有机会能使偏振光的振动平面恰好与分子的对称面相一致。所以，当分子按其他空间取向的时候，虽然分子是对称的，它也会使偏振光的振动平面旋转。从理论上讲，几乎所有物质的分子，包括对称分子都会使偏振光的振动平面旋转一个极小的角度，而且旋转的方向和程度随这个分子在光束中的取向而有所不同。然而已经知道，即使在测量时使用极少量的纯物质，它也是由许许多多任意排布着的分子组成的。因此偏振光照射对称分子时，虽然它会有少许的旋光性，但由于它和镜像的可重叠性，在光路上必然还会遇到另外一些和它互呈镜像的相同分子，由于它们的取向正好和前面的取向相反，又会使稍许旋转的偏振光平面反转回来。因此，从统计的观点来看，其净结果是没有旋转，即无旋光性。所以通常说一

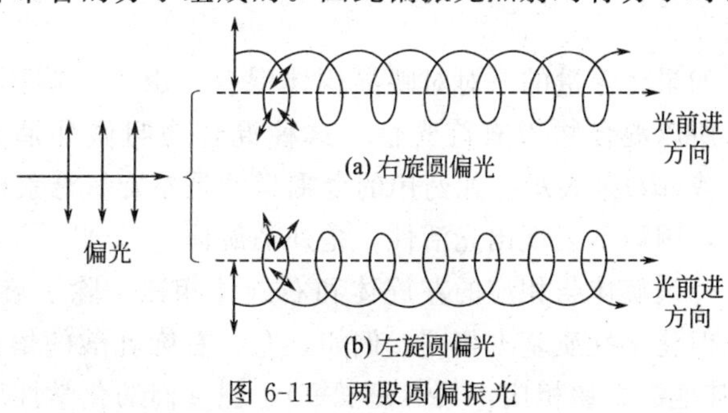

图 6-11 两股圆偏振光

个物质不具有旋光性，不是指单个分子的性质，而是大量任意排布的非手性分子宏观统计的结果。

然而对手性分子来说，它与镜像不能重合，一个分子的镜像并不是另一个相同的分子，而是它的对映异构体。这样在一种纯旋光物质的大量分子中，就没有分子能充当另一个分子的镜像，因此不能完全抵消旋转，结果在统计上就表现出了旋光性。

6.3 含不同手性因素的化合物的立体化学

6.3.1 含手性中心的化合物

当一个碳原子上连接有四个不同的基团时，它就可能具有对映异构现象，这种碳原子称为手性碳。除碳原子外，还有一些其他的原子，如 N、P、Si、S 等都可能具有四面体的构型，因此当它们连上不同的基团时，也可能具有对映异构现象。这类具有四面体构型的原子统称为手性中心，本章主要讨论含手性碳原子的化合物。

6.3.1.1 含一个手性碳原子的化合物

含一个手性碳原子的化合物在空间有两种排列方式，这两种排列方式互呈实物和镜像的关系，称为一对对映异构体(enantiomers)，其中一个为左旋体，另一个为右旋体。

在顺、反异构体中，与双键或环相连的两个基团之间的距离是不等的，在顺式中距离近，而在反式中距离远，因而它们的物理与化学性质都是不相同的。因为它们是在几何尺寸上有差别，所以顺反异构体又称作几何异构体。而在对映异构体中，围绕着不对称碳原子的四个基团间的距离是相同的，即在几何尺寸上是完全相等的，因而对映异构体的物理和化学性质一般都相同。例如，右旋和左旋的 2-甲基-1-丁醇具有相同的沸点、密度和折射率，两者的比旋光度数值也相同，仅旋光方向相反(见表 6-1)。

表 6-1 2-甲基-1-丁醇对映异构体的物理性质比较

化合物	沸点/℃	密度	折射率(20℃)	比旋光度[α]
(+)-2-甲基-1-丁醇	128	0.8193	1.4102	+5.756
(−)-2-甲基-1-丁醇	128	0.8193	1.4102	−5.756

在化学性质方面，它们在非手性环境下的反应没有区别，例如，它们在用硫酸处理时，可以脱水生成同样的烯，用醋酸处理时生成相同的酯等，且反应速率完全一样。但在手性环境中，两者的反应可能存在本质的差别，如生物体内的酶往往只能与对映体之一进行反应，具有高度的“识别”功能，这是某些手性药物的对映异构体的生物活性性能存在差异的根本原因。

如果将等量的一对对映异构体混合，由于左旋体和右旋体对平面偏振光的作用相互抵消，所以混合物没有旋光性，这种混合物叫做**外消旋体**(racemates)或外消旋混合物，用(±)或(*dl*)来表示。如药用的合霉素就是左旋氯霉素(有效体)与其对映体(无效体)的等量混合物，因而不表现出光活性，是外消旋体。

外消旋体与相应的左旋体和右旋体相比，除了旋光性能不同外，其他物理性质也有差异，但化学性质基本相同。例如，左、右旋乳酸的熔点为 53℃，而外消旋体的熔点为 18℃(与其他混合物相比，其熔程很短)，但它们的化学性质相同。在生理作用方面，外消旋体仍各发挥其所含左旋体和右旋体的相应效能。例如，合霉素的抗菌能力仅为左旋氯霉素的一半。

有的光活性化合物在保存过程中会逐渐失去其光活性，这是因为部分分子转化成了它们的对映异构体，当达到平衡时两者的比例相等，成为了外消旋体，因而光活性消失。一个光活性物质转化为外消旋体的过程称为**外消旋化**。例如：

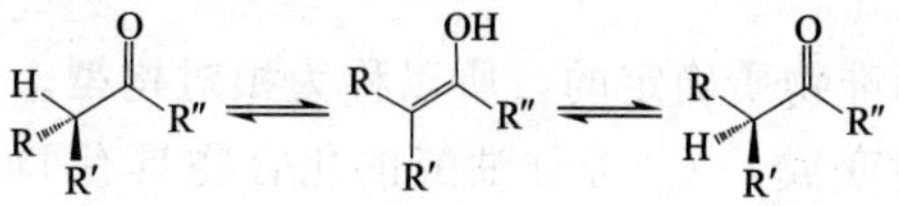

对映异构体的构造式相同，但空间排布不同，所以要用构型来表示。例如乳酸的一对对映异构体可以表示为：

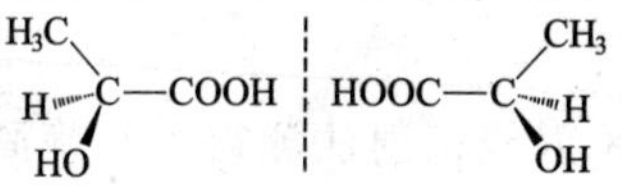

这种表示法称为飞楔式，即将手性碳原子和其中的两个基团放在一个平面上，另外两个基团中，朝向平面里面的用虚线表示，而朝向平面外的用实线表示。这种表示法可以很清楚地看出分子中各基团之间的位置关系，但在书写复杂分子时就很不方便了。为了便于比较，一般采用 Fischer 投影式来表示。

假定不对称碳原子是在纸平面上，则四面体的两个顶点指向前方，两个指向后方，把指向前方的用横线表示，而指向后方的用竖线表示，并且尽量将含有碳原子的基团放在竖线相连的位置上，编号较小的碳原子放在上面，大的放在下面，就得到构型的费歇尔投影式。例如甘油醛的飞楔式和费歇尔投影式的关系为：

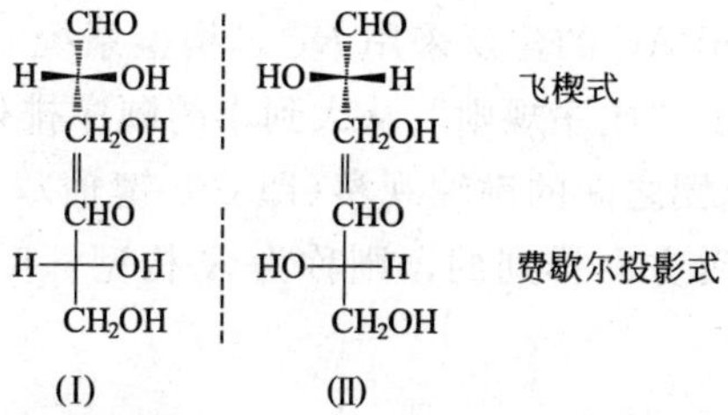

飞楔式

费歇尔投影式

(Ⅰ) D-(+)-甘油醛　(Ⅱ) L-(−)-甘油醛

使用费歇尔投影式时必须注意的是：①投影式在纸平面上旋转 90°时会引起构型的改变，而旋转 180°时不变；②取代基的位置互换奇数次会引起构型的改变，而互换偶数次构型不变；③费歇尔投影式不能离开纸平面翻转。

解决了构型的书写方式后，接下来的问题就是如何将一对对映异构体与它的真实构型联系起来，即如何确定有机分子的立体构型问题，这对有机立体化学和反应机理的研究具有重要的作用。在 1951 年前，还没有适当的方法测定旋光物质的真实构型(或称绝对构型)，这给研究带来了很大的困难。因此为了方便，就选择了一些物质作为标准，并人为地规定它们的构型。如甘油醛有一对对映异构体，当时人为规定右旋甘油醛具有(Ⅰ)的构型，并用符号 D 来标记，命名为 D-(＋)-甘油醛；左旋甘油醛具有(Ⅱ)的构型，并用符号 L 来标记，命名为 L-(－)-甘油醛。这里 D 和 L 表示构型，而＋和－表示旋光方向。

确定标准物质后，其他光活性物质的构型就通过化学关联的方法来予以确定。例如乳酸的构型可以这样确定：

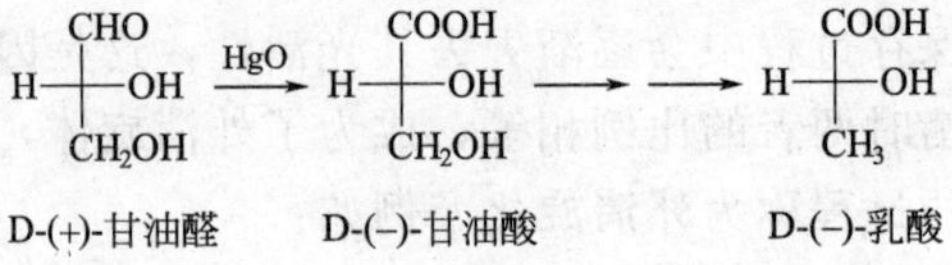

$$\begin{array}{c}CHO\\H-\!\!\!+\!\!\!-OH\\CH_2OH\end{array}\xrightarrow{HgO}\begin{array}{c}COOH\\H-\!\!\!+\!\!\!-OH\\CH_2OH\end{array}\longrightarrow\longrightarrow\begin{array}{c}COOH\\H-\!\!\!+\!\!\!-OH\\CH_3\end{array}$$

D-(+)-甘油醛　　D-(−)-甘油酸　　D-(−)-乳酸

这样的构型是相对于标准物质确定的，所以称为**相对构型**。于是规定，凡是由 D-(＋)-甘油醛转变而来的，或能转变成 D-(＋)-甘油醛的化合物具有 D 系构型；凡是由 L-(－)-甘油醛转变而来的，或能转变成 L-(－)-甘油醛的化合物具有 L 系构型。需要说明的是，在进行化学关联时，与手性碳原子相连的四个化学键不能发生断裂。

从上例也可以看出，物质的构型与其旋光性之间没有必然的关系，D-构型的化合物可以是左旋的，也可以是右旋的。

1951 年，J. M. Bijvoet 通过 X 射线衍射法测得了右旋酒石酸的**绝对构型**，巧合的是它正好与人为规定的由甘油醛关联而来的构型一致，这样，由标准物质关联而来相对构型就成了绝对构型(真实构型)了，从而避免了不少麻烦。

虽然右旋化合物的绝对构型可以用 X 射线衍射法进行测定，但这种方法困难且费时，因此许多化合物的构型还是通过化学方法与已知构型的化合物相关联而得到的。但是，随着立体异构方面实践知识的大量积累，人们越来越感到仅用 D、L 来表示构型的不便，而且往往引起混乱。这是因为，一方面有些物质，如环状化合物很难与标准物质相关联，另一方面化学转化也无一个公认的规则。如在多手性碳原子的化合物中，选择不同的标准物质往往会得出相反的构型。所以，现在除了糖类和氨基酸类等天然产物还沿用 D、L 命名法外，其他化合物已普遍采用系统命名法。

1970 年，国际上根据 IUPAC 的建议采用 *R*、*S* 构型系统命名法。此法规定，将与手性碳原子相连接的四个基团按照“次序规则”从大到小的顺序排列，如在 C_{abcd} 中，a＞b＞c＞d，然后沿着手性碳与最小基团之间的键轴观察(即 C-d 键轴)，剩下来的 3 个基团按从大到小的顺序排列，如果是顺时针方向排列的，则称为 *R*-构型，反之如是逆时针排列的，则命名为 *S*-构型。

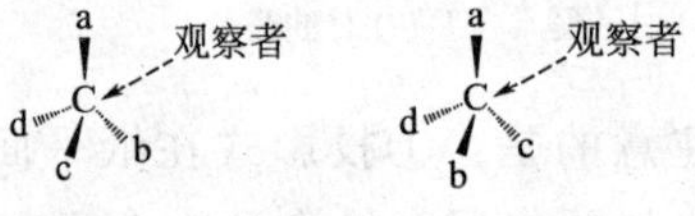

观察者　　观察者

R-构型　　*S*-构型

基团的大小按“次序规则”进行比较。次序规则在前面已作过一些介绍，现再补充几点：

① 对原子团来说，首先比较第一个原子的原子序数，例如$-SO_3H>-OH>-NH_2>-CH_3$；

② 如果第一个原子相同，则顺序比较与第一个原子相连的原子的原子序数，例如$-OR>-OH$，$-CH_2Cl>-CH_3$，$-NR_2>-NHR>-NH_2$ 等，如果第二个又相同，则再比较第三个，依此类推；

③ 如果原子团含有双键或叁键，则当作两个或三个单键看待。例如：

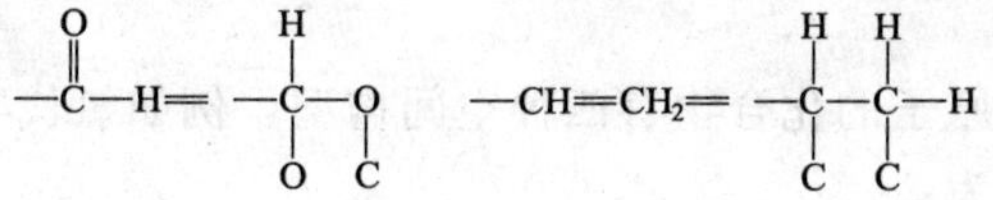

$$-\overset{O}{\overset{\|}{C}}-H= \quad -\overset{H}{\underset{O\ \ C}{\overset{|}{\underset{|\ \ |}{C}}}}-O \qquad -CH=CH_2= \quad -\overset{H\ \ H}{\underset{C\ \ C}{\overset{|\ \ |}{\underset{|\ \ |}{C-C}}}}-H$$

所以有：

$$-\overset{O}{\overset{\|}{C}}R > -\overset{O}{\overset{\|}{C}}H > -CH_2OH;\ -CH=CH_2 > -CH_2CH_3$$

现将一般原子或原子团的次序排列如下：

—I，—Br，—Cl，$-SO_2R$，—SR，—SH，—F，—OCOR，—OR，—OH，$-NO_2$，$-NR_2$，—NHCOR，—NHR，$-NH_2$，$-CCl_3$，—COOR，—COOH，—COR，—CHO，$-CR_2OH$，—CHROH，$-CH_2OH$，$-C_6H_5$，—C—CH，$-CR_3$，$-CH=CH_2$，$-CHR_2$，$-CH_3$，D，H

下面举几个 *R*、*S* 命名的例子：

例 1：

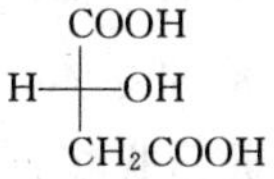

COOH
H—┼—OH　　(*R*)-2-羟基丁二酸（苹果酸）
CH_2COOH

例 2：

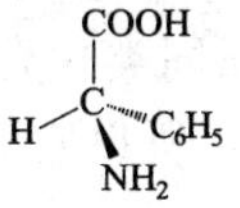

COOH
H—C…C_6H_5　　(*R*)-2-氨基苯乙酸
NH_2

如果分子中有两个以上的手性碳原子，则每个手性碳原子按 *R*、*S* 命名，然后标明所标记的是哪个碳原子。

例 3：

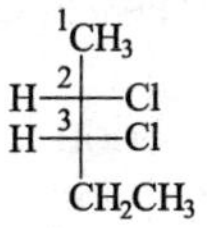

$^1CH_3$
H—2—Cl
H—3—Cl　　(2*S*,3*R*)-2,3-二氯戊烷
CH_2CH_3

例 4：

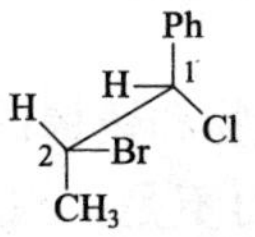

Ph
H—1—Cl
H—2—Br　　(1*R*,2*R*)-1-氯-2-溴-1-苯基丙烷
CH_3

在使用 *R*、*S* 命名系统时应该注意到，一个手性碳原子是 *R*-构型还是 *S*-构型，只与手性碳原子所连接的基团在空间的相对位置次序有关，而与反应过程中的构型联系无关（与 D、L 命名法比较），不能认为一个分子的 *R*-构型转化到另一个分子的 *R*-构型就一定保持了原来的构型未变，同样也不能认为从一个分子的 *R*-构型转化到另一个分子的 *S*-构型就一定是进行了构型的翻转。

6.3.1.2 含两个手性碳原子的化合物

随着手性碳原子数目的增加，有机化合物分子的立体异构现象也越来越复杂。当分子中含有两个手性碳原子时，根据它们各自所连接的四个基团是否相同，可以分为不相同和完全相同两类。

含有两个不同手性碳原子的化合物有四种空间构型，例如氯代苹果酸，它的四种空间构型可用费歇尔投影式表示为：

```
   COOH    |    COOH    |    COOH    |    COOH
H──┼──OH   | HO──┼──H   | H──┼──OH   | HO──┼──H
H──┼──Cl   | Cl──┼──H   | Cl──┼──H   | H──┼──Cl
   COOH    |    COOH    |    COOH    |    COOH
```

[α]	−7.1°	+7.1°	−9.3°	+9.3°
	(Ⅰ)	(Ⅱ)	(Ⅲ)	(Ⅳ)

很易看出，Ⅰ和Ⅱ互呈实物与镜像的关系，它们的旋光度数值相等，方向相反，是一对对映异构体。同样Ⅲ和Ⅳ也是一对对映异构体。如果将Ⅰ和Ⅱ或Ⅲ和Ⅳ等量混合，则可组成两组外消旋体。

而在Ⅰ和Ⅲ中，上面手性碳原子的构型相同，而下面手性碳原子的构型相反，因此整个分子不呈实物与镜像的关系，像这种不呈镜像对映关系的立体异构体称为非对映异构体，简称**非对映体**(diastereomers)。同样Ⅰ与Ⅳ、Ⅱ与Ⅲ、Ⅱ与Ⅳ也都是非对映异构体的关系。

当分子中含有两个或两个以上的手性中心时，就有非对映异构现象存在。非对映体的物理性质，如熔点、沸点、折射率、溶解度等均不同，比旋光度也不同，其旋光方向可能相同，也可能不同。由于它们具有相同的官能团，属同类化合物，因此它们的化学性质相似，但因为它们分子中相应基团之间的距离并不相等，所以它们与同一试剂反应时的反应速率不等。

在光活性化合物中，随着手性碳原子数目的增多，其立体异构体的数目也增多。当含有 n 个不同的手性碳原子时，就可以有 2^n 个立体异构体，即 2^{n-1} 对对映异构体。

如果分子中含有相同的手性碳原子，其立体异构体的数目就要少于 2^n 个。以酒石酸为例，它的两个手性碳原子所连接的四个基团完全一样，它也可以写出四个空间构型：

```
   COOH    |    COOH    |    COOH    |    COOH
H──┼──OH   | HO──┼──H   | H──┼──OH   | HO──┼──H
HO──┼──H   | H──┼──OH   | H──┼──OH   | HO──┼──H
   COOH    |    COOH    |    COOH    |    COOH
   (Ⅰ)          (Ⅱ)          (Ⅲ)          (Ⅳ)
```

Ⅰ和Ⅱ是一对对映异构体，Ⅲ和Ⅳ表面上也呈实物和镜像的对映关系，但如把Ⅳ在纸平面上旋转180°，则变为Ⅲ，所以它们是同一物质，而不是一对对映异构体。事实上，如果在 C_2 和 C_3 的中间放一面镜子，就可发现分子的上下部互呈实物和镜像的关系，即该分子中存在对称面，所以该化合物不具有光活性。像这种由于分子中含有相同的手性碳原子，分子的两半部分互为实物与镜像的关系，从而使分子内部的旋光性能相互抵消的非光活性化合物称为**内消旋体**(用 *meso*-表示)。

因此酒石酸只有三个立体异构体，即左旋体、右旋体和内消旋体，左、右旋体与内消旋体互为非对映异构体。

内消旋体与外消旋体虽然都不具有旋光性。但它们有着本质的不同，内消旋体是一种纯净的物质，而外消旋体是左、右旋体等量组成的混合物。表6-2是酒石酸三种异构体及外消旋体的物理性质。

表 6-2　酒石酸的物理性质

酒石酸	熔点/℃	$[\alpha]_D^{25}$（20%水溶液）	溶解度/(g/100g 水)	密度(20℃)/(g/mL)	pK_{a1}	pK_{a2}
左旋体	170	+12°	139	1.760	2.93	4.23
右旋体	170	−12°	139	1.760	2.93	4.23
内消旋体	140	0	125	1.667	3.11	4.80
外消旋体	206	0	20.6	1.680	2.96	4.24

6.3.1.3　环状化合物

环状化合物的立体异构现象比链状化合物复杂，往往顺反异构和对映异构同时存在。下面以三到六元环状化合物的邻二取代羧酸为例说明环状化合物的立体异构现象。

在环丙烷-1,2-二羧酸中，两个羧基可以排布在环的同一侧或环的两侧，成为一对顺反异构体。其中顺式异构体分子中存在一个对称面，因而是一个内消旋体，没有旋光性；而反式异构体分子中没有对称面，只有一个二重对称轴，其实物和镜像之间不能重合，因而具有手性。所以反式异构体存在一对对映异构体Ⅰ和Ⅱ，事实上已经将它们拆分得到。

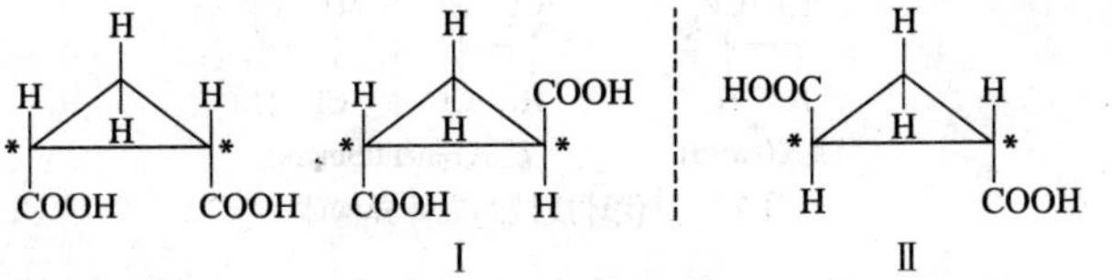

顺式(*Z*)　熔点 139℃　　　反式(*E*)　熔点 175℃

而对其他邻二取代环状化合物来说，既存在构型问题，又存在构象问题。以环己烷-1,2-二羧酸为例，*ee* 型的反式化合物与它的镜像不能重合，因此存在一对对映异构体，实际上已将反式-1,2-环己二甲酸的对映异构体拆分开，它们的比旋光度分别为+18.2°和−18.2°。

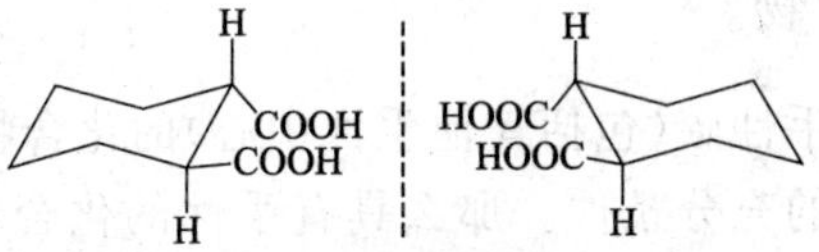

反式-1,2-环己二甲酸的对映异构体

顺式-1,2-环己二羧酸的稳定构象是两个羧基分处 *ae* 键的椅式构象Ⅰ。如前所述，由于分子的热运动，它可以转化为另一种椅式构象Ⅱ，这两种构象是可以迅速相互转变的，不能分离。如果用一个镜面来反映Ⅱ就会发现，Ⅱ的镜像与Ⅰ是相同的，即Ⅱ与其镜像之间是迅速互变的，得到的是平衡混合物，因而不具有旋光性。

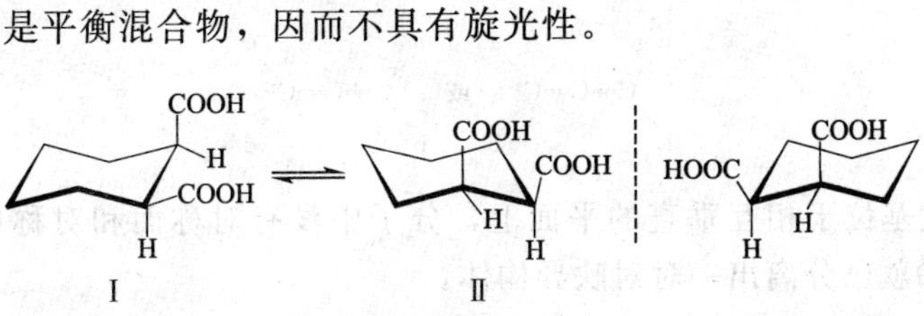

环己烷衍生物的构象问题是分子在不断热运动中出现的。由于构象转变非常迅速，且并不造成化学键的断裂，不影响分子的构型，因此在研究环己烷衍生物的立体异构现象时，对由构象引起的手性现象可以不予考虑，直接用平面六角形来考察其顺反异构和对映异构，可以得到同样正确的结果。如 1,2-环己二羧酸可表示为：

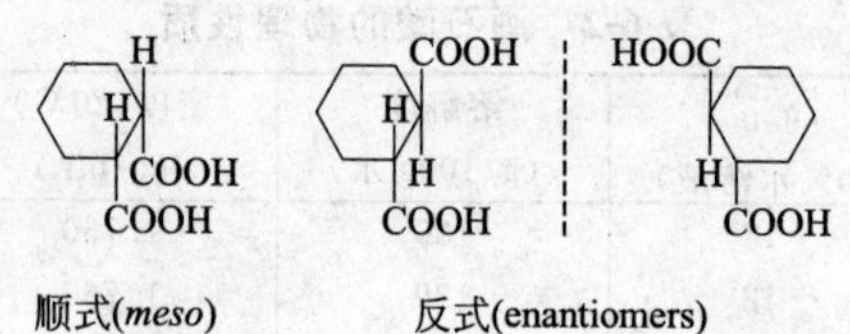

顺式(*meso*)　　反式(enantiomers)

在顺式异构体中存在一个对称面，所以是内消旋体，没有旋光性。而反式异构体的实物和其镜像不能重合，因而具有旋光性。

同理，对其他邻二取代环状化合物，如四元、五元环状化合物可作同样的分析。例如：

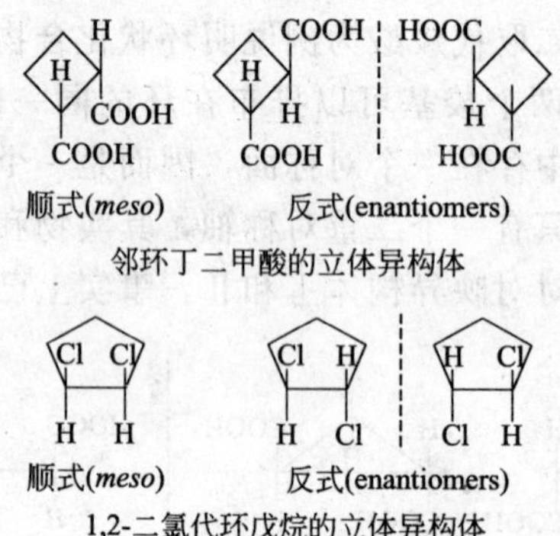

顺式(*meso*)　　反式(enantiomers)

邻环丁二甲酸的立体异构体

顺式(*meso*)　　反式(enantiomers)

1,2-二氯代环戊烷的立体异构体

可以看出，顺式与反式既是顺反异构体，也是非对映异构体。所以可以根据立体异构体是否为镜像关系，把构型异构分为对映异构和非对映异构，顺反异构只是非对映异构中的一个特殊类型。

同时要注意这是两个手性碳原子相同的情形，对于具有两个不同手性碳原子的环状化合物应作另外的分析。

6.3.2　含手性轴的化合物

从上面的讨论可知，含手性碳(包括其他手性中心)的化合物并不一定具有手性，因此手性中心不是化合物具有手性的充分条件。那么具有手性的化合物是否一定含有手性中心呢？从下面的讨论可以看出，某些不含手性中心，但含有其他手性因素的化合物也具有手性。所以手性中心的存在与否既不是分子具有手性的充分条件，也不是必要条件。

6.3.2.1　丙二烯型化合物

当丙二烯的两端碳原子上连接不同的基团时，如：

$$\underset{b}{\overset{a}{}}\!>C{=}C{=}C<\!\underset{b}{\overset{a}{}}\quad 或\quad \underset{b}{\overset{a}{}}\!>C{=}C{=}C<\!\underset{d}{\overset{c}{}}$$

由于四个取代基位于相互垂直的平面上，分子中没有对称面和对称中心，因而具有手性。如 2,3-戊二烯就已分离出一对对映异构体。

2,3 - 戊二烯的对映异构体

在丙二烯化合物中，当任何一个碳原子上连接两个相同的基团时，则该分子就存在对称面，因而不再具有旋光性。

在具有手性的丙二烯化合物中，贯穿整个分子可以画一根手性轴，围绕这个手性轴可以区别两个不同构型的排布：

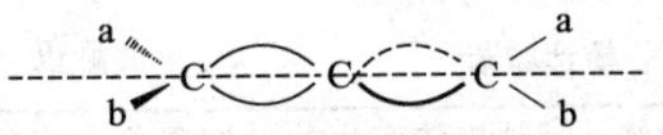

a b C C C a b ← 手性轴

这类化合物的命名与手性碳的命名类似。沿手性轴的方向将分子投影到纸平面上，排序时位于近端的两个基团优先(两者的顺序按次序规则确定)。如上例左边异构体投影后得到：

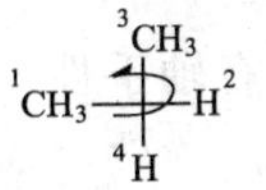

$^3CH_3$ $^1CH_3$ H^2 ^4H

所以该化合物命名为(*S*)-2,3-戊二烯。

6.3.2.2 亚烷基环己烷类化合物

如下结构的化合物：

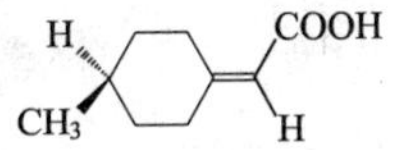

H CH_3 COOH H

其结构与丙二烯型化合物一样，也有两个相互垂直的平面，具有一根手性轴，因此也有对映异构现象。这种环系也可能具有不同的构象，但通常可将其看作刚性平面。其构型的命名与丙二烯型化合物相同。如上例化合物命名为(*R*)-4-甲基环己亚乙酸。

6.3.2.3 螺烷类化合物

如下结构的螺烷类化合物也具有丙二烯型化合物的结构特征：

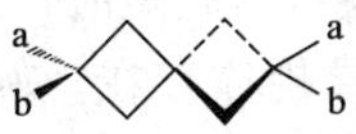

a b a b

当 a≠b 时，分子中同样具有手性轴，因而具有对映异构现象。如(+)-螺[3.3]庚烷-2,6-二羧酸就是这类手性化合物的典型代表。它们构型的命名法则也与丙二烯型化合物相同。

6.3.2.4 联苯类化合物及阻转异构现象

联苯虽然两个苯环间因为 π-π 共轭而趋于共平面，但其中的 C—Cσ 键还是具有一定的可旋转性。当联苯的邻位，即 2,2′,6,6′-位上有较多的取代基时，这种旋转就会受到限制。如果基团的体积足够大，则两个苯环将不能共平面。当同一苯环上的两个取代基不相同时，则分子中既没有对称面，也没有对称中心，因而具有对映异构现象。如 6,6′-二硝基联苯-2,2′-二羧酸具有稳定的对映异构体，是第一个被拆分的光活性联苯类化合物。

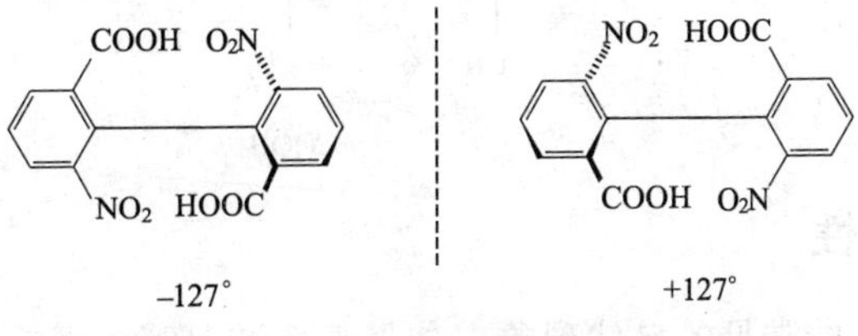

COOH O_2N NO_2 HOOC | NO_2 HOOC COOH O_2N

$[\alpha]_D$ −127° +127°

这类分子中也具有一根对称轴，像这种因单键旋转受阻而产生的立体异构现象成为阻转异构。许多联苯型化合物都具有阻转异构现象。如：

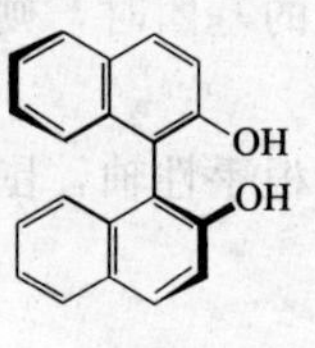

联萘酚 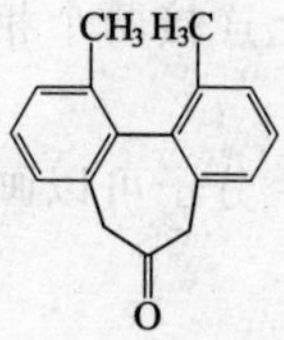　　桥连联苯 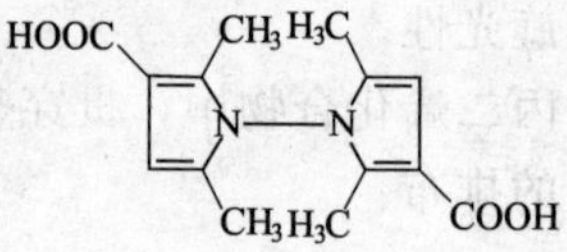　　联吡咯

如前所述，对映异构现象是一个构型问题，而绕 σ 键轴旋转产生的异构现象是构象问题，那么阻转异构现象就是将一个构象问题上升成了构型问题，这是一个很有趣的现象。读者可通过阅读其他相关资料，自行揣摩。

6.3.2.5　金刚烷类化合物

非对称取代的金刚烷类化合物也具有轴手性，如金刚烷-2,6-二羧酸，其手性轴贯穿于两个被取代的碳原子及环系的几何中心。

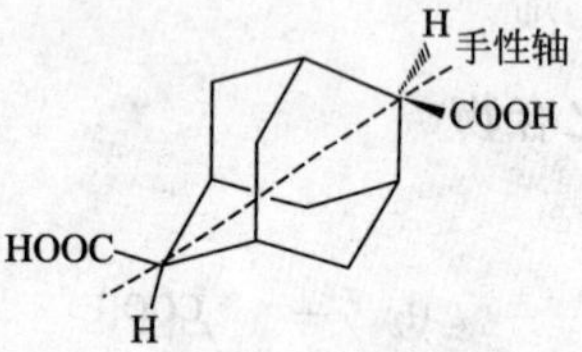

6.3.3　含手性面的化合物

下面的醚类化合物由于像提篮的把手，故称为把手化合物(ansa-compounds)：

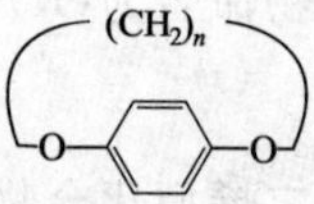

当苯环上有足够大的取代基，而醚链又较短时，苯环的转动就会受到阻碍。如果苯环上的取代基不是对称分布的，就有对映异构体存在。例如下面化合物的对映异构体已经分离出来。

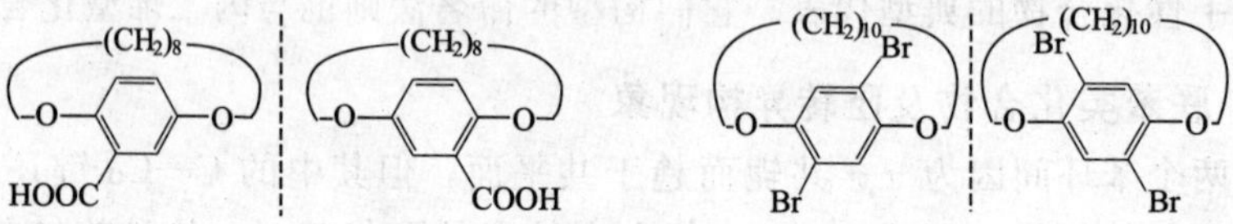

在这些分子中都具有一个手性面，它是包含氧原子并和苯环垂直的平面。

与把手化合物相似的还有环番类化合物(cyclophanes)。如：

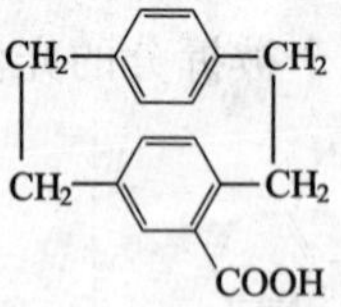

等。

6.3.4　螺旋手性

螺旋世界是一种常见的自然现象，如贝壳、漩涡等。螺旋也是一种手征性，一种螺旋与它的反向螺旋互呈镜像关系，但不能重合。在有机化合物分子中也存在有这样的分子，如取代的苯并菲，由于两个取代基使得分子内部很拥挤，因而苯环不能很好共平面，整个分子因

扭曲而偏离平面呈螺旋形。

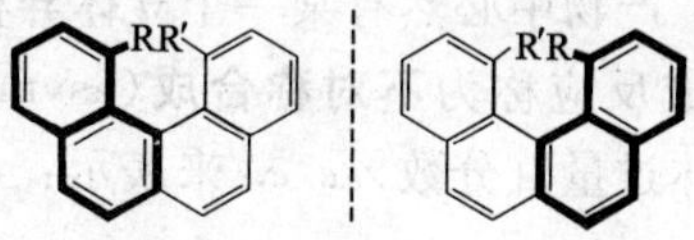

螺旋化合物的命名很简单，按螺纹的旋转方向，顺时针的为右手螺旋，用P表示，逆时针的为左手螺旋，用M表示。

6.4 不对称合成和立体专一反应

6.4.1 不对称合成

“不对称合成”这一术语是E. Fischer于1894年首次提出的，经过不断完善，Morrison和Mosher提出了一个广义的更完整的定义：所谓不对称合成反应，是指这样一个反应，其中底物分子整体中的非手性单元由反应试剂以不等量地生成立体异构产物的途径转化为手性单元。也就是说，不对称合成是指这样一个过程，它将潜手性单元转化为手性单元，使得产生不等量的立体异构产物。

由非手性化合物合成手性化合物时，通常总是得到外消旋混合物。例如丁烷在进行氯代时，可以得到许多氯代产物，其中一个是2-氯丁烷。

在2-氯丁烷中有一个手性碳原子，但分离得到的2-氯丁烷是无光活性的，说明得到的是一个外消旋体，这是由其自由基机理所决定的。因为自由基中间体为平面构型，Cl_2分子从平面两侧进攻的概率相同，得到的两个对映异构体的量相同，所以得到的是外消旋体。

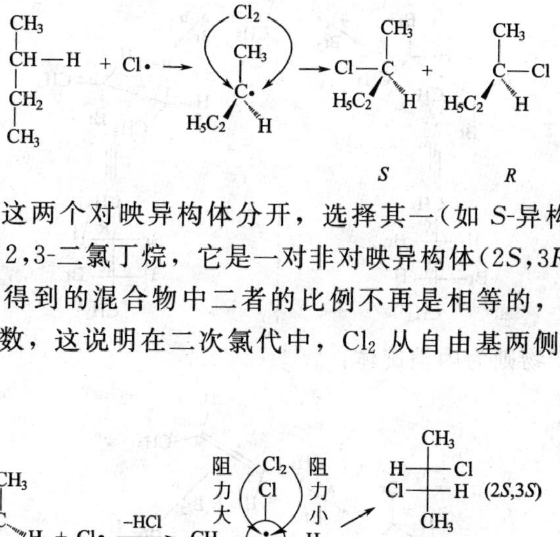

如果用一定方法将这两个对映异构体分开，选择其一(如*S*-异构体)来进行二元氯代，得到的产物中有一种为2,3-二氯丁烷，它是一对非对映异构体(2*S*,3*R*)和(2*S*,3*S*)-2,3-二氯丁烷的混合物。但这样得到的混合物中二者的比例不再是相等的，而是71∶29，即(2*S*,3*R*)-体(内消旋体)占多数，这说明在二次氯代中，Cl_2从自由基两侧进攻的概率是不同的。这可以下图来说明：

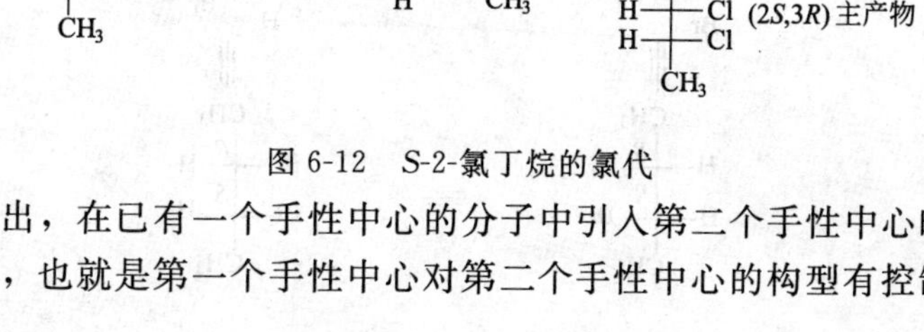

图6-12 *S*-2-氯丁烷的氯代

从上例可以看出，在已有一个手性中心的分子中引入第二个手性中心时，得到的非对映体的量是不相同的，也就是第一个手性中心对第二个手性中心的构型有控制作用，或者说第二个手性中心的形成具有立体选择性。

凡是有立体选择性的反应，产物中必然有某一个立体异构体为主要产物，像这种使某一个立体异构体的量占优势的合成反应称为**不对称合成**(asymmetric synthesis)。不对称合成反应选择性的高低一般用对映体过量百分数%*e.e.*来表示：

$$\text{对映体过量百分数}\%e.e. = R\% - S\% = \frac{[R]-[S]}{[R]+[S]} \times 100\%$$

(Enantiomer excess)

如上例反应的%*e.e.*＝71%－29%＝42%。*e.e.*值越大，说明反应的立体选择性越好。这一点在天然产物的合成中尤其重要。

不对称合成是当前有机化学学科中最为活跃的研究领域之一，目前人们已掌握了一些高选择性的不对称合成方法，但与自然界中的酶相比就黯然失色多了，发展像酶一样的催化体系是对人类智慧和创造力的有力挑战。

6.4.2 立体专一反应

如上所述，*S*-2-氯丁烷的氯代是立体选择性的反应，得到的是非对映异构体的混合物，而且内消旋体较多。

如由2-丁烯与卤素加成，也同样得到2,3-二卤代丁烷，但产物的构型却因2-丁烯的构型而异。以溴化为例，烯烃与溴的加成为反式加成，可以按a或b两种方式进行，得到两个异构体的机会是均等的。

顺-2-丁烯的加成产物为外消旋体：

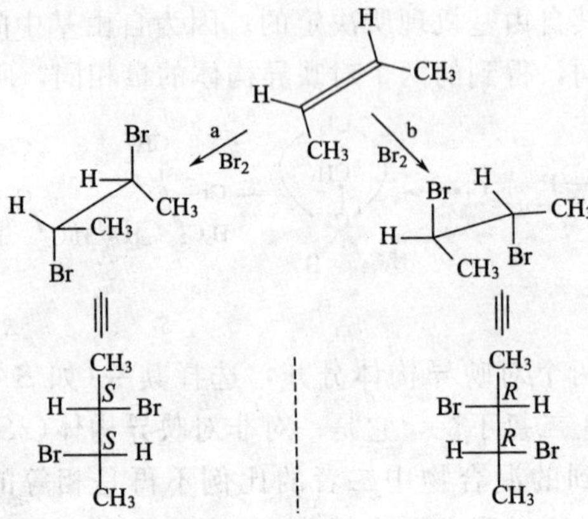

H CH₃ H CH₃ a Br₂ b Br₂ Br H CH₃ H CH₃ Br Br H CH₃ H CH₃ Br

CH₃ H —S— Br Br —S— H CH₃ ┆ CH₃ Br —R— H H —R— Br CH₃

反-2-丁烯的加成产物则为内消旋体：

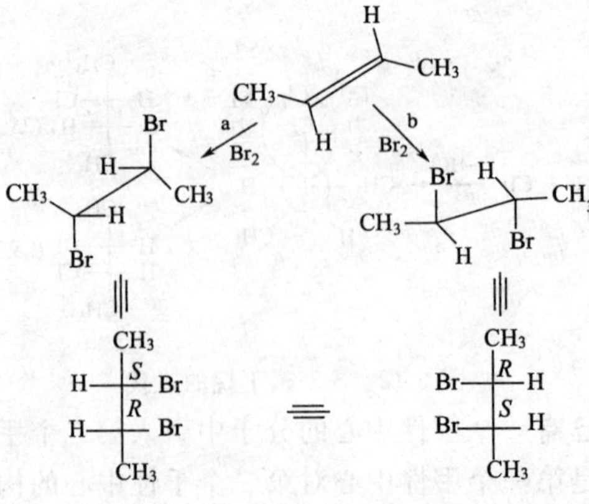

H CH₃ CH₃ H a Br₂ b Br₂ Br H CH₃ CH₃ H Br Br H CH₃ CH₃ H Br

CH₃ H —S— Br H —R— Br CH₃ ═ CH₃ Br —R— H Br —S— H CH₃

这种由某一种立体异构的反应物只得到某一种特定的立体异构体产物的反应称为立体专一性反应(stereospecific reactions)。烯烃与卤素的加成反应机理就是根据产物的构型推断出来的。

6.5 外消旋体的拆分

外消旋体是由一对对映异构体等量组成的，由于对映异构体的物理性质及一般的化学性质均相同，用一般的分离方法，如分馏、重结晶等都无法将其分开，所以只有采取特殊的方法才能将其分离为左旋体和右旋体。这种将外消旋体分离为光学纯对映异构体的过程称为外消旋体的拆分(resolution)。目前用于拆分的主要方法如下。

(1) 非对映体拆分法　由于非对映异构体的物理性质是不相同的，如果能将对映异构体转化为非对映异构体，就可以利用它们物理性质的不同将它们分开。将对映异构体转化为非对映异构体的方法是使它们和某一有光活性的化合物反应。例如分离外消旋的某酸(±)-A时，可以选择一个光活性的碱，如(+)-B与之反应，这样会得到(+)-A(+)-B和(−)-A(+)-B两种盐：

$$\begin{matrix}(+)\text{A}\\(-)\text{A}\end{matrix} + (+)\text{B} \longrightarrow \begin{matrix}(+)\text{A}\cdot(+)\text{B}\\(-)\text{A}\cdot(+)\text{B}\end{matrix}$$

它们是一对非对映异构体，因而可利用其物理性质的不同(如溶解度的差异)将其分开，然后用强酸分别处理这两个非对映异构体就可以将(+)-A和(−)-A分别游离出来，再经过一定的纯化步骤，就可得到左旋体和右旋体。

其他类似的方法有成酯或成酰胺，然后水解来分离光活性酸或碱；采用成腙的方法分离光活性醛、酮等。

(2) 生物分离法　酶对于化学反应往往有很强的专一性，因此可以选择适当的酶作为外消旋体的拆分试剂。例如，乙酰水解酶只能选择性水解(+)-苯丙氨酸的酰胺，因此分离外消旋苯丙氨酸时，可先将其乙酰化得到(±)-*N*-乙酰基苯丙氨酸，然后再用乙酰水解酶将其水解：

$$\underset{(\pm)}{C_6H_5CH_2\overset{\overset{NHCOCH_3}{|}}{C}HCOOH} \xrightarrow{\text{乙酰水解酶}} (+)\text{-苯丙氨酸} + (-)\text{-}N\text{-乙酰苯丙氨酸}$$

另外，利用某些微生物也可达到上述目的，因为生物在生长过程中总是只利用对映异构体中的某一个作为它生长的营养物质。例如在含有外消旋酒石酸的培养液中培养青霉菌，经过一定时间以后，在培养液中留下的就只有左旋酒石酸。

与之类似的是动力学拆分法。其原理是利用对映异构体在手性环境中的化学反应速率不一样，将外消旋体与手性试剂反应一定时间后淬灭，则反应速率慢的对映异构体即可被分离出来。

(3) 晶种结晶法　这种方法是在外消旋体的过饱和溶液中加入一定量的左旋体或右旋体晶种，则与晶种相同的异构体会优先析出。例如向某一外消旋体(±)-A的饱和溶液中加入(+)-A的晶种，则(+)-A会优先析出，且析出的量多于加入的晶种的量。滤出析出的(+)-A，则滤液中(−)-A便相对过量，这时在滤液中再加入外消旋混合物，就可析出一部分(一)-A结晶。如此反复处理就可以得到相当数量的左旋体和右旋体。这种方法已用于工业生产。但该方法一般不适用于左、右旋体的熔点高于外消旋体的情况。

除了以上三种方法外，还有诸如色谱法、分子化合物法等多种方法，均可有效地将对映异构体分开。

练习题

1. 命名下列化合物，标记其中手性碳原子的构型

(1) CH_3, H, C, CH_2CH_3, Cl　(2) H_2N, OH, H, CH_3, CH_3　(3) COOH, H—Cl, HO—H, COOH　(4) CH_3, CH_3

2. 判断下列化合物哪些与 CHO, H—OH, CH_2OH 是同一化合物

(1) CH_2OH, H—OH, CHO　(2) CHO, H, H, HO, H, OH　(3) OH, C, H, $HOCH_2$, CHO

3. 判断下列化合物有无旋光活性。无旋光活性的化合物中哪些是内消旋化合物？哪些是一般对称分子？

(1)　(2) $(CH_3)_2C=C=CHCH_3$　(3)

(4) $CH_3HC=C=CHCH_3$　(5) OH　(6)

4. 指出下列化合物中的手性分子。

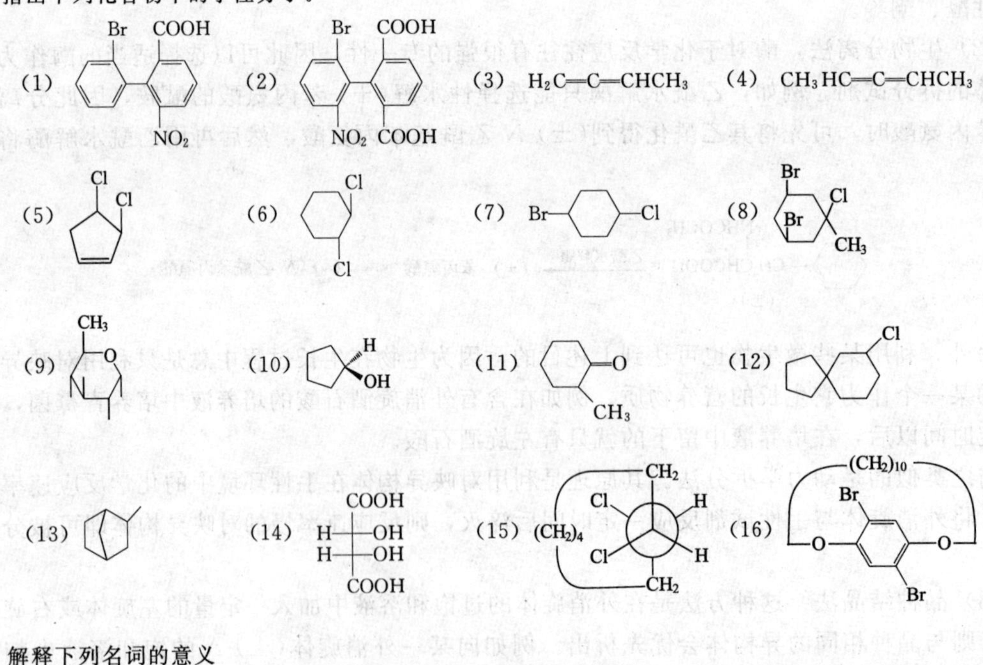

5. 解释下列名词的意义

(1) 构象与构型　(2) 优势构象　(3) 光学活性　(4) 旋光度与比旋光度

(5) 左旋与右旋　(6) 手性中心　(7) 手性分子　(8) 对映异构与非对映异构

(9) 内消旋体　　(10) 外消旋体　　(11) 差向异构体　　(12) 外消旋化

6. 写出1-甲基-2-乙基环己烷的两种典型椅式构象，指出其中的优势构象，并用 *R*、*S* 标明分子中手性碳原子的构型。

7. 判断下列化合物是否具有对映异构体和非对映异构体，并且计算旋光异构体的数目。

(1) 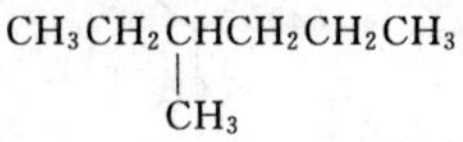 $CH_3CH_2CH(CH_3)CH_2CH_2CH_3$　(2) 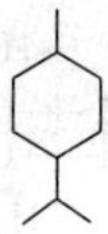　(3) 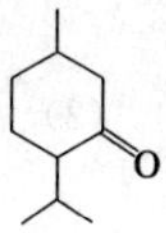　(4) 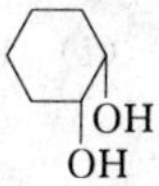 OH OH

(5) 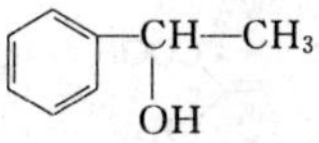 C_6H_5—CH(OH)—CH_3　(6) $CH_3CH=C=CHCH_3$　(7) 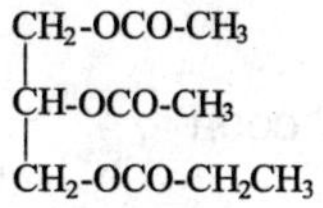 CH_2-OCO-CH_3 / CH-OCO-CH_3 / CH_2-OCO-CH_2CH_3　(8) 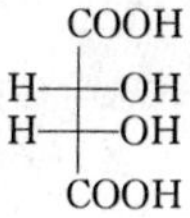 COOH, H—OH, H—OH, COOH

(9) $C_2H_5CH=C=CH_2$　(10) 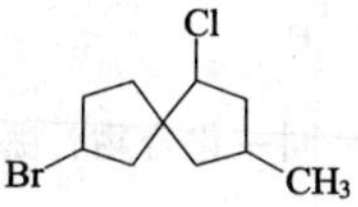 Cl, Br, CH_3

8. 标记下列化合物中手性碳原子的构型

(1) 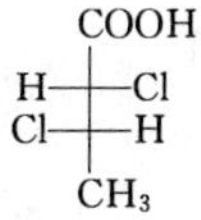 COOH, H—Cl, Cl—H, CH_3　(2) CHO, H, H, HO, H, OH

(3) Cl, Cl　(4) 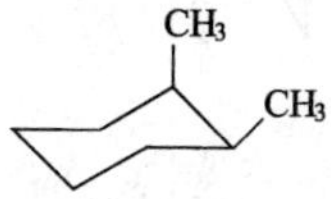 CH_3, CH_3

(5) 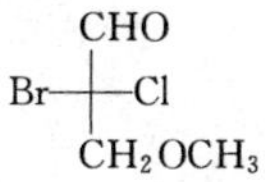 CHO, Br—Cl, CH_2OCH_3　(6) 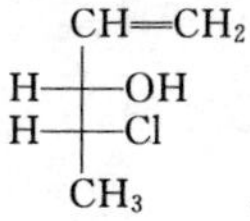 $CH=CH_2$, H—OH, H—Cl, CH_3

9. 用 Fischer 投影式表示下列化合物的所有立体异构体，并指明内消旋化合物和对映体

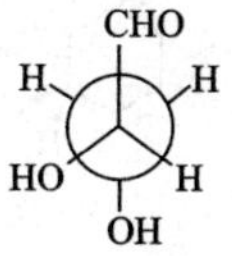

(1) 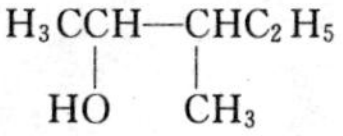 $H_3CCH(OH)—CH(CH_3)C_2H_5$　(2) 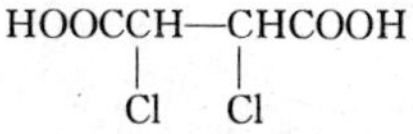 $HOOCCH(Cl)—CH(Cl)COOH$　(3) C_6H_5—CH(OH)—$CH(CH_3)CH_3$

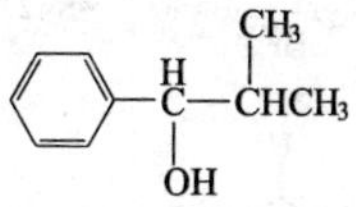

(4) 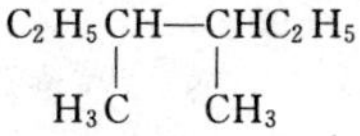 $C_2H_5CH(H_3C)—CH(CH_3)C_2H_5$　(5) $H_3C—CH(OH)CH_2CH_3$　(6) 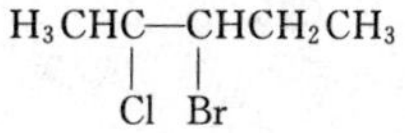 $H_3CHC(Cl)—CH(Br)CH_2CH_3$

10. 判断下列结构式哪些与 CHO, H—OH, CH_3 是同一化合物，哪些是对映异构体。

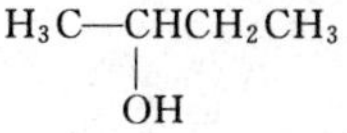

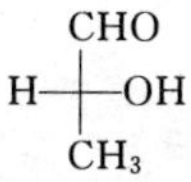

(1) 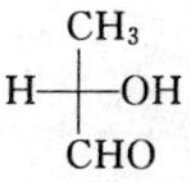 CH_3, H—OH, CHO　(2) OH, H, OHC, CH_3　(3) H, H, OH, H, H, CHO　(4) 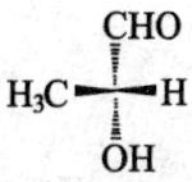 CHO, H_3C—H, OH　(5) 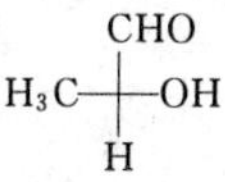 CHO, H_3C—OH, H

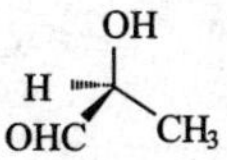

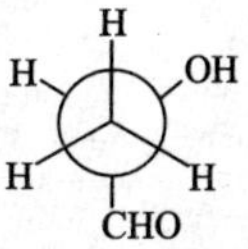

11. 将下列透视式写成 Fischer 投影式，并用 *R*、*S* 标记各化合物中的手性碳原子

(1) 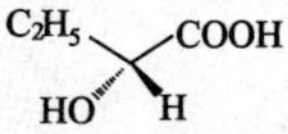 C_2H_5, COOH, HO, H　(2) 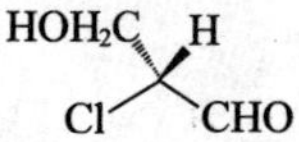 HOH_2C, H, Cl, CHO　(3) 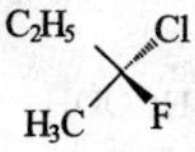 C_2H_5, Cl, H_3C, F

(4) 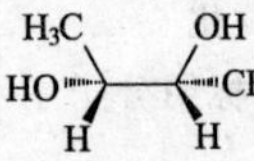 (5) 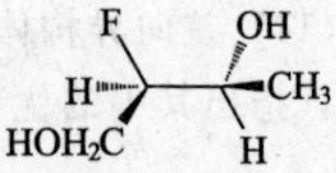 (6)

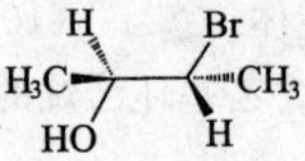

12. 命名下列化合物，并标明手性碳原子的构型及其他构型：

(1) 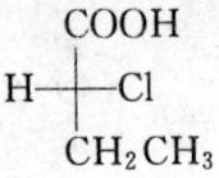 (2) 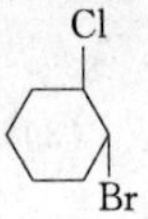 (3) 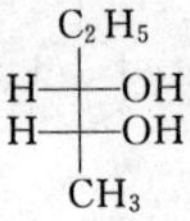 (4)

(5) 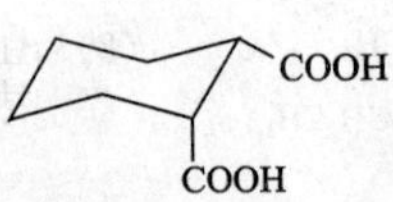 (6) 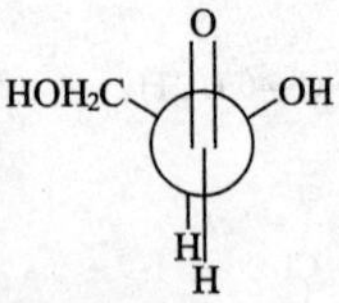 (7)

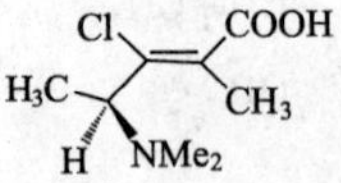

13. 下列各组化合物，哪组是对映异构体？哪组是同一化合物？哪些是非对映异构体？

(1) 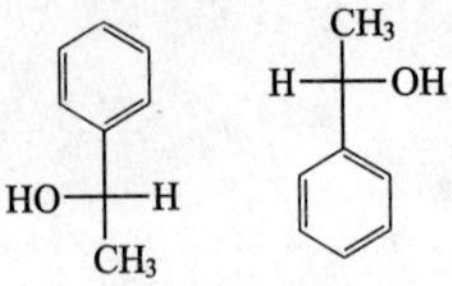 (2) 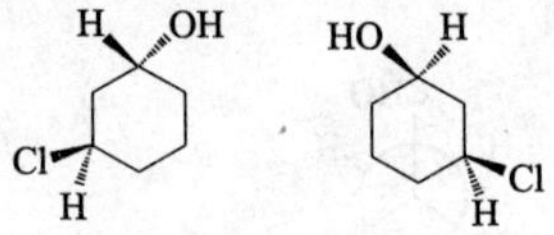 (3)

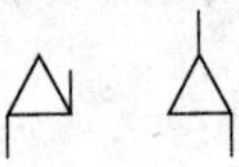

(4) 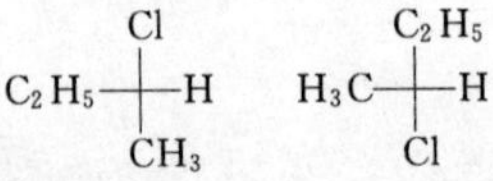 (5) 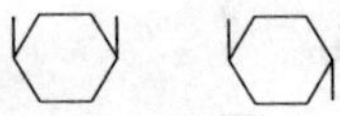 (6)

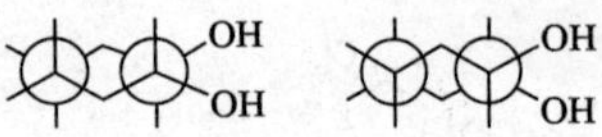

14. 完成下列反应，写出下列产物可能的构型。

(1) 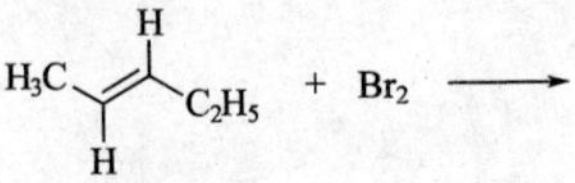 + Br_2 $\longrightarrow$

(2) $+H_2O \xrightarrow[S_N2]{NaOH}$

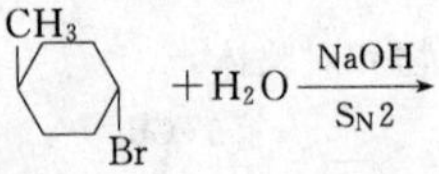

(3) 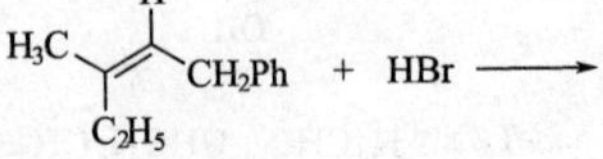 + HBr $\longrightarrow$

(4) $\xrightarrow[H_2O]{KMnO_4}$

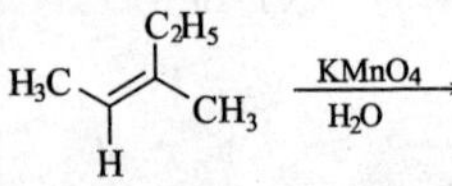

(5) 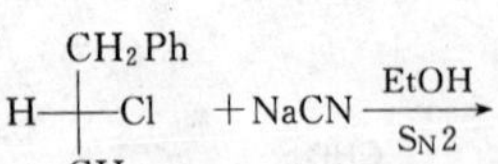 $+NaCN \xrightarrow[S_N2]{EtOH}$

(6) 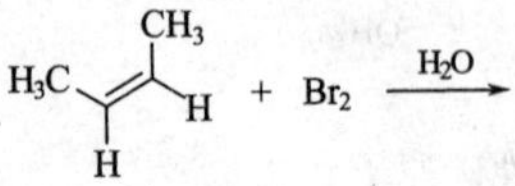 + Br_2 $\xrightarrow{H_2O}$

(7) 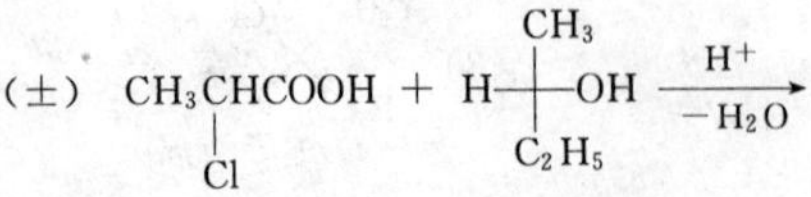 (±) $CH_3CHClCOOH$ + $\xrightarrow[-H_2O]{H^+}$

(8) 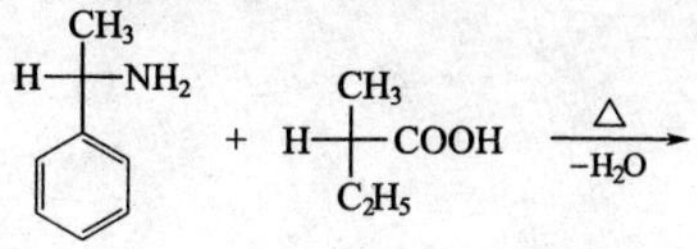 $H\!-\!C(CH_3)(NH_2)\!-\!C_6H_5$ + $H\!-\!C(CH_3)(C_2H_5)\!-\!COOH$ $\xrightarrow[-H_2O]{\triangle}$

15. 写出下列化合物所有的立体异构体：

(1) 反-1-甲基-2-乙基环己烷(用椅式构象表示)

(2) 2-丁醇(用纽曼投影式表示)

(3) 1-甲基-2-氯环戊烷

(4) 2,3-二溴丁二酸(用费歇尔投影式表示)

7

烃的卤素衍生物

烃分子中的氢原子被卤素取代后所生成的化合物称为卤代烃，其分子中的卤原子即为卤代烃的官能团。

一般而言，卤代烃的性质比烃的性质要活泼得多，能发生多种化学反应而转化成各种其他类型的化合物，所以引入卤原子往往是改造分子反应性能的第一步，在有机合成中起着桥梁作用。同时，卤代烃本身也可作溶剂、农药、制冷剂、灭火剂、麻醉剂和防腐剂等，因而是很重要的一类有机化合物。

7.1 卤代烃的分类、命名和同分异构现象

根据卤代烃分子中所含卤原子的数目，可以将其分为一卤代烃和多卤代烃；根据与卤素直接相连的碳原子的类型不同，又可将其分为伯卤代烃、仲卤代烃和叔卤代烃；按卤代烃中烃基的种类，还可将其分为饱和卤代烃、不饱和卤代烃和卤代芳烃。

通常所指的卤代烃是指氯、溴和碘代烃。氟代烃的性质比较特殊，常单独进行讨论。

卤代烃的系统命名是把卤素作为取代基，选择最长的碳链为主链，从距离取代基最近的一端将主链编号，在烃的名称前面加上取代基的位置、名称和数目。不饱和卤代烃通常以不饱和烃作为母体，编号时则需要使不饱和键的位次为最小。例如：

$$\underset{\text{3-甲基-2-氯丁烷}}{CH_3-\underset{\underset{CH_3}{|}}{CH}-\underset{\underset{Cl}{|}}{CH}-CH_3} \qquad \underset{\text{1,1,1-三氯乙烷}}{CH_3CCl_3} \qquad \underset{\text{3-溴-1-丙烯}}{CH_2=CH-CH_2Br}$$

对于结构比较简单的卤代烃，也可以采用普通命名法，即以与卤素相连的烃基的名称来命名。例如：

$$\underset{\text{正丁基氯}}{CH_3CH_2CH_2CH_2Cl} \qquad \underset{\text{乙烯基氯}}{CH_2=CHCl} \qquad \underset{\text{烯丙基氯}}{CH_2=CHCH_2Cl} \qquad \underset{\text{苄基氯}}{C_6H_5-CH_2Cl}$$

卤代烷烃的同分异构体的数目比相应的烷烃多，既有碳干异构，也有卤素的位置异构。例如丁烷有两个同分异构体，而一氯丁烷有四个同分异构体：

$CH_3CH_2CH_2CH_2Cl$ 1-氯丁烷

$CH_3CH_2CH(Cl)CH_3$ 2-氯丁烷

$CH_3CH(CH_3)CH_2Cl$ 2-甲基-1-氯丙烷

$(CH_3)_3CCl$ 2-甲基-2-氯丙烷

7.2 一卤代烷

一卤代烷的通式为 $C_nH_{2n+1}X$，通常用 RX 来表示，其中 R 为烷基，X 为卤素原子。

7.2.1 物理性质

纯净的一卤代烷都是无色的，但碘代烷因为容易分解产生游离的碘，所以长时间放置会变为棕红色。

$$2R—I \longrightarrow R—R + I_2$$

一卤代烷具有一种不愉快的气味，其蒸气有毒，应尽量避免吸入。卤代烷在铜丝上燃烧时会产生绿色火焰，可以作为鉴别卤素的方法。

在室温下，除了氯甲烷、氯乙烷和溴甲烷是气体外，其他一卤代烷为液体，C_{15} 以上的是固体。一卤代烷的沸点随碳原子数目的增加而升高，并较相应的烷烃高，这是因为 C—X 键是极性共价键，极性诱导力使分子间引力增大，同时分子质量的增大也是影响因素之一。对于同一烃基的卤代烷，沸点以碘代烷为最高，其次为溴代烷、氯代烷和氟代烷。各种卤代烷沸点之间的差距随相对分子质量的增加而变小。在同一卤代烷的各种异构体中，与烷烃相似，直链异构体沸点最高，支链越多，沸点越低。

一卤代烷的密度大于含同数碳原子的烷烃。在同系列中，密度随碳原子数的增加而降低，这是由于卤素在分子中所占的比例越来越小的缘故。

卤代烷分子虽有一定极性，但不溶于水，这是因为它们不能和水形成氢键的缘故。它们能溶于醇、醚、烃类等典型的有机溶剂中，某些卤代烃如氯仿、二氯乙烷等本身就是优良的有机溶剂。表 7-1 列出了一些常见一卤代烷的物理常数。

表 7-1 一些常见一卤代烷的物理常数

烷基	氯化物			溴化物			碘化物		
	沸点/℃	相对密度(20℃)	折射率(20℃)	沸点/℃	相对密度(20℃)	折射率(20℃)	沸点/℃	相对密度(20℃)	折射率(20℃)
CH_3—	−24.2	0.9159	1.3661	3.56	1.6755	1.4218	42.4	2.2790	1.5380
C_2H_5—	12.27	0.8978	1.3676	38.4	1.4604	1.4239	72.3	1.9358	1.5133
n-C_3H_7—	46.60	0.8909	1.3879	71.0	1.3537	1.4343	102.45	1.7489	1.5058
n-C_4H_9—	78.44	0.8862	1.4021	101.6	1.2758	1.4401	130.53	1.6154	1.5001
n-C_5H_{11}—	107.8	0.8818	1.4127	129.6	1.2182	1.4447	157	1.5161	1.4959
n-C_6H_{13}—	134.5	0.8785	1.4199	155.3	1.1744	1.4478	181.33	1.4397	1.4929
n-C_7H_{15}—	159	0.8735	1.4256	178.9	1.1400	1.4502	204	1.3971	1.4904

续表

烷基	氯化物			溴化物			碘化物		
	沸点/℃	相对密度(20℃)	折射率(20℃)	沸点/℃	相对密度(20℃)	折射率(20℃)	沸点/℃	相对密度(20℃)	折射率(20℃)
$(CH_3)_2CH—$	35.74	0.8617	1.3777	59.38	1.3140	1.4251	89.45	1.7033	1.5026
$(CH_3)_2CHCH_2—$	68.9	0.8750	1.3971	91.5	1.2640	1.4366	120.4	1.6050	1.4991
$CH_3CH_2CH(CH_3)—$	68.25	0.8732	1.3857	91.2	1.2585	1.4278	120	1.5920	1.4918
$(CH_3)_3C—$	52	0.8420	1.4044	73.25	1.2209	1.4370	100(d) (20.8^{39})	1.5445	1.4890
环 $C_6H_{11}—$	143	1.000	1.4626	166.2	1.3359	1.4957	180(d) (81.5^{20})	1.6244	1.5477

7.2.2 光谱性质

(1) 紫外吸收光谱　饱和卤代烃分子中的电子跃迁有两种形式，即 $\sigma \rightarrow \sigma^*$ 跃迁和 $n \rightarrow \sigma^*$ 跃迁。其中 $\sigma \rightarrow \sigma^*$ 跃迁出现在真空紫外区，$n \rightarrow \sigma^*$ 跃迁则根据卤素原子的不同而出现在不同的吸收区域，但强度均比较弱。如氯代烃在 $\lambda_{max} = 175nm(\lg\varepsilon = 2.5)$，溴代烃在 $\lambda_{max} \approx 200nm$，碘代烃在 $\lambda_{max} = 258nm$。随着卤素原子的增多，吸收逐渐红移，且吸收强度逐渐增强。

(2) 红外吸收光谱　在红外光谱中，C—X 键的吸收频率是随着卤素原子量的增加而减小的：

C—F	C—Cl	C—Br	C—I
$1350 \sim 1100cm^{-1}$	$850 \sim 550cm^{-1}$	$690 \sim 515cm^{-1}$	$600 \sim 500cm^{-1}$

卤代芳烃则出现在较高波数处：

C_6H_5—F	C_6H_5—Cl	C_6H_5—Br
$1250 \sim 1100cm^{-1}$	$1100 \sim 1040cm^{-1}$	$1070 \sim 1020cm^{-1}$

如果同一个碳原子上连接有多个卤原子，吸收出现在吸收范围的高频端。

总的来说，分子中碳卤键的伸缩振动吸收频率对分子结构的变化很敏感，所以很难用红外光谱来确定分子中的碳卤键。另外，多卤代芳烃的芳环骨架振动吸收带往往变得难以确认。

(3) 核磁共振谱　由于卤原子的电负性比碳大，会对与卤素相连的碳原子上的氢核产生去屏蔽作用，因此在核磁共振谱中卤代烷 α 质子的化学位移值大于烷烃，且随着卤素电负性的增大而加大(向低场移动)：

	HC—F	HC—Cl	HC—Br	HC—I
卤素电负性	4.0	3.0	2.8	2.5
化学位移 δ_H	4～4.5	3～4	2.5～4	2～4

(4) 质谱　有机卤化物的分子离子峰通常能观察到，其中卤代芳烃的分子离子峰较强。

在有机卤化物的质谱中，最值得注意的是其同位素峰。根据同位素峰的数目和相对丰度，可以确定分子中卤原子的种类和数目(见表 7-2)。

表 7-2 含有溴和氯原子化合物的同位素峰的强度

卤原子	M/%	(M+2)/%	(M+4)/%	(M+6)/%
Br	100	97.7		
Br_2	100	195.0	95.5	
Br_3	100	293.0	286.0	93.4
Cl	100	32.6		
Cl_2	100	65.3	10.6	
Cl_3	100	97.8	31.9	3.47
BrCl	100	130.0	31.9	
Br_2Cl	100	228.0	159.0	31.2
$BrCl_2$	100	163.0	74.4	10.4

卤代烃的碎片离子峰主要按以下裂解方式产生：

(1) R—(环状 $\overset{+\cdot}{X}$) ⟶ (环状 $\overset{+}{X}$) + R· 峰较强，有时为基峰
M−R

↓

R—(环状 $\overset{+\cdot}{X}$=) + H·
M-1

(2) $R—\overset{+\cdot}{X} \longrightarrow R^+ + X\cdot$ X═Br, I时，呈现强峰
M−X

(3) $R—\underset{}{\overset{H}{CH}}—\overset{\overset{+\cdot}{X}}{CH_2} \longrightarrow [R—CH═CH_2]^{+\cdot} + HX$
M−HX

7.2.3 化学性质

在卤代烷中，C—X 键是极性共价键，其 σ 电子偏向于电负性较大的卤原子一边：

$$\overset{\delta^+}{C}—\overset{\delta^-}{X}$$

卤素的电负性越大，则键的极性越强。在具有同样烃基的卤代烷分子中，C—X 键的极性大小顺序为：C—Cl＞C—Br＞C—I。这可从实际测得的卤代烷的偶极矩值得到证明，例如：

卤代烷	CH_3CH_2Cl	CH_3CH_2Br	CH_3CH_2I
偶极矩	2.05D	2.03D	1.91D

这是分子在静态下本身就固有的特性。

如果单从极性分析，与卤素相连的碳原子的正电性越强，理应其反应活性越大，即氯代烷的活性应该最高，但事实不是如此。通常卤代烷进行化学反应时的活性顺序刚好与其极性顺序相反，即 C—I>C—Br>C—Cl。这是因为化学反应不是孤立的，除了反应底物本身固有的性质特征外，它还会受到试剂电场的影响。在试剂电场的诱导下，卤代烷分子会产生诱

导极化，原子自身的体积越大，电负性越小，其外层电子所受到的诱导极化就会越强。这种不同的共价键对外界电场的不同的感受力叫做**极化度**或**极化率**。所以虽然卤代烷的极性顺序为 C—Cl>C—Br>C—I，但其极化率却为 C—I>C—Br>C—Cl。键的诱导极化是在分子进行化学反应时才表现出来的暂时性的极化现象，但它却在决定反应性能方面起到决定性作用。

卤代烷的反应主要发生在 C—X 键上，烷基的给电子效应对 C—X 键的活性也存在一定影响，当卤素相同时，烷基的给电子作用随 α-碳原子的取代度而增强，因而它们的静态极性顺序是：

$$(CH_3)_3C—X>(CH_3)_2CH—X>CH_3CH_2—X>CH_3—X$$

7.2.3.1 亲核取代反应

除碘以外，其他卤原子的电负性均大于碳，使得与卤素相连的碳原子成为一个电子云密度较低的反应中心，这样容易受到富电子基团(比卤素强的碱)的进攻，从而取代卤原子形成新的共价键。像这种由于富电子试剂进攻缺电子中心而进行的取代反应称为**亲核取代**(nucleophilic substitution)反应。这是卤代烷最典型的性质。

$$R—\overset{\delta^+}{C}—\overset{\delta^-}{X} + Nu^{:-} \longrightarrow R—C—Nu + X^{:-}$$

底物　　亲核试剂　　产物　　离去基团

通过卤代烷的亲核取代反应可以得到各种类型的化合物，这在有机合成上具有重要的意义。

(1) 亲核取代反应实例

① 卤代烷的水解　将卤代烷与 NaOH 或 KOH 水溶液，或氢氧化银(Ag_2O+H_2O)一起共热，则卤原子被羟基取代生成醇：

$$R—X+OH^- \longrightarrow R—OH+X^-$$

例如：

$$C_6H_5CH_2Cl + H_2O \xrightarrow{Na_2CO_3} C_6H_5CH_2OH + NaCl + CO_2\uparrow$$

74%

由于一般卤代烷都是由醇制备而来的，因而这一反应对于简单醇来说意义不大，但对于结构比较复杂的醇，羟基的引入比卤素的引入困难，所以往往通过先引入卤素，再通过水解来引入羟基。这是一种常用的有机合成策略。

偕二卤代烷水解可得到醛或酮，偕三卤代烷水解则可得到羧酸，这可作为制备醛、酮、酸的方法。

$$RCCl_2R' \underset{PCl_5}{\overset{H_2O}{\rightleftharpoons}} RC(=O)R' + 2HCl$$

$$R—CCl_3 \underset{PhP(O)Cl_2}{\overset{H_2O}{\rightleftharpoons}} R—COOH$$

因此从这个角度看，引进一个卤原子就等于引进一个羟基，引进两个卤原子等于引进一个羰基，引进三个卤原子就等于引进了一个羧基，这在有机合成中是一个非常有用的策略。

② 卤代烷的醇解和酚解　卤代烷与醇钠(RONa)或酚钠作用，卤原子将被烷(酚)氧基取代而生成醚，这种合成方法称为 Williamson 合成法。

$$RX + \begin{cases} R_1ONa \longrightarrow R_1OR + NaX \\ ArONa \longrightarrow ArOR + NaX \end{cases}$$

例如：

$$C_2H_5ONa + CH_3(CH_2)_3Br \xrightarrow[\text{回流}]{C_2H_5OH} C_2H_5O(CH_2)_3CH_3 \quad 89\%$$

$$C_6H_5ONa + CH_3(CH_2)_3I \xrightarrow[\text{回流}]{C_2H_5OH} C_6H_5O(CH_2)_3CH_3 + NaI \quad 80\%$$

③ 卤代烷的氨解　卤代烷与氨(或胺)反应，卤原子被氨基取代生成胺。

$$RX + \begin{cases} NH_3 \longrightarrow RNH_2 + HX \\ H_2NR_1 \longrightarrow RNHR_1 + HX \end{cases}$$

例如：

$$(CH_3)_2CHBr + CH_3NH_2 \longrightarrow (CH_3)_2CHNHCH_3 + HBr \quad 78\%$$

$$CH_3(CH_2)_3Br + H_2N\text{-}C_6H_4\text{-}COOC_2H_5 \xrightarrow[\text{回流10h}]{Na_2CO_3} CH_3(CH_2)_3NH\text{-}C_6H_4\text{-}COOC_2H_5 \quad 90\%$$

④ 与氰化物的反应　卤代烷与 NaCN 或 KCN 的醇溶液一起共热，卤原子会被氰基取代生成腈，后者在酸或碱性条件下水解可制备酸，同时这是在碳链上增加一个碳原子的重要方法之一：

$$R-X + NaCN \longrightarrow \underset{\text{腈}}{R-CN} + NaX$$

$$R-CN \xrightarrow[H^+\text{或}OH^-]{H_2O} RCOOH$$

例如：

$$CH_3(CH_2)_3Cl + NaCN \xrightarrow[90℃]{DMSO} CH_3(CH_2)_3CN + NaCl \quad 85\%$$

⑤ 与硝酸银的反应　卤代烷与硝酸银的醇溶液一起加热可以得到硝酸酯，同时析出卤化银沉淀：

$$R-X + AgNO_3 \xrightarrow{\text{乙醇}} RONO_2 + AgX\downarrow$$

不同结构的卤代烃的反应速率是不相同的，这可从卤化银沉淀出现的速率反映出来：

$CH_2=CHCH_2X$ $\quad$ $CH_2=CH(CH_2)_n-X$ $\quad$ $CH_2=CHX$

(Ⅰ) 苄基卤 $C_6H_5CH_2X$ $\quad$ (Ⅱ) $n\geqslant 2$，$R-X$ $\quad$ (Ⅲ) 卤苯 C_6H_5X

(Ⅰ)类为烯丙(苄基)型卤代烃，它们与硝酸银乙醇溶液在室温下就能产生卤化银沉淀；(Ⅱ)类为普通的卤代烷类，它们与硝酸银乙醇溶液需在加热下方能产生卤化银沉淀；(Ⅲ)类为烯基型卤代烃或卤代芳烃，它们即使在加热下也不能产生卤化银沉淀。利用这一性质可将不同结构的卤代烃区分开来。

⑥ 卤代烃的还原　采用催化氢化或化学还原剂均可将卤素脱去而生成烷烃。例如：

$$CH_3(CH_2)_8CH_2I \xrightarrow[HMPA]{NaBH_3CN} CH_3(CH_2)_8CH_3 \quad 88\%$$

$$CH_3(CH_2)_{14}CH_2I \xrightarrow[HOAc]{Zn,HCl} CH_3(CH_2)_{14}CH_3 + HI \quad 85\%$$

$$n\text{-}C_8H_{17}Br + LiAlH_4 \xrightarrow[refl.\ 1h]{THF} n\text{-}C_8H_{18} + AlH_3 + LiBr$$

⑦ 与末端炔盐的反应　末端炔盐与卤代烃进行亲核取代反应可以生成炔烃，由于炔烃可以通过选择性还原得到烯烃或烷烃，因而这是有机合成中增长碳链的重要方法之一。所用的炔盐主要有炔基钠、炔基锂、炔基亚铜、炔基铝、炔基锌、炔基锡、炔基钛或炔基格氏试剂等。例如：

$$HC\equiv CH + NaNH_2 \xrightarrow{液\ NH_3} HC\equiv CNa \xrightarrow{n\text{-}C_4H_9Br} CH_3(CH_2)_3C\equiv CH \quad 68\%$$

$$CH_3(CH_2)_3C\equiv CLi \xrightarrow{AlCl_3} [CH_3(CH_2)_3C\equiv C]_3Al \xrightarrow{CH_3CH_2C(CH_3)_2Cl} CH_3CH_2C(CH_3)_2-C\equiv C(CH_2)_3CH_3 \quad 85\%$$

⑧ 与其他亲核试剂的反应　除以上亲核试剂外，卤代烷还可与许多其他亲核试剂进行亲核取代反应生成各种类型的化合物。例如：

$$R-X + R^1COO^- \longrightarrow R^1COOR + X^- \qquad 合成酯$$

$$R-X + SH^- \longrightarrow RSH + X^- \qquad 合成硫醇$$

$$R-X + SCN^- \longrightarrow RNCS + X^- \qquad 合成异硫氰酸酯$$

$$R-X + {}^-SR^1 \longrightarrow R-S-R^1 + X^- \qquad 合成硫醚$$

$$R-X + Ar-H \xrightarrow{AlCl_3} Ar-R + HX \qquad 傅\text{-}克烷基化$$

$$R-X + I^- \longrightarrow R-I + X^- \qquad 卤素交换反应$$

应该注意的是，许多含卤素的烷基化试剂，如 $ClCH_2OCH_2Cl$ 等具有很强的化学致癌作用，这与它们容易与生物体内的 DNA 等生物活性分子进行类似 S_N2 的烷基化反应有关，所以使用它们时必须非常小心。

(2) 亲核取代反应机理

① 亲核取代反应机理　亲核取代反应是卤代烷最为重要的一类反应，其反应机理可用一卤代烷的水解为例来说明。

在研究水解速率与反应物的浓度关系时发现，有些卤代烷的反应速率仅与卤代烷的浓度有关，而另一些的水解速率却与卤代烷和碱的浓度都有关，这表明卤代烷的水解可以按两种不同的方式来进行。

a. 单分子亲核取代(S_N1)反应　实验证明，叔丁基溴在碱性溶液中的水解速率仅与卤代烷的浓度呈正比，而与进攻试剂(OH^-或水分子)的浓度无关。

$$(CH_3)_3C—Br+OH^- \longrightarrow (CH_3)_3COH+Br^-$$

$$v=k[(CH_3)_3CBr]$$

其水解历程可以表示为：

$$(CH_3)_3C—Br \rightleftharpoons (CH_3)_3C^+ +Br^- \qquad \text{速率控制步骤}$$

$$(CH_3)_3C^+ +OH^- \longrightarrow (CH_3)_3COH$$

或

$$(CH_3)_3C^+ +H_2O \longrightarrow (CH_3)_3COH+H^+$$

反应分两步进行，第一步是C—Br键断裂形成碳正离子，第二步由碳正离子与亲核试剂结合生成水解产物。对于多步反应来说，反应速率是由速率最慢的一步决定的，这一步称为速率控制步骤。在上例反应中，C—Br键的断裂速率比较慢，而第二步的速率很快，所以整个反应的速率由第一步决定，它只与卤代烷的浓度有关。单分子机理即是指在决定反应速率的步骤中，发生共价键变化的只有一种分子(如叔丁基溴)，且在反应动力学上为一级反应。这种类型的反应就称为单分子亲核取代反应，用S_N1(1代表单分子)表示。

b. 双分子亲核取代(S_N2)反应　溴甲烷的碱性水解与上不同，它的水解速率既与卤代烷的浓度呈正比，也与碱的浓度呈正比。

$$CH_3—Br+OH^- \longrightarrow CH_3OH+Br^-$$

$$v=k[CH_3Br][OH^-]$$

其反应机理可以表示为：

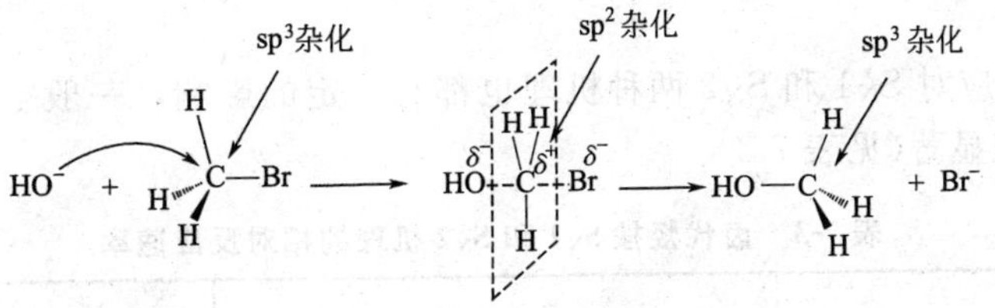

在反应过程中，C—O键的形成和C—Br键的断裂是同时进行的，因而是一个协同反应。反应经历了一个过渡态，在形成此过渡态时，进攻试剂OH^-只有从离去基团的背面沿着C—Br键轴的方向进攻中心碳原子时所受到的阻力最小，当OH^-从背面接近碳原子时，C—O键只是部分形成，而同时C—Br键逐渐伸长和减弱，产生部分断裂，即OH和Br在共用碳原子上的电子。当氧原子和溴原子与碳原子之间的距离相等时，则之间碳原子呈平面三角形的构型，即该碳原子逐渐由sp^3杂化状态转化为sp^2杂化，氧原子与溴原子都参与了与未参与杂化的p轨道上电子的作用。随着反应的继续进行，羟基上的负电荷逐渐减少，

C—O 键逐渐加强，而溴原子上的负电荷逐渐增加，C—Br 键逐渐减弱至最后彻底断裂而完成取代，同时中心碳原子由 sp^2 杂化转化为 sp^3 杂化，整个过程就如一把雨伞被风吹翻了一样，因此所得到的产物的构型与底物的构型完全相反。这种构型的转化过程称为 Walden 翻转。这种构型的翻转是双分子亲核取代(S_N2，2 代表速率控制步骤中的两个分子)反应的重要特征。

② 影响反应的因素　饱和碳原子上的亲核取代反应可按两种不同的机理进行，但对某一具体反应来说，反应物在一定条件下与亲核试剂反应，究竟按什么机理进行及反应的活性如何，取决于反应物的结构、亲核试剂的性质和溶剂的性质等因素。

a. 烃基结构对反应的影响　对 S_N1 反应来说，决定反应速率的步骤是碳正离子的形成，即碳正离子的生成速率决定反应的快慢。从碳正离子的稳定性来说，越稳定的碳正离子越容易形成，因此反应速率与碳正离子的稳定性顺序一致，即 R—X 的反应活性顺序为：$3° > 2° > 1° > CH_3X$。从卤代烷的电子效应来看，α-碳原子上的烷基越多，其上的电子云密度就越高，越有利于 X^- 的离去，同样也可以得出如上的活性顺序。

而对 S_N2 反应来说，亲核试剂进攻缺电子中心时，必须先克服一定的阻力，随着 α-碳原子上的烷基的增多，空间位阻会越来越大，同时也使得 α-碳原子上的电子云密度增大，因此不利于亲核试剂的进攻，反应难以进行。所以，按 S_N2 机理，卤代烷的反应活性顺序为：$CH_3X > 1° > 2° > 3°$。

如果 α-碳原子上连接有不饱和基团，如双键和芳基等，它们对生成的碳正离子(S_N1 机理)或形成的过渡态(S_N2 机理)的稳定性都是有利的，因此，这些基团无论对 S_N1 或 S_N2 反应都是有利的。当中心碳原子上连接的苯基的数目增加时，取代速率也明显加快。例如下列化合物在 40%乙醇/60%乙醚的溶液中醇解的相对速率为：

$C_6H_5CH_2Cl$　1　　$(C_6H_5)_2CHCl$　2×10^3　　$(C_6H_5)_3CCl$　3×10^7

虽然不同烃基的电子效应对 S_N1 和 S_N2 反应都有影响，但在 S_N2 过渡态里，中间体的中心碳原子上只有相当小的电荷，所以烃基的电子效应对 S_N2 反应的影响一般不如 S_N1 反应显著。

烃基的空间效应对 S_N1 和 S_N2 两种机理也都有一定的影响，一般空间效应对 S_N2 机理的影响较 S_N1 机理显著(见表 7-3)。

表 7-3　卤代烃按 S_N1 和 S_N2 机理的相对反应速率

卤代物	S_N2 反应 ($C_2H_5O^-/C_2H_5OH$,55℃)	S_N1 反应 ($H_2O/HCOOH$,95℃)
CH_3CH_2Br	1	1
$CH_3CH_2CH_2Br$	0.28	0.69
$(CH_3)_2CHCH_2Br$	0.030	—
$(CH_3)_3CCH_2Br$	0.0000042	0.57

如果被取代的基团是连接在桥环化合物的桥头碳原子上，进行亲核取代反应时，不论是

S_N1还是S_N2反应都十分困难。例如7,7-二甲基-1-氯-双环[2.2.1]庚烷与$AgNO_3$的醇溶液回流48h都没有反应发生，表现出突出的稳定性。这是因为受环的影响，亲核试剂几乎不可能从背后进攻缺电子碳，因而不能按S_N2反应进行；如果按S_N1机理进行，环的刚性又限制了碳正离子伸展为平面构型，从而限制了氯离子的离去。

b. 离去基团对反应机理的影响　烃基相同的卤代烷的亲核取代反应速率次序总是R—I>R—Br>R—Cl，这是因为不论在S_N1还是S_N2反应中，都要求把C—X键拉长，从C—X键的键能和极化度的大小来说都应该得出以上顺序。但离去基团的离去倾向越强，则越易发生S_N1反应，反之则越易发生S_N2反应。

c. 亲核试剂的影响　当取代反应按S_N1机理进行时，反应速率只取决于R—X的解离，而与亲核试剂无关，所以试剂亲核性能的变化对S_N1反应没有明显影响。

当取代反应按S_N2机理进行时，亲核试剂参与了过渡态的形成，其亲核性能的改变对反应速率将产生一定的影响。一般来说，亲核试剂的亲核能力越强，反应经过S_N2机理过渡态所需的活化能就越低，S_N2反应的趋向就越大。

试剂亲核性的强弱决定于它所带电荷的性质、碱性强弱、可极化性和体积。

(a) 一个带负电荷的亲核试剂要比相应呈中性的试剂的亲核能力强。

(b) 亲核试剂的亲核性能大致与其碱性强弱次序相对应(注意：亲核性和碱性是两个不同的概念，前者是试剂与碳原子结合的能力，而后者是与质子结合的能力，两者的强弱次序并不完全一致，不要混淆!)。大多数情况下，亲核性和碱性强弱的次序一致，因此通过比较碱性强弱就可知道亲核性的强弱。但在质子性溶剂中时困难会有所不同，如在非质子性溶剂中，亲核性为$F^- > Cl^- > Br^- > I^-$，而在质子性溶剂中则正好相反，这是由于形成溶剂化离子的缘故。

(c) 试剂的可极化性越强，其亲核性越强。对同族元素来说，离子的可极化性次序为$I^- > Br^- > Cl^- > F^-$。由上面的讨论可知，对碘负离子来说，无论是作为离去基团还是作为亲核试剂，都表现出很高的活性。因此当伯卤代烷进行S_N2反应时，常可加入少量碘盐作为反应的催化剂，以提高反应的速率；

(d) 亲核试剂的体积对S_N2反应也有很大的影响。例如烷氧负离子的碱性强弱次序为$(CH_3)_3CO^- > (CH_3)_2CHO^- > CH_3CH_2O^- > CH_3O^-$，但其在$S_N2$反应中的亲核能力却刚好相反。这是因为烷氧负离子的体积较大，经过中心碳原子所受到的阻力较大，因而难以发生亲核取代反应，而往往作为碱进攻β-氢原子而发生消除反应。

d. 溶剂效应的影响　所谓溶剂效应通常是指因为溶剂的影响而使化学平衡和化学反应速率发生改变的效应。例如下面化合物的醇解反应：

$$Ph_2CHCl \xrightleftharpoons{慢} Ph_2CH^+ + Cl^-$$

$$Ph_2CH^+ + C_2H_5OH \longrightarrow Ph_2CHOC_2H_5 + H^+$$

如果在乙醇中存在少量水，反应会变得非常迅速，这是因为H_2O与Cl^-能有效地发生溶剂化作用：

$$\begin{array}{ccccc} & & H\text{—}OH & & \\ & & | & & \\ HO\text{—}H & \text{—} & Cl^- & \text{—} & H\text{—}OH \\ & & | & & \\ & & H\text{—}OH & & \end{array} \qquad Cl^- + nH_2O \longrightarrow Cl^- \cdot nH_2O$$

而在下面的反应中，H_2O会与I^{*-}发生溶剂化作用，实际上是降低了亲核试剂的亲核能力，因而会使反应速率急剧下降。

$$I^{*-} + n\text{-Bu-I} \longrightarrow [I^{*\delta^-}\cdots n\text{-Bu}^{\delta^+}\cdots I^{\delta^-}] \longrightarrow n\text{-BuI}^* + I^-$$

③ 亲核取代反应的立体化学

a. S_N1 反应　在 S_N1 反应里，决定反应速率的是碳正离子的形成，由于它具有平面构型(sp^2 杂化)，亲核试剂从它平面的两侧进攻的概率相同。如果该碳正离子所连接的三个基团不同，且亲核基团也与它们不一样，则反应后将得到一个外消旋体，产物不具有光活性。

$$R^1R^2R^3C{-}X \underset{}{\overset{\text{慢}}{\rightleftharpoons}} R^1R^2R^3C^+ \xrightarrow[Y^-]{\text{快}} R^1R^2R^3C{-}Y + Y{-}CR^1R^2R^3$$

但是，如果底物分子中具有能够保持构型的基团存在，则其产物将主要是构型保持的产物。例如，α-溴丙酸负离子按 S_N1 机理进行水解、醇解时，其构型完全保持不变。这是因为形成碳正离子时，分子内 α-碳相邻带负电荷的羧基离子像亲核试剂一样，可以从溴离子的背面向中心碳原子进攻，进行分子内类似 S_N2 的反应，生成不稳定的 α-内酯。亲核试剂再进攻中心碳原子时，只能从离去基团的同一侧接近，从而得到构型保持的产物。

$$^-O(O{=})C{-}CH(CH_3){-}Br \longrightarrow \xrightarrow[\text{翻转}]{-Br^-} \alpha\text{-内酯} \xrightarrow[\text{翻转}]{Ag_2O/H_2O} HO(O{=})C{-}CH(CH_3){-}OH$$

像这种因为邻近基团的参与而使构型得以保持的反应称为邻基参与反应。除羧基外，还有一些基团，如—OR、—OCOR、—NH_2、—NHCOR、—NHR、—NHR_2、—X 等，甚至苯环的 π 电子，当处于离去基团的 β-位时，也能使构型保持不变。

b. S_N2 反应　如前所述，在 S_N2 反应中，应伴随有中心碳原子构型的翻转(Walden 翻转)，大量立体化学的实验事实已经证明了这一点。例如，已知(−)-2-溴辛烷与(−)-2-辛醇属同一构型，如将(−)-2-溴辛烷与 NaOH 进行水解得到 2-辛醇，实验测得这样得到的 2-辛醇的$[\alpha]=+9.9°$，那么它必然是(−)-2-辛醇的对映异构体，说明该反应导致了手性碳原子构型的翻转：

$$\underset{[\alpha]=-34.9°}{H_{13}C_6(H)(CH_3)C{-}Br} \xrightarrow[EtOH]{NaOH} \underset{[\alpha]=+9.9°}{HO{-}C(C_6H_{13})(H)(CH_3)}$$

再如，用放射性 I^{*-}(I^{128})与具有光活性的 2-碘辛烷在无水丙酮介质中进行反应时，反应动力学研究表明，反应为二级反应。随着同位素 I^{*-} 与 I^- 的交换，2-碘辛烷的光学活性逐渐消失，且旋光性消失的速率是同位素交换速率的 2 倍。这充分说明，每一个双分子取代作用都导致了构型的转化：

$$I^{*-} + H_{13}C_6(H)(CH_3)C{-}I \longrightarrow [\overset{\delta-}{I^*}\cdots C(H_{13}C_6)(H)(CH_3)\cdots\overset{\delta-}{I}] \longrightarrow I^*{-}C(C_6H_{13})(H)(CH_3) + I^-$$

因此，完全的构型转化可以作为 S_N2 反应的标志。

c. 离子对理论　以上讨论的是两种极限情况，事实上在大多数情况下反应不是那么“纯粹”的。如在 S_N1 反应中，在消旋化的同时，往往还会出现一部分构型转化的产物，使得产物具有不同程度的旋光性。例如 α-氯乙苯在水中进行水解时有 83%的外消旋化产物，另有 17%构型发生了转化。对于这一现象，曾提出过多种解释，其中最接近于事实真相的是“离子对理论”。该理论认为，当反应物在溶剂中进行时，参与反应的共价键的断裂是一个渐进的过程，即 C—X 键逐渐发生电荷分离直至形成离子。开始时，两个离子仍然紧紧靠在一起形成离子对(紧密离子对，Ⅰ)，如果反应在这个阶段进行，就会发生完全的构型转化，是典型的 S_N2 反应。如果不能在这个阶段完成反应，则两个离子间的距离逐渐加大，少数溶剂分子就会进入两个离子中间而把它们分隔开来，这时两个相反电荷的离子仍然是一个离子对，称为溶剂分隔离子对(Ⅱ)，如果反应在这个阶段进行，则亲核试剂进入的位置将有两种选择：如果它取代介入的溶剂的位置而进攻手性碳中心，产物将保持原来的构型；如果从介入溶剂的背面进攻，就会发生构型的翻转。客观上，前者受到的阻力显然会大于后者，这是为什么上例中构型转化的产物多于构型保持的产物的原因。如果反应仍不能在第Ⅱ阶段进行，则两个离子会进一步分开成为两个完全自由的离子，在这个阶段进行反应时，由于碳正离子的平面构型，就会得到完全的外消旋体，这就是典型的 S_N1 反应。

$$\text{Ph(H)(CH}_3\text{)C—Cl} \xrightarrow{\text{OH}^-} \text{HO—C(Ph)(H)(CH}_3\text{)} + \text{Ph(H)(CH}_3\text{)C—OH}$$

58.7%　　41.3%

由此可见，S_N1 和 S_N2 只是亲核取代反应中的两种极限情形，绝大多数反应都是介于二者之间的。

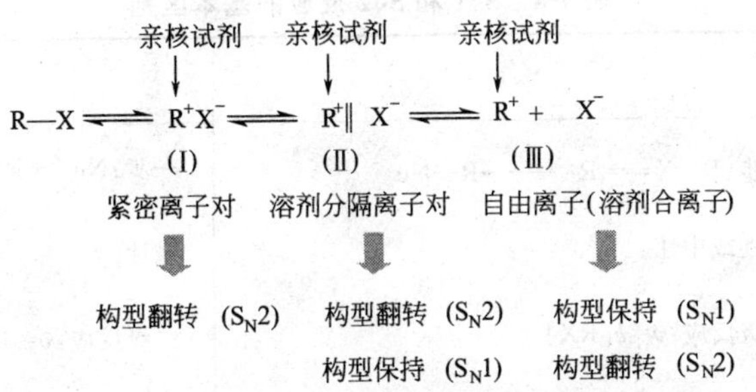

④ 亲核取代反应的副反应　如上所述，亲核取代反应往往是两种机理并存，比较复杂。不仅如此，它还有与之竞争的副反应存在，如消除反应和分子重排反应等，使得情况更加复杂化。

a. 消除反应　消除反应是有机化学反应中一个大的反应类型，在本书醇相关章节中将详细讨论，本节略作说明。

消除反应的机理与亲核取代反应相似，也有单分子机理(E1)和双分子机理(E2)之分，它是由于亲核试剂作为碱进攻 β-H 而进行的：

$$\text{E1:}\quad \text{RCH}_2\text{—C(R}^1\text{)(R}^2\text{)—X} \xrightleftharpoons{\text{慢}} \text{RCH}_2\text{—C}^+\text{(R}^1\text{)(R}^2\text{)} \xrightarrow[\text{快}]{-\text{H}^+} \text{RCH=C(R}^1\text{)(R}^2\text{)}$$

$$\text{E2:}\quad \text{HO}^-\ (\text{或RO}^-) + \text{RCH(H)—CH}_2\text{—X} \longrightarrow \left[\begin{array}{c}\text{HO}\cdots\text{H}\\ \text{R—CH}\cdots\text{CH}_2\cdots\text{X}\end{array}\right] \longrightarrow \text{RCH=CH}_2 + \text{X}^- + \text{H}_2\text{O}$$

在一个反应体系中，究竟是取代反应为主，还是消除反应为主，取决于反应物的结构及反应条件。

(a) 底物结构的影响　一般而言，α-碳原子上的支链增多，有利于碳正离子的形成，对 E1 和 S_N1 反应都有利，而对 E2 和 S_N2 反应不利；β-碳原子上烷基增多，也有利于单分子反应，而且对 E1 比对 S_N1 更有利。例如下列化合物在 25℃下与 80%乙醇作用时烯烃的收率分别为：

$(CH_3)_3C-Cl$ 16%　　$CH_3CH_2C(CH_3)_2-Cl$ 34%　　$(CH_3)_2CH-C(CH_3)_2-Cl$ 62%　　$(CH_3)_2CH-C(CH_3)(CH(CH_3)_2)-Cl$ 78%

(b) 反应条件的影响　试剂的碱性强而亲核性弱对消除反应有利，反之则对取代反应有利。常用试剂的碱性大小次序为：$NH_2^- > RO^- > HO^- > CH_3COO^- > Br^-$。

增加试剂的浓度对单分子反应没有什么影响，但可使双分子反应占优势。浓度的变化对产物的比例影响不大。

溶剂极性增大对单分子反应有利，而对双分子反应不利，且对 E2 比对 S_N2 更不利。这是因为在过渡态中 E2 需要比 S_N2 更多的电荷分散，溶剂极性太强不利于电荷的分散。

温度的升高有利于消除反应的进行。

b. 分子重排反应　在单分子反应中，如果形成的碳正离子能够经过重排转化为更稳定的碳正离子，就会发生分子重排反应。重排生成的碳正离子又可发生 β-H 的消除或与亲核试剂反应得到取代产物，因而在此反应体系中产物往往是很复杂的。

综上所述，可以将 S_N1 和 S_N2 反应的基本区别归纳于表 7-4 中。

表 7-4　S_N1 和 S_N2 反应的基本区别

项目	S_N1	S_N2
反应机理	两步：$R-X \rightleftharpoons R^+ \xrightarrow{Nu^-} R-Nu$	一步：$Nu^- + R-X \longrightarrow Nu-R + X^-$
反应介质	酸性或中性	碱性
反应动力学	一级反应：$v=k[RX]$	二级反应：$v=k[RX][Nu^-]$
立体化学	外消旋化、构型转化	构型转化
溶剂效应	极性溶剂促进反应，如 $HCOOH > CH_3COOH > H_2O > C_2H_5OH$	溶剂极性不太重要，但非质子溶剂较好
副反应	消除及重排	在强碱性亲核试剂作用下有消除副反应
α-碳原子的反应规律	饱和碳：叔≫仲＞伯；环碳数：3＜4＜5＜6＜7～10	饱和碳：CH_3＞伯＞仲（叔≈0）
离去基团的反应规律	$I^- > Br^- > Cl^- \gg F^-$ $RCOO^- > OH^- > RO^-$ $RSO_3^- > RCOO^- > C_6H_5O^-$ $RS^- > RO^-$	同左 同左 —OH 及—OR 不易离去
亲核试剂的反应规律	$I^- > Br^- > Cl^- \gg F^-$ H_2O、ROH、RCOOH（溶剂解）	$RO^- > OH^- > C_6H_5O^- > RCOO^-$ $RS^- > RO^-$ $R_3C^- > R_2N^- > RO^- > F^-$

7.2.3.2 消除反应

如上所述，消除反应不仅是亲核取代反应中的一个副反应，有时也成为主反应。事实上，卤代烷的脱卤化氢或邻二卤代烃的脱卤素是制备烯烃的常用方法之一。本书将在醇的相关章节作集中介绍，这里不作展开，仅举几例以说明。

$$C_6H_5CH(Cl)CH_3 \xrightarrow[\text{苯酚}]{\text{喹啉}} C_6H_5CH{=}CH_2 \quad 87\%$$

(注：加入少量苯酚是为了防止苯乙烯聚合)

$$CH_3(CH_2)_3CH(Br)—CH_2Br \xrightarrow[\text{90\%乙醇}]{Zn} CH_3(CH_2)_3CH{=}CH_2 + ZnBr_2 \quad 60\%$$

7.2.3.3 与活泼金属的反应

卤代烃与活泼金属的反应是卤代烃的重要性质之一，很多有机合成中非常有用的试剂均来自于这一性质的应用。

卤代烷与金属钠的 Würtz 偶联反应可用于合成偶数碳原子的烃类化合物，这里的卤代烷一般为伯卤代烷，因为 2°和 3°卤代烷容易发生消除反应。

$$2RX + 2Na \longrightarrow R—R + 2NaCl$$

除了金属钠外，其他还可用于该反应的金属有钾、钾-钠合金(1∶2)、锂、汞齐等，但钠最合适。反应可用乙醚、二丁醚、苯、甲苯、二甲苯等做溶剂，醚类可加速反应的进行。

卤代烷与金属锂的反应中如果控制卤代烷的用量，可以得到烷基锂，在有机合成中常用作强碱和亲核试剂。

卤代烃与金属镁在醚(常用的是乙醚和四氢呋喃)中反应可生成烷基镁试剂，即格氏试剂，是一种非常有用的有机合成试剂，发明人 Victor Grignard 因此项成就获得了 1912 年度诺贝尔化学奖。

$$RX + Mg \xrightarrow{\triangle} RMgX$$

7.3 氟代烷

与其他卤代烷相比，氟代烷烃的性质十分独特，引起众多科学家的倾情投入，对其开展了全方位的研究，已成为有机化学中一个异常活跃的研究领域，并形成了一门分支学科——有机氟化学，涉及原子能、功能材料、医药、农药、日用化学品等各个领域。

7.3.1 氟代烷的性质

一氟代烷很不稳定，常温下即易失去氟化氢而变成烯烃。例如：

$$CH_3CH(F)CH_3 \longrightarrow CH_3CH{=}CH_2 + HF$$

但当同一碳原子上有两个或两个以上氟原子时则性质很稳定，不容易发生化学反应。如

CF_4、CH_3CHF_2、$CH_3CF_2CF_3$ 等都是极稳定的化合物。

全氟代烷的性质更加稳定，有很高的耐热和耐腐蚀性能，并有抗元素氟的作用。对氧化剂也有很高的稳定性，在常温下与发烟硝酸、浓硫酸及有机过氧化物都不起作用。因此具有超常的稳定性，一方面是因为氟原子的电负性大，C—F 键比其他任何原子与碳原子形成的单键都要强，而其键较短，并且键长随同一碳原子上氟原子的增多而缩短，键能增大，结果使 C—F 键很难发生均裂；另一方面，其离子键能(假定其电离成 $C^+ + F^-$)也比其他碳卤键大得多，因而也不易发生键的异裂。

直链全氟代烷分子中间是一条锯齿形的碳链，四周被一系列氟原子所包围，由于氟原子的范德华半径是 0.135nm，恰好把碳骨架严密地包住，这种空间屏障使得全氟代烷烃中的碳链受到周围氟原子的良好保护，即使最小的原子也很难楔入，因而它很难发生化学反应，这就是所谓的“屏蔽效应”。屏蔽效应使得它的反应活化能大大提高，以致观察不到反应的发生。全氟代烷只有在辐射线的照射下才可能发生键的均裂生成自由基。

全氟代烷基(R_f—)具有很强的吸电子作用，所以 R_f—I 表现出与其类似物 R—I 相反的极性，因此在与碱作用时得到的不是醇，而是氟代烃。

$$R_f—I + KOH \longrightarrow R_f—H + KOI$$

对于连接在双键上的氟原子或全氟烷基，其强的电负性也使得 π 电子云密度降低，因而不易发生亲电加成反应，但可发生亲核加成反应，如 Michael 加成等。

氟原子也使得同一碳原子上的其他卤原子的活性降低，因为它使得其他 C—X 键的键长缩短，键能增大。例如 CCl_2F_2 中的 C—Cl 键长为 0.170nm，而在一般氯代烷中为0.176～0.177nm。

7.3.2 氟代烷的制备

如用烃的直接氟代来制备氟代烷，反应会放出大量的热，致使碳链断裂，结果得到大量碳和氟化氢。因此氟代烷的制备一般用间接方法，如其他卤代烷与无机氟化物的卤素交换等来制备。例如：

$$2CH_3Br + Hg_2F_2 \longrightarrow 2CH_3F + Hg_2Br_2$$

$$CH_3Br + SbF_3 \longrightarrow CHF_3 + SbBr_3$$

一个重要的氟化物商业上叫氟里昂-12(Freon-12)，在工业上是用下法制备的：

$$SbCl_3 + Cl_2 \longrightarrow SbCl_5$$

$$SbCl_5 + 3HF \longrightarrow SbCl_2F_3 + 3HCl$$

$$CCl_4 + SbCl_2F_3 \xrightarrow[300atm]{100℃} \underset{\text{Freon-12}}{CCl_2F_2} + SbCl_4F$$

$$SbCl_4F + 2HF \longrightarrow SbCl_2F_3 + 2HCl$$

氟里昂是一系列氟代烷的统称，其主要品种和用途见表 7-5。

聚四氟乙烯(特氟隆)具有优良的耐热性，可在－100～＋300℃范围内使用，其化学稳定性超过一切其他塑料，即使与元素氟和王水也不起反应，因此被誉为“塑料王”。其合成方法如下：

表 7-5 主要氟里昂品种和用途

商品名称	结构	沸点/℃	用途
氟里昂-11	CCl_3F	24.1	中温制冷剂，抽提剂、灭水剂、聚氨基甲酯泡沫塑料的发泡剂
氟里昂-12	CCl_2F_2	−29.8	低温制冷剂、灭火剂、烟雾剂
氟里昂-13	$CClF_3$	−82	超低温制冷剂、泡沫塑料的发泡剂
氟里昂-112	$CClF_2CCl_2F$	93	制冷剂、气溶胶、推进剂、精密仪器清洗剂、树脂中间体、全身麻醉剂
氟里昂-114	$CClF_2CClF_2$	4.1	制冷剂、喷雾剂、发泡剂、介电气体
氟里昂-114B-2	$CBrF_2CBrF_2$	46.4	高效灭火剂、冷却剂、高温气体润滑剂、传热介质
氟里昂-1211	$CBrClF_2$	−4	制冷剂、润滑剂、火箭燃料、高效灭火航空发电机保护剂
氟里昂-21	$CHCl_2F$	8.92	制冷剂
氟里昂-22	$CHClF_2$	−40.8	制冷剂、氟树脂、农药喷雾剂、灭火剂、飞机推进剂

$$CHCl_3 + HF \xrightarrow{SbCl_3} CHFCl_2 \xrightarrow{600\sim750℃} F_2C{=}CF_2 \longrightarrow {+}CF_2{-}CF_2{+}_n$$

7.4 卤代芳烃

卤素原子取代芳烃中的氢即得卤代芳烃。一方面，卤原子具有吸电子的诱导效应，同时卤原子与芳环间又存在给电子的 p-π 共轭效应，致使 C—X 键具有一定双键的性质，其键长比卤代烷中要短，因此其性质与卤代烷相比也有较大区别。

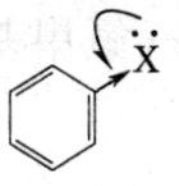

[结构式：苯环与卤原子 X 的 p-π 共轭示意]

7.4.1 亲核取代反应

卤代芳烃也可以进行亲核取代反应，但由于其结构的原因，其反应性比卤代烷差，因此一般难以进行，需要在比较剧烈的条件下方可进行。例如：

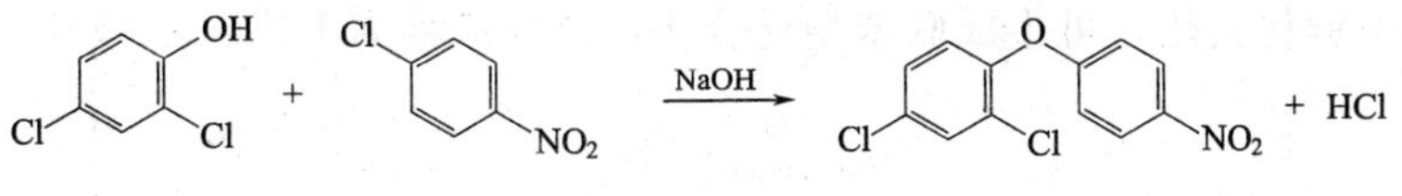

[反应式：2,4-二氯苯酚 + 对硝基氯苯 $\xrightarrow{NaOH}$ 2,4-二氯苯基对硝基苯基醚 + HCl]

但是当苯环上存在强的吸电子基团时，反应的难度就小多了。例如：

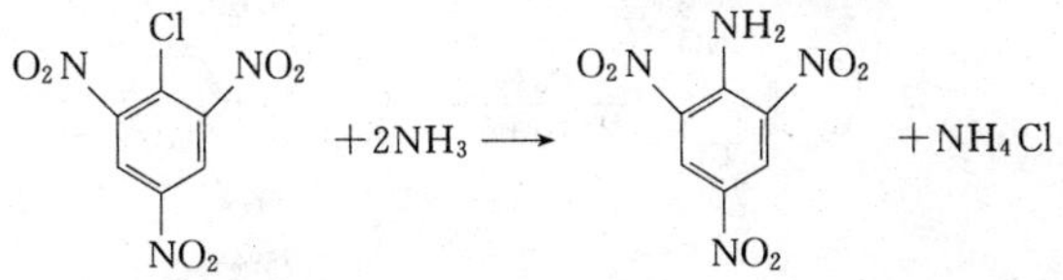

[反应式：2,4,6-三硝基氯苯 $+2NH_3 \longrightarrow$ 2,4,6-三硝基苯胺 $+NH_4Cl$]

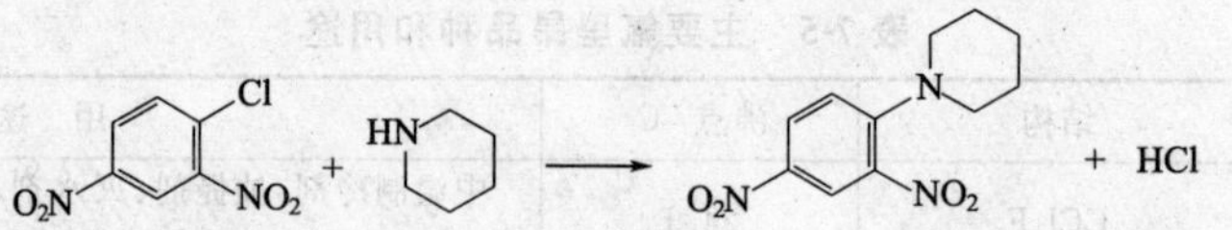

芳烃的亲核取代反应机理比较复杂，一般在弱碱性条件下按 S_N2 反应进行。例如：

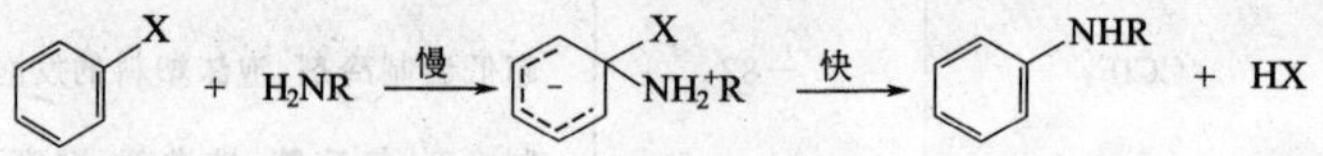

但在强碱性条件下，反应可能按另一种机理进行。例如，当用 $1\text{-}^{14}C$ 标记的氯苯与氨基钾反应时，得到几乎等量的1-位和2-位标记的苯胺：

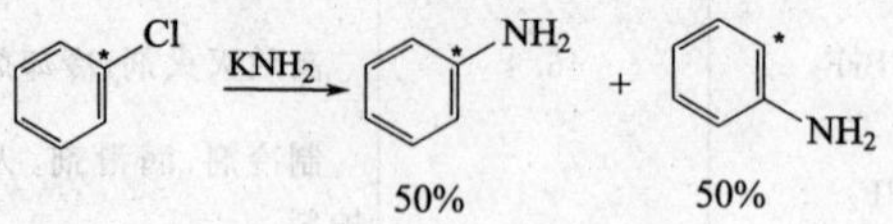

50%　　50%

再如：

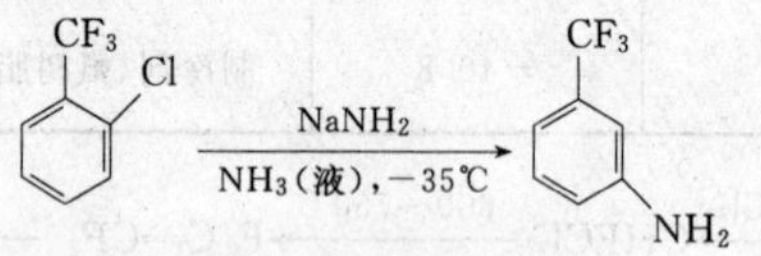

取代位置的移位是因为反应是按消除-加成机理进行的：

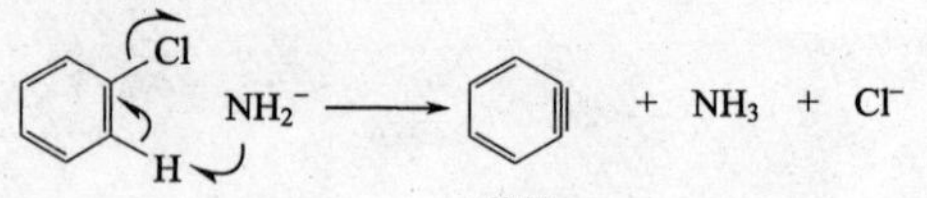

苯炔

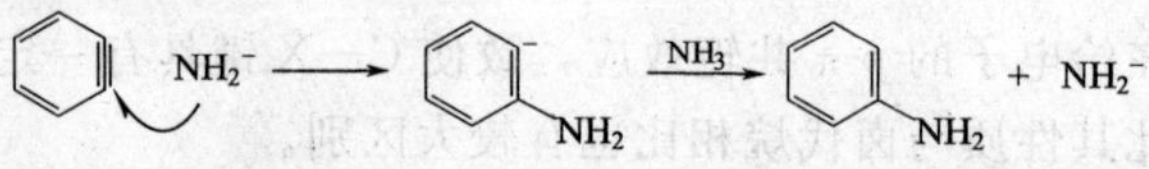

上例中3-取代产物的形成主要是由于三氟甲基的空间效应决定的。

7.4.2 亲电取代反应

卤代芳烃的亲电取代反应没有什么特别，卤素是钝化苯环的基团，因此活性比苯差。但卤素属于邻、对位定位基。

7.4.3 偶联反应

卤代芳烃与铜粉共热，可生成联苯型化合物，此反应称为 Ullmann 反应。例如：

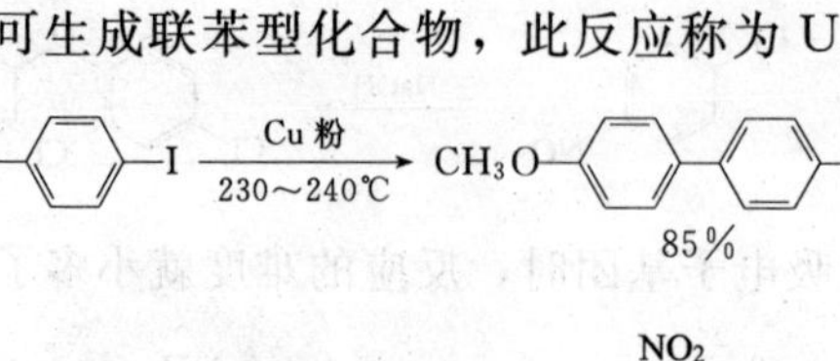

85%

75%

在 Pd 配合物催化剂的作用下，芳基硼酸或硼酸酯与卤代芳烃发生偶联反应，可得到非对称的联苯类化合物，该反应称为 Suzuli-Miyaura 反应：

$$Ar—B(OH)_2 + Ar'—X \xrightarrow[Na_2CO_3]{Pd(PPh_3)_4} Ar—Ar' \qquad X = Cl, Br, I$$

其中卤代烃的活性顺序为 I>Br>Cl。例如：

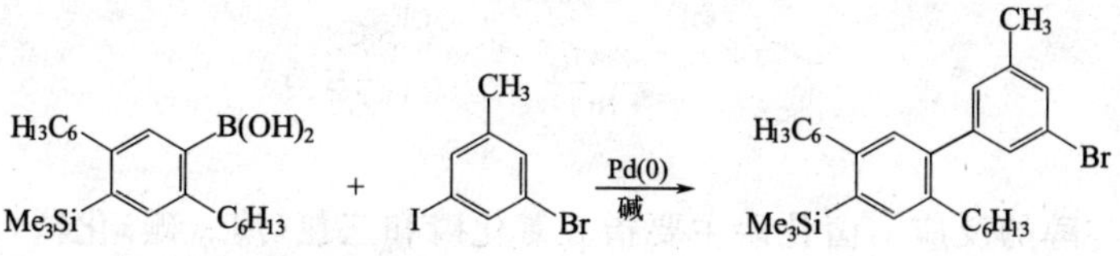

$H_{13}C_6$ $B(OH)_2$ Me_3Si C_6H_{13} + CH_3 I Br $\xrightarrow[碱]{Pd(0)}$ $H_{13}C_6$ Me_3Si C_6H_{13} CH_3 Br

66%

7.5 卤代烃的制备与应用

7.5.1 卤代烷的制备

7.5.1.1 从烃制备

(1) 烃的自由基取代

如：

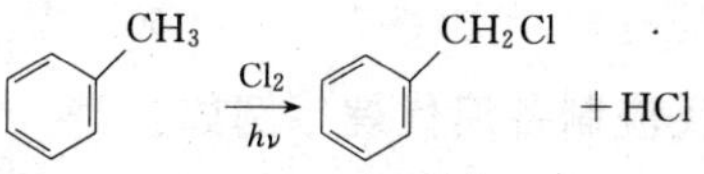

CH_3 $\xrightarrow[h\nu]{Cl_2}$ CH_2Cl + HCl

70%

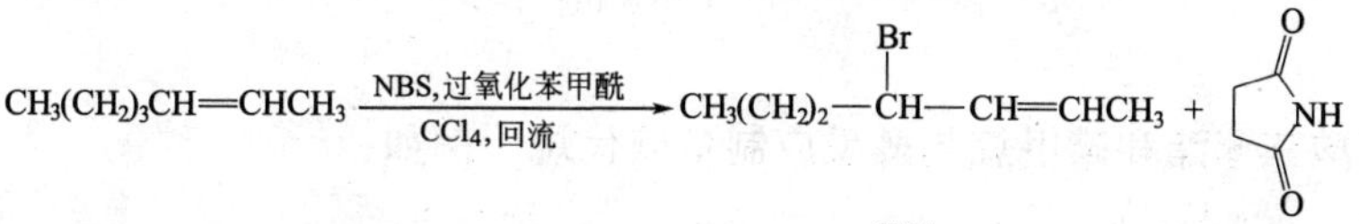

$$CH_3(CH_2)_3CH=CHCH_3 \xrightarrow[CCl_4,回流]{NBS,过氧化苯甲酰} CH_3(CH_2)_2—\underset{Br}{CH}—CH=CHCH_3 + $$ O NH O

62%

(2) 不饱和烃的亲电加成

例如：

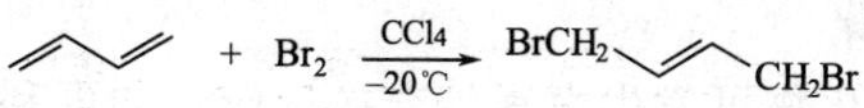

+ Br_2 $\xrightarrow[-20℃]{CCl_4}$ $BrCH_2$ CH_2Br

60%

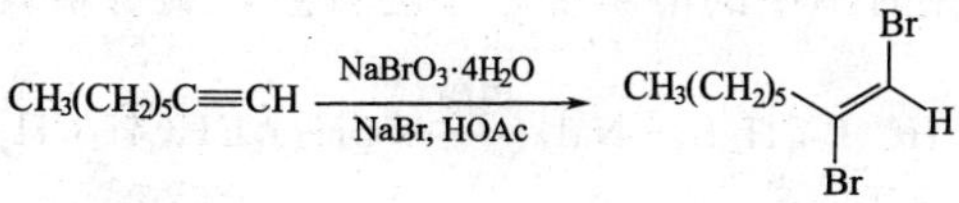

$$CH_3(CH_2)_5C\equiv CH \xrightarrow[NaBr, HOAc]{NaBrO_3\cdot 4H_2O} CH_3(CH_2)_5(Br)C=CH(Br)$$ Br H Br

89.7%

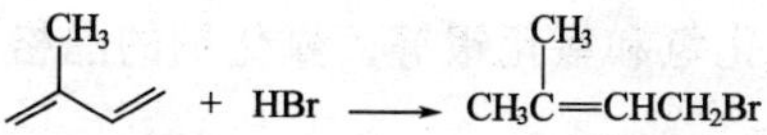

CH_3 + HBr ⟶ $CH_3\overset{CH_3}{C}=CHCH_2Br$

78%

$\xrightarrow[80℃]{KI, H_3PO_4}$ I

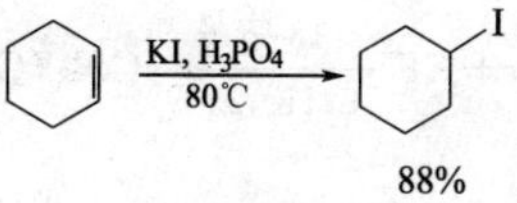

88%

7.5.1.2 从醇制备

关于醇的卤代反应的详细内容将在后文讨论。这里仅举一些实用的例子。

(1) 氢卤酸与醇的反应

$$CH_3CH_2CH_2OH + HBr(48\%) \xrightarrow[\triangle]{H_2SO_4} \underset{86\%}{CH_3CH_2CH_2Br} + H_2O$$

$$\text{环己醇} \xrightarrow[HCl]{ZnCl_2} \underset{86\%}{\text{氯代环己烷}} + H_2O$$

(2) 卤化磷与醇的反应　卤化磷主要指五氯化磷和三氯(溴、碘)化磷，都是常用的卤化试剂，由于红磷与溴或碘能迅速反应生成三溴化磷和三碘化磷，所以在实际使用中也往往用红磷和溴或碘来代替三溴化磷和三碘化磷。例如：

$$HC{\equiv}CCH_2OH + PCl_3 \xrightarrow{Py} \underset{60\%}{HC{\equiv}CCH_2Cl}$$

$$CH_3(CH_2)_{14}CH_2OH \xrightarrow[P]{Br_2} \underset{80\%}{CH_3(CH_2)_{14}CH_2Br}$$

(3) 亚硫酰氯与醇的反应　醇与亚硫酰氯反应是制备氯代烷的典型方法之一。例如：

$$CH_3(CH_2)_4CH_2OH + SOCl_2 \longrightarrow \underset{60\%}{CH_3(CH_2)_4CH_2Cl} + SO_2 + HCl$$

(4) 三苯基膦和溴与醇的反应制备溴代烷　例如：

$$\triangleright\!-CH_2OH + Br_2 \xrightarrow[DMF,\ 10℃]{PPh_3} \underset{76\%}{\triangleright\!-CH_2Br}$$

(5) 亚磷酸三苯酯和碘甲烷与醇反应制备碘代烷　例如：

$$\text{环己醇} + CH_3I + P(OC_6H_5)_3 \xrightarrow{120℃} \underset{75\%}{\text{碘代环己烷}} + (C_6H_5O)_2POCH_3 + C_6H_5OH$$

7.5.1.3 从卤代烃制备

用一种卤代烃与金属卤化物可发生卤素的交换反应。如可利用碘化钠在丙酮中的溶解度较大，而氯化钠和溴化钠在丙酮中的溶解度较小的特点，制备碘代烷。例如：

$$(CH_3)_2CHCH_2CH_2Br + NaI \xrightarrow{丙酮} \underset{66\%}{(CH_3)_2CHCH_2CH_2I} + NaBr$$

氟代烷的制备则基本都是通过对其他卤代烷中卤素原子的氟代来实现的，常用的氟化试剂有无水氟化钾、氟化锑、氟化氢和氟化银等。氟化钠的晶格能较高，反应活性较差，应用较少。例如：

$$CH_3(CH_2)_6CH_2Br + KF \xrightarrow[C_6H_6,\ 25℃]{18\text{-冠-}6} \underset{92\%}{CH_3(CH_2)_6CH_2F} + KBr$$

$$\text{O}_2\text{N-C}_6\text{H}_4\text{-CBr}_3 \xrightarrow{\text{SbF}_3} \text{O}_2\text{N-C}_6\text{H}_4\text{-CF}_3 \quad 90\%$$

7.5.1.4 从羧酸盐制备溴代烷

羧酸的银盐、汞盐或铅盐与溴素通过 Hunsdiecker 反应可用于制备溴代烷。例如：

$$CH_3OOC(CH_2)_4COOH + AgNO_3 \xrightarrow[\text{2. Br}_2]{\text{1. KOH}} CH_3OOC(CH_2)_4Br + CO_2 + AgBr \quad 42\%$$

$$\text{环丙基-COOH} \xrightarrow[\text{CCl}_4]{\text{Br}_2,\ \text{HgO}} \text{环丙基-Br} \quad 46\%$$

7.5.1.5 氢卤酸与醚的反应

氢卤酸(常用的是氢溴酸和氢碘酸)可使醚键断裂生成卤代烷。例如：

$$\text{四氢呋喃} + 2HBr \xrightarrow[\text{回流 3h}]{H_2SO_4} BrCH_2CH_2CH_2CH_2Br + H_2O \quad 74\%$$

$$\text{四氢呋喃} + 2\,KI + 2\,H_3PO_4 \xrightarrow{\triangle} ICH_2CH_2CH_2CH_2I + 2\,KH_2PO_4 + H_2O \quad 90\%$$

除这些方法以外，还有一些方法，如氯甲基化反应制备苄基氯等，在此不一一列举。

7.5.2 卤代芳烃的制备

7.5.2.1 芳环的直接卤代

例如：

$$C_6H_6 + Cl_2 \xrightarrow{\text{Al-Hg}} C_6H_5Cl + HCl \quad 49\%$$

$$C_6H_5\text{-}C_6H_5 + Br_2 \xrightarrow[\text{CCl}_4]{\text{Fe 粉}} C_6H_5\text{-}C_6H_4\text{-}Br + HBr \quad 65\%$$

$$C_6H_6 + I_2 \xrightarrow{HNO_3} C_6H_5I \quad 87\%$$

7.5.2.2 芳基重氮盐的卤代

参见重氮化合物的相关章节。

7.6 重要代表物

(1) 三氯甲烷($CHCl_3$)　一种无色而有甜香味的液体，沸点 61.2℃，d_4^{20} 1.4832，俗称氯仿。它是合成氟氯烃类化合物的原料，医药上用作麻醉剂和消毒剂，也是抗生素、香料、油脂、橡胶等的溶剂和萃取剂。含13%氯仿的氯仿-四氯化碳溶液可用作不冻的灭火剂。氯仿在光和空气中能逐渐被氧化生成剧毒的光气：

$$2CHCl_3 + O_2 \xrightarrow{\text{日光}} 2\underset{\text{光气}}{ClCCl(=O)} + 2HCl$$

故氯仿应保存在棕色瓶中。

氯仿的工业制法主要有甲烷氯化法、乙醛法和四氯化碳还原法三种：

$$CH_4 + 3Cl_2 \xrightarrow{h\nu} CHCl_3 + 3HCl$$

$$2CH_3CHO + 3Ca(OCl)_2 \longrightarrow 2CHCl_3 + 2Ca(OH)_2 + Ca(HCOO)_2$$

$$3CCl_4 + CH_4 \xrightarrow{400\sim650℃} 4CHCl_3$$

此外还有乙醇法、丙酮法等，但已不再使用。

(2) 四氯化碳（CCl_4） 四氯化碳为无色液体，沸点76.8℃，d_4^{20} 1.5940，主要用作溶剂、灭火剂、有机物的氯化剂、香料浸出剂、纤维脱脂剂、谷物熏蒸消毒剂、药物萃取剂，以及制造氟里昂和织物干洗剂，医药上的杀钩虫剂等。

在用四氯化碳做灭火剂时，由于其在500℃以上时可以与水作用产生光气，所以使用时必须注意空气流通，以免中毒。

$$CCl_4 + H_2O \xrightarrow{\text{高温}} ClCCl(=O) + 2HCl$$

(3) 氯苯 无色液体，沸点132℃，是一种重要的溶剂和有机化工原料，主要用于生产硝基氯苯，也用于溶剂二苯醚、聚砜单体等的合成。以前著名的农药DDT就是以氯苯为原料生产的：

$$2\,C_6H_5Cl + Cl_3CCHO \longrightarrow \underset{\text{DDT}}{(p\text{-}ClC_6H_4)_2CHCCl_3}$$

这是一种广谱杀虫剂，在农药史上具有重要的地位。但因其难以生物降解，残留期长，现在已禁止使用。

氯苯的工业生产以前主要采用苯的氧氯化法：

$$C_6H_6 + HCl + 1/2O_2 \xrightarrow[200℃]{Cu_2Cl_2\text{-}FeCl_3} C_6H_5Cl + H_2O$$

但这种方法因对设备的腐蚀严重，现在已淘汰。目前主要采用的是苯的液相氯化法，一氯苯、二氯苯、三氯苯联产，也降低了生产成本。

(4) 氯乙烯 无色有乙醚香味的气体，沸点13.9℃，是生产聚氯乙烯塑料的单体，工业上用乙炔或乙烯为原料生产：

乙炔法：

$$HC\equiv CH + HCl \xrightarrow[120\sim180℃]{HgCl_2} H_2C=CHCl$$

此法历史悠久，流程简单，转化率高，但成本也较高，且催化剂有毒，故逐步为其他方法取代。

乙烯法：

$$H_2C{=}CH_2+Cl_2 \xrightarrow{FeCl_3} CH_2ClCH_2Cl \xrightarrow{480\sim520℃} H_2C{=}CHCl+HCl$$

$$2\,H_2C{=}CH_2 + 4\,HCl + O_2 \xrightarrow{催化剂} 2\,CH_2ClCH_2Cl + 2\,H_2O$$

$$2\,CH_2ClCH_2Cl \longrightarrow 2\,H_2C{=}CHCl + 2\,HCl$$

（生成的 2 HCl 循环回用）

(5) 前景广阔的含氟生物活性化合物　含氟化合物独特的性能使其在生物活性化合物研究领域，如医药、农药等中引起了人们越来越大的兴趣，已成为这些领域中的一个重要方向。下面列举了一些重要的含氟医药和农药品种。

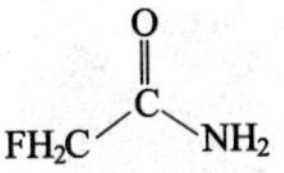

氟乙酰胺（杀虫、杀鼠剂）　氟三唑（杀菌剂）　伏草隆（除草剂）　氟氰戊菊酯（杀虫剂）

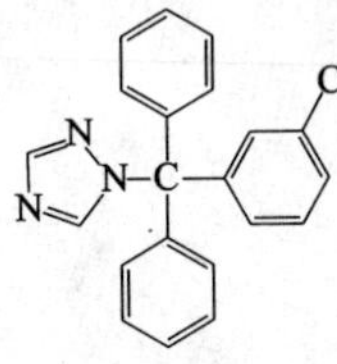

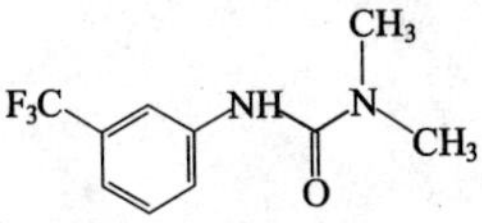

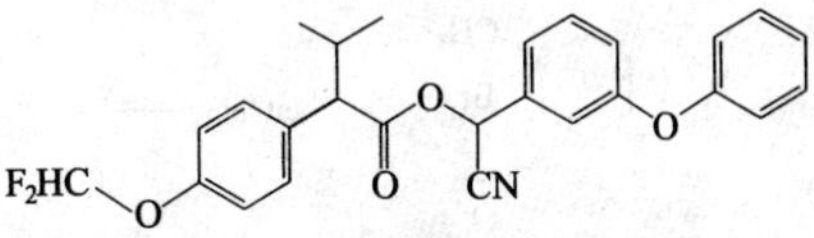

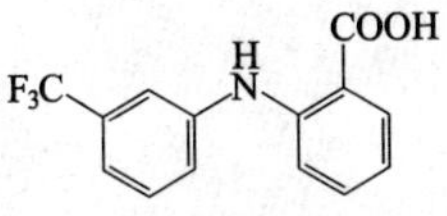

氟灭酸（消炎镇痛药）　氟苯布洛芬（解热镇痛药）　氟哌酸（抗菌药）　依诺沙星（抗菌药）

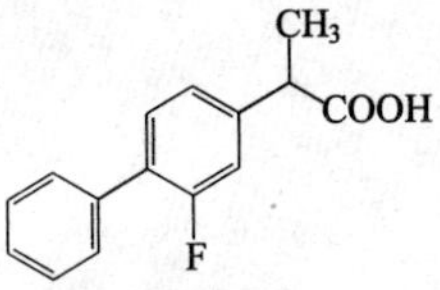

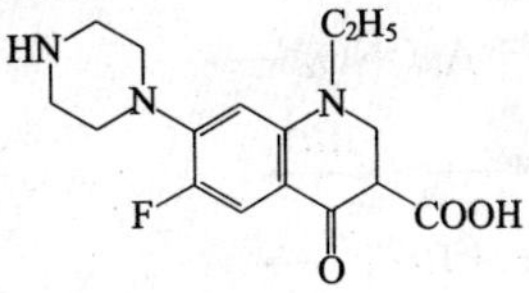

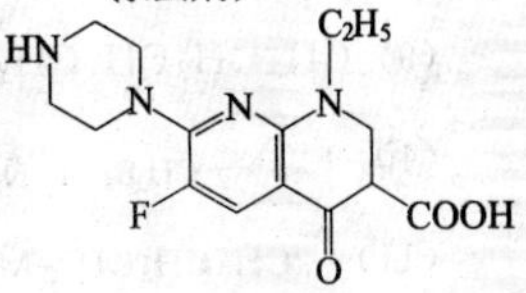

目前含氟化合物的品种越来越多，且一般都具有高效低毒等特点，而这正是生物活性化合物研究所追求的目标。但总的来说，含氟化合物的制备手段不是太多，致使生产成本普遍高于其他卤素取代的化合物，因此，如何在碳架上高效地引入氟原子仍将是一个长期而重要的研究目标。

练习题

1. 用系统命名法命名下列化合物

(1) 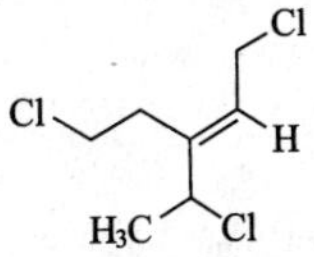　(2) 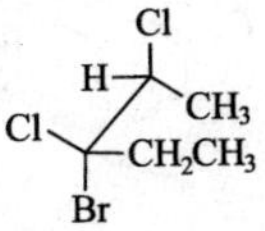　(3) 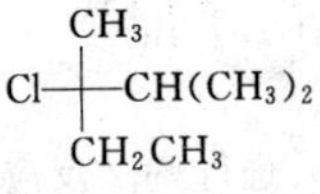 $Cl-C(CH_3)(CH_2CH_3)-CH(CH_3)_2$

(4) 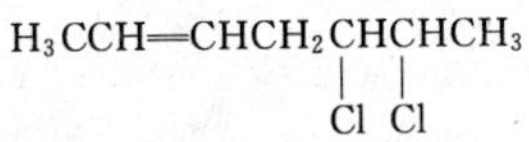 $H_3CCH{=}CHCH_2CH(Cl)CH(Cl)CH_3$

(5) 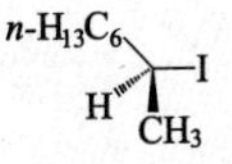　(6) 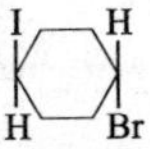　(7) 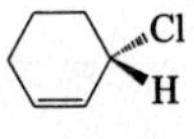　(8)

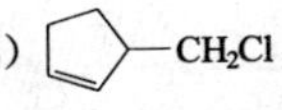

(9) 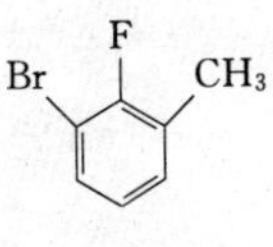　(10) 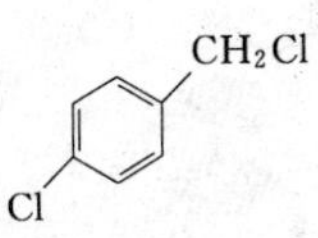　(11) 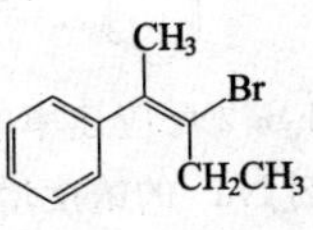　(12)

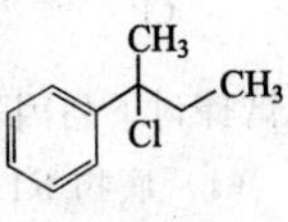

2. 完成下列反应

(1) $H_3CH_2CH_2CCH=CH_2$ + N-溴代丁二酰亚胺（NBS） $\xrightarrow[\triangle]{CCl_4}$

(2) $Ph_3P + CH_3CH_2CH_2Br \longrightarrow$

(3) 环己醇 $+ P + I_2 \longrightarrow$

(4) $(H_3C)(CH_3CH_2)C(H)Br$ $+ CH_3CH_2SNa \longrightarrow$

(5) $CH_3CH_2CH_2CH_2Br \xrightarrow[Et_2O]{Mg} \xrightarrow{CO_2} \xrightarrow{H_3^+O}$

(6) $H_2C=CHCH_2Br \xrightarrow{Li} \xrightarrow{CuCl}$

(7) 1-甲基-1-溴环己烷 $+ NaCN \xrightarrow{\triangle}$

(8) 环己酮 $+ PCl_5 \xrightarrow{\triangle}$

(9) $CH_3CH_2CH_2CH_2Br + AgONO_2 \longrightarrow$

(10) 环戊基$-CH_2Br + NaCN \longrightarrow \xrightarrow{H_3^+O}$

(11) $2CH_3CH_2CH(CH_3)-MgBr + HgCl_2 \longrightarrow$

(12) 苄基氯（$C_6H_5CH_2Cl$） $+ (CH_3)_3N \longrightarrow$

3. 2-甲基-2-氯丁烷与甲醇钠作用时，总是得到2-甲基-2-甲氧基丁烷、2-甲基-1-丁烯和2-甲基-2-丁烯。写出该反应的反应机理。

4. 比较下列各组化合物的性质

(1) 与 $AgNO_3$-乙醇溶液反应的难易程度：

A. 2-环丁基-2-溴丙烷；B. 1-溴丙烷；C. 1-溴丙烯；D. 2-溴丙烷

(2) 进行 S_N1 反应的速率：

A. $C_6H_5C(CH_3)_2Br$　B. $C_6H_5CH_2Br$　C. $C_6H_5CH(CH_3)Br$

(3) 进行 S_N2 反应的速率：

A. 环戊基$-C(CH_2CH_3)(CH_3)Br$　B. 环戊基$-C(CH_2CH_3)(H)Br$　C. 环戊基$-CH_2Br$

(4) 水解速率：

A. p-$ClC_6H_4CH_2CH_3$　B. $C_6H_5CHClCH_3$　C. $C_6H_5CH_2CH_2Cl$

5. 试探讨下列因素对 S_N1 和 S_N2 反应速率的影响：

(1) 底物 RL 或亲核试剂 Nu^- 的浓度增大1倍

(2) 用水和乙醇的混合溶剂或只用丙酮作溶剂

(3) α-碳原子上烷基数目增加

(4) 使用亲核性更强的试剂

6. 反-2-氯环己醇和 NaOH 反应生成环氧化物，而顺-2-氯环己醇和 NaOH 反应却生成环己酮。试说明其反应机理。

7. 1,1,2-三氯乙烷有 A、B、C 三种较稳定的构象异构体，A 与 B 稳定性相等，与 C 在气相中的势能差为 10.9kJ/mol。

(1) 写出 A、B、C 的构象；

(2) 哪些构象更稳定?

(3) C 在液相中时与 A 和 B 的势能差降到 0.8kJ/mol，试解释原因；

(4) A 和 B 两种构象相互转化所需克服的能垒约为 8.4kJ/mol，A 或 B 转化为 C 的能垒约为 20.9kJ/mol。请解释原因。

8. 写出溴代环己烷与下列化合物反应的主产物：

(1) NaHS　　(2) C_2H_5ONa/C_2H_5OH　　(3) NaI(丙酮中)

(4) CH_3SNa　　(5) CH_3COONa(丙酮中)　　(6) CH_3NH_2

9. 下列反应中哪些属于 S_N1 机理，哪些又属于 S_N2 机理?

(1) 反应在动力学上是一级反应；

(2) 中间体是碳正离子；

(3) 一个光活性物质反应后，产物的绝对构型发生转化；

(4) 反应速率取决于离去基团的性质；

(5) 亲核试剂浓度增加，反应速率加快；

(6) 亲核试剂亲核性增强时，反应速率加快；

(7) 三级卤代烷的速率大于二级卤代烷；

(8) 溶剂中水含量增加时，反应速率明显加快。

10. 用简单的化学方法鉴别下列各组化合物：

(1) 烯丙基氯和氯化苄　　(2) 1,2-二氯乙烷、氯乙醇和乙二醇

(3) 溴化苄和环己基溴　　(4) 氯化苄和对氯甲苯

(5) 环己醇、环己烯和环己基溴　　(6) 烯丙基氯和正丙基氯

11. 比较下列各组化合物进行 S_N1 反应的速率顺序：

(1) 1-溴丙烷、2-溴丙烷、3-溴丙烯

(2) 2,3-二甲基-2-溴丁烷、2-甲基-2-溴丁烷、2-溴丁烷

12. 下面几个卤代烃进行乙醇解时相对反应速率如下：

CH_3CH_2Br	$CH_3CH_2CH_2Br$	$(CH_3)_2CHCH_2Br$	$(CH_3)_3CCH_2Br$
1.0	0.28	0.030	0.42×10^{-5}

试问：

(1) 该反应是 S_N1 反应还是 S_N2 反应? 为什么?

(2) 它们的反应速率差异为什么这么大?

13. 由指定原料合成(其他无机原料任选)：

(1) 由苯及 2 个碳原子以下的有机物为原料合成

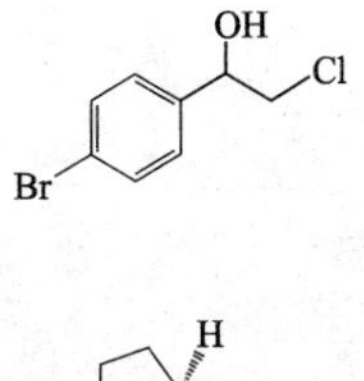

OH Cl Br

(2) 由溴代环己烷合成

H Br OH H

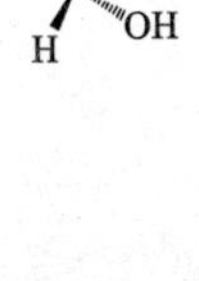

(3) 由溴代环己烷及必要的有机试剂合成

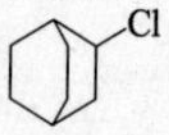

Cl

14. 合成下列化合物：

(1) 由 2-甲基-1-氯丙烷合成 2-甲基-2-氯丙烷及 2-甲基-1,2-二氯丙烷；

(2) 由苯合成苯乙腈；

(3) 由环己醇合成 1,3-环己二烯；

(4) 由苯和乙酰氯合成苯乙炔。

15. 分子式为 $C_7H_{11}Br$ 的化合物 A，构型为 *R*。在过氧化物存在下 A 和溴化氢反应生成 B 和 C，分子式都为 $C_7H_{12}Br_2$，B 具有光学活性，但 C 没有。用 1mol 叔丁醇钾处理 B 则又生成 A，但处理 C 时却得到的是 A 及它的对映异构体。A 用叔丁醇钾处理得 D(C_7H_{10})，D 经臭氧化并还原水解可得 2mol 甲醛和 1mol 1,3-环戊二酮。请写出 A、B、C、D 的结构及各步反应式。

8

烃的含氧和含硫衍生物

含第Ⅵ主族原子的化合物是指含 O、S、Se、Te 等原子的化合物，本书仅讨论含 O 和含 S 的化合物。

第Ⅵ主族元素主要为二价，所以按结构特征分，它们可被分为 R—X—R′型化合物和 RR′C=X 型化合物(R 为烃基)，前者可分为醇(硫醇)类(R′=H)和醚(硫醚)类(R′=烃基)；后者可分为醛酮(硫醛酮)类(R′=H，烃基)、羧酸(硫代羧酸)(R′=OH，SH)及羧酸(硫代羧酸)衍生物类(R′=卤素、烃氧基、酰氧基、氨基等)。

8.1 醇和硫醇

8.1.1 分类、命名和同分异构现象

(硫)醇类化合物可根据分子中所含羟基(OH)或巯基(SH)的数目分为一元(硫)醇、二元(硫)醇和多元(硫)醇等。例如：

C_2H_5OH	$CH_2—CH_2$ (OH, OH)	$CH_2—CH—CH_2$ (OH, OH, OH)	(环己烷六个碳各连 OH)	CH_3SH	$CH_2—CH_2$ (SH, SH)
乙醇	乙二醇	丙三醇	环己六醇	甲硫醇	乙二硫醇

在一元(硫)醇中，羟(巯)基连接在第一碳原子上的叫伯(硫)醇，连接在第二或第三碳原子上的分别叫仲(硫)醇或叔(硫)醇。

根据(硫)醇分子中烃基的类别，又可将(硫)醇分为脂肪(硫)醇、脂环(硫)醇和芳香(硫)醇(芳烃侧链上的 H 原子被羟基或巯基取代)。如：

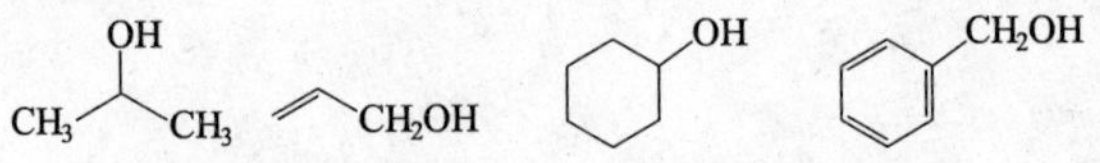

$CH_3CH(OH)CH_3$ 异丙醇　$CH_2=CHCH_2OH$ 烯丙基醇　环己醇　苯甲醇

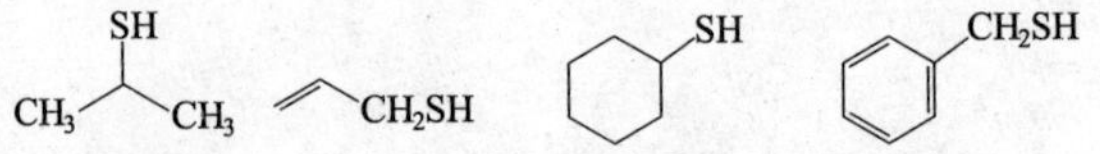

$CH_3CH(SH)CH_3$ 异丙硫醇　$CH_2=CHCH_2SH$ 烯丙基硫醇　环己硫醇　苯甲硫醇

简单的一元(硫)醇可用普通命名法命名，即根据烃基的名称来命名，如以上几例。也可把它们看作是甲醇的衍生物来命名。如：

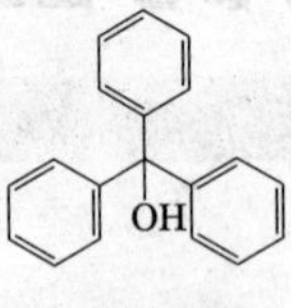

$(C_6H_5)_3COH$ 三苯甲醇　$(CF_3)_3COH$ 三(三氟甲基)甲醇

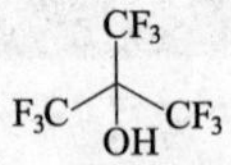

结构比较复杂的(硫)醇采用系统命名法，即选择含有羟(巯)基的最长的碳链为主链，把支链看作取代基，从离羟(巯)基最近的一端开始编号，按照主链所含的碳原子数目称作“某(硫)醇”，羟(巯)基的位置用阿拉伯数字注明写在(硫)醇名称的前面，并标出取代基的位次和名称。不饱和(硫)醇编号时以羟(巯)基的位次小为原则。例如：

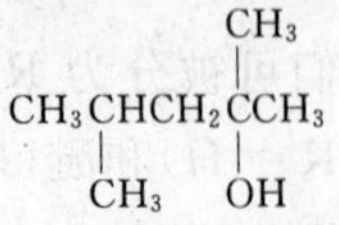

$CH_3CH(CH_3)CH_2C(CH_3)(OH)CH_3$ 2,4-二甲基-2-戊醇　$ClCH_2CH_2SH$ 2-氯乙硫醇　$CH_3CH(OH)CH=CH_2$ 3-丁烯-2-醇

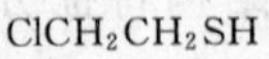

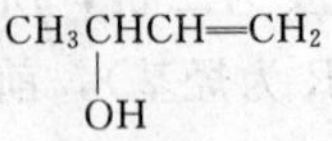

多元醇命名时，要选择带羟基尽可能多的最长的碳链作主链，羟基的数目写在“醇”字的前面。例如：

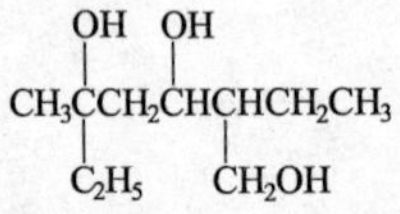

$CH_3C(OH)(C_2H_5)CH_2C(OH)(CH_2OH)CH_2CH_3$ 5-甲基-2-乙基-1,3,5-庚三醇 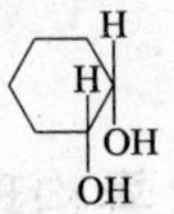　顺-1,2-环己二醇

饱和(硫)醇的同分异构现象很简单，只有羟(巯)基的位置异构，另外它们与(硫)醚类互为同分异构体。

8.1.2 结构特点

O原子与S原子位于同一主族，它们具有类似的外层电子结构特征(见图8-1)，但由于硫原子的价电子层存在空的3d轨道，因此也存在一定的差异。

这两个原子的价电子层均有2个未配对的电子，当与两个其他原子的未共用电子配对时，就可形成二价化合物，只不过在成键时是以 sp^3 杂化的方式进行的，因此水、硫化氢、醇和硫醇均具有四面体的结构。

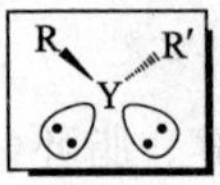

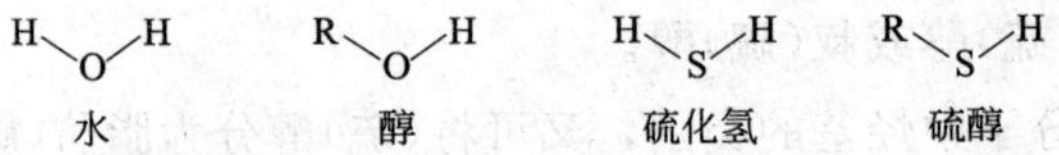

R—Y—R′　H—O—H 水　R—O—H 醇　H—S—H 硫化氢　R—S—H 硫醇

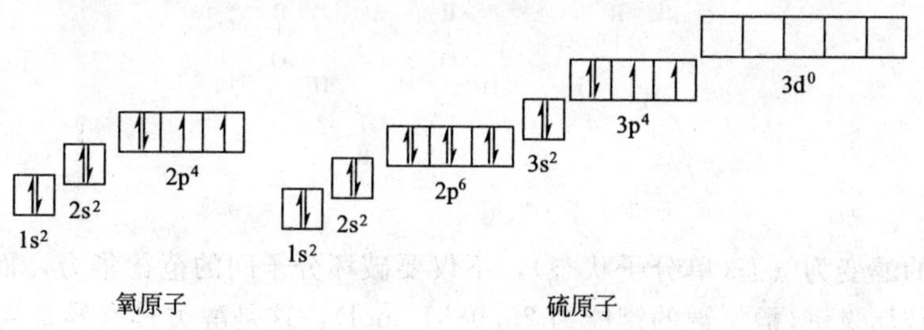

图 8-1　氧原子和硫原子的原子核外电子分布的比较

8.1.3　物理性质

含 4 个碳原子以下的直链饱和一元醇为有酒味的流动液体，含 C_5～C_{11} 的为具有不愉快气味的油状液体，C_{12} 以上的醇为无臭无味的蜡状固体。一些醇的物理常数见表 8-1。

表 8-1　醇的物理性质①

名称	沸点/℃	熔点/℃	相对密度(20℃)	折射率(20℃)
甲醇	64.96	−93.9	0.7914	1.3288
乙醇	78.5	−117.3	0.7893	1.3611
正丙醇	97.4	−126.5	0.8035	1.3850
正丁醇	117.25	−89.53	0.8098	1.3993
正戊醇	137.3^{748}	−79	0.8144	1.4101
正十二醇	255.9	26	0.8309	—
正十六醇	344	50	0.8176	1.4283^{70}
2-丙醇	82.4	−89.5	0.7855	1.3776
2-丁醇	99.5	−114.7	0.8063	1.3978
2-戊醇	118.9	—	0.8103	1.4053
环戊醇	140.85	−19	0.9478	1.4530
环己醇	161.1	25.15	0.9624	1.4641
苯甲醇	205.35	−15.3	1.0419	1.5396
三苯甲醇	380	164.2	1.199^{4}	—
乙二醇	198	−11.5	1.1088	1.4318
丙三醇	290(分解)	20	1.2613	1.4746

①表中数字上角表压力，单位 mmHg(1mmHg=133.322Pa)。

可以看出，低级醇的沸点比与它相对分子质量相近的烷烃要高得多，如甲醇(相对分子质量 32)的沸点为 64.96℃，而乙烷(相对分子质量 30)为−88.6℃。这是因为醇在液体状态下和水一样，分子间能形成氢键缔合，它们的分子实际上是以缔合体的形式存在的。

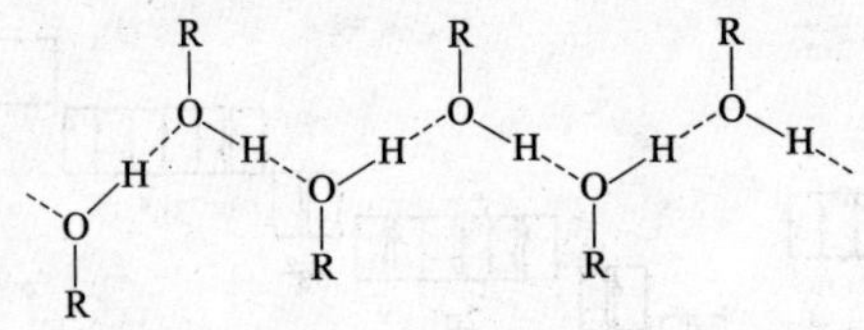

要使液态的醇变为气态(单分子状态)，不仅要破坏分子间的范德华力，而且还必须消耗一定的能量来破坏氢键(醇氢键的键能为25.08kJ/mol)，这是醇类具有异常高沸点的原因。

随着碳原子数目的增加，羟基在分子中所占的比例越来越小，且烃基的增多会阻碍氢键的形成，所以长链一元醇的沸点越来越接近相应的烷烃(见图8-2)。

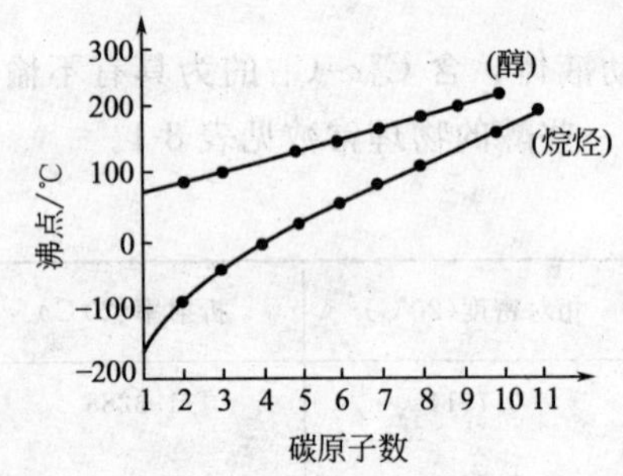

图8-2　正烷醇的沸点曲线

甲醇、乙醇和丙醇能与水以任意比例混溶。从正丁醇起，在水中的溶解度显著降低，到癸醇以上则基本不溶于水。这时因为低级醇能与水形成氢键，故能与水混溶，但随着烃基增大，醇羟基形成氢键的能力减弱，醇的溶解度渐渐由取得支配地位的烃基所决定，因而在水中的溶解度渐渐降低以至不溶。高级醇与烷烃极其相似，不溶于水，而可溶于汽油中，符合相似相溶原理。

低级醇还能和一些无机盐类形成结晶醇，如 $MgCl_2 \cdot 6CH_3OH$、$CaCl_2 \cdot 4C_2H_5OH$、$CaCl_2 \cdot 4CH_3OH$ 等。结晶醇不溶于有机溶剂而溶于水，在实际工作中常利用这一性质将醇与气态有机化合物分开或从反应物中除去醇类。但在选择干燥醇类化合物的干燥剂时，则应尽量避免使用无水氯化钙这类干燥剂。

与硫化氢相似，分子量较低的硫醇有毒，具有极其难闻的臭味，例如正丙硫醇的气味类似新切碎的葱头发出的气味。臭鼬用作防御武器的分泌液中就含有多种硫醇，散发出恶臭，以防外敌接近。硫醇即使量很小气味也非常大，如在燃料气中加入极少量的叔丁硫醇，一旦漏气臭味就会四溢，从而自行报警。不过巯基化合物在动植物体内都有存在，甚至可以说维持生命必须有硫醇，例如半胱氨酸就是多数天然多肽和蛋白质中常见的组分之一。

硫原子的电负性比氧小外层电子离核较远，受核的束缚力较小，所以巯基间的相互作用比较弱，不易形成氢键，这使得它们的沸点及在水中的溶解度均比同碳原子数目的醇要低得多，例如甲醇的沸点为64.96℃，而甲硫醇为6℃。

8.1.4　光谱性质

(1) 紫外吸收光谱　饱和醇由于分子中含有羟基，因此除了可发生 $\sigma \rightarrow \sigma^*$ 跃迁外，还可以发生 $n \rightarrow \sigma^*$ 跃迁。由于n轨道的能量高于σ成键轨道的能量，所以 $n \rightarrow \sigma^*$ 跃迁比 $\sigma \rightarrow \sigma^*$ 跃迁所需的能量小，但其吸收带仍在远紫外区($\lambda_{max}=180 \sim 185nm$，$\lg\varepsilon=2.5$)。故低级醇(如甲醇、乙醇)常用作测得化合物紫外吸收光谱的溶剂。

(2) 红外吸收光谱　在红外光谱中，醇羟基有两个吸收峰，分别为游离态的羟基和缔合态的羟基的伸缩振动所产生的，前者在 $3640 \sim 3610cm^{-1}$ 区域，带形尖锐，强度中等；后者移向 $3600 \sim 3200cm^{-1}$ 的低频区，带形较宽。因此当溶液的浓度增加，或在极性溶剂中有利于形成分子间氢键时，吸收谱带移向较低频率，反之则分子间的缔合很小，吸收峰出现在高频区。

如果羟基的邻位有杂原子或π体系(如双键、芳环等)的取代基，则可因为其能形成较弱的分子内氢键，羟基的伸缩振动频率稍低于游离态，带形也略宽，但比缔合态窄。

$$
\begin{array}{ccc}
 & H & \\
X & & O \\
| & & | \\
CH_2 & — & CH_2
\end{array}
$$

醇的 C—O 伸缩振动在 1200～1000cm^{-1}区域出现强吸收，一般吸收带的中心位置在：

伯醇：1050cm^{-1}附近

仲醇：1100cm^{-1}附近

叔醇：1150cm^{-1}附近

若醇的 α-碳原子上导入侧链、双键或芳基，则吸收频率向低频移动 10～30cm^{-1}。

(3) 核磁共振谱　醇羟基上的质子由于氢键的存在而移向低场，因此测得的化学位移 δ 值与氢键的数量有关，而氢键又取决于浓度、温度和溶剂性质等。因此羟基质子的核磁共振信号可以出现在 δ=1～5.5 的范围内，也可能隐藏在烷基质子的吸收峰中，但可通过计算质子数或通过重水交换而将其找出来。

以乙醇为例。当乙醇的纯度很高时，羟基质子基本固定在乙醇分子内不移动，它与相邻亚甲基上的质子发生偶合，因而出现偶合裂分[见图 8-3(a)]，但当乙醇中存在痕量酸时，羟基质子就会通过酸质子与其他乙醇分子中的羟基质子进行快速交换，不再与亚甲基上的质子产生偶合[见图 8-3(b)]。

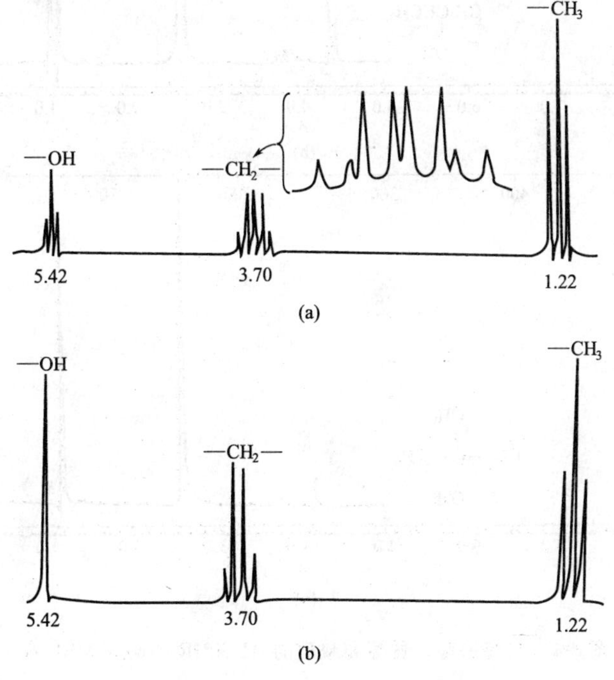

图 8-3　乙醇的^{1}H NMR 图谱

醇羟基质子的交换速率还受到它所参与的氢键强度的影响。例如测定醇的氢谱时使用二甲亚砜(DMSO-d_6)或丙酮(CD_3COCD_3)作溶剂，羟基质子可与其形成很强的氢键，交换速率大大下降，因而在图谱中出现与邻位质子的偶合现象。如图 8-4 所示。

(4) 质谱　醇的氧原子失去一个电子后形成分子离子。伯醇和仲醇的分子离子峰都很弱，叔醇往往观察不到。常见的碎片离子峰是由以下开裂方式产生的。

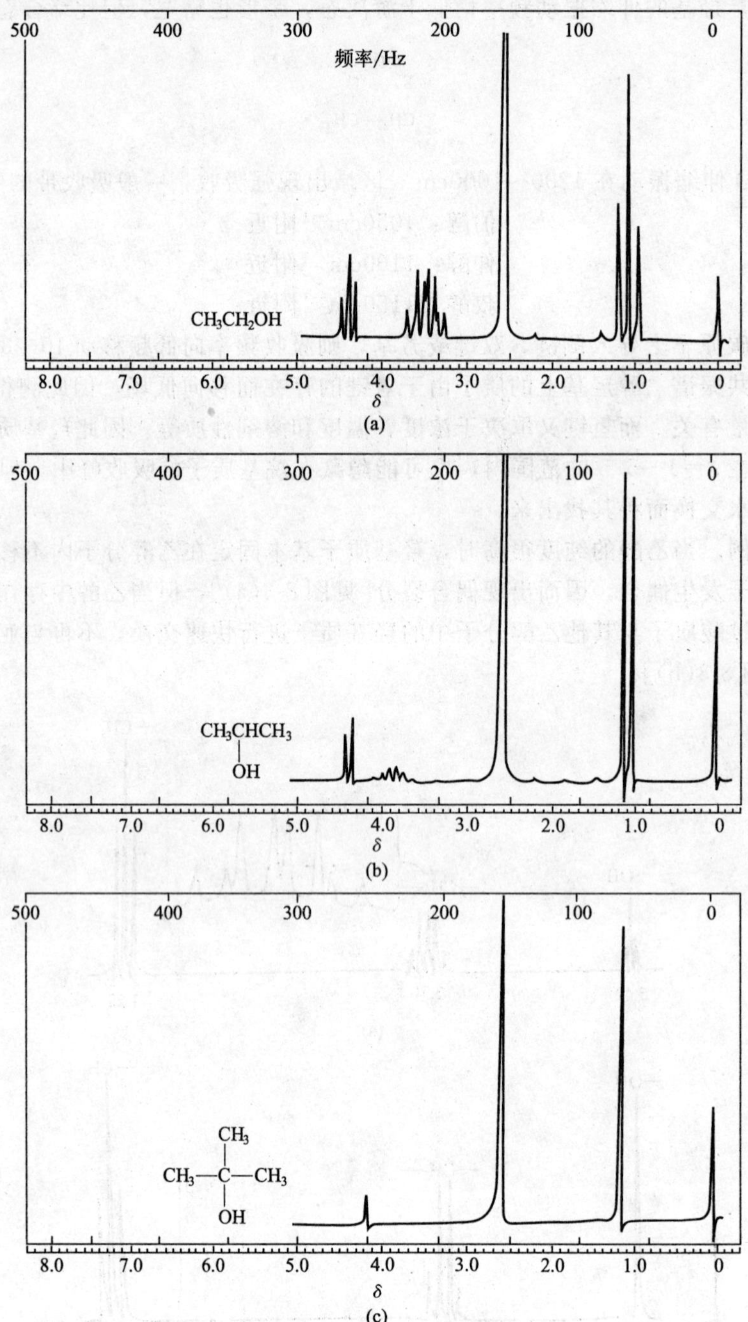

图 8-4 典型伯醇、仲醇和叔醇的 ^1H NMR 图谱（DMSO-d_6）

饱和脂肪醇：

$$R-CH_2-\overset{\bullet+}{O}H \longrightarrow R\bullet + CH_2=\overset{+}{O}H \quad (M-R)$$

$$R-\underset{H}{\underset{|}{CH}}-\overset{\bullet+}{O}H \longrightarrow H\bullet + R-CH=\overset{+}{O}H \quad (M-H)$$

$$R-\underset{H}{\underset{|}{CH}}-\overset{\bullet+}{O}H \longrightarrow H_2O + R=\overset{\bullet+}{C}H \quad (M-18)$$

环醇：

$$\text{C}_6\text{H}_{11}\overset{\cdot+}{\text{O}}\text{H} \longrightarrow \text{H}\cdot + \text{C}_6\text{H}_{10}{=}\overset{+}{\text{O}}\text{H} \longrightarrow \text{H}_2\text{O} + [\text{C}_6\text{H}_{9}]^{\cdot+}$$

不饱和醇：

$$\text{CH}_2{=}\text{CH}{-}\text{CH(H)}{-}\overset{\cdot+}{\text{O}}\text{H} \longrightarrow \text{H}\cdot + \text{CH}_2{=}\text{CH}{-}\text{CH}{=}\overset{+}{\text{O}}\text{H}$$

8.1.5 化学性质

醇和硫醇的性质主要由羟基或巯基所决定，从化学键的特征看，羟(巯)基和 C—Y 键都是极性共价键，是易于发生反应的两个部位。同时，氧原子和硫原子上都存在孤对电子，是富电子中心，因此可与亲电试剂发生反应。

$$\text{R}\mid\ddot{\text{Y}}\mid\text{H} \quad (\text{Y=O,S})$$

8.1.5.1 活泼氢上的反应

同水和硫化氢一样，醇与硫醇的羟基和巯基上的质子都具有一定的酸性，是活泼氢原子，因此可以发生活泼氢的反应。如可与活泼金属反应放出氢气：

$$\text{ROH} + \text{Na} \longrightarrow \text{RONa} + 1/2\text{H}_2\uparrow$$

由于烷基是给电子基团，增加了氧原子上的电子云密度，使得氢原子不易解离，致使醇的酸性比水弱，因此这一反应比水与金属钠的反应要温和得多，不会产生燃烧和爆炸。所以乙醇常被用于处理反应体系中未反应完全的金属钠。

不同的醇具有不同的反应活性：$CH_3OH > 1° > 2° > 3°$。

生成的共轭碱醇钠是一种强碱，比氢氧化钠的碱性还要强。甲醇钠和乙醇钠在有机合成反应中常常被用作碱性试剂或亲核试剂，它们遇水会分解成甲醇或乙醇和氢氧化钠。但工业上可利用该反应的逆反应，用共沸蒸馏的方法除水来生产乙醇钠：

$$\text{C}_2\text{H}_5\text{OH} + \text{NaOH(s)} \xrightleftharpoons{\text{苯}} \text{NaOC}_2\text{H}_5 + \text{H}_2\text{O}(\text{共沸蒸馏})$$

除与金属钠、钾反应外，醇还可以与其他活泼金属如镁、铝汞齐等在较高温度下反应生成相应的醇镁、醇铝等。例如：

$$6\text{CH}_3\text{CH(OH)CH}_3 + 2\text{Al} \longrightarrow 2(\text{CH}_3\text{CH(CH}_3\text{)O})_3{-}\text{Al} + 3\text{H}_2$$

异丙醇铝、叔丁基铝等都是有机合成中的重要试剂。

由于硫原子的 3p 轨道离核较远，受核的吸引力小，同时 3p 轨道比氧原子的 2p 轨道发散，致使它与氢原子的 1s 轨道间的重叠不如氧原子，使得氢原子比较容易解离，因此硫醇的酸性比醇要强得多，如乙醇的 pK_a 为 18，而乙硫醇为 10.5，因此乙硫醇与氢氧化钠的反应是一个自发的反应：

$$\text{C}_2\text{H}_5\text{SH} + \text{NaOH} \longrightarrow \text{C}_2\text{H}_5\text{SNa} + \text{H}_2\text{O}$$

除与活泼金属的反应外，(硫)醇还能与金属氧化物或盐反应得到相应的醇盐或硫醇盐。

例如：

$$ZrCl_4 + 4C_2H_5OH \longrightarrow Zr(OC_2H_5)_4 + 4HCl$$

$$TiCl_3 + 3i\text{-}C_3H_7OH \longrightarrow Ti(OC_3H_7\text{-}i)_3 + 3HCl$$

$$2RSH + HgO \longrightarrow (RS)_2Hg + H_2O$$

$$2RSH + Pb(OAc)_2 \longrightarrow Pb(SR)_2 + 2HOAc$$

过渡金属的醇盐是重要的功能材料，而巯基与重金属离子的作用(反应或配合)是重金属中毒的主要原因，但也可利用巯基化合物作为重金属中毒后的解毒剂，如 2,3-二巯基丙醇(BAL)等。

8.1.5.2 亲核取代反应

与卤代烃的 C—X 键相似，醇的 C—O 键是极性共价键，α-碳原子也是一个缺电子中心，同样可以发生亲核取代反应。但由于 C—O 键的可极化度比 C—X 键小得多，因此羟基是一个难以离去的基团，致使醇的亲核取代反应比卤代烃难得多，往往需要在催化剂的帮助下才能进行。

	C—OH	C—Cl	C—Br	C—I
键的折射率(R_n)/(cm^3/mol)	3.76	6.57	9.47	14.51

(1) 与氢卤酸反应　醇与氢卤酸反应生成卤代烃和水，这是制备卤代烃的重要方法之一。

$$ROH + HX \longrightarrow R\text{—}X + H_2O$$

例如：

$$CH_3CH_2CH_2CH_2OH \xrightarrow[\text{或 }NaBr,H_2SO_4]{HBr,H_2SO_4,\triangle} CH_3CH_2CH_2CH_2Br$$

$$CH_3CH_2CH_2OH \xrightarrow[ZnCl_2]{HCl,\triangle} CH_3CH_2CH_2Cl$$

$$CH_3\text{—}\underset{OH}{\overset{CH_3}{\underset{|}{\overset{|}{C}}}}\text{—}CH_3 \xrightarrow[\text{室温}]{\text{浓 }HCl} CH_3\text{—}\underset{Cl}{\overset{CH_3}{\underset{|}{\overset{|}{C}}}}\text{—}CH_3$$

不同结构的醇与 HX 反应的活性不同。低级醇具有较好的水溶性，而产物不溶于水，因而在反应过程中会出现分层，根据分层的快慢就可判断醇的结构，Lucas 试剂就是根据这一原理来对不同的醇进行鉴别的。Lucas 试剂是用 $ZnCl_2$ 和浓盐酸所配成的溶液，叔醇、烯丙型醇和苄醇与该试剂能很快反应，生成的氯代烃浑浊后立即分层；仲醇作用较慢，需数分钟后才变浑浊，最后分成两层；伯醇在常温下不发生反应，需加热后才产生浑浊。注意 6 个碳原子以上的醇因为不溶于 Lucas 试剂，因而无法用此法进行鉴别。

醇与氢卤酸的反应是酸催化下的亲核取代反应，一般认为叔醇、烯丙型醇、苄醇和仲醇可能是 S_N1 机理。例如：

$$CH_3\text{—}\underset{CH_3}{\overset{CH_3}{\underset{|}{\overset{|}{C}}}}\text{—}OH + HX \underset{\text{快}}{\overset{\text{快}}{\rightleftharpoons}} CH_3\text{—}\underset{CH_3}{\overset{CH_3}{\underset{|}{\overset{|}{C}}}}\text{—}OH_2^+ + X^-$$

$$CH_3-\overset{CH_3}{\underset{CH_3}{C}}-OH_2^+ \underset{快}{\overset{慢}{\rightleftharpoons}} CH_3-\overset{CH_3}{\underset{CH_3}{C^+}} + H_2O$$

$$CH_3-\overset{CH_3}{\underset{CH_3}{C^+}} + X^- \underset{慢}{\overset{快}{\rightleftharpoons}} CH_3-\overset{CH_3}{\underset{CH_3}{C}}-X$$

伯醇的反应则是按 S_N2 机理进行的：

$$ROH + HX \rightleftharpoons R\overset{+}{O}H_2 + X^-$$

$$X^- + R\overset{+}{O}H_2 \longrightarrow [\overset{\delta^-}{X}\text{---}R\text{---}\overset{\delta^+}{O}H_2] \longrightarrow X-R + H_2O$$

或

$$ROH + ZnCl_2 \rightleftharpoons R\underset{H}{\overset{+}{O}}-ZnCl_2^-$$

$$X^- + R\underset{H}{\overset{+}{O}}-ZnCl_2^- \longrightarrow [\overset{\delta^-}{X}\text{---}R\text{---}\underset{H}{\overset{\delta^+}{O}}\text{---}ZnCl_2^-] \longrightarrow X-R + [Zn(OH)Cl_2]^-$$

$$[Zn(OH)Cl_2]^- + H^+ \longrightarrow ZnCl_2 + H_2O$$

需要注意的是，醇与氢卤酸的亲核取代反应虽然也称为 S_N1 或 S_N2 反应，但它们在反应动力学上并不是简单的一级反应或二级反应，因为它们的反应速率还与酸的浓度有密切的关系。

S_N1：$v=k[ROH][H^+]$　　　S_N2：$v=k[ROH][H^+][X^-]$

与卤代烷的 S_N1 反应一样，醇的 S_N1 反应也时常会发生碳正离子的重排。例如：

$$CH_3-\overset{CH_3}{\underset{H}{C}}-\overset{H}{\underset{OH}{C}}-CH_3 \xrightarrow{HCl} CH_3-\overset{CH_3}{\underset{Cl}{C}}-\overset{H}{\underset{H}{C}}-CH_3$$

$$CH_3-\overset{CH_3}{\underset{CH_3}{C}}-CH_2OH \xrightarrow{HBr} CH_3-\overset{CH_3}{\underset{Br}{C}}-CH_2CH_3 + CH_3-\overset{CH_3}{C}=CHCH_3$$

这种重排称为 Wagner-Meerwein 重排。

(2) 与卤化磷的反应　醇与水相似，也可与卤化磷反应生成卤代烷和亚磷酸：

$$3C_2H_5OH + PI_3 \longrightarrow 3CH_3CH_2I + H_3PO_3$$

这种反应可以通过下列不同的方式进行：

$$C_2H_5OH + PI_3 \longrightarrow CH_3CH_2-\underset{H}{\overset{+}{O}}-PI_2 + I^- \longrightarrow CH_3CH_2-I + HO-PI_2$$

或

$$CH_3CH_2-\underset{H}{\overset{+}{O}}-PI_2 \xrightarrow{-HOPI_2} CH_3CH_2^+ \xrightarrow{I^-} CH_3CH_2-I$$

可以进行同样反应的试剂还有五氯化磷、三氯化磷及相应的溴化物，反应中生成的亚磷酸需用碱水洗去。

（3）与氯化亚砜的反应　若用氯化亚砜与醇反应，可以直接得到氯代烷，同时生成 SO_2 和 HCl 两种气体，这有利于反应向生成产物的方向进行，该反应不仅速率快，而且不生成其他副产物。

$$ROH + SOCl_2 \xrightarrow[\triangle]{\text{醚}} RCl + SO_2\uparrow + HCl\uparrow$$

反应机理如下：

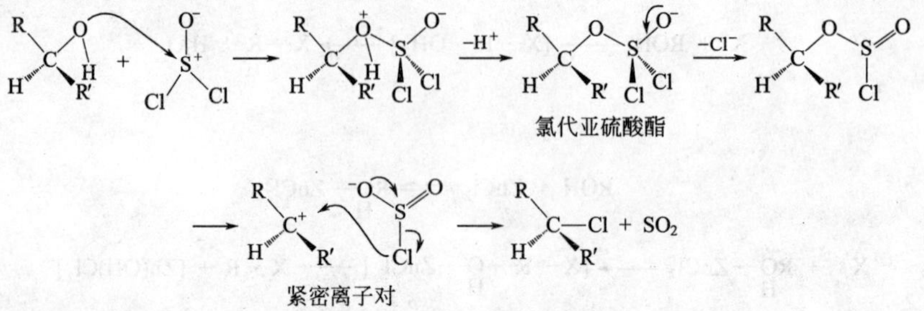

氯代亚硫酸酯

紧密离子对

从该机理可以看出，反应过程中先生成氯代亚硫酸酯，然后分解为紧密离子对，Cl^- 作为离去基团(OSOCl)中的一部分向碳正离子进攻，即“内返”，因而得到构型保持的产物。在低温下，可以分离出中间产物氯代亚硫酸酯，经加热再分解生成氯代烷和 SO_2，这表明上述机理与实际相符，而且取代是在分子内进行的，所以叫分子内取代，以 S_Ni(substitution nucleophilic internal)表示。不过这种取代反应较少见。

如果在反应体系中加入弱亲核试剂吡啶，则会发生产物构型的转化，因为中间产物氯代亚硫酸酯以及反应中生成的氯化氢均可与吡啶反应。

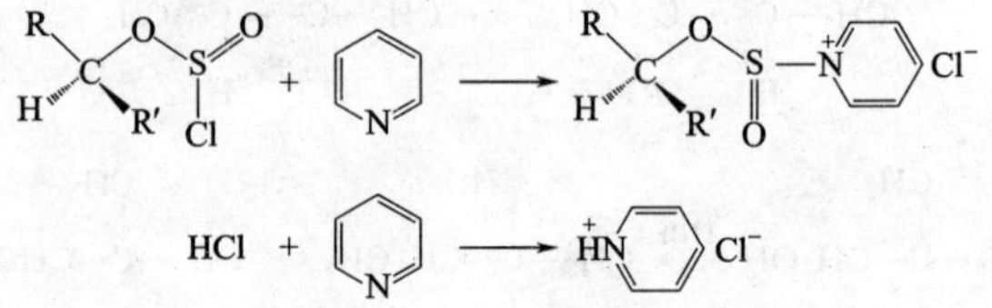

这两个产物中均含有“自由的”氯离子，它可从碳氧键的背面向碳原子进攻，从而使该碳原子的构型发生转化：

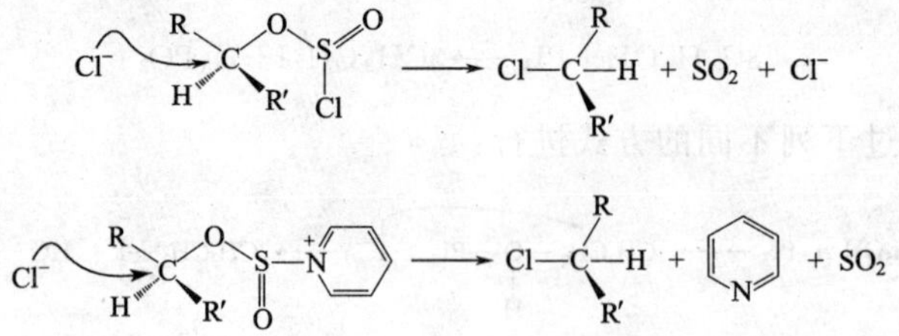

（4）醚的分子间脱水　两分子醇可以发生分子间脱水生成醚，是制备单醚的一种方法。例如：

$$2C_2H_5OH \xrightarrow[140℃]{\text{浓 } H_2SO_4} C_2H_5OC_2H_5 + H_2O$$

这也是一个亲核取代反应：

$$C_2H_5OH + H_2SO_4 \rightleftharpoons CH_3CH_2\overset{+}{O}H_2 + HSO_4^-$$

$$C_2H_5OH + CH_3CH_2OH_2 \xrightarrow{S_N2} CH_3CH_2\overset{+}{\underset{H}{O}}CH_2CH_3 + H_2O$$

$$\xrightarrow{HSO_4^-} C_2H_5OC_2H_5 + H_2SO_4$$

如果用两种结构相近的醇进行分子间脱水，将可得到三种醚的化合物，因而在合成上没有什么意义。但如果两种醇的结构差异较大，也可以用于醚的合成。例如：

$$CH_3CH_2OH + HO-C(CH_3)_2-CH_3 \xrightarrow[\triangle]{H_2SO_4} CH_3CH_2O-C(CH_3)_2-CH_3 + H_2O$$

不过一般混合醚还是采用卤代烃与醇钠的反应来制备。

硫醇不能进行类似的反应。

8.1.5.3 作为亲核试剂的反应

(硫)醇的氧原子或硫原子都是富电子原子，因此可以作为亲核试剂进行反应。

(1) 与卤代烃的反应　醇与活泼的卤代烃反应可以得到混合醚。例如：

$$CH_2=CHCH_2Br + C_{10}H_{21}OH \xrightarrow[2.\ Fe(CO)_5]{1.NaOH,\ Bu_4N^+Br^-} CH_2=CHCH_2-O-C_{10}H_{21}\quad 83\%$$

但醇或硫醇与卤代烃的直接反应很难进行，一般都是将其制备成(硫)醇盐再进行反应，可以得到高收率的混合醚，这种方法称为 Williamson 合成法。例如：

$$C_2H_5ONa + CH_3(CH_2)_3Br \xrightarrow[\text{回流 1h}]{\text{乙醇}} C_2H_5O(CH_2)_3CH_3 + NaBr\quad 89\%$$

$$\begin{matrix}CH_2SNa\\ |\\ CH_2SNa\end{matrix} + BrCH_2CH_2Br \xrightarrow[\text{回流 4h}]{\text{乙醇}} \text{1,4-二噻烷} + 2NaBr\quad 60\%$$

(2) 与醛、酮的反应　(硫)醇与醛、酮在酸催化下进行亲核加成反应可以得到半缩(硫)醛、酮和缩(硫)醛、酮。将在醛、酮的化学性质部分进行详细讨论。

(3) 与羧酸和羧酸衍生物的反应　醇与羧酸在酸催化下可以进行酯化反应得到羧酸酯。(硫)醇与羧酸衍生物可以进行加成-消除反应得到羧酸酯或硫代羧酸酯，本部分内容将在羧酸及羧酸衍生物部分重点讨论。

(4) 与无机酸的反应　醇与无机酸反应可以得到无机酸酯。例如与硝酸反应得到硝酸酯：

$$ROH + HONO_2 \rightleftharpoons \underset{\text{硝酸酯}}{RONO_2} + H_2O$$

多数硝酸酯受热后能因猛烈分解而产生爆炸，因此某些硝酸酯是常用的炸药，如硝化甘油等。

醇与硫酸反应可以生成一元酯和二元酯：

$$ROH + HOSO_2OH \rightleftharpoons \underset{\text{硫酸氢烷酯}}{ROSO_2OH} + H_2O$$

$$ROSO_2OH + ROH \rightleftharpoons \underset{\text{硫酸二烷酯}}{ROSO_2OR} + H_2O$$

硫醇不能进行类似的酯化反应。

醇与磷酸难以直接反应，但可以与三氯氧磷反应得到磷酸酯：

$$3ROH + POCl_3 \longrightarrow RO-\overset{\overset{\large O}{\|}}{\underset{\underset{\large OR}{|}}{P}}-OR + 3HCl$$

硫酸酯和磷酸酯是重要的烷基化试剂，如硫酸二甲酯就是一种非常常用的甲基化试剂。

8.1.5.4 消除反应

仲醇和叔醇在酸催化下痕容易发生分子内脱水得到烯烃，伯醇在较高的温度下(温度较低时得到的主要是醚)，也能得到烯烃，这是制备烯烃的常用方法之一。例如：

$$CH_3CH_2OH \xrightarrow[170℃]{\text{浓 } H_2SO_4} CH_2{=}CH_2 + H_2O$$

不同醇的脱水难易程度是：叔醇＞仲醇＞伯醇。

该反应与卤代烷的脱卤化氢一样同属消除反应，消除反应是有机化学反应中一个大的类型。在此对本书中出现的消除反应作一个总结性介绍。

(1) 消除反应的类型　消除反应是指在一个化合物分子中脱去一个小的分子如水、卤化氢等的反应。按照形成小分子的两个基团在原分子中的相对位置，一般消除反应可分为1，1-消除(也称同碳消除或α-消除)、1,2-消除(β-消除)和1,3-消除(γ-消除)等。

① α-消除

$$R_2C(A)(B) \longrightarrow R_2C\colon + AB$$

在同一个碳原子上消除两个原子或基团而产生活性中间体“卡宾”(carbenes)的反应称为α-消除反应。卡宾又叫碳烯，是亚甲基及其衍生物的总称。如：

$:CH_2$	$:CCl_2$	$:CHCOOC_2H_5$
卡宾	二氯卡宾	乙氧羰基卡宾
(碳烯)	(二氯碳烯)	(乙氧羰基碳烯)

等。卡宾与自由基、碳正离子、碳负离子、苯炔等一样，也是有机反应的重要活性中间体之一。

a. 卡宾的制备　氯仿在用强碱处理时，可发生1,1-消除反应生成二氯卡宾：

$$CHCl_3 + (CH_3)_3COK \longrightarrow :CCl_2 + (CH_3)_3COH + KCl$$

这一反应也可以在相转移催化剂(PTC)的存在下用固体NaOH或KOH反应而得。

二碘甲烷在Zn等金属的作用下可脱去碘而生成卡宾。

$$CH_2I_2 + Zn \longrightarrow :CH_2 + ZnI_2$$

重氮化合物在光照下脱氮也可以生成卡宾，例如：

$$CH_2N_2 \xrightarrow{h\nu} :CH_2 + N_2$$

b. 卡宾的电子结构　卡宾碳原子的外层仅有6个电子，除形成两个σ键外，还有2个未成键的电子，因而其性质非常活泼，所以一般采用原位反应(in situ)的方式。如果这两个电子占据同一轨道，称为单线态卡宾，它是以 sp^2 杂化轨道形成两个 σ 键，而两个未成键电子占据另一个 sp^2 杂化轨道，余下一个空的 p 轨道；如果它们各占用一个轨道，则称为三线态卡宾，它是以 sp 杂化轨道形成两个 σ 键，两个未成键电子各占据一个 p 轨道(见图 8-5)。

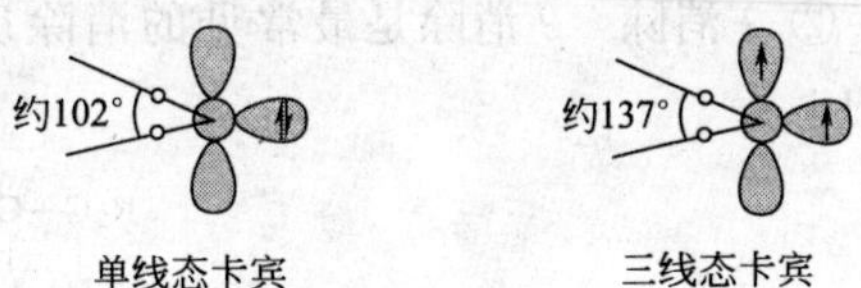

图 8-5 次甲基的单线态和三线态

单线态卡宾一般是最初分解产生的形式，在气相中，特别是在惰性气体存在下反应时，单线态往往经碰撞后转化为较稳定的三线态卡宾。

c. 卡宾的反应 卡宾和烯烃加成可以生成环丙烷类化合物，例如：

$$CH_3CH{=}CHCH_3 + :CH_2 \longrightarrow \text{1,2-二甲基环丙烷 (80\%)} + CH_3CH_2CH{=}CHCH_3\ (10\%) + (CH_3)_2C{=}CHCH_3\ (10\%)$$

$$\text{环己烯} + :CCl_2 \longrightarrow \text{7,7-二氯双环[4.1.0]庚烷}$$

这是卡宾最重要的用途。

卡宾与烯烃加成时，产物的立体化学特征与反应物的状态有关，一般在液态下得到的是构型保持的顺式加成产物，而在气态下则得到的是顺、反异构体的等量混合物。例如：

液态下：$$\text{顺-}CH_3CH{=}CHCH_3 + CH_2N_2 \xrightarrow{h\nu} \text{顺-1,2-二甲基环丙烷} + N_2$$

气态下：$$2\ \text{反-}CH_3CH{=}CHCH_3 + 2\ CH_2N_2 \xrightarrow{h\nu} \text{顺-1,2-二甲基环丙烷} + \text{反-1,2-二甲基环丙烷} + 2N_2$$

这是因为在液相反应时，分子间距离较近，重氮甲烷光解生成的单线态卡宾在失去能量前就可与烯烃分子加成，两个碳碳单键同时形成，所以得到顺式加成产物；而在气相时，生成的单线态卡宾来不及发生加成反应就先衰变为三线态卡宾，后者与烯烃加成形成电子自旋方向相同的双自由基，此时必须改变一个电子的自旋方向才能配对成键，这一时间已足以使碳碳单键进行自由旋转，从而得到等量的顺、反异构体混合物。如：

$$\text{反-}CH_3CH{=}CHCH_3 \xrightarrow{\uparrow\uparrow CH_2} CH_3\dot{C}H(\uparrow){-}CH(CH_3){-}\dot{C}H_2(\uparrow) \longrightarrow \text{(自旋翻转的两种构象)} \longrightarrow \text{反-1,2-二甲基环丙烷} + \text{顺-1,2-二甲基环丙烷}$$

自旋方向相同的双自由基

另外，卡宾还可以发生插入反应插入到 C—H 键中间：

$$-\overset{|}{\underset{|}{C}}-H + :CH_2 \longrightarrow -\overset{|}{\underset{|}{C}}-CH_2-H$$

② β-消除　β-消除是最常见的消除反应方式，是相邻两个碳原子上脱去一个小分子完成的：

$$\underset{\substack{| \\ H}}{R_2C}-\underset{\substack{| \\ L}}{CR_2} \longrightarrow R_2C=CR_2+HL$$

该类反应将在下文中单独讨论。

③ γ-消除　1,3-位，甚至更远位的两个基团也可能发生消除，但这种消除方式很少，也不太重要。

$$R-\underset{H}{\overset{H}{C}}-\underset{H}{\overset{H}{C}}-\underset{H}{\overset{X}{C}}-R \longrightarrow R\!-\!\triangle\!-\!R + HX$$

(2) β-消除反应

① β-消除反应机理　β-消除反应和亲核取代反应相似，也有单分子和双分子两种机理。

a. 单分子消除(E1)与 S_N1 反应相似，某些消除反应也只与反应物的浓度有关，而与碱性试剂的浓度无关，是一级反应，这些反应称为单分子消除(E1)反应。E1 反应也是通过碳正离子中间体进行的，不同的是 E1 反应的第二步是由碱进攻碳正离子的 β-H 而得到烯烃，所以 E1 反应和 S_N1 反应是同一体系中的两个相互竞争的反应。

$$HCR_2-CR_2-L \longrightarrow HCR_2-\overset{+}{C}R_2+L^-$$

$$HCR_2-\overset{+}{C}R_2 \xrightarrow[B:]{快} CR_2=CR_2+HB$$

$$v=k[HCR_2-CR_2L]$$

酸催化下仲醇和叔醇的脱水就是按照 E1 机理进行的。例如：

$$(C_6H_5)_2C(OH)CH_2CH_3 \xrightarrow[150℃]{H_3PO_4} (C_6H_5)_2C=CHCH_3 \quad 79.3\%$$

E1 反应还有另一种机理，当 β-H 的酸性足够强时，碱首先进攻 β-H，H 离去后形成碳负离子，然后 L 基团再离去。

$$B\!:\ H-CR_2-CR_2-L \rightleftharpoons {}^{-}CR_2-CR_2-L + BH$$

$${}^{-}CR_2-CR_2-L \xrightarrow{-L^-} R_2C=CR_2$$

因为生成的活性中间体是碳负离子，是反应物的共轭碱，所以这一机理称为共轭碱机理，用 $E1_{cb}$(cb=conjugated base)来表示。例如：

$$F-\underset{F}{\overset{F}{C}}-\underset{Cl}{\overset{Cl}{C}}-H + C_2H_5O^- \xrightarrow{快} F-\underset{F}{\overset{F}{C}}-\underset{Cl}{\overset{Cl}{C^-}} \xrightarrow{慢} F_2C=CF_2 + F^-$$

$E1_{cb}$ 机理的反应不多，研究也不够深入。

b. 双分子消除(E2)　在碱性试剂进攻 β-H 的同时，在溶剂的作用下，离去基团 L 也带着一对成键电子离去，从而在α-碳和β-碳原子之间形成双键，反应速率与反应物和碱的浓度都呈正比。这种消除反应称为双分子消除(E2)反应。

$$\mathrm{B{:}\ H{-}\underset{R}{\underset{|}{C}}H{-}CH_2{-}L \longrightarrow [B{\cdots}H{\cdots}\underset{R}{\underset{|}{C}}H{\cdots}CH_2{\cdots}L] \longrightarrow RCH{=}CH_2 + BH + L^-}$$

过渡态

$$v=k[\mathrm{RCH_2CH_2L}][\mathrm{B}]$$

E2 反应的过渡态与 S_N2 反应相似，它们也是共存于同一体系中的两个相互竞争的反应。

试验证明，伯卤代烷、季铵盐、锍盐等在碱性条件下，伯醇在酸性条件下发生的消除反应都是按 E2 机理进行的。

c. “可变过渡态”理论　在亲核取代反应中，根据“离子对理论”讨论了过渡态的连续统一体的概念。同样的道理，绝大部分的消除反应也不是严格按照 E1 或 E2 反应来进行的，其过程不是绝对分明的，也是一个渐变的过程。根据各键断裂和消除的程度，其过程可简化如下：

$E1_{cb}$　　类似$E1_{cb}$　　典型E2　　类似E2　　典型E1

C—H键断裂倾向增加 ⇄ C—L键断裂倾向增加

可以看出，$E1_{cb}$、E1 和 E2 都只是消除反应的极限情况，大多数反应是处于中间阶段的情形，所以在研究消除反应的动力学时，可能会发现它既不满足一级，也不满足二级动力学特征。当试剂的碱性越强，而底物 β-H 的酸性也越强时，反应越倾向于 $E1_{cb}$；L 的离去倾向越强，形成的碳正离子越稳定，越倾向于 E1 机理。同时，溶剂的极性对反应机理也会产生一定影响，极性越大，越不利于电荷的分散，对电荷分散度较高的 E2 反应是不利的。

② 消除反应的取向　当底物中存在两种以上 β-H 时，就会涉及消除反应的取向问题。在卤代烷的脱卤化氢和醇的脱水反应中，得到的主产物都是双键上含有较多取代基的烯烃，是一种区域选择性反应。这一规律称为札依切夫规律，得到的烯称为札依切夫烯。

但不是所有消除反应都是遵循这一规律的，如季铵碱受热分解时，得到的主产物就是双键上含较少取代基的烯烃，这样的烯烃称为霍夫曼烯。

消除反应的取向主要受 β-H 的酸性、β-H 的空间位阻、过渡态的稳定性、体积因素(离去基团和碱的体积)等的影响，产物的形成是这些因素综合作用的结果。

a. β-H 的酸性　在底物中，位于不同环境下的 β-H 的酸性是不同的，亦即它们与碱反应的活性是有差异的。例如：

$$\mathrm{CH_3{-}\overset{H_a}{\overset{|}{C}}H{-}\overset{Br}{\overset{|}{C}}H{-}\overset{H_b}{\overset{|}{\underset{CH_3}{\underset{|}{C}}}}{-}CH_3}$$

由于甲基的给电子效应，致使 H_a 周围的电子云密度比 H_b 低，因此酸性更强。所以从这个角度来说，有利于霍夫曼烯的形成。

b. 过渡态的稳定性　无论对 E1 反应还是 E2 反应，过渡态的稳定性都决定了反应有利于札依切夫烯的生成。这是因为，在过渡态中，双键已经部分形成，有利于过渡态稳定的因素显然对反应是有利的，双键上含有较多取代基的烯烃稳定性更好。例如：

$$\begin{array}{c} C_2H_5O\text{-}\text{-}H \quad H \\ CH_3CH_2-C{=}{=}C-CH_3 \\ H \quad Br \end{array} \qquad \begin{array}{c} H \quad H\text{-}\text{-}OC_2H_5 \\ CH_3CH_2CH_2-C{=}{=}C-H \\ Br \quad H \end{array}$$

烯烃过渡态的稳定性不仅决定了消除反应的取向，有时也是决定反应活性的重要因素。例如下面溴代烷消除的反应：

反应物⟶产物	相对速率
$CH_3CH_2Br \longrightarrow CH_2{=}CH_2$	1.0
$CH_3CH_2CH_2Br \longrightarrow CH_3CH{=}CH_2$	3.3
$CH_3CH(Br)CH_3 \longrightarrow CH_3CH{=}CH_2$	9.4
$(CH_3)_3CBr \longrightarrow (CH_3)_2C{=}CH_2$	120

c. 位阻因素的影响　在如下结构中，当离去基团的体积增大时，其对 H_a 和 H_b 的位阻

$$CH_3-\overset{H_a}{CH}-\overset{L}{CH}-\overset{H_b}{\underset{CH_3}{C}}-CH_3$$

会有一个放大效应，因此有利于碱进攻位阻较小的 H_a，从而形成霍夫曼烯。碱体积大小的影响与此相同。

由此可见，这几种因素所决定的消除取向并不完全一致。当 β-H 的空间位阻较小时，过渡态因素占支配地位，得到的是札依切夫烯；而当 β-H 的空间位阻增大时，β-H 的酸性和位阻因素逐渐成为主导因素，霍夫曼烯的量将大大增加。可以预见，当二者达到大致相当时，则产物的比例也会大致相当。表 8-2～表 8-4 反映了这些变化规律。

表 8-2　离去基团 L 的体积对 E2 取向的影响

$$CH_3CH_2CH_2\overset{L}{CH}-CH_3 \xrightarrow[C_2H_5OH]{C_2H_5OK} CH_3CH_2CH{=}CHCH_3 + CH_3CH_2CH_2CH{=}CH_2$$

L	2-戊烯/%	1-戊烯/%
Br	69	31
I	70	30
OSO_2R	52	48
$S^+(CH_3)_2$	13	87
$N^+(CH_3)_3$	2	98

表 8-3　碱的体积对 E2 取向的影响

$$CH_3-\overset{Cl}{\underset{CH_3}{C}}-CH_2CH_3 \xrightarrow[70\sim75℃]{B} CH_3-\underset{CH_3}{C}{=}CHCH_3 + CH_2{=}\underset{CH_3}{C}-CH_2CH_3$$

B	2-甲基-2-丁烯/%	2-甲基-1-丁烯/%
$C_2H_5O^-$	70	30
$(CH_3)_3CO^-$	27.5	72.5
$C_2H_5(CH_3)_2CO^-$	22.5	77.5
$(C_2H_5)_3CO^-$	11.5	88.5

表 8-4 β-H 的空间位阻对 E2 取向的影响(试剂 C_2H_5ONa)

化合物	产物	
	1-烯/%	2-烯/%
$CH_3CH_2CH(Br)—CH_3$	19	81
$(CH_3)_3CCH_2CH(Br)—CH_3$	86	14

在 E1 反应中，离去基团的体积对反应没有什么影响，一般得到的是札依切夫烯，但当 β-H 的空间位阻增大或使用的碱的体积增大时，会增加霍夫曼烯的量。

③ 消除反应的副反应　如前所述，消除反应和亲核取代反应往往是存在于同一体系中的两个相互竞争的反应，反应的走向取决于底物的结构和反应条件。

a. 结构因素　消除反应和亲核取代反应都是由同一试剂的进攻而引起的，进攻 α-碳就引起取代，进攻 β-H 就引起消除。

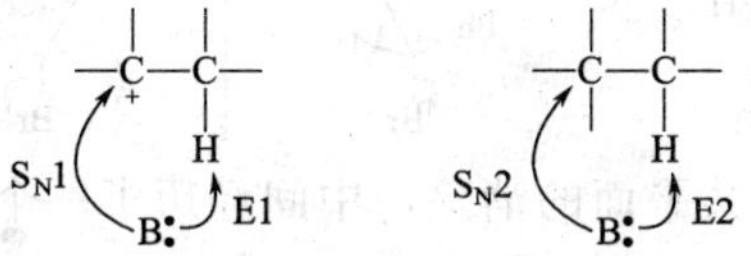

$$\text{—}\overset{|}{\underset{+}{C}}\text{—}\overset{|}{\underset{H}{C}}\text{—} \quad S_N1 \curvearrowleft B\!: \curvearrowright E1 \qquad\qquad \text{—}\overset{|}{\underset{|}{C}}\text{—}\overset{|}{\underset{H}{C}}\text{—} \quad S_N2 \curvearrowleft B\!: \curvearrowright E2$$

当底物 α-碳原子上的支链增多，空间位阻增大时，无论对于 S_N1 还是 S_N2 反应，试剂进入中心碳原子上所受到的阻力都会增大，而进攻位于四面体顶点上的 β-H 所受到的阻力较小，因此对消除反应有利，且对 E2 反应更有利。许多叔卤代烷和叔醇都只得到烯烃。

b. 试剂的碱性　试剂的碱性和亲核性在大多数情况下是一致的，但试剂的碱性强更有利于消除反应。例如，当伯卤代烷或仲卤代烷用 NaOH 水解时，除了发生取代反应外，同时还伴随有消除反应的发生。而当用 I^- 或 CH_3COO^- 等弱碱时，往往不发生消除反应，只发生取代反应。

c. 溶剂的极性　极性溶剂相当于一个小的电场，对底物分子会产生极性诱导力，对电荷的集中是有利的，但不利于电荷的分散。在双分子反应中，其过渡态都要求有适当的电荷分散，这样才能形成有效的过渡态。所以，溶剂的极性增强对双分子反应都是不利的，且由于 E2 的过渡态比 S_N2 电荷更分散，所以更加不利。总的来说，溶剂极性的增大有利于取代，而不利于消除。如表 8-5。

表 8-5 溶剂极性对 E1 和 E2 反应中所形成的烯烃量的影响

反应物	温度/℃	无水乙醇/%	含 20%水的乙醇/%	机理
$(CH_3)_3C—Br$	25	19.6	12.6	E1
$(CH_3)_2CH—Br$	55	71	59	E2

d. 温度的影响　温度的升高有利于消除反应，这是因为一方面消除反应需要较高的活化能，另一方面，温度升高会使得分子的热运动加剧，由于位阻的原因，试剂进入相对拥挤的“碳中心”进行反应的概率将减少。

④ 消除反应的立体化学　试验证明，大多数 E2 反应都是反式消除的，即离去基团与脱去的 β-H 处于反式位置。这是因为，在形成 π 键时，为了达到电子云的最大重叠，轨道必须处于同一平面上，即要求 L—C—C—H 处于同一平面上。这有两种情形，即交叉式共平

面(反式共平面)和重叠式共平面(顺式共平面)，前者是较稳定的构象，能量上有利，故一般发生反式消除。

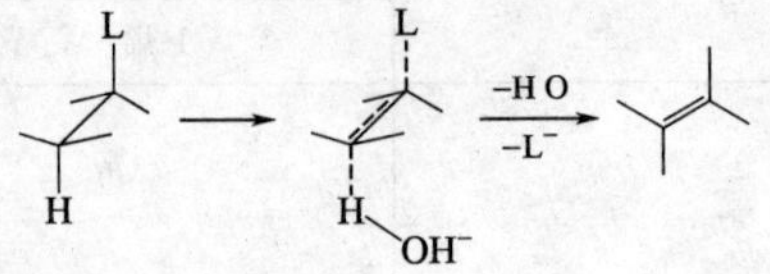

例如 1-溴-1,2-二苯基丙烷含有两个手性中心，有两对对映异构体，在 E2 反应中一对对映体只产生顺式烯烃，而另一对只产生反式烯烃。

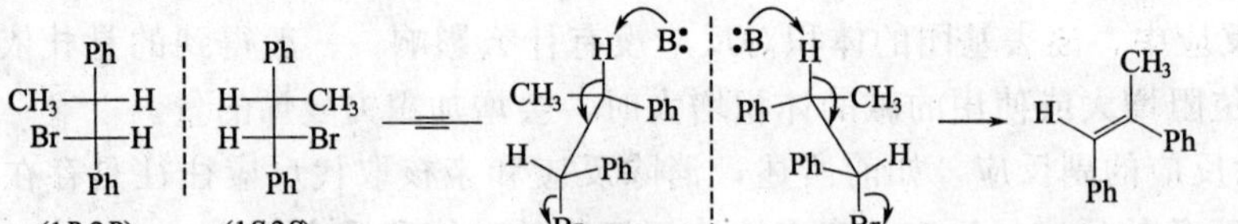

(1*R*,2*R*) (1*S*,2*S*)

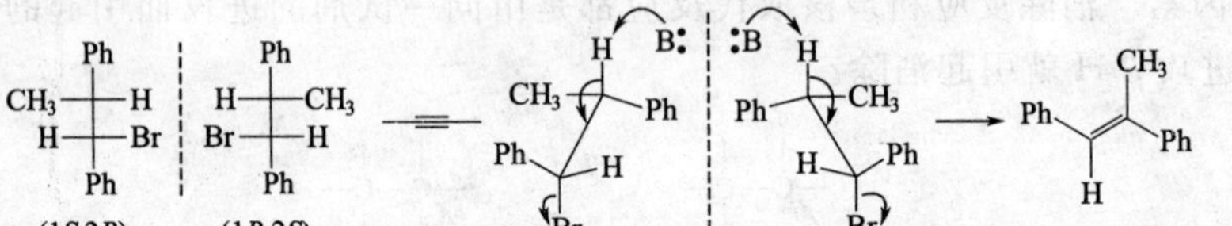

(1*S*,2*R*) (1*R*,2*S*)

热消除反应则是一种顺式共平面的消除，中间经历了一个六元的环状过渡态。如：

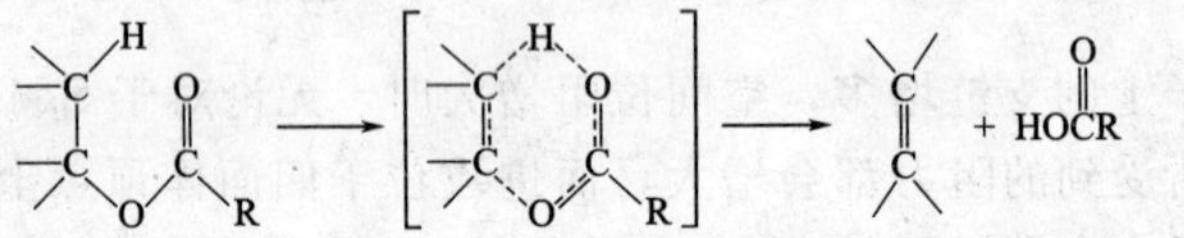

这可从如下反应得到证实：

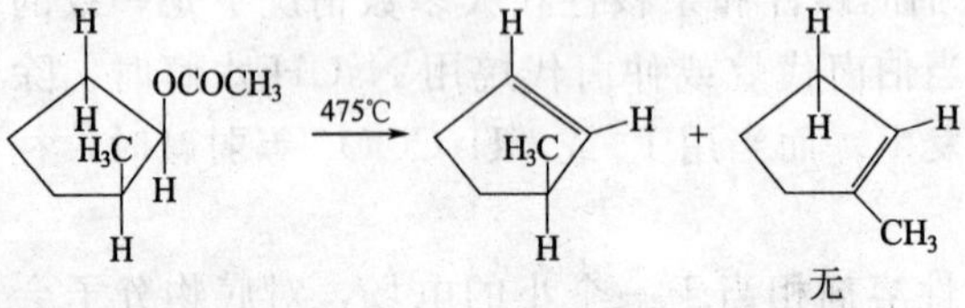

无

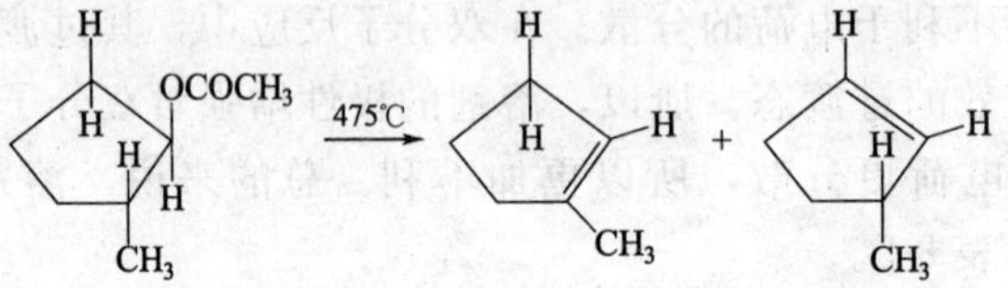

主产物 副产物

8.1.5.5 氧化反应

醇与硫醇化学性质的差别在氧化反应上表现得最为充分，醇的氧化发生在 *α*-碳原子上，而硫醇的氧化发生在硫原子上。

伯醇或仲醇在 $KMnO_4$ 或 $K_2Cr_2O_7$ 等氧化剂作用下氧化，或在催化剂(常用的是铜)作用下高温脱氢，能分别形成醛或酮：

$$RCH_2OH + Cr_2O_7^{2-} \longrightarrow R-\overset{O}{\overset{\|}{C}}-H + Cr^{3+} \xrightarrow{Cr_2O_7^{2-}} RCOOH$$

$$(CH_3)_2CHOH \xrightarrow[\triangle]{-2H} (CH_3)_2C{=}O$$

伯醇氧化时得到的醛是比醇本身更容易被氧化的物质，因此往往不能停留在醛这一步，而会进一步氧化成羧酸。因此，要得到醛就必须严格控制反应条件或使用比较温和的氧化剂，迄今已有数个比较成熟的方法已经建立起来，读者可以自行查找和阅读相关文献。

叔醇在此条件下不能被氧化。

有机氧化反应是有机反应中的一大类型，反应机理比较复杂，但大多数反应以自由基机理进行。需要注意的是，有机化合物的氧化与无机化合物不同，被氧化的碳原子没有化合价的变化，但可以从氧化剂的变化看出反应的发生。基于这种情况，在有机化学中通常把加氧或去氢的反应都称为氧化，反之加氢或去氧的反应都称为还原。

由于硫原子比碳原子容易氧化得多，而且 S—H 键又比 O—H 键容易断裂，因此硫醇远比醇容易被氧化，反应均发生在硫原子上。

硫醇极易被氧化成二硫化物，不论有无催化剂存在。低温下用空气即可将其氧化成二硫化物：

$$2RSH + 1/2O_2 \longrightarrow RSSR + H_2O$$

其反应机理为：

$$RSH + [O{=}O \longleftrightarrow \cdot O{-}O\cdot] \longrightarrow RS\cdot + HOO\cdot$$

$$HOO\cdot \xrightarrow{RSH} RS\cdot + HOOH$$

$$2RS\cdot \longrightarrow RS{-}SR$$

但通过不稳定的中间体次磺酸完成反应也是可能的：

$$RSH + 1/2O_2 \longrightarrow [RSOH] \xrightarrow[-OH^-]{RSH} RS{-}SR$$

实验室中常用碘作氧化剂把硫醇氧化成二硫化合物：

$$2RSH + I_2 \xrightarrow[25℃]{C_2H_5OH/H_2O} RS{-}SR + 2HI$$

还有某些金属氧化物如 Fe_2O_3、MnO_2 等都可作为该类反应的氧化剂。这种温和的反应条件在蛋白质和多肽的合成中非常重要，常用于构建二硫桥键。

如采用强氧化剂如 H_2O_2、HNO_3、$KMnO_4$ 等进行氧化，则可将硫醇氧化成磺酸：

$$RSH \longrightarrow \underset{次磺酸}{RSOH} \longrightarrow \underset{亚磺酸}{RSO_2H} \longrightarrow \underset{磺酸}{RSO_3H}$$

例如：

$$ClCH_2CH_2{-}C(CH_3)_2{-}SH + 3H_2O_2 \xrightarrow{HOAc} \underset{92\%}{ClCH_2CH_2{-}C(CH_3)_2{-}SO_3H} + 3H_2O$$

磺酸也是一类重要的有机化合物，高级脂肪族磺酸盐是性能优良的表面活性剂，是合成洗涤剂的主要成分之一，芳香族磺酸除用作表面活性剂外，也是很好的酸性催化剂，如对甲苯磺酸。聚苯乙烯磺酸树脂既可用作酸性催化剂，也是离子交换树脂的主要品种。

脂肪族磺酸的制备方法除了硫醇的氧化外，也可采用卤代烃与 $NaHSO_3$ 的亲核取代反应或羰基化合物与 $NaHSO_3$ 的亲核加成反应来制备。例如：

$$(CH_3)_2CHCH_2CH_2Br + HO\overset{O}{\overset{\|}{S}}O^- Na^+ \xrightarrow{H_3^+O} \underset{96\%}{(CH_3)_2CHCH_2CH_2SO_3H} + NaBr$$

芳香族磺酸的制备方法则一般采用芳烃的磺化反应，磺化试剂可采用浓 H_2SO_4、发烟 H_2SO_4 和 $ClSO_3H$ 等。

磺酸的性质与羧酸相似，但其酸性比羧酸强得多。磺酸也可形成磺酸衍生物如磺酰氯、磺酸酯、磺酰胺等，这些衍生物的反应活性则比羧酸衍生物差得多。这是因为一方面硫原子采取的是 sp^3 杂化，而羧基中的碳原子采取的是 sp^2 杂化，前者的空间位阻更大；另一方面硫原子可以通过其 3d 轨道从相邻氧原子上获得电子补偿，因而降低了其亲电性。

磺酸衍生物比磺酸更重要，如磺胺药物在医药发展史上曾起过举足轻重的作用，而磺酰脲类除草剂则是超高效农药品种的典型代表。

8.1.5.6 邻二醇的特殊反应

邻二醇为二元醇，除了具有醇的通性外，还可以发生一些特殊的反应。

(1) 与高碘酸(HIO_4)的反应　高碘酸可将邻二醇从两个羟基所在碳原子之间将其氧化断裂形成两分子羰基化合物：

$$R-\underset{OH}{\underset{|}{CH}}-\underset{OH}{\underset{|}{CH}}-R' + HIO_4 \longrightarrow R-\overset{O}{\overset{\|}{C}}H + R'-\overset{O}{\overset{\|}{C}}H + HIO_3 + H_2O$$

反应机理如下：

$$\begin{matrix}|\\-C-OH\\|\\-C-OH\\|\end{matrix} + (HO)_4I(=O)(OH) \xrightarrow{-2H_2O} \text{环状高碘酸酯} \longrightarrow \begin{matrix}|\\-C=O\\ \\-C=O\\|\end{matrix} + H_3IO_4 \longrightarrow HIO_3 + H_2O$$

生成的碘酸可与 $AgNO_3$ 溶液反应生成白色 $AgIO_3$ 沉淀，十分灵敏，因此这一方法可用于邻二醇的定性和定量测定——根据产物的结构可以推断邻二醇的结构，根据碘酸银的质量可以计算邻二醇的含量。

除了邻二醇外，某些与其结构类似的化合物也可发生这一反应。例如：

$$R-\underset{OH}{\underset{|}{\overset{R'}{\overset{|}{C}}}}-\underset{OH}{\underset{|}{CH}}-\underset{OH}{\underset{|}{CH_2}} + 2HIO_4 \longrightarrow R-\overset{R'}{\overset{|}{C}}=O + H-\overset{O}{\overset{\|}{C}}OH + H-\overset{O}{\overset{\|}{C}}H + 2HIO_3 + 2H_2O$$

$$R-\underset{O}{\underset{\|}{C}}-\underset{OH}{\underset{|}{CH}}-R' + 2HIO_4 \longrightarrow R-\overset{O}{\overset{\|}{C}}OH + R'-\overset{O}{\overset{\|}{C}}H$$

$$R-\underset{OH}{\underset{|}{CH}}-\underset{OH}{\underset{|}{CH}}-CHO + 2HIO_4 \longrightarrow R\overset{O}{\overset{\|}{C}}H + H\overset{O}{\overset{\|}{C}}OH + H\overset{O}{\overset{\|}{C}}OH + 2HIO_3 + 2H_2O$$

$$R-\underset{OH}{\underset{|}{CH}}-\underset{O}{\underset{\|}{C}}-\underset{OH}{\underset{|}{CH_2}} + 2HIO_4 \longrightarrow R-\overset{O}{\overset{\|}{C}}H + CO_2\uparrow + H-\overset{O}{\overset{\|}{C}}H + 2HIO_3 + 2H_2O$$

不相邻的二元醇不能发生这一反应。

(2) 酸催化脱水 邻二醇在酸性条件下脱水不是生成烯烃或醚，而是生成羰基化合物：

$$\underset{\text{片呐醇}}{R-\overset{R}{\underset{OH}{C}}-\overset{R}{\underset{OH}{C}}-R} \xrightarrow{H^+} \underset{\text{片呐酮}}{R-\overset{R}{\underset{R}{C}}-\overset{}{\underset{O}{\underset{\|}{C}}}-R} + H_2O$$

这类反应称为片呐醇重排，其反应机理为：

$$R-\overset{R}{\underset{OH}{C}}-\overset{R}{\underset{OH}{C}}-R \xrightarrow{H^+} R-\overset{R}{\underset{OH}{C}}-\overset{R}{\underset{OH_2^+}{C}}-R \xrightarrow{-H_2O} R-\overset{R}{\underset{OH}{C}}-\overset{R}{\underset{+}{C}}-R \longrightarrow R-\overset{+}{\underset{OH}{C}}-\overset{R}{\underset{R}{C}}-R$$

$$\rightleftharpoons R-\underset{OH^+}{\underset{\|}{C}}-\overset{R}{\underset{R}{C}}-R \xrightarrow{-H^+} R-\overset{R}{\underset{R}{C}}-\underset{O}{\underset{\|}{C}}-R$$

具有相似结构的化合物如邻氨基醇，在重氮化后也可发生同样的重排反应。

8.1.6 醇和硫醇的制备

8.1.6.1 醇的制备

(1) 由烯烃制备

① 烯烃水合法 烯烃水合法分为直接水合法和间接水合法，直接水合法是在一定温度和压力下，烯烃与水在磷酸或硫酸等催化剂的存在下直接加成生成醇，反应遵循马氏规则。工业生产中大多采用此法。例如：

$$CH_2=CH_2 + H_2O \xrightarrow[300℃, 10MPa]{H_3PO_4} CH_3CH_2OH$$

间接水合法是将烯烃先与硫酸加成生成硫酸单烷基酯或二烷基酯，后者再水解生成相应的醇。例如：

$$(CH_3)_2C=CH_2 + H_2SO_4 \longrightarrow (CH_3)_2\underset{OSO_3H}{\underset{|}{C}}-CH_3 \xrightarrow{H_2O} (CH_3)_2\underset{OH}{\underset{|}{C}}-CH_3$$

② 烯烃的硼氢化-氧化 例如：

$$3CH_3(CH_2)_5CH=CH_2 \xrightarrow{BH_3} [CH_3(CH_2)_7]_3B \xrightarrow[NaOH]{H_2O_2} \underset{80\%}{3CH_3(CH_2)_6CH_2OH}$$

③ 羟汞化-脱汞 例如：

$$C_6H_5CH=CH_2 \xrightarrow[H_2O, THF]{Hg(OAc)_2} \xrightarrow{NaBH_4} \underset{92\%}{C_6H_5CH(OH)CH_3}$$

④ 臭氧化-还原 例如：

$$CH_3\overset{CH_3}{\overset{|}{C}}=CHCH_2CH_2\overset{CH_3}{\overset{|}{C}}HCH_2COOCH_3 \xrightarrow[CH_3OH]{O_3} \text{(臭氧化物)}CHCH_2CH_2\overset{CH_3}{\overset{|}{C}}HCH_2COOCH_3 \xrightarrow{NaBH_4} \underset{72\%}{HOCH_2CH_2CH_2\overset{CH_3}{\overset{|}{C}}HCH_2COOCH_3}$$

⑤ α-碳的氧化　烯烃的α-碳原子可以被一些氧化剂选择性氧化生成α,β-不饱和醇，可用于合成用气态方法难以合成的醇。常用的氧化剂是 SeO_2，反应在乙酸或乙酸酐中进行，最好用于 5 个碳原子以上的烯烃。例如：

$$\text{环己烯} \xrightarrow[Ac_2O]{H_2SeO_3} \text{3-乙酰氧基环己烯 }(OCOCH_3) \xrightarrow{H_2O} \text{2-环己烯-1-醇 }(OH)\quad 50\%$$

⑥ $KMnO_4$、OsO_4 和过氧酸氧化　这 3 个氧化剂均可将烯烃氧化成邻二醇。例如：

$$\text{环己烯} \xrightarrow[(CH_3)_3COOH]{OsO_4} \text{顺-1,2-环己二醇 }(OH, OH)\quad 45\%$$

（2）由羰基化合物制备　含有羰基的化合物，如醛、酮、羧酸及其羧酸衍生物等都可以作为合成醇的原料，方法则有还原法和加成法，将在本章的后续部分详加讨论，这里仅举几个实例。

$$\text{环戊酮 }(=O) \xrightarrow[2.\ H_2O]{1.\ Na,\ Et_2O} \text{环戊醇 }(-OH)\quad 90\%$$

$$CH_3(CH_2)_5CHO \xrightarrow[HOAc]{Fe} CH_3(CH_2)_5CH_2OH\quad 80\%$$

$$\text{邻羟基苯甲醛 }(CHO, OH) \xrightarrow[FeCl_2]{H_2/Pt} \text{邻羟基苯甲醇 }(CH_2OH, OH)\quad 92\%$$

$$\text{环丁基}-COOH \xrightarrow[THF]{NaBH_4,\ I_2} \text{环丁基}-CH_2OH\quad 87\%$$

$$C_6H_5CH{=}CHCOOC_2H_5 \xrightarrow[Cr\text{-}Cu\text{-}Ba]{H_2,\ 20MPa} C_6H_5CH_2CH_2CH_2OH\quad 85\%$$

$$(CH_3)_2CHMgBr + CH_3CHO \longrightarrow (CH_3)_2CH-\underset{OMgBr}{\underset{|}{C}}HCH_3 \xrightarrow{H_3O^+} (CH_3)_2CH-\underset{OH}{\underset{|}{C}}HCH_3\quad 52\%$$

（3）由卤代烃制备　卤代烃直接水解可以得到醇。例如：

$$C_6H_5CH_2Cl + H_2O \xrightarrow{Na_2CO_3} C_6H_5CH_2OH\quad 71\%$$

卤代烃在金属 Mg、Al、Cr、Ni、Co、Zn、In、Sn、Sm、Ga 等，以及它们的化合物或配合物的促进下，可以与羰基化合物发生加成反应生成相应的醇。该方法在操作上比较简便，无需先制备金属有机化合物，而是直接将羰基化合物、卤代烃和金属催化剂混合一锅法反应得到醇。例如：

$$\text{环己酮} + CH_2{=}CHCH_2Br \xrightarrow{Zn} \text{1-烯丙基环己醇 (OH)}\quad 92\%$$

除了以上方法外，还有一些方法，如酯的水解、醚的水解，以及某些醛的歧化反应等都可以制备得到相应的醇。

8.1.6.2 硫醇的制备

（1）由卤代烃制备　卤代烃与硫氢化物反应可以得到硫醇：

$$RX + KHS \longrightarrow RSH + KX$$

但在反应中必须使用大量的硫氢盐，以避免副产物硫醚的产生。这是因为产物硫醇也可与硫氢盐反应生成硫醇盐，而后者又会与卤代烃反应得到硫醚，致使收率不高：

$$RSH + HS^- \rightleftharpoons RS^- + H_2S$$

$$RS^- + RX \longrightarrow RSR + X^-$$

为避免这一现象，常用其他含硫化合物，如硫脲、硫代羧酸盐等代替硫氢化物进行反应。例如：

$$\begin{matrix} AcO{-}CH{-}CH_2Br \\ AcO{-}CH{-}CH_2Br \end{matrix} + 2\,CH_3\overset{O}{\overset{\|}{C}}SK \xrightarrow{C_2H_5OH} \begin{matrix} AcO{-}CH{-}CH_2SCOCH_3 \\ AcO{-}CH{-}CH_2SCOCH_3 \end{matrix} \xrightarrow[CH_3OH]{H^+} \begin{matrix} HO{-}CH{-}CH_2SH \\ HO{-}CH{-}CH_2SH \end{matrix}\quad 90\%$$

$$CH_3(CH_2)_{15}Br + H_2N\overset{\delta}{C}NH_2 \longrightarrow CH_3(CH_2)_{15}{-}S{-}\overset{NH}{\overset{\|}{C}}{-}NH_2\cdot HBr \xrightarrow[\triangle]{NaOH} CH_3(CH_2)_{15}SH + H_2NCN + NaBr + H_2O\quad 91\%$$

（2）由烯烃制备　烯烃与硫化氢加成可制备硫醇。例如：

$$(CH_3)_2C{=}CH_2 + H_2S \xrightarrow{H_2SO_4} (CH_3)_3C{-}SH$$

由于含硫化合物易形成自由基，该反应也可在自由基引发剂的作用下进行自由基加成，得到反马氏加成的硫醇。

（3）磺酰氯的还原　例如：

$$CH_3CH_2CH_2CH_2SO_2Cl \xrightarrow{LiAlH_4} CH_3CH_2CH_2CH_2SH\quad 45\%$$

8.1.7 重要代表物

自然界中含羟基和巯基的化合物很多，由极简单的甲醇、乙醇到比较复杂的含多个官能团的化合物，如乳酸、酒石酸、糖类和某些氨基酸等，它们是动植物生命周期中不可缺少的物质。本节介绍一些常见的简单化合物。

（1）甲醇　甲醇最初是从木材的干馏得到的，所以又称木醇或木精，为无色液体，沸点

65℃，工业上由水煤气制备而得：

$$CO+2H_2 \xrightarrow[CuO\text{-}ZnO\text{-}Cr_2O_3]{20MPa,300℃} CH_3OH$$

甲醇有毒，服入 10mL 就能使双目失明，30mL 即能致死。甲醇除用作溶剂外，也是重要的有机合成原料，是碳一化工的支柱。以甲醇为原料目前已可生产 120 多种深加工产品，如甲胺、甲醛、甲酸、甲醇钠、二甲基甲酰胺、硫酸二甲酯、甲基丙烯酸甲酯、乐果、敌百虫、马拉硫磷、长效磺胺及维生素 B_6 等。

(2) 乙醇　乙醇是酒的主要成分，所以俗名酒精。我国在两千多年前就知道用发酵法制酒，使用的原料是含淀粉的谷物、马铃薯或甘薯等。淀粉经酒麹的作用发酵成酒是一个相当复杂的生物化学过程，大体可分为糖化和酒化两个阶段：

$$\underbrace{\underset{\text{淀粉}}{(C_6H_{10}O_5)n} \xrightarrow{\text{淀粉酶}} \underset{\text{麦芽糖}}{C_{12}H_{22}O_6} \xrightarrow{\text{麦芽糖酶}} \underset{\text{葡萄糖}}{C_6H_{12}O_6}}_{\text{糖化阶段}} \underbrace{\xrightarrow{\text{酒化酶}} C_2H_5OH + H_2O}_{\text{酒化阶段}}$$

发酵液中除含 10%～18%的乙醇外，还含有丁二酸、甘油、乙醛和杂醇油等，其中杂醇油是由谷物中所含的氨基酸分解而来的，主要成分是含 3～5 个碳原子的伯醇。将发酵液分馏可以得到含 95.5%乙醇和 4.5%水的混合液，即工业酒精，沸点 78.15℃，它是一个恒沸液，其中的水分用一般的分馏方法无法除去，而需采取其他方法，如加入无水氯化钙干燥，再将乙醇蒸出，这样可得到 99.5%的无水乙醇。

利用酒麹发酵是我国古代劳动人民的一项重大发明，直到 19 世纪，这一方法才传到欧洲，沿用至今。

乙醇是有机化工中的一种重要基础化工原料，主要用作溶剂和合成各种酯类、乙醚、氯乙烷、乙胺等。用发酵法生产乙醇需要耗费大量的粮食，每生产 1t 乙醇约需消耗 3t 粮食。现在工业上生产乙醇主要是以石油裂解气中的乙烯为原料经水合而得到的。

随着世界性能源的短缺和化石能源的日益枯竭，寻找新的能源替代品已成为世界各国发展中的重中之重。目前，以玉米和甘蔗为主要原料的燃料乙醇业已成为一个重点产业，在美国、巴西、中国等得到很大发展。当前燃料乙醇的生产工艺主要还是以粮食为主，对粮食安全是一个挑战，因此发展以纤维素为原料的新工艺是燃料乙醇产业发展中的重点。

(3) 丙三醇　丙三醇俗称甘油，为无色、无臭、有甜味的黏稠液体，相对密度 1.2613，熔点 20℃，沸点 290℃(分解)，能与水以任意比例混溶，但在乙醇中的溶解度较小。甘油以酯的形式存在于动植物油脂中，可从油脂制皂的残液中提取得到。无水甘油具有吸湿性，能吸收空气中的水分，至含 20%水分后便不再吸水，因此甘油常用作化妆品、皮革、烟草、食品及纺织品等的吸湿剂。甘油也是有机合成的重要原料，其中硝酸甘油可用作炸药，以及临床上用于治疗心绞痛。

(4) 环已六醇　环已六醇又名肌醇，为白色结晶，熔点 225℃，相对密度 1.752，能溶于水，而不溶于无水乙醇、乙醚中，有甜味。主要用于治疗肝硬化、肝炎、脂肪肝以及胆固醇过高等症。

肌醇存在于动物心脏、肌肉和未成熟的豌豆等中，是某些动物和微生物生长所必需的物质。肌醇的六磷酸酯广泛存在于植物界，叫做植物精(植酸)。

植物精通常以钙镁盐的形式存在，俗称植酸钙镁。植酸主要用作食品添加剂和医药原料，工业上也用作防锈剂、洗净剂、防爆剂、防静电剂、涂料等。植酸钙镁则用作营养药，有促进新陈代谢，增进食欲和营养，助长发育的功效。

（5）苯甲醇　又称苄醇，以酯的形式存在于许多植物精油中。苯甲醇具素馨香味，相对密度 1.019，沸点 205℃，稍溶于水，能与乙醇、乙醚等混溶，长期与空气接触会被氧化成苯甲醛。苯甲醇多用于香料工业，可作香料的溶剂和定香剂，是茉莉、月下香、依兰等香精调配时不可缺少的原料，用于配制香皂、日用化妆品。由于苯甲醇有微弱的麻醉作用，也常用作注射时的局部麻醉剂。

8.2　酚和硫酚

8.2.1　(硫)酚类化合物的命名

羟基或巯基直接与苯环相连的化合物分别称为酚或硫酚，通式为 Ar—OH 和 Ar—SH。例如：

苯酚　　苯硫酚　　α-萘酚

(硫)酚类化合物的命名一般是在“(硫)酚”字的前面加上芳环的名称作为母体，在前面标明取代基的名称和位次。在含多个官能团的特殊情况下有时也把羟(巯)基看作取代基来命名。例如：

2-甲基苯酚　　1,2-苯二酚　　2-甲氧基苯酚　　2,4,6-三硝基苯酚　　2-羟基苯甲醛

8.2.2　结构特点

(硫)酚的结构可看作卤代芳烃和(硫)醇的结合体。一方面，羟(巯)基具有吸电子的诱导效应，另一方面，氧(硫)原子又与苯环具有给电子的 p-π 共轭效应。由于氧(硫)原子的电负性比卤素小，它们的共轭效应比诱导效应要强得多，所以是强的活化苯环的取代基，其中羟基比巯基更强。也由于同样的原因，降低了氧(硫)原子周围的电子云密度，对质子的束缚力降低，使得它们的酸性大大强于醇和硫醇。

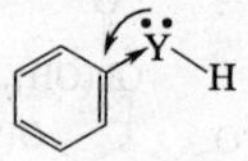

8.2.3 物理性质

除少数烷基酚是液体外，多数酚都是固体，由于分子间存在氢键，所以沸点都很高。酚微溶于水，其溶解度随羟基数目的增多而增加。酚能溶于乙醇、乙醚、苯等有机溶剂。纯的酚是无色的，但往往由于氧化而带有红色乃至褐色。

硫酚和硫醇相似，由于巯基间的相互作用很弱，不易形成氢键，故它们的熔点、沸点及在水中的溶解度比相应的酚要低得多。例如苯酚的沸点为 181.4℃，而苯硫酚的沸点为 168℃。

8.2.4 光谱性质

由于共轭效应的存在，(硫)酚的紫外吸收光谱会发生明显的红移，吸收强度也大大增强。例如：

苯酚：$\lambda_{max}=211nm(\varepsilon_{max}=6200)$；$\lambda_{max}=270nm(\varepsilon_{max}=1450)$(乙醇)

苯酚盐：$\lambda_{max}=235nm(\varepsilon_{max}=9400)$；$\lambda_{max}=287nm(\varepsilon_{max}=2600)$(水)

在酚的红外光谱中，ν_{O-H}在 3650～3320cm^{-1}区域出现强的吸收带，如在羟基邻位存在杂原子，则会因为氢键的存在而偏低。ν_{C-O}在 1200cm^{-1}附近出现强而宽的吸收带。δ_{O-H}在 1350cm^{-1}附近产生宽的吸收带，强度比ν_{C-O}带低，在分析中具有参考价值。

酚羟基质子的 NMR 信号一般在 δ4.5～8 之间，但如果存在分子内氢键，则会向低场强烈移动。例如：

δ_H 12.05　　δ_H 10.58

酚类的分子离子峰都比较强，其最重要的裂解方式是失去 CO(M-28)和 CHO(M-29)。

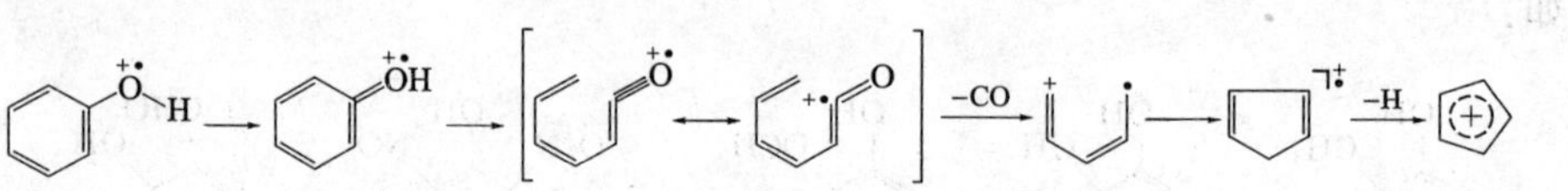

8.2.5 化学性质

8.2.5.1 活泼氢上的反应

(1) 酸性　苯酚具有微弱的酸性，其 pK_a 值为 10.0，比醇、水(15.73)强，但比碳酸(6.38)弱。大多数酚的 pK_a 值都在 10 左右。所以它能溶于 NaOH 水溶液生成酚钠，但不能溶于 $NaHCO_3$ 溶液中。在苯酚钠的水溶液中通入 CO_2 时，苯酚即可游离出来。

当酚上有其他吸电子取代基时，酚的酸性会增强，如 2,4,6-三硝基苯酚(苦味酸)的酸性已接近无机强酸的强度。利用酚类化合物的酸性来分离酚类化合物是有机合成工艺中经常采用的方法。

硫酚的酸性更强，如苯硫酚的 pK_a 值为 7.8，能溶于 $NaHCO_3$ 水溶液中。凭此性质可区别苯酚和苯硫酚。

(2) 与 $FeCl_3$ 的颜色反应　具有烯醇式结构的化合物大都可与三氯化铁反应生成带颜色的络离子，如苯酚显紫色，邻苯二酚和对苯二酚显绿色，甲基苯酚显蓝色等，可用于烯醇类化合物和酚类化合物的定性鉴定。

$$6C_6H_5OH + FeCl_3 \longrightarrow \underset{\text{紫色}}{H_3[Fe(OC_6H_5)_6]} + 3HCl$$

(3) 形成芳(硫)醚　例如：

$$C_6H_5OH \xrightarrow[NaOH]{CH_3I} C_6H_5OCH_3$$

$$\text{2-羟基-3-甲氧基苯甲醛} \xrightarrow[NaOH]{(CH_3)_2SO_4} \text{2,3-二甲氧基苯甲醛}$$

$$C_6H_5SH \xrightarrow[NaOH]{(CH_3)_2SO_4} C_6H_5SCH_3$$

$$\text{2,4-二氯苯酚} + \text{对氯硝基苯} \xrightarrow[\triangle]{NaOH} \underset{\text{除草醚}}{\text{2,4-二氯苯基-4'-硝基苯基醚}}$$

8.2.5.2　亲电取代反应

由于羟(巯)基都是活化苯环的基团，所以它们的亲电取代反应比苯要容易得多，往往会得到多取代产物。

(1) 卤代反应　苯与溴水不能发生反应，但苯酚不仅在常温下即可与溴水反应，且得到三取代产物，甚至可取代邻、对位上的某些其他基团：

$$C_6H_5OH + 3Br_2 \longrightarrow \text{2,4,6-三溴苯酚}\downarrow + 3HBr$$

$$p\text{-}HOC_6H_4SO_3H + 3Br_2 \longrightarrow \text{2,4,6-三溴苯酚}\downarrow + 3HBr + H_2SO_4$$

生成的三溴苯酚溶解度很小，即使很稀的苯酚溶液与溴水作用也能生成白色的沉淀，灵敏度很高，因此可以用于苯酚的定性和定量测定。若继续向三溴苯酚中滴加溴水，便转化为黄色的四溴化物。后者可看作是醌的溴代物，可以被还原为三溴苯酚。

$$\underset{\text{白色}}{\text{2,4,6-三溴苯酚}} \underset{NaHSO_3}{\overset{Br_2\text{-}H_2O}{\rightleftharpoons}} \underset{\text{黄色}}{\text{2,4,4,6-四溴环己-2,5-二烯酮}}$$

若在低极性或非极性溶剂中进行溴代，并控制溴的用量，则也可以得到一溴代产物：

$$2\,C_6H_5OH + 2Br_2 \xrightarrow[0℃]{CS_2} o\text{-}BrC_6H_4OH + p\text{-}BrC_6H_4OH + 2HBr$$

(2) 硝化反应　苯酚在室温下就可被稀硝酸硝化，但由于苯酚同时也容易被硝酸氧化，故一般收率不高。

$$C_6H_5OH + HNO_3(稀) \longrightarrow o\text{-}O_2NC_6H_4OH\ (40\%) + p\text{-}O_2NC_6H_4OH\ (13\%)$$

邻硝基苯酚可以形成分子内氢键，而对硝基苯酚只能形成分子间氢键，所以前者的沸点比后者低得多，可采用水蒸气蒸馏的方法将其分离。

若用浓硝酸硝化可得到三硝基苯酚：

$$C_6H_5OH + 3HNO_3(浓) \longrightarrow 2,4,6\text{-}(O_2N)_3C_6H_2OH + 3H_2O$$

2,4,6-三硝基苯酚俗称苦味酸，酸性很强，其 pK_a 值为 0.16，为黄色结晶，熔点 122℃，可溶于乙醇、乙醚及热水中。苦味酸及其盐都极易爆炸，可用于制造炸药和染料。

(3) 亚硝化反应　苯酚和亚硝酸反应可得到对亚硝基苯酚，后者经氧化可得到对硝基苯酚，这样可得到不含邻位异构体的硝化产物：

$$C_6H_5OH \xrightarrow{NaNO_2/H_2SO_4} p\text{-}ONC_6H_4OH \xrightarrow{稀\ HNO_3} p\text{-}O_2NC_6H_4OH$$

(4) 傅-克烷基化反应　例如：

$$p\text{-}CH_3OC_6H_4OH + (CH_3)_3C\text{—}OH \xrightarrow{H_3PO_4} 2\text{-}C(CH_3)_3\text{-}4\text{-}CH_3OC_6H_3OH\ (62\%) + H_2O$$

$$o\text{-}C_6H_4(OH)_2 + CH_2\text{=}C(CH_3)_2 \xrightarrow{H_3PO_4} 4\text{-}(CH_3)_3C\text{-}C_6H_3(OH)_2\ (45\%)$$

(5) 酰基化　酚的酰基化比较特别，因为它在与酰基化试剂作用时，既可以在苯环上反应，也可在羟基上进行。一般而言，酸酐在酸催化下与酚反应可以在苯环上直接引入酰基。而在用酰氯作酰化试剂时，先生成的是羧酸酯，但它在氯化铝的作用下可发生分子重排得到苯环上的酰化产物。

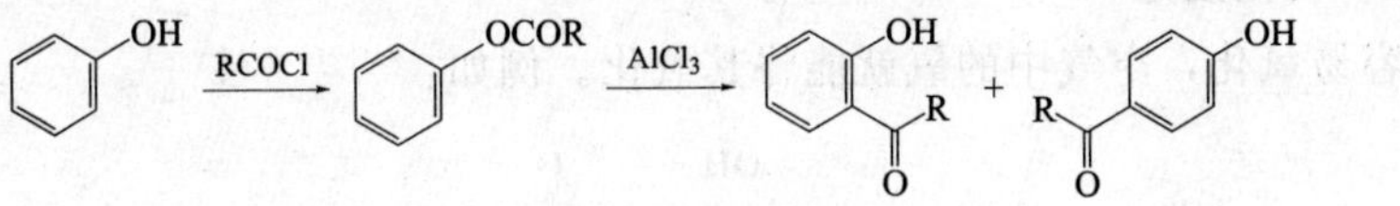

这种分子重排反应称为Fries重排。其中重排到对位是动力学控制的，在低温时是主要产物；而高温下是热力学控制的，因为邻位产物可形成分子内氢键，比较稳定。其重排机理如下：

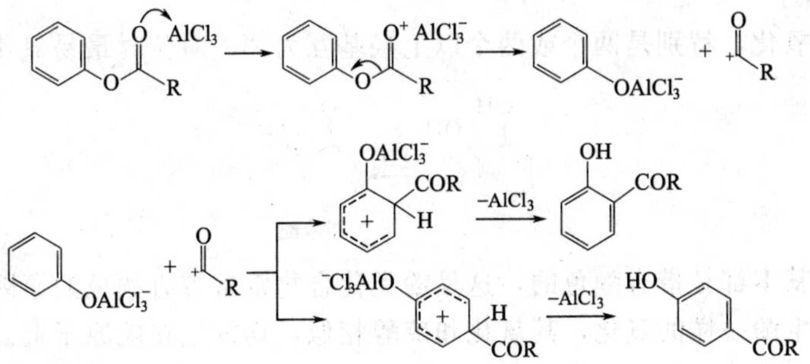

（6）与醛、酮的缩合反应　在酸或碱催化下，苯酚可与甲醛发生缩合反应生成线型或网状高分子酚醛树脂：

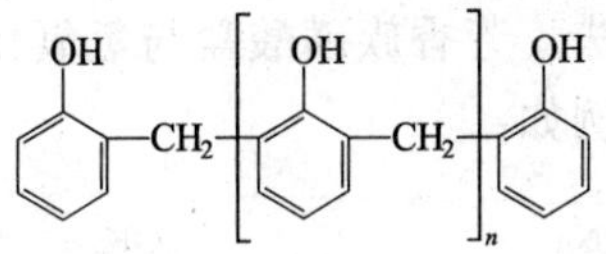

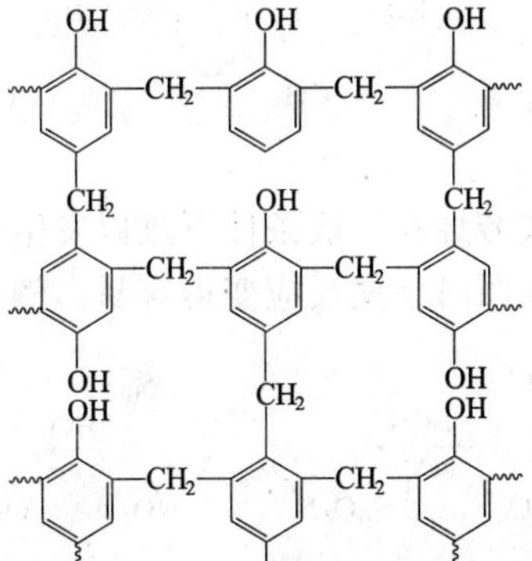

酚与其他醛、酮反应也可制备小分子缩合产物。例如：

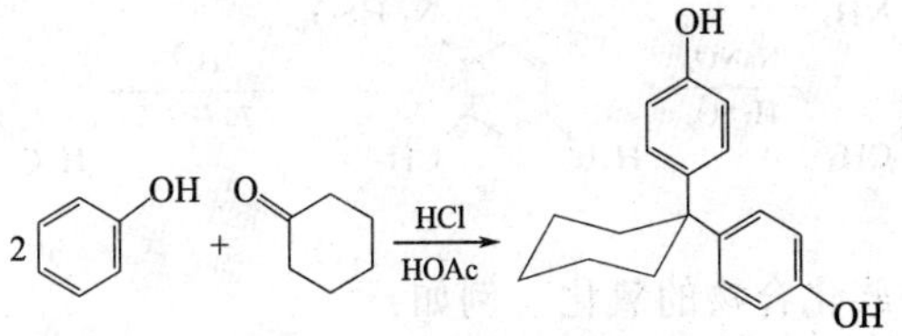

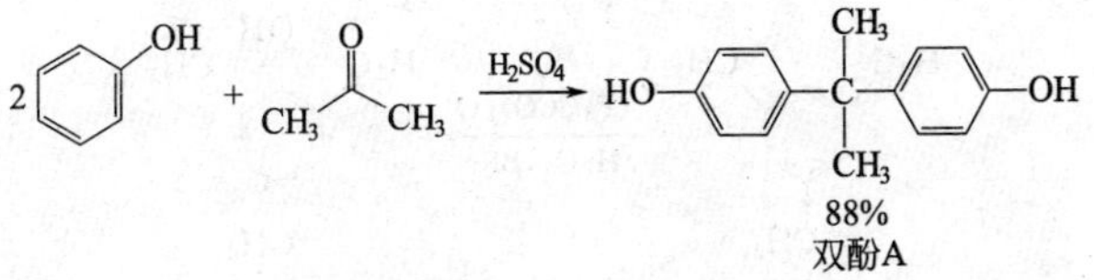

88%

双酚A

8.2.5.3 氧化反应

酚比醇容易氧化，空气中的氧就能将其氧化。例如：

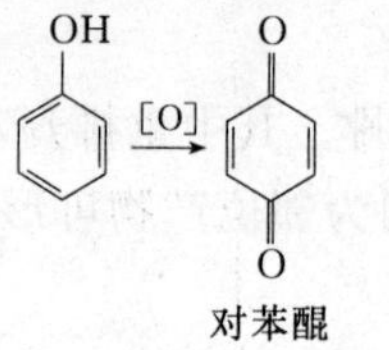

苯酚 $\xrightarrow{[O]}$ 对苯醌

多元酚更易氧化，特别是两个或两个以上羟基互为邻、对位时最易氧化。

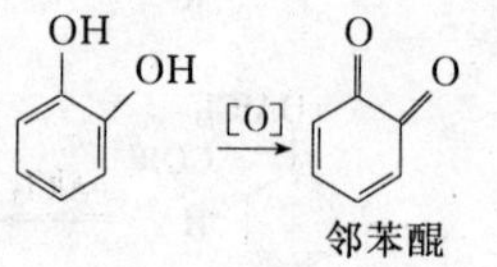

邻苯二酚 $\xrightarrow{[O]}$ 邻苯醌

醌类化合物基本都是带有颜色的，这是酚类化合物常常带有颜色的原因。

硫酚不能发生酚一样的氧化，其氧化和硫醇相似，均发生在硫原子上。

8.2.6 酚和硫酚的制备

8.2.6.1 酚的制备

(1) 芳香族磺酸盐的碱熔融法　芳香族磺酸盐与氢氧化钠(钾)一起熔融，磺酸基被羟基取代。这是早期制备酚的方法。例如：

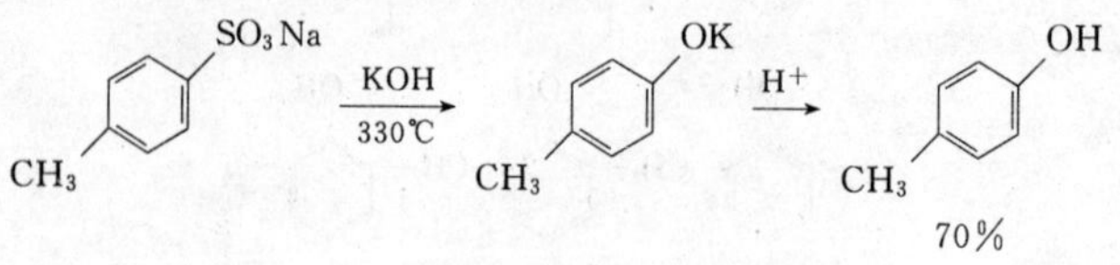

$$p\text{-}CH_3C_6H_4SO_3Na \xrightarrow[330℃]{KOH} p\text{-}CH_3C_6H_4OK \xrightarrow{H^+} p\text{-}CH_3C_6H_4OH \quad 70\%$$

(2) 卤代芳烃的水解　卤代芳烃在一般条件下难以发生水解生成酚，但在高温和高压下也能实现。当环上有强吸电子基团时会使反应变得容易。例如：

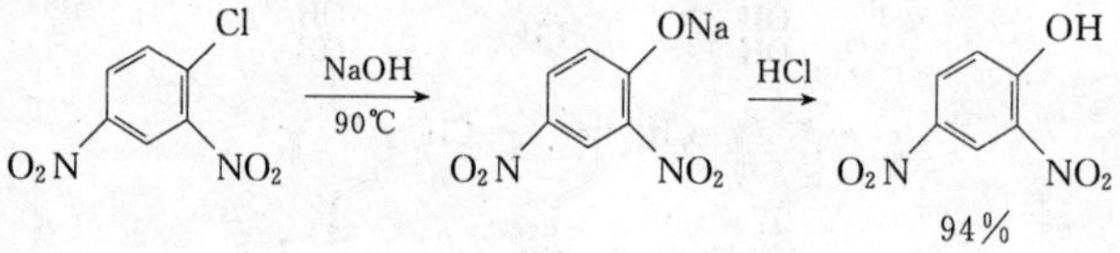

$$2,4\text{-}(O_2N)_2C_6H_3Cl \xrightarrow[90℃]{NaOH} 2,4\text{-}(O_2N)_2C_6H_3ONa \xrightarrow{HCl} 2,4\text{-}(O_2N)_2C_6H_3OH \quad 94\%$$

(3) 芳香族重氮盐的水解　例如：

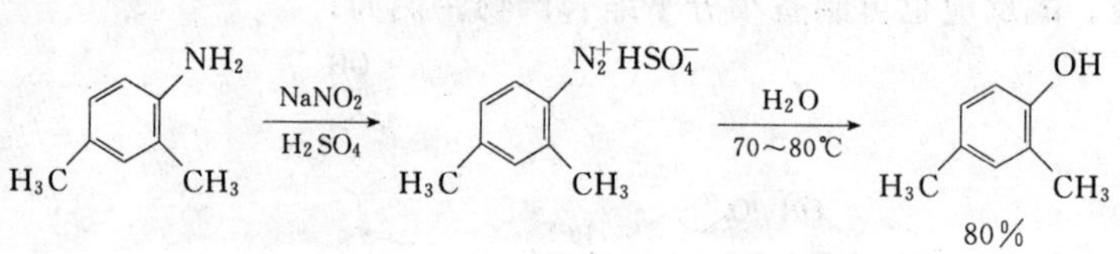

$$2,4\text{-}(CH_3)_2C_6H_3NH_2 \xrightarrow[H_2SO_4]{NaNO_2} 2,4\text{-}(CH_3)_2C_6H_3N_2^+HSO_4^- \xrightarrow[70\sim80℃]{H_2O} 2,4\text{-}(CH_3)_2C_6H_3OH \quad 80\%$$

(4) 芳烃和其他芳香族化合物的氧化　例如：

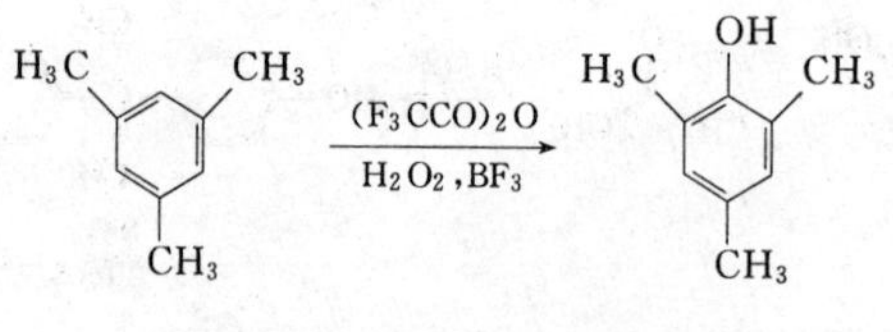

$$1,3,5\text{-}(CH_3)_3C_6H_3 \xrightarrow[H_2O_2,BF_3]{(F_3CCO)_2O} 2,4,6\text{-}(CH_3)_3C_6H_2OH$$

$$\text{C}_6\text{H}_5\text{OH} \xrightarrow{K_2S_2O_8} p\text{-HOC}_6\text{H}_4\text{OSO}_2\text{K} \xrightarrow{H_3O^+} p\text{-HOC}_6\text{H}_4\text{OH}$$

$$o\text{-HOC}_6\text{H}_4\text{CHO} \xrightarrow[H_2O_2]{NaOH} o\text{-C}_6\text{H}_4(\text{OH})_2 + \text{HCOONa}$$

82%

$$\text{C}_6\text{H}_5\text{CH(CH}_3)_2 + O_2 \xrightarrow[0.4MPa]{110\sim120℃} \text{C}_6\text{H}_5\text{C(CH}_3)_2\text{OOH} \xrightarrow[80\sim90℃]{H_3O^+} \text{C}_6\text{H}_5\text{OH} + CH_3\overset{O}{\overset{\|}{C}}CH_3$$

其中最后一个反应经历了一个过氧化氢烃的重排反应，可以同时制备酚和酮。其反应机理为：

$$\text{C}_6\text{H}_5\text{C(CH}_3)_2\text{OOH} \underset{}{\overset{H^+}{\rightleftharpoons}} \text{C}_6\text{H}_5\text{C(CH}_3)_2\text{O—OH}_2^+ \xrightarrow{-H_2O} \text{C}_6\text{H}_5\text{C(CH}_3)_2\text{O}^+ \longrightarrow \text{C}_6\text{H}_5\text{O—}\overset{+}{C}(CH_3)_2$$

$$\xrightarrow{H_2O} \text{C}_6\text{H}_5\text{O—C(CH}_3)_2\text{OH} \longrightarrow \text{C}_6\text{H}_5\text{O}^- + CH_3\overset{OH^+}{\overset{\|}{C}}CH_3 \longrightarrow \text{C}_6\text{H}_5\text{OH} + CH_3\overset{O}{\overset{\|}{C}}CH_3$$

此外，酚还可由酚的同系物或衍生物通过转化(如芳醚的脱烷基化)来制备，在此不一一列举。

8.2.6.2 硫酚的制备

硫酚的制备方法不多，主要有两种，一是磺酰氯的还原，二是芳香族重氮盐的取代。例如：

$$2\,\text{C}_6\text{H}_5\text{SO}_2\text{Cl} + 6Zn + 5H_2SO_4 \xrightarrow{\triangle} 2\,\text{C}_6\text{H}_5\text{SH} + ZnCl_2 + 5\,ZnSO_4 + 4\,H_2O$$

$$m\text{-CH}_3\text{C}_6\text{H}_4\text{N}_2^+\text{Cl}^- + C_2H_5O\overset{S}{\overset{\|}{C}}SK \xrightarrow{-N_2} m\text{-CH}_3\text{C}_6\text{H}_4\text{S}\overset{S}{\overset{\|}{C}}OC_2H_5 \xrightarrow{OH^-} m\text{-CH}_3\text{C}_6\text{H}_4\text{S}^- + COS + C_2H_5OH$$

$$m\text{-CH}_3\text{C}_6\text{H}_4\text{S}^- \xrightarrow{H^+} m\text{-CH}_3\text{C}_6\text{H}_4\text{SH}$$

8.2.7 重要代表物

(1) 苯酚　苯酚俗称石炭酸，最早由煤焦油中提取得到。纯净的苯酚为无色针状结晶，熔点43℃，有特殊臭味，见光或在空气中易被氧化而呈淡红色。苯酚在水中溶解度不大，但易溶于乙醇及乙醚。

苯酚是最重要的基础化工原料之一，在工业上的用途非常广，以其为原料生产的许多种化工产品涉及各个科技领域和工业部门，如材料、纺织、医药、农药、表面活性剂等。

(2) 对苯二酚　对苯二酚为无色晶体，能溶于水、乙醇和乙醚中。对苯二酚很容易被氧化，弱氧化剂如 Ag_2O、AgBr 等即可将其氧化为对苯醌：

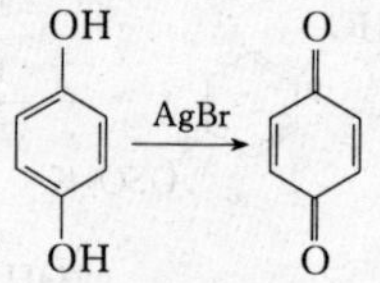

$$\text{对苯二酚} \xrightarrow{AgBr} \text{对苯醌}$$

所以它可以用作感光材料中的显影剂。此外，它还可用作抗氧化剂 DBH 和食品用防老剂 BHA 等化学助剂的中间体，也是医药中间体龙胆酸、农用杀菌剂对苯二甲醚氯化衍生物及蒽醌染料和偶氮染料的原料，还广泛用于丙烯腈、苯乙烯等聚合物单体储运过程中作为阻聚剂。

(3) β-萘酚　β-萘酚少量存在于煤焦油中，是重要的有机化工原料之一，广泛用于直接染料、酸性染料、冰染染料，以及感光树脂、香料、杀虫剂、橡胶防老剂，医药如抗生素、镇痛抗炎药物、抗冠心病药物的生产。近年来，β-萘酚用于合成 2-羟基-6-萘甲酸及 2,6-二羟基萘，均是聚合物液晶的单体。

8.3 醚和硫醚

8.3.1 (硫)醚类化合物的分类和命名

(硫)醚的结构通式为 R—Y—R′(R，R′为烃基，Y=O 或 S)。根据烃基的不同，可以分为单(硫)醚(R=R′)、混合(硫)醚(R≠R′)和环(硫)醚(R 与 R′构成环)。简单(硫)醚的命名多采用习惯命名法，例如：

$CH_3CH_2OCH_2CH_3$　二乙醚(乙醚)

$(CH_3)_2CHOCH(CH_3)_2$　二异丙醚(异丙醚)

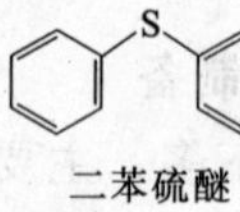

$C_6H_5SC_6H_5$　二苯硫醚

简单的混合醚命名时只需在“醚”字前分别加上两个烃基的名称即可。例如：

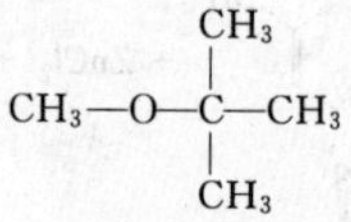

$CH_3—O—C(CH_3)_3$　甲基叔丁基醚

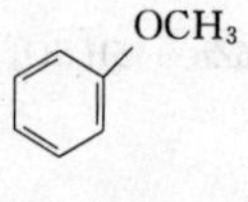

$C_6H_5OCH_3$　苯甲醚

在混合醚中，若其中一个烃基很复杂，而另一个比较简单，则也可以将复杂基团作为母体，而把简单的基团作为含氧取代基来命名。例如：

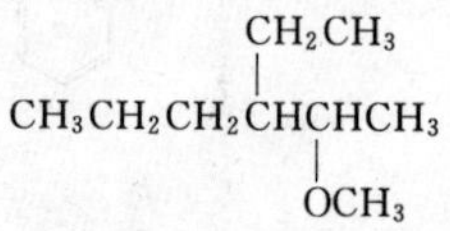

$CH_3CH_2CH_2CH(CH_2CH_3)CH(OCH_3)CH_3$　2-甲氧基-3-乙基己烷

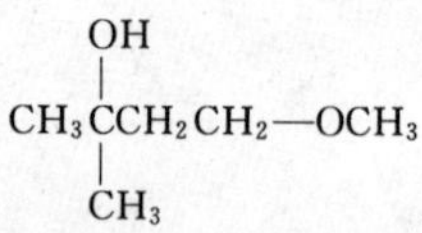

$CH_3C(OH)(CH_3)CH_2CH_2—OCH_3$　2-甲基-4-甲氧基-2-丁醇

环(硫)醚一般叫做环氧(硫)某烃，或按杂环化合物的方法来命名。例如：

环氧乙烷 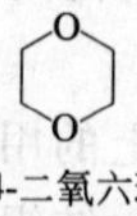　1,4-二氧六环(二噁烷) 　1,4-环氧丁烷(四氢呋喃) 　1,4-环硫丁烷(四氢噻吩)

多元醚是多元醇的衍生物，命名时首先写出多元醇的名称，再写出另一部分烃基的数目和名称，最后加上“醚”字即可。例如：

$$\begin{array}{ll} CH_2OC_2H_5 & CH_2OH \\ | & | \\ CH_2OC_2H_5 & CH_2OCH_3 \end{array}$$

、 乙二醇二乙醚　　　乙二醇单甲醚

8.3.2 结构

与(硫)醇一样，(硫)醚中的杂原子也取 sp^3 杂化态，因此具有四面体的构型，其中 C—O—C 的键角约为 110°，C—S—C 的键角约为 105°。简单硫醚的 C—S 键键长为 0.182nm，比醚的 C—O 键长(0.141nm)。C—S 键的长短以及键角的大小与取代基的电子效应或分子的张力有关。例如芳基硫醚比烷基硫醚的 C—S 键键短，键角大，这主要是硫上孤对电子与芳核共轭产生的结果，好像在键长和键角间有一种相互补偿的关系。但环硫醚不同，以环硫乙烷为例，尽管其键角很小(∠CSC＝48.5°)，但 C—S 键长却没有变化(0.1819nm)，而是 C—C 键缩短了(0.1492nm)。

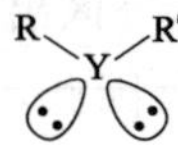

8.3.3 物理性质

在常温下，除二甲醚和甲乙醚为气体外，大多数醚为有香味的液体。醚的沸点与它相同分子质量的醇相比要低得多，与分子质量相当的烷烃却很接近。例如，正己烷的沸点为 69℃，甲基正戊基醚为 100℃，而正丁醇为 117℃。醚的密度也比醇小，其原因也是因为醚分子间不能形成氢键。但由于醚分子中的氧原子能与水形成氢键，所以醚在水中的溶解度与同数碳原子的醇相近，例如乙醚和正丁醇在水中的溶解度都是约为 8g/100g 水(见表 8-6)。

表 8-6　醚的物理常数

名称	熔点/℃	沸点/℃	d_4^{20}	n_D^{20}
甲醚	−138.5	−24.9	0.661	—
甲乙醚	—	10.8	0.7252	1.3420^{4}
乙醚	−116.2	34.5	0.7137	1.3526
正丙醚	−112	91	0.7360	1.3809
异丙醚	−85.89	68	0.7241	1.3679
正丁醚	−95.3	142	0.7689	1.3992
甲丁醚	—	70.3	0.744	—
乙丁醚	—	92	0.952	—
正戊醚	−69	190	0.7833	1.4119
乙二醇二甲醚	—	83	0.863	—
乙烯基醚	−101	28	0.773	1.3989
苯甲醚	−37.5	155	0.9961	1.5179
苯乙醚	−29.5	170	0.9666	1.5076
二苯醚	26.84	257.93	1.0748	1.5787^{25}
环氧乙烷	−111	13.5^{245}	0.8824_{10}^{10}	1.3597^{7}
1,2-环氧丙烷	—	34	—	—
四氢呋喃	−65	67	0.8892	1.4050
1,4-二氧六环	11.8	101^{750}	1.0337	1.4224

由于醚为非线性分子，因此具有一定极性，如乙醚的偶极矩为 1.18D。另外，醚也是良好的有机溶剂，常用作反应溶剂或提取有机物的萃取剂。

硫醚一般是不溶于水，有刺鼻性气味的液体。

8.3.4 光谱性质

简单的饱和醚类化合物的紫外吸收都在远紫外区，因而它可以用作紫外吸收光谱测定的溶剂。烷基芳基醚或二芳醚可以看作苯的烃氧取代物，由于 p-π 共轭效应，使其紫外吸收向长波方向移动，如苯甲醚有 $\lambda_{max}=217nm(\varepsilon_{max}=6400)$ 和 $\lambda_{max}=269nm(\varepsilon_{max}=1480)$ 两个吸收带。

醚的 C—O 伸缩振动吸收是醚类化合物唯一的特征频率。饱和脂肪醚一般在 $1125cm^{-1}$ 附近出现不对称 ν_{C-O-C} 的吸收带，而对称的 ν_{C-O-C} 在 $940cm^{-1}$ 附近，但强度很弱。若 α-碳原子上带有侧链，则往往在 $1170\sim1070cm^{-1}$ 区出现双带。ν_{C-O} 频率随着与氧原子相连的碳原子杂化轨道中 s 轨道成分的增加而增加。因此，在芳基(或烯基)烷基醚中，ν_{C-O} 的频率比较高，可分别在 $1280\sim1220cm^{-1}$ 和 $1100\sim1050cm^{-1}$ 区观察到两个强吸收带，而高频带往往更强；二芳醚则在 $1250cm^{-1}$ 附近有强吸收带。

饱和六元环醚的不对称 ν_{C-O-C} 频率与开链饱和醚基本相同，但随着环的缩小吸收频率降低。例如：

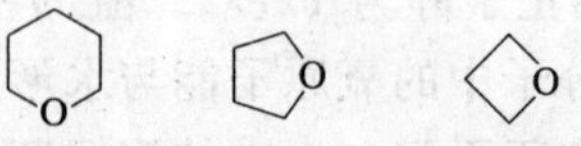

约$1100cm^{-1}$ 约$1050cm^{-1}$ 约$900cm^{-1}$ 约$1030cm^{-1}$ 约$900cm^{-1}$

不过环氧乙烷除外，它的 ν_{C-O-C} 在 $1270\sim1230cm^{-1}$ 区域。

8.3.5 化学性质

总体来说，醚的性质比较稳定，而硫醚的性质则比较活泼。由于 C—Y 键为极性共价键，因此它们可以进行亲核取代反应。同时，由于杂原子上孤对电子的存在，它们也可作为亲核试剂使用。

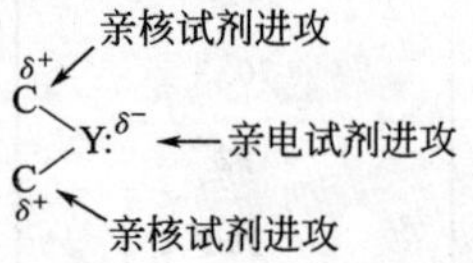

亲核试剂进攻 亲电试剂进攻 亲核试剂进攻

8.3.5.1 作为亲核试剂的反应

(1) 醚　醚可以作为 Lewis 碱与 Lewis 酸作用生成盐。如醚可以与强酸作用生成质子化醚：

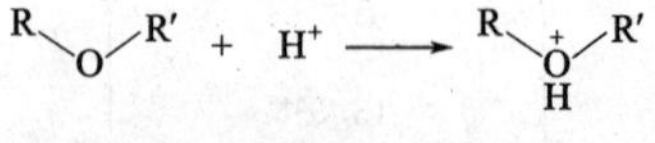

$$R-O-R' + H^+ \longrightarrow R-\overset{+}{O}H-R'$$

这种质子化的醚称为鎓盐，因为这个原因，几乎所有的醚都能溶于强酸中，所以在强酸性溶液体系中，不适合用乙醚等醚类作为萃取溶剂。

醚与缺电子物质作用可形成配合物。例如：

$$C_2H_5OC_2H_5 + BF_3 \longrightarrow C_2H_5\overset{\overset{BF_3}{\uparrow}}{O}C_2H_5$$

$$2\,C_2H_5OC_2H_5 + Mg^{2+} \longrightarrow C_2H_5OC_2H_5 \rightarrow Mg^{2+} \leftarrow C_2H_5OC_2H_5$$

格氏试剂的制备中用醚做溶剂就是这一道理，它可以使格氏试剂稳定。

（2）硫醚　硫醚的亲核性比醚强，它可以与 $HgCl_2$、$PtCl_4$ 等重金属盐形成不溶性的配合物，但醚一般不能。例如：

$$Et_2S \rightarrow HgCl_2 \qquad Et_2S \rightarrow PtCl_4 \leftarrow SEt_2$$

硫醚与卤代烷反应可以生成稳定的盐 $R_3CS^+X^-$，称为锍盐，为离子型晶体化合物。例如：

$$(CH_3)_2S + CH_3I \longrightarrow (CH_3)_3S^+I^-$$

锍盐是相对稳定的，但在受热下会分解回硫醚和卤代烷。

醚可以进行类似的反应，但鉡盐（$R_3CO^+X^-$）很不稳定，一般不可分离。

锍盐也具有四面体的结构，当硫原子上的三个基团不同时，就具有对映异构现象，如下面化合物的对映异构体已经分离出来。

$$C_2H_5-\overset{\overset{CH_2COOH}{|}}{\underset{\underset{CH_3}{|}}{S^+}}Br^-$$

锍盐是硫醚的重要衍生物，其重要的化学性质可归纳为三种。

① 锍基作为离去基团的反应　锍盐中的硫原子带正电荷，使 C—S 键的成键电子对偏向硫原子，因而该键很容易发生键的异裂生成碳正离子，从而既可进行 S_N1 反应，也可进行 E1 反应。

$$-\overset{|}{\underset{|}{C}}-\overset{|}{\underset{|}{C}}-\overset{+}{S}R_2 \xrightarrow{-RSR} -\overset{|}{\underset{|}{C}}-\overset{|}{C^+} \begin{cases} \xrightarrow{Nu} -\overset{|}{\underset{|}{C}}-\overset{|}{\underset{|}{C}}-Nu & S_N1 \\ \xrightarrow{-H^+} -\overset{|}{C}=\overset{|}{C}- & E1 \end{cases}$$

究竟哪种产物占优势，取决于碳正离子的稳定性。

有些锍盐由于结构或所用溶剂的原因不能进行这种异裂，但当 β-碳原子上有氢原子并受到强碱进攻时，可发生 E2 反应。例如氢氧化三乙基锍经加热生成乙硫醚、乙烯和水，但锍盐的逆反应得到的是取代产物：

$$-\overset{H}{\underset{|}{\overset{|}{C}}}-\overset{|}{\underset{|}{C}}-\overset{+}{S}R_2 + Nu \xrightarrow{-RSR} \begin{cases} NuH + >C=C< & E2 \\ -\overset{H}{\underset{|}{\overset{|}{C}}}-\overset{|}{\underset{|}{C}}-Nu & S_N2 \end{cases}$$

究竟如何反应决定于亲核试剂的碱性和亲核性。一般来说，强碱进行消除反应，弱碱性亲核试剂发生亲核取代反应。例如下面锍盐形成的逆反应：

$$CH_3C_6H_4S^+(CH_3)_2\ ^-OSO_2OCH_3 \overset{\triangle}{\rightleftharpoons} CH_3C_6H_4SCH_3 + (CH_3)_2SO_4$$

这种取代反应在有机合成中也很有用，例如碘化三甲基锍可作为甲基化试剂使用：

$$2,4,6\text{-}(CH_3)_3C_6H_2COOAg + (CH_3)_3S^+I^- \xrightarrow{-AgI} 2,4,6\text{-}(CH_3)_3C_6H_2COO^-\ (CH_3)_3S^+ \xrightarrow[\triangle]{-(CH_3)_2S} 2,4,6\text{-}(CH_3)_3C_6H_2COOCH_3$$

这种酯化方法可用于多肽固相合成中将肽链连接到树脂上。

② 硫 Ylide 的制备和反应　锍盐具有很强的使 α-碳负离子稳定的能力，在碱的作用下，很容易形成内盐，这种内盐称为硫 Ylide：

$$>S=C<$$

例如：

$$(CH_3)_3S^+Cl^- \xrightarrow[H_2O]{NaOH} (CH_3)_2S^+CH_2^- \longleftrightarrow (CH_3)_2S=CH_2$$

$$Ar_2\overset{+}{S}CH_2CH=CH_2BF_4^- \xrightarrow{(CH_3)_3CLi} Ar_2\overset{+}{S}\overset{-}{C}HCH=CH_2$$

$$(CH_3)_2\overset{+}{S}\text{-}(\alpha\text{-}\delta\text{-戊内酯})\ Br^- \xrightarrow{NaH} (CH_3)_2\overset{+}{S}\text{-}\overset{-}{C}(\delta\text{-戊内酯})$$

只含有烷基、乙烯基、芳基的硫 Ylide 不如含有羰基、氰基、磺酰基等吸电子基团的硫 Ylide 稳定，需在低温（-70℃）下制备和使用。稳定的硫 Ylide 即使蒸馏也不分解，固体有敏锐的熔点。

硫 Ylide 主要进行两大类反应。

a. 与醛、酮的反应　简单的醛、酮，共轭的醛与硫 Ylide 发生羰基的加成反应生成环氧乙烷类化合物。例如：

$$\text{环己酮} + \overset{-}{C}H_2\overset{+}{S}(CH_3)_2 \longrightarrow \text{1-(}CH_2\overset{+}{S}(CH_3)_2\text{)环己醇负离子} \longrightarrow \text{1-氧杂螺[2.5]辛烷} + CH_3SCH_3$$

$$C_6H_5CH=CHCHO + \overset{-}{C}H_2\overset{+}{S}(CH_3)_2 \xrightarrow[25℃]{DMSO} C_6H_5CH=CH\text{-环氧乙烷} + CH_3SCH_3$$

与共轭的酮发生 Michael 加成反应生成环丙烷化产物，是合成环丙烷衍生物的重要方法之一，产物以反式为主。例如：

$$ArCOCH=CHCOAr + (CH_3)_2\overset{+}{S}\text{—}\overset{-}{C}HSAr \xrightarrow[50℃]{THF} ArCO\overset{-}{C}H\text{—}CH(COAr)\text{—}CH(SAr)\overset{+}{S}(CH_3)_2 \longrightarrow \text{反式-1,2-二芳酰基-3-芳硫基环丙烷} + CH_3SCH_3$$

α,β-不饱和酯、腈等可发生相似的反应。例如：

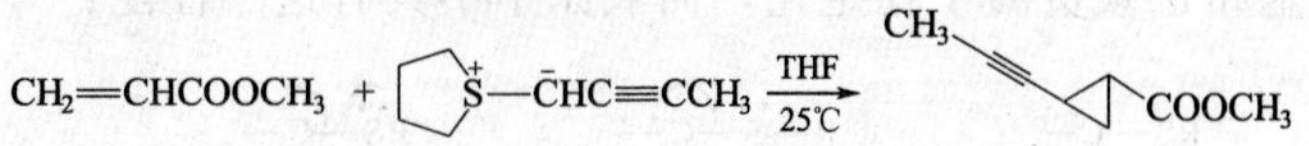

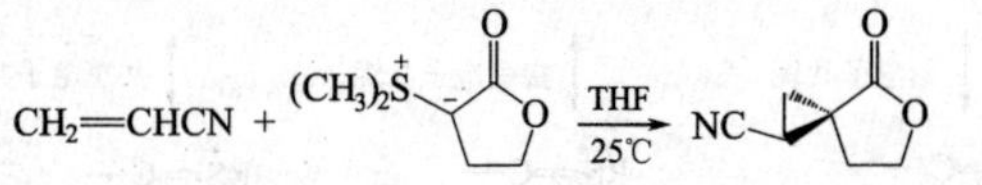

$$CH_2{=}CHCOOCH_3 + \text{(四氢噻吩)}\overset{+}{S}-\overset{-}{C}HC{\equiv}CCH_3 \xrightarrow[25^\circ C]{THF} \text{(2-(丙炔基)环丙烷甲酸甲酯)}$$

$$CH_2{=}CHCN + (CH_3)_2\overset{+}{S}\text{-(}\gamma\text{-丁内酯-}\alpha\text{-碳负离子)} \xrightarrow[25^\circ C]{THF} NC\text{-(螺环丙烷内酯)}$$

b. 分子重排反应　硫 Yilde 很容易发生分子重排反应，常见的有 Stevens 重排和[2,3]-σ重排如 Sommelet-Hauser 重排等。如：

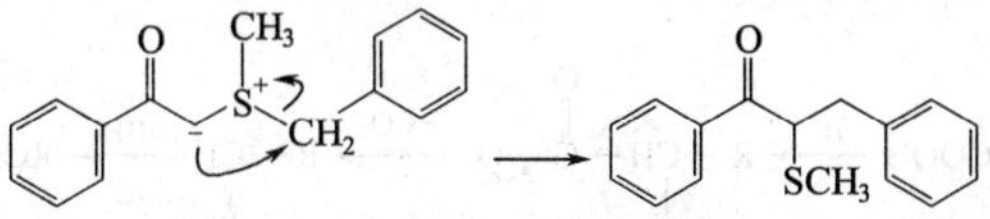

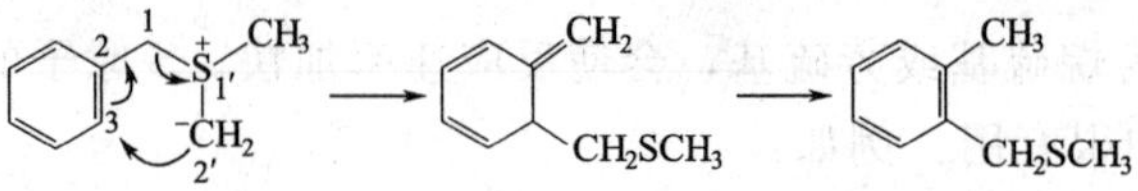

$$C_6H_5COCH^-\overset{+}{S}(CH_3)CH_2C_6H_5 \longrightarrow C_6H_5COCH(SCH_3)CH_2C_6H_5$$

$$C_6H_5CH_2\overset{+}{S}(CH_3)\overset{-}{C}H_2 \longrightarrow \text{(5-甲亚基-6-}CH_2SCH_3\text{-环己二烯)} \longrightarrow o\text{-}CH_3C_6H_4CH_2SCH_3$$

③ 锍基作为活化基加速β-取代基的消除　羧酸酯的烷氧基的β-位上含有锍基时，室温下在碱水中(pH≈10)即可迅速失去羧酸根负离子生成乙烯基锍盐。例如：

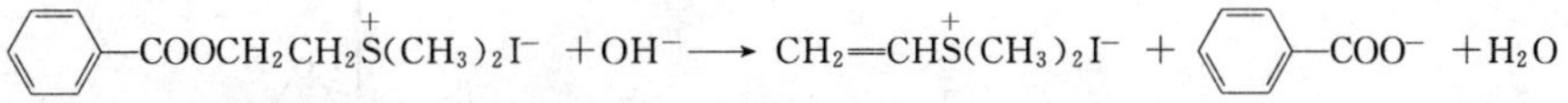

$$C_6H_5COOCH_2CH_2\overset{+}{S}(CH_3)_2I^- + OH^- \longrightarrow CH_2{=}CH\overset{+}{S}(CH_3)_2I^- + C_6H_5COO^- + H_2O$$

这一反应可用于多肽合成中羧基的保护。例如：

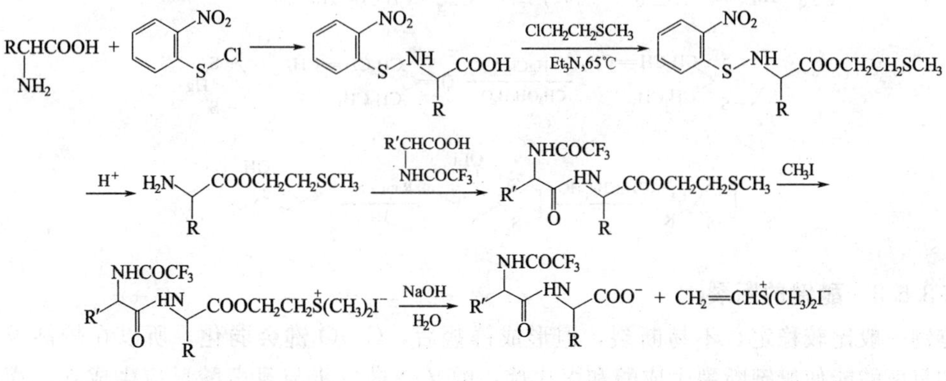

$$RCH(NH_2)COOH + o\text{-}NO_2C_6H_4SCl \longrightarrow o\text{-}NO_2C_6H_4S\text{-}NHCH(R)COOH \xrightarrow[Et_3N,65^\circ C]{ClCH_2CH_2SCH_3} o\text{-}NO_2C_6H_4S\text{-}NHCH(R)COOCH_2CH_2SCH_3$$

$$\xrightarrow{H^+} H_2NCH(R)COOCH_2CH_2SCH_3 \xrightarrow{R'CH(NHCOCF_3)COOH} R'CH(NHCOCF_3)CONHCH(R)COOCH_2CH_2SCH_3 \xrightarrow{CH_3I}$$

$$R'CH(NHCOCF_3)CONHCH(R)COOCH_2CH_2\overset{+}{S}(CH_3)_2I^- \xrightarrow[H_2O]{NaOH} R'CH(NHCOCF_3)CONHCH(R)COO^- + CH_2{=}CH\overset{+}{S}(CH_3)_2I^-$$

8.3.5.2　对 α-碳原子的影响

由于O和S原子均有孤对电子，能与相邻的碳正离子发生 p-p 共轭作用，使得正电荷得到分散，因此有利于碳正离子的形成。如：

$$CH_3YCH_2Cl \xrightarrow{慢} [CH_3\ddot{Y}CH_2^+ \longleftrightarrow CH_3\overset{+}{Y}{=}CH_2]Cl^- \xrightarrow[H_2O]{快} CH_3YH + CH_2O + HCl$$

如果卤原子位于其他原子上，硫醚因为可以通过分子内的 S_N2 反应形成环状锍盐，而醚不能，所以其水解速率比醚要快。例如：

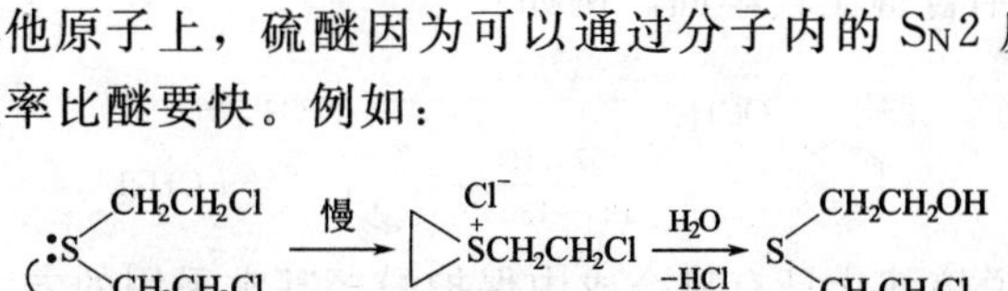

$$:S(CH_2CH_2Cl)_2 \xrightarrow{慢} \triangle\overset{+}{S}CH_2CH_2Cl\ Cl^- \xrightarrow[-HCl]{H_2O} S(CH_2CH_2OH)(CH_2CH_2Cl)$$

芥子气

除了 α-碳正离子外，硫原子因为在价电子层中存在空的 3d 轨道，可以接纳电子，因此还可以使得 α-自由基和 α-碳负离子稳定化，而氧原子不具有这一性能：

$$\mathrm{R\ddot{S}-\overset{+}{C}-} \;\overset{给电子共轭}{\longleftrightarrow}\; \mathrm{R\overset{+}{S}=C-} \qquad \mathrm{R-\ddot{S}-C^{-}-} \;\overset{接受电子共轭}{\longleftrightarrow}\; \mathrm{R\ddot{S}=C-} \qquad \mathrm{R\ddot{S}-\dot{C}-} \;\overset{共享电子共轭}{\longleftrightarrow}\; \mathrm{R\dot{S}=C-}$$

例如，羧酸在碱催化下的脱羧反应是通过碳负离子中间体进行的，因此碳负离子的稳定性或它的生成难易直接决定脱羧的速率：

$$\mathrm{R-\underset{R}{CH}-COOH \xrightarrow{B^-} R-\underset{R}{CH}-\overset{O}{\overset{\|}{C}}-O^- \xrightarrow{-CO_2} R-\underset{R}{CH^-} \xrightarrow{BH} RCH_2R + B^-}$$

若其中的一个 R 基团为烷硫基或芳硫基，会使反应速率加快。S 原子的这种使 α-碳负离子稳定的作用在有机合成中很有用。例如：

$$\text{1,3-二噻烷} \xrightarrow[\mathrm{THF,\,-30^\circ C}]{n\text{-}\mathrm{C_4H_9Li}} \text{2-锂-1,3-二噻烷}(\mathrm{H},\ \mathrm{Li^+}) \xrightarrow[\mathrm{0^\circ C,\,-LiBr}]{\mathrm{CH_3CH_2Br}} \text{2-乙基-1,3-二噻烷}(\mathrm{H},\ \mathrm{CH_2CH_3}) \xrightarrow[\mathrm{THF,\,-30^\circ C}]{n\text{-}\mathrm{C_4H_9Li}}$$

$$\xrightarrow[\mathrm{-LiBr}]{\mathrm{CH_2=CHCH_2Br}} \text{2-烯丙基-2-乙基-1,3-二噻烷}(\mathrm{CH_2CH=CH_2},\ \mathrm{CH_2CH_3}) \xrightarrow[\mathrm{CH_3OH/H_2O}]{\mathrm{HgCl_2}} \mathrm{O=C(CH_2CH=CH_2)(CH_2CH_3)} + \text{(1,3-二硫丙烷基)Hg}$$

$$\text{(上述锂盐)} \xrightarrow{\text{环氧乙烷}} \xrightarrow{\mathrm{H_2O}} \text{2-(}\mathrm{CH_2CH_2OH}\text{)-2-(}\mathrm{CH_2CH_3}\text{)-1,3-二噻烷}$$

$$\text{2-R-2-锂-1,3-二硫戊环}(\mathrm{Li^+}) \xrightarrow{\mathrm{CH_3CH_2CHO}} \text{2-R-2-[CH(OLi)CH}_2\text{CH}_3\text{]-1,3-二硫戊环} \xrightarrow[\mathrm{H_2}]{\text{Raney Ni}} \mathrm{RCH_2CH(OH)CH_2CH_3}$$

8.3.5.3 醚键的断裂

醚键一般比较稳定，不易断裂，但形成𬭩盐后，C—O 键会弱化，所以在较高温度下，强酸如氢卤酸能使醚键断裂生成醇和卤代烷，醇又会进一步与氢卤酸反应生成新的卤代烷。例如：

$$\mathrm{(CH_3)_2CHOCH(CH_3)_2 \xrightarrow[130\sim140^\circ C]{48\%\,HBr} 2\,CH_3\underset{}{\overset{Br}{\overset{|}{C}H}}CH_3}$$

芳基烷基醚与氢卤酸作用时，总是烷氧键断裂，生成酚和卤代烷。这是因为氧原子与芳环之间由于 p-π 共轭而结合得比较牢固。例如：

$$\mathrm{C_6H_5OCH_3 \xrightarrow[120\sim130^\circ C]{57\%\,HI} C_6H_5OH + CH_3I}$$

酚羟基的 O^- 烷基化和脱烷基化是有机合成中保护酚羟基常采用的方法。

其他混合醚在与氢卤酸反应时一般是较小的烃基变成卤代烷，这是烷基的给电子效应所决定的。例如：

$$RCH_2OCH_3 + HI \longrightarrow RCH_2OH + CH_3I$$

二芳醚和硫醚一般不能进行这样的分解。

8.3.5.4 氧化反应

许多烷基醚在和空气接触时，会慢慢生成过氧化物。例如：

$$CH_3\overset{H}{\overset{|}{C}}HOCH_2CH_3 \xrightarrow{O_2} CH_3\overset{OOH}{\overset{|}{C}}HOCH_2CH_3 \xrightarrow{H_2O} CH_3\overset{OOH}{\overset{|}{C}}HOH + C_2H_5OH$$

$$CH_3\overset{OOH}{\overset{|}{C}}HOH \xrightarrow{聚合} \left[\overset{CH_3}{\overset{|}{C}}HOO\right]_n + nH_2O$$

生成的过氧化物是不稳定的，加热时容易分解而发生强烈的爆炸，因此醚类应尽量避免暴露在空气中，一般应放在深色玻璃瓶中避光保存，可以加入微量的对苯二酚或其他抗氧剂以阻止过氧化物的生成。

储藏过久的乙醚在使用前，尤其在蒸馏前，应当检验是否有过氧化物存在。方法是将 $FeSO_4$ 和 KSCN 溶液与醚一起振荡，如有过氧化物存在会将 Fe^{2+} 氧化成 Fe^{3+}，后者与 SCN^- 生成血红色的配离子。除去过氧化物的方法是在蒸馏前加入适量的 5%$FeSO_4$ 溶液与醚一起振荡，以使过氧化物分解破坏。

硫醚的氧化则截然不同，与硫醇一样，其氧化也发生在硫原子上。例如在等摩尔的过氧化氢作用下二甲硫醚可被氧化成亚砜，在过量过氧化氢作用下则被氧化成砜：

$$CH_3-S-CH_3 \xrightarrow[HOAc]{30\%H_2O_2} CH_3-\overset{O}{\overset{\|}{S}}-CH_3 \xrightarrow[HOAc]{30\%H_2O_2} CH_3-\underset{O}{\underset{\|}{\overset{O}{\overset{\|}{S}}}}-CH_3$$

使用 N_2O_4、$NaIO_4$ 或间氯过氧苯甲酸(MCPBA)等作为氧化剂可以防止被过度氧化。例如：

$$CH_3CH_2SCH_2CH_3 \xrightarrow[0℃]{N_2O_4,CHCl_3} \underset{98\%}{CH_3CH_2\overset{O}{\overset{\|}{S}}CH_2CH_3}$$

在硫原子被氧化成 S=O 键的过程中，目前一般认为是先由硫原子的一对未成键电子与氧原子结合形成 σ 配键，同时由氧原子提供一对未成键电子进入硫原子空的 3d 轨道，形成 d-p π 键(又称反馈键)，它不同于 sp^2 杂化碳原子的平面结构，因此亚砜和砜依然具有四面体的空间构型。

σ 配键　　　　π 键

$S_{3d_{xz}}-O_{2p_x}$

这里的 d-p π 键不是很强的，电子对大部分属于氧原子，这一点可从亚砜分子具有较大的偶极矩值得到证实。

8.3.5.5 环醚的特殊反应

环张力较大的环醚的化学反应活性远比开链醚类强，如环氧乙烷、环氧丙烷在酸或碱作用下均很容易开环。以环氧乙烷为例。

(1) 酸催化开环　像其他醚一样，环氧乙烷先被酸质子化形成鎓盐，然后可被多种亲核试剂进攻形成开环化合物：

$$\text{环氧乙烷} \xrightarrow{H^+} \text{质子化环氧乙烷}(O^+-H) \xrightarrow{Nu:^-} HOCH_2CH_2Nu$$

这一反应的主要特色是形成双官能团化合物。例如：

$$\text{质子化环氧乙烷}(O^+-H) + \begin{cases} \xrightarrow{H_2O} HOCH_2CH_2OH \\ \xrightarrow{ROH} ROCH_2CH_2OH \\ \xrightarrow{PhOH} PhOCH_2CH_2OH \\ \xrightarrow{HX} XCH_2CH_2OH \\ \xrightarrow{RCOOH} RCOOCH_2CH_2OH \end{cases}$$

对于取代的环氧乙烷，其环开裂的取向是由被进攻的碳原子上的电子云密度所决定的。在这里，因为离去基团和亲核试剂相距很远，故空间因素不是很重要，在酸催化的开裂中，亲核试剂进攻取代基较多的碳。这一反应具有很大的 S_N1 反应性质。

$$Nu: + \text{R,H-取代质子化环氧乙烷} \longrightarrow \left[\text{过渡态}\right] \xrightarrow{-H^+} \text{R(H)(Nu)C—CH}_2\text{OH}$$

烯烃用过氧酸氧化和水解的两步反应都是立体专一的，其中水解过程的立体化学特征与本反应相同。

(2) 碱催化开环　碱性试剂与环氧乙烷的反应是一个 S_N2 反应，同样可得到双官能团化合物：

$$\text{环氧乙烷} + \begin{cases} \xrightarrow{NH_3} H_2NCH_2CH_2OH + HN(CH_2CH_2OH)_2 + N(CH_2CH_2OH)_3 \\ \xrightarrow{LiAlH_4} CH_3CH_2OH \\ \xrightarrow{RMgBr} RCH_2CH_2OH \end{cases}$$

其中与格氏试剂的反应可以在碳链上一次性引入 2 个碳原子，是增长碳链和合成伯醇的有效方法之一。

如果是取代的环氧乙烷，因为烷氧基的氧负离子是一个强碱，键的形成和断裂基本能达到平衡，所以取代的方向受空间因素的影响较大，亲核试剂一般进攻取代基少的碳原子：

$$Nu: + \text{R-取代环氧乙烷} \longrightarrow \left[\text{过渡态}\right] \longrightarrow NuCH_2—\underset{}{\overset{OH}{CH}}—R$$

普通环醚在碱性条件下一般难以开环，但在酸催化下也比较容易开环。例如：

$$\text{(四氢呋喃)} + HCl \xrightarrow{\triangle} ClCH_2CH_2CH_2CH_2OH \quad 52\%$$

$$\text{(四氢吡喃)} + HBr \xrightarrow{H_2SO_4} BrCH_2CH_2CH_2CH_2CH_2Br \quad 80\%$$

$$\text{(环己酮乙二醇缩酮)} \xrightarrow[2.\ H_3O^+]{1.\ LiAlH_4, AlCl_3} \text{环己基}-O-CH_2CH_2-OH \quad 90\%$$

8.3.6 醚和硫醚的制备

8.3.6.1 醚的制备

(1) 脂肪族醚

① 醇的分子间脱水 醇与硫酸或氧化铝一起加热可发生分子间脱水生成醚，这是工业上常用的制备低级单醚类化合物的方法。例如：

$$2CH_3CH_2OH \xrightarrow[140℃]{H_2SO_4} CH_3CH_2OCH_2CH_3 \quad 48\%$$

该方法也可以用于制备某些混合醚和环醚。例如：

$$CH_2{=}CHCH_2OH + n\text{-}C_4H_9OH \xrightarrow[CuCl]{H_2SO_4} CH_2{=}CHCH_2OC_4H_9\text{-}n \quad 70\%$$

$$HOCH_2CH_2CH_2CH_2OH \xrightarrow[\triangle]{H_2SO_4} \text{(四氢呋喃)}$$

$$2\ HOCH_2CH_2OH \xrightarrow[\triangle]{H_3PO_4} \text{(1,4-二氧六环)}$$

② Williamson 合成法 例如：

$$C_6H_{13}ONa + CH_3I \longrightarrow C_6H_{13}OCH_3 + NaI \quad 72\%$$

$$C_6H_5CH_2CH_2OH + (CH_3)_2SO_4 \xrightarrow[95℃]{NaOH} C_6H_5CH_2CH_2OCH_3 \quad 91\%$$

$$Cl(CH_2CH_2O)_2CH_2CH_2Cl + HO(CH_2CH_2O)_2CH_2CH_2OH \xrightarrow[THF]{KOH} \text{18-冠-6} \quad 40\%$$

除了卤代烃外，硫酸酯、磺酸酯均可作为 *O*-烷基化试剂。

③ 醇和烯烃的加成反应 例如：

$$CH_2{=}CHCH(OH)CH_3 + PhCH{=}CHNO_2 \xrightarrow[-40℃]{NaH,\ THF} CH_2{=}CHCH(CH_3)OCH(Ph)CH_2NO_2 \quad 100\%$$

④ 醇与醛和无水氯化氢的反应　醇与醛在酸催化下先生成半缩醛，后者再与无水氯化氢的反应可得到α-氯代醚。例如：

(2) 芳香族醚

① Williamson 合成法　例如：

非那西汀

② Ullmann 反应　例如：

③ 酚、醇脱水　酚与醇在酸催化下也可以发生脱水反应生成烷基芳基醚。例如：

④ 酚与环氧化合物的反应　例如：

8.3.6.2 硫醚的制备

(1) 卤代烃与硫化钠的反应　例如：

$$2\,CH_3(CH_2)_7Br + Na_2S \xrightarrow[H_2O,回流8h]{C_2H_5OH} CH_3(CH_2)_7S(CH_2)_7CH_3 + 2\,NaBr$$

53%

$$BrCH_2CH_2CH_2CH_2Br + Na_2S \xrightarrow[H_2O,回流4h]{C_2H_5OH} \text{(四氢噻吩)} + 2\,NaBr$$

64%

（2）硫醇（酚）钠的烃基化反应　这是硫醚的 Williamson 合成法。例如：

$$\begin{matrix} CH_2SNa \\ | \\ CH_2SNa \end{matrix} + BrCH_2CH_2Br \xrightarrow{C_2H_5OH} \text{(1,4-二噻烷)} + 2\,NaBr$$

60%

$$C_6H_5SH + (CH_3)_2SO_4 \xrightarrow{NaOH} C_6H_5SCH_3$$

93%

（3）硫醇（酚）与烯烃的加成　例如：

$$C_6H_5SH + CH_2{=}CHCN \xrightarrow[\triangle]{哌啶} C_6H_5SCH_2CH_2CN$$

96%

8.3.7　重要代表物

（1）乙醚　乙醚常温下为易挥发的无色液体，沸点 34.5℃，很易着火，它的蒸气与空气混合到一定的比例时，遇火会引起猛烈爆炸，因此使用时要特别小心，尤其要避开明火。

乙醚微溶于水，能溶解多种有机物，而且本身化学性质比较稳定，因此是常用的溶剂之一。乙醚蒸气会导致人体失去知觉，因而也用作麻醉剂。

（2）二甲醚（DME）　二甲醚在常温下为气体，沸点－24.9℃。在室温下可压缩成液体，37.8℃时蒸气压低于 1.38MPa，可以利用现有液化石油气钢瓶和储罐盛装贮运。

二甲醚是很好的新生代清洁能源，一方面可以替代液化石油气作为民用燃料，如用于做饭，1t 二甲醚可供 5 户 4 口之家全年使用，即每年 20 万吨二甲醚可满足 400 万人使用一年。另一方面它可以替代柴油作为汽车发动机燃料，其十六烷值为 55～60。由于含氧，理论燃烧空气量低，自燃温度低，燃烧特性好，是汽油和柴油的理想替代品。二甲醚可从甲醇脱水或水煤气一步合成制得。

（3）环醚

① 环氧乙烷　环氧乙烷是最简单的环醚，为无色有毒气体，沸点 13.5℃，能溶于水、乙醇等有机溶剂中，一般保存在钢筒内。

环氧乙烷是以乙烯为原料的碳二化工的重要产品之一，其性质很活泼，例如在压力下，它与水一起加热得到乙二醇：

$$\text{(环氧乙烷)} + H_2O \xrightarrow[2MPa]{180℃} HOCH_2CH_2OH$$

乙二醇是很有用的溶剂，如溶解涂料、醋酸纤维等，也用来制作防冻液、合成乙二醛、乙醛酸等，同时也是合成纤维涤纶的原料。

环氧乙烷在 $SnCl_4$ 及少量水存在下，容易聚合成聚乙二醇：

$$(n+2)\underset{\text{O}}{H_2C\text{—}CH_2} + H_2O \xrightarrow{SnCl_4} HOCH_2CH_2\text{-}(OCH_2CH_2)_n\text{-}OCH_2CH_2OH$$

二聚乙二醇(二甘醇)用作溶剂，在芳香化合物工业中用作提取剂。高聚乙二醇用作软化剂、非离子型表面活性剂，以及纺织和硝化纤维喷漆的助剂。

过量的环氧乙烷在碱作用下与高级醇反应，得到一元烷基聚乙二醇醚(工业上称为脂肪醇聚氧乙烯醚)。例如：

$$n\underset{\text{O}}{H_2C\text{—}CH_2} + \underset{\text{月桂醇}}{CH_3(CH_2)_{10}CH_2OH} \longrightarrow \underset{\text{月桂醇聚氧乙烯醚}}{CH_3(CH_2)_{10}CH_2\text{-}(OCH_2CH_2)_n\text{-}OH}$$

这是一类非离子型表面活性剂，如将其与硫酸反应可制成硫酸单酯，再用碱(有机碱或无机碱)中和，即得到另一类阴离子型表面活性剂。这些表面活性剂广泛用作乳化剂、金属表面清洗剂、发泡剂及分散剂等。

② 四氢呋喃(THF) 为无色油状液体，熔点－108.5℃，沸点 66℃，相对密度 0.8892，折射率 1.4070，能与水、醇、醚、酮、酯和烃类等多种溶剂混溶，也不像乙醚容易挥发，因而是一种使用非常广泛的非质子型溶剂，它也是合成尼龙的原料。

工业上生产 THF 最早是以糠醛为原料，将糠醛与水蒸汽的混合物通入填充锌、铬、锰氧化物或钯催化剂的反应器中，于 400～420℃脱去羰基而成呋喃。然后以镍为催化剂，于 80～120℃，2～3MPa 下由呋喃加氢制得：

$$\text{(糠醛, CHO)} \xrightarrow{H_2O} \text{(呋喃)} \xrightarrow{H_2} \text{(THF)}$$

后来发展的方法有多种，工业化的方法有 1,4-丁二醇催化脱水环合法(Reppe 法)、二氯丁烯法，以及近来被认为最有意义的顺酐催化加氢法：

$$\text{(顺酐)} \xrightarrow{H_2} \text{(丁二酸酐)} \xrightarrow{H_2} \text{(γ-丁内酯)} \xrightarrow{H_2} \text{(THF)}$$

③ 大环多醚 大环多醚是 20 世纪 70 年代以来发展起来的具有特殊配合性能的化合物，它们的结构特征是分子中具有$(CH_2CH_2O)_n$ 的重复结构单元。由于它们的形状类似皇冠，故把它们称为冠醚(crown ether)。

冠醚的命名采用特殊的简化命名法(另也有系统命名法)，名称中的前一个数字代表环上所有原子的数目，后一个数字代表氧原子的数目。如以下化合物：

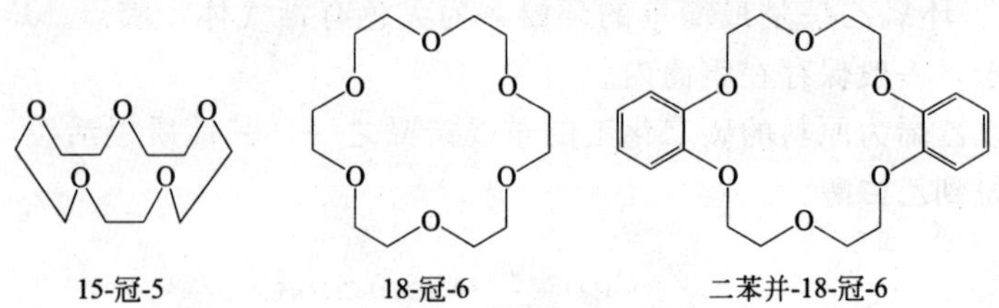

冠醚的一个重要特点是利用中间的孔径与金属离子形成配合物，并且随环的大小不同而与不同的金属离子配合。如 12-冠-4 能与 Li^+ 配合而不与 K^+ 配合，18-冠-6 却可与 K^+ 配合等，这一特点可用于分离金属离子的混合物。冠醚的金属离子配合物都有一定的熔点。

冠醚在有机合成中的一个重要用途是用作相转移催化剂(phase transfer catalyst, PTC)，能使原本不相溶的两相反应物进入同一相中进行反应，从而使难进行的反应顺利进行，或提高反应的速率和收率。例如在卤代烷与氰化钾的氰解反应中，由于氰化钾在有机溶剂中的溶解度低而使反应很难发生，但加入 18-冠-6 后反应即可迅速进行，因为它可以进入晶格中和 K^+ 结合，从而将 K^+ "拉入"有机相中，形成溶于有机相的配离子盐，提高了有机相中 CN^- 的浓度。

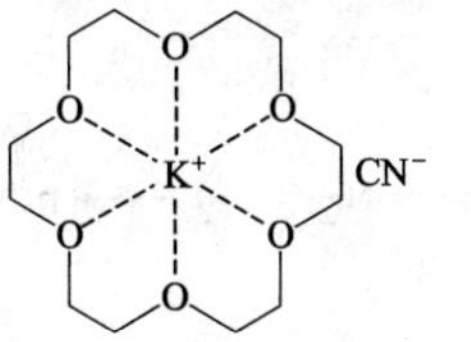

④ 二甲亚砜(DMSO)　硫醚的用途不是太广，但其氧化产物亚砜的用途却很重要，如二甲亚砜，它是亚砜中最具代表性的化合物，应用范围很广，这在有机化合物中是不多见的。

二甲亚砜是一种无色透明的液体，味微苦，沸点 189℃，熔点 18.5℃，偶极矩 3.9D，是高度缔合的液体，分子排列成如下图所示的整齐结构。

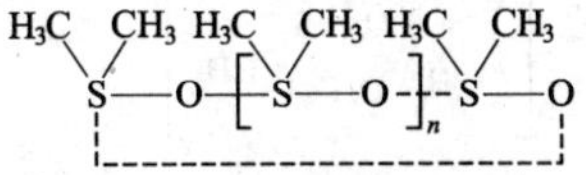

二甲亚砜是一种性能极佳的有机溶剂，许多在其他有机溶剂中难溶甚至不溶的化合物，在二甲亚砜中均能很快溶解。除用作溶剂外，还可用作药物治疗关节炎。同时因其具有优良的溶解和穿透能力，因此也用作医药或农药上的助渗剂，也因为此，在使用它的时候，要防止接触皮肤，以免将有害物质带入体内。

在化学性质方面，二甲亚砜还表现出如下性质。

a. 还原　由于硫氧键比较弱，容易断裂，因而二甲亚砜容易被还原成相应的硫醚。例如 Zn＋HOAc、$SnCl_2$、$TiCl_3$ 和 HI 等都能定量地将二甲亚砜还原成二甲硫醚。

$$CH_3\overset{\overset{O}{\|}}{S}CH_3 + 2HI \longrightarrow I_2 + CH_3SCH_3 + H_2O$$

用乙酰氯和碘化钾也能将二甲亚砜定量还原：

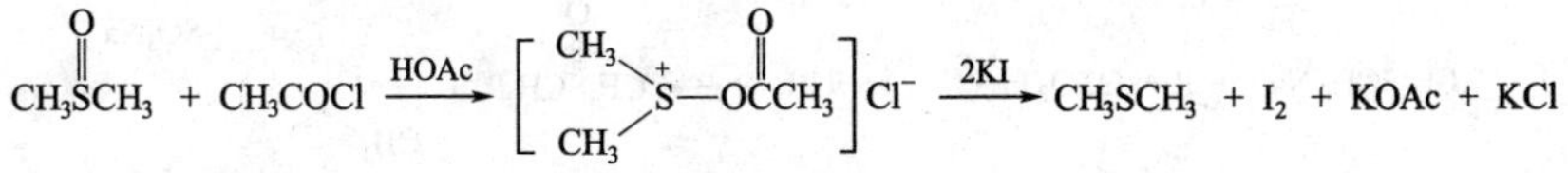

$$CH_3\overset{\overset{O}{\|}}{S}CH_3 + CH_3COCl \xrightarrow{HOAc} \left[(CH_3)_2\overset{+}{S}-O\overset{\overset{O}{\|}}{C}CH_3\right]Cl^- \xrightarrow{2KI} CH_3SCH_3 + I_2 + KOAc + KCl$$

用 $Na_2S_2O_3$ 溶液滴定生成的碘，可测定二甲亚砜的含量。

砜比较稳定，需用 $LiAlH_4$ 等强还原剂才可将其还原为硫醚：

$$R\overset{\overset{O}{\|}}{\underset{\underset{O}{\|}}{S}}R \xrightarrow{LiAlH_4} RSR$$

b. Kornblum 反应　这是一种以卤代烷与二甲亚砜反应制备醛的方法，反应中不用酸或碱，因而对酸、碱不稳定的醛可用此法合成：

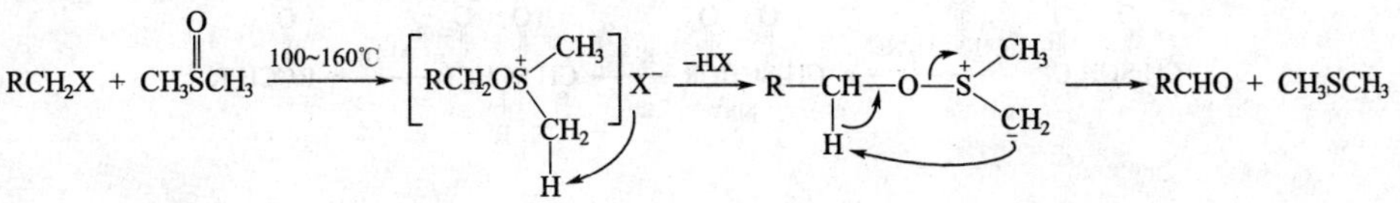

$$RCH_2X + CH_3\overset{\overset{O}{\|}}{S}CH_3 \xrightarrow{100\sim160℃} \left[RCH_2O\overset{+}{S}(CH_3)CH_2-H\right]X^- \xrightarrow{-HX} R-\underset{\underset{H}{|}}{CH}-O-\overset{+}{S}(CH_3)\overset{-}{C}H_2 \longrightarrow RCHO + CH_3SCH_3$$

伯醇和仲醇也可进行类似的反应，不同的是醇向二甲亚砜的硫原子进行亲核进攻：

$$RCH_2OH + CH_3\overset{O}{\overset{\|}{S}}CH_3 \longrightarrow \left[RCH_2O-\overset{+}{S}(CH_3)_2-O^-\right] \longrightarrow \left[RCH(H)-O-\overset{+}{S}(CH_3)_2 \; OH^-\right] \xrightarrow{-H_2O} RCHO + CH_3SCH_3$$

这一方法经过不断的改进，已成为制备醛、酮类化合物的重要方法之一。例如，Pfitzner-Moffatt 反应：

$$R_2CHOH + CH_3\overset{O}{\overset{\|}{S}}CH_3 + C_6H_{11}-N{=}C{=}N-C_6H_{11} \longrightarrow R\overset{O}{\overset{\|}{C}}R + CH_3SCH_3 + C_6H_{11}NH\overset{O}{\overset{\|}{C}}NHC_6H_{11}$$

Albright 反应：

$$R_2CHOH + CH_3\overset{O}{\overset{\|}{S}}CH_3 + Ac_2O \longrightarrow R\overset{O}{\overset{\|}{C}}R + CH_3SCH_3 + HOAc$$

叔醇与二甲亚砜反应得到的是烯烃。例如：

$$\text{1-甲基环戊醇} + CH_3\overset{O}{\overset{\|}{S}}CH_3 \xrightarrow{160℃} \left[\text{(1-甲基环戊基)}O-\overset{+}{S}(CH_3)_2 \; OH^-\right] \longrightarrow \text{1-甲基环戊烯} + CH_3\overset{O}{\overset{\|}{S}}CH_3 + H_2O$$

c. 甲亚磺酰碳负离子的产生及反应　二甲亚砜的 α-氢原子是活泼氢，遇强碱（如 NaH、$NaNH_2$ 等）可产生甲亚磺酰碳负离子：

$$CH_3\overset{O}{\overset{\|}{S}}CH_3 + NaNH_2 \longrightarrow CH_3\overset{O}{\overset{\|}{S}}CH_2^-Na^+ + NH_3$$

产物比较敏感，易被氧化，有时会发生爆炸，与 O_2、CO_2 和 H_2O 都可发生反应，因而制备时要隔绝空气和水。

甲亚磺酰碳负离子是一个很有用的试剂，能与多种类型的化合物发生反应。例如：

$$CH_3\overset{O}{\overset{\|}{S}}CH_2^-Na^+ + R-\overset{O}{\overset{\|}{C}}-OR' \longrightarrow CH_3\overset{O}{\overset{\|}{S}}CH_2\overset{O}{\overset{\|}{C}}R + NaOR'$$

$$CH_3\overset{O}{\overset{\|}{S}}CH_2^-Na^+ + R-OSO_2-C_6H_4-CH_3 \longrightarrow CH_3\overset{O}{\overset{\|}{S}}CH_2R + CH_3-C_6H_4-SO_3Na$$

$$CH_3\overset{O}{\overset{\|}{S}}CH_2^-Na^+ + CH_2{=}CPh_2 \rightleftharpoons CH_3\overset{O}{\overset{\|}{S}}CH_2CH_2\overset{Na^+}{\bar{C}}Ph_2 \xrightarrow{CH_3\overset{O}{\overset{\|}{S}}CH_3} CH_3\overset{O}{\overset{\|}{S}}CH_2CH_2CHPh_2 \xrightarrow[-CH_3SOH]{\triangle} CH_2{=}CHCHPh_2$$

其中的 β-酮亚砜与 β-酮酯相似，也是一种很有用的有机合成试剂。例如：

$$CH_3\overset{O}{\overset{\|}{S}}CH_2\overset{O}{\overset{\|}{C}}R \xrightarrow{Al-Hg} R\overset{O}{\overset{\|}{C}}CH_3$$

$$CH_3\overset{O}{\overset{\|}{S}}CH_2\overset{O}{\overset{\|}{C}}R \xrightarrow{CH_3\overset{O}{\overset{\|}{S}}CH_2^-Na^+} CH_3\overset{O}{\overset{\|}{S}}\underset{Na^+}{\bar{C}H}\overset{O}{\overset{\|}{C}}R \xrightarrow{R'X} CH_3\overset{O}{\overset{\|}{S}}\underset{R'}{CH}\overset{O}{\overset{\|}{C}}R \xrightarrow{Al-Hg} R\overset{O}{\overset{\|}{C}}CH_2R'$$

8.4 醛和酮

8.4.1 醛和酮的分类、命名和同分异构现象

根据分子中羰基数目的多少，可以将醛、酮分为一元醛、酮和多元醛、酮等，本节主要讨论一元醛、酮。

根据分子中羰基的种类，可以分为脂肪族醛、酮和芳香族醛、酮；根据烃基的饱和程度，又可分为饱和醛、酮和不饱和醛、酮。羰基嵌在环内的称为环内酮。

醛、酮的同分异构现象比较简单，主要由碳干异构和羰基的位置异构引起。醛和酮互为同分异构体。

对于结构比较简单的醛、酮，一般采用普通命名法。醛的命名是在“醛”字前加上表示碳链长度的基团名称。如：

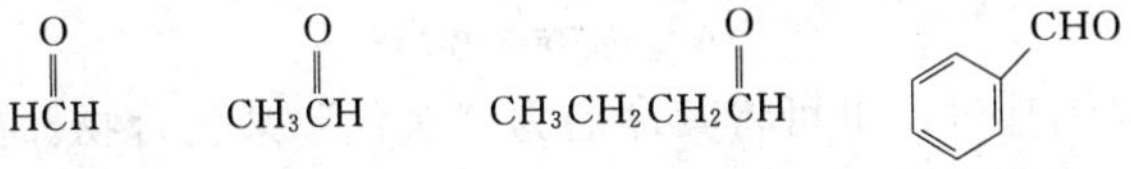

$HCHO$ 甲醛　CH_3CHO 乙醛　$CH_3CH_2CH_2CHO$ 正丁醛　C_6H_5CHO 苯甲醛

酮的命名则是在“酮”字前加上羰基所连的两个烃基的名称。例如：

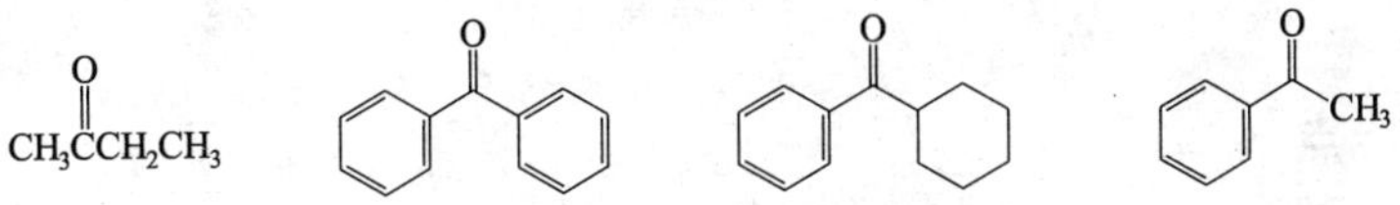

$CH_3COCH_2CH_3$ 甲乙酮(丁酮)　$C_6H_5COC_6H_5$ 二苯酮　$C_6H_5COC_6H_{11}$ 环己基苯基酮　$C_6H_5COCH_3$ 苯乙酮

如果醛、酮的烃基上有取代基，则取代基的位置用α、β、γ、δ等希腊字母依次标出：

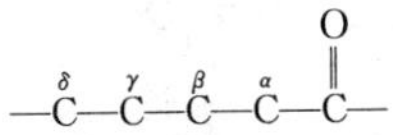

$$-\overset{\delta}{C}-\overset{\gamma}{C}-\overset{\beta}{C}-\overset{\alpha}{C}-\overset{O}{\overset{\|}{C}}-$$

例如：

$BrCH_2CH_2CHO$

β-溴丙醛

对于稍复杂的化合物，也可将 $R\overset{O}{\overset{\|}{C}}-$ (酰基)作为取代基来命名。例如：

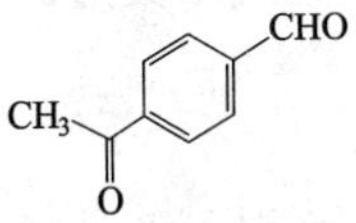

$CH_3CO-C_6H_4-CHO$

对乙酰基苯甲醛

相当一部分醛、酮仍采用习惯命名法。例如：

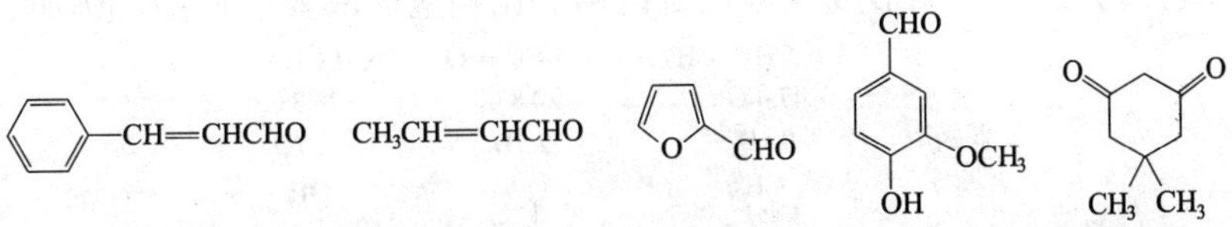

$C_6H_5CH=CHCHO$ 肉桂醛　$CH_3CH=CHCHO$ 巴豆醛　(呋喃-2-CHO) 糠醛　(4-OH-3-OCH_3-C_6H_3-CHO) 香草醛(香兰素)　(5,5-二甲基环己-1,3-二酮) 二甲酮

对于结构比较复杂的醛、酮，一般还是采用系统命名法。命名时选取含羰基最多的最长

碳链为主链，编号时从最靠近羰基的一端开始。由于醛基总是处于链的末端，所以不需特别标出，但酮羰基的位置必须用数字标出来。脂环醛和芳香醛则是将其作为甲醛的衍生物来命名。例如：

2-甲基丁醛　　2-戊酮　　2-甲基环己甲醛　　3,3-二甲基环己酮

当分子中含有多个官能团时，作为母体的优先次序是：

醛＞酮＞醇＞烯、炔

例如：

5,6-二甲基庚-6-烯-2-酮

当酮基作为一个取代基时，也可将其命名为“氧代”某化合物。例如：

5-氧代己醛

8.4.2 结构特点

前面已经讨论了烯烃的成键方式。当将其中的一个碳原子换成同一周期的其他杂原子时，可得到如下结构的化合物：

烯烃　　亚胺　　醛(酮)

这里 N 原子和 O 原子具有和烯烃中碳原子一样的成键方式，因此它们都具有平面结构。

而当将羰基上的氧原子换成硫原子时，得到的 C═S(硫羰基)由于其 π 键是由硫原子的 3p 轨道与氧原子的 2p 轨道侧面重叠形成的，远不如 2p-2p 轨道形成的 π 键的重叠程度大，因此实际上难以生成稳定的含纯粹硫羰基官能团的化合物，除了少数化合物如硫脲、二硫化碳、硫代羧酸及其衍生物(均有使硫羰基稳定的因素)外，与醛、酮对应的硫醛或硫酮都不稳定(少量二芳硫酮除外)，易于二聚、三聚或多聚形成 σ 键化合物，本书不予讨论。

8.4.3 醛、酮的物理性质

除甲醛是气体外，简单的醛和酮在室温下都是液体。由于羰基是极性键，所以醛和酮为极性分子，甚至比醇的极性还强，因而与具有相似分子量和分子形状的烯烃相比具有较高的沸点。但因为它们分子间不能形成氢键，所以沸点比相应的醇要低得多。例如：

	$CH_3CH═CH_2$	$CH_3CH═O$	CH_3CH_2OH
沸点	47.4℃	20.8℃	78.3℃
偶极矩	0.4D	2.7D	1.7D

	$(CH_3)_2C═CH_2$	$(CH_3)_2C═O$	$(CH_3)_2CHOH$
沸点	−6.9℃	56.5℃	82.3℃
偶极矩	0.5D	2.7D	1.6D

表 8-7 列出了部分醛、酮的物理性质

表 8-7 醛、酮的物理性质

化合物	相对分子质量	沸点/℃	熔点/℃	密度/(g/mL)	水中溶解度
HCHO	30.03	−21	−92	—	非常易溶
CH_3CHO	44.05	20.8	−121	0.7834	混溶
CH_3CH_2CHO	58.08	49	−81	0.8058	13.8
$CH_2=CHCHO$	56.06	63	−87	0.8427	20.6
$CH_3(CH_2)_2CHO$	72.11	74	−99	0.8170	6.5
$(CH_3)_2CHCHO$	72.11	64	−66	0.7938	9.9
$CH_3(CH_2)_3CHO$	86.13	103	−91	0.8095	微溶
$(CH_3)_2CHCH_2CHO$	86.13	93	−51	0.7977	微溶
$(CH_3)_3CCHO$	86.13	77	6	0.7923	—
[环戊基]—CHO	98.15	133	—	0.9371	—
[环己基]—CHO	112.17	159	—	0.9035	—
[苯基]—CHO	106.13	179	−26	1.0415	0.3
CH_3COCH_3	58.08	56.5	−94.6	0.7848	混溶
$CH_3CH_2COCH_3$	72.11	79.6	−86.4	0.8061	26.8
$CH_2=CHCOCH_3$	70.09	81.7	—	0.8636	可溶
$C_2H_5COC_2H_5$	86.13	101.7	−42	0.8136	3.4
n-$C_3H_7COCH_3$	86.13	102.3	−77.8	0.8634	4.3
$(CH_3)_2CHCOCH_3$	86.13	94.3	−92	0.8046	
$(CH_3)_3CCOCH_3$	100.16	106.2	−52.5	0.8110	2.4
[环戊酮]=O	84.12	130.7	−51.3	0.9487	—
[环己酮]=O	98.15	156	−16.4	0.9478	2.3
[环己烯酮]=O	96.13	169	—	0.9620	—
[苯基]—$COCH_3$	120.15	202	20	1.0260	0.55
[苯基]—C(=O)—[苯基]	194.24	305.9	48.1,26 (两种晶型)	—	—

低级的醛、酮可溶于水，因为羰基可与水形成氢键。随着烃基的增大，溶解度迅速

降低。

丙酮和丁酮是非常好的溶剂，因为它们不仅可溶于水，而且可溶解很多有机化合物。同时也由于它们的沸点比较低，因而很容易从反应体系中除去。如丙酮就是亲核取代反应中非常常用的一种溶剂。

8.4.4 醛、酮的光谱性质

(1) 紫外吸收光谱　在醛、酮分子中，其主要的电子跃迁方式是 $n \rightarrow \pi^*$ 和 $\pi \rightarrow \pi^*$ 跃迁，其中 $n \rightarrow \pi^*$ 跃迁能量较小，吸收带在近紫外区，但由于它是禁阻跃迁，所以吸收带很弱。如果甲醛分子中的 H 被烷基取代生成醛或酮，则会使相应的 $n \rightarrow \pi^*$ 跃迁吸收带发生蓝移。例如：

	λ_{max}/nm	ε_{max}	溶剂
HCHO	310	5	异戊烷
CH_3CHO	290	17	己烷
CH_3COCH_3	279	14.8	己烷

酮类随着烷基的增大和侧链的增多，$n \rightarrow \pi^*$ 跃迁很多发生红移。对于 α-卤代环酮，卤原子连接在直立键上时影响较小，一般只红移 5nm；但如果连接到平伏键上，则氯代物红移 20～30nm，溴代物红移 11nm。

α,β-不饱和醛、酮除了 $n \rightarrow \pi^*$ 跃迁外，$\pi \rightarrow \pi^*$ 跃迁也出现在近紫外区，而且其强度比非共轭的醛、酮要强得多。

(2) 红外吸收光谱　饱和脂肪醛的 C═O 伸缩振动在 1720～1740cm^{-1} 区域出现强吸收，如果导入与羰基共轭的不饱和键、芳基，或羰基与其他部分形成氢键等都将使振动频率降低。α-碳原子上有吸电子基时，吸收频率升高。醛基中的 C—H 伸缩振动与该键的平面摇摆振动(1390cm^{-1})的一级倍频发生费米共振，在 2810～2900cm^{-1} 及 2720cm^{-1} 附近出现两个窄的中等强度的吸收带，这是区分醛类与其他羰基化合物的重要特征吸收带。有时高频带会被饱和亚甲基 C—H 伸缩振动带的尾部覆盖，因此往往仅观察到 2720cm^{-1} 带。

酮羰基的伸缩振动吸收几乎是酮类化合物唯一的特征吸收带。饱和脂肪酮在 1725～1705cm^{-1} 区域(接近 1715cm^{-1})，芳酮及 α,β-不饱和酮降低 20～40cm^{-1}。

图 8-6 分别为邻溴苯甲醛与 1-苯基-1-丙酮的红外光谱。

(3) 核磁共振谱　羰基是一个吸电子基团，它使得相邻质子发生核磁共振的磁场强度向低场移动。一般与羰基直接相连的质子(醛)的化学位移值在 9.5～10 区域，而羰基 α-碳原子上质子的化学位移值在 1.8～2.8 区域，借此可以区分醛和酮。

8.4.5 醛、酮的化学性质

醛和酮的化学性质可以大致归纳如下：

缺电子的亲电试剂进攻点
富电子的亲核试剂进攻点
涉及醛的反应
碱进攻点(活泼氢的反应)

8.4.5.1 亲核加成反应及反应机理

与烯烃不同，羰基是强极化的，π 电子云不是对称地分布在 C 与 O 原子之间，而是靠

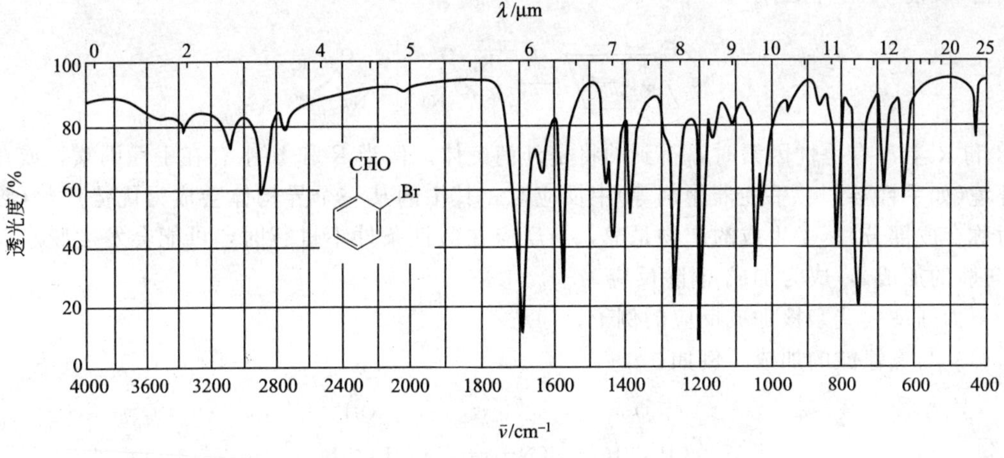

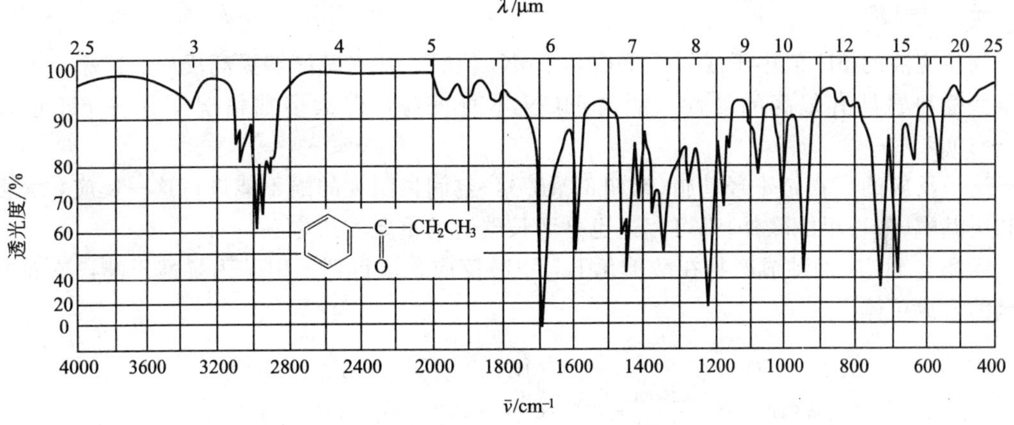

图 8-6　邻溴苯甲醛与 1-苯基-1-丙酮的红外光谱图

近氧原子一端。这种极化的结果，使得羰基具有两个电性中心，碳原子呈正电中心，氧原子为负电中心，负电中心比正电中心稳定。所以当受到亲核试剂进攻时，富电子的试剂首先进攻羰基碳，π 键断裂，试剂中的缺电子部分加到氧原子上，完成加成反应。这种由亲核试剂引起的加成反应称为亲核加成反应。其反应机理如下：

$$E{-}\ddot{N}u + \underset{R'}{\overset{R}{>}}C{=}O \underset{}{\overset{慢}{\rightleftharpoons}} R{-}\underset{R'}{\overset{O^-}{\underset{|}{\overset{|}{C}}}}{-}Nu \xrightarrow[快]{E^+} R{-}\underset{R'}{\overset{OE}{\underset{|}{\overset{|}{C}}}}{-}Nu$$

从这个反应机理可以读出如下信息：①反应的速率控制步骤是可逆的，因此其亲核加成反应的成功与亲核试剂的亲核性有很大的关系。事实上，各类亲核试剂与醛、酮的加成反应的平衡常数 K_c 是不相同的，有的很小，实际上反应不能发生(如普通酮与 H_2O 的加成)，有的很大，反应实际上是不可逆的，如与格氏试剂等的加成等。通常将 K_c 值在 10^4 及其以下者看作是可逆反应(如与氢氰酸和亚硫酸氢钠的加成)；②醛、酮本身的结构对反应的进行也有很大的影响，如 R 和 R′上有强吸电子基团时有利于反应的进行，而 R 和 R′有较大的空间位阻时反应不容易进行等。空间位阻较大的四面体结构转化为位阻较小的平面结构是逆反应的动力；③加成的过程是一个从羰基的平面构型向四面体构型转化的过程，当 R≠R′时，原来的羰基碳就变为一个手性中心，因此可能得到一对对映异构体，所以这种羰基碳原子称为“潜(或前)手性中心”。

$$Nu^- + \underset{R'}{\overset{R}{}}C{=}O \longrightarrow \overset{O^-}{\underset{R'\quad Nu}{R-C}} \;\vdots\; \overset{^-O}{\underset{Nu\quad R'}{C-R}}$$

当R和R′上没有手性因素时，得到的将是外消旋体。但当R和R′上存在手性因素，或在手性环境(如手性溶剂、手性催化剂等)中反应时，其中的某一个异构体会成为优势产物(参考不对称合成部分)；④生成的产物是醇，当反应在酸性条件下进行时，可能会发生脱水反应(如与胺的加成)，成为加成-消除反应。

下面列举一些亲核加成反应的例子。

(1) 与氢氰酸的加成　例如：

$$CH_3\overset{O}{\overset{\|}{C}}CH_3 + HCN \xrightleftharpoons{pH9\sim10} CH_3\underset{CN}{\overset{OH}{C}}CH_3$$

当反应液的pH值小于或等于HCN的pK_a值时，加入碱能够提高反应的速率，所以尽管某些醛和酮具有很高的活性，能与HCN本身反应，但大多数情况下都将pH值控制在9～10。

这一反应的产物是α-羟基腈(或叫α-氰醇)，空间位阻大的酮不能进行这一反应，大多数醛和甲基酮(芳香甲酮除外)都可。这也是增长碳链的重要方法之一。

丙酮与HCN的加成产物在酸催化下与甲醇反应，可得到α-甲基丙烯酸甲酯，它是有机玻璃的合成单体。

$$CH_3\underset{CN}{\overset{OH}{C}}CH_3 \xrightarrow[H_2SO_4]{CH_3OH} CH_2{=}\overset{CH_3}{C}{-}COOCH_3 \xrightarrow{聚合} \left[CH_2-\underset{COOCH_3}{\overset{CH_3}{C}}\right]_n$$

有机玻璃

(2) 与亚硫酸氢钠的加成　多数醛和甲基酮能与饱和亚硫酸氢钠溶液反应生成白色加成产物。例如：

$$n\text{-}C_6H_{13}CHO + NaHSO_3 \rightleftharpoons n\text{-}C_6H_{13}\overset{OH}{CH}{-}SO_3^-Na^+$$

$$\beta\text{-四氢萘酮} + NaHSO_3 \longrightarrow \text{(2-OH, 2-}SO_3^-Na^+\text{四氢萘)}$$

这一反应也是可逆的，可作为羰基化合物的一种鉴定方法(注意并不是适合于所有羰基化合物)。反应的可逆性使得加成产物可重新分解成为醛、酮，因而也可用于醛、酮的纯化，分解的方法可以用二氧化硫气体、无机酸或碱。

加成产物与氰化钠反应可以生成α-羟基腈，这也是制取羟基腈的好方法。

$$R{-}\overset{OH}{CH}SO_3^-Na^+ \xrightarrow{NaCN} R{-}\overset{OH}{CH}CN + Na_2SO_3$$

(3) 与金属有机化合物的加成　醛、酮能与很多金属有机化合物加成得到醇。例如与格氏试剂的加成：

$$RMgX+\begin{cases} HCHO \longrightarrow \xrightarrow{H^+} RCH_2OH \\ R'CHO \longrightarrow \xrightarrow{H^+} RR'CHOH \\ R'COR'' \longrightarrow \xrightarrow{H^+} RR'R''COH \end{cases}$$

这是制取各类醇的很好的方法，也是增长碳链的好方法。

除了格氏试剂外，有机锂试剂、钠试剂、锌试剂、镉试剂等都能与醛、酮进行加成。例如：

$$R—Li + \rangle C{=}O \longrightarrow R—\overset{|}{\underset{|}{C}}—O^-Li^+ \xrightarrow{H^+} R—\overset{|}{\underset{|}{C}}—OH$$

$$R—C{\equiv}C^-Na^+ + \rangle C{=}O \longrightarrow RC{\equiv}C—\overset{|}{\underset{|}{C}}—O^-Na^+ \xrightarrow{H^+} RC{\equiv}C—\overset{|}{\underset{|}{C}}—OH$$

（4）与水的加成　多数醛和酮在水溶液中能与水发生快速可逆的亲核加成反应：

$$H_2O + \rangle C{=}O \rightleftharpoons —\overset{OH}{\underset{|}{C}}—OH$$

所得产物称为偕二醇或水合羰基化合物。这一反应与烯烃与水的加成相似，不过要快得多。偕二醇一般不稳定，容易分解成水和羰基化合物，只有当醛、酮的烃基上有强吸电子基团时才稳定，例如三氯乙醛在水溶液中就是以水合三氯乙醛的形式存在的。

$$Cl_3CCHO+H_2O \longrightarrow Cl_3CCH(OH)_2$$

（5）与醇和硫醇的加成　在无水酸催化下，醛、酮分别与大大过量的醇反应形成缩醛和缩酮。

$$RCOR' + 2\,CH_3OH \underset{}{\overset{酸}{\rightleftharpoons}} RR'C(OCH_3)_2 + H_2O$$

其反应机理如下：

$$RCOR' + CH_3OH \overset{酸}{\rightleftharpoons} RR'C(OH)(OCH_3)$$

半缩醛(酮)

$$RR'C(OH)(OCH_3) + H_3O^+ \overset{-H_2O}{\rightleftharpoons} RR'C(OH_2^+)(OCH_3) \overset{S_N1}{\rightleftharpoons} \left[R\overset{+}{C}(OCH_3)R' \longleftrightarrow RC(={}^{+}OCH_3)R' \right] \overset{CH_3OH}{\rightleftharpoons} RR'C(\overset{+}{O}HCH_3)(OCH_3) \overset{-H^+}{\rightleftharpoons} RR'C(OCH_3)_2$$

缩醛(酮)

例如：

$$m\text{-}CH_3OC_6H_4CHO + 2CH_3OH \xrightarrow{H_2SO_4} m\text{-}CH_3OC_6H_4CH(OCH_3)_2 + H_2O$$

82%

$$\text{PhCOCH}_3 + 2\,\text{CH}_3\text{OH} \xrightarrow{\text{H}_2\text{SO}_4} \text{PhC(OCH}_3)_2\text{CH}_3 + \text{H}_2\text{O} \quad 82\%$$

$$\text{环己酮} + \text{HOCH}_2\text{CH}_2\text{OH} \xrightarrow[\text{(PTSA)}]{\text{对甲苯磺酸}} \text{环己酮乙二醇缩酮} + \text{H}_2\text{O} \quad 85\%$$

这个反应是可逆的，其中半缩醛(酮)的形成或分解可以在酸，也可以在碱的催化下完成，但缩醛(酮)的形成和分解只能在酸催化下进行，它在碱性条件下是稳定的。故这一性质可用于羰基的保护，其中乙二醇就是一种常用的保护剂。

同样的道理，硫醇与羰基化合物反应可生成缩硫醛(酮)，所用的酸通常为 Lewis 酸，如 $ZnCl_2$、BF_3 等。例如：

$$\text{环己酮} + \text{HSCH}_2\text{CH}_2\text{SH} \xrightarrow{\text{ZnCl}_2} \text{环己酮缩乙二硫醇} + \text{H}_2\text{O}$$

所得产物在汞盐催化下水解可转回羰基化合物：

$$\text{环己酮缩乙二硫醇} + \text{Hg}^{2+} + \text{H}_2\text{O} \xrightarrow{\text{CH}_3\text{OH}} \text{环己酮} + (\text{CH}_2\text{S})_2\text{Hg} + 2\,\text{H}^+$$

(6) 与胺的加成　醛、酮与胺的反应是一个加成-消除反应。

① 与伯胺的反应

$$\text{RCOR}' + \text{H}_2\text{N—R}'' \longrightarrow \text{R—C(OH)(R}')\text{—NH—R}'' \xrightarrow{-\text{H}_2\text{O}} \text{R—C(R}')\text{=N—R}''$$

醛、酮与伯胺的加成产物会脱水形成亚胺，或叫 Schiff 碱。反应在酸或碱催化或加热下进行。例如：

$$\text{PhCHO} + \text{H}_2\text{NPh} \xrightarrow{\triangle} \text{PhCH=NPh} + \text{H}_2\text{O} \quad 85\%$$

许多胺的衍生物，如羟胺、肼、取代肼、氨基(硫)脲等均可进行这一反应，形成不同的加成产物。

$$\text{>C=O} + \begin{cases} \text{H}_2\text{NR} \\ \text{H}_2\text{NOH} \\ \text{NH}_2\text{NH}_2 \\ \text{PhNHNH}_2 \\ 2,4\text{-}(\text{O}_2\text{N})_2\text{C}_6\text{H}_3\text{NHNH}_2 \\ \text{H}_2\text{NNHCONH}_2 \end{cases} \longrightarrow \begin{matrix} \text{>C=NR} & \text{亚胺} \\ \text{>C=N—OH} & \text{肟} \\ \text{>C=NNH}_2 & \text{腙} \\ \text{>C=NNHPh} & \text{苯腙} \\ \text{>C=NNH—C}_6\text{H}_3(\text{NO}_2)_2 & \text{2,4-二硝基苯腙} \\ \text{>C=NNHCONH}_2 & \text{缩氨脲} \end{matrix}$$

这些反应也是可逆的。但由于产物一般能结晶析出，所以往往能得到高收率的加成-消除产物，且易于纯化。这些产物在稀酸作用下又可水解为原来的反应物，所以这一反应也可以用于分离纯化羰基化合物，也常常用来鉴定醛和酮，如 2,4-二硝基苯肼就是鉴定醛、酮的常用试剂，它与醛、酮反应生成黄色结晶。

醛和酮与伯胺的反应在生物学上也是非常重要的，如吡哆醛磷酸酯(维生素 B_6 的一种形式)能与一系列生物体内重要的胺反应生成 Schiff 碱。例如：

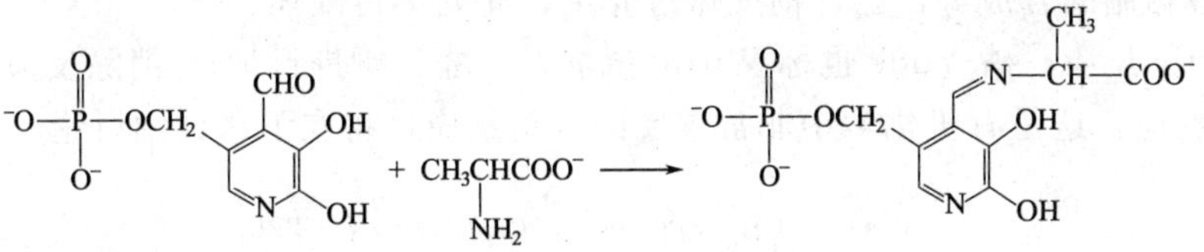

$$\text{吡哆醛磷酸酯} + CH_3CH(NH_2)COO^- \longrightarrow \text{Schiff 碱}$$

这些加成产物在生物体氮的代谢中起着重要作用。

再如在视觉活动中起重要作用的新视黄醛也是通过与蛋白质中的氨基形成 Schiff 碱而起作用的。

醛或酮与氨气反应生成的亚胺一般不稳定，也不是很重要，但在某些反应中作为反应的中间体：

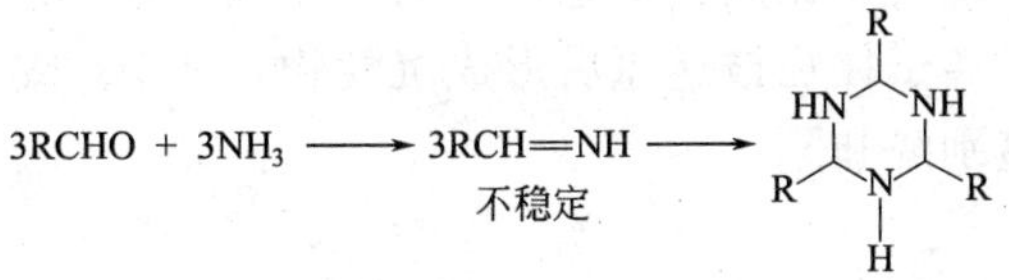

$$3RCHO + 3NH_3 \longrightarrow \underset{\text{不稳定}}{3RCH{=}NH} \longrightarrow \text{(环状三聚体)}$$

甲醛与氨反应则生成六亚甲基四胺(乌洛托品)：

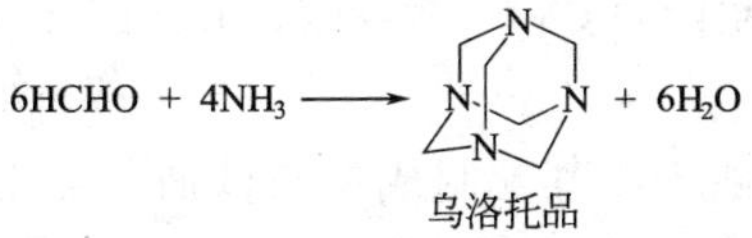

$$6HCHO + 4NH_3 \longrightarrow \underset{\text{乌洛托品}}{(CH_2)_6N_4} + 6H_2O$$

② 与仲胺的反应　含有 α-H 的醛和酮与仲胺也能进行加成-消除反应，生成的产物称为烯胺。例如：

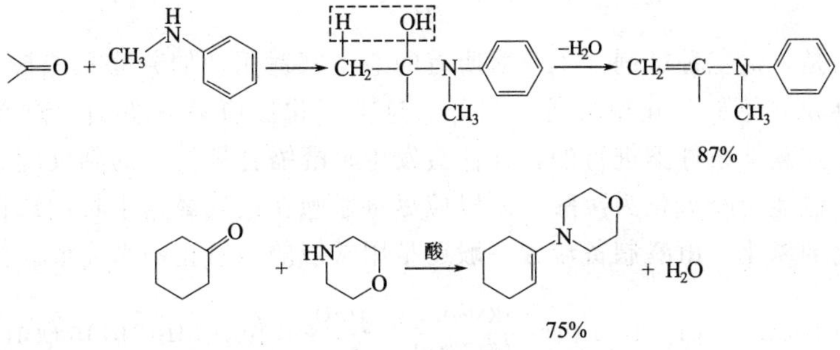

$$CH_3COCH_3 + CH_3NHC_6H_5 \longrightarrow CH_2(H)\text{—}C(OH)(CH_3)\text{—}N(CH_3)C_6H_5 \xrightarrow{-H_2O} \underset{87\%}{CH_2{=}C(CH_3)\text{—}N(CH_3)C_6H_5}$$

$$\text{环己酮} + \text{吗啉} \xrightarrow{\text{酸}} \underset{75\%}{\text{1-吗啉基环己烯}} + H_2O$$

这一反应也是可逆的，通过共沸蒸馏等方法除去形成的水有利于反应的进行。

叔胺不能与醛、酮反应生成稳定的衍生物。

(7) 与 Schiff 试剂的反应　品红是一种红色染料，将 SO_2 气体通入品红溶液中可得无色的品红醛试剂(也称 Schiff 试剂)，这种试剂与醛作用显出紫红色，非常灵敏，是醛特有的检验方法。这个反应不能加热，溶液中也不能含有酸、碱性物质及氧化剂，因为它们都可使

SO_2 释放出来，使之又变回原来的粉红色。品红的颜色虽然与试剂和醛反应产生的红色有所不同，但不易区别，容易误认为有醛的存在。这一方法也可用于醛的比色分析。

酮类与品红醛试剂不起反应，因而不显颜色，可作为实验室鉴别醛和酮的简便方法。

甲醛所显的颜色加硫酸后不消失，而其他醛所产生的红色会褪去，因而也可用于区别甲醛和其他醛类。

(8) 与芳烃的加成　富电子的芳环与醛、酮可进行亲电取代反应或缩合反应，如氯甲基化反应、酚醛树脂的合成等，已在前文做过介绍，此处不再细述。

(9) Wittig 反应　磷 Ylide 也称 Wittig 试剂，与醛、酮进行加成-消除反应可生成烯烃，称为 Wittig 反应，这是有机化学中非常重要的一类反应，将在下章详细讨论。

$$\rangle C=O + \underset{\substack{|\\ R}}{CH}=PPh_3 \longrightarrow \rangle C=CHR + O=PPh_3$$

Wittig 试剂

8.4.5.2 氧化反应

醛和酮在化学性质上最突出的差别就是对氧化剂的敏感性，醛很容易被氧化，而酮则相对稳定。

(1) 弱氧化剂氧化　醛对氧化剂很敏感，弱的氧化剂，如 Ag^+、Cu^{2+} 等金属离子就可将其氧化为羧酸，而金属离子往往被还原后形成沉淀物，如 Ag 或 Cu_2O 等。酮不能进行这一反应，所以可以用于鉴别醛和酮。

$$RCHO + Ag^+ \xrightarrow{OH^-} RCOO^- + \underset{\text{形成银镜}}{Ag\downarrow}$$

$$RCHO + Cu^{2+} \xrightarrow{OH^-} RCOO^- + \underset{\text{红棕色}}{Cu_2O\downarrow}$$

该反应很灵敏。鉴别时一般先将其配制成检测试剂，常用的是 Tollens 试剂（$AgNO_3$ 的氨溶液，也叫银氨溶液）、Fehling 试剂（$CuSO_4$、NaOH 和酒石酸钠钾的混合液）和 Benediet 试剂（$CuSO_4$、Na_2CO_3 和柠檬酸钠的混合液），Tollens 试剂在反应过程中会在试管壁上形成银镜，因此又叫银镜反应。后两种试剂本身为蓝色溶液，反应中蓝色消失，形成红棕色沉淀。

需要注意的是，这三种试剂并不是对所有的醛类都适用，如芳醛只能被 Tollens 试剂氧化，而 Benediet 试剂不能氧化甲醛等。另外，这类氧化反应只有鉴别的意义，而无制备价值，因为反应是在碱性条件下进行的，往往会发生羟醛缩合等复杂的副反应。

空气中的氧也能将醛氧化为羧酸，所以应尽量避勉在空气暴露中长期贮存。

(2) 强氧化剂氧化　由醛制备羧酸一般还是用常规的强氧化剂来完成。例如：

$$CH_3CH_2CH_2CH_2\underset{\substack{|\\ C_2H_5}}{CH}-CHO \xrightarrow[H_2O,NaOH]{KMnO_4} \xrightarrow{H_3^+O} CH_3CH_2CH_2CH_2\underset{\substack{|\\ C_2H_5}}{CH}COOH \quad 78\%$$

$$\text{2-呋喃甲醛 (furan-CHO)} \xrightarrow[100^\circ C]{K_2Cr_2O_7/H_2SO_4} \text{2-呋喃甲酸 (furan-COOH)} \quad 75\%$$

这一反应过程中应有一定比例的水，如用 Cr(Ⅵ)氧化伯醇时，如果体系中没有水，反应会停留在醛这一步。因此该反应可能氧化的是水合醛，例如：

$$Cl_3C{-}CH(OH){-}OH \xrightarrow[60\sim65℃]{40\%\,HNO_3} Cl_3C{-}\overset{O}{\overset{\|}{C}}{-}OH$$

酮对一般氧化醛的氧化剂都是稳定的，所以在用 Cr(Ⅵ)这样的氧化剂对醇或醛进行氧化时，可用丙酮作为惰性溶剂。但在强氧化剂及高温下酮也可发生氧化，碳链断裂生成小分子的羧酸，一般没有制备价值。一个有商业价值的反应是环己酮的氧化：

$$\text{环己酮} \xrightarrow[V_2O_5]{HNO_3} HOOC(CH_2)_4COOH$$

产物己二酸是生成尼龙的中间体。

(3) 过氧酸氧化　过氧酸是一种比较特殊的氧化剂，不仅可将醛氧化为羧酸，也可将酮氧化为羧酸酯。例如：

$$PhCOPh + PhCO_3H \longrightarrow \underset{82\%}{PhCOOPh} + PhCO_2H$$

$$\text{环己酮} + \underset{\text{MCPBA}}{m\text{-}ClC_6H_4CO_3H} \longrightarrow \underset{\substack{\varepsilon\text{-己丙酯} \\ 71\%}}{\text{ε-己内酯}} + m\text{-}ClC_6H_4CO_2H$$

这一反应称为 Baeyer-Villiger 反应，其反应机理为：

$$RCOR \underset{}{\overset{PhCOOOH}{\rightleftharpoons}} R\overset{OH^+}{C}R \xrightarrow{^-OO{-}\overset{O}{\overset{\|}{C}}Ph} R_2C(OH){-}O{-}O{-}\overset{O}{\overset{\|}{C}}Ph \longrightarrow R\overset{+}{C}(OH)(OR) + PhCOO^- \longrightarrow R\overset{O}{\overset{\|}{C}}OR + PhCOOH$$

如果原料是一个不对称的酮，则产物可能有两种：

$$R\overset{O}{\overset{\|}{C}}R' \xrightarrow{PhCO_3H} R\overset{O}{\overset{\|}{C}}OR' + RO\overset{O}{\overset{\|}{C}}R'$$

显然，根据上述机理，哪个产物为主产物取决于两个烃基中哪一个更容易发生迁移。一般基团的迁移活性顺序是：

H＞苯基＞三级烷基＞二级烷基≥苄基＞一级烷基＞甲基

例如：

$$\text{2-降冰片基}{-}COCH_3 \xrightarrow[CH_2Cl_2]{PhCO_3H} \underset{81\%}{\text{2-降冰片基}{-}OCOCH_3} \quad \underset{\text{无}}{\text{2-降冰片基}{-}COOCH_3}$$

在这个反应中，烃基的迁移是一个协同过程，如果 R 基团是手性的，迁移后构型会得到保持。例如：

$$\underset{CH_3}{\overset{Ph}{H\blacktriangleleft C}}-\underset{CH_3}{C}=O \xrightarrow{PhCO_3H} \underset{CH_3}{\overset{Ph}{H\blacktriangleleft C}}-O-\overset{O}{\overset{\|}{C}}CH_3$$

Baeyer-Villiger 反应提供了一个温和的打开 C—C 键的方法，是有机合成中常用的手段之一。

8.4.5.3 还原反应

(1) 还原成醇　将醛、酮还原成醇的方法很多，常用的还原剂有金属、金属氢化物、醇铝及催化氢化等。

① 金属还原法　金属还原剂包括活泼金属、它们的合金及其盐类。常用的金属有 Na、K、Li、Ca、Zn、Mg、Al、Sn、Fe 等，合金包括钠汞齐、锌汞齐、镁汞齐和铝汞齐等，金属盐有 $FeSO_4$ 和 $SnCl_2$ 等。

金属还原是一个电子得失，并伴随质子转移的过程，金属是电子的供体，而水、醇、酸等是质子的供体。其机理可表示为：

$$\rangle C=O + M \longrightarrow \rangle\dot{C}-O^-M^+ \xrightarrow{M-e} \rangle\overset{-}{C}-O^-M^+ \xrightarrow{H^+} \rangle CH-OH$$

举例如下：

$$CH_3\overset{O}{\overset{\|}{C}}(CH_2)_4CH_3 \xrightarrow[C_2H_5OH]{Na} CH_3\overset{OH}{\overset{|}{C}H}(CH_2)_4CH_3 \quad 65\%$$

$$CH_3(CH_2)_5CHO \xrightarrow[HOAc]{Fe} CH_3(CH_2)_5CH_2OH \quad 80\%$$

$$PhCOPh \xrightarrow[OH^-]{Zn} PhCH(OH)Ph \quad 98\%$$

② 金属氢化物还原法　常用的金属氢化物有 $NaBH_4$、KBH_4 和 $LiAlH_4$，以及它们的改性产物等，都是氢负离子的提供者，还原过程是通过氢负离子对羰基的亲核加成而实现的：

$$\rangle C=O + H-AlH_3^- \longrightarrow \rangle CH-O^-AlH_3 \longrightarrow \longrightarrow \longrightarrow (\rangle CH-O^-)_4Al \xrightarrow{H^+} \rangle CH-OH$$

这些还原剂中，$LiAlH_4$ 的还原性最强，不仅可还原醛和酮，而且可以还原羧酸、酯及酰胺类化合物，$NaBH_4$ 本身不能还原这些化合物，因此具有较好的选择性。例如：

$$m\text{-}O_2NC_6H_4CHO \xrightarrow{NaBH_4} m\text{-}O_2NC_6H_4CH_2OH \quad 85\%$$

$$4\ \text{环丁酮} + LiAlH_4 \xrightarrow{乙醚} \xrightarrow{H_2O} 4\ \text{环丁醇} + LiOH + Al(OH)_3 \quad 90\%$$

③ 醇铝还原法　常用的醇铝是异丙醇铝和乙醇铝。因为醇铝很易潮解，故反应在无水条件下进行，可将醛还原成伯醇，酮还原成仲醇：

$$CH_3\overset{OH}{\overset{|}{C}}HCH_3 + R-\overset{O}{\overset{\|}{C}}-R' \xrightleftharpoons{[(CH_3)_2CHO]_3Al} R\overset{OH}{\overset{|}{C}}HR' + CH_3\overset{O}{\overset{\|}{C}}CH_3$$

此反应称为 Meerwein-Poundorf-Verley 反应。该反应是可逆的，其逆反应称为 Oppenauer 氧化反应。因此反应须在大量异丙醇中进行，并不断蒸出低沸点的丙酮。其反应机理为：

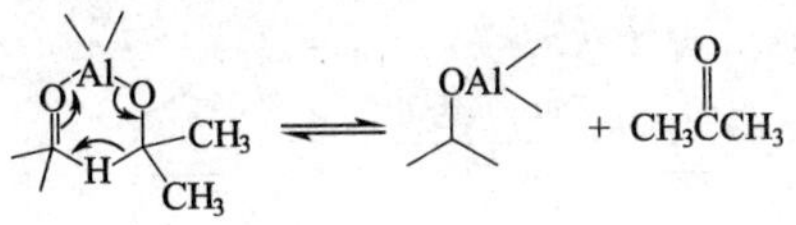

$$\text{(六元环过渡态)} \rightleftharpoons \text{(OAl)} + CH_3\overset{O}{\overset{\|}{C}}CH_3$$

例如：

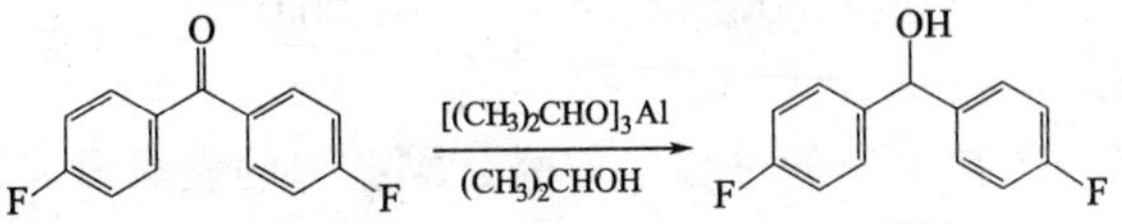

$$\text{4,4'-二氟二苯甲酮} \xrightarrow[(CH_3)_2CHOH]{[(CH_3)_2CHO]_3Al} \text{4,4'-二氟二苯甲醇}\ 88\%$$

④ 催化氢化法　醛、酮也可在金属催化剂存在下进行氢化得到醇，常用的催化剂有 Raney Ni、Pt、Pd/C、PtO_2、Ru、Rh 等。例如：

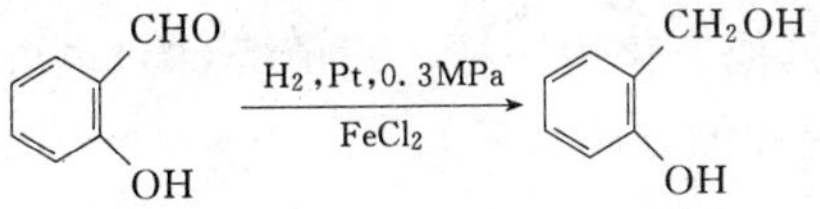

$$\text{邻羟基苯甲醛} \xrightarrow[FeCl_2]{H_2, Pt, 0.3MPa} \text{邻羟基苯甲醇}\ 92\%$$

$$\text{6-甲氧基-1-四氢萘酮} \xrightarrow[25℃, 1atm, Fe^{3+}]{H_2, PtO_2} \text{6-甲氧基-1-四氢萘醇}\ 97\%$$

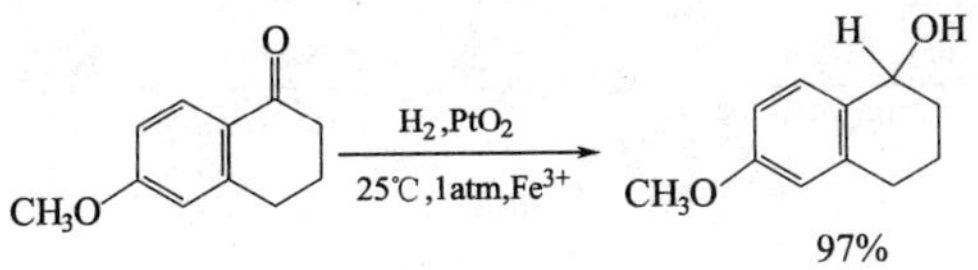

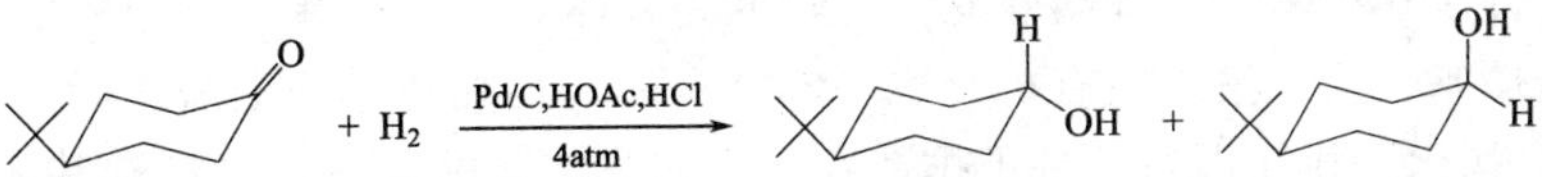

$$\text{4-叔丁基环己酮} + H_2 \xrightarrow[4atm]{Pd/C, HOAc, HCl} \text{(OH 平伏键)}\ 20\% + \text{(OH 直立键)}\ 73\%$$

（2）还原成烃

① Wolff-Kishner-黄鸣龙还原法　前面已经讨论过，醛、酮与肼反应可生成腙，相当多的腙是液体，易溶于水及有机溶剂，且伴有副产物的生成，所以腙的生成一般不能用于鉴别醛和酮。在强碱及高温条件下，腙可发生分解生成烷烃。例如：

$$Ph\overset{O}{\overset{\|}{C}}CH_2CH_3 + H_2NNH_2 \xrightarrow[\text{三甘醇}]{KOH, \triangle, 1h} PhCH_2CH_2CH_3 + N_2 + H_2O\quad 82\%$$

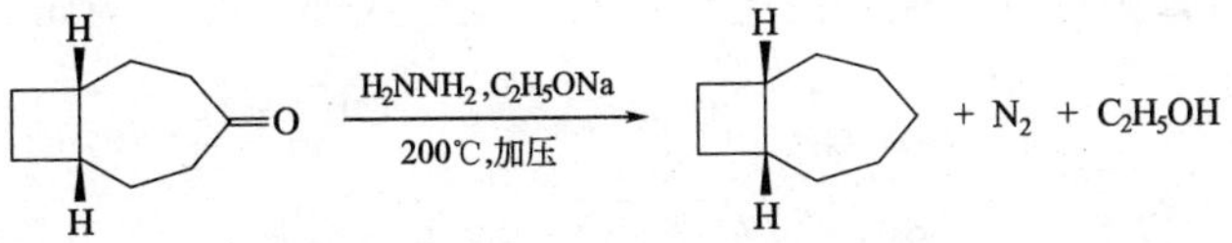

$$\text{双环酮} \xrightarrow[200℃, \text{加压}]{H_2NNH_2, C_2H_5ONa} \text{双环烷} + N_2 + C_2H_5OH$$

这一反应叫做 Wolff-Kishner-黄鸣龙还原法，其反应机理如下：

$$\begin{array}{c}R\\ \end{array}\!\!>C{=}O + H_2NNH_2 \xrightarrow{-H_2O} R_2C{=}NNH_2 \xrightarrow{OH^-} \left[R_2C{=}N\bar{N}H \longleftrightarrow R_2\bar{C}N{=}NH\right]$$

$$\xrightarrow{H_2O} R_2CH{-}N{=}NH \xrightarrow{OH^-} R_2CH{-}N{=}N^- \xrightarrow{\text{慢}} R_2\bar{C}H + N_2 \xrightarrow{H_2O} R_2CH_2 + OH^-$$

② Clemmensen 还原法　该方法是用锌-汞齐和浓盐酸组成的体系，也能将醛、酮的羰基还原成亚甲基。例如：

$$\text{4-甲基-1-茚酮} \xrightarrow[\text{HCl,24h}]{Zn/Hg,C_2H_5OH} \text{4-甲基茚满} + H_2O \quad 93\%$$

$$CH_3(CH_2)_5CH{=}O \xrightarrow[25\%HCl]{Zn/Hg} CH_3(CH_2)_5CH_3 \quad 87\%$$

该反应被认为是经历了一个锌卡宾的过程，即醛、酮在锌的表面形成锌卡宾中间体，而后质子化生成脱氧还原产物：

$$RC(=O)R' \xrightarrow{Zn} RC(=Zn)R' \xrightarrow{H^+} RCH(Zn)R' \xrightarrow{H^+} RCH_2R'$$

③ 缩硫醛(酮)脱硫　与其他硫化物一样，缩硫醛(酮)也可用 Raney 镍脱硫，这是一个将羰基还原成亚甲基的特别温和的方法。例如：

$$\text{环三酮}[(CH_2)_6]_3 \xrightarrow[HSCH_2CH_2SH]{BF_3\text{乙醚溶液}} \text{三缩硫酮} \xrightarrow[C_2H_5OH,\triangle,40h]{\text{Raney Ni}} \text{环烷}[CH_2(CH_2)_6]_3$$

以上这些方法在羰基与烃基间建立了一种联系，这样可以把化合物中的甲基和亚甲基都设想成原来为羰基，这一策略在有机合成中非常有用。比如在苯环上引入一个烷基时，如果直接用傅-克烷基化，往往得到的是重排产物，但如先将其酰基化，再将羰基还原成亚甲基，则可很好地避免重排产物的出现。例如：

$$C_6H_6 + CH_3CH_2COCl \xrightarrow{AlCl_3} C_6H_5COCH_2CH_3 \xrightarrow[HCl]{Zn\text{-}Hg} C_6H_5CH_2CH_2CH_3$$

以上三种方法可以相互补充，它们分别是在碱性、酸性和中性条件下进行的，究竟选择哪一种方法取决于分子中其他官能团的性质。例如对酸敏感的化合物就不能用 Clemmesen 还原法，而分子中有双键存在时，自然就不能用第三种方法了。

(3) 羰基的还原偶联　前面已经讨论过，活泼金属可将醛、酮还原成醇，但如果反应在非质子性溶剂中进行，则可发生羰基的还原偶联反应生成邻二醇。例如：

$$CH_3COCH_3 \xrightarrow[C_6H_6]{Na\text{-}Hg} (CH_3)_2C(OH){-}C(OH)(CH_3)_2$$

这是一个单电子转移反应，其反应机理为：

$$CH_3COCH_3 \xrightarrow[C_6H_6]{Na\text{-}Hg} (CH_3)_2\dot{C}ONa + (CH_3)_2\dot{C}ONa \longrightarrow (CH_3)_2C(ONa)C(ONa)(CH_3)_2 \xrightarrow{H^+} (CH_3)_2C(OH)C(OH)(CH_3)_2$$

生成的邻二醇称为片呐醇(pinacol)，所用的还原剂还可以是 Mg、Sm^{2+}、Ti^{3+} 等，是构建碳链，尤其是脂环化合物的重要方法之一。

8.4.5.4 Cannizzaro 反应

没有 α-H 的醛类化合物与强碱一起加热时，可发生分子间的氧化还原反应，得到一分子醇和一分子酸。例如：

$$2Cl\text{-}C_6H_4\text{-}CHO \xrightarrow{50\%\,NaOH} \xrightarrow{H_3^+O} Cl\text{-}C_6H_4\text{-}CH_2OH\ (93\%) + Cl\text{-}C_6H_4\text{-}COOH\ (88\%)$$

这种反应称为 Cannizzaro 反应，或叫歧化反应。其反应机理为：

$$RCH{=}O + OH^- \underset{}{\overset{快}{\rightleftharpoons}} R\text{-}CH(O^-)\text{-}OH$$

$$R\text{-}CH(O^-)(OH) + RCHO \xrightarrow{慢} RC(=O)OH + R\text{-}CH_2\text{-}O^- \overset{快}{\rightleftharpoons} RCOO^- + RCH_2OH$$

$$RCOO^- + H_3^+O \longrightarrow RCOOH + H_2O$$

中间涉及一个氢负离子的迁移，据认为这一过程是通过一个环状过渡态来完成的：

$$[\text{环状过渡态(Na, O, H)}] + OH^- \longrightarrow RCH_2ONa + RCOOH + OH^-$$

如果使用两种不同的醛反应，称为交叉的 Cannizzaro 反应，产物往往比较复杂，通常是活性高的醛被氧化为酸，而活性低的醛被还原成醇，这是因为活性高的醛更容易与碱发生亲核加成，然后把 H^- 转移给另一个醛。例如：

$$CH_3O\text{-}C_6H_4\text{-}CHO + HCHO \xrightarrow[\triangle]{NaOH} CH_3O\text{-}C_6H_4\text{-}CH_2OH + HCOONa$$

利用甲醛与芳醛之间的歧化反应是制备苄醇的有效手段之一。

重要的化工原料季戊四醇(可用于合成酯、电绝缘油、润滑油、涂料和炸药等)也是通过这一反应获得的：

$$(HOCH_2)_3CCHO + HCHO \xrightarrow[\triangle]{NaOH} C(CH_2OH)_4 + HCOONa$$

8.4.5.5 α-H 的反应

羰基邻位碳原子上的氢原子称为 α-H。受羰基吸电子效应的影响，α-H 的酸性比普通烃基上的氢原子的酸性要强得多。例如乙烷的 pK_a 值为 42，而丙酮的 pK_a 值为 20。

羰基化合物有酮式和烯醇式两种存在形式，共存于一个体系中，这种异构现象称为互变异构现象。两个异构体的含量取决于分子的结构。正因为如此，如果含有 α-H 的 α-碳原子是手性碳原子，则在存放过程中会发生外消旋化，最终会转化为外消旋体。

$$\underset{\text{酮式}}{\begin{matrix} & & O & \\ & & \| & \\ \diagdown & & & \\ & C-C- & & \\ \diagup & | & & \\ & H & & \end{matrix}} \rightleftharpoons \underset{\text{烯醇式}}{\begin{matrix} & & OH \\ \diagdown & & | \\ & C=C- & \\ \diagup & & \end{matrix}}$$

酸和碱的存在都会对烯醇化起促进作用。例如：

$$CH_3\overset{\overset{O}{\|}}{C}-CH_2-H \xrightleftharpoons{H^+} CH_3\overset{\overset{^+OH}{\|}}{C}-CH_2-H \rightleftharpoons CH_3-\overset{\overset{OH}{|}}{C}=CH_2 + H^+$$

$$CH_3\overset{\overset{O}{\|}}{C}-CH_2-H + B:^- \longrightarrow BH + \left[CH_3\overset{\overset{O}{\|}}{C}CH_2^- \longleftrightarrow CH_3\overset{\overset{O^-}{|}}{C}=CH_2\right]$$

某些与 α-H 相关的反应都与这种异构化现象有关。

（1）α-H 的卤代

① 碱催化卤代　在碱性条件下，醛或酮与卤素反应时，所有的 α-H 都可以被卤原子所取代，如果是甲基酮，生成的产物在该条件下是不稳定的，会进一步发生 C—C 键的断裂得到酸。例如：

$$(CH_3)_3C\overset{\overset{O}{\|}}{C}CH_3 + 3Br_2 \xrightarrow[H_2O/\text{二噁烷},0℃]{NaOH} (CH_3)_3C\overset{\overset{O}{\|}}{C}CBr_3 \xrightarrow{OH^-} \xrightarrow{H_3^+O} \underset{72\%}{(CH_3)_3CCOOH} + CHBr_3$$

由于反应中生成了卤仿，所以该反应称为卤仿反应。如果所用的卤素是碘，生成的碘仿为黄色结晶，从反应混合物中析出，因而可用于甲基酮的鉴定。反应机理如下：

$$R\overset{\overset{O}{\|}}{C}CH_3 + OH^- \rightleftharpoons R\overset{\overset{O}{\|}}{C}CH_2^- + H_2O$$

$$R\overset{\overset{O}{\|}}{C}CH_2^- + Br-Br \longrightarrow R\overset{\overset{O}{\|}}{C}CH_2Br + Br^-$$

$$R\overset{\overset{O}{\|}}{C}CH_2Br \longrightarrow \longrightarrow \longrightarrow R\overset{\overset{O}{\|}}{C}CBr_3$$

$$R\overset{\overset{O}{\|}}{C}CBr_3 \xrightarrow{OH^-} \rightleftharpoons R\overset{\overset{O^-}{|}}{\underset{\underset{OH}{|}}{C}}-CBr_3 \rightleftharpoons R-\overset{\overset{O}{\|}}{C}OH + ^-CBr_3 \longrightarrow RCOO^- + HCBr_3$$

如果醛、酮的 α-H 只有一个或两个，则反应会停留在一卤代或二卤代阶段，因为在最后一步中，XR_2C^- 或 X_2RC^- 的碱性都足够强，因而不能成为一个好的离去基团，在碱性条件下，不足以造成 C—C 键的断裂。

② 酸催化卤代　在酸性条件下，醛、酮与卤素的反应一般都得到 α-一卤代化合物。例如：

$$Br-\langle\bigcirc\rangle-\overset{\overset{O}{\|}}{C}CH_3 + Br_2 \xrightarrow[25℃]{HOAc} \underset{69\%\sim72\%}{Br-\langle\bigcirc\rangle-\overset{\overset{O}{\|}}{C}CH_2Br} + HBr$$

$$\text{环己酮} + Cl_2 \xrightarrow{H_3^+O} \text{2-氯环己酮} + HCl \quad 61\%\sim66\%$$

其反应机理为：

$$R-\overset{O}{\overset{\|}{C}}CH_3 \underset{}{\overset{H_3^+O}{\rightleftharpoons}} R\overset{OH}{\overset{|}{C}}=CH_2 \xrightarrow{Br-Br} \left[R\overset{OH}{\overset{|}{C^+}}-CH_2Br \longleftrightarrow R-\overset{\overset{+}{O}H}{\overset{\|}{C}}-CH_2Br \right] \xrightarrow{-H^+} R-\overset{O}{\overset{\|}{C}}CH_2-Br$$

这一反应的速率控制步骤是烯醇化，$v=k[\text{酮}][H_3O^+]$，而与卤素无关，所以不论用什么卤素，反应速率都是一样的。

α-卤代酮一般都具有强烈的眼刺激性，因而可用作催泪剂，如苯氯乙酮。

③ 自由基卤代　由于醛、酮的 α-自由基相对比较稳定，所以卤代也可能以自由基的形式进行。例如：

$$\text{4,4-二甲基环己酮} + \text{NBS} \xrightarrow[\text{过氧化物}]{CCl_4} \text{2-溴-4,4-二甲基环己酮} + \text{丁二酰亚胺}$$

$$\text{环丙基甲基酮} + SO_2Cl_2 \xrightarrow[\text{r.t.}]{CCl_4} \text{1-氯环丙基甲基酮} + HCl + SO_2$$

(2) 羟醛(醇醛)缩合反应

① 碱催化的羟醛缩合反应　在碱性水溶液中，两分子的乙醛反应可生成 β-羟基丁醛：

$$2CH_3CH=O \xrightarrow[H_2O]{NaOH} CH_3\underset{OH}{\underset{|}{C}}HCH_2CH=O \quad 50\%$$

这种反应称为羟醛缩合(aldol condensation)反应，这是具有 α-H 的醛、酮非常重要的性质，是构建 C—C 链的常用方法之一。其反应机理为：

$$HO^- + H-CH_2-CHO \rightleftharpoons \left[{}^-CH_2CHO \longleftrightarrow CH_2=\overset{O^-}{\overset{|}{C}}H \right] + H_2O$$

$$CH_3\overset{O}{\overset{\|}{C}}H + {}^-CH_2CHO \rightleftharpoons CH_3\overset{O^-}{\overset{|}{C}}HCH_2CHO \xrightarrow{H_2O} CH_3\overset{OH}{\overset{|}{C}}HCH_2CHO + OH^-$$

这一反应是可逆的，平衡对醛有利，而对酮不利。例如在丙酮的缩合中，平衡更趋于产物的分解。要使得产物的收率提高，就必须使用特殊的技术将产物移除，一个最常使用的方法就是加热脱水。例如：

$$2C_3H_7CHO \xrightarrow[80℃]{1mol/L\ NaOH} C_3H_7\overset{OH}{\overset{|}{C}}H\underset{C_2H_5}{\underset{|}{C}}HCHO \xrightarrow[\triangle]{-H_2O} C_3H_7CH=\underset{C_2H_5}{\underset{|}{C}}CHO$$

其中第二步是一个碱催化下脱水的过程：

$$C_3H_7\underset{OH}{CH}\underset{C_2H_5}{\overset{H}{C}}CHO \xrightleftharpoons{OH^-} C_3H_7\underset{OH}{CH}-\underset{C_2H_5}{\bar{C}}-CHO \longrightarrow C_3H_7CH{=}\underset{C_2H_5}{C}CHO + OH^-$$

② 酸催化的羟醛缩合反应　羟醛缩合反应也可以在酸催化下进行，直接得到 α,β-不饱和醛、酮。例如：

$$2\,CH_3\overset{O}{\overset{\|}{C}}CH_3 \xrightarrow[\text{Dowex-50}]{\text{酸}} CH_3-\overset{CH_3}{\overset{|}{C}}{=}CH-\overset{O}{\overset{\|}{C}}CH_3 + H_2O$$

（Dowex-50 为一种聚苯乙烯磺酸树脂）

其反应机理为：

$$CH_3\overset{O}{\overset{\|}{C}}CH_3 + H_3^+O \rightleftharpoons \left[CH_3\overset{^+OH}{\overset{\|}{C}}CH_3 \longleftrightarrow CH_3\underset{+}{\overset{OH}{\overset{|}{C}}}CH_3\right] + H_2O$$

$$CH_3-\overset{OH}{\overset{|}{C}}{=}CH_2 + HO-\overset{+}{\underset{CH_3}{C}}-CH_3 \longrightarrow \left[CH_3\overset{OH}{\overset{|}{\underset{+}{C}}}-CH_2-\underset{CH_3}{\overset{H_3C}{C}}-OH \longleftrightarrow CH_3\overset{^+OH}{\overset{\|}{C}}-CH_2-\underset{CH_3}{\overset{H_3C}{C}}-OH\right] \xrightarrow{H_2O}$$

$$CH_3\overset{O}{\overset{\|}{C}}CH_2-\underset{CH_3}{\overset{OH}{\overset{|}{C}}}-CH_3 \xrightarrow{H_3^+O} CH_3\overset{O}{\overset{\|}{C}}CH{=}C\genfrac{}{}{0pt}{}{CH_3}{CH_3} + H_2O$$

③ 交叉的羟醛缩合反应　当两种不同的含 α-H 的醛或酮进行羟醛缩合反应时，产物往往是比较复杂的，既有同分子间的缩合，也有不同分子间的缩合。其主要产物由两个因素来决定：一是 α-H 的活泼性，其越活泼，就越易与碱作用形成碳负离子；二是羰基的活泼性，其越活泼，就越易接受亲核试剂的进攻。例如：

$$\text{环戊酮} + (CH_3)_2CH-\overset{H}{C}{=}O \xrightarrow{OH^-} (CH_3)_2CH\overset{OH}{CH}-\text{(2-环戊酮基)} \xrightarrow{-H_2O} (CH_3)_2CH-CH{=}\text{(2-亚基环戊酮)}$$

$$\text{环己酮} + CH_3CHO \xrightarrow{OH^-} \text{1-羟基-1-}(CH_2CHO)\text{环己烷} \xrightarrow[\triangle]{-H_2O} \text{环己亚基}{=}CHCHO$$

如果这两种不同的醛、酮中的一个没有 α-H，则产物是单一的，这种交叉的羟醛缩合反应称为 Claisen-Schmidt 缩合。例如：

$$PhCHO + CH_3CHO \xrightleftharpoons{\text{碱}} Ph\overset{OH}{\overset{|}{C}H}CH_2CHO \xrightarrow[\triangle]{-H_2O} \underset{\text{肉桂醛}}{PhCH{=}CHCHO}$$

羟醛缩合反应也可以在分子内进行，称为分子内的羟醛缩合反应，在构建脂肪族环状化合物中非常有用。例如：

(TosOH＝对甲苯磺酸，也常简写为 PTSA，是常用的有机酸催化剂)

(3) α-H 的氧化　如同烯丙型化合物 α-H 的氧化一样，羰基化合物的 α-H 也可被选择性地氧化，常用的氧化剂是 SeO_2 和 H_2SeO_3，它们可将羰基化合物氧化为 1,2-二羰基化合物，自身被还原为单质 Se，体系中的少量水可加速反应的进行。例如：

可能的反应机理如下：

8.4.5.6 烯酮的制备及反应

烯酮是指含有 C＝C＝O 结构单元的化合物。与累积二烯烃相似，烯酮的性质非常活泼，很难稳定存在，所以并不多见。

乙烯酮是最简单，也最重要的烯酮，常温下为无色气体，沸点－56℃，具有特别难闻的气味，毒性很大，通常由乙酸或丙酮通过高温热解制得：

$$CH_3COOH \xrightarrow[AlPO_4]{700℃} CH_2=C=O + H_2O$$

$$CH_3COCH_3 \xrightarrow[\text{钢管}]{700\sim850℃} CH_2=C=O + CH_4$$

也可用 CO 与 H_2 加压加热催化合成得到：

$$3CO + H_2 \xrightarrow[ZnO,\text{加压}]{200\sim300℃} CH_2=C=O + CO_2$$

乙烯酮性质非常活泼，通常得到的是它的二聚体——双乙烯酮(具有强烈刺激性的液体，沸点 127℃)：

双乙烯酮

乙烯酮是重要的乙酰化试剂，例如：

$$CH_2{=\!=}C{=}O + \begin{cases} C_2H_5OH \longrightarrow CH_3COOC_2H_5 \\ H_2O \longrightarrow CH_3COOH \\ NH_3 \longrightarrow CH_3CONH_2 \\ CH_3COOH \longrightarrow CH_3COOCOCH_3 \\ HCl \longrightarrow CH_3COCl \\ Cl_2 \longrightarrow ClCH_2COCl \\ RMgX \longrightarrow CH_3\overset{O}{\overset{\|}{C}}R \end{cases}$$

双乙烯酮的性质也很活泼，应用范围更广，是重要的化工原料之一。例如：

$$\begin{matrix} CH_2{=}C{-}O \\ \quad | \quad\ \ | \\ CH_2{-}C{=}O \end{matrix} + C_2H_5OH \longrightarrow CH_3\overset{O}{\overset{\|}{C}}CH_2COOC_2H_5$$

乙酰乙酸乙酯是非常重要的有机合成试剂，用途很广。

除此之外，双乙烯酮在染料、医药、农药、食品和饲料添加剂、香料等中都有十分广泛的应用。例如近年来开发的用双乙烯酮为原料合成α-氨基酸的技术，前景十分诱人。

$$\begin{matrix} CH_2{=}C{-}O \\ \quad | \quad\ \ | \\ CH_2{-}C{=}O \end{matrix} + NH_3 \longrightarrow CH_3\overset{O}{\overset{\|}{C}}CH_2\overset{O}{\overset{\|}{C}}NH_2 \xrightarrow[C_2H_5ONa]{RCl} CH_3\overset{O}{\overset{\|}{C}}\underset{}{\overset{R}{\overset{|}{C}H}}\overset{O}{\overset{\|}{C}}NH_2 \xrightarrow[KOH]{KOBr} R\overset{NH_2}{\overset{|}{C}H}\overset{O}{\overset{\|}{C}}OH$$

8.4.5.7 α,β-不饱和醛、酮的反应

当C=C键与羰基共轭时，不仅会使其光谱性质产生重大影响，对其化学性质也有较大影响。

(1) Michael加成反应　α,β-不饱和醛、酮与亲核试剂的反应有两种形式——简单加成和共轭加成，其中共轭加成也称为Michael加成。

$$-\overset{|}{C}{=}\overset{|}{C}{-}\overset{O}{\overset{\|}{C}}{-} + Nu^- \begin{cases} \xrightarrow{H^+} -\overset{|}{C}{=}\overset{|}{C}{-}\underset{|}{\overset{OH}{\overset{|}{C}}}{-}Nu \quad \text{简单加成(1,2-加成)} \\ \xrightarrow{H^+} -\underset{Nu}{\underset{|}{\overset{|}{C}}}{-}\overset{|}{C}{=}\overset{OH}{\overset{|}{C}}{-} \rightleftharpoons -\underset{Nu}{\underset{|}{\overset{|}{C}}}{-}\underset{|}{\overset{H}{\overset{|}{C}}}{-}\overset{O}{\overset{\|}{C}}{-} \end{cases}$$

共轭加成(1,4-加成,Michael加成)

这两个反应往往同时发生，是两个相互竞争的反应。由于它们的反应中间体的稳定性不同，所以反应的活化能也不一样，1,2-加成反应较快，属动力学控制的反应，而1,4-加成反应较慢，但产物的稳定性较高，因此是热力学控制的反应。所以，如果反应是可逆的，在达到动态平衡时，1,4-加成产物是主要的；如果反应是不可逆的，则1,2-加成产物是主要的。例如：

$$CH_3CH{=}CH\overset{O}{\overset{\|}{C}}CH_3 + CH_3MgBr \longrightarrow \xrightarrow{H^+} \underset{72\%}{CH_3CH{=}CH{-}\underset{CH_3}{\underset{|}{\overset{OH}{\overset{|}{C}}}}{-}CH_3} + \underset{20\%}{CH_3\underset{CH_3}{\underset{|}{C}H}{-}CH_2\overset{O}{\overset{\|}{C}}CH_3}$$

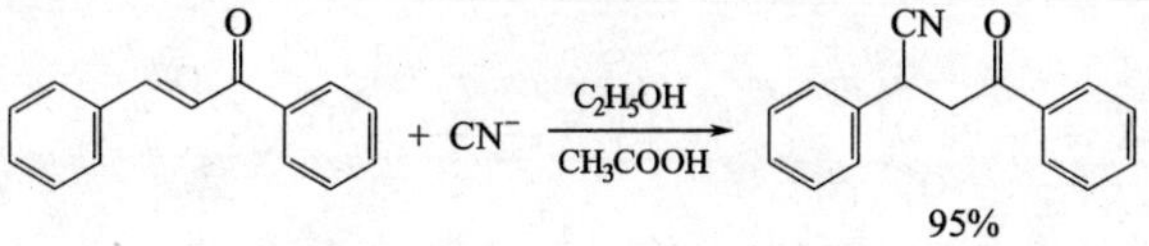

$$\text{PhCH=CHCOPh} + CN^- \xrightarrow[CH_3COOH]{C_2H_5OH} \text{PhCH(CN)CH}_2\text{COPh}\quad 95\%$$

因此，亲核试剂的强弱，羰基化合物的结构，同时反应温度等都会对产物的形成造成影响，如表 8-8 所示。

表 8-8 影响 α,β-不饱和醛、酮亲核加成反应的因素

项目	1,2-加成为主	1,4-加成为主
温度	低温	高温
试剂的亲核性	强(如 H^-,RMgX 等)	弱[如 Cl^-,CN^-,$^-CH(COOC_2H_5)_2$ 等]
反应物的结构	羰基上无大的基团时	羰基上有大的基团时

Michael 加成反应是一类非常重要的有机化学反应，是构建碳骨架的重要方法之一。

(2) 插烯规律　如前所述，羰基化合物的 α-H 受羰基的影响比较活泼，这种影响可以通过烯键向前传递很远，即在 α-碳原子和羰基之间插入烯键对 α-H 的活泼性不造成多大影响。这一规律称为"插烯规律"，这种现象在有机化合物中比较普遍。例如：

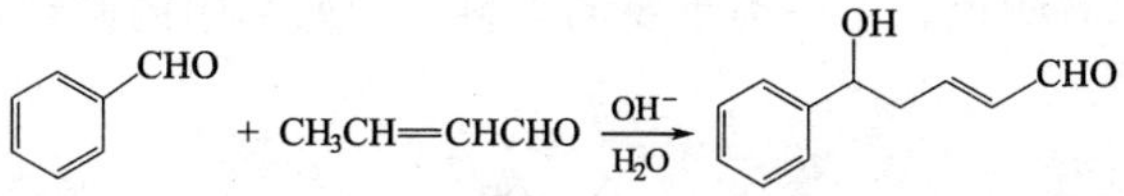

$$\text{PhCHO} + CH_3CH{=}CHCHO \xrightarrow[H_2O]{OH^-} \text{PhCH(OH)CH}_2\text{CH{=}CHCHO}$$

8.4.5.8 醌的反应

醌是一类含有两个双键的六元环状二酮结构的化合物，是一类特殊的 α,β-不饱和酮，常见的有如下一些结构：

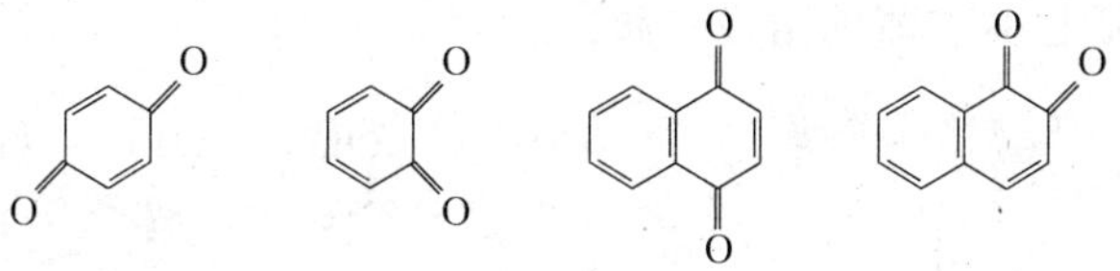

双苯醌　　邻苯醌　　α-萘醌　　β-萘醌

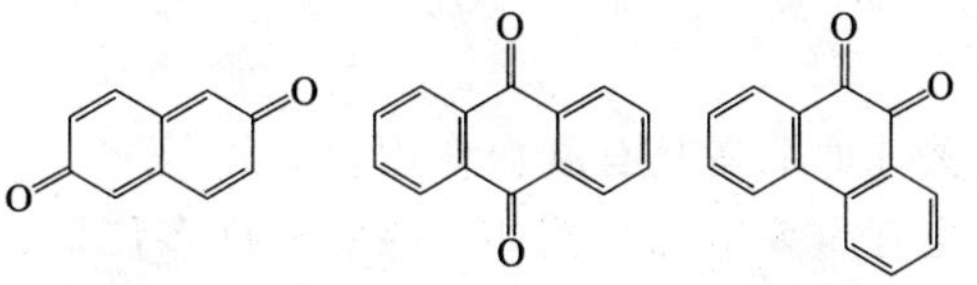

跨萘醌　　蒽醌　　菲醌

X 射线晶体衍射证明，对苯醌中的 C—C 键长为 0.149nm，C=C 键长为 0.132nm，非常接近正常 C—C 键的 0.154nm 和 C=C 的 0.134nm，表明分子中有明显的单、双键之分，因此，它具有典型的烯烃和羰基化合物的性质，既可进行亲电加成反应，也可进行亲核加成反应。例如：

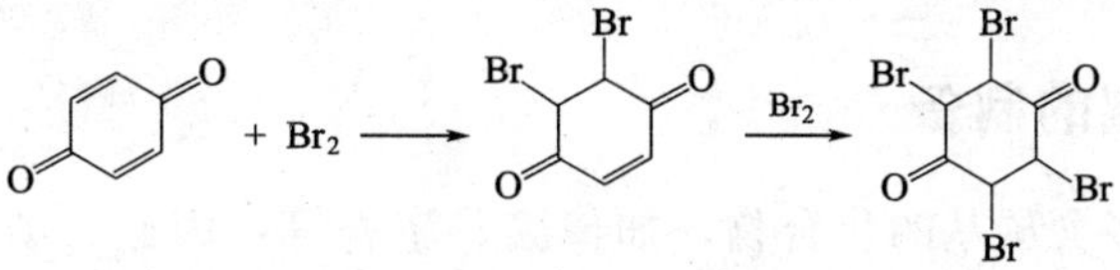

$$\text{对苯醌} + Br_2 \longrightarrow \text{5,6-二溴环己-2-烯-1,4-二酮} \xrightarrow{Br_2} \text{2,3,5,6-四溴环己-1,4-二酮}$$

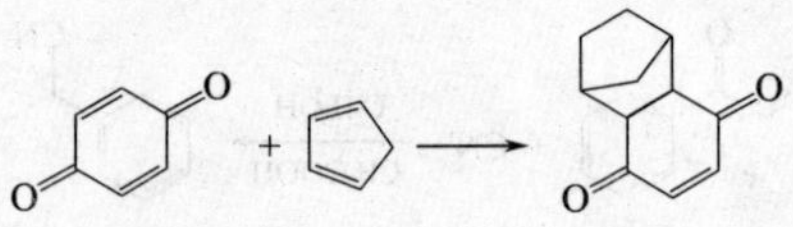

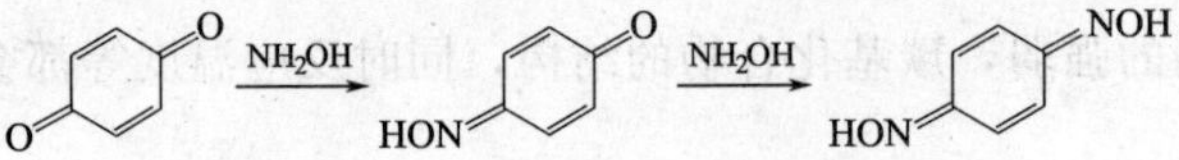

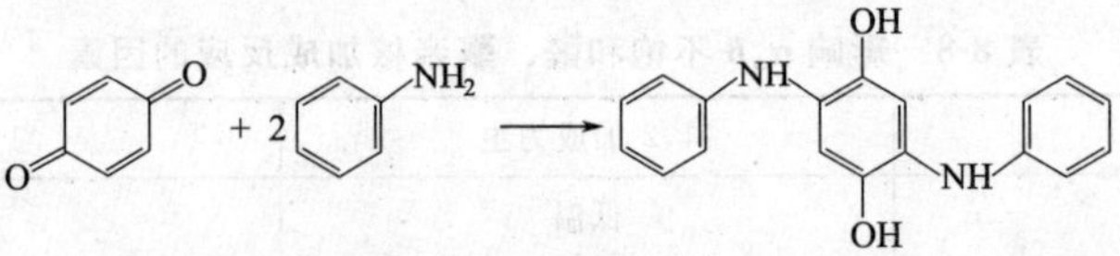

对苯醌很容易被还原成对苯二酚(也叫氢醌)：

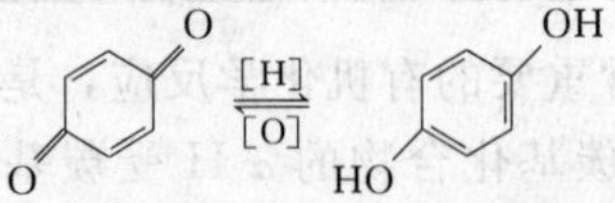

这是对苯二酚氧化反应的逆反应，利用这一性质制成的醌-氢醌电极，在分析化学中用于测定 H^+ 的浓度。

所有醌类化合物都有颜色，是一类重要的染料，如茜草中的茜红，是最早被使用的天然染料之一。

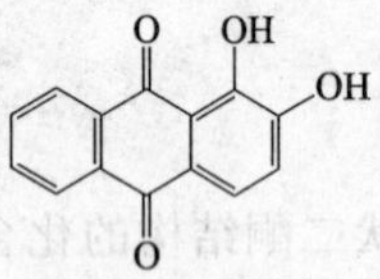

茜红

不少生理活性物质也具有醌的结构，如：

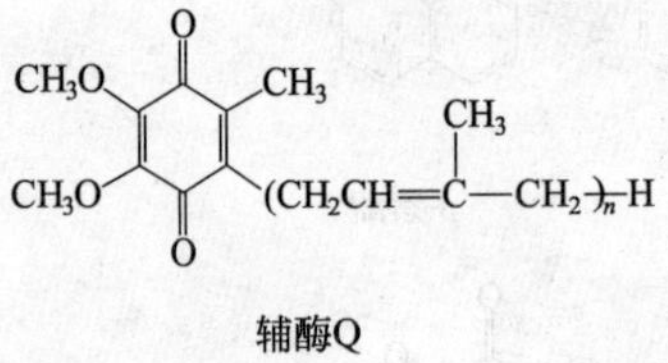

辅酶Q 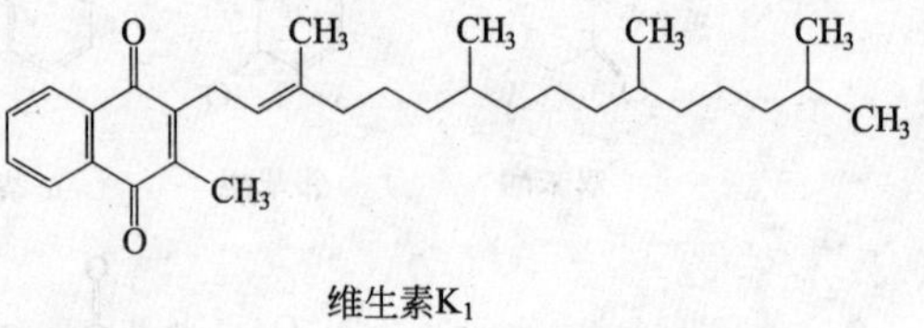　　维生素K_1

前者和生命的呼吸循环有关，而后者具有凝血作用。

醌类化合物在农药上也有重要应用，例如二嗪农是许多仁果、核果的多种叶部病害的保护性杀菌剂。

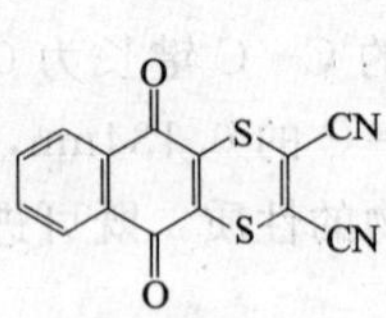

二嗪农

8.4.6 醛、酮、醌的制备

自然界中存在很多含羰基的化合物，如樟脑、麝香等，因此，动、植物及微生物是醛、酮类化合物的重要来源之一，但绝大多数醛和酮还是用合成的方法来制备的。

8.4.6.1 脂肪族醛、酮的制备

(1) 醇的氧化和脱氢　醇的氧化和脱氢是最常用的在实验室和工业上制备醛、酮的方法，脱氢方法在工业上应用更广泛。

伯醇氧化可得到醛，由于醛比醇更容易氧化，所以反应往往不能停留在醛这一步，会被进一步氧化为酸，如何将伯醇选择性地氧化成醛，并且分子中的其他官能团不受影响，一直是有机化学中的一个重要课题。目前已发展了多种选择性氧化剂，如 Sarrett 试剂(CrO_3 吡啶溶液)、新制 MnO_2、Pfitzner-Moffatt 试剂等，都有较好的选择性。例如：

$$CH_3(CH_2)_5CH_2OH \xrightarrow[CH_2Cl_2, 25℃]{CrO_3\cdot(C_5H_5N)_2} CH_3(CH_2)_5CHO$$

Sarrett 试剂也可氧化仲醇至酮，但重键不受影响。

$$CH_2{=}CHCH_2OH \xrightarrow[25℃]{新制\ MnO_2} CH_2{=}CHCHO$$

该氧化剂不能氧化普通醇。

$$O_2N\text{-}C_6H_4\text{-}CH_2OH + CH_3\overset{O}{\overset{\|}{S}}CH_3 + \underset{DCC}{C_6H_{11}\text{-}N{=}C{=}N\text{-}C_6H_{11}} \xrightarrow{H_3PO_4}$$

$$O_2N\text{-}C_6H_4\text{-}CHO + CH_3SCH_3 + \underset{DCU}{C_6H_{11}\text{-}NH\text{-}\overset{O}{\overset{\|}{C}}\text{-}NH\text{-}C_6H_{11}}$$

Oppenauer 氧化法是选择性氧化仲醇的很好的方法，在叔丁基铝或异丙醇铝的存在下，仲醇与丙酮(或甲乙酮、环己酮等)一起反应，醇把两个氢原子转移给丙酮，本身被氧化成酮，而丙酮被还原成异丙醇：

$$R_2CH\text{-}OH + Al[OC(CH_3)_3]_3 \rightleftharpoons R_2CH\text{-}O\text{-}Al[O(CH_3)_3]_2 + (CH_3)_3COH$$

$$R_2CH\text{-}O\text{-}Al[O(CH_3)_3]_2 + CH_3COCH_3 \rightleftharpoons \left[\begin{array}{c}(CH_3)_2C\text{-}O\text{-}Al[O(CH_3)_3]_2 \\ H\cdots O\text{-}CR_2\end{array}\right] \rightleftharpoons (CH_3)_2CH\text{-}O\text{-}Al[O(CH_3)_3]_2 + R_2C{=}O$$

$$(CH_3)_2CH\text{-}O\text{-}Al[O(CH_3)_3]_2 + (CH_3)_3COH \rightleftharpoons (CH_3)_2CH\text{-}OH + Al[OC(CH_3)_3]_3$$

由于只在醇和酮之间发生氢原子的转移，不涉及分子的其他部分，因而具有较好的选择性。但这一方法不适合伯醇的氧化，因为醇铝是一个碱，在此条件下生成的醛容易发生羟醛缩合等副反应。

这一反应是可逆的，因而也可用于酮的还原。

Jones 试剂(CrO_3 溶于稀硫酸的溶液)也能选择性地将仲醇氧化成酮，是一种较常用的方法。例如：

$$\text{(5-羟基-8a-甲基八氢萘烯)} \xrightarrow[\text{丙酮}]{CrO_3,\ \text{稀}H_2SO_4} \text{(相应酮)}$$

醇的催化脱氢常用Cu作催化剂，在高温下将醇的蒸气通过装有铜催化剂的管道，即可得到醛或酮。

除了以上方法，还有诸如片呐醇重排反应、邻二醇的高碘酸氧化等均可用于酮的制备。

（2）由烃制备

① 烯烃的臭氧化-还原　例如：

$$\text{环己烯} \xrightarrow[0℃]{O_3,\ CH_2Cl_2} \text{臭氧化物} \xrightarrow[\text{或}H_2/Pd]{Zn\text{-}H_2O} \text{OHC(CH}_2)_4\text{CHO}$$

② 烯烃和炔烃的硼氢化-氧化　例如：

$$\text{1-甲基环己烯} \xrightarrow[LiBH_4]{BF_3\text{-}Et_2O} \left[\text{2-甲基环己基}\right]_2BH \xrightarrow[H_2SO_4]{Na_2Cr_2O_7} \text{2-甲基环己酮}\ \ 63\%$$

$$C_2H_5C{\equiv}CC_2H_5 \xrightarrow[LiBH_4]{BF_3\text{-}Et_2O} [C_2H_5CH{=}C(C_2H_5)\text{-}]_3B \xrightarrow[NaOH]{H_2O_2} C_2H_5CH_2\overset{O}{\overset{\|}{C}}C_2H_5\ \ 62\%$$

③ 炔烃的水合　末端炔烃是合成甲基酮的好方法，但其他酮一般得到的是两种酮的混合物。

④ 烯烃和炔烃的催化氧化　烯烃在氯化钯和氯化铜的催化下，可以被氧气氧化为羰基化合物。例如：

$$CH_2{=}CH_2 + 1/2O_2 \xrightarrow[100\sim125℃]{PdCl_2\text{-}CuCl_2} CH_3CHO$$

$$CH_3(CH_2)_7{-}CH{=}CH_2 + 1/2O_2 \xrightarrow{PdCl_2\text{-}CuCl_2} CH_3(CH_2)_7{-}\overset{O}{\overset{\|}{C}}{-}CH_3\ \ 70\%$$

炔烃则可被DMSO氧化为1,2-二酮。例如：

$$C_6H_5{-}C{\equiv}C{-}C_6H_5 \xrightarrow[DMSO]{PdCl_2} C_6H_5{-}\overset{O}{\overset{\|}{C}}{-}\overset{O}{\overset{\|}{C}}{-}C_6H_5\ \ 98\%$$

（3）卤代烃的氧化　如前所述，DMSO是一个比较好的将卤代烃氧化为醛、酮的氧化剂。例如：

$$C_6H_5C_6H_4{-}\overset{O}{\overset{\|}{C}}{-}CH_2Br \xrightarrow{DMSO} C_6H_5C_6H_4{-}\overset{O}{\overset{\|}{C}}{-}CHO\ \ 56\%$$

与卤代烃具有类似性质的化合物，如磺酸酯、硝酸酯等也可发生类似的反应。例如：

另一个较好的氧化剂是氧化胺。例如：

$$n\text{-}C_7H_{15}CH_2I + Me_3N^+{-}O^- \xrightarrow[CHCl_3]{\triangle} \underset{43\%}{n\text{-}C_7H_{15}CHO} + Me_3\overset{+}{N}HI^-$$

（4）烯丙位亚甲基的氧化　烯丙位亚甲基被氧化可得到 α,β-不饱和羰基化合物，常用的氧化剂有 CrO_3-HOAc、CrO_3-吡啶、PCC、PDC、$NaIO_4$ 和 $KMnO_4$-叔丁醇等。例如：

（5）硝基烷烃的氧化　硝基烷烃的氧化是合成酮的方法之一，硝基烷烃首先与碱作用生成盐，然后在酸作用下进行分子内的氧化还原反应生成酮：

例如：

（6）从羧酸或羧酸衍生物制备

① Rosenmund 还原法　酰氯在钯催化剂存在下用氢气还原可以生成醛，由于醛容易被进一步还原，所以常需要加入抑制剂来降低催化剂的活性，常用的抑制剂有喹啉-硫、$BaSO_4$ 和甲基硫脲等，这种将酰氯选择性还原成醛的方法叫做 Rosenmund 还原法。该方法主要用于芳醛的合成，但也能用于脂肪醛的制备，分子中的卤素、硝基、酯基等基团不受影响，双键也可不被还原，但往往会发生重排。例如：

$$C_2H_5O\overset{O}{\overset{\|}{C}}(CH_2)_4\overset{O}{\overset{\|}{C}}Cl + H_2 \xrightarrow[\text{喹啉-硫}]{BaSO_4} \underset{58\%}{C_2H_5O\overset{O}{\overset{\|}{C}}(CH_2)_4\overset{O}{\overset{\|}{C}}H}$$

除了这种选择性催化氢化外，用经过钝化处理的金属氢化物也可将酰氯选择性地还原成醛。例如：

② 羧酸及其他羧酸衍生物的还原　羧酸不容易被还原成醛，一般都转化为其衍生物后再还原。直接的还原方法用1,1,2-三甲基丙基硼烷(thexylborane)作还原剂。例如：

$$CH_3(CH_2)_4COOH \xrightarrow[-20℃,24h]{\text{thexylborane}} \underset{88\%}{CH_3(CH_2)_4CHO}$$

酯和酰胺可以被多种金属氢化物还原成醛。$NaAlH_2(OCH_2CH_2OCH_3)_2$ 和 $AlH(i\text{-}C_4H_9)_2$ 是还原脂肪族酯的优良试剂，收率可达80%～90%，而 $LiAlH_2(OC_2H_5)_2$ 和 $LiAlH(OC_2H_5)_3$ 则适用于脂肪族酰胺的还原。例如：

$$\text{(COOCH}_3\text{-取代二氧戊环)} \xrightarrow[-78℃,\ 1h]{AlH(i\text{-}C_4H_9)_2} \underset{78\%}{\text{(CHO-取代二氧戊环)}}$$

酰基吡咯、酰基咪唑等杂环酰胺可以被 $LiAlH_4$ 还原成醛。例如：

$$RCOOH \xrightarrow{\text{N,N'-羰基二咪唑}} \text{咪唑-N-}\overset{O}{\overset{\|}{C}}\text{-R} \xrightarrow[THF]{LiAlH_4} RCHO$$

$LiAlH(OC_2H_5)_3$ 和 $LiAlH_2(i\text{-}C_4H_9)_2$ 可将脂肪腈还原为脂肪醛。例如：

$$\text{(CH}_3\text{O)(OCH}_3\text{)}_2\text{(NO}_2\text{)C}_6\text{H-CH}_2\text{CH(CH}_3\text{)CN} \xrightarrow{LiAlH_2(OBu\text{-}i)_2} \underset{92\%}{\text{(CH}_3\text{O)(OCH}_3\text{)}_2\text{(NO}_2\text{)C}_6\text{H-CH}_2\text{CH(CH}_3\text{)CHO}}$$

腈还原为醛还可采用还原水解法，以无水乙醚或乙酸乙酯作溶剂，腈与干燥的氯化氢进行加成，进而用无水 $SnCl_2$ 还原为亚胺，后者在酸性条件下水解即得醛，反应有时可达定量：

$$R-C\equiv N \xrightarrow{HCl} R-\overset{Cl}{\overset{|}{C}}=NH \xrightarrow[HCl]{SnCl_2} R-\overset{H}{\overset{|}{C}}=NH\cdot HCl \xrightarrow{H_2O} R-\overset{H}{\overset{|}{C}}=O$$

例如：

$$CH_3(CH_2)_4CN \xrightarrow[HCl]{SnCl_2} \xrightarrow{H_2O} \underset{95\%}{CH_3(CH_2)_4CHO}$$

③ 从酰基乙酸酯制备　酰基乙酸乙酯的酸性水解脱羧是制备各类酮的很好的方法：

$$R\overset{O}{\overset{\|}{C}}-\underset{R'}{\underset{|}{CH}}-\overset{O}{\overset{\|}{C}}-OEt \xrightarrow{H_3^+O} R\overset{O}{\overset{\|}{C}}-CH_2R'$$

例如：

$$CH_3\overset{O}{\overset{\|}{C}}-\underset{(CH_2)_3CH_3}{\underset{|}{CH}}COOC_2H_5 \xrightarrow[2.\ 50\%H_2SO_4]{1.\ 5\%NaOH} \underset{56\%}{CH_3\overset{O}{\overset{\|}{C}}(CH_2)_4CH_3}$$

④ 羧酸金属盐的脱羧　脂肪族羧酸盐(如钙、镁、钡盐)在强热下可以失去 CO_2 生成酮：

$$(RCOO)_2Ca \xrightarrow{\triangle} RCR(=O) + CaCO_3$$

其反应机理与 Claisen 缩合及 β-酰基酸的脱羧相同。例如：

$$2CH_3CH_2CH_2COOH \xrightarrow[400℃]{MnCO_3\text{-浮石}} CH_3CH_2CH_2C(=O)CH_2CH_2CH_3 \quad 46\%$$

$$HOOC(CH_2)_4COOH \xrightarrow[290℃]{Ba(OH)_2} \text{环戊酮}\ (78\%) + BaCO_3$$

⑤ 金属有机化合物与羧酸及其衍生物的加成　例如：

$$(n\text{-}C_4H_9)_2Cd + 2ClCH_2COCl \xrightarrow[\text{苯}]{15\sim20℃} 2\ n\text{-}C_4H_9C(=O)CH_2Cl \quad 54\%$$

$$\text{环己基-COOH} \xrightarrow{2\ CH_3Li} \xrightarrow{HCl} \text{环己基-C(=O)}CH_3 \quad 92\%$$

$$PhCH_2CH_2MgCl + \text{哌啶-N-CHO} \xrightarrow[23℃]{THF} PhCH_2CH_2CHO\ (70\%) + \text{哌啶-N-MgCl}$$

(7) 偕二卤代烃的水解　偕二卤代烃水解可得到醛或酮：

$$RCX_2R' \xrightarrow{H_2O} RC(=O)R' + 2HX$$

8.4.6.2 芳香族醛、酮的制备

以上制备脂肪族醛、酮的方法大都可以用于芳香族醛、酮的合成，这里不再赘述。除这些方法外，芳香族醛、酮还可以采取一些特别的方法来制备。

(1) Friedel-Crafts 酰基化　这是制备芳香族酮最常用的方法。例如：

$$\text{Cl-C}_6H_5 \xrightarrow[AlCl_3]{(CH_3CO)_2O} p\text{-Cl-C}_6H_4\text{-C(=O)}CH_3 \quad 83\%$$

(2) Gatterman-Koch 反应　烷基苯可与 CO 和干燥的 HCl 反应生成芳香醛，此反应称为 Gatterman-Koch 反应。例如：

$$CH_3C_6H_5 + CO + HCl \xrightarrow[CuCl]{AlCl_3} p\text{-}CH_3C_6H_4CHO \quad 46\%$$

这里的CO也可用HCN甚至金属氰化物代替。例如：

$$\text{间苯二酚}\xrightarrow[AlCl_3,\ HCl]{Zn(CN)_2}\text{2,4-二羟基苯-}CH=NH_2^+Cl^-\xrightarrow{H_2O}\text{2,4-二羟基苯甲醛 (94\%)}$$

(3) Reimer-Tiemann 反应　苯酚、氯仿和浓 NaOH 水溶液一起加热，可以在苯环上引入醛基，此反应称为 Reimer-Tiemann 反应：

$$\text{苯酚}+CHCl_3\xrightarrow[\triangle]{NaOH}\text{邻羟基苯甲醛}+\text{对羟基苯甲醛}$$

其反应机理为：

$$CHCl_3\xrightarrow[-HCl]{NaOH}:CCl_2$$

$$\text{苯酚}\xrightarrow{OH^-}\left[\text{苯氧负离子}\longleftrightarrow\text{环己二烯酮碳负离子}\right]\xrightarrow{:CCl_2}\text{6-(}\bar{C}Cl_2\text{)-环己二烯酮}\longrightarrow$$

$$\text{6-(}CHCl_2\text{)-环己二烯酮负离子}\longrightarrow\text{邻(}CHCl_2\text{)苯氧负离子}\xrightarrow{H^+}\text{邻羟基苯甲醛}$$

该反应适用于酚类及某些杂环类化合物的甲酰基化，甲酰基一般取代在羟基的邻位，对位异构体较少。

(4) Vilsmeier 反应　活泼的芳香族化合物在 $POCl_3$ 存在下与 *N*,*N*-二甲基甲酰胺(DMF)反应可以生成醛，该反应称为 Vilsmeier 反应。例如：

$$C_6H_5NMe_2\xrightarrow[POCl_3]{DMF,70\sim80^\circ C}\xrightarrow{H_2O}p\text{-}Me_2NC_6H_4CHO\quad 84\%$$

其反应机理为：

$$Me_2N-CH=O+POCl_3\longrightarrow Me_2\overset{+}{N}=CH-O-\overset{O^-}{P}Cl_3\longrightarrow Me_2\overset{+}{N}=CH(Cl)-O-P(O)Cl_2\xrightarrow{-Cl_2OPO^-}\left[Me_2\overset{+}{N}=CHCl\longleftrightarrow Me_2N-\overset{+}{C}HCl\right]$$

$$Me_2N-\overset{+}{C}HCl+Ar-H\longrightarrow Ar-CH(Cl)-NMe_2\longrightarrow Ar-CH=\overset{+}{N}Me_2\ Cl^-\xrightarrow{H_2O}Ar-CH=O$$

适合的芳香族化合物包括多环芳烃、酚类、酚醚及 *N*,*N*-二烃基芳胺等及活泼的芳杂环化合物。催化剂除 $POCl_3$ 外，还可用 $SOCl_2$、光气、$ZnCl_2$、乙酸酐及草酰氯等。甲酰化试剂除 DMF 外，*N*-甲基甲酰基苯胺、*N*-甲酰基哌啶、*N*-甲酰基吗啉等也很常用。

(5) 烷基芳烃侧链的氧化　含 α-亚甲基的烷基芳烃在某些条件下可以选择性氧化为醛或酮。如 Etard 试剂(CrO_3 与干燥的氯化氢反应生成的铬酰氯 CrO_2Cl_2)可选择性地将芳环上的甲基氧化为醛基。例如：

$$\text{Br-C}_6\text{H}_4\text{-CH}_3 \xrightarrow[\text{CCl}_4\text{, r. t.}]{\text{CrO}_2\text{Cl}_2} \text{Br-C}_6\text{H}_4\text{-CH(OCrCl}_2\text{OH)}_2 \xrightarrow{\text{H}_2\text{O}} \text{Br-C}_6\text{H}_4\text{-CHO} \quad 80\%$$

其他烷基则可被选择性氧化为芳酮。例如：

$$\text{O}_2\text{N-C}_6\text{H}_4\text{-CH}_2\text{CH}_3 \xrightarrow[\text{Mg(NO}_3)_2\cdot 6\text{H}_2\text{O}]{\text{KMnO}_4\text{, 60℃}} \text{O}_2\text{N-C}_6\text{H}_4\text{-COCH}_3 \quad 42\%$$

8.4.6.3 醌的制备

醌的制备方法主要是氧化法，原料可以是芳胺、酚类及稠环芳烃。例如：

$$\text{萘} \xrightarrow[\text{HOAc}]{\text{CrO}_3} \text{1,4-萘醌} \quad 22\%$$

$$\text{1-氨基-2-萘酚盐酸盐 (NH}_2\cdot\text{HCl, OH)} \xrightarrow[\text{HCl}]{\text{FeCl}_3} \text{1,2-萘醌} \quad 78\%$$

$$\text{2,6-二叔丁基苯酚 } (t\text{-Bu, OH, Bu-}t) \xrightarrow[\text{DMF}]{\text{O}_2} \text{2,6-二叔丁基-1,4-苯醌} \quad 83\%$$

也可通过分子内的 Friedel-Crafts 反应来制备。例如：

$$\text{2-(4-甲基苯甲酰基)苯甲酸 (COOH, CH}_3) \xrightarrow[\triangle]{\text{多聚磷酸}} \text{2-甲基蒽醌 (CH}_3) \quad 92\%$$

8.4.7 重要代表物

(1) 甲醛　甲醛在常温下是气体，沸点-21℃，具有难闻的刺激气味，易溶于水。40%的甲醛水溶液(常含有8%～10%甲醇)叫做“福尔马林”，在医药和农业上用作防腐剂和消毒剂。

甲醛生产的传统原料主要是甲烷和甲醇，其中后者占产量的90%以上。用空气将甲醇氧化成甲醛主要有两种方法：银法(甲醇过量法或氧化脱氢法)和铁钼法(空气过量法或氧化法)，前者制得的甲醛含量为37%～40%，而后者可达到55%～60%。

由于甲醛结构上的特殊性，除了具有一般醛的通性外，还具有一些特殊性质。例如它非常容易聚合，气态的甲醛常温下就能自身聚合成三聚甲醛，而将甲醛水溶液蒸发时，则得到链状的多聚甲醛。

三聚甲醛，熔点 62℃，无还原性（三噁烷）　　　$HOCH_2(OCH_2)_nOCH_2OH$ 多聚甲醛

甲醛是现代化学工业中一个非常重要的原料，是碳一化工的重要成员之一，尤其在合成高分子工业中应用十分广泛，其深加工产品已有上百种，如酚醛树脂、脲醛树脂、乌洛托品、季戊四醇、雕白粉、多聚甲醛、吡啶等。但甲醛的大量使用也造成了严重的污染问题，是建筑业装修及家具中主要的污染源。

(2) 乙醛　乙醛是具有刺激臭味的液体，沸点 20.8℃，能溶于水、乙醇和乙醚等。乙醛的工业生产方法有乙炔水合法、乙醇氧化或脱氢法和乙烯氧化法：

$$HC\equiv CH + H_2O \xrightarrow[70\sim90℃]{Hg^{2+},\ H_2SO_4} CH_3CHO$$

$$\begin{cases} C_2H_5OH + 1/2O_2 \xrightarrow[Ag]{540\sim550℃} CH_3CHO \\ C_2H_5OH \xrightarrow[Cu/Cr]{260\sim290℃} CH_3CHO + H_2 \end{cases}$$

$$H_2C{=}CH_2 + 1/2O_2 \xrightarrow[CuCl_2]{PdCl_2} CH_3CHO$$

其中乙炔水合法是早期的生产方法，因乙炔来源于电石，耗电量大，成本高，且汞盐污染很大，现已淘汰；乙醇氧化法不需特殊设备，投资少，但成本较高；乙烯氧化法收率高，副产物少，原料价廉，工艺简单，因而成本低，是目前主要的生产方法。

乙醛具有典型醛类的一切性质，也是一种十分重要的化工原料，可用于生产众多种类的衍生物，如巴豆醛、正丁醛、乙胺、二乙胺、吡啶和甲基吡啶、乙酸、过氧乙酸、乙二醛、季戊四醇、α-丙氨酸、三氯乙醛等。

(3) 苯甲醛　无色液体，沸点 179℃/751mmHg，有浓厚的苦杏仁气味，故俗称苦杏仁油，工业上用于制造染料、香料及医药等，可由甲苯氧化制得。

苯甲醛是最简单的芳醛，除具有没有 α-H 的醛的一切通性（如亲核加成、氧化还原、歧化反应等）外，还具有某些特殊的性质，如在痕量 CN^- 或维生素 C 催化下，可发生双分子缩合，生成二苯羟乙酮（又称安息香）：

$$2\ C_6H_5CHO \xrightarrow{CN^-} C_6H_5-\overset{O}{\overset{\|}{C}}-\underset{H}{\underset{|}{\overset{OH}{\overset{|}{C}}}}-C_6H_5$$

该反应称为安息香缩合反应，其反应机理如下：

$$C_6H_5-\overset{O}{\overset{\|}{C}}-H + CN^- \rightleftharpoons C_6H_5-\underset{CN}{\underset{|}{\overset{O^-}{\overset{|}{C}}}}-H \rightleftharpoons C_6H_5-\underset{CN}{\underset{|}{\overset{OH}{\overset{|}{C^-}}}}$$

$$C_6H_5-\underset{CN}{\underset{|}{\overset{OH}{\overset{|}{C^-}}}} + H-\overset{O}{\overset{\|}{C}}-C_6H_5 \rightleftharpoons C_6H_5-\underset{CN}{\underset{|}{\overset{OH}{\overset{|}{C}}}}-\underset{H}{\underset{|}{\overset{O^-}{\overset{|}{C}}}}-C_6H_5 \rightleftharpoons$$

$$C_6H_5-\underset{CN}{\underset{|}{\overset{O^-}{\overset{|}{C}}}}-\underset{H}{\underset{|}{\overset{OH}{\overset{|}{C}}}}-C_6H_5 \rightleftharpoons C_6H_5-\overset{O}{\overset{\|}{C}}-\underset{H}{\underset{|}{\overset{OH}{\overset{|}{C}}}}-C_6H_5$$

（4）丙酮　丙酮是最简单的酮类化合物，常温下为无色液体，沸点 56.2℃，密度 0.7899g/mL，具有令人愉快的气味，可与水、乙醇、乙醚等以任意比例混溶，是一种良好的有机溶剂，具有酮的典型化学性质。

丙酮的工业生产主要有异丙苯氧化法、异丙醇氧化或脱氢法，以及丙烯氧化法。丙酮是一种非常重要的基础化工原料，世界年需求量在 34 万吨以上，可生产甲基丙烯酸甲酯(其聚合物为有机玻璃)、双酚 A、异佛尔酮、双烯酮、乙烯酮、片呐酮、双丙酮丙烯酰胺、2-鸢尾酮、碘仿、乙酰丙酮、偶氮二异丁腈、异丙胺及乙氧基喹啉等。

（5）环己酮　无色液体，沸点 156℃，密度 0.942g/mL，一般由环己醇氧化或脱氢来制备：

$$\text{环己醇(OH)} \xrightarrow[60^{\circ}\mathrm{C}]{Na_2Cr_2O_7/H_2SO_4} \text{环己酮(O)}$$

$$\text{环己醇(OH)} \xrightarrow[Cu]{250^{\circ}\mathrm{C}} \text{环己酮(O)}$$

工业上，环己酮主要用作溶剂和合成己二酸和己内酰胺，前者是合成尼龙的单体，可由硝酸氧化而得；而后者是合成卡普纶的单体，由环己酮肟经贝克曼重排制得。

8.5　羧酸

烃分子中的氢原子被羧基(—COOH)取代后生成的化合物叫做羧酸，通式为 RCOOH，羧基就是其官能团。这里的 R 可以是 H(甲酸)、脂肪烃基(脂肪酸)、芳基(芳香酸)、羟基(碳酸)、氨基(氨基甲酸)等。与之对应的含硫化合物有 RCOSH(硫代羧酸)和 RCSSH(二硫代羧酸)等，都不稳定，也不太重要。故本节只介绍羧酸。

8.5.1　分类、命名和同分异构现象

按分子中烃基的种类可将羧酸分为脂肪族羧酸和芳香族羧酸，前者又可分为饱和羧酸和不饱和羧酸。按照分子中羧基的数目则可将其分为一元羧酸、二元羧酸和多元羧酸等。

自然界中存在着丰富的羧酸资源，许多羧酸都可以从天然产物中得到，因此常根据其来源来命名。例如甲酸最初是从蒸馏蚂蚁而得到的，所以也称为蚁酸；乙酸存在于食醋中，所以也叫醋酸。其他如草酸、巴豆酸、肉桂酸、安息香酸、琥珀酸、苹果酸、柠檬酸、酒石酸等都是根据它们最初的来源而命名的。高级一元羧酸是从脂肪中提取出来的，所以开链的一元酸又称为脂肪酸。

比较复杂的羧酸的命名需采用系统命名法。将带有羧基的最长的碳链作为主链，编号从羧基碳原子开始，根据主链碳原子的数目命名为某酸，取代基的位置照例用数字标出：

$$\overset{5}{C}—\overset{4}{C}—\overset{3}{C}—\overset{2}{C}—\overset{1}{C}OOH$$

例如：

$$CH_3—C(CH_3)_2—CH(C_2H_5)—C(CH_3){=}CH—CH(CH_3)—COOH$$

2,4,6,6-四甲基-5-乙基-3-庚烯酸

芳香族羧酸可作为脂肪酸的芳基取代物来命名。例如：

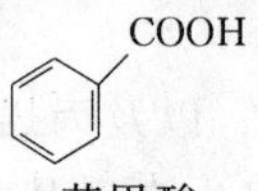

苯甲酸 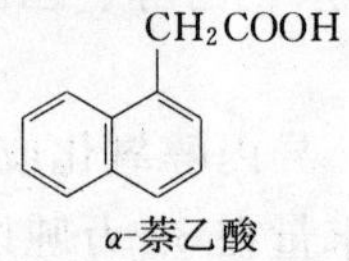　　α-萘乙酸 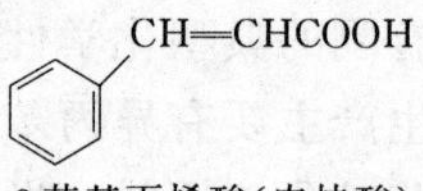　　β-苯基丙烯酸(肉桂酸)

羧酸盐的命名只需在羧酸名称的后面加上正离子的名称即可。例如：

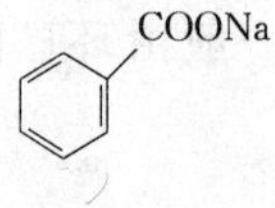

$(CH_3COO)_2Ca$　　$HCOONH_4$　　$CH_2(Br)—CH(Br)—COOK$

苯甲酸钠　　乙酸钙　　甲酸铵　　2,3-二溴丙酸钾

在用位次编号时还常用符号“Δ”来标明烯键的位置，例如：

$$CH_3(CH_2)_7CH═CH(CH_2)_7COOH$$

可叫做 Δ^9-十八碳烯酸(9-十八碳烯酸)。

羧酸的同分异构现象比较简单，主要是碳干异构。另外，对脂肪族羧酸而言，羧酸与羧酸酯是一对同分异构体。

8.5.2 结构特点

羧酸的官能团是羧基，羧基同时具有羰基和羟基，因而具有羰基化合物和羟基化合物的双重性质，羧基上的几个原子均位于同一平面上，受羰基吸电子诱导效应及羟基的给电子 p-π 共轭效应的影响，羧酸羟基的酸性比醇要强得多，其 pK_a 值为 4～5。在芳香族羧酸中，羧基与苯环间存在吸电子的 π-π 共轭效应，因而是钝化苯环的基团，为强的间位定位基。

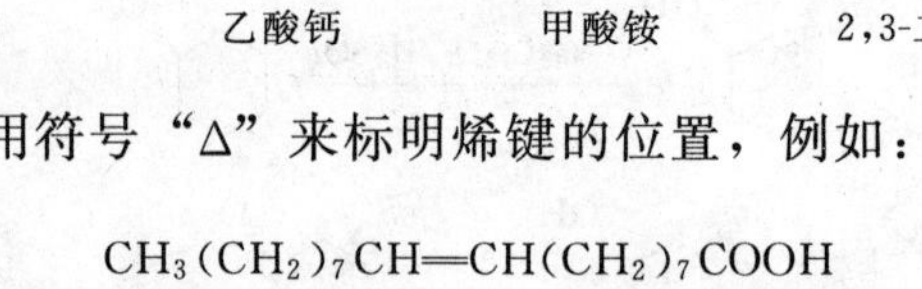

124.1°　124.9°　111°

X 射线晶体衍射证明，在甲酸中，C＝O 的键长为 0.123nm，C—O 键长为 0.136nm，可见羧酸中的两个碳氧键是不同的。当羧基上的 H 解离形成羧酸盐后，O 原子上带有一个负电荷，这样就更容易供给电子和原来羰基上的 π 轨道发生共轭作用，因此在羧基负离子中 3 个原子各提供一个 p 轨道形成一个三中心四电子(π_3^4)的分子轨道。

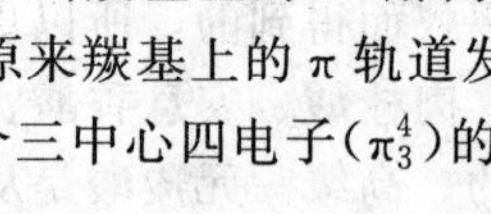

在这样的体系中氧原子上的负电荷不是集中在某一个氧上，而是分散在两个氧和一个碳原子上，X 射线衍射及电子衍射证明，甲酸钠中的两个 C—O 键是等长的，均为 0.127nm，不再有单双键的区别。

8.5.3 物理性质

饱和一元羧酸中甲酸、乙酸、丙酸具有强烈酸味和刺激性；含有 4～9 个碳原子的羧酸具有腐败恶臭，是油状液体，动物的汗腺和奶油发酸变坏的气味就是因为存在游离正丁酸的缘故；含有 10 个以上碳原子的脂肪酸为蜡状固体，挥发性很低，没有气味。

饱和一元羧酸的沸点甚至比相对分子质量相似的醇还高，例如，甲酸和乙醇的相对分子质量相同，但乙醇沸点为 78.5℃，而甲酸为 100.7℃，这是因为羧酸分子间存在有更强的氢键。根据电子衍射等方法测定，甲酸分子的二聚体结构如下：

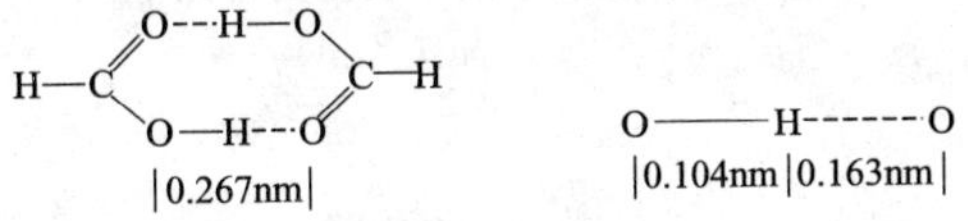

H—C(=O--H—O)(—O—H--O=)C—H　　|0.267nm|

O———H------O　　|0.104nm|0.163nm|

由于氢键的存在，低级的酸甚至在蒸气中也以二聚体的形式存在。

饱和一元羧酸的熔点随分子中碳原子数目的增加呈锯齿状的变化趋势，含偶数碳原子的酸的熔点比邻近两个奇数碳原子酸的熔点高，这是由于在偶数个碳原子的酸中链端甲基和羧基分在链的两边，而在奇数碳原子链中则在同一边，前者具有较高的对称性，可以使羧酸的晶格更紧密地排列，它们之间具有较强的吸引力，因而熔点较高（见表 8-9）。

表 8-9　一元羧酸的物理常数

名称	熔点/℃	沸点/℃	溶解度/(g/100g 水)	K_a(25℃)
甲酸(蚁酸)	8.4	100.7	∞	1.77×10^{-5}
乙酸(醋酸)	16.6	117.9	∞	1.75×10^{-5}
丙酸	−20.8	140.99	∞	1.3×10^{-5}
正丁酸(酪酸)	−4.26	163.5	∞	1.5×10^{-5}
异丁酸	−46.1	153.2	2.0	1.4×10^{-5}
正戊酸	−59	186.05	3.3	1.6×10^{-5}
异戊酸	−51	174	—	—
正己酸	−2	205	—	—
正辛酸	16.5	239	—	—
正癸酸	31.5	270	—	—
十二酸(月桂酸)	—	131^{1}	—	—
十四酸(豆蔻酸)	58	250.5^{100}	—	—
十六酸(软脂酸)	63	390	—	—
十八酸(硬脂酸)	71.5	360(分解)	0.043	—
丙烯酸	13	141.6	—	—

羧酸中的羧基是亲水基团，与水可以形成氢键，低级羧酸(甲酸、乙酸、丙酸)能与水混溶，随着分子量的增加，憎水的烃基越来越大，羧基在分子中所占的比例越来越小，在水中的溶解度迅速减小，最后与烷烃的溶解度相近，高级脂肪酸都不溶于水，而溶于有机溶剂中。

对长链脂肪酸的 X 射线衍射研究表明，这些分子中的碳链按锯齿形状排列，两分子间羧基以氢键缔合，缔合的双分子有规则地一层一层排列，形成层状结构，每一层中间是相互缔合的羧基，引力很强，而层与层是以引力微弱的烃基相毗邻，相互之间容易滑动，从而具有润滑性，与石蜡类似(见图 8-7)。

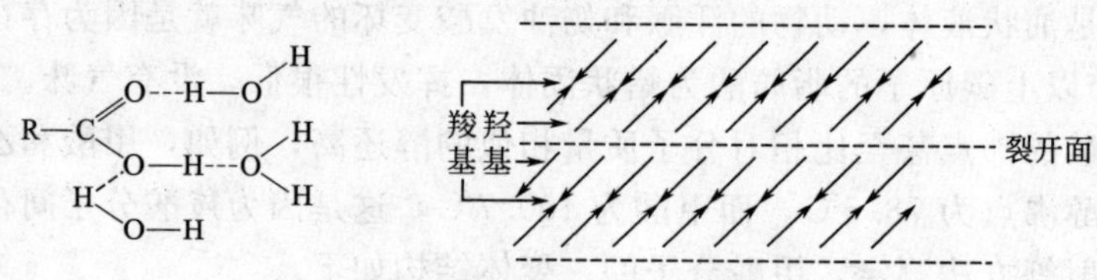

图 8-7　羧酸结晶中碳链的排列

8.5.4　光谱性质

(1) 紫外光谱　饱和羧酸在 200nm 附近有一个弱的吸收，如乙酸 $\lambda_{max}=204nm$，$\varepsilon_{max}=41$(乙醇)，这是由禁忌 $n\rightarrow\pi^*$ 跃迁所引起的。随着链长的增加，该谱带的位置会向长波方向发生微小的移动。此谱带基本没有什么判断价值。如果是共轭的不饱和羧酸，则会产生一个共轭体系所特有的很强的 K 带。

(2) 红外光谱　羧酸中羰基的伸缩振动吸收位置：

	单体	二缔合体
RCOOH	1750～1770cm^{-1}	约 1710cm^{-1}
CH_2＝CHCOOH	约 1720cm^{-1}	约 1690cm^{-1}
ArCOOH		1680～1700cm^{-1}

二缔合体羰基的吸收由于氢键的影响吸收位置向低波数位移，芳香酸则由于氢键和苯环共轭的双重影响，更使 C＝O 的伸缩振动吸收向低波数位移。

只有在气态下能看到游离酸的羟基的伸缩振动吸收峰，在 3550cm^{-1}左右区域。一般液体及固体羧酸均以二缔合体状态存在，在 2500～3000cm^{-1} 区域有宽而散的伸缩振动吸收峰。羟基的弯曲振动在 1400cm^{-1}和 920cm^{-1}区域有两个比较强而宽的吸收峰。

羧酸的 C—O 伸缩振动吸收在 1250cm^{-1}附近。

图 8-8 是乙酸的红外吸收光谱。

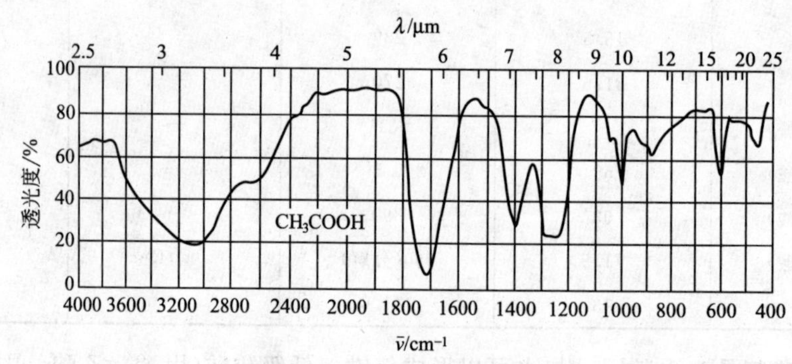

图 8-8　乙酸的红外吸收光谱

(3) 核磁共振谱　羧酸中羧基的质子由于两个氧的诱导作用屏蔽大大降低，化学位移出现在低场，$\delta=10\sim13$。图 8-9 是丙酸的核磁共振谱。

8.5.5　化学性质

羧酸的化学性质主要表现在羰基和羟基上，同时受羧基吸电子诱导效应的影响，其 α-H 为活泼氢，因此可以发生一些活泼氢的反应。

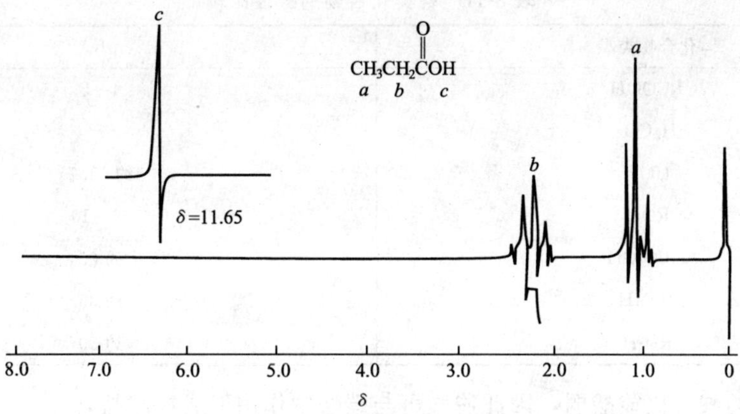

图 8-9 丙酸的核磁共振谱

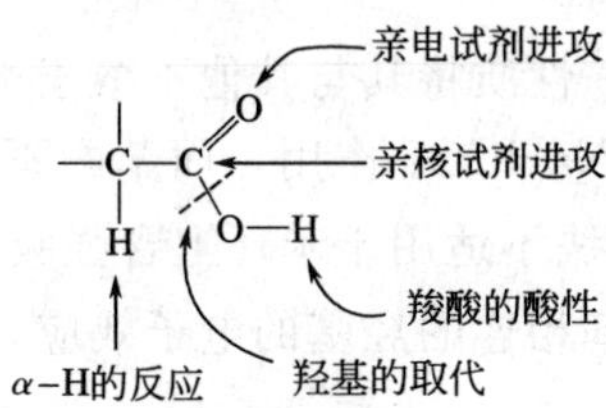

8.5.5.1 酸性

多数羧酸是弱酸，大部分以未解离的分子形式存在，在水溶液中可以建立如下的平衡：

$$RCOOH \rightleftharpoons RCOO^- + H^+$$

其解离常数

$$K_a = \frac{[RCOO^-][H^+]}{[RCOOH]}$$

例如，在浓度为 0.1mol/L 的醋酸溶液中，如果设其 H^+ 浓度为 x，则有：

$$K_a = \frac{x^2}{0.1}$$

$$x = (1.75\times10^{-6})^{1/2} = 1.32\times10^{-3} = 0.00132$$

即在 1L 浓度为 0.1mol/L 的醋酸溶液中，只含有 0.00132mol 的质子，它相当于 0.132%的分子被解离，所以醋酸是弱酸。

为了比较各种酸酸性的强弱，通常采用离解常数的负对数来表示，即

$$pK_a = -\lg K_a$$

可见，pK_a 值越小，酸性越强。表 8-10 列出了一些羧酸的 pK_a 值，表 8-11 则是各类化合物酸性的比较。

表 8-10 一些羧酸的 pK_a 和 K_a

羧酸	$K_a/\times10^{-5}$	pK_a
HCOOH	1.77	3.77
CH_3COOH	1.75	4.76
CH_3CH_2COOH	1.32	4.88
$CH_3CH_2CH_2COOH$	1.52	4.82
PhCOOH	6.3	4.20

表 8-11 各类化合物的酸性比较

化合物类型	pK_a
RCOOH	4～5
H_2CO_3	7
HOH	约 15.7
ROH	16～19
HC≡CH	约 25
H_2NH	约 35
R—H	约 50

因为碳酸的酸性比羧酸弱，因此羧酸可与碳酸钠作用形成羧酸盐，

$$2RCOOH + Na_2CO_3 \longrightarrow 2RCOONa + CO_2 \uparrow + H_2O$$

羧酸盐是溶于水的，可以利用这一性质将其与其他不溶于水的中性物质分离。

羧酸的酸性比酚强，可以与 $NaHCO_3$ 作用，而苯酚不能，可利用这一性质来鉴别两种物质或将羧酸与酚分开(注意本方法不适用于苯环上含强吸电子基的酚类)。

羧酸酸性的强弱取决于与羧基相连的烃基的电子效应，包括诱导效应、共轭效应和场效应等。

(1) 诱导效应的影响　诱导效应是指有机化合物中，由于电负性不同的取代基的影响，使整个分子中的成键电子云密度按取代基电负性所决定的方向而偏移的效应。这种影响的特征是沿着碳链传递，并随碳链的增长而迅速减弱或消失，一般在第四个碳原子上就已没有什么作用了。这一点可从下面几种氯代酸的酸性清楚地反映出来：

	$CH_3CH_2CHClCOOH$	$CH_3CHClCH_2COOH$	$ClCH_2CH_2CH_2COOH$	$CH_3CH_2CH_2COOH$
pK_a	2.82	4.41	4.70	4.82

通过测定取代羧酸的离解常数的大小，可以得到各种取代基诱导效应的强弱顺序：

吸电子基团：$NO_2 > CN > F > Cl > Br > I > C{\equiv}C > OCH_3 > C_6H_5 > C{=}C > H$

给电子基团：$(CH_3)_3C > (CH_3)_2CH > CH_3CH_2 > CH_3 > H$

应该指出的是，这一顺序常常因为母体化合物的不同，以及取代后原子间的相互影响等一些复杂因素的存在而会有所不同，因此，在不同的化合物中，它们诱导效应强弱的顺序可能会不完全一样。

(2) 共轭效应的影响　共轭效应是指在共轭体系(π-π 共轭、p-π 共轭、超共轭)中原子间的一种相互影响，这种影响造成分子更稳定，内能更低，键长趋于平均化，并引起物质性质的一系列改变。共轭效应通过共轭链来传递，当共轭体系一端受电场的影响时，这种影响会沿着共轭链传递得很远，同时在共轭链上的原子将依次出现电子云分布的交替极化现象。

诱导效应与共轭效应常同时存在，它们共同决定化合物的物理化学性质(参见取代基的定位效应)，这可由取代苯甲酸的 pK_a 值看出(见表 8-12)。

可以看出，邻位取代苯甲酸的酸性无论是给电子基团，还是吸电子基团，酸性都较间、对位的强，这是因为除了诱导效应和共轭效应外，邻位由于空间位阻大，使得羧基和苯环的共轭程度降低，从而使得苯环给羧基供给电子的能力减弱，因而酸性最强。

表 8-12　取代苯甲酸的 pK_a 值

取代基	*o*	*m*	*p*
H	4.20	4.20	4.20
CH_3	3.91	4.27	4.38
F	3.27	3.86	4.14
Cl	2.92	3.83	3.97
Br	2.85	3.81	3.97
I	2.86	3.85	4.02
OH	2.98	4.08	4.57
OCH_3	4.09	4.09	4.47
NO_2	2.21	3.49	3.42

(3) 场效应的影响　由取代基产生的电场，通过空间作用对非相邻部位的反应中心所产生的影响称为场效应，例如丙二酸的羧酸根负离子除对另一头的羧基具有给电子的诱导效应外，还有场效应，这两种效应均使质子不易离去，使酸性减弱，所以丙二酸的第二个质子难以解离。场效应与距离的平方成反比，距离越远，作用越小。

8.5.5.2　羟基的取代

羧基上的羟基可被一系列原子或原子团取代生成羧酸衍生物，常见的有羧酸酯、酰氯、酸酐和酰胺。腈由于可从伯酰胺脱水而得到，所以也常被归于羧酸衍生物。

$$\underset{\text{酯}}{\mathrm{R{-}\overset{\overset{\displaystyle O}{\|}}{C}OR}}\qquad \underset{\text{酰胺}}{\mathrm{R{-}\overset{\overset{\displaystyle O}{\|}}{C}NH_2}}\qquad \underset{\text{酰卤}}{\mathrm{R{-}\overset{\overset{\displaystyle O}{\|}}{C}{-}X}}\qquad \underset{\text{酸酐}}{\mathrm{R\overset{\overset{\displaystyle O}{\|}}{C}{-}O{-}\overset{\overset{\displaystyle O}{\|}}{C}R}}\qquad \underset{\text{腈}}{\mathrm{R{-}C{\equiv}N}}$$

羧酸中除去 OH 后剩余的部分称为“酰基(acyl)”。

(1) 酯化反应　羧酸和醇分子间失去一分子水生成的化合物称为酯，这种反应称为酯化反应。酯化反应进行得很慢，需要酸的催化，常用的催化剂是硫酸、盐酸和苯磺酸等。

$$\mathrm{R\overset{\overset{\displaystyle O}{\|}}{C}OH}+\mathrm{R'OH}\xrightleftharpoons{H^+}\mathrm{R\overset{\overset{\displaystyle O}{\|}}{C}OR'}+\mathrm{H_2O}$$

这个反应是可逆的，当进行到一定程度时，反应达到平衡，其平衡常数 K 可表示如下：

$$K=\frac{[\mathrm{RCOOR'}][\mathrm{H_2O}]}{[\mathrm{RCOOH}][\mathrm{R'OH}]}$$

对乙酸和乙醇生成乙酸乙酯的反应来说，$K=4$，这样可以根据平衡常数来计算等摩尔的乙酸和乙醇酯化反应进行的极限：

$$\underset{1-x}{\mathrm{CH_3COOH}}+\underset{1-x}{\mathrm{C_2H_5OH}}\xrightleftharpoons{H^+}\underset{x}{\mathrm{CH_3COOC_2H_5}}+\underset{x}{\mathrm{H_2O}}$$

所以有：

$$K=\frac{[x][x]}{[1-x][1-x]}=4$$

$$x=2/3=0.667$$

可见只有66.7%的酸和醇被酯化。为了提高收率，必须打破平衡，使反应尽量向右进行。一般可采用两种方法：一是加入过量的酸或醇(取决于二者的价值)，以增加反应物的浓度；二是除去反应过程中生成的水，以降低产物的浓度，可采用共沸蒸馏法(物理方法)或加入适量的脱水剂(化学方法)。

羧酸酯化时是羧酸提供羟基，还是醇提供羟基呢？实验证明，在大多数情况下是醇提供羟基，如用含有^{18}O标记的醇和羧酸酯化时形成的酯是同位素标记的酯。

$$C_6H_5COOH + H{-}^{18}OCH_3 \overset{H^+}{\rightleftharpoons} C_6H_5CO{}^{18}OCH_3 + H_2O$$

其反应机理为：

$$RCOOH + H^+ \longrightarrow RC(=\overset{+}{O}H)OH$$

$$RC(=\overset{+}{O}H){-}OH + H\overset{18}{\ddot{O}}R' \underset{}{\overset{慢}{\rightleftharpoons}} R{-}C(OH)(OH){-}\overset{18}{\overset{+}{H}O}R' \overset{-H^+,快}{\rightleftharpoons} R{-}C(OH)(OH){-}\overset{18}{O}R' \overset{-H^+,快}{\rightleftharpoons}$$

$$R{-}C(OH)(\overset{18}{O}R'){-}OH_2^+ \overset{-H_2O,慢}{\rightleftharpoons} R{-}C(=\overset{+}{O}H){-}\overset{18}{O}R' \overset{-H^+,快}{\rightleftharpoons} R{-}C(=O){-}\overset{18}{O}R'$$

在这一反应中，酸催化剂的作用一是活化羧基碳原子，以利于亲核试剂的进攻；二是使羟基形成水脱去。但酸的浓度不是越大越好，因为浓度太大时会造成醇质子化而降低其亲核能力。

当不同结构的酸和甲醇进行酯化反应时，虽然它们的电离常数相差不大，但它们的酯化反应速率却相差很大。表8-13列出了几种羧酸和甲醇在相同条件下进行酯化反应的相对速率。

表8-13　几种羧酸和甲醇在相同条件下进行酯化反应的相对速率

羧酸结构	名称	相对反应速率
CH_3COOH	乙酸	1
$CH_3CH_2CH_2COOH$	丁酸	0.51
$(CH_3)_3CCOOH$	2,2-二甲基丙酸	0.037
$(C_2H_5)_3CCOOH$	2,2-二乙基丁酸	0.00016

从上面的反应机理可知，反应的第二步为亲核加成反应，影响亲核加成反应的因素对该反应同样适用。因此烃基的体积越大，反应速率越慢。

也有少数酯化反应是由羧酸提供羟基，如叔醇的酯化。这是因为叔醇在酸催化下容易产生碳正离子，而羧酸则进一步充当了亲核试剂：

$$R_3COH + H^+ \overset{快}{\rightleftharpoons} R_3C^+ + H_2O$$

$$RC(=O)OH + R_3C^+ \overset{慢}{\rightleftharpoons} R{-}C(=O){-}\overset{+}{O}(H)CR_3 \overset{-H^+,快}{\rightleftharpoons} RC(=O){-}OCR_3$$

(2) 形成酰卤　羧酸中的羟基被卤素取代生成酰卤，所用的试剂一般为 PX_3、PX_5 和 $SOCl_2$ 等。与醇不同，氢卤酸(HX)不能使羧酸变成酰卤。

$$3RCOOH+PX_3 \longrightarrow 3RCOX+H_3PO_3$$

$$RCOOH+PX_5 \longrightarrow RCOX+POX_3+HX$$

$$RCOOH+SOCl_2 \longrightarrow RCOCl+SO_2+HCl$$

例如：

$$CH_3CH_2CH_2COOH+SOCl_2 \longrightarrow \underset{85\%}{CH_3CH_2CH_2COCl}+HCl+SO_2$$

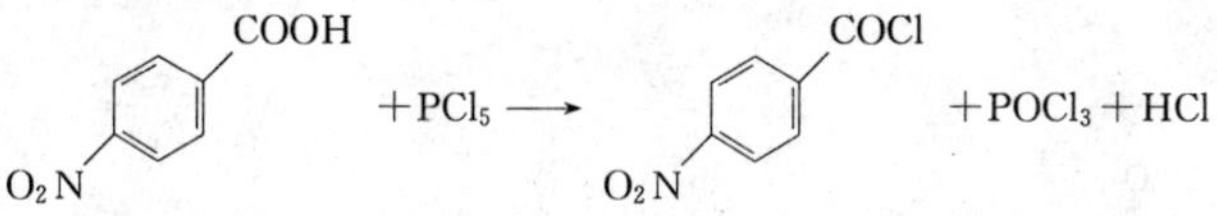

$$p\text{-}O_2NC_6H_4COOH+PCl_5 \longrightarrow \underset{95\%}{p\text{-}O_2NC_6H_4COCl}+POCl_3+HCl$$

这些反应也都是亲核取代反应，$SOCl_2$ 的作用与和醇反应相同。

酰卤很活泼，容易水解，是一类很重要的有机试剂，将羧酸转化为酰卤也是将羧基活化的主要手段之一。

(3) 形成酸酐　酸在强的脱水剂(如 P_2O_5)作用下或强热失水可生成酸酐：

$$RCOOH+RCOOH \xrightarrow{\triangle} R\overset{O}{\overset{\|}{C}}O\overset{O}{\overset{\|}{C}}R+H_2O$$

$$2RCOOH+(CH_3CO)_2O \rightleftharpoons (RCO)_2O+2CH_3COOH$$

例如：

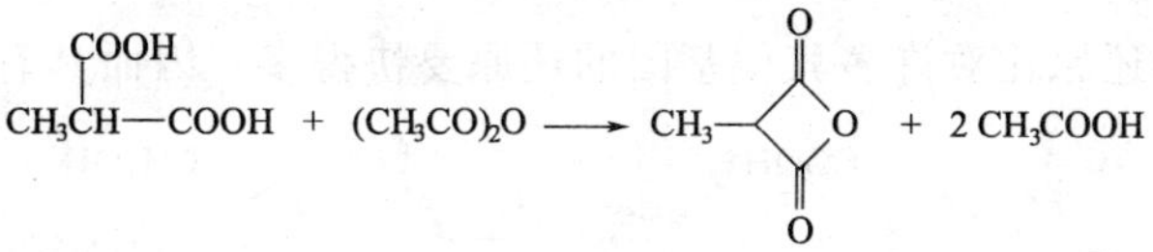

$$CH_3CH(COOH)-COOH+(CH_3CO)_2O \longrightarrow CH_3\text{-(四元环酸酐)}+2\,CH_3COOH$$

酸酐的交换反应是另一个亲核取代反应的例子，酸酐的作用是使羟基转化为一个较好离去基团 $OCOCH_3$。

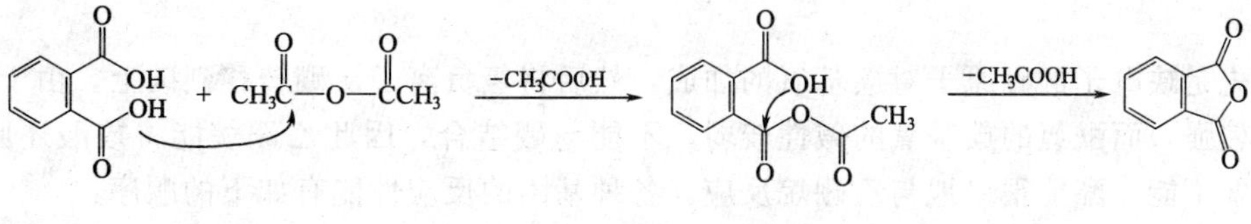

$$\text{邻苯二甲酸}+CH_3\overset{O}{\overset{\|}{C}}-O-\overset{O}{\overset{\|}{C}}CH_3 \xrightarrow{-CH_3COOH} \text{混合酸酐中间体} \xrightarrow{-CH_3COOH} \text{邻苯二甲酸酐}$$

具有五元或六元环的酸酐可由二元羧酸加热失水而得到。例如：

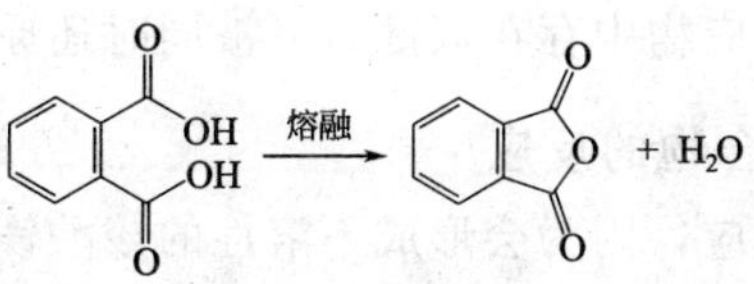

$$\text{邻苯二甲酸} \xrightarrow{\text{熔融}} \text{邻苯二甲酸酐}+H_2O$$

(4) 形成酰胺　在羧酸中通入氨气或加入碳酸铵，可以得到羧酸的铵盐，铵盐热解失水就变成酰胺。酰胺是一类重要的有机化合物，如进一步失水就变成腈：

$$RCOOH + NH_3[或(NH_4)_2CO_3] \longrightarrow RCOO^-NH_4^+ \xrightarrow{\triangle} RCONH_2 + H_2O$$

$$\xrightarrow{\triangle} RCN + H_2O$$

8.5.5.3 羧酸的还原

(1) 用 $LiAlH_4$ 还原　羧酸很难用催化氢化的方法还原，但 $LiAlH_4$ 能顺利地将羧酸直接还原成一级醇，例如：

$$2\,CH_3CH_2\underset{\displaystyle CH_3}{\underset{|}{C}}HCOOH + LiAlH_4 \xrightarrow{乙醚} \xrightarrow{H_3^+O} 2\,CH_3CH_2\underset{\displaystyle CH_3}{\underset{|}{C}}HCH_2OH + LiAlO_2 \quad 83\%$$

其反应机理为：

$$R\overset{O}{\overset{\|}{C}}—O—H + LiAlH_4 \longrightarrow R\overset{O}{\overset{\|}{C}}—O^-Li^+ + H_2 + AlH_3$$

$$R—\underset{O^-}{\underset{|}{\overset{O}{\overset{\|}{C}}}} + H—AlH_2 \longrightarrow R—\underset{O^-}{\underset{|}{\overset{OAlH_2}{\overset{|}{C}}}}—H \longrightarrow R—\underset{O}{\underset{\|}{C}}—H + {}^-AlH_2$$

$$R—\underset{O}{\underset{\|}{C}}—H + LiAlH_4 \longrightarrow RCH_2OLi \xrightarrow{H_2O} RCH_2OH$$

(2) 用 B_2H_6 还原　乙硼烷也可将羧酸还原成一级醇，例如：

$$PhCOOH + B_2H_6 \xrightarrow{THF} \xrightarrow{H_3^+O} PhCH_2OH + H_2 + B(OH)_3 \quad 89\%$$

乙硼烷对羧基的还原比对许多其他基团的还原要快得多，因而具有选择性。例如：

$$p\text{-}O_2N\text{-}C_6H_4\text{-}COOH \xrightarrow[THF]{B_2H_6} \xrightarrow{H_3^+O} p\text{-}O_2N\text{-}C_6H_4\text{-}CH_2OH$$

$$C_2H_5O\overset{O}{\overset{\|}{C}}(CH_2)_4COOH \xrightarrow[THF]{B_2H_6} \xrightarrow{H_3^+O} C_2H_5O\overset{O}{\overset{\|}{C}}(CH_2)_4CH_2OH \quad 88\%$$

反应首先是缺电子的硼原子对羰基氧的加成，然后将氢负离子从硼转移到碳上。由于羧基氧的碱性较强，而酰氯的羰基氧的碱性较弱，不能与硼结合，因此乙硼烷能将羧酸还原成醇，而对酰氯不能。酯能很慢地与乙硼烷反应。各种基团的反应性能有如下的顺序：

$$—COOH > C{=}O > —CN > —COOR > —COCl$$

乙硼烷能还原双键，故反应物中存在双键时可被同时还原。

8.5.5.4 与金属有机化合物的反应

格氏试剂一般不与羧酸反应，因为会形成不溶性的羧酸镁盐，影响进一步的反应。但有机锂试剂与羧酸反应可以生成酮，是一种从复杂羧酸合成酮的方法。例如：

$$CH_3CH_2CH_2COOH + 2C_2H_5Li \longrightarrow \xrightarrow{H_3^+O} CH_3CH_2CH_2COCH_2CH_3 + C_2H_6 + 2Li^+$$

羧酸与甲基锂的反应常被原来合成甲基酮。例如：

$$\text{(2-甲基苯甲酸)} \xrightarrow[\text{乙醚}]{2\,CH_3Li} \xrightarrow{H_3^+O} \text{(2-甲基苯乙酮)}\quad 62\%$$

由于甲基锂是强碱，其中的 1mol 锂试剂消耗在了与羧酸的酸碱反应上，其反应机理如下：

$$R-\overset{O}{\overset{\|}{C}}OH + LiCH_3 \longrightarrow R\overset{O}{\overset{\|}{C}}-O-Li + CH_4$$

$$R-\overset{O}{\overset{\|}{C}}-OLi + LiCH_3 \longrightarrow R-\underset{CH_3}{\overset{OLi}{C}}-OLi \xrightarrow{H_3^+O} R-\underset{CH_3}{\overset{OH}{C}}-OH + 2\,Li^+$$

$$R-\underset{CH_3}{\overset{OH}{C}}-OH \longrightarrow R-\overset{O}{\overset{\|}{C}}CH_3 + H_2O$$

8.5.5.5 脱羧反应

羧酸在一定条件下可以发生脱羧反应，但反应的难易并不相同，除甲酸外，乙酸的同系物直接加热都不容易脱羧，只有在特殊条件下可以。例如，无水乙酸钠与固体 NaOH 混合强热可生成甲烷，这是实验室制取少量甲烷的方法：

$$CH_3COONa + NaOH \xrightarrow{\text{热熔}} CH_4\uparrow + Na_2CO_3$$

一般羧酸都不容易脱羧，但当羧酸的 α-碳原子上连接有强吸电子基团时，则会使羧酸变得不那么稳定，当受热(一般为 100～200℃)时就很容易发生脱羧反应。例如：

$$HOOCCH_2COOH \xrightarrow{\triangle} CH_3COOH + CO_2$$

$$CH_3COCH_2COOH \xrightarrow{\triangle} CH_3COCH_3 + CO_2$$

$$Cl_3CCOOH \xrightarrow{\triangle} CHCl_3 + CO_2$$

乙酰乙酸的这种分解称为“酮式分解”，这一性质使得它的酯在有机合成中有着非常广泛的应用，因为乙酰乙酸酯亚甲基上的氢具有较强的酸性，在碱性条件下可以形成盐，该盐再通过亲核取代或亲核加成反应可以转化为一系列乙酰乙酸酯的衍生物，这些衍生物水解后可得到取代的乙酰乙酸，其受热脱羧后即可得到各类羰基化合物：

$$CH_3\overset{O}{\overset{\|}{C}}CH_2COOC_2H_5 \xrightarrow[-C_2H_5OH]{NaOC_2H_5} CH_3\overset{O}{\overset{\|}{C}}\underset{Na^+}{\overset{-}{C}H}COOC_2H_5 \xrightarrow[-NaX]{RX} CH_3\overset{O}{\overset{\|}{C}}\underset{R}{CH}COOC_2H_5 \xrightarrow[\triangle]{\text{稀碱}} CH_3\overset{O}{\overset{\|}{C}}\underset{R}{CH_2} + C_2H_5OH + CO_2$$

$$CH_3\overset{O}{\overset{\|}{C}}\underset{R}{CH}COOC_2H_5 \xrightarrow[NaOC_2H_5]{-C_2H_5OH} CH_3\overset{O}{\overset{\|}{C}}\underset{R}{\overset{-\,Na^+}{C}}COOC_2H_5 \xrightarrow[-NaX]{R'X} CH_3\overset{O}{\overset{\|}{C}}\underset{R}{\overset{R'}{C}}COOC_2H_5 \xrightarrow[\triangle]{\text{稀碱}} CH_3\overset{O}{\overset{\|}{C}}\underset{R}{CH}R' + C_2H_5OH + CO_2$$

这里 R 和 R′可以是烷基，也可以是酰基或其他基团。例如：

$$\underset{\overset{\|}{O}}{CH_3CCH_2COOC_2H_5} \xrightarrow[2CH_2=CHCOOC_2H_5]{2EtONa} CH_3\overset{\overset{O}{\|}}{C}-\underset{CH_2CH_2COOC_2H_5}{\overset{CH_2CH_2COOC_2H_5}{\overset{|}{\underset{|}{C}}}}-COOC_2H_5 \xrightarrow[\triangle]{稀碱} CH_3\overset{\overset{O}{\|}}{C}-\text{(环)}\begin{matrix}COOH\\COOH\end{matrix}$$

取代的乙酰乙酸酯的另一种分解方式是在浓碱作用下的分解，称为“酸式分解”，它是后文中介绍的 Claisen 缩合反应的逆反应：

$$CH_3\overset{\overset{O}{\|}}{C}\underset{\underset{R}{|}}{CH}COOC_2H_5 \xrightarrow{浓碱} CH_3COOH+RCH_2COOH+C_2H_5OH$$

因此，可知不同的反应条件可以得到不同的分解产物，各种酮、羧酸、1,3-二酮、1,4-二酮、羰基酸等皆可用此法制得。

乙酰乙酸酯可从乙酸酯的 Claisen 酯缩合或双乙烯酮与醇的加成来制备。

此外，羧酸自由基更容易发生脱羧放出 CO_2。例如，过氧化苯甲酰是生成高分子聚合物的重要引发剂之一，它在温热下即分解产生羧酸自由基，后者失去 CO_2 后得到苯基自由基：

$$C_6H_5-\overset{\overset{O}{\|}}{C}-O-O-\overset{\overset{O}{\|}}{C}-C_6H_5 \xrightarrow{\triangle} 2\,C_6H_5-\overset{\overset{O}{\|}}{C}-O\cdot \longrightarrow 2\,C_6H_5\cdot+2CO_2$$

Kolbe 反应是在电解条件下羧酸盐的脱羧(参见烷烃的制备)。

Hunsdiecker 反应是利用羧酸的银盐与氯或溴反应变成卤代烃的反应，例如：

$$C_6H_5CH_2COOAg+Br_2 \xrightarrow[76℃]{干\ CCl_4} C_6H_5CH_2Br+CO_2+AgBr$$

这个反应可合成比原来少一个碳原子的卤代烃，这是缩短碳链的方法之一。它的反应机理为：

$$RCOOAg + Br_2 \xrightarrow{-AgBr} RCOOBr \longrightarrow RCOO\cdot + Br\cdot$$
$$RCOO\cdot \longrightarrow R\cdot + Br\cdot + CO_2$$
$$R\cdot + Br\cdot \longrightarrow RBr$$

8.5.5.6　**α-氢的卤代**

羧基和羰基一样能使 α-H 活化，但其致活作用比羰基差，因此其 α-H 的卤代需要在催化剂存在下才能进行：

$$CH_3COOH+Br_2 \xrightarrow{催化剂} BrCH_2COOH \longrightarrow \quad \longrightarrow Br_3CCOOH$$

这类反应称为 Hell-Volhard-Zelinsky 反应，常用的催化剂有光、碘、硫或红磷等。例如：

$$CH_3(CH_2)_4COOH+Br_2 \xrightarrow{P\ 或\ PBr_3} CH_3CH_2CH_2CH_2\underset{\underset{Br}{|}}{CH}COOH+HBr$$

其反应机理为：

$$3RCH_2COOH + PBr_3 \longrightarrow 3RCH_2\overset{O}{\overset{\|}{C}}Br + P(OH)_3$$

$$RCH_2\overset{O}{\overset{\|}{C}}Br \rightleftharpoons RCH{=}\overset{OH}{\overset{|}{C}}Br \xrightarrow{Br_2} R{-}\overset{Br}{\overset{|}{C}}H\overset{O}{\overset{\|}{C}}Br + HBr$$

$$R\underset{Br}{\underset{|}{C}}H\overset{O}{\overset{\|}{C}}Br + RCH_2COOH \longrightarrow R\underset{Br}{\underset{|}{C}}HCOOH + RCH_2COBr$$

8.5.5.7 二元酸的特殊反应

二元羧酸可以发生羧酸所具有的一切反应，但某些反应取决于两个羧基间的距离。

(1) 热解　不同的二元羧酸受热后会发生分解，根据 2 个羧基之间的距离不同，有时发生脱水，有时发生脱羧，有时同时脱水和脱羧。例如：

草酸和丙二酸受热时发生脱羧反应：

$$\begin{matrix}COOH\\|\\COOH\end{matrix} \xrightarrow{\triangle} HCOOH + CO_2$$

$$CH_2(COOH)_2 \xrightarrow{\triangle} CH_3COOH + CO_2$$

这是由于羧基是吸电子基团，使羧基的脱除容易进行。丙二酸酯在有机合成中的广泛应用就是基于这一原理。

与乙酰乙酸酯相似，丙二酸酯亚甲基上的 H 原子也是活泼氢，可以在碱性条件下被其他取代基取代，取代的丙二酸酯再水解后脱羧，即可得到各种羧酸。例如：

① 合成一元羧酸

$$CH_2(COOC_2H_5)_2 \xrightarrow{C_2H_5ONa} Na^+\ ^-CH(COOC_2H_5)_2 \xrightarrow{RX} R{-}CH(COOC_2H_5)_2 \xrightarrow[\triangle]{NaOH} RCH_2COOH$$

$$R{-}CH(COOC_2H_5)_2 \xrightarrow{C_2H_5ONa} \xrightarrow{R'X} RR'C(COOC_2H_5)_2 \xrightarrow[\triangle]{NaOH} RR'CHCOOH$$

② 合成二元羧酸

$$Na^+\ ^-CH(COOC_2H_5)_2 \xrightarrow{ClCH_2COOC_2H_5} \begin{matrix}CH(COOC_2H_5)_2\\|\\CH_2COOC_2H_5\end{matrix} \xrightarrow[\triangle]{NaOH} \begin{matrix}CH_2COOH\\|\\CH_2COOH\end{matrix}$$

③ 合成脂环酸

$$Na^+\ ^-CH(COOC_2H_5)_2 \xrightarrow{Br(CH_2)_nBr} Br(CH_2)_nCH(COOC_2H_5)_2 \xrightarrow[2.-NaBr]{1.C_2H_5ONa} (CH_2)_{n-2}\begin{matrix}CH_2\\CH_2\end{matrix}C(COOC_2H_5)_2$$

$$\xrightarrow[\triangle]{NaOH} (CH_2)_{n-2}\begin{matrix}CH_2\\CH_2\end{matrix}C\begin{matrix}COOH\\H\end{matrix}$$

$$(CH_2)_{n-2}\begin{matrix}CH_2\\CH_2\end{matrix}C(COOC_2H_5)_2 \xrightarrow[2.\ H_3^+O]{1.\ LiAlH_4} (CH_2)_{n-2}\begin{matrix}CH_2\\CH_2\end{matrix}C(CH_2OH)_2 \xrightarrow{PBr_3} (CH_2)_{n-2}\begin{matrix}CH_2\\CH_2\end{matrix}C(CH_2Br)_2 \xrightarrow[CH_2(COOC_2H_5)_2]{2\ eq.\ C_2H_5ONa}$$

$$(CH_2)_{n-2}\begin{matrix}CH_2\\CH_2\end{matrix}C\begin{matrix}CH_2\\CH_2\end{matrix}C(COOC_2H_5)_2 \xrightarrow[\triangle]{NaOH} (CH_2)_{n-2}\begin{matrix}CH_2\\CH_2\end{matrix}C\begin{matrix}CH_2\\CH_2\end{matrix}C\begin{matrix}COOH\\H\end{matrix}$$

丙二酸酯可由氰基乙酸或丙二腈在酸催化下醇解而制得。例如：

$$ClCH_2COOH \xrightarrow[NaCN]{NaOH} NCCH_2COOH \xrightarrow[H_2SO_4]{C_2H_5OH} CH_2(COOC_2H_5)_2$$

丁二酸和戊二酸受热时不是脱羧反应，只是失水形成稳定的五元或六元酸酐：

$$\begin{matrix}CH_2COOH \\ | \\ CH_2COOH\end{matrix} \xrightarrow{\triangle} \text{丁二酸酐} + H_2O$$

$$CH_2(CH_2COOH)_2 \xrightarrow{\triangle} \text{戊二酸酐} + H_2O$$

己二酸和庚二酸受热时则同时失水和脱羧，生成稳定的五元或六元环酮：

$$HOOC(CH_2)_4COOH \xrightarrow{\triangle} \text{环戊酮} + CO_2 + H_2O$$

$$HOOC(CH_2)_5COOH \xrightarrow{\triangle} \text{环己酮} + CO_2 + H_2O$$

(2) 酯化反应　二元羧酸与二元醇进行酯化反应时可以生成环内酯，也可生成线型聚酯，环内酯也只限于五元环或六元环：

$$\begin{matrix}CH_2OH \\ | \\ CH_2OH\end{matrix} + \begin{matrix}HOOC \\ | \\ HOOC\end{matrix} \longrightarrow \text{环状草酸乙二醇酯} + 2\,H_2O$$

$$nHOCH_2CH_2OH + nHOOCCH_2CH_2COOH \longrightarrow H\!\left[OCH_2CH_2O\overset{O}{\overset{\|}{C}}CH_2CH_2\overset{O}{\overset{\|}{C}}\right]_n\!OH + (2n-1)H_2O$$

聚酯树脂是合成树脂中的一个大类，用途非常广泛。

8.5.5.8　醇酸的特殊反应

醇酸具有醇和酸的典型反应性能，但羟基和羧基的相对位置对反应结果有很大的影响。

(1) α-羟基酸的氧化　受羧基的影响，醇酸的羟基比一般醇的羟基容易氧化。例如，Tollens 试剂与一般醇不反应，但能将醇酸氧化成羰基酸：

$$\underset{\text{乳酸}}{CH_3\overset{OH}{\overset{|}{C}}HCOOH} \xrightarrow{Ag^+} \underset{\text{丙酮酸}}{CH_3\overset{O}{\overset{\|}{C}}COOH}$$

(2) 脱水　羟基酸在受热时会发生脱水，但产物随羟基与羧基间的距离不同而不同：

α-羟基酸失水生成内交酯。例如：

$$CH_3CH(OH)COOH + HOOC(HO)CHCH_3 \xrightarrow{\triangle} \text{丙交酯} + H_2O$$

β-羟基酸失水生成 α,β-不饱和酸。例如：

$$CH_3\underset{\underset{OH}{|}}{C}HCH_2COOH \xrightarrow{\triangle} CH_3CH{=}CHCOOH + H_2O$$

γ-羟基酸和 δ-羟基酸则极易发生分子内酯化生成环状的 γ-内酯和 δ-内酯。例如：

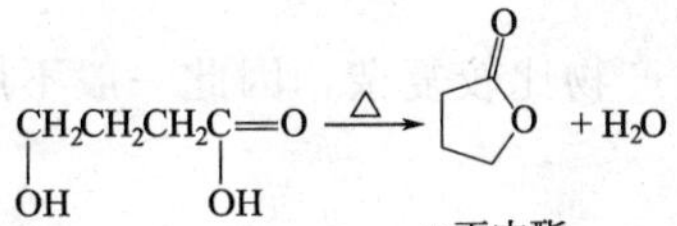

$$\underset{\underset{OH}{|}}{C}H_2CH_2CH_2\underset{\underset{OH}{|}}{C}{=}O \xrightarrow{\triangle} \gamma\text{-丁内酯} + H_2O$$

γ-丁内酯

内酯结构是天然产物中常见的结构，很多重要的天然产物都是内酯化合物。如茉莉内酯和黄葵内酯，它们都是天然香精中的重要成分。

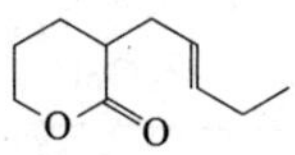

$(CH_2)_5$ O O $(CH_2)_8$

茉莉内酯 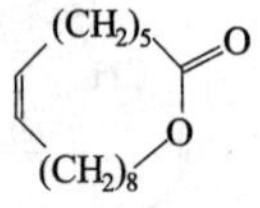　　黄葵内酯

羟基和羧基相距更远的醇酸在受热时则既可生成环内酯(取决于分子的张力)，也可生成链状的聚酯。

(3) α-羟基酸的分解　与稀硫酸一起共热时，α-羟基酸会分解生成一分子的醛(酮)及一分子甲酸。例如：

$$R\underset{}{\overset{\overset{OH}{|}}{C}}HCOOH \xrightarrow[\text{稀 } H_2SO_4]{\triangle} RCHO + HCOOH$$

8.5.6　羧酸的来源和制备

羧酸在自然界存在广泛，这可从常见的羧酸几乎都有一个俗名了解到。自然界中的羧酸大都以酯的形式存在于油脂和蜡中，且都是脂肪族羧酸，脂肪族这个名称即从油脂而来。油脂和蜡水解后可以得到多种脂肪酸的混合物，现在高级脂肪酸依然主要从油脂和蜡水解获得。除此之外，自然界还存在着许多特殊的羧酸，例如存在于单宁中的没食子酸、松香中的松香酸、胆汁中的胆甾酸，以及动、植物激素赤霉酸、脱落酸、前列腺素等，这些羧酸目前也仍然主要从动、植物体中获取。

乙酸最早是从发酵法制取的食醋中获取的，不少羧酸如苹果酸、柠檬酸、酒石酸等也仍然用发酵法制取。

以石油或煤为原料工业生产羧酸主要采用氧化法，大量生产的有乙酸、苯二甲酸、丁烯二酸和己二酸等，随着石油化工的发展，石蜡氧化制取脂肪酸已经工业化。石蜡是 C_{20}～C_{30} 的正烷烃，在 $KMnO_4$(用量为混合物的 0.1%～0.3%)的催化下，在 120～150℃通入空气氧化，发生碳链的断裂，得到一系列不同长短碳链的羧酸、醇和酯等，以及未反应的石蜡。这一方法可以节约大量的食用油脂。

在实验室及小规模生产中，羧酸的制备可以采用下面的方法。

(1) 醇或醛的氧化　醇和醛都可被氧化成羧酸(参见相关章节)，常用的氧化剂有 $Na_2Cr_2O_7(H^+)$、浓 HNO_3 和 $KMnO_4$ 等。例如：

$$CH_3CH_2CH_2OH \xrightarrow[H_2SO_4]{Na_2Cr_2O_7} CH_3CH_2COOH$$

65%

$$CH_3OCH_2CH_2OH \xrightarrow{HNO_3} CH_3OCH_2COOH \quad 62\%$$

$$n\text{-}C_6H_{13}CHO \xrightarrow[H_2SO_4]{KMnO_4} n\text{-}C_6H_{13}COOH \quad 78\%$$

酮也可以进行氧化，但氧化产物比较复杂，因此一般不用于酸的制备。但环内酮的氧化可以用于制备二元羧酸。例如：

$$\text{环己酮} \xrightarrow[H_2SO_4]{Na_2Cr_2O_7} HOOCCH_2CH_2CH_2CH_2COOH$$

（2）芳烃侧链的氧化　例如：

$$\text{2,4-二氯甲苯} \xrightarrow[\text{2. HCl}]{\text{1. 吡啶}, KMnO_4} \text{2,4-二氯苯甲酸} \quad 82\%$$

$$\text{对硝基甲苯}(O_2N\text{-}C_6H_4\text{-}CH_3) \xrightarrow[H_2SO_4]{Na_2Cr_2O_7} O_2N\text{-}C_6H_4\text{-}COOH \quad 98\%$$

（3）烯烃的臭氧化-氧化

$$RCH{=}CHR' \xrightarrow{O_3} \xrightarrow{H_2O_2} RCOOH + R'COOH$$

（4）甲基酮的卤仿反应

$$-\overset{O}{\overset{\|}{C}}CH_3 + 3Br_2 + OH^- \longrightarrow \xrightarrow{H^+} -COOH + CHBr_3 + 3Br^-$$

例如：

$$\text{环丙基甲基酮} \xrightarrow{NaOBr} \text{环丙烷甲酸} \quad 76\%$$

（5）羧酸衍生物的水解　酯、酸酐、酰氯和酰胺都能水解生成羧酸，但它们大都是从羧酸制备而来的，所以除了酯外，其他羧酸衍生物很少用于制备羧酸。一个经常用于制备羧酸的羧酸衍生物是腈，由于其可从卤代烃转化而来，所以是由烃类、醇类等制备羧酸的好方法，同时也是增长碳链的重要方法之一。

腈在酸或碱性条件下均可完全水解为羧酸，其反应机理略有不同。

酸催化：

$$RC{\equiv}N \overset{H^+}{\rightleftharpoons} RC{\equiv}NH^+ \overset{H_2O}{\rightleftharpoons} R\overset{^+OH_2}{\overset{|}{C}}{=}NH \overset{-H^+}{\rightleftharpoons} R\overset{OH}{\overset{|}{C}}{=}NH \rightleftharpoons R\overset{O}{\overset{\|}{C}}NH_2 \xrightarrow[H^+]{H_2O} RCOO^-$$

碱催化：

$$RC{\equiv}N \overset{OH^-}{\rightleftharpoons} R\overset{OH}{\overset{|}{C}}{=}N^- \overset{H_2O}{\rightleftharpoons} R\overset{OH}{\overset{|}{C}}{=}NH \rightleftharpoons R\overset{O}{\overset{\|}{C}}NH_2 \xrightarrow[H_2O]{OH^-} RCOO^-$$

例如：

$$\text{PhCH}(C_2H_5)\text{CN} \xrightarrow[C_2H_5OH]{KOH, H_2O} \text{PhCH}(C_2H_5)\text{COOK} \xrightarrow{HCl} \text{PhCH}(C_2H_5)\text{COOH}\ (88\%)$$

(6) 由金属有机化合物制备

$$RMgX + CO_2 \longrightarrow RCOOMgX \xrightarrow{H_3^+O} RCOOH$$

这一方法可以用来在分子中逐个增长碳链：

$$RCOOH \longrightarrow RCH_2OH \longrightarrow RCH_2X \longrightarrow RCH_2MgX \longrightarrow RCH_2COOMgX \longrightarrow RCH_2COOH$$

例如：

$$\text{PhCH}_2Cl + Mg \xrightarrow{Et_2O} \text{PhCH}_2MgCl \xrightarrow[2.\ HCl]{1.\ CO_2} \text{PhCH}_2COOH\ (59\%)$$

此外，还有茴三卤代烃的水解，Kolbe-Schmidt 反应，由丙二酸酯和乙酰乙酸酯制备等，也是制备羧酸的有效方法。

8.5.7 重要代表物

(1) 甲酸　甲酸俗称蚁酸，工业上是用 CO 和粉状苛性钠在 120～125℃和 6～8atm 下作用先制得甲酸盐，然后用硫酸酸化而得：

$$CO + NaOH \xrightarrow[6\sim8atm]{120\sim125^\circ C} HCOONa \xrightarrow{H_2SO_4} HCOOH$$

甲酸的结构比较特殊，它既有羧基的结构，又有醛基的结构，因此它除了具有酸性之外，还具有醛的还原性，能与 Tollens 试剂发生银镜反应，也能使 $KMnO_4$ 溶液褪色，这些反应常用于定性鉴定中。

$$H-\overset{\overset{\large O}{\|}}{C}-OH$$

甲酸与浓硫酸等脱水剂共热即分解成 CO 和 H_2O，是实验室中制取少量 CO 的方法。

$$HCOOH \xrightarrow[60\sim80^\circ C]{浓\ H_2SO_4} CO + H_2O$$

甲酸是无色而有强烈刺激味的液体，沸点 100.7℃，腐蚀性极强，使用时要避免与皮肤接触。甲酸在工业上用作还原剂和橡胶的凝聚剂，也用来合成酯和某些染料。

(2) 乙酸　乙酸俗称醋酸，是食醋的主要成分，普通的醋中含 6%～8%的乙酸。乙酸为无色有刺激性的液体，熔点 16.6℃，易冻结成冰状固体，故俗称为冰醋酸。乙酸能与水以任意比例混溶，也溶于其他有机溶剂中。

很早人类就知道用发酵法来制取酒和食醋，醋酸是人类使用最早的羧酸。醋由醋母菌催化下氧化乙醇而成：

$$CH_3CH_2OH+[O]\xrightarrow[\text{空气}]{\text{醋母菌}}CH_3COOH$$

乙酸是重要的有机化工原料，广泛用于农药、医药、合成材料，以及与失活相关的轻工产品的制造，在国民经济中占有重要的地位。其中消耗最多的是用于生产乙酸乙烯酯(VAM)，其次是乙酸酐，前者是世界上产量最大的有机化工原料之一，以 VAM 为原料可以生产聚乙烯醇、维尼纶、胶黏剂、涂料、乙烯基共聚树脂等一系列化工产品，广泛应用于纺织、机械、建筑、汽车、轻工、农业等各个领域；而后者则是生产醋酸纤维素(用于薄膜、香烟过滤嘴、纺织、片基、涂料等)、乙酰水杨酸(医药)、香豆素(香料、定香剂)、乙酰丙酮(催化剂、饲料添加剂、涂料助剂等)的原料。除此之外，乙酸还可用于生产乙烯酮、双乙烯酮、乙酰基苯胺、乙酰氯、氯乙酸、乙酸酯和乙酰胺等，这些产品同样是非常重要的化工原料。

目前，工业上生产乙酸的方法主要有三种，一是乙醛氧化法，这是最老的生产方法，乙醛与氧或空气在乙酸锰催化剂的存在下液相氧化成乙酸，反应温度 60～80℃，压力 0.3～1.0MPa。

$$CH_3CHO+1/2O_2 \longrightarrow CH_3COOH+29\text{kJ/mol}$$

目前我国的乙酸生产基本还都采用此法，所不同的只是乙醛的来源不一样而已；二是烷烃液相氧化法，C_3～C_8 的烷烃或清油都可作为氧化生产乙酸的原料，其中以丁烷做原料时收率最高，氧化在液相中进行，反应温度 150～225℃，压力 4～8MPa，催化剂为 Co、Mn、Ni、Cr 等的乙酸盐或环烷酸盐：

$$C_4H_{10}+5/2O_2 \longrightarrow 2CH_3COOH+H_2O$$

三是甲醇羰化法，即以 Rh-I_2 系统为催化剂，在 210～250℃和 0.1～1.5MPa 条件下与CO作用而得，以甲醇计收率可达 99%：

$$CH_3OH+CO \longrightarrow CH_3COOH$$

这是目前最佳的生产工艺，不足的是要使用昂贵的铑催化剂和腐蚀性很强的碘。

(3) 苯甲酸　苯甲酸与苄醇形成的酯存在于天然树脂与安息香胶内，所以苯甲酸俗称安息香酸。工业上生产苯甲酸是将甲苯氧化，或先氯代后水解成酸，后者因产品中杂有氯化物，故以氧化法为好。

$$C_6H_5CH_3 \xrightarrow[O_2]{\text{环烷酸钴}} C_6H_5COOH$$

$$C_6H_5CH_3 \xrightarrow[h\nu]{Cl_2} C_6H_5CCl_3 \xrightarrow[-HCl]{H_2O} C_6H_5COOH$$

苯甲酸是白色固体，微溶于水，易升华，能随水蒸气一起蒸出。其钠盐是温和的防腐剂，用作食品等的防腐。

(4) 草酸(乙二酸)　草酸以盐的形式存在于多种植物的细胞膜中，最常见的是钙盐和钾盐，在人尿中也存在着少量的草酸钙。

草酸很容易被氧化成 CO_2 和水，在定量分析中常用草酸来滴定 $KMnO_4$：

$$5(COOH)_2+2KMnO_4+3H_2SO_4 \longrightarrow K_2SO_4+2MnSO_4+10CO_2+8H_2O$$

草酸可与许多金属离子形成络离子。例如：

$$Fe_2(C_2O_4)_3 + 3K_2(COO)_2 + 6H_2O \longrightarrow 2K_3[Fe(C_2O_4)_3]\cdot 6H_2O$$

这种配合物是溶于水的，因此草酸可以用来除去铁锈或蓝墨水的痕迹。

草酸可直接应用于许多领域，如大量用于稀土元素和其他金属元素的分离和提取，金属清洗和形成保护膜、摄影和晒图工艺等，同时它也是一种重要的合成原料，用于合成草酸酯、乙醛酸、草酰胺和草酰氯等。

工业上生产草酸主要采用甲酸钠法，即用 CO 与 NaOH 反应生成甲酸钠，然后经热解偶联而得到草酸钠，再经铅化或钙化，最后酸化得到产品。

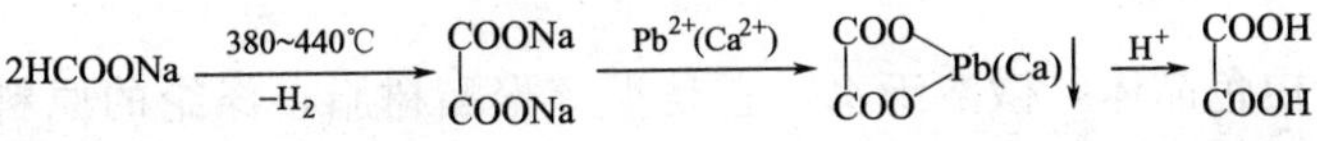

$$2HCOONa \xrightarrow[-H_2]{380\sim440℃} \begin{matrix} COONa \\ | \\ COONa \end{matrix} \xrightarrow{Pb^{2+}(Ca^{2+})} \begin{matrix} COO \\ | \\ COO \end{matrix}\!\!>\!Pb(Ca)\downarrow \xrightarrow{H^+} \begin{matrix} COOH \\ | \\ COOH \end{matrix}$$

（5）己二酸　己二酸是合成尼龙的原料。己二酸酯类用作增塑剂和用于聚氨酯领域，部分用作润滑剂。己二酸还可用于制取己二腈和己二胺，也可用作各种食品和饮料的酸味剂、缓冲剂或中和剂。

己二酸的生产方法有苯酚法和环己烷法。苯酚法采用苯酚为原料，经催化加氢得到环己醇，再用硝酸氧化制得己二酸；环己烷法是由环己烷在催化剂作用下液相氧化成环己醇和环己酮的混合物，再经硝酸氧化生成己二酸：

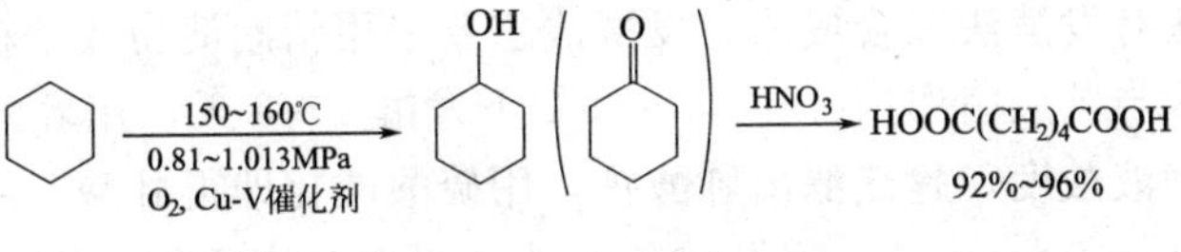

$$\text{环己烷} \xrightarrow[\substack{0.81\sim1.013MPa \\ O_2,\ Cu\text{-}V催化剂}]{150\sim160℃} \text{环己醇(OH)}\ (\text{环己酮}) \xrightarrow{HNO_3} \underset{92\%\sim96\%}{HOOC(CH_2)_4COOH}$$

由于苯酚价格较高，苯酚法已逐步被环己烷法所取代。

（6）丁烯二酸　丁烯二酸具有顺、反异构体：

	反丁烯二酸(富马酸)	顺丁烯二酸(马来酸)
熔点	300~302℃	139~140℃
燃烧热	1337.6kJ/mol	1362.6 kJ/mol

比较它们的燃烧热可以看出，顺式异构体比较不稳定，它们具有不同的物理性质，但化学性质基本相同，只有在与分子的空间排列有关的反应才会表现出不同。例如，顺式容易生成酸酐，而反式需要在较激烈的条件下先转变为顺式后才能形成酸酐：

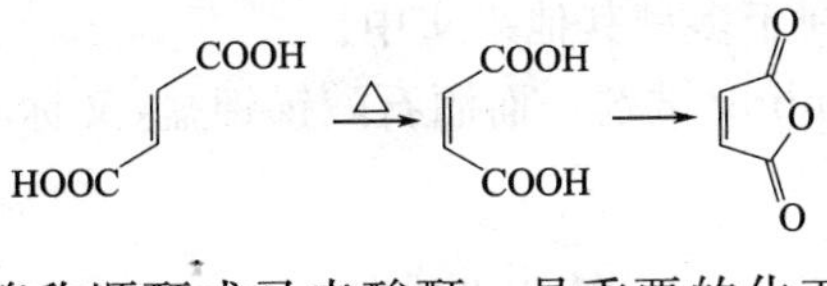

$$\text{反丁烯二酸} \xrightarrow{\triangle} \text{顺丁烯二酸} \longrightarrow \text{顺丁烯二酸酐}$$

所得产物为顺丁烯二酸酐，简称顺酐或马来酸酐，是重要的化工原料，大量用于生产不饱和聚酯树脂，同时还可用来生产四氢呋喃、苹果酸、γ-丁内酯等。工业上生产顺酐的方法主要是苯氧化法：

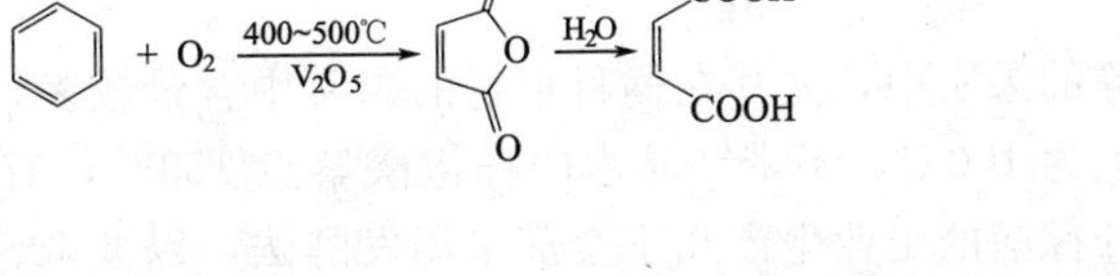

$$\text{苯} + O_2 \xrightarrow[V_2O_5]{400\sim500℃} \text{顺丁烯二酸酐} \xrightarrow{H_2O} \text{顺丁烯二酸}$$

20世纪70年代开发了正丁烷氧化制取顺酐的工艺，此法原料价廉，环境污染小，已逐步取代苯氧化法占主导地位。

(7) 苯二甲酸　苯二甲酸有邻、间、对位3种异构体，其中以邻位和对位产品在工业上最为重要。

邻苯二甲酸是白色晶体，不溶于水，在高温下失水则变成酸酐，是一种重要的有机化工原料，广泛用于生产增塑剂、不饱和聚酯树脂、醇酸树脂及染料、医药和农药等，并正在开拓新的应用领域，如阻燃、石油降凝等方面，应用范围日益扩大。工业上从萘催化氧化或二甲苯氧化脱水而得。

对苯二甲酸为白色晶体，微溶于水，它是生产聚酯树脂、涤纶的原料，可由苯酐转位、混合二甲苯氧化转位或对二甲苯氧化而得。

(8) 乳酸($CH_3CH(OH)COOH$)　乳酸最初是由酸牛奶中得到的，并因此而得名。它是牛奶中含有的乳糖受微生物的作用分解而成的，蔗糖发酵也能得到乳酸。此外，人体在运动时，肌肉里也会有乳酸积累，经休息后，肌肉里的乳酸就转化为水和糖。

乳酸有很强的吸湿性，一般成糖浆状液体，其用途很广，主要用于食品、酒类酿造、鞣革以及生产乳酸衍生物，如各种乳酸酯和乳酸盐、医药、农药等。

乳酸的生产方法有发酵法和合成法。发酵法主要采用精制淀粉或蔗糖作为原料，淀粉用麦芽糖糖化，糖化液与乳酸菌作用，在48～49℃下发酵4～6天，用乳酸钙或石灰乳中和生成的乳酸，调节发酵液酸度，趁热滤出乳酸钙，用硫酸酸化即得乳酸。

(9) 苹果酸($HO—CHCOOH$ 与 CH_2COOH 相连)　苹果酸最初从苹果中分离而得，因而得名。它存在于未成熟的果实内，在山楂中含量较高，也存在于一些植物的叶子中。苹果酸也有光学异构体，自然界存在的是左旋苹果酸，为无色结晶，熔点100℃，易溶于水和乙醇，微溶于乙醚。工业上由顺酐或反式丁烯二酸在约1MPa压力下水合得到DL-苹果酸，也可用生物发酵法或萃取法制得L-苹果酸。苹果酸用作清凉饮料的酸味剂、果实饮料的色调保持剂、工业上用的消臭剂、洗涤剂、酸洗净化剂、染色助剂、皮革油和切削油等的添加剂，合成树脂增塑剂等。

(10) 酒石酸($HO—CHCOOH$ / $HO—CHCOOH$)　酒石酸以酸性钾盐的形式存在于葡萄内，这个盐难溶于水和乙醇，所以在以葡萄汁酿酒的过程中成为沉淀析出，这种沉淀就叫做酒石，酒石酸的名称也由此而来。酒石酸也存在于多种其他果实中。

酒石酸钾钠用以配制Fehling试剂，而酒石酸锑钾盐(又称吐酒石)是医治血吸虫病的特效药。

$$\left[\begin{array}{l}HO—CHCOOK\\ \quad\ \ |\\ HO—CHCOOSbO\end{array}\right]_2\cdot H_2O$$

(11) 柠檬酸($HO—C(CH_2COOH)_2COOH$)　柠檬酸又称枸橼酸，存在于多种植物，如柠檬、葡萄、醋栗、覆盆子等的果实中，尤其在橘科植物的果实中含量较多，为无色结晶。带一分子结晶水的柠檬酸熔点为100℃，不带结晶水的柠檬酸熔点153℃，有强酸味，易溶于水、乙醇和乙醚。目前，柠檬酸的工业生产几乎全部采用发酵法，以糖蜜、淀粉质、石油烃、废果渣为原料，利用霉菌和酵母菌进行发酵，发酵醪液再经提取、精制除去各种杂质后，得到高纯度的产品。

柠檬酸具有无毒、安全、可口的酸味，以及调节 pH 值和对金属离子的螯合作用，传统用途以食用为主，在食品和饮料中用作酸味剂和抗氧化剂。20 世纪 70 年代以后，在其他工业领域不断开发出新的用途，特别是在洗涤剂工业中代替磷酸盐作为增效助剂，使柠檬酸的消费结构发生了变化。

(12) 水杨酸(邻羟基苯甲酸)　水杨酸为无色针状结晶，熔点 159℃，在 79℃升华，微溶于冷水，易溶于乙醇、乙醚、氯仿和沸水中，与 $FeCl_3$ 水溶液呈紫红色。由于酚羟基的影响，酸性较苯甲酸强。

工业上用柯尔柏法制备水杨酸，即在 4～7atm（1atm＝101.325kPa），125℃时让苯酚钠充分吸收 CO_2，反应生成水杨酸钠，再酸化而得水杨酸：

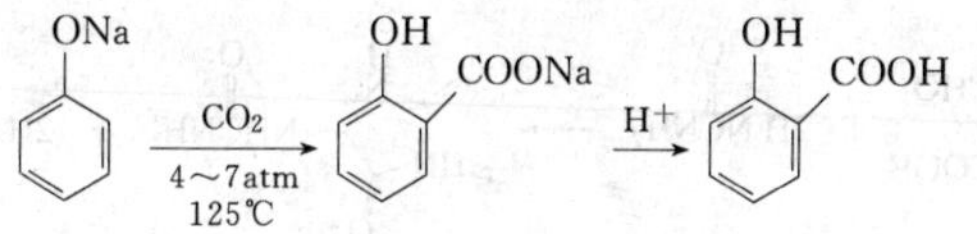

$$C_6H_5ONa \xrightarrow[4\sim7atm,\ 125^\circ C]{CO_2} o\text{-}HOC_6H_4COONa \xrightarrow{H^+} o\text{-}HOC_6H_4COOH$$

水杨酸有解热、镇痛的作用，由于酚羟基对胃有刺激性，医药上多用其酯——乙酰水杨酸作口服药，俗称阿司匹林，这是迄今为止最成功的合成药物。

水杨酸的乙醇溶液为常用的治疗因霉菌感染而引起的皮肤病(癣)的药物。

水杨酸的甲酯俗称冬青油，是从冬青树叶中取得的冬青油的主要成分，有特殊香味，可作扭伤时的外擦药，也用于配制牙膏、糖果等用的香精。

(13) 五倍子酸和五倍子单宁　五倍子酸又称为没食子酸或棓酸，即 3,4,5-三羟基苯甲酸，为无色结晶，以单宁的形式存在于五倍子、槲树皮和茶叶等中，可由五倍子发酵和水解制得，与铁盐形成黑色沉淀。

单宁是一类天然产物，存在于许多植物如石榴、咖啡、茶叶、柿子等中，有鞣皮的作用，即将生皮变为皮革，所以也叫鞣质或鞣酸。由不同来源得到的单宁结构不同，研究得最多的是我国的五倍子单宁，其结构大致如下：

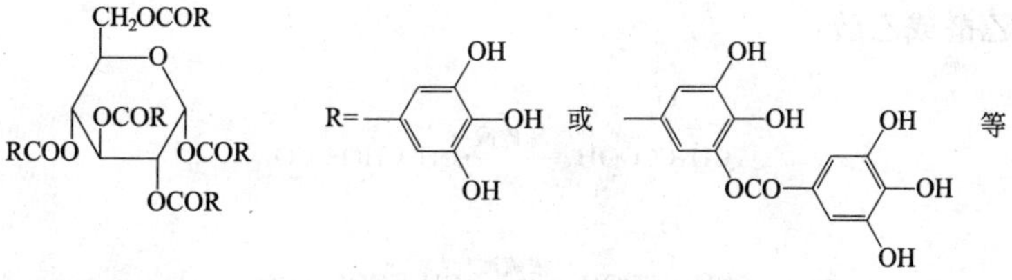

（葡萄糖五酯结构：CH_2OCOR，OCOR，RCOO，OCOR，OCOR；R＝ 3,4,5-三羟基苯基 或 3,4-二羟基-5-(3,4,5-三羟基苯甲酰氧基)苯基 等）

单宁有杀菌、防腐和凝固蛋白的作用，所以在医药上常用它作止血及收敛剂，如鞣酸蛋白是口服治疗腹泻的药物。单宁还可与多种生物碱形成沉淀，因而可用来作生物碱中毒时的解毒剂。

(14) 乙醛酸(OHCCOOH)　乙醛酸存在于未成熟的水果和动物组织中，是无色糖浆状液体，易溶于水，能和水形成结晶状水合乙醛酸，具有醛和羧酸的典型反应性能，如能进行康尼扎罗反应等。

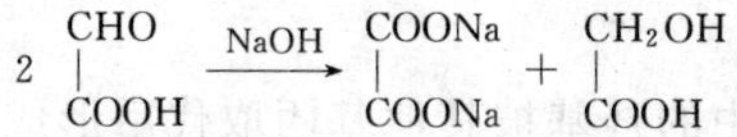

$$2\ \begin{matrix}CHO\\|\\COOH\end{matrix} \xrightarrow{NaOH} \begin{matrix}COONa\\|\\COONa\end{matrix} + \begin{matrix}CH_2OH\\|\\COOH\end{matrix}$$

乙醛酸除用作生化试剂外，主要用于合成香兰素、乙基香兰素和尿囊素等。

$$\text{邻-ROC}_6\text{H}_4\text{OH} \xrightarrow{\text{OHC-COOH}} \text{4-HO-3-RO-C}_6\text{H}_3\text{CH(OH)COOH} \xrightarrow[-H_2O]{O_2} \text{4-HO-3-RO-C}_6\text{H}_3\text{COCOOH} \xrightarrow{-CO_2} \text{4-HO-3-RO-C}_6\text{H}_3\text{CHO}$$

$R=CH_3$, 香兰素
$R=C_2H_5$, 乙基香兰素

香兰素和乙基香兰素都是重要的香料，广泛用于食品(如冰淇淋、饼干等)、香烟、日用化工及医药等领域。

尿囊素存在于尿囊液、胎儿尿中，具有软化角质蛋白，促进细胞生长，使伤口迅速愈合的作用，用于皮肤病、溃疡和创伤的治疗。可由乙醛酸与尿素缩合而成：

$$\text{OHC-COOH} + 2H_2N\overset{O}{\overset{\|}{C}}NH_2 \longrightarrow \text{(5-脲基乙内酰脲)}-NH\overset{O}{\overset{\|}{C}}NH_2 + 2H_2O$$

尿囊素

(15) 丙酮酸($CH_3COCOOH$)　丙酮酸为无色有刺激臭味的液体，沸点165℃，能溶于水、醇和醚中。丙酮酸为生物体内葡萄糖代谢的中间产物，在无氧条件下丙酮酸作为氢受体被还原为乳酸，在有氧条件下脱氢脱羧生成乙酰辅酶A进入三羧酸循环彻底氧化，最后生成二氧化碳和水，并释放出能量。

乳酸氧化可得到丙酮酸。也可由酒石酸失水、失羧而得，所以丙酮酸也叫焦酒石酸：

$$\begin{array}{c}COOH\\|\\CHOH\\|\\CHOH\\|\\COOH\end{array} \xrightarrow{-H_2O} \begin{array}{c}COOH\\|\\C-O-H\\\|\\H-C\\|\\COOH\end{array} \rightleftharpoons \begin{array}{c}COOH\\|\\C=O\\|\\CH_2\\|\\COOH\end{array} \xrightarrow{-CO_2} \begin{array}{c}COOH\\|\\C=O\\|\\CH_3\end{array}$$

丙酮酸除具有酮的性质外，还具有羰基酸特殊的反应，如在一定条件下可以脱羧或脱去CO，分别形成乙醛或乙酸：

$$CH_3\overset{O}{\overset{\|}{C}}COOH \xrightarrow{\text{稀硫酸}} CH_3CHO + CO_2$$

$$CH_3\overset{O}{\overset{\|}{C}}COOH \xrightarrow{\text{浓硫酸}} CH_3COOH + CO$$

酮和羧酸都不易氧化，但丙酮酸极易被氧化，弱氧化剂就可将其氧化。如：

$$CH_3\overset{O}{\overset{\|}{C}}COOH + H_2O_2 \xrightarrow{Fe^{2+}} CH_3COOH + CO_2 + H_2O$$

8.6 羧酸衍生物

羧酸衍生物是指羧酸分子中的羟基被其他基团取代后形成的化合物，重要的羧酸衍生物有酰氯、酸酐、酯和酰胺等。

8.6.1 羧酸衍生物

8.6.1.1 分类和命名

羧酸上的OH被卤素取代后的产物称为酰卤，其中最常见的是酰氯。酰卤的命名很简单，只需把相应羧酸的名称后面的“酸”字改为“酰卤”即可。例如：

$ClCH_2COCl$ 氯乙酰氯　　C_6H_5COCl 苯甲酰氯　　ClCOCOCl 草酰氯

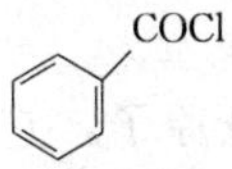

酸酐是两分子羧酸间脱去一分子水后的产物，可表示为：

$$RCOCR' \text{（} R-\overset{O}{\overset{\|}{C}}-O-\overset{O}{\overset{\|}{C}}-R' \text{）}$$

两个相同的羧酸脱水形成的酸酐叫做单酐，两个不同羧酸分子间脱水形成的酸酐称为混酐，二元羧酸分子内部脱水形成的酸酐称为环内酸酐，如顺丁烯二酸酐、邻苯二甲酸酐等。

酸酐一般根据相应的羧酸来命名。例如：

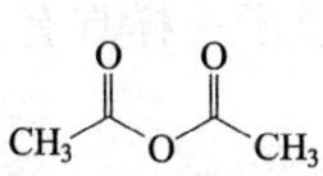

$CH_3COOCOCH_3$ 乙酸酐　　$CH_3COOCOCH_2CH_3$ 乙丙酸酐 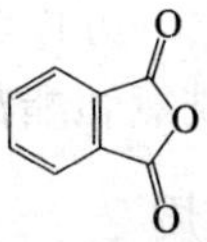　　邻苯二甲酸酐(苯酐)

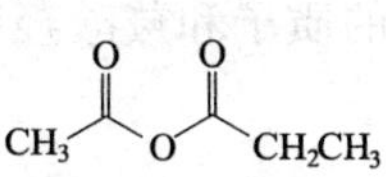

羧酸与醇(酚)分子间脱去水后形成的产物称为酯(无机酸与醇形成的酯称为无机酸酯，如硫酸二甲酯、硝化甘油等)。可表示为：

$$R-\overset{O}{\overset{\|}{C}}-OR'$$

酯的命名是先写出酸的名称，然后在后面加上酯中烃基的名称，最后加上“酯”字即可。例如：

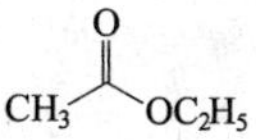

$CH_3COOC_2H_5$ 乙酸乙酯　　$CH_3COOCH=CH_2$ 乙酸乙烯酯　　$CH_3CHClCH_2COOCH_2CHBrCH_3$ 3-氯丁酸-2′-溴丙酯　　$C_6H_5COOCH(CH_3)_2$ 苯甲酸异丙酯

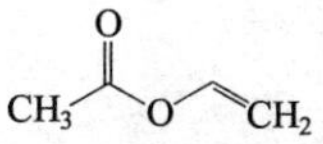

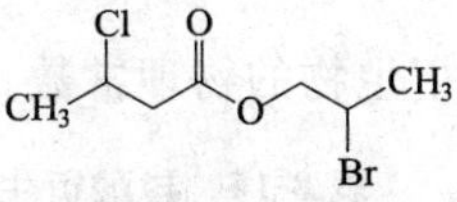

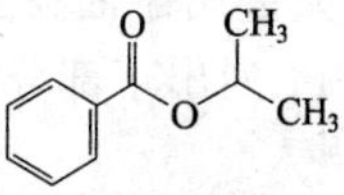

如是羟基酸分子内脱水形成的酯则称为内酯，命名时必须标出羟基所处的位置。例如：

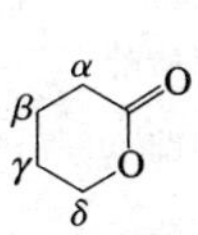

δ-戊内酯（环上标 α、β、γ、δ）　　3-甲基-β-丙内酯（环上标 1、2、3）

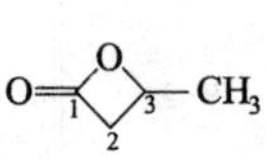

酰胺是羧酸的OH被氨基取代的产物：

$$R-\overset{O}{\overset{\|}{C}}-NR^1R^2$$

(R^1,R^2 为 H 或烃基)

命名时根据相应的酰基来命名。例如：

乙酰胺　　N,N-二甲基甲酰胺(DMF)　　邻苯二甲酰亚胺　　己内酰胺

8.6.1.2　结构特点

羧酸衍生物与羰基直接相连的都是杂原子，它除了对羰基具有-I效应外，还具有p-π共轭效应(+C)，因此其性质是这两种效应综合作用的结果。在酰卤(氯、溴)中，由于p-π共轭中的p轨道是3p或4p轨道，因而比酯和酰胺弱，－I占主导地位。而在酯和酰胺中，+C效应更重要，尤其对酰胺，由于N原子电负性较小，所以酰氨键甚至具有相当程度双键的性质：

$$R-\overset{O}{\overset{\|}{C}}-\ddot{N}H_2 \longleftrightarrow R-\overset{O^-}{\overset{|}{C}}=\overset{+}{N}H_2$$

这一特点决定了，一方面酰胺上的质子和羧酸羟基上的质子一样具有一定酸性，另一方面酰胺的反应活性比酰氯和酯都差。

8.6.1.3　物理性质

低级的酰氯和酸酐是具有刺鼻气味的液体，高级的为固体。低级酯具有芳香味，广泛存在于水果中，可用作香料。十四碳以下的甲酯和乙酯均为液体。酰胺除甲酰胺外均为固体，这是因为分子间可形成强烈的氢键，如果氮原子上的H逐步被烷基取代，则氢键缔合减少，因此脂肪族的*N*-取代酰胺常为液体。酰氯和酯的沸点因分子中没有氢键缔合而比相应的羧酸低。而酸酐和酰胺的沸点则比相应的羧酸高。

酰氯和酸酐不溶于水，低级的遇水剧烈分解。酯在水中的溶解度很小，因而常用作萃取溶剂。低级的酰胺可溶于水，二甲基甲酰胺和二甲基乙酰胺是很好的非质子极性溶剂，可与水以任意比例混溶。这些羧酸衍生物均可溶于有机溶剂中，而乙酸乙酯本身是一个很好的有机溶剂，大量用于油漆工业。

表8-14列出了部分羧酸衍生物的物理常数。

表8-14　羧酸衍生物的物理常数

名称	沸点/℃	熔点/℃	名称	沸点/℃	熔点/℃
乙酰氯	51	－112	苯甲酸酐	360	42
乙酰溴	76.7	—	邻苯二甲酸酐	284.5	132
丙酰氯	80	－94	甲酸甲酯	32	－100
正丁酰氯	102	－89	甲酸乙酯	54	－80
苯甲酰氯	197	－1	乙酸乙酯	77	－83
对硝基苯甲酰氯	154(15mmHg)	72	乙酸异戊酯	142	－78
乙酸酐	140	－73	异戊酸异戊酯	194	—
丙酸酐	169	－45	苯甲酸乙酯	213	－34
丁二酸酐	261	119.6	乙酸苯甲酯	215	－52
丁烯二酸酐	202	53	甲基丙烯酸甲酯	100	－50

续表

名称	沸点/℃	熔点/℃	名称	沸点/℃	熔点/℃
甲酰胺	200(分解)	2.5	苯甲酰胺	290	130
乙酰胺	222	81	丁二酰亚胺	288	126
丙酰胺	213	79	邻苯二甲酰亚胺	—	238
N,*N*-二甲基甲酰胺	153	—			

8.6.1.4 光谱性质

(1) 紫外光谱 在羧酸衍生物的几种电子跃迁方式中，只有 $n\rightarrow\pi^*$ 跃迁所需要的能量最小，吸收带出现在近紫外区，例如：

$$CH_3COCl \qquad \lambda_{max}=235nm \qquad \varepsilon_{max}=53(己烷)$$

但因为 $n\rightarrow\pi^*$ 跃迁是禁阻的，因而吸收都很弱。

(2) 红外光谱 酰卤：脂肪族酰卤的C═O 伸缩振动吸收在 $1800cm^{-1}$ 区(强)，如羰基与不饱和基团共轭，则吸收在 $1750\sim1800cm^{-1}$ 区域。芳香族酰卤在 $1765\sim1785cm^{-1}$ 区有两个强的吸收峰，波数较高的是羰基伸缩振动吸收，在 $1765\sim1785cm^{-1}$ 区域，较低的是羰基与芳环间的C—C 伸缩振动吸收(约 $875cm^{-1}$)的弱倍频峰，由于在强峰附近而被强化，吸收强度升高，在 $1735\sim1750cm^{-1}$ 区域。

酯：酯的C═O 伸缩振动吸收在 $1735cm^{-1}$(强)附近；C═CCOOR 或 ArCOOR 的羰基在约 $1720cm^{-1}$ 区域；而—COOC═C 或 RCOOAr 结构的羰基在 $1760cm^{-1}$ 区域。在 $1050\sim1300cm^{-1}$ 区域有两个C—O 伸缩振动吸收，其中波数较高的吸收峰比较特征，可用于酯的鉴定。芳香酸酯在 $1585\sim1605cm^{-1}$ 区域还有一个特征的环振动吸收峰。

酰胺：伯酰胺($RCONH_2$)的羰基伸缩振动吸收在约 $1690cm^{-1}$(强)区域，缔合体在 $1650cm^{-1}$ 区域。在非极性稀溶液中，N—H 伸缩振动有两个吸收峰，在约 $3400cm^{-1}$ 和约 $3520cm^{-1}$ 区域；在浓溶液或固态中，因有氢键存在，吸收在约 $3180cm^{-1}$ 和约 $3350cm^{-1}$ 区域。N—H 的弯曲振动吸收在 $1600cm^{-1}$ 和 $1640cm^{-1}$，是伯酰胺的两个特征吸收峰。C—N 伸缩振动吸收在约 $1400cm^{-1}$(中)区域；仲酰胺(RCONHR′)中游离羰基的伸缩振动在约 $1680cm^{-1}$(强)区域吸收，缔合体在约 $1650cm^{-1}$(强)区域。游离的N—H 伸缩振动吸收在约 $3440cm^{-1}$ 区域，缔合体(固态)在约 $3300cm^{-1}$ 区域。N—H 的弯曲振动在 $1530\sim1550cm^{-1}$ 区域；叔酰胺(RCONR′R″)的羰基伸缩振动吸收在约 $1650cm^{-1}$(强)区域。

(3) 核磁共振谱 酯：酯中烷基上的质子 RCOOC<u>H</u>的化学位移 $\delta=3.7\sim4.1$。

酰胺：酰胺N上质子的化学位移界限很宽，一般在 $\delta=5\sim8$，且往往不能给出一个尖锐的吸收峰。

所有羧酸衍生物羰基 α-碳原子上质子的化学位移都在 $\delta=2\sim3$。图 8-10 是乙酸苄酯的核磁共振谱。

8.6.1.5 化学性质

羧酸衍生物的主要化学性质可以归纳为：

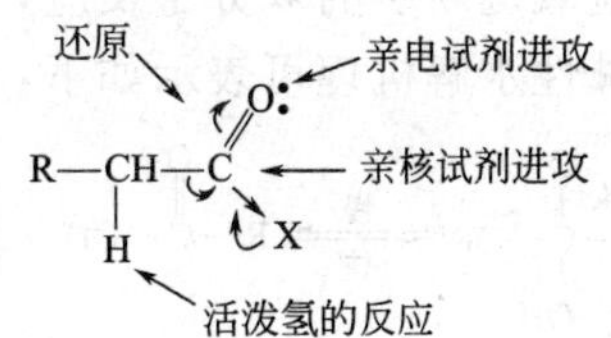

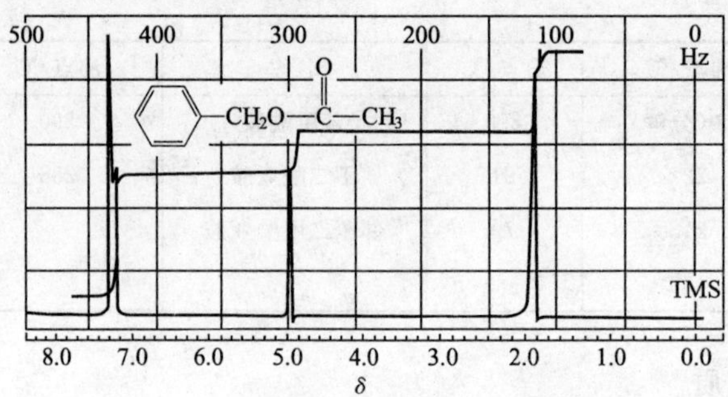

图 8-10　乙酸苄酯的^{1}H NMR 谱

(1) 与亲核试剂的反应　羧酸衍生物都存在不饱和的羰基，因此可以进行亲核加成反应。与醛、酮不同的是，其加成产物容易进一步分解，结果得到的是加成-消除产物。这一过程既可在酸，也可在碱的催化下进行。例如：

酸催化：

$$\mathrm{RCH_2C(=O)X} + \mathrm{H^+} \rightleftharpoons \mathrm{RCH_2C(=\overset{+}{O}H)X} \xrightleftharpoons{\mathrm{H_2O}} \mathrm{RCH_2C(OH)(\overset{+}{O}H_2)X} \xrightarrow{-\mathrm{HX},\,-\mathrm{H^+}} \mathrm{RCH_2C(=O)OH}$$

碱催化：

$$\mathrm{RCH_2C(=O)X} + \mathrm{OH^-} \rightleftharpoons \mathrm{RCH_2C(O^-)(X)\text{—}OH} \xrightarrow{-\mathrm{X^-}} \mathrm{RCH_2C(=O)OH} \xrightarrow{\mathrm{OH^-}} \mathrm{RCH_2C(=O)O^-}$$

① 水解

a. 酯的水解　酯的水解反应是酯化反应的逆反应，但反应机理研究得比酯化反应更深入。水解可以在酸或碱的催化下完成，而键的断裂方式既可以是酰氧键断裂，也可以是烷氧键断裂，每种断裂方式又都可按单分子或双分子的历程进行，因而水解机理共有 8 种，见表 8-15。

表 8-15　酯的水解反应机理

键断裂方式	机理	条件	缩写
酰氧键	加成-消除	酸	A_{AC}-2
		碱	B_{AC}-2
	单分子加成-消除	酸	A_{AC}-1
		碱	B_{AC}-1
烷氧键	双分子(S_N2)	酸	A_{AL}-2
		碱	B_{AL}-2
	单分子(S_N1)	酸	A_{AL}-1
		碱	B_{AL}-1

但大多数酯的水解反应都是酰氧键断裂的双分子反应，即 A_{AC}-2 和 B_{AC}-2 反应。

碱性水解(皂化反应)：酯的碱性水解机理可表示如下：

$$\mathrm{RC(=O)OR'} + \mathrm{OH^-} \underset{快}{\overset{慢}{\rightleftharpoons}} \mathrm{R\text{—}C(O^-)(OH)\text{—}OR'} \underset{快}{\overset{慢}{\rightleftharpoons}} \mathrm{R\text{—}C(=O)\text{—}OH} + \mathrm{R'O^-} \longrightarrow \mathrm{RCOO^-} + \mathrm{R'OH}$$

反应的最后一步是不可逆的，所以皂化反应可以进行完全。这是最早从油脂制取肥皂(高级脂肪酸钠盐)的方法，皂化反应的名称即由此而来。

从反应机理可以看出，这是一个加成-消除反应，而不是简单的取代，中间经历了一个四面体的过程，这可从以下实验事实得到证实：将用同位素^{18}O标记羰基的酯放在碱的水溶液中进行水解，待反应尚未完成时，取出未水解的酯分析其中^{18}O的含量，如反应是一步完成的，则未反应的酯中^{18}O的含量应保持不变，但实际测得其中^{18}O的含量要比原样品中少得多，说明反应过程中^{18}O发生了交换：

$$R-\overset{^{18}O}{\overset{\|}{C}}-OR' \underset{}{\overset{OH^-}{\rightleftharpoons}} R-\underset{OH}{\overset{^{18}O^-}{\overset{|}{\underset{|}{C}}}}-OR' \rightleftharpoons R-\underset{O^-}{\overset{^{18}OH}{\overset{|}{\underset{|}{C}}}}-OR' \rightleftharpoons R\overset{O}{\overset{\|}{C}}OR' + {}^{18}OH^-$$

$$\downarrow\uparrow \qquad\qquad \downarrow\uparrow$$

$$R\overset{^{18}O}{\overset{\|}{C}}-OH + R'O^- \qquad R\overset{O}{\overset{\|}{C}}{}^{18}OH + R'O^-$$

不同的酯水解速率是不一样的，例如：

$$RCOOC_2H_5 \xrightarrow{30℃,88\%C_2H_5OH} RCOOH + C_2H_5OH$$

	R=CH_3	CH_3CH_2	$(CH_3)_2CH$	$(CH_3)_3C$
相对速率	1	0.470	0.100	0.0105

这主要是因为空间位阻的影响。

诱导效应对反应速率也会有很大的影响，如 30℃时二氯乙酸甲酯的水解速率是乙酸甲酯的 16000 倍。

酸性水解：由于酯化反应是一个可逆反应，因此酯在酸性溶液中可以进行水解，而水解机理就是酯化反应逆反应的机理。酯的酸性水解绝大部分是酰氧键断裂的双分子反应(A_{AC}-2)，这可由以下事实得到证实。

(a) 用含同位素^{18}O标记的水进行水解获得的醇中不含^{18}O，说明反应是按酰氧键断裂的方式进行的：

$$HOOCCH_2CH_2COOCH_3 + H_2^{18}O \xrightarrow{H^+} HOOCCH_2CH_2CO^{18}OH + CH_3OH$$

(b) 在水溶液中，酯的水解速率与酸的浓度和酯的浓度有关：

$$v = k\,[RCOOR']\,[H^+]$$

但也有一些结构比较特殊的酯在酰氧键断裂时可以按单分子反应进行(A_{AC}-1)。例如：

$$2,4,6\text{-}(CH_3)_3C_6H_2COOCH_3 + 3\,H_2SO_4 \rightleftharpoons 2,4,6\text{-}(CH_3)_3C_6H_2\overset{+}{C}{=}O + H_3^+O + CH_3OSO_3H + 2\,HSO_4^-$$

$$\downarrow H_2O$$

$$2,4,6\text{-}(CH_3)_3C_6H_2COOH + H^+$$

由于两个甲基的空间位阻，试剂很难进攻羰基碳，因而一般条件下很难水解。

还有一些特殊结构的酯水解时也可以是烷氧键断裂，这与叔醇酯化时通过烷氧键断裂成酯的情形一样，例如：

$$\mathrm{RCOOC(CH_3)_3} + \mathrm{H^+} \underset{慢}{\overset{快}{\rightleftharpoons}} \mathrm{RC(=O)\overset{+}{O}HC(CH_3)_3} \underset{慢}{\overset{快}{\rightleftharpoons}} \mathrm{RCOOH} + \mathrm{(CH_3)_3C^+}$$

$$\mathrm{(CH_3)_3C^+} \underset{慢}{\overset{H_2O,快}{\rightleftharpoons}} \mathrm{(CH_3)_3CO^+H_2} \underset{慢}{\overset{快}{\rightleftharpoons}} \mathrm{(CH_3)_3COH} + \mathrm{H^+}$$

由于三级碳正离子容易生成，所以反应是按单分子机理(A_{AL}-1)进行的。可以预料，如果三级碳原子为手性碳原子，得到的醇将是外消旋体，实验结果正是如此。

b. 酰胺的水解　酰胺在酸或碱催化下可以水解为酸和铵盐或羧酸盐和胺，但比酯的水解困难，这是因为氨基负离子比烷氧基负离子的碱性更强，所以反应需要在强酸或强碱以及比较长时间的加热回流下进行。例如：

$$\mathrm{CH_3CH_2CH(Ph)CONH_2} \xrightarrow[\triangle,2h]{55\%\,H_2SO_4} \underset{88\%\sim90\%}{\mathrm{CH_3CH_2CH(Ph)COOH}} + \mathrm{NH_4HSO_4}$$

无论是酸催化还是碱催化，反应都可以进行完全，这是因为在酸性条件下酸可以与生成的胺或氨形成铵盐，而在碱性条件下碱可以与生成的酸形成羧酸盐，这两个反应都是不可逆的，从而使得整个反应的平衡向产物方向移动而使反应进行到底。

空间位阻比较大的酰胺水解比较困难，但如果用亚硝酸处理。可以在室温下进行水解，收率很高。例如：

$$\mathrm{(CH_3)_3CCONH_2} + \mathrm{HNO_2} \xrightarrow[35℃]{H_2SO_4,H_2O} \underset{81\%}{\mathrm{(CH_3)_3CCOOH}}$$

但该方法只适合于伯酰胺。其反应机理如下：

$$\mathrm{RCONH_2} \underset{}{\overset{HNO_2}{\rightleftharpoons}} \mathrm{RCON_2^+} \overset{-N_2}{\rightleftharpoons} \mathrm{RC^+{=}O} \overset{H_2O}{\rightleftharpoons} \mathrm{RCOOH_2^+} \overset{-H^+}{\rightleftharpoons} \mathrm{RCOOH}$$

c. 酸酐和酰氯的水解　酸酐和酰氯的水解反应很容易进行，甚至不需要酸或碱的催化，低级的酰氯和酸酐遇水即会分解，这是因为 Cl^- 和 $RCOO^-$ 都是弱碱，是好的离去基团的缘故。例如：

$$\text{马来酸酐} + \mathrm{H_2O} \xrightarrow[几分钟]{室温} \underset{94\%}{\mathrm{HOOCCH{=}CHCOOH}}$$

$$\mathrm{>C{=}CHCOCl} + \mathrm{H_2O} \xrightarrow[0℃]{Na_2CO_3} \underset{>95\%}{\mathrm{>C{=}CHCOOH}} + \mathrm{HCl}$$

② 氨(胺)解　酰氯的性质很活泼，很容易与氨、伯胺和仲胺反应形成酰胺，这也是用酰氯法活化羧基的主要目的之一。例如：

$$n\text{-}C_9H_{19}COCl + NH_3 \longrightarrow n\text{-}C_9H_{19}CONH_2 + HCl$$

73%

$$PhCOCl + PhCH_2CH_2NH_2 \xrightarrow{Py} PhCONHCH_2CH_2Ph + HCl$$

98%

$$PhCOCl + \text{吡咯烷(NH)} \xrightarrow{NaOH} \text{吡咯烷-N}-\overset{O}{\overset{\|}{C}}Ph + HCl$$

81%

反应中生成的氯化氢可以与氨(胺)形成盐酸盐，抑制胺的亲核性，从而影响反应收率。因此在反应中需要使用过量的便宜的胺或加入叔胺(如吡啶、三乙胺、三甲胺等)来捕捉生成的氯化氢，这种胺称为缚酸剂。

酸酐与氨(胺)的反应与酰氯相似，也很激烈。例如：

$$CH_3O-C_6H_4-NH_2 + CH_3\overset{O}{\overset{\|}{C}}O\overset{O}{\overset{\|}{C}}CH_3 \xrightarrow{HOAc} CH_3O-C_6H_4-NH\overset{O}{\overset{\|}{C}}CH_3 + CH_3COOH$$

环状酸酐与氨反应可以得到酰胺酸，后者在高温下脱水可得到酰亚胺。例如：

$$\text{邻苯二甲酸酐} + NH_3 \longrightarrow C_6H_4(COONH_4)(CONH_2) \xrightarrow{H^+} C_6H_4(COOH)(CONH_2) \xrightarrow{300℃} \text{邻苯二甲酰亚胺(NH)} + H_2O$$

酰亚胺氮原子上的质子具有比酰胺上质子更强的酸性，容易离解，可与碱作用生成酰亚胺盐。

酯也可与氨(胺)进行氨解反应生成酰胺，但要比酰氯和酸酐缓慢。例如：

$$o\text{-}HOC_6H_4COOC_2H_5 + o\text{-}CH_3C_6H_4NH_2 \longrightarrow o\text{-}HOC_6H_4CONH\text{-}C_6H_4\text{-}o\text{-}CH_3 + C_2H_5OH$$

77%

酰胺与氨(胺)的反应是一个胺的交换反应，一般反应条件比较激烈。例如：

$$CH_3CONH_2 + CH_3NH_2 \cdot HCl \xrightarrow{\triangle} CH_3CONHCH_3 + NH_4Cl$$

75%

③ 醇(酚)解　酰氯和酸酐都比较容易与醇反应生成酯，这是常用的制备酯类化合物的方法之一。例如：

$$(CH_3)_3CCOOH \xrightarrow{SOCl_2} (CH_3)_3CCOCl \xrightarrow[Py]{ROH} (CH_3)_3CCOOR + C_5H_5N \cdot HCl$$

$$\text{2-呋喃甲醇}(CH_2OH) + (CH_3CO)_2O \xrightarrow{CH_3COONa} \text{2-呋喃-}CH_2OCOCH_3 + CH_3COOH$$

93%

这里的吡啶(Py)和乙酸钠同样起到缚酸剂的作用。

酚与乙酰氯或乙酸酐的反应常作为酚羟基保护的一种方法，产物经水解又得回酚。

$$C_6H_5OH + (CH_3CO)_2O \longrightarrow C_6H_5OCOCH_3 + CH_3COOH$$

酯与醇的反应称为酯交换反应，反应需在酸(无水 HCl、H_2SO_4 和对甲苯磺酸等)或碱(醇盐等)催化下进行：

$$RCOOR'+R''OH \xrightleftharpoons{H^+ 或 R''O^-} RCOOR''+R'OH$$

这是一个可逆反应，为使反应顺利进行，需要除去生成的醇或加入大量需要生成酯的醇，因此该反应常作为从低沸点醇的酯制备高沸点醇的酯的方法。

一个很有用的酯交换反应应用的例子是生物柴油的合成。所谓生物柴油是指高级脂肪酸的甲酯或乙酯，可以由油脂与甲醇或乙醇通过酯交换反应制备：

$$\begin{array}{l} CH_2OCOR^1 \\ | \\ CHOCOR^2 \\ | \\ CH_2OCOR^3 \end{array} + 3CH_3OH \xrightarrow{催化剂} \begin{array}{l} R^1COOCH_3 \\ R^2COOCH_3 \\ R^3COOCH_3 \end{array} + \begin{array}{l} CH_2OH \\ | \\ CHOH \\ | \\ CH_2OH \end{array}$$

生物柴油

这一反应也可用于二羧酸酯的选择性水解。例如：

$$CH_3O\overset{O}{\overset{\|}{C}}-C_6H_4-O\overset{O}{\overset{\|}{C}}CH_3 + CH_3OH \xrightleftharpoons{CH_3ONa} CH_3O\overset{O}{\overset{\|}{C}}-C_6H_4-OH + CH_3\overset{O}{\overset{\|}{C}}OCH_3$$

该底物用一般方法是不易进行选择性水解的。

酰胺在酸性条件下可醇解为酯。例如：

$$CH_2=CHCONH_2 \xrightarrow[H^+]{C_2H_5OH} CH_2=CHCOOC_2H_5+NH_4^+$$

反应也可在少量醇钠催化下进行。

④ 与有机金属化合物的反应　酰氯可与格氏试剂反应得到酮，但酮很容易与格氏试剂继续反应生成叔醇，因此产物常为酮和叔醇的混合物，酮的收率很低。如用两倍量的格氏试剂，则主要产物为叔醇。例如：

$$C_6H_5\overset{O}{\overset{\|}{C}}Br + 2\,C_6H_5MgBr \xrightarrow[回流\ 2h]{Et_2O} (C_6H_5)_3C-OMgBr \xrightarrow{H_2O} Ph_3COH$$

低温可以控制酮与格氏试剂的反应。例如：

$$CH_3COCl+n\text{-}C_4H_9MgBr \xrightarrow[-70℃]{乙醚,FeCl_3} CH_3\overset{O}{\overset{\|}{C}}C_4H_9\text{-}n \quad 72\%$$

酯与格氏试剂的反应同样也经历一个从酮到叔醇的过程。例如：

$$CH_3\overset{O}{\overset{\|}{C}}OCH_3 \xrightarrow[Et_2O]{CH_3MgBr} CH_3\underset{CH_3}{\overset{OMgBr}{C}}OCH_3 \xrightarrow{-Mg(OCH_3)Br} CH_3\overset{O}{\overset{\|}{C}}CH_3 \xrightarrow[Et_2O]{CH_3MgBr} CH_3-\underset{CH_3}{\overset{OMgBr}{C}}-CH_3 \xrightarrow{H^+} (CH_3)_3COH$$

有机镉试剂的反应性能比格氏试剂弱，虽与酰氯也很容易反应，但与酮的反应很慢，与酯则不发生反应，因而可以用于制备酮酯。例如：

$$C_2H_5O\overset{O}{\overset{\|}{C}}(CH_2)_8\overset{O}{\overset{\|}{C}}Cl + (CH_3CH_2)_2Cd \xrightarrow[回流\ 10min]{C_6H_6} C_2H_5O\overset{O}{\overset{\|}{C}}(CH_2)_8\overset{O}{\overset{\|}{C}}CH_2CH_3$$

二烃基铜锂的活性也比格氏试剂弱，它可与醛和酰氯反应，但与酮的反应也很慢，很多其他官能团，如卤素、酯基、腈等在低温下都不与它反应，因此这个试剂常用于从酰氯合成酮，收率很高，但需要使用3倍当量的烃基铜锂试剂。例如：

$$n\text{-}C_4H_9\overset{O}{\overset{\|}{C}}(CH_2)_4\overset{O}{\overset{\|}{C}}Cl \xrightarrow[Et_2O,\,-78℃]{3(n\text{-}C_4H_9)_2CuLi} n\text{-}C_4H_9\overset{O}{\overset{\|}{C}}(CH_2)_4\overset{O}{\overset{\|}{C}}C_4H_9\text{-}n \quad 83\%$$

从以上介绍可以看出，羧酸及其衍生物与亲核试剂的反应都经历了一个加成-消除的过程：

$$R-\overset{O}{\overset{\|}{C}}-B \;\; :Nu^- \rightleftharpoons R-\underset{Nu}{\underset{|}{\overset{O^-}{\overset{|}{C}}}}-B \rightleftharpoons R-\overset{O}{\overset{\|}{C}}-Nu + B^-$$

从这一机理可以发现这类反应具有如下特征。

(1) 反应具有可逆性　所以有羧酸的酯化与酯的水解、酯交换反应、酰胺的交换反应等。大多这种可能平衡不是处于中间平衡状态的，有些反应基本是朝向一个方向，事实上是不可逆的，如与金属有机化合物的反应。有些反应偏向某一个方向，如要使得反应逆向进行，就必须使用催化剂，如酰胺的醇解反应，由于氨的亲核性比醇强，所以对醇解是不利的，但酸可以催化它的进行。

(2) 反应速率主要取决于亲核试剂的亲核性强弱和离去基团的离去能力　第一步是亲核加成反应，显然亲核试剂的亲核性越强，则反应活性越高，如与格氏试剂的反应；第二步的速率则取决于离去基团的离去能力，亦即它的稳定性。在羧酸衍生物中，B^-的碱性强弱顺序是：$NH_2^- > RO^- > RCOO^- > Cl^-$，其稳定性则正好相反。所以羧酸衍生物的反应活性顺序是：酰氯＞酸酐＞酯＞酰胺。

(3) 酮也可以发生类似的反应　当把离去基团换成R_3C^-时，则底物就是酮。对于一般的酮类，由于碳负离子的亲核性比NH_2^-还强，是一个很不好的离去基团，所以酮一般不能发生该反应。但是如果有降低碳负离子亲核性，或者说稳定碳负离子的因素存在，则反应是可以进行的，卤仿反应就是一例：

$$R-\overset{O}{\overset{\|}{C}}-CX_3 \;\; OH^- \longrightarrow R-\underset{OH}{\underset{|}{\overset{O^-}{\overset{|}{C}}}}-CX_3 \longrightarrow R-\overset{O}{\overset{\|}{C}}-OH + {}^-CX_3 \longrightarrow RCOO^- + CHX_3$$

这里，由于3个卤原子的$-I$效应，大大降低了碳负离子的亲核性，提高了其稳定性，所以反应能够进行。相似的例子还有：

$$\text{4-叔丁基苯基(2-氯-4-吡啶基)甲酮} \xrightarrow{KOH} \text{4-}t\text{-}C_4H_9C_6H_4COOK + \text{2-氯吡啶}$$

---

(2) 羧酸衍生物的还原　酰氯可以用选择氢化法还原成醛。例如：

$$C_2H_5O\overset{O}{\overset{\|}{C}}(CH_2)_8\overset{O}{\overset{\|}{C}}Cl + H_2 \xrightarrow[\text{二甲苯}]{Pd\text{-}BaSO_4} C_2H_5O\overset{O}{\overset{\|}{C}}(CH_2)_8\overset{O}{\overset{\|}{C}}H + HCl \quad 80\%$$

$$\text{3,4,5-(MeO)}_3C_6H_2COCl + H_2 \xrightarrow[\text{喹啉}]{Pd/C} \text{3,4,5-(MeO)}_3C_6H_2CHO + HCl \quad 83\%$$

这一方法称为 Rosenmund 还原法，是羧酸通过酰氯合成醛的一个很好的方法。这里所用的催化剂不能还原硝基、卤素和酯基等。

氢化铝锂也可还原酰氯为醛，但生成的醛还会进一步被还原成醇。如果将氢化铝锂分子中的氢原子部分用烷氧基置换，则由于空间位阻的原因，其活性会有所降低。如三叔丁基氢化铝锂与醛、酮的反应很慢，与腈、硝基和酯基等均不发生反应，因此可将酰氯顺利还原为醛。例如：

$$NC-C_6H_4-COCl + LiAl(OC_4H_9\text{-}t)_3H \longrightarrow NC-C_6H_4-CHO + Al(OC_4H_9\text{-}t)_3 + LiCl \quad 80\%$$

酯的还原既可采用催化氢化法，也可使用钠-醇和金属氢化物(如 $LiAlH_4$ 和 $LiBH_4$)还原，其结果都是得到两分子的醇。例如：

$$Ph-COOC_2H_5 + H_2 \xrightarrow[125℃,300atm]{Cu\cdot CuCrO_4} PhCH_2OH + C_2H_5OH \quad 65\%$$

$$n\text{-}C_{15}H_{31}COOC_4H_9\text{-}n \xrightarrow[THF,\triangle]{LiBH_4} \xrightarrow{H_2O} n\text{-}C_{15}H_{31}CH_2OH + n\text{-}C_4H_9OH$$

酰胺很不容易被还原，如用催化氢化法，需要在高温高压下进行，通常得到的是混合物。但用 $LiAlH_4$ 也可将其还原为胺。例如：

$$C_6H_{11}-CON(CH_3)_2 \xrightarrow[Et_2O]{LiAlH_4} \xrightarrow{H_2O} C_6H_{11}-CH_2N(CH_3)_2 \quad 88\%$$

(3) Claisen 酯缩合反应及其类似反应　与醛、酮的 α-H 一样，酯的 α-H 也比较活泼，在遇到碱时，将会发生两分子酯间的缩合反应，得到 β-羰基酸酯。例如：

$$2\,CH_3COC_2H_5 \xrightarrow[C_2H_5OH]{NaOC_2H_5} \xrightarrow{H_3^+O} CH_3\overset{O}{C}CH_2\overset{O}{C}OC_2H_5 + C_2H_5OH \quad 76\%$$

这一反应称为 Claisen 酯缩合反应，其反应机理如下：

$$CH_3CH_2O^- + HCH_2COOC_2H_5 \rightleftharpoons {}^-CH_2COOC_2H_5 + C_2H_5OH$$

$$CH_3\overset{O}{C}OC_2H_5 + {}^-CH_2COOC_2H_5 \rightleftharpoons CH_3\overset{O^-}{\underset{OC_2H_5}{C}}CH_2COOC_2H_5 \rightleftharpoons CH_3\overset{O}{C}CH_2COOC_2H_5 + C_2H_5O^-$$

如果一个二元酸酯可以通过 Claisen 缩合反应得到五元或六元环，则可发生分子内的酯缩合反应，这种反应叫做 Dieckmann 缩合反应。例如：

$$CH_2(CH_2CH_2COOEt)(CH_2COOEt) \xrightarrow[\text{甲苯}]{Na(1eq)} \xrightarrow{HOAc} \text{2-乙氧羰基环戊酮 (–COOEt)} + C_2H_5OH \quad 81\%$$

两个不同的酯分子之间也可以发生酯缩合反应，称为交叉的Claisen缩合反应，得到的是一个混合物，没有什么制备价值。但如果其中的一个酯没有α-H，则仍可用于制备。例如：

$$\begin{matrix} CH_2COOEt \\ | \\ CH_2COOEt \end{matrix} + HCOOC_2H_5 \xrightarrow{Na(1eq)} \xrightarrow{H^+} \underset{70\%}{\begin{matrix} OHC-CHCOOC_2H_5 \\ | \\ CH_2COOC_2H_5 \end{matrix}} + C_2H_5OH$$

酮与酯之间也可发生类似的缩合反应，可在酮的β-位引入一个羰基，常用于1,3-二酮类化合物的合成。例如：

$$PhCCH_3(\text{C=O}) + CH_3COOEt \xrightarrow[\text{二甲苯}]{NaOH(1eq)} \xrightarrow{H^+} \underset{70\%}{PhCCH_2CCH_3}(\text{两个 C=O}) + C_2H_5OH$$

(4) 伯酰胺的特殊反应

① 脱水　伯酰胺与强的脱水剂作用或强热会失水生成腈，常用的脱水剂是 P_2O_5 或 $SOCl_2$，也可用 $POCl_3$ 或酸酐：

$$3RCONH_2 + P_2O_5 \longrightarrow 3R-C\equiv N + 2H_3PO_4$$

酰胺和铵盐及腈的关系如下：

$$RCOOH \underset{HCl}{\overset{NH_3}{\rightleftharpoons}} RCOONH_4 \underset{+H_2O}{\overset{-H_2O}{\rightleftharpoons}} RCONH_2 \underset{+H_2O}{\overset{-H_2O}{\rightleftharpoons}} RCN$$

② Hoffmann降解(重排)反应　伯酰胺在与次氯酸钠或次溴酸钠的碱溶液作用时，会脱去羰基而变成胺，利用这个方法可以从羧酸制备少一个碳原子的伯胺，也是一种缩短碳链的方法：

$$RCONH_2 + NaOX + 2NaOH \longrightarrow RNH_2 + Na_2CO_3 + NaX + H_2O$$

例如：

$$(CH_3)_3CCH_2CONH_2 + Br_2 + 2NaOH \longrightarrow (CH_3)_3CCH_2NH_2 + CO_2 + 2NaBr + H_2O$$

其机理为：

$$R-\overset{O}{\overset{\|}{C}}-NH_2 + OH^- \rightleftharpoons R\overset{O}{\overset{\|}{C}}\overset{\ominus}{N}H + H_2O$$

$$R-\overset{O}{\overset{\|}{C}}\overset{\ominus}{N}H + Br-Br \longrightarrow R-\overset{O}{\overset{\|}{C}}-NHBr + Br^-$$

$$R-\overset{O}{\overset{\|}{C}}-N(Br)(H) \longrightarrow R\overset{O}{\overset{\|}{C}}-\ddot{N}: + HBr$$

$$R-\overset{O}{\overset{\|}{C}}-\ddot{N}: \longrightarrow R-N=C=O \xrightarrow{H_2O} RNH_2 + CO_2$$

异氰酸酯

反应过程中生成了一个新的活性中间体酰基氮烯(acylnitrene，氮烯也音译为乃春)，并发生分子重排，因此叫Hoffmann重排反应，又因为减少了一个碳原子，所以也叫降级反应。

如果反应在醇溶液中进行，则可得到氨基甲酸酯，这是一类重要的有机化合物，在农药中有广泛的应用。例如：

$$C_2H_5CONH_2 \xrightarrow[NaOC_2H_5]{Br_2,\ C_2H_5OH} [C_2H_5-N=C=O] \xrightarrow{C_2H_5OH} \underset{80\%}{C_2H_5NHCOOC_2H_5}$$

（中间体 $[C_2H_5-N=C=O]$ 受 $^{-}OC_2H_5$ 进攻）

8.6.2 碳酸衍生物

碳酸在结构上可以看作是一个羟基甲酸或共用一个羰基的二元酸，其衍生物在工农业生产上有重要的价值。

8.6.2.1 碳酰氯(光气)

光气在常温下为气体，易溶于苯和甲苯，具有很强的毒性，能造成呼吸道黏膜的损伤而形成肺水肿，是第二次世界大战中使用的主要化学毒剂之一。工业上由 CO 与 Cl_2 在日光照射下，或在活性炭催化下加热至 200℃来制备：

$$CO + Cl_2 \xrightarrow{200℃} ClCCl\ (C=O)$$

光气是一种重要的平台化工原料，性质很活泼，在医药、农药、新型涂料、材料等领域具有非常广泛的用途。例如它遇潮湿空气会逐渐水解生成 CO_2 和 HCl，与 NH_3 作用生成尿素，与醇作用生成氯甲酸酯或碳酸二酯等。

$$\overset{O}{\overset{\|}{ClCCl}} + H_2O \longrightarrow CO_2 + 2HCl$$

$$\overset{O}{\overset{\|}{ClCCl}} + 2NH_3 \longrightarrow \overset{O}{\overset{\|}{H_2NCNH_2}} + 2HCl$$

$$\overset{O}{\overset{\|}{ClCCl}} + ROH \xrightarrow{-HCl} \overset{O}{\overset{\|}{ClCOR}} \xrightarrow[ROH]{-HCl} \overset{O}{\overset{\|}{ROCOR}}$$

由于光气的剧毒性及不好控制等弊端，目前其部分功能已被双光气和三光气所取代。

$$\underset{双光气}{\overset{O}{\overset{\|}{ClCOCCl_3}}} \qquad \underset{三光气}{\overset{O}{\overset{\|}{Cl_3COCOCCl_3}}}$$

8.6.2.2 碳酸的酰胺

(1) 尿素(脲) 尿素是碳酸的中性酰胺，于 1773 年首先从尿中分离得到，它是人类和许多动物蛋白质代谢的最后产物，成人每天排出的尿液中约含 30g 尿素。尿素是重要的化工原料之一，广泛用作肥料，也可用于合成塑料等。工业上是用 CO_2 与过量的 NH_3 在加压加热条件下反应制得。

$$CO_2 + NH_3 \rightleftharpoons \left[\overset{OH}{\overset{|}{O=C-NH_2}}\right] \underset{}{\overset{NH_3}{\rightleftharpoons}} \left[\overset{ONH_4}{\overset{|}{O=C-NH_2}}\right] \xrightarrow{-H_2O} \overset{O}{\overset{\|}{H_2NCNH_2}}$$

尿素为菱形或针状晶体，熔点 135℃，易溶于水及醇，不溶于乙醚。其主要化学性质如下。

① 水解　在酸或碱性条件下加热易水解，在尿激酶(也存在于人尿中)的影响下室温就能水解。

$$CO(NH_2)_2 + H_2O \xrightarrow{\text{酶}} CO_2 + 2NH_3$$

$$CO(NH_2)_2 + 2NaOH \xrightarrow{\triangle} Na_2CO_3 + 2NH_3$$

$$CO(NH_2)_2 + 2HCl + H_2O \xrightarrow{\triangle} CO_2 + 2NH_4Cl$$

在土壤中尿素会逐渐水解，缓慢形成铵离子而为植物所吸收，合成植物体内的蛋白质。

② 放氮反应　与 Hoffmann 降级反应相似，尿素与次卤酸钠的碱溶液作用会放出 N_2，测定氮气的体积就可测出尿素的含量：

$$CO(NH_2)_2 + 3NaOBr \longrightarrow CO_2 + N_2 + 2H_2O + 3NaBr$$

尿素与亚硝酸反应也会放出 CO_2 和 N_2，因此常被用于破坏亚硝酸及氮的氧化物：

$$CO(NH_2)_2 + 2HONO \longrightarrow CO_2 + 2N_2 + 3H_2O$$

③ 双缩脲反应　把尿素小心加热并控制适当温度，或者在乙酰氯的作用下，两分子之间可以脱去一分子氨而生成缩二脲：

$$H_2N\overset{O}{\overset{\|}{C}}NH_2 + H{-}NH\overset{O}{\overset{\|}{C}}NH_2 \xrightarrow{150\sim160℃} H_2N\overset{O}{\overset{\|}{C}}NH\overset{O}{\overset{\|}{C}}NH_2 + NH_3$$

缩二脲与碱及少量 $CuSO_4$ 溶液作用会呈紫红色，这个颜色反应就叫做双缩脲反应。凡化合物分子中含有不止一个酰胺链段的化合物都有这个反应，如多肽和蛋白质等。缩二脲本身可作为动物非蛋白氮类饲料添加剂及有机合成试剂。

同时，脲的双酰胺结构与化合物的生物活性有着重要的联系，很多含脲结构单元的化合物具有很好的生物活性。如磺酰脲类除草剂、苯甲酰脲类和缩氨基脲类杀虫剂等就是其中杰出的代表。

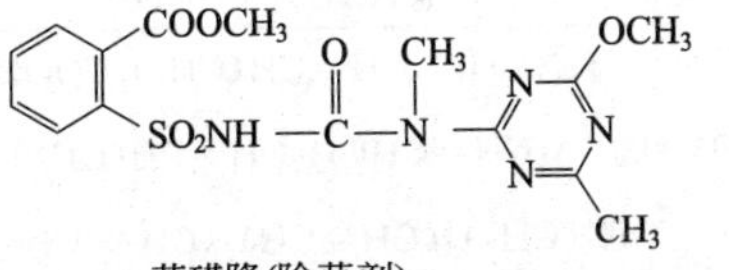

苯磺隆(除草剂) 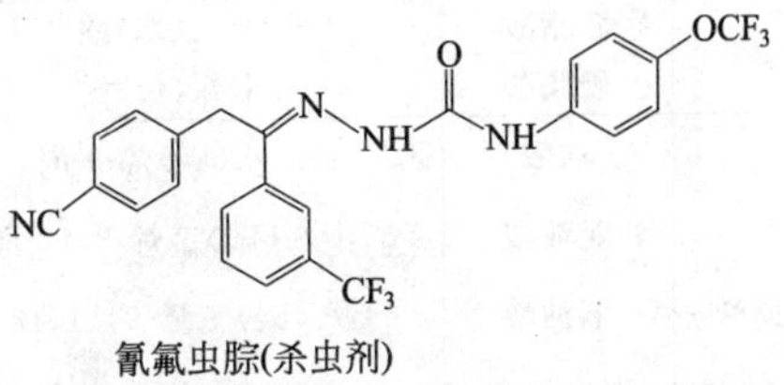　　氰氟虫腙(杀虫剂)

(2) 氨基甲酸酯　碳酸分子中的两个羟基分别被氨基和烃氧基取代后的产物就是氨基甲酸酯，但它不能直接由碳酸制取，而主要以光气为原料，先部分醇解再部分氨解而得，或反之，但过程略有区别：

方法 1

$$Cl\overset{O}{\overset{\|}{C}}Cl + R'OH \longrightarrow Cl\overset{O}{\overset{\|}{C}}OR' + HCl$$

$$Cl\overset{O}{\overset{\|}{C}}OR' + RNH_2 \longrightarrow RNH\overset{O}{\overset{\|}{C}}OR' + HCl$$

方法 2

$$Cl\overset{O}{\overset{\|}{C}}Cl + RNH_2 \longrightarrow RN{=}C{=}O + 2HCl$$

$$R{-}N{=}C{=}O + R'OH \longrightarrow RNHCOR'$$

(RNHCOR' 中 C 上方标有 =O，即 $RNHC(=O)R'$)

氨基甲酸酯类品种是农药中的一个大类，品种很多，主要是用光气合成而来的。例如：

NHCOOCH₃ 取代的苯并咪唑（N, H）
多菌灵(杀菌剂)

CH_3S、N、O、$NHCH_3$、CH_3
灭多威(杀虫剂)

Cl、Cl、$NHCOOCH_3$
灭草灵(除草剂)

8.6.3 油脂和表面活性剂

8.6.3.1 油脂

油脂是高级脂肪酸甘油酯的总称，具有如下结构：

$$\begin{array}{l} CH_2OCOR \\ | \\ CHOCOR' \\ | \\ CH_2OCOR'' \end{array}$$

根据 R、R′和 R″的相同或不同，可将其分为单纯甘油酯和混合甘油酯，天然油脂大多为混合甘油酯。

构成油脂的高级脂肪酸种类繁多，其中绝大多数是含有偶数个碳原子的直链饱和或不饱和羧酸。其中不饱和程度的大小对油脂的理化性质有较大的影响。一般油脂的不饱和度用碘值来衡量，即 100g 油脂所能吸收的碘的质量（以 g 计）。不饱和度较高的油脂一般室温下呈液态，称为油；而不饱和度较低的油脂常温下为固态，称为脂。有些油脂中含有羟基，1g 乙酰化的油脂水解放出醋酸消耗氢氧化钾的质量（以 mg 计）称为乙酰化值，乙酰化值大小反映油脂中羟基脂肪酸的多少。表 8-16 列出了油脂中常见的重要脂肪酸。

表 8-16 几种重要的高级脂肪酸

名	称	系统命名	结构式
饱和脂肪酸	软脂酸	十六(烷)酸	$CH_3(CH_2)_{14}COOH$
	硬脂酸	十八(烷)酸	$CH_3(CH_2)_{16}COOH$
不饱和脂肪酸	油酸	十八(碳)烯-9-酸	$CH_3(CH_2)_7CH=CH(CH_2)_7COOH$
	亚油酸	十八(碳)二烯-9,12-酸	$CH_3(CH_2)_4CH=CHCH_2CH=CH(CH_2)_7COOH$
	桐油酸	十八(碳)三烯-9,11,13-酸	$CH_3(CH_2)_3(CH=CH)_3(CH_2)_7COOH$
	亚麻油酸	十八(碳)三烯-9,12,15-酸	$CH_3(CH_2CH=CH)_3(CH_2)_7COOH$
	蓖麻油酸	12-羟基-十八(碳)烯-9-酸	$CH_3(CH_2)_5CH(OH)CH_2CH=CH(CH_2)_7COOH$
	芥酸	二十二(碳)烯-13-酸	$CH_3(CH_2)_7CH=CH(OH_2)_{11}COOH$

油脂具有酯类化合物的共性，也有自己的特性。其重要性质如下。

（1）油脂的硬化(催化氢化)　油脂氢化的基本原理是在加热含不饱和脂肪酸多的植物油时，加入金属催化剂(镍系、铜-铬系等)，通入氢气，使不饱和脂肪酸分子中的双键与氢原子结合成为不饱和程度较低的脂肪酸，其结果是油脂的熔点升高(硬度加大)。因为在上述反应中添加了氢气，而且使油脂出现了“硬化”，所以经过这样处理而获得的油脂与原来的性质不同，叫做“氢化油”或“硬化油”。硬化油可以代替牛、羊油脂作为制肥皂的原料，完全硬化的油脂可以用来制备饱和脂肪酸。选择氢化制得的硬化油可以用于配制酥油、人造奶油、黄油等。

油脂彻底氢化则可以得到高级饱和脂肪醇和甘油的混合物。

(2) 油脂的酸败　在贮存过程中，油脂可被空气氧化成过氧化物、醇、醛、酸等，产生酸的恶臭味，常称为油脂的氧化酸败，在铜、铁等金属容器中会加速油脂的氧化酸败。脂的氧化酸败反应是自由基氧化过程，双键先氧化成过氧化物，进而氧化成醛，最后氧化成酸，使碳链变短。

饱和脂肪酸及其酯不易发生氧化反应，但在光照、加热等条件下也能缓慢氧化成氢过氧化物，进一步转变成醛类或羟基酸等。

(3) 油脂的干化　含有不饱和脂肪酸的油脂涂成薄膜，暴露于空气中，会变稠进而变成坚韧的薄膜，这种现象叫油脂的干燥或干化。例如桐油刷在木制品的表面上，逐渐形成一层干硬有光泽、有弹性的薄膜。油脂的干燥过程是不饱和脂肪酸链上的碳碳双键的氧化、聚合和缩合等化学反应，使油脂形成高分子化合物的过程。根据油脂干化的难易，可以将其分为干性油、半干性油和不干性油。放在空气中，能够自发发生干燥现象的油脂称为干性油；本身不易干燥，但加入 PbO 后能得到干燥性能提高的油脂称为半干性油；即使加入 PbO 等也不能干燥的油脂称为不干性油。影响干燥的外部因素有温度、光、催化剂、与空气接触面积、水分等。

(4) 油脂的水解　与其他酯一样，甘油酯在酸性或碱性条件下均可以水解，得到甘油和高级脂肪酸或其盐，其中碱性水解又称皂化，产物为甘油和肥皂。

$$\begin{array}{l}CH_2OCOR\\ |\\ CHOCOR'\\ |\\ CH_2OCOR''\end{array} + 3\,NaOH \rightleftharpoons \underset{\text{肥皂}}{\begin{array}{l}RCOONa\\ R'COONa\\ R''COONa\end{array}} + \begin{array}{l}CH_2OH\\ |\\ CHOH\\ |\\ CH_2OH\end{array}$$

皂化反应一般采用 30%的 NaOH 溶液，其用量可根据油脂的皂化值来计算得到。皂化值是指完全皂化 1g 油脂所需的 KOH 的质量(以 mg 计)：

$$\text{皂化值} = \frac{MV \times 56.1}{G}$$

式中，M 代表 KOH 的摩尔浓度，mol/L；G 代表油脂的质量，g；V 代表 KOH 的体积，mL;，56.1 是 KOH 的相对分子质量。

在皂化后的反应液里加入食盐盐析(破乳)，即可使甘油与肥皂分离。

肥皂是高级脂肪酸的钠盐，其分子中既有亲水的羧基，又有疏水的烃基。当与水混合时，亲水基团倾向于进入水分子中，而疏水基团则倾向于被排斥在水的外面，这样就削弱了水表面上分子之间的引力，从而降低水的表面张力。具有这种性质的物质统称为表面活性剂。

当肥皂遇到油污时，疏水基团(亲油基团)进入油中，亲水部分伸入外面的水中，形成稳定的乳浊液，由于水的表面张力降低，使得油污被湿润，并与它的附着物(如纤维)逐渐松开，在机械振动或搓揉下脱离附着物，形成细小的乳浊液随水而去，从而达到清洗的目的。

但在水的硬度较高或酸性较强的情况下用肥皂洗涤就不太适合了，因为硬水中含有较多的钙、镁离子，与肥皂作用会形成不溶于水的高级脂肪酸盐。而在酸性水中会形成难溶于水的高级脂肪酸，这样既浪费肥皂，去污效果也不好。

8.6.3.2　表面活性剂

由于肥皂的缺陷，人们受其去污原理的启发，合成了许多与肥皂具有类似功能的表面活性剂，但比肥皂的功能广泛得多。广义地讲，凡是能降低其溶液表面张力的物质都可称为表面活性剂，但在习惯上只把那些溶入少量就能显著降低溶液表面张力并改变体系界面状态的物质才称为表面活性剂。表面活性剂只有溶于水或有机溶剂后才能发挥其特征，它的性能对其溶液而言具有以下特点。

① 溶解性　即它至少应溶于液相中的某一相。

② 表面吸附　由于溶液表面自由能降低，因而产生表面吸附，当达到平衡时，在溶液内部溶液浓度小于溶液界面上的浓度。

③ 界面定向　吸附在界面上的表面活性剂分子能定向排列形成单分子膜，覆盖于界面上。

④ 形成胶束　表面活性剂在溶液中达到一定浓度时，分子会产生凝聚而形成胶束，此时的浓度称为临界胶束浓度(*cmc*)。在水中形成的胶束，非极性基团在内，极性基团在外，其结构有球状、棒状和层状等。在有机相中形成的胶束则相反，极性基团在内，非极性基团在外，有人称之为“反胶束”。

⑤ 多功能性　表面活性剂在其溶液中能显示出多种功能，如降低表面张力，具有发泡、消泡、分散、乳化、湿润、增溶、抗静电、杀菌和去污等功能，但有时也仅表现为单一功能。

表面活性剂分子中同时含有亲水性极性基团和疏水性非极性基团，但通常亲水基团结构和种类的变化比疏水基团的改变对表面活性剂性质的影响大，因此一般按亲水基团对表面活性剂进行分类，可分为 4 大类，即阴离子型、阳离子型、两性离子型和非离子型。现分别简单介绍如下。

(1) 阴离子型表面活性剂　这是目前品种最多、产量最大、工业化生产最成熟和应用最广泛的一类表面活性剂，主要有羧酸盐型、磺酸盐型、硫酸盐型和磷酸酯盐型 4 种结构类型：

$$RCH_2COOM \qquad RC_6H_4SO_3Na \qquad ROSO_3Na \qquad RO-\overset{\displaystyle OR}{\underset{\displaystyle OM}{\overset{|}{\underset{|}{P}}}}=O \quad RO-\overset{\displaystyle OM}{\underset{\displaystyle OM}{\overset{|}{\underset{|}{P}}}}=O$$

羧酸盐型　　磺酸盐型　　硫酸盐型　　磷酸酯盐型

肥皂是典型的羧酸盐型表面活性剂，在烃基链中引入聚醚链可以改善其功能，如脂肪醇聚醚羧酸盐具有良好的起泡、洗涤、熟化和湿润性能，在洗涤剂、润湿剂和化妆品方面应用广泛。可以高级醇聚氧乙烯醚为原料，与氯乙酸、丙烯酸酯或丙烯腈反应来制备：

$$R\text{+}OCH_2CH_2\text{+}_nOH + ClCH_2COONa \longrightarrow R\text{+}OCH_2CH_2\text{+}_nOCH_2COONa$$

$$R\text{+}OCH_2CH_2\text{+}_nOH + CH_2=CHCOOR' \xrightarrow[\text{2. 皂化}]{\text{1. 加成}} R\text{+}OCH_2CH_2\text{+}_nOCH_2CH_2COONa$$

磺酸盐也可分为多种类型，其中我国生产和使用最多的是烷基苯磺酸钠，如十二烷基苯磺酸钠等，可由烷基苯磺化而得：

$$R-C_6H_5 \xrightarrow[55℃]{\text{发烟硫酸}} R-C_6H_4-SO_3H \xrightarrow[40\sim50℃]{NaOH} R-C_6H_4-SO_3Na$$

磺酸盐对酸和热都很稳定，可用于洗涤、染色和纺织等行业，也可用作渗透剂、润湿剂、防锈剂等工业助剂。

高级醇的单硫酸酯的盐即为典型的硫酸酯盐类表面活性剂，可由高级醇与 SO_3 反应而得，是香波、合成香皂、洗浴用品、剃须膏等盥洗卫生用品的重要成分，还可用作柔软平滑剂、纺织油剂、乳液聚合乳化剂等。其缺点是对酸、碱和热的稳定性较差。

磷酸酯盐除具有一般表面活性剂的性质外，还具有润滑性、高电解质耐受性、水溶助长性、化学稳定性、腐蚀抑制性和低刺激性等，大量作为纺织助剂、金属润滑剂、抗静电剂等应用于纺织、化工和金属加工等领域。

(2) 阳离子型表面活性剂　这是亲水基团为阳离子的一类表面活性剂，工业上所有这类表面活性剂都是含氮的有机化合物，主要分为胺盐型和季铵盐型两种类型。所有胺盐型阳离子表面活性剂均可通过胺与酸反应制得，所用的酸主要有醋酸、甲酸和盐酸等。一般按胺的不同分为高级胺盐和低级胺盐两类，前者多由高级脂肪胺与盐酸或醋酸反应而得，常作为缓释剂、捕集剂、防结块剂等；而后者则由硬脂酸、油酸等廉价脂肪酸或酰氯与低级胺，如乙醇胺、氨乙基乙醇胺、二乙烯二胺等反应后再用酸中和而得，主要作直接染料固色剂、柔软剂等。

季铵盐类阳离子表面活性剂通常由叔胺与烷基化试剂反应来制备。例如：

$$C_6H_5CH_2Br + C_{12}H_{25}N(CH_3)_2 \longrightarrow C_6H_5CH_2\overset{+}{N}(CH_3)_2C_{12}H_{25}\ Br^-$$

新洁尔灭

这类阳离子表面活性剂在碱性介质中也不受影响，而胺盐类在碱性条件下会游离出胺，因此不能在碱性条件下使用。季铵盐类阳离子表面活性剂通常洗涤效果较差，但具有很强的杀菌活性，主要用作织物柔软剂和杀菌剂，以及医用洗手液等。

(3) 两性离子型表面活性剂　这是近年来发展较快的一类表面活性剂，其特征是同时存在阴离子和阳离子官能团，其离子性与溶液的 pH 值有很大关系，在碱性溶液中呈阴离子活性，在酸性溶液中呈阳离子活性，而在中性溶液中呈两性活性。

一般使用的两性表面活性剂的阳离子部分大多是胺盐或季铵盐亲水基，而阴离子部分可以是羧基、磺酸基、硫酸酯盐或磷酸酯盐亲水基等，实际使用的大多为羧酸盐型。常见的两性表面活性剂有甜菜碱型、咪唑啉型、氨基酸型和氧化胺型，其中最重要的为咪唑啉型，约占整个产量的一半以上。两性表面活性剂除具有良好的表面活性，以及去污、乳化、分散和湿润作用外，还同时具备杀菌、柔软、抗静电、耐盐、耐酸碱等特性，及易为生物所降解的优点，并能使带上正电荷或负电荷的物体表面成为亲水面层，毒性低、使用安全，应用范围正日益扩大。

(4) 非离子型表面活性剂　这类表面活性剂在水中不解离成离子状态，其表面活性是通过整个中性分子中的极性和非极性部分表现出来的。脂肪醇聚氧乙烯醚(AEO)是非离子型表面活性剂中产量最大的品种，具有优良的湿润、低温洗涤、乳化、耐硬水和易生物降解等特点，广泛用于纺织、轻工、农业和石油加工等领域。

练习题

1. 用系统命名法命名下列化合物，对其中的一元醇指出 1°、2°、3°醇

(1) $(CH_3)_2C{=}C(CH_3){-}CH_2CH_2OH$

(2) $C_6H_5{-}C(H)(C_2H_5){-}OH$

(3) $CH_3CH(OH)CH_2CH_2CH(OH){-}CH{=}CH_2$

(4) $CH_3CH_2CHCH_2Br$ (OH on C-2) (5) (6)

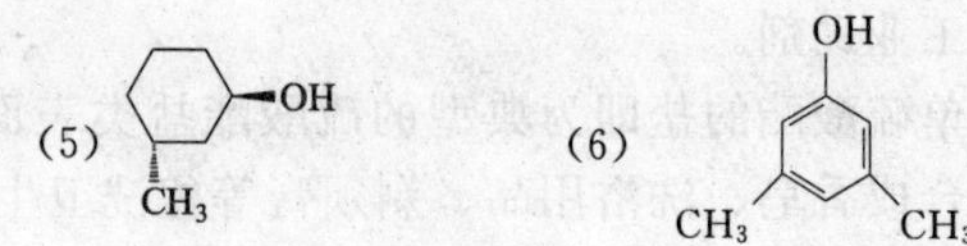

(7) $C_2H_5OCH_2CH_2OC_2H_5$ (8) $H_2C{=}CHCH_2{-}O{-}CH_2CH_2CH_3$

2. 写出下列化合物的结构式

(1) (*Z*)-3-甲基-3-戊烯-2-醇 (2) (2*S*,4*S*)-2,4-己二醇 (3) 4-甲基苯基叔丁基醚

(4) 反-1-甲基环己醇的最稳定构象式 (5) 乙二醇单丁醚 (6) 6-硝基-1,4-萘二酚

(7) 3-氯-1,2-环氧丙烷 (8) 1,10-二苯并-18-冠-6

3. 将下列化合物按其酸性由强到弱顺序排列：

(1) a. 环己醇（C$_6$H$_{11}$—OH） b. 苯酚（C$_6$H$_5$OH） c. CH_3O—C$_6$H$_4$—OH d. $CH_3\overset{O}{\overset{\|}{C}}$—C$_6H_4$—OH e. H_2O

(2) a. O_2N—C$_6$H$_4$—OH b. C$_6$H$_5$—OH c. CH_3O—C$_6$H$_4$—OH d. C$_6$H$_{11}$—OH

e. O_2N—C$_6$H$_3$(NO$_2$)—OH f. Cl—C$_6$H$_4$—OH

4. 指出下列各组化合物中哪些能用 Lucas 试剂鉴别？哪些不能？为什么？

(1) 1-丁醇和 2-丁醇 (2) 2-戊醇和 3-戊醇 (3) 环戊醇和氯代环戊烷

5. 将下列醇按其与 HCl 反应的活泼程度由大到小排序

(1) 戊醇 (2) 2-戊醇 (3) 2-甲基-2-丁醇 (4) 1-苯基-2-丁醇

6. 写出下列醇在硫酸作用下发生消除反应的主要产物

(1) 戊醇 (2) 2-戊醇 (3) 2-甲基丁醇 (4) 1-苯基-2-丁醇

7. 完成下列反应

(1) C$_6$H$_5$—CH(CH$_3$)—CH$_2$OH $\xrightarrow[\triangle]{HBr}$

(2) $HO{-}C(CH_3)_2CH_2CH_2OH \xrightarrow[\text{吡啶}]{CrO_3}$

(3) $HOCH_2$—C$_6$H$_4$—OH $\xrightarrow{HBr}$

(4) C$_6$H$_5$—OH + 顺丁烯二酸酐 $\longrightarrow$

(5) CH_3—环氧乙烷 $\xrightarrow[H^+]{CH_3OH}$

(6) 1-甲基环己醇 $\xrightarrow[\triangle]{KMnO_4/H_2SO_4}$

(7) CH_3—C$_6$H$_4$—OH + $BrCH_2$—C$_6$H$_5$ $\xrightarrow{NaOH}$

(8) C$_6$H$_5$—OCH$_2$—C$_6$H$_5$ $\xrightarrow[\triangle]{HI}$

(9) $CH_3{-}C(CH_3)_2{-}Br + C_2H_5ONa \xrightarrow{\triangle}$

(10) 环氧乙烷 + C_6H_5—CH_2MgCl $\xrightarrow{\text{无水乙醚}}$? $\xrightarrow{H_3^+O}$

8. 完成下列转化

(1) $CH_3CH=CH_2 \longrightarrow HOCH_2CH(OH)CH_2OH$

(2) $CH_3CH_2CH_2OH \longrightarrow CH_3CH_2CH_2OCH(CH_3)_2$

(3) CH_3—C_6H_5 $\longrightarrow$ CH_3—C_6H_4—OCH_2—C_6H_5

(4) CH_3—C_6H_5 $\longrightarrow$ $HOCH_2CH_2CH_2$—C_6H_5

(5) C_6H_5—OH $\longrightarrow$ 2,6-二氯苯酚（Cl、Cl 位于 OH 两侧邻位）

9. 简要回答下列问题

(1) 用异丙醇、硫酸与苯作用，可以制得异丙苯，这个反应是怎样进行的？

(2) 制备甲基叔丁基醚应怎样选用下列试剂？为什么？

甲醇、叔丁醇、氯甲烷、2-甲基-2-氯丙烷以及金属钠。

(3) 乙醚的沸点是 34.5℃，丁醇的沸点是 117.3℃，而丁醇与乙醚在水中的溶解度相似(7%～8%)，试解释原因。

10. 用化学方法鉴别下列化合物

(1) 丁醇、2-丁醇、3-丁烯-2-醇

(2) 环己醇、2-环己烯醇、氯代环己烷、甲基环己基醚

(3) 对甲基苯酚、苯甲醇、乙苯、α-氯代甲苯(氯苄)

(4) 丁醇、叔丁醇、乙醚、乙基乙烯基醚

11. 用指定原料完成下列制备(无机试剂和三碳以下有机试剂任选)

(1) 由丁醇制备 2-丁醇、2-丁酮及 2-溴丁烷

(2) 由乙炔和氯乙烷制备丁炔、2-丁酮

(3) 由苯制备 1-苯基乙醇、2-苯基乙醇、苯乙烯

(4) 由苯酚制备苯甲醚、对叔丁基苯甲醚

12. 判断下列化合物的结构

(1) 化合物 A($C_9H_{10}O_2$)，不能使三氯化铁溶液变色；A 与浓氢碘酸溶液加热，得到化合物 B 却能使三氯化铁溶液变色。A 能与次碘酸钠作用得到黄色沉淀和化合物 C，C 与硝酸-硫酸组成的混酸作用只能得到一个一硝化产物。试推测化合物 A、B、C 的结构式，并写出各步反应式。

(2) 薄荷脑的分子组成是 $C_{10}H_{20}O$，在与薄荷脑具有同类构造的同分异构体中，薄荷脑具有最稳定的构型。薄荷脑不能使溴的四氯化碳溶液褪色，能被氧化得到薄荷酮。薄荷脑在浓硫酸存在下加热，得到的一个脂肪烃，分子组成为 $C_{10}H_{18}$。此脂肪烃经臭氧化、还原水解后，得到 3,7-二甲基-6-羰基辛醛。试写出薄荷脑的结构式和最稳定构象式。

(3) 化合物 A 的分子组成为 $C_6H_{12}O$。A 与高锰酸钾作用得到化合物 B，分子组成为 $C_6H_{10}O$；B 能与 2,4-二硝基苯肼作用生成黄色结晶，但不能与银氨溶液反应。A 与浓硫酸在加热下脱水，得到化合物 C，分子组成为 C_6H_{10}；C 能使溴水褪色，与酸性高锰酸钾反应只得到一个化合物 5-羰基己酸。试写出 A、B、C 的结构式，并写出各反应的反应方程式。

(4) 化合物 A，分子组成为 $C_5H_{12}O$，有旋光性。A 在 $KMnO_4$ 溶液中氧化，得到化合物 B，分子组成为 $C_5H_{10}O$。B 能与 2,4-二硝基苯肼作用生成黄色固体。B 与丙基溴化镁反应后水解得到化合物 C，分子组成为 $C_8H_{18}O$，C 能拆分成两个对映体。推测化合物 A、B、C 的结构式，并写出各步反应式。

13. 将下列化合物按与亚硫酸氢钠反应的活性顺序由高到低排列：

(1) $CH_3CH_2CH_2CHO$ (2) $CH_3CH_2COCH_3$ (3) 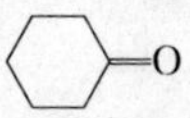 =O (4) 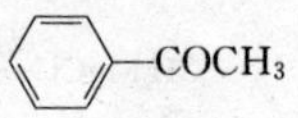 $-COCH_3$ (5) 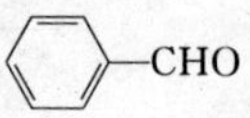 $-CHO$

14. 命名下列化合物

(1) 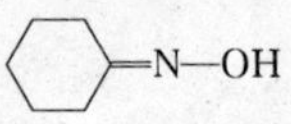 =N—OH (2) CH_3 C=N—N—NH_2 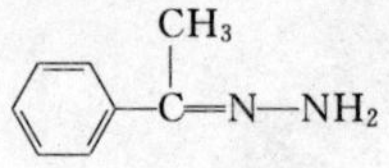 (3) 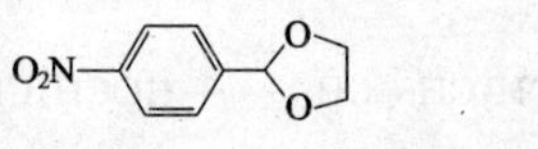 O_2N— O O

(4) 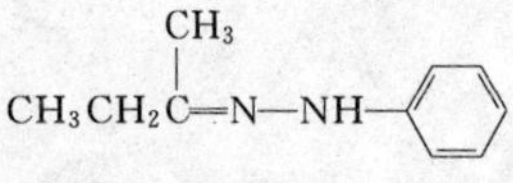 CH_3 CH_3CH_2C=N—NH— (5) 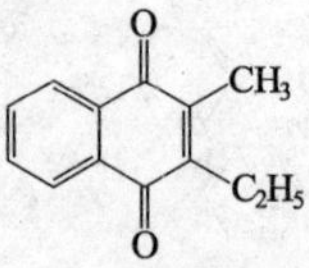 O CH_3 C_2H_5 O (6) 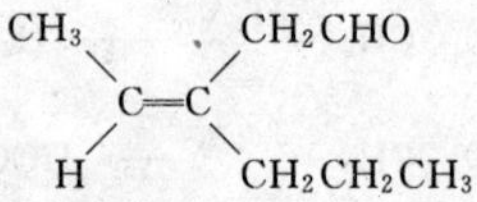 CH_3 CH_2CHO C=C H $CH_2CH_2CH_3$

(7) 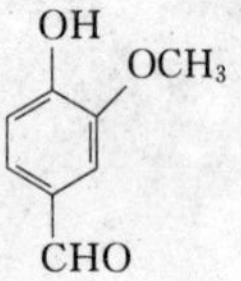 OH OCH_3 CHO (8) 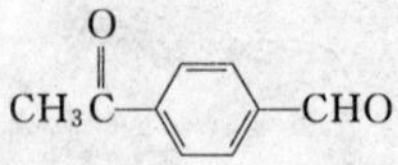 O CH_3C— —CHO (9) 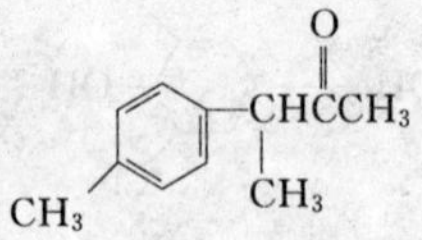 O CHCCH_3 CH_3 CH_3

(10) 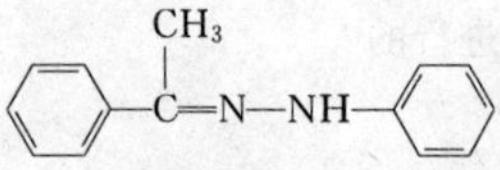 CH_3 C=N—NH— (11) 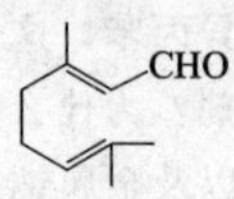 CHO (12) 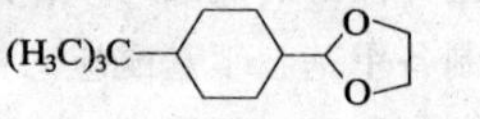 $(H_3C)_3C$— O O

(13) 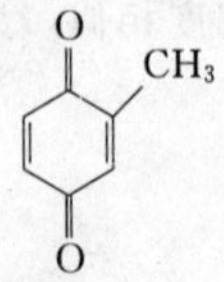 O CH_3 O

15. 完成下列反应

(1) 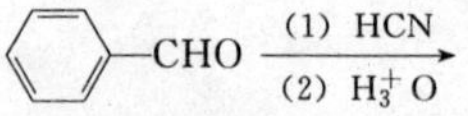 —CHO $\xrightarrow[(2)\ H_3^+O]{(1)\ HCN}$

(2) =O $\xrightarrow[(2)\ H_3^+O]{(1)\ CH_3MgBr}$

(3) O $\xrightarrow[HOAc]{NaCN}$

(4) O $\xrightarrow{NaBH_4}$? $\xrightarrow[\triangle]{H_3PO_4}$ 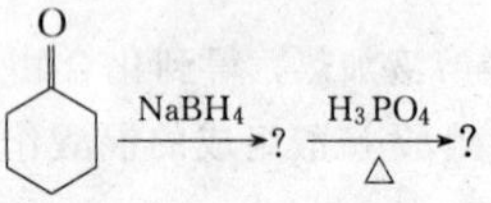 ?

(5) 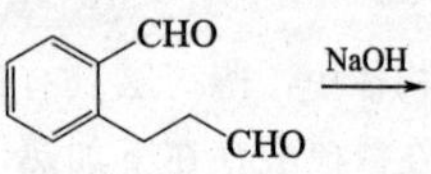 CHO CHO $\xrightarrow{NaOH}$

(6) 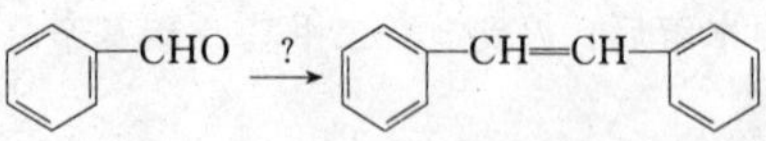 —CHO $\xrightarrow{?}$ —CH=CH—

(7) 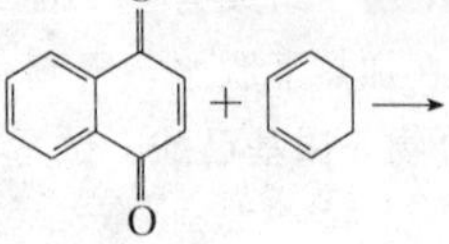 O O + $\longrightarrow$

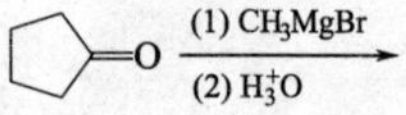

(8) 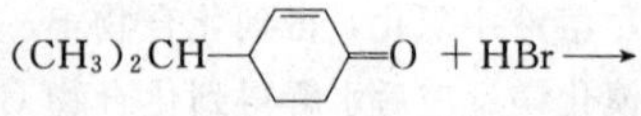 $(CH_3)_2CH$— =O + HBr $\longrightarrow$

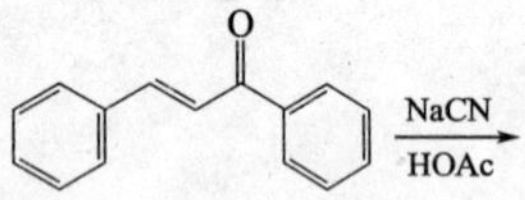

(9) 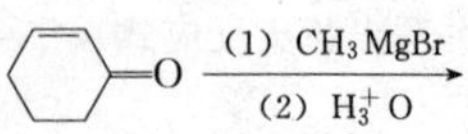 =O $\xrightarrow[(2)\ H_3^+O]{(1)\ CH_3MgBr}$

(10) [2-pentanone structure] $\xrightarrow[(2)\ H_3^+O]{(1)\ HCN}$

(11) $C_6H_5-CH_2\overset{O}{\overset{\|}{C}}CH_3 \xrightarrow{I_2/OH^-}$

(12) $C_6H_5CH_2CHO + H\overset{O}{\overset{\|}{C}}H \xrightarrow{稀NaOH}$

(13) [indane-1,2,3-trione structure] $+ H_2O \longrightarrow$

(14) [$C_6H_5-CH_2$-1,3-dioxolane-CH_2OH structure] $\xrightarrow[\triangle]{H_3^+O}$

(15) [3-pentanone structure] $+ H_2N-NH-\overset{O}{\overset{\|}{C}}-NH_2 \xrightarrow{HOAc}$

(16) [p-nitrobenzaldehyde, CHO, NO_2] $\xrightarrow{Ph_3P=CHCOCH_3}$

(17) [cyclohexanol, OH] $\xrightarrow{K_2Cr_2O_7}$? $\xrightarrow{Ph_3P=CHOCH_3}$?

16. 下列化合物中哪些能与 NaOCl 作用生成氯仿和羧酸钠？写出它们的反应式。

(1) 乙醛　(2) 苯乙酮　(3) 丙醛　(4) 2,4-戊二酮　(5) 3-戊酮　(6) 2-戊酮

17. 完成下列转化

(1) [benzene] $\longrightarrow$ [1-tetralone, O]

(2) $C_6H_5CHO \longrightarrow C_6H_5CH_2CH_2CH_2OH$

(3) $CH_3CH_2CH_2CHO + HCHO \longrightarrow CH_3CH_2C(CH_2OH)_3$

(4) $C_6H_5CHO \longrightarrow C_6H_5CH=CHCOOH$

(5) $C_6H_5CHO \longrightarrow O_2N-C_6H_4-CHO$

(6) [octahydronaphthalene structure] $\longrightarrow$ [bicyclic ketone, O]

(7) [4-oxopentanal, CHO, O] $\longrightarrow$ [4-methylpent-3-enal, CHO]

18. 用简单化学方法鉴别下列各组化合物

(1) 环己醇、环己酮和苯酚(均为乙醇溶液)

(2) 丁醛、丁酮、丁醇和仲丁醇

(3) 环己基甲醛、苯甲醛、苯乙酮、苯甲醇和苯甲醚

19. 分离提纯

(1) 由实验制备得到的己醛(沸点 131℃)中含有一些戊醇(沸点 137℃)，二者不能用简单蒸馏分离，如何提纯己醛？

(2) 苯甲醛与浓 NaOH 水溶液一起加热，反应混合物中除产物外，还有约 20%未转化的原料，如何实现产物与原料的分离？

20. 用指定原料制备下列化合物(无机试剂和三碳及三碳以下有机试剂任选)

(1) 由苯甲醛制备 4-苯基-3-丁烯-2-酮和 1，5-二苯基-1,4-戊二烯-3-酮

(2) 由苯乙酮制备 2-苯基-2-丁醇和 2-苯基-2-丁烯

(3) 以甘油为原料制备 2,3-二羟基丙酸

(4) 以苯为原料制备 Cl ... $CH_2CH_2CH_3$

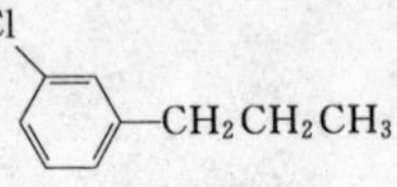

(5) 以乙烯为原料制备 CHO

21. 推断化合物结构

(1) 化合物 A 的分子组成为 $C_8H_8O_2$。A 能与三氯化铁水溶液呈现紫色，与 2,4-二硝基苯肼反应能产生黄色结晶，还能发生碘仿反应。这个化合物有三种同分异构体，A 是其中蒸气压最低的一种异构体。试写出 A 的结构式。

(2) 化合物 A 的分子组成为 $C_6H_{12}O$。A 既不能使溴的四氯化碳溶液褪色，也不能使高锰酸钾溶液褪色，但与浓硫酸共热时能得到化合物 B(C_6H_{10})；B 经臭氧化-还原水解后得到一无支链的化合物 C($C_6H_{10}O_2$)，C 既能与 Tollens 试剂作用产生灰黑色沉淀，也能发生碘仿反应。试推测化合物 A、B、C 的结构式，并写出各步转化反应式。

(3) 化合物 A($C_7H_{16}O$)可以用 $K_2Cr_2O_7$-H_2SO_4 溶液氧化，得到化合物 B($C_7H_{14}O$)；B 能与 2,4-二硝基苯肼反应生成黄色结晶，但不能发生碘仿反应。A 与浓硫酸共热得到化合物 C(C_7H_{14})，C 在 $KMnO_4$-H_2SO_4 溶液中加热，得到丙酮与 2-甲基丙酸。试推测化合物 A、B、C 的结构式，并写出各步转化反应式。

(4) 2-甲基环己酮与甲醛在稀碱溶液中发生羟醛缩合反应，可能得到三种产物 A、B、C。三种产物都能与 2,4-二硝基苯肼作用产生黄色沉淀，A 和 B 均不能使溴水褪色，但 C 能。使 A、B 分别与硫酸水溶液在加热下反应，A 能转化为 C，B 不能。试推测 A、B、C 可能的结构。

22. 用系统命名法命名下列化合物

(1) 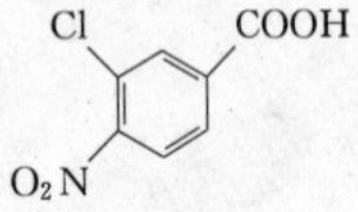 Cl, COOH, O_2N (2) 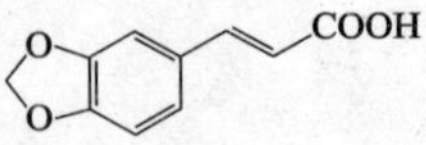 COOH (3) H_3C, COOH, CH_3, CH_3

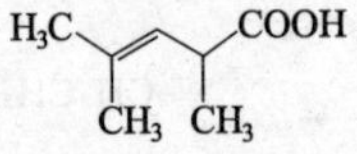

(4) 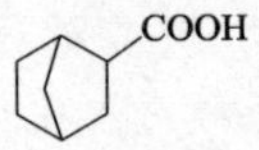 COOH (5) 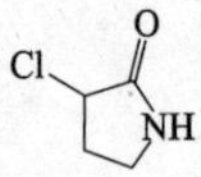 Cl, O, NH (6)  HOOC, COOH

(7) 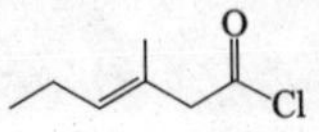 O, Cl (8) 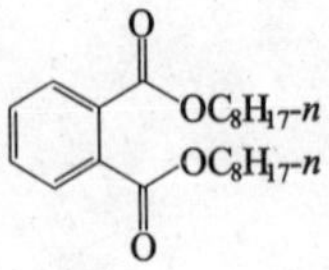 O, OC_8H_{17}-*n*, OC_8H_{17}-*n*, O (9) 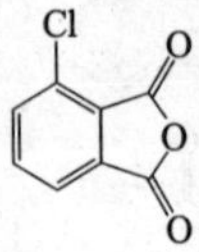 Cl, O, O, O

(10) 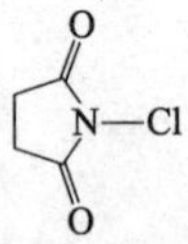 O, N—Cl, O (11) 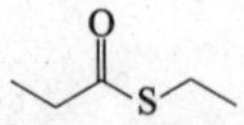 O, S (12) 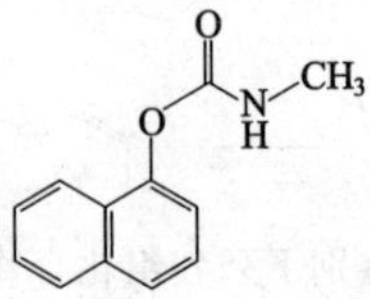 O, N, H, CH_3, O

(13) 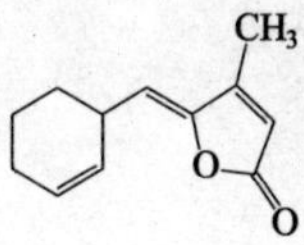 CH_3 O O　(14) 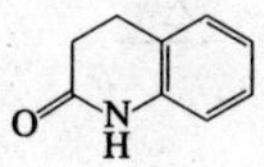 O N H　(15) 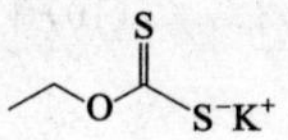 S O S^-K^+　(16) 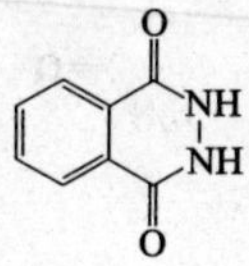 O NH NH O

(17) 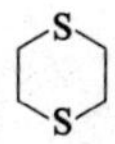 S S　(18) 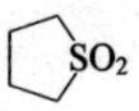 SO_2　(19) 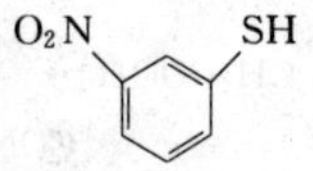 O_2N SH　(20) 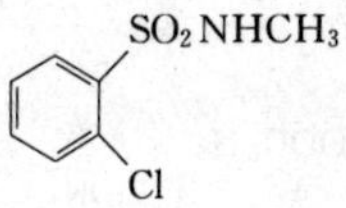 SO_2NHCH_3 Cl

23. 将下列羧酸化合物的酸性由强至弱排列：

(1) A. CH_3CH_2COOH　B. $CH_3CHCOOH$（Cl）　C. CH_2CH_2COOH（Cl）　D. CH_2CH_2COOH（Br）

(2) A. 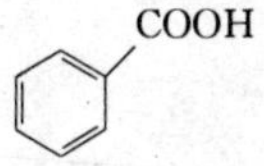 COOH　B. 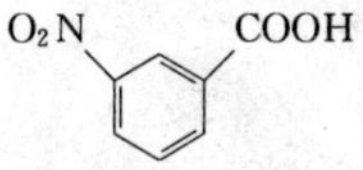 O_2N COOH　C. 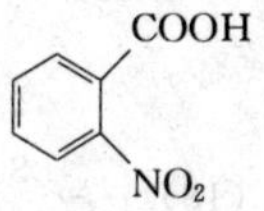 COOH NO_2　D. 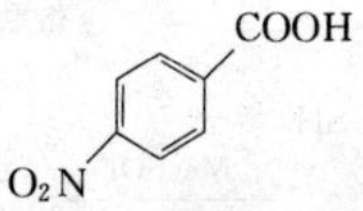 COOH O_2N

(3) A. 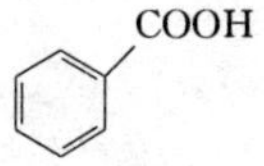 COOH　B. 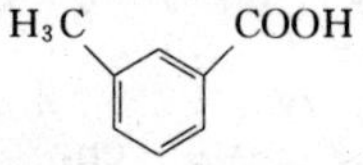 H_3C COOH　C. 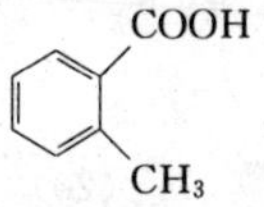 COOH CH_3　D. 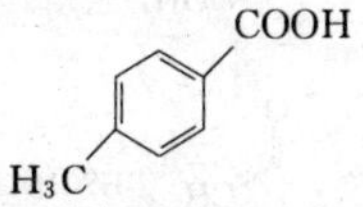 COOH H_3C

(4) A. 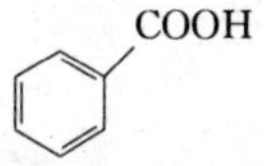 COOH　B. 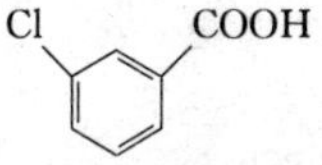 Cl COOH　C. 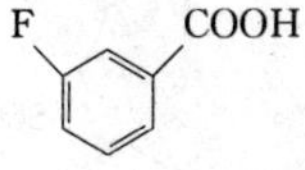 F COOH　D. 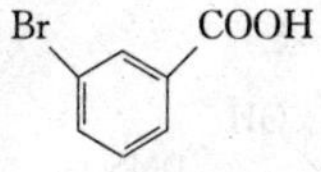 Br COOH

(5) A. 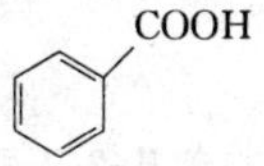 COOH　B. 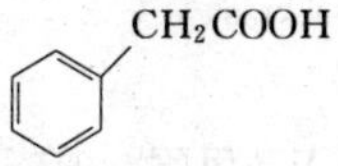 CH_2COOH　C. 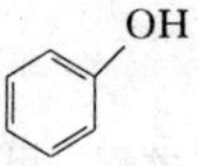 OH　D. 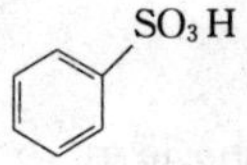 SO_3H

24. 用化学方法鉴别下列各组化合物：

(1) 乙酸、乙二酸、丙二酸、乙醛、乙醇

(2) 丁酰胺、丁二酰亚胺、尿素

(3) 苯甲醚、苯甲醛、苯甲酸、苯酚

(4) 乙酸甲酯、甲酸乙酯、戊酮、水杨酸甲酯

(5) 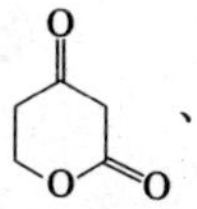 O O O 、 OH OH 、 COOH COOH

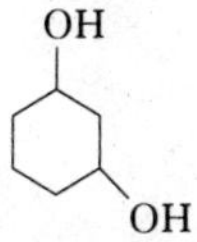

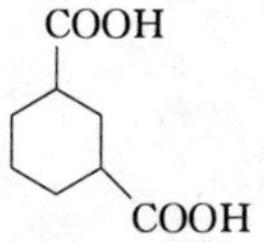

(6) 对甲苯硫酚、苯甲硫醚、苯甲硫醇

25. 完成下列反应，写出主要产物。

(1) 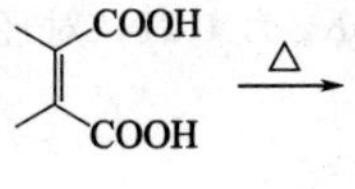 COOH COOH $\xrightarrow{\triangle}$　(2) 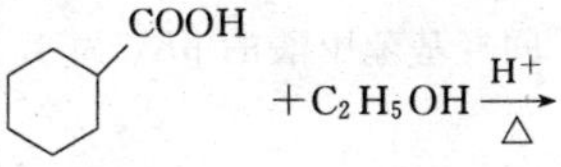 COOH $+C_2H_5OH \xrightarrow[\triangle]{H^+}$

(3) 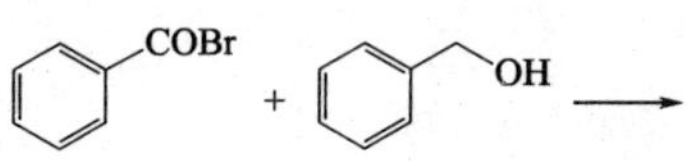 COBr + OH $\longrightarrow$　(4) 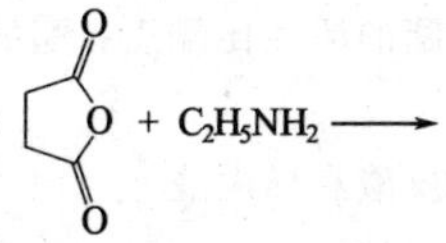 O O O $+ C_2H_5NH_2 \longrightarrow$

(5) $HCOOC_2H_5+CH_3COOC_2H_5 \xrightarrow{EtONa}$　(6) $CH_3CH_2CH_2COOH+SOCl_2 \xrightarrow{\triangle}$

(7) 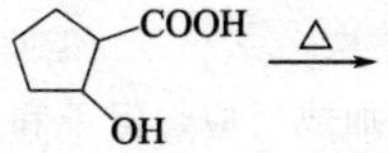 COOH OH $\xrightarrow{\triangle}$　(8) 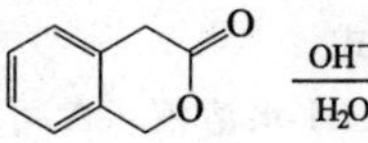 O O $\xrightarrow[H_2O]{OH^-}$

(9) $CH_2(COOC_2H_5)_2$ + $(H_2N)_2C{=}O$ $\xrightarrow{\triangle}$　　(10) 1,1-环丙烷二甲酸 $\xrightarrow{\triangle}$

(11) 2HOOCCHO $\xrightarrow[\triangle]{\text{浓 NaOH}}$　　(12) 邻苯二乙酸（CH_2COOH，CH_2COOH） $\xrightarrow[\triangle]{Ba(OH)_2}$

(13) 邻位取代苯（$CH_2CH_2COOC_2H_5$，$COOC_2H_5$） $\xrightarrow[EtOH]{EtONa}$　　(14) 邻氯苯甲酰胺（$CONH_2$，Cl） $\xrightarrow[NaOH]{NaOCl}$

(15) 2-萘磺酸（SO_3H） $\xrightarrow[\text{熔融}]{\text{NaOH (s)}}$　　(16) $HSCH_2CH(SH)CH_2OH$ + HgO ⟶

(17) 苯硫酚（SH） $\xrightarrow[NaOH，\triangle]{Me_2SO_4}$　　(18) $H_3C{-}S{-}CH_3$ $\xrightarrow{HNO_3}$

(19) 2,4-二氯苯乙酮（Cl，Cl，$COCH_3$） $\xrightarrow[PTSA]{HSCH_2CH_2SH}$　　(20) 环己酮 $\xrightarrow{Me_2S^+CH_2^-}$

(21) 环己醇（OH） $\xrightarrow[DCC]{DMSO}$　　(22) 苯磺酸（SO_3H） $\xrightarrow[170\sim180℃]{PCl_5}$

26. 制备

(1) 由乙酰乙酸乙酯合成 2-戊酮、2,4-二戊酮、甲基环丁基甲酮、β-苯丙酸和 4-苯基-2-丁酮

(2) 由丙二酸二乙酯合成环己甲酸

(3) 由乙醛合成 β-溴丁酸

(4) 由甲苯和乙醇合成

（结构式：对甲苯基上连 C(OH)(CH_3)(CH_2CH_3)，即 HO、CH_3、CH_3、H_3C）

27. 试分析乙醚、丁醇、丁酸的沸点高低以及在水中溶解度的大小。

28. 试解释下述事实：

(1) 乙二酸的 pK_{a_1} 比甲酸的 pK_a 值大，但 pK_{a_2} 比甲酸的 pK_a 值小，为什么？

(2) 顺丁烯二酸 pK_{a_1} 比反丁烯二酸的小，而 pK_{a_2} 比反丁烯二酸的大，为什么？

(3) 邻羟基苯甲酸的 pK_a 为 3.00，间羟基苯甲酸的 pK_a 为 4.12，苯甲酸的 pK_a 为 4.17，对羟基苯甲酸的 pK_a 为 4.54，为什么？

(4) 硫醇和硫酚的酸性比醇和酚的酸性强，为什么？

(5) 为什么磺酰氯和磺酸酯的活性比酰氯和酯的活性差？

29. 提纯下列各组化合物：

(1) 异戊醇中含有少量异戊酸和异戊醛

(2) 苯甲醛中含有少量苯甲酸

30. 某有机化合物分子式为 $C_7H_6O_3$，可溶于 $NaHCO_3$ 水溶液中，与 $FeCl_3$ 有颜色反应；在碱性条件下与乙酸酐反应生成 $C_9H_8O_4$；在硫酸催化下与甲醇反应生成 $C_8H_8O_3$；硝化后主要得到两种一元硝化产物，试推测该化合物的结构并写出各步反应式。

31. 化合物 A 的分子式为 $C_9H_{10}O_2$，能溶于 NaOH 水溶液。A 可以和苯肼发生加成反应，但不和 Tollens 试剂反应。A 经 $NaBH_4$ 还原生成 B，B 的分子式为 $C_9H_{12}O_2$，A 和 B 均能发生和碘仿反应。用 Zn-

Hg/HCl 还原 A 时生成 C，C 的分子式为 $C_9H_{12}O$。C 用 NaOH 溶液处理后，与碘甲烷一起煮沸，得化合物 D，D 的分子式为 $C_{10}H_{14}O$。用 $KMnO_4$ 氧化 D，生成对甲氧基苯甲酸。写出 A、B、C、D 的结构式及各步反应式。

32. 化合物 A($C_7H_{12}O_3$)与金属 Na 作用放出氢气，与 $FeCl_3$ 溶液显色，可与苯肼作用生成苯腙。A 与 NaOH 溶液共热，酸化后得到 B($C_4H_6O_3$)和异丙醇。B 易脱羧，脱羧产物 C 可进行碘仿反应。试推测 A、B、C 的结构，并写出各步反应式。

33. 某化合物 A 的分子式为 $C_{37}H_{108}O_6$，有旋光性。1mol A 水解后生成 1mol 甘油、2mol 不饱和脂肪酸 B 和 1mol 直链脂肪酸 C。B 用 $KMnO_4$ 的硫酸溶液氧化得到壬酸和壬二酸。试推导出 A、B、C 三种物质的结构式。

34. 什么是阴离子和阳离子交换树脂？离子交换树脂的结构特点和作用原理是什么？

9

烃的含氮和含磷衍生物

含第Ⅴ主族原子的化合物是指含 N、P、As、Sb 等原子的化合物，本书仅讨论含 N 和含 P 有机化合物。

在有机化合物中，N 元素主要表现为三价，也有部分五价的化合物，P 元素正好相反。其主要的化合物结构类型包括：

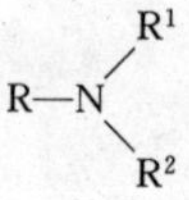

$R-N(R^1)(R^2)$ 胺　　$R-P(R^1)(R^2)$ 膦

R，R^1，R^2＝H，烃基

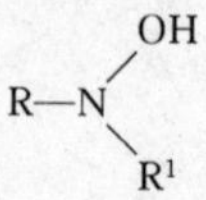

$R-N(OH)(R^1)$ 羟胺　　$R-P(OR^2)(R^1)$ 亚磷（膦）酸（酯）

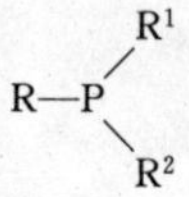

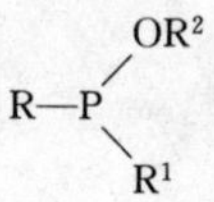

R，R^1＝H，烃基　　R，R^1＝烃基，烃氧基；R^2＝H，烃基

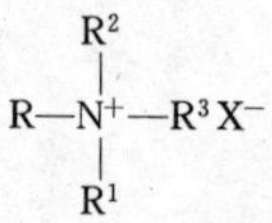

$R-N^+(R^1)(R^2)-R^3X^-$ 铵盐，季铵盐，季铵碱　　$R-P^+(R^1)(R^2)-R_3X^-$ 季鏻盐

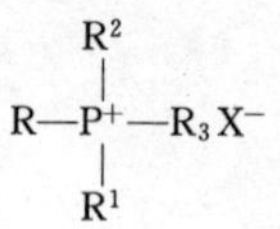

R，R^1，R^2，R^3＝H，脂肪烃基　　R，R^1，R^2，R^3＝脂肪烃基

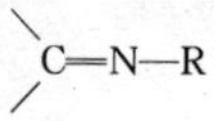

$>C=N-R$ 亚胺，肟，腙　　$>C=PR_3$ 磷 Ylide

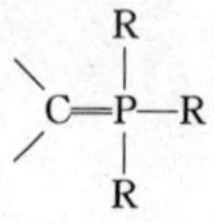

R＝H，烃基，OH，NH_2 等

$R—C≡N$ 腈

R=烃基

$R—N=O$ 亚硝基化合物

R=烃基

$R—N=N—R'$ 偶氮化合物

R,R'=烃基

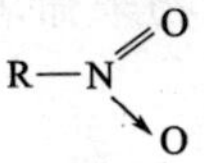

$R—NO_2$（$R—N(=O)\to O$） 硝基化合物

R=烃基

$R—N=N≡N$ 叠氮化合物

R=烃基

$RCH=N≡N$ 重氮化合物

R=烃基

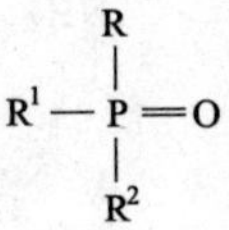

$R^1—P(=O)(R)—R^2$ 氧化磷，磷(膦)酸(酯)，硫代磷(膦)酸(酯)磷(膦)酰胺，硫代磷(膦)酰胺

R,R[1],R[2]=烃基，羟基，巯基，烃氧(硫)基，氨基

本章对主要的N、P化合物进行介绍。读者将会发现，虽然这两个元素属于相邻周期的同一主族，它们的性质也有相似的地方，但差异却是非常大的。读者请注意比较。

9.1 胺和膦

9.1.1 分类和命名

胺和膦可分别看作 NH_3 与 PH_3 的烃基衍生物。根据烃基数目的多少，可将其分为伯胺（膦）、仲胺（膦）和叔胺（膦）。脂肪族胺很常见，但膦不常见。

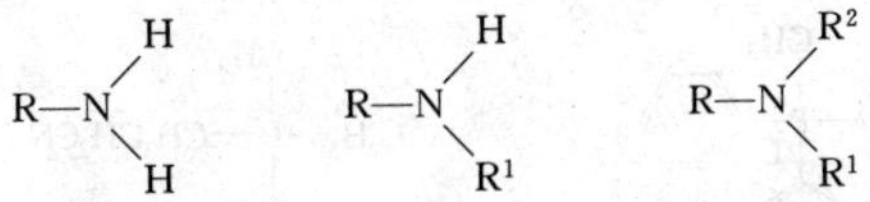

$R—NH_2$ 伯胺　　$R—NH—R^1$ 仲胺　　$R—N(R^1)R^2$ 叔胺

$R—PH_2$ 伯膦　　$R—PH—R^1$ 仲膦　　$R—P(R^1)R^2$ 叔膦

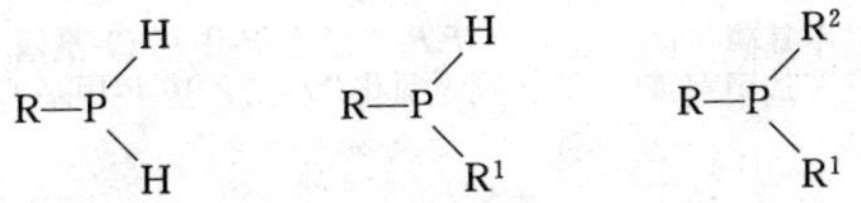

根据烃基种类的不同，又可将其分为脂肪胺（膦）和芳香胺（膦）。

脂肪胺（膦）的命名只需将烃基的名称和数目写出，然后在后面加上“胺（或膦）”字即可。例如：

$CH_3—NH_2$ 甲胺　　$(C_2H_5)_3N$ 三乙胺　　$C_6H_{11}—NH_2$ 环己胺　　$CH_3CH(CH_3)CH_2—NH_2$ 2-甲基-1-丙胺　　$H_2NCH_2CH_2CH_2NHCH_3$ *N*-甲基-1,3-丙二胺　　$(CH_3)_3P$ 三甲基膦

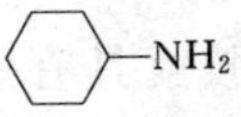

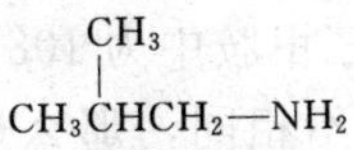

如果分子中还含有其他官能团，则在选择母体时应遵循如下的顺序：

酸＞醛＞酮＞醇＞胺＞烯、炔＞烷

例如：

$H_2NCH_2CH_2OH$ 2-氨基乙醇　　$CH_2=CHCH_2NH_2$ 2-丙烯-1-胺　　$C_2H_5N(CH_3)CH_2CH_2CH(CH_3)CH_2CH_2Cl$ *N*,3-二甲基-*N*-乙基-5-氯-1-戊胺

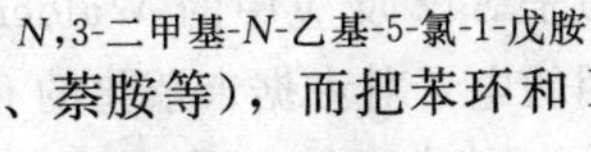

芳香胺在以胺作为母体时均命名为芳胺（如苯胺、萘胺等），而把苯环和N上的其他基团作为取代基来命名。例如：

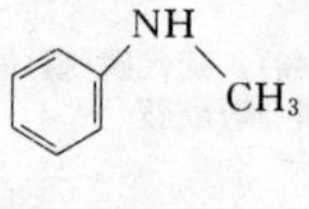

N-甲基苯胺 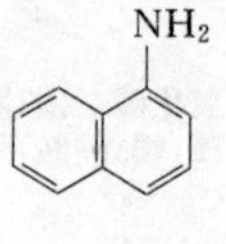　　α-萘胺 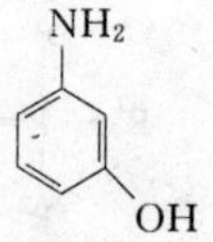　　3-氨基苯酚 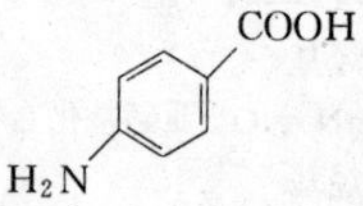　　4-氨基苯甲酸

如果N原子上的两个烃基构成环，则称为环胺，一般按杂环化合物来命名，将在第12章讨论。例如：

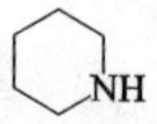

六氢吡啶 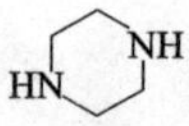　　哌啶 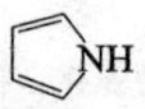　　吡咯

烃基膦的命名与此类似。例如：

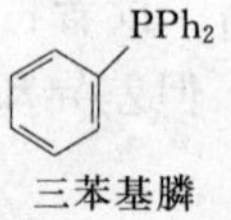

三苯基膦

季铵（鏻）盐和季铵（鏻）碱的命名则与卤化铵和NH_4OH相似。例如：

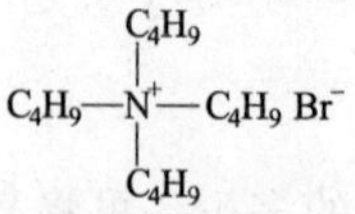

$C_4H_9-N^+(C_4H_9)_3\ Br^-$
四丁基溴化铵
(或溴化四丁基铵)

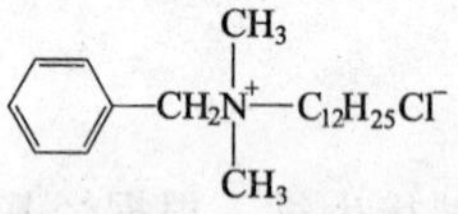

$C_6H_5CH_2N^+(CH_3)_2-C_{12}H_{25}Cl^-$
N,N-二甲基-N-十二烷基苄基氯化铵
(氯化N,N-二甲基-N-十二烷基苄铵)

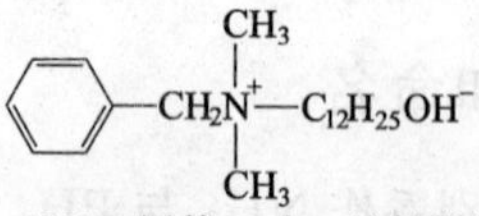

$C_6H_5CH_2N^+(CH_3)_2-C_{12}H_{25}OH^-$
N,N-二甲基-N-十二烷基苄基氢氧化铵
(氢氧化N,N-二甲基-N-十二烷基苄铵)

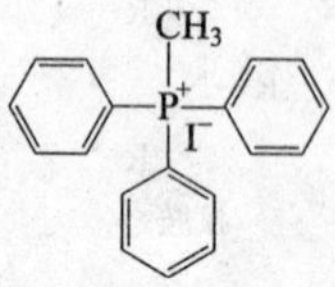

$(C_6H_5)_3P^+CH_3\ I^-$
三苯基甲基碘化鏻
(碘化三苯基甲基鏻)

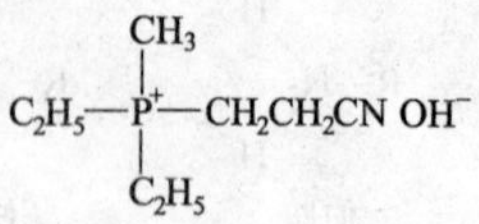

$C_2H_5-P^+(CH_3)(C_2H_5)-CH_2CH_2CN\ OH^-$
P,P-二乙基-P-甲基-(2-氰基乙基)氢氧化鏻
[氢氧化P,P-二乙基-P-甲基-(2-氰基乙基)鏻]

9.1.2 结构

大多数胺的N原子都像NH_3中一样采取sp^3杂化，三个烃基或氢原子占据四面体的三个顶点，未共用的一对电子占据另外一个顶点。通常说胺的结构是三角锥形的，但如果考虑这对未共用电子对（可以将其看作是比氢原子还小的一个基团），则它是四面体的构型。它们的键角很接近于109.5°，例如在三甲胺中为108°。

如果一个叔胺中的三个烃基均不相同，那么这个胺就具有手性，N原子为手性中心，理论上应该能够分离得到一对对映异构体。但实际上大多数情况下它们是很难分离的，因为这对对映异构体之间的相互转化能垒大约只有6kcal/mol。

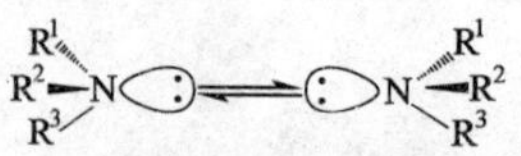

$R^1R^2R^3N: \rightleftharpoons :NR^1R^2R^3$

这种翻转类似于S_N2反应中的Walden翻转，在翻转的中间状态，N原子采取sp^2杂化状态，而未共用的电子对占据未杂化的p轨道。当这种翻转受到限制时，如叔胺的烃基连接成足够小的环时，则其翻转的能垒会大大提高，这时分离这对对映异构体就会成为可能。

例如：

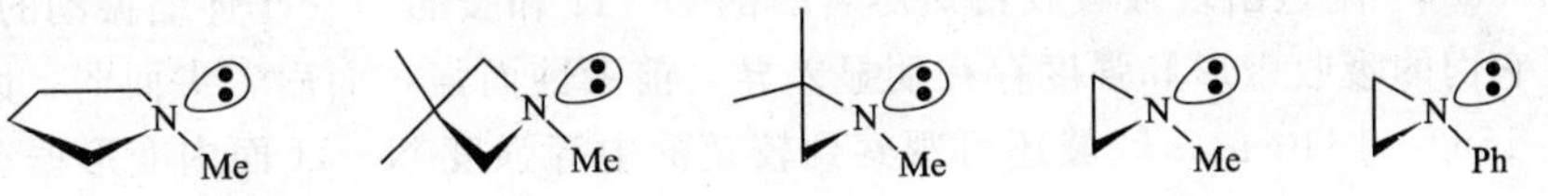

翻转能垒/(kJ/mol)	29	37	86	86	49

季铵盐和季铵碱不能进行这种翻转，因为它们没有未共用的电子对，所以当它们 N 原子上的 4 个烃基均不相同时，它们的对映异构体是可拆分的。

膦与胺的结构完全一样，也呈四面体构型。其区别在于，因为磷原子的体积比氮原子大，因此取代基的空间排斥作用没有氮原子那么大，对键角的影响小，故键角比胺小。叔膦两个异构体的翻转能垒比胺要大得多，所以，3 个烃基不同的叔膦，其对映异构体在室温下是可拆分的，但当温度升高时也会因翻转而产生外消旋化。

9.1.3 物理性质

胺是中等极性的化合物，它们的沸点通常比分子量相近的醇低，伯胺和仲胺分子间能形成较强的氢键，而叔胺不能，故叔胺的沸点要低于分子量相近的伯胺和仲胺。因为能与水形成较强的氢键，所以低级胺类在水中均有较大的溶解度。表 9-1 列出了常见胺类化合物的物理性质。

表 9-1 常见胺类化合物的物理性质

名称	结构	熔点/℃	沸点/℃	水中溶解度(25℃)	pK_a(铵离子)
甲胺	CH_3NH_2	−94	−6	混溶	10.64
乙胺	$C_2H_5NH_2$	−81	17	混溶	10.75
丙胺	$C_3H_7NH_2$	−83	49	混溶	10.67
异丙胺	$(CH_3)_2CHNH_2$	−101	33	混溶	10.73
丁胺	$C_4H_9NH_2$	−51	78	易溶	10.61
仲丁胺	$CH_3CH_2CH(CH_3)NH_2$	−104	63	易溶	10.56
异丁胺	$(CH_3)_2CHCH_2NH_2$	−86	68	易溶	10.49
叔丁胺	$(CH_3)_3CNH_2$	−68	45	易溶	10.45
环己胺	$C_6H_{11}NH_2$	−18	134	微溶	10.64
苯胺	$C_6H_5NH_2$	−6	184	3.7	4.58
苄胺	$C_6H_5CH_2NH_2$	10	185	微溶	9.30
对甲苯胺	p-$CH_3C_6H_4NH_2$	44	200	微溶	5.08
对甲氧苯胺	p-$CH_3OC_6H_4NH_2$	57	244	难溶	5.30
对氯苯胺	p-$ClC_6H_4NH_2$	73	232	不溶	4.00
对硝基苯胺	p-$NO_2C_6H_4NH_2$	148	332	不溶	1.00
二甲胺	$(CH_3)_2NH$	−92	7	混溶	10.72
N-甲基苯胺	$C_6H_5NHCH_3$	−57	196	微溶	4.70
三乙胺	$(C_2H_5)_3N$	−115	90	14	10.76
N,*N*-二甲基苯胺	$C_6H_5N(CH_3)_2$	3	194	微溶	5.06

脂肪膦的性质很不稳定，极易被氧化，低级膦（如三甲膦）在空气中即能自燃。三芳基膦较稳定，是常用的配体。

9.1.4 光谱性质

(1) 红外光谱 伯胺在 3500cm^{-1}、3400cm^{-1}附近有两个吸收带，分别是 N—H 键的不对称和对称伸缩振动吸收，脂肪胺较弱，而芳香胺可达中等强度。仲胺的 N—H 吸收带只有一个，脂肪仲胺在 $3300\mathrm{cm}^{-1}$ 附近，吸收强度很弱，常观察不到，而芳香仲胺却在 $3400\mathrm{cm}^{-1}$ 附近出现强吸收带。尽管醇的 O—H 和胺的 N—H 伸缩振动的吸收区域出现交叉，但它们的吸收带形和强度存在明显差异，前者钝而强，而后者尖而弱，因而容易辨别。伯胺在 $1560\sim1640\mathrm{cm}^{-1}$ 区域还可观察到较宽的中等强度 N—H 面内变形振动吸收，芳香胺多在 $1600\mathrm{cm}^{-1}$ 附近出现强吸收。脂肪族仲胺的 $\delta_{\mathrm{N-H}}$（面内）吸收很弱，无实际意义，芳香族仲胺的吸收也出现在 $1600\mathrm{cm}^{-1}$ 附近，但为强吸收。伯胺和仲胺的 $\delta_{\mathrm{N-H}}$（面外）在 $600\sim900\mathrm{cm}^{-1}$ 区域出现宽而强的吸收带，在分析中有参考价值(见表 9-2)。

胺的 C—N 伸缩振动因和邻近的 C—C 伸缩振动发生强的偶合而吸收频率多变，所以在分析中无实际意义。叔胺既无 N—H 键，又无 C—N 特征带，所以很难用 IR 法进行鉴定。

表 9-2　胺的典型特征吸收

基团振动方式		吸收频率/cm^{-1}	强　度
$\nu_{\mathrm{N-H}}$	伯胺	约 3500 约 3400	芳香族约为 30 脂肪族较弱
	仲胺:脂肪族	3260～3350	弱
	二芳胺、吡咯、吲哚等	约 3400	中～强
	亚胺(C═NH)	3300～3400	中
	N-烷基芳胺	约 3450	30～45
$\delta_{\mathrm{N-H}}$	伯胺(面内)	1560～1640	中～强
	(面外)	650～900	宽,中～强
	仲胺(面内)	1550～1650	很弱
	(面外)	650～900	宽,中
$\nu_{\mathrm{C-N}}$	芳香族伯胺	1250～1340	强
	仲胺	1280～1350	强
	叔胺	1310～1360	强
	脂肪胺	1030～1230	中～弱

(2) 核磁共振谱　胺的核磁共振谱类似于醇和醚类。伯胺和仲胺 N—H 质子的吸收范围很宽，通常在 0.6～5.0 范围内，受样品的纯度、浓度、溶剂的性质和温度的影响很大。

(3) 质谱　胺类的分子离子峰都是 N 原子上失去一个电子后形成的，脂肪胺较弱，而脂环胺和芳香胺都很强：

$$\mathrm{R_3N} \xrightarrow{-e} \mathrm{R_3\overset{+\cdot}{N}}$$

脂肪胺都易发生 β-开裂，其中较大的基团优先离去，最后形成 m/z $(30+14n)$ 峰：

$$\mathrm{R{-}\overset{|}{\underset{|}{C}}{-}\overset{+\cdot}{N}\langle} \xrightarrow{-\mathrm{R}\cdot} \mathrm{\rangle C{=}\overset{+}{N}\langle}$$

$m/z(30+14n)$

如果 α-碳原子上没有侧链，则 β-开裂后会得到 $m/z30$ 的特征峰，且往往是基峰。

脂环胺的特征吸收峰是 M－1 峰。例如：

$$\text{(吡咯烷)}\overset{+\cdot}{\mathrm{N}}\mathrm{{-}CH_3} \xrightarrow{-\mathrm{H}\cdot} \text{(吡咯啉)}\overset{+}{\mathrm{N}}\mathrm{{-}CH_3}$$

许多芳香胺也有中等强度的 M－1 峰，它们脱去 HCN、$\mathrm{H_2CN}$ 的过程与苯酚脱去 CO、CHO 相似：

$$\text{M-1} \xleftarrow{-H\cdot} \text{M}(C_6H_5\overset{+\cdot}{N}H_2) \xrightarrow{-HCN} \text{M-27} \xrightarrow{-H\cdot} \text{M-28}$$

9.1.5 化学性质

9.1.5.1 碱性

胺和膦的 N 原子或 P 原子上都含有孤对电子，是富电子中心，可以作为电子给体，因而具有碱性，能与质子酸或 Lewis 酸作用形成盐。

$$R_3N + HX \longrightarrow R_3\overset{+}{N}HX^- \text{（HX 可以是无机酸、有机酸和 Lewis 酸）}$$

$$R_3P + HX \longrightarrow R_3\overset{+}{P}HX^-$$

$$R_3P + BF_3 \longrightarrow R_3P \rightarrow BF_3$$

胺和膦都是一种弱碱，因而当生成的铵盐或鏻盐与强碱一起作用时，胺或膦就会游离出来，利用这一性质可以将胺与其他非碱性物质分离开，因而可用于分离纯化。例如：

$$R_3\overset{+}{N}HX^- + NaOH \longrightarrow R_3N + NaX + H_2O$$

季铵盐和季鏻盐因为 N、P 原子上没有氢原子，因此与强碱反应不能得到游离胺或膦。

胺的碱性强弱可用其离解常数 K_b 或其负对数 pK_b 来表示：

$$RNH_2 + H_2O \overset{K_b}{\rightleftharpoons} R\overset{+}{N}H_3 + OH^-$$

$$K_b = \frac{[R\overset{+}{N}H_3][OH^-]}{[RNH_2]} \tag{9-1}$$

$$pK_b = -\lg K_b$$

碱性越强，其 K_b 值就越大，pK_b 值越小。

但在有机化学中，胺的碱性往往是以它的共轭酸 $R\overset{+}{N}H_3$ 的酸性来表示的（见表 9-1）：

$$R\overset{+}{N}H_3 + H_2O \overset{K_a}{\rightleftharpoons} RNH_2 + H_3O^+$$

$$K_a = \frac{[RNH_2][H_3O^+]}{[R\overset{+}{N}H_3]} \tag{9-2}$$

显然，碱性越强，它的共轭酸酸性越弱（K_a 值越小），pK_a 值越大。

从表 9-1 可以看出，脂肪族伯胺的碱性均比氨（$pK_a = 9.26$）强，这是因为烷基为给电子基团，能使得 N 原子上的电子云密度增加，因而碱性增强。所以 N 原子上的烷基越多，则其碱性越强，其碱性强弱顺序为：

$$R_3N > R_2NH > RNH_2 > NH_3$$

这一顺序在气态下是正确的，但在水溶液中却并不完全如此。例如：

	CH_3NH_2	$(CH_3)_2NH$	$(CH_3)_3N$
pK_b（水中）	3.36	3.23	4.26
	$C_2H_5NH_2$	$(C_2H_5)_2NH$	$(C_2H_5)_3N$
pK_b（水中）	3.33	3.07	3.42

这是因为在水中，它们的共轭酸——铵离子存在着与水的溶剂化作用，在这些阳离子中，N 上连接的 H 越多，则由于氢键产生的溶剂化作用就越强，这样的阳离子就越稳定。

$$R\text{—}\overset{+}{N}(\text{H}\cdots OH_2)_3 > R_2\overset{+}{N}(\text{H}\cdots OH_2)_2 > R_3\overset{+}{N}\text{—H}\cdots OH_2$$

所以阳离子的稳定性强弱顺序为 $R\overset{+}{N}H_3 > R_2\overset{+}{N}H_2 > R_3\overset{+}{N}H$。稳定性越强，则酸性越弱，其共轭碱的碱性就越强。所以从这个方面来说，其碱性强弱顺序应为 $RNH_2 > R_2NH > R_3N$。综合电子效应和溶剂化效应的结果，所以在水中脂肪胺的碱性强弱顺序为：

$$R_2NH > RNH_2 > R_3N > NH_3$$

对于芳胺情况正好相反，由于苯环上的碳为 sp^2 杂化，其电负性较 sp^3 杂化的碳原子强得多，同时 N 原子对于苯环又存在给电子的 p-π 共轭效应，致使 N 原子上的电子云密度大大降低，所以苯环越多，其碱性就越弱：

$$NH_3 > PhNH_2 > Ph_2NH > Ph_3N$$

9.1.5.2 酸性

伯胺（膦）和仲胺（膦）与氨和磷化氢一样，也能表现出微弱的酸性，与活泼金属或有机强碱作用可形成胺盐或膦盐。例如：

$$CH_3NH_2 + Na \xrightarrow{Fe^{3+}} CH_3NHNa^+ + 1/2H_2$$

$$[(CH_3)_2CH]_2NH + n\text{-}C_4H_9Li \longrightarrow [(CH_3)_2CH]_2N^-Li^+ + n\text{-}C_4H_{10}$$

$$CH_3PH_2 + Na \xrightarrow{\text{乙醚}} CH_3PHNa^+ + 1/2H_2$$

氨基负离子是很强的碱，但亲核性较弱，尤其当 N 原子上连接有位阻较大的基团时（如二异丙氨基锂），其亲核性更弱，因此在有机合成中常用作强碱性试剂。

9.1.5.3 烃基化反应及其应用

（1）胺和膦的烃基化　胺和膦均可进行烃基化，但烃基化的方法却有很大的区别。胺可以直接与缺电子试剂进行亲核取代反应得到 *N*-烃基化产物，称为 *N*-烷基化反应，所得产物往往是不同取代程度的胺的混合物。例如：

$$t\text{-BuNH}_2 + \text{环氧乙烷} \xrightarrow{H_2O} t\text{-BuNHCH}_2CH_2OH + t\text{-BuN}(CH_2CH_2OH)_2$$

$$NH_3 + CH_3I \longrightarrow CH_3\overset{+}{N}H_3I^- + (CH_3)_2\overset{+}{N}H_2I^- + (CH_3)_3\overset{+}{N}HI^- + (CH_3)_4\overset{+}{N}I^-$$

$$\text{2,6-二甲基苯胺} + CH_3C_6H_4SO_3CH(CH_3)COOCH_3 \longrightarrow 2,6\text{-}(CH_3)_2C_6H_3NHCH(CH_3)COOCH_3 + CH_3C_6H_4SO_3H$$

也可采用 Michael 加成的方法。例如：

$$NH_3 + CH_2{=}CHCN \longrightarrow \underset{31\%\sim33\%}{H_2NCH_2CH_2CN} + \underset{57\%}{HN(CH_3CH_2CN)_2}$$

芳香族伯胺主要靠硝基化合物的还原来制备，二芳胺和三芳胺则可通过芳香族化合物的亲核取代反应来得到。例如：

$$C_6H_5NH_2 + Cl\text{-}C_6H_4\text{-}NO_2 \longrightarrow C_6H_5NH\text{-}C_6H_4\text{-}NO_2$$

烷基膦的制备一般采用膦盐与卤代烃反应来得到：

$$PH_3 + Na \xrightarrow{\text{乙醚}} H_2P^-Na^+ \xrightarrow[-NaX]{RX} H_2P{-}R \longrightarrow PR_3$$

就亲核性而言，不同胺的亲核性与不同膦的亲核性存在一定差异。膦随着 P 原子上烷基数目的增多，其亲核性逐渐增强，而胺的结果正好相反，其原因是 N 原子的体积较小，随着取代基的增多，空间位阻越来越强，因此使得其亲核性减弱。而磷原子的体积较大，各基团间相距较远，因此烷基的给电子诱导效应在此起着主导作用。

(2)季铵盐和季鏻盐　叔胺和叔膦都可以进一步与卤代烃发生亲核取代反应，分别生成季铵盐和季鏻盐。例如：

$$(CH_3)_3N + CH_3I \longrightarrow (CH_3)_4N^+I^-$$

$$(C_6H_5)_3P + CH_3I \longrightarrow (C_6H_5)_3CH_3P^+I^-$$

三级芳胺很难通过烷基化生成季铵盐，但三苯基膦却很容易，由此可见其亲核性的差异。

① 季铵盐　季铵盐不能与常用碱反应游离出叔胺，但可与 AgOH 作用生成季铵碱。例如：

$$(CH_3)_4N^+I^- + AgOH \longrightarrow (CH_3)_4N^+OH^- + AgI\downarrow$$

季铵碱是一种强碱，当受热到 100～150℃时会因分子内的亲核取代或消除反应而发生分解，这也是存在于同一体系中的两个相互竞争的反应，当烃基的 β-碳原子上没有氢原子时，发生的是 S_N2 反应，反之则会发生 β-消除反应（E2）。例如：

$$OH^- \quad CH_3-\overset{+}{N}(CH_3)_3 \longrightarrow CH_3OH + (CH_3)_3N$$

$$OH^- \quad H-CH_2-CH_2-\overset{+}{N}(CH_3)_3 \longrightarrow CH_2{=}CH_2 + (CH_3)_3N + H_2O$$

所以，只要存在 β-氢原子，其季铵碱受热就会分解产生烯烃。这一反应常用于测定胺的结构，方法是将胺与碘甲烷反应生成季铵盐，再与 AgOH 作用得到季铵碱，然后根据该季铵碱受热分解所产生的烯烃的结构来判断原来胺的结构，这种方法称为 Hoffmann 彻底甲基化反应：

$$RCH_2CH_2NH_2 \xrightarrow{3CH_3I} RCH_2CH_2\overset{+}{N}(CH_3)_3I^- \xrightarrow{AgOH} RCH_2CH_2\overset{+}{N}(CH_3)_3OH^- \xrightarrow{\triangle} RCH{=}CH_2 + (CH_3)_3N + H_2O$$

例如：

$$\text{哌啶(NH)} \xrightarrow{2CH_3I} \text{N,N-二甲基哌啶鎓}\ I^- \xrightarrow{AgOH} \text{N,N-二甲基哌啶鎓}\ OH^- \xrightarrow{\triangle} CH_2{=}CHCH_2CH_2CH_2N(CH_3)_2$$

当季铵碱上同时存在两个或两个以上的烷基可以进行消除反应时，被消除的 β-氢原子的反应难易程度为：$-CH_3 > RCH_2- > R_2CH-$，这一规律称为 Hoffmann 规则。关于这一点，在第 7 章中已作过详细论述，此处不再赘述。

许多有机化学反应是在非均相情况下进行的，如卤代烃与氰化物的反应，由于两相间的接触面积很小，所以反应效率很低。现在已开发了很多能将无机物从水相“转移”到有机相的化合物，可以大大提高其在有机相中的浓度，从而大大提高反应的效率，具有这种效能的物质称为相转移催化剂，除了前面介绍过的冠醚外，季铵盐也是很常用的一类。例如：

$$RBr + NaOAc \xrightarrow[H_2O]{(Bu)_4N^+Br^-} \underset{100\%}{ROAc} + NaBr$$

$$ArOH + R_2NSO_2Cl \xrightarrow[\text{苯}/H_2O]{TEBA} ArOSO_2NR_2 \quad 97\%$$

$$TEBA = C_6H_5CH_2N^+(C_2H_5)_3Br^-$$

② 季鏻盐　季鏻盐与 AgOH 作用也能生成季鏻碱，但季鏻碱在受热时不是发生消除反应生成烯烃，而是生成氧化膦和烷烃或取代烷烃。例如：

$$(CH_3CH_2)_2\overset{+}{P}(CH_3)-CH_2CH_2CN\ OH^- \underset{}{\overset{\triangle}{\rightleftharpoons}} (CH_3CH_2)_2P(OH)(CH_3)-CH_2CH_2CN\ \ OH^- \longrightarrow$$

$$(CH_3CH_2)_2\overset{+}{P}(O^-)(CH_3) + {}^-CH_2CH_2CN + H_2O \longrightarrow CH_3CH_2CN + OH^-$$

究竟是哪一个 C—P 键断裂取决于生成的碳负离子的稳定性。

与锍盐类似，磷原子的 3d 轨道也有利于相邻碳负离子的稳定化，季鏻盐在其他碱的作用下会失去一个 α-H 而生成内盐。如：

$$Ph_3P^+CH_3Br^- + PhLi \longrightarrow Ph_3P^+CH_2^- + C_6H_6 + LiBr$$

这种内盐也可以写作 $Ph_3P{=}CH_2$，具有很强的极性。具有这种内盐结构的化合物通常称为磷叶立德(Ylide)，因为它们最早是由德国化学家 G. Wittig 发现的，并且对它们在有机合成中的应用进行了系统的研究，所以又将其称为 Wittig 试剂。

Wittig 试剂一般也比较稳定，但因为其极性很强，因而可作为亲核试剂与醛或酮的羰基进行亲核加成反应，但加成产物会进一步发生分子内消除得到烯烃。例如：

$$Ph_2C{=}O + {}^-CH_2-\overset{+}{P}Ph_3 \longrightarrow Ph-\underset{Ph}{C}(O^-)-CH_2-\overset{+}{P}Ph_3 \longrightarrow Ph-\underset{Ph}{C}{=}CH_2 + Ph_3P{=}O$$

这一反应称为 Wittig 反应，是合成烯烃的重要方法之一，特别是在如昆虫信息素、维生素 A 及植物色素等天然产物的合成中有着得天独厚的优势。

磷叶立德的亲核反应速率取决于多种因素，亚甲基旁有吸电子基团、反应溶剂的极性加大、底物羰基的缺电子性增强都有利于反应的进行。如以下结构的季鏻盐在制备磷叶立德时，只需较弱的碱，如碳酸钠水溶液、醇钠或氢氧化钠就可将其 α-H 夺去：

$$Ph_3\overset{+}{P}CH_2\overset{O}{\overset{\|}{C}}Ph\ Cl^- \xrightarrow{Na_2CO_3/H_2O} Ph_3\overset{+}{P}\overset{-}{C}H-\overset{O}{\overset{\|}{C}}Ph \quad 96\%$$

对于不稳定的磷叶立德，可以通过设法引入一个羰基而使其稳定下来。例如当其与酰氯反应时，酰氯首先与叶立德进行加成-消除反应生成膦盐，后者再与未反应的叶立德作用，形成一个酰基化的叶立德和一个膦盐。例如：

$$Ph_3P^+CH_2^- + PhCOCl \longrightarrow Ph_3P^+CH_2COPhCl^- \xrightarrow{Ph_3P^+CH_2^-} Ph_3P^+\overset{-}{C}H-\overset{O}{\overset{\|}{C}}Ph + Ph_3P^+CH_3Cl^-$$

该叶立德水解即得到酮。这也是一个将羧酸转变为酮的有效方法，也是磷叶立德的重要应用之一。

$$Ph_3P^+\overset{-}{C}H-\overset{O}{\overset{\|}{C}}Ph + H_2O \xrightarrow{\triangle} Ph\overset{O}{\overset{\|}{C}}CH_3 + Ph_3P{=}O$$

叶立德的发现是有机化学中一项了不起的成就！从磷叶立德的结构可以看出，由于带正电荷的离子具有强的吸电子诱导效应，并有很强的容纳相邻负电荷的能力，所以才能形成叶立德这样的偶极离子。很显然，具有与其相类似结构的化合物理应也可能具有这种性能，于是硫叶立德、砷叶立德、碲叶立德相继被发现，近年来的研究表明，季铵盐同样也可以形成这样的偶极离子。但是，虽然它们有此共性，可也存在一定的差异。这是一个很有趣的领域，读者可通过查阅相关资料，自我体会。

（3）胺和膦的氧化　脂肪族伯胺和仲胺比较容易被氧化，并且常常伴随有复杂的副反应，产物很复杂，难以得到有用的产物，因此没有应用价值。脂肪族叔胺却可被单一氧化成*N*-氧化物，常用的氧化剂是双氧水或过氧酸。例如：

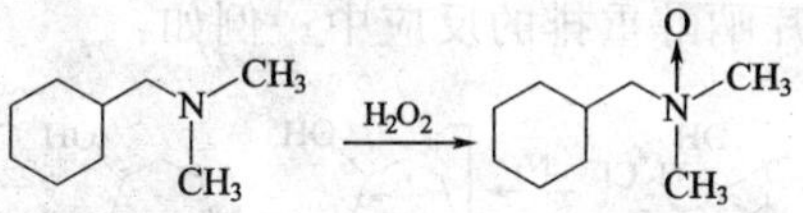

$$C_6H_{11}CH_2N(CH_3)_2 \xrightarrow{H_2O_2} C_6H_{11}CH_2\overset{O}{\overset{\uparrow}{N}}(CH_3)_2$$

氧化胺也是四面体构型，因而也可能存在对映异构现象。

当氧化胺存在β-H，并被加热到150～200℃时，会产生分解生成烯烃，这种反应称为Cope消除反应：

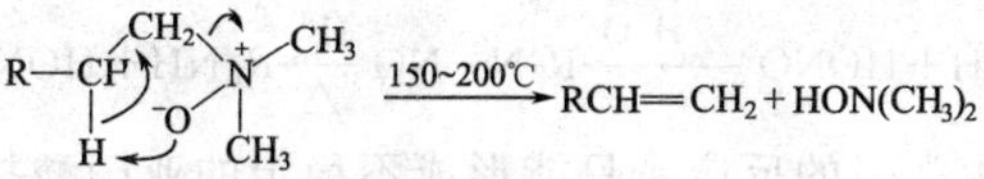

$$R-\underset{H}{CH}-CH_2-\overset{+}{N}(CH_3)_2\overset{-}{O} \xrightarrow{150\sim200℃} RCH{=}CH_2 + HON(CH_3)_2$$

例如：

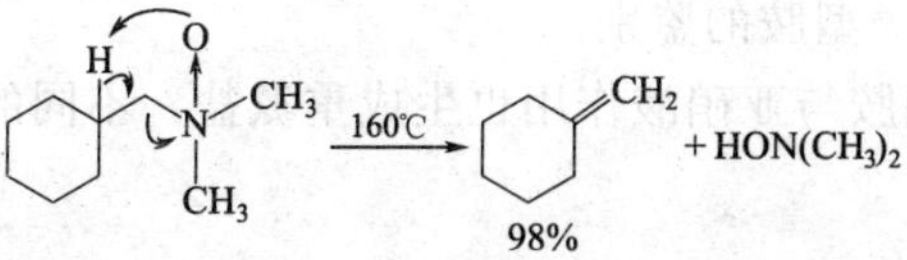

$$C_6H_{11}CH_2\overset{O}{\overset{\uparrow}{N}}(CH_3)_2 \xrightarrow{160℃} C_6H_{10}{=}CH_2\ (98\%) + HON(CH_3)_2$$

芳胺很容易被许多氧化剂（包括空气）所氧化，由于氨基强的给电子p-π共轭效应，氧化不仅发生在氨基上，而且也发生在苯环上，所以，当苯环上存在氨基时，其他基团通常不能被氧化。但当苯环上有强的吸电子取代基时，也可以进行氨基的氧化。例如：

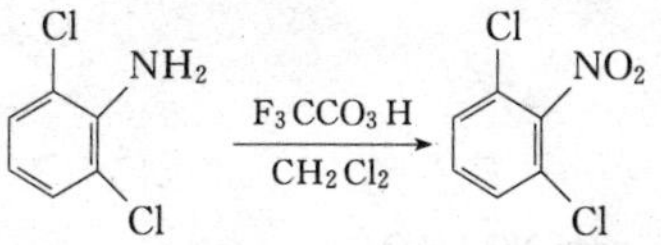

$$2,6\text{-}Cl_2C_6H_3NH_2 \xrightarrow[CH_2Cl_2]{F_3CCO_3H} 2,6\text{-}Cl_2C_6H_3NO_2\ (92\%)$$

膦比胺要容易氧化得多，低级的烷基膦化合物如三甲膦在空气中会发生自燃，但芳膦如三苯膦比较稳定，室温下在空气中不易氧化，但在用过氧化氢、过氧酸等氧化剂作用时也可被氧化成三苯氧膦：

$$Ph_3P \xrightarrow{H_2O_2} Ph_3P{=}O$$

氧化胺和氧化膦虽然形态上相似，但其成键的方式却有很大的区别。在氧化胺中，N→O键是由N原子单方面提供未共用电子对而形成的σ配键。而在氧化膦中，是先由P原子提供一对电子给 O 原子，O 原子再反馈一对电子到 P 原子的 3d 轨道而形成所谓的 d-π 配键，因此后者比前者要牢固得多，也比前者要稳定得多，甚至氧化胺可以被叔膦还原为胺：

$$R_3N\rightarrow O + Ph_3P \longrightarrow Ph_3P{=}O + R_3N$$

(4) 与亚硝酸的反应

① 脂肪族胺　脂肪族伯胺与亚硝酸作用先生成重氮盐，这种重氮盐即使在低温下也不稳定，会很快分解形成碳正离子。在此反应体系中，生成的碳正离子可以发生各种反应，形成很复杂的产物，因此在合成中一般意义不大。例如：

$$CH_3CH_2CH_2NH_2 \xrightarrow[NaNO_2]{HX} CH_3CH_2CH_2N_2^+X^- \xrightarrow{-N_2} CH_3CH_2CH_2^+$$

$$CH_3CH_2CH_2^+ \xrightarrow[-H^+]{H_2O} CH_3CH_2CH_2OH \qquad CH_3CH_2CH_2^+ \xrightarrow{X^-} CH_3CH_2CH_2X \qquad CH_3CH_2CH_2^+ \xrightarrow{-H^+} CH_3CH{=}CH_2$$

$$CH_3CH_2CH_2^+ \longrightarrow CH_3\overset{+}{C}HCH_3 \qquad CH_3\overset{+}{C}HCH_3 \xrightarrow{-H^+} CH_3CH{=}CH_2 \qquad CH_3\overset{+}{C}HCH_3 \xrightarrow[-H^+]{H_2O} CH_3CH(OH)CH_3 \qquad CH_3\overset{+}{C}HCH_3 \xrightarrow{X^-} CH_3CH(X)CH_3$$

但该反应可以用在类似于片呐醇重排的反应中。例如：

$$\text{1-(氨甲基)环己醇} \xrightarrow[HCl]{NaNO_2} \text{(重氮盐)}\ N_2^+Cl^- \xrightarrow{-N_2} \left[\text{环庚基碳正离子(含 OH)} \longleftrightarrow \text{环庚酮}\ OH^+\right] \xrightarrow{H_2O} \text{环庚酮} + H_3^+O$$

这一反应称为 Tiffeneau-Demjanov 扩环反应。

仲胺与亚硝酸作用生成黄色油状或固体状的 *N*-亚硝基化合物，它与稀酸一起共热时又可分解为原来的仲胺，因而可用于仲胺的纯化。

$$R_2NH + HONO \xrightarrow{-H_2O} R_2N{-}NO \xrightarrow[\triangle]{H^+} R_2NH + HONO$$

叔胺与亚硝酸不能发生类似的反应，只能形成不稳定的亚硝酸盐：

$$R_3N + NaNO_2 + HCl \rightleftharpoons R_3\overset{+}{N}(X^-){-}N{=}O + R_3\overset{+}{N}HX^-$$

这一反应可以用于不同类型胺的鉴别。

② 芳香族胺　芳香族伯胺与亚硝酸作用也生成重氮盐，不同的是它在低温下是稳定的。例如：

$$C_6H_5NH_2 + NaNO_2 + 2HX \xrightarrow{0\sim5℃} C_6H_5N_2^+X^- + NaX + 2H_2O$$

如果苯环上有吸电子基团存在，甚至可以在较高温度（40～60℃）下进行重氮化反应。该反应的机理为：

$$2HONO \rightleftharpoons N_2O_3 + H_2O$$

$$HONO + H^+ \rightleftharpoons H_2^+ONO \rightleftharpoons {}^+NO + H_2O$$

$$H_2^+ONO + Cl^- \rightleftharpoons ClNO + H_2O$$

$$C_6H_5NH_2 + \begin{matrix} N_2O_3 \\ {}^+NO \\ ClNO \end{matrix} \longrightarrow C_6H_5\overset{+}{N}H_2{-}NO \underset{}{\overset{-H^+}{\rightleftharpoons}} C_6H_5N(H){-}N{=}O \underset{-H^+}{\overset{+H^+}{\rightleftharpoons}} C_6H_5N(H){-}N{=}OH^+$$

$$\underset{+H^+}{\overset{-H^+}{\rightleftharpoons}} C_6H_5N{=}N{-}OH \underset{-H^+}{\overset{+H^+}{\rightleftharpoons}} C_6H_5N{=}N{-}OH_2^+ \underset{+H_2O}{\overset{-H_2O}{\rightleftharpoons}} C_6H_5\overset{+}{N}{\equiv}N$$

芳香族仲胺与亚硝酸也生成 *N*-亚硝基化合物，但它不能进一步反应下去。例如：

$$(C_6H_5)_2NH + HONO \xrightarrow{-H_2O} (C_6H_5)_2N{-}NO$$

黄色固体

$$C_6H_5NHCH_3 + HONO \xrightarrow{-H_2O} C_6H_5N(NO)CH_3$$

棕色油状液体（90%）

芳香族叔胺在同样条件下生成的是苯环上亚硝化的产物。例如：

$$C_6H_5N(CH_3)_2 + HONO \xrightarrow{-H_2O} p\text{-}ON{-}C_6H_4{-}N(CH_3)_2$$

绿色叶片状（90%）

膦与亚硝酸的反应未见报道。

（5）酰化与磺酰化　伯胺和仲胺与酰氯、酸酐和酯等可以顺利地形成酰胺，羧酸与其反应时得到的是羧酸胺盐，该盐在高温下脱水也可得到酰胺。叔胺不能形成酰胺。

与此相似的是，磺酰氯也可与胺反应生成磺酰胺。伯胺生成的磺酰胺的 N 原子上还有一个氢原子，受磺酰基的影响，该氢原子表现出弱酸性，所以能与碱作用生成盐，因此能溶于碱；仲胺的磺酰胺氮原子上没有酸性的氢原子，所以不能溶于碱；而叔胺不能与磺酰氯反应。利用这一性质可以分离鉴别不同类型的胺，这一方法称为 Hinsberg 反应：

$$C_6H_5SO_2Cl + \begin{cases} RNH_2 \longrightarrow PhSO_2NHR \xrightarrow{NaOH} PhSO_2\overset{-}{N}R\ Na^+ \\ R_2NH \longrightarrow PhSO_2NR_2\ \text{不溶于NaOH} \\ R_3N\ \text{不反应} \end{cases}$$

生成的磺酰胺可以经过水解得回胺，但其水解比酰胺的水解困难。

磺酰胺类药物在医药发展史上具有重要的地位，虽然现在大部分磺胺药物已被淘汰，但对某些疾病仍有一定治疗价值，如磺胺嘧啶（治疗脑膜炎球菌、肺炎球菌及溶血性链球菌等的感染）、磺胺胍（治疗细菌性痢疾）、磺胺醋酰（治疗结膜炎、角膜炎及沙眼等）和磺胺噻唑（治疗咽炎、扁桃体炎、中耳炎、肺炎及尿路感染等）等。

糖精也是一种磺酰胺类化合物，化学名为邻磺酰苯甲酰亚胺钠，其甜度是蔗糖的 500 倍。

$$\text{(糖精钠结构)}\ N^-Na^+ \cdot 2H_2O$$

膦的类似反应未见报道。

（6）Mannich 反应　当碳原子上有活泼氢时，可与醛和伯胺或仲胺进行缩合反应，称为 Mannich 反应或胺甲基化反应，所得缩合产物称为 Mannich 碱。例如：

$$C_6H_5COCH_3 + HCHO + HN(CH_3)_2 \longrightarrow C_6H_5COCH_2CH_2N(CH_3)_2$$

$$\text{HO/OH-benzene-}CH_3OOC + HCHO + HN(CH_2COOH)_2 \xrightarrow[\triangle]{HOAc} \text{HO/OH-}CH_3OOC\text{-aryl-}CH_2N(CH_2COOH)_2$$

（7）与羰基化合物的反应　伯胺与醛、酮反应可以生成亚胺，仲胺则可生成烯胺，叔胺不与羰基化合物反应。请参考醛和酮部分。

（8）形成异氰酸酯　伯胺与光气作用可以形成异氰酸酯：

$$RNH_2 + ClC(=O)Cl \longrightarrow RN(H)\text{—}C(Cl)\text{=}O \xrightarrow{\triangle} R\text{—}N\text{=}C\text{=}O + 2HCl$$

异氰酸酯是一类很有用的性质活泼的有机中间体。

9.1.6　胺和膦的制备

9.1.6.1　胺的制备

（1）胺的烃基化　脂肪族卤代烃和芳香族卤代烃均可通过氨解反应得到相应的脂肪胺或芳香胺，这在前文中已作了详细介绍，本处不再赘述。

（2）Gabriel 合成法　邻苯二甲酰胺 N 原子上的 H 原子具有相当的酸性（$pK_a=9$），可与碱作用生成盐，该盐与卤代烃作用可生成 *N*-烷基邻苯二甲酰亚胺，后者经水解或肼解即可得到伯胺，这种方法称为 Gabriel 合成法。

$$\text{邻苯二甲酰亚胺(NH)} \xrightarrow{KOH} \text{N}^-K^+ \xrightarrow{R\text{—}X} \text{N—R} \begin{cases} \xrightarrow{NaOH} C_6H_4(COO^-)_2 + RNH_2 \\ \xrightarrow{HBr/H_2O} C_6H_4(COOH)_2 + R\overset{+}{N}H_3Br^- \\ \xrightarrow{NH_2NH_2} \text{邻苯二甲酰肼} + RNH_2 \end{cases}$$

这里使用的卤代烃可以是一级或二级卤代烃，三级卤代烃则几乎只得到消除产物。

（3）含氮化合物的还原　硝基化合物的还原是制备芳胺最常用的方法，既可采用催化氢化的方法，也可用酸与金属（如锌、铁、锡等）体系，或用其他还原剂，如 $SnCl_2$、水合肼、Na_2S_x 有机还原剂等。例如：

$$\text{3,4-(MeO)}_2C_6H_3NO_2 \xrightarrow[EtOH]{H_2,\ Pd/C} \text{3,4-(MeO)}_2C_6H_3NH_2 \quad 92\%$$

$$\text{1-硝基萘} \xrightarrow[HCl]{Fe} \text{1-萘胺}$$

$$\text{4-Cl-2-}NO_2\text{-}C_6H_3OH \xrightarrow[FeCl_3]{NH_2NH_2} \text{4-Cl-2-}NH_2\text{-}C_6H_3OH$$

其他一些含氮化合物，如腈、肟、亚胺、叠氮化合物，甚至酰胺都可被还原为胺。例如：

$$C_6H_5CH_2CN + 2H_2 \xrightarrow[140℃]{\text{Raney Ni}} C_6H_5CH_2CH_2NH_2 \quad 71\%$$

$$\text{环己酮肟} \xrightarrow[C_2H_5OH]{Na} \text{环己胺} \quad 60\%$$

$$C_6H_5N(CH_3)COCH_3 + LiAlH_4 \xrightarrow{\text{乙醚}} \xrightarrow{H_2O} C_6H_5N(CH_3)CH_2CH_3$$

(4) 伯酰胺的 Hoffmann 降解　这是从羧酸制备少一个碳原子的伯胺很好的方法：

$$RCONH_2 + NaOX + 2NaOH \longrightarrow RNH_2 + Na_2CO_3 + NaX + H_2O$$

9.1.6.2 膦的制备

烷基膦可以通过磷化氢或膦盐与卤代烷的亲核取代反应来制备。芳基膦则可用傅-克反应或格氏试剂法来制备：

$$C_6H_6 + PCl_3 \xrightarrow{AlCl_3} C_6H_5PCl_2$$

$$C_6H_5MgBr + PCl_3 \xrightarrow{\text{乙醚}} C_6H_5PCl_2 \longrightarrow \longrightarrow (C_6H_5)_3P$$

9.1.7 重要代表物

(1) 苯胺　苯胺是最重要的基础化工原料之一，自 1857 年开始工业化生产，至今已有 150 多年的历史，其生产方法主要有硝基苯铁粉还原法、硝基苯催化氢化法和苯酚氨化法三种。苯胺最初是作为染料中间体生产的，20 世纪初以来更多地用于橡胶助剂，而 60 年代以后用于生产聚氨酯原料——二苯基甲烷二异氰酸酯(MDI)的比例逐年上升，已成为苯胺最大的深加工产品，其次才是橡胶助剂、染料、农药、医药和特种纤维等。

以苯胺为原料生产的有机中间体和精细化工产品达数百种之多，这些产品广泛应用于工业领域。图 9-1 列出了苯胺的主要深加工系列产品。

(2) 乙二胺　乙二胺可由二氯乙烷与氨反应而得：

$$ClCH_2CH_2Cl + 2NH_3 \longrightarrow H_2NCH_2CH_2NH_2 + 2HCl$$

它是制备药物、乳化剂和杀虫剂的原料，也可作为环氧树脂的固化剂，与氯乙酸钠作用生成的乙二胺四乙酸（EDTA）四钠盐是一种重要的配位试剂，常用于配位分析中。

$$H_2NCH_2CH_2NH_2 + 4ClCH_2COONa \longrightarrow (NaOOCCH_2)_2NCH_2CH_2N(CH_2COONa)_2$$

(3) 己二胺　己二胺可由己二腈催化氢化而得：

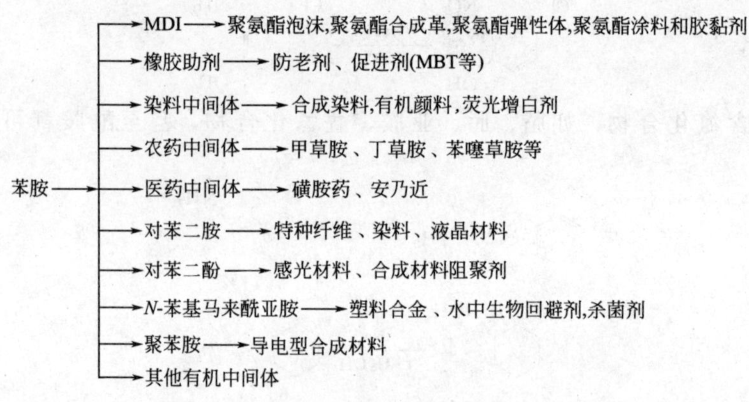

图 9-1 苯胺的主要深加工产品系列

$$NC(CH_2)_4CN \xrightarrow[\text{压力}]{H_2/Ni} H_2N(CH_2)_6NH_2$$

它与己二酸聚合形成的链状聚酰胺称为尼龙-66，是目前我国生产聚酰胺纤维中产量最大的品种之一。

HDI(六亚甲基二异氰酸酯)是特种脂肪族二异氰酸酯。HDI 的衍生物可作为异氰酸酯固化剂，分为 HDI 单体-TMP、HDI 缩二脲、HDI 三聚体三种，是高档聚氨酯胶黏剂和涂料的固化剂。特别是三聚体作为固化剂具有黏度低、易储存的性能，做成的制品有优异的耐热、耐光、耐气候变化和耐溶剂性能，是应用较广的脂肪族异氰酸酯，主要用于生产聚氨酯涂料、弹性体、胶黏剂和纺织整理剂。其产品广泛应用于航天、航空、船舶、汽车、建筑、制鞋、家电、家具、纺织、医药等领域。

(4) 2-苯乙胺　许多苯乙胺类化合物具有强烈的生理或心理的效能。如肾上腺素和去甲肾上腺素是肾上腺分泌的两种激素，当动物遇到危险时释放到血液中，引起血压增高、心跳加速、肺活量加大，所有这些效应都使动物做好战斗或逃逸的准备。去甲肾上腺素还与脉冲从一个神经纤维末端到另一个末端的传递有关。

HO, HO, OH, CH_2CH_2NHR

$R=CH_3$　肾上腺素

$R=H$　去甲肾上腺素

苯异丙胺类化合物是一类强的精神兴奋剂，而仙人球毒碱则是一种致幻剂。这些化合物结构上的相似性与它们的生理或心理效应是密不可分的。

CH_3, NH_2　苯异丙胺

MeO, MeO, OMe, NH_2　仙人球毒碱

1-苯乙胺则是一种常用的手性拆分试剂，用于外消旋体有机酸或羰基化合物的拆分，可由苯乙酮与甲酸铵反应而得：

$$C_6H_5COCH_3 \xrightarrow{HCOO^-\,NH_4^+} C_6H_5CH(NH_2)CH_3$$

9.2 氮和磷的含氧衍生物

氮和磷的含氧衍生物差异非常大，为了方便，下面分别加以论述。

9.2.1 硝基化合物

9.2.1.1 命名、结构和物理性质

硝基化合物可以看作是烃分子中的氢原子被硝基（$—NO_2$）取代后的产物，通式为 RNO_2，它也可看作是硝酸中的羟基被烃基取代的产物。硝酸中的 H 原子被烃基取代的产物（$RONO_2$）称为硝酸酯。与此相似，亚硝酸（HONO）分子中的羟基被烃基取代的产物称为亚硝基化合物（RNO），而 H 原子被烃基取代的称为亚硝酸酯（RONO）。

硝基化合物的命名与卤代烃相似，按烃的硝基取代衍生物来命名。例如：

CH_3NO_2 硝基甲烷　　$CH_3CH(NO_2)CH_2CH_3$ 2-硝基丁烷　　$C_6H_5NO_2$ 硝基苯　　$C_6H_4(NO_2)_2$ 间二硝基苯

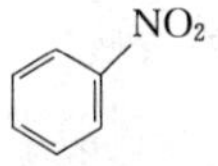

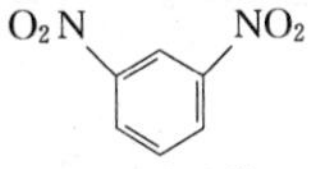

对硝基化合物键长的测定结果表明，硝基中的两个 O 原子与 N 原子之间的距离是相等的，介于 N—O 键和 N═O 键之间，两个氮氧键并没有区别，而是等价的。从价键理论观点看，N 原子以 sp^2 杂化轨道与烃基和两个 O 原子形成三个共平面的 σ 键，未参与杂化的一对电子所占据的 p 轨道与两个 O 原子的 p 轨道形成共轭体系。所以，硝基化合物的分子结构可以表示为：

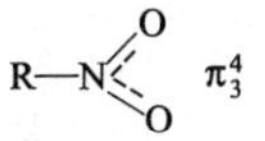

$$R—N\overset{O}{\underset{O}{\lesssim}}\quad \pi_3^4$$

但在习惯上也常写作：

$$R—N\begin{smallmatrix}\nearrow\!\!\!=O\\ \searrow O\end{smallmatrix}$$

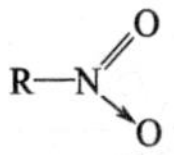

硝基具有很强的吸电子作用，因此硝基化合物一般都具有较高的极性，如硝基甲烷的偶极矩 $\mu=4.3D$，分子间引力大，其沸点比相应的卤代烃高。在芳香族硝基化合物中，除了一硝基化合物为高沸点的液体外，一般都为无色或黄色结晶性固体。多硝基化合物具有爆炸性，有的具有强烈的香味。液体硝基化合物是大多数有机化合物的良好溶剂，且因其性质比较稳定，因此常用作化学反应的溶剂。但硝基化合物有毒，它的蒸气能透过皮肤被肌体吸收而中毒，所以生产中应十分小心，尽量避免使用它们作溶剂。

9.2.1.2 化学性质

（1）还原　无论脂肪族还是芳香族硝基化合物，都可以采用催化氢化的方法，也可以采用金属-酸体系或其他还原剂还原，其中金属-酸还原体系因为环境污染严重，工业上现在已很少使用。硝基化合物的还原是制备胺最常用的方法。

硝基化合物还原成胺是一个渐进的过程：采用不同的还原剂可以使反应停留在不同的还原阶段。例如：

$$R-\overset{+}{N}(=O)-O^- \xrightarrow{[H]} R-N=O \xrightarrow{[H]} R-NHOH \xrightarrow{[H]} RNH_2$$

$$\text{C}_6\text{H}_5\text{NO}_2 \xrightarrow{Na_3AsO_3} \text{C}_6\text{H}_5-\overset{O}{\overset{\uparrow}{N}}=N-\text{C}_6\text{H}_5\ (\text{氧化偶氮苯})$$

$$\text{氧化偶氮苯} \underset{Fe}{\overset{N_2O_3}{\rightleftharpoons}} \text{偶氮苯}$$

$$\text{C}_6\text{H}_5\text{NO}_2 \xrightarrow{Fe,NaOH} \text{C}_6\text{H}_5-N=N-\text{C}_6\text{H}_5\ (\text{偶氮苯})$$

$$\text{偶氮苯} \underset{Zn,NaOH}{\overset{NaOBr}{\rightleftharpoons}} \text{氢化偶氮苯}$$

$$\text{C}_6\text{H}_5\text{NO}_2 \xrightarrow{Zn,NaOH} \text{C}_6\text{H}_5-NH-NH-\text{C}_6\text{H}_5\ (\text{氢化偶氮苯})$$

$$\text{氧化偶氮苯、偶氮苯、氢化偶氮苯} \xrightarrow[HCl]{Fe或Sn} \text{C}_6\text{H}_5\text{NH}_2$$

$$\text{C}_6\text{H}_5\text{NO}_2 \xrightarrow{Zn,HCl} \text{C}_6\text{H}_5\text{NH}_2$$

$$\text{C}_6\text{H}_5\text{NO}_2 \xrightarrow{Zn,NH_4Cl} \text{C}_6\text{H}_5\text{NHOH}\ (\text{苯胲})$$

$$\text{苯胲} \underset{\text{电解还原}}{\overset{Na_2Cr_2O_7,\ H_2SO_4}{\rightleftharpoons}} \text{亚硝基苯}$$

$$\text{C}_6\text{H}_5\text{NO}_2 \xrightarrow{Zn,H_2O} \text{C}_6\text{H}_5\text{NO}\ (\text{亚硝基苯})$$

$$\text{苯胲、亚硝基苯} \xrightarrow[HCl]{Fe或Sn} \text{C}_6\text{H}_5\text{NH}_2$$

多硝基化合物可以用 H_2S 与 NH_3 的水溶液或醇溶液，或者使用硫化物，如 $(NH_4)_2S$、$(NH_4)_2S_x$、NH_4HS、Na_2S 等的水溶液进行选择性还原。例如：

$$\text{间二硝基苯}\ (O_2N-C_6H_4-NO_2) \xrightarrow[C_2H_5OH]{H_2S,\ NH_3} O_2N-C_6H_4-NH_2\quad 80\%$$

（2）脂肪族硝基化合物 α-H 的酸性　受硝基强吸电子效应的影响，脂肪族硝基化合物的 α-H 会表现出相当程度的酸性，如硝基甲烷、硝基乙烷和硝基丙烷的 pK_a 值分别为 10.2、8.57 和 8.68。

$$\underset{(\text{I})}{CH_3-\overset{+}{N}(=O)-O^-} \longrightarrow H^+ + \left[{}^-CH_2-\overset{+}{N}(=O)-O^- \longleftrightarrow {}^-CH_2-\overset{+}{N}(-O^-)=O \longleftrightarrow \underset{(\text{II})}{CH_2=\overset{+}{N}(-O^-)-O^-} \right]$$

（Ⅰ）称为假酸式，它经过异构化后可转化为酸式（Ⅱ），因此它能与 NaOH 或 KOH 作用生成盐，这种盐的溶液酸化时先生成不稳定的硝基甲烷异构体，后者缓慢转化为较稳定的假酸式（Ⅰ）。这一过程与酮式-烯醇式互变异构现象相似，只不过酸式存在的时间比烯醇式要长。

由于 α-H 的活泼性，在碱性条件下它能与某些羰基化合物发生缩合反应。例如：

$$CH_3NO_2 + 3HCHO \xrightarrow{OH^-} HOCH_2-C(CH_2OH)_2-NO_2 \xrightarrow{H_2} HOCH_2-C(CH_2OH)_2-NH_2$$

$$\text{环己酮} + CH_3NO_2 \xrightarrow{NaOC_2H_5} \xrightarrow{AcOH} \underset{84\%}{\text{1-(HO)-1-(CH}_2\text{NO}_2\text{)环己烷}} \xrightarrow[Ni]{H_2} \text{1-(HO)-1-(CH}_2\text{NH}_2\text{)环己烷}$$

(3) 脂肪族硝基化合物与亚硝酸的反应　一级硝基烷与亚硝酸反应生成硝肟酸，它溶于 NaOH 溶液中时生成红色溶液。

$$RCH_2NO_2 + HONO \xrightarrow{-H_2O} R-C(=NOH)-NO_2 \xrightarrow{OH^-} R-C(=NO^-)-NO_2$$

二级硝基烷与亚硝酸反应生成假硝醇，它溶于 NaOH 溶液中时生成蓝色溶液。

$$R_2CHNO_2 + HONO \xrightarrow{-H_2O} R-C(NO)(R)-NO_2$$

三级硝基烷因为没有 α-H，所以不能与亚硝酸反应。利用这个反应可以区别不同的硝基烷烃。

9.2.1.3　**硝基化合物的制备**

(1) 烃的硝化　烃的硝化是制备硝基化合物最普遍的方法。工业上脂肪族硝基化合物一般都通过烷烃的气相硝化来制备，例如：

$$CH_3CH_2CH_3 + HONO_2 \xrightarrow{400℃} \begin{cases} CH_3CH_2CH_2NO_2 \\ CH_3CH(NO_2)CH_3 \\ CH_3CH_2NO_2 \\ CH_3NO_2 \end{cases}$$

芳香族硝基化合物则几乎全部由芳烃的硝化反应来制备。

(2) 亚硝酸盐的烃基化　脂肪族硝基化合物也可以用亚硝酸盐与卤代烷进行亲核取代反应 (S_N2)来制备。由于亚硝酸根是一个两可亲核试剂，所以往往得到的是硝基化合物和亚硝酸酯的混合物：

$$^-O-\ddot{N}=O \;/\; :N(=O)-O^- + RCH_2-X \longrightarrow \begin{matrix} RCH_2NO_2 \\ RCH_2ONO \end{matrix} + X^-$$

例如：

$$CH_3(CH_2)_6CH_2I + AgNO_2 \longrightarrow \underset{83\%}{CH_3(CH_2)_6CH_2NO_2} + \underset{11\%}{CH_3(CH_2)_6CH_2ONO}$$

在该类反应中，使用非质子极性溶剂有利于减少亚硝酸酯的含量。

(3) 三级胺的氧化　在氧化剂作用下，三级胺可以被氧化成三级硝基化合物。例如：

$$CH_3-C(CH_3)_2-NH_2 \xrightarrow{KMnO_4} \underset{83\%}{CH_3-C(CH_3)_2-NO_2}$$

9.2.2　亚磷（膦）酸酯

亚磷酸是三元酸，因此可以形成单酯、双酯和三酯三类酯，如果其中的烃氧基被烃基取代，则为亚磷酸酯：

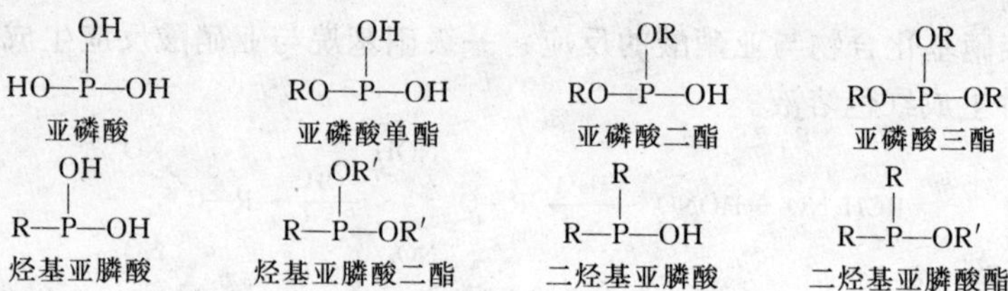

9.2.2.1 制备

亚磷酸酯通常由 PCl_3 进行醇解制得：

$$PCl_3 + 3ROH \xrightarrow{\text{碱}} P(OR)_3 + 3HCl$$

反应的关键是必须及时将反应中产生的 HCl 除去，否则反应的主产物将不是亚磷酸酯，而是二烷基膦酸酯：

$$PCl_3 + 3ROH \longrightarrow RO-\overset{\overset{\displaystyle O}{\|}}{\underset{\underset{\displaystyle OR}{|}}{P}}-H + 2HCl + RCl$$

工业上一般是加入碱（如 NH_3、吡啶等）来除去 HCl。

9.2.2.2 化学性质

(1) 与卤代烷的反应　如前所述，三烃基膦与卤代烷反应可以生成季𬭸盐，但如将烃基膦换成亚磷酸酯，则反应就不能停止在季𬭸盐这一步上，它会迅速重排而生成五价的烷基膦酸酯：

$$RO-\overset{\overset{\displaystyle OR}{|}}{\ddot{P}}-OR + R'X \xrightarrow{S_N2} RO-\overset{\overset{\displaystyle OR}{|}}{\underset{\underset{\displaystyle R'}{|}}{P^+}}-OR\ X^- \xrightarrow{S_N2} RO-\overset{\overset{\displaystyle OR}{|}}{\underset{\underset{\displaystyle R'}{|}}{P^+}}-O^- + RX$$

这一反应称为 Arbuzov 重排反应。反应中生成的卤代烷如比所用的卤代烷试剂还活泼，则会形成混合物。

在亚磷酸酯的制备中，在不加碱的情况下得到的产物就是重排反应的结果：

$$RO-\overset{\overset{\displaystyle OR}{|}}{\ddot{P}}-OR + H-Cl \longrightarrow RO-\overset{\overset{\displaystyle OR}{|}}{\underset{\underset{\displaystyle H}{|}}{P}}=O + RCl$$

亚磷酸酯、三价磷酸硫酯也可发生同类反应：

$$R-\overset{\overset{\displaystyle OR^1}{|}}{\underset{\underset{\displaystyle OR^1}{|}}{P}} + R^2X \longrightarrow R-\overset{\overset{\displaystyle O}{\|}}{\underset{\underset{\displaystyle R^2}{|}}{P}}-OR^1 + R^1X$$

$$R-\overset{\overset{\displaystyle OR^1}{|}}{\underset{\underset{\displaystyle R}{|}}{P}} + R^2X \longrightarrow R-\overset{\overset{\displaystyle O}{\|}}{\underset{\underset{\displaystyle R}{|}}{P}}-R^2 + R^1X$$

$$Ph-\overset{\overset{\displaystyle Ph}{|}}{\underset{\underset{\displaystyle SC_2H_5}{|}}{P}} + C_2H_5I \longrightarrow Ph-\overset{\overset{\displaystyle Ph}{|}}{\underset{\underset{\displaystyle SC_2H_5}{|}}{P^+}}-C_2H_5I^- \longrightarrow Ph-\overset{\overset{\displaystyle Ph}{|}}{\underset{\underset{\displaystyle S}{\|}}{P}}-C_2H_5 + C_2H_5I$$

但亚磷酸三硫代酯却按另一种方式反应。如：

(2) 与环氧化合物反应　例如：

(3) 与羰基化合物和 α，β-不饱和羰基化合物的反应

9.2.3　磷（膦）酸衍生物

9.2.3.1　分类和命名

五价磷化合物主要包括磷酸酯和膦酸及其衍生物，膦酸可以看作磷酸分子中的羟基被烃基取代的衍生物：

磷酸　磷酸酯　硫代磷酸酯　二硫代磷酸酯　二硫代焦磷酸酯　膦酸　次膦酸

五价磷化合物都按磷酸或膦酸的衍生物来命名，凡是含氧的酯基，都用前缀“*O*-烷基”标示，含 P—N 或 P—X 键的化合物则看作相应含氧酸的 OH 被氨基或卤素取代后形成的磷（膦）酰胺或磷（膦）酰氯。例如：

O，*O*-二乙基膦酸酯　*O*，*O*-二乙基苯膦酸酯　*O*，*O*-二乙基二硫代膦酸酯　苯膦酰氯　*O*，*O*-二乙基硫代磷酰氯

有机磷农药的命名很长，十分不便，因此习惯上常使用商品名称，如马拉硫磷等。

9.2.3.2 磷酸酯类化合物的合成

(1) 以 PCl_3 为原料合成

$3ROH + PCl_3 \longrightarrow P(OR)_3$

$P(OR)_3$ + $CH_3C(=O)CH(Cl)C(=O)NHCH_3$ → $(CH_3O)_2P(=O)—OC(CH_3)=CHCONHCH_3$ 久效磷

$P(OR)_3$ + Cl_3CCHO → $(CH_3O)_2P(=O)—OCH=CCl_2$ 敌敌畏

$P(OR)_3$ + $Cl_3CCOOCH_2CH_2Cl$ → $(C_2H_5O)_2P(=O)—OC(OCH_2CH_2Cl)=CCl_2$ 福太农

(2) 以 $PSCl_3$ 为原料合成

$C_2H_5OH + PSCl_3 \longrightarrow (C_2H_5O)_2P(=S)—Cl$

$(C_2H_5O)_2P(=S)—Cl$ + 1-苯基-3-羟基-1,2,4-三唑 → 三唑磷

$(C_2H_5O)_2P(=S)—Cl$ + 3,5,6-三氯-2-羟基吡啶 → 毒死蜱

$(C_2H_5O)_2P(=S)—Cl$ + $HO—C_6H_4—NO_2$ → $(C_2H_5O)_2P(=S)—O—C_6H_4—NO_2$ 对硫磷

(3) 以 P_2S_5 为原料合成

$P_2S_5 + CH_3OH \xrightarrow[\triangle]{-H_2S} (CH_3O)_2P(=S)—SH$

$(CH_3O)_2P(=S)—SH$ + $ClCH_2C(=O)NHCH_3$ → $(CH_3O)_2P(=S)—SCH_2C(=O)NHCH_3$ 乐果

$(CH_3O)_2P(=S)—SH$ + $CHCOOC_2H_5=CHCOOC_2H_5$ → $(CH_3O)_2P(=S)—SCH(COOC_2H_5)CH_2COOC_2H_5$ 马拉硫磷

$(CH_3O)_2P(=S)—SH$ + $BrCH(Ph)COOC_2H_5$ → $(CH_3O)_2P(=S)—S—CH(Ph)COOC_2H_5$ 稻丰散

9.2.3.3 磷酸酯类化合物的应用

生物体内都含有磷，但并不是以上述有机磷化合物的形式存在的，而是以磷酸衍生物（通常把含有有机基团的磷酸衍生物分类为有机磷化合物）——酯或盐的形式起作用，其中包括磷酸酯或盐、二磷酸酯（或称焦磷酸酯）及三磷酸酯类衍生物。在生物体内存在的磷酸酯类化合物多为一元酯，这些酯可以相互转化，在转化过程中发生能量的得失。例如人体肌肉

的收缩、物质的合成、神经兴奋的传导，以及物质的吸收与排泄等都需要消耗能量，体内可直接利用的能量就是由三磷酸腺苷（ATP)供给的。此外，磷酸酯类化合物不仅可作为体内能源发生作用，同时也是形成生物高分子 DNA 或 RNA 主链的重要成分。

磷是一种很特别的元素，一方面它是生命体不可或缺的重要元素，但另一方面大量的有机磷化合物又对生命体有强烈的毒性。如在农药发展史上曾经起着支撑作用的有机磷杀虫剂，具有药效高、品种数量大、使用方便、易降解、对作物安全等特点，很多品种仍在继续使用，如毒死蜱、草甘膦、马拉硫磷等。另外一些化合物对哺乳动物具有强烈的致死性，如沙林、梭曼等，是化学武器中的重要品种。磷元素的这种两面性是磷化学具有经久不衰魅力的重要体现。

9.3 含碳氮重键和氮氮重键的化合物

9.3.1 分类和命名

N 原子可以与 C 原子或另一个 N 原子形成双键，甚至叁键化合物。含有碳氮重键和氮氮重键的化合物有主要几种：

亚胺类　C═NR（亚胺）　C═N—OH（肟）　C═NNHR（腙）

腈类　R—C≡N（腈）　R—C≡N→O（氧化腈）

重氮类　RCH═N≡N

偶氮类　R—N═N—R′

叠氮类　R—N═N≡N

N 原子上没有取代基的亚胺的命名是在“亚胺”的名称前加上烃基的名称即可。如：

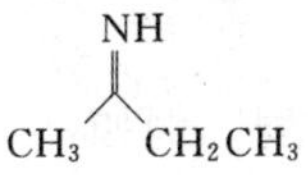

$CH_3C(=NH)CH_2CH_3$　2-丁亚胺　　$C_6H_5C(=NH)CH_3$　1-苯乙亚胺　　$C_6H_5C(=NH)C_6H_4Cl$　苯基（4-氯苯基）甲亚胺

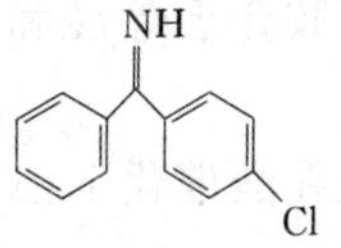

但当 N 原子上有取代基时，则按胺的亚烃基取代物来命名。需要指出的是，亚胺具有顺、反异构现象，在命名时应该将构型表示出来。例如：

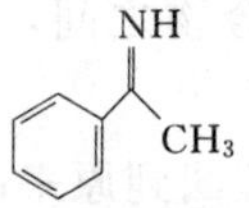

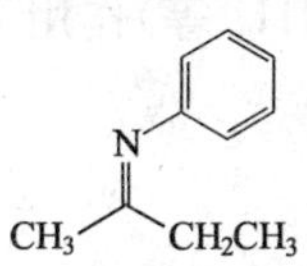

$CH_3C(=NC_6H_5)CH_2CH_3$　(*Z*)-*N*-2-亚丁基苯胺　　$C_6H_5C(=NCH_3)CH_3$　(*E*)-*N*-1-苯亚乙基甲胺　　$(C_6H_5)_2C=NCH_3$　*N*-二苯亚甲基甲胺

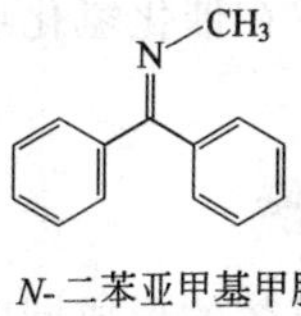

肟和腙的命名很简单，按相应的羰基化合物的名称来命名即可。例如：

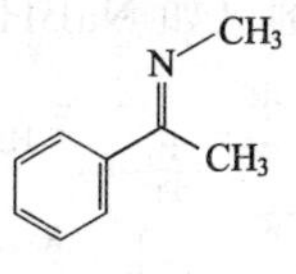

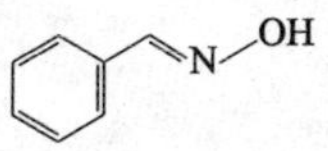

$C_6H_5CH=NOH$　(*E*)-苯甲醛肟　　$(CH_3)_2C=NOH$　丙酮肟　　$C_6H_5C(CH_3)=NNH_2$　苯乙酮腙　　$(C_6H_5)_2C=NNHC_6H_5$　*N*-苯基二苯酮腙

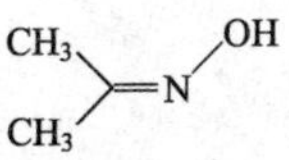

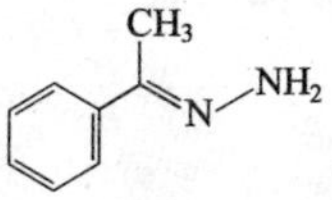

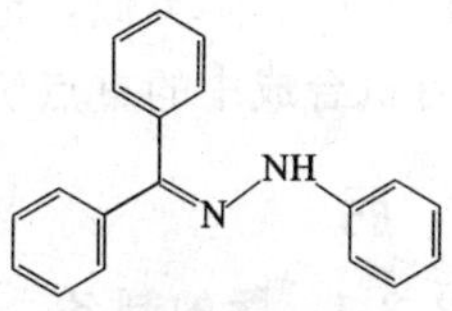

腈的命名也很简单，脂肪族腈可以根据碳原子数目的多少直接命名为“某腈”，芳香族腈在以腈为母体时命名为“某芳腈”，而作为取代基时CN基团称为“氰基”。如：

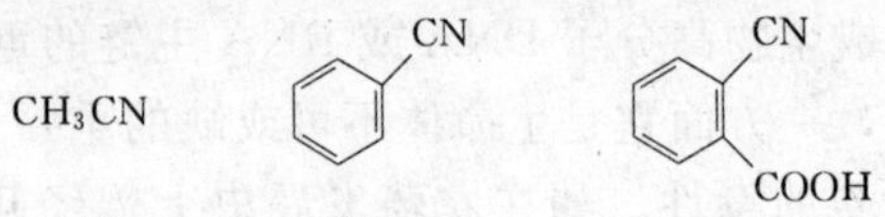

CH_3CN 乙腈　　苯腈　　2-氰基苯甲酸

常见的重氮化合物不多，直接称为“重氮某化合物”即可。例如：

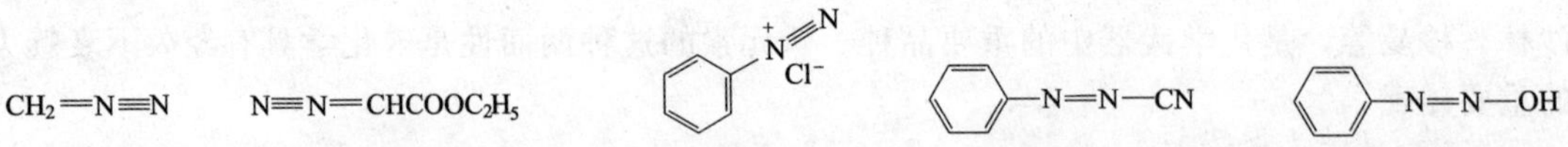

$CH_2=N\equiv N$ 重氮甲烷　　$N\equiv N=CHCOOC_2H_5$ 重氮乙酸乙酯　　氯化重氮苯　　$C_6H_5-N=N-CN$ 氰化重氮苯　　$C_6H_5-N=N-OH$ 苯基重氮酸

偶氮化合物的命名是在“偶氮”二字后面放上所连接的两个烃基的名称即可。例如：

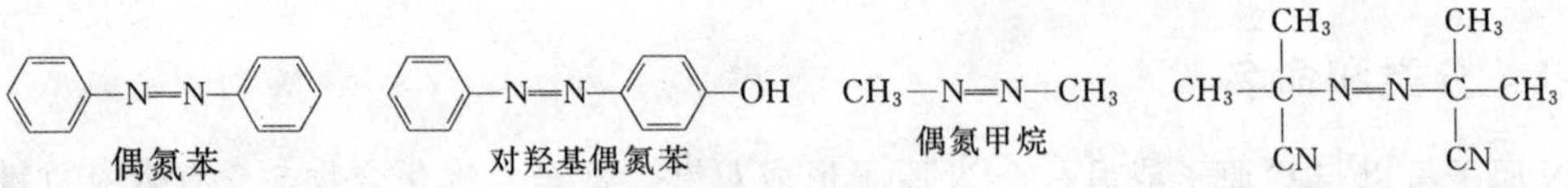

$C_6H_5-N=N-C_6H_5$ 偶氮苯　　对羟基偶氮苯　　$CH_3-N=N-CH_3$ 偶氮甲烷　　$(CH_3)_2C(CN)-N=N-C(CN)(CH_3)_2$ 偶氮二异丁腈

9.3.2 亚胺

9.3.2.1 亚胺的制备

亚胺的制备一般采用伯胺与醛、酮在酸性条件下通过加成-消除反应制得：

$$RNH_2 + R'\overset{O}{\overset{\|}{C}}R'' \rightleftharpoons R'-\overset{NR}{\overset{\|}{C}}-R'' + H_2O$$

该反应是可逆的，因此水的及时脱除对反应是有利的。

9.3.2.2 亚胺的化学性质

从结构上看，亚胺介于烯烃和羰基化合物之间，因此它具有这两类化合物的一些共同特征。

（1）水解　亚胺在酸催化下很容易水解回到原来的醛或酮。例如：

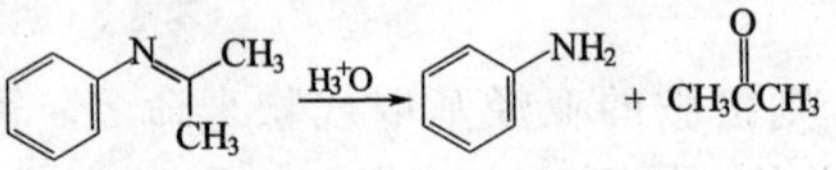

$$C_6H_5N=C(CH_3)_2 \xrightarrow{H_3^+O} C_6H_5NH_2 + CH_3COCH_3$$

（2）氢化　亚胺在催化氢化或还原剂（如 $NaBH_4$、$LiAlH_4$ 等）作用下，可以还原为胺：

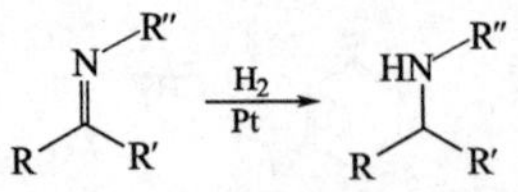

$$RR'C=NR'' \xrightarrow[Pt]{H_2} RR'CH-NHR''$$

这一过程常与亚胺的形成同时进行，对羰基化合物可称为还原胺化，而对胺则称为还原烷基化反应。

亚胺与醛、酮类似，也是一种潜手性化合物，还原后可能得到手性胺。亚胺的不对称还原也是有机合成中的重点研究目标之一。

9.3.3 肟

9.3.3.1 肟的制备

（1）由羰基化合物合成　这是合成肟的主要方法。例如：

$$\text{PhCOCH}_3 \xrightarrow{NH_2OH\cdot HCl} \text{PhC(=NOH)CH}_3$$

（2）用亚硝酸酯制备　含有活泼氢的化合物，可以采用亚硝酸酯与其在低温下反应而制得。例如：

$$\text{2,3-二甲基硝基苯} \xrightarrow[t\text{-BuOK}, -60\sim-55℃]{C_4H_9ONO,\ DMF} \text{2-甲基-6-硝基苯甲醛肟}\ (77\%)$$

9.3.3.2　肟的化学性质

（1）醚化　肟在碱性条件下可与醚化试剂通过亲核取代反应来制备肟醚：

$$\text{PhCH=NOH} \xrightarrow[K_2CO_3]{CH_3I} \text{PhCH=NOCH}_3$$

（2）酰化　肟与酰氯或酸酐反应可制得肟酯。例如：

$$\text{PhCH=NOH} \xrightarrow[NaOAc]{Ac_2O} \text{PhCH=NOC(=O)CH}_3$$

（3）Beckmann 重排　肟在强酸（通常用浓 H_2SO_4）或 PCl_5 作用下，会发生分子重排反应生成酰胺，这种反应称为 Beckmann 重排反应。例如：

$$\text{环己酮肟} \xrightarrow{H^+} \text{己内酰胺}$$

这一反应为反式重排，即迁移基团是与羟基处于反式位置的烃基，其机理如下：

$$RR'C{=}N{-}OH \xrightarrow{H^+} RR'C{=}N{-}OH_2^+ \xrightarrow{-H_2O} R'\overset{+}{C}{=}NR \xrightarrow{+H_2O} H_2\overset{+}{O}{-}CR'{=}NR \xrightarrow{-H^+} HO{-}CR'{=}NR \rightleftharpoons O{=}CR'{-}NHR$$

这一点可由下面的实验事实所证实：

$$\text{反式八氢茚-1-酮肟（OH 与环稠合碳反式）} \xrightarrow[110℃]{H^+} \text{反式八氢喹啉-2-酮}$$

$$\text{反式八氢茚-1-酮肟（OH 与 CH}_2\text{反式）} \xrightarrow[110℃]{H^+} \text{反式八氢异喹啉-1-酮}$$

(4) 脱水　醛肟在酸酐作用下能迅速脱水生成腈。例如：

$$\text{3,4-}(CH_3O)_2C_6H_3-CH{=}N-OH \xrightarrow{Ac_2O} \text{3,4-}(CH_3O)_2C_6H_3-C{\equiv}N \quad 75\%$$

9.3.4 腈

9.3.4.1 腈的制备

(1) 从卤代烃制备　卤代烃与氰盐进行的亲核取代反应是制备腈常用的方法。例如：

$$BrCH_2CH_2CH_2Br+2NaCN\xrightarrow[36h]{C_2H_5OH}NCCH_2CH_2CH_2CN+2NaBr \quad 86\%$$

$$C_6H_5-CH_2Cl+NaCN\xrightarrow[\triangle]{H_2O}C_6H_5-CH_2CN+NaCl \quad 70\%$$

芳腈也可采用这一方法，但需要在较高温度下进行。例如：

$$\text{1-溴萘}+CuCN\xrightarrow[215\sim225℃]{\text{吡啶}}\text{1-萘甲腈}+CuBr \quad 65\%$$

将卤代烃换成硫酸酯或磺酸酯也可进行这一反应。

(2) 伯酰胺脱水　伯酰胺在高温下或 P_2O_5 作用下脱水可以得到腈，很多芳香族腈的工业化生产均采用这一方法。例如：

$$CH_3COOH+NH_3\xrightarrow{350\sim380℃}CH_3CN+2H_2O \quad 60\%$$

$$2\,p\text{-}CH_3C_6H_4COOH+H_2NCONH_2\xrightarrow{240\sim260℃}2\,p\text{-}CH_3C_6H_4CN+CO_2+3H_2O \quad 54\%$$

$$BrCH_2CONH_2+P_2O_5\xrightarrow{\triangle}BrCH_2CN+2HPO_3 \quad 98\%$$

$$o\text{-}C_6H_4(CONH_2)(CO_2^-NH_4^+)+POCl_3\xrightarrow{\text{吡啶}}o\text{-}C_6H_4(CN)_2+H_3PO_4+3HCl \quad 40\%$$

(3) 醛肟脱水　见肟的性质。

(4) 酰氯与 CuCN 的反应　酰氯与 CuCN 反应可以制得酰腈。例如：

$$C_6H_5-\overset{O}{\overset{\|}{C}}-Cl+CuCN\xrightarrow[-CuCl]{220\sim230℃}C_6H_5-\overset{O}{\overset{\|}{C}}-CN \quad 65\%$$

(5) 羰基化合物与 HCN 的加成　例如：

$$CH_3CH_2CHO+NaCN\xrightarrow{NaHSO_3}CH_3CH_2\overset{OH}{\overset{|}{C}H}CN \quad 75\%$$

(6) 芳香重氮盐的氰基取代　见芳香族重氮盐部分。

9.3.4.2 腈的化学性质

(1) 水解　腈在酸性或碱性条件下均可彻底水解生成羧酸，如果控制条件反应，则可以停留在酰胺一步。

(2) 还原　腈在催化氢化下可以被还原为胺：

$$RC\equiv N \xrightarrow[Pt]{H_2} RCH_2NH_2$$

(3) α-H的取代　氰基是一个比较强的吸电子基团，因此腈的α-H也具有一定的酸性，在强碱的作用下可以生成碳负离子，所以腈也可以进行α-H的取代和缩合反应。例如：

$$C_6H_5CH_2CN + (CH_3)_2SO_4 \xrightarrow[TBAB]{50\%NaOH} C_6H_5CH(CH_3)CN \quad 72\%$$

$$C_6H_5CH_2CN + Cl(CH_2)_4Cl \xrightarrow[TBAB]{50\%NaOH} 1\text{-}苯基环戊基\text{-}CN \quad 90\%$$

$$NCCH_2COONa + PhCHO \xrightarrow{NaOH} C_6H_5CH=C(COONa)CN \xrightarrow{H^+} C_6H_5CH=C(COOH)CN \quad 65\%$$

(4) 醇解　腈在酸催化下与醇反应生成亚胺酸酯，后者再水解生成酯：

$$RCH_2C\equiv N + R'OH \xrightarrow{H^+} RCH_2\overset{\overset{NH}{\|}}{C}—OR' \xrightarrow[H_2O]{H^+} RCH_2\overset{\overset{O}{\|}}{C}—OR'$$

(5) 氨解　腈与胺作用可生成脒：

$$RCH_2C\equiv N + R'NH_2 \longrightarrow RCH_2\overset{\overset{NH}{\|}}{C}—NHR'$$

(6) 与格氏试剂反应　腈与格氏试剂进行亲核加成可生成亚胺，亚胺再水解可得到酮，是合成酮的一种好方法：

$$RCH_2C\equiv N + R'MgX \longrightarrow RCH_2\overset{\overset{NMgX}{\|}}{C}—R' \xrightarrow{H_3^+O} RCH_2\overset{\overset{O}{\|}}{C}R'$$

9.3.5 重氮化合物

9.3.5.1 重氮化合物的结构和制备

用伯胺与亚硝酸反应是制备重氮盐最普遍的方法。除此之外，还有一些其他方法也可制备重氮化合物。举例如下：

$$CH_3NH_2\cdot HCl + H_2N\overset{\overset{O}{\|}}{C}NH_2 \xrightarrow{NaNO_2} CH_3\underset{}{\overset{\overset{NO}{|}}{N}}—\overset{\overset{O}{\|}}{C}—NH_2 \xrightarrow[Et_2O]{KOH,\ H_2O} \underset{重氮甲烷}{CH_2N_2} + KNCO + 2H_2O$$

$$p\text{-}CH_3C_6H_4SO_2Cl \xrightarrow{CH_3NH_2} p\text{-}CH_3C_6H_4SO_2NHCH_3 \xrightarrow{HONO} p\text{-}CH_3C_6H_4SO_2N(NO)CH_3 \xrightarrow{NaOH} p\text{-}CH_3C_6H_4SO_3Na + CH_2N_2 + H_2O \quad 69\%$$

$$CH_3—N(NO)—CO—C_6H_4—CO—N(NO)—CH_3 \xrightarrow{NaOH} NaOOC—C_6H_4—COONa + CH_2N_2 + H_2O \quad 86\%$$

$$HCl \cdot H_2NCH_2COOEt + NaNO_2 \xrightarrow{-9℃} N_2CHCOOEt$$

88%

重氮乙酸乙酯

$$p\text{-}CH_3C_6H_4SO_2NH\!-\!NH_2 \xrightarrow{PhCHO} p\text{-}CH_3C_6H_4SO_2NH\!-\!N\!=\!CHC_6H_5 \xrightarrow[\triangle,\ 真空]{NaOMe} C_6H_5CHN_2 + p\text{-}CH_3C_6H_4SO_3Na$$

93%

苯基重氮甲烷

$$C_6H_5COCl + CH_2N_2 \xrightarrow{Et_3N} C_6H_5COCHN_2 + Et_3N \cdot HCl$$

85%

重氮苯乙酮

$$(C_6H_5)_2C\!=\!O \xrightarrow{NH_2NH_2} (C_6H_5)_2C\!=\!NNH_2 \xrightarrow[Et_3N,\ THF,\ -78℃]{DMSO,\ (COCl)_2} (C_6H_5)_2C\!=\!N_2$$

83%

二苯基重氮甲烷

重氮化合物的结构比较特殊，很难用一个明确的结构来表示，一般用它的几个共振极限式来表示。以重氮甲烷为例：

$$\bar{C}H_2-\overset{+}{N}\equiv N \longleftrightarrow CH_2=\overset{+}{N}=\bar{N} \longleftrightarrow \bar{C}H_2-N=\overset{+}{N} \longleftrightarrow \overset{+}{C}H_2-N=\bar{N}$$

从这些结构可以看出，其分子中既有亲电中心，又有亲核中心，因此表现出特殊的反应活性，除了前面介绍过的取代反应外，还可发生一系列其他化学反应。

9.3.5.2 重氮化合物的化学性质

(1) 重氮盐的反应

① 与碱的反应 重氮盐与季铵盐类似，与 AgOH 作用可生成重氮碱，它也具有与季铵碱一样强的碱性：

$$C_6H_5N_2^+X^- + AgOH \longrightarrow C_6H_5\overset{+}{N}\equiv NOH^- + AgX\downarrow$$

重氮盐与其他碱作用时则生成重氮酸，后者与过量的碱作用再生成重氮酸盐。重氮酸盐具有顺、反异构现象，其中反式异构体比顺式异构体稳定：

$$C_6H_5N_2^+X^- + 2NaOH \longrightarrow \underset{(顺式)}{C_6H_5N\!=\!N\!-\!ONa} \rightleftharpoons \underset{(反式)}{C_6H_5N\!=\!N\!-\!ONa}$$

② 重氮离子的取代 芳香族伯胺的重氮化是有机化学中的一类非常重要的反应，其主要的应用如下。

a. 被卤素取代 芳香族重氮盐与 CuCl、CuBr 或 CuCN 等反应，重氮离子可分别被 Cl、Br 或 CN 取代。例如：

$$\text{o-CH}_3\text{C}_6\text{H}_4\text{NH}_2 \xrightarrow[\text{H}_2\text{O},\ 0\sim5℃]{\text{NaNO}_2/\text{HCl}} \text{o-CH}_3\text{C}_6\text{H}_4\text{N}_2^+\text{Cl}^- \xrightarrow[15\sim60℃]{\text{CuCl}} \underset{79\%}{\text{o-CH}_3\text{C}_6\text{H}_4\text{Cl}} + \text{N}_2\uparrow$$

$$\text{m-ClC}_6\text{H}_4\text{NH}_2 \xrightarrow[\text{H}_2\text{O},\ 0\sim10℃]{\text{NaNO}_2/\text{HBr}} \text{m-ClC}_6\text{H}_4\text{N}_2^+\text{Br}^- \xrightarrow{\text{CuBr}} \underset{70\%}{\text{m-ClC}_6\text{H}_4\text{Br}} + \text{N}_2\uparrow$$

$$\text{o-O}_2\text{NC}_6\text{H}_4\text{NH}_2 \xrightarrow[\text{H}_2\text{O, r. t.}]{\text{NaNO}_2/\text{HCl}} \text{o-O}_2\text{NC}_6\text{H}_4\text{N}_2^+\text{Cl}^- \xrightarrow[90\sim100℃]{\text{CuCN}} \underset{65\%}{\text{o-O}_2\text{NC}_6\text{H}_4\text{CN}} + \text{N}_2\uparrow$$

此类反应称为 Sandmeyer 反应。该反应目前已被公认为是按自由基机理进行的：

$$\text{CuX} + \text{X}^- \rightleftharpoons \text{CuX}_2^-$$
$$\text{ArN}_2^+ + \text{CuX}_2^- \rightleftharpoons \text{Ar}\overset{+}{\text{N}}\equiv\text{N} \rightarrow \text{CuX}_2^- \longrightarrow \text{ArN}=\text{N}\cdot + \text{CuX}_2$$
$$\text{ArN}=\text{N}\cdot \longrightarrow \text{Ar}\cdot + \text{N}_2$$
$$\text{Ar}\cdot + \text{CuX}_2 \longrightarrow \text{Ar}-\text{X} + \text{CuX}$$

重氮盐的碘代可以直接用 KI 或 NaI 进行，由于 I^- 是较强的亲核试剂，所以无论重氮盐是硫酸盐还是盐酸盐，都会发生碘代，碘代反应是离子型机理（亲核取代）和自由基机理的混合型反应。例如：

$$\text{p-O}_2\text{NC}_6\text{H}_4\text{NH}_2 \xrightarrow[\text{H}_2\text{O},\ 0\sim5℃]{\text{NaNO}_2/\text{H}_2\text{SO}_4} \text{p-O}_2\text{NC}_6\text{H}_4\text{N}_2^+\text{HSO}_4^- \xrightarrow{\text{KI}} \underset{81\%}{\text{p-O}_2\text{NC}_6\text{H}_4\text{I}} + \text{N}_2$$

自由基型：

$$\text{ArN}_2^+ + \text{I}^- \longrightarrow \text{ArN}=\text{N}-\text{I} \longrightarrow \text{ArN}=\text{N}\cdot + \text{I}\cdot$$
$$\text{ArN}=\text{N}\cdot \longrightarrow \text{Ar}\cdot + \text{N}_2$$
$$\text{Ar}\cdot + \text{I}\cdot \longrightarrow \text{Ar}-\text{I}$$
$$\text{I}\cdot + \text{I}\cdot \longrightarrow \text{I}_2$$

离子型：

$$\text{I}^- + \text{I}_2 \longrightarrow \text{I}_3^-$$
$$\text{ArN}_2^+ \longrightarrow \text{Ar}^+ + \text{N}_2$$
$$\text{Ar}^+ + \text{I}_3^- \longrightarrow \text{Ar}-\text{I} + \text{I}_2$$

氟离子的碱性很弱，而且在水中可形成很强的氢键，因此亲核性很弱，不能取代重氮基。但将重氮盐转化为氟硼酸盐后，再加热分解，可以得到氟代芳烃，此反应称为 Schiemann 反应，是制备氟代芳烃最主要的方法。该反应属于 S_N1 反应：

$$\text{ArN}_2^+\cdot\text{F}^- \xrightarrow{\text{HBF}_4} \text{ArN}_2^+\cdot\text{BF}_4^-\downarrow \xrightarrow[-\text{N}_2]{\triangle} \text{Ar}^+ + {}^-\text{FBF}_3 \longrightarrow \text{Ar}-\text{F} + \text{BF}_3\uparrow$$

例如：

$$\text{p-HOC}_6\text{H}_4\text{NH}_2 \xrightarrow[56\%\ \text{HBF}_4]{\text{NaNO}_2} \text{p-HOC}_6\text{H}_4\text{N}_2^+\text{BF}_4^- \xrightarrow[\text{CuCl}]{\triangle} \underset{71\%}{\text{p-HOC}_6\text{H}_4\text{F}} + \text{N}_2 + \text{BF}_3$$

b. 被羟基或烃氧基取代　重氮盐在水中受热分解，即可得到酚：

$$ArN_2^+ \xrightarrow[-N_2]{\triangle} Ar^+ \xrightarrow{H_2O} Ar{-}OH_2^+ \rightleftharpoons Ar{-}OH + H^+$$

如果用到的是重氮盐酸盐，则会得到氯代烃和酚的混合物，所以，在利用该反应制备酚时，最好用重氮硫酸盐。同时 $CuSO_4$ 和 Na_2SO_4 等对水解有明显的催化作用。例如：

$$\text{2-溴-4-甲基苯胺} \xrightarrow[H_2SO_4]{NaNO_2} \text{2-溴-4-甲基苯重氮硫酸氢盐}(N_2^+HSO_4^-) \xrightarrow[Na_2SO_4]{H_2O,\ 130\sim135℃} \text{2-溴-4-甲基苯酚}\ (92\%)$$

用干燥的重氮盐与醇或酚一起加热，重氮基可被烷氧基取代而生成芳醚，重氮盐仍以硫酸盐为好，水量应尽量少，若在压力下进行则更有利。例如：

$$\text{邻氨基苯甲酸} \xrightarrow[H_2SO_4]{NaNO_2} \text{邻羧基苯重氮硫酸氢盐}(N_2^+HSO_4^-) \xrightarrow[\triangle]{CH_3OH} \text{邻甲氧基苯甲酸}(OCH_3)$$

c. 被含硫基团取代　含硫基团包括—SH、—SR、—SAr 和—SCSOR（黄原酸酯基）等。例如：

$$\text{2-氯-6-氨基苯甲酸} \xrightarrow[0\sim5℃]{NaNO_2/HCl} \text{2-氯-6-羧基苯重氮盐}(N_2^+Cl^-) \xrightarrow[S]{Na_2S} \text{2-氯-6-巯基苯甲酸}(SH)\ (63\%)$$

$$\text{邻氯苯胺} \xrightarrow[0\sim5℃]{NaNO_2/HCl} \text{邻氯苯重氮盐}(N_2^+Cl^-) \xrightarrow[HCl]{NaHSO_3} \text{邻氯苯磺酰氯}(SO_2Cl)\ (90\%)$$

d. 被芳基取代　在碱性条件下，重氮盐与过量的苯反应，可生成联苯类化合物。例如：

$$Br{-}C_6H_4{-}NH_2 \xrightarrow[0\sim5℃]{NaNO_2/HCl} Br{-}C_6H_4{-}N_2^+Cl^- \xrightarrow[NaOAc]{C_6H_6} Br{-}C_6H_4{-}C_6H_5\ (86\%)$$

反应机理为：

$$ArN_2^+Cl^- \xrightarrow{NaOH} ArN{=}N{-}OH \longrightarrow Ar\cdot + N_2 + HO\cdot$$

$$C_6H_5{-}H + HO\cdot \longrightarrow C_6H_5\cdot + H_2O$$

$$Ar\cdot + C_6H_5\cdot \longrightarrow Ar{-}C_6H_5$$

③ 重氮基的还原　重氮基被 H 原子取代是脱除芳环上氨基的好方法。这是一个还原反应，最经常使用的还原剂是乙醇和次磷酸，也有用碱性甲醛、亚锡酸钠和硼氢化钠作还原剂的。例如：

$$2,4,6\text{-}Br_3C_6H_2NH_2 \xrightarrow[H_2SO_4]{NaNO_2} 2,4,6\text{-}Br_3C_6H_2N_2^+HSO_4^- \xrightarrow{EtOH} 1,3,5\text{-}Br_3C_6H_3 \quad 68\%$$

$$H_2N\text{-}C_6H_3(CH_3)\text{-}C_6H_3(CH_3)\text{-}NH_2 \xrightarrow[<10℃]{NaNO_2/HCl} Cl^-N_2^+\text{-}C_6H_3(CH_3)\text{-}C_6H_3(CH_3)\text{-}N_2^+Cl^- \xrightarrow[\text{室温}]{H_3PO_2} CH_3C_6H_4\text{-}C_6H_4CH_3 \quad 77\%$$

重氮基被还原成肼基是重氮盐另一个重要的应用，常用的还原剂是亚硫酸盐、亚硫酸氢盐、$SnCl_2$ 和锌粉等。例如：

$$o\text{-}C_2H_5C_6H_4NH_2 \xrightarrow[<10℃]{NaNO_2/HCl} o\text{-}C_2H_5C_6H_4N_2^+Cl^- \xrightarrow[85\sim90℃]{Na_2SO_3,\ HCl} o\text{-}C_2H_5C_6H_4NHNH_2 \quad 89\%$$

$$1\text{-}C_{10}H_7NH_2 \xrightarrow[<10℃]{NaNO_2/HCl} 1\text{-}C_{10}H_7N_2^+Cl^- \xrightarrow[2.\ NaOH]{1.\ SnCl_2,\ HCl} 1\text{-}C_{10}H_7NHNH_2$$

④ 重氮偶联反应　重氮离子是弱的亲电试剂，它与高活性的芳香族化合物，如酚和二烷基芳胺等作用生成偶氮化合物，这种亲电取代反应称为重氮偶联反应。例如：

$$C_6H_5N_2^+Cl^- + C_6H_5OH \xrightarrow[NaOH]{0℃} C_6H_5\text{-}N{=}N\text{-}C_6H_4\text{-}OH$$

对羟基偶氮苯（橙色固体）

(2) 其他重氮化合物的反应

① 与酸性化合物的反应　如重氮甲烷与酸性化合物生成极不稳定的盐，后者迅速与亲核基团作用生成甲基化物，因此重氮甲烷可以作为一种甲基化试剂。例如：

$$RCOOH + CH_2N_2 \longrightarrow RCOOCH_3 + N_2\uparrow$$

$$C_6H_5OH + CH_2N_2 \longrightarrow C_6H_5OCH_3 + N_2\uparrow$$

$$CH_3\underset{\underset{O}{\|}}{C}CH_2COOC_2H_5 + CH_2N_2 \longrightarrow CH_3\text{—}\underset{\underset{OCH_3}{|}}{C}{=}CHCOOC_2H_5 + N_2\uparrow$$

② 与酰氯的反应　如重氮甲烷与酰氯作用可以得到重氮甲基酮，后者在 Ag、Pt、Cu、Ag_2O 等或光催化下与水、胺或醇等反应可以生成多一个碳原子的羧酸或羧酸衍生物：

$$R\overset{O}{\overset{\|}{C}}Cl + 2CH_2N_2 \longrightarrow R\overset{O}{\overset{\|}{C}}CHN_2 + CH_3Cl + N_2$$

$$R\overset{O}{\overset{\|}{C}}CHN_2 + H\text{—}G \longrightarrow RCH_2\overset{O}{\overset{\|}{C}}G + N_2$$

其反应机理为：

$$R\overset{O}{\overset{\|}{C}}CHN_2 \xrightarrow[-N_2]{Ag} R\text{—}\overset{O}{\overset{\|}{C}}\text{—}\ddot{C}H \longrightarrow R\text{—}CH{=}C{=}O \xrightarrow{HG} RCH_2\overset{O}{\overset{\|}{C}}G$$

中间经历了一个 Wolff 重排。该反应称为 Arndt-Eistert 反应，也是增长碳链的重要方法之一。

③ 与醛、酮的反应　如重氮甲烷与醛、酮反应，可以在烷基或 H 中间插入一个亚甲基，得到比原醛、酮多一个碳原子的酮：

$$RCOR' + CH_2N_2 \longrightarrow RCOCH_2R' + N_2\uparrow$$

$$RCHO + CH_2N_2 \longrightarrow RCOCH_3 + N_2\uparrow$$

反应机理如下：

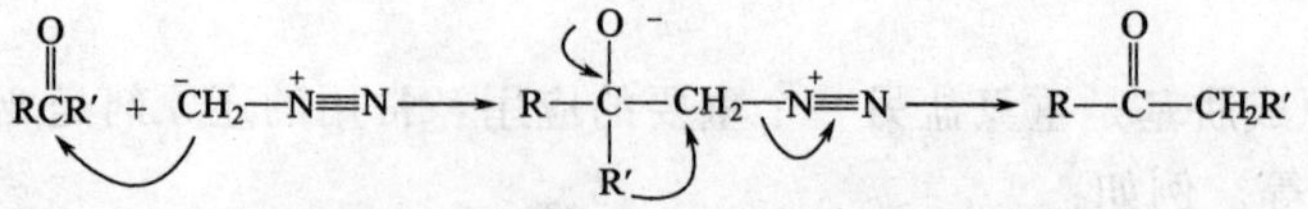

$$RCOR' + {}^{-}CH_2-\overset{+}{N}\equiv N \longrightarrow R-\underset{R'}{\overset{O^-}{C}}-CH_2-\overset{+}{N}\equiv N \longrightarrow R-\overset{O}{\overset{\|}{C}}-CH_2R'$$

此反应可用于环酮的扩环，但同时有副产物环氧化合物产生。例如：

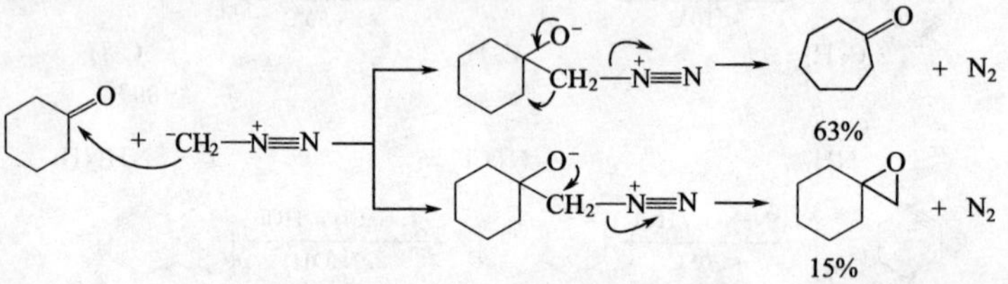

环己酮 + $^{-}CH_2-\overset{+}{N}\equiv N$ → 环庚酮 + N_2（63%）；螺环氧化合物 + N_2（15%）

④ 1，3-偶极环加成反应　重氮化合物还可与不饱和烃进行 1，3-偶极环加成反应生成吡唑啉，但该产物在受热时容易分解产生环丙烷化合物，是合成环丙烷衍生物的重要方法之一。例如：

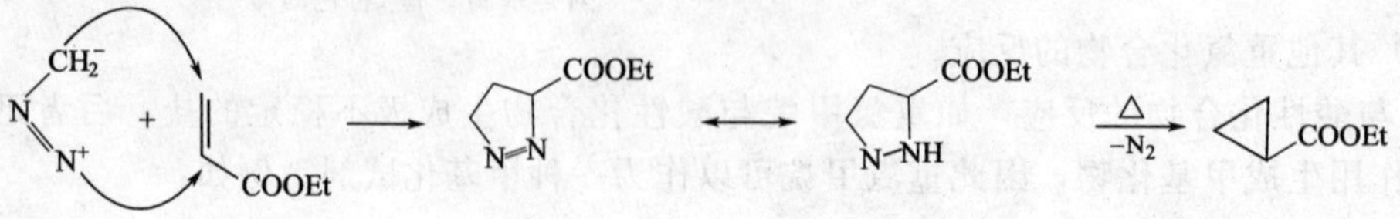

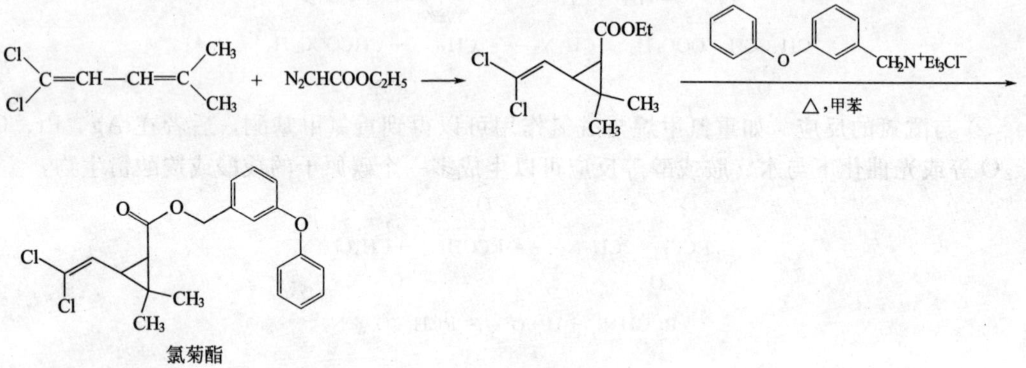

CH_2N_2 + $CH_2=CHCOOEt$ → 吡唑啉（COOEt） ⟷ 吡唑啉（COOEt，NH） $\xrightarrow[-N_2]{\triangle}$ 环丙烷-COOEt

$$Cl_2C=CH-CH=C(CH_3)_2 + N_2CHCOOC_2H_5 \longrightarrow$$ 二氯乙烯基二甲基环丙烷甲酸乙酯 $\xrightarrow[\triangle,甲苯]{3-苯氧基苄基-CH_2N^+Et_3Cl^-}$

氯菊酯

9.3.6 偶氮化合物

9.3.6.1 偶氮化合物的制备

制备芳香族偶氮化合物大都采用重氮偶联反应。例如：

$$C_6H_5N_2^+Cl^- + C_6H_5N(CH_3)_2 \xrightarrow[0℃]{NaOAc} C_6H_5-N=N-C_6H_4-N(CH_3)_2$$

对二甲氨基偶氮苯（黄色固体）

重氮离子与酚之间的偶联在弱碱性溶液中反应要快得多，因为酚氧负离子比酚的反应性要强。但在强碱性条件下（pH＞10），重氮离子会与碱作用生成重氮酸盐，而不能发生偶联。

重氮离子与胺之间的偶联则一般在弱酸性（pH5～7)条件下进行，因为在此条件下，重氮离子的浓度最高，同时胺也不至于转化成非活泼性的铵盐（不能发生偶联)。如 pH＜5，则偶联反应很慢。

芳香族伯胺和仲胺在中性或弱酸性条件下与重氮离子反应时，重氮离子会受到亲核性更强的氮原子的进攻，得到的是重氮氨基化合物。例如：

$$C_6H_5N_2^+Cl^- + H_2N{-}C_6H_5 \xrightarrow[HOAc]{NaOAc} C_6H_5{-}N{=}N{-}NH{-}C_6H_5 + HCl$$

重氮氨基苯

$$C_6H_5N_2^+Cl^- + HN(CH_3){-}C_6H_5 \xrightarrow[HOAc]{NaOAc} C_6H_5{-}N{=}N{-}N(CH_3){-}C_6H_5 + HCl$$

N-氨基重氮氨基苯

这就是重氮盐必须是在强酸性介质中制备的原因。生成的重氮氨基化合物与盐酸共热，将发生分子重排反应生成氨基偶氮苯：

$$C_6H_5{-}N{=}N{-}N(CH_3){-}C_6H_5 \overset{H^+}{\rightleftharpoons} C_6H_5{-}N{=}N{-}N^+H(CH_3){-}C_6H_5 \rightleftharpoons C_6H_5{-}N_2^+ + HN(CH_3){-}C_6H_5$$

$$\longrightarrow C_6H_5{-}N{=}N{-}C_6H_5(H){=}N^+HCH_3 \xrightarrow{-H^+} C_6H_5{-}N{=}N{-}C_6H_4{-}NHCH_3$$

重氮离子与酚或胺的反应一般发生在它们的对位，如果对位已有取代基，则反应也可发生在羟基或氨基的邻位，但不会发生在间位。例如：

$$C_6H_5N_2^+Cl^- + 4\text{-}CH_3C_6H_4OH \xrightarrow[H_2O]{NaOH} 2\text{-}(C_6H_5{-}N{=}N){-}4\text{-}CH_3C_6H_3OH$$

除重氮偶联法外，还有一些其他方法。例如：

$$C_2H_5NH{-}NHC_2H_5 \xrightarrow[H_2O]{NaOCl,\ NaOH} \underset{54\%}{C_2H_5N{=}NC_2H_5}$$

$$(CH_3)_3CO{-}\overset{O}{\overset{\|}{C}}{-}NH{-}NH{-}\overset{O}{\overset{\|}{C}}{-}OC(CH_3)_3 \xrightarrow{NBS} \underset{94\%}{(CH_3)_3CO{-}\overset{O}{\overset{\|}{C}}{-}N{=}N{-}\overset{O}{\overset{\|}{C}}{-}OC(CH_3)_3}$$

9.3.6.2 偶氮化合物的化学性质

(1) 氧化　芳香族偶氮化合物氧化可得到氧化偶氮化合物。例如：

$$C_6H_5{-}N{=}N{-}C_6H_5 \xrightarrow{N_2O_3} C_6H_5{-}\overset{O}{\overset{\uparrow}{N}}{=}N{-}C_6H_5$$

(2) 还原　采用不同的还原剂还原，偶氮化合物可被还原成不同的还原产物。例如：

$$C_6H_5{-}N{=}N{-}C_6H_5 \xrightarrow[NaOH]{Zn} C_6H_5{-}NH{-}NH{-}C_6H_5$$

$$C_6H_5{-}N{=}N{-}C_6H_5 \xrightarrow[HCl]{Fe} C_6H_5{-}NH_2$$

(3) 热分解　芳香族偶氮化合物对光和热一般比较稳定，但脂肪族偶氮化合物则热稳定性较差，受热会发生分解，产生氮气并引发自由基反应，有时甚至引起爆炸。例如偶氮二异丁腈（AIBN）就是一种工业上常用的自由基引发剂：

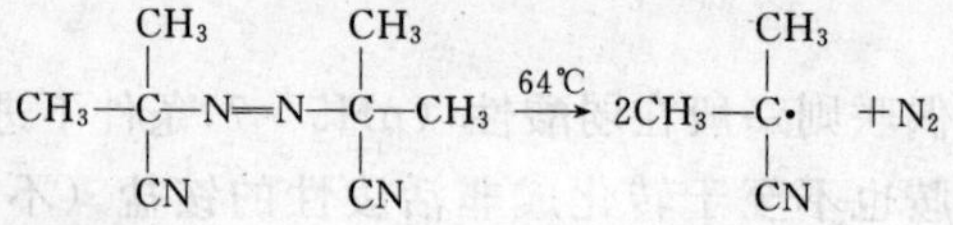

$$\mathrm{CH_3-\underset{CN}{\overset{CH_3}{C}}-N{=}N-\underset{CN}{\overset{CH_3}{C}}-CH_3 \xrightarrow{64℃} 2CH_3-\underset{CN}{\overset{CH_3}{C}}\cdot + N_2}$$

9.3.6.3 偶氮化合物的应用

由于偶氮基将两个苯环连接成一个大的共轭体系，它们对光波的吸收出现在可见光区，因而偶氮化合物都有鲜亮的颜色，可以用作染料。所谓染料是指可以牢固地附着在纤维上，并具有耐光和耐洗性的物质，种类繁多，偶氮染料是染料中一个大的类型，几乎占所有染料的一半以上。例如：

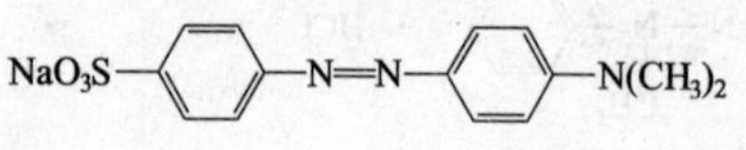

$NaO_3S-C_6H_4-N{=}N-C_6H_4-N(CH_3)_2$

甲基橙

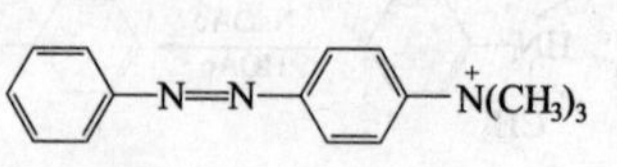

$C_6H_5-N{=}N-C_6H_4-\overset{+}{N}(CH_3)_3$

奶油黄

（2-羟基萘基）$-N{=}N-C_6H_4-NO_2$

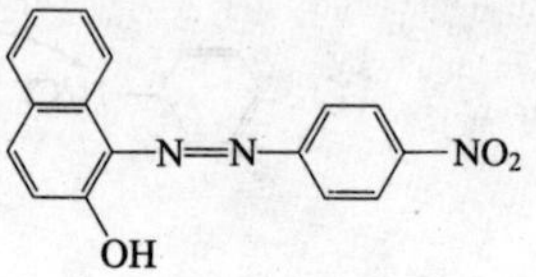

对位红

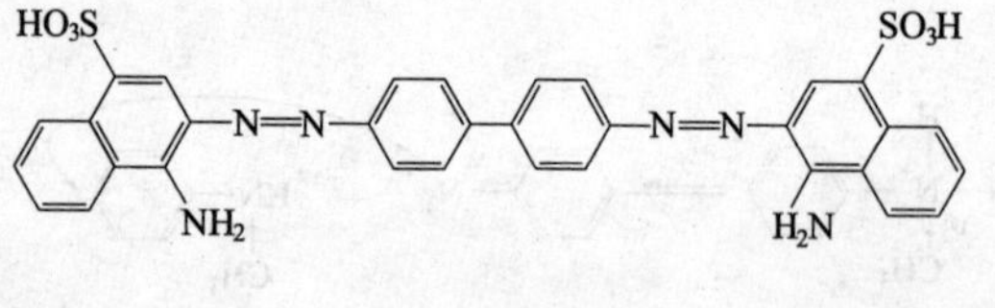

刚果红

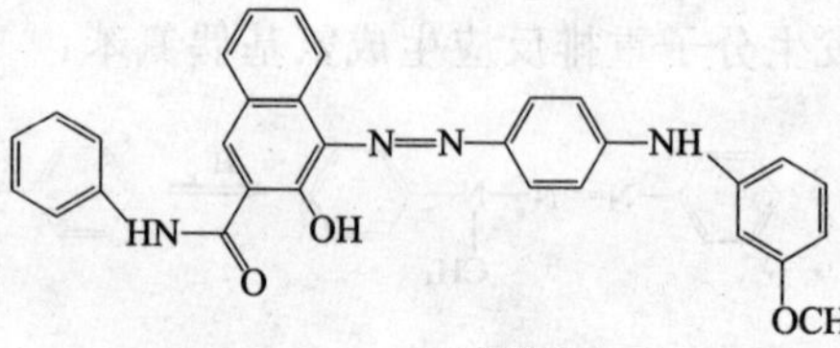

凡拉明蓝

但偶氮化合物也是一类典型的致癌化合物，是环境污染治理的重点对象之一。

其他重要的偶氮化合物如偶氮二异丁腈，为白色针状晶体或粉末，熔点102℃。它是一种自由基引发剂，可作为氯乙烯、醋酸乙烯、丙烯腈等单体聚合时的引发剂，也用作橡胶、塑料的发泡剂、硫化剂，农药及其他有机合成的中间体。其制备方法为：

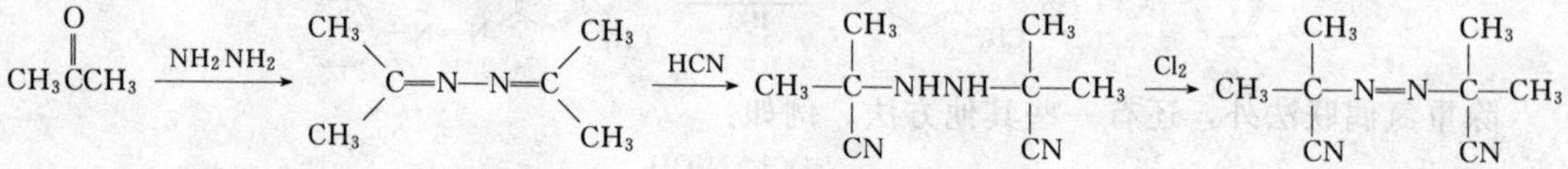

$$\mathrm{CH_3\overset{O}{\overset{\|}{C}}CH_3 \xrightarrow{NH_2NH_2} (CH_3)_2C{=}N-N{=}C(CH_3)_2 \xrightarrow{HCN} CH_3-\underset{CN}{\overset{CH_3}{C}}-NHNH-\underset{CN}{\overset{CH_3}{C}}-CH_3 \xrightarrow{Cl_2} CH_3-\underset{CN}{\overset{CH_3}{C}}-N{=}N-\underset{CN}{\overset{CH_3}{C}}-CH_3}$$

练习题

1. 命名下列化合物

（1）$CH_3\underset{CH_3}{\overset{CH_3}{C}}CH_2NH_2$　（2）$NH_2CH_2\overset{CH_3}{CH}CH_2NH_2$　（3）$H_3C-CH{=}C(CH_3)-CH_2NH_2$

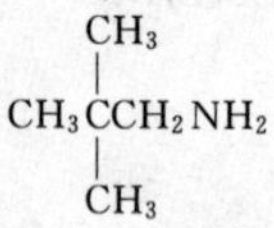

（4）$C_6H_5N(C_2H_5)_2$　（5）$Me_2N-C_6H_4-COCH_3$　（6）$C_6H_5CH_2N(CH_2COOH)_2$

（7）$C_6H_5-CH_2\overset{+}{N}(CH_3)_2C_{18}H_{37}\ Br^-$　（8）2-甲基-6-硝基苯甲醛肟（$CH{=}N-OH$）　（9）$H_3C\underset{CN}{\overset{CH_3}{C}}-N{=}N-\underset{CN}{\overset{CH_3}{C}}CH_3$

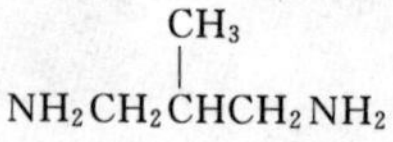

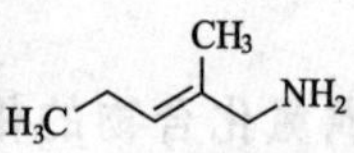

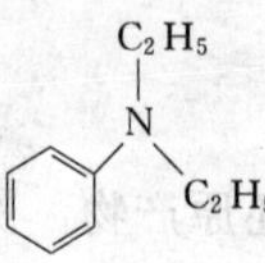

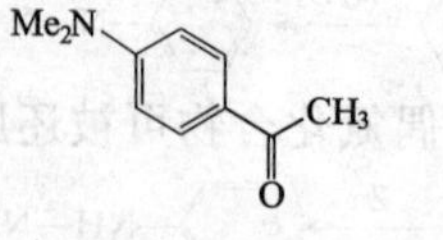

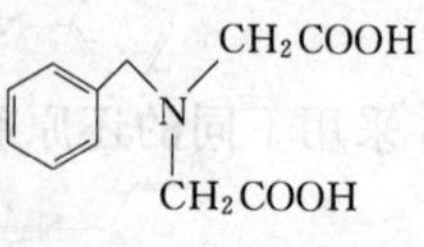

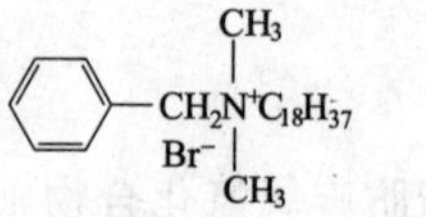

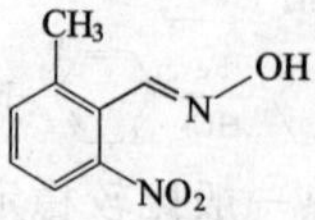

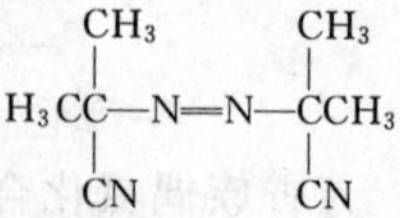

(10) 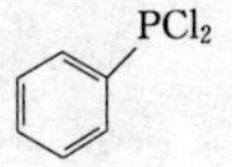 $C_6H_5PCl_2$　　(11) 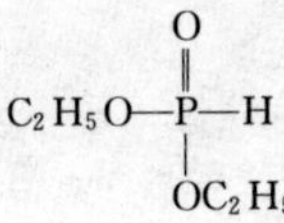 $C_2H_5O-P(=O)(H)-OC_2H_5$　　(12) 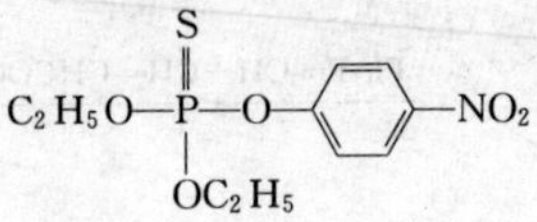 $C_2H_5O-P(=S)(OC_2H_5)-O-C_6H_4-NO_2$

(13) 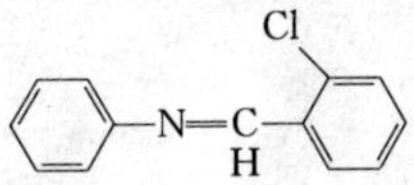 $C_6H_5-N=CH-C_6H_4Cl$　　(14) 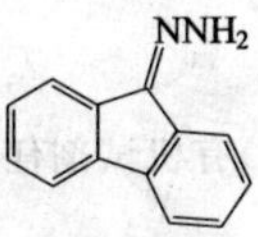 (NH₂ 取代的芴亚胺结构，=NNH₂)　　(15) 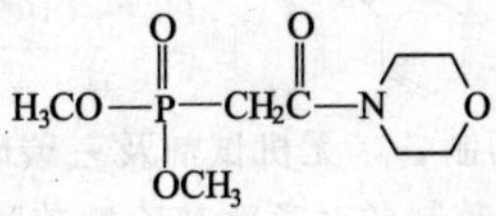 $H_3CO-P(=O)(OCH_3)-CH_2C(=O)-N$(吗啉)

2. 将下列各组取代胺按照碱性由大到小的顺序排列

(1) 丁胺、*N*-甲基丁胺、丁酰胺、丁二酰亚胺、氢氧化四丁铵、*N*-丁基苯胺

(2) 苯胺、对氨基苯乙酮、对硝基苯胺、对甲基苯胺、对甲氧基苯胺

(3) 苯胺、乙酰苯胺、苯磺酰胺、*N*-甲基乙酰苯胺

(4) 苯胺、对甲基苯胺、对氨基苯乙酮、环己胺

(5) 4-氯-*N*-甲基苯胺、2,4-二氯-*N*-甲基苯胺、2,4,6-三氯-*N*-甲基苯胺

3. 写出下列化合物的结构式

(1) *N*,*N*-二甲基苯胺	(2) 2-氨基乙醇（乙醇胺）	(3) 苯胺盐酸盐
(4) 氢氧化四丁铵	(5) 2-苯基丙胺	(6) 对乙酰氨基苯甲酸
(7) 二苯胺	(8) *N*,3,5-三甲基苯胺	(9) *N*-甲基-*N*-乙基苯胺
(10) 2-氨基丙酸	(11) 三甲胺盐酸盐	(12) 2-苯基-2-氨基丙烷

4. 完成下列反应

(1) 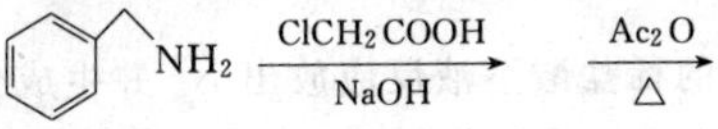 $C_6H_5CH_2NH_2 \xrightarrow[NaOH]{ClCH_2COOH} \xrightarrow[\triangle]{Ac_2O}$

(2) $C_6H_5CH_2Cl + Et_3N \longrightarrow$　　(3) 2-氨基环己醇 $\xrightarrow[HCl,\ <5℃]{NaNO_2}$

(4) $C_6H_5NH_2$ + 邻苯二甲酸酐 $\xrightarrow{\triangle}$　　(5) $(CH_3)_3CCONH_2 \xrightarrow[NaOH]{NaClO}$

(6) 邻氯苯胺 $\xrightarrow[HCl,\ <5℃]{NaNO_2} \xrightarrow{CuCl}$　　(7) 2,3-二甲基环氧乙烷（H_3C, CH_3）$\xrightarrow{P(OC_2H_5)_3}$

(8) 间二硝基苯（O_2N, NO_2）$\xrightarrow[\triangle]{Na_2S_x} \xrightarrow[H_2SO_4,\ 10℃]{NaNO_2} \xrightarrow[\triangle]{C_6H_6}$

(9) $HO_3S-C_6H_4-NH_2 \xrightarrow[H_2SO_4,\ 5℃]{NaNO_2} \xrightarrow{\text{4-甲基-1-萘酚（OH, }CH_3\text{）}}$

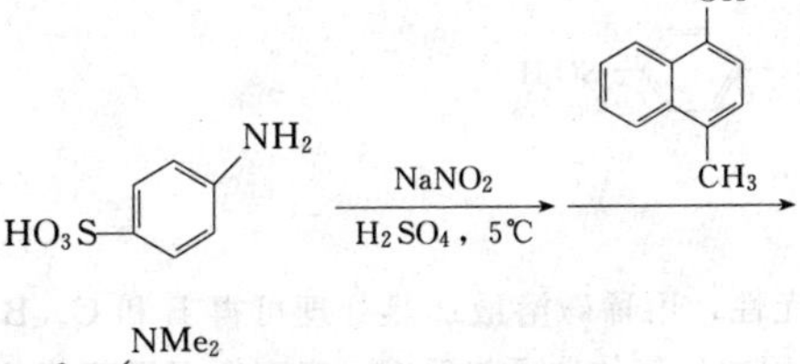

(10) 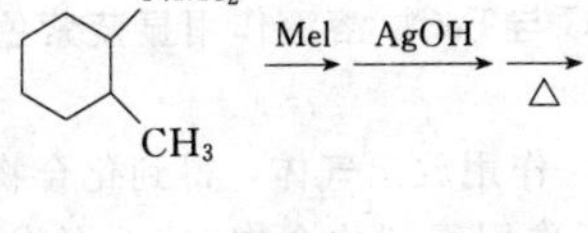 2-甲基-N,N-二甲基环己胺（NMe_2, CH_3）$\xrightarrow{MeI} \xrightarrow{AgOH} \xrightarrow{\triangle}$

(11) 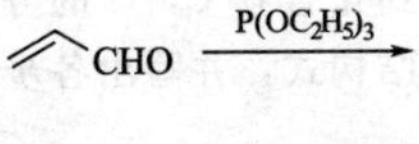 $CH_2=CH-CHO \xrightarrow{P(OC_2H_5)_3}$　　(12) 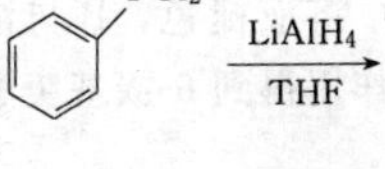 $C_6H_5PCl_2 \xrightarrow[THF]{LiAlH_4}$

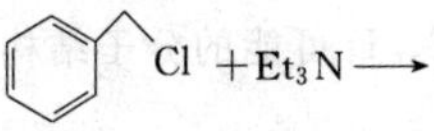

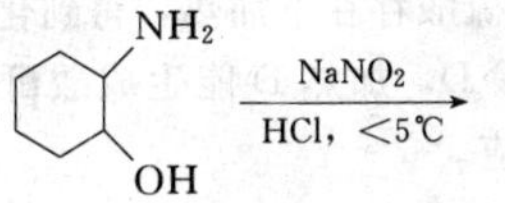

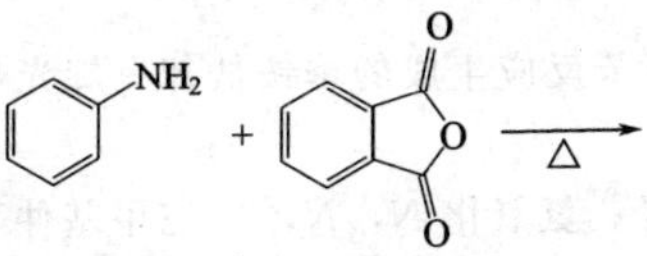

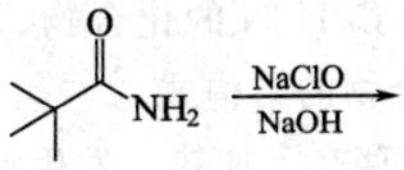

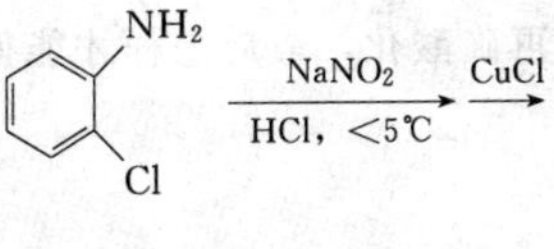

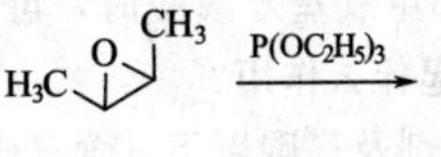

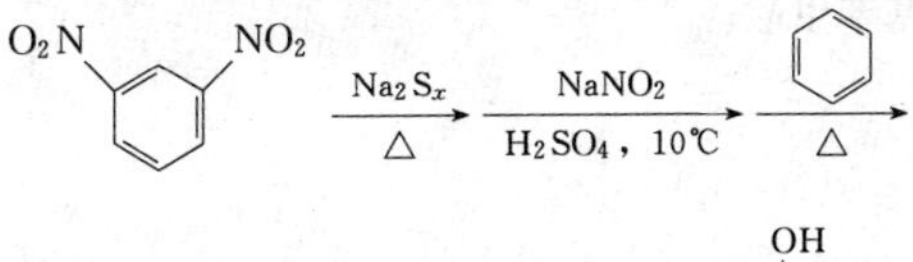

(13) 环己酮 $\xrightarrow{Ph_3P\!=\!CH-CH\!=\!CHCOOCH_3}$

(14) 二苯甲酮 $\xrightarrow{Ph_3P\!=\!CHCONMe_2}$

5. 完成下列制备，无机试剂及三碳以下（含三碳）有机试剂任选

(1) 由苯制备对乙酰基乙酰苯胺。

(2) 由苯制备4-异丙基-2，6-二溴苯胺。

(3) 由苯制备对氰基苯甲酸。

6. 用化学方法鉴别下列各组化合物

(1) 乙酰苯胺（$C_6H_5NHCOCH_3$）与 对甲基苯甲酰胺（$H_3C-C_6H_4-CONH_2$）

(2) 对甲苯胺、*N*-甲基苯胺、*N*,*N*-二甲基苯胺

(3) 三甲基氯化铵和四甲基氯化铵

(4) 苯胺、环己胺、*N*-甲基苯胺、苯酚

7. 设计一个实验方案，分离苯胺、苯酚与环己醇的混合物。

8. 由苯甲酰胺经霍夫曼降解反应制备苯胺时，得到的反应混合物中含有原料、产物及少量的苯甲酸，如何将三者分离？

9. 化合物A的分子组成为$C_9H_{13}N$。A有旋光性，与$NaNO_2$的稀盐酸溶液反应放出N_2并生成化合物B，分子组成为$C_9H_{12}O$；B在浓硫酸存在下加热，得到化合物C，分子组成为C_9H_{10}；C与酸性$KMnO_4$在加热下反应生成一个二元羧酸D，加热D能生成酸酐。试推断A、B、C、D可能的分子结构，写出A的*R*-构型式，并写出各步反应。

10. 回答下列问题

(1) 一种分子组成为C_6H_5N的化合物，没有旋光性，但与氯苄反应生成的季铵盐却有旋光性，试解释原因，并写出该化合物的结构式。

(2) 仲丁醇在浓硫酸存在下加热，发生消除反应得到一个烯烃；氢氧化*N*，*N*，*N*-三甲基仲丁铵加热也发生消除反应得到另一个烯烃，指出这两个烯烃的不同，并解释原因。

以苯甲醚为原料制备邻甲氧基苯磺酸时，可以将苯甲醚先硝化、再磺酸化，最后怎样才能得到产物？制备过程中，硝化反应起什么作用？

11. 完成下列制备，无机试剂及三碳以下（含三碳）有机试剂任选

(1) 用苯酚制备邻羟基苯甲酸（水杨酸）和对羟基苯甲酸。

(2) 用1，3-丁二烯制备丁二胺和己二酸。

(3) 用硝基苯制备4-羟基-3，5-二溴苯甲酸。

(4) 用苯胺和α-萘酚制备

HO—(1,4-萘)—N=N—C_6H_4—SO_3H

12. 推断化合物的结构

(1) 化合物A的分子组成为$C_9H_{11}O_2N$。A有旋光性，用稀碱溶液加热处理可得B和C。B也有旋光性，既能与酸成盐，也能与碱成盐，能与HNO_2作用放出气体；C与$FeCl_3$溶液作用显蓝紫色。试推断A、B、C可能的分子结构，并写出有关的反应式。

(2) 化合物A的分子组成$C_7H_{15}N$，不能使溴水褪色；与HNO_2作用放出气体，得到化合物B，分子组成为$C_7H_{14}O$，B能使$KMnO_4$溶液褪色，B与浓硫酸在加热下作用得到化合物C，C的分子组成为C_7H_{12}，C与酸性$KMnO_4$溶液作用得到6-羰基庚酸。试写出A、B、C的结构式，并写出各步反应式。

10

烃的含硅衍生物——有机硅化学

硅（silicon)是周期表中第ⅣA族元素，也是地球表面除氧以外含量最高的元素，但是自然界中至今还没有发现有机硅化合物的存在。有机硅化合物是指分子中含有C—Si键，且至少有一个有机基团直接与硅原子相连的化合物。例如CH_3SiH_3、$ClCH_2SiCl_3$、$C_2H_5Si(OMe)_3$、$(CH_3)_3SiOSi(CH_3)_3$、$[(CH_3)_2SiO]_4$等均为有机硅化合物，而$SiCl_4$、SiC、Si_3N_4、Na_2SiO_3、H_3SiCN等则为无机硅化合物。

有机硅化学是研究有机硅化合物的合成、结构、性能和用途的一门新兴学科。在元素有机化学领域中，它是发展最快的一支。特别是近数十年间，由于有机硅高聚物获得广泛的应用，促进了相关领域的发展，为新材料提供了基础和技术保证。

10.1 有机硅化合物的分类和命名

常见的有机硅化合物有：有机硅烷、卤硅烷、硅醇、硅氧烷、硅氮烷和硅胺类及含有Si-Si键化合物。

硅烷类通式为Si_nH_{2n+2}，最简单的硅烷是甲硅烷，分子式为SiH_4。

有机硅化合物的命名方法类似于含碳化合物。有机硅化合物的命名，必须先从无机硅命名着手，然后再和有机基团结合。硅烷中的氢被烃基取代后得到有机硅烷，命名时将取代基写在前面，硅烷写在后面，称为某基某硅烷，例如：

$(CH_3)_4Si$	$(CH_3)_3SiSi(CH_3)_3$	$CH_3SiH_2C_2H_5$（C_2H_5连于Si）
四甲基硅烷	六甲基二硅烷	甲基乙基硅烷

广义上说，含有卤原子的烃基硅烷都叫烃基卤硅烷。但实际上通常所说的烃基卤硅烷是指硅原子上没有氢原子的烃基卤硅烷，其通式是R_nSiCl_{4-n}，其中R可以是脂肪族烃基和芳香族烃基，例如：

$(CH_3)_3SiCl$　　$(CH_3)_2SiCl_2$　　CH_3SiCl_3

三甲基氯硅烷　　二甲基二氯硅烷　　一甲基三氯硅烷

硅醇可以看做是醇中与羟基相连的碳原子被硅原子置换的化合物。例如：

$(CH_3)_3Si(OH)$　　$(CH_3)_2Si(OH)_2$

三甲基硅醇　　二甲基硅二醇

硅氧烷类是指含有 Si—O—Si 链节的化合物，在有机硅化合物中占有十分重要的地位。含有 Si—N—Si 链节的化合物则称为硅氮烷。例如：

$R_3Si—O—SiR_3$　　$R_3SiNSiR_3$

二硅氧烷　　二硅氮烷

10.2 有机硅化合物的结构

硅与碳同族，外层电子构型为 $3s^23p^2$，有机硅化合物中硅在大多数情况下进行 sp^3 杂化，当它以单键与其他基团相连时，形成四面体结构，这与碳化合物相似。但是硅与碳不同，硅有 14 个电子，分三层排布，碳有 6 个电子，分两层排布，并且硅的原子半径比碳大，同时硅有空的 3d 轨道，可以参与成键，表现在结构上有以下几个特点。

① Si—Si 键没有 C—C 键牢固，比较容易断裂，因此硅原子不能形成很长的硅链。目前已知含硅最多，硅链最长的硅烷是六硅烷 Si_6H_{14}。但是，Si—O 键的键能比 C—O 键能大，因而硅能通过 Si—O 键形成很长的聚硅氧链。这可从下面列出的电负性和键能数据得到解释。

电负性　　Si 1.8；C 2.5；O 3.5；H 2.15

键能/(kJ/mol)　　C—Si　301

C—C　344＞　Si—Si　188

C—O　344＜　Si—O　422

② 硅的 p 轨道不能和碳或氧的 p 轨道互相有效地重叠，因而 Si＝C、Si＝O、Si＝Si 是不稳定的，一般不能形成烯烃、炔烃相应的稳定的硅化合物，也不形成简单的硅芳香环。

③ 硅原子半径比碳大（硅原子半径为 0.117nm，碳原子半径为 0.077nm），可极化度大，而电负性较小，与 C、H 相连时呈正电性，因此易受亲核试剂进攻。并且硅原子体积比较大，在反应时所受空间位阻较小，因而硅的化学反应活性比碳大。

10.3 C—Si 键化合物

10.3.1 物理性质

烃基硅烷一般具有特殊臭味，剧毒。相对分子质量低的为气体，随着相对分子质量的增加，沸点升高。Si—C 键的电负性差值仅为 0.7，它虽有微弱的极性，但基本上属于共价键的特性。

10.3.2 红外光谱

有机硅化合物对于红外线的吸收作用，比对应的碳氢化合物强 5 倍，其吸收能力在碳氢化合物与无机化合物之间。有机硅化合物的特点就是在它们的红外吸收光谱中 1290～

800cm^{-1} (7.5～14μm)的光谱范围内具有很强的谱带，见表 10-1。

表 10-1 有机硅化合物的特征吸收峰位置

基团	吸收峰位置/cm^{-1}	峰的特征
Si—H	2250～2100	Si—H
	950～800	Si—H 弯曲振动吸收,强
Si—C	890～690	Si—C 伸展振动吸收,强
Si—CH_3	1260 附近	CH_3 对称变形振动吸收,尖,强
	765 附近	CH_3 平面摇摆振动和 Si—C 伸展振动吸收,强
Si$(CH_3)_2$	1260 附近	CH_3 对称变形振动吸收,尖锐,单吸收带
	855,800	CH_3 平面摇摆振动和 Si—C 伸展振动吸收,强
Si—$(CH_3)_3$	1266,1250	CH_3 对称变形振动,双吸收带
	840,765	CH_3 平面摇摆振动和 Si—C 伸展振动吸收,强
Si—CH═CH_2	1613	C═C 伸展振动吸收
	1410～1390	CH═CH_2 的剪式振动
	1020～1000	反式 C—H 非平面摇摆振动
	980～950	CH_2 非平面摇摆振动
SiC_6H_5	1632	C═C 伸展振动吸收,强
	1428	芳环振动吸收,强,常与 Si—O—Si 吸收重叠
	1125	芳环振动吸收和 Si—C 伸展振动吸收,强
Si—OH	3390～3200	缔合 OH 伸展振动吸收
	910～830	Si—O 伸展振动吸收,宽
Si—O	1100～1000	Si—O 伸展振动吸收,强,宽
Si—O—Si(乙硅氧烷)	1053	Si—O 伸展振动吸收,强,宽
Si—O—Si(线型聚硅氧烷)	1080,1025	Si—O 伸展振动吸收,强,两峰强度差不多相等
Si—O—Si(三环体)	1020 附近	Si—O 伸展振动吸收,强
Si—O—Si(四环体)	1090 附近	Si—O 伸展振动吸收,强
Si—O—R	1100～1000	Si—O—C 伸展振动吸收,强
Si—O—CH_3	2817 和 1190	Si—O—C 伸展振动吸收,强
Si—O—CH_2—CH_3	1176 和 953 附近	
Si—O—C_6H_5	970～920	Si—O—C 伸展振动吸收,强

10.3.3 制备

10.3.3.1 直接合成法

有机卤化物在高温和催化剂存在下，与硅或硅铜合金反应，能直接生成各种有机卤硅烷的混合物，其组成取决于原料及反应条件。

理想情况下，这类反应可写出下述形式：

$$2RX + Si \longrightarrow R_2SiX_2$$

实际上，该反应还有许多副反应，例如：

$$3RX + Si \longrightarrow R_3SiX + X_2$$

$$3RX + Si \longrightarrow R_3SiX + R—R$$

$$RX + Si \longrightarrow RHSiH_2X_2 + H_2 + CH_4$$

$$2X_2 + Si \longrightarrow SiX_4$$

采用不同的卤代烃与硅反应，可以得到不同的有机卤硅烷。例如，硅铜合金体系与氯甲烷、溴甲烷、氯乙烷、溴乙烷、溴丙烷、氯苯及溴苯甚至 α-溴萘等都反应，得到相应的产物。但有的反应在进行时，副反应很多，组分很复杂，产率也很低；有的反应中，产物各组分沸点极相近，极难分离，所以工业价值不大。真正具有工业生产价值的只有甲基氯硅烷和苯基氯硅烷。

10.3.3.2 有机金属合成法

硅—碳键的形成，最早的方法就是有机金属合成法，它依靠有机金属化合物与硅官能团发生取代反应，而将有机基团引到硅上去。该反应可以写出下述形式：

$$RM + X-Si\lessgtr \longrightarrow R-Si\lessgtr + MX$$

该合成方法可以分为有机镁合成法（格氏合成法）、有机碱金属合成法和其他有机金属合成法。现举例如下：

硅原子上的有机基团的体积和数目都影响格氏反应的进行，体积越大，影响越大，基团数目越多，反应也越不利，通常很难引入第四个有机基团。同样，格氏试剂中的有机基团的体积也对反应有影响。

$$C_2H_5MgI + SiCl_4 \xrightarrow{\text{乙醚}} (C_2H_5)_4Si\ \ (C_2H_5)_3SiCl\ \ (C_2H_5)_2SiCl_2\ \text{和}\ C_2H_5SiCl_3$$

$$PhMgBr + SiCl_4 \xrightarrow{\text{乙醚}} Ph_3SiCl\ \ Ph_2SiCl_2\ \text{和}\ PhSiCl_3$$

有机碱金属包括有机锂、有机钠和有机钾化合物。它们都比格氏试剂活泼，很容易与Si—X，Si—OR和Si—H键反应，形成Si—C键，它们受空间阻碍的影响也比格氏试剂小，比较容易制得四取代硅烷，并可比较方便地引入较大的有机基团。

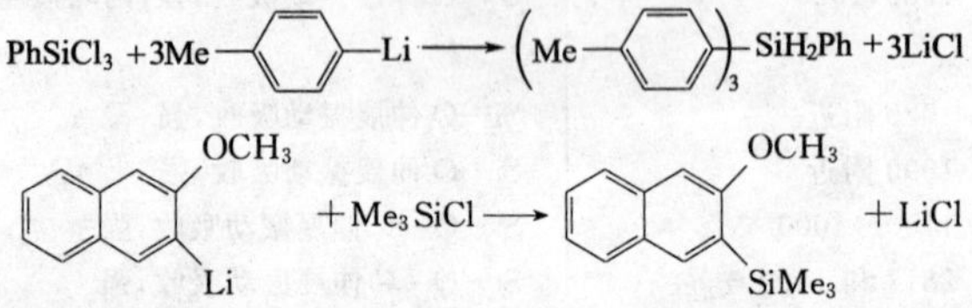

$$PhSiCl_3 + 3Me-C_6H_4-Li \longrightarrow (Me-C_6H_4)_3SiH_2Ph + 3LiCl$$

$$\text{3-Li-2-}OCH_3\text{-萘} + Me_3SiCl \longrightarrow \text{3-}SiMe_3\text{-2-}OCH_3\text{-萘} + LiCl$$

10.3.3.3 还原硅基化法

利用还原硅基化法形成Si—C键的过程是先对被硅基化的反应物进行还原，然后再对碳原子进行硅基化。芳烃、醛、酮、羧酸酯、腈类、不饱和烃及多卤代烃均可用此方法进行碳-硅基化反应，形成新型的有机硅化合物。下面以酮的碳-硅基化为例：

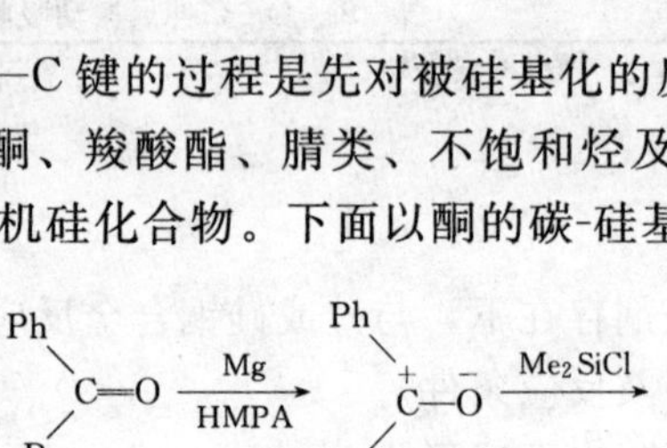

$$Ph(R)C{=}O \xrightarrow[\text{HMPA}]{Mg} Ph(R)\overset{+}{C}-\overset{-}{O} \xrightarrow{Me_2SiCl}$$

$$Ph(R)\overset{+}{C}-OSiMe_3 \xrightarrow{Mg} Ph(R)\overset{-}{C}-OSiMe_3$$

10.3.4 化学性质

10.3.4.1 热稳定性

有机硅烷中的Si—C键基本上属于共价键，可以发生均裂或异裂。硅原子上没有氢的四烃基硅烷（R_4Si）热稳定性高，不易发生水解和卤代等化学反应。如果烃基硅烷的硅原子上还有未被取代的氢原子，则 Si—C 键容易断裂而发生许多化学反应。例如，在 $AlCl_3$ 催化下，烃基硅烷与干燥的氯化氢作用生成烃基氯硅烷；也能发生醇解和水解反应，生成相应的化合物。

$$CH_3SiH_3 + HCl \xrightarrow{AlCl_3} CH_3SiH_2Cl + H_2$$
$$(CH_3)_3SiH + H_2O \longrightarrow (CH_3)_3SiOH + H_2$$
$$(CH_3)_3SiH + ROH \longrightarrow (CH_3)_3SiOR + H_2$$

10.3.4.2 取代反应

由于 Si—C 键极性较小，所以它对离子性反应的敏感性不如 Si—Cl 和 Si—O 键。但它仍然能遭受亲核或亲电试剂的进攻而断裂。在亲核试剂或亲电试剂进攻下，连接在硅上的某些基团能被其他基团所取代。

（1）亲核取代反应

$$B^- + \gt Si-\overset{|}{\underset{|}{C}}-X \longrightarrow \left[B-Si-\overset{|}{\underset{|}{C}}-X\right]^- \longrightarrow B-Si\lt + -\overset{|}{\underset{|}{C}}-X^-$$

（2）亲电取代反应　烷基或芳基硅烷易被酸性物质（包括 HX、含氧酸、Lewis 酸）、卤素或其他带正电荷的试剂进攻而断裂，发生亲电取代反应，试剂主要向碳原子上进攻。有时试剂的负性部分也同时向硅原子进攻，加速反应的进行。

在卤素、酸、Friedel-Crafts 催化剂等存在时，Si—C 键比在亲核试剂进攻下更易断裂。

$$Et_4Si + I_2 \xrightarrow{AlI_3} Et_3SiI + EtI$$
$$Et_3SiI + I_2 \xrightarrow{AlI_3} Et_2SiI_2 + EtI$$

AlX_3 在该反应中，有利于卤素的离子化，故具有催化作用：

$$I_2 + AlI_3 \rightleftharpoons I^+ + AlI_4^-$$

对含不同基团的硅烷所做的研究还表明，苯基的断裂活性远大于甲基。如果有苯基与 Si 相连，在亲电试剂作用下，苯基比烷基更容易从 Si 上脱去。例如：

$$Ph_4Si + HCl \xrightarrow{AlCl_3} Ph_3SiCl + PhH$$
$$Me_3SiPh + Br_2 \longrightarrow Me_3SiBr + PhBr$$

这是由于烷基是斥电子基，而苯基是吸电子基，它能使 Si—C 键的极化进一步增强，有利于 X^+ 对该碳原子的亲电攻击。

10.3.4.3 消除反应

连在硅上的碳链，其 γ-位的氢被卤素取代后，也能受亲核试剂进攻，发生 γ-消除反应，产物是环丙烷：

$$Cl_3Si-CH_2-CH_2Cl \xrightarrow{KOH/EtOH} Si(OH)_4 + \text{(环丙烷 } H_2C-CH_2, C H_2\text{)} + Cl^-$$

其过程是先形成 γ-碳正离子，然后发生 Si—C 键断裂：

$$Me_3SiCH_2CH_2Br + AlCl_3 \rightleftharpoons Me_3SiCH_2CH_2CH_2^+ + AlCl_3Br^-$$
$$Cl_2BrAlCl^- \curvearrowright SiMe_3CH_2CH_2CH_2^+ \longrightarrow Cl_2BrAl + ClSiMe_3 + \text{(环丙烷 } H_2C-CH_2, C H_2\text{)}$$

如果分子中含有带羰基的基团如—COOH、—COOR 等，并且这些基团直接连在硅原子上时，那么该化合物很不稳定，易受亲核试剂进攻，发生 α-消除反应，脱去 CO，并发生断裂 Si—C 键：

$$(C_6H_5)_3Si—\overset{O}{\overset{\|}{C}}—OH + OR^- \longrightarrow \left[RO^- \; \overset{Ph\quad Ph}{Si}—\underset{O}{\underset{\|}{C}}—OH\right] \longrightarrow RO—Si(C_6H_5)_3 + CO + OH^-$$

取代反应与消除反应之间有可能会发生转换，转换除了与化合物的结构有关外，还与所用的试剂及反应介质、反应条件有关。通常，温度较高及试剂浓度较高、碱性较强时有利于消除反应的进行。反之，则有利于取代反应的进行。

10.4 Si—X 键化合物

在有机硅化学中，硅氯键化合物是很重要的，它们是合成系列有机硅化合物的基本原料或中间体，这类化合物统称有机卤硅烷，其通式为 R_nSiX_{4-n}。R 表示饱和烃基、不饱和烃基或芳香基；X 表示氟、氯、溴或碘；n=1，2 或 3。

10.4.1 物理性质

卤硅烷与有机化合物中的卤代烃在物理性质方面有相似的规律性，但也有其特殊性。表 10-2 和表 10-3 分别列出了硅键的离子化能和键能

表 10-2 硅键的离子化能/（kJ/mol）

键	键能	键	键能
Si—C	982.6	Si—Cl	796.2
Si—H	1045.2	Si—Br	748.9
Si—O	1014.2	Si—I	700.4
Si—F	993.3	Si—S	806.2

表 10-3 某些硅键和碳键的键能/（kJ/mol）

项目	C	Si	H	O	F	Cl	Br	I
硅键	334.7～242.7	188.3	303.8	422.5	560.6	368.2	293.8	221.7
碳键	344.4	334.7～242.7	413.3	344.4	426.7	327.6	278.6	218

从以上数据可以看出硅-卤键的活性顺序为：

$$\equiv Si—I > \equiv Si—Br > \equiv Si—Cl > \equiv Si—F$$

硅-卤键具有强的极性，从硅的电负性数据 Si（1.8）和卤素的电负性数据（F 4.0；Cl 3.0；Br 2.8；I 2.4）可以看出，当形成 Si—X 键时，键的极性方向是 Si^+X^-。

有机卤硅烷与相应的烃基卤代烷相比，其沸点和熔点升降的规律性十分相似，只要硅原子上的 R 基相同，数目也相同，则随着 F、Cl、Br、I 的改变，其沸点也随之逐步升高。SiH_4 上的卤原子逐步被 R 基取代时，导致沸点逐渐降低或升高，这由 R 和 X 的大小而定。常见的卤代烷的物理常数列于表 10-4。

表 10-4 卤硅烷类的沸点

卤化物	沸点/℃	卤化物	沸点/℃	卤化物	沸点/℃	卤化物	沸点/℃	卤化物	沸点/℃
SiF_4	−65	$SiCl_4$	57.6			$SiBr_4$	153	SiI4	290
$MeSiF_3$	−30.2	$MeSiCl_3$	65.7	$EtSiCl_3$	97.9	$MeSiBr_3$	133	$EtSiI_3$	251
Me_2SiF_2	2.7	Me_2SiCl_2	70.0	Et_2SiCl_2	129	Me_2SiBr_2	112.5	Et_2SiI_2	220
$MeSiF_3$	16.4	Me_3SiCl	57.3	Et_3SiCl	143.5	Me_3SiBr	80	Et_3SiI	190
Me_4Si	26.5			Et_4Si	153			Et_4Si	153

表中，SiF_4 沸点在 1810 mmHg 下测定，其余均在 760mmHg 下测定。

10.4.2 化学性质

由于硅原子半径较大，电负性较小，因此 Si—X 键具有很强的极性，远比 C—X 键活泼，与有机物中的酰卤键相近，极易受到亲核试剂的进攻，也易于和含活泼氢的化合物作用，如水、醇、酚、酸、胺等，此外还可与酸酐、醚、有机金属化合物及碱金属等反应。

10.4.2.1 水解

烃基卤硅烷极易水解成硅醇，例如：

$$(CH_3)_3SiCl + NaHCO_3 \xrightarrow{H_2O} (CH_3)_3SiOH + NaCl + CO_2$$

大多数硅醇在酸或碱的存在下会发生分子内的脱水反应生成硅醚，因此用烃基卤硅烷制备硅醇需维持中性条件和在稀溶液中进行。

$$2(CH_3)_3SiOH \xrightarrow{H^+ 或 OH^-} (CH_3)_3SiOSi(CH_3)_3$$

二卤烃基硅烷水解得到硅二醇，产物很容易通过缩聚反应生成聚硅氧烷。例如：

$$n\text{Cl}-\underset{CH_3}{\overset{CH_3}{\text{Si}}}-\text{Cl} + 2nH_2O \xrightarrow{-2nHCl} n\text{HO}-\underset{CH_3}{\overset{CH_3}{\text{Si}}}-\text{OH} \xrightarrow{缩聚} \text{H}{+}\text{O}-\underset{CH_3}{\overset{CH_3}{\text{Si}}}{+}_n\text{OH} + (n-1)H_2O$$

有机卤硅烷的水解速率随着 Si—X 键极性的增强而加快，反应活性顺序为 Si—I＞Si—Br＞Si—Cl＞Si—F。所含卤素相同时，同一个硅上所连卤素越多，越容易被水解。

10.4.2.2 醇解

卤硅烷水解可用来制备硅氧烷（或称烷基正硅酸酯）。例如：

$$(CH_3)_3SiCl + CH_3OH \longrightarrow (CH_3)_3SiOCH_3 + HCl$$

反应须在碱性条件下进行，采用合适的装置和操作不断除去反应中产生的氯化氢可以提供产率。

醇解速率与水解相似，随着硅原子上含烷基数目的增加而减少，即硅原子上所连卤素越多越容易被醇解。烷基正硅酸酯易于水解而得到相应的硅醇，例如：

$$(CH_3)_3SiOCH_3 + H_2O \longrightarrow (CH_3)_3SiOH + CH_3OH$$

利用这一特性，有机硅化合物作为保护基正越来越受到人们的重视，在合成领域里得到了广泛的应用。

10.4.2.3 与金属有机化合物的反应

有机卤硅烷中的 Si—X 键可与金属有机化合物，包括 RMgX、RLi、R_nAlX_{3-n}、RNa、R_2Zn 等反应，生成新的 Si—C 键化合物。例如：

$$(C_2H_5)_3SiBr + CH_3MgBr \longrightarrow (C_2H_5)_3SiCH_3 + MgBr_2$$

$$(C_2H_5)_2SiCl_2 + 2PhLi \longrightarrow (C_2H_5)_2SiPh_2 + 2LiCl$$

10.4.3 制备和应用

工业上制备卤硅烷采用直接法，即让硅与卤代烷在高温与催化剂存在下直接反应，产物往往是几种卤硅烷的混合物，需要用分馏法分离提纯。硅与氯甲烷的反应式如下：

$$CH_3Cl + Si \xrightarrow[265\sim300℃]{Cu} \underset{5\%\sim8\%}{(CH_3)_3SiCl} + \underset{70\%\sim80\%}{(CH_3)_2SiCl_2} + \underset{10\%\sim18\%}{CH_3SiCl_3} + \underset{3\%\sim5\%}{CH_3SiHCl_2}$$

实验室制备卤硅烷的方法很多，下面列举几种。

（1）有机硅烷的卤代

$$C_6H_5SiH_3 + 3Br_2 \longrightarrow C_6H_5SiBr_3 + 3HBr$$

（2）碳硅键的裂解卤代

$$(CH_3)_2SiPh_2 + 2Br_2 \longrightarrow (CH_3)_2SiBr_2 + 2PhBr$$

（3）硅氧键的裂解卤代

$$(CH_3)_3SiOBu + PBr_3 \xrightarrow{FeBr_3} (CH_3)_3SiBr + Br_2POBu$$

10.5 硅氧烷化合物

10.5.1 物理性质

有机硅氧烷的沸点和熔点等随着有机基团的大小而有所不同。分子间缔合作用很小，分子间引力也很弱。有些较小的环有机硅氧烷的结构，已用 X 射线及电子衍射法测定过。最早研究得比较详细的是下列化合物：

```
    |         \
  —Si—O   O—Si—
   O    Si    O
  /Si—O   O—Si\
    |         \
```

10.5.2 化学性质

10.5.2.1 裂解

（1）热裂解　硅氧烷由于 Si—O 键键能高，故具有较高的稳定性。四（三苯硅氧基）硅烷在真空中，约加热至 600℃才开始分解；六苯基二硅氧烷和 1，3-二甲基四苯基二硅氧烷在氮气中，在 400℃下加热也能长期稳定存在。

（2）质子酸引起的裂解　硫酸与过量的六甲基二硅氧烷作用，形成的不是单三甲基硅基硫酸酯，而是双三甲硅基硫酸酯：

$$[(CH_3)_3Si]_2O + H_2SO_4 \longrightarrow [(CH_3)_3Si]_2SO_4 + H_2O$$

9.5.2.2 聚合反应

聚合反应就是将环硅氧烷通过各种手段变为线型聚硅氧烷的过程，其中可分为热聚合、催化聚合和辐射聚合等。这里简要说明催化聚合。

归纳起来，酸催化聚合可以以下列方程式来表示：

$$\mathrm{>Si{-}O{-}Si<} + H^+ \rightleftharpoons \mathrm{>Si{-}\overset{+}{O}H{-}Si<} \rightleftharpoons HO{-}\overset{|}{\underset{|}{Si}}\sim\overset{|}{\underset{|}{Si^+}} \quad \text{引发}$$

$$\sim\overset{|}{\underset{|}{Si^+}} + {}^*\!\!\left(\overset{|}{\underset{|}{Si}}{-}O\right)_n \rightleftharpoons {}^*\!\!\left(\overset{|}{\underset{|}{SiO}}\right)_n\overset{|}{\underset{|}{Si^+}} \quad \text{链增长}$$

$$\left\{\begin{array}{l}\sim\overset{|}{\underset{|}{Si^+}} + {}^-SO_3OH \rightleftharpoons \equiv SiOSO_3OH \quad \text{链终止}\\ \sim\overset{|}{\underset{|}{Si^+}} + \equiv SiOSO_3OH \rightleftharpoons \equiv SiOSO_3Si\equiv \quad \text{硫酸盐桥}\end{array}\right.$$

10.5.3 制备和应用

硅氧烷的制备方法可分为两大类，即水解法和非水解法。水解法是指含硅官能基有机硅烷水解形成 Si—O—Si 键化合物的方法；非水解法是指含有相同官能基或不同官能基硅化合物之间通过相互缩合形成 Si—O—Si 键。

最简单制备方法是有机氯硅烷的水解，将有机氯硅烷加入过量的水中进行反应。如三甲基氯硅烷水解生成六甲基二硅氧烷：

$$2(CH_3)_3SiCl + H_2O \longrightarrow (CH_3)_3SiOSi(CH_3)_3 + 2HCl$$

10.6 常见有机硅化合物

下面介绍几种常见的有机硅化合物。

10.6.1 硅油

硅油通常指室温下保持液体状态的线型聚硅氧烷产品。分子量比硅树脂、硅塑料要小。它无色、无味、无毒、不易挥发、高耐热。最常用的硅油，有机基团全部为甲基，称甲基硅油。有机基团也可以采用其他有机基团代替部分甲基基团，以改进硅油的某种性能和适用各种不同的用途。常见的其他基团有氢、乙基、苯基、氯苯基、三氟丙基等。近年来，有机改性硅油得到迅速发展，出现了许多具有特种性能的有机改性硅油。硅油的应用范围非常广泛，它们可以用作高级润滑油、绝缘油、扩散泵硅油、液压油、热传递油、刹车油等。它不仅作为航空、尖端技术、军事技术部门的特种材料使用，而且也用于国民经济各部门，其应用范围已扩大到建筑、电子电气、纺织、汽车、机械、皮革造纸、化工轻工、金属和油漆、医药医疗等。

$$R{-}\overset{R}{\underset{R}{Si}}{-}OH + nHO{-}\overset{R}{\underset{R}{Si}}{-}OH \longrightarrow R{-}\overset{R}{\underset{R}{Si}}\!\left[O{-}\overset{R}{\underset{R}{Si}}\right]_n\!O{-}\overset{R}{\underset{R}{Si}}{-}R$$

其中 n 约为 10。

10.6.2 硅橡胶

在众多的合成橡胶中，硅橡胶是其中的佼佼者。它具有无味无毒，不怕高温和抵御严寒的特点，在三百摄氏度和零下九十摄氏度时“泰然自若”、“面不改色”，仍不失原有的强度和弹性。硅橡胶还有良好的电绝缘性、耐氧抗老化性、耐光抗老化性以及防霉性、化学稳定性等。故被广泛应用于电子工业、汽车工业和航天工业等领域。另外硅橡胶还常用来制作人体器官，例如：人工心脏、人工气管和人工肺等。下面是应用最广泛的甲基硅橡胶的结构示意：

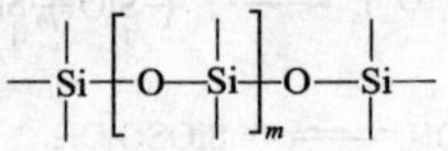

$$-Si\!\left[O-Si\right]_m\!O-Si-$$

聚合度 m 通常在 2000 以上。

10.6.3 硅树脂

硅树脂是具有高度交联网状结构的聚有机硅氧烷，兼具有机树脂及无机材料的双重特性，具有独特的物理化学特性。例如由甲基三氯硅烷和二甲基二氯硅烷经水解、脱水缩聚而成的网状聚合物：

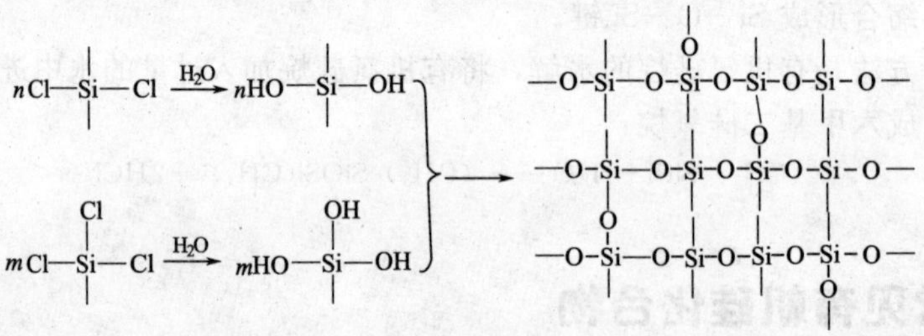

$$n\,Cl-Si-Cl \xrightarrow{H_2O} n\,HO-Si-OH$$

$$m\,Cl-\underset{}{\overset{Cl}{Si}}-Cl \xrightarrow{H_2O} m\,HO-\overset{OH}{Si}-OH$$

$$\longrightarrow$$

—O—Si—O—Si-O—Si—Si—O—

—O—Si—O—Si—O—Si—O—Si—O—

—O—Si—O—Si—O—Si—O—Si—O—

有机硅树脂主要作为绝缘漆（包括清漆、磁漆、色漆、浸渍漆等）浸渍 H 级电机及变压器线圈等。用有机硅绝缘漆黏结云母可制得大面积云母片绝缘材料，用作高压电机的主绝缘材料。此外，硅树脂还可用作耐热、耐候的防腐涂料，金属保护涂料，建筑工程防水防潮涂料，隐形眼镜等。

练习题

1. 写出下列化合物的结构式

（1）三乙基氯硅烷 （2）二苯基二氯化硅 （3）二甲基硅二醇 （4）四甲基硅烷

（5）六甲基二硅氧烷 （6）甲基二氟硅烷 （7）二甲基乙烯基氯硅烷

2. 写出下列化合物的中文名称

（1）$CH_3Si(OC_2H_5)_3$ （2）$(CH_3)_2Si(OH)_2$ （3）$(CH_3CH_2)_3SiSi(CH_2CH_3)_3$

（4）$(CH_3-CH{=}CH_2)Si(OCH_3)_3$ （5）$(CH_3)_3SiOSi(CH_3)_3$

3. 完成下列反应

（1）$-Si-Cl \xrightarrow{H_2O}$ （2）$-Si-Cl + PhMgBr \longrightarrow$

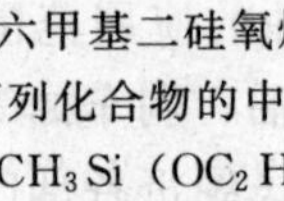

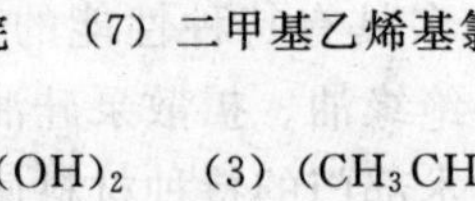

（3）$Ph_4Si \xrightarrow[Cat]{HBr}$ （4）$H-\underset{H}{\overset{H}{Si}}-H + CH_3Li \longrightarrow$

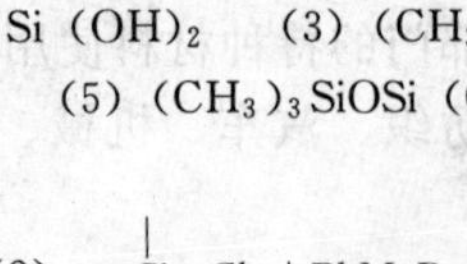

（5）$Et-\underset{Et}{\overset{Et}{Si}}-Cl + CH_3OH \longrightarrow$

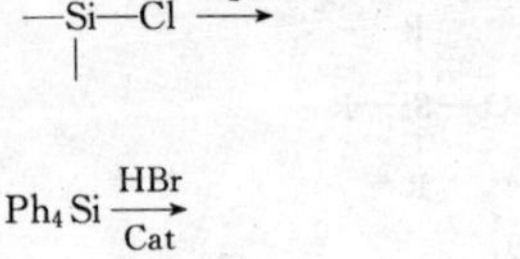

4. 从电子结构、电负性以及成键轨道比较硅元素与碳元素的区别。

5. 有机氯硅烷的合成方法有哪几种，并比较它们的优缺点。

6. 以 2-乙基环己酮为原料，合理使用有机硅试剂和其他试剂，制备下面化合物：

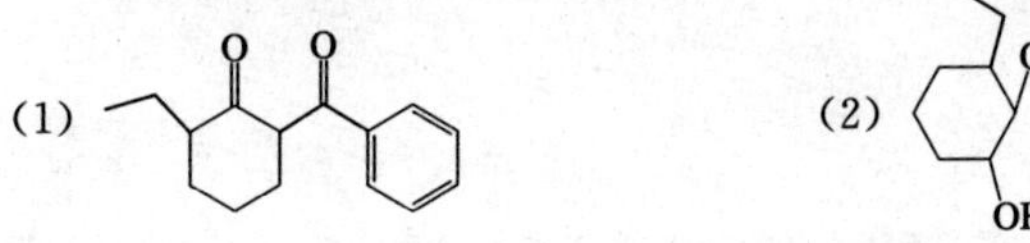

11

烃的金属衍生物——金属有机化学

金属有机化学是有机化学和无机化学的交叉学科，主要是研究含有碳-金属键（C—M）的化合物，这也是有机金属化学和无机配位化学的主要区别所在。有机金属化合物中金属与碳原子之间有直接的极性键，$M^{\delta+}—C^{\delta-}$。虽然键的极性有大小或强弱之分，但并不包括离子键。金属元素的数目占了整个元素周期表的大多数，因此金属有机化合物种类比较多，结构及性能各异，现在金属有机化合物被广泛应用于工业、农业、医药等领域。本章主要简要讨论一些比较典型金属有机化合物。

11.1 金属有机化合物的分类

根据金属元素在周期表中位置不同，一般主要分为非过渡金属有机化合物和过渡金属有机化合物两大类。

非过渡金属有机化合物包括主族金属有机化合物，类金属有机化合物和第 11，12 族金属有机化合物。它们的 d 层轨道中已填满了电子，用 s、p 轨道中的电子与有机基团成键(有时候 f 轨道也参与成键)。主族金属有机化合物遵循八隅体规则，当其所含金属的外层电子不足 8 个时，它们将自身缔合或与能提供电子的分子、离子配位，尽量达到八隅体。

过渡金属有机化合物：过渡金属除 s、p 轨道外，d 轨道的电子也参加成键。由于中心金属可以有不同的氧化态，因此会出现同一金属有不同配位数、不同价键的复杂情况。配位不饱和的过渡金属有机配合物存在空轨道，为它们作为催化剂和有机合成试剂提供了条件。通常，稳定的过渡金属有机配合物外层电子应是 18 个，即遵循 18 电子规则，也称有效原子序数 (EAN)规则。

11.2 主族有机金属化合物

11.2.1 主族有机金属化合物的制备

主族有机金属化合物大致可以通过以下几种类型反应合成制备：氧化加成、置换反应、插入反应和缩合反应。下面是一些比较经典的主族有机金属的合成方法。

11.2.1.1 金属与卤代烃的反应

(1) 直接反应

$$2Li + C_4H_9Br \longrightarrow C_4H_9Li + LiBr$$

$$Mg + C_6H_5Br \longrightarrow C_6H_5MgBr$$

(2) 混合金属的反应

$$2Na + Hg + 2CH_3Br \longrightarrow (CH_3)_2Hg + 2NaBr$$

$$4NaPb + 4C_2H_5Cl \longrightarrow (C_2H_5)_4Pb + 4NaCl + 3Pb$$

11.2.1.2 有机金属化合物与金属卤化物的反应

$$3CH_3Li + SbCl_3 \longrightarrow (CH_3)_3Sb + 3LiCl$$

11.2.1.3 有机金属化合物与烯烃 (炔烃)的加成

$$BuLi + Ph—C\equiv C—Ph \xrightarrow{Et_2O} (Ph)(Bu)C=C(Ph)(Li)$$

前面其他章节讨论过格氏试剂，本章就不再多述。下面分别简要地讨论一些比较典型的主族有机金属化合物。

11.2.2 有机锂化合物

在第一主族元素有机化合物中，最重要的是锂的有机化合物，包括烷基锂、芳基锂和氨基锂等不同类型的化合物。有机锂化合物的制备方法很多，其中卤代物和金属锂直接反应制备已经实现了工业化生产，例如正丁基锂的合成：

$$BuBr + 2Li \longrightarrow BuLi + LiBr$$

另外，还有通过锂氢或者锂卤交换反应来合成有机锂化合物，即利用活泼的烃基锂与含有较强酸性的 C—H 键或者 C—X 键的化合物反应形成另一种烃基锂。例如：

芴 + BuLi ⟶ 9-锂芴 (Li)

邻氟溴苯 (F, Br) + BuLi ⟶ 邻氟苯基锂 (F, Li)

有机锂化合物在空气中不稳定，所以一定要在惰性气体保护下操作，与格氏试剂必须在乙醚或四氢呋喃等非极性溶剂中制备不同，有机锂的制备则可以在不同的溶剂中进行，工业化生产中大部分以己烷作为溶剂。

有机锂化合物的一个结构特征就是在溶液和固态中都会倾向于形成聚合物单元 (oligomeric units)，有机锂化合物的缔合度在很大程度上取决于溶剂的性质。在单个 RLi 分子中，由于价电子数较少，2 中心 2 电子的成键方式不能充分满足可利用的轨道；在聚集态 $(RLi)_n$ 中，这种“缺电子性”可以通过多中心成键方式得到补偿。因此，无论在液态还是在固态中，有机锂化合物都倾向于以聚集态形式存在。在溶液中，$(RLi)_n$ 的聚集状态可以通过渗透压测定、^3Li NMR 和 ESR 谱等方法来证实。质谱可以观察到分子离子碎片 $[Li_4(t\text{-}Bu)_3]^+$，从而说明在气相中 $(RLi)_n$ 仍以聚集状态存在。

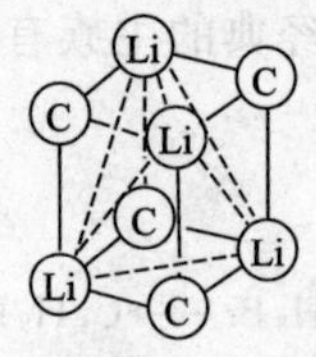

$(LiCH_3)_4$ 的结构

在化学性质方面，有机锂化合物与格氏试剂相似，但反应活性更强。锂有机化合物是活性最高的非过渡金属有机化合物，就是羰基受到很大的空间障碍，也能得到很好的结果。例如 CH_2Cl_2 与 BuLi 反应，消去 LiCl 而形成氯化卡宾：

$$CH_2Cl_2 + BuLi \longrightarrow LiCHCl_2 \longrightarrow :CHCl$$

有机锂试剂还可以和羰基类化合物甚至环醚发生反应。

$$RLi + HC(=O){-}NMe_2 \longrightarrow RCHO$$

$$PhLi + \text{氧杂环丁烷} \longrightarrow Ph(CH_2)_3OH$$

11.2.3 有机锡化合物

有机锡化合物可以定义为至少存在一个 C—Sn 键的化合物。和同族碳元素相比，C—Sn 键通常较弱而且极性更大，但是在室温下，C—Sn 键对水是稳定的，对热也相当稳定，许多有机锡化合物可以被减压蒸馏。但是强酸、卤素和一些亲电试剂可以很方便地断裂 C—Sn 键。有机锡化合物已广泛地应用于催化化学、有机合成化学、药物化学、PVC 稳定剂、防污涂料、木材防腐等领域。

烷基有机锡卤化物可以通过 R_4Sn 和相应的卤素、卤化氢以及四卤化锡反应得到，也可以采用烷基格氏试剂和四卤化锡反应合成。有机锡氢化物的合成可由有机锡卤化物被氢化铝锂、铝汞齐、硼氢化钠等还原得到。

$$BuMgBr + SnCl_4 \longrightarrow Bu_4Sn \xrightarrow{SuCl_4} Bu_2SnCl_2$$

$$Bu_3SnCl + LiAlH_4 \longrightarrow Bu_3SnH$$

有机锡化合物在有机反应中可以作为反应试剂、催化剂、助催化剂等，并在有机合成中得到了较为广泛的应用，有机锡试剂参与的亲核加成、自由基取代、环合、酯交换等反应可以合成一些重要的有机化合物及有机反应中间体，特别是在实际工业应用中具有较高价值。例如：

$$PhNCS + BuOH \xrightarrow[PhH, 96\%, 20min]{(PhCH_2)_2Sn(OAc)_2} PhNHC(=S)OBu$$

$$RCHO + CH_2{=}CHCH_2SnBu_3 \xrightarrow[CH_2Cl_2, 0^\circ C\text{-r.t.}]{10mol\%Cat.,\ 10mol\%AgBF_4} RCH(OH)CH_2CH{=}CH_2$$

$$RCOOMe + CH_2{=}CHSnBu_3 \xrightarrow[ClTi(OPr^{i})_3]{C_5H_9MgCl} \text{1-R-2-}SnBu_3\text{-环丙醇}$$

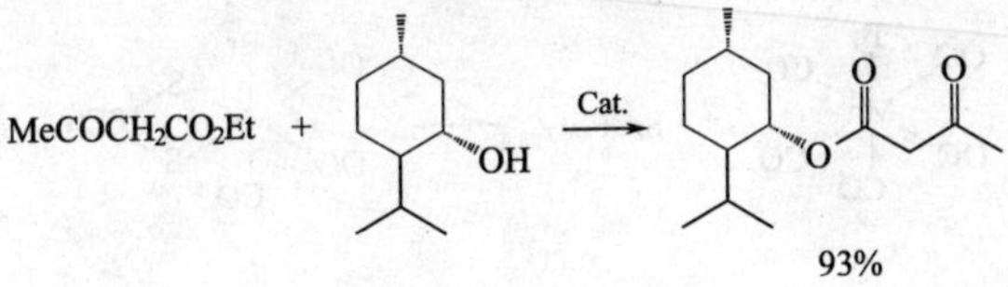

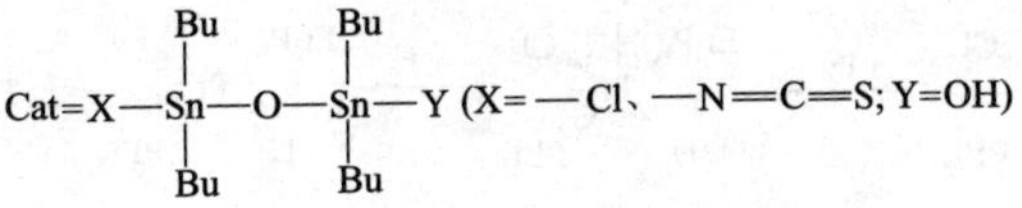

$$MeCOCH_2CO_2Et + \text{(menthol)} \xrightarrow{Cat.} \text{(menthyl acetoacetate)}\ 93\%$$

Cat=X—Sn(Bu)₂—O—Sn(Bu)₂—Y (X=—Cl、—N═C═S; Y=OH)

11.3 过渡金属有机化合物

过渡金属一般是指第 4、第 5、第 6 三个周期中从ⅢB 到ⅠB 族（不包括镧系元素）共 26 个元素。这些过渡金属有未充满电子的（n-1）d 轨道，因此它们对带有未共用电子对的分子和负离子有强烈的配位倾向。

在过渡金属有机配合物 M—L 中，中心金属氧化态以配体 L 满壳层离开时，金属所保留的正电荷数即为中心金属在过渡金属有机配合物中的氧化态。

$Fe(CO)_5$　　FeO　　$CH_3Mn(CO)_5$　　Mn^{+1}

11.3.1　18～16 电子规则

18～16 电子规则又称有效原子序数规则（EAN），过渡金属有机化合物中，中心金属原子价电子数常常是 18 个或 16 个。过渡金属外层包含 s、p、d 三种电子层，共 9 个轨道，完全填满需要 18 个电子。当金属的外层和配体提供的电子总和为 18 个电子时，这种状态下的金属有机化合物是热力学稳定的。达到 16 个电子的称为配体不饱和态。例如：

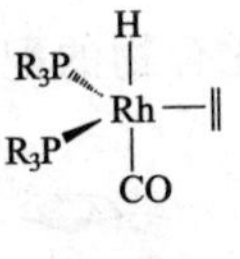

$(R_3P)_2Rh(H)(CO)(CH_2{=}CH_2)$

铑的价电子数为：9(Rh^0）＋1（氢原子提供一个电子）＋2（一个乙烯配体）＋2×2（2 个有机膦配体）＋1×2（CO 配体）＝18，由于 Rh—Hσ 键中，成键电子对偏向氢原子，因而铑的氧化数为＋1。利用这个电子规则可以推断过渡金属有机化合物的结构，并可以预测它们可能发生的各种反应。

11.3.2　过渡金属有机化合物的基元反应

过渡金属有机化合物的合成反应通常是由几个基元反应组成的，它们包括：配体置换反应、氧化加成和还原消除反应、插入和反插入反应和过渡金属配体上的反应。

11.3.2.1　配体置换反应

配体置换反应是过渡金属化合物在溶液中最常见的反应类型。原有配体被另一个配体（例如反应底物）置换，从而改变了金属有机化合物的成键状态。例如：

$$\text{Mn(CO)}_5\text{Br} + \text{S}_2\text{CPEt}_3 \longrightarrow \text{Mn(CO)}_3\text{Br}(\text{S}_2\text{CPEt}_3)$$

$$\text{Pt(H)Cl(PEt}_3)_2 \xrightarrow{+\text{Py}} \text{Pt(H)Cl(Py)(PEt}_3)_2 \xrightarrow{-\text{Cl}^-} [\text{Pt(H)(Py)(PEt}_3)_2]^+ \qquad \text{Py} = \text{吡啶}$$

11.3.2.2 氧化加成和还原消除反应

中性分子加成到配位不饱和低价过渡金属有机化合物上，使过渡金属的氧化态和配位数均升高的反应称为氧化加成反应，其逆反应为还原消除反应，即反应后金属原子的氧化态降低，配位数减少。常见的是分子内还原消除。两个消除的配位体在结构中必须是靠近的。

$$L_nM + A—B \longrightarrow L_nM\ (B)\ A$$

（L 为配体，n 为配位数）

$$(Ph_3P)_2Pt\ (CH_2CH_3)_2 \longrightarrow (Ph_3P)_2Pt + CH_3CH_2CH_2CH_3$$

11.3.2.3 插入反应和反插入反应

不饱和配体（如烯烃等）或带孤对电子的化合物（一氧化碳等），插入金属有机化合物的金属—碳键、M—X 键或者 M—H 键之间的反应称为插入反应。其逆反应称为反插入反应。

$$M—R \xrightarrow{CO} M—C(=O)—R$$

$$M—H + \text{烯烃} \rightleftharpoons \text{M—H}\cdots\text{烯烃} \rightleftharpoons [\text{四元环过渡态}] \rightleftharpoons \text{M—C—C—H}$$

11.3.2.4 过渡金属配体上的反应

这类反应的位点是在过渡金属有机化合物的配体上，不是在中心过渡金属上，例如二茂铁类化合物：

$$\text{Fe}(C_5H_5)_2 \longrightarrow \text{Fe}(C_5H_5)(C_5H_4COCH_3)$$

11.3.3 有机铜化合物

有机铜化合物一般由有机锂试剂或格氏试剂与亚铜盐反应制备：

$$RLi + Cu^+ \longrightarrow RCu$$

$$2RLi + Cu^+ \longrightarrow R_2CuLi$$

由于碳原子电负性大于铜原子，C—Cu 键是极性键，且铜原子半径大，成键的轨道电子云重叠度较低，因而 C—Cu 键稳定性较差，所以有机铜类化合物与格氏试剂类似，都是比较活泼的亲核试剂。

有机铜试剂能够与卤代烷、卤代芳烃、卤代烯烃等发生亲核取代反应：

$$C_6H_5I + Me_2CuLi \longrightarrow C_6H_5CH_3$$

有机铜试剂可以与醛在乙醚溶剂存在下进行反应，可以较高收率地得到相应的醇：

$$R^1CHO + R^2CuLi \xrightarrow[-90℃,\ 10min]{Et_2O} R^1CH(OH)R^2$$

$R^1 = Ph$，$n\text{-}C_6H_{13}$；$R^2 = Me$，$n\text{-}Bu$

有机铜试剂最广泛的应用是在共轭加成中的应用

Me_2CuLi

100% dr=91:9

另外，酰氯能迅速和有机铜试剂反应得到酮。该反应对于酰氯是有化学选择性的，有机铜试剂并不与底物中的酮、酯或腈进行加成。例如，二丁基铜锂和酰氯反应得到相应的酮。

MeO_2C Cl $\xrightarrow[Et_2O,\ -78℃]{Bu_2CuLi}$ MeO_2C Bu

通常情况下，环氧化合物的开环最好用有机铜试剂进行，环氧化物开环后得到的是醇。一般情况下，受亲核试剂进攻位的碳原子会发生构型翻转，对于不对称的环氧化合物，进攻的是空间位阻较小的碳原子。

$\xrightarrow[THF,\ 0\ ℃]{n\text{-}Pr_2Cu(CN)Li_2}$ n-Pr OH

+ Me_2CuLi ⟶ OH

11.3.4 有机锌试剂

与有机锂、有机镁等试剂相比较而言，有机锌试剂对官能团的兼容性更强，因为有机锌试剂中的碳-锌键的共价键性更强一些，从而使得有机锌试剂的反应活性比较低，但也使有机锌试剂对很多官能团有很强的兼容性，例如环氧、氰基、卤素、不饱和键等都可以稳定地存在于这类试剂中，因而有机锌试剂在有机金属化学的研究中受到广泛关注。

通常有机锌的制备可以通过活化的金属锌与卤代物的直接插入法制备。

$$2CH_3CH_2I + Zn \longrightarrow (CH_3CH_2)_2Zn$$

有机锌可以发生与醛亲核加成反应、α-羰基卤代物插入反应、环丙烷化、偶联等反应。

R(Br)CH–C(O)OEt + R^1C(O)R^2 $\xrightarrow{Et_2Zn,\ RhCl(PPh_3)_3(5mol\%)}$ R^1R^2C(OH)–CH(R)–C(O)OEt

Ph–CH=CH–CH₂OH $\xrightarrow[CH_2Cl_2,\ 0\ ℃,\ 1.5h]{配体试剂\mathbf{1}\ (25\%),\ Zn(CH_2I)_2(1\ eq)}$ Ph–(cyclopropyl)–CH₂OH 90%*ee*

$(CH_3)_2C$=CH–CH₂OH $\xrightarrow[CH_2Cl_2,\ 0\ ℃,\ 1.5h]{配体试剂1\ (25\%),\ Zn(CH_2I)_2(1\ eq)}$ (2,2-dimethylcyclopropyl)–CH₂OH 60%*ee*

Ph Ph Ph Ph O O Ti *i*-PrO OPr-*i*

配体试剂**1**

MeO–C₆H₄–CH₂CH₂C(O)SEt + Et_2Zn $\xrightarrow[THF,\ 甲苯,\ DMF(4.9eq),\ 20℃]{Zn(2.0\ eq),\ Br_2(1.0\ eq),\ Pd/C(5mol\%)}$ MeO–C₆H₄–CH₂CH₂C(O)Et

11.3.5 过渡金属有机化合物的应用

金属有机化合物在石油化学工业、制药工业、农药、精细化学工业、材料科学等方面都有非常重要的应用。例如烯烃聚合催化剂的新发展、金属有机催化的不对称合成方法、金属有机材料等。过渡金属催化的有机反应具有：条件温和、收率高、选择性高等特点，其中一些已经实现了工业化生产，产生了巨大的经济效益，例如：野依良治教授发明的 BINAP 铑催化剂、Sharpless 对映选择性环氧化钛催化剂等。本节简单介绍一些过渡金属的应用示例。

11.3.5.1 茂金属催化烯烃聚合反应

聚烯烃作为材料具有广泛的应用前景，当今世界范围聚乙烯和聚丙烯的年产量超出7000 亿吨，其中，除少部分是源于自由基过程之外，大部分是由过渡金属催化剂制备的。现代配位聚合领域的进步在极大程度上归功于过渡金属催化剂的应用。

常见的钛或锆的茂金属催化剂如：

Si Ti Cl Cl　　Zr Cl Cl

催化聚合的原理示例：

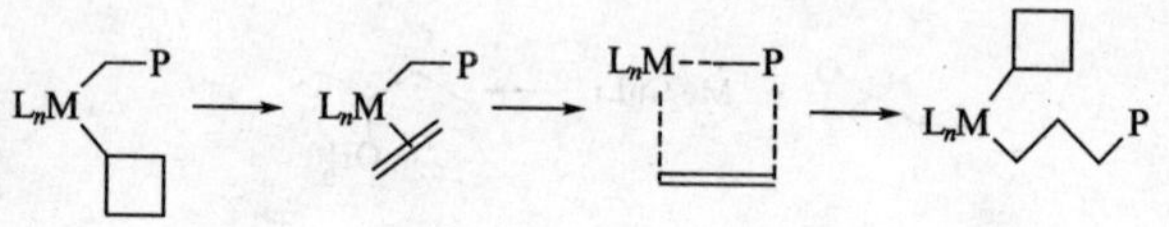

L_nM P → L_nM P → L_nM---P → L_nM P

11.3.5.2 过渡金属催化的 C—C 键形成

在过渡金属催化的有机反应中，有机钯类化合物研究最多，已经开发出许多重要的具有实际应用价值的有机钯类化合物的催化反应。其中 Suzuki 反应、Heck 反应、Stille 反应等已经成为形成 C—C 键的重要方法。

(1) Suzuki 反应　Suzuki 反应是有机硼酸或硼酸酯在有机钯化合物催化下的芳基化反应。反应通式如下：

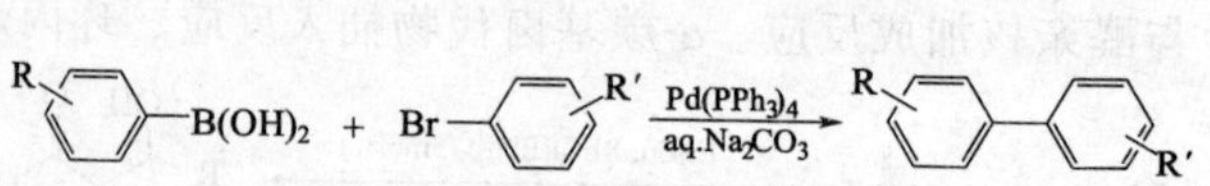

R–C$_6$H$_4$–B(OH)$_2$ + Br–C$_6$H$_4$–R′ $\xrightarrow[aq.Na_2CO_3]{Pd(PPh_3)_4}$ R–C$_6$H$_4$–C$_6$H$_4$–R′

一般卤代烃中卤素为溴或碘，氯化物的反应活性较低。有机硼酸或硼酸酯可以从格氏试剂或有机锂试剂与 $B(OCH_3)_3$、片呐醇二硼酸酯等反应得到。Suzuki 反应的条件温和，和醛、酮、酯和羟基等官能团都不受影响，例如：

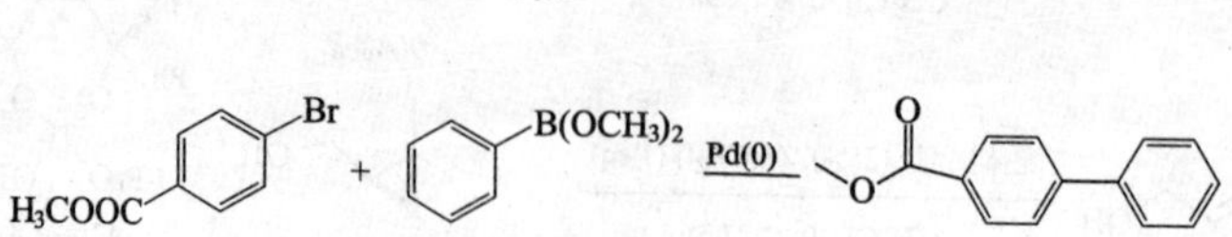

H_3COOC–C$_6$H$_4$–Br + C$_6$H$_5$–B(OCH$_3$)$_2$ $\xrightarrow{Pd(0)}$ CH_3O–CO–C$_6$H$_4$–C$_6$H$_5$

(2) Heck 反应　Heck 反应是烯烃的芳基化或芳环的烯基化反应，Heck 反应是一种均相催化反应，反应条件温和、收率较高，是形成碳碳键的好方法。在 Heck 反应中，碘化物最活泼，溴化物次之，氯化物通常条件下难以反应。例如：

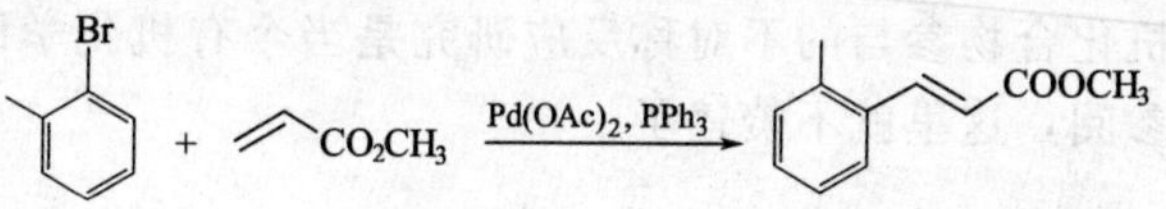

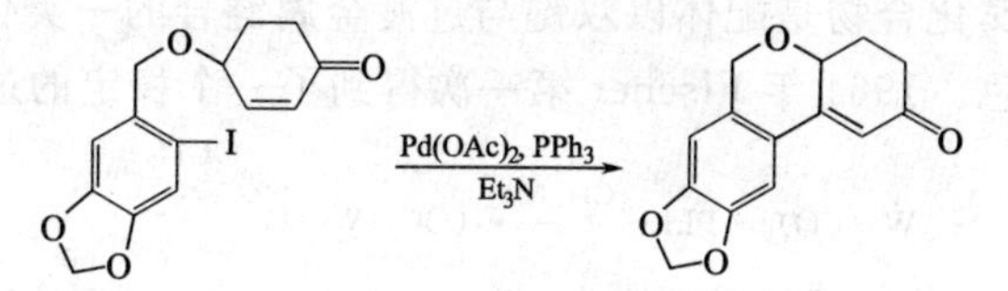

(3) Stille 反应　Stille 反应是有机锡化合物在零价钯催化下烯基化或芳基化反应，其优点是有机锡化合物在空气和湿气中是稳定的，大多数官能团对反应没有影响。例如：

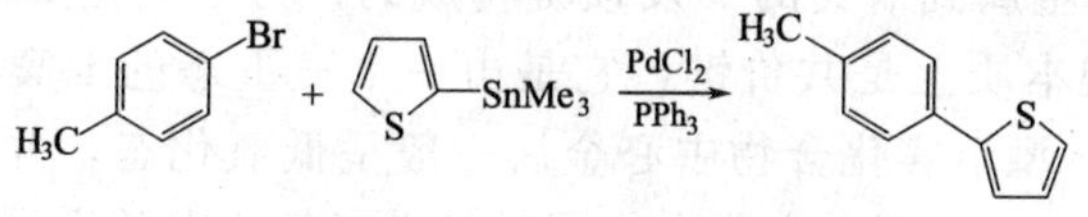

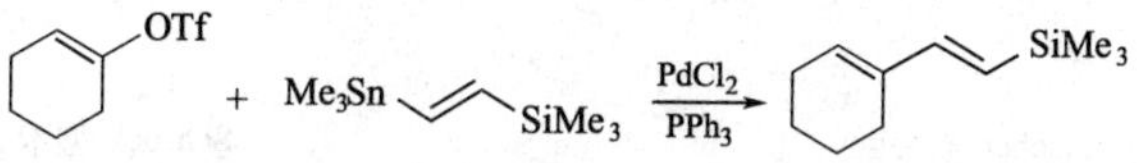

(4) Sonogashira 反应　Sonogashira 反应是末端炔烃化合物在有机钯化合物和一价铜盐的催化下，形成含有碳碳三键类化合物的重要方法，反应底物中羟基或羰基等官能团对反应没有什么影响。例如：

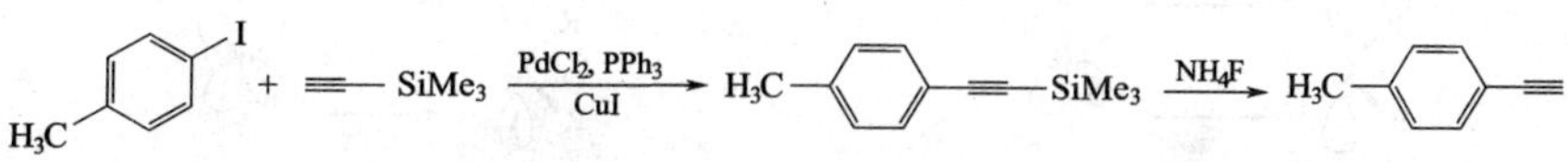

11.3.5.3 过渡金属催化不对称合成

不对称合成研究是手性物质创造的关键方法和手段，不仅是化学研究最为活跃的领域之一，不仅在关系到人类健康、经济和社会发展的手性医药、农药、香料、香精、食品添加剂开发等领域具有重要用途，在包括如手性开关、手性液晶显示器、手性传感等在内的功能材料及其他相关领域也具有重要的应用前景。

例如，通过有机铑化合物催化氢化合成手性氨基酸的反应。

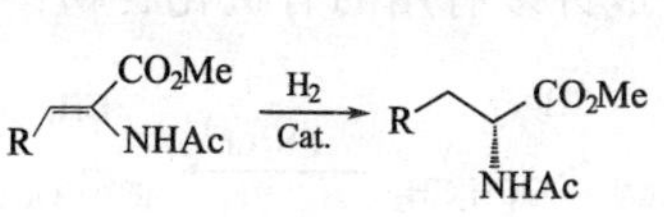

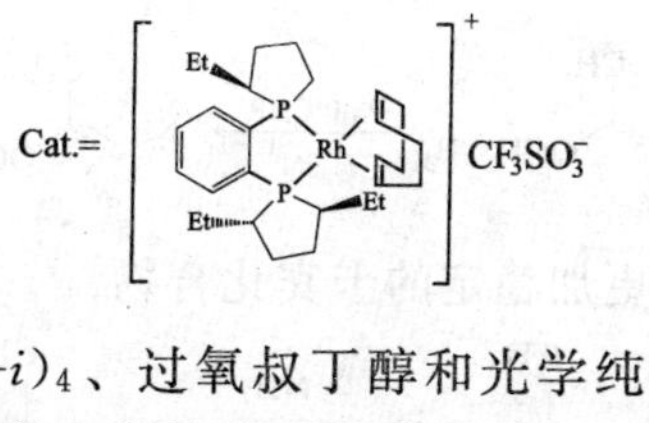

Sharpless 等人利用 $Ti(OPr\text{-}i)_4$、过氧叔丁醇和光学纯的酒石酸二乙酯作为手性配体，能对烯丙基醇进行环氧化，得到高光学纯的环氧化合物。

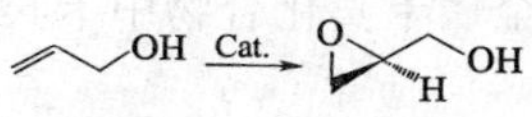

关于过渡金属有机化合物参与的不对称反应研究是当今有机化学研究的热点问题之一，有非常多的综述可以参阅，这里就不赘述了。

11.3.5.4 过渡金属卡宾类化合物

活泼的过渡金属卡宾化合物是配体以双键与过渡金属键合的一类化合物，它在有机化学中扮演着一个重要的角色。1964 年 Fischer 第一次得到了一个稳定的过渡金属卡宾化合物，

$$W(CO)_6 + PhLi \xrightarrow{CH_2N_2} (OC)_5W{=}C(OCH_3)Ph$$

按照卡宾中碳与金属的成键性质的差异，金属卡宾化合物可以分为两类，一类称作 Fischer 型卡宾化合物，这类化合物中的 C—M 键是由卡宾的孤对电子作为给体，金属的空轨道作为受体形成的 σ 键和金属到卡宾的 π 反馈键构成的；另一类是 Schrock 型卡宾化合物，这类化合物中的 C—M 键本质上是共价键，它是由一个三重态的卡宾和一个三重态的金属相互作用构成的。Fischer 型卡宾化合物中心金属一般呈低氧化态，并被一系列的吸电子配体如 CO 等所稳定，而 Schrock 型卡宾化合物同时是由高氧化态的金属和含有烷基的卡宾形成的。

Fischer 型卡宾　　　　Schrock 型卡宾

$$X(Y)C: + M_{低} \qquad R_2C: + M_{高}$$

经过 Skell、Fischer 等人努力地将卡宾类化合物引入金属有机化学中以后，金属卡宾在有机合成和高分子化学中得到了广泛的应用。金属卡宾化合物中在卡宾配体上的反应是这类化合物的主要化学性质，下面列举一些代表性反应。

金属卡宾的分解反应可以合成许多有用的有机化合物：

$$(OC)_5W{=}C(CH_3)OCH_2CH_3 \xrightarrow{RN_2^+Cl^-} R{-}C(CH_3){=}OCH_2CH_3$$

$$(OC)_5W{=}C(CH_3)OCH_2CH_3 \xrightarrow{Ph_3P^+\bar{C}HR} RCH{=}C(CH_3)OCH_2CH_3$$

亲核试剂进攻卡宾碳，形成更加稳定的卡宾化合物：

$$(OC)_5Cr{=}C(CH_3)OCH_2CH_3 \xrightarrow{NH_3} (OC)_5Cr{=}C(CH_3)NH_2$$

卡宾配体的转移反应，在一些金属卡宾化合物中卡宾的配体从一种金属转移到另一种金属上。

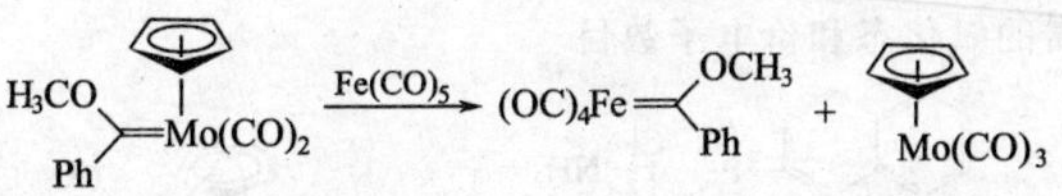

稳定的氮杂环金属卡宾化合物以其对热、水和空气的良好稳定性以及优异的催化性能近年来发展非常迅速，几乎可催化有机膦金属配合物所能参与的所有反应。杂环卡宾主要的结构类型有咪唑类、咪唑烯类、苯并咪唑类、三氮唑类及其他类型。

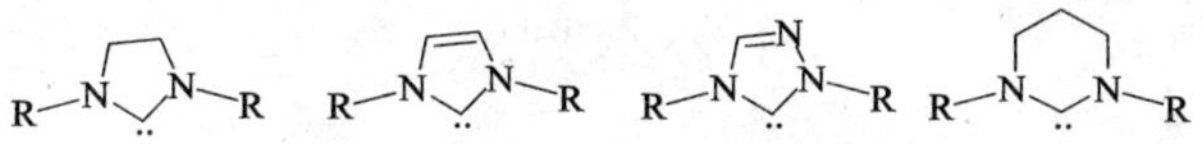

氮杂环卡宾配体可以与大部分过渡金属和部分主族元素配位形成高稳定性的配合物

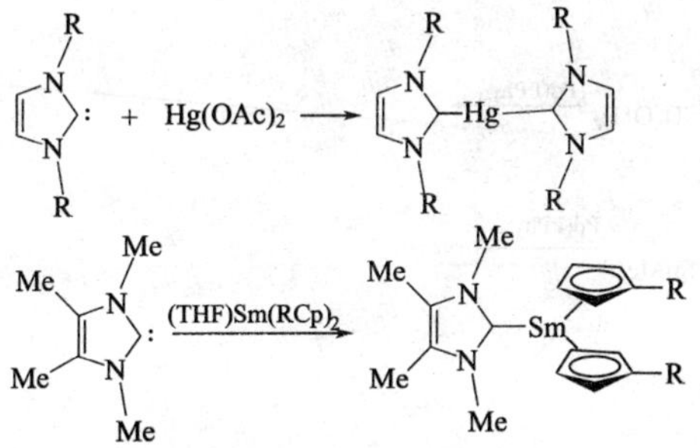

一些氮杂环过渡金属卡宾化合物具有良好的催化性能，例如呋喃环的合成可以用钌卡宾化合物催化合成：

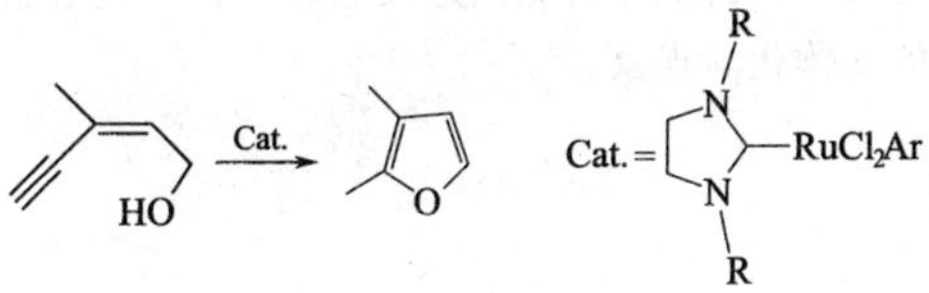

烯烃的复分解反应作为形成 C=C 键的一个重要工具，在有机合成中得到了广泛的应用，钌金属卡宾对烯烃复分解中的开环和关环反应具有非常好的催化性能。

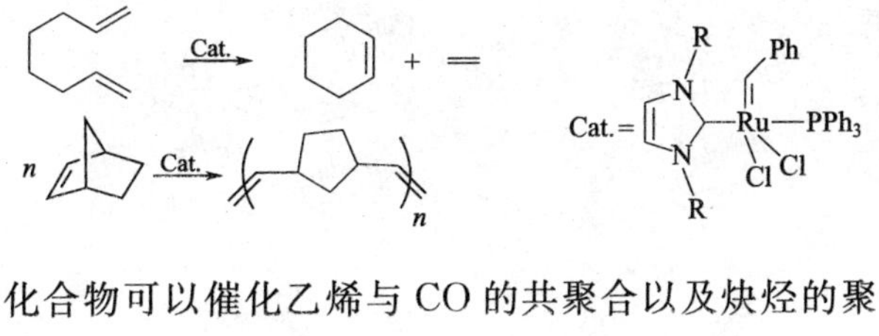

氮杂环金属卡宾化合物可以催化乙烯与 CO 的共聚合以及炔烃的聚合等反应：

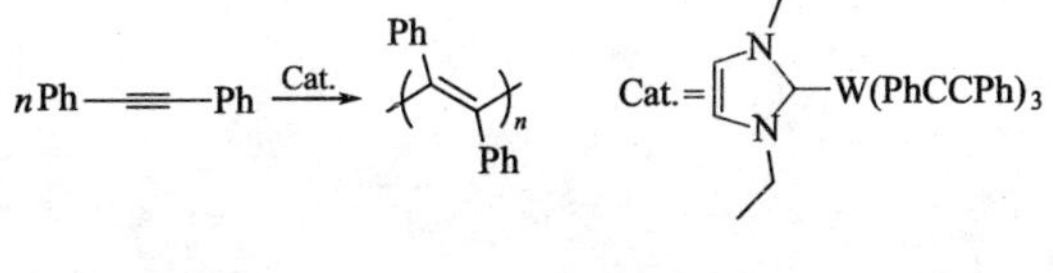

练 习 题

1. 解释下列名词或符号

(1) 配位和配位数 (2) 反馈 (3) 基元反应 (4) π、σ、μ 配位 (5) 金属卡宾化合物

2. 计算下列化合物中心金属的氧化态和价电子数目

(1) $Pd(PPh_3)_4$ (2) 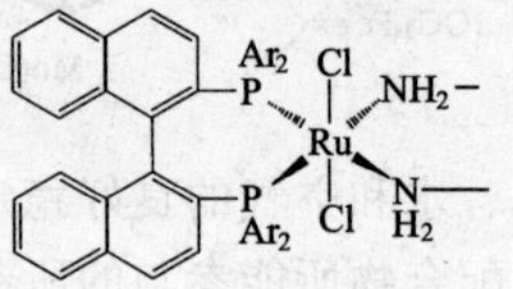 [Ru complex structure: Cl, NH_2, Ar_2P, Ru, N, H_2, Cl, Ar_2] (3) 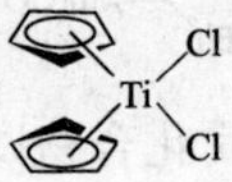 [Cp_2TiCl_2 structure: Ti, Cl, Cl] (4) $MeReO_3$

3. 完成下面反应

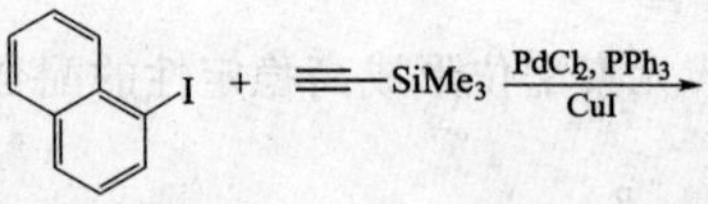

(1) 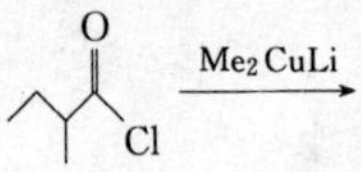 [structure, O, Cl] $\xrightarrow{Me_2CuLi}$ (2) 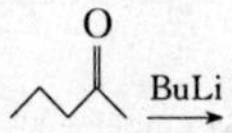 [structure, O] $\xrightarrow{BuLi}$

(3) [structure, I] + ≡—$SiMe_3$ $\xrightarrow[CuI]{PdCl_2,\ PPh_3}$

(4) [structure, Br, S, Br] + [structure, S, $B(OH)_2$] $\xrightarrow{Pd(PPh_3)_4}$

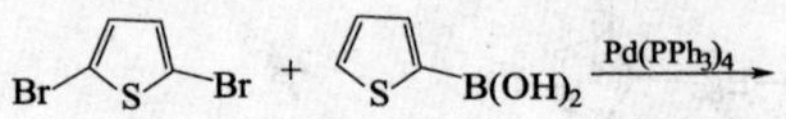

(5) 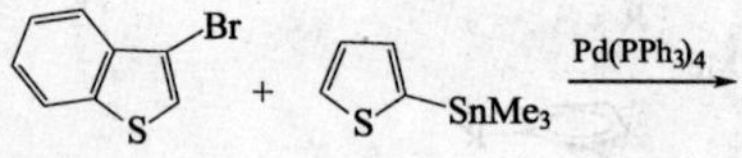 [structure, Br, S] + [structure, S, $SnMe_3$] $\xrightarrow{Pd(PPh_3)_4}$

(6) 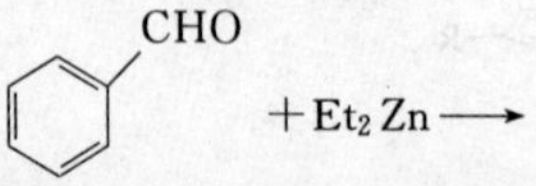 [structure, CHO] $+Et_2Zn \longrightarrow$

4. 在碱性条件下，卤代物与有机硼化合物之间在钯配合物的催化下能够发生 Suzuki 偶联反应，查阅有关资料给出这个反应的催化循环过程，并且解释该偶联反应为什么一般在碱性条件下才能成功。

5. 列举一些含有吡啶、哒嗪、嘧啶等多齿配体的氮杂过渡金属卡宾类化合物，以及查阅资料了解过渡金属卡宾类化合物在催化反应中的立体化学现象。

12

有机杂环化合物

在环状有机化合物中，如果构成环的原子除碳原子外还有其他原子，则称为杂环化合物，这些除碳原子外的其他原子就称为杂原子，最常见的有氧、硫、氮等。由于环状化合物可大可小，环上杂原子的数目可多可少，环与环之间还可以稠合形成稠环化合物，因此杂环化合物的数目极其庞大，无论是天然的还是人工合成的都很常见，是医药、农药等生物活性物质中的重要活性结构单元或骨架支撑结构。研究杂环化合物的杂环化学已成为有机化学中的一个重要分支。

本章重点介绍的是具有芳香性的杂环体系，即所谓芳杂环化合物。

12.1 分类和命名

杂环化合物大致可以分为单杂环和稠杂环两大类。单杂环中最常见的是五元和六元芳杂环，稠杂环则一般由苯环与单杂环或两个以上单杂环稠合而成。

杂环化合物的命名一般采取的是音译法，即在外文译音名的旁边加上一个“口”字边作为其名称。例如：

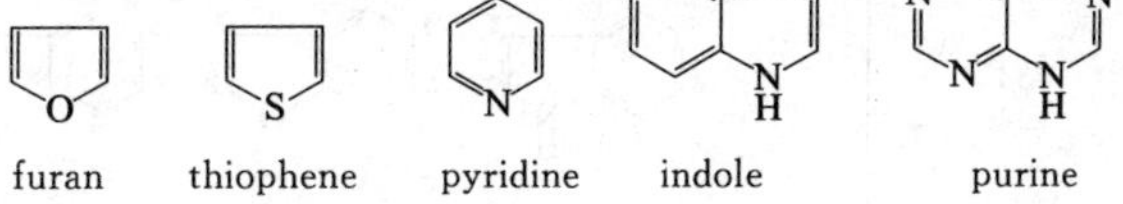

英文名	furan	thiophene	pyridine	indole	purine
中文名	呋喃	噻吩	吡啶	吲哚	嘌呤

当杂环上有取代基时，编号应从杂原子开始。如果有多个杂原子，则遵从 O、S、N 的顺序编号。例如：

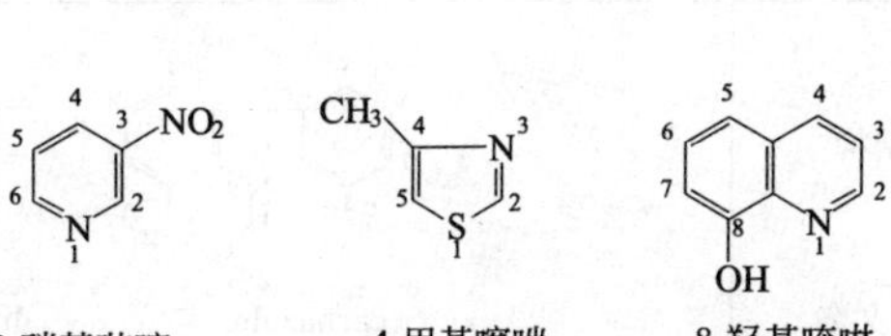

3-硝基吡啶　　4-甲基噻唑　　8-羟基喹啉

早期的文献及教科书中也有按环的大小及环上杂原子来命名的。如五元杂环称为某杂茂，六元杂环称为某杂苯等。这种命名法除了某些特殊场合外，现已不常用。表 12-1 列出了一些常见杂环母体的结构和名称。

表 12-1　一些常见杂环母体的结构和名称

分类		碳环母核	重要的杂环						
单杂环	五元杂环	 环戊二烯	结构	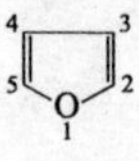	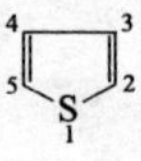	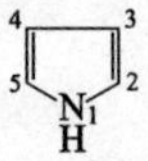	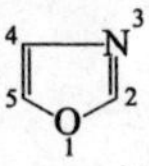	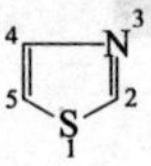	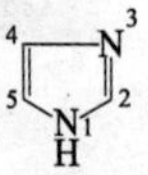
			英文名	furan	thiophene	pyrrole	oxazole	thiozole	imidazole
			中文名	呋喃	噻吩	吡咯	噁唑	噻唑	咪唑
			结构	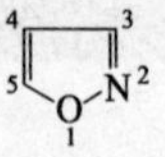	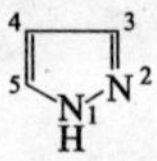	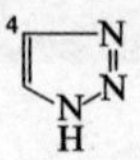	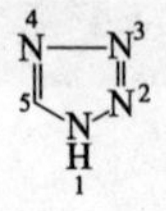		
			英文名	isoxazole	pyrrazole	1*H*-1,3,4-triazole	1*H*-1,2,3,4-triazole		
			中文名	异噁唑	吡唑	1*H*-1,3,4-三唑	1*H*-1,2,3,4-四唑		
	六元杂环	 苯  环己二烯	结构	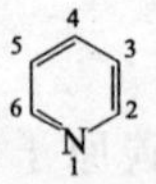	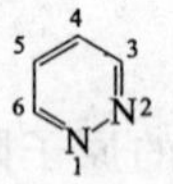	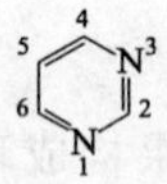	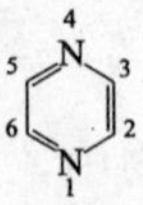	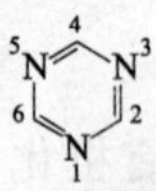	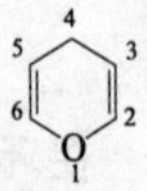
			英文名	pyridine	pyridazine	pyrimidine	pyrazine	1,3,5-triazine	pyran
			中文名	吡啶	哒嗪	嘧啶	吡嗪	1,3,5-三嗪	吡喃
稠杂环		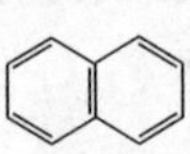 萘	结构	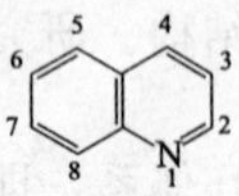	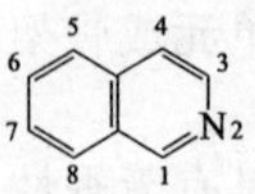	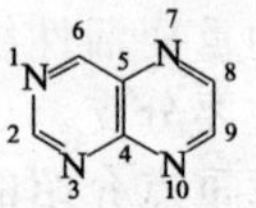			
			英文名	quinoline	isoquinoline	pteridine			
			中文名	喹啉	异喹啉	喋啶			
		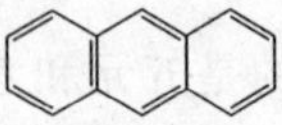 蒽	结构	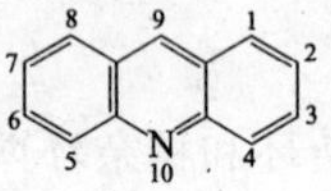	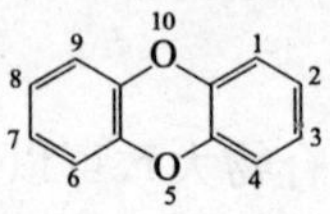				
			英文名	acridine	dibenzo-*p*-dioxin				
			中文名	吖啶	二噁英				
		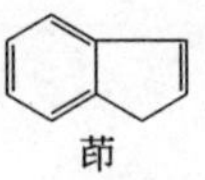 茚	结构	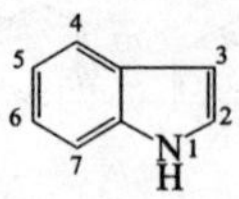	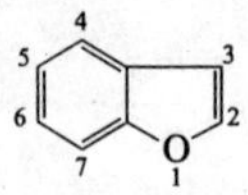	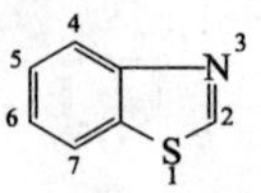	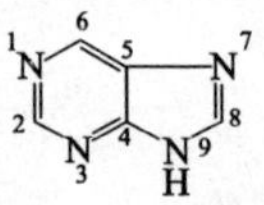		
			英文名	indole	benzofuran	benzothiazole	purine		
			中文名	吲哚	苯并呋喃	苯并噻唑	嘌呤		
		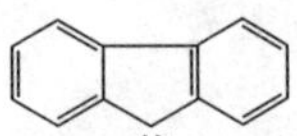 芴	结构	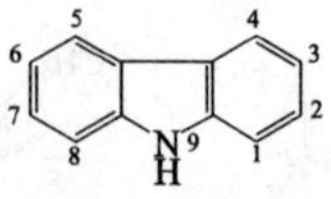	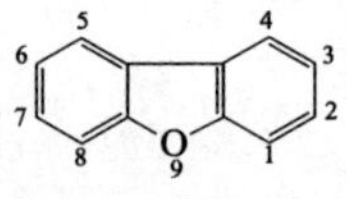				
			英文名	carbazole	diphenylene-oxide				
			中文名	咔唑	二苯并呋喃				

12.2 五元杂环化合物

12.2.1 呋喃、噻吩和吡咯环系

12.2.1.1 结构

在这三个环系中，碳原子与杂原子均采取 sp^2 杂化，其中以 2 个杂化轨道相互结合形成两个 σ 键，并在同一个平面上。另一个杂化轨道与氢原子形成一个 σ 键。每个碳原子和杂原子上均还有一个没有参与杂化的 p 轨道，每个碳原子的 p 轨道里有一个电子，而杂原子的 p 轨道里有一对电子。这五个 p 轨道侧面重叠形成一个封闭的共轭体系，该体系中有 6 个电子，5 个原子，即所谓 π_5^6 共轭体系，符合 Hückèl 规则，具有与苯环类似的性质，因此称为芳杂环系。

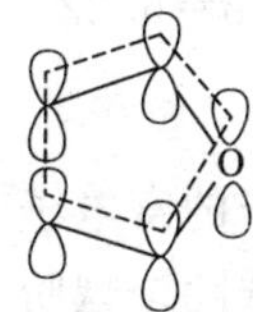

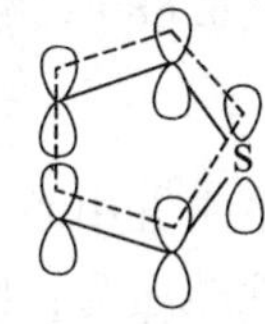

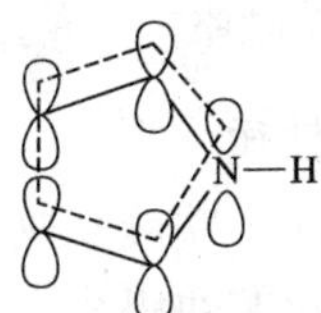

12.2.1.2 物理性质

呋喃存在于松木焦油中，是一种无色液体，有氯仿气味，沸点 31.36℃。它遇到用盐酸浸湿的松木片会显绿色，称为松木片反应。

噻吩与苯共存于煤焦油中，由煤焦油制得的苯中约含 0.5%的噻吩，这是从煤焦油制得的苯具有异味的原因。噻吩是无色而具有特殊气味的液体，沸点 84.16℃，与苯相近，因此不易用蒸馏法将其除尽。但利用噻吩比苯容易磺化的性质特点，在含有噻吩的苯中加入浓硫酸，然后进行摇荡，这样噻吩会因为形成 α-噻吩磺酸而溶于下层的硫酸中，通过分液即可实现与苯的分离。噻吩能与吲哚醌在硫酸作用下呈现蓝色，可用于检测苯中的噻吩。

吡咯存在于煤焦油和骨焦油中，为无色液体，有弱的苯胺味，沸点 130～131℃。吡咯蒸气遇到用盐酸浸湿的松木片会显红色，以此可检测吡咯及其低级同系物。

在非芳香体系的杂环如四氢呋喃中，由于杂原子的电负性较碳原子大，诱导效应使得成键电子云偏向杂原子，具有较大的极性。在五元芳杂环系中，杂原子与 π 体系之间具有给电子的 p-π 共轭效应，诱导效应与共轭效应的方向相反。电荷平均化的结果，使得分子的极性降低。在呋喃和噻吩中，诱导效应强于共轭效应，因此偶极矩值比相应的饱和化合物小。而在吡咯中，由于氮原子的电负性小，而其 p 轨道更接近于碳原子，因此其共轭效应强于诱导效应，故偶极矩值比环丁胺大。

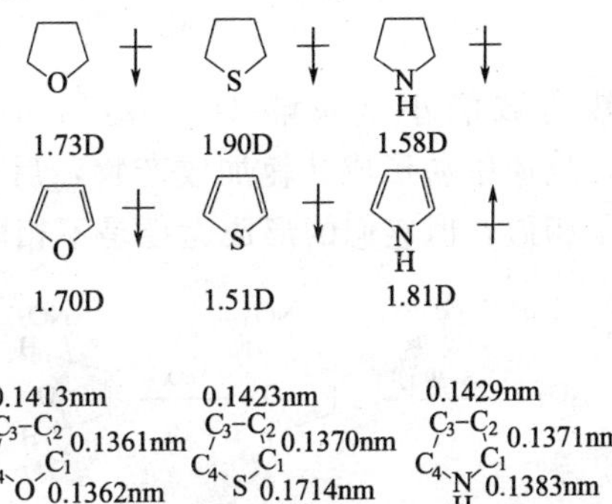

尽管这三个化合物是芳香环系，但由于分子内极化现象的存在，键长并没有完全平均化，因而它们或多或少地带有部分共轭双烯的性质。

12.2.1.3 光谱性质

在红外光谱中，这三个化合物的C—H伸缩振动吸收都出现在3003～3077cm^{-1}的区域，而环的伸缩振动（骨架振动）吸收出现在1300～1600cm^{-1}的区域，共有2～4条谱带。吡咯在非极性溶剂的稀溶液中于3495cm^{-1}附近会有一条尖锐的N—H伸缩振动吸收带，在浓溶液中时出现在3400cm^{-1}附近，而在中等浓度时，两种谱带均有。

与苯环一样，由于环电流的存在，环外质子处于去屏蔽区，核磁共振氢谱信号出现在低场。例如：

呋喃	α_{-H}	$\delta=7.42$	β_{-H}	$\delta=6.37$
噻吩	α_{-H}	$\delta=7.39$	β_{-H}	$\delta=7.10$
吡咯	α_{-H}	$\delta=6.68$	β_{-H}	$\delta=6.22$

12.2.1.4 化学性质

(1) 亲电取代反应　呋喃、噻吩和吡咯是五中心、六电子的富电子芳香环系，因此进行亲电取代反应的速率比苯快得多，其活泼性顺序为：吡咯＞呋喃＞噻吩＞苯。即便最差的噻吩，其反应也比苯快很多，如在室温下在乙酸中与溴进行反应，噻吩溴代的速率是苯的10^9倍。因此它们的亲电取代反应通常需要在温和的条件下进行，以避免生成复杂的多取代产物。

① 硝化　这3个化合物都很容易被氧化，甚至空气就能将其氧化，因此，它们的硝化一般不能直接用硝酸作为硝化试剂，而需要用比较温和的非质子型硝化试剂硝酸乙酰酯（用乙酸酐与100%硝酸临时制备），反应在低温下进行。

$$CH_3\overset{O}{\overset{\|}{C}}O\overset{O}{\overset{\|}{C}}CH_3 + HNO_3 \longrightarrow CH_3\overset{O}{\overset{\|}{C}}ONO_2 + CH_3COOH$$

例如：

$$\text{噻吩} + CH_3\overset{O}{\overset{\|}{C}}ONO_2 \xrightarrow[Ac_2O]{0℃} \text{2-硝基噻吩 (60\%)} + \text{3-硝基噻吩 (10\%)}$$

$$\text{吡咯} + CH_3\overset{O}{\overset{\|}{C}}ONO_2 \xrightarrow[Ac_2O]{-10℃} \text{2-硝基吡咯 (51\%)} + \text{3-硝基吡咯 (13\%)}$$

呋喃比较特殊，由于其离域能小（呋喃66.88kJ/mol，噻吩121.22kJ/mol，吡咯87.78kJ/mol)，芳香性较弱，反应中易形成共轭加成产物，后者经加热或用吡啶除去乙酸，可得到硝基化合物。虽然结果相似，但它们的形成途径是不相同的。

$$\text{呋喃} + CH_3\overset{O}{\overset{\|}{C}}ONO_2 \xrightarrow{-5\sim30℃} \text{(2-H, 2-}NO_2\text{ 氧鎓离子)} \xrightarrow{AcO^-} \text{(2-}NO_2\text{-5-OAc-2,5-二氢呋喃)} \xrightarrow[-HOAc]{Py} \text{2-硝基呋喃 (35\%)}$$

② 磺化　磺化反应的温和试剂一般用的是吡啶三氧化硫复合物：

$$\text{吡啶} + SO_3 \xrightarrow[\text{r.t.}]{CH_2Cl_2} \text{吡啶}^+SO_3^-$$

例如：

$$\text{噻吩} + \text{吡啶}^+SO_3^- \xrightarrow[\text{r.t.}]{ClCH_2CH_2Cl} \xrightarrow{Ba(OH)_2} (\text{2-噻吩-}SO_3^-)_2Ba^{2+} \quad 86\%$$

$$\text{吡咯} + \text{吡啶}^+SO_3^- \xrightarrow{100℃} \text{2-吡咯-}SO_3^-H^+N\text{(吡啶)}\ 90\% \xrightarrow{HCl} \text{2-吡咯-}SO_3H$$

$$\text{呋喃} + \text{吡啶}^+SO_3^- \xrightarrow{100℃} \text{2-呋喃-}SO_3^-H^+N\text{(吡啶)} + \text{(吡啶)}N^+H^-O_3S\text{-2,5-呋喃-}SO_3^-H^+N\text{(吡啶)}$$

$$\xrightarrow{HCl} \text{2-呋喃-}SO_3H\ (41\%) + HO_3S\text{-2,5-呋喃-}SO_3H\ (15\%)$$

噻吩的磺化也可用浓硫酸直接进行，但收率不如本法高。

③ 卤代　呋喃和噻吩在室温下与氯或溴的反应都很剧烈，往往得到的是多卤代的混合物，因此也需要在温和条件下进行。这里采用的策略是在低温和稀溶液中进行。由于这些杂环的活性高，因此连不活泼的碘也可直接进行碘代，但需要催化剂的催化才能完成。例如：

$$\text{噻吩} + Br_2 \xrightarrow[\text{r.t.}]{HOAc} \text{2-溴噻吩}\ 78\%$$

$$\text{噻吩} + Cl_2 \xrightarrow{50℃} \text{2-氯噻吩}\ (36\%) + \text{2,5-二氯噻吩}\ (14\%) + \text{2,3,4,5-四氯四氢噻吩}\ (13\%)$$

$$\text{呋喃} + Br_2 \xrightarrow[0℃]{\text{1,4-二氧六环}} \text{2-溴呋喃}\ 80\%$$

$$\text{呋喃} + Cl_2 \xrightarrow{-40℃} \text{2-氯呋喃} + \text{2,5-二氯呋喃}$$

(产率不定)

$$\text{噻吩} + I_2 \xrightarrow[C_6H_6,\ 0℃]{HgO} \text{2-碘噻吩}\ 70\%$$

吡咯卤代时常得到四卤化物，2-氯吡咯是唯一能直接卤代得到的 2-卤吡咯，但它很不稳定。

$$\text{吡咯} \xrightarrow{Br_2,\ EtOH,\ 0℃} \text{2,3,4,5-四溴吡咯}$$

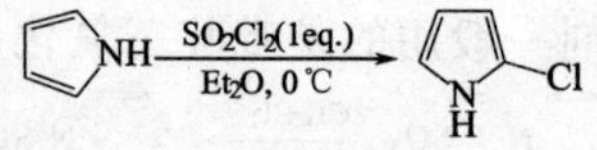

$\xrightarrow[Et_2O,\ 0℃]{SO_2Cl_2(1eq.)}$

④ 傅-克烷基化和傅-克酰基化　呋喃、噻吩和吡咯的傅-克烷基化反应常得到多烷基取代产物的混合物，甚至不可避免地产生很多树脂状物质，因此没有制备价值。

这 3 个化合物都可进行傅-克酰基化反应。呋喃在催化剂作用下与酰氯或酸酐可得到相应的酰化产物。例如：

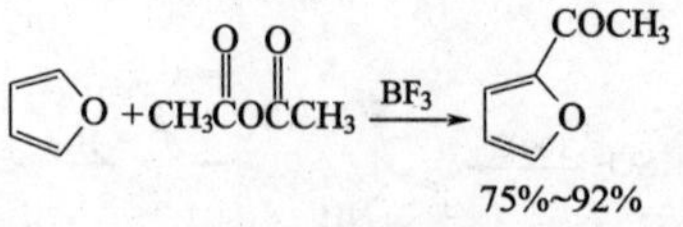

$+CH_3COCOCH_3 \xrightarrow{BF_3}$ （$COCH_3$）

75%~92%

噻吩在无水三氯化铝、氯化锡等作用下进行酰基化时易生成树脂状物质，因此，一般是将催化剂先与酰化试剂反应生成活泼的亲电试剂，然后再与噻吩反应。含噻吩的苯在进行酰化前需先除去噻吩就是这个道理。

吡咯用乙酸酐在 150～200℃下可以直接进行乙酰化。

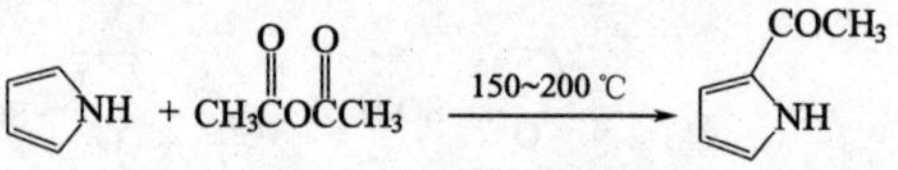

$+ CH_3COCOCH_3 \xrightarrow{150\sim200\ ℃}$ （$COCH_3$）

以上反应是环上无取代基的情形。如果环上已有取代基，则也存在取代基的定位效应，同时环上杂原子也有 α-定位效应，因此取代基的进入位置是它们共同决定的结果。3-取代呋喃、噻吩和吡咯进行取代反应时，第二个取代基进入 α-位：如已有基团为邻、对位定位基，则进入该基团相邻的 α-位；如已有基团为间位定位基，则进入该基团间位的 α-位。2-取代呋喃的第二个取代基总是进入 C-5 位，而不受定位基种类的影响，这可能是因为呋喃的芳香性较低，容易进行加成得到 2，5-加成物。2-取代噻吩和 2-取代吡咯的取代基为邻、对位定位基时，反应发生在 C-3 和 C-5 位，主要为 C-5 位；如为间位定位基，则反应发生在 C-4 和 C-5 位，主要在 C-4 位上。如果两个 α-位均有取代基，则反应也可发生在 β-位上。

（2）加成反应　与芳烃一样，呋喃、噻吩和吡咯也能进行加成反应，但反应的难易也不相同。例如，它们均可被催化氢化，其中呋喃的氢化很容易，并很快得到四氢呋喃。而噻吩和吡咯可以停留在二氢化阶段。

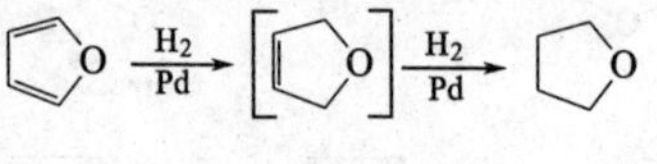

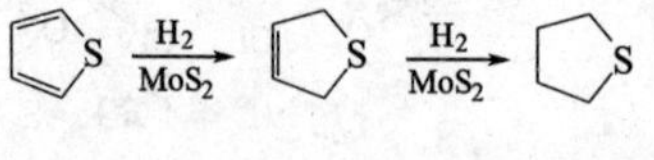

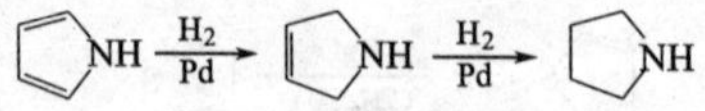

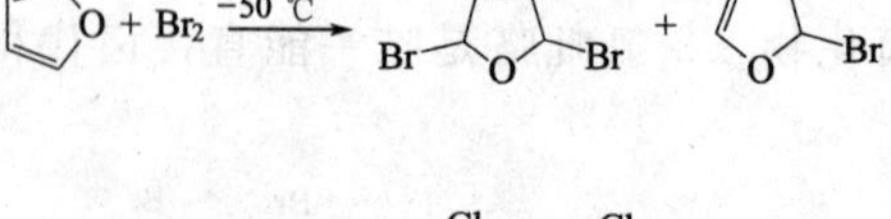

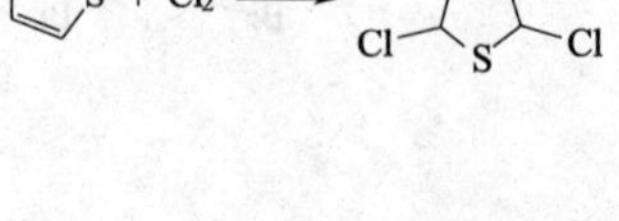

$\xrightarrow[Pd]{H_2}$ [ ] $\xrightarrow[Pd]{H_2}$

$\xrightarrow[MoS_2]{H_2}$ $\xrightarrow[MoS_2]{H_2}$

$\xrightarrow[Pd]{H_2}$ $\xrightarrow[Pd]{H_2}$

$+ Br_2 \xrightarrow{-50\ ℃}$ Br Br + Br Br

$+ Cl_2 \longrightarrow$ Cl Cl Cl Cl

这三个化合物加成反应性能的差异在它们进行 Diels-Alder 反应时体现得最为充分。呋喃与顺丁烯二酸酐很容易加成得到内式加成产物；噻吩的加成产物通常不稳定，易脱硫形成苯的衍生物；而吡咯一般不易发生 Diels-Alder 反应，典型的亲双烯试剂如顺丁烯二酸酐、丁炔二酸酯等与其只发生 Michael 型加成反应，只有更强的亲双烯体如苯炔等才能与其发生双烯合成反应。例如：

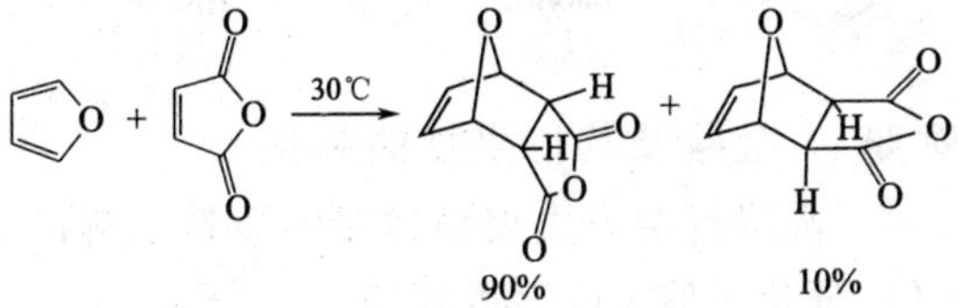

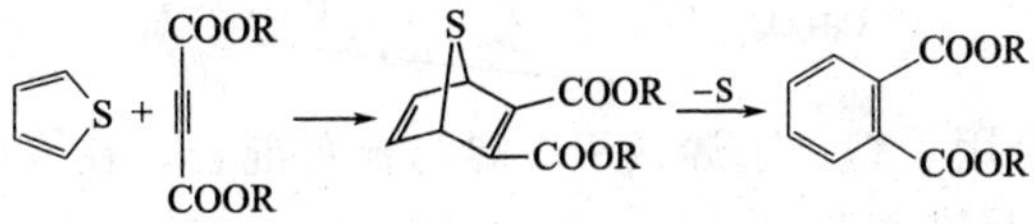

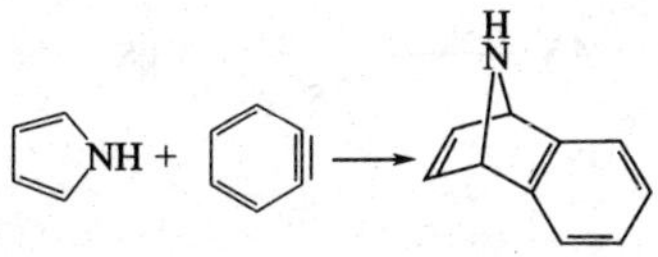

(3) 吡咯的特性　吡咯是一个仲胺，虽然其 N—H 键是由氮原子的 sp^2 轨道形成的，但氢原子仍能表现出微弱的酸性，其 $Ka=10^{-15}$，较醇强而较酚弱，因此可以与强碱作用生成盐。例如：

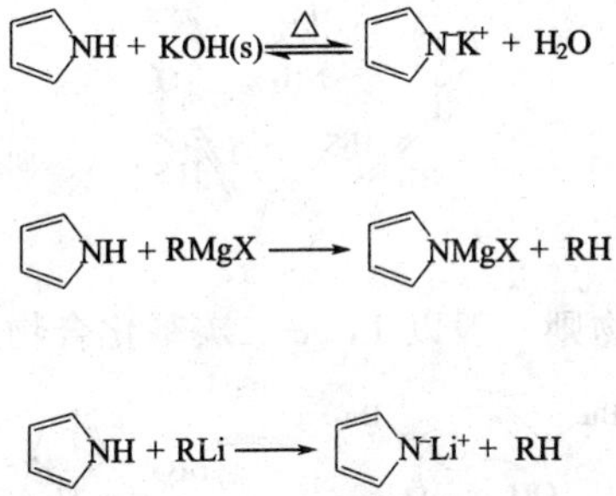

这些吡咯盐可以作为亲核试剂进行亲核取代反应或亲核加成反应得到相应的含吡咯环的化合物。例如：

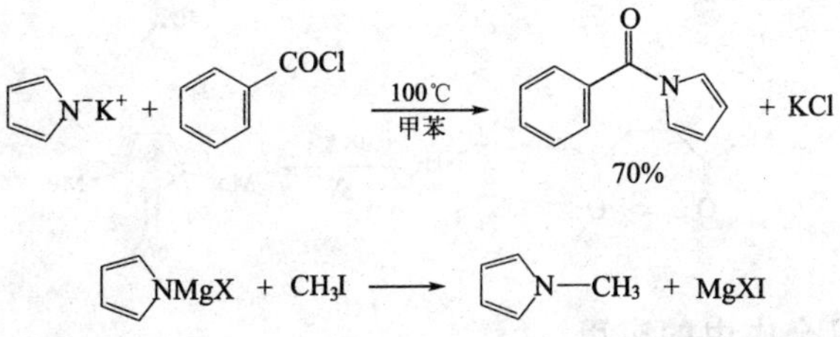

除此之外，吡咯还可以发生 Reimer-Tiemann 反应、Kolbe 反应以及与重氮盐的偶联反应等。例如：

$$\text{吡咯} + CHCl_3 \xrightarrow{25\%KOH} \text{(二氯环丙烷中间体)} \longrightarrow \text{2-}CHCl_2\text{-吡咯} \xrightarrow{\text{碱}} \text{2-CHO-吡咯}$$

$$\text{吡咯} + C_6H_5N_2^+X^- \xrightarrow[NaOAc]{EtOH/H_2O} C_6H_5N{=}N\text{-2-吡咯}$$

12.2.1.5 呋喃、噻吩、吡咯及其衍生物的制备

呋喃的制备是从玉米芯、高粱秆等含戊聚糖较多的原料水解得到的戊糖经脱水环化得到糠醛，后者在 ZnO 或 Cr_2O_3 催化下脱 CO 而得到的：

$$C_5H_8O_4 \xrightarrow{H^+} \text{糠醛(2-CHO-呋喃)} \xrightarrow{-CO} \text{呋喃}$$

工业上噻吩的制备是用丁烷、丁烯或丁二烯与硫黄混合，在 600℃反应得到的。也可用琥珀酸钠与 P_2S_5 一起加热来制备。

$$CH_3CH_2CH_2CH_3 + 4\,S \xrightarrow{600℃} \text{噻吩} + 3H_2S$$

$$\text{NaOOCCH}_2\text{CH}_2\text{COONa} + P_4S_{10} \xrightarrow{\triangle} \text{噻吩} + P_4O_{10} + \text{其他}$$

吡咯则可由呋喃和噻吩通过氨化而制备。事实上，这三个环系在氧化铝催化下可以相互转化。

$$\text{吡咯} \underset{NH_3}{\overset{H_2O}{\rightleftharpoons}} \text{呋喃};\quad \text{吡咯} \underset{NH_3}{\overset{H_2S}{\rightleftharpoons}} \text{噻吩};\quad \text{呋喃} \underset{H_2O}{\overset{H_2S}{\rightleftharpoons}} \text{噻吩}$$

呋喃、噻吩和吡咯的衍生物则一般以 1，4-二羰基化合物为原料来制备。例如：

$$t\text{-BuCOCH}_2\text{CH}_2\text{COBu-}t \underset{\text{甲苯},\triangle}{\overset{TosOH}{\rightleftharpoons}} \left[\text{烯醇式} \rightleftharpoons \text{半缩酮}\right] \xrightarrow{-H_2O} \text{2,5-二}(t\text{-Bu})\text{呋喃}\ (80\%)$$

$$\text{MeCOCH(Me)CH}_2\text{COMe} + P_4S_{10} \xrightarrow{170℃} \text{2,3,5-三甲基噻吩}\ (40\%)$$

$$\text{MeCOCH}_2\text{CH}_2\text{COMe} + NH_3 \xrightarrow[\triangle]{\text{甲苯}} \text{2,5-二甲基吡咯}\ (90\%)$$

12.2.1.6 在有机合成中的应用

呋喃、噻吩和吡咯除了可以利用其芳香性和双烯性质合成其衍生物外，还可以用于合成许多其他化合物。兹举例如下。

（1）合成烷烃和环烷烃　噻吩分子为各种不饱和烃的合成提供了一个非常有用的平台，通过还原脱硫，可以一次性在分子中引入一个四碳结构单元：

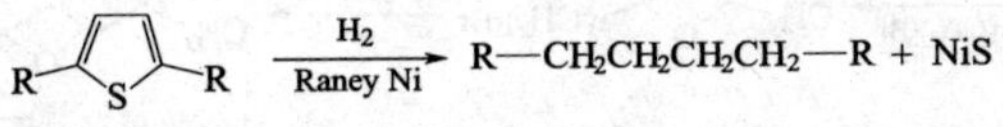

$$\xrightarrow[\text{Raney Ni}]{H_2} R—CH_2CH_2CH_2CH_2—R + NiS$$

这样，通过噻吩环上不同的取代，就可得到不同的烷烃。例如巴拿马蚁的重要激素3，7，11-三甲基三十一烷的合成：

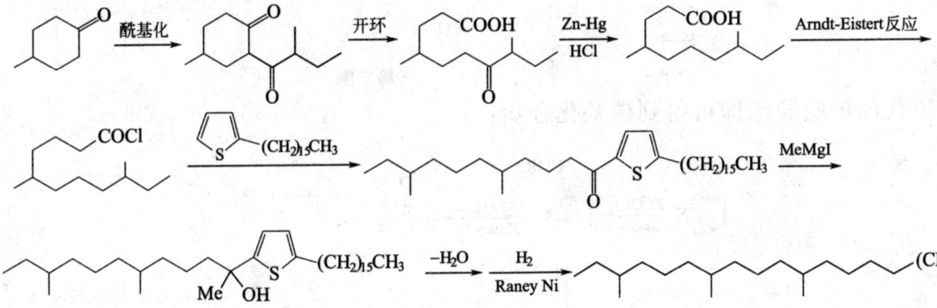

酰基化　开环　Zn-Hg HCl　Arndt-Eistert反应

COCl　$(CH_2)_{15}CH_3$　MeMgI

$-H_2O$　H_2 Raney Ni　$(CH_2)_{15}CH_3$

类似的方法可用于合成环烷烃。例如：

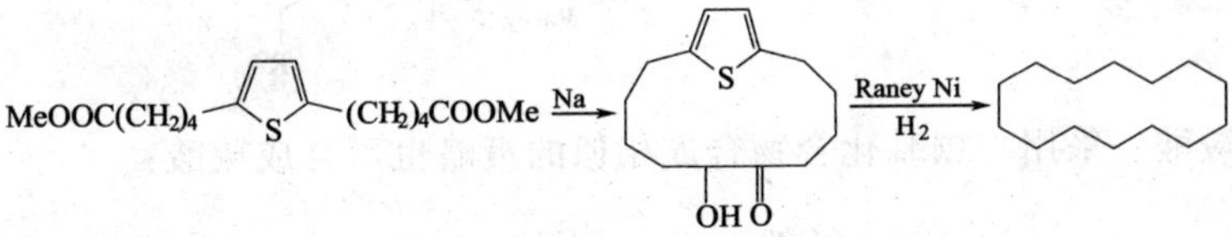

$MeOOC(CH_2)_4$　$(CH_2)_4COOMe$　Na　Raney Ni H_2

（2）合成共轭双烯　2，5-二氢吡咯经硝基羟胺处理可以得到高收率的共轭双烯。例如：

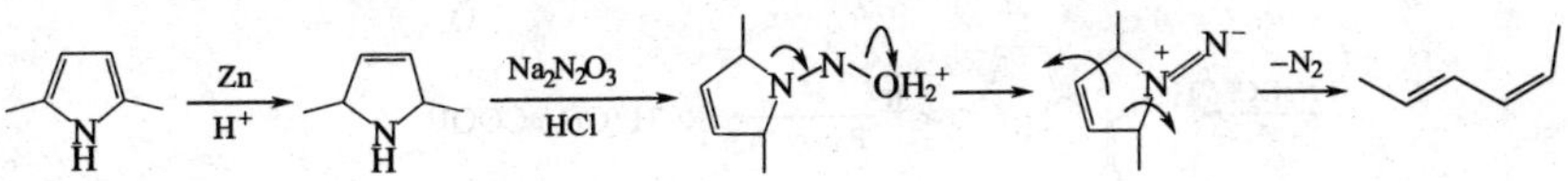

Zn H^+　$Na_2N_2O_3$ HCl　$-N_2$

（3）合成芳香族化合物　呋喃、噻吩和吡咯的Diels-Alder反应产物在一定条件下均可转化为芳香族化合物。例如：

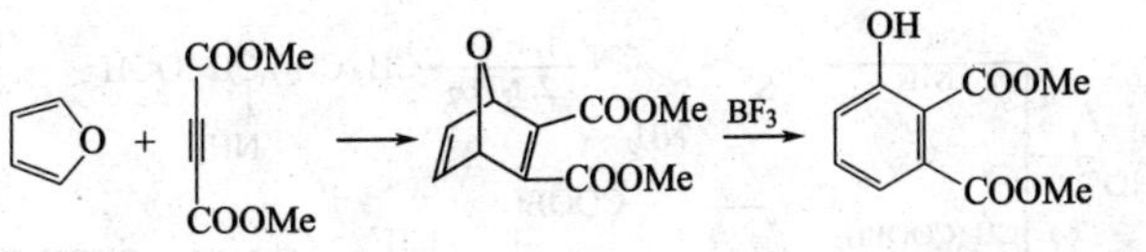

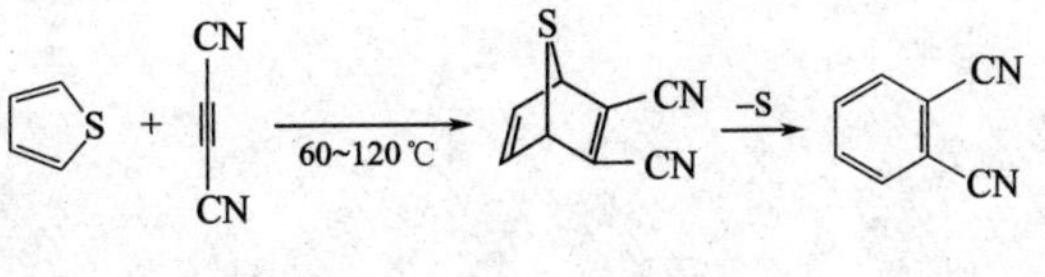

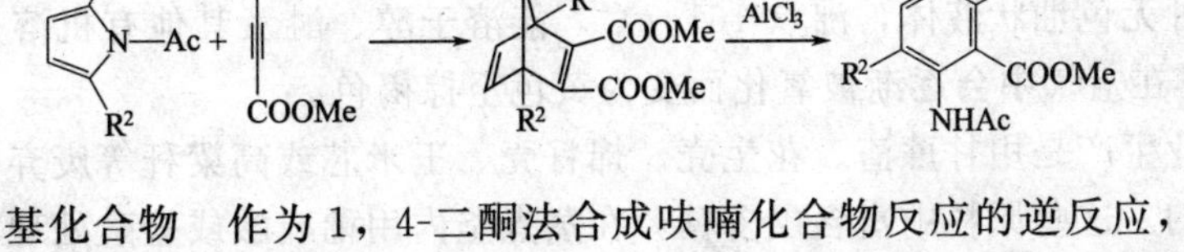

COOMe　BF_3　OH

CN　60~120℃　-S

R^1　N—Ac　COOMe　$AlCl_3$　R^2　NHAc

（4）合成羰基化合物　作为1，4-二酮法合成呋喃化合物反应的逆反应，呋喃的酸性水解也可以得到1,4-二羰基化合物，但该反应体系中会产生一系列的聚合反应，因此需要严格控制反应条件。例如(±)-16，17-脱氢孕甾酮关键中间体三烯二酮的合成：

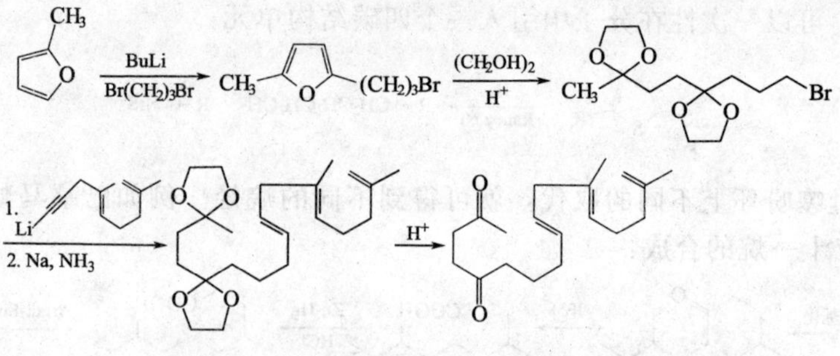

三烯二酮

酰基取代的噻吩脱硫即可得到羰基化合物：

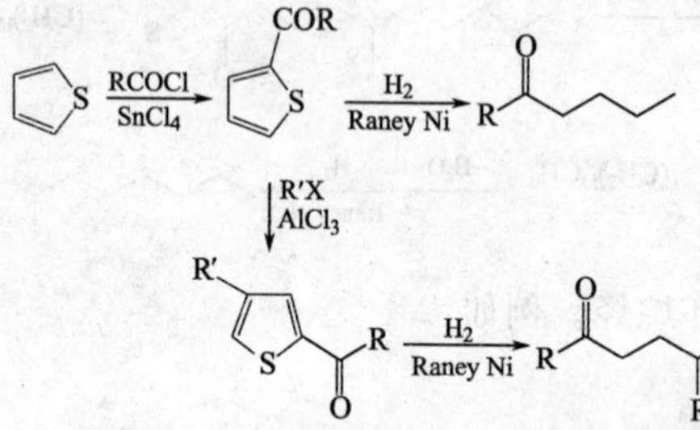

(5) 合成羧酸　采用与羰基化合物合成相似的策略也可合成羧酸：

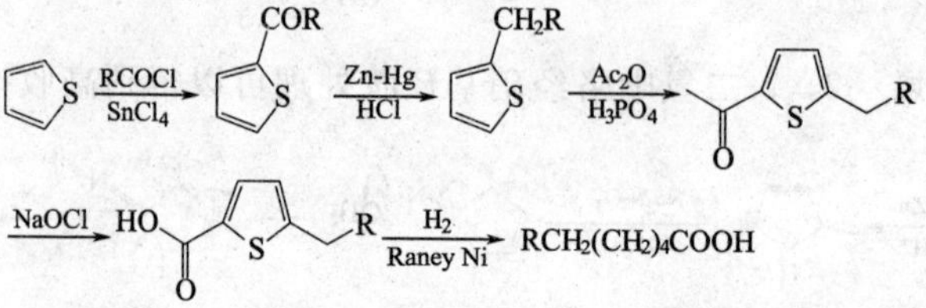

(6) 合成氨基酸　用噻吩甲醛为原料，经过 Strecker 法制得 α-噻吩氨基酸，再脱硫可得到 α-氨基酸。也可使其先与丙二酸酯缩合，再氨解、脱硫制得 β-氨基酸：

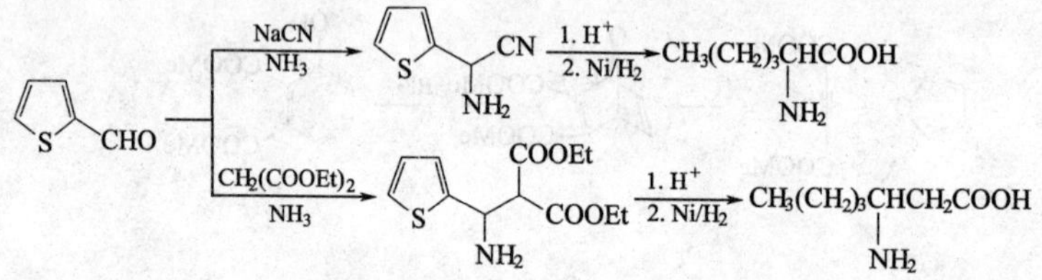

12.2.1.7　重要代表物

(1) 糠醛（α-呋喃甲醛）

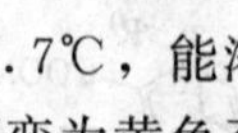

糠醛是一种无色油状液体，沸点 161.7℃，能溶于醇、醚及其他有机溶剂，在水中溶解度为 9%。暴露在空气中会逐渐被氧化而变为黄色至棕褐色。

糠醛的工业生产是用甘蔗渣、花生壳、棉籽壳、玉米芯或高粱秆等废弃生物质原料，经酸处理而制得的。这些原料中富含戊多糖，在蒸煮釜内用稀硫酸或盐酸处理，戊多糖先解聚为戊糖，后者再进一步失水环化即得糠醛，收率为 3%～4%。

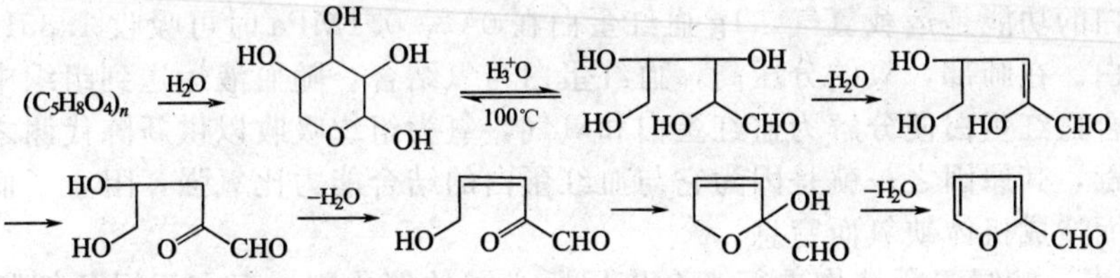

$$(C_5H_8O_4)_n \xrightarrow{H_2O}$$ (木糖) $$\underset{100℃}{\overset{H_3^+O}{\rightleftharpoons}}$$ … $$\xrightarrow{-H_2O}$$ … $$\longrightarrow$$ … $$\xrightarrow{-H_2O}$$ … $$\longrightarrow$$ … $$\xrightarrow{-H_2O}$$ 糠醛（CHO）

由于糠醛结构上的特殊性，它兼具芳杂环及不含 α-H 的醛的双重性质，是一种应用很广泛的有机合成工业原料。

① 氧化反应

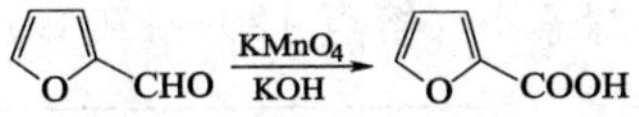

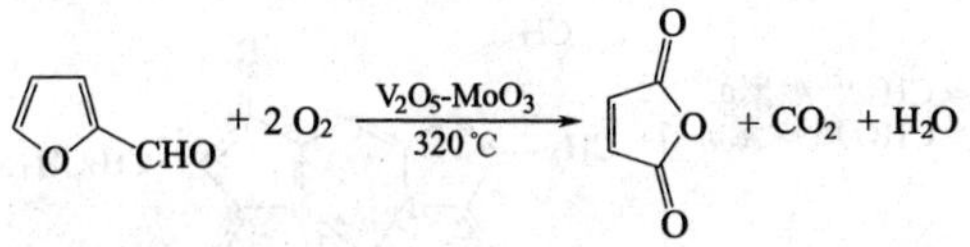

$$\text{糠醛} \xrightarrow[KOH]{KMnO_4} \text{糠酸（COOH）}$$

$$\text{糠醛} + 2\,O_2 \xrightarrow[320℃]{V_2O_5\text{-}MoO_3} \text{顺丁烯二酸酐} + CO_2 + H_2O$$

② 还原反应

$$\text{糠醛} + H_2 \xrightarrow[150℃,\ 10MPa]{CuO\text{-}Cr_2O_3} \text{糠醇（CH}_2\text{OH）} \xrightarrow[Pt]{H_2} \text{四氢糠醇（CH}_2\text{OH）}$$

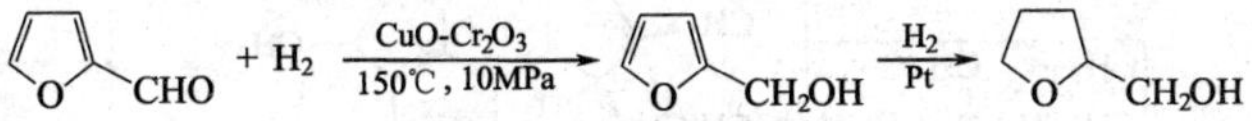

糠醇和四氢糠醇也是重要的化工原料和优良溶剂。

③ 安息香缩合反应

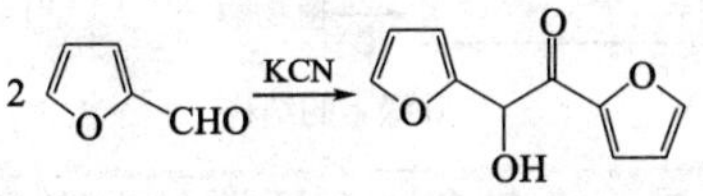

$$2\ \text{糠醛} \xrightarrow{KCN} \text{2,2'-糠偶姻}$$

2,2′-糠偶姻

④ Cannizzaro 反应

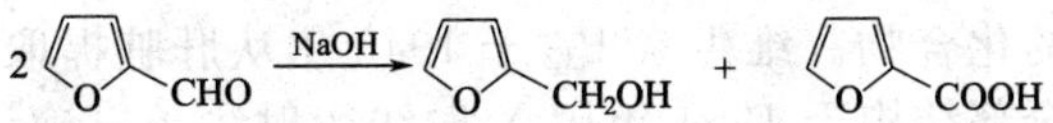

$$2\ \text{糠醛} \xrightarrow{NaOH} \text{糠醇（CH}_2\text{OH）} + \text{糠酸（COOH）}$$

⑤ Perkin 反应

$$\text{糠醛} \xrightarrow[NaOAc]{Ac_2O} \text{3-(呋喃-2-基)丙烯酸}$$

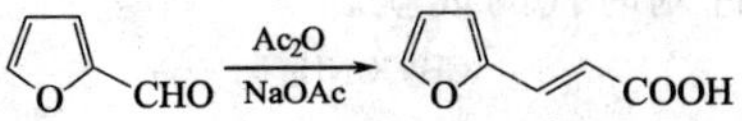

3-(呋喃-2-基)丙烯酸

(2) 吡咯色素（卟族化合物） 四个吡咯环和四个次甲基交替相连组成的大环叫卟环，含卟环的化合物称为卟族化合物，也叫卟啉环系化合物。

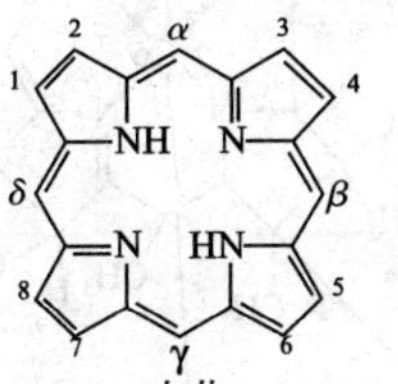

卟啉

此类化合物广泛存在于自然界中，是重要的生理活性物质。

① 血红素 血红蛋白是高等动物的血液输送氧气及二氧化碳的关键物质，是由血球蛋白与血红素结合形成的结合蛋白，经盐酸水解即得血球蛋白和血红素：

血红素

血红蛋白的功能是运载氧气，1g 血红蛋白在 0℃、0.1MPa 时可吸收 1.35L 氧气，形成氧合血红蛋白。在肺部，氧的分压高，血红蛋白与氧结合，随血液运送到组织中后，氧的分压降低，氧合血红蛋白便分解为血红蛋白和氧气，氧为组织吸收以供新陈代谢之用。一氧化碳会使人中毒，其原因之一就是因为它与血红蛋白的结合能力比氧强，阻止了血红蛋白与氧的结合，从而造成机体缺氧而窒息。

② 叶绿素　叶绿素是植物进行光合作用所必需的催化剂，存在于绿色细胞内的叶绿体中，与血红素一样，它也与蛋白结合形成一个复合体，但极易分解。干燥的绿叶用盐酸处理即可得到蛋白质和叶绿素。自然界的叶绿素不是一个单纯的化合物，而是蓝绿色的叶绿素 a（熔点 117～120℃）和黄绿色的叶绿素 b（熔点 120～130℃）以 3∶1 的比例组成。

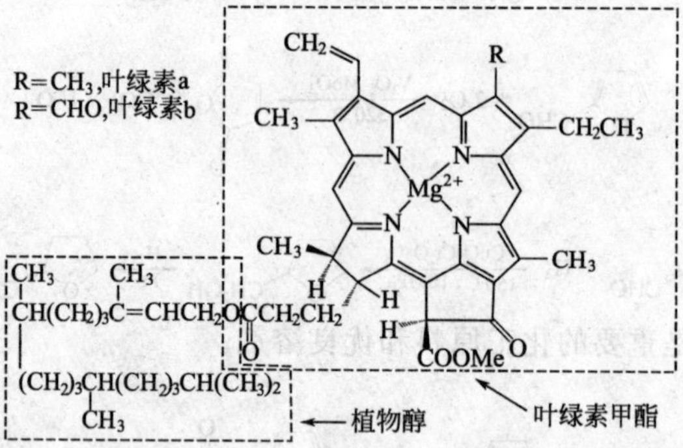

R=CH_3,叶绿素a
R=CHO,叶绿素b
植物醇
叶绿素甲酯

叶绿素的结构

③ 维生素 B_{12}　维生素 B_{12} 是一个包含 4 个还原的吡咯环的类似卟啉环系的化合物，与卟啉环系不同的是其在 δ-位上少了一个次甲基。此外还有一个苯并咪唑和核糖磷酸酯结合而成的体系，是一个含钴的化合物。维生素 B_{12} 于 1948 年从肝脏提取液中分离得到，具有强的治疗贫血的功能。其全部结构于 1954 年用 X 射线衍射法予以确认，并在 1972 年实现了其全合成，是有机合成史上一件划时代的成就。

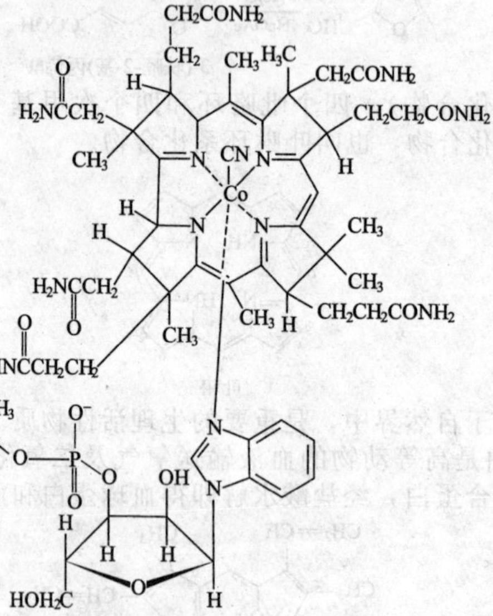

维生素 B_{12}

12.2.2 唑类化合物

环戊二烯上的亚甲基及一个次甲基被两个杂原子取代的产物以及其氢化产物构成了五元

单环双杂环系。前面介绍过的环状缩醛（酮)及缩硫醛（酮)都属此类化合物。本节所讨论的是其中一个杂原子为氮原子的化合物，即唑类化合物。

12.2.2.1 唑的命名和结构

根据两个杂原子所处的位置，唑可以分为1,2-唑类和1,3-唑类：

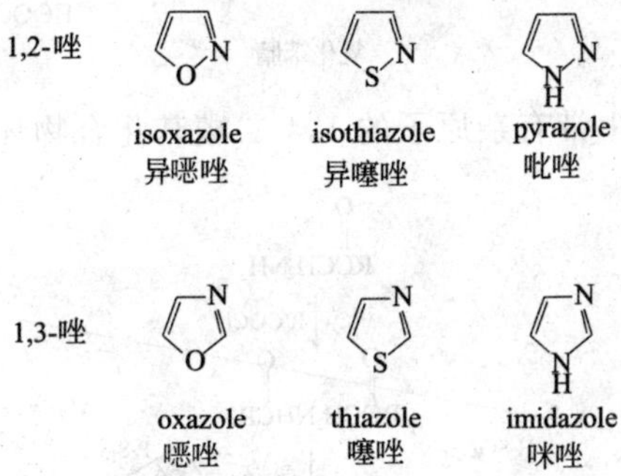

1,2-唑

isoxazole 异噁唑　　isothiazole 异噻唑　　pyrazole 吡唑

1,3-唑

oxazole 噁唑　　thiazole 噻唑　　imidazole 咪唑

无论是1,2-唑还是1,3-唑，1位杂原子的成键方式与呋喃、噻吩和吡咯完全一样，而2位或3位的氮原子均以 sp^2 杂化轨道成键，未杂化的p轨道上的一个电子参与共轭环系的形成，因此它们也都是芳杂环系，其 $\delta_H = 7.14 \sim 8.88$。与五元单杂环系不同的是，唑类2或3位上的氮原子上还有一对未参与π体系形成的孤对电子，因此它们均具有一定的碱性，但因为该对电子处于 sp^2 杂化轨道上，受核的束缚力较大，因而碱性比一般的胺类化合物弱。在1,3-唑中，咪唑的碱性最强，而噁唑的碱性最弱。1,2-唑的碱性要弱于1,3-唑类。

在吡唑和咪唑环中，由于N上的H原子可以发生移位，因而存在互变异构现象，但这样的互变异构体不易分离。例如：

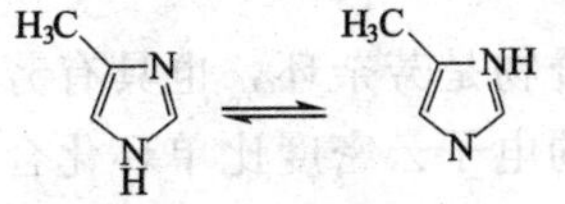

4(5)-甲基咪唑

12.2.2.2 唑的化学合成

1,2-唑类一般由1,3-二羰基化合物来制备。例如：

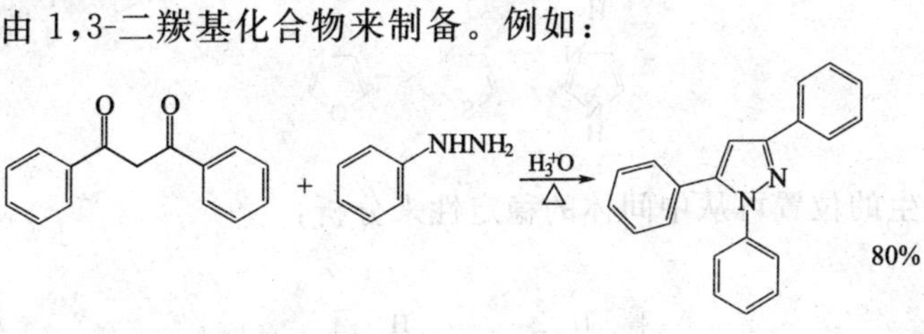

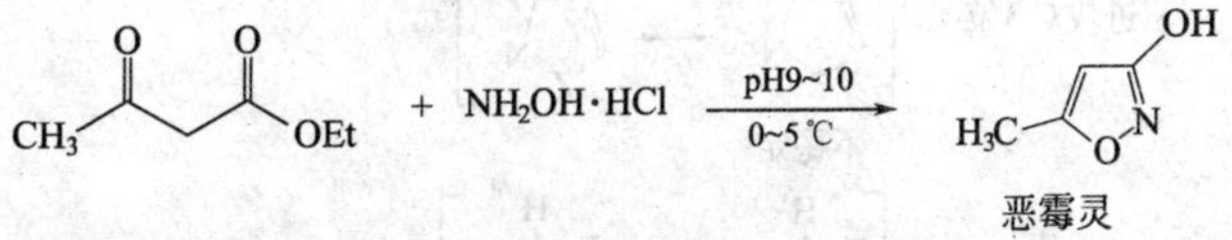

$$\text{PhCOCH}_2\text{COPh} + \text{PhNHNH}_2 \xrightarrow[\triangle]{H_3^+O} \text{1,3,5-三苯基吡唑}\ 80\%$$

$$CH_3COCH_2COOEt + NH_2OH\cdot HCl \xrightarrow[0\sim5℃]{pH9\sim10} \text{恶霉灵}$$

恶霉灵

也可由取代丙炔酸（酯)来制备。例如：

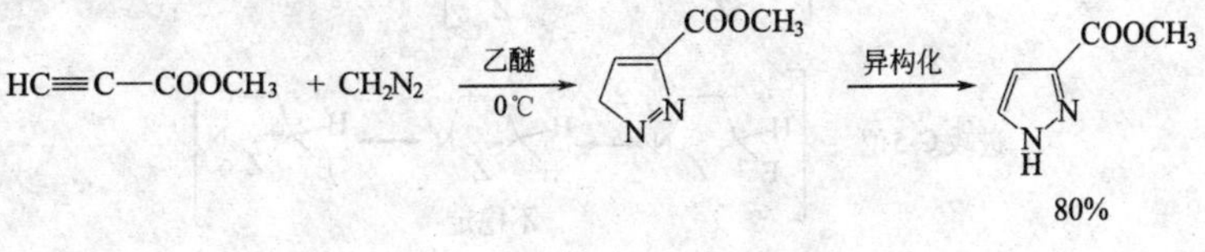

$$HC\equiv C-COOCH_3 + CH_2N_2 \xrightarrow[0℃]{乙醚} \text{3-COOCH}_3\text{-吡唑啉} \xrightarrow{异构化} \text{3-COOCH}_3\text{-吡唑}\ 80\%$$

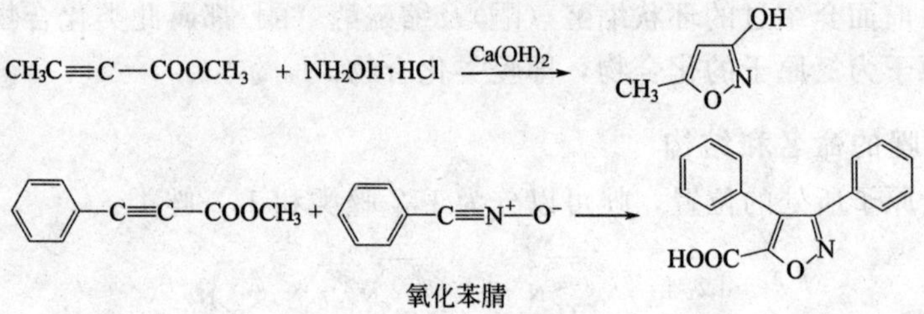

$$CH_3C \equiv C-COOCH_3 + NH_2OH \cdot HCl \xrightarrow{Ca(OH)_2}$$ 3-羟基-5-甲基异噁唑

$$C_6H_5-C \equiv C-COOCH_3 + C_6H_5-C \equiv \overset{+}{N}-O^- \longrightarrow$$ 3,4-二苯基异噁唑-5-甲酸 (HOOC)

氧化苯腈

1,3-唑类化合物可由链中带有杂原子的1,4-二羰基化合物环化而成。例如：

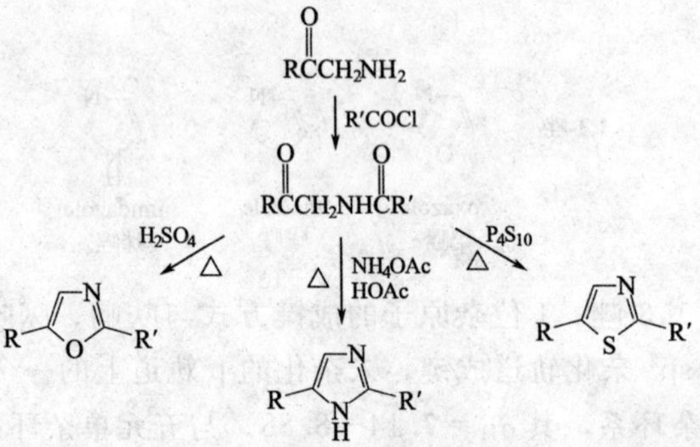

$$RCOCH_2NH_2 \xrightarrow{R'COCl} RCOCH_2NHCOR'$$

$RCOCH_2NHCOR' \xrightarrow[\triangle]{H_2SO_4}$ 2-R'-5-R-噁唑；$\xrightarrow[\triangle]{NH_4OAc,\ HOAc}$ 2-R'-4(5)-R-咪唑；$\xrightarrow[\triangle]{P_4S_{10}}$ 2-R'-5-R-噻唑

咪唑本身则可以由乙二醛与甲醛和硫酸铵反应得到：

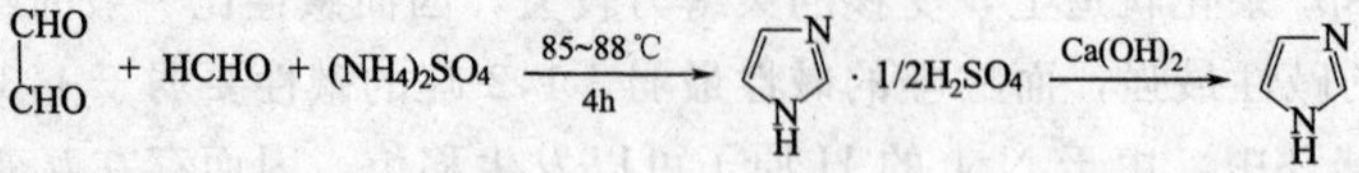

$$\text{OHC-CHO} + HCHO + (NH_4)_2SO_4 \xrightarrow[4h]{85\sim88℃} \text{咪唑} \cdot 1/2H_2SO_4 \xrightarrow{Ca(OH)_2} \text{咪唑}$$

12.2.2.3 唑的化学性质

(1) 亲电取代反应　唑类化合物是芳杂环，也具有芳香性。但由于氮原子的电负性比碳原子大，因此使得环上碳原子上的电子云密度比单环化合物低，所以进行亲电取代反应的能力比单环化合物差。其活性顺序为：

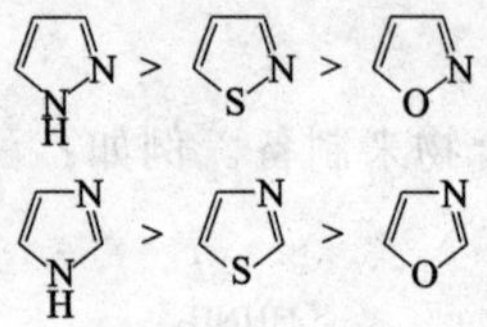

吡唑 > 异噻唑 > 异噁唑

咪唑 > 噻唑 > 噁唑

其亲电取代发生的位置可从中间体的稳定性来分析：

1,2-唑：

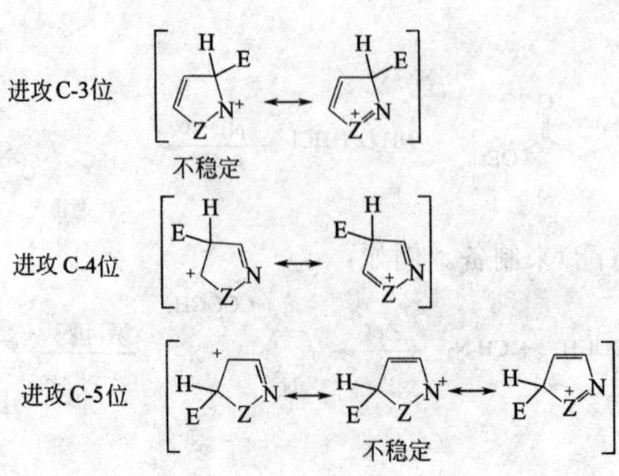

进攻C-3位 [共振结构] 不稳定

进攻C-4位 [共振结构]

进攻C-5位 [共振结构] 不稳定

由于进攻 C-4 位时形成的正离子中间体没有特别不稳定的极限式，这样的正离子比较稳定，过渡态势能较低，所以得到的是 4-取代产物。例如：

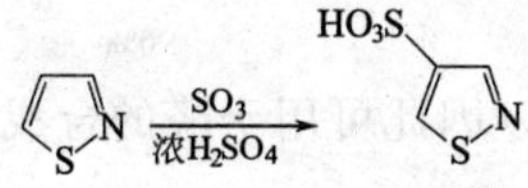

SO_3 / 浓H_2SO_4

HO_3S

90%

Br_2 / HOAc-H_2O

Br

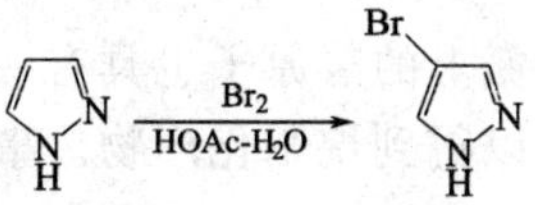

1,3-唑：

进攻C-2位

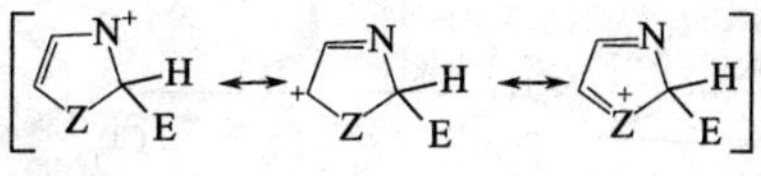

不稳定

进攻C-4位

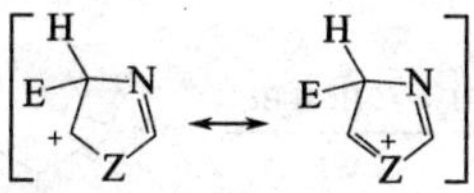

进攻C-5位

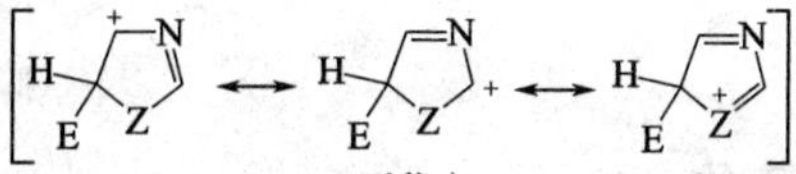

不稳定

因此，亲电取代反应将发生在 C-4 和 C-5 位，但由于进攻 C-5 位时有一个不太稳定的极限式（正电荷位于两个吸电子原子之间），因此取代将优先在 C-4 位上进行，但磺化反应常常发生在 C-5 位上。例如：

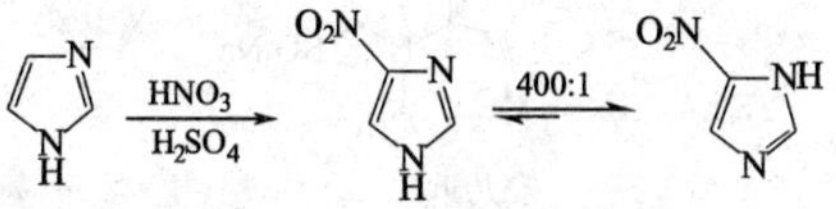

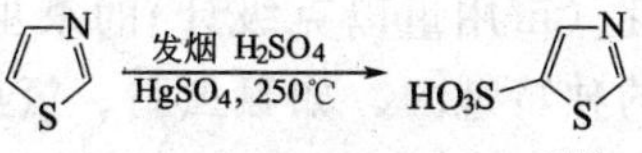

HNO_3 / H_2SO_4

O_2N

400:1

发烟 H_2SO_4 / $HgSO_4$, 250℃

HO_3S

65%

(2) *N*-烷基化和 *N*-酰基化反应　唑类氮原子具有一定的亲核性，因此，能与烷基化试剂和酰基化试剂反应，得到烷基化和酰基化产物。例如：

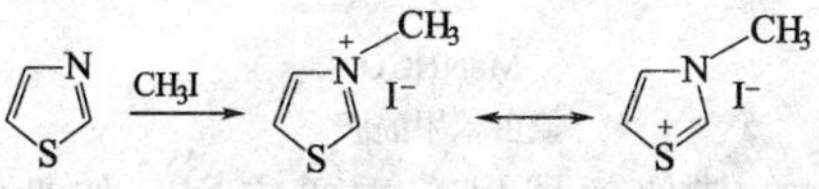

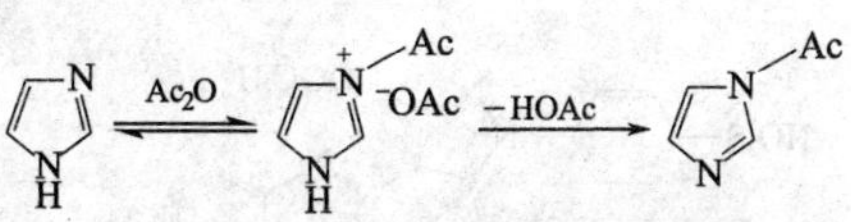

CH_3I

Ac_2O

$-HOAc$

酰基咪唑的性质很活泼，易水解回咪唑，它可以作为吡咯的酰化试剂：

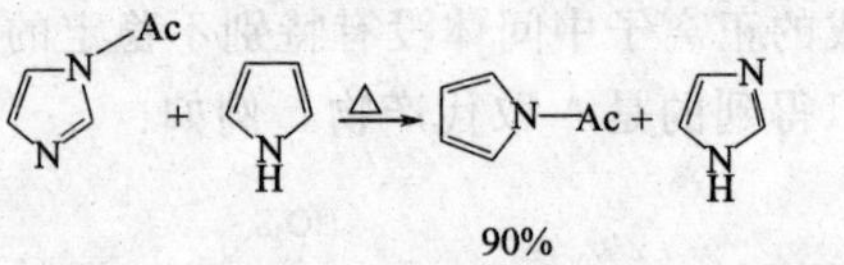

它们能与氢化铝锂反应生成醛，因此可用于醛的合成。例如：

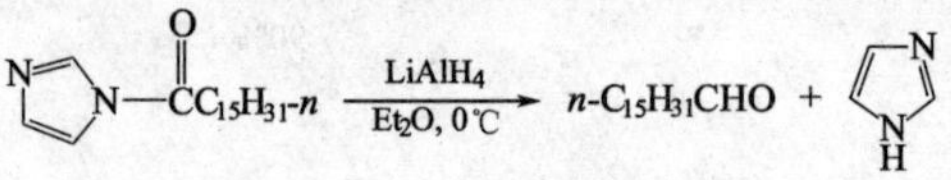

另一方面，与吡咯一样，咪唑氮上的氢原子也具有一定的酸性，在强碱作用下可以生成盐。用此盐作为亲核试剂，同样可以得到烷基化产物。事实上，很多咪唑衍生物就是通过这种方法合成得到的。例如：

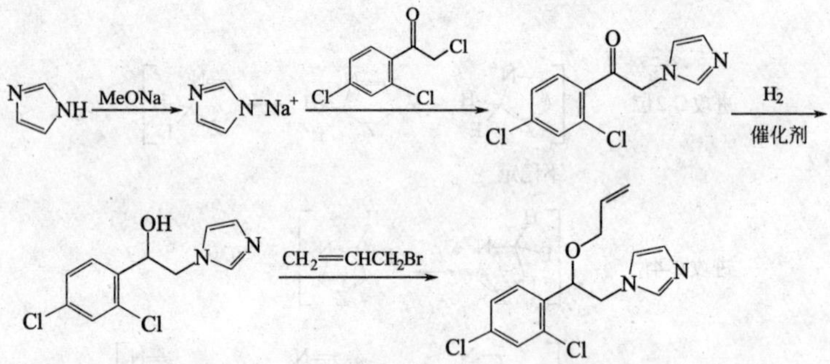

抑霉唑

12.2.2.4 重要代表物

（1）吡唑酮和吡唑胺类化合物　吡唑酮类化合物是一类重要的生物活性物质，如早期的镇痛解热药物“安替比林”、“安乃近”和“氨基比林”等，它们的结构如下：

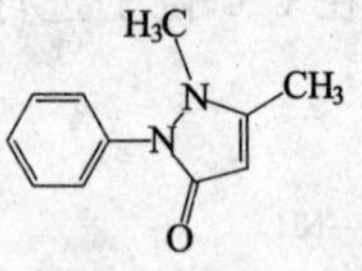

安替比林 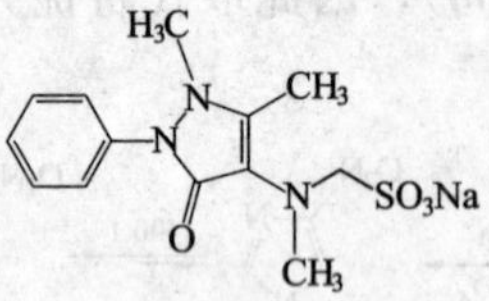　　安乃近 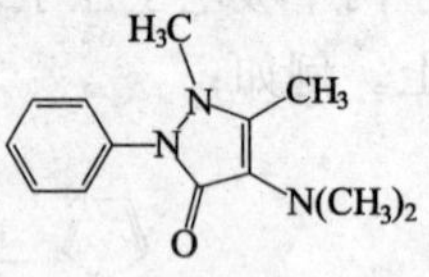　　氨基比林

它们都曾在医药史上为人类的健康做出过重要贡献。

近年来开发出来的一些超高活性（亩用量以克级计）的杀虫剂则又把人们的目光重新拉回到这一领域，显示了该类化合物的独特魅力。如氟虫腈、氯虫苯甲酰胺、氰虫酰胺等。

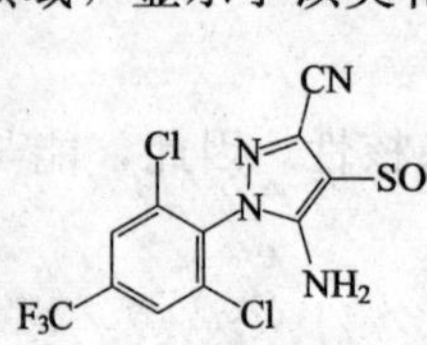

氟虫腈 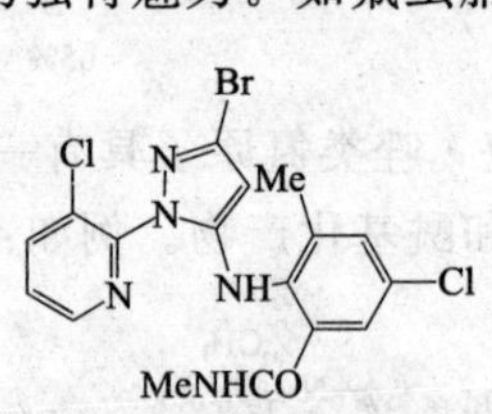　　氯虫苯甲酰胺 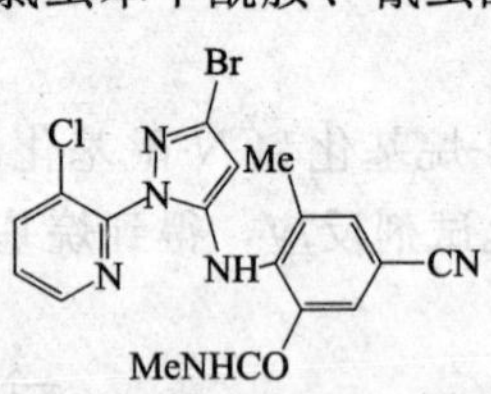　　氰虫酰胺

除此之外，吡唑类化合物在其他领域也有重要应用，如吡唑酮类偶氮染料“酒石黄”，是一种羊毛的黄色染料。

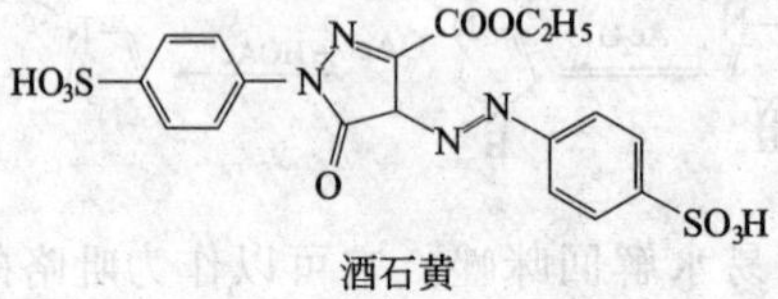

酒石黄

（2）咪唑衍生物

① 组氨酸和组胺　许多重要天然产物中都含有咪唑环，如蛋白质中的 L-组氨酸，它可以用作营养强化剂，也可用于治疗胃溃疡，是氨基酸输液和复合氨基酸制剂中的重要组分，可从猪血或牛血粉水解制取，也可从脱脂大豆的水解产物中提取。

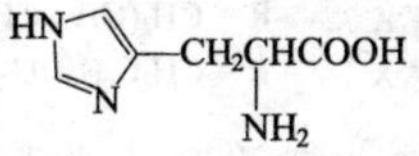

组氨酸 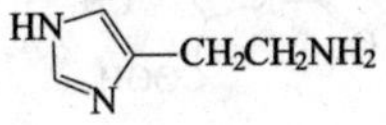　　组胺

组氨酸在细菌作用下会发生脱羧反应生成组胺，这是一种易潮解的针状晶体，熔点 83～84℃。它能促使平滑肌痉挛、毛细血管扩张及通透性增加。临床上主要利用其促进胃酸分泌的作用来检查胃的分泌功能。

② *N*,*N′*-羰基二咪唑（CDI）　这是一个重要的有机合成试剂，可由光气与咪唑（1∶4）在四氢呋喃中反应制得。它是一个很好的羧基活化试剂，与羧酸反应生成 *N*-酰基咪唑，常用于不宜用酰氯法活化的场合。生成的产物酰基咪唑的性质很活泼，可与许多亲核试剂反应生成酰化产物：

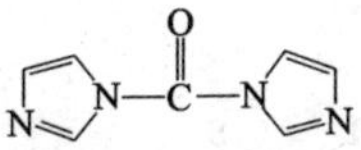

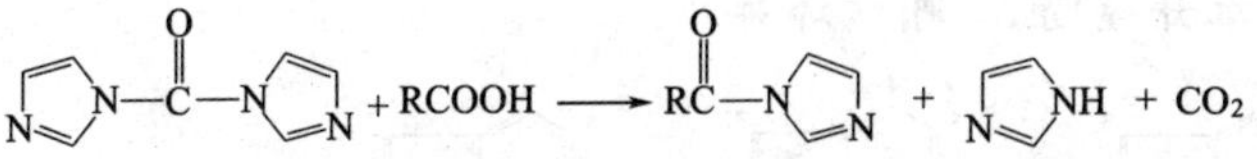

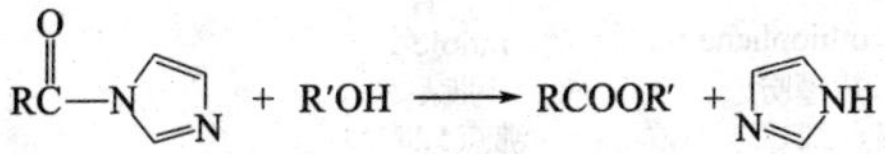

合成酯

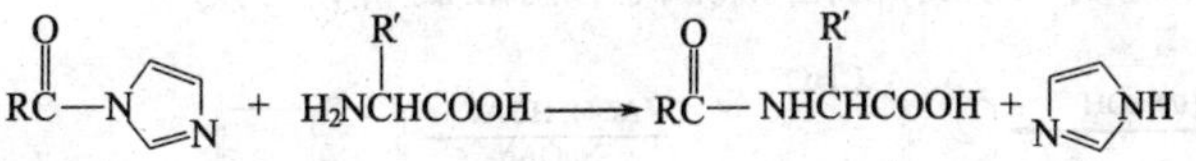

合成酰胺和多肽

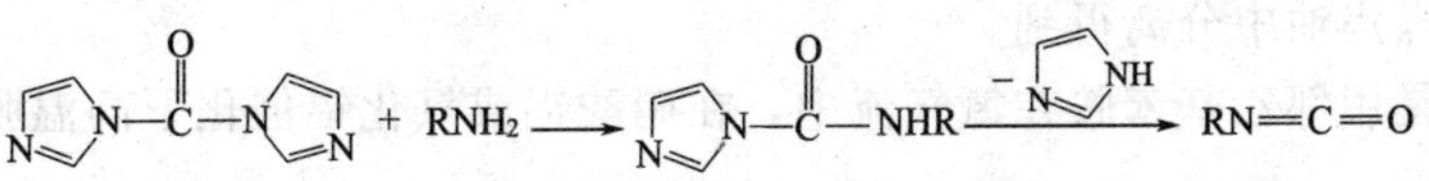

合成异氰酸酯

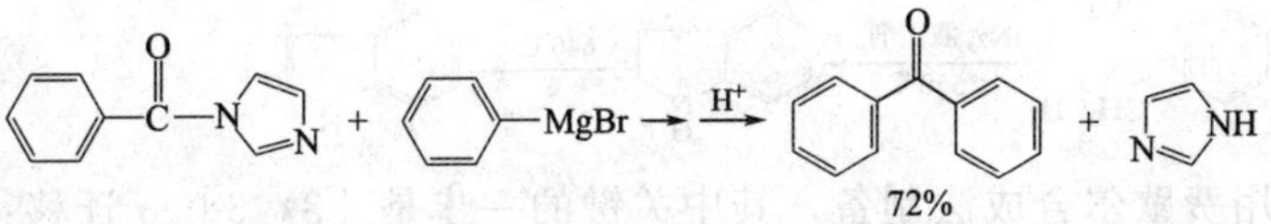

72%

③ 咪唑类药物　含咪唑环的医药和农药品种都很常见。例如：

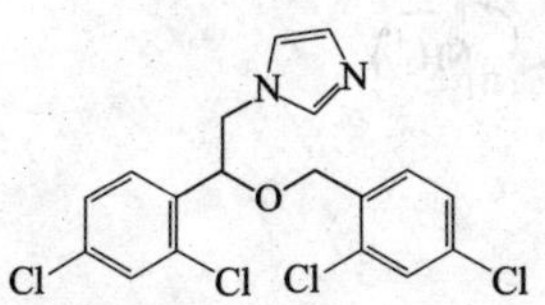

咪康唑（广谱抗真菌药） 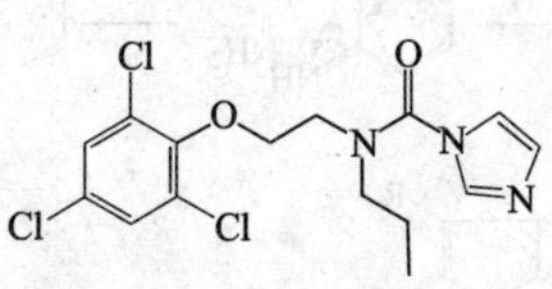　咪鲜安（广谱杀菌剂） 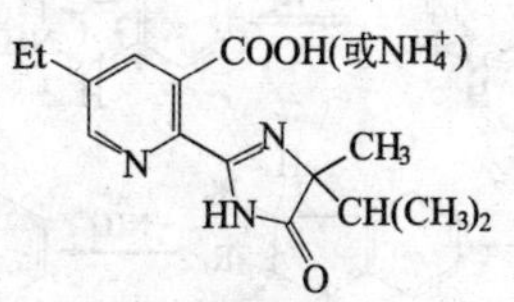　咪草烟（除草剂） 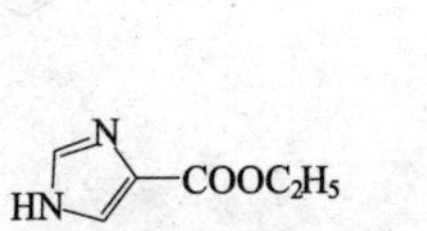　咪唑酸乙酯（抗钩端螺旋体药）

（3）噻唑衍生物　噻唑衍生物中最著名的就是青霉素，是从青霉的培养液中分离得到的，并因此而得名。它是多种结构化合物的总称，它们都具有相同的四氢噻唑（噻唑烷）和β-内酰胺的骨架结构：

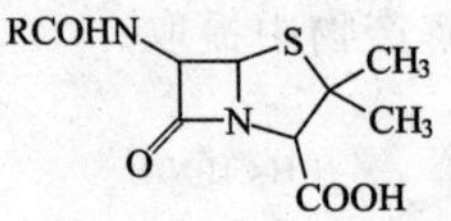

青霉素F　$R = CH_2CH{=}CHCH_2CH_3$
青霉素G　$R = CH_2Ph$
青霉素K　$R = CH_2(CH_2)_5CH_3$
青霉素X　$R = CH_2C_6H_4OH\text{-}p$

临床上应用的主要是青霉素G的钾盐和钠盐，能治疗由葡萄球菌、链球菌等所引起的疾病，如肺炎、脑炎等，它是因阻止细菌细胞壁的合成而具有杀菌活性的，其毒性很小，主要是过敏性反应。青霉素的发现很快就取代了早期的磺胺类药物，但其缺点是不能口服，因为它很容易水解，其水溶液室温放置即易失去活性。

由于这一缺点，并由于长期大剂量使用造成的抗性问题，现在其地位已逐步为一些青霉素的结构类似物——头孢菌素所取代，这些新型抗菌素具有与青霉素类似的活性，但比青霉素稳定，可以口服，如头孢氨苄等。

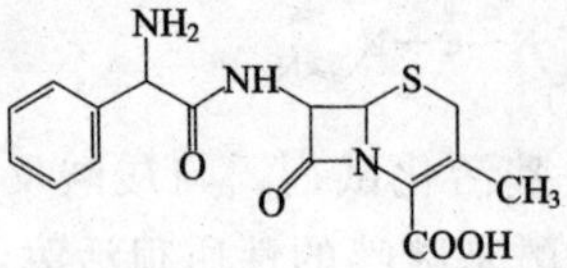

头孢氨苄
（先锋霉素Ⅳ号）

12.2.3　苯并五元杂环化合物

12.2.3.1　苯并呋喃、苯并噻吩、吲哚环系

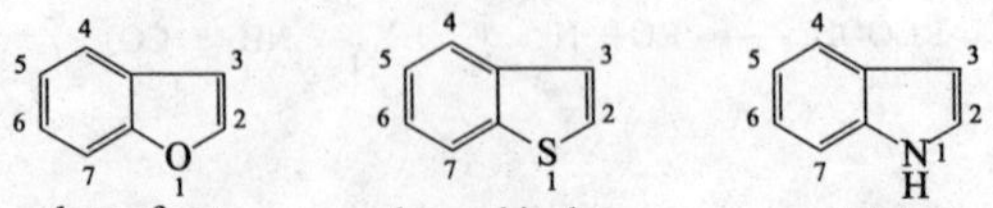

benzofuran　苯并呋喃　沸点173~175℃
benzothiophene　苯并噻吩　沸点221℃
indole　吲哚　沸点52℃

（1）合成　苯并呋喃和苯并噻吩可从水杨醛和硫代水杨醛制备：

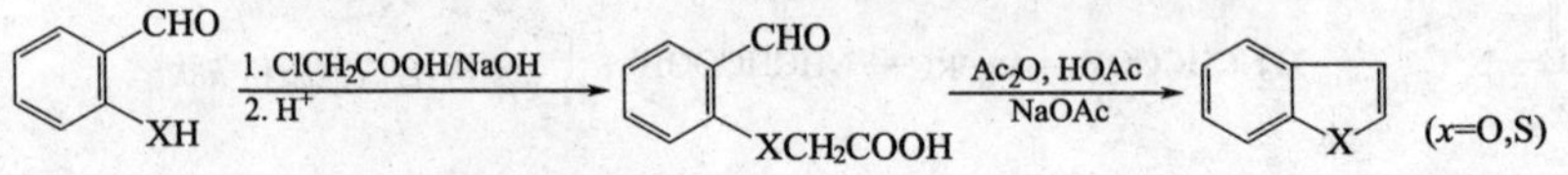

1. $ClCH_2COOH/NaOH$；2. H^+；Ac_2O, HOAc, NaOAc　(x=O,S)

苯并呋喃也可从煤焦油中分离得到。

吲哚的工业合成是用邻乙基苯胺在氮气流中，在硝酸铝或氧化铝催化下高温脱氢环合而制备的：

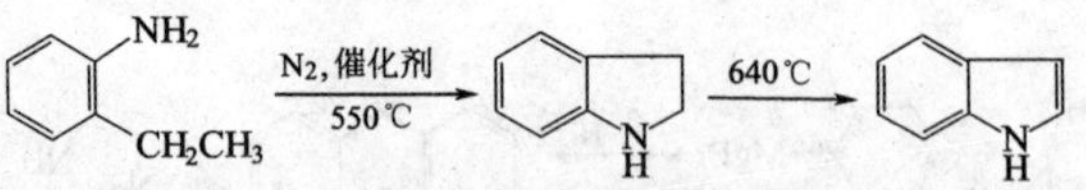

N_2，催化剂，550℃；640℃

吲哚衍生物则通常用费歇尔合成法制备，其中关键的一步是［3，3］-σ迁移：

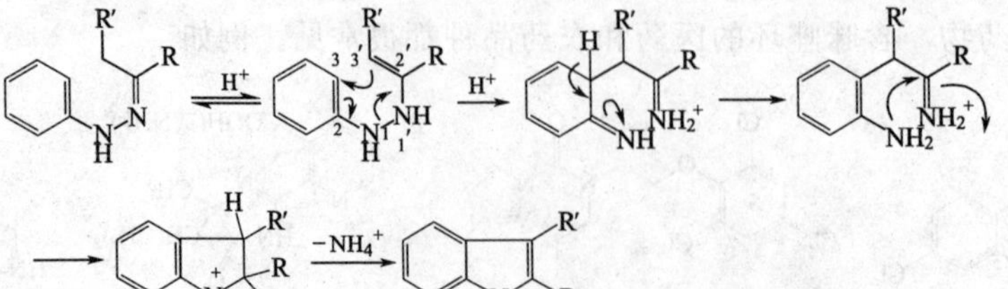

$-NH_4^+$

这三个化合物中，以吲哚最为重要。它是一种片状结晶，具有极臭的气味，是动物粪便臭味的成分之一。但它在浓度极稀时具有素馨花的香气，因而常作为香料用于茉莉、紫丁香、荷花和兰花等香精的配方中。它也是染料、氨基酸以及农药等合成的原料。

(2) 化学性质　稠合后的五元芳杂环仍具有芳香性，不过活性较未稠合时低，但仍比苯高，所以它们的亲电取代反应一般发生在杂环上，而取代的位置随杂环的不同而不同：苯并呋喃发生在C-2位，吲哚发生在C-3位，而苯并噻吩两个位置的取代都有。例如：

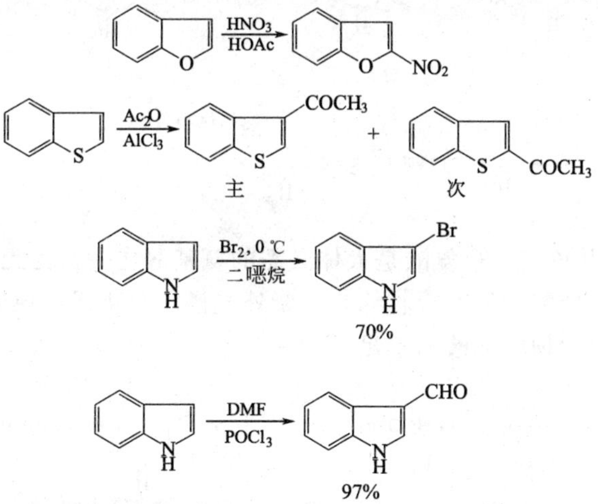

$\xrightarrow[HOAc]{HNO_3}$ NO_2

$\xrightarrow[AlCl_3]{Ac_2O}$ $COCH_3$ + $COCH_3$

主　次

$\xrightarrow[二噁烷]{Br_2,\ 0\ ℃}$ Br

70%

$\xrightarrow[POCl_3]{DMF}$ CHO

97%

同样的道理，取代位置的不同是由反应形成的中间体正离子的稳定性所决定的。进攻C-2位时，带有完整苯环的稳定极限式只有1个，而进攻C-3位时有2个：

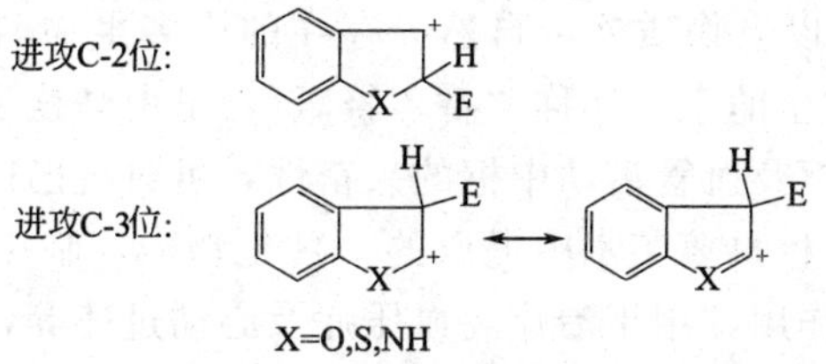

进攻C-2位:

进攻C-3位:

X=O,S,NH

通常参与共振的稳定极限式越多，中间体正离子的稳定性就越强，但其稳定性还与杂原子容纳正电荷的能力有关。如前所述，这3个杂原子容纳正电荷的能力为N>S>O，所以，当进攻C-3位时，因为O原子容纳正电荷的能力弱而使得中间体不稳定。这是它们的取代发生在不同位置的原因。

如果C-3位已存在给电子基团，则第二个基团进入C-2位；如果C-2或C-3位有吸电子基团或C-2和C-3位都有取代基时，则取代发生在苯环的4、5、6或7位；当苯环上有强的给电子基团时，即使C-2和C-3位上没有取代基，反应也会发生在苯环已有基团的邻、对位。

(3) 吲哚衍生物

① 靛蓝　靛蓝是一种瓮染料，也叫"靛青"，原由靛蓝植物加工制得，在我国有悠久的应用历史。19世纪末人工合成出靛蓝，可由苯胺制得：

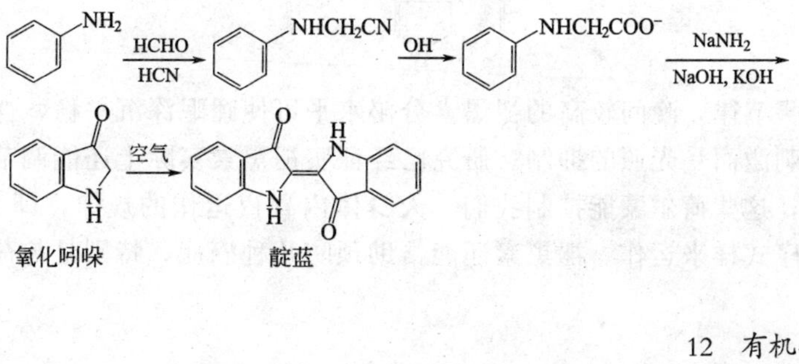

NH_2 $\xrightarrow[HCN]{HCHO}$ $NHCH_2CN$ $\xrightarrow{OH^-}$ $NHCH_2COO^-$ $\xrightarrow[NaOH,\ KOH]{NaNH_2}$

$\xrightarrow{空气}$

氧化吲哚　靛蓝

② β-吲哚乙酸(IAA)　吲哚乙酸最早是从尿液中提取得到的，并被证明是一种植物生长激素。它是蛋白质中色氨酸的代谢产物，熔点168～169℃（分解），于1937年由Zimmerman成功合成。吲哚乙酸能促进植物生根，提高农作物的产量，防止花、果脱落等，在农业生产和植树造林中应用十分广泛。它的合成方法主要有两种：

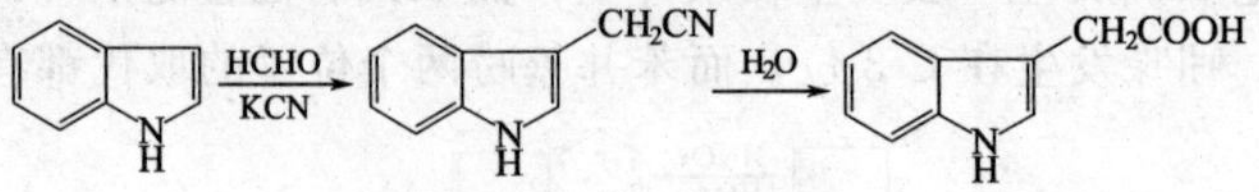

HCHO
KCN
CH_2CN
H_2O
CH_2COOH
H

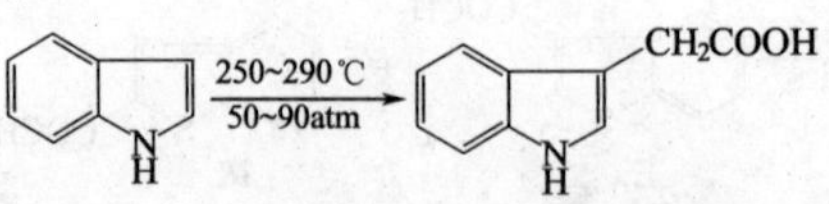

250~290℃
50~90atm
CH_2COOH
H

③ 色氨酸和5-羟基色胺　色氨酸是人体必需的氨基酸之一，为无色六角形叶片状晶体，熔点282℃，在272nm处有一最大吸收峰，是紫外光谱法分析蛋白质浓度的基础，在体内能分解形成烟酸，以补充食物中烟酸的不足。

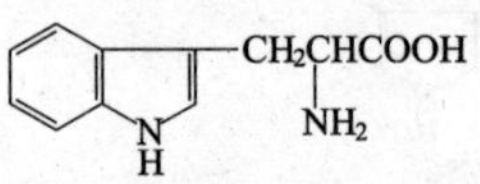

$CH_2CHCOOH$
NH_2
H

色氨酸

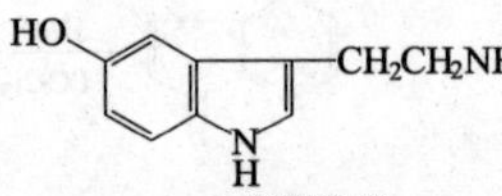

HO
$CH_2CH_2NH_2$
H

5-羟基色胺

5-羟基色胺则是存在于哺乳动物及人脑中与思维活动密切相关的物质。

④ 吲哚系生物碱　除以上物质外，自然界存在的许多生物碱也含有吲哚环系，如“士的宁”和“利血平”等。“士的宁”亦称“番木鳖碱”，是由马钱子科植物番木鳖中提取的一种生物碱，能提高呼吸中枢及血管活动中枢的兴奋性，可对抗巴比妥类药物中毒。“利血平”亦称“蛇根碱”，是由夹竹桃科萝芙木中提取的一种生物碱，临床上用作降压及安定药，有温和、徐缓和持久的降压作用，用于治疗高血压症及心动过速等，也可用作甲状腺功能亢进的辅助药，还可用于治疗精神病。

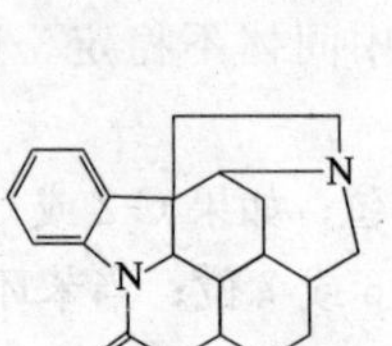

N
N
O

士的宁

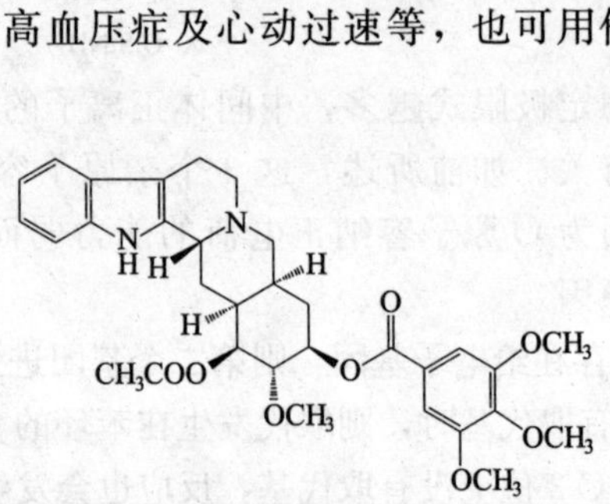

N
N
H
H
H
H
CH_3OOC
OCH_3
O
O
OCH_3
OCH_3
OCH_3

利血平

⑤ 褪黑素(Melatonin，MEL)褪黑素是人体大脑的一个腺体松果体中分泌的重要荷尔蒙，

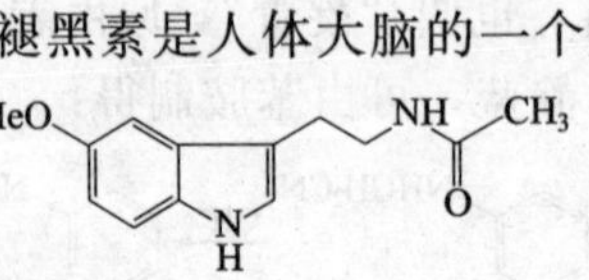

MeO
N
H
CH_3
O
H

可控制睡眠、觉醒节律，晚间较高的褪黑素分泌水平可使睡眠深沉平稳，摆脱失眠困扰。它的分泌受黑暗的刺激而受光照的抑制。研究已经证实褪黑素实际上还能调节、管理身体里其他荷尔蒙的分泌，这些荷尔蒙能控制我们一天身体内昼夜运作的规律，即24小时内身体每天按照一定的程序式样来运作。褪黑素还能帮助预防几种癌症，特别是与荷尔蒙有关的如乳

腺癌、前列腺癌等和非小细胞肺癌。人体随着年龄的增长，分泌量会逐渐减少，影响人们正常的睡眠和癌细胞的生长。但也有研究表明，长期大量使用可能会危害脑垂体。

12.2.3.2 苯并咪唑、苯并噁唑、苯并噻唑

这3个化合物也为苯并芳杂环系，能进行亲电取代反应。其中杂环上的电子云密度高于苯环，因此一般取代发生在C-2位，如果C-2位已存在取代基，则反应一般发生在苯环的C-6位。

它们的衍生物在工农业上都有重要的应用。如多菌灵是一种高效、广谱、安全的内吸性杀菌剂，兼具保护和治疗作用；噁唑禾草灵为内吸性芽后除草剂，选择性强、活性高，对人畜和作物安全；2-巯基苯并噻唑则是一种通用型硫化促进剂，广泛用于各种橡胶，也可用作其他促进剂，以及染料合成的中间体、镀铜光亮剂、金属腐蚀抑制剂等。

多菌灵　　噁唑禾草灵　　2-巯基苯并噻唑

应该指出的是，凡是含有多个杂原子，而其中至少一个是氮原子的五元杂环化合物都属于唑类，常见的还有三氮唑、噻二唑和四唑等。

1,2,4-三唑　　1,2,3,4-四唑　　1,3,4-噻二唑

12.3 六元杂环化合物

12.3.1 吡啶和吡喃环系

12.3.1.1 吡啶环系

用氮原子取代苯环上的一个次甲基（CH）就得到了吡啶。吡啶及其衍生物广泛存在于自然界中，是非常重要的一类杂环化合物。

（1）吡啶的结构和物理性质　吡啶分子中各原子的成键方式与苯环相似，五个碳原子和一个氮原子均以 sp^2 杂化方式成键，构成封闭的环，每个原子上未参与杂化的p轨道构成共轭的封闭 π 电子体系，其间有6个电子，符合 $4n+2$ 规则，因而也具有芳香性。

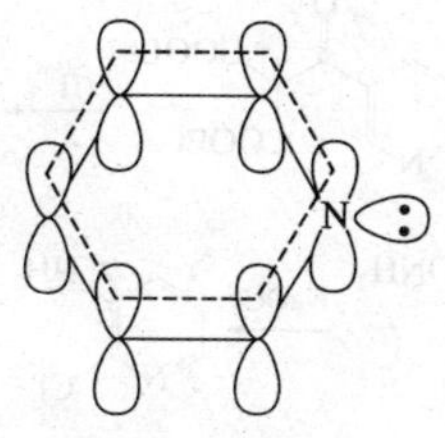

吡啶环氮原子上还有一对孤对电子，因而具有碱性。尽管这对电子处于 sp^2 杂化轨道上，但由于其诱导效应（-I）和共轭效应（-C）的方向一致，其碱性比苯胺强（$pK_b=8.80$，25℃水中），但仍是弱碱。同时使得其偶极矩也比非芳香性的六氢吡啶高，$\mu=2.2D$（六氢吡啶 $\mu=1.17D$）。

吡啶为一种有特殊臭味的无色液体，沸点 115.5℃，相对密度 0.982，可与水、乙醇、乙醚等有机溶剂以任意比例混溶。

吡啶环上质子的化学位移：$\delta_{\alpha-H}=8.16$，$\delta_{\beta-H}=7.25$，$\delta_{\gamma-H}=7.64$。

(2) 吡啶环系的制备　吡啶存在于煤焦油、页岩油和骨焦油中，以前主要是从煤焦油中提取的，但随着吡啶用途的不断增加，提取法已远远不能满足市场需要，现在绝大部分通过合成法制得。

吡啶的工业合成方法主要有以下几种：

$$CH_3CHO + HCHO + NH_3 \xrightarrow[SiO_2-Al_2O_3-Bi_2O_3]{432℃} \text{吡啶}\ (48.4\%)$$

$$H_2N(CH_2)_5NH_2\cdot 2HCl \xrightarrow{\triangle} \text{哌啶}\cdot HCl \xrightarrow{Pt} \text{吡啶}$$

$$\text{糠醛(CHO)} \xrightarrow{H_2} \text{糠醇}(CH_2OH) \xrightarrow[500℃]{NH_3} \text{吡啶}$$

$$2\,HC{\equiv}CH + 2\,HOCH_2OCH_3 + NH_3 \xrightarrow{SiO_2-Al_2O_3} \text{吡啶}$$

吡啶衍生物的合成方法较多，主要分为闭环法和吡啶化合物衍生法。例如：

① 闭环法

$$R'OOCCH_2COR + R''CHO + NH_3 + R'OOCCH_2COR \longrightarrow \xrightarrow{HNO_3} \text{2,6-R}_2\text{-4-R''-3,5-(COOR')}_2\text{吡啶}$$

$$R^2CH{=}C(R^1)\text{-}C(R^3){=}N\text{-}OH + R^4COCH_2COOEt \xrightarrow[150\sim160℃,\ 2\sim4h]{FeCl_3(5mol\%)} \text{2-}R^3\text{-3-}R^2\text{-4-}R^1\text{-5-COOEt-6-}R^4\text{吡啶}$$

$$EtO\text{-}N{=}C(R^2)\text{-}C({=}CH_2)COOR + R^3C({=}CH_2)NHCOCH_3 \longrightarrow \text{6-}R^2\text{-5-}R^3\text{-2-COOR吡啶} + \text{6-}R^2\text{-5-ROOC-2-COOR吡啶}$$

② 吡啶化合物衍生法

例如：

$$\text{3-吡啶-COOEt} + CH_2(COOEt)_2 \xrightarrow{NaOEt} \text{3-吡啶-CO-CH(COOEt)}_2 \xrightarrow{H^+} \text{3-吡啶-COCH}_2\text{COOEt} + \text{3-吡啶-COCH}_3$$

$$\text{2-Cl-3-COOH吡啶} \longrightarrow \text{2-Cl-3-CONH}_2\text{吡啶} \xrightarrow{NaOCl} \text{2-Cl-3-NH}_2\text{吡啶} \xrightarrow[2.\ CuCl]{1.\ NaNO_2/HCl} \text{2,3-二氯吡啶}$$

(3) 吡啶环系的化学性质

① 与亲电试剂的反应　吡啶环上有两类亲核中心，一是碳原子，二是氮原子，都可与亲电试剂反应。分述如下。

a. 在氮原子上的反应　如前所述，吡啶是一个弱碱，因此它能与酸作用生成稳定的吡啶盐，是一种比较好的常用缚酸剂。

$$\text{吡啶} \xrightarrow{H^+} \text{吡啶}\overset{+}{N}H$$

当环上有给电子基团时，碱性增强，有吸电子基团时则碱性减弱。

如果用非质子化的硝化试剂、磺化试剂，或用卤代烷、卤素、酰卤等与其反应，则可形成相应的吡啶盐：

$$\text{吡啶} \xrightarrow{RX} \text{吡啶}\overset{+}{N}\text{–}R\ X^-$$

$$\text{吡啶} \xrightarrow[CCl_4]{Br_2} \text{吡啶}\overset{+}{N}\text{–}Br\ Br^-$$

$$\text{吡啶} \xrightarrow[Et_2O,rt]{NO_2^+BF_4^-} \text{吡啶}\overset{+}{N}\text{–}NO_2\ BF_4^-$$

$$\text{吡啶} \xrightarrow[CH_2Cl_2,rt]{SO_3} \text{吡啶}\overset{+}{N}\text{–}SO_3^-$$

$$\text{吡啶} \xrightarrow[\text{石油醚},-20℃]{PhCOCl} \text{吡啶}\overset{+}{N}\text{–}C(=O)Ph\ Cl^-$$

这些盐都是比较温和的亲电取代试剂，可用于活泼芳香族化合物的亲电取代反应。

b. 在碳原子上的反应　吡啶也可发生亲电取代反应，但其反应活性比苯要差得多，其卤代、硝化和磺化等反应均需在极强烈的条件下进行，且产率不高。吡啶不能发生傅-克反应。大体而言，吡啶上氮原子对环上碳原子活性的影响相当于苯环上硝基的影响。例如：

$$\text{吡啶} + Br_2 \xrightarrow[300℃]{\text{沸石}} \text{3-溴吡啶}\quad 39\%$$

$$\text{吡啶} + HNO_3(\text{浓}) \xrightarrow[300℃,1d]{\text{浓}H_2SO_4} \text{3-硝基吡啶}\ (NO_2)\quad 6\%$$

$$\text{吡啶} + H_2SO_4(\text{浓}) \xrightarrow[220℃]{HgSO_4} \text{吡啶-3-磺酸}\ (SO_3H)\quad 70\%$$

当吡啶环上存在给电子基团时，将使其反应活性增强。例如：

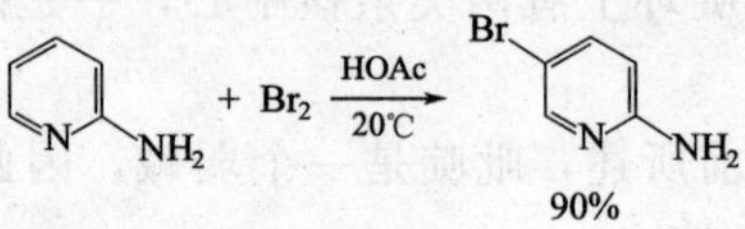

$$\text{2-氨基吡啶} + Br_2 \xrightarrow[20℃]{HOAc} \text{5-溴-2-氨基吡啶}\ (90\%)$$

吡啶亲电取代反应难发生的原因有两个方面，一是因为氮原子的-C和-I效应，使环上电子云的密度降低；二是反应在强的亲电介质中进行，由于氮原子的亲核性比碳原子强，这些亲电试剂会优先与吡啶形成吡啶盐，如果再进行亲电取代反应，则会形成一个双正电荷的正离子，这在能量上是很不稳定的，因此反应不易进行。

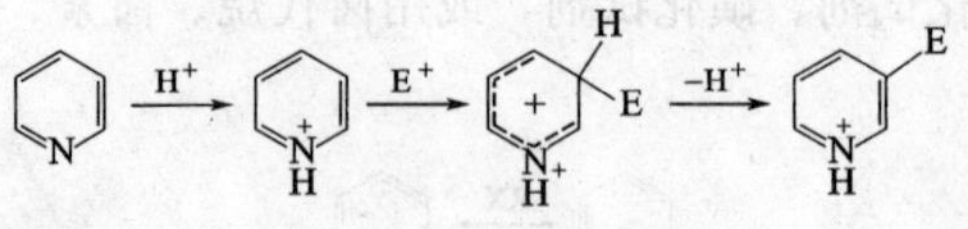

$$\text{吡啶} \xrightarrow{H^+} \text{吡啶鎓}(N^+-H) \xrightarrow{E^+} \text{双正离子中间体} \xrightarrow{-H^+} \text{3-E-吡啶鎓}$$

吡啶的亲电取代反应都发生在β-位，α-和γ-位不发生反应，这也是由中间体正离子的稳定性决定的：

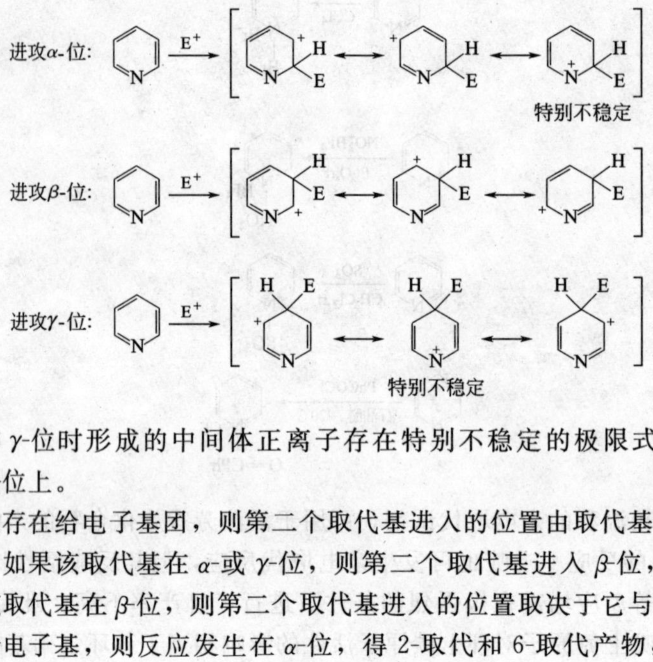

进攻α-位：吡啶 $\xrightarrow{E^+}$ [三个极限式，其中正电荷在N上者：特别不稳定]

进攻β-位：吡啶 $\xrightarrow{E^+}$ [三个极限式]

进攻γ-位：吡啶 $\xrightarrow{E^+}$ [三个极限式，其中正电荷在N上者：特别不稳定]

由于进攻α-和γ-位时形成的中间体正离子存在特别不稳定的极限式，因而不易形成，所以反应发生在β-位上。

如果吡啶环上存在给电子基团，则第二个取代基进入的位置由取代基和吡啶氮原子的定位效应共同决定。如果该取代基在α-或γ-位，则第二个取代基进入β-位，得到3-取代和5-取代产物；如果该取代基在β-位，则第二个取代基进入的位置取决于它与氮原子的定位效应的强弱，如是强给电子基，则反应发生在α-位，得2-取代和6-取代产物，若是弱给电子基（如烷基），则反应发生在另一个β-位，得到5-取代产物。

② 与亲核试剂的反应

a. 环上氢原子的取代　吡啶环上的亲电取代很困难，那么反过来，其亲核取代反应则比苯环容易。

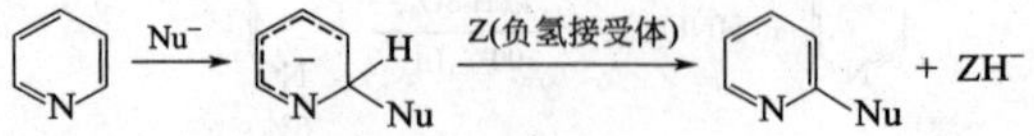

$$\text{吡啶} \xrightarrow{Nu^-} \text{2-H-2-Nu 负离子中间体} \xrightarrow{Z(\text{负氢接受体})} \text{2-Nu-吡啶} + ZH^-$$

反应主要发生在α-位，如果α-位有取代基，也可以发生在γ-位，但收率很低。常用的亲核试剂有烷基负离子、芳基负离子及氨基负离子等，是制定吡啶衍生物的重要方法之一。例如：

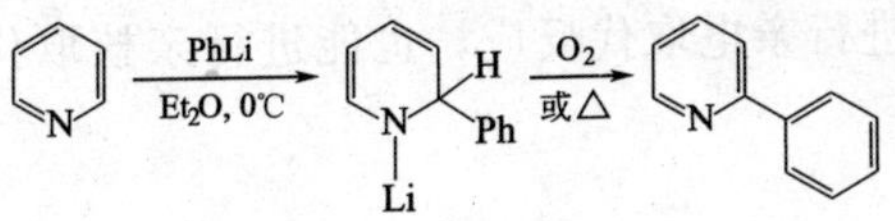

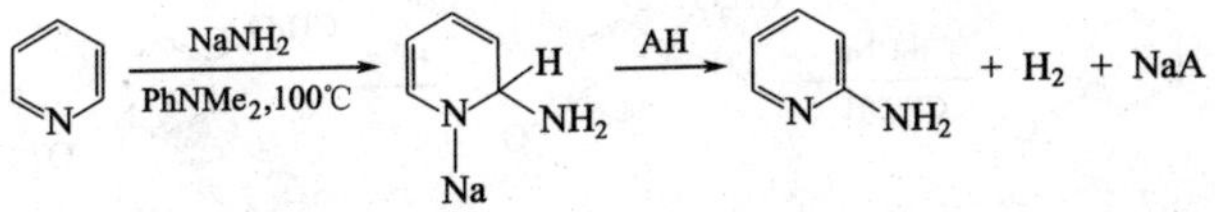

b. 环上易离去基团的取代　当吡啶环的 α-或 γ-位上有容易离去的基团（如卤素、硝基等)存在时，可以与亲核试剂发生吡啶环上的亲核取代反应。例如：

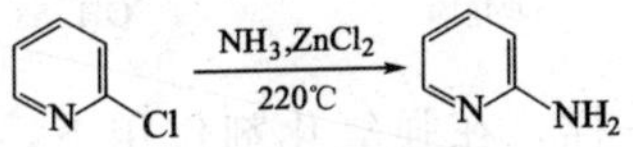

90%

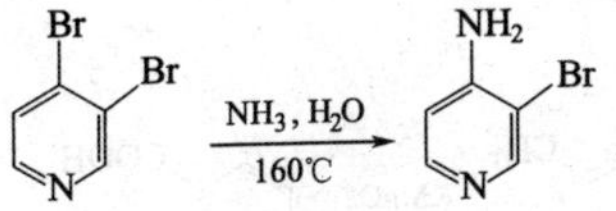

65%

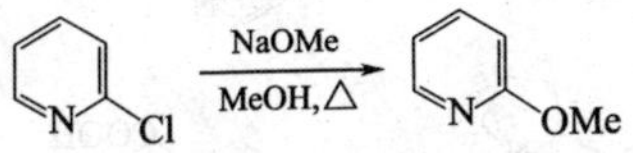

95%

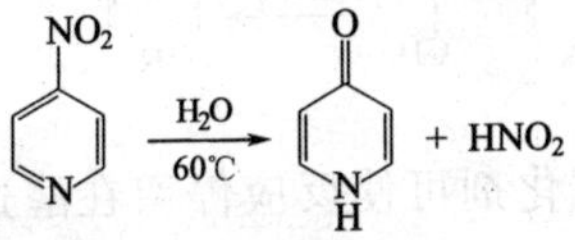

95%

β-位的取代比较困难，需要在催化剂作用下进行。例如：

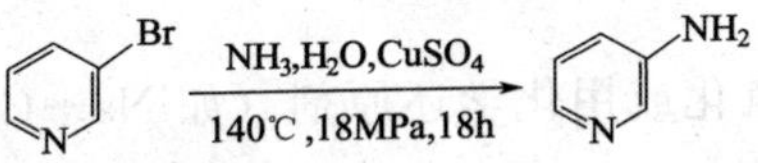

88%

③ 氧化反应　吡啶的氧化反应可分为两种类型，一是吡啶氮原子上的氧化，二是吡啶侧链上的氧化。

a. 吡啶-*N*-氧化物（*N*-氧化吡啶)的制备　吡啶在过氧酸（如 H_2O_2、过氧乙酸等)作用下可形成吡啶-*N*-氧化物：

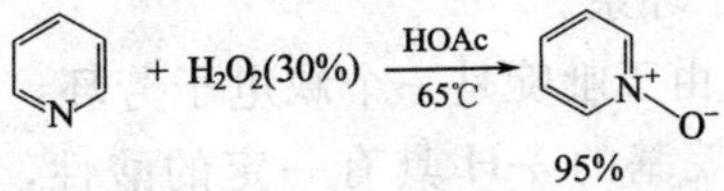

95%

这是一个很有用的有机合成中间体，其亲电取代反应比吡啶容易，反应发生在 α-位和 γ-位，主要在 γ-位，形成的产物可用 PCl_3 处理去掉氧。故吡啶-*N*-氧化物常用以活化吡啶环，以利于反应的进行。例如：

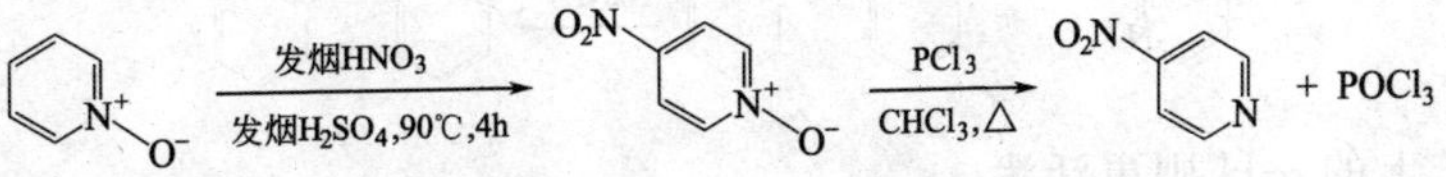

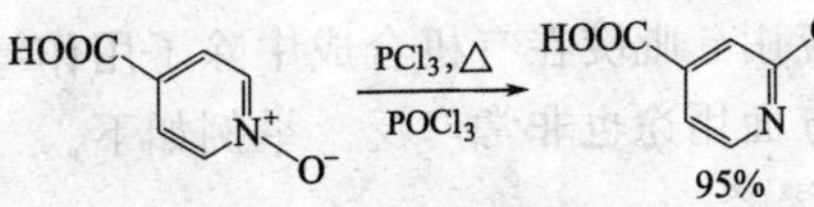

95%

吡啶-*N*-氧化物不仅可进行亲电取代反应，也能进行亲核取代反应，反应也发生在 α-位和 γ-位。例如：

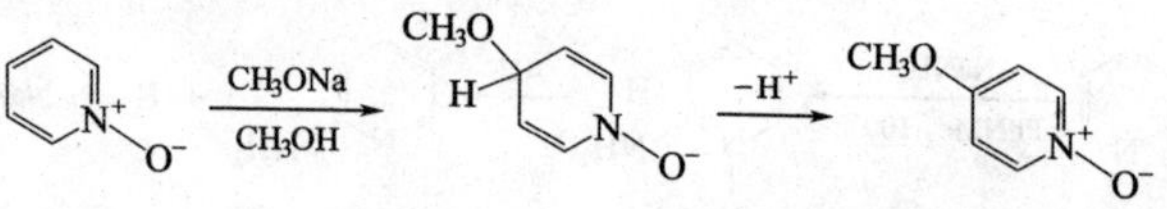

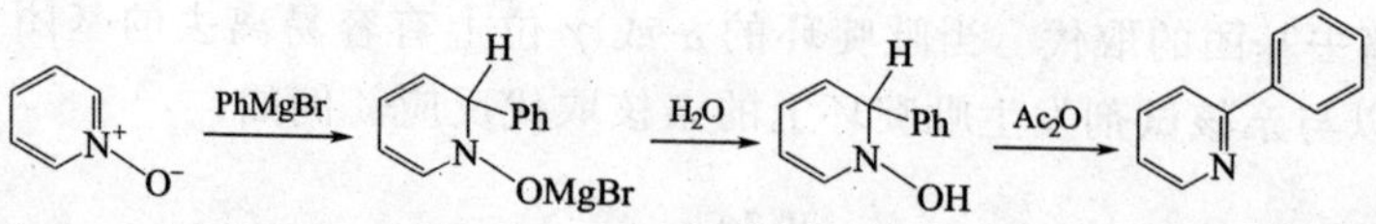

b. 吡啶侧链的氧化　与芳烃一样，在强氧化剂作用下，吡啶侧链也可被氧化成羧基。例如：

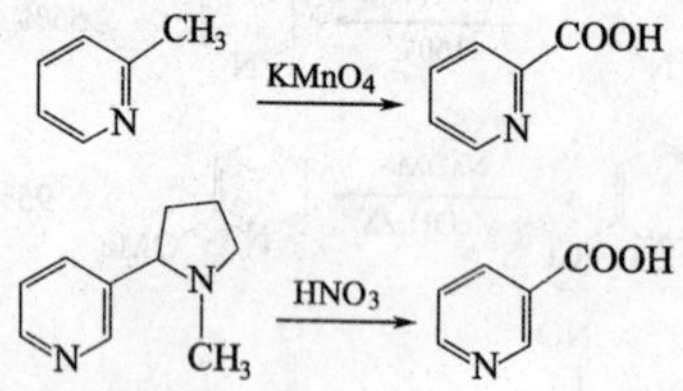

控制反应条件或使用合适的氧化剂可使反应停留在醛这一步。例如：

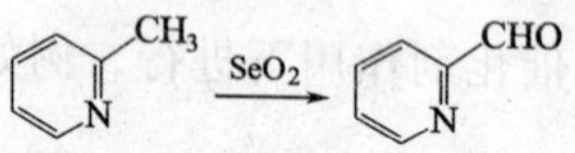

④ 还原反应　吡啶经催化氢化或用化学还原剂（如 $Na+C_2H_5OH$）还原可得到六氢吡啶（哌啶）：

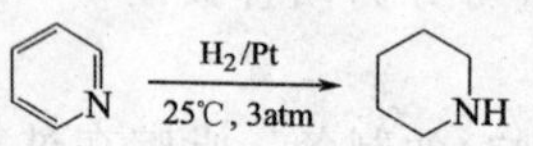

这是一种重要的吡啶下游产品，具有二级胺的特性，碱性比吡啶强，沸点 106℃。六氢吡啶环系也是自然界广泛存在的一个环系。

⑤ 吡啶侧链 α-H 的反应　由于吡啶是一个缺电子芳环，对与之相连的烷基具有吸电子作用，所以吡啶环 2,4,6-位上烷基的 α-H 具有一定的酸性，其强度与甲基酮的 α-H 相当，在强碱作用下可进行活泼氢的反应，这在制备吡啶衍生物时是非常有用的。例如：

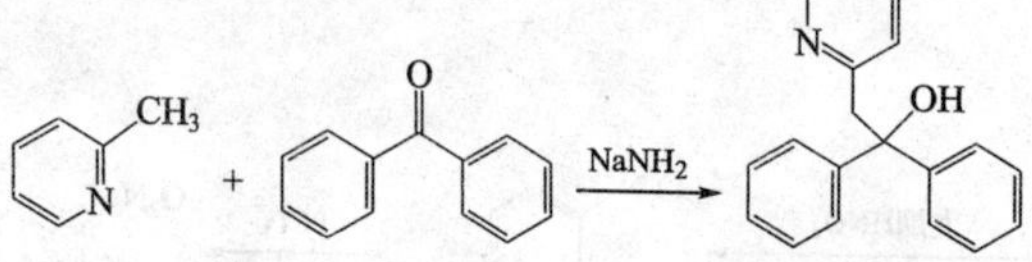

吡啶盐侧链上的 α-H 则更活泼。

(4) 吡啶在有机合成中的应用　吡啶在有机合成中除了用作缚酸剂或直接衍生制备吡啶衍生物外，在有机合成的其他方面用途也非常广泛。举例如下。

① 用巯基吡啶合成烷烃和烯烃

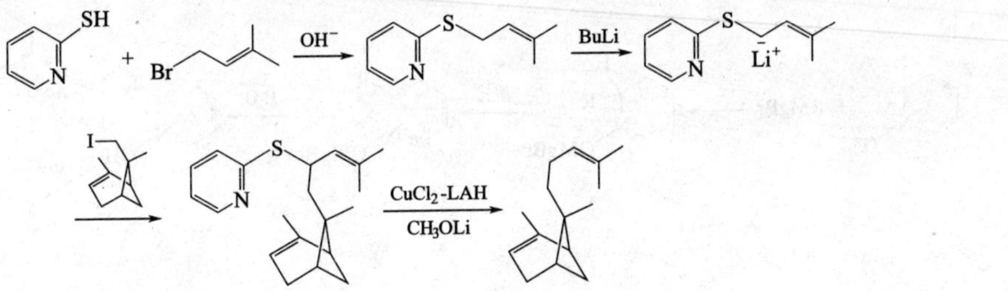

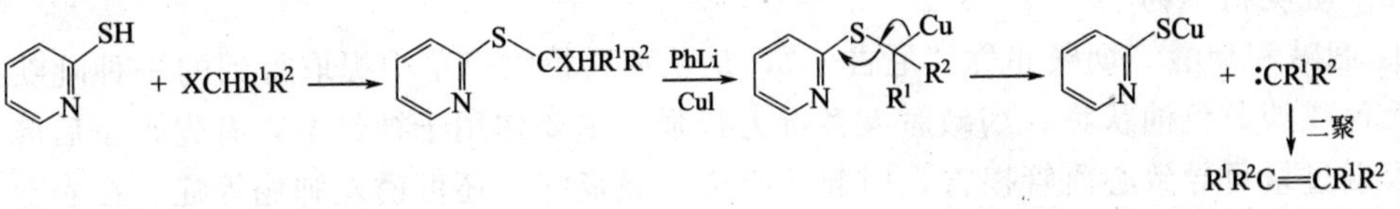

② 用 4-氯吡啶合成烯烃

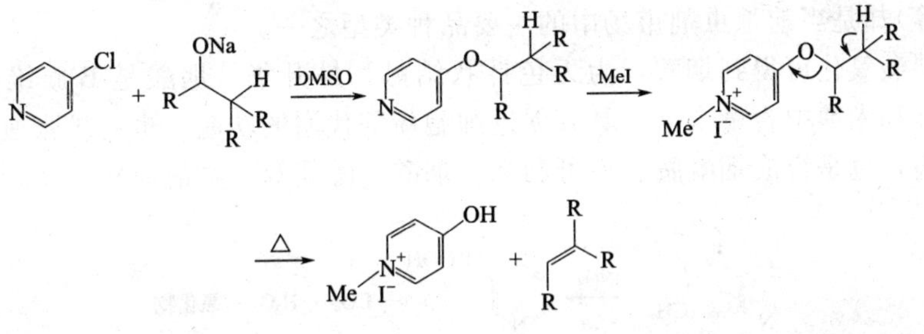

③ 用吡啶催化合成酯

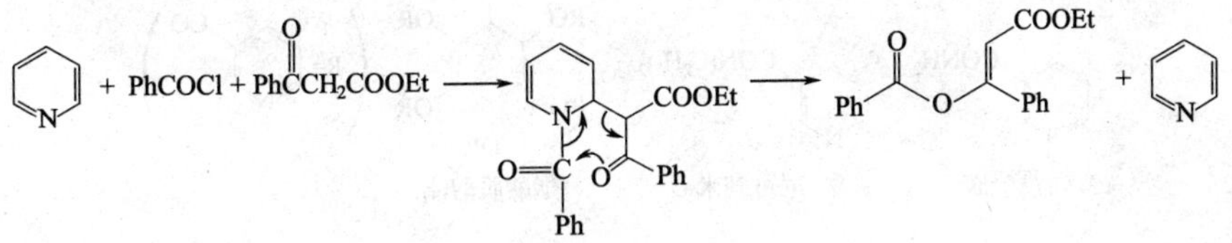

④ 用吡啶合成醛

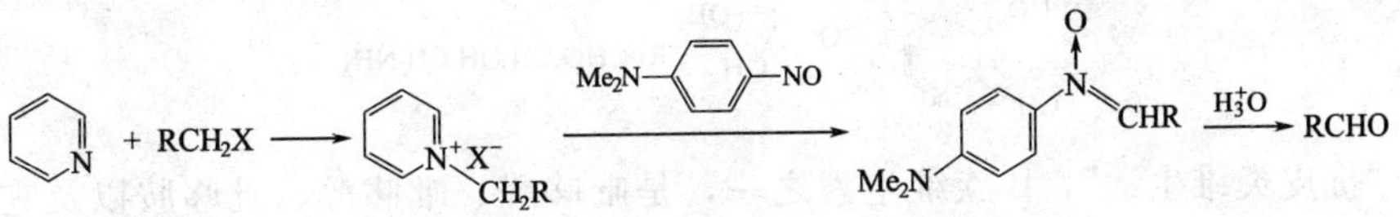

此法已广泛用于各种醛的制备，收率都在中等以上，卤代烃可以是卤代烷、卤苄、烯丙基卤和甲苯磺酸酯等。

⑤ 用 *N*-氧化吡啶合成醛、酮、腈

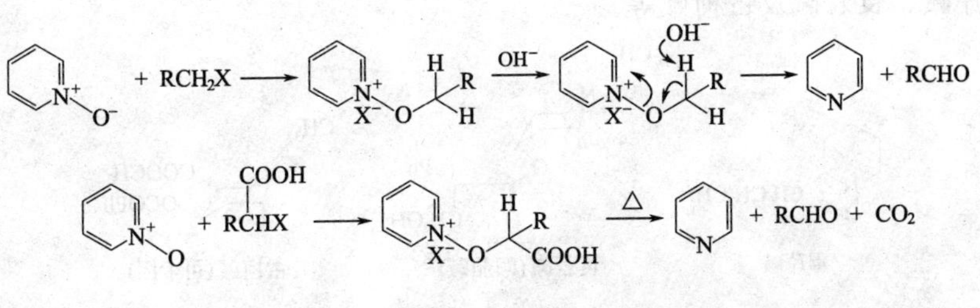

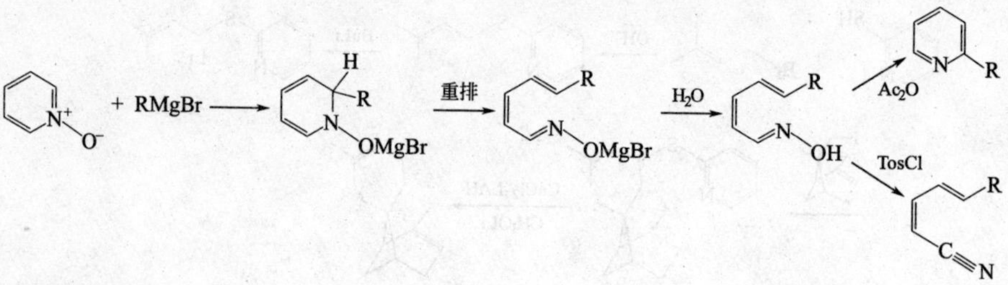

(5) 吡啶衍生物

① 烟碱和烟酸 烟碱亦称“尼古丁”，是从茄科植物烟草中提取得到的一种吡啶类生物碱，无色或淡黄色油状物。烟碱对人畜毒力很强，主要作用于神经节，有先兴奋后麻痹的作用。吸烟过量可导致心血管损害，引起呼吸道黏膜炎症，还可诱发肺癌等症。在农业上可作为杀虫剂防治蚜虫、木虱等，不过人们因为烟碱来源于天然植物就将其作为绿色环保药物，认为其很安全，就难免让人一哂了。但以烟碱为先导开发出来的新烟碱类杀虫剂（如吡虫啉、啶虫脒等）却是当前杀虫剂市场中的主要品种类型之一。

烟碱经硝酸氧化可得到烟酸，为无色针状结晶，易升华。烟酸是B族维生素之一，在肝、肾、酵母和米糠中含量丰富，具有促进细胞新陈代谢的功能，也有扩张血管的作用，用于防治糙皮病，也是合成烟酰胺、尼可刹米、烟酸肌醇酯等药物的原料。

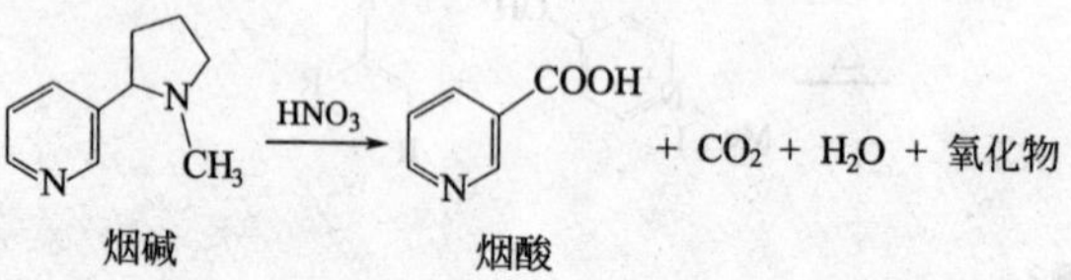

烟碱 $\xrightarrow{HNO_3}$ 烟酸 $+ CO_2 + H_2O +$ 氧化物

烟酰胺　尼可刹米　烟酸肌醇酯

② 维生素 B_6

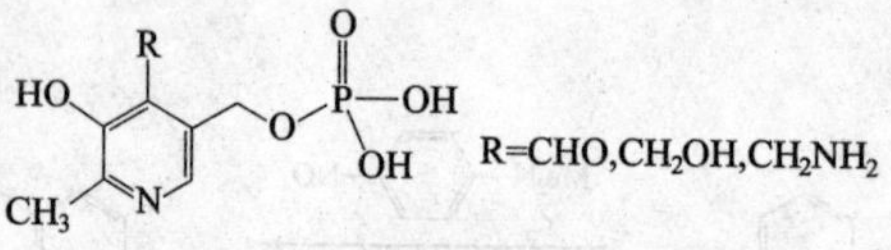

R=CHO, CH_2OH, CH_2NH_2

亦称“抗皮炎维生素”，B族维生素之一，是吡哆醛、吡哆醇、吡哆胺以及它们的磷酸酯的总称，是氨基酸对氨基作用和脱羧作用中的辅酶。缺乏维生素 B_6 时可引起皮炎、痉挛、贫血等症状，临床上用于防止呕吐。它在植物中分布很广，在麦胚芽、米糠、大豆、酵母、蛋黄、肝脏及鱼肉中含量较多。

③ 其他吡啶环系生物碱 除了烟碱外，自然界还有很多生物碱都含有吡啶或六氢吡啶环系。如毒芹碱、莨菪碱及古柯碱等。

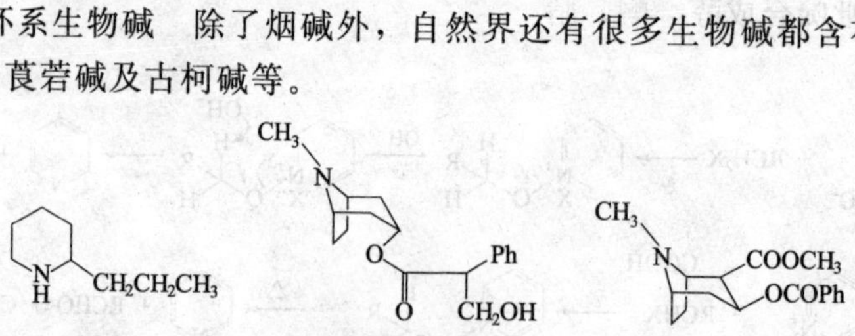

毒芹碱　莨菪碱(颠茄碱)　古柯碱(可卡因)

毒芹碱以盐的形式存在于毒芹等植物中，剧毒！误食会引起乏力、头晕、呕吐、昏睡、麻痹、窒息，严重时可导致死亡。

莨菪碱存在于茄科植物颠茄中，能致腺体分泌、扩大瞳孔、解除平滑肌痉挛等，用于治疗腹绞痛、胃溃疡和十二指肠溃疡等。其硫酸盐名叫“阿托品”，可用于有机磷杀虫剂中毒后的解毒。

古柯碱存在于古柯科植物古柯树叶中，为局部麻醉剂，可用于眼、鼻、喉等黏膜的表面麻醉，吸收后毒性相当大，一般不作注射用。

④ 吡啶类合成药物和农药　吡啶类化合物在医药和农药中均占用非常重要的地位。表12-2 列举了一些重要的吡啶类合成药物和农药品种。

表 12-2　一些重要的吡啶类合成药物和农药

名　称	结　构　式	用　途
异烟肼	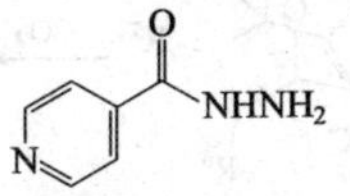 O, N, $NHNH_2$	抗结核病药，对结核杆菌有强大的抑菌和杀菌作用
扑尔敏	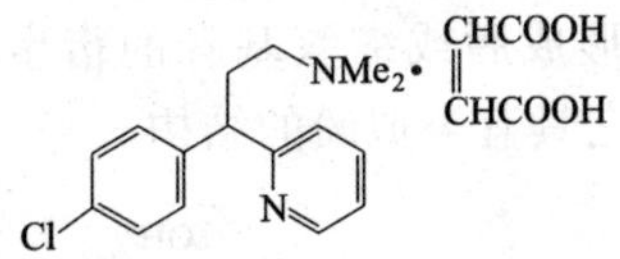 NMe_2·, CHCOOH, CHCOOH, Cl, N	抗过敏药
血脉宁	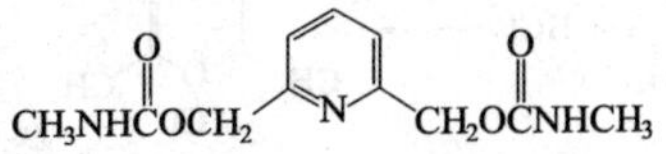 O, O, $CH_3NHCOCH_2$, N, $CH_2OCNHCH_3$	抗动脉粥样硬化药
灭鼠优	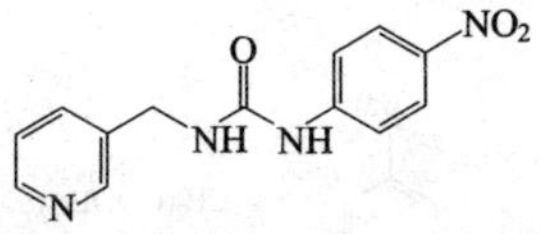 NO_2, O, NH, NH, N	速效杀鼠剂
毒死蜱	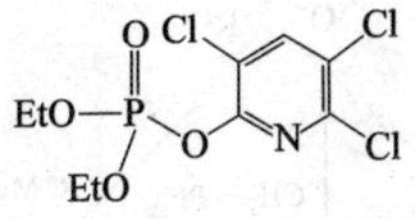 O, Cl, Cl, EtO, P, O, N, Cl, EtO	广谱杀虫剂
吡虫啉	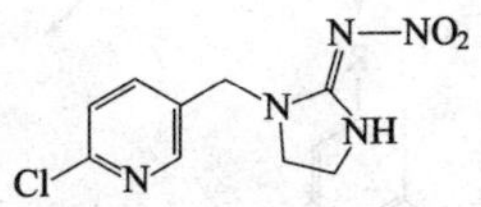 N—NO_2, N, NH, Cl, N	内吸性杀虫剂
啶酰菌胺	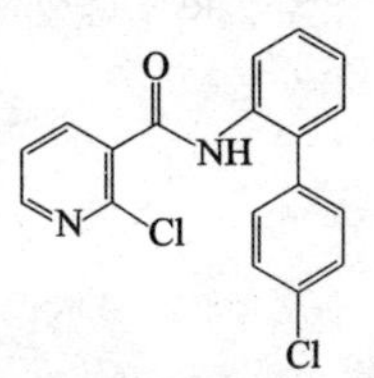 O, NH, N, Cl, Cl	广谱杀菌剂
百草枯	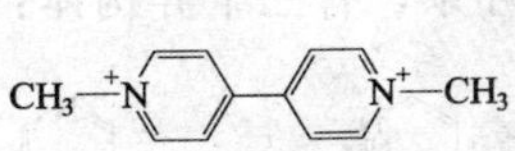 $CH_3-\overset{+}{N}$, $\overset{+}{N}-CH_3$	灭生性除草剂
调吡脲	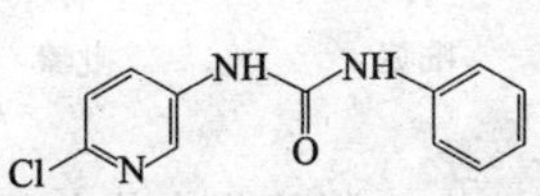 NH, NH, Cl, N, O	植物生长调节剂

12.3.1.2 吡喃环系

吡喃环系不如吡啶环系那么普遍。吡喃以及它的衍生物都没有芳香性，因为它们不具有 $4n+2$ 个电子的封闭共轭环系。比较常见的是吡喃酮：

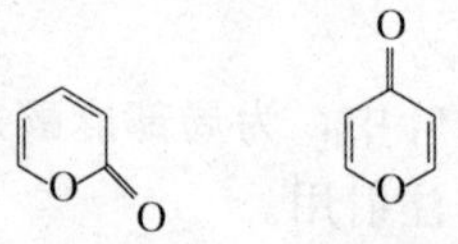

α-吡喃酮　γ-吡喃酮

α-吡喃酮实际上是一个内酯，具有酯和共轭双烯的性质，可发生 Diels-Alder 反应，其加成产物经重排脱羧可制得芳烃。

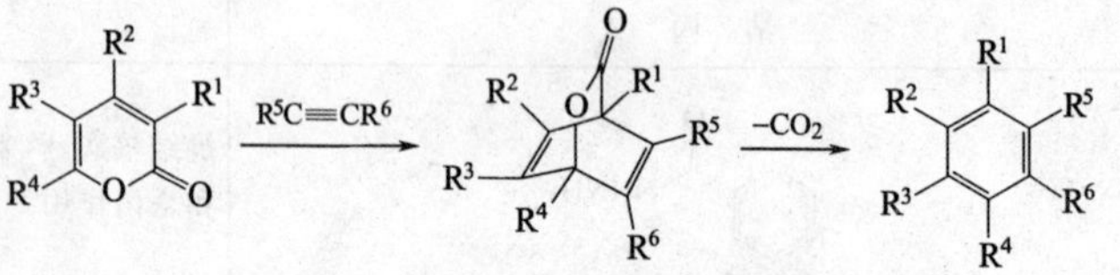

γ-吡喃酮及其衍生物中的羰基不能形成肟或缩氨基脲的衍生物，也不发生 C=C 的反应，但它能与无机酸形成稳定的䏌盐，它具有类似酚的结构。

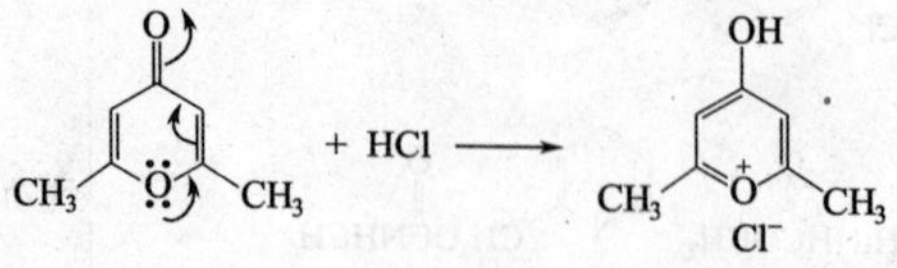

吡喃盐也可用于芳环的构建：

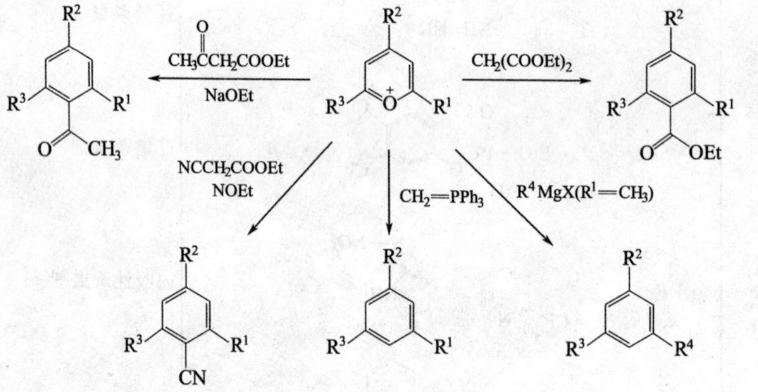

12.3.2 二嗪和三嗪环系

12.3.2.1 二嗪环系

含有两个氮原子的六元杂环称为二嗪环系，有三个异构体：

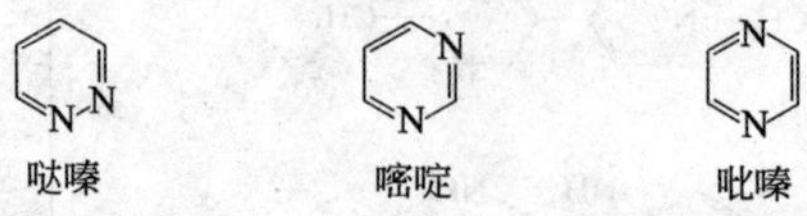

哒嗪　嘧啶　吡嗪

其中以嘧啶最为重要。

(1) 二嗪化合物的合成　哒嗪一般由 1,4-二羰基化合物与肼缩合，再脱氢芳构化而得：

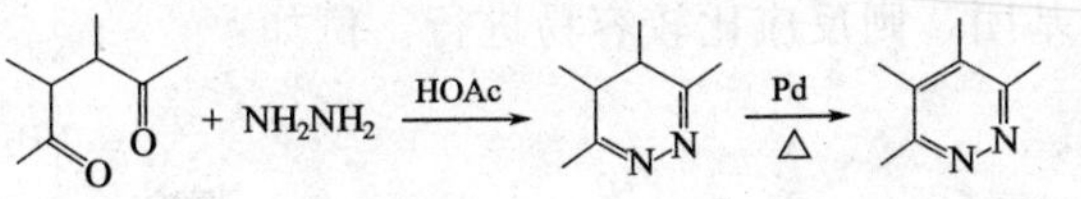

嘧啶可用1,3-二羰基化合物［1,3-二醛（酮）、丙二酸酯、β-羰基酸酯和氰乙酸酯等］与二胺化合物（脲、硫脲、脒、胍等）缩合而得：

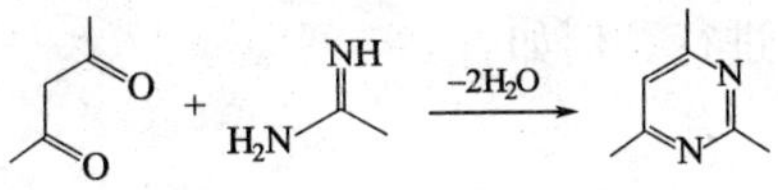

$$\xrightarrow{-2H_2O}$$

例如：

巴比妥酸

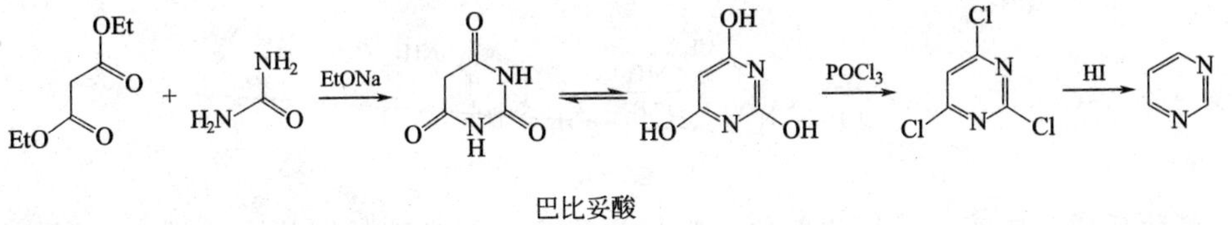

巴比妥酸存在酮式和烯醇式两种互变异构体，主要为酮式，当亚甲基上的氢原子被烃基取代时可得到一系列巴比妥类药物，是一类重要的镇静催眠药物，如苯巴比妥等。

吡嗪环则可由α-氨基醛（酮）自身缩合，或由邻二胺与1,2-二羰基化合物缩合，先得到二氢吡嗪，然后脱氢芳构化而得：

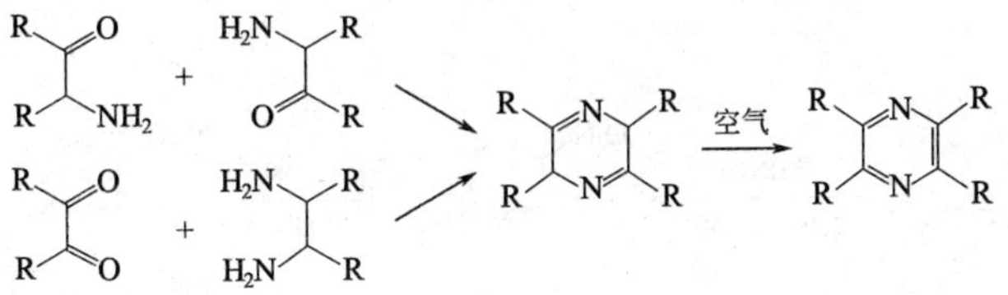

（2）二嗪环系的化学性质

① 碱性　二嗪环上的两个氮原子是相同的，其中一个对另一个的影响相当于一个环上硝基的作用，因此使得其碱性减弱，比吡啶的碱性还弱。当其中一个氮原子被质子化后，第二个氮原子就很难再被质子化了。

② N-烷基化反应　与吡啶一样，二嗪与卤代烷反应可形成单季铵盐。例如：

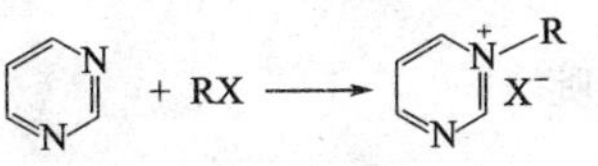

③ 亲电取代反应　二嗪的亲电取代反应比吡啶更难，一般不能进行硝化和磺化反应，但能进行卤代。例如：

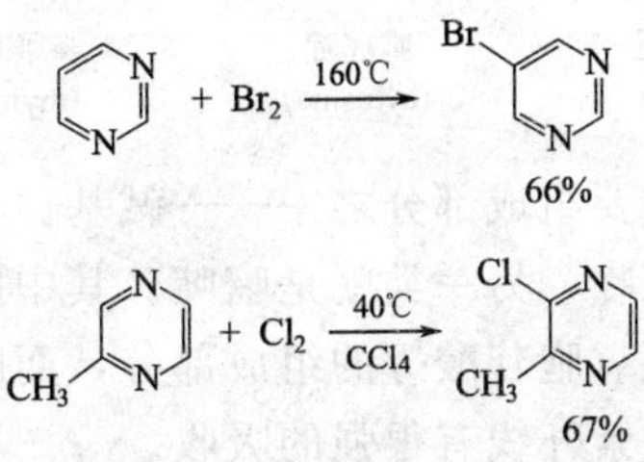

如果环上有给电子基团，则反应比较容易进行。例如：

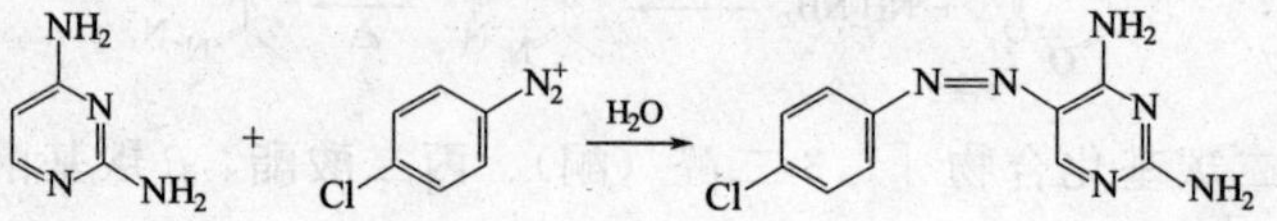

④ 亲核取代反应　与吡啶化合物一样，二嗪化合物也可发生环上氢原子的取代和易离去基团的取代，都比吡啶容易进行。例如：

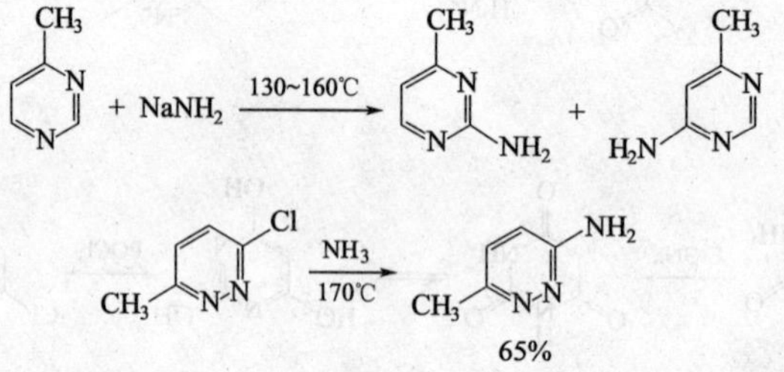

$$+ NaNH_2 \xrightarrow{130\sim160℃}$$

$$\xrightarrow[170℃]{NH_3}$$

65%

⑤ 氧化反应　二嗪环对氧化剂比吡啶环更稳定，如吡啶长期放置会颜色加深，二嗪化合物不会。但在过氧酸作用下也可生成 *N*-氧化物。例如：

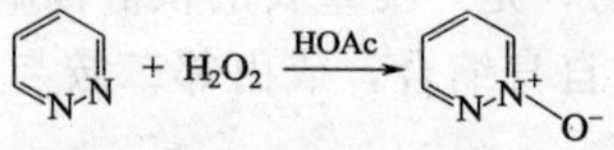

$$+ H_2O_2 \xrightarrow{HOAc}$$

二嗪-*N*-氧化物的亲电取代反应也比二嗪本身容易进行，其亲核取代反应也比卤代二嗪容易。例如：

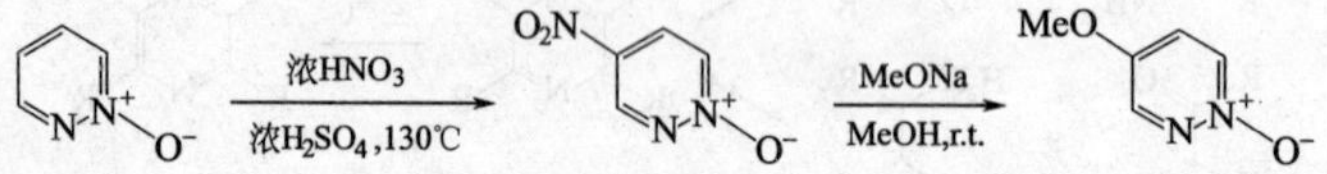

$$\xrightarrow[浓H_2SO_4,130℃]{浓HNO_3} \xrightarrow[MeOH,r.t.]{MeONa}$$

⑥ 侧链 α-H 的反应　除了 5-烷基嘧啶的侧链 α-H 外，所有二嗪化合物侧链烷基上的 α-H 都是活泼氢，可以发生缩合等活泼氢的反应。例如：

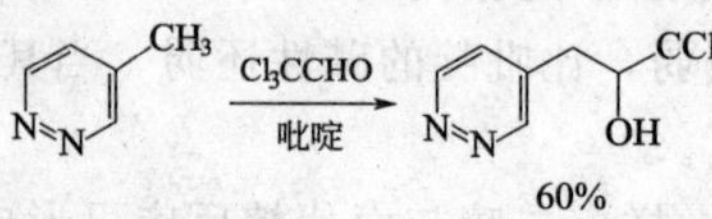

$$\xrightarrow[吡啶]{Cl_3CCHO}$$

60%

(3) 嘧啶衍生物

① 尿嘧啶、胞嘧啶、胸腺嘧啶

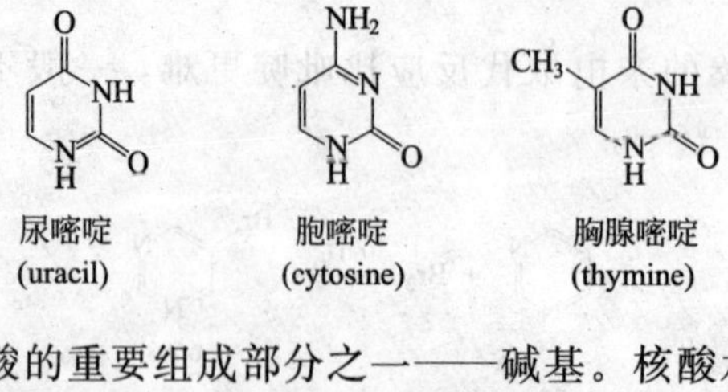

尿嘧啶 (uracil)　胞嘧啶 (cytosine)　胸腺嘧啶 (thymine)

这三个化合物都是核酸的重要组成部分之一——碱基。核酸水解生成磷酸、糖和杂环化合物，这些杂环化合物一类为嘌呤，另一类就是嘧啶。其中尿嘧啶是尿苷和尿苷酸的组成部分，胞嘧啶是胞苷、胞苷酸及脱氧胞苷酸等的组成部分，而胸腺嘧啶是胸苷、胸苷酸和脱氧核糖核酸的组成部分。它们都对紫外线有很强的吸收。

② 维生素 B_1

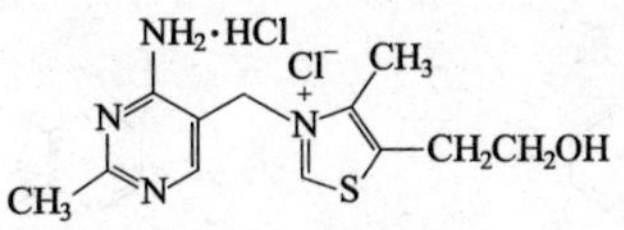

维生素 B_1 又称为“硫胺”或“硫胺素”，其焦磷酸酯是某些脱羧酶的辅基，对维持正常的糖代谢具有重要作用。缺乏维生素 B_1 时，会出现食欲不振、消化不良等症状，严重时会引起多发性神经炎（即脚气病）。在米糠、麦麸、豆类及酵母中含量丰富。

③ 嘧啶环系药物　除巴比妥类药物外，还有许多医药和农药品种中都含有嘧啶环，它是生物活性物质中的重要活性单元或辅助基团。例如：

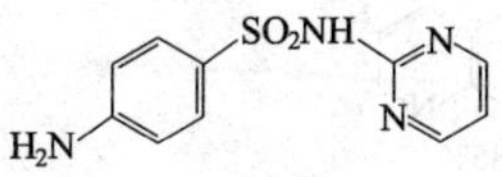

磺胺嘧啶(抗菌药) 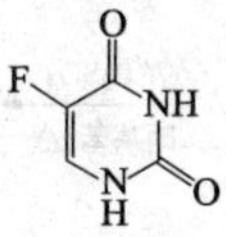　氟尿嘧啶(抗癌药) 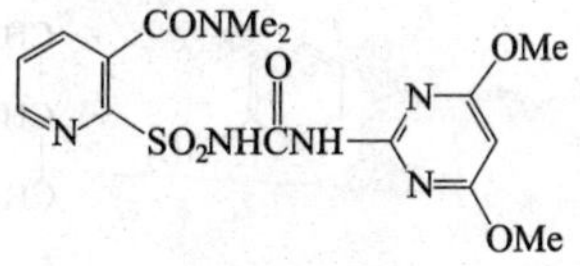　烟嘧磺隆(除草剂)

12.3.2.2　三嗪环系

含有三个氮原子的六元单环称为三嗪环系，其主要异构体是 1，3，5-三嗪，或称均三嗪，重要代表物是三聚氰胺和三氯均三嗪。

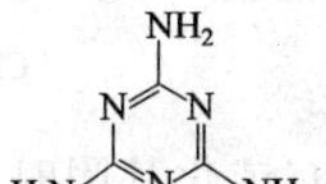

三聚氰胺 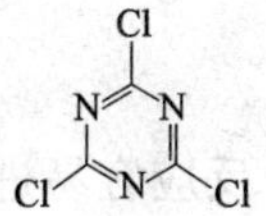　三氯均三嗪

三聚氰胺是一种用途很广泛的基本化工原料，熔点 347℃，主要用于与甲醛缩合制取三聚氰胺甲醛树脂，用于涂料、木材加工、装饰板、模塑料、纸张、纺织和制革处理剂等。工业上用尿素为原料，氨气为载体，硅胶为催化剂，在 380～400℃下沸腾反应，先分解生成氰酸，再进一步聚合而得。

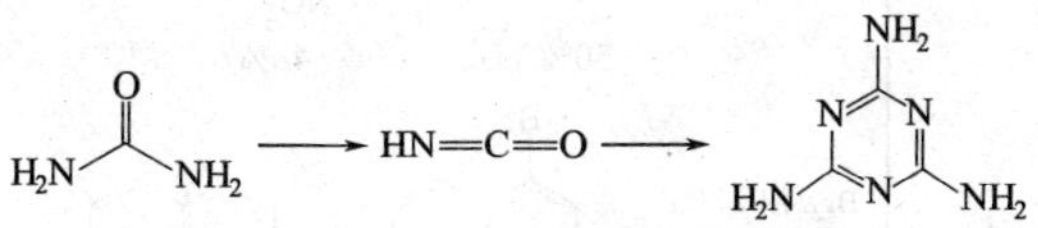

$$H_2NCONH_2 \longrightarrow HN=C=O \longrightarrow \text{三聚氰胺}$$

三氯均三嗪可用下法合成：

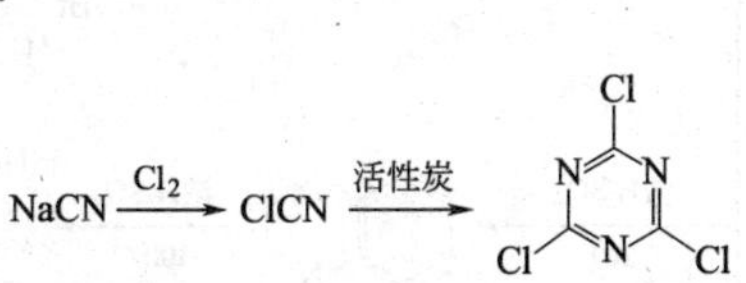

$$NaCN \xrightarrow{Cl_2} ClCN \xrightarrow{\text{活性炭}} \text{三氯均三嗪}$$

三氯均三嗪为无色结晶，熔点 154℃。这是一种重要的有机化工中间体，可用于合成一系列高效、低毒的均三嗪类除草剂和杀虫剂，也用于生成荧光增白剂、涤纶等多种合成纤维染色用的活性染料，以及合成树脂、橡胶、聚合物防老剂、炸药、织物防缩水剂、表面活性剂等。

12.3.3 苯并六元杂环化合物

12.3.3.1 喹啉和异喹啉环系

喹啉
沸点238℃

异喹啉
沸点243℃，熔点26.5℃

喹啉为无色有特殊臭味的油状液体，在空气中颜色会逐渐加深。异喹啉则为无色晶体或液体，碱性比喹啉强。

(1) 喹啉和异喹啉环系的合成 喹啉的合成可用 Skraup 法，即将芳胺与甘油、硫酸、硝基苯和五氧化二砷或三氯化铁一起作用或用芳胺与1，3-二羰基化合物及硫酸一起反应(Combes 法)来制备：

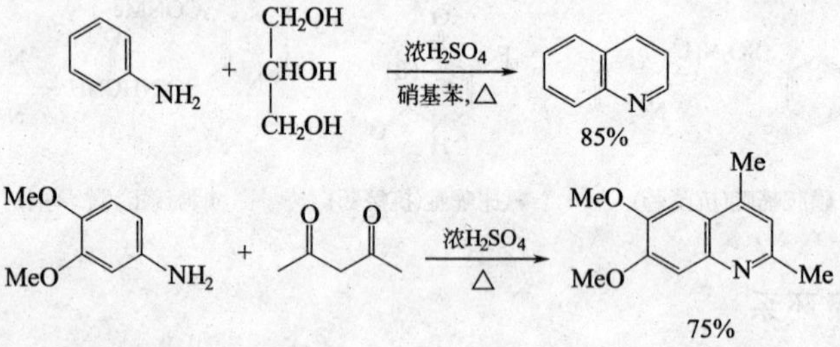

NH_2 + CH_2OH / CHOH / CH_2OH —浓H_2SO_4，硝基苯，△→ N 85%

MeO, MeO, NH_2 + (乙酰丙酮) —浓H_2SO_4，△→ Me, MeO, MeO, N, Me 75%

1-取代异喹啉则可以用 Bischler-Napieralski 法合成：

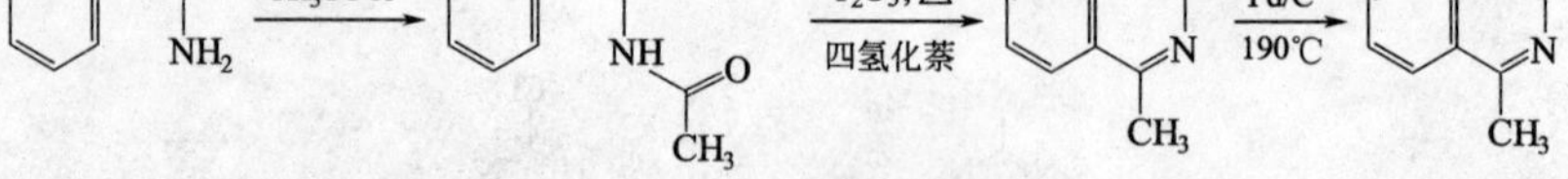

NH_2 —CH_3COCl→ NH, O, CH_3 —P_2O_5，△，四氢化萘→ N, CH_3 —Pd/C，190℃→ N, CH_3

如果苯环上有活化基团，反应容易进行，而有钝化基团时难以进行。

(2) 化学性质

① 亲电取代反应 由于吡啶环比苯环难以发生亲电取代反应，所以喹啉和异喹啉的亲电取代反应一般都发生在苯环上，位置为5-位和8-位。

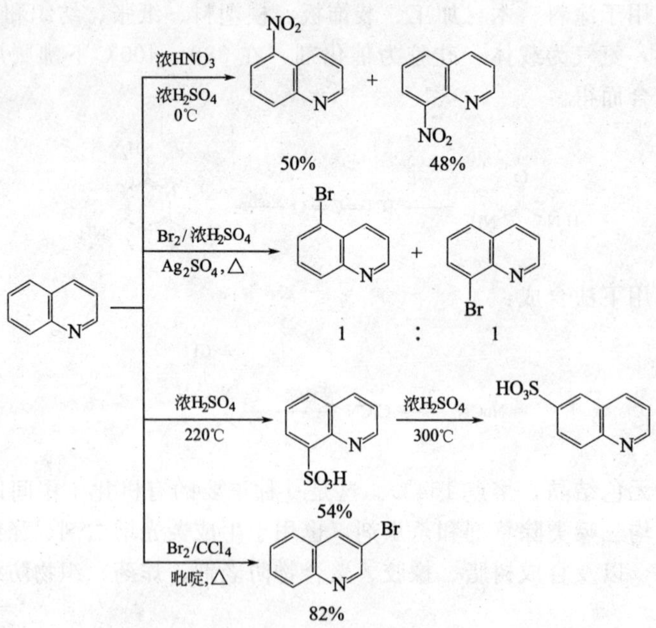

N —浓HNO_3，浓H_2SO_4，0℃→ NO_2, N 50% + N, NO_2 48%

—Br_2/浓H_2SO_4，Ag_2SO_4，△→ Br, N + N, Br　1 : 1

—浓H_2SO_4，220℃→ N, SO_3H 54% —浓H_2SO_4，300℃→ HO_3S, N

—Br_2/CCl_4，吡啶，△→ N, Br 82%

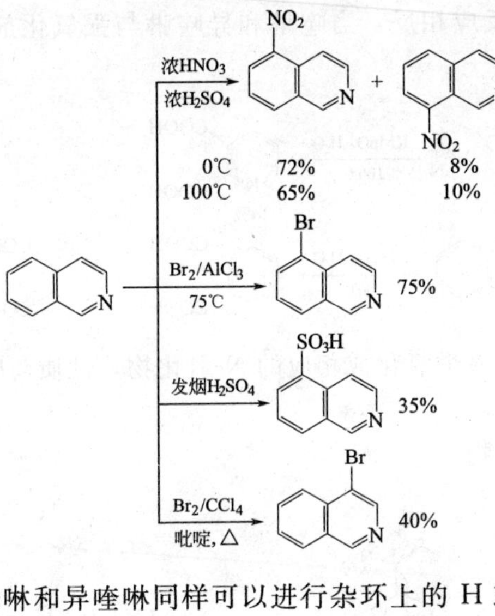

② 亲核取代反应　喹啉和异喹啉同样可以进行杂环上的H或易离去基团的亲核取代反应，喹啉的取代主要发生在C-2位上，如果C-2位上有其他取代基，则发生在C-4位上。异喹啉的亲核取代反应则发生在C-1位上。例如：

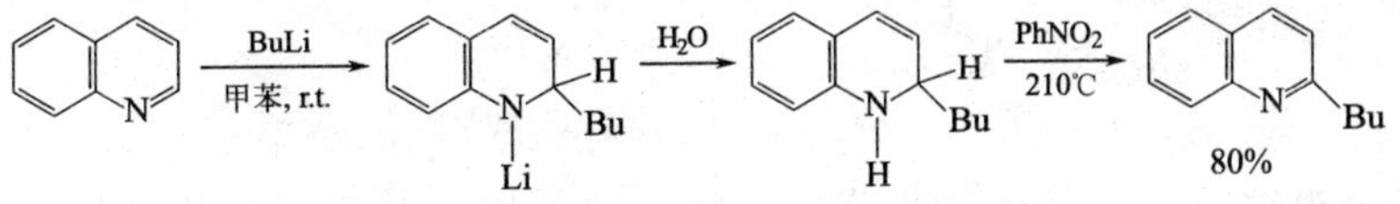

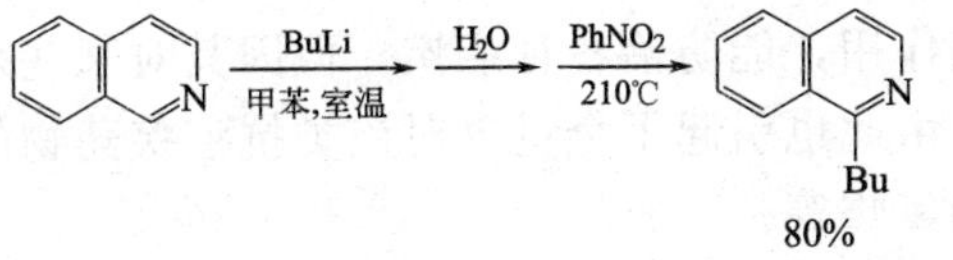

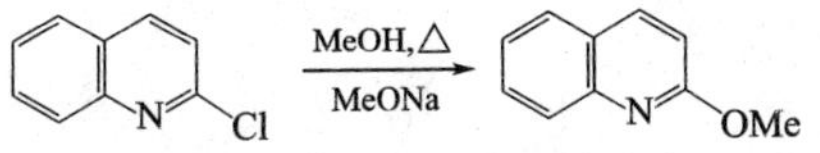

③ 侧链上α-H的反应　2-位或4-位取代的喹啉和1-位烷基取代的异喹啉烷基上的α-H是活泼氢，可以进行缩合反应，而其他位置上烷基的α-H活泼性很差，不易进行缩合反应。例如：

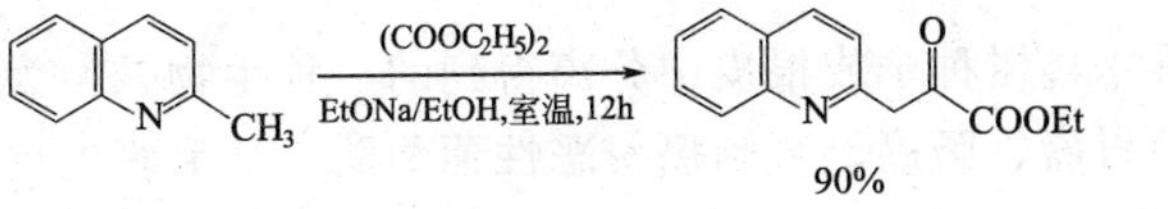

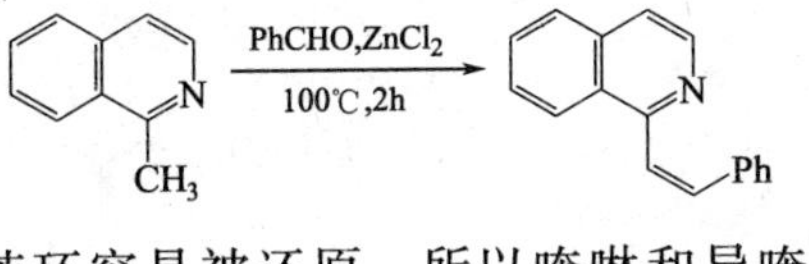

④ 还原反应　吡啶环比苯环容易被还原，所以喹啉和异喹啉在与还原剂反应时，都是吡啶环优先被还原。例如：

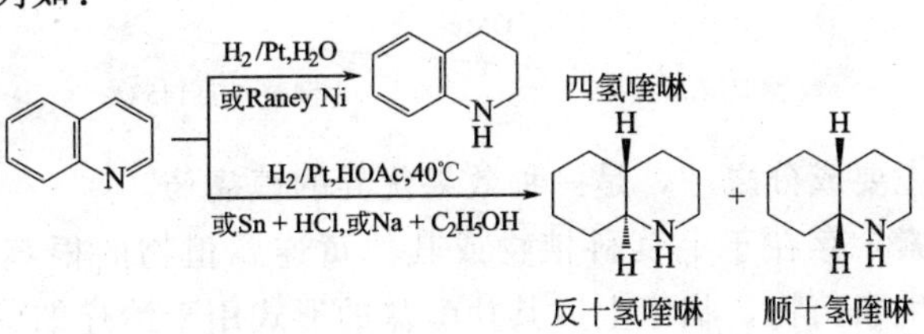

⑤ 氧化反应　与还原反应相反，当喹啉和异喹啉与强氧化剂如 $KMnO_4$ 等作用时，苯环优先被氧化。例如：

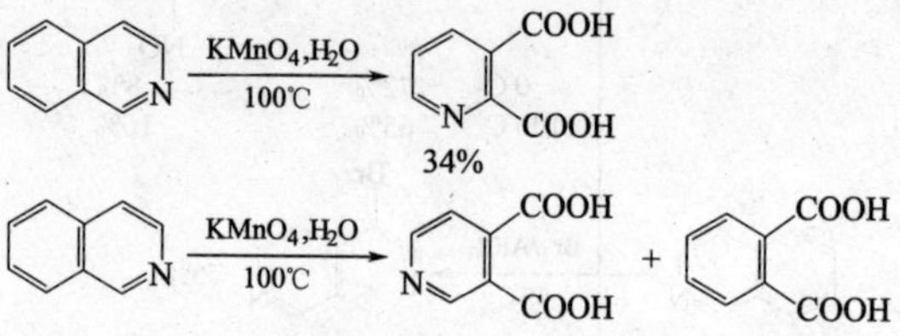

$KMnO_4,H_2O$ / 100℃ → COOH, COOH, N, 34%

$KMnO_4,H_2O$ / 100℃ → COOH, COOH, N + COOH, COOH

过氧酸也可将喹啉和异喹啉氧化成相应的 N-氧化物，性质与吡啶-*N*-氧化物相似，在此不再赘述。

(3) 喹啉和异喹啉衍生物

① 奎宁

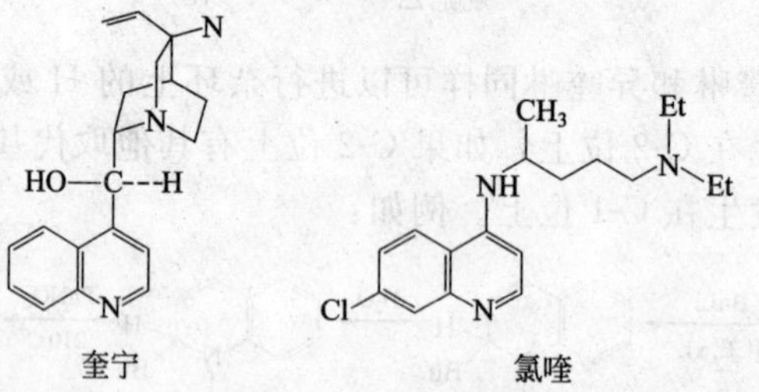

N, N, HO—C---H, H, N　　　CH_3, Et, NH, N, Et, Cl, N

奎宁　　　氯喹

奎宁又名金鸡纳碱，是存在于茜草科植物金鸡纳树及其同属植物的树皮中的主要生物碱。奎宁及其盐类都有抗疟作用，能防治各种疟疾。但因其对某些疟原虫只有抑制，而无杀灭作用，所以愈后易复发，由此也引起了全世界对该类抗疟疾药物的研究热潮，先后合成了许多效果优良的抗疟药，如氯喹等。

② 喜树碱

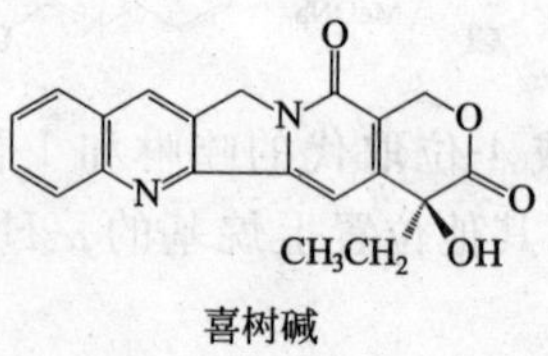

O, N, O, N, O, CH_3CH_2, OH

喜树碱

这是从珙垌科乔木喜树种子或根皮中分离得到的一种生物碱，为淡黄色针状结晶，抗癌药物。主要用于治疗胃癌、肠癌、直肠癌、恶性葡萄胎、绒毛膜上皮癌和白血病等。

③ 罂粟碱和小檗碱

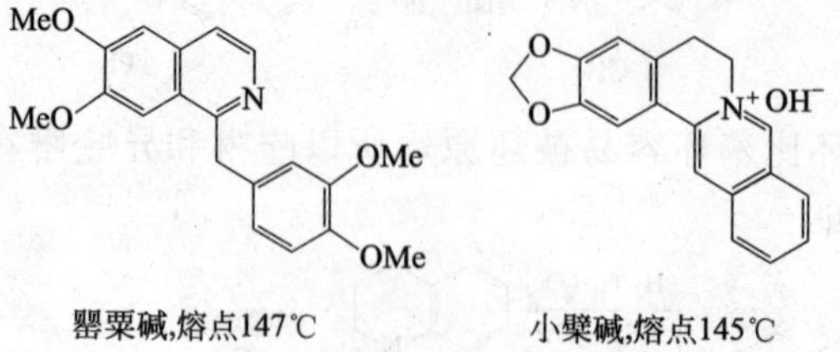

MeO, MeO, N, OMe, OMe　　　O, O, N^+ OH^-

罂粟碱,熔点147℃　　　小檗碱,熔点145℃

罂粟碱是鸦片的主要成分之一，是一种效果优异的镇痛药。

小檗碱也叫黄连素，存在于毛茛科植物或其他黄连属植物的根茎中，黄色结晶，味极苦，是一种良好的抗生素药物，临床上以其盐酸盐的形式用于治疗细菌性痢疾及胃肠炎。与其他药物相比，具有无耐药性、毒性低等优点。

④ 吗啡

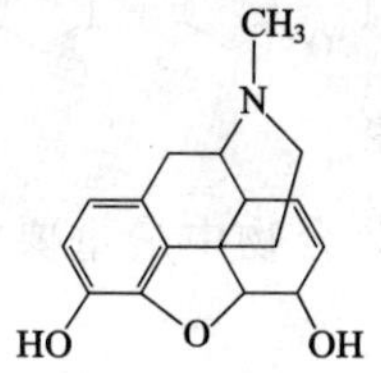

吗啡

吗啡也是鸦片中的主要生物碱之一，白色结晶，熔点 253～254℃（分解）。临床上用作镇痛药，具有镇痛、镇静、镇咳、抑制呼吸及肠蠕动的功效，主要用于缓解急性锐痛及治疗心源性哮喘。但因其易成瘾，故不宜长期使用。

12.3.3.2 苯并吡喃及其衍生物

苯与吡喃稠合构成苯并吡喃环系，它本身并不太重要，但其衍生物苯并吡喃酮却非常重要，许多天然产物中都含有苯并吡喃环系。

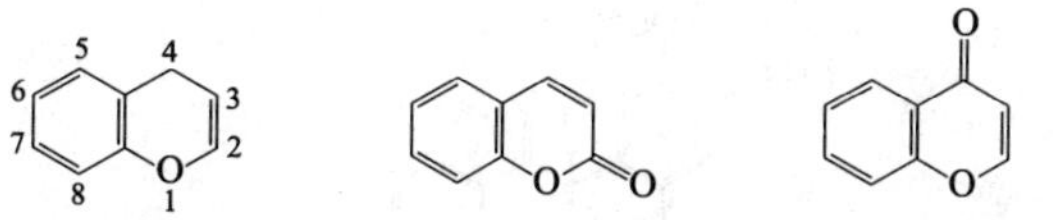

苯并吡喃　　苯并-α-吡喃酮　　苯并-γ-吡喃酮

(1) 维生素 E　维生素 E 也称“生育酚”，属脂溶性维生素，有 α-、β-、γ-、δ-等四种，都是生育酚的甲基衍生物。

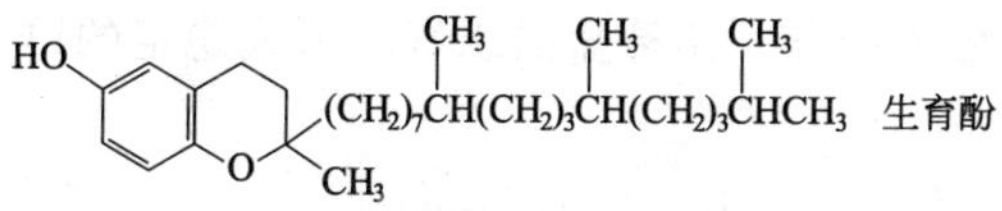

$(CH_2)_3CH(CH_2)_3CH(CH_2)_3CHCH_3$ 生育酚

α-母育酚: 5,7,8-三甲基生育粉
β-母育酚: 5,8-二甲基生育粉
γ-母育酚: 7,8-二甲基生育粉
δ-母育酚: 8-甲基生育粉

维生素 E 极易被氧化，因而常用作抗氧化剂来保护其他物质不被氧化。它是某些动物维持生殖机能的重要因素，缺少时会引起不育、流产等症。临床上用于治疗流产和不育症，近年来还尝试用作抗衰老药物。在麦胚油、棉籽油和玉米油等植物油中含量丰富。

(2) 苯并-α-吡喃酮衍生物　苯并-α-吡喃酮又称“香豆素”，存在于零陵香豆、熏衣草油等中，有似香草精的香味，是一种重要的香料，常用作脱臭剂、定香剂，配制香水和香料，也用作饮料、食品、橡胶制品、塑料制品等的增香剂。可由水杨醛、乙酸酐和三乙胺共热制得：

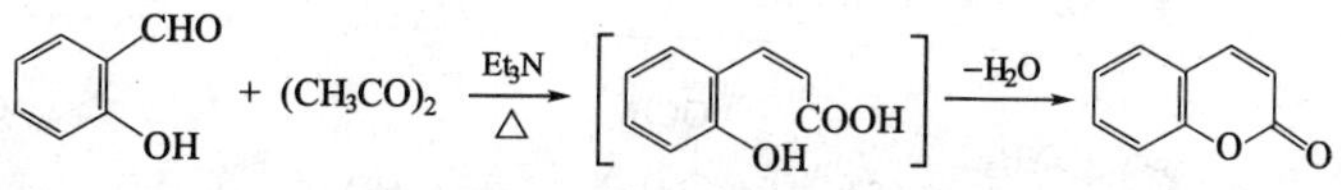

$$\text{水杨醛} + (CH_3CO)_2 \xrightarrow[\triangle]{Et_3N} [\text{邻羟基肉桂酸}] \xrightarrow{-H_2O} \text{香豆素}$$

4-羟基香豆素是一种很有用的医药和农药中间体，用于合成双香豆素、香豆素乙酯等抗凝血药物，以及抗凝血杀鼠剂等。

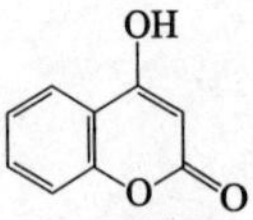

4-羟基香豆素 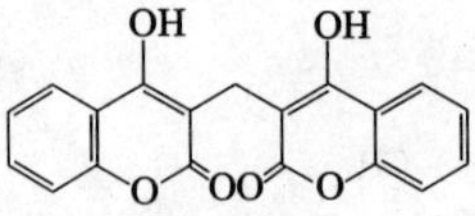　　双香豆素 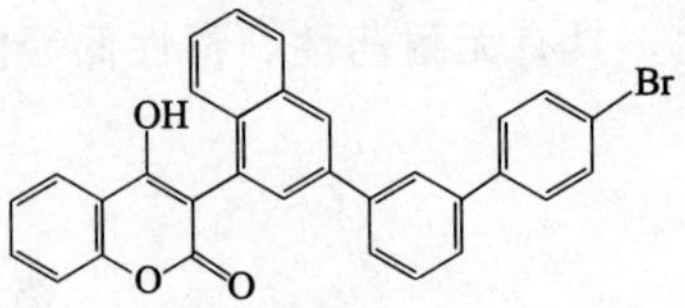　　溴联苯杀鼠萘

（3）苯并-γ-吡喃酮衍生物　这类化合物中最重要的是 2-位被苯基取代后的产物，称为“黄酮”。

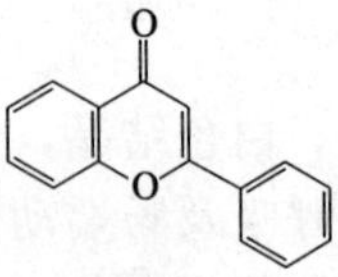

许多植物中都含有这个环系，统称为黄酮类色素，如橡精等。

鱼藤酮存在于鱼藤属植物的根中，为白色无臭晶体，有毒，吸入或误食可引起口腔黏膜麻痹、恶心、呕吐等症状，严重时可导致死亡。主要用作杀虫剂，对昆虫不产生抗性。但因对鱼毒性大，已逐步停止使用。

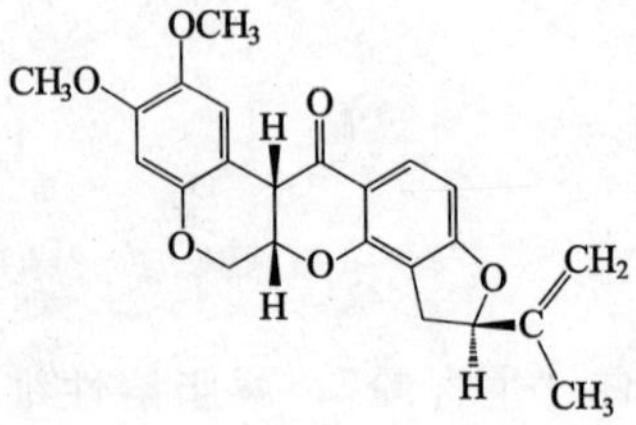

（4）花色素　各种花和果实因所含的色素不同而呈现不同的颜色，这些色素称为花色素，在植物体内与糖结合形成糖苷，用稀盐酸水解时形成稳定的鎓盐。花色素结构如下：

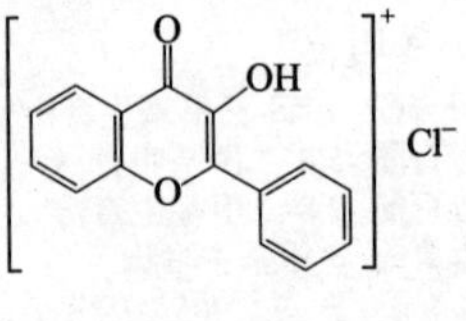

不同颜色的花色素仅在于两个苯环上羟基的多少和位置不同而已（也已发现了没有 3-位羟基的花色素）。由于花色素能异构化成醌式结构，因此即使是同一种花色素，在不同的环境中也可能呈现不同的颜色。

练习题

1. 命名下列化合物

（1） 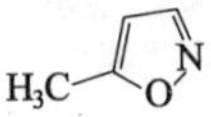　（2） 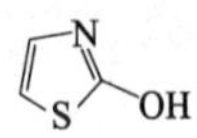　（3） 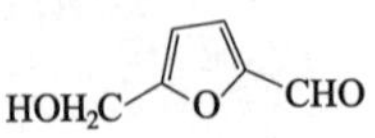　（4）

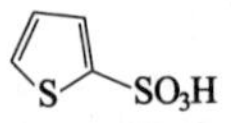

（5） 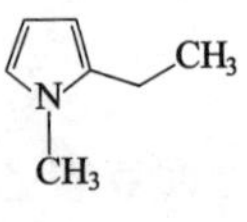　（6） 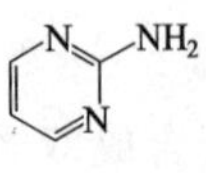　（7） 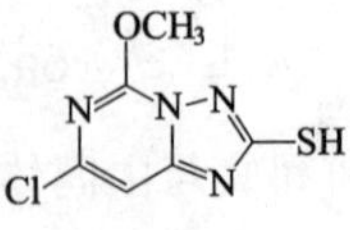　（8）

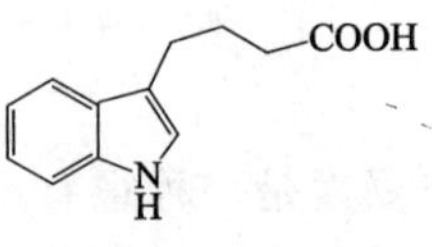

(9) 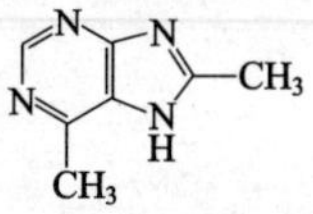 (10) 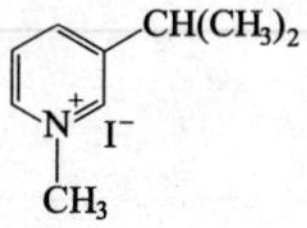 (11)

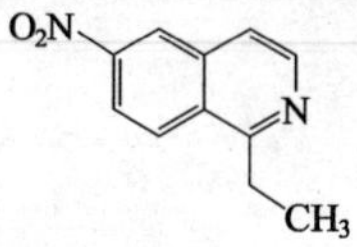

2. 判断下列化合物进行亲电取代反应的难易程度，指出单取代反应发生的位置并说明理由。

(1) 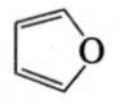 (2) 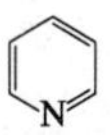 (3)

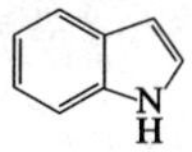

3. 完成下列转化（必要的试剂自选）：

(1)

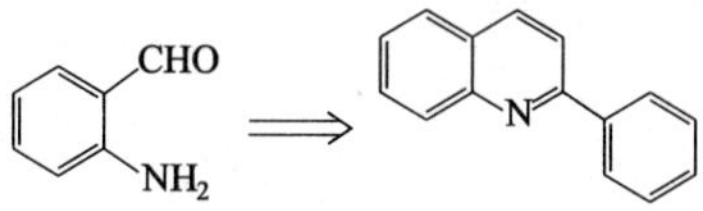

(2)

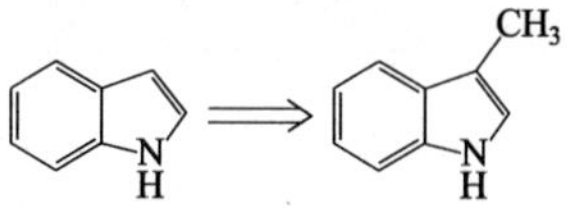

4. 用化学方法鉴别下列各组化合物：

(1) 糠醛、糠酸、2-甲基呋喃

(2) 吡咯、四氢吡咯

(3) 噻吩、苯

5. 完成下列反应

(1) 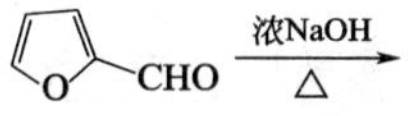 浓NaOH △

(2) 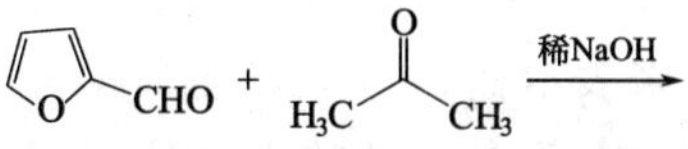 稀NaOH

(3) 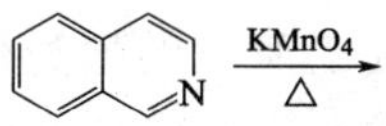 $KMnO_4$ △

(4) Cu △

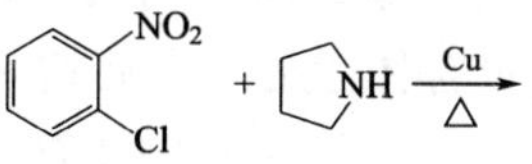

(5) 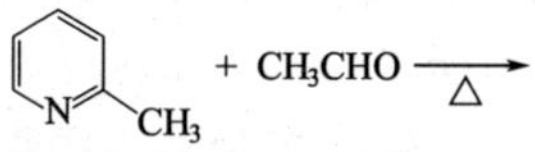 $+ CH_3CHO$ △

(6) 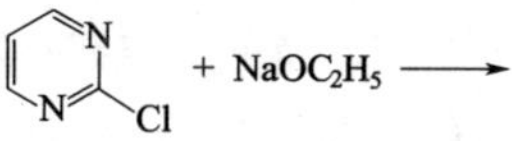 $+ NaOC_2H_5$

6. 亚硝酸是一种作用很强的化学诱变剂，它的介入可使生物体内一些化学物质结构改变而引起有机体的突变。例如，亚硝酸可导致如下反应：

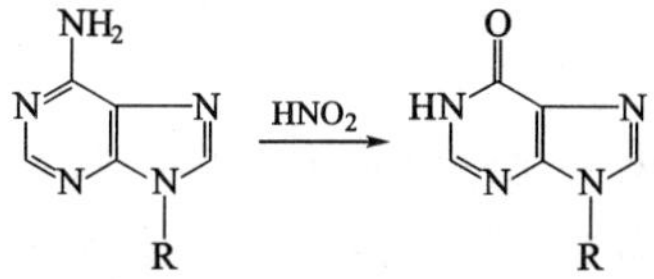

AMP $\xrightarrow{HNO_2}$ GMP

用反应式表示以上转变的机理。

7. 试将吡咯、吡啶、苯胺按碱性由强到弱的顺序排列。

8. 阿托品的分子结构为

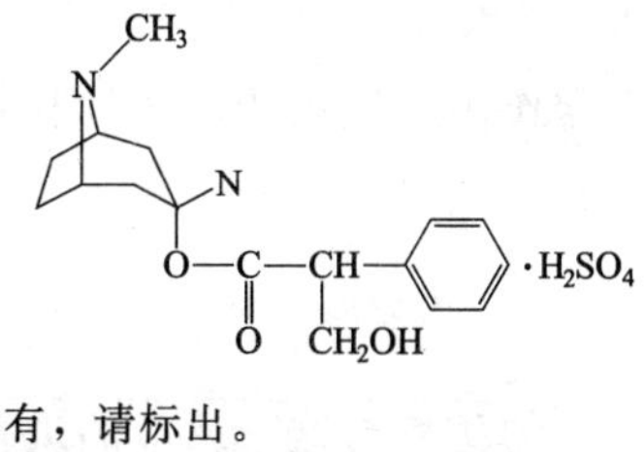

$\cdot H_2SO_4$

(1) 该分子有无手性碳原子？如有，请标出。

(2) 该分子有无旋光异构体？如有，试推测旋光异构体的数目。

(3) 写出该化合物在碱性条件下的水解产物。

9. 各举两个含有吡啶、吡咯、喹啉环的生物碱实例。

13

碳水化合物

碳水化合物（carbohydrates）即通常所称的糖类物质，因为大部分该类化合物的分子式都可用通式 $C_x(H_2O)_y$ 来表示而得名，如葡萄糖为 $C_6(H_2O)_6$、蔗糖为 $C_{12}(H_2O)_{11}$、淀粉为 $C_n(H_2O)_{5n}$ 等，表面上似乎是“碳的水合物”。但这一名称不是十分贴切的，因为一方面糖类化合物并不是简单的碳的水合体，另一方面这一通式也并不能代表所有的糖类化合物，如鼠李糖为 $C_6H_{12}O_5$。且某些符合这一通式的化合物也不一定是糖类，如乳酸 $C_3H_6O_3$。因此，碳水化合物这一称谓只是习惯叫法而已，专业的称谓应称为糖（saccharides）。

糖一般定义为多羟基醛和多羟基酮，以及可以水解产生多羟基醛和多羟基酮的物质。虽然这一定义表述出了它的主要官能团，但却并不完全准确。从后文可以知道，由于分子通式中含有亲电的羰基和亲核的羟基，因此它们容易发生分子内的亲核加成，从而更容易以半缩醛或缩醛的形式存在。

不能被水解成更简单的糖的糖类化合物称为单糖，如葡萄糖和核糖等；能水解产生两分子单糖的糖类化合物称为双糖，如麦芽糖和蔗糖等；能水解产生 3～10 个单糖分子的糖类化合物称为寡糖；能产生 10 个以上单糖分子的糖类物质称为多糖，如淀粉和纤维素等。

糖类化合物是植物中最丰富的有机成分，它们不仅是生物体最重要的化学能源，而且在植物，甚至某些动物中也是支撑组织的重要组分，如纤维素在树木、棉花、亚麻等植物中的作用。

糖在生物体内的合成是通过光合作用来实现的，植物利用太阳能来还原或捕捉空气中的二氧化碳合成糖类：

$$xCO_2 + yH_2O + \text{太阳能} \longrightarrow C_x(H_2O)_y + xO_2$$

在光合作用过程中，有许多独立的酶参与这一反应的进行，尽管现在对这些酶催化反应还没有完全弄清，但已经知道，这个光合过程是从植物重要的绿色素——叶绿素对光的吸收开始的。叶绿素的绿色及在可见光区吸收太阳光的能力是因为其大的共轭体系的存在，当它捕获太阳光子后，所获得的能量就被植物以化学的形式进行反应，还原二氧化碳和水成糖，同时氧化水成氧气。

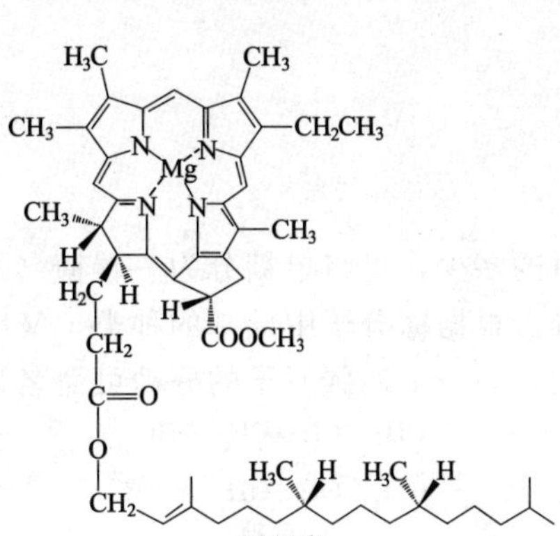

叶绿素a

糖类物质是太阳能的主要储存库，当被动物代谢时就分解生成二氧化碳和水，同时释放出能量：

$$C_x(H_2O)_y + xO_2 \longrightarrow xCO_2 + yH_2O + 能量$$

这一代谢过程也是一系列酶催化反应的结果，每一个能量产生的步骤都是氧化或氧化的结果。氧化所产生的能量一部分不可避免地会转化成热量，但大部分还是会被生物以二磷酸腺苷（ADP)与无机磷（Pi)形成三磷酸腺苷（ATP)的方式以化学能的形式储存起来。

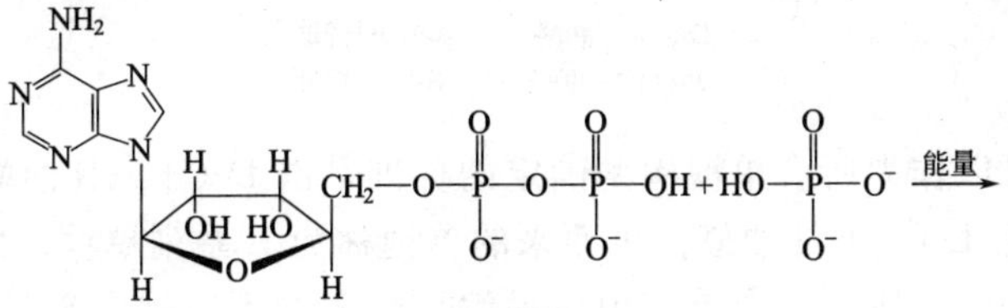

ADP

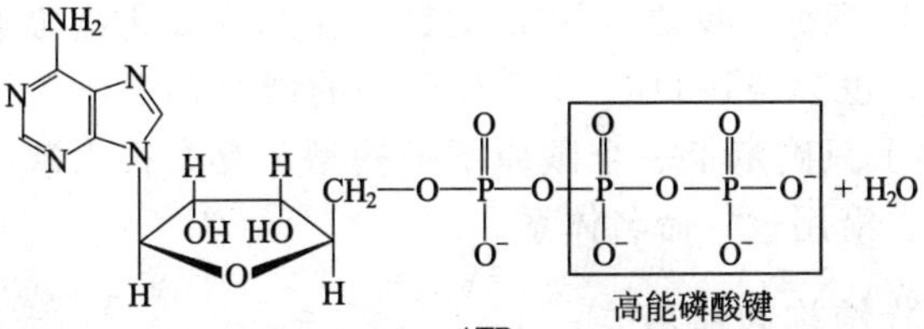

ATP

高能磷酸键

ADP末端的磷酸根与磷酸离子形成的新的磷酸酐键（高能磷酸键)成为一个新的化学能源库，动物可以利用ATP储存的能量完成他们所有需要能量的活动，如肌肉收缩、生物分子的合成等。当ATP中的能量被用掉时，它就会被水解成ADP或者是产生一种新的酸酐连接：

$$ATP + H_2O \longrightarrow ADP + Pi + 能量$$

$$RC(=O)—OH + ATP \longrightarrow RC(=O)—O—P(=O)(O^-)—O^- + ADP$$

在相当长的一段时间内，糖被简单地认为只是作为能源提供者或结构支撑物，但随着糖的各种生物学功能的发现，糖化学已成为介于有机化学和生物学之间非常活跃的研究领域之一。

13.1 单糖

13.1.1 单糖的分类

根据糖分子中碳原子数目的多少，可将单糖分为三碳糖（丙糖）、四碳糖（丁糖）、五碳糖（戊糖）、六碳糖（已糖）等。根据糖分子中羰基的种类，又可将其分为醛糖和酮糖。在命名时常将这两种方法合起来用，如一个四碳原子的醛糖可命名为丁醛糖。

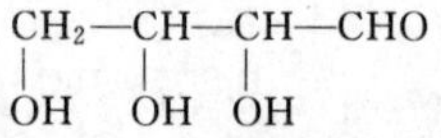

$$\underset{\text{OH}}{\underset{|}{\text{CH}_2}}\text{—}\underset{\text{OH}}{\underset{|}{\text{CH}}}\text{—}\underset{\text{OH}}{\underset{|}{\text{CH}}}\text{—CHO}$$

丁醛糖

13.1.2 单糖的结构和命名

13.1.2.1 D系列和L系列

最简单的单糖是甘油醛（2，3-二羟基丙醛）和1，3-二羟基丙酮。甘油醛分子中存在一个手性碳原子，因而存在一对对映异构体，分别为D-(＋)-甘油醛和L-(－)-甘油醛：

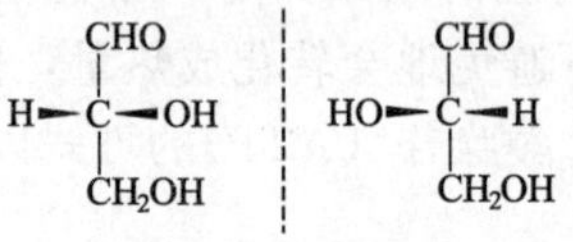

$$\begin{array}{c}\text{CHO}\\ |\\ \text{H}\blacktriangleleft\text{C}\blacktriangleright\text{OH}\\ |\\ \text{CH}_2\text{OH}\end{array}\qquad\begin{array}{c}\text{CHO}\\ |\\ \text{HO}\blacktriangleleft\text{C}\blacktriangleright\text{H}\\ |\\ \text{CH}_2\text{OH}\end{array}$$

D-(+)-甘油醛　　L-(–)-甘油醛

R-(+)-甘油醛　　S-(–)-甘油醛

这两个化合物可以作为所有单糖构型确定的标准。由D-(＋)-甘油醛衍生而来的单糖称为D系列单糖，而由L-(－)-甘油醛衍生而来的单糖称为L系列单糖。由于命名时编号是从靠近羰基的一端开始的，所以一个单糖中如果编号最大的不对称中心与D-(＋)-甘油醛具有相同的构型，则此单糖为D-型糖，反之则为L-型糖。在此需要再次强调的是，旋光方向与构型之间没有必然的联系，也会遇到D-(－)或L-(＋)的糖类。

虽然D/L命名法事实上只确定了一个碳原子的构型，存在很大缺陷，但在糖化学中仍主要采用这一方法。本书也沿用这一命名体系。

13.1.2.2 单糖的环状结构和命名

单糖的构型可用飞楔式和费歇尔投影式表示。例如D-(＋)-葡萄糖可表示为图13-1(a)和(b)所示。

D-(＋)-葡萄糖的许多性质可用此链式结构来解释，但也有很多性质无法用此结构理解。有许多证据表明，在D-(＋)-葡萄糖中存在着链式结构和两种环状结构［见图13-1(c)和(d)或(e)和(f)］的平衡。这种环状结构是由C-5位的羟基与醛基进行分子内亲核加成反应形成的半缩醛(见图13-2)，这种环化在C-1位又产生一个新的手性中心，因而有两种环状结构，它们仅在C-1位上构型不同，是一对非对映异构体，在糖化学中将这种非对映异构体称为异头物或端基异构体（anomers)，半缩醛碳原子则称为异头碳。根据异头碳构型的不同，分别将这两种结构命名为α-D-(＋)-葡萄糖和β-D-(＋)-葡萄糖。

对D-(＋)-葡萄糖环状半缩醛结构的X射线晶体衍射研究表明，环的真实构型为椅式［见图13-1(e)和(f)］。在β-异头物中，所有大的基团均处于平伏键，而在α-异头物中，仅异头碳上的羟基处于直立键，而其他大的基团也均处于平伏键。由此可知，β-异头物的稳定性

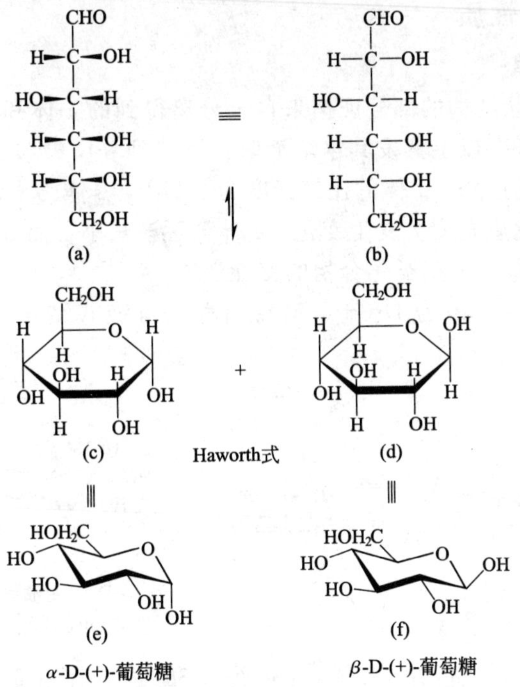

图 13-1　葡萄糖的结构

强于 α-异头物。

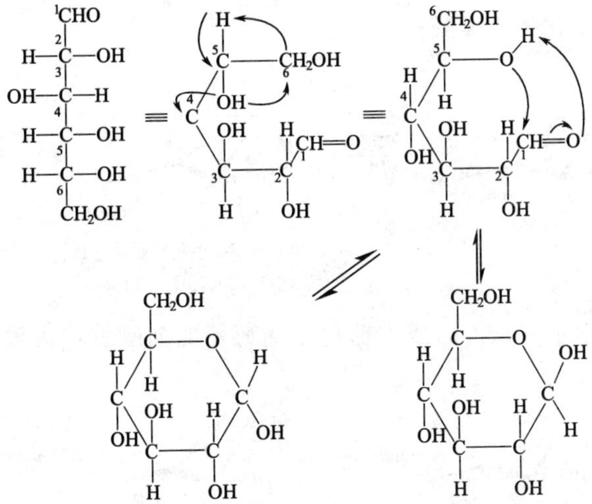

图 13-2　单糖环状结构的形成

并不是所有的糖类化合物都存在六元半缩醛环的平衡体系，在有些情况下，形成的是五元环，即使是葡萄糖中也存在少量五元半缩醛结构的平衡。由于这一差别的存在，在命名时就必须加以区分，六元环糖通常称为吡喃糖，而将五元环糖称为呋喃糖。这样，图 13-1 中的（c）或（e）的完整命名就是 α-D-(+)-吡喃葡萄糖，而（d）或（f）为 β-D-(+)-吡喃葡萄糖。

13.1.3 单糖的化学性质

13.1.3.1 变旋现象

D-(+)-葡萄糖的环状结构的部分证据来自于分离得到的α-体和β-体。α-D-(+)-葡萄糖的熔点为146℃，当在98℃以上蒸发其水溶液时，可得到β-D-(+)-葡萄糖，熔点为150℃。二者的旋光性质有很大的差别，α-体的比旋光度为+112°，β-体为+18.7°。当把它们各自的水溶液放置时，它们的比旋光度会发生变化，α-体会逐渐减小，而β-体会逐渐增大，但最后都达到+52.7°。这种现象称为糖类化合物的变旋现象。

产生变旋现象的原因是因为D-(+)-葡萄糖存在有链式结构与环状结构的互变异构现象：

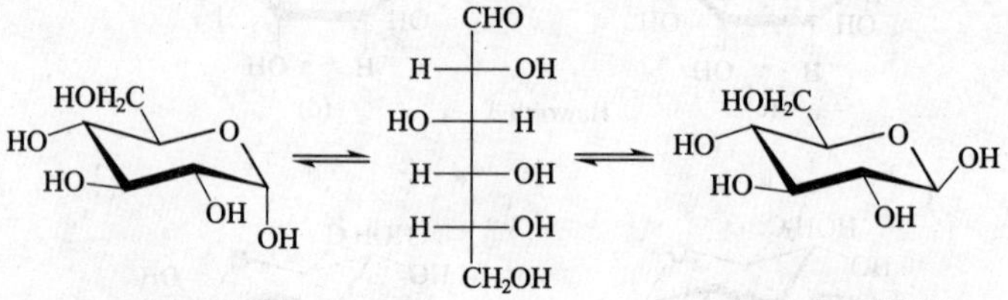

α-D-(+)-吡喃葡萄糖 熔点146℃，$[\alpha]_D^{25}=+112°$

β-D-(+)-吡喃葡萄糖 熔点150℃，$[\alpha]_D^{25}=+18.7°$

在此平衡体系中，链式结构只占约0.1%，α-体约占36%，β-体占64%。虽然链式结构占的比重很少，但它是α-体和β-体互变的桥梁。同时也由于这一原因，在D-(+)-葡萄糖的溶液中观察不到羰基的紫外吸收带和红外特征吸收带，与Schiff试剂也不显色。

13.1.3.2 糖苷的形成

当将少量干燥的氯化氢气体通入D-(+)-葡萄糖的甲醇溶液中时，在异头碳的羟基（半缩醛羟基）上会发生甲基化生成缩醛：

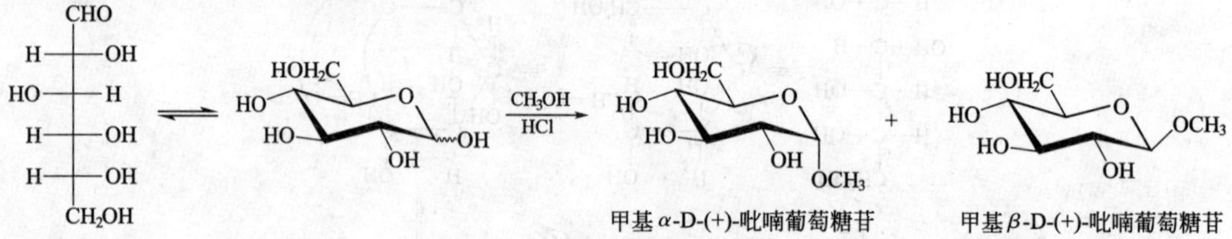

CH_3OH / HCl

甲基α-D-(+)-吡喃葡萄糖苷 熔点165℃，$[\alpha]_D^{25}=+158°$

甲基β-D-(+)-吡喃葡萄糖苷 熔点107℃，$[\alpha]_D^{25}=33°$

这种糖的缩醛称为糖苷(glycosides)或配糖物，葡萄糖的缩醛就称为葡萄糖苷。其形成机理如下：

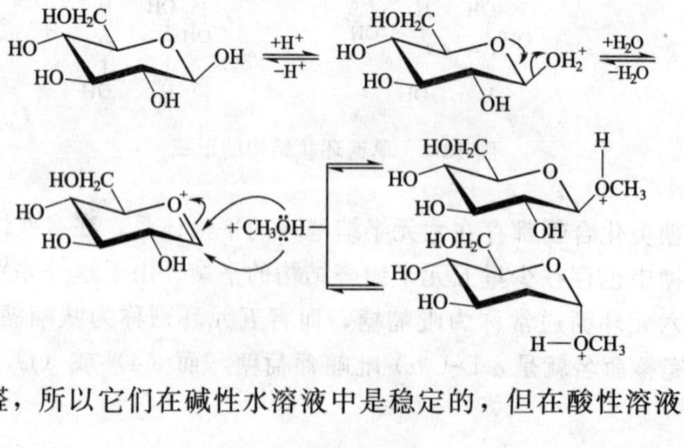

$+H^+$ / $-H^+$　　$+H_2O$ / $-H_2O$　　$+CH_3\ddot{O}H$

因为糖苷是缩醛，所以它们在碱性水溶液中是稳定的，但在酸性溶液中会水解生成一分子糖和一分子醇，这样得到的醇称为糖苷配基（aglycone）。糖苷配基可以是很简单的基团，也可以是很复杂的基团，糖苷广泛存在于自然界，许多天然产物都是糖苷。如从柳树皮中提取得到的水杨苷：

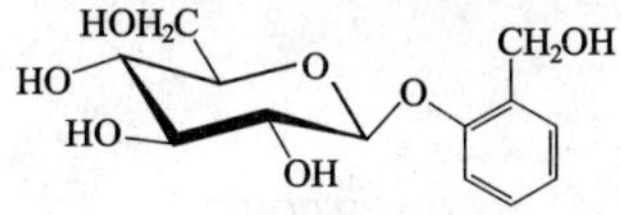

13.1.3.3 糖的异构化

将单糖溶于碱性水溶液中时会发生烯醇化，以及导致异构化的一系列酮式-烯醇式互变异构现象发生。例如，将含有 $Ca(OH)_2$ 的 D-葡萄糖溶液放置几天，可以分离出好几种物质，包括 D-果糖和 D-甘露糖（见图 13-3）。

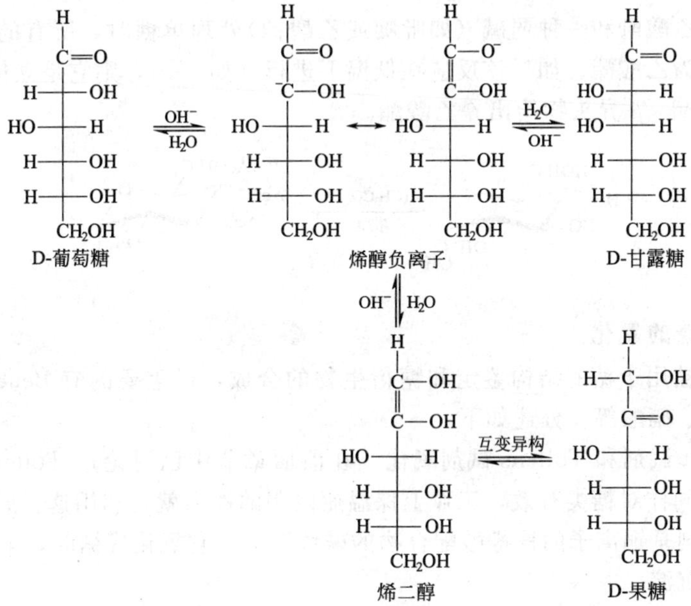

图 13-3 单糖的异构现象

所以在用单糖进行反应时，防止这些异构化反应是非常重要的，一种方法就是将其转化为甲基糖苷，然后在碱性条件下即可顺利进行反应。

13.1.3.4 糖的醚化

在氢氧化钠水溶液中，甲基葡萄糖苷与过量的硫酸二甲酯反应可得到五甲基衍生物，该反应实际上是一个 Williamson 反应。但糖羟基的酸性比简单的醇类要强得多，因为其分子中含有许多电负性很强的氧原子，在碱性溶液中它们先形成烷氧基负离子，然后再与硫酸二甲酯进行 S_N2 反应生成醚。这一过程称为彻底甲基化：

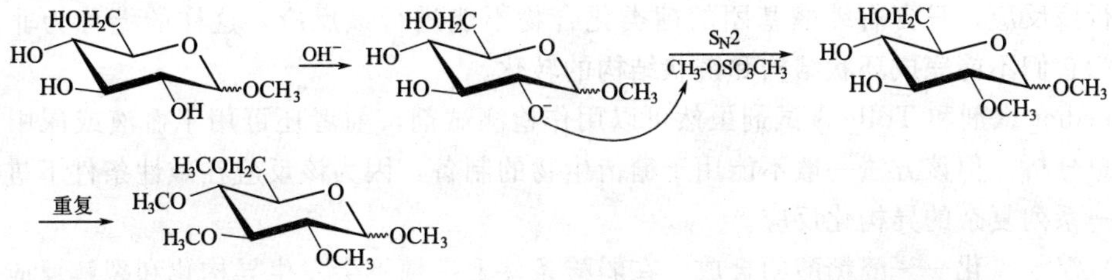

需要注意的是，C-2、C-3、C-4 和 C-6 位上的甲氧基是普通的醚，这些基团在稀酸水溶液中是稳定的。但 C-1 位上的甲氧基是缩醛的甲氧基，在酸性条件下是不稳定的，容易水解生成 2,3,4,6-四-*O*-甲基-D-葡萄糖：

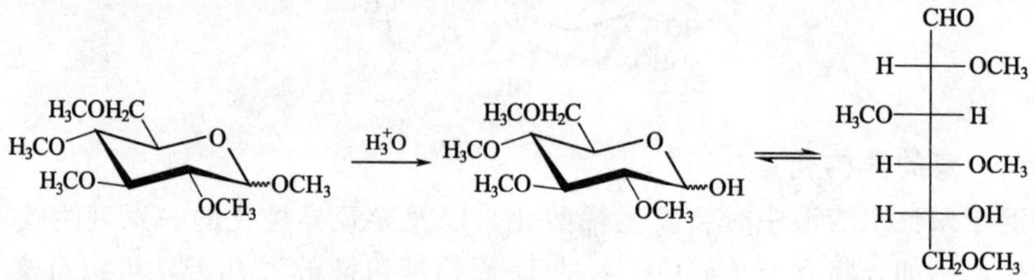

13.1.3.5 糖的酯化

当用过量的乙酸酐和一种弱碱（如吡啶或乙酸钠）处理单糖时，所有的羟基，包括异头羟基都会被转化为乙酸酯。如果该反应在低温下进行（如 0℃），则它是立体专一性的，α-异头物给出 α-乙酸酯，β-异头物给出 β-乙酸酯。

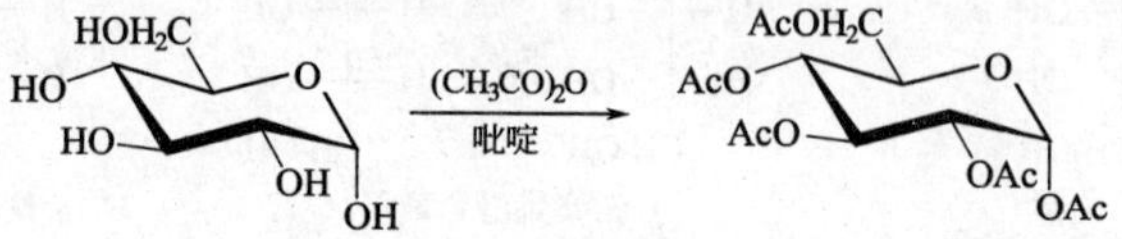

13.1.3.6 糖的氧化

许多氧化剂被用于糖的结构鉴定和糖衍生物的合成，最重要的有 Benedict 试剂或 Tollens 试剂、溴水、硝酸等。分述如下。

（1）Benedict 试剂和 Tollens 试剂氧化　在前面章节中已讨论过 Tollens 试剂对醛的氧化反应，该试剂同样对糖类有效，工业上保温瓶内胆的镀银就是利用这一原理进行的。

Benedict 试剂是铜离子的柠檬酸配合物的碱性溶液，它氧化醛糖时，本身会被还原生成砖红色的 Cu_2O 沉淀。

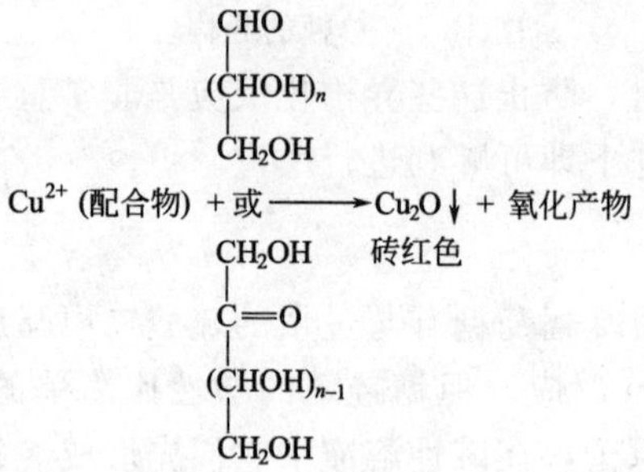

Cu^{2+}（配合物）+ $CHO-(CHOH)_n-CH_2OH$ 或 $CH_2OH-C{=}O-(CHOH)_{n-1}-CH_2OH$ $\longrightarrow$ $Cu_2O\downarrow$（砖红色）+ 氧化产物

能够还原 Benedict 试剂和 Tollens 试剂的糖称为还原性糖，所有含有半缩醛羟基的糖类均可进行该反应。只含有缩醛基团的糖类化合物不能进行该反应，这样的糖称为非还原性糖，因为它们不能完成环状结构和链状结构的转化。

Benedict 试剂和 Tollens 试剂虽然可以用作检测试剂，前者还可用于血液或尿中还原性糖的定量分析。但该方法一般不能用于糖衍生物的制备，因为该反应在碱性条件下进行，容易发生一系列复杂的异构化反应。

（2）溴水氧化——醛糖酸的合成　在弱酸条件下单糖不会发生异构化和裂解反应，这样溴水就可用作一个有效的氧化制备试剂，是一个常用的将醛基氧化成羧基的选择性氧化剂，可将醛糖转化为醛糖酸：

$$\begin{array}{c}CHO\\|\\(CHOH)_n\\|\\CH_2OH\end{array}\xrightarrow[H_2O]{Br_2}\begin{array}{c}COOH\\|\\(CHOH)_n\\|\\CH_2OH\end{array}$$

用溴水氧化吡喃醛糖的研究表明，这一反应的完成并不那么简单，实际上它是先将β-异头物氧化成δ-醛糖酸内酯，后者再水解得到醛糖酸。醛糖酸也可进一步关环形成γ-醛糖酸内酯。

β-D-吡喃葡萄糖 $\xrightarrow[H_2O]{Br_2}$ D-葡萄糖酸-δ-内酯 $\underset{-H_2O}{\overset{+H_2O}{\rightleftharpoons}}$ D-葡萄糖酸 $\underset{+H_2O}{\overset{-H_2O}{\rightleftharpoons}}$ D-葡萄糖酸-γ-内酯

(3) 硝酸氧化　稀硝酸是比溴水强的氧化剂，它能将醛基和末端羟甲基一起氧化成羧基，这种二羧酸称为醛醇糖酸：

$$\begin{array}{c}CHO\\|\\(CHOH)_n\\|\\COOH\end{array}\xrightarrow{HNO_3}\begin{array}{c}COOH\\|\\(CHOH)_n\\|\\COOH\end{array}$$

现在还不知道这种氧化是否经历了内酯中间体，但产物醛醇糖酸却很容易形成γ-和δ-内酯，如：

$$\begin{array}{c}COOH\\|\\CHOH\\|\\CHOH\\|\\CHOH\\|\\CHOH\\|\\COOH\end{array}\xrightarrow{-H_2O}\begin{array}{c}O\\\|\\C-\\|\\CHOH\\|\\CHOH\ \ O\\|\\CH-\\|\\CHOH\\|\\COOH\end{array}\ \text{或}\ \begin{array}{c}COOH\\|\\CHOH\\|\\CH-\\|\\CHOH\ \ O\\|\\CHOH\\|\\C-\\\|\\O\end{array}$$

13.1.3.7　糖的还原

醛糖和酮糖可被硼氢化钠或催化氢化还原成糖醇：

$$\begin{array}{c}CHO\\|\\(CHOH)_n\\|\\CH_2OH\end{array}\xrightarrow[\text{或}H_2/Pt]{NaBH_4}\begin{array}{c}CH_2OH\\|\\(CHOH)_n\\|\\CH_2OH\end{array}$$

例如：

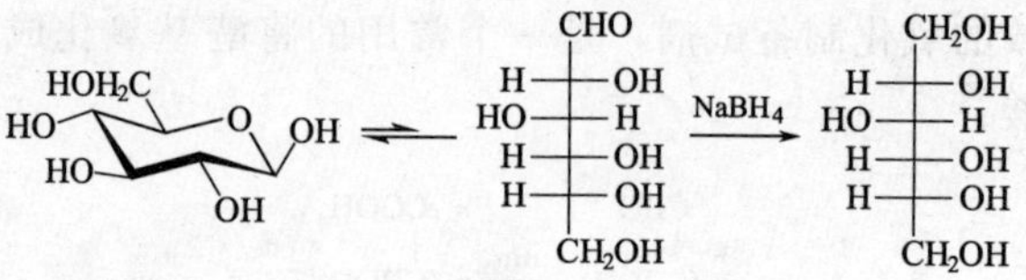

13.1.3.8 邻二醇的反应

糖分子中含有数个相邻的羟基，因此可以发生一些邻二醇的反应，但反应有时与羟基所处的相对位置有关。

(1) 环状缩酮的合成 例如：

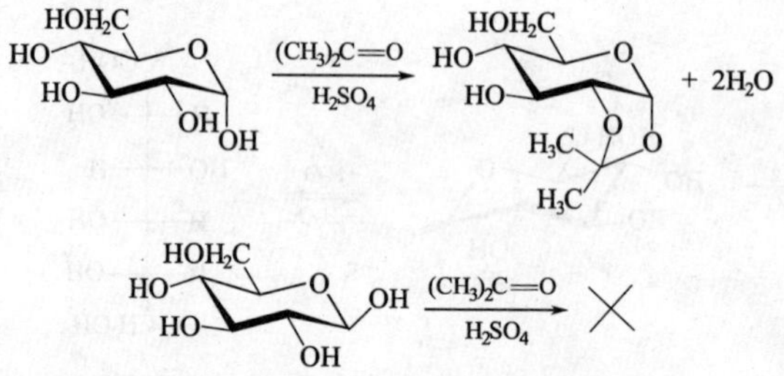

据此可以判断异头碳的构型。该反应也用于糖化学反应中某些羟基的选择性保护。

(2) 高碘酸氧化 高碘酸可将邻二醇的 C—C 键打开，形成小分子的醛。糖类化合物均具有邻二醇的结构，因此可被高碘酸分解。没有保护的糖会被氧化成甲酸和甲醛，此反应是定量进行的，所以可用于糖的定量分析。如将糖分子中的某些羟基进行保护，则可用于糖衍生物的制备。例如：

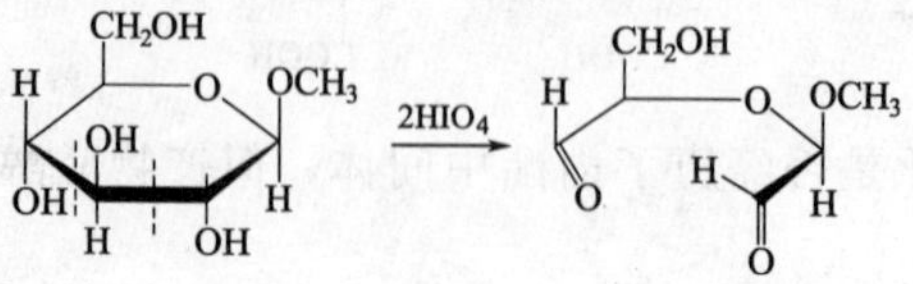

13.1.3.9 与苯肼的反应——糖脎的合成

单糖的羰基可与羟胺和苯肼这样的化合物反应生成亚胺，与羟胺的产物也是肟。但与足够量的苯肼作用时，会有三分子的苯肼参与反应，而在羰基及羰基的 α-位引入两个腙基，这样的二苯腙化合物称为脎（Osazones）：

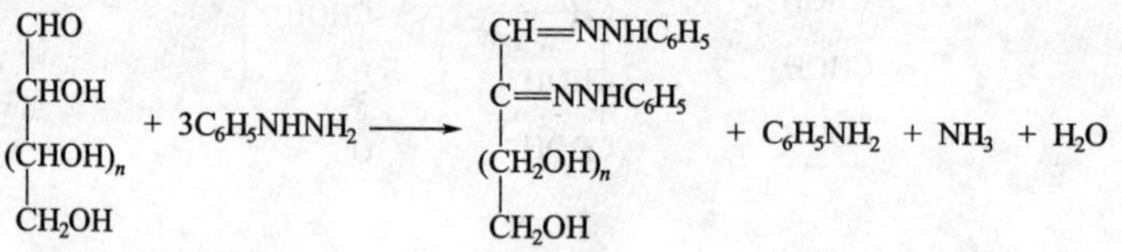

$$\mathrm{CHO{-}CHOH{-}(CHOH)_n{-}CH_2OH} + 3C_6H_5NHNH_2 \longrightarrow \mathrm{CH{=}NNHC_6H_5{-}C{=}NNHC_6H_5{-}(CH_2OH)_n{-}CH_2OH} + C_6H_5NH_2 + NH_3 + H_2O$$

反应机理如下：

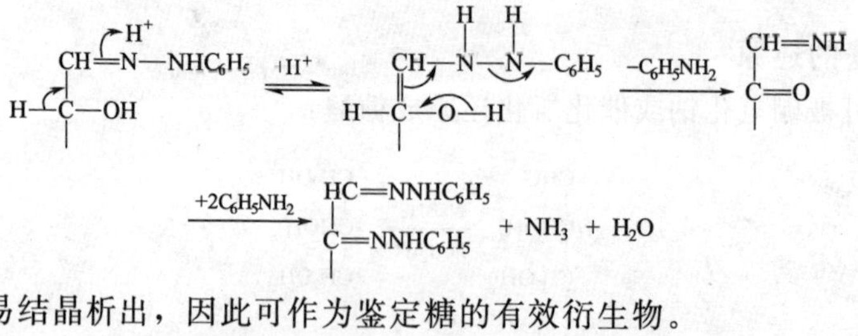

生成的糖脎很容易结晶析出，因此可作为鉴定糖的有效衍生物。

在糖脎的析出过程中，C-2 手性中心失去，但不影响其他手性中心，因此某些糖可以生成相同的糖脎。例如葡萄糖和甘露糖能形成相同的糖脎：

D-葡萄糖 $\xrightarrow{3C_6H_5NHNH_2}$ CH=NNHC$_6$H$_5$ / C=NNHC$_6$H$_5$ / HO—H / H—OH / H—OH / CH$_2$OH $\xleftarrow{3C_6H_5NHNH_2}$ D-甘露糖

D-葡萄糖：CHO / H—OH / HO—H / H—OH / H—OH / CH$_2$OH

D-甘露糖：CHO / HO—H / HO—H / H—OH / H—OH / CH$_2$OH

像这种只有一个手性碳原子的构型不同，而其他碳原子的构型均相同的非对映异构体称为差向异构体（epimers），也叫表里异构体。

D-果糖与苯肼的反应也生成同样的糖脎。

13.1.3.10 递升与递降

（1）Kiliani-Fischer 合成法　1885 年，H. Kiliani 发现，将醛糖与 HCN 反应可以得到一对差向异构体氰醇，后者水解可得到一对差向异构体的醛糖酸。Fischer 将这一反应进一步扩展，将醛糖酸形成的醛糖酸内酯还原，即得到增加一个碳原子的醛糖。这种在醛糖中增长碳链的方法就叫 Kiliani-Fischer 合成法。图 13-4 以 D-苏糖和 D-赤藓糖的合成为例来进行说明：

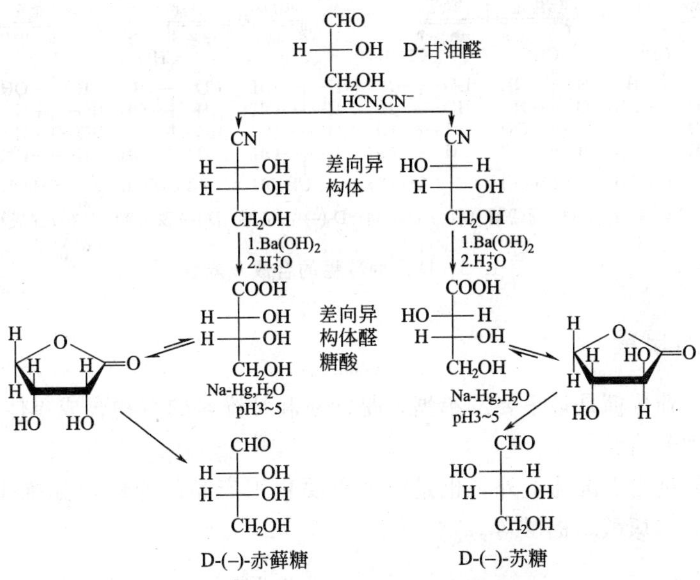

图 13-4　Kiliani-Fischer 合成法

这样，通过同样的方法，可以从低一级的糖合成高一级的糖，这种方法叫递升法。

（2）Ruff 降解　如同 Kiliani-Fischer 合成法用于糖链的增长，Ruff 降解则可用于糖链的逐步缩短。这一方法分两步进行，先用溴水将醛糖氧化成醛糖酸，然后利用 α-羟基酸的易氧化特性，用过氧化氢和硫酸铁将醛糖酸氧化降解成少一个碳原子的醛糖。如 D-(—)-核糖可被降解成 D-(—)-赤藓糖：

D-(−)-核糖（CHO / H—OH / H—OH / H—OH / CH$_2$OH） $\xrightarrow[H_2O]{Br_2}$ D-(−)-核糖酸（COOH / H—OH / H—OH / H—OH / CH$_2$OH） $\xrightarrow[Fe_2(SO_4)_3]{H_2O_2}$ D-(−)-赤藓糖（CHO / H—OH / H—OH / CH$_2$OH） + CO_2

这样可以将糖链逐个缩短，这种将碳原子逐步递减的方法就叫递降。

采用递升和递降法，可以实现糖链的合成或降解。图 13-5 列出了 D 系列醛糖的合成及降解过程：

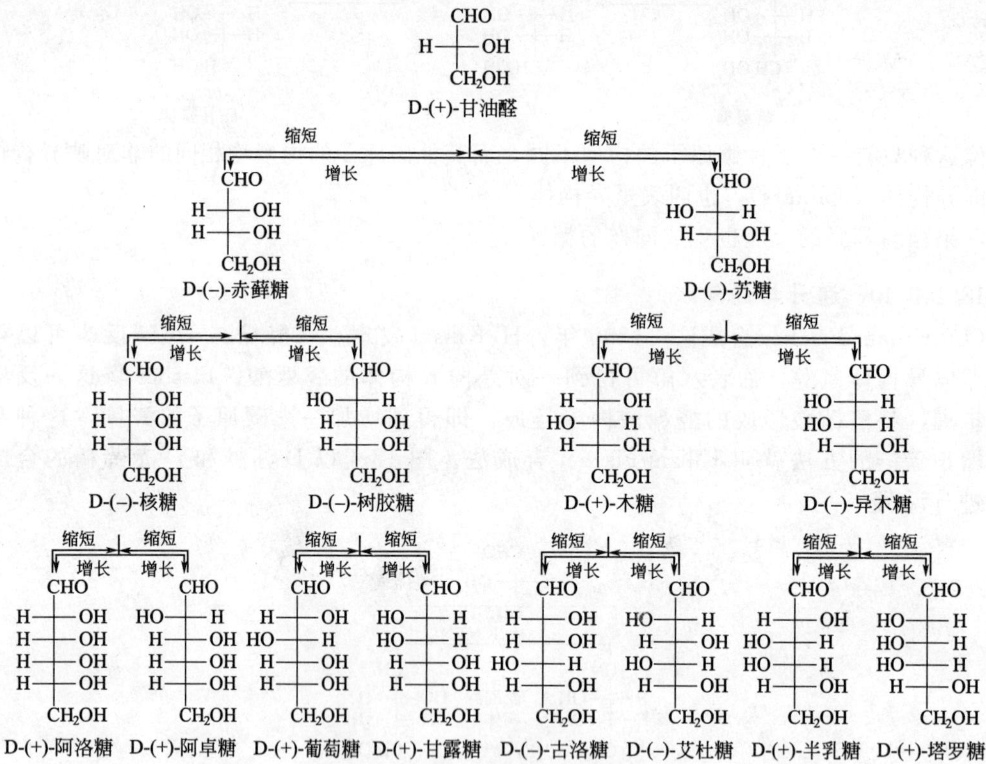

图 13-5　D 系列醛糖的合成或降解

13.1.4　重要的单糖

(1) 葡萄糖　葡萄糖是最重要的单糖，是淀粉和纤维素的生物合成单体，淀粉和纤维素经彻底水解即得到葡萄糖。

葡萄糖除了大量用于医药上外，也是很多重要化工产品的原料，如维生素 C、山梨醇、葡萄糖酸-δ-内酯、衣康酸、曲酸等。

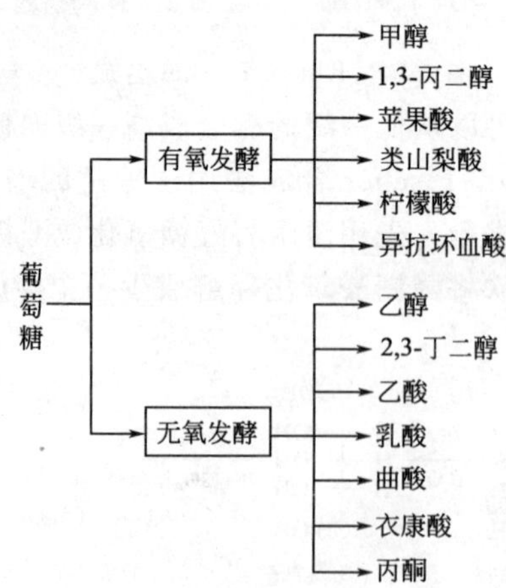

(2) D-半乳糖　D-半乳糖是乳糖分子的一部分，另一半是葡萄糖。在 β-乳糖酶的催化作用下，乳糖水解即可得到半乳糖，双歧杆菌发酵乳糖也能产生半乳糖。它是构成脑神经系统中脑苷脂的成分，与婴儿出生后脑的迅速生长有密切关系。因它含有热量，也可被用作营养增甜剂。

(3) D-木糖　D-木糖为无色至白色结晶或白色结晶性粉末，略有特殊气味和爽口甜味，甜度约为蔗糖的 40%。相对密度 1.525，熔点 114℃，易溶于水和热乙醇，不溶于冷乙醇和乙醚，人体无法消化，不能利用，所以可用作无热量甜味剂使用于肥胖及糖尿病患者。天然木糖存在于多种成熟水果中。D-木糖也是制造木糖醇的原料。

(4) 核糖　D-核糖作为生物体内存在于所有细胞中的天然成分，是生物体内遗传物质——核酸的重要组成物质，与腺苷酸的形成和 ATP 的再生有密切关系，是生命代谢最基本的能量来源之一，在心脏和骨骼肌代谢中起关键作用，能够促进局部组织缺血、缺氧的恢复。也能增强肌体能量，缓解肌肉酸痛。

13.2 双糖

13.2.1 蔗糖

蔗糖是自然界中存在最为广泛的双糖，所有进行光合作用的植物都含有蔗糖，工业上大多由甘蔗和甜菜制取。在酸催化下可水解生成一分子葡萄糖和一分子果糖，其分子式为 $C_{12}H_{22}O_{11}$，结构式为：

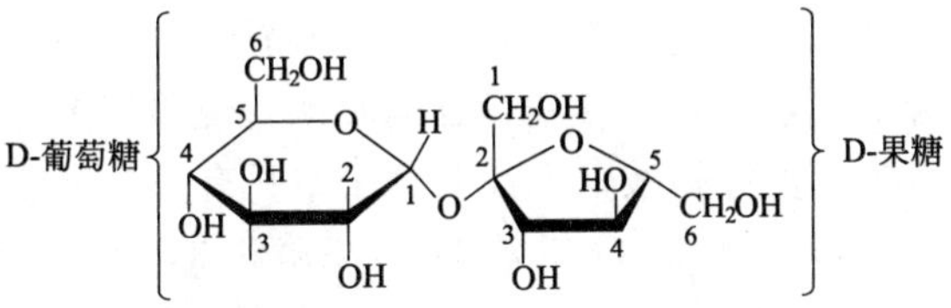

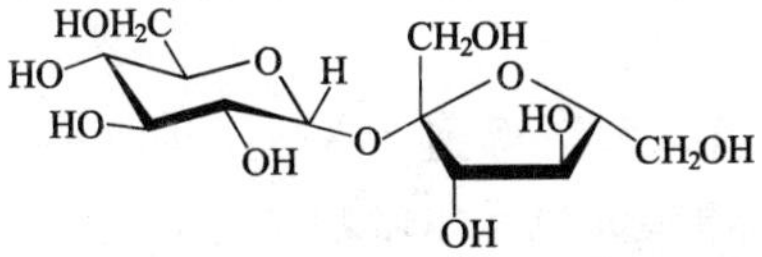

蔗糖是一个非还原性双糖，与 Benedict 试剂和 Tollens 试剂均不发生反应，不能与苯肼反应生成脎，也不存在变旋现象。这些事实证明，无论是葡萄糖单元还是果糖单元均不存在半缩醛基团。这样两个单糖单元必然是在葡萄糖的 C-1 位和果糖的 C-2 位连接，只有这样才能形成完全的缩醛结构。

蔗糖糖苷键的立体化学可用酶水解试验来证实。它可以被从酵母中得到的 α-葡糖苷酶所水解，但 β-葡糖苷酶不能，这表明葡糖糖苷部分为 α-构型。蔗糖也可被蔗糖酶所水解，这种酶能水解 β-呋喃果糖苷，而对 α-呋喃果糖苷不起作用，这表明果糖部分的糖苷键构型为 β-型。

将蔗糖彻底甲基化可得到八甲基衍生物，将其水解则可得到 2,3,4,6-四-*O*-甲基-D-葡萄糖和 1,3,4,6-四-*O*-甲基-D-果糖。说明葡萄糖单元为吡喃糖苷，而果糖部分为呋喃糖苷。

蔗糖是一种应用最为广泛的甜味剂，是少有的全球性使用的化学品之一，但因为其热值高而不适合某些特殊人群使用，从而被其他甜味剂所取代。其衍生物的应用也比较广泛，如其三氯代衍生物三氯蔗糖就是一种新型甜味剂，甜度是蔗糖的600倍，低热值、无毒，并且具有抗龋齿功能。

13.2.2 麦芽糖

淀粉在淀粉酶的作用下不完全水解，其中一种二糖产物就是麦芽糖。一分子麦芽糖水解时可得到两分子D-(＋)-葡萄糖，其结构式为：

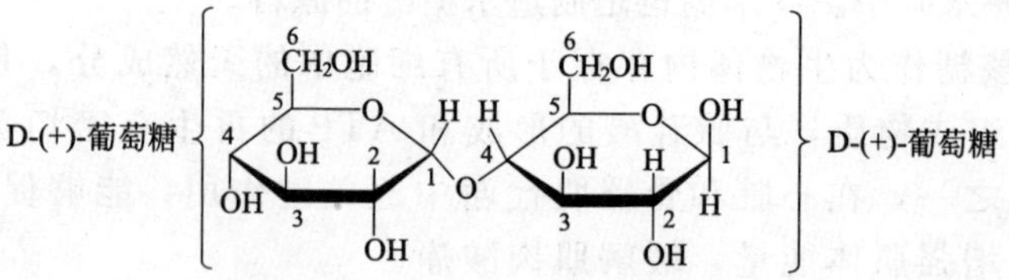

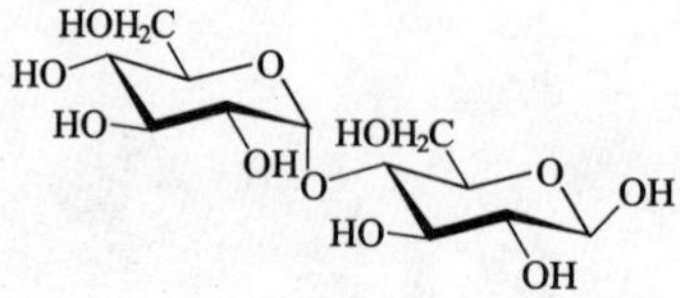

与蔗糖不同的是，麦芽糖是一个还原性双糖，与Fehling试剂、Benedict试剂和Tollens试剂均可发生反应，也可与苯肼反应生成单苯脎。麦芽糖存在两种异头物：α-(＋)-麦芽糖，$[\alpha]_D^{25}=+168°$；β-(＋)-麦芽糖，$[\alpha]_D^{25}=+112°$。两种异头物之间也存在变旋现象，达到平衡时，$[\alpha]_D^{25}=+136°$。

这些事实表明，麦芽糖的一个葡萄糖单元是以半缩醛形式存在的，而另一个必然是糖苷的形式。它能被α-葡糖苷酶所水解，但β-葡糖苷酶不能，说明其糖苷结构为α-型。

麦芽糖与溴水反应可生成麦芽糖酸，也证明分子中只有一个半缩醛基团。将麦芽糖酸甲基化，然后水解，可得到2,3,4,6-四-*O*-甲基-D-葡萄糖和2,3,5,6-四-*O*-甲基-D-葡萄糖酸，说明非还原性葡萄糖单元为吡喃糖苷，而还原性葡萄糖单元是在C-4位与非还原性葡萄糖单元以糖苷键连接。

将麦芽糖本身甲基化，然后水解，得到2,3,4,6-四-*O*-甲基-D-葡萄糖和2,3,6-三-*O*-甲基-D-葡萄糖，说明还原性葡萄糖单元也是以吡喃式存在的（见图13-6）。

麦芽糖在食品工业中的应用十分广泛，用于糖果、糕点、乳制品、冷饮、焙烤食品、蜜饯等食品中作为甜味剂和黏结剂。

13.2.3 纤维二糖

纤维素部分水解可得到纤维二糖，它与麦芽糖的不同仅在于其糖苷键的连接类型。与麦芽糖一样，纤维二糖也是一个还原性双糖，酸性条件下水解也产生两分子的D-葡萄糖，也有变旋现象，能生成单苯糖脎。彻底甲基化研究表明，它的一个葡萄糖单元在C-1位与另一个葡萄糖的C-4位连接。与麦芽糖不同的是，它被β-葡糖苷酶所水解，但α-葡糖苷酶不能，因此其糖苷键的连接方式是β-型的（见图13-7）。

13.2.4 乳糖

乳糖是人、奶牛和几乎所有哺乳动物的奶汁中存在的一种双糖，也是一个还原性双

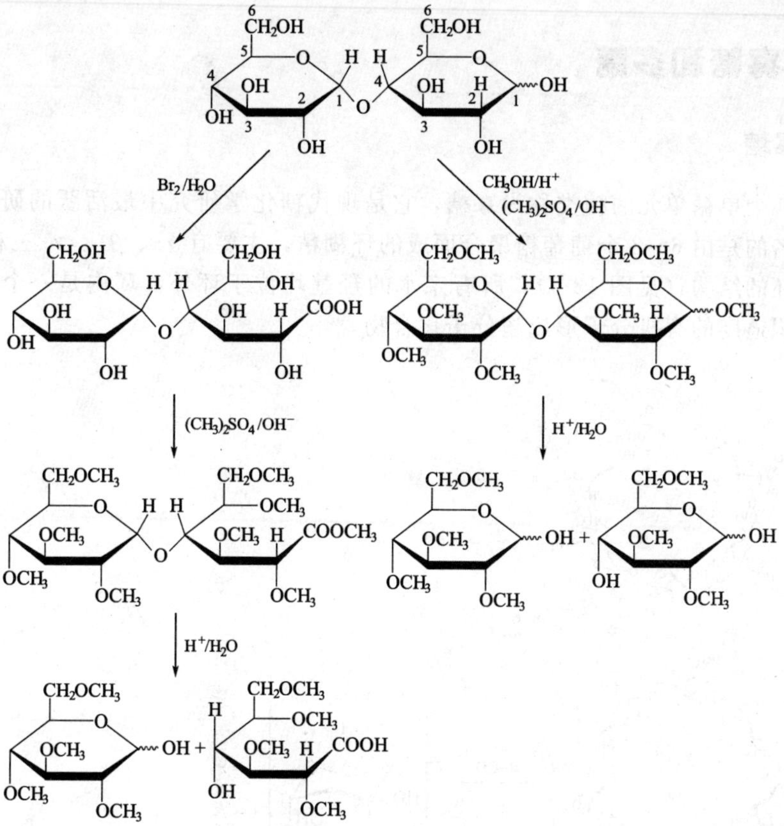

图 13-6 麦芽糖的氧化甲基化水解和甲基化水解

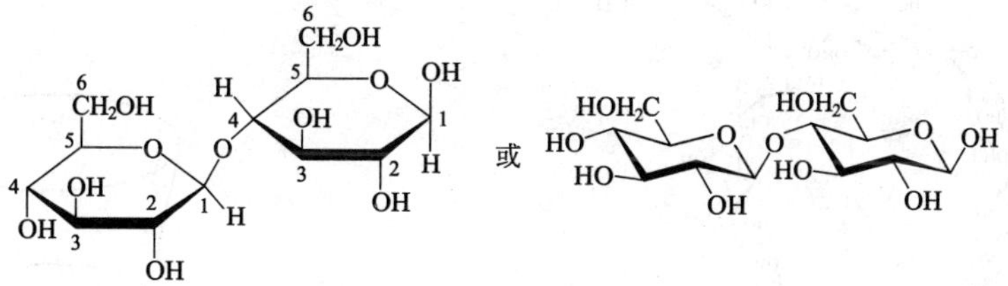

图 13-7 纤维二糖的 β 异头物

糖，水解可产生一分子 D-葡萄糖和一分子 D-半乳糖，两个糖苷键以 β-型糖苷键连接（见图 13-8）。

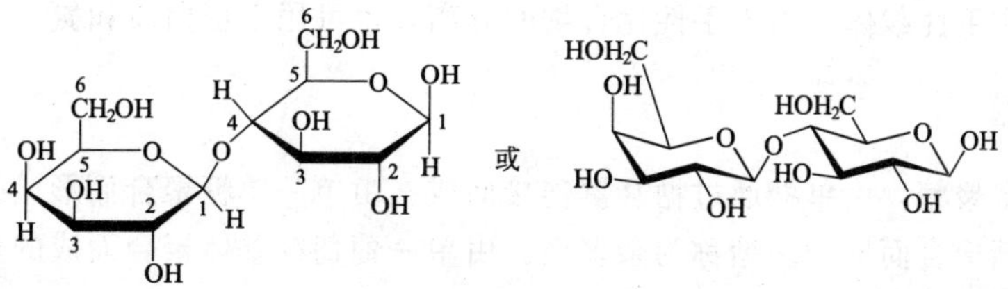

图 13-8 乳糖的 β-异头物

13.3 寡糖和多糖

13.3.1 寡糖

含 3～10 个单糖单元的糖类称为寡糖，它是现代糖化学研究中最活跃的研究领域之一。其中最为著名的是由 6～8 个葡萄糖聚合而成的环糊精，主要有 α-、β-、γ-三种。环糊精具有如空心纸杯的结构（见图 13-9），所有亲水的羟基均位于环外，环内是一个疏水的空腔，可以包含体积适度的有机分子形成超分子化合物。

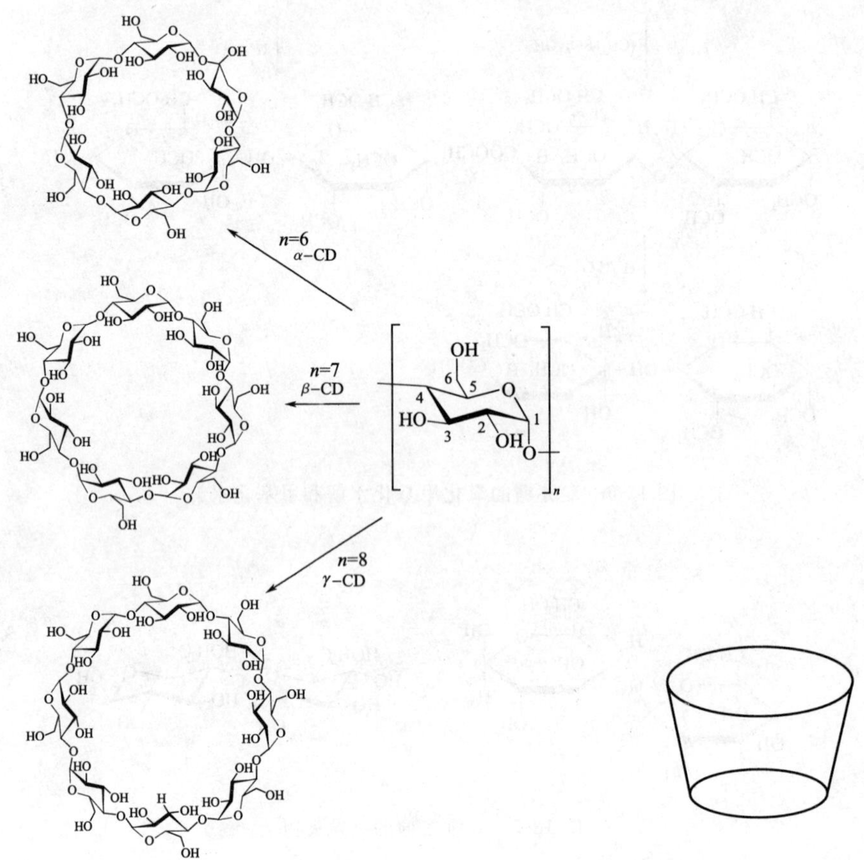

图 13-9　环糊精的结构

环糊精在医药、农药、食品、日用化学品及环境保护等领域中的应用十分广泛，在气相色谱柱中可用作手性载体，用于手性化合物的分离，也可用于蛋白质和氨基酸等的分析。

13.3.2 多糖

多糖也叫多聚糖，由单糖通过糖苷键连接而成。由单一单糖聚合而形成的多糖称为单聚糖，由数种单糖聚合而成的多糖称为杂多糖。由单一葡萄糖单体聚合而成的单聚糖也叫做葡聚糖，由半乳糖单体聚合而成的也叫半乳聚糖等。

比较重要的多糖都是葡聚糖，如淀粉、纤维素、甲壳素和糖原。

13.3.2.1 淀粉

淀粉（starch）以极小的颗粒存在于植物的根、茎和种子中，玉米、马铃薯、小麦和水稻是淀粉的主要来源。将淀粉与水一起加热会使淀粉微粒涨大而形成胶悬体，能够从中分离出两个主要组分：直链淀粉和支链淀粉，大多数淀粉都含有10%～20%的直链淀粉和80%～90%的支链淀粉。

物理方法测定表明，典型的直链淀粉含有1000个以上的D-吡喃葡萄糖苷单元，它们在C-1位和C-4位以α-型连接在一起（见图13-10）。因此，在葡萄糖单元环的大小及糖苷键的连接方式上与麦芽糖相同。

直链淀粉的相对分子质量为15万～60万，其α-型连接的糖苷键使得葡萄糖链倾向于以螺旋形式排列（见图13-11），导致其分子呈压缩的形状，就像弹簧一样。在这个弹簧的中心也形成一个疏水性空腔，因此可与某些化合物形成包合物。

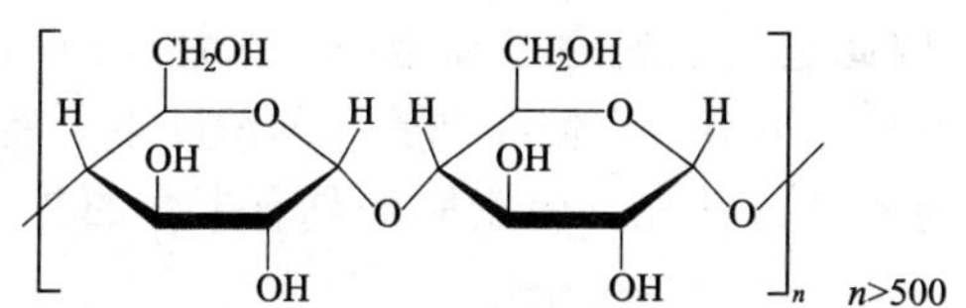

图13-10　直链淀粉的部分结构

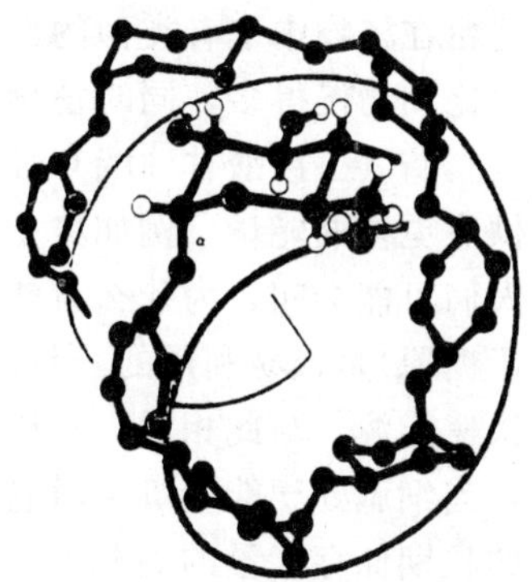

图13-11　直链淀粉的螺旋结构

支链淀粉的结构与直链淀粉相似，不同的是每隔20～25个葡萄糖单元就会出现分支，这种分支是一个葡萄糖单元的C-6与另一个葡萄糖单元的C-1位以糖苷键形成的。物理方法测定结果表明，支链淀粉是由数百个20～25个葡萄糖组成的单元构成的，相对分子质量为100万～600万（见图13-12）。

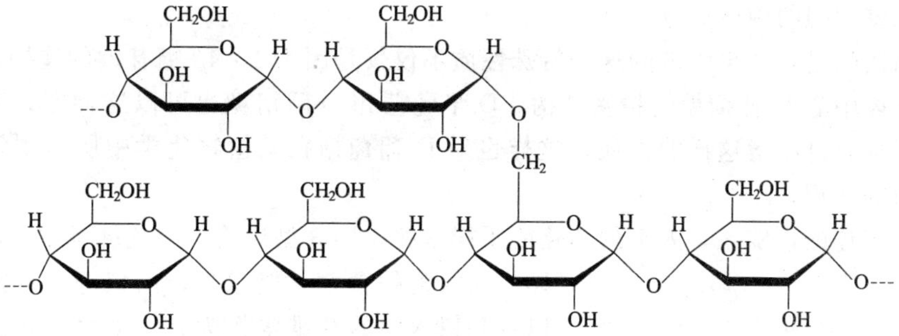

图13-12　支链淀粉的部分结构

淀粉是人类的主要食物之一，绝大部分淀粉是以食物的形式被消耗的。除此之外，淀粉也是重要的化工原料，可以用于生产很多重要的化工产品。如酸变性淀粉、氧化淀粉、酯化淀粉、醚化淀粉、交联淀粉、接枝淀粉等，也用于制造燃料乙醇。

13.3.2.2 糖原

糖原（glycogen）的结构与支链淀粉非常相似，但其支链要多得多。彻底甲基化和水解试验表明，每 10～12 个葡萄糖单元就有一个端基，因此，每 6 个单元就可能出现一个支链，其分子量高达 10 亿。

糖原的结构非常适合动物用于储存能量。首先，它的体积太大，不能通过细胞膜，因此糖原作为能源可以保留在细胞内需要的地方；其次，由于在一个糖原分子中有成千上万个葡萄糖单元，它为细胞解决了一个重要的渗透问题，如此多的葡萄糖作为独立分子存在于细胞中时，细胞内的渗透压是非常大的；最后，一个高度支链化的大分子中的众多葡萄糖单元的存在使得细胞的后勤供应问题得以简化，即当细胞中葡萄糖浓度太低时有现成的葡萄糖来源，而当葡萄糖浓度太高时它又能迅速地加以储存。细胞中存在有将葡萄糖从糖原上“取下”或“黏上”的酶来催化这一反应，反应发生在链端单元的糖苷键（1∶4α）上。由于有众多的支链，因此有大量的端基可供这些酶来进行反应。

支链淀粉在植物中也有类似的作用，支链淀粉的支链数少并不是什么问题，因为植物的代谢速率要比动物慢得多，同时植物也不需要突然大量的能量消耗。

动物以脂肪（三羧酸甘油酯），同时也以糖原的形式储存能量。脂肪因为是高度还原的，因此能够供应更多的能量，例如典型的脂肪酸每个碳原子能够释放的能量是葡萄糖或糖原的两倍多。人们可能会问，为什么自然界会提供两个不同的能量储存库呢？原因很简单，葡萄糖（来自于糖原）是很易利用的，且高度溶于水，因此它能迅速通过细胞中的水性介质而作为理想的快速能源。与此相反，长链脂肪酸在水中几乎不溶，它们在细胞中的浓度不可能很高，因此，当细胞处于能量饥荒时它不可能迅速为其进行补充。但脂肪酸具有丰富的热值，是非常好的长期储存能量的储藏库。

13.3.2.3 纤维素

纤维素（cellulose）是由 D-吡喃葡萄糖以 C-1 和 C-4 连接的方式聚合成非常长的无支链的聚合物，但与淀粉和糖原不同的是，它的糖苷键是β-型的（见图 13-13）。这种异头碳的连接方式能使纤维素形成有效的刚性链式结构。这种线性排列使得每条链外面的羟基均呈平行排布，当两条或多条纤维素链靠近时，这些羟基可以通过氢键将这些链理想地“黏合”在一起，许多这样黏合在一起的链使其成为高度不溶的、刚性的、如纤维状的聚合物，因而它们是植物细胞壁理想的构成成分。

应该强调的是，纤维素链的这种特殊性质不仅仅是因为 1∶4β-糖苷键的连接，同时也是因为每个立体中心 D-葡萄糖的精密结构。D-半乳糖和 D-阿洛糖也可以这种方式连接成聚合物，但却不具有纤维素这样的性质。这样也对 D-葡萄糖在动植物化学中所占用的特殊位置有了一个新的认识。

另一个有趣的事实是，人类的消化酶不能水解 1∶4β-型连接，因此纤维素不能像淀粉那样成为人类的食物，但像牛、白蚁等这样的动物却可以草和树木中的纤维素作为它们的食物，这是因为它们消化系统中的共生菌可以提供β-葡糖苷酶。

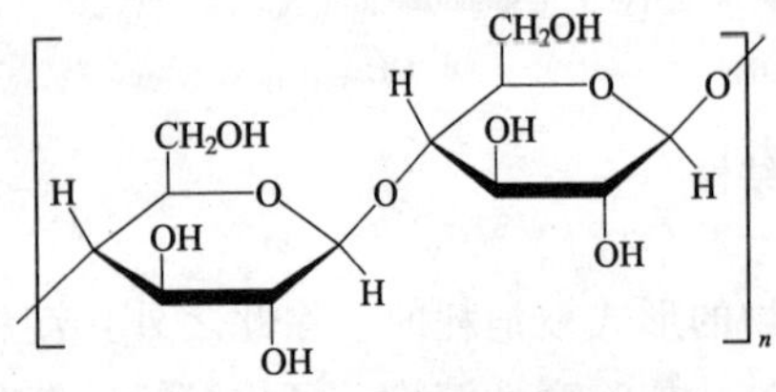

图 13-13 纤维素链的部分结构

人类利用纤维素的历史非常悠久，如造纸等。随着现代化学工业的发展，以纤维素为原料的化工产品已占有很重要的地位。举例如下。

（1）硝化纤维 纤维素用硝酸处理可得到纤维素

的硝酸酯，称为硝化纤维或硝化棉，有军用和民用两大应用领域。军用部分主要集中在兵器火炸药行业生产，是硝化程度比较高的硝化纤维，实行军品管理。民用部分用于涂料、赛璐珞、人造纤维、电影胶片、油墨、化妆品等多种领域，主要是硝化程度比较低的产品。

(2) 醋酸纤维素(CDA) 用醋酸酐处理纤维素可得纤维素的醋酸酯，称为醋酸纤维素，它是纤维素家族衍生的新的有吸引力的成员，在油漆、塑料、纺织品、胶卷、羊皮纸、滤纸和其他产品上得到广泛应用，并且常常与先进技术领域的发展相联系，包括纤维干燥、纤维制丝、薄膜铸塑、制模和薄片技术等。虽然在某些应用领域已被其他完全人工合成的多聚物所取代，但目前 CDA 在胶卷、偏光镜、LCD 显示和滤纸生产中的利用正在增长。

醋酸纤维素大约 80%应用于卷烟过滤嘴的制作，因为它的特性提供了制作卷烟滤嘴的一系列优点，CDA 可以选择性地过滤掉烟气中的一些不需要的成分，提供了一个理想的吃味特性。

(3) 羧甲基纤维素 (CMC)

$$\text{Cell—OH} \xrightarrow[\text{NaOH}]{\text{ClCH}_2\text{COOH}} \text{Cell—OCH}_2\text{COOH}$$

CMC 是纤维素醚类中产量最大、用途最广、使用最为方便的产品，俗称为“工业味精”。CMC 的重要特性是形成高黏度的胶体或溶液，有黏着、增稠、流动、乳化分散、赋形、保水、保护胶体、薄膜成型、耐酸、耐盐、悬浊等特性，且无生理危害，因此在食品、医药、日化、石油、造纸、纺织、建筑等领域中得到广泛应用。

(4) 人造纤维 人造纤维的制造是将从棉花或木浆中得到的纤维素在碱性条件下用二硫化碳处理，将其转化为纤维素黄原酸盐：

$$\text{Cell—OH} \xrightarrow[\text{NaOH}]{\text{CS}_2} \text{Cell—O}\overset{\overset{\displaystyle\text{S}}{\|}}{\text{C}}\text{SNa}$$

然后将此溶液通过一个小孔或小缝进入酸性溶液中，使纤维素的羟基游离出来，形成丝状或薄层纤维：

$$\text{Cell—O}\overset{\overset{\displaystyle\text{S}}{\|}}{\text{C}}\text{SNa} \xrightarrow{\text{H}_3^+\text{O}} \text{Cell—OH}$$

这样得到的人造纤维用甘油软化就得到赛璐玢 (cellophane)。

13.3.2.4 甲壳素

甲壳素 (chitin)，又名甲壳质、壳多糖、壳蛋白，是法国科学家布拉克诺于 1811 年首先从蘑菇中提取到的一种类似于植物纤维的六碳糖聚合体，把它命名为 Fungine (蕈素)。1823 年，法国科学家欧吉尔在甲壳动物外壳中也提取了这种物质，并命名为 chitoin (几丁质)。

自然界中，甲壳素广泛存在于低等植物菌类、藻类的细胞，节肢动物虾、蟹、蝇蛆和昆虫的外壳，贝类、软体动物 (如鱿鱼、乌贼) 的外壳和软骨，高等植物的细胞壁等，其每年生物合成的资源量高达 100 亿吨，是地球上仅次于植物纤维的第二大生物资源，其中海洋生物的生成量在 10 亿吨以上，可以说是一种用之不竭的生物资源。

结构分析表明，甲壳素是自然界中唯一带正电荷的一种天然高分子聚合物，属于直链氨基多糖，化学名为(1,4)-2-乙酰氨基-2-脱氧-β-D-葡萄糖，分子式为 $(C_8H_{13}NO_5)_n$，单体之间以 1∶4β-糖苷键连接，相对分子质量一般在 10^6 左右，理论含氮量 6.9%。甲壳素分子化学结构与植物中广泛存在的纤维素非常相似，所不同的是，若把组成纤维素的单个分子——葡萄糖分子第二个碳原子上的羟基 (OH) 换成乙酰氨基 $(NHCOH_3)$，这样纤维素就变成了甲壳素，从这个意义上讲，甲壳素可以说是动物性纤维（见图 13-14）。

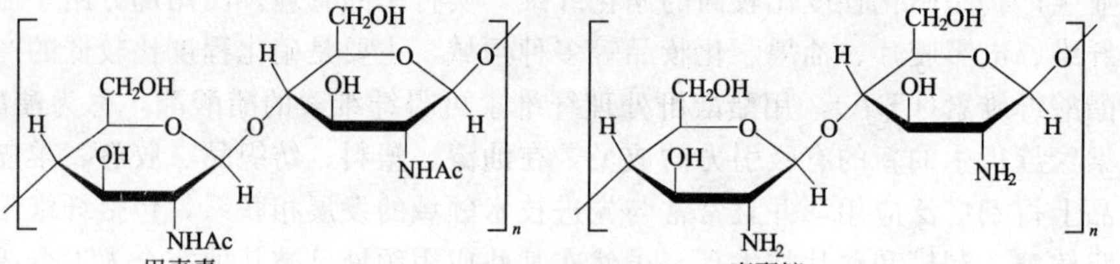

甲壳素　壳聚糖

图 13-14　甲壳素和壳聚糖的结构

甲壳素脱乙酰化的产物即为壳聚糖（chitosan），又称为可溶性甲壳素，是对甲壳素改性的重要中间体。

13.4　其他重要的糖及其衍生物

13.4.1　其他生物上重要的糖

主要有以下几种：

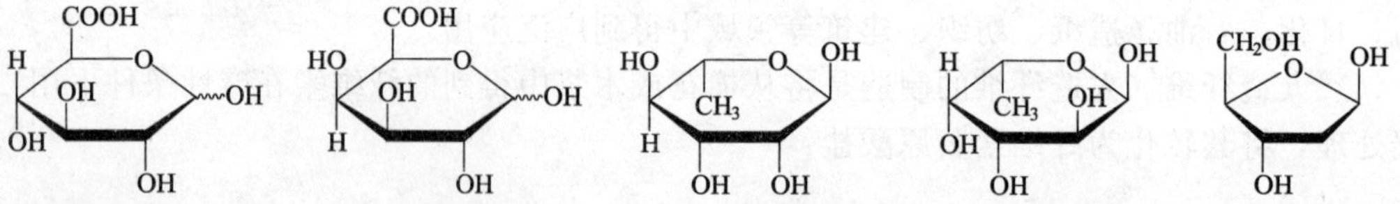

D-葡糖醛酸　D-半乳糖醛酸　α-L-鼠李糖　α-L-岩藻糖　β-2-去氧-D-核糖

13.4.2　含氮糖类

13.4.2.1　糖基胺

一个糖分子中的异头羟基被氨基取代后的物质称为糖基胺，如 β-D-吡喃葡基胺和腺苷：

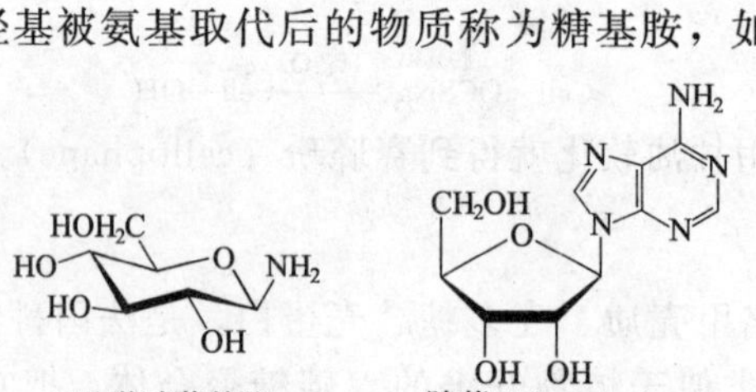

β-D-吡喃葡基胺　腺苷(Adenosine)

腺苷也叫核苷，是 RNA（核糖核酸）和 DNA（脱氧核糖核酸）的重要组成部分。

13.4.2.2　氨基糖

氨基取代分子中的非异头碳原子上的羟基后的产物称为氨基糖（如 D-葡糖胺），在许多情况下氨基是被乙酰化的，如 N-乙酰基胞壁酸是细菌细胞壁的重要组分。

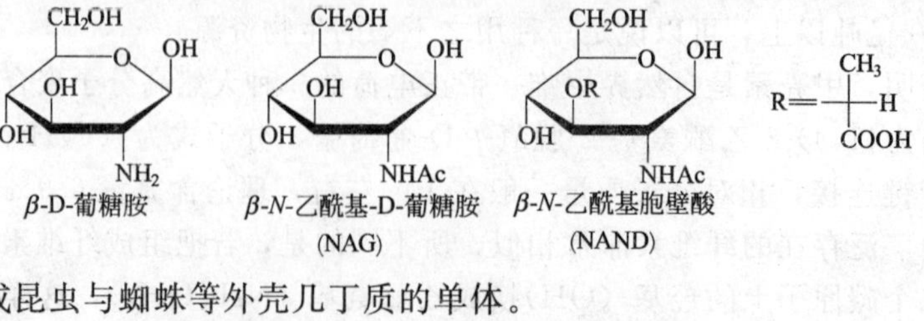

β-D-葡糖胺　β-N-乙酰基-D-葡糖胺 (NAG)　β-N-乙酰基胞壁酸 (NAND)

NAG 是构成昆虫与蜘蛛等外壳几丁质的单体。

D-葡糖胺也可从肝素中分离得到。肝素存在于连接动脉壁的柱状细胞的细胞内微粒中，当受到损伤时会释放出来，阻止血液的凝固（见图 13-15）。医药上广泛用于病人手术后期防止血液的凝固。

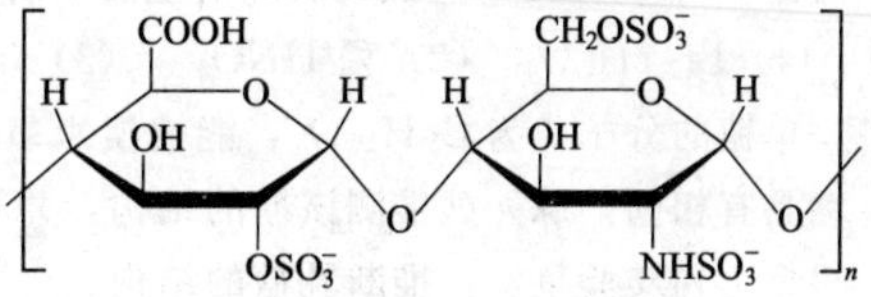

图 13-15 肝素的部分结构

13.4.2.3 细胞表面的糖脂和糖蛋白

20 世纪 60 年代以前，关于糖的生物学功能被认为是很简单的，除了在细胞内充当一种惰性填充物外，就是充当能源和在植物中充当结构物质。但近半个世纪的研究表明，糖与脂和蛋白质等以糖苷键连接起来形成的糖脂和糖蛋白的功能几乎涵盖了细胞内的所有功能。许多蛋白质都是以糖蛋白的形式存在，其中糖的含量可以少至 1%，多至 90%。

13.4.2.4 糖类抗生素

糖化学中的一个重要的发现是 1944 年糖类抗生素链霉素的分离，它由三个部分组成，即 2-去氧-2-甲氨基-α-L-吡喃葡萄糖、L-链霉糖和链霉胍。

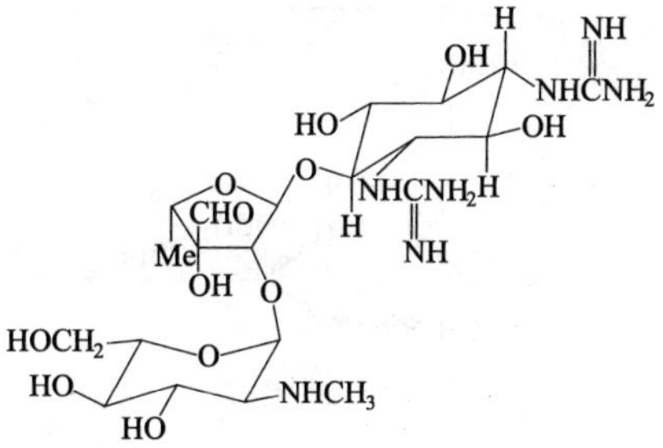

其他的糖类抗生素还有卡那霉素、新霉素和庆大霉素等，这些抗生素对那些对青霉素产生抗性的细菌特别有效。

练习题

1. 鉴别还原性糖和非还原性糖的试剂主要有哪些？反应会产生何种现象？
2. 怎样识别 D-吡喃葡萄糖的 α-和 β-差向异构体？
3. 用简便的化学方法区别下列各组化合物：
   (1) 己六醇、D-葡萄糖
   (2) D-半乳糖、D-果糖、蔗糖、淀粉
   (3) D-核糖甲苷、D-葡萄糖-6-磷酸酯
   (4) 葡萄糖、甲基葡萄糖苷、2-D-甲基葡萄糖苷
   (5) 核糖、2-脱氧核糖、淀粉、海藻糖
4. 按要求写出下列化合物的结构：
   (1) β-D-呋喃果糖的 Haworth 式；
   (2) β-D-呋喃核糖的 C-2 差向异物体的 Haworth 式；
   (3) α-D-呋喃甘露糖的对映体的 Haworth 式；
   (4) β-D-吡喃半乳糖的优势构象式；
   (5) α-D-吡喃木糖的一对椅型构象转换体；
   (6) β-D-甲基吡喃半乳糖苷的优势构象；
   (7) 乳糖的优势构象；
   (8) 蔗糖的 Haworth 式。

5. 写出D-半乳糖与下列试剂反应的主要产物。

（1）Br_2/H_2O　（2）稀HNO_3　（3）$CH_3OH+HCl$（干）　（4）$NaBH_4$　（5）$PhNHNH_2$（过量）

6. 一单糖的分子式为$C_5H_{10}O_5$，能被溴水氧化，用稀硝酸氧化得到一种不旋光的二元酸。该糖与D-来苏糖具有相同的脎。试推测该糖的结构，并写出有关反应式。

7. 根据下列实验事实，推断乳糖的结构。

（1）乳糖能被β-葡萄糖苷酶水解生成D-葡萄糖和D-半乳糖。

（2）乳糖是还原糖，有变旋光现象。

（3）乳糖的脎进行分解可得D-半乳糖和D-葡萄糖脎。

（4）将乳糖温和氧化，甲基化后再水解得到2,3,5,6-四-*O*-甲基-D-葡萄糖酸和2,3,4,6-四-*O*-甲基-D-半乳糖。

8. 写出6-*O*-（α-D-吡喃半乳苷基）-D-吡喃葡萄糖的Haworth式和构象式，并指出苷键的种类。

9. 写出α-D-葡萄糖与下列试剂反应的产物

（1）$(CH_3CO)_2O$　（2）HIO_4　（3）①CH_3OH，HCl；②HIO_4　（4）H_2NOH　（5）定量苯肼

10. 写出下列反应的主要产物

（1）CHO / H—OH / H—OH / H—OH / CH_2OH $\xrightarrow{Br_2/H_2O}$

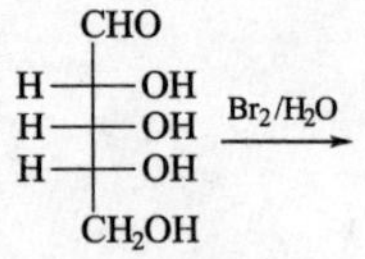

（2）CH_2OH / =O / H—OH / CH_2OH $\xrightarrow{H_2N—OH}$

（3）CH_2OH / =O / HO—H / H—OH / H—OH / CH_2OH $\xrightarrow[\text{过量}]{C_6H_5NHNH_2}$

（4）（CH_2OH，OCH_3，OH，OH，OH 吡喃糖苷）$\xrightarrow{\text{稀HCl}}$

（5）（CH_2OH，OH，OCH_3，OH，OH 吡喃糖苷）$\xrightarrow[ZnCl_2]{(CH_3CO)_2O}$

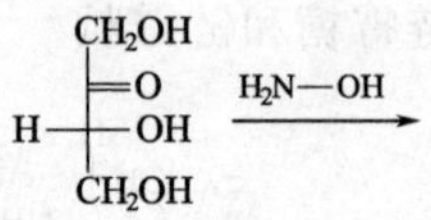

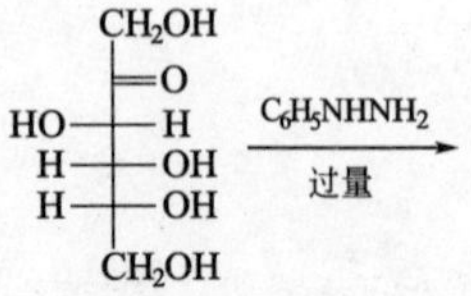

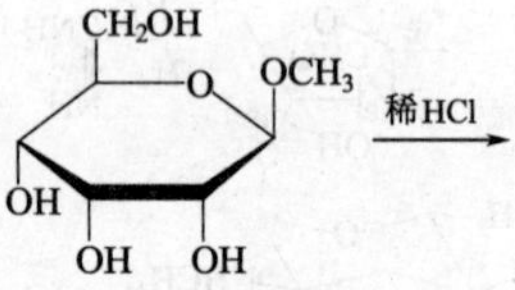

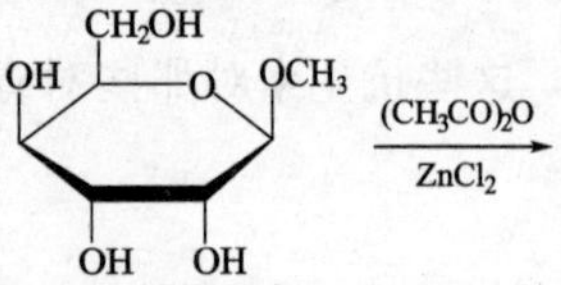

（6）乳糖 $\xrightarrow{\text{苦杏仁酶}}$ $\xrightarrow{\text{稀硝酸}}$

（7）CHO / H—OH / H—OH / CH_2OH $\xrightarrow{3HIO_4}$

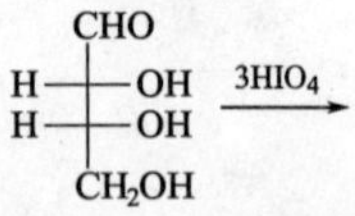

（8）（HOH_2C，OH，OH OH 呋喃糖）$\xrightarrow[NaOH]{(CH_3)_2SO_4}$ $\xrightarrow{\text{稀HCl}}$

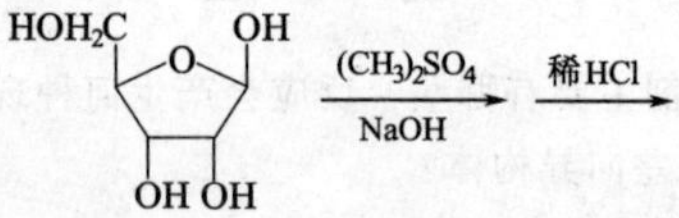

11. 审视下列五个戊糖的结构，选择合适的结构回答下列问题

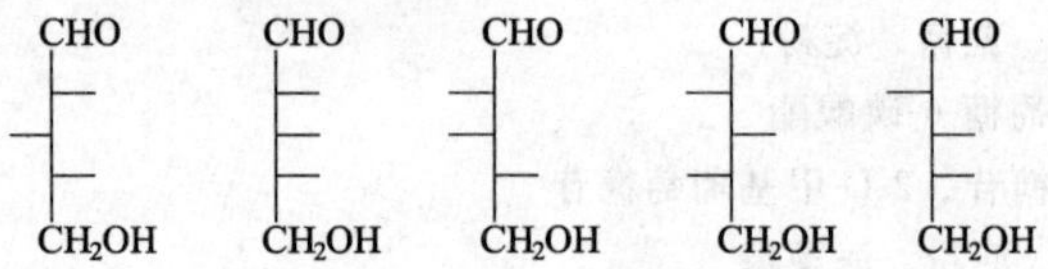

(A)	(B)	(C)	(D)	(E)
CHO	CHO	CHO	CHO	CHO
CH_2OH	CH_2OH	CH_2OH	CH_2OH	CH_2OH

（1）A的对映体是哪一个？

（2）A的C_2差向异物体是哪一个？

（3）五个戊糖都还原成戊五醇，哪几个戊糖醇还原后仍保持旋光性？

（4）五个戊糖都氧化成糖二酸，哪些糖的氧化产物结构相同？

12. 化合物A（$C_5H_{10}O_4$）与乙酐反应生成二乙酸酯，但不与Tollens试剂反应；A用稀酸处理得甲醇和B（$C_4H_8O_4$），B有旋光性，与乙酐反应生成三乙酸酯。B经还原可生成无旋光性的C（$C_4H_{10}O_4$），C可与乙酐反应生成四乙酸酯。B温和氧化的产物D是一个具有酸性的化合物$C_4H_8O_5$，用NaOCl处理D的酰胺，等到D-甘油醛。试写出A、B、C、D的结构式。

13. 某双糖 A，通过化学分析提供下面的资料：

(1) A 能还原 Fehling 试剂

(2) A 水解时只得到 D-葡萄糖

(3) A 用 $NaBH_4$ 还原后，被完全甲基化，并且水解得到等比例的 2,3,4,6-四-*O*-甲基-D-吡喃葡萄糖和 1,2,3,4,5,6-五-*O*-甲基-D-葡萄糖醇

(4) A 水解最后得到的 D-葡萄糖的比旋光度和 α-D-吡喃葡萄糖相近。

请写出 A 的结构式和名称。

14

氨基酸、多肽和蛋白质

天然生物活性聚合物有三类，即糖、蛋白质和核酸。糖化学在上一章已作了介绍，它的功能主要是储存能量、细胞表面的生物化学标记和在植物中充当结构物质。核酸有两个主要功能，即信息的储存与传递，限于篇幅，本书不作专门介绍，仅在本章后面对其结构稍作说明。

在三类生物聚合物中，只有蛋白质的功能是最具多样性的，如酶（绝大多数都是蛋白质，新近发现少量核酸也具有酶的功能）和激素可催化和调节生物体内的各种生化反应，肌肉和腱指示身体的运动，皮肤和毛发提供外层的保护，血红蛋白可以把氧气输送到身体内最远的角落，抗体可以抵御疾病的侵染等。蛋白质在骨骼中还可与其他物质一起共同提供结构支撑。如此多的功能，对蛋白质大小和形状的千变万化就不会感到惊奇了。大多数蛋白质的相对分子质量都是很大的，即使一个相对较小的蛋白质——溶菌酶的相对分子质量也达到14600。而蛋白质的形状可从溶菌酶和血红蛋白等的球状到α-角蛋白（头发、指甲、羊毛等）的螺旋扭曲，丝心蛋白的折叠片等。

蛋白质是聚酰胺，其单体是大约 20 种不同的α-氨基酸，细胞利用这些α-氨基酸来合成蛋白质，蛋白质链中不同α-氨基酸的排列顺序称为蛋白质的一级结构。一级结构是最重要的，每一个蛋白质要产生其独特的功能，其一级结构必须正确，当一级结构正确时，聚酰胺链才可能按其独特的功能要求以一种特殊的方式折叠成各种形状，这种折叠的聚酰胺链就构成了蛋白质的二级和三级结构。

用酸或碱催化水解蛋白质会得到不同氨基酸的混合物，这种混合物中最多可含多达 22 种α-氨基酸，并且这些氨基酸都有一个共同的特征，即几乎所有的天然氨基酸的α-碳原子都是 L 构型（甘氨酸除外）的，它们与 L-甘油醛具有相同的构型。

$$\begin{array}{c} COOH \\ H_2N\!-\!C\!-\!H \\ R \end{array} \qquad\qquad \begin{array}{c} CHO \\ HO\!-\!C\!-\!H \\ CH_2OH \end{array}$$

L-α-氨基酸　　　　L-甘油醛

14.1 氨基酸

14.1.1 氨基酸的结构和命名

根据其侧链 R 基团的不同，从蛋白质得到的 22 种α-氨基酸可分为中性、酸性和碱性三种类型（见表 14-1）。

表 14-1 蛋白质中的 L-氨基酸

R	英文名	中文名	缩写	pK_{a1} α-COOH	pK_{a2} α-NH_3^+	pK_{a3} R 基团	pI（等电点）
中性氨基酸							
—H	Glycine	甘氨酸	G 或 Gly（甘）	2.3	9.6		6.0
$—CH_3$	Alanine	丙氨酸	A 或 Ala（丙）	2.3	9.7		6.0
$—CH(CH_3)_2$	Valine①	缬氨酸	V 或 Val（缬）	2.3	9.6		6.0
$—CH_2CH(CH_3)_2$	Leucine①	亮氨酸	L 或 Leu（亮）	2.4	9.6		6.0
$—CH(CH_3)CH_2CH_3$	Isoleucine①	异亮氨酸	I 或 Ile（异亮）	2.4	9.7		6.1
$—CH_2—C_6H_5$	Phenylalanine①	苯丙氨酸	F 或 Phe（苯丙）	1.8	9.1		5.5
$—CH_2CONH_2$	Asparagine	天冬酰胺	N 或 Asn	2.0	8.8		5.4
$—CH_2$—(3-吲哚基，N-H)	Tryptophan①	色氨酸	W 或 Trp（色）	2.4	9.4		5.9
$—CH_2CH_2CONH_2$	Glutamine	谷氨酰胺	Q 或 Gln	2.2	9.1		5.7
HOOC—(吡咯烷环，HN)	Proline	脯氨酸	P 或 Pro（脯）	2.0	10.6		6.3
$—CH_2OH$	Serine	丝氨酸	S 或 Ser（丝）	2.2	9.2		5.7
$—CH(CH_3)OH$	Threonine①	苏氨酸	T 或 Thr（苏）	2.6	10.4		6.5
$—CH_2—C_6H_4—OH$	Tyrosine	酪氨酸	Y 或 Tyr（酪）	2.2	9.1	10.1	5.7
HOOC—(吡咯烷环，HN，OH)	Hydroxyproline	羟脯氨酸	Hyp（羟脯）	1.9	9.7		6.3
$—CH_2SH$	Cysteine	半胱氨酸	C 或 Cys（半胱）	1.7	10.8	8.3	5.0
$—CH_2S$—$SCH_2—$	Cystine	胱氨酸	Cys-Cys	1.6 2.3	7.9 9.9		5.1
$—CH_2CH_2SCH_3$	Methionine①	蛋氨酸 甲硫氨酸	M 或 Met（蛋）	2.3	9.2		5.8

续表

R	英文名	中文名	缩写	pK_{a1} α-COOH	pK_{a2} α-NH_3^+	pK_{a3} R 基团	pI（等电点）
酸性氨基酸							
$—CH_2COOH$	Aspartic acid	天冬氨酸	D 或 Asp（天冬）	2.1	9.8	3.9	3.0
$—CH_2CH_2COOH$	Glutamic acid	谷氨酸	E 或 Glu（谷）	2.2	9.7	4.3	3.2
碱性氨基酸							
$—CH_2CH_2CH_2CH_2NH_2$	Lysine①	赖氨酸	K 或 Lys（赖）	2.2	9.0	10.5②	9.8
$—CH_2CH_2CH_2NHC(=NH)NH_2$	Arginine	精氨酸	R 或 Arg（精）	2.2	9.0	12.5②	10.8
$—CH_2$-(咪唑基，N、NH)	Histidine	组氨酸	H 或 His（组）	1.8	9.2	6.0②	7.6

①必需的氨基酸。

②为 R 基团上质子化氨基的 pK_a 值。

在表中的 22 种 α-氨基酸中，事实上只有 20 种被细胞用来合成蛋白质，其余 2 种氨基酸是在聚酰胺链完整形成后再合成的，其中羟脯氨酸（主要存在于胶原蛋白中）由脯氨酸合成，而胱氨酸（存在于大多数蛋白质中）由半胱氨酸合成。

关于第二个转化还应说明一点，半胱氨酸上的巯基使其具有硫醇的性质，其在温和的氧化剂作用下可被转化为二硫化物，这一反应同样也可被温和的还原剂所逆转：

$$\underset{\text{硫醇}}{2RSH} \underset{[H]}{\overset{[O]}{\rightleftharpoons}} \underset{\text{二硫化物}}{RS—SR}$$

$$\underset{\text{半胱氨酸}}{2HOOC\underset{|\atop NH_2}{C}HCH_2SH} \underset{[H]}{\overset{[O]}{\rightleftharpoons}} \underset{\text{胱氨酸}}{HOOC\underset{|\atop NH_2}{C}HCH_2S—SCH_2\underset{|\atop NH_2}{C}HCOOH}$$

这一性质在多肽和蛋白质的合成中是非常重要的。

14.1.2 氨基酸的等电点

氨基酸既含有碱性的氨基，也含有酸性的羧基，在固体状态下，它是以偶极离子的形式（即羧基以$—COO^-$，氨基以$—NH_3^+$）存在的，也叫做两性离子。而在水溶液中存在有偶极离子与阳离子及阴离子之间的平衡：

$$H_3^+N\underset{|\atop R}{C}HCOOH \underset{+H^+}{\overset{-H^+}{\rightleftharpoons}} N_3^+N\underset{|\atop R}{C}HCOO^- \underset{+H^+}{\overset{-H^+}{\rightleftharpoons}} H_2N\underset{|\atop R}{C}HCOO^-$$

在溶液中氨基酸的主要存在形式取决于溶液的 pH 值和氨基酸本身的性质：在强酸性溶液中，所有氨基酸均以正离子形式存在，而在强碱性溶液中以负离子形式存在。当在某些中间的 pH 值时，偶极离子的浓度可以达到最大，此时正负离子的浓度是相等的，这时溶液的 pH 值就叫做氨基酸的等电点（isoelectric point，pI）。每一个氨基酸都有其等电点（见表 14-1），在等电点时氨基酸的溶解度最小，可以利用这一性质分离氨基酸的混合物。

14.1.3 氨基酸的化学性质

氨基酸可发生胺和羧酸的所有反应，本节不一一说明，仅举部分应用较多的例子。

14.1.3.1 与亚硝酸的反应

除脯氨酸外，其他所有的α-氨基酸都能与亚硝酸反应放出氮气，得到α-羟基酸：

$$R-\underset{NH_2}{\underset{|}{C}}HCOOH + HNO_2 \longrightarrow R-\underset{OH}{\underset{|}{C}}HCOOH + N_2 + H_2O$$

这一反应是定量完成的，因此通过测定放出的氮气的体积，就可计算出氨基酸中氨基的含量。这种方法称为 von Slyke 氨基测定法。

14.1.3.2 与甲醛的反应

除脯氨酸外，其他所有的α-氨基酸也都能与甲醛反应生成 Schiff 碱：

$$R-\underset{NH_2}{\underset{|}{C}}HCOOH + HCHO \longrightarrow R-\underset{N=CH_2}{\underset{|}{C}}HCOOH + H_2O$$

用碱滴定游离的羧基，同样可以测定氨基酸的含量。

14.1.3.3 与金属离子的配合作用

很多金属离子都可与氨基酸形成稳定的配合物，如 Cu^{2+} 可与氨基酸形成蓝色的结晶配合物：

利用这一性质，可以将其用于生物体内某些金属离子的补充，因而可用作食品或饲料添加剂。

14.1.3.4 氨基酸的受热分解

与羟基酸一样，氨基酸受热时也会产生分解，其分解产物也同样取决于氨基与羧基的相对位置。

α-氨基酸受热时会发生分子间脱水生成内交酰胺(哌嗪二酮)。例如：

β-氨基酸受热时发生分子内脱氨形成α,β-不饱和羧酸。

$$R-\underset{NH_2}{\underset{|}{C}}H-\underset{H}{\underset{|}{C}}HCOOH \xrightarrow{\triangle} RCH=CHCOOH + NH_3$$

γ-氨基酸、δ-氨基酸受热则发生分子内的酰胺化形成内酰胺。

$$R-\underset{NH-H}{CH}CH_2CH_2\underset{OH}{C}=O \xrightarrow{\triangle} \text{(5-R-2-pyrrolidinone)}$$

当氨基与羧基相距更远时，则受热形成链状的聚酰胺。

$$nH_2N(CH_2)_mCOOH \xrightarrow{\triangle} H_2N(CH_2)_m\overset{O}{\overset{\|}{C}}\left[NH(CH)_m\overset{O}{\overset{\|}{C}}\right]_{n-2}NH(CH_2)_mCOOH$$

14.1.3.5 与茚三酮的反应

除脯氨酸外，其他 α-氨基酸均可与茚三酮作用形成有颜色的产物，可用于氨基酸的定性鉴定(见后文多肽和蛋白质的分析)。

14.1.4 氨基酸的制备与应用

由于氨基酸的优良性能，在食品、动物养殖、水产养殖、医药、日用化学品、贵金属提取、电镀、农药及肥料等领域中的应用非常广泛。现代氨基酸工业起始于 1908 年，目前主要采取的生产方法有三种：蛋白质水解抽提法、人工合成法和微生物发酵法，其中第三种方法所生产的品种最多，约占总量的一半。

人工合成 α-氨基酸的方法主要有三种。

(1) α-卤代酸的直接水解

$$RCH_2COOH \xrightarrow[2.\ H_2O]{1.\ X_2,P} \underset{X}{RCHCOOH} \xrightarrow{NH_3(\text{过量})} \underset{NH_3^+}{RCHCOO^-}$$

这一方法因为收率较低，现已很少使用。

(2) 用 Gabriel 法合成

$$\text{邻苯二甲酰亚胺钾}(N^-K^+) + ClCH_2COOC_2H_5 \longrightarrow \text{邻苯二甲酰亚胺}-N-CH_2COOC_2H_5 \xrightarrow[2.\ HCl]{1.\ KOH/H_2O}$$

$$\underset{85\%}{H_3^+NCH_2COO^-} + \text{邻苯二甲酸}(C_6H_4(COOH)_2) + C_2H_5OH$$

这一方法通常收率较高，且产物容易纯化。例如：

$$\text{邻苯二甲酰亚胺钾}(N^-K^+) + BrCH(COOC_2H_5)_2 \longrightarrow \underset{82\%\sim85\%}{\text{邻苯二甲酰亚胺}-N-CH(COOC_2H_5)_2} \xrightarrow[ClCH_2CH_2SCH_3]{EtONa} \underset{96\%\sim98\%}{\text{邻苯二甲酰亚胺}-N-C(COO^-)_2CH_2CH_2SCH_3}$$

$$\xrightarrow{NaOH} \text{(2-COO}^-\text{-C}_6H_4)-\overset{O}{\overset{\|}{C}}-NH-C(COO^-)_2CH_2CH_2SCH_3 \xrightarrow{HCl} \underset{\substack{\text{DL-蛋氨酸}\\84\%\sim85\%}}{CH_3SCH_2CH_2\underset{NH_3^+}{CH}COO^-} + CO_2 + \text{邻苯二甲酸}(C_6H_4(COOH)_2)$$

(3) Strecker 合成法　将醛与氨和氰化氢一起反应可得到 α-羟基腈，后者水解即得到 α-氨基酸，这一方法称为 Strecker 合成法。

$$\mathrm{RCHO} + NH_3 + HCN \longrightarrow \mathrm{RCH(NH_2)CN} \xrightarrow[\triangle]{H^+} \mathrm{RCH(NH_3^+)COOH}$$

其反应机理可能为：

$$\mathrm{RCHO} + NH_3 \rightleftharpoons \mathrm{RCH(O^-)NH_3^+} \rightleftharpoons \mathrm{RCH(OH)NH_2} \xrightleftharpoons{-H_2O} \mathrm{RCH{=}NH} \xrightleftharpoons{CN^-} \mathrm{RCH(CN){-}NH^-} \xrightleftharpoons{H^+} \mathrm{RCH(CN){-}NH_2}$$

采用人工合成方法得到的 α-氨基酸一般为外消旋体，要得到光活性的氨基酸，还必须对其进行拆分，这包括在前面章节中介绍过的一些方法。

一种特别令人感兴趣的方法就是使用酰基水解酶，这种酶在生物体内催化 *N*-酰基氨基酸的水解，由于酶的活性中心是手性的，它只能选择性地水解 L-型 *N*-酰基氨基酸，因此将其用于外消旋体时，就可很容易地将一对对映异构体分开。

$$\text{D,L-}\mathrm{RCH(NH_3^+)COO^-} \xrightarrow{Ac_2O} \text{D,L-}\mathrm{RCH(NHAc)COO^-} \xrightarrow{\text{酰基水解酶}} CH_3COOH + \mathrm{H_3^+N{-}C(H)(R){-}COO^-}\ (\text{L}) + \mathrm{H{-}C(NHCOCH_3)(R){-}COO^-}\ (\text{D})$$

14.2　多肽和蛋白质

14.2.1　多肽和蛋白质的组成分析

酶能引起 α-氨基酸之间脱水而形成聚合物：

$$\mathrm{H_3^+NCH(R)COO^-} + \mathrm{H_3^+NCH(R')COO^-} \longrightarrow \mathrm{H_3^+NCH(R)C(O)NHCH(R')COO^-}$$

二肽

氨基酸之间的酰氨键称为肽键，以这种方式连接起来的单个氨基酸称为氨基酸残基，由 2～10 个氨基酸残基连接起来的聚合物分别称为二肽、三肽、…，统称为寡肽。10 个以上氨基酸残基称为多肽，蛋白质就是含一条或多条多肽链的分子。多肽和蛋白质在氨基酸残基的数目上并没有严格的区分，这取决于它所表现出来的性质，当其具有蛋白质的性质特征时，这个多肽链就是蛋白质。

多肽多是线型聚合物，在其一端有一个自由的 NH_3^+，而另一端有一个自由的 COO^-，含有这两个基团的氨基酸残基分别叫做 N-端残基和 C-端残基。为了方便，将多肽或蛋白质中的 N-端氨基酸写在链的左边，而把 C-端氨基酸写在链的右边。

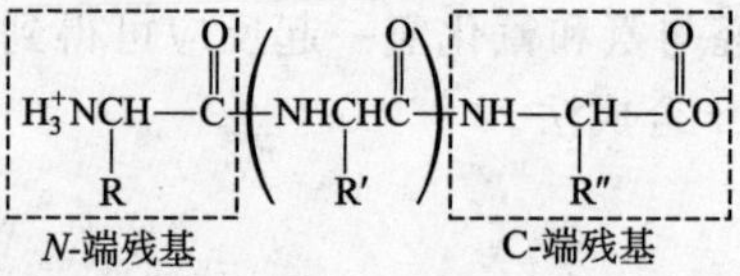

$$H_3^+NCH(R)-\overset{O}{\overset{\|}{C}}-\left(NHCH(R')\overset{O}{\overset{\|}{C}}\right)-NH-CH(R'')-\overset{O}{\overset{\|}{C}}O^-$$

N-端残基　　　　C-端残基

如由甘氨酸、缬氨酸和苯丙氨酸形成的三肽可以写成：

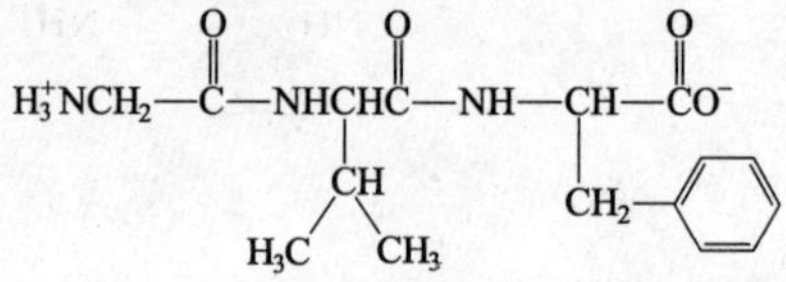

$$H_3^+NCH_2-\overset{O}{\overset{\|}{C}}-NHCH(CH(CH_3)_2)\overset{O}{\overset{\|}{C}}-NH-CH(CH_2C_6H_5)-\overset{O}{\overset{\|}{C}}O^-$$

Gly·Val·Phe

当把一个多肽或蛋白质与 6mol/L 盐酸一起回流 24h 后，通常所有的肽键都会水解，从而得到一个氨基酸的混合物。当要想确定多肽或蛋白质的结构时，首先要面对的一项工作就是分离和鉴定这个混合物中的每一种氨基酸。由于这些氨基酸可能多达 22 种，如果使用传统方法是难以想象的。所幸的是，现在基于洗脱色谱原理的专门的分析方法已经建立起来了，并已实现自动化，称为氨基酸自动分析仪，使这项工作大大简化了。

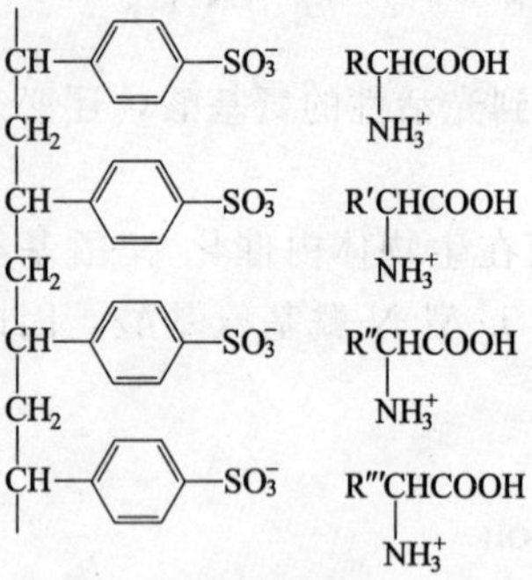

图 14-1　阳离子交换树脂与吸附的氨基酸

如果将含有氨基酸的酸性溶液通过一填充有阳离子交换树脂的色谱柱，由于静电吸引的关系，氨基酸将被吸附在树脂上，其吸附的强度随氨基酸酸碱性的不同而不同，碱性最强的吸附得最紧(见图 14-1)。如果用同一种给定 pH 值的缓冲溶液冲洗，不同的氨基酸将以不同的速度从柱内冲洗出来，最终得以分离。在柱的末端，将洗脱液与水合茚三酮(除了脯氨酸和羟脯氨酸外，能与所有氨基酸反应生成强紫红色的衍生物，$\lambda_{max}=570nm$)混合进行跟踪检测。氨基酸分析仪就是通过连续测定洗脱液的紫外吸收来进行鉴定的。

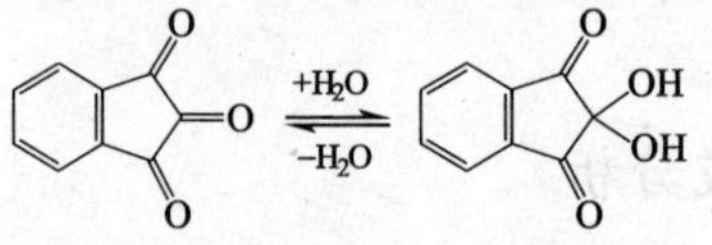

茚三酮 $\underset{-H_2O}{\overset{+H_2O}{\rightleftharpoons}}$ 水合茚三酮

$$2\ \text{茚三酮} + RCH(NH_3^+)COO^- \xrightarrow{-H_3^+O} \text{(紫色衍生物)} + RCHO + CO_2$$

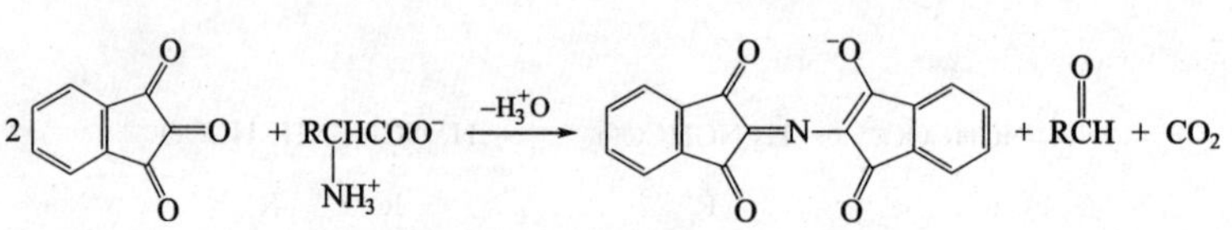

14.2.2 多肽和蛋白质的氨基酸序列分析

当确定了一个多肽或蛋白质的氨基酸组成后，下一步的工作就是确定其分子量了，现已建立了许多方法来完成这一工作，如化学法、超速离心法、光散射法、渗透压法和 X 射线衍射法等。利用分子量和氨基酸的组成，就可以计算出多肽或蛋白质的分子式了，同时也就可知道每个分子中各种氨基酸残基的数目了。但这在蛋白质的结构测定中还仅仅是开始，下一步的工作要困难而复杂得多，还必须弄清每个氨基酸在肽链中的排列顺序，也就是必须确定多肽的共价结构或称为一级结构。

一个含有 3 种不同氨基酸的三肽就可以有 6 种不同的排列方式，含有 4 种不同氨基酸的四肽可以有多达 24 种不同的排列，而对于一个含有 100 个氨基酸残基(20 种不同的氨基酸)

的蛋白质来说，就有 $20^{100}=1.27\times10^{130}$ 种可能的排列，这一数目实在是太巨大了，如果没有简单有效的方法，要弄清楚蛋白质的结构是不可想象的事情。幸运的是，现在科学家们已经建立起了几种氨基酸序列的分析方法，从而使得人们了解蛋白质的结构不再是一种梦想。下面主要介绍端基分析法和部分水解法。

14.2.2.1 端基分析法

所谓端基分析法就是专门分析一个多肽链的 N-端或 C-端氨基酸残基的方法。最早用于分析 N-端氨基酸残基的方法是 Sanger 法，发明者 Frederick Sanger 因这方面的成就荣获 1958 年诺贝尔化学奖。这一方法是用 2,4-二硝基氟苯(DNFB)与多肽在弱碱性溶液中发生芳香族亲核取代反应，随后水解得到氨基酸的混合物，在这个混合物中，N-端氨基酸被“标记”上了 2,4-二硝基苯基，将其分离鉴定，就可知道 N-端氨基酸残基的结构了。

$$2,4\text{-}(O_2N)_2C_6H_3F + H_2NCH(R)CO-NHCH(R')CO\sim \xrightarrow[-HF]{HCO_3^-} 2,4\text{-}(O_2N)_2C_6H_3-NHCH(R)CO-NHCH(R')CO\sim$$

$$\xrightarrow{H_3^+O} 2,4\text{-}(O_2N)_2C_6H_3-NHCH(R)COOH + H_2NCH(R')CO-OH$$

被“标记”的N-端氨基酸　　　氨基酸混合物

N-端分析的第二种方法是 Edman 降解法。与 Sanger 法相比，这一方法的优点是它的每一次降解都只是移去 N-端的氨基酸残基，而保留余下的多肽链，因而实用性更强。

$$C_6H_5-N{=}C{=}S + H_2NCH(R)CO-NHCH(R')CO\sim \xrightarrow[pH9]{OH^-} C_6H_5-NHC(=S)NHCH(R)CO-NHCH(R')CO\sim$$

$$\xrightarrow{H^+} [\text{噻唑啉酮中间体}] \xrightarrow[重排]{\triangle} \text{苯基乙内酰硫脲(PTH-氨基酸)}$$

$$+\ H_3^+NCH(R')CO\sim$$

减少了一个氨基酸的多肽

第一次 Edman 降解后的多肽链可以进行第二次降解，以确定下一个氨基酸残基的结构，这一过程甚至已经实现自动化。但遗憾的是，Edman 降解不能无限进行下去，因为随着氨基酸残基的逐步移去，酸处理后水解形成的氨基酸会累积在混合物中产生相互干扰，影响这一过程的彻底完成。尽管如此，Edman 降解法还是被广泛用于自动分析，即氨基酸序列分析仪，已成功用于多达 60 个氨基酸的多肽序列分析，每一个离去的氨基酸残基都可被自动检测。

C-端残基的分析可由羧肽酶(一种消化酶)来完成，这种酶专一催化酰胺链中含有游离羧基的氨基酸残基的酰氨键的水解，释放出游离的氨基酸。但是羧肽酶会继续进攻余下的多肽链，逐步脱去 C-端残基。所以，这一方法只适用于有限的氨基酸序列的分析。

14.2.2.2 部分水解法

当多肽或蛋白质分子的大小到一定程度时，使用 Edman 降解法或羧肽酶来进行序列分析就很困难了，这时可以采用另一种技术，即部分水解法。使用稀酸或酶，可以将多肽链分解成较小的片段，然后对每个片段用 Sanger 法或 Edman 法鉴别，通过分析这项小片段的断裂点，然后将它们拼合在一起，就可得到原来多肽的结构。

以一个简单的五肽为例，经分析它是由 2 个缬氨酸、1 个组氨酸、1 个亮氨酸和 1 个苯丙氨酸组成的，这样可以写出其分子结构组成为：

$$\mathrm{Val_2，His，Leu，Phe}$$

然后用 DNFB 和羧肽酶分别确定出其 N-端残基为缬氨酸，而 C-端残基为亮氨酸，但其他 3 个的排列仍然未知。因此有：

Val(Val，His，Phe)Leu

再用稀酸将其水解，可以得到下面的二肽片段(同时也会得到一些游离的氨基酸和较大的片段，如三肽、四肽)：

Val · His＋His · Val＋Val · Phe＋Phe · Leu

从这些二肽的断裂点，可以很容易地推出原来五肽的结构为：

Val · His · Val · Phe · Leu

另有两种酶也经常用于大蛋白质分子中某些肽键的裂解。胰蛋白酶(trypsin)主要用于水解羧基是赖氨酸或精氨酸残基的肽键，而糜蛋白酶(chymotrypsin)主要用于羧基是苯丙氨酸、酪氨酸和色氨酸残基的肽键的水解，但它也能进攻亮氨酸、蛋氨酸、天冬酰胺和谷氨酰胺的羧基。当一个大的蛋白质分子与它们作用时，蛋白质分子就会被裂解成较小的碎片，对这些较小的碎片用 Edman 降解或标记，然后进行部分水解，可得出这个蛋白质分子中的氨基酸序列。

14.2.2.3 几种多肽和蛋白质的氨基酸序列(一级结构)

(1) 催产素和抗利尿激素　催产素(oxytocin)和抗利尿激素(vasopressin)是两种具有很相似结构的多肽（见图 14-2)。

从图 14-2 可以看出，两者的区别仅仅在于两个氨基酸残基的不同，但它们的生理效能却是截然不同的：催产素只存在于雌性体中，在生产时刺激子宫收缩；而抗利尿激素在雌、雄体内均有，其功能是引起外周血管的收缩、增加血压，但它的主要功能还是作为抗利尿激素。

从这两个例子中可以看到两个半胱氨酸残基间二硫键的重要性。

(2) 胰岛素　胰岛素(insulin)是由胰脏分泌产生的一种调节葡萄糖代谢的激素，糖尿病人的主要问题就是体内胰岛素的缺乏。

牛胰岛素的氨基酸序列是 Sanger 经过 10 年研究于 1953 年最终确定的(见图 14-3)，它包括两条肽链(称为 A 链和 B 链)，共由 51 个氨基酸残基组成，这两条链通过二硫键连接在一起，而 A 链中的 6 位和 11 位半胱氨酸残基通过另外一个二硫键连接成环。

人胰岛素与牛胰岛素的区别仅在 3 个氨基酸残基的不同：A 链 8 位和 B 链 30 位的丙氨酸(Ala)用苏氨酸(Thr)代替，A 链 10 位的缬氨酸(Val)用异亮氨酸(Ile)代替就成了人胰岛素。大多数哺乳动物的胰岛素均具有相似的结构。

14.2.3 多肽和蛋白质的高级结构

知道了蛋白质的一级结构还是远远不够的，要了解其功能，还必须知道其在三维空间的结构。

14.2.3.1 蛋白质的二级结构

蛋白质的二级结构是指多肽主链的局部构象，专指那些有规律折叠的图形，如单环、折

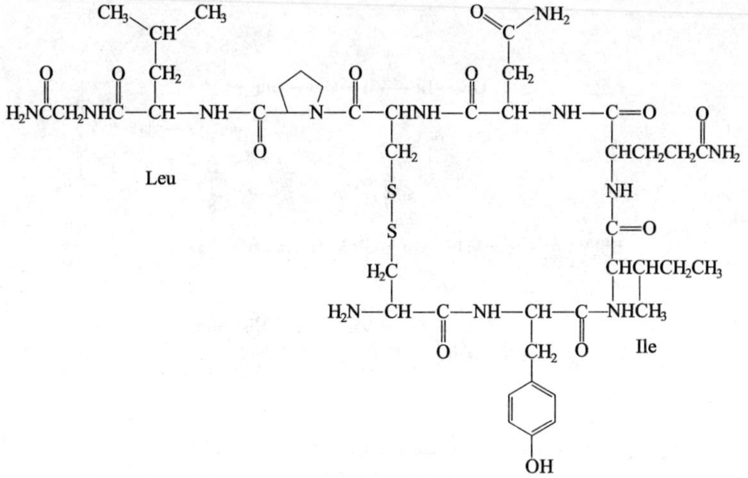

(I)

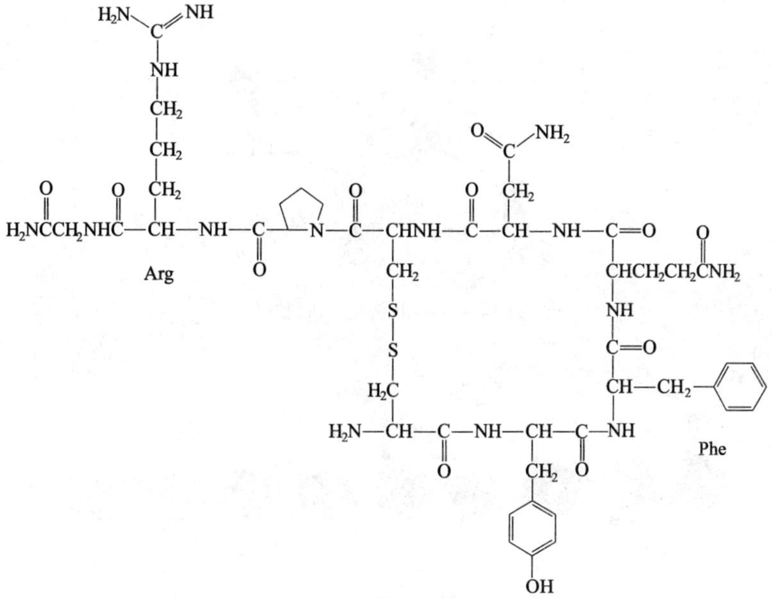

(II)

图 14-2　催产素(I)和抗利尿激素(II)的一级结构

叠和回转等，用于阐明蛋白质二级结构的实验技术主要是 X 射线衍射和核磁共振(包括二维核磁共振 2D-NMR)。

已经知道，由于 N 原子与羰基之间可以形成较强的 p-π 共轭，可以以酮式和烯醇式两种状态存在，因此酰氨键会表现出相当程度的双键性质(其烯醇式的含量与结构有关，在多肽中大约占 40%)：

$$>N-C(=O)- \rightleftharpoons >\overset{+}{N}=C(-O^-)-$$

由于这一特点，绕 C—N 键键轴的旋转就会有相当大的阻力，与肽键相关的 6 个原子倾向于位于同一平面上。但是其他基团的旋转会自由得多，这些旋转就形成了多肽链的不同构象。围绕相对刚性的酰氨键反向排布的这些基团使得 R 基团在整根肽链中从一边到另一边的交

A链　Gly—Ile—Val—Glu—Gln—Cys—Cys—Ala—Ser—Val—Cys—Ser—Leu—Tyr—Gln—Leu—Glu—Asn—Tyr—Cys—Asn

B链　Phe—Val—Asn—Gln—His—Leu—Cys—Gly—Ser—His—Leu—Val—Glu—Ala—Leu—Tyr—Leu—Val—Cys—Gly—Glu—Arg—Gly—Phe—Phe—Tyr—Thr—Pro—Lys—Ala

（A链 Cys—S—S—Cys；A链 Cys—S—S—B链 Cys；A链 Cys—S—S—B链 Cys）

图 14-3　牛胰岛素的氨基酸序列

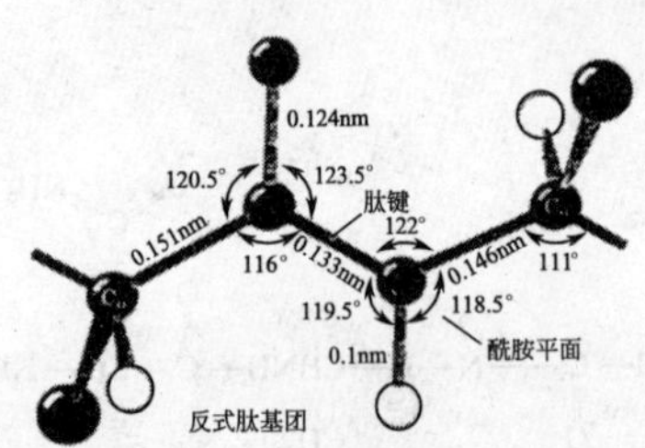

图 14-4　多肽链的不同构象

替排布(见图 14-4)：

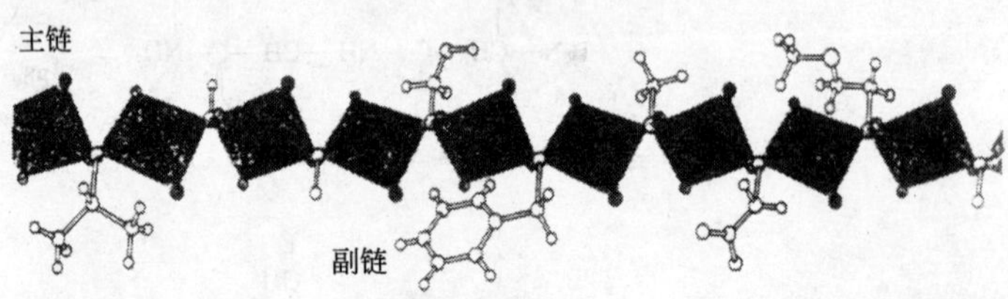

完全扩展开的多肽链之间将会形成一种平面结构，每一个链中交替出现的氨基酸与相邻链中的一个氨基酸形成氢键：

假设的平板结构

但在天然蛋白质中，这种结构并不存在，因为 R 基团之间存在着较大的排斥力，这种排斥力会使得某些键略微旋转，以减小 R 基团之间的范德华斥力，这样在局部就会形成折叠，这种折叠称为 β-折叠或 β-构型(见图 14-5)。

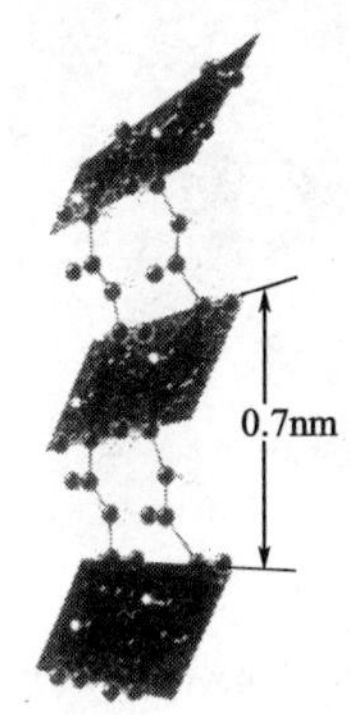

图 14-5　蛋白质中的 β-折叠或 β-构型

图 14-6　多肽的 α-螺旋结构

在天然蛋白质中更重要的是 α-螺旋(见图 14-6)。这是一个右旋螺旋结构，每个螺旋上有 3.6 个氨基酸残基，每一个酰氨键都与任一方向上的相距 3 个氨基酸残基的另一个酰氨键形成一个氢键，而 R 基团都排布在螺旋轴的外面。α-螺旋的重现距离是 0.15nm。

α-螺旋存在于许多蛋白质中，它是纤维蛋白(如肌球蛋白)和 α-角蛋白(如头发、非延展性羊毛、指甲等)中占支配地位的结构。

除了 α-螺旋和 β-折叠外，蛋白质还具有某些局部的构型，如 β-转角等。如对球状蛋白来说，螺旋和折叠仅只能说明它的一半的结构，余下的多肽片段具有线圈型构象，这些非重复性结构虽然不是全无规则的，但不太好描述。图 14-7 是 RNase 的某些二级结构。

14.2.3.2　蛋白质的三级结构

多肽链的进一步折叠形成的蛋白质的三维图形称为三级结构，是 α-螺旋的线圈的叠加。这些折叠也不是无规则的，在合适的环境下，它是以一种特殊的形式存在，即特殊蛋白质的特性，通常对其功能非常重要。

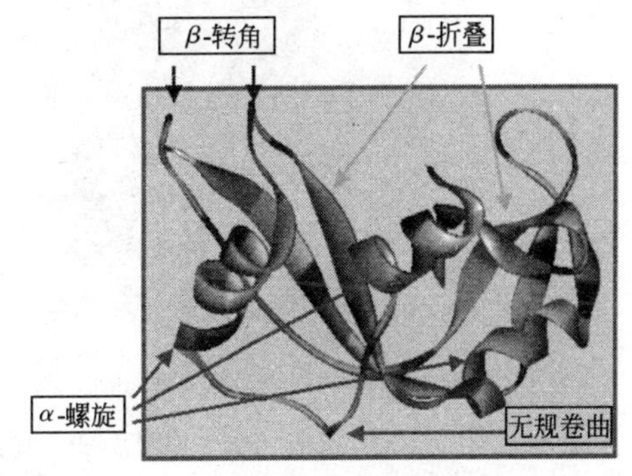

图 14-7　RNase 的某些二级结构

多种作用力，包括一级结构中的二硫键都与三级结构的稳定性有关，大多数蛋白质的一个特性就是在折叠时总是将尽可能多的极性(亲水性)基团暴露在水性环境中，而将尽可能多的非极性(疏水性)基团深藏在其内部。

可溶性球状蛋白比纤维蛋白的折叠程度要大得多，但纤维蛋白也有三级结构，例如 α-角蛋白的 α-螺旋股结合在一起形成的“超级螺旋”，这个超级螺旋的重现距离为 0.51nm，表明每一个超级螺旋包含有 35 个 α-螺旋。这种三级结构也不是到此为止，即使超级螺旋也还能够结合在一起形成 7 股的绳状结构。

肌红蛋白和血红蛋白是最早通过 X 射线衍射分析确定其完整结构的蛋白质，分别于 1957 年和 1959 年由剑桥大学的 J. C. Kendrew 和 M. Perutz 完成，他们因此获得 1962 年度诺贝尔化学奖。随后又有许多其他蛋白质，包括溶菌酶(Lysozyme)、核糖核酸酶(Ribonuclease)和 α-糜蛋白酶等的完整结构被分析出来（见图 14-8）。如今，蛋白质结晶学已是结构生物学领域的主要研究方向，也是当前蛋白质研究中很活跃的方向之一，众多重要蛋白质的晶体结构已被解析出来，并建立了蛋白质晶体结构数据库，读者若有兴趣，可免费查取。

(a)

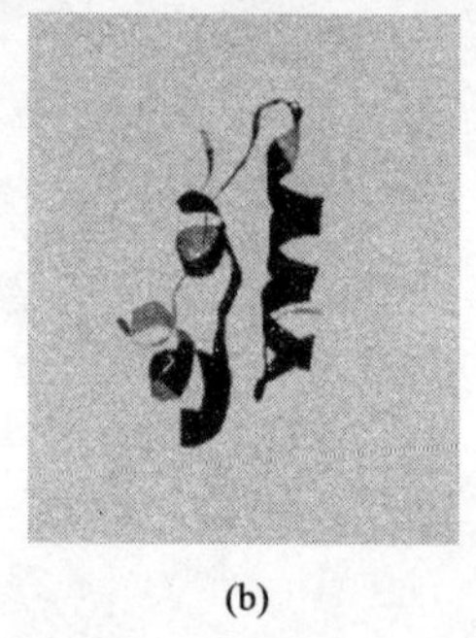
(b)

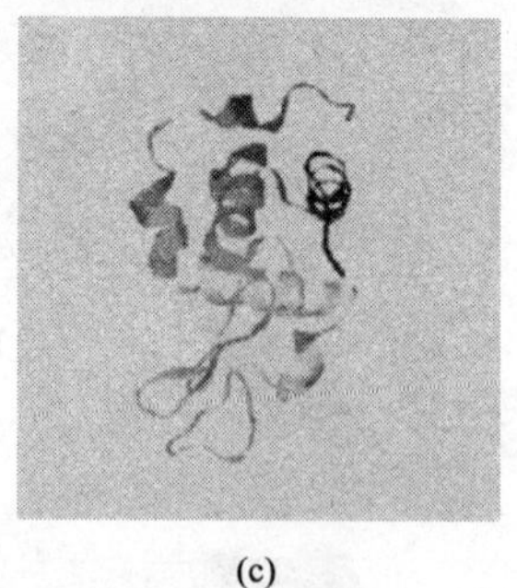
(c)

图 14-8　肌红蛋白(a)、胰岛素(b)和溶菌酶(c)的三级结构

14.2.3.3　蛋白质的四级结构

具有两条或两条以上独立三级结构的多肽链组成的蛋白质，其多肽链间通过次级键相互组合而形成的空间结构称为蛋白质的四级结构(quarternary structure)。其中，每个具有独立三级结构的多肽链单位称为亚基(subunit)。四级结构实际上是指亚基的立体排布、相互作用及接触部位的布局。亚基之间不含共价键，亚基间次级键的结合比二、三级结构疏松，因此在一定的条件下，四级结构的蛋白质可分离为其组成的亚基，而亚基本身构象仍可不变(见图 14-9)。

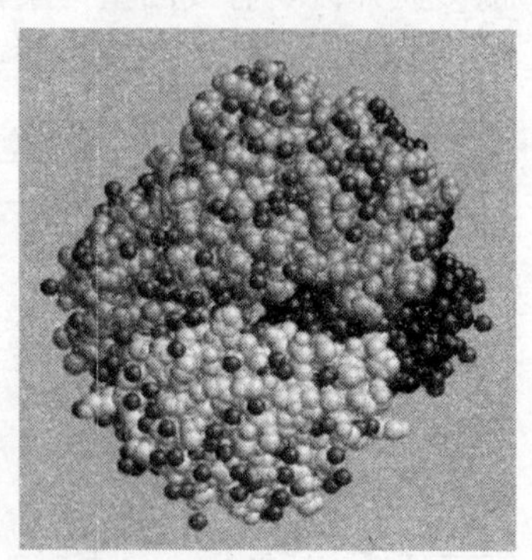

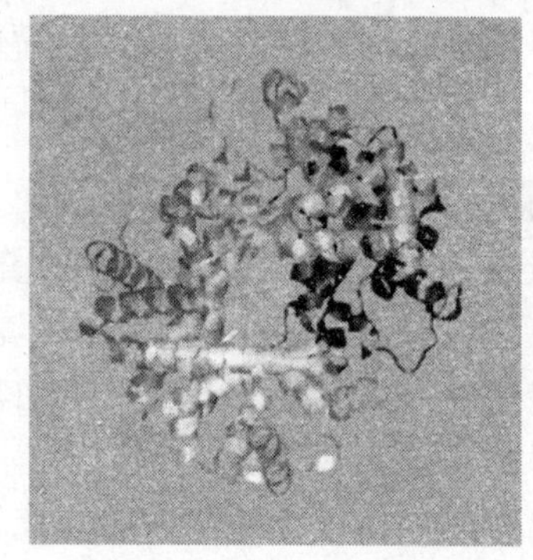

图 14-9　血红蛋白的四级结构

14.2.4　多肽和蛋白质的人工合成

在前文中已经介绍过，酰胺的合成相对是比较简单的，只需将羧基活化，将其转化为酸酐或酰氯，然后氨解即可：

$$\overset{\displaystyle O}{\overset{\|}{RC}}—O—\overset{\displaystyle O}{\overset{\|}{CR}} + R'NH_2 \longrightarrow \overset{\displaystyle O}{\overset{\|}{RC}}NHR' + RCOOH$$

但当在同一分子中同时存在氨基和羧基时，情况就要复杂得多，因为在羧基活化后，本身的氨基也可与其反应而形成自身缩合的产物，因此产物中除了其他氨解的产物外，还有自聚的产物。目标产物的收率很低，而且给分离纯化带来许多困难。所以在多肽或蛋白质的合成中需要作某些技术处理。

下面以一个简单的二肽 Ala·Leu 的合成来说明多肽和蛋白质合成的基本过程。

（1）Ala 氨基的保护　为了避免 Ala 羧基活化时自身的氨基参与反应，需要先对其进行保护。由于合成结束后需要再将此氨基游离出来，且在脱去时不能影响新形成的酰氨键，所以保护基须仔细选择。现在已开发了许多试剂，都可满足这一条件，其中最常用的两个是氯甲酸苄酯和碳酸二叔丁酯：

$$C_6H_5CH_2O\overset{O}{\overset{\|}{C}}Cl \qquad (CH_3)_3C{-}O\overset{O}{\overset{\|}{C}}O{-}C(CH_3)_3$$

这两个化合物都可与氨基形成低活性的酰胺，而这种酰胺在脱去保护基时不会影响肽键，苄氧羰基(简写为 Z)可以用催化氢解或冷的 HBr 醋酸溶液脱去，而叔丁氧羰基(简写为 Boc)可用 HCl 或 F_3CCOOH 的醋酸溶液脱去。

$$C_6H_5CH_2O\overset{O}{\overset{\|}{C}}Cl + H_2N{-}R \xrightarrow[25℃]{OH^-} C_6H_5CH_2O\overset{O}{\overset{\|}{C}}NH{-}R + Cl^-$$

$$C_6H_5CH_2O\overset{O}{\overset{\|}{C}}NH{-}R \xrightarrow{HBr,\ 冷\ HOAc} C_6H_5CH_2Br + CO_2 + H_2N{-}R$$

$$C_6H_5CH_2O\overset{O}{\overset{\|}{C}}NH{-}R \xrightarrow{H_2/Pd} C_6H_5CH_3 + CO_2 + H_2N{-}R$$

$$(CH_3)_3CO\overset{O}{\overset{\|}{C}}OC(CH_3)_3 + H_2N{-}R \xrightarrow[25℃]{OH^-} (CH_3)_3CO\overset{O}{\overset{\|}{C}}NH{-}R + C_2H_5OH$$

$$(CH_3)_3CO\overset{O}{\overset{\|}{C}}NH{-}R \xrightarrow[25℃]{HCl\ 或\ CF_3COOH,\ HOAc} (CH_3)_2C{=}CH_2 + CO_2 + H_2N{-}R$$

（2）Z-Ala 羧基的活化　大概最容易想到的活化羧基的方法就是将其转化为酰氯，事实上早期肽的合成也曾用过此方法。但在肽的合成中，酰氯太活泼，会导致发生一些复杂的副反应。现在已建立了许多活化羧基的方法，如氯甲酸酯法、DCC 法、杂环化合物法等，其目的都是将羧酸中的 OH 转化为一个容易离去的基团。例如：

$$CH_3CH(NHZ)COOH \xrightarrow[2.\ ClCOOEt]{1.\ Et_3N} CH_3CH(NHZ)\overset{O}{\overset{\|}{C}}O\overset{O}{\overset{\|}{C}}OEt$$

（3）肽键的生成　将羧基被活化的氨基酸与第二个氨基酸反应即可形成肽键：

$$CH_3CH(NHZ)\overset{O}{\overset{\|}{C}}O\overset{O}{\overset{\|}{C}}OEt + (CH_3)_2CHCH_2CH(NH_2)COOH \xrightarrow[-EtOH]{-CO_2} CH_3CH(NHZ)\overset{O}{\overset{\|}{C}}NHCH(CH_2CH(CH_3)_2)COOH$$

（4）脱保护　在适当条件下脱去保护基就可得到肽产物。例如：

$$CH_3CH(NHZ)\overset{O}{\overset{\|}{C}}NHCH(CH_2CH(CH_3)_2)COOH \xrightarrow{H_2/Pd} CH_3CH(NH_2)\overset{O}{\overset{\|}{C}}NHCH(CH_2CH(CH_3)_2)COOH + CO_2 + C_6H_5CH_3$$

由于每一步的产物都需要进行分离纯化，由此可见，合成一个多肽是一件多么繁琐的事情，也可感受到我国在 20 世纪 60 年代人工合成牛胰岛素时科学家们所付出的艰辛努力。当然，随着科技水平的提高，现在合成多肽已经方便了许多。在多肽和蛋白质合成领域一个意义重大的进步是由 R. B. Merrifield 建立的多肽自动合成法(也叫固相合成法)，他因此项成就荣获 1984 年度诺贝尔化学奖。

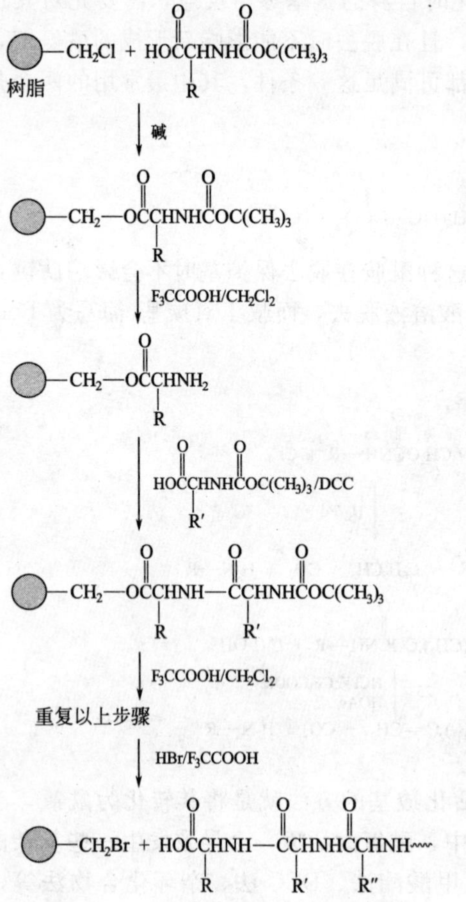

这一方法是采用含有氯甲基的聚苯乙烯树脂，首先将第一个氨基保护的氨基酸与树脂上的氯甲基反应，将氨基酸“挂”到树脂上，然后脱去保护基；将第二个氨基保护的氨基酸与其一起用 DCC 法缩合，然后再脱去保护基，连接下一个氨基酸，如此依次进行下去。最后将目标多肽从树脂上“切”下来即可，整个过程如图 14-10 所示。

这一方法的最大优点是与多肽连接起来的树脂只需用相应的溶剂洗涤就可得到纯化，使用这种“蛋白合成机器”每 4 小时就可完成一个循环连接上一个氨基酸残基。这个方法已被成功地应用于含有 124 个氨基酸残基的核糖酸酶的合成，合成出来的产物不仅具有与天然酶相同的物理性质，也具有相同的生物活性。这一过程涉及 369 个化学反应，最后总收率 17%，这意味着每一步的平均收率都在 99% 以上。

树脂—CH_2Cl + $HOC(=O)CH(R)NHC(=O)OC(CH_3)_3$

↓ 碱

树脂—CH_2—$OC(=O)CH(R)NHC(=O)OC(CH_3)_3$

↓ F_3CCOOH/CH_2Cl_2

树脂—CH_2—$OC(=O)CH(R)NH_2$

↓ $HOC(=O)CH(R')NHC(=O)OC(CH_3)_3$/DCC

树脂—CH_2—$OC(=O)CH(R)NH$—$C(=O)CH(R')NHC(=O)OC(CH_3)_3$

↓ F_3CCOOH/CH_2Cl_2

重复以上步骤

↓ HBr/F_3CCOOH

树脂—CH_2Br + $HOC(=O)CH(R)NH$—$C(=O)CH(R')NHC(=O)CH(R'')NH$〰

图 14-10 Merrifield 多肽自动合成法

14. 2. 5 蛋白质的性质

14. 2. 5. 1 蛋白质的两性及等电点

和氨基酸一样，蛋白质也有游离的氨基和游离的羧基，因而也具有两性，调节溶液的 pH 值，使得偶极离子浓度达到最大，此时溶液的 pH 值就是蛋白质的等电点。在等电点时，蛋白质具有如下性质：①不稳定，容易形成聚集体；②不能发生电泳；③溶解度最小；④黏度、渗透压、膨胀性和导电能力最小。

14. 2. 5. 2 蛋白质的胶体性质

蛋白质分子的大小属于胶体质点的范围(1～100nm)。蛋白质容易形成亲水胶体的主要原因有：①蛋白质分子表面的亲水基，如—NH_2、—COOH、—OH 以及—$CONH_2$ 等，在水溶液中能与水分子起水化作用，使蛋白质分子表面形成一个水化层；②蛋白质分子表面上的可解离基团在适当的 pH 值条件下都带有相同的净电荷，与周围的反离子构成稳定的双电层。

蛋白质溶液由于具有水化层与双电层两方面的稳定因素，所以作为胶体系统是相对稳定的。

14.2.5.3 蛋白质的沉淀

(1) 盐析　向蛋白质溶液中加入大量的中性盐(硫酸铵、硫酸钠或氯化钠等)，使蛋白质脱去水化层而聚集沉淀。盐析沉淀一般不引起蛋白质变性。

(2) 有机溶剂　向蛋白质溶液中加入一定量的极性有机溶剂(甲醇、乙醇或丙酮等)，因引起蛋白质脱去水化层以及降低介电常数而增加带电质点间的相互作用，致使蛋白质颗粒容易凝集而沉淀。将 pH 值调至等电点，然后再加入有机溶剂破坏水膜，则蛋白质沉淀效果会更好。

(3) 重金属盐　当溶液 pH 值大于等电点时，蛋白质颗粒带负电荷，这样就容易与重金属离子(Mg^{2+}、Pb^{2+}、Cu^{2+}、Ag^{+}等)结成不溶性盐而沉淀。

(4) 某些酸类　当蛋白质溶液的酸性小于蛋白质等电点时，用苦味酸、单宁酸、三氯乙酸等能和蛋白质形成不溶解的蛋白质盐而沉淀。这类沉淀反应经常被临床检验部门用来除去体液中干扰测定的蛋白质。

14.2.5.4 蛋白质的变性

因受物理、化学因素的影响，使蛋白质分子的构象发生了异常变化导致生物活性的丧失以及理化性质发生改变，但一级结构未遭破坏，这种现象称为蛋白质的变性。

引起蛋白质变性的主要因素有物理因素和化学因素。物理因素有加热、高压、紫外线照射、X 射线、超声波、剧烈振荡和搅拌等。化学因素有强酸、强碱、脲、去污剂(十二烷基硫酸钠，SDS)、重金属盐、三氯醋酸、浓乙醇等。

变性后的蛋白质性质：①生物活性消失；②溶解度降低，黏度加大，结晶性被破坏；③生物化学性质改变，如容易被蛋白酶水解等。

14.2.5.5 蛋白质的显色反应

(1) 双缩脲反应　双缩脲在碱性溶液中能与硫酸铜反应产生红紫色配合物，此反应称为双缩脲反应。蛋白质分子中含有许多和双缩脲结构相似的肽键，因此也能起双缩脲反应，形成紫色配合物。通常可用此反应来定性鉴定蛋白质，也可根据反应产生的颜色在 540nm 处比色，定量测定蛋白质。

(2) 黄色反应　含苯环氨基酸的蛋白质与硝酸反应生成白色沉淀，加热则变黄，称为黄色反应。

(3) 米伦反应(Millon reaction)　蛋白质溶液中加入米伦试剂(硝酸和硝酸汞-硝酸和亚硝酸的混合物)后产生白色沉淀，加热后沉淀变成红色。含有酚基的化合物都有这个反应，故酪氨酸及含有酪氨酸的蛋白质都能与米伦试剂反应。

(4) 乙醛酸反应　在蛋白质溶液中加入乙醛酸，并沿试管壁慢慢注入浓硫酸，在两液层之间就会出现紫色环，凡含有吲哚基的化合物都有这一反应。色氨酸及含色氨酸的蛋白质有此反应，不含色氨酸的白明胶就无此反应。

(5) 坂口反应　精氨酸分子中含有胍基，能与次氯酸钠(或次溴酸钠)及 α-萘酚在 NaOH 溶液中产生红色产物。此反应可以用来鉴定含有精氨酸的蛋白质，也可以用来测定精氨酸的含量。

(6) 酚试剂(福林试剂)反应　蛋白质分子一般都含有酪氨酸，而酪氨酸中的酚基能将福林试剂中的磷钼酸及磷钨酸还原成蓝色化合物(即钼蓝和钨蓝的混合物)。这一反应常用来测定蛋白质含量。

(7) 水合茚三酮反应　凡含有 α-氨基酸的蛋白质都能与水合茚三酮生成蓝紫色化合物。

14.2.5.6　蛋白质的水解

蛋白质部分水解可得到多肽和寡肽，完全水解则得到氨基酸。

14.2.6　多肽和蛋白质的应用

14.2.6.1　多肽

由于多肽价格昂贵，所以人们大都关注的是具有生物活性的多肽。按其来源分，可以分为内源性和外源性生物活性肽，前者存在于生物体内，量少而价高，一般用在医药和科研中。而外源性生物活性肽多以特定的氨基酸序列肽片段存在于蛋白质中，按其原料来源可分成乳肽、大豆肽、玉米肽、蛋白肽、畜产肽、水产肽、丝蛋白肽、复合肽等，按功能大致可分为生理活性肽(包括抗微生物肽、神经活性肽、激素调节肽、免疫活性肽等，如短杆菌肽、L-内啡肽、米谷紧张素等)、调味肽、抗氧化肽、营养肽等。

在饲料工业中，抗微生物肽和抗氧化肽等可以部分替代抗生素，作为理想的天然防腐剂；改善饲料风味，提高饲料适口性；作为矿物元素载体，促进机体对矿物质的吸收；可以优化低蛋白日粮，从而降低集约化畜牧系统动物的氮排泄量。Siemensrna 等提出了肽类营养价值高于游离氨基酸和完整蛋白的几个原因：转运速度快、吸收率高，抗原性小以及有益于动物机体的感觉特点。

在食品工业中的应用更为广阔，如酪蛋白磷酸肽(CPPs)可促进矿物质的吸收；抗疲劳肽可以显著提高血睾酮、血色素水平，显著降低尿素氮和肌酸激酶水平，是理想的运动饮料和食品添加剂；而甜味肽、苦味肽、酸味肽、咸味肽、苦味掩盖肽则是天然的食品调味剂。

在医药上，抗菌肽、降血压肽、降胆固醇肽、抗氧化肽、免疫调节肽、阿片活性肽、类阿片拮抗肽、抗艾滋病及抗癌多肽等已显示出良好的发展前景。如由于使用抗生素导致人类致病菌对抗生素产生越来越强的抗药性，使用抗菌肽代替抗生素被认为是将来生物医学发展的必然。

14.2.6.2　蛋白质

蛋白质的传统功能是充当食品，这一功能现在仍在进一步深化。如质构化植物蛋白咀嚼咬劲性强，具有适度香味，成本低廉，大小、形状和颜色的适用范围广泛，营养素组成适宜，易于保藏。在早餐谷物、烘焙食品、快餐食品、微波熟化食品、罐装食品、宠物饲料等领域中应用广泛。用于汉堡包、咖啡调味食品、炖制辣味肉制品、油炸鸡胸脯和鸡块等制品的加工；酰化植物蛋白可提高面筋蛋白的功能性质，拓宽面筋蛋白在食品工业中的应用领域；磷酸化植物蛋白可改善面包内部结构和松软性，使面包蜂窝均匀细腻，面包瓤松软而富有弹性，香软可口等。除了食品外，植物蛋白在日用化学品中的应用也非常受关注，如大豆是一类功能性和生物活性很强的蛋白。大豆蛋白典型的功能有凝胶性、起泡性、乳化性及充当表面活性剂的作用，这些特性是日用化妆品行业非常重视的性质。由于大豆蛋白的高营养性，它不仅对体内营养是很大的补充，对于皮肤及头发也有相当优良的滋养作用。

练 习 题

1. 判断下列氨基酸在溶液中的状态

(1) 谷氨酸在 pH=5 的溶液中

(2) 丙氨酸在 pH=9 的溶液中

(3) 组氨酸在 pH=6 的溶液中

2. 写出下列化合物的结构式

(1) 甘氨酸异丙酯　(2) L-谷氨酸　(3) 苯丙氨酸两性离子

(4) 苯丙-缬-苏　(5) 脯氨酰丝氨酰酪氨酸　(6) *N*-乙酰基脯氨酸

3. 完成下列反应：

(1) $C_6H_5-CH_2-CH(NH_2)-COOH + CH_3CH_2OH \xrightarrow[\triangle]{H^+}$

(2) $CH_3-CH(NH_2)-COOH + CH_3CHO \longrightarrow$

(3) $CH_3-CH(NH_2)-CH_2COOH \xrightarrow{HNO_2} \xrightarrow[\triangle]{}$

(4) 2-氨基环己烷甲酸（环己烷上相邻位置连 COOH 和 NH_2） $\xrightarrow[\triangle]{} \xrightarrow{HCl}$

(5) $CH_3-CH(NH_2)-\overset{O}{\overset{\|}{C}}-NH-CH(CH_2SH)-COOH \xrightarrow[H^+]{H_2O}$

(6) $CH_3CH(NH_2)CH_2CH_2COOH \xrightarrow[\triangle]{}$

(7) $2\ C_6H_5-CH_2-CH(NH_2)-COOH \xrightarrow[\triangle]{}$

(8) $H_2N-C_6H_4-COOH + CH_3-\overset{O}{\overset{\|}{C}}-CH_3 \longrightarrow$

(9) $CH_3CH(NH_2)-COOH + CH_3CH_2-\overset{O}{\overset{\|}{C}}-Cl \longrightarrow$

4. 写出下列核苷酸的结构

(1) 5′-胞苷酸　(2) 5′-腺苷酸　(3) 5′-脱氧胞苷酸

(4) dAMP　(5) dGMP　(6) dTMP

5. 谷氨酸溶于水后，如何调节至等电点?

6. 若酪氨酸在水溶液中以氨基解离为主，其溶液的 pH 值应在等电点的哪一侧?

7. 写出 L-丙氨酸和外消旋丝氨酸形成的二肽丙氨酰丝氨酸的立体异构体(用 Fischer 投影式表示)，指出它们之间的构型异构关系。

8. 用指定化合物制备下列物质：

(1) $C_6H_{11}-Cl \longrightarrow$ 1-氨基环己烷甲酸（环己烷同一碳上连 NH_2 和 COOH）

(2) $C_6H_6 \longrightarrow C_6H_5-CH(NH_2)-COOH$

(3) $(H_3C)_2CH-OH \longrightarrow (H_3C)_2CH-CH(NH_2)-COOH$

(4) $CH_3CHO \longrightarrow CH_3—\underset{\displaystyle NH_2}{\underset{|}{CH}}—CH_2COOH$

9. 有一个六肽，将其部分水解，在溶液中检测到精-谷、苏-甘、丝-丝、谷-苏、甘-丝等，推测该六肽的连接顺序。

10. 用化学方法鉴别下列各组化合物

(1) 乳酸、丙氨酸　　(2) 苏氨酸、丝氨酸　　(3) 苯丙氨酸、葡萄糖、纤维素

15

萜类和甾体化合物

萜类和甾体化合物是广泛存在于动、植物及微生物体内的两类重要的天然产物，尽管它们在生物体内的含量远不及糖、蛋白质和核酸等天然产物，但它们同样起着非常重要的生理作用。这两类物质，还包括脂肪等一些生源化合物，尽管它们的结构差异很大，但从生源合成的角度来看，它们有着密切的关系，在生物体内都是由同样的原始物质——醋酸来合成的，所以把它们统称为“醋源化合物(acetogenins)”。

15.1 萜类化合物

萜类(terpenes)化合物广泛存在于植物的茎、叶、花、果和皮等中，可以用水蒸气蒸馏或溶剂萃取的方法获得，其挥发性很高，一般都具有香味，是植物香精油的主要成分。人们很早就知道用其作香料，如冰片、薄荷油和樟脑等。

萜类化合物的种类繁多，按一般方法不易分类。但它们在结构上有一个共同的特点，Wallach O. 发现，这些分子可以看作是两个或两个以上的异戊二烯分子以头尾相连而结合起来的，这一特点经后来进一步的总结和发展，成为萜类化合物的异戊二烯规律，即绝大多数的萜类分子中的碳原子数目是异戊二烯五个碳原子数的整数倍，仅有个别的例外。例如：

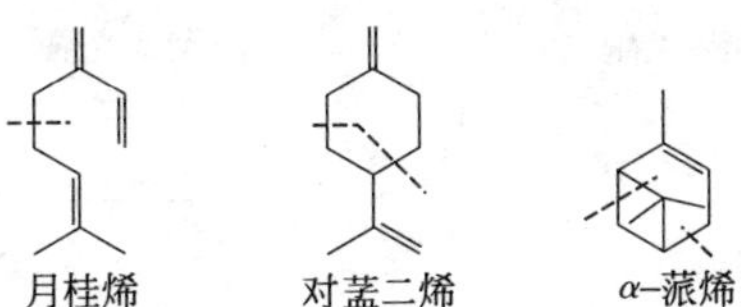

根据萜分子中所含异戊二烯结构单元的多少，可将其分为单萜、倍半萜、二萜等。

	碳原子数目	异戊二烯单位
单萜	10	2
倍半萜	15	3

二萜	20	4
三萜	30	6
四萜	40	8
多萜	$5n$	n

15.1.1 单萜

单萜是含有 10 个碳原子的萜类，根据两个异戊二烯单元连接方式的不同，可将其分为开链萜、单环萜和双环萜 3 类。

15.1.1.1 开链单萜

开链单萜是由两个异戊二烯单元连接而成的链状化合物，较重要的有如下几种：

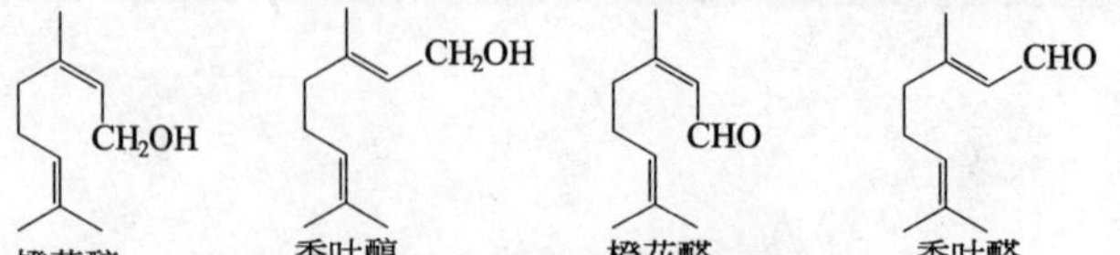

橙花醇　　香叶醇(牻牛儿苗醇)　　橙花醛(柠檬醛b)　　香叶醛(柠檬醛a)

橙花醇和香叶醇互为几何异构体，存在于玫瑰油、橙花油、香叶油、依兰油、里哪油及香茅油中，为有玫瑰香气的无色液体，它们本身或其甲酸、乙酸酯均可用于香料工业，可配制皂用香精等。香叶醇也是一种昆虫性外激素，性外激素是同种动物之间借以传递信息而分泌的化学物质。例如，当蜜蜂发现了食物时，它便分泌香叶醇以吸引其他蜜蜂。

柠檬醛是两种几何异构体柠檬醛 a 和柠檬醛 b 的混合物，为黄色有柠檬香味的油状液体，主要存在于柠檬油及某些香精油中，通常由柠檬油中蒸馏或由香叶醇、橙花醇氧化而得，也可用化学合成的方法获取：

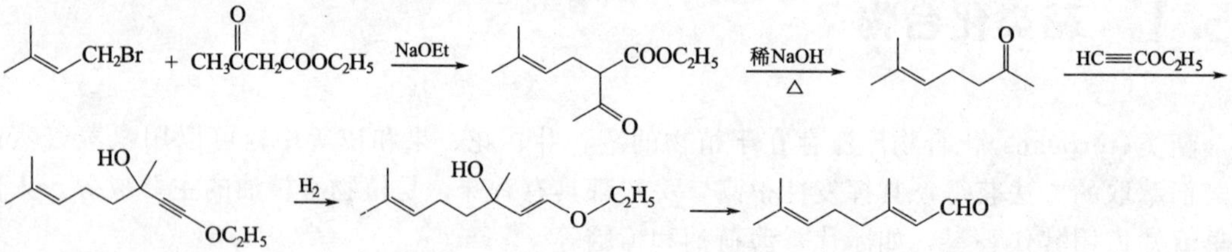

柠檬醛主要用作香料或合成其他香料的原料，也用于合成紫罗兰酮和维生素 A。例如：

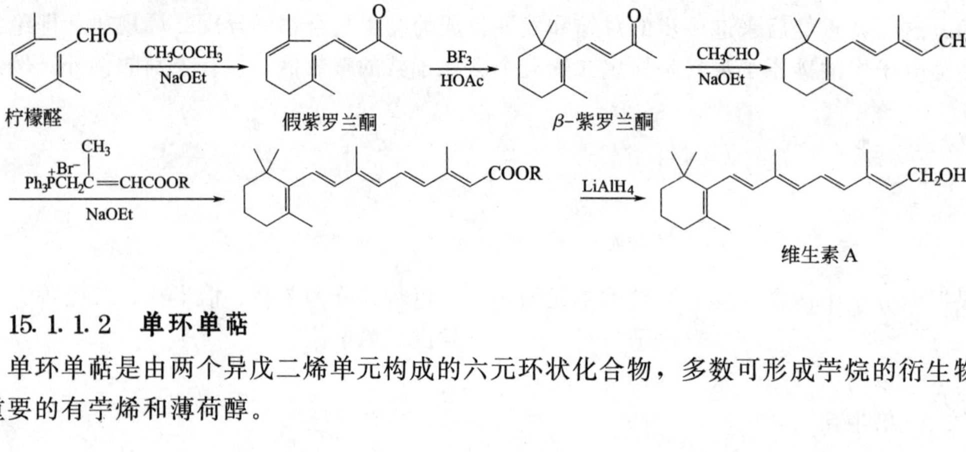

柠檬醛　　假紫罗兰酮　　β-紫罗兰酮

维生素 A

15.1.1.2 单环单萜

单环单萜是由两个异戊二烯单元构成的六元环状化合物，多数可形成苧烷的衍生物，比较重要的有苧烯和薄荷醇。

苧烷　　苧烯 (limonene)　　薄荷醇 (menthol)

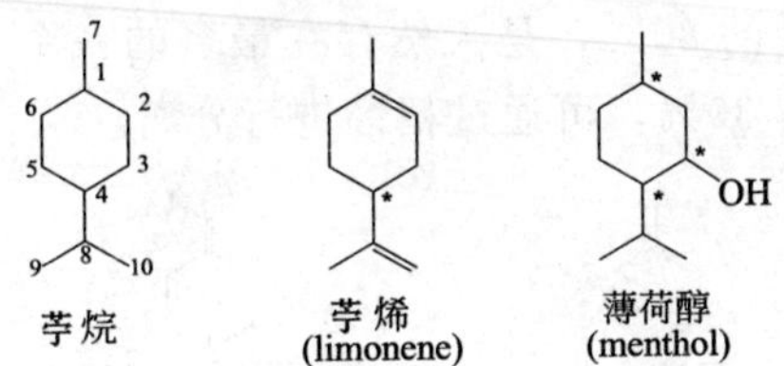

苧烯也叫柠檬烯、1,8-萜二烯，存在着两种对映异构体，左旋体主要存在于松针油、松节油和白千层油等中，右旋体主要存在于柠檬油和橙皮油及几乎所有的柑橘类精油中，均可用作溶剂，也是生产润湿剂、分散剂、橡胶和树脂等的原料，对皮肤有刺激作用并会引起过敏。

薄荷醇又叫薄荷脑、盖醇、3-萜醇，分子中有 3 个手性碳原子，因此有 8 种光学异构体和 4 种外消旋体，分别命名为(±)-薄荷醇、(±)-新薄荷醇、(±)-异薄荷醇和(±)-新异薄荷醇：

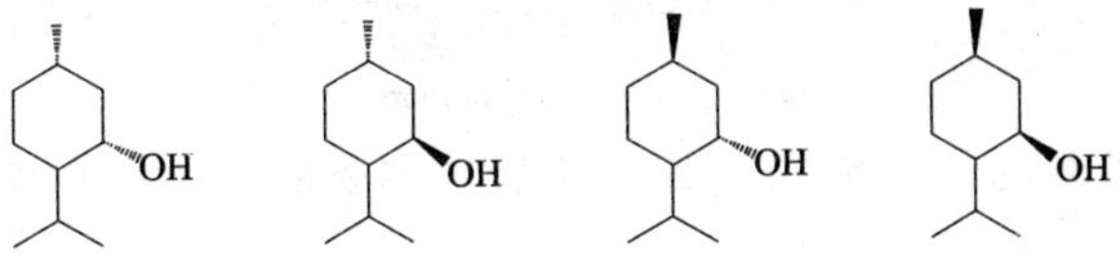

薄荷醇　　新薄荷醇　　异薄荷醇　　新异薄荷醇

自然界存在的主要为左旋薄荷醇，为无色透明棒状晶体，由天然薄荷油经冷冻、结晶、分离等步骤制得。它是一种芳香清凉剂，在化妆品、食品工业等中用作香料，尤其是糖果和饮料，在医药上用作兴奋剂，用于治疗皮肤病、鼻炎等症。

薄荷醇的工业生产是以间甲苯酚为起始原料，先烷基化，再还原而得：

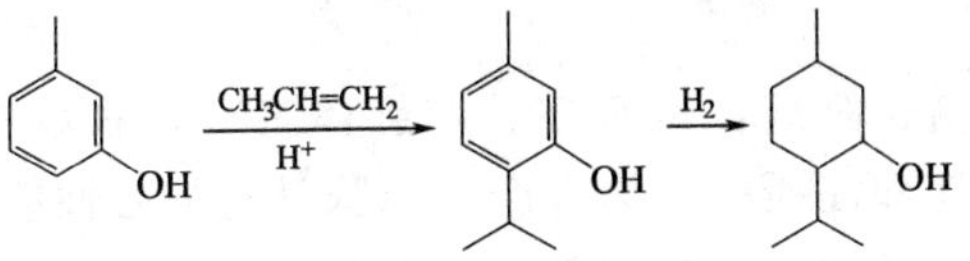

OH
CH3CH=CH2
H+
OH
H2
OH

百里香酚

15.1.1.3 双环单萜

双环单萜是由一个六元环与一个五元、四元或三元环共用两个碳原子所形成的桥环化合物，它们的母体主要有莰、蒎、蒈和守等几种，其系统命名参见桥环化合物的命名。

莰(烷) camphane　1,7,7-三甲基双环[2.2.1]庚烷　　蒎(烷) pinane　2,7,7-三甲基双环[3.1.1]庚烷

蒈(烷) carane　3,7,7-三甲基双环[4.1.0^{1,6}]庚烷　　苧(烷) thujane　4-甲基-1-异丙基双环[3.1.0^{1,5}]己烷

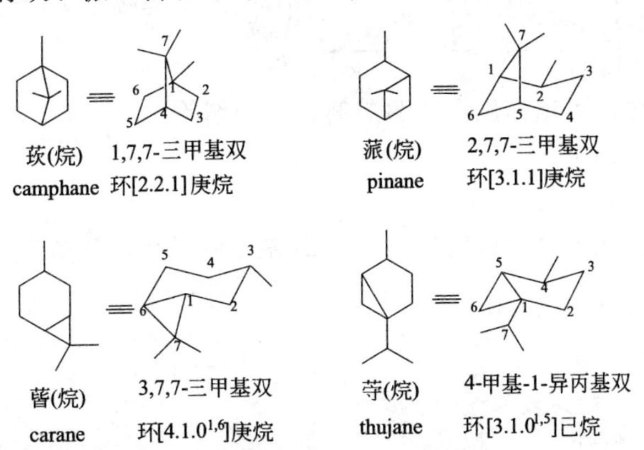

其中，以蒎和莰的衍生物在自然界中存在较多，也最重要。

(1) 蒎类衍生物　蒎类衍生物中最主要的是蒎烯(pinene)，有 α-和 β-两种异构体，共存

于松节油中，约占松节油质量的80%，是天然存在最多的一个萜类化合物，其中α-异构体占58%～65%，β-异构体约占30%，可通过精馏进行分离。

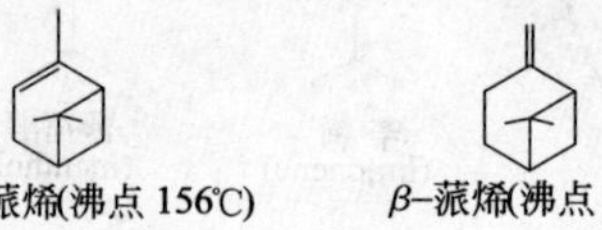

α–蒎烯(沸点156℃)　　β–蒎烯(沸点166℃)

α-蒎烯在工业上比较重要，可用于合成莰类香料，如冰片、樟脑等，也用于合成杀虫剂(如毒杀芬、硫氰乙酸、异龙脑酯)及橡胶等。

(2) 莰类衍生物　根据新的IUPAC命名规则，莰类化合物中除莰烯本身仍保留原来的名称外，其他莰类化合物(包括莰烯的衍生物)的原有名称全部废除，而改为原菠或原菠的衍生物。

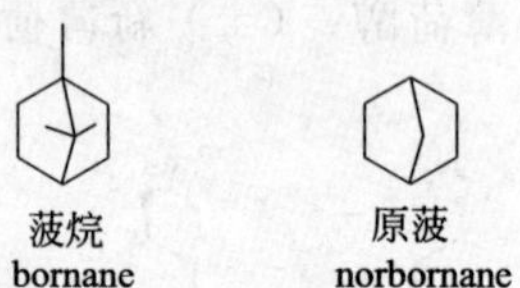

菠烷 bornane　　原菠 norbornane

莰类化合物中最重要的是龙脑和樟脑，龙脑又称莰醇-2，有龙脑和异龙脑两种差向异构体：

OH
OH

龙脑(内型)　　异龙脑(外型)

右旋龙脑又称冰片，为龙脑树树干中提取的白色晶体，具有类似樟脑的气味和发汗、镇痉和止痛作用。

樟脑又称莰酮-2、潮脑、韶脑，也有左、右旋体之分，右旋体存在于樟树的叶和树干中，我国台湾、福建、浙江和江西等地均有产。樟脑具有强心性能和愉快香味，为医药和化妆品的重要原料，也是硝化纤维素的增塑剂，工业上现由α-蒎烯经以下途径合成而得：

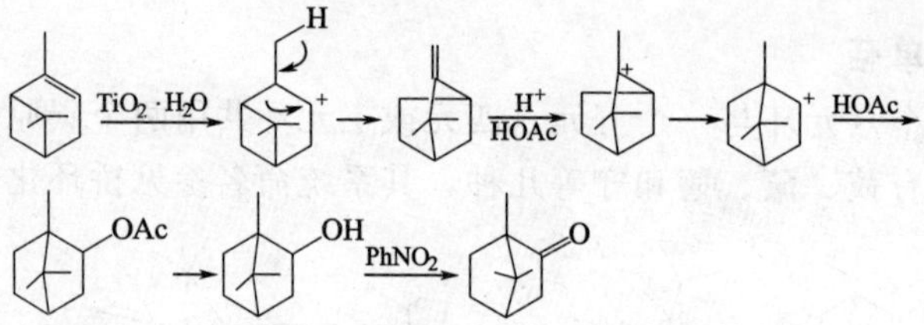

H
TiO2 · H2O
H+
HOAc
HOAc
OAc
OH
PhNO2
O

得到的是一个外消旋体，可用作昆虫的驱避剂、增塑剂等。

15.1.2 倍半萜

由3个异戊二烯单元聚合而成的萜类化合物称为倍半萜，其结构也可以是链状或环状。例如：

CH2OH
O
O
O
O
OH
O
COOH

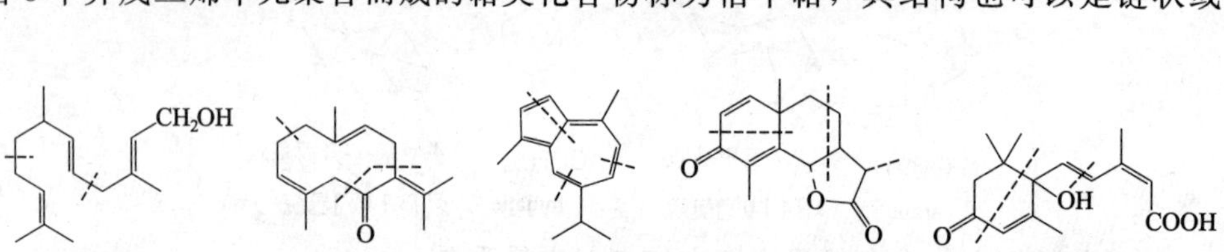

法尼醇 (farnesol)　　杜鹃酮 (germacrone)　　愈创木薁 (S-guaiazulene)　　山道年 (santonin)　　脱落酸 (abscisic acid)

法尼醇也叫金合欢醇，存在于玫瑰花油、茉莉花油及金合欢油等中，为无色黏稠液体，沸点263℃，具有铃兰香味，是一种珍贵的香料，用于配制高级香精。20世纪60年代曾对其进行过广泛而深入的研究，其原因在于其具有的保幼激素活性。保幼激素(juvenile hormone，JH)是昆虫咽侧体分泌的一种激素，是带有环氧基团的萜烯类化合物：

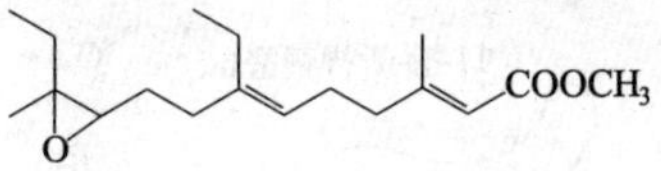

$COOCH_3$

其主要作用是调节发育和生殖，保持昆虫幼虫期的形态特征，阻止幼虫变成蛹，变蛹期时该激素停止分泌。成虫期时该激素具有促进卵巢发育和性外激素分泌的作用，以引诱同种异性昆虫，可用于防治害虫和养蚕业。

天然的保幼激素性质很不稳定，所以人们合成了结构改造的类似物，它们也具有很高的活性，称为合成保幼激素，如法尼酸酯：

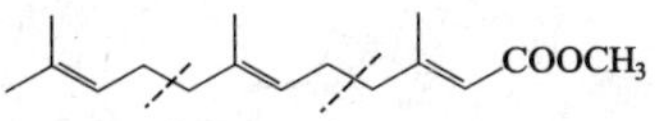

$COOCH_3$

其十万分之一的水溶液即可阻止蚊成虫的出现，并能杀死虱子。

杜鹃酮也叫牻牛儿蒽，可从兴安杜鹃或桉叶等的挥发油中提取，具有消炎、促进烫伤或烧伤面愈合的效能，是国内烫伤膏的主要成分。

山道年是由菊科植物蛔蒿或艾属植物的未开的花蕾中提取的一种内酯化合物，无臭，味极苦，在日光下会变成黄色，是一种驱蛔虫药物，使用时需与盐类等泻药同时使用。

脱落酸是一种植物激素，具有抑制或促进生长、维持芽与种子休眠、促进果实与叶的脱落、影响开花和性分化等重要生理功能。更为重要的是，在干旱等不利环境下，能促进气孔快速关闭，启动植物抗逆基因，诱导植物的抗逆免疫系统，被誉为植物的“抗逆诱导因子”。

15.1.3 二萜

二萜是4个异戊二烯单体的聚合物，重要代表物有维生素A和松香酸：

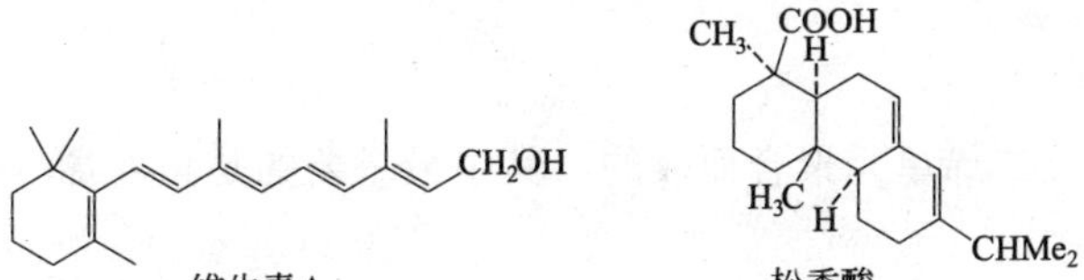

CH_2OH

维生素A_1
Vitamin A_1

CH_3 COOH H H_3C H $CHMe_2$

松香酸
abietic acid

维生素A也称“抗干眼病维生素”，属脂溶性维生素，在动物肝脏、乳汁中含量丰富，鱼的肝脏内尤多，在胡萝卜、菠菜和番茄中含量也较多。维生素A是与视觉有关的视色素的组成成分，并能促进骨骼的形成，缺乏时会引起儿童发育不良、干眼症、夜盲症，以及皮肤表皮、呼吸道上皮、消化道上皮等的角质化等症状。

维生素A在生物体内被氧化为醛，在酶的作用下，C-11处的双键从反式异构化为顺式，形成新视黄醛b，后者与视蛋白中的赖氨酸的氨基结合形成亚胺，这是视网膜上的主要光敏色素，叫视紫红质或视玫红质，经光照射后，顺式双键又异构化为稳定的反式双键，而全反式双键的亚胺容易进一步分解变回视蛋白和全反式视黄醛，并同时将信号传递给大脑。这一过程可用图 15-1 表示。

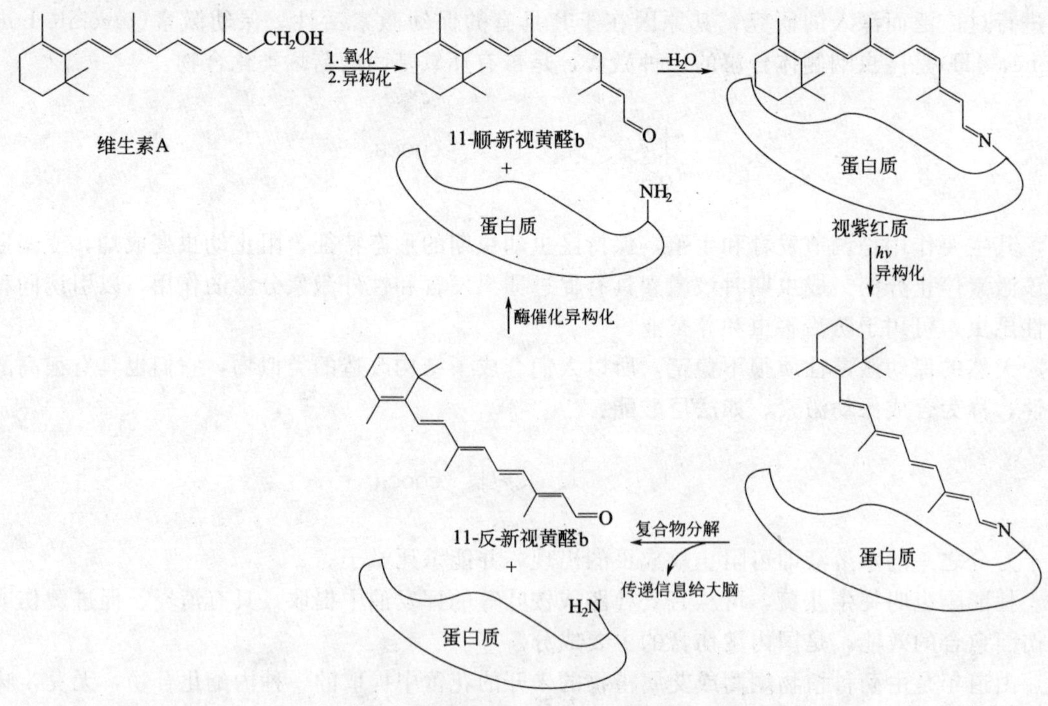

表 15-1 视网膜上视紫红质的视觉循环

松香酸是松香的主要成分，可由从松木中得到的松脂经异构化、成盐、盐析制得。

$$\text{松脂}\xrightarrow[\text{(异构化)}]{\text{盐酸}}\text{异松脂}\xrightarrow[\text{(成盐)}]{(C_5H_{11})_2NH}\text{松香酸铵盐}\xrightarrow[\text{(盐析)}]{HOAc}\text{松香酸}$$

松香主要用于造纸上胶、制清漆和制药，也用于制备松香酸甲酯、乙烯酯和甘油酯，其钠盐在造纸及合成橡胶工业中用作填充剂、增泡剂和乳化剂。

15.1.4 三萜

三萜是由 6 个异戊二烯单元聚合而成的，其中最重要的是角鲨烯(squalene)：

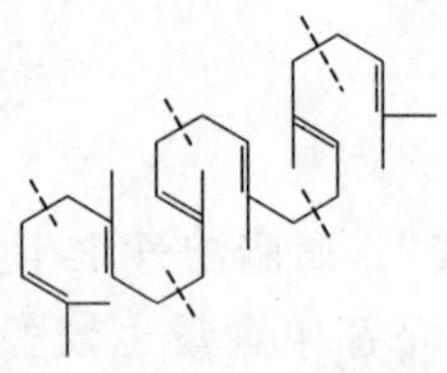

大量存在于鲨鱼的肝脏中，少量存在于橄榄油、麦胚油、酵母及人体的脂肪中，为有香味的油状液体，可由鲨鱼肝脏中提取，也可由反式牻牛儿基丙酮为原料制得。

$$2\ (\text{反式牻牛儿基丙酮}) + Ph_3P{=}CHCH_2CH_2CH{=}PPh_3 \longrightarrow \text{角鲨烯}$$

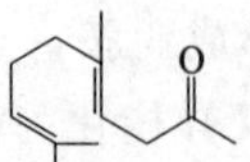

角鲨烯可用作杀菌剂及制备药物、有机色料、橡胶、香料和表面活性剂等。

在生物体内，角鲨烯是羊毛甾醇的生物合成前体，后者已是甾体化合物，在生物体内可转化为胆甾(固)醇。其生物合成过程可能如下：

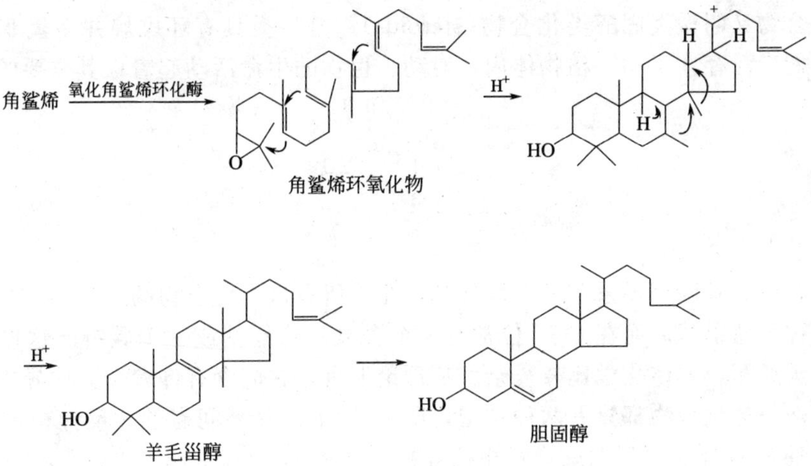

15.1.5 四萜

四萜在自然界分布很广，这类化合物分子中都含有长的 C=C 双键共轭体系，所以多带有黄至红的颜色，常被叫做多烯色素。因为最早发现的四萜类多烯色素是从胡萝卜中提取的，故又常把这类化合物称作类胡萝卜色素。

胡萝卜素(carotene)亦成为“维生素 A 原”、“前维生素 A”，是类胡萝卜素之一。它有多种异构体，主要是 *α*-、*β*-、*γ*-和 *δ*-胡萝卜素四种，其中以 *β*-胡萝卜素最为常见，它广泛存在于动物的肝脏、乳汁和植物的叶、花和果实中。因其在人的肝脏或大肠内受酶的作用可分解成维生素 A，所以可作为药物治疗维生素 A 缺乏症，如夜盲症等。它还可用作奶油和人造奶油的食用色素，也可用作其他食品添加剂。

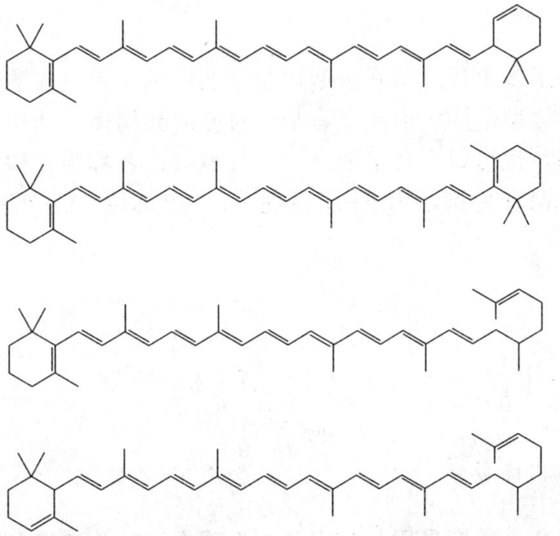

α-胡萝卜素
(熔点 187.5℃)

β-胡萝卜素
(熔点 183℃)

γ-胡萝卜素
(熔点 177.5℃)

δ-胡萝卜素
(熔点 140.5℃)

15.2 甾体化合物

甾体化合物又叫做类固醇类化合物(steroids)，是一类具有环戊烷并多氢菲母核的有机化合物，它们广泛存在于动、植物体内，对动、植物的生命活动起着极其重要的调节作用。

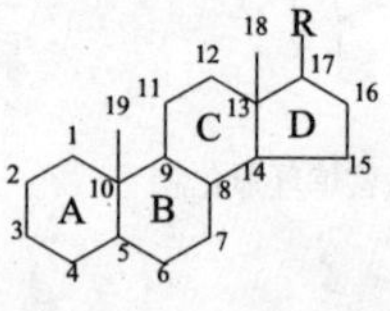

甾体化合物具有四个环系和多个取代基，几乎所有这类化合物的 C-10 和 C-13 处的侧链都是甲基，称为角甲基。而在 C-17 位常有一个含氧的功能基或一个碳链。这样的分子中含有多个手性碳原子，立体化学比较复杂。从理论上讲，它应含有许多个立体异构体。但就目前所知，天然甾体化合物都只有两种构型，即在 A 环和 B 环间有顺、反异构现象，而 B 环和 C 环，C 环和 D 环之间只以反式互相稠合：

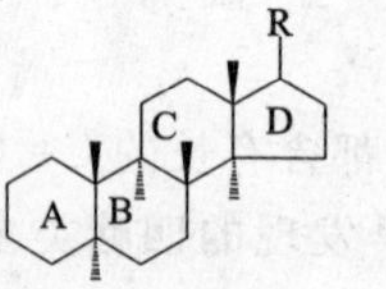

A、B反式 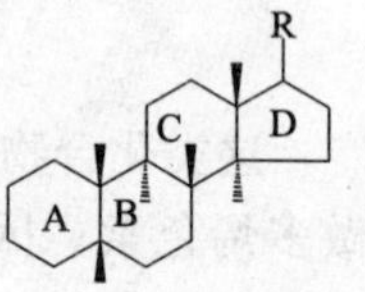　　A、B顺式

构象式为：

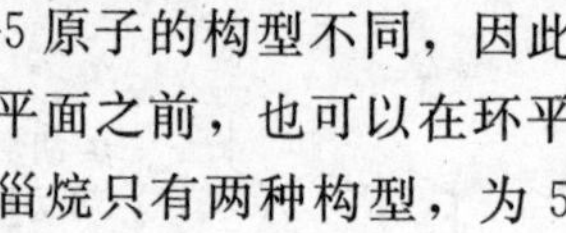

5α系 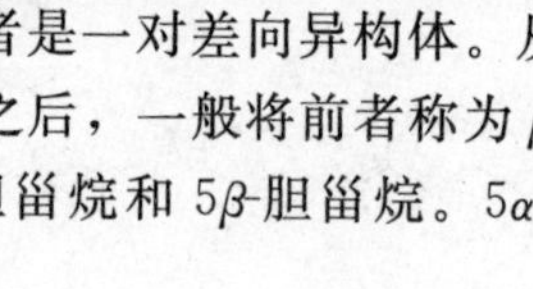　　5β系

异构体少的原因可能是由于多个环并联在一起而相互制约的结果。在顺式和反式两种光学异构体中，只有 C-5 原子的构型不同，因此二者是一对差向异构体。从构型上看，与母核相连的基团可以在环平面之前，也可以在环平面之后，一般将前者称为 β-构型，而将后者称为 α-构型。例如，胆甾烷只有两种构型，为 5α-胆甾烷和 5β-胆甾烷。5α-胆甾烷-3-醇有两种异构体：

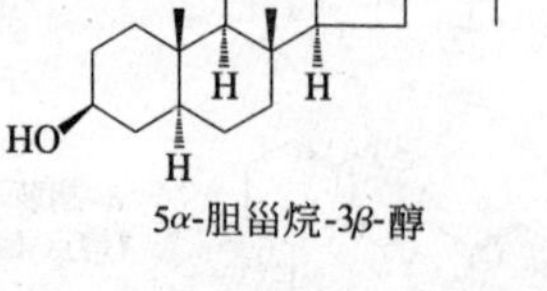

5α-胆甾烷-3β-醇 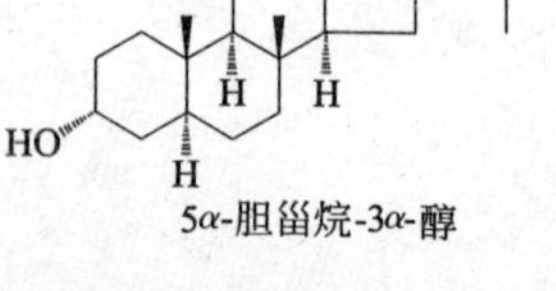　　5α-胆甾烷-3α-醇

甾体化合物的命名比较复杂，通常采用与其来源或生理作用有关的俗名。如胆甾醇、胆酸、麦角固醇等。

按甾体化合物的来源及生理功能，一般可将其分为甾醇、胆汁酸、甾体激素、甾体生物碱及甾体皂苷等几种类型。甾体生物碱及甾体皂苷是制备甾体类药物的原料。

15.2.1 甾醇

亦称固醇，是甾体化合物中的一大类，一般以游离状态或高级脂肪酸酯的形式存在于动物体内(如胆固醇)，或以苷的形式存在于植物组织中(如麦角甾醇等)。

15.2.1.1 胆甾醇

亦称胆固醇，片状结晶，含一分子结晶水，加热至70～80℃时失去结晶水。无水物的熔点为148.5℃，$[\alpha]_D^{20}=-31.5°$($C=2\%$，乙醚)。

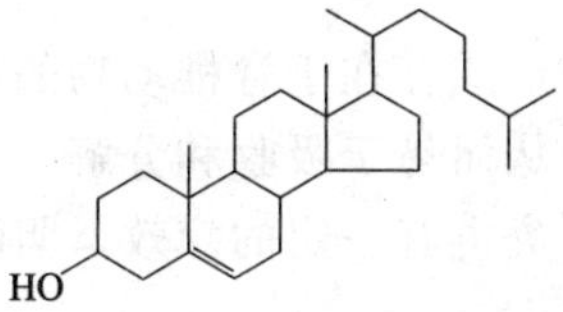

胆固醇以游离态或高级脂肪酸酯的形式存在于动物的血液、脑和脊髓中，一个体重80kg的人体内约含有240g胆固醇，其生理作用还不十分清楚，但可转化为多种类固醇物质，如维生素D、胆酸及甾体激素等。如人体内胆固醇的代谢发生障碍，或从食物中摄取的胆固醇太多，血液中胆固醇的含量就会超标，而从血液中沉积出来，使血管变细而减少血液的流量，造成高血压，是动脉粥样硬化的病因之一。另外，胆固醇在胆汁中的含量过高也会形成沉淀，堵塞胆汁的正常流动，引起黄疸。

15.2.1.2 脱氢胆固醇、麦角固醇和维生素D

胆固醇分子中C-7和C-8两个碳原子上各去掉一个H原子就得到7-脱氢胆固醇，它存在于人体皮肤中，当受光线照射时就转变为维生素D_3：

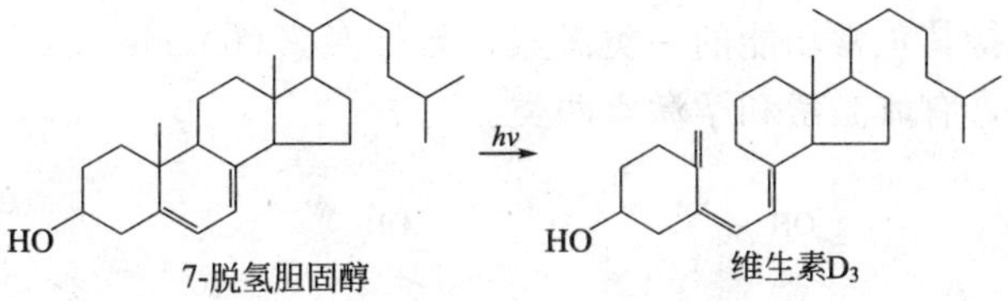

7-脱氢胆固醇 $\xrightarrow{h\nu}$ 维生素D_3

麦角固醇存在于麦角及酵母中，目前工业上主要从酵母中分离提取，是制造维生素D_2的原料，它在紫外线作用下即转变为维生素D_2：

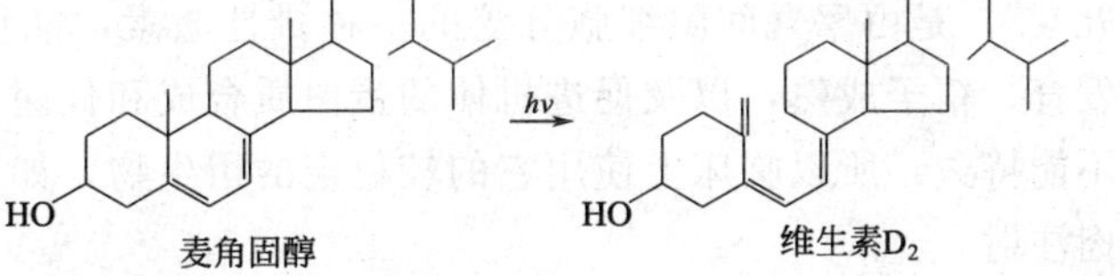

麦角固醇 $\xrightarrow{h\nu}$ 维生素D_2

维生素D亦称为“抗佝偻病维生素”，属脂溶性维生素，是一类抗佝偻病物质的总称，主要有维生素D_2和维生素D_3。儿童缺乏维生素D时会导致佝偻病，成人缺乏时则患软骨病。食用鱼肝油、肝脏及蛋类等可防治维生素D的缺乏症。

15.2.2 胆汁酸

胆汁酸是多种胆酸(cholic acid)的总称，主要有胆酸、去氧胆酸、猪去氧胆酸和鹅去氧胆酸等。

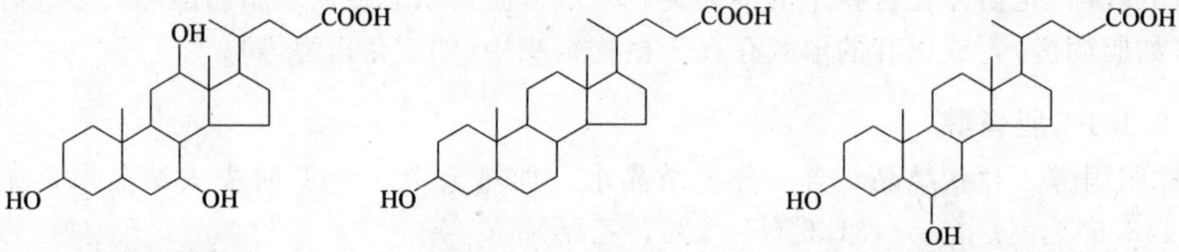

胆酸，熔点198℃　　去氧胆酸，熔点176~178℃　　α-猪去氧胆酸，熔点195~197℃

胆酸以甘氨酸、牛黄酸的酰胺形式存在于脊椎动物的胆汁中，可由牛胆汁提取液经水解制得，其生理作用是使脂肪乳化，从而易于吸收和分解，并使胰酶活化。临床上用于治疗因胆汁分泌不足而引起的疾病，对肝炎也有一定的疗效。胆酸经氧化后生成去氧胆酸，可治疗胆道炎症和胆结石等病症。

15.2.3 甾体激素

激素亦称“内分泌”、“荷尔蒙(hormone)”，是由生物体内某一器官所产生，由体液或细胞外液运送到特定部位，并引起特殊的调节控制作用的一类化合物，主要通过调控生化反应速率来达到协调机体内各部的整合作用。哺乳动物的激素包括肾上腺素、促肾上腺激素、促卵泡激素、生长激素、促黄体激素、胰岛素、甲状腺素、催产素、催乳激素和丘脑激素等。植物激素则有乙烯、生长素、细胞分裂素、赤霉素、脱落酸和油菜素内酯等。许多激素制剂及人工合成产物在医学和农业上有重要用途。

15.2.3.1 性激素

性激素有雄性激素和雌性激素之分。雄性激素(male hormone)是具有促进雄性器官成熟和副特征发育，并维持其正常功能的一类激素；雌性激素(female sex hormone)是人和动物卵巢分泌的一种激素，有雌激素和孕激素两类。

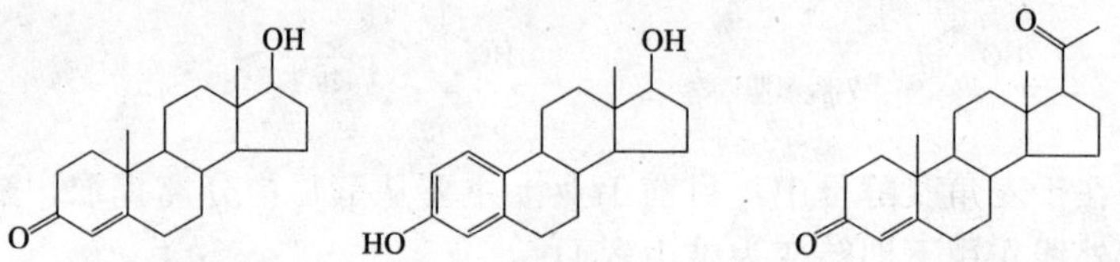

睾酮　　雌二醇　　黄体酮

睾酮亦称“睾丸素”，是由睾丸间隙细胞分泌的一种雄性激素，能促进人和动物雄性器官和副特征的正常发育、精子成熟，以及促进机体的蛋白质合成和代谢，使肌肉发达。它在体内不稳定，作用不能持久，所以临床上使用它的较稳定的衍生物，如其丙酸酯和庚酸酯的复合制剂可用于肌肉注射。

黄体酮，或称孕甾酮，是雌性激素之一，是卵巢中黄体的分泌物，其生理作用是使受精卵在子宫中发育，临床上用于治疗习惯性流产和月经不调等症。同时它也具有抑制脑垂体促性腺素分泌的作用，使卵巢得不到促性腺素的作用，阻止了排卵，因而可用于避孕。事实上，人工合成的许多性激素类似物都能阻碍或干扰女性的排卵周期，因而用作避孕药，如目前使用的炔雌醇、炔诺酮和甲地孕酮等。

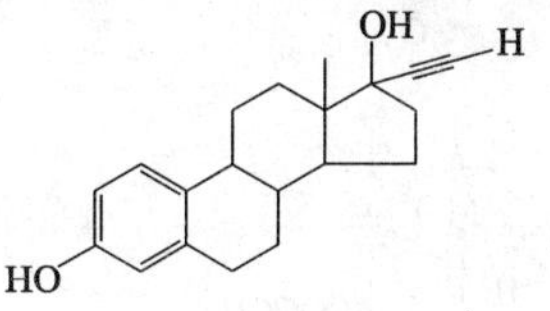

炔雌醇 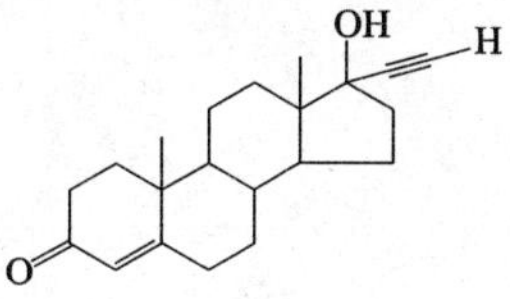　　炔诺酮 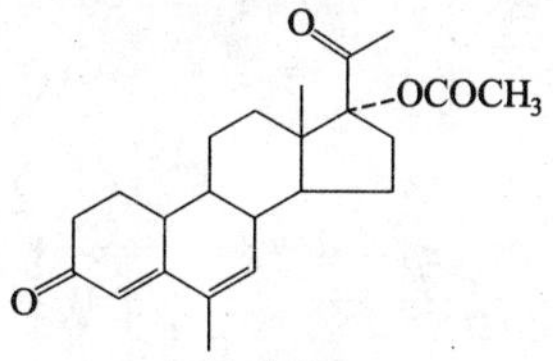　　甲地孕酮

15.2.3.2　**肾上腺皮质激素**

肾上腺皮质激素(adrenal cortical hormone)是肾上腺皮质分泌的激素的总称，主要有皮质醇、皮质酮、醛甾酮、11-β-羟基雄烯二酮和脱氢表雄酮等。它们的分泌受脑垂体前叶的促肾上腺皮质激素的调节，具有调节体内电解质和水分平衡，以及调节糖和蛋白质代谢等作用，为维持生命所必需。还具有抗炎症和抗过敏的作用，医药上常用的可的松、氢化可的松和强的松等由人工合成。

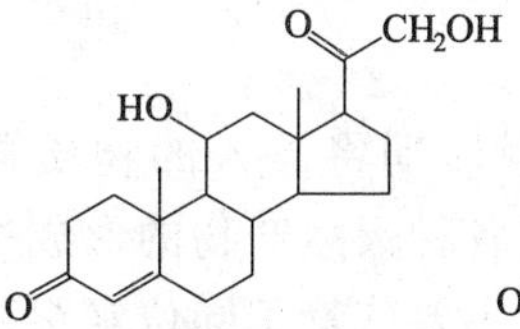

皮质酮 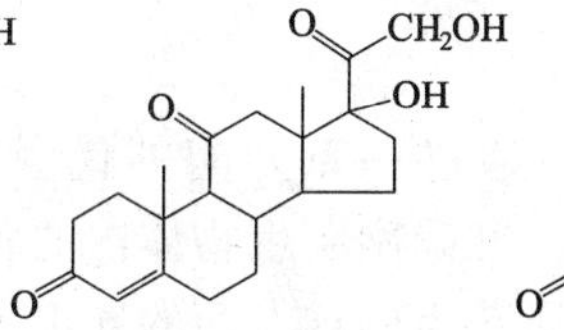　　可的松 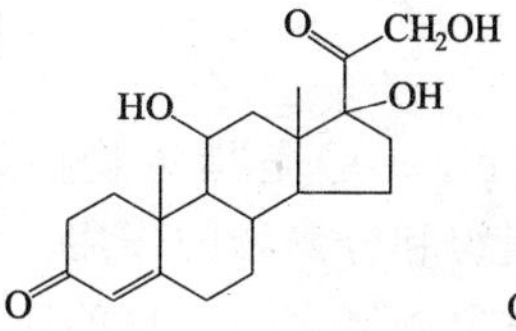　　氢化可的松 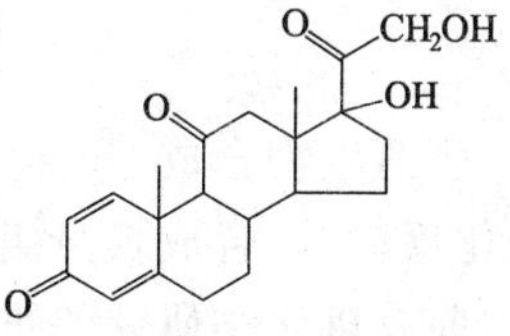　　强的松

这些化合物以及它们的衍生物都具有很强的促进糖代谢或促进电解质代谢的作用。

15.2.3.3　**昆虫蜕皮激素**

昆虫蜕皮激素(ecdysone，MH)是由昆虫前胸腺所分泌的一类激素，具有控制昆虫变态，促昆虫蜕皮和化蛹的功能。主要有 α-MH 和 β-MH 两种，从家蚕、柞蚕中得到的是 α-MH，而从虾、蟹等甲壳类动物中得到的是 β-MH。不少植物，如苋科植物、柞桑中都有发现，目前主要从植物中提取，用于养蚕业中使蚕体发育正常。

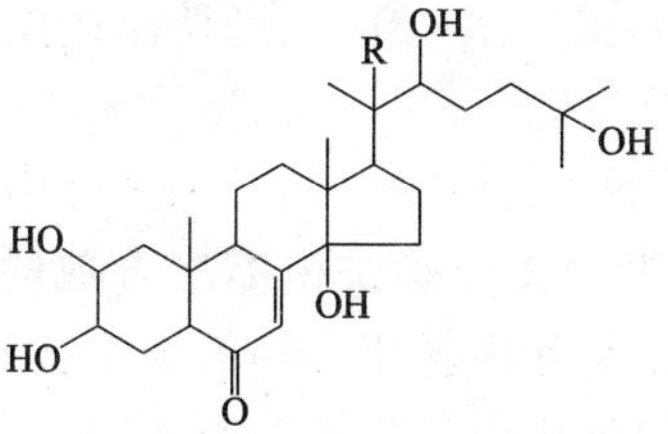

α-MH: R=H
β-MH: R=OH

15.2.4　甾体皂苷

皂苷(saponin)又称“皂角苷”、“皂素”、“苷草苷”等，是植物界(蔷薇科、石竹科和薯蓣科等)中分布很广的一类结构复杂的苷类化合物(配糖物)。其水溶液能生成持久的类似肥皂液的泡沫，故名。按皂苷分解后生成的皂苷元的基本化学结构的不同，可以将其分为两类，一类是三萜皂苷(存在于皂根、皂皮中)，另一类即为甾体皂素，后者主要存在于洋地黄族植物中，具有强心作用，故名强心苷。

最重要的强心苷是由洋地黄的叶中分离得到的洋地黄毒苷，它水解后可得到糖(如洋地黄毒糖和葡萄糖等)和几种甾醇类化合物，后者是配基。毛地黄毒配基就是其中一种。

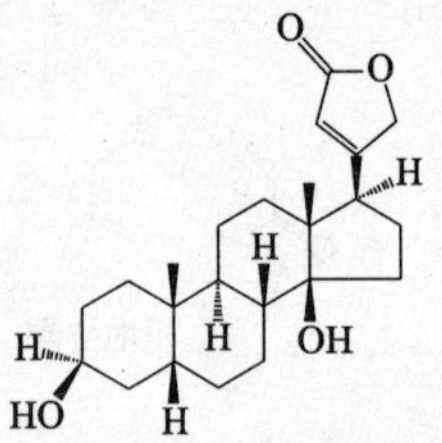

毛地黄毒配基 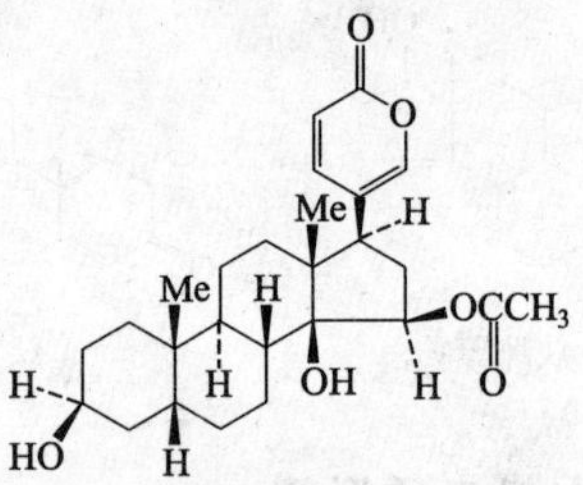　　蟾毒配基

它能使心脏跳动速度减慢，但强度增加，因而可用作强心剂。其他如蟾毒配基等，也具有强心作用。

15.3 萜类和甾体化合物的生物合成

所谓生物合成(biosynthesis)是指生物体通过一系列酶的代谢活动将摄入的物质进行“生化反应”，合成自身组织和分泌物的作用。准确阐明生物体内的各种天然产物的形成过程是当前有机化学研究的重要领域之一。目前所获得的这方面的知识主要依赖于同位素跟踪技术。例如，用$^{14}CH_3COOH$注入柠檬桉中，一段时间后发现，在桉树体内生成了香茅醛，其分子中^{14}C和^{12}C是间隔排列的。

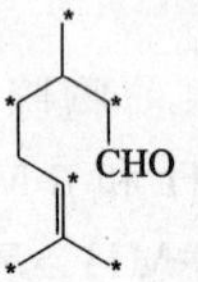

CHO　(*为^{14}C)

如果把$^{14}CH_3COOH$注入生物体内，则所得到的油脂(如软脂酸)为：

$^*CH_3CH_2{}^*CH_2CH_2{}^*CH_2CH_2{}^*CH_2CH_2{}^*CH_2CH_2{}^*CH_2CH_2{}^*CH_2CH_2{}^*CH_2COOH$

如用$CH_3{}^*COOH$，则得到的是：

$CH_3{}^*CH_2CH_2{}^*CH_2CH_2{}^*CH_2CH_2{}^*CH_2CH_2{}^*CH_2CH_2{}^*CH_2CH_2{}^*CH_2CH_2{}^*COOH$

这就证明了萜类和甾体化合物在生物体内确是由醋酸合成的，所以这样的化合物称为“醋源化合物”。下面简单地描述一下萜类和甾体化合物的生物合成过程。

丙酮酸是植物光合作用或动物体内糖代谢生成的中间产物，在生物体内它被氧化脱羧生成醋酸：

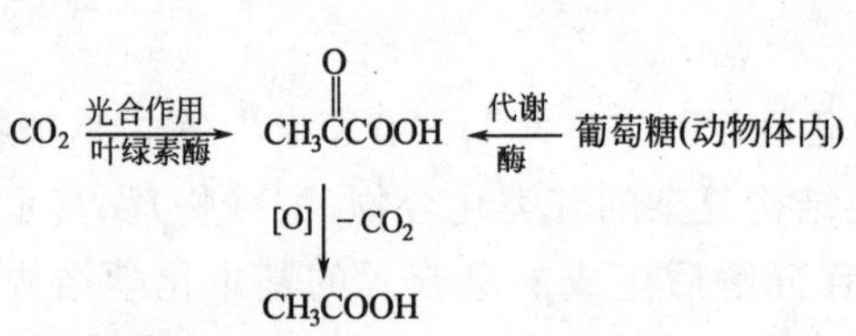

$$CO_2 \xrightarrow[\text{叶绿素酶}]{\text{光合作用}} CH_3\overset{O}{\overset{\|}{C}}COOH \xleftarrow[\text{酶}]{\text{代谢}} \text{葡萄糖(动物体内)}$$

$$CH_3COCOOH \xrightarrow{[O],\ -CO_2} CH_3COOH$$

醋酸与辅酶A上的巯基酯化得到乙酰辅酶A，后者在一系列酶的作用下，形成各种醋源化合物：

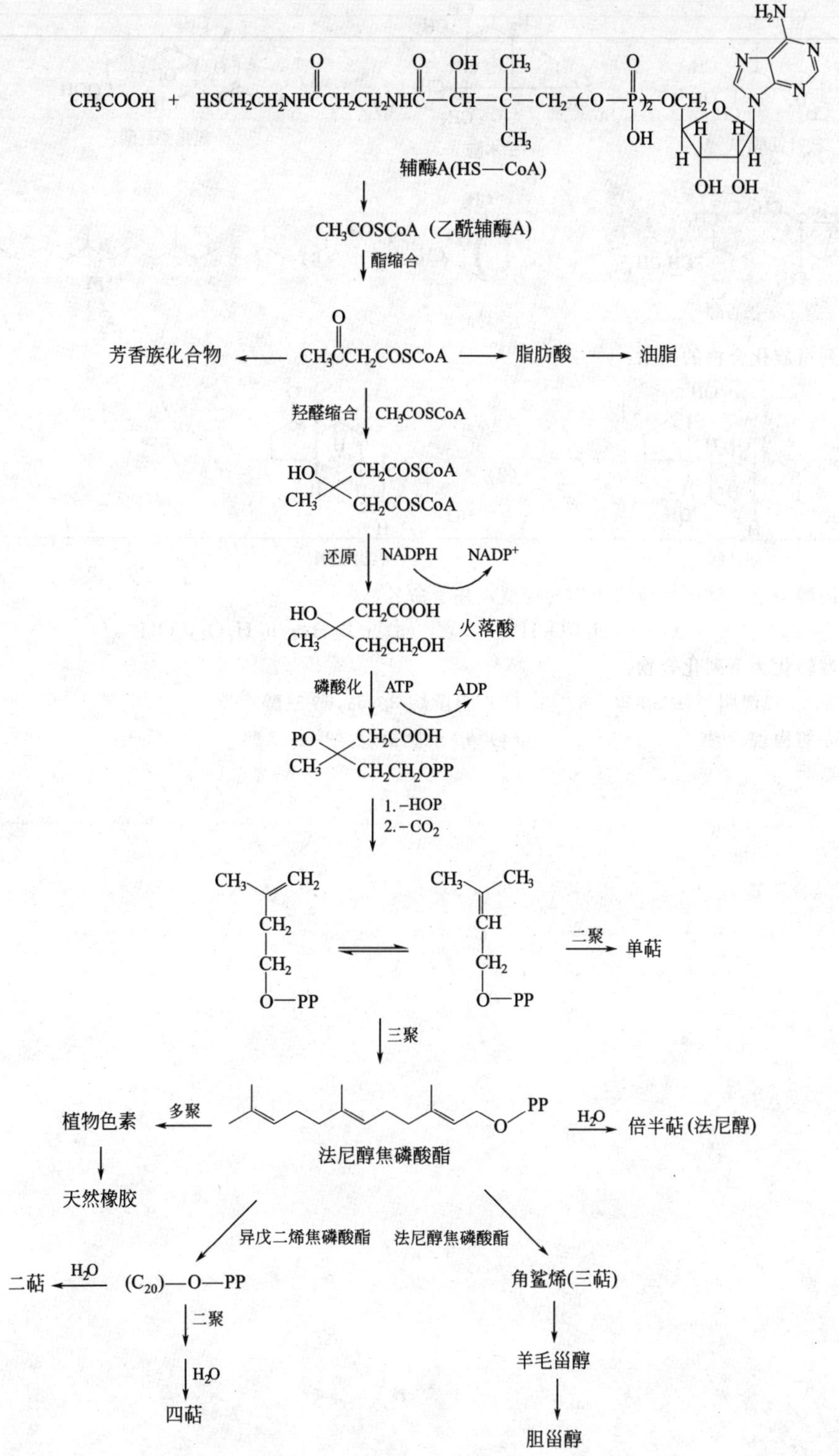

CH_3COOH + $HSCH_2CH_2NHCOCH_2CH_2NHCO-CH(OH)-C(CH_3)_2-CH_2(O-PO(OH))_2-OCH_2$-（核糖-腺嘌呤）

辅酶A(HS—CoA)

↓

$CH_3COSCoA$（乙酰辅酶A）

↓ 酯缩合

芳香族化合物 ← $CH_3COCH_2COSCoA$ → 脂肪酸 → 油脂

↓ 羟醛缩合 $CH_3COSCoA$

$HO(CH_3)C(CH_2COSCoA)_2$

↓ 还原 NADPH → $NADP^+$

$HO(CH_3)C(CH_2COOH)(CH_2CH_2OH)$ 火落酸

↓ 磷酸化 ATP → ADP

$PO(CH_3)C(CH_2COOH)(CH_2CH_2OPP)$

↓ 1. –HOP 2. –CO_2

$CH_2=C(CH_3)CH_2CH_2O-PP$ ⇌ $(CH_3)_2C=CHCH_2O-PP$ —二聚→ 单萜

↓ 三聚

植物色素 ←多聚— 法尼醇焦磷酸酯 —H_2O→ 倍半萜(法尼醇)

植物色素 → 天然橡胶

法尼醇焦磷酸酯 —异戊二烯焦磷酸酯→ (C_{20})—O—PP —H_2O→ 二萜

(C_{20})—O—PP ↓ 二聚 ↓ H_2O 四萜

法尼醇焦磷酸酯 —法尼醇焦磷酸酯→ 角鲨烯(三萜) → 羊毛甾醇 → 胆甾醇

其他醋源化合物还有前列腺素、土霉素、红霉素等。

练习题

1. 画出下列化合物中的异戊二烯结构单位，并说明属于哪种萜类化合物：

(1) 桉叶油醇　　(2) 柏木脑　　(3) 氢化菜豆酸

(4) α-檀香醇　　(5) 桉叶素　　(6) 叶醇

2. 画出下列甾族化合物的构象：

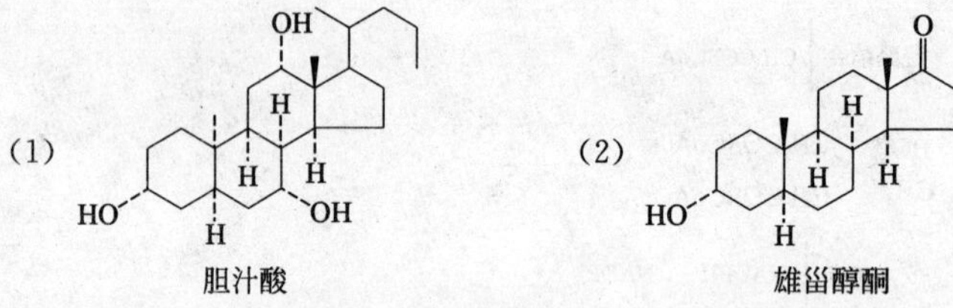

(1) 胆汁酸　　(2) 雄甾醇酮

3. 写出胆固醇与下列试剂反应的产物的构型，并予命名。

(1) H_2/Pt　　(2) $C_6H_5CO_3H$　　(3) i. B_2H_6；ii. H_2O_2，OH^-

4. 将胆固醇转化为下列化合物：

(1) 5α,6β-二溴胆甾烷-3β-醇　　(2) 胆甾烷-3β,5α,6β-三醇

(3) 5α-胆甾烷-3-酮　　(4) 6β-溴胆甾烷-3β,5α-二醇

16

周环反应

在前面的章节中，已经学习了各种各样的有机化学反应，这些反应绝大多数都是按照离子型或自由基型反应机理进行的，它们的共同特点，是在反应过程中都生成稳定的或不稳定的中间体，然后再由这些中间体转化为产物，其过程可表示为：

反应物⟶中间体⟶产物

除了这种形式外，还有一些反应，如双分子消除反应、双分子亲核取代反应和 Diels-Alder 反应等，在反应过程中并不生成某个中间体，反应是一步完成的，其过程可表示为：

反应物⟶产物

并且在反应中同时有多个键在断裂和形成，为多中心一步反应。这种反应称为协同反应(concerted reaction)。其特点是：①反应进行的动力是加热或光照，反应不受引发剂或抑制剂及溶剂极性的影响，也不被酸或碱所催化；②反应进行时，有两个以上的键同时断裂或形成，为多中心一步反应，不形成任何活性中间体；③反应时作用物的变化有突出的立体选择性；④在反应过渡态中原子的排列高度有序。

关于协同反应的机理在相当长的一段时间内都是不清楚的，被称之为有机化学的朦胧区。直到 1965 年美国化学家 R. B. Woodward 和 R. Hoffmann 在系统研究周环反应的基础上提出了分子轨道对称守恒原理后，这个问题才逐步得到解释。

分子轨道对称守恒原理认为：反应物与生成物分子的分子轨道若具有同一对称元素，则在整个反应过程中保持不变。也就是说，在一个协同反应中，分子轨道的对称性是守恒的，由原料到产物，轨道的对称性始终保持不变。因为只有这样，才能用最低的能量形成反应中的过渡态。因此，分子轨道的对称性控制着整个反应的进程。

目前，对分子轨道对称守恒原理的理论解释主要有三种：前线轨道理论(frontier orbital method)、能量相关理论(correlation diagram method)和休克尔-莫比斯芳香过渡态理论(Hückel-Möbius aromatic state theory)。本章主要介绍前线轨道理论在周环反应中的应用，对后两者只作简单的介绍。

16.1 周环反应的理论

周环反应(pericyclic reaction)指的是通过形成环状过渡态进行的一类反应，具有协同反应的特征，并且反应只按几种可能方式中的一种方式发生，产物也只能是几种可能的立体异构体中的一种，具有高度的立体化学专一性。包括电环化反应、环加成反应和 σ 键迁移反应等几种类型。周环反应是生成碳碳键的定向反应，应用这些反应可以把较小的分子组合成具有指定构型的碳架，因此在合成工作中有重要的用途。

16.1.1 轨道对称性

已经知道，原子轨道是有位相之分的，只有在两个原子轨道的位相相同，且能量相差不大的情况下，它们才能形成有效的分子轨道，即成键轨道。如果它们的位相相反，则它们之间不能有效重叠，称为反键轨道。这就是轨道对称性的要求，前者称为轨道对称性一致或相符，后者称为轨道对称性不一致或不相符。

常见的分子轨道有 σ 轨道和 π 轨道，从原子轨道组成分子轨道的对称性要求出发，σ 成键轨道是以原子核之间连线轴电子云密度最大为特征的，σ 反键轨道则电子云密度最小，同时原子核间出现电子云密度为零的节面；而 π 成键轨道是以参与成键的 p 轨道所在平面的上、下方电子云密度最大为特征的(参见第 1 章)。

16.1.2 前线轨道理论

前线轨道理论最早是由日本化学家福井谦一提出的。1952 年，他以量子化学为理论基础，从化学键理论的发展出发，首先提出了前线轨道和前线电子的概念，他将分子轨道中的最高占有轨道 HOMO(highest occupied molecular orbital)和最低空轨道 LUMO(lowest unoccupied molecular orbital)及其邻近轨道称为前线轨道 FMO(frontier molecular orbital)，处在前线轨道上的电子称为前线电子。我们知道，原子之间在发生化学反应时，起关键作用的是价电子。前线轨道理论认为，在分子中也存在类似于单个原子中的价电子的电子，这就是前线电子。在分子进行化学反应时前线轨道起着关键作用。福井谦一和分子轨道对称守恒原理的创始人之一 R. Hoffmann 共同分享了 1981 年诺贝尔化学奖。

前线轨道理论可简单归结为以下几个要点。

① 分子间反应时首先是前线轨道间的相互作用，即电子在反应分子间由一个分子的 HOMO 转移到另一分子的 LUMO，只有当分子间充分接近时才引起其他轨道间的相互作用。显然前者对反应起决定作用。

对分子内反应，则可把分子内部分成两个部分(片段)，一部分的 HOMO 与另一部分的 LUMO 相互作用，所考虑的 HOMO 与 LUMO 相互作用的两部分，其界面应横跨新键形成之处。

② 为了使 HOMO 与 LUMO 相互作用最大，这两个轨道间应满足对称性条件及能量近似条件，以形成最大正重叠及最大能量降低，相互作用的 HOMO 和 LUMO 轨道能量差应在 6eV 以内。

③ 轨道若只有一个电子占据，则称作单占轨道 SOMO，它既可充当 HOMO，也可充当 LUMO。

④ 若反应过程中 LUMO 及 HOMO 均属成键轨道，则 HOMO 必对应于键的开裂，而 LUMO 必对应于键的形成。若二者均属反键轨道，则与此相反。

⑤ 在反应过程中，若参与反应的两个分子彼此很接近，则除了考虑 HOMO 与 LUMO 的相互作用外，还应考虑第二最高占有轨道 NHO(next highest occupied MO)与第二最低空轨道 NLU(next lowest unoccupied MO)的相互作用。

符合以上条件(主要是第②和第④条)的反应是容许的，反之则是禁阻的，因为这时需要很高的活化能。当然，严格来说，绝对禁阻是不存在的。

16.1.3 能量相关理论

20 世纪 30 年代初提出的原子相关图，利用“分离原子”和“联合原子”两种极限情况把分子轨道的性质随原子核之间的距离变化的情况定性地表达了出来。这样，根据“分离原子”和“联合原子”的能级结构，就可得到与分子相对应的过渡区能级结构的相关信息。Woodward 和 Hoffmann 将这一方法推广，利用能级相关图来阐明协同反应的立体化学选择规则，称为能量相关理论，而能级相关图就是把反应物与产物的不同能级的分子轨道对称性相互关联起来的图。

分子轨道能级相关图可按下列步骤绘制。

① 将反应物中涉及旧键断裂的分子轨道和生成物中涉及新键形成的分子轨道按能级高低顺序由上到下分别排在两侧。

② 选择在整个反应中始终有效的对称元素，用此对称元素对①中所画轨道按对称和反对称予以分类和标记。

③ 将对称性一致的反应物分子轨道和生成物分子轨道用一直线连接起来，连接的直线称为关联线，画关联线时必须遵循“一一对应”原则(即反应物体系的一个分子轨道只能与产物体系的一个分子轨道相关联)、能量相近原则(即尽量使能量相接近的分子轨道关联)、不相交原则(即对称性协同的两条关联线不能相互交叉)。对于一个协同反应，按以上原则绘出的相关图是唯一的。

按此相关图就能判断反应在一定条件下是按什么方式进行的了。具体方法是：在成键规道和反键轨道之间画一分界线，如还有非键轨道，则在 HOMO 和 LUMO 之间划分界线。如果相关图中所有的关联线都不超越分界线，说明反应活化能较低，在加热条件下反应即能进行，这种反应称为基态对称允许；如果有的关联超越了分界线，说明反应活化能较高，在加热情况下不能进行，这种反应称为基态对称禁阻。要使反应进行，必须使反应物处于激发态，才能转化为产物的基态，因此只有在光照下才能进行，也称为光照对称允许。

16.1.4 芳香过渡态理论

在分子轨道对称守恒原理的发展过程中，许多科学家从另一角度探讨了反应选律，芳香过渡态理论就是其中之一。这一理论的出发点是根据所谓的 Evans 原理，即认为在协同反应中，首先生成环状的过渡态，它的稳定性，亦即能量的高低对控制反应过程起着关键作用。而它的稳定性的判别，可以采取如判别平面单环共轭多烯芳香性的 Hückel 规则的类似方法。由此总结出的一些规律，称为芳香过渡态理论。

芳香过渡态理论首先提出了 Hückel 体系和 Möbius 体系的概念：在一个环状过渡态中，如果相邻原子的轨道间波相改变的次数为零或偶数次，称为 Hückel 体系；如果波相改变的次数为奇数，称为 Möbius 体系(见图 16-1)。

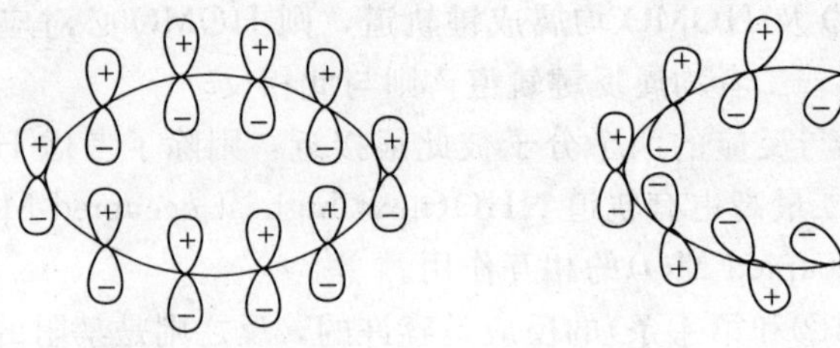

(a)Hückel 型过渡态　　(b)Möbius 型过渡态

图 16-1　Hückel 型和 Möbius 型过渡态

在环状过渡态中，具有 $4n+2$ 个 π 电子的 Hückel 体系和具有 $4n$ 个 π 电子的 Möbius 体系是稳定的，是芳香性结构；而具有 $4n+2$ 个 π 电子的 Möbius 体系和具有 $4n$ 个 π 电子的 Hückel 体系是不稳定的，是反芳香性结构。所谓稳定，只是意味着所需活化能较低，反应容易进行。

芳香过渡态理论认为：在加热条件下，协同反应都是通过芳香性过渡态进行的，而在光照条件下，反应都是通过反芳香性过渡态进行的。

下面主要用前线轨道理论来解释电环化反应、环加成反应和 σ 键迁移反应的选律问题。

16.2　电环化反应

电环化反应指的是共轭多烯烃在光照或加热条件下环化成烯烃，或者它的逆反应——环烯烃开环形成共轭多烯烃的一类反应。这是分子内的周环反应。例如：

I $\xleftarrow{h\nu}$ (R, R) $\xrightarrow{\triangle}$ II　　R=COOCH$_3$

由上例看出，同一反应物在加热和光照下所得产物的立体构型是不相同的，加热下得到的是反式产物(Ⅱ)，而光照下得到的是顺式产物(Ⅰ)。如果在反应物的共轭链中再增加一个—CH=CH—单元，得到的结果正好相反。例如：

Ⅲ $\xleftarrow{\triangle}$ (Me, Me) $\xrightarrow{h\nu}$ Ⅳ + Ⅴ

下面先来看前线轨道理论对这一现象的解释。

在一个共轭多烯烃分子中有着许多 σ 成键轨道、σ^* 反键轨道、π 成键轨道和 π^* 反键轨道。大家知道，σ 成键轨道因为是由原子轨道以“头碰头”的方式重叠形成的，重叠程度高，因此能量比以“肩并肩”方式重叠形成的 π 成键轨道低，其相应的 σ^* 反键轨道的能量又比 π^* 反键轨道的能量高，分子中的所有电子按 σ 成键轨道、π 成键轨道、π^* 反键轨道、σ^* 反键轨道的顺序按照电子填充规则进行填充。所以很显然，共轭多烯烃的前线轨道是由 π

轨道组成的，按照前线轨道理论，只需考察 π 轨道就可以了。

根据分子轨道理论，共轭多烯烃的 π 分子轨道的数目等于参与共轭的碳原子数，这些能量不同的分子轨道是由各碳原子上的 p 轨道以不同的方式线性组合而成的，而 π 电子云在整个分子中的分布情形则由已填充了电子的分子轨道所决定。如上两例的 π 分子轨道分别为：

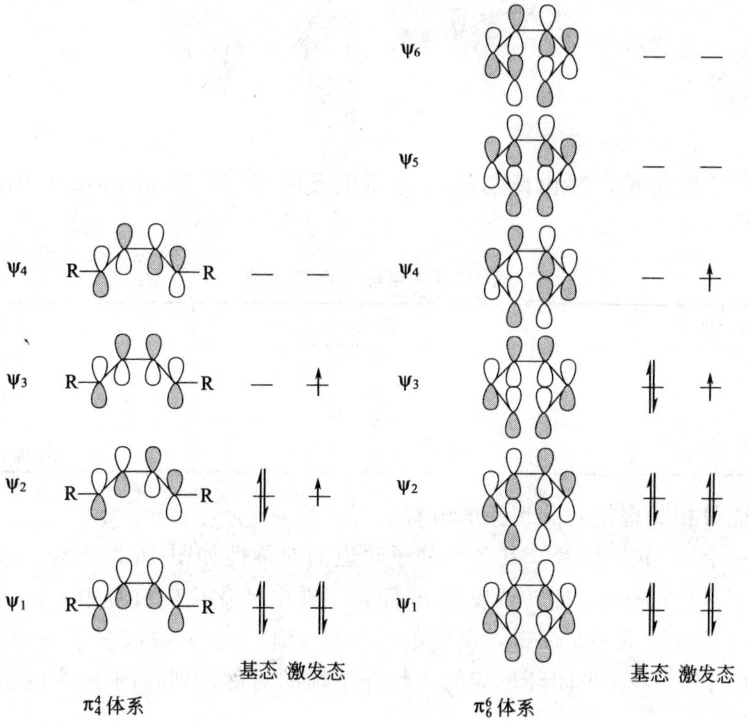

ψ_6 ψ_5 ψ_4 ψ_3 ψ_2 ψ_1

基态 激发态

π_4^4 体系

基态 激发态

π_6^6 体系

根据前线轨道理论，电环化反应将由它们的 HOMO 所决定，即在基态下，由丁二烯型分子的 ψ_2 和己三烯型分子的 ψ_3 所决定，而在激发态下，由丁二烯型分子的 ψ_3 和己三烯型分子的 ψ_4 所决定。下面分别考察这两组轨道。

当丁二烯型分子的两端碳原子“结合”形成一个新的 σ 键时，必然要伴随有 p 轨道的旋转，以使其呈“头碰头”的重叠形式，并且必须满足轨道对称性的要求。这样，在基态下，ψ_2 就只能采取“顺旋”的方式；而在激发态下，ψ_3 只能采取“对旋”的方式形成环丁烯环。

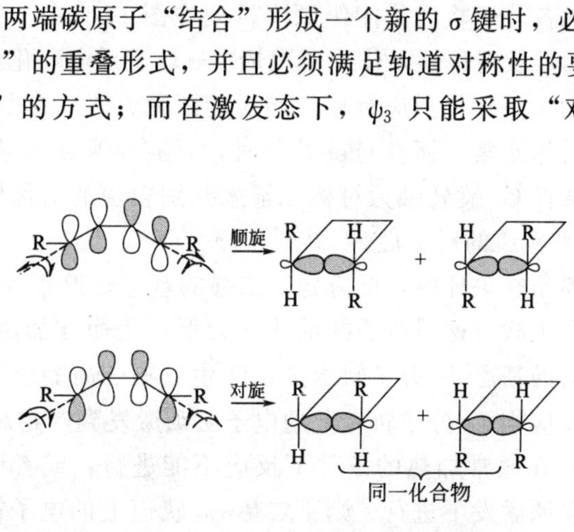

顺旋

对旋

同一化合物

己三烯型分子的情况正好与此相反，在基态下，ψ_3 采取“对旋”的方式，而在激发态下，ψ_4 采取“顺旋”的方式形成环己二烯环，这是对称性允许的。

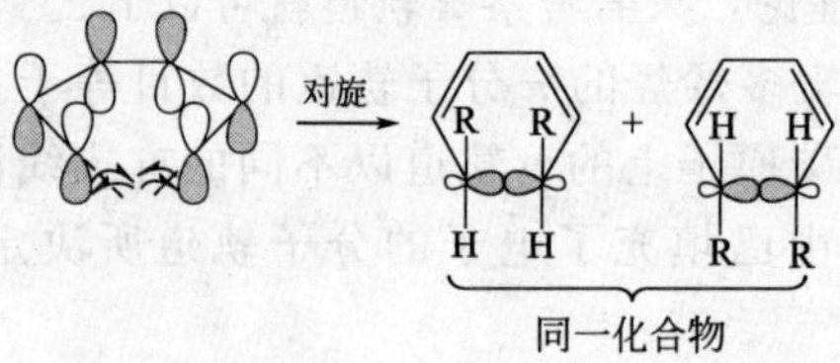

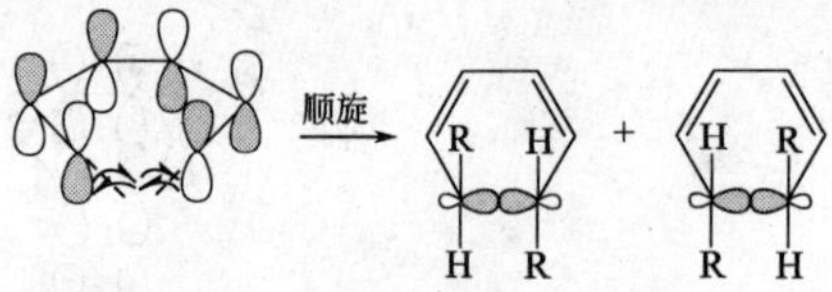

其他情况可依次类推，并由此总结出电环化反应规则（Woodward-Hoffmann 规则）（见表 16-1）。

表 16-1　电环化反应规则

π 电子数	反应	方式
$4n$	热	顺旋
	光	对旋
$4n+2$	热	对旋
	光	顺旋

下面再看能量相关理论对此现象的解释。

丁二烯是一个 π_4^4 共轭体系，其各个分子轨道的对称性如图 16-2 所示。这里所说的对称性是指轨道对于对称动作 C_2 旋转或反映 m 而言。在电环化反应过程中，链状共轭体系两端的 π 电子云相互重叠生成一个 σ 键，反应的结果是少了一个 π 键而多了一个 σ 键（或者说共轭体系缩短了两个原子）。把闭环形成的产物环丁烯的对称性列在图 16-2 的右边。图中符号的意义是：

C_2：表示对于垂直于键轴的二次轴旋转 180°后轨道位相的改变（用反对称符号 A 表示）或不改变（用对称符号 S 表示）。

m：表示对于垂直于键轴的对称面的反映后轨道位相的改变（反对称 A）或不改变（对称 S）。

将丁二烯及环丁烯的各分子轨道依能级顺序排列在图 16-2 中，于是便可根据生成物及反应物的分子轨道能级高低及对称性，作出丁二烯⟶环丁烯电环化反应的轨道能级相关图（见图 16-3）。在这里，由于电环化反应有顺旋和对旋两种方式，在顺旋关环时，只有 C_2 旋转轴是始终保持有效的对称元素，而在对旋关环时，只有对映面 m 是始终保持有效的对称元素。因此，在顺旋时选择 C_2 旋转轴为对称元素来判别轨道的对称性，而在对旋时选择对映面 m 为对称元素来判别轨道的对称性。

可以看出，当丁二烯顺旋关环时，反应物丁二烯的基态轨道 ψ_2 和 ψ_1 分别与产物环丁烯的基态轨道 σ 及 π 轨道相关联，这时所需的活化能较低，因而在加热条件下反应就能进行。而在对旋关环中，反应物的基态 ψ_2 分子轨道必须与生成物的高能级的反键轨道 π^* 相关联，也就是说，反应过程中反应物 ψ_2 分子轨道上的电子必须激发到产物高能级的 π^* 轨道，因而反应需要很高的活化能，在通常加热的条件下反应不能进行，或者说，该反应为热禁阻反应。相反，如果反应在光照激发下进行，则丁二烯 ψ_2 轨道上的电子被激发到 ψ_3 轨道上去，在对旋关环中它转变为产物中较低能级的 π 轨道，因而在光照条件下对旋关环反应是能够进行的，而顺旋关环是禁阻的，因为此时 ψ_3 轨道将与更高能级的 σ^* 反键轨道相关联。

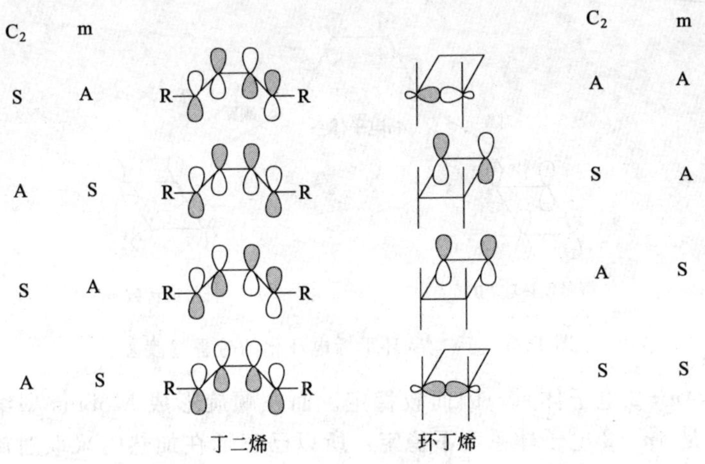

图 16-2 丁二烯及环丁烯各分子轨道的对称性

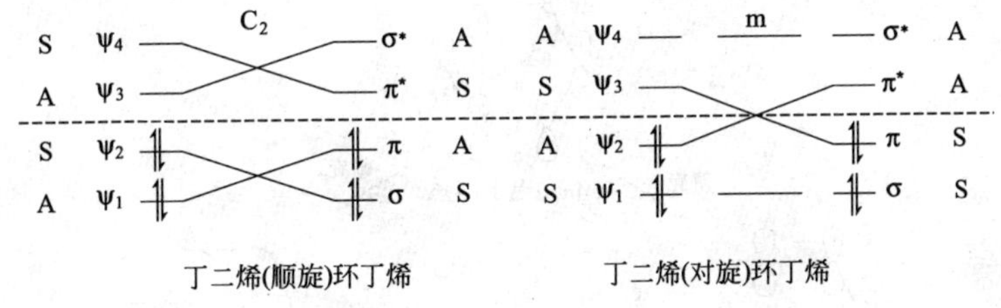

图 16-3 丁二烯电环化反应轨道能级相关图

至于己三烯则情形正好相反，它是一个 π_6^6 链状共轭体系，按照同样的方式，可以画出其反应物和产物的轨道能级相关图(见图 16-4)。由相关图可以看出，由于顺旋关环时基态能级与激发态能级关联，所以必须光照进行。而对旋时则为基态能级间关联，因而在加热条件下即可进行。

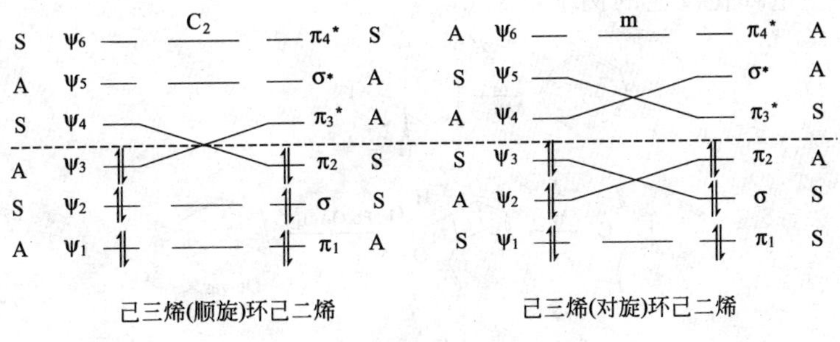

图 16-4 己三烯电环化反应轨道能级相关图

由此推论，同样可以导出 Woodward-Hoffmann 规则。

那么，芳香过渡态理论又是如何解释这一现象的呢?

在电环化反应过程中，由于环化方式不同而生成不同的过渡态。对于丁二烯的电环化，如果对旋闭环可形成 Hückel 型环结构，符号反转次数为零，但因为是 $4n$ 电子体系，因而不稳定。而在顺旋闭环时，则形成 Möbius 型环结构，符号反转次数为 1，但因为是 $4n$ 电子体系，反而稳定(见图 16-5)。

至于己三烯电环化反应的选律则正好相反，在对旋形成 Hückel 型结构时(符号反转次

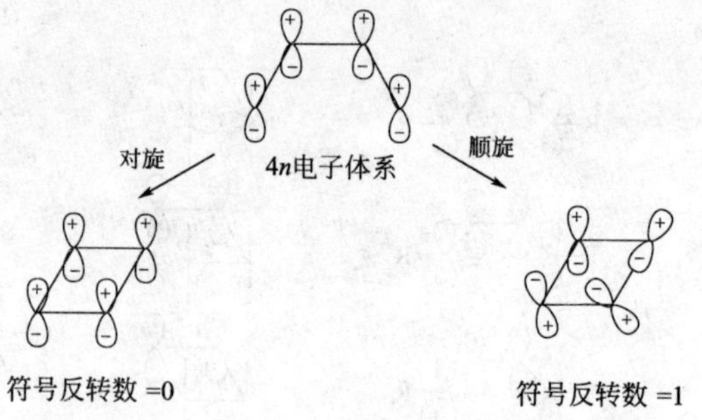

图 16-5　丁二烯-环丁烯电环化的芳香过渡态

数＝0)，由于是 $4n+2$ 电子体系，因而较稳定。而在顺旋形成 Möbius 型结构时(符号反转次数＝1)，由于是 $4n+2$ 电子体系而不稳定，所以己三烯在加热时采取对旋闭环方式(见图16-6)。

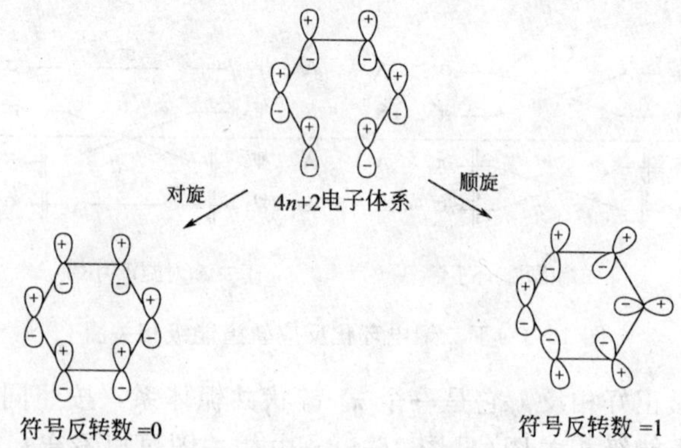

图 16-6　己三烯-环己二烯电环化的芳香过渡态

在光照条件下则是按反芳香过渡态进行的。

下面再看一些电环化反应的例子：

△ 对旋

$h\nu$　$Pb(OAc)_4$　Dewar苯

△ $-N_2$　对旋　CH_3O^-　CH_2OCH_3

126℃ $-Cl^-$　对旋　$+Cl^-$

$h\nu$ 顺旋　△ 对旋

16.3 环加成反应

两分子烯烃或多烯烃在加热或光照下形成环状化合物的反应称为环加成反应(cycloaddition reaction)，这是最重要的一类协同反应，其逆过程称为环消除反应。

根据参与反应的烯烃的总 π 电子数的多少，可将环加成反应分为 $4n$ 环加成反应和 $4n+2$ 环加成反应。前面已学到的 Diels-Alder 反应就是 $4n+2$ 环加成反应中的一种。

根据前线轨道理论，两分子烯烃之间的环加成反应应符合以下几点。

① 两个分子烯烃发生环加成反应时，起决定作用的是一个分子的 HOMO 和另一个分子的 LUMO，反应过程中，电子从一个分子的 HOMO 进入另一个分子的 LUMO。

② 当两个分子烯烃相互作用形成 σ 键时，两个起决定作用的轨道必须发生同相重叠，即轨道的对称性要一致。

③ 相互作用的两个轨道能量必须接近，反应才易进行。

基于以上几点，来看看前线轨道理论对常见的[2+2]环加成和[4+2]环加成反应规律的解释。

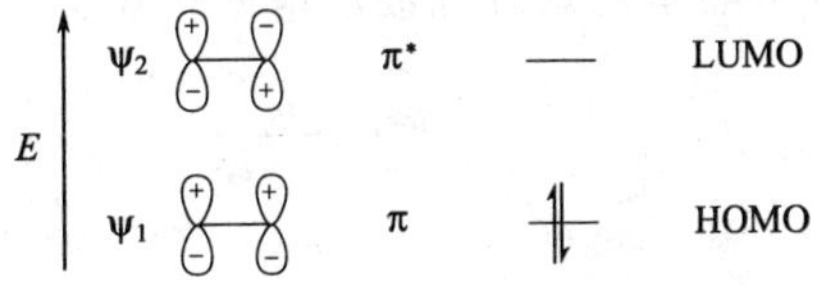

乙烯的二聚反应是一个典型的[2+2]环加成反应，根据前线轨道理论，反应是在一个乙烯分子的 HOMO 和另一个乙烯分子的 LUMO 之间进行的。从位相看，HOMO 与 LUMO 之间的位相(见图 16-7)显然是不相同的，所以，在基态下，它们之间的同面-同面加成是禁阻的。尽管其同面-异面加成在轨道对称性上是允许的，但这种方式的张力太大，所需能量很高，事实上是不能实现的，故[2+2]环加成反应是一个热禁阻反应。

E　ψ_2　π*　LUMO　ψ_1　π　HOMO

图 16-7　乙烯分子的 π 轨道

下面再看光照下的情形。在光照下，π 成键轨道上的电子被激发到 π* 反键轨道上，这时的 HOMO 是 ψ_2，它与另一个乙烯分子的 LUMO(也是 ψ_2)的轨道对称性是一致的，因此，它们可以顺利地进行同面-同面加成反应而生成环加成产物环丁烷。所以[2+2]环加成是一个光允许的反应，例如：

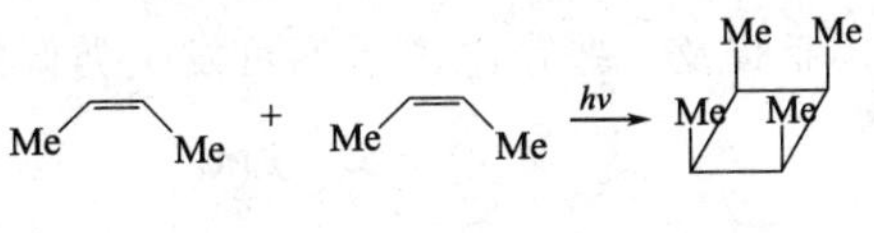

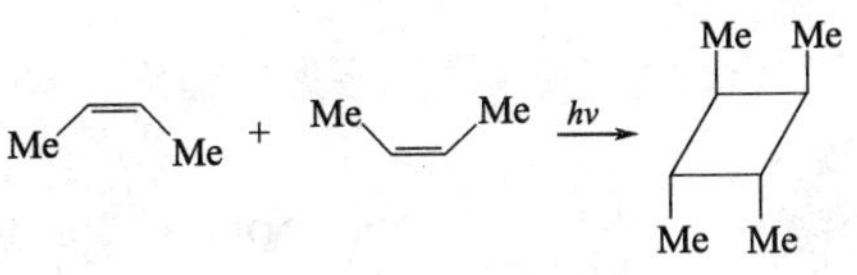

Me　Me + Me　Me $\xrightarrow{h\nu}$ Me Me Me Me

Me　Me + Me　Me $\xrightarrow{h\nu}$ Me Me Me Me

而对于 Diels-Alder 反应来说，情况正好与此相反。图 16-8 是丁二烯在基态下的 HOMO 和 LUMO：

E　ψ_3　π_2^*　LUMO　ψ_2　π_2　HOMO

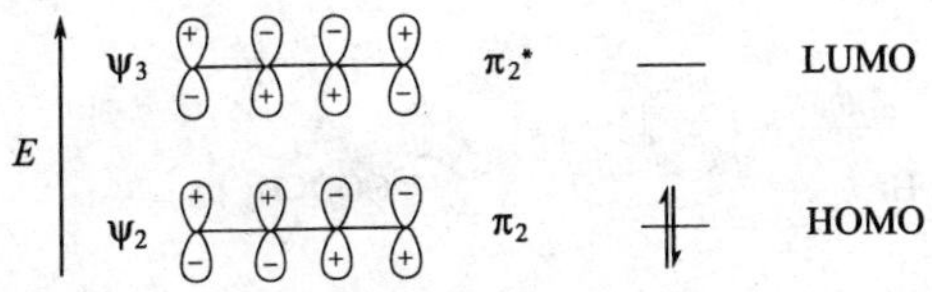

图 16-8　丁二烯在基态下的 HOMO 和 LUMO

在加热条件下，丁二烯的 HOMO 与乙烯的 LUMO，或丁二烯的 LUMO 与乙烯的 HOMO 之间的轨道对称性都是一致的，可以发生同面-同面加成，所以 Diels-Alder 反应在加热条件下即可进行。应该指出的是，根据以上的第③点，能量差愈小的反应愈容易进行，所以，由乙烯提供 LUMO 与丁二烯的 HOMO 进行反应要比由丁二烯提供 LUMO 与乙烯的 HOMO 进行反应要重要得多，因为后两个轨道之间的能量相差较大。

但在光照下，无论是乙烯，还是丁二烯的 HOMO 上的电子激发，新形成的 HOMO 和 LUMO 与另一分子的 LUMO 和 HOMO 之间轨道的对称性肯定是不匹配的，所以在激发态下不能反应。

同样的推论可以应用到其他的环加成体系，这样就可得出环加成反应的选律（见表 16-2）。

表 16-2 环加成反应的选律

参与反应的总 π 电子数	$4n$		$4n+2$	
同面-同面	△ 禁阻	$h\nu$ 允许	△ 允许	$h\nu$ 禁阻
同面-异面	△ 允许	$h\nu$ 禁阻	△ 禁阻	$h\nu$ 允许

下面是乙烯环加成反应的例子：

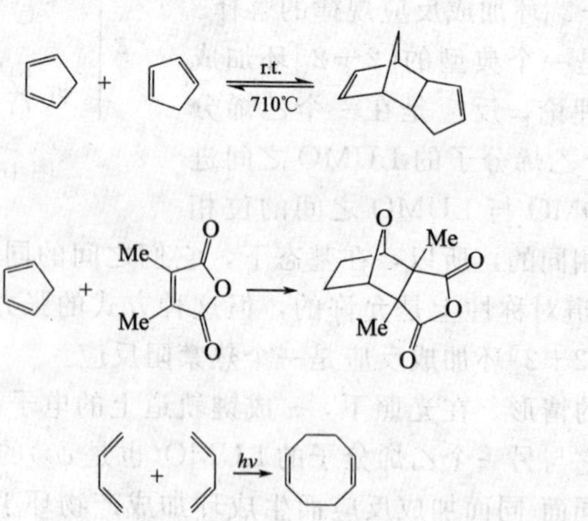

r.t.

710℃

Me

Me

O

O

O

Me

Me

O

O

O

$h\nu$

这种反应并不仅仅局限于烯烃和共轭烯烃，一些具有类似结构的化合物，如羰基化合物、α,β-不饱和羰基化合物、亚胺及一些带电离子均可发生类似的反应。例如：

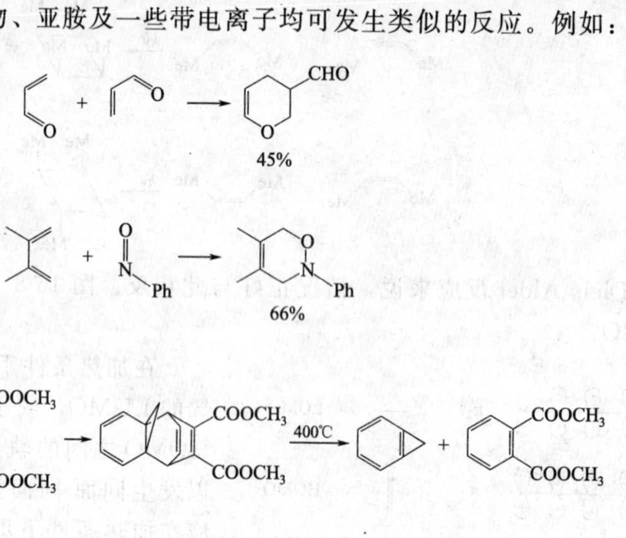

CHO

O

O

O

45%

O

N

Ph

O

N

Ph

66%

$COOCH_3$

$COOCH_3$

$COOCH_3$

$COOCH_3$

400℃

$COOCH_3$

$COOCH_3$

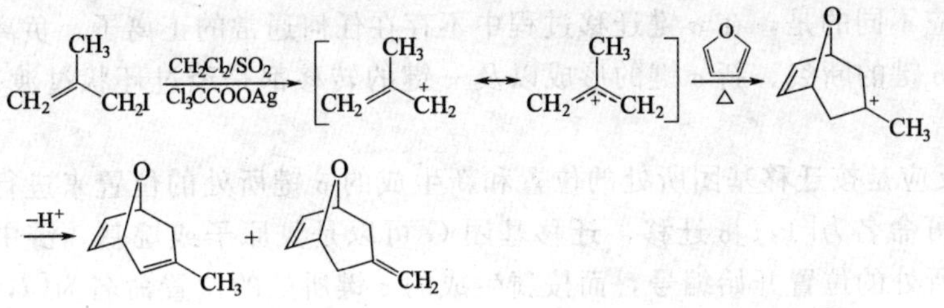

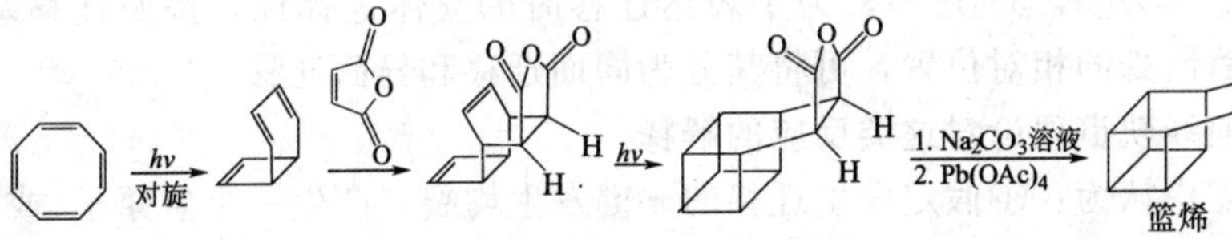

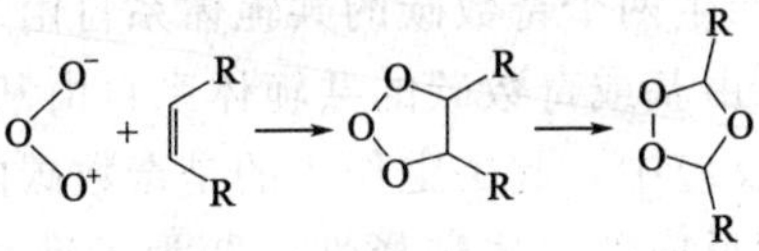

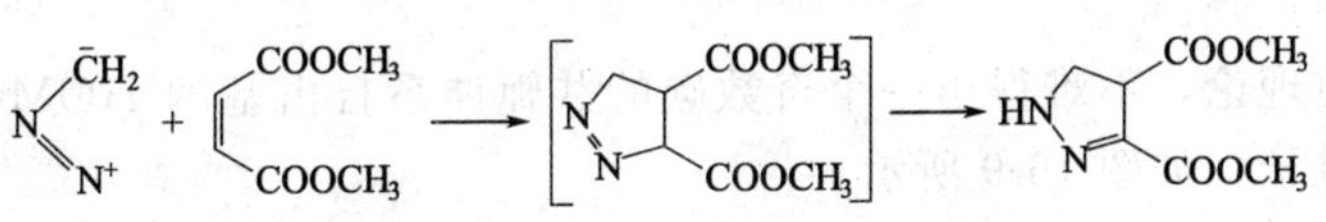

注意后两个反应，这里的双烯体是一个具有 π_3^4 电子体系的偶极离子，它们 HOMO 的对称性与普通的双烯烃相同，所以它和 Diels-Alder 反应十分相似。这种类型的反应称为 1，3-偶极环加成反应，它在有机合成，尤其是杂环化合物的合成中十分有用。例如：

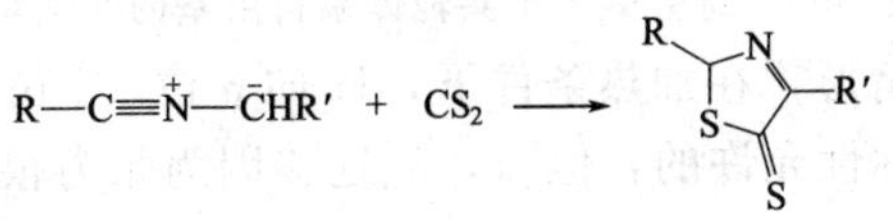

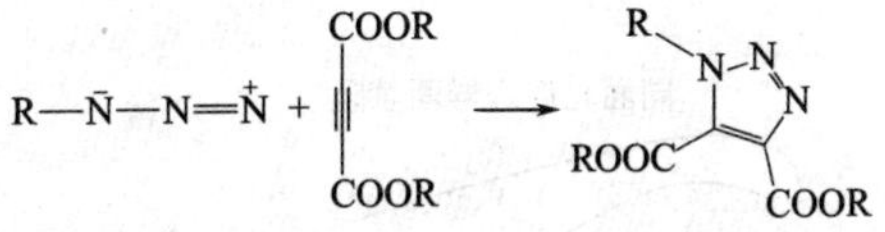

16.4 σ 键迁移反应

在有机化学反应中，还有这样一种类型的反应，即一个 σ 键沿着一个共轭体系由一个位置转移到另外一个位置，同时伴随有 π 键的转移。例如：

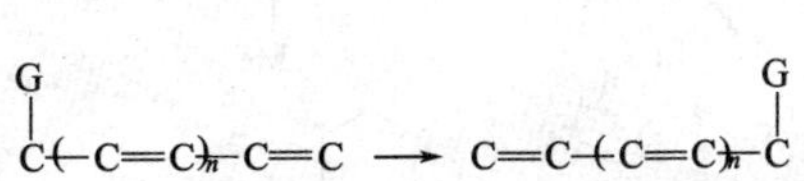

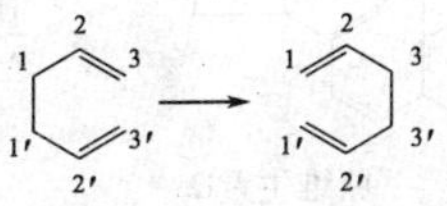

这种类型的反应称为 σ 键迁移(Sigmatropic rearrangement)反应，是一种分子内的重排反应。

与一般重排反应不同的是，在σ键迁移过程中不存在任何通常的正离子、负离子或自由基等中间体，原有σ键的断裂、新σ键的形成以及π键的转移都是经过环状过渡态一步完成的，是协同反应。

σ键迁移反应是按迁移基团所处的位置和新生成的σ键所处的位置来进行命名的。如以上第一个例子可命名为[1,*j*]σ迁移，迁移基团G可以是氢原子或烷基。链中的σ键迁移是按迁移前σ键所处的位置开始编号，而按新生成的σ键所处的位置命名为[*i*，*j*]迁移，如以上第二个例子命名为[3，3′]迁移。为了表达迁移时的立体选择性，按照迁移基团相对于π体系在迁移前后所处的相对位置，可将其分为同面迁移和异面迁移。

下面来看前线轨道理论对这类反应的解释。

前线轨道理论认为：①假定发生迁移的σ键发生均裂，产生一个氢原子(或碳自由基)和一个奇数碳的共轭体系自由基或产生两个奇数碳的共轭体系自由基，而把σ键迁移反应看作是一个自由基体系(氢原子、碳自由基或奇数碳的共轭体系自由基)在一个奇数碳的共轭体系自由基上的移动来完成的；②在反应中，起决定作用的是奇数碳的共轭体系自由基的含单电子的HOMO，它的对称性决定着反应的立体选择性；③为了满足对称性的要求，新σ键形成时必须发生同相重叠。

根据分子轨道理论，不难得出一个奇数碳的共轭体系自由基的HOMO是非键轨道，该轨道上有一个单电子，如图16-9所示。

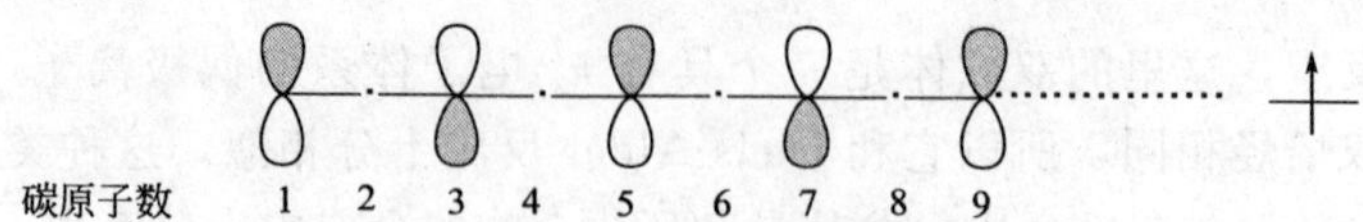

图16-9　奇数碳原子共轭体系自由基的非键轨道

考虑[1，*j*]H迁移的情形，在加热条件下，H向3位、7位等位置的同面迁移是对称性禁阻的，而异面迁移是对称性允许的，但[1，3]迁移因为张力很大，因而很难实现，至今尚无这方面的实例。H向5位、9位等位置的同面迁移是对称性允许的，而异面迁移是对称性禁阻的。

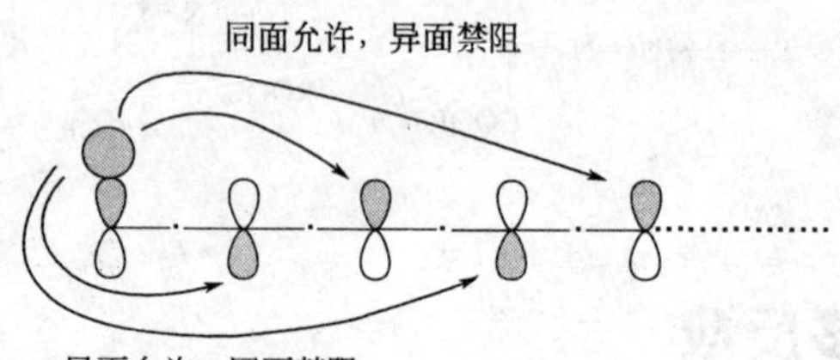

例如：

Me D H Me Et —△ [1,5]H迁移→ D H EtMe Me

7-脱氢胆甾醇 —$h\nu$ 顺旋→ 原维生素D_2 —[1,7]H异面迁移→ 维生素D_2

对于[1，*j*]烷基迁移反应，情况就要复杂一些，既有面的问题，还有迁移碳原子是以原有的成键瓣(构型保留)还是以原来未成键的一瓣(构型翻转)成键的问题。前者的立体选择规则与[1, j]H 迁移反应协同，而后者则与之相反。

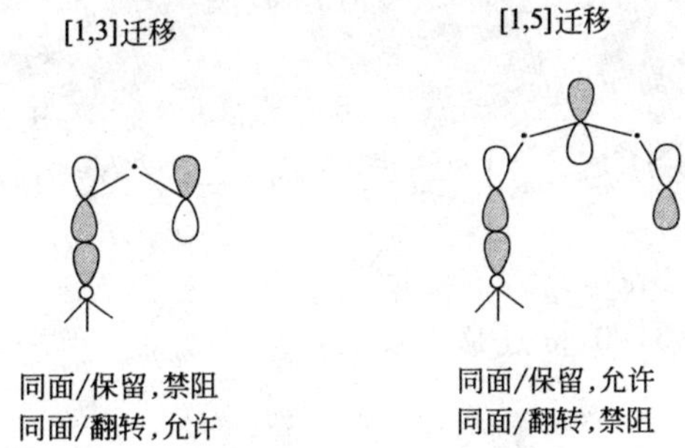

[1,3]迁移

同面/保留，禁阻
同面/翻转，允许

[1,5]迁移

同面/保留，允许
同面/翻转，禁阻

例如：

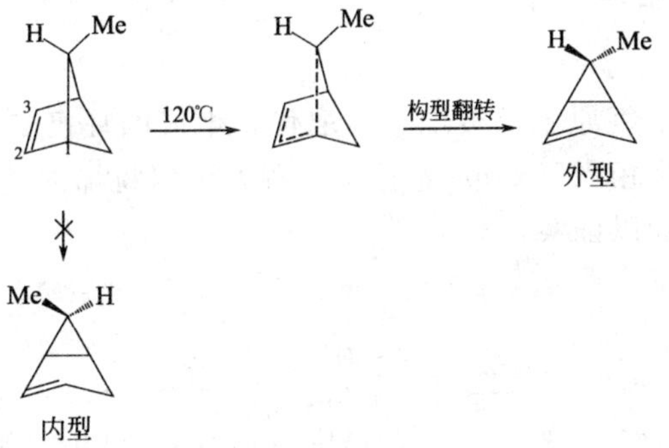

120℃ 构型翻转 外型 内型

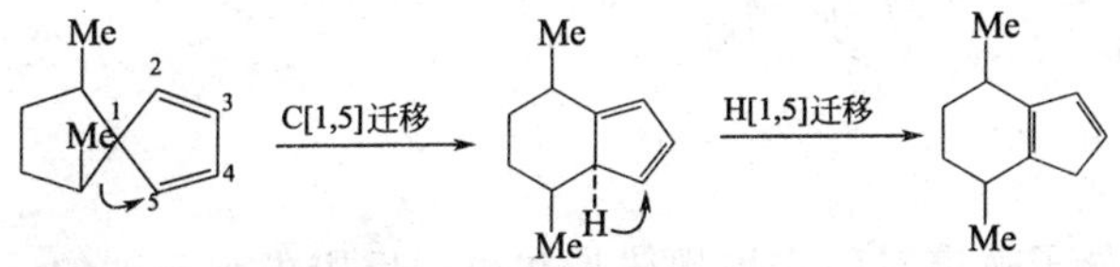

C[1,5]迁移 H[1,5]迁移

[3,3]σ 迁移是[i,j] σ 迁移中最常见和最重要的一种类型，是 Cope 重排的基本形式。例如：

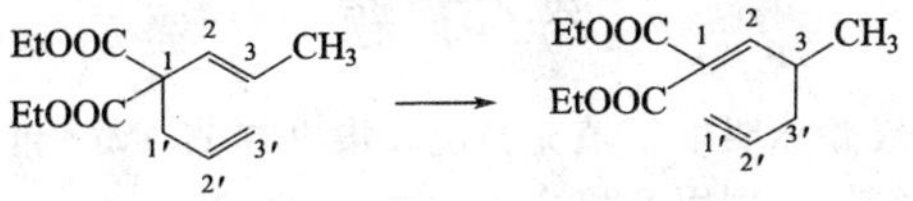

从轨道的对称性来看，3,3′两个碳原子上的 p 轨道最靠近的一瓣是对称的，可以重叠成键：

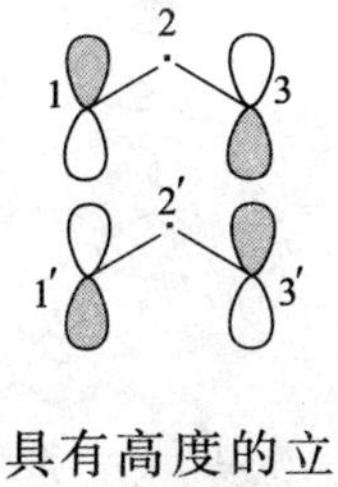

这一反应同其他周环反应一样，也具有高度的立体选择性。例如，内消旋-3,4-二甲基-1,5-己二烯重排后，得到的几乎全部是(Z, E)-2,6-辛二烯：

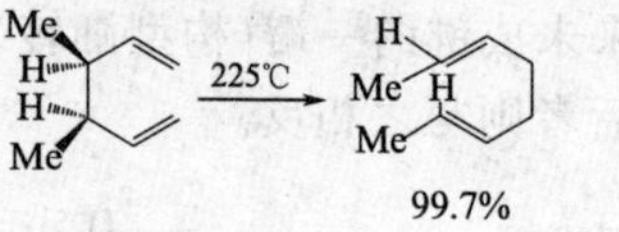

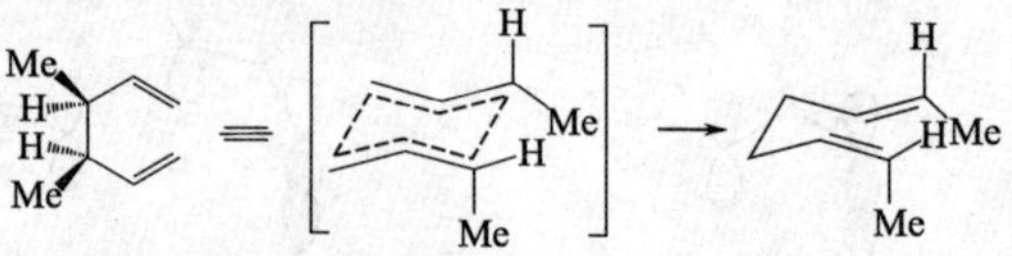

Claisen 重排也是通过[3，3′]σ 迁移实现的：

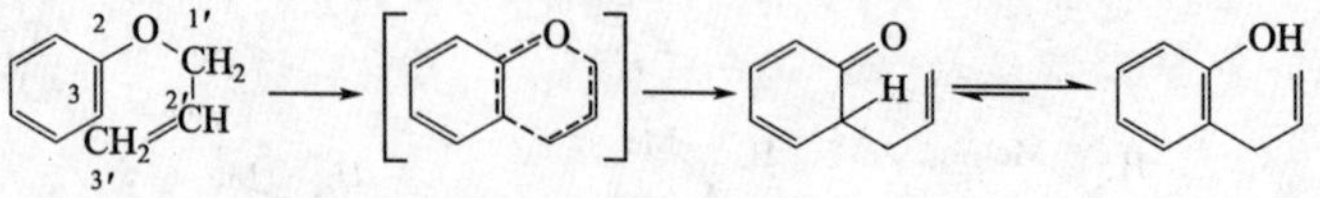

如果苯环邻位上的两个氢原子都被烷基所取代，生成的环已二烯酮可以用马来酸酐捕获。这个过渡态再经过一个相当于 Cope 重排的过程，可以将烯丙基转移到对位上。这一过程可通过同位素标记实验加以证实。

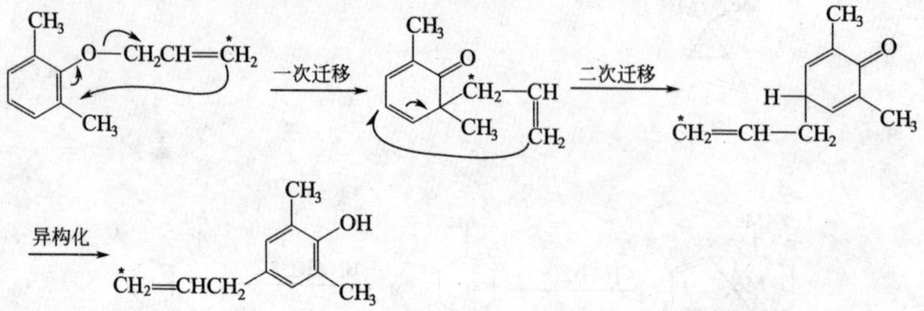

应该指出的是，分子轨道对称守恒规律是在协同反应中观察到的，因此，前面所讨论的这些选律只适合于协同反应，所谓的禁阻反应也是仅仅指按协同反应途径而已，并不等于该反应按别的反应途径也不能进行。

练习题

1. 写出下列物质的分子轨道能级并标明电子填充情况，指出其 HOMO 和 LUMO，描述各轨道对对称面(m)和二重对称轴(C_2)的对称性(分别用 S 和 A 表示对称和反对称)：

(1) 环丙烯正离子 (2) 烯丙基负离子 (3) 环辛四烯 (4) 环戊二烯负离子

2. 写出下列化合物的 HOMO 和 LUMO：

(1) 丙烯 (2) (E,E) -2,4-己二烯 (3) 1,4-戊二烯正离子 (4) 萘

3. 完成下列反应：

(1) 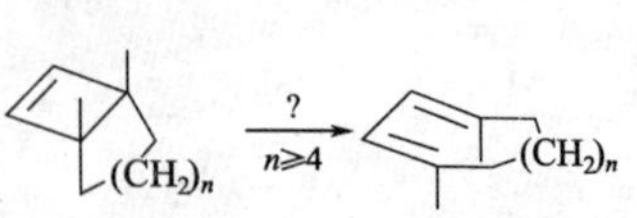 $\xrightarrow[n\geqslant 4]{?}$ (2) 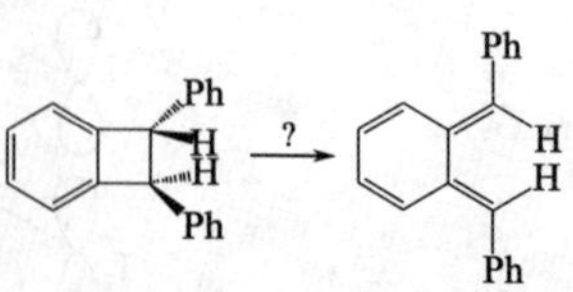 $\xrightarrow{?}$

(3) 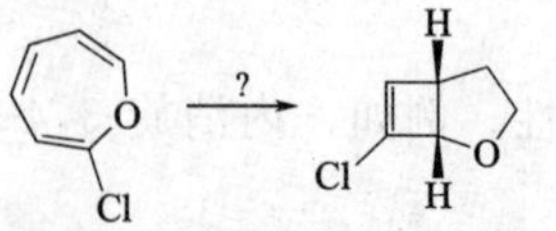 $\xrightarrow{?}$ (4) 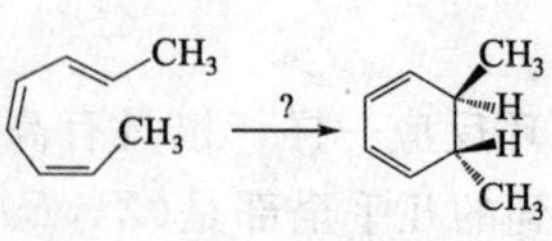 $\xrightarrow{?}$

(5) 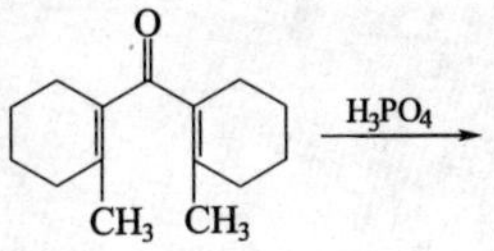 $\xrightarrow{H_3PO_4}$　　(6) 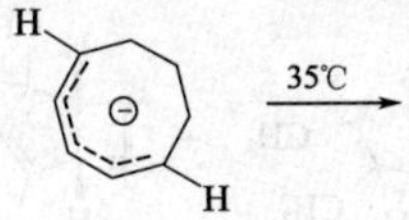 $\xrightarrow{35℃}$

(7) 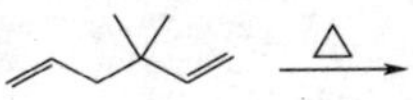 $\xrightarrow{\triangle}$　　(8) 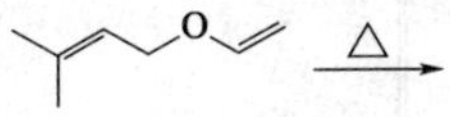 $\xrightarrow{\triangle}$

(9) 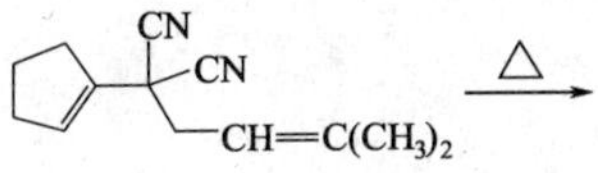 $\xrightarrow{\triangle}$　　(10) 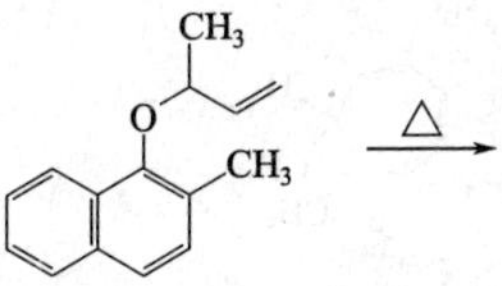 $\xrightarrow{\triangle}$

(11) 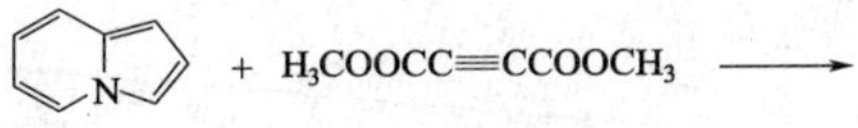 + $H_3COOCC{\equiv}CCOOCH_3$ ⟶

(12) 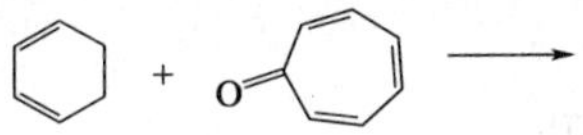 + ⟶

(13) 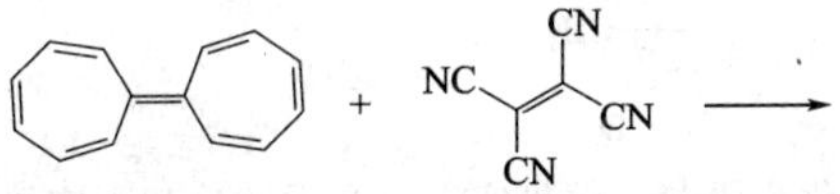 + ⟶

(14) + $C_6H_5CH{=}NC_6H_5$ ⟶

(15) 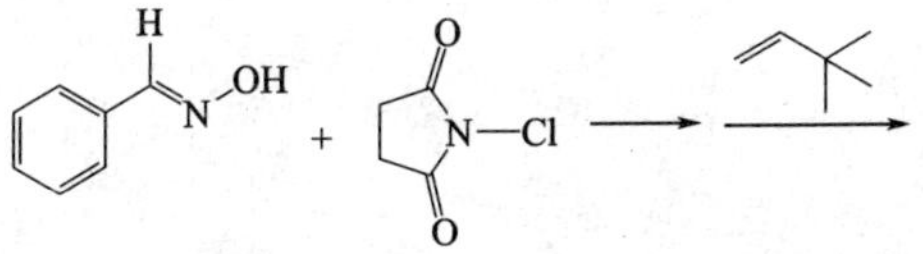 + ⟶ ⟶

4. Dewar 苯是苯经 160～200nm 紫外线照射产生的产物之一，具有很大的张力，但它却具有相当的热稳定性，室温下的半衰期为 2 天。许多其他芳香杂环化合物也具有类似的反应，所获得的 Dewar 型杂环化合物也具有相当的热稳定性。例如：

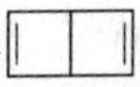

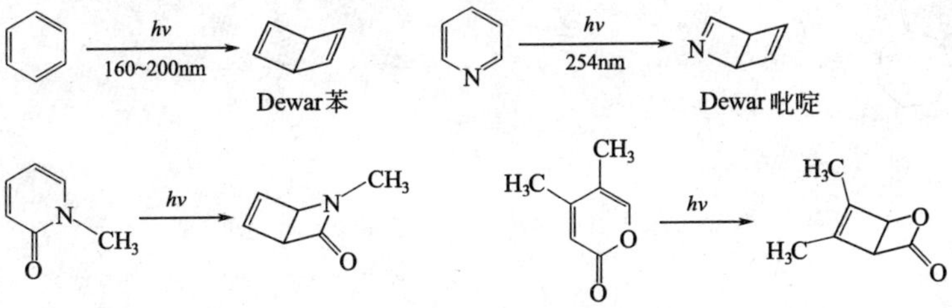

$\xrightarrow[160\sim200nm]{h\nu}$ Dewar苯　　$\xrightarrow[254nm]{h\nu}$ Dewar吡啶

$\xrightarrow{h\nu}$　　$\xrightarrow{h\nu}$

试用分子轨道对称守恒原理解释这一现象。

5. 用前线轨道理论分析下列离子在加热情况下的电环化反应，画出其 HOMO，指出是 $4n$ 还是 $4n+2$ 体系，顺旋还是对旋？

(1) 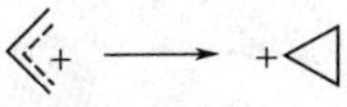 ⟶　(2) 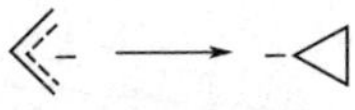 ⟶　(3)  ⟶　(4)  ⟶

6. 指出下列各协同反应的类型及立体化学特点（顺旋、对旋、同面、异面等）：

(1) 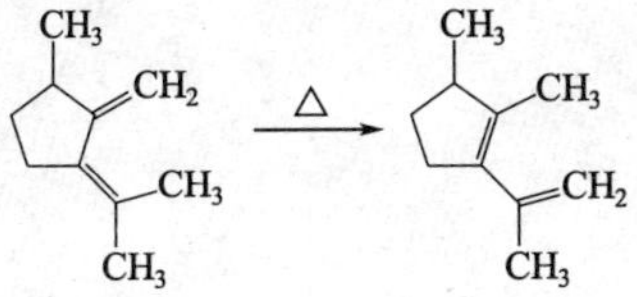 $\xrightarrow{\triangle}$

(2)

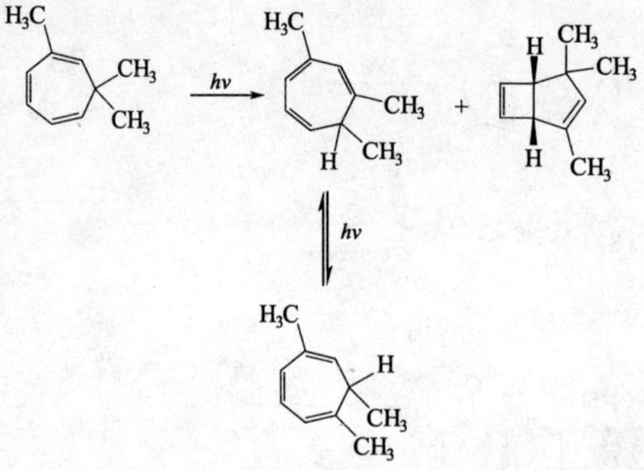

(3)

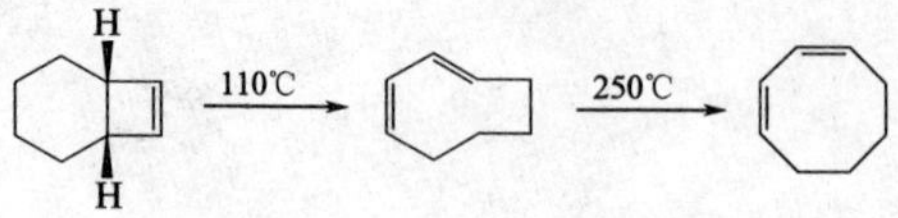

(4)

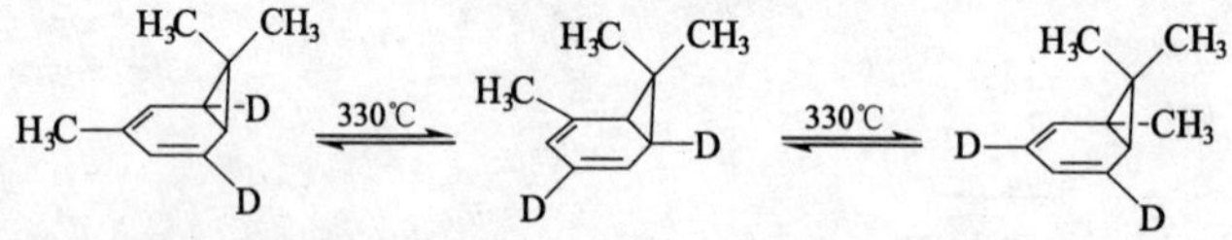

7. 5-亚甲基-1,3-环己二烯是甲苯的异构体，理应容易转化为甲苯，但事实上，在干冰冷却下它可以被分离出来。试用分子轨道对称守恒原理探讨其具有相对稳定性的原因。

8. 请解释下面的 Claisen 重排反应：

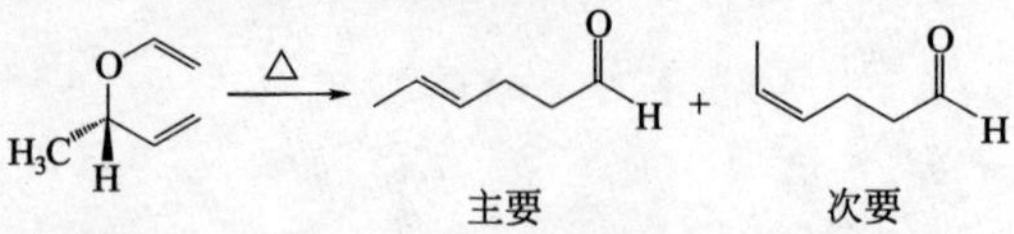

主要　　次要

9. 由指定原料合成：

(1) 从丙烯酸甲酯合成

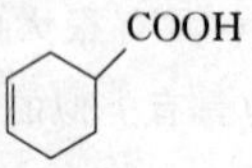

(2) 从 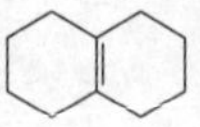　合成

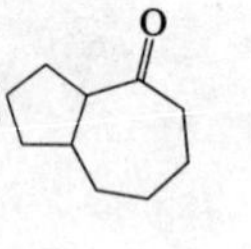

参 考 文 献

[1] 刑其毅，徐瑞秋，周政．基础有机化学：上、下册．第2版．北京：高等教育出版社，1994.
[2] 高鸿宾．有机化学．第4版．北京：高等教育出版社，2005.
[3] 姚映钦．有机化学．北京：化学工业出版社，2008.
[4] 章烨，张荣华．有机化学．第2版．北京：科学出版社，2011.
[5] 幸松民，王一璐．有机硅合成工艺及产品应用．北京：化学工业出版社，2005.
[6] 杜作栋，陈剑华．有机硅化学．北京：高等教育出版社，1990.
[7] 周宁琳．有机硅聚合物导论．北京：科学出版社，2000.
[8] R. T. 莫里森．有机化学．北京：科学出版社，1980.
[9] 覃兆海，金淑惠，李楠．基础有机化学．北京：科学技术文献出版社，2004.
[10] T. W. Graham Solomons，Craig B. Fryhle. Organic Chemistry. John Wiley & Sons Ltd，2010.
[11] 陆国元．有机反应与有机合成．北京：科学出版社，2009.
[12] 何仁，陶晓春，张兆国．金属有机化学．上海：华东理工大学出版社，2007.
[13] 张鹏荣，龚勇华，聂娟．不对称催化．化学教学，2002，(2)：23-25.
[14] 柴雅琴．无机物制备．重庆：西南师范大学出版社，2008.
[15] 林国强，陈耀全，陈新滋，李月明．手性合成——不对称反应及其应用．北京：科学出版社，2000.
[16] 荣国斌．高等有机化学基础．北京：化学工业出版社，2009.
[17] 何仁．配位催化与金属有机化学．上海：华东理工大学出版社，2002.
[18] 王积涛，宋礼成．金属有机化学．北京：高等教育出版社，1989.
[19] 郭建权，张生勇．有机过渡金属化学．北京：高等教育出版社，1992.